Vorwort

Das vorliegende Taschenbuch tritt an die Stelle des zuletzt 1924 in 56. Ausgabe erschienenen Österreichischen Ingenieur- und Architekten-Kalenders. Die Übernahme durch den Verlag Julius Springer in Wien ermöglichte die Schaffung eines ganz neuen Buches, das durch Erweiterung und vollkommene Neugestaltung des Inhaltes dem derzeitigen Stande der Wissenschaft und den Anforderungen der Praxis in erhöhtem Maße Rechnung tragen soll.

Bei der Auswahl und Bearbeitung des dargebotenen Stoffes waren die Herausgeber und Mitarbeiter bestrebt, alles das, was der Bauingenieur, Architekt und Baumeister an wichtigstem Wissensstoff, vor allem aber an Tabellenmaterial, Formeln, Regeln und Bauvorschriften beim Entwurfe oder an der Baustelle benötigen, übersichtlich geordnet, in gedrängter Kürze aber tunlichst lückenlos zur Verfügung zu stellen. Wo es notwendig erschien, wurde die Anwendung des gegebenen Stoffes an Zahlenbeispielen erläutert.

Das Buch ist in erster Linie für die Baufachkreise Österreichs und der Nachfolgestaaten bestimmt, doch sind z. T. auch die reichsdeutschen und schweizerischen Bauvorschriften, wo solche von unseren abweichend sind, in ausreichender Weise berücksichtigt. Es wird, so hoffen die Herausgeber, auch als Lehrbehelf und Nachschlagewerk an technischen Hochschulen, höheren Gewerbeschulen und ähnlichen Anstalten dienen können.

Den grundlegenden theoretischen Wissenschaften, Mathematik, Mechanik, Festigkeitslehre und Baustatik, wurde ein bedeutender Teil, etwa ein Drittel des Buches, eingeräumt. Knappe, leicht faßliche Darstellung einerseits, strenge Wissenschaftlichkeit anderseits, waren die Hauptgesichtspunkte bei der Darstellung. Wo es möglich war, wurde der Gedankengang der Ableitung der angeführten Gleichungen kurz angedeutet, in allen Fällen aber der Anwendungsbereich der dargebotenen Methoden und Formeln scharf umgrenzt. In den Abschnitten Festigkeitslehre und Baustatik wurde Gewicht darauf gelegt, anwendungsbereite Formeln und Zahlenwerte dem rechnenden Ingenieur zur Verfügung zu stellen.

Der den eigentlichen Bauingenieurwissenschaften gewidmete Hauptteil des Buches hat einen doppelten Zweck zu erfüllen. Er soll erstens dem Sonderfachmann alle jene Daten an die Hand geben, die er bei seiner praktischen Tätigkeit benötigt; dabei sollen die nach dem gegenwärtigen Stande der Wissenschaft und Erfahrung feststehenden Regeln, wie auch die Bestimmungen der behördlichen Bauvorschriften möglichst vollständige Berücksichtigung finden. Daneben haben diese Abschnitte aber auch dem Ingenieur und Architekten auf einem seiner sonstigen Tätigkeit ferner liegenden Gebiete Belehrung und Auskunft zu geben. Diesem doppelten Zwecke wurde die Darstellung nach Tunlichkeit angepaßt. Ergänzt wurde der praktische Teil dieses Buches noch durch einen kurzen Abschnitt „Maschinenbau", der alles das, vornehmlich in Form von Zahlentafeln, enthält, was auf diesem Fachgebiete für den Bauingenieur an Wissenswertem in Betracht kommt. Den Schluß bildet ein Abschnitt „Elektrotechnik", der in einer etwas ausführlicheren Weise, als es bisher in den für das Bauwesen bestimmten Taschenbüchern üblich war, das Notwendigste aus diesem umfangreichen Fachgebiete bringt.

Die gebotenen Tabellen und Formeln wurden, soweit sie nicht neu berechnet wurden, mit dem Quellenmaterial sorgfältig verglichen. Für die Bekanntgabe etwaiger Fehler oder für zweckdienliche Vorschläge zur Ausgestaltung des Taschenbuches wären die Herausgeber den Fachkollegen dankbar.

Das rasche Zustandekommen des Buches ist den Herausgebern durch die freundliche tätige Mitwirkung der Mitarbeiter ermöglicht worden, wofür ihnen der beste Dank ausgesprochen wird.

Die Herausgeber

Inhaltsverzeichnis

Mathematik

Zusammengestellt von Ing. Dr. Friedrich Bleich, Wien

I. Tafeln — Seite

Potenzen, Wurzeln, Briggssche Logarithmen, Kreisumfänge und -flächen von 1 bis 1000 — Natürliche Logarithmen — Kreisfunktionen — Bogenlängen, Bogenhöhen, Sehnenlängen und Kreisabschnitte für den Halbmesser = 1 — Hyperbelfunktionen 2

II. Arithmetik

Potenzen, Wurzeln, Logarithmen, Komplexe Zahlen — Endliche Reihen — Zinseszins- und Rentenrechnung — Gleichungen 36

III. Trigonometrie

Kreisfunktionen — Hyperbelfunktionen — Dreiecksberechnung 42

IV. Ebene Figuren und Körper

Flächeninhalt und Umfang ebener Figuren — Oberflächen und Rauminhalte von Körpern 46

V. Differential- und Integralrechnung

Differentialformeln — Potenzreihenentwicklung — Unbestimmte Ausdrücke — Maxima und Minima von Funktionen — Integralformeln — Bestimmte Integrale — Fouriersche Reihen — Differentialgleichungen 53

VI. Analytische Geometrie

Koordinatentransformation — Punkt und Gerade — Der Kreis — Die Ellipse — Die Hyperbel — Die Parabel — Die Kettenlinie 67

VII. Wahrscheinlichkeitsrechnung und Ausgleichsrechnung

Wahrscheinlichkeitsrechnung — Ausgleichsrechnung 71

Mechanik fester und flüssiger Körper

Bearbeitet von Ing. Dr. Friedrich Bleich, Wien

I. Statik starrer Körper

Zusammensetzung und Zerlegung der Kräfte; Gleichgewicht — Momente von Einzelkräften — Die Stützkräfte fester Körper — Prinzip der virtuellen Verschiebungen — Schwerpunktsbestimmung 77

II. Dynamik starrer Körper

Bewegungslehre — Physikalische Mechanik 87

III. Reibungswiderstand 94

IV. Hydromechanik

Statik tropfbar flüssiger Körper — Dynamik tropfbar flüssiger Körper 96

Wärmemechanik und Mechanik der Gase

Bearbeitet von Dozent Ing. Dr. Leopold Huber, Technische Hochschule, Wien

Seite

1. Temperatur ... 99
2. Ausdehnung durch die Wärme ... 99
3. Wärmemenge, spezifische Wärme ... 101
4. Fortpflanzung der Wärme ... 102
5. Luftfeuchtigkeit ... 104
6. Brennstoffe ... 104
7. Verhalten der Gase und Dämpfe ... 105
8. Grundgesetze der Thermodynamik ... 107
9. Kreisprozeß von Carnot ... 108
10. Allgemeine Zustandsänderungen in Gas- und Dampfströmen ... 110
11. Statischer und dynamischer Druck bei Gas- und Dampfströmen 110
12. Druckabfall in Rohrleitungen ... 111

Elastizitäts- und Festigkeitslehre

Bearbeitet von Ing. Dr. Friedrich Bleich, Wien

I. Grundbegriffe ... 112

II. Grundgleichungen der Elastizitätstheorie ... 118

III. Zug und Druck, Knickfestigkeit

Zug und Druck — Knickfestigkeit ... 120

IV. Biegung gerader und gekrümmter Stäbe

Biegung gerader Stäbe — Biegung einfach gekrümmter Stäbe ... 128

V. Verdrehung gerader Stäbe ... 140

VI. Ebene und gewölbte Platten

Ebene, biegungssteife Platten — Gewölbte nicht biegungssteife Platten — Behälter 142

VII. Das Berührungsproblem elastischer Körper ... 147

Baustatik

Bearbeitet von Ing. Dr. Friedrich Bleich, Wien

I. Statisch bestimmte ebene Träger

Einleitung — Vollwandige Träger — Fachwerkträger ... 149

II. Formänderungen ebener Tragwerke

Allgemeine Sätze — Formänderungen vollwandiger Träger — Formänderungen von Fachwerken ... 164

III. Berechnung statisch unbestimmter Träger

Allgemeine Methoden — Statisch unbestimmte vollwandige Träger (Durchlaufender Balken, Bogen mit Kämpfergelenken, Eingespannter Bogen, Der geschlossene Ring, Rahmentragwerke, Vierendeelträger, Häng- und Sprengwerke) ... 174

IV. Anhang. Tafeln der Auflagerkräfte, Querkräfte, Momente und Durchbiegungen verschiedener Träger

Balkenträger mit einer Öffnung — Rahmenträger mit einer Öffnung ... 212

V. Erddruck

Erddruck im unbegrenzten Erdkörper — Wanddruck in Silozellen ... 226

Vermessungskunde

Bearbeitet von Prof. Dr. Alfred Haerpfer, Prag

Seite

I. Horizontalaufnahmen
Grundlagen — Kleinaufnahme oder Stückvermessung — Flächeninhaltsberechnungen ... 231

II. Höhenaufnahmen
Das geometrische Nivellement — Gleichzeitige Horizontal- und Höhenaufnahmen 253

III. Die Photogrammetrie ... 266

Die Baustoffe

Bearbeitet von Ing. Dr. Friedrich Bleich, Wien

I. Hauptbaustoffe
Natürliche Steine — Künstliche Steine — Beton — Das Holz — Das Eisen .. 271

II. Hilfsbaustoffe
Mörtel — Asphalt — Glas — Dachpappe und Dachpappenanstriche — Metalle. 293

III. Anhang
Walzeisentabellen — Spezifische Gewichte bzw. Raumgewichte verschiedener Stoffe ... 302

Eisenbetonbau

Bearbeitet von Prof. Dr. Ing. h. c. J. Melan, Prag

Einleitung ... 324

A. Die Baustoffe des Eisenbetons ... 325

B. Grundzüge der Theorie des Eisenbetons ... 331

C. Berechnungsformeln
Säulen und Stützen, desgleichen auch Gewölbe mit zentrischer Belastung — Exzentrische Druckbelastung — Auf Biegung beanspruchte Platten und Rechteckbalken — Der Plattenbalken oder die Rippenplatte — Berücksichtigung der Betonzugspannung — Die Schub- und Hauptzugspannungen — Beanspruchung auf Druck und Biegung — Durchbiegung und Probebelastung — Trägerlose Flachdecken (Pilzdecken) ... 335

D. Amtliche Bestimmungen für den Entwurf und die Ausführung von Eisenbetonbauten
Österreichische Eisenbetonbestimmungen — Tschechoslowakische Bestimmungen — Bestimmungen des deutschen Ausschusses für Eisenbeton, Dezember 1925 355

E. Die Bauausführung ... 362

Erd- und Felsarbeiten, Gründungen

Bearbeitet von Ministerialrat, a. o. Prof. Dr. Ing. Fritz Steiner, Wien

I. Erd- und Felsarbeiten
Vorarbeiten — Bohr- und Sprengarbeit — Herstellung von Ab- und Aufträgen — Förderung des Bodens und Förderkosten ... 365

II. Gründungen
Umschließung und Trockenlegung der Baugrube, Baggerungen — Künstliche Verdichtung und Verbesserung, sowie Befestigung des Baugrundes; Druckübertragung auf tiefere Schichten ... 385

Hochbau

Bearbeitet von Ing. Dr. Friedrich Bleich, Wien

Seite

I. Belastungsangaben und Hochbauvorschriften

Belastungsangaben — Vorschriften 397

II. Stein- und Mauerwerksbau

Gebäudemauern — Gemauerte Schornsteinschlote — Stütz- und Futtermauern — Hochbaugewölbe 408

III. Holzbau 413

IV. Eisenbau

Säulen und Druckstäbe — Auf Biegung beanspruchte Tragwerkteile — Eiserne Dachkonstruktionen — Kranbahnen — Oberlichtkonstruktionen 420

V. Zwischendecken

Holzdecken — Betondecken — Steineisendecken 441

VI. Dachdeckungen und Rinnen

Dachdeckungen — Dachrinnen und Abfallrohre 443

VII. Künstliche Beleuchtung

Lichtstrom, Lichtstärke und Beleuchtungsstärke — Allgemeine Grundsätze der Raumbeleuchtung — Berechnungsgang einer Beleuchtungsanlage 447

Brückenbau

Bearbeitet von Prof. Dr. Ing. h. c. J. Melan, Prag

I. Angreifende Kräfte

Eigengewicht der hölzernen und eisernen Brücken — Verkehrslasten der Eisenbahnbrücken — Verkehrslasten der Straßenbrücken — Winddruck und sonstige Zusatzbelastungen 451

II. Zulässige Beanspruchung und Annahmen für die statische Berechnung

Hölzerne Brücken — Eiserne Brücken — Stein- und Betonbrücken — Eisenbetonbrücken 475

III. Bauliche Ausgestaltung der Brücken

Holzbrücken — Eiserne Brücken — Stein-, Beton- und Eisenbetonbrücken .. 488

Wasserbau

Bearbeitet von Prof. Dipl. Ing. Dr. P. Kresnik, Brünn

A. Geschwindigkeitsmessung

Messung der Stromstrichgeschwindigkeit mittels Oberflächenschwimmer — Geschwindigkeitsmessung in einem beliebigen Punkte des Wasserquerschnittes 518

B. Wassermengenbestimmung 520

C. Stauanlagen 523

D. Aufstau und Absenkung von Wasserspiegeln in offenen Gerinnen 524

E. Bewegung des Wassers in Kanälen und Flüssen 527

F. Rohrleitungen 529

G. Meteorologische Daten 532

H. Wassermengen der Flüsse 534

J. Flußbau 534

Seite

K. Zusammengesetzte Wehranlage 536

L. Wasserkraftanlagen

Die vorhandenen Wasserverhältnisse — Speicherungen — Das Wasserkraftwerk .. 537

M. Wasserversorgung

Wasserbedarf — Beschaffenheit des Wassers — Wasserleitungsanordnung — Wassergewinnung — Wasserreinigung — Die Dienst- oder Hochbehälter — Höhenlage des Dienst- oder Hochbehälters — Verteilungsleitungen 557

N. Schiffahrtskanäle 576

O. Städtekanalisation 579

P. Entwässerung 580

Q. Bewässerung 582

R. Der Stausee (Talsperrensee) als Jahresvorratsspeicher 585

Straßen- und Wegebau

bearbeitet von Ministerialrat, a. o. Prof., Ing. Dr. Fritz Steiner, Wien

I. Allgemeines

Einteilung der Straßen — Straßenfuhrwerke — Zugkraft und Arbeitsleistung .. 588

II. Anlage der Straßen

Landstraßen — Städtische Straßen 590

III. Oberflächenbefestigung der Straßen 594

IV. Neben- und Betriebsanlagen 600

V. Anhaltspunkte für Kostenvoranschläge 601

Eisenbahnbau

bearbeitet von Ministerialrat, a. o. Prof., Ing. Dr. Fritz Steiner, Wien

I. Vorarbeiten

Vorarbeiten wirtschaftlicher Art — Technische Vorarbeiten 602

II. Allgemeine Anhaltspunkte für Eisenbahnentwürfe 603

III. Unterbau, Neben- und sonstige Bahnanlagen

Unterbau — Bahnhöfe — Wasserstationen und Werkstätten 615

IV. Oberbau 621

V. Bau und Unterhaltung des Oberbaues 641

Maschinenbau

bearbeitet von Prof. Ing. Dr. Hans Baudisch, Wien

A. Nieten 643

B. Schrauben 643

C. Seile 645

D. Ketten 647

E. Rohre 647

F. Transmissionen 651

G. Windkraftmaschinen 654

Seite
H. Wasserkraftmaschinen 655
J. Dampfkessel 655
K. Dampfmaschinen 657
L. Dampfturbinen 657
M. Verbrennungsmotoren 658
N. Hebezeuge 658
O. Pumpen 659

Elektrotechnik

bearbeitet von Dozent Ing. Dr. Leopold Huber, Technische Hochschule, Wien

A. Bezeichnungen und Einheiten 661

B. Elektrische Grundgesetze

Elektrischer Strom, Spannung, Stromstärke — Zusammenhang von Spannung und Strom mit Arbeit und Leistung — Ohmsches Gesetz, Widerstand — Joulessches Gesetz der Wärmeentwicklung in stromdurchflossenen Leitern — Kirchhoffs Gesetz der Stromverzweigung — Parallel- und Reihenschaltung — Elektrischer Strom und magnetische Felder — Spannungserzeugung durch Induktion — Kraftwirkung zwischen Stromleiter und Magnetfeld — Wechselstrom — Selbstinduktion — Drehstrom 662

C. Elektrische Maschinen und Transformatoren, Gleichrichter und Akkumulatoren

Allgemeines über elektrische Maschinen — Gemeinsame Grundform der Generatoren — Gleichstromgenerator — Wechsel- und Drehstromgeneratoren — Gleichstrommotoren — Einphasenreihenschlußmotor — Drehstrommotoren — Allgemeine Angaben für alle Elektromotoren — Transformatoren — Umformer — Quecksilberdampfgleichrichter — Akkumulatoren 667

D. Stromverteilungssysteme

Gleichstrom — Einphasenwechselstrom — Drehstrom — Drehstrom-Gleichstromsystem 681

E. Elektrische Leitungen

Querschnittsbemessung — Ausführung der Leitungen 683

F. Elektrische Beleuchtung

Elektrische Lichtquellen — Lampenarmaturen und deren Verwendung 687

Mathematik

zusammengestellt von

Ing. Dr. **Friedrich Bleich**, Wien

I. Tafeln

Erläuterungen s. S. 35 und 36

A. Potenzen, Wurzeln, Briggssche Logarithmen, Kreisumfänge und -flächen von 1 bis 1000

n	n^2	n^3	$\sqrt{n}$	$\sqrt[3]{n}$	$\log n$	$\frac{1000}{n}$	πn	$\frac{\pi n^2}{4}$	n
1	1	1	1,0000	1,0000	0,00000	1000,000	3,142	0,7854	1
2	4	8	1,4142	1,2599	0,30103	500,000	6,283	3,1416	2
3	9	27	1,7321	1,4422	0,47712	333,333	9,425	7,0686	3
4	16	64	2,0000	1,5874	0,60206	250,000	12,566	12,5664	4
5	25	125	2,2361	1,7100	0,69897	200,000	15,708	19,6350	5
6	36	216	2,4495	1,8171	0,77815	166,667	18,850	28,2743	6
7	49	343	2,6458	1,9129	0,84510	142,857	21,991	38,4845	7
8	64	512	2,8284	2,0000	0,90309	125,000	25,133	50,2655	8
9	81	729	3,0000	2,0801	0,95424	111,111	28,274	63,6173	9
10	1 00	1 000	3,1623	2,1544	1,00000	100,000	31,416	78,5398	**10**
11	1 21	1 331	3,3166	2,2240	1,04139	90,9091	34,558	95,0332	11
12	1 44	1 728	3,4641	2,2894	1,07918	83,3333	37,699	113,097	12
13	1 69	2 197	3,6056	2,3513	1,11394	76,9231	40,841	132,732	13
14	1 96	2 744	3,7417	2,4101	1,14613	71,4286	43,982	153,938	14
15	2 25	3 375	3,8730	2,4662	1,17609	66,6667	47,124	176,715	15
16	2 56	4 096	4,0000	2,5198	1,20412	62,5000	50,265	201,062	16
17	2 89	4 913	4,1231	2,5713	1,23045	58,8235	53,407	226,980	17
18	3 24	5 832	4,2426	2,6207	1,25527	55,5556	56,549	254,469	18
19	3 61	6 859	4,3589	2,6684	1,27875	52,6316	59,690	283,529	19
20	4 00	8 000	4,4721	2,7144	1,30103	50,0000	62,832	314,159	**20**
21	4 41	9 261	4,5826	2,7589	1,32222	47,6190	65,973	346,361	21
22	4 84	10 648	4,6904	2,8020	1,34242	45,4545	69,115	380,133	22
23	5 29	12 167	4,7958	2,8439	1,36173	43,4783	72,257	415,476	23
24	5 76	13 824	4,8990	2,8845	1,38021	41,6667	75,398	452,389	24
25	6 25	15 625	5,0000	2,9240	1,39794	40,0000	78,540	490,874	25
26	6 76	17 576	5,0990	2,9625	1,41497	38,4615	81,681	530,929	26
27	7 29	19 683	5,1962	3,0000	1,43136	37,0370	84,823	572,555	27
28	7 84	21 952	5,2915	3,0366	1,44716	35,7143	87,965	615,752	28
29	8 41	24 389	5,3852	3,0723	1,46240	34,4828	91,106	660,520	29
30	9 00	27 000	5,4772	3,1072	1,47712	33,3333	94,248	706,858	**30**
31	9 61	29 791	5,5678	3,1414	1,49136	32,2581	97,389	754,768	31
32	10 24	32 768	5,6569	3,1748	1,50515	31,2500	100,531	804,248	32
33	10 89	35 937	5,7446	3,2075	1,51851	30,3030	103,673	855,299	33
34	11 56	39 304	5,8310	3,2396	1,53148	29,4118	106,814	907,920	34
35	12 25	42 875	5,9161	3,2711	1,54407	28,5714	109,956	962,113	35
36	12 96	46 656	6,0000	3,3019	1,55630	27,7778	113,097	1017,88	36
37	13 69	50 653	6,0828	3,3322	1,56820	27,0270	116,239	1075,21	37
38	14 44	54 872	6,1644	3,3620	1,57978	26,3158	119,381	1134,11	38
39	15 21	59 319	6,2450	3,3912	1,59106	25,6410	122,522	1194,59	39
40	16 00	64 000	6,3246	3,4200	1,60206	25,0000	125,66	1256,64	**40**
41	16 81	68 921	6,4031	3,4482	1,61278	24,3902	128,81	1320,25	41
42	17 64	74 088	6,4807	3,4760	1,62325	23,8095	131,95	1385,44	42
43	18 49	79 507	6,5574	3,5034	1,63347	23,2558	135,09	1452,20	43
44	19 36	85 184	6,6332	3,5303	1,64345	22,7273	138,23	1520,53	44
45	20 25	91 125	6,7082	3,5569	1,65321	22,2222	141,37	1590,43	45
46	21 16	97 336	6,7823	3,5830	1,66276	21,7391	144,51	1661,90	46
47	22 09	103 823	6,8557	3,6088	1,67210	21,2766	147,65	1734,94	47
48	23 04	110 592	6,9282	3,6342	1,68124	20,8333	150,80	1809,56	48
49	24 01	117 649	7,0000	3,6593	1,69020	20,4082	153,94	1885,74	49
50	25 00	125 000	7,0711	3,6840	1,69897	20,0000	157,08	1963,50	**50**

n	n^2	n^3	$\sqrt{n}$	$\sqrt[3]{n}$	$\log n$	$\frac{1000}{n}$	πn	$\frac{\pi n^2}{4}$	n
50	25 00	125 000	7,0711	3,6840	1,69897	20,0000	157,08	1963,50	**50**
51	26 01	132 651	7,1414	3,7084	1,70757	19,6078	160,22	2042,82	51
52	27 04	140 608	7,2111	3,7325	1,71600	19,2308	163,36	2123,72	52
53	28 09	148 877	7,2801	3,7563	1,72428	18,8679	166,50	2206,18	53
54	29 16	157 464	7,3485	3,7798	1,73239	18,5185	169,65	2290,22	54
55	30 25	166 375	7,4162	3,8030	1,74036	18,1818	172,79	2375,83	55
56	31 36	175 616	7,4833	3,8259	1,74819	17,8571	175,93	2463,01	56
57	32 49	185 193	7,5498	3,8485	1,75587	17,5439	179,07	2551,76	57
58	33 64	195 112	7,6158	3,8709	1,76343	17,2414	182,21	2642,08	58
59	34 81	205 379	7,6811	3,8930	1,77085	16,9492	185,35	2733,97	59
60	36 00	216 000	7,7460	3,9149	1,77815	16,6667	188,50	2827,43	**60**
61	37 21	226 981	7,8102	3,9365	1,78533	16,3934	191,64	2922,47	61
62	38 44	238 328	7,8740	3,9579	1,79239	16,1290	194,78	3019,07	62
63	39 69	250 047	7,9373	3,9791	1,79934	15,8730	197,92	3117,25	63
64	40 96	262 144	8,0000	4,0000	1,80618	15,6250	201,06	3216,99	64
65	42 25	274 625	8,0623	4,0207	1,81291	15,3846	204,20	3318,31	65
66	43 56	287 496	8,1240	4,0412	1,81954	15,1515	207,35	3421,19	66
67	44 89	300 763	8,1854	4,0615	1,82607	14,9254	210,49	3525,65	67
68	46 24	314 432	8,2462	4,0817	1,83251	14,7059	213,63	3631,68	68
69	47 61	328 509	8,3066	4,1016	1,83885	14,4928	216,77	3739,28	69
70	49 00	343 000	8,3666	4,1213	1,84510	14,2857	219,91	3848,45	**70**
71	50 41	357 911	8,4261	4,1408	1,85126	14,0845	223,05	3959,19	71
72	51 84	373 248	8,4853	4,1602	1,85733	13,8889	226,19	4071,50	72
73	53 29	389 017	8,5440	4,1793	1,86332	13,6986	229,34	4185,39	73
74	54 76	405 224	8,6023	4,1983	1,86923	13,5135	232,48	4300,84	74
75	56 25	421 875	8,6603	4,2172	1,87506	13,3333	235,62	4417,86	75
76	57 76	438 976	8,7178	4,2358	1,88081	13,1579	238,76	4536,46	76
77	59 29	456 533	8,7750	4,2543	1,88649	12,9870	241,90	4656,63	77
78	60 84	474 552	8,8318	4,2727	1,89209	12,8205	245,04	4778,36	78
79	62 41	493 039	8,8882	4,2908	1,89763	12,6582	248,19	4901,67	79
80	64 00	512 000	8,9443	4,3089	1,90309	12,5000	251,33	5026,55	**80**
81	65 61	531 441	9,0000	4,3267	1,90849	12,3457	254,47	5153,00	81
82	67 24	551 368	9,0554	4,3445	1,91381	12,1951	257,61	5281,02	82
83	68 89	571 787	9,1104	4,3621	1,91908	12,0482	260,75	5410,61	83
84	70 56	592 704	9,1652	4,3795	1,92428	11,9048	263,89	5541,77	84
85	72 25	614 125	9,2195	4,3968	1,92942	11,7647	267,04	5674,50	85
86	73 96	636 056	9,2736	4,4140	1,93450	11,6279	270,18	5808,80	86
87	75 69	658 503	9,3274	4,4310	1,93952	11,4943	273,32	5944,68	87
88	77 44	681 472	9,3808	4,4480	1,94448	11,3636	276,46	6082,12	88
89	79 21	704 969	9,4340	4,4647	1,94939	11,2360	279,60	6221,14	89
90	81 00	729 000	9,4868	4,4814	1,95424	11,1111	282,74	6361,73	**90**
91	82 81	753 571	9,5394	4,4979	1,95904	10,9890	285,88	6503,88	91
92	84 64	778 688	9,5917	4,5144	1,96379	10,8696	289,03	6647,61	92
93	86 49	804 357	9,6437	4,5307	1,96848	10,7527	292,17	6792,91	93
94	88 36	830 584	9,6954	4,5468	1,97313	10,6383	295,31	6939,78	94
95	90 25	857 375	9,7468	4,5629	1,97772	10,5263	298,45	7088,22	95
96	92 16	884 736	9,7980	4,5789	1,98227	10,4167	301,59	7238,23	96
97	94 09	912 673	9,8489	4,5947	1,98677	10,3093	304,73	7389,81	97
98	96 04	941 192	9,8995	4,6104	1,99123	10,2041	307,88	7542,96	98
99	98 01	970 299	9,9499	4,6261	1,99564	10,1010	311,02	7697,69	99
100	1 00 00	1 000 000	10,0000	4,6416	2,00000	10,0000	314,16	7853,98	**100**

n	n^2	n^3	$\sqrt{n}$	$\sqrt[3]{n}$	$\log n$	$\frac{1000}{n}$	πn	$\frac{\pi n^2}{4}$	n
100	10000	1000000	10,0000	4,6416	2,00000	10,0000	314,16	7853,98	**100**
101	10201	1030301	10,0499	4,6570	2,00432	9,90099	317,30	8011,85	101
102	10404	1061208	10,0995	4,6723	2,00860	9,80392	320,44	8171,28	102
103	10609	1092727	10,1489	4,6875	2,01284	9,70874	323,58	8332,29	103
104	10816	1124864	10,1980	4,7027	2,01703	9,61538	326,73	8494,87	104
105	11025	1157625	10,2470	4,7177	2,02119	9,52381	329,87	8659,01	105
106	11236	1191016	10,2956	4,7326	2,02531	9,43396	333,01	8824,73	106
107	11449	1225043	10,3441	4,7475	2,02938	9,34579	336,15	8992,02	107
108	11664	1259712	10,3923	4,7622	2,03342	9,25926	339,29	9160,88	108
109	11881	1295029	10,4403	4,7769	2,03743	9,17431	342,43	9331,32	109
110	12100	1331000	10,4881	4,7914	2,04139	9,09091	345,58	9503,32	**110**
111	12321	1367631	10,5357	4,8059	2,04532	9,00901	348,72	9676,89	111
112	12544	1404928	10,5830	4,8203	2,04922	8,92857	351,86	9852,03	112
113	12769	1442897	10,6301	4,8346	2,05308	8,84956	355,00	10028,7	113
114	12996	1481544	10,6771	4,8488	2,05690	8,77193	358,14	10207,0	114
115	13225	1520875	10,7238	4,8629	2,06070	8,69565	361,28	10386,9	115
116	13456	1560896	10,7703	4,8770	2,06446	8,62069	364,42	10568,3	116
117	13689	1601613	10,8167	4,8910	2,06819	8,54701	367,57	10751,3	117
118	13924	1643032	10,8628	4,9049	2,07188	8,47458	370,71	10935,9	118
119	14161	1685159	10,9087	4,9187	2,07555	8,40336	373,85	11122,0	119
120	14400	1728000	10,9545	4,9324	2,07918	8,33333	376,99	11309,7	**120**
121	14641	1771561	11,0000	4,9461	2,08279	8,26446	380,13	11499,0	121
122	14884	1815848	11,0454	4,9597	2,08636	8,19672	383,27	11689,9	122
123	15129	1860867	11,0905	4,9732	2,08991	8,13008	386,42	11882,3	123
124	15376	1906624	11,1355	4,9866	2,09342	8,06452	389,56	12076,3	124
125	15625	1953125	11,1803	5,0000	2,09691	8,00000	392,70	12271,8	125
126	15876	2000376	11,2250	5,0133	2,10037	7,93651	395,84	12469,0	126
127	16129	2048383	11,2694	5,0265	2,10380	7,87402	398,98	12667,7	127
128	16384	2097152	11,3137	5,0397	2,10721	7,81250	402,12	12868,0	128
129	16641	2146689	11,3578	5,0528	2,11059	7,75194	405,27	13069,8	129
130	16900	2197000	11,4018	5,0658	2,11394	7,69231	408,41	13273,2	**130**
131	17161	2248091	11,4455	5,0788	2,11727	7,63359	411,55	13478,2	131
132	17424	2299968	11,4891	5,0916	2,12057	7,57576	414,69	13684,8	132
133	17689	2352637	11,5326	5,1045	2,12385	7,51880	417,83	13892,9	133
134	17956	2406104	11,5758	5,1172	2,12710	7,46269	420,97	14102,6	134
135	18225	2460375	11,6190	5,1299	2,13033	7,40741	424,12	14313,9	135
136	18496	2515456	11,6619	5,1426	2,13354	7,35294	427,26	14526,7	136
137	18769	2571353	11,7047	5,1551	2,13672	7,29927	430,40	14741,1	137
138	19044	2628072	11,7473	5,1676	2,13988	7,24638	433,54	14957,1	138
139	19321	2685619	11,7898	5,1801	2,14301	7,19424	436,68	15174,7	139
140	19600	2744000	11,8322	5,1925	2,14613	7,14286	439,82	15393,8	**140**
141	19881	2803221	11,8743	5,2048	2,14922	7,09220	442,96	15614,5	141
142	20164	2863288	11,9164	5,2171	2,15229	7,04225	446,11	15836,8	142
143	20449	2924207	11,9583	5,2293	2,15534	6,99301	449,25	16060,6	143
144	20736	2985984	12,0000	5,2415	2,15836	6,94444	452,39	16286,0	144
145	21025	3048625	12,0416	5,2536	2,16137	6,89655	455,53	16513,0	145
146	21316	3112136	12,0830	5,2656	2,16435	6,84932	458,67	16741,5	146
147	21609	3176523	12,1244	5,2776	2,16732	6.80272	461,81	16971,7	147
148	21904	3241792	12,1655	5,2896	2,17026	6,75676	464,96	17203,4	148
149	22201	3307949	12,2066	5,3015	2,17319	6,71141	468,10	17436,6	149
150	22500	3375000	12,2474	5,3133	2,17609	6,66667	471,24	17671,5	**150**

n	n^2	n^3	$\sqrt{n}$	$\sqrt[3]{n}$	$\log n$	$\frac{1000}{n}$	πn	$\frac{\pi n^2}{4}$	n
150	22500	3375000	12,2474	5,3133	2,17609	6,66667	471,24	17671,5	**150**
151	22801	3442951	12,2882	5,3251	2,17898	6,62252	474,38	17907,9	151
152	23104	3511808	12,3288	5,3368	2,18184	6,57895	477,52	18145,8	152
153	23409	3581577	12,3693	5,3485	2,18469	6,53595	480,66	18385,4	153
154	23716	3652264	12,4097	5,3601	2,18752	6,49351	483,81	18626,5	154
155	24025	3723875	12,4499	5,3717	2,19033	6,45161	486,95	18869,2	155
156	24336	3796416	12,4900	5,3832	2,19312	6,41026	490,09	19113,4	156
157	24649	3869893	12,5300	5,3947	2,19590	6,36943	493,23	19359,3	157
158	24964	3944312	12,5698	5,4061	2,19866	6,32911	496,37	19606,7	158
159	25281	4019679	12,6095	5,4175	2,20140	6,28931	499,51	19855,7	159
160	25600	4096000	12,6491	5,4288	2,20412	6,25000	502,65	20106,2	**160**
161	25921	4173281	12,6886	5,4401	2,20683	6,21118	505,80	20358,3	161
162	26244	4251528	12,7279	5,4514	2,20952	6,17284	508,94	20612,0	162
163	26569	4330747	12,7671	5,4626	2,21219	6,13497	512,08	20867,2	163
164	26896	4410944	12,8062	5,4737	2,21484	6,09756	515,22	21124,1	164
165	27225	4492125	12,8452	5,4848	2,21748	6,06061	518,36	21382,5	165
166	27556	4574296	12,8841	5,4959	2,22011	6,02410	521,50	21642,4	166
167	27889	4657463	12,9228	5,5069	2,22272	5,98802	524,65	21904,0	167
168	28224	4741632	12,9615	5,5178	2,22531	5,95238	527,79	22167,1	168
169	28561	4826809	13,0000	5,5288	2,22789	5,91716	530,93	22431,8	169
170	28900	4913000	13,0384	5,5397	2,23045	5,88235	534,07	22698,0	**170**
171	29241	5000211	13,0767	5,5505	2,23300	5,84795	537,21	22965,8	171
172	29584	5088448	13,1149	5,5613	2,23553	5,81395	540,35	23235,2	172
173	29929	5177717	13,1529	5,5721	2,23805	5,78035	543,50	23506,2	173
174	30276	5268024	13,1909	5,5828	2,24055	5,74713	546,64	23778,7	174
175	30625	5359375	13,2288	5,5934	2,24304	5,71429	549,78	24052,8	175
176	30976	5451776	13,2665	5,6041	2,24551	5,68182	552,92	24328,5	176
177	31329	5545233	13,3041	5,6147	2,24797	5,64972	556,06	24605,7	177
178	31684	5639752	13,3417	5,6252	2,25042	5,61798	559,20	24884,6	178
179	32041	5735339	13,3791	5,6357	2,25285	5,58659	562,35	25164,9	179
180	32400	5832000	13,4164	5,6462	2,25527	5,55556	565,49	25446,9	**180**
181	32761	5929741	13,4536	5,6567	2,25768	5,52486	568,63	25730,4	181
182	33124	6028568	13,4907	5,6671	2,26007	5,49451	571,77	26015,5	182
183	33489	6128487	13,5277	5,6774	2,26245	5,46448	574,91	26302,2	183
184	33856	6229504	13,5647	5,6877	2,26482	5,43478	578,05	26590,4	184
185	34225	6331625	13,6015	5,6980	2,26717	5,40541	581,19	26880,3	185
186	34596	6434856	13,6382	5,7083	2,26951	5,37634	584,34	27171,6	186
187	34969	6539203	13,6748	5,7185	2,27184	5,34759	587,48	27464,6	187
188	35344	6644672	13,7113	5,7287	2,27416	5,31915	590,62	27759,1	188
189	35721	6751269	13,7477	5,7388	2,27646	5,29101	593,76	28055,2	189
190	36100	6859000	13,7840	5,7489	2,27875	5,26316	596,90	28352,9	**190**
191	36481	6967871	13,8203	5,7590	2,28103	5,23560	600,04	28652,1	191
192	36864	7077888	13,8564	5,7690	2,28330	5,20833	603,19	28952,9	192
193	37249	7189057	13,8924	5,7790	2,28556	5,18135	606,33	29255,3	193
194	37636	7301384	13,9284	5,7890	2,28780	5,15464	609,47	29559,2	194
195	38025	7414875	13,9642	5,7989	2,29003	5,12821	612,61	29864,8	195
196	38416	7529536	14,0000	5,8088	2,29226	5,10204	615,75	30171,9	196
197	38809	7645373	14,0357	5,8186	2,29447	5,07614	618,89	30480,5	197
198	39204	7762392	14,0712	5,8285	2,29667	5,05051	622,04	30790,7	198
199	39601	7880599	14,1067	5,8383	2,29885	5,02513	625,18	31102,6	199
200	40000	8000000	14,1421	5,8480	2,30103	5,00000	628,32	31415,9	**200**

n	n^2	n^3	$\sqrt{n}$	$\sqrt[3]{n}$	$\log n$	$\frac{1000}{n}$	πn	$\frac{\pi n^2}{4}$	n
200	40000	8000000	14,1421	5,8480	2,30103	5,00000	628,32	31415,9	**200**
201	40401	8120601	14,1774	5,8578	2,30320	4,97512	631,46	31730,9	201
202	40804	8242408	14,2127	5,8675	2,30535	4,95050	634,60	32047,4	202
203	41209	8365427	14,2478	5,8771	2,30750	4,92611	637,74	32365,5	203
204	41616	8489664	14,2829	5,8868	2,30963	4,90196	640,88	32685,1	204
205	42025	8615125	14,3178	5,8964	2,31175	4,87805	644,03	33006,4	205
206	42436	8741816	14,3527	5,9059	2,31387	4,85437	647,17	33329,2	206
207	42849	8869743	14,3875	5,9155	2,31597	4,83092	650,31	33653,5	207
208	43264	8998912	14,4222	5,9250	2,31806	4,80769	653,45	33979,5	208
209	43681	9129329	14,4568	5,9345	2,32015	4,78469	656,59	34307,0	209
210	44100	9261000	14,4914	5,9439	2,32222	4,76190	659,73	34636,1	**210**
211	44521	9393931	14,5258	5,9533	2,32428	4,73934	662,88	34966,7	211
212	44944	9528128	14,5602	5,9627	2,32634	4,71698	666,02	35298,9	212
213	45369	9663597	14,5945	5,9721	2,32838	4,69484	669,16	35632,7	213
214	45796	9800344	14,6287	5,9814	2,33041	4,67290	672,30	35968,1	214
215	46225	9938375	14,6629	5,9907	2,33244	4,65116	675,44	36305,0	215
216	46656	10077696	14,6969	6,0000	2,33445	4,62963	678,58	36643,5	216
217	47089	10218313	14,7309	6,0092	2,33646	4,60829	681,73	36983,6	217
218	47524	10360232	14,7648	6,0185	2,33846	4,58716	684,87	37325,3	218
219	47961	10503459	14,7986	6,0277	2,34044	4,56621	688,01	37668,5	219
220	48400	10648000	14,8324	6,0368	2,34242	4,54545	691,15	38013,3	**220**
221	48841	10793861	14,8661	6,0459	2,34439	4,52489	694,29	38359,6	221
222	49284	10941048	14,8997	6,0550	2,34635	4,50450	697,43	38707,6	222
223	49729	11089567	14,9332	6,0641	2,34830	4,48430	700,58	39057,1	223
224	50176	11239424	14,9666	6,0732	2,35025	4,46429	703,72	39408,1	224
225	50625	11390625	15,0000	6,0822	2,35218	4,44444	706,86	39760,8	225
226	51076	11543176	15,0333	6,0912	2,35411	4,42478	710,00	40115,0	226
227	51529	11697083	15,0665	6,1002	2,35603	4,40529	713,14	40470,8	227
228	51984	11852352	15,0997	6,1091	2,35793	4,38596	716,28	40828,1	228
229	52441	12008989	15,1327	6,1180	2,35984	4,36681	719,42	41187,1	229
230	52900	12167000	15,1658	6,1269	2,36173	4,34783	722,57	41547,6	**230**
231	53361	12326391	15,1987	6,1358	2,36361	4,32900	725,71	41909,6	231
232	53824	12487168	15,2315	6,1446	2,36549	4,31034	728,85	42273,3	232
233	54289	12649337	15,2643	6,1534	2,36736	4,29185	731,99	42638,5	233
234	54756	12812904	15,2971	6,1622	2,36922	4,27350	735,13	43005,3	234
235	55225	12977875	15,3297	6,1710	2,37107	4,25532	738,27	43373,6	235
236	55696	13144256	15,3623	6,1797	2,37291	4,23729	741,42	43743,5	236
237	56169	13312053	15,3948	6,1885	2,37475	4,21941	744,56	44115,0	237
238	56644	13481272	15,4272	6,1972	2,37658	4,20168	747,70	44488,1	238
239	57121	13651919	15,4596	6,2058	2,37840	4,18410	750,84	44862,7	239
240	57600	13824000	15,4919	6,2145	2,38021	4,16667	753,98	45238,9	**240**
241	58081	13997521	15,5242	6,2231	2,38202	4,14938	757,12	45616,7	241
242	58564	14172488	15,5563	6,2317	2,38382	4,13223	760,27	45996,1	242
243	59049	14348907	15,5885	6,2403	2,38561	4,11523	763,41	46377,0	243
244	59536	14526784	15,6205	6,2488	2,38739	4,09836	766,55	46759,5	244
245	60025	14706125	15,6525	6,2573	2,38917	4,08163	769,69	47143,5	245
246	60516	14886936	15,6844	6,2658	2,39094	4,06504	772,83	47529,2	246
247	61009	15069223	15,7162	6,2743	2,39270	4,04858	775,97	47916,4	247
248	61504	15252992	15,7480	6,2828	2,39445	4,03226	779,11	48305,1	248
249	62001	15438249	15,7797	6,2912	2,39620	4,01606	782,26	48695,5	249
250	62500	15625000	15,8114	6,2996	2,39794	4,00000	785,40	49087,4	**250**

n	n^2	n^3	$\sqrt{n}$	$\sqrt[3]{n}$	$\log n$	$\frac{1000}{n}$	πn	$\frac{\pi n^2}{4}$	n
250	62500	15625000	15,8114	6,2996	2,39794	4,00000	785,40	49087,4	**250**
251	63001	15813251	15,8430	6,3080	2,39967	3,98406	788,54	49480,9	251
252	63504	16003008	15,8745	6,3164	2,40140	3,96825	791,68	49875,9	252
253	64009	16194277	15,9060	6,3247	2,40312	3,95257	794,82	50272,6	253
254	64516	16387064	15,9374	6,3330	2,40483	3,93701	797,96	50670,7	254
255	65025	16581375	15,9687	6,3413	2,40654	3,92157	801,11	51070,5	255
256	65536	16777216	16,0000	6,3496	2,40824	3,90625	804,25	51471,9	256
257	66049	16974593	16,0312	6,3579	2,40993	3,89105	807,39	51874,8	257
258	66564	17173512	16,0624	6,3661	2,41162	3,87597	810,53	52279,2	258
259	67081	17373979	16,0935	6,3743	2,41330	3,86100	813,67	52685,3	259
260	67600	17576000	16,1245	6,3825	2,41497	3,84615	816,81	53092,9	**260**
261	68121	17779581	16,1555	6,3907	2,41664	3,83142	819,96	53502,1	261
262	68644	17984728	16,1864	6,3988	2,41830	3,81679	823,10	53912,9	262
263	69169	18191447	16,2173	6,4070	2,41996	3,80228	826,24	54325,2	263
264	69696	18399744	16,2481	6,4151	2,42160	3,78788	829,38	54739,1	264
265	70225	18609625	16,2788	6,4232	2,42325	3,77358	832,52	55154,6	265
266	70756	18821096	16,3095	6,4312	2,42488	3,75940	835,66	55571,6	266
267	71289	19034163	16,3401	6,4393	2,42651	3,74532	838,81	55990,2	267
268	71824	19248832	16,3707	6,4473	2,42813	3,73134	841,95	56410,4	268
269	72361	19465109	16,4012	6,4553	2,42975	3,71747	845,09	56832,2	269
270	72900	19683000	16,4317	6,4633	2,43136	3,70370	848,23	57255,5	**270**
271	73441	19902511	16,4621	6,4713	2,43297	3,69004	851,37	57680,4	271
272	73984	20123648	16,4924	6,4792	2,43457	3,67647	854,51	58106,9	272
273	74529	20346417	16,5227	6,4872	2,43616	3,66300	857,65	58534,9	273
274	75076	20570824	16,5529	6,4951	2,43775	3,64964	860,80	58964,6	274
275	75625	20796875	16,5831	6,5030	2,43933	3,63636	863,94	59395,7	275
276	76176	21024576	16,6132	6,5108	2,44091	3,62319	867,08	59828,5	276
277	76729	21253933	16,6433	6,5187	2,44248	3,61011	870,22	60262,8	277
278	77284	21484952	16,6733	6,5265	2,44404	3,59712	873,36	60698,7	278
279	77841	21717639	16,7033	6,5343	2,44560	3,58423	876,50	61136,2	279
280	78400	21952000	16,7332	6,5421	2,44716	3,57143	879,65	61575,2	**280**
281	78961	22188041	16,7631	6,5499	2,44871	3,55872	882,79	62015,8	281
282	79524	22425768	16,7929	6,5577	2,45025	3,54610	885,93	62458,0	282
283	80089	22665187	16,8226	6,5654	2,45179	3,53357	889,07	62901,8	283
284	80656	22906304	16,8523	6,5731	2,45332	3,52113	892,21	63347,1	284
285	81225	23149125	16,8819	6,5808	2,45484	3,50877	895,35	63794,0	285
286	81796	23393656	16,9115	6,5885	2,45637	3,49650	898,50	64242,4	286
287	82369	23639903	16,9411	6,5962	2,45788	3,48432	901,64	64692,5	287
288	82944	23887872	16,9706	6,6039	2,45939	3,47222	904,78	65144,1	288
289	83521	24137569	17,0000	6,6115	2,46090	3,46021	907,92	65597,2	289
290	84100	24389000	17,0294	6,6191	2,46240	3,44828	911,06	66052,0	**290**
291	84681	24642171	17,0587	6,6267	2,46389	3,43643	914,20	66508,3	291
292	85264	24897088	17,0880	6,6343	2,46538	3,42466	917,35	66966,2	292
293	85849	25153757	17,1172	6,6419	2,46687	3,41297	920,49	67425,6	293
294	86436	25412184	17,1464	6,6494	2,46835	3,40136	923,63	67886,7	294
295	87025	25672375	17,1756	6,6569	2,46982	3,38983	926,77	68349,3	295
296	87616	25934336	17,2047	6,6644	2,47129	3,37838	929,91	68813,4	296
297	88209	26198073	17,2337	6,6719	2,47276	3,36700	933,05	69279,2	297
298	88804	26463592	17,2627	6,6794	2,47422	3,35570	936,19	69746,5	298
299	89401	26730899	17,2916	6,6869	2,47567	3,34448	939,34	70215,4	299
300	90000	27000000	17,3205	6,6943	2,47712	3,33333	942,48	70685,8	**300**

n	n^2	n^3	$\sqrt{n}$	$\sqrt[3]{n}$	$\log n$	$\frac{1000}{n}$	πn	$\frac{\pi n^2}{4}$	n
300	90000	27000000	17,3205	6,6943	2,47712	3,33333	942,48	70685,8	**300**
301	90601	27270901	17,3494	6,7018	2,47857	3,32226	945,62	71157,9	301
302	91204	27543608	17,3781	6,7092	2,48001	3,31126	948,76	71631,5	302
303	91809	27818127	17,4069	6,7166	2,48144	3,30033	951,90	72106,6	303
304	92416	28094464	17,4356	6,7240	2,48287	3,28947	955,04	72583,4	304
305	93025	28372625	17,4642	6,7313	2,48430	3,27869	958,19	73061,7	305
306	93636	28652616	17,4929	6,7387	2,48572	3,26797	961,33	73541,5	306
307	94249	28934443	17,5214	6,7460	2,48714	3,25733	964,47	74023,0	307
308	94864	29218112	17,5499	6,7533	2,48855	3,24675	967,61	74506,0	308
309	95481	29503629	17,5784	6,7606	2,48996	3,23625	970,75	74990,6	309
310	96100	29791000	17,6068	6,7679	2,49136	3,22581	973,89	75476,8	**310**
311	96721	30080231	17,6352	6,7752	2,49276	3,21543	977,04	75964,5	311
312	97344	30371328	17,6635	6,7824	2,49415	3,20513	980,18	76453,8	312
313	97969	30664297	17,6918	6,7897	2,49554	3,19489	983,32	76944,7	313
314	98596	30959144	17,7200	6,7969	2,49693	3,18471	986,46	77437,1	314
315	99225	31255875	17,7482	6,8041	2,49831	3,17460	989,60	77931,1	315
316	99856	31554496	17,7764	6,8113	2,49969	3,16456	992,74	78426,7	316
317	100489	31855013	17,8045	6,8185	2,50106	3,15457	995,88	78923,9	317
318	101124	32157432	17,8326	6,8256	2,50243	3,14465	999,03	79422,6	318
319	101761	32461759	17,8606	6,8328	2,50379	3,13480	1002,2	79922,9	319
320	102400	32768000	17,8885	6,8399	2,50515	3,12500	1005,3	80424,8	**320**
321	103041	33076161	17,9165	6,8470	2,50651	3,11526	1008,5	80928,2	321
322	103684	33386248	17,9444	6,8541	2,50786	3,10559	1011,6	81433,2	322
323	104329	33698267	17,9722	6,8612	2,50920	3,09598	1014,7	81939,8	323
324	104976	34012224	18,0000	6,8683	2,51055	3,08642	1017,9	82448,0	324
325	105625	34328125	18,0278	6,8753	2,51188	3,07692	1021,0	82957,7	325
326	106276	34645976	18,0555	6,8824	2,51322	3,06748	1024,2	83469,0	326
327	106929	34965783	18,0831	6,8894	2,51455	3,05810	1027,3	83981,8	327
328	107584	35287552	18,1108	6,8964	2,51587	3,04878	1030,4	84496,3	328
329	108241	35611289	18,1384	6,9034	2,51720	3,03951	1033,6	85012,3	329
330	108900	35937000	18,1659	6,9104	2,51851	3,03030	1036,7	85529,9	**330**
331	109561	36264691	18,1934	6,9174	2,51983	3,02115	1039,9	86049,0	331
332	110224	36594368	18,2209	6,9244	2,52114	3,01205	1043,0	86569,7	332
333	110889	36926037	18,2483	6,9313	2,52244	3,00300	1046,2	87092,0	333
334	111556	37259704	18,2757	6,9382	2,52375	2,99401	1049,3	87615,9	334
335	112225	37595375	18,3030	6,9451	2,52504	2,98507	1052,4	88141,3	335
336	112896	37933056	18,3303	6,9521	2,52634	2,97619	1055,6	88668,3	336
337	113569	38272753	18,3576	6,9589	2,52763	2,96736	1058,7	89196,9	337
338	114244	38614472	18,3848	6,9658	2,52892	2,95858	1061,9	89727,0	338
339	114921	38958219	18,4120	6,9727	2,53020	2,94985	1065,0	90258,7	339
340	115600	39304000	18,4391	6,9795	2,53148	2,94118	1068,1	90792,0	**340**
341	116281	39651821	18,4662	6,9864	2,53275	2,93255	1071,3	91326,9	341
342	116964	40001688	18,4932	6,9932	2,53403	2,92398	1074,4	91863,3	342
343	117649	40353607	18,5203	7,0000	2,53529	2,91545	1077,6	92401,3	343
344	118336	40707584	18,5472	7,0068	2,53656	2,90698	1080,7	92940,9	344
345	119025	41063625	18,5742	7,0136	2,53782	2,89855	1083,8	93482,0	345
346	119716	41421736	18,6011	7,0203	2,53908	2,89017	1087,0	94024,7	346
347	120409	41781923	18,6279	7,0271	2,54033	2,88184	1090,1	94569,0	347
348	121104	42144192	18,6548	7,0338	2,54158	2,87356	1093,3	95114,9	348
349	121801	42508549	18,6815	7,0406	2,54283	2,86533	1096,4	95662,3	349
350	122500	42875000	18,7083	7,0473	2,54407	2,85714	1099,6	96211,3	**350**

n	n^2	n^3	$\sqrt{n}$	$\sqrt[3]{n}$	$\log n$	$\frac{1000}{n}$	πn	$\frac{\pi n^2}{4}$	n
350	122500	42875000	18,7083	7,0473	2,54407	2,85714	1099,6	96211,3	**350**
351	123201	43243551	18,7350	7,0540	2,54531	2,84900	1102,7	96761,8	351
352	123904	43614208	18,7617	7,0607	2,54654	2,84091	1105,8	97314,0	352
353	124609	43986977	18,7883	7,0674	2,54777	2,83286	1109,0	97867,7	353
354	125316	44361864	18,8149	7,0740	2,54900	2,82486	1112,1	98423,0	354
355	126025	44738875	18,8414	7,0807	2,55023	2,81690	1115,3	98979,8	355
356	126736	45118016	18,8680	7,0873	2,55145	2,80899	1118,4	99538,2	356
357	127449	45499293	18,8944	7,0940	2,55267	2,80112	1121,5	100098	357
358	128164	45882712	18,9209	7,1006	2,55388	2,79330	1124,7	100660	358
359	128881	46268279	18,9473	7,1072	2,55509	2,78552	1127,8	101223	359
360	129600	46656000	18,9737	7,1138	2,55630	2,77778	1131,0	101788	**360**
361	130321	47045881	19,0000	7,1204	2,55751	2,77008	1134,1	102354	361
362	131044	47437928	19,0263	7,1269	2,55871	2,76243	1137,3	102922	362
363	131769	47832147	19,0526	7,1335	2,55991	2,75482	1140,4	103491	363
364	132496	48228544	19,0788	7,1400	2,56110	2,74725	1143,5	104062	364
365	133225	48627125	19,1050	7,1466	2,56229	2,73973	1146,7	104635	365
366	133956	49027896	19,1311	7,1531	2,56348	2,73224	1149,8	105209	366
367	134689	49430863	19,1572	7,1596	2,56467	2,72480	1153,0	105785	367
368	135424	49836032	19,1833	7,1661	2,56585	2,71739	1156,1	106362	368
369	136161	50243409	19,2094	7,1726	2,56703	2,71003	1159,2	106941	369
370	136900	50653000	19,2354	7,1791	2,56820	2,70270	1162,4	107521	**370**
371	137641	51064811	19,2614	7,1855	2,56937	2,69542	1165,5	108103	371
372	138384	51478848	19,2873	7,1920	2,57054	2,68817	1168,7	108687	372
373	139129	51895117	19,3132	7,1984	2,57171	2,68097	1171,8	109272	373
374	139876	52313624	19,3391	7,2048	2,57287	2,67380	1175,0	109858	374
375	140625	52734375	19,3649	7,2112	2,57403	2,66667	1178,1	110447	375
376	141376	53157376	19,3907	7,2177	2,57519	2,65957	1181,2	111036	376
377	142129	53582633	19,4165	7,2240	2,57634	2,65252	1184,4	111628	377
378	142884	54010152	19,4422	7,2304	2,57749	2,64550	1187,5	112221	378
379	143641	54439939	19,4679	7,2368	2,57864	2,63852	1190,7	112815	379
380	144400	54872000	19,4936	7,2432	2,57978	2,63158	1193,8	113411	**380**
381	145161	55306341	19,5192	7,2495	2,58092	2,62467	1196,9	114009	381
382	145924	55742968	19,5448	7,2558	2,58206	2,61780	1200,1	114608	382
383	146689	56181887	19,5704	7,2622	2,58320	2,61097	1203,2	115209	383
384	147456	56623104	19,5959	7,2685	2,58433	2,60417	1206,4	115812	384
385	148225	57066625	19,6214	7,2748	2,58546	2,59740	1209,5	116416	385
386	148996	57512456	19,6469	7,2811	2,58659	2,59067	1212,7	117021	386
387	149769	57960603	19,6723	7,2874	2,58771	2,58398	1215,8	117628	387
388	150544	58411072	19,6977	7,2936	2,58883	2,57732	1218,9	118237	388
389	151321	58863869	19,7231	7,2999	2,58995	2,57069	1222,1	118847	389
390	152100	59319000	19,7484	7,3061	2,59106	2,56410	1225,2	119459	**390**
391	152881	59776471	19,7737	7,3124	2,59218	2,55754	1228,4	120072	391
392	153664	60236288	19,7990	7,3186	2,59329	2,55102	1231,5	120687	392
393	154449	60698457	19,8242	7,3248	2,59439	2,54453	1234,6	121304	393
394	155236	61162984	19,8494	7,3310	2,59550	2,53807	1237,8	121922	394
395	156025	61629875	19,8746	7,3372	2,59660	2,53165	1240,9	122542	395
396	156816	62099136	19,8997	7,3434	2,59770	2,52525	1244,1	123163	396
397	157609	62570773	19,9249	7,3496	2,59879	2,51889	1247,2	123786	397
398	158404	63044792	19,9499	7,3558	2,59988	2,51256	1250,4	124410	398
399	159201	63521199	19,9750	7,3619	2,60097	2,50627	1253,5	125036	399
400	160000	64000000	20,0000	7,3681	2,60206	2,50000	1256,6	125664	**400**

n	n^2	n^3	$\sqrt{n}$	$\sqrt[3]{n}$	$\log n$	$\frac{1000}{n}$	πn	$\frac{\pi n^2}{4}$	n
400	160000	64000000	20,0000	7,3681	2,60206	2,50000	1256,6	125664	**400**
401	160801	64481201	20,0250	7,3742	2,60314	2,49377	1259,8	126293	401
402	161604	64964808	20,0499	7,3803	2,60423	2,48756	1262,9	126923	402
403	162409	65450827	20,0749	7,3864	2,60531	2,48139	1266,1	127556	403
404	163216	65939264	20,0998	7,3925	2,60638	2,47525	1269,2	128190	404
405	164025	66430125	20,1246	7,3986	2,60746	2,46914	1272,3	128825	405
406	164836	66923416	20,1494	7,4047	2,60853	2,46305	1275,5	129462	406
407	165649	67419143	20,1742	7,4108	2,60959	2,45700	1278,6	130100	407
408	166464	67917312	20,1990	7,4169	2,61066	2,45098	1281,8	130741	408
409	167281	68417929	20,2237	7,4229	2,61172	2,44499	1284,9	131382	409
410	168100	68921000	20,2485	7,4290	2,61278	2,43902	1288,1	132025	**410**
411	168921	69426531	20,2731	7,4350	2,61384	2,43309	1291,2	132670	411
412	169744	69934528	20,2978	7,4410	2,61490	2,42718	1294,3	133317	412
413	170569	70444997	20,3224	7,4470	2,61595	2,42131	1297,5	133965	413
414	171396	70957944	20,3470	7,4530	2,61700	2,41546	1300,6	134614	414
415	172225	71473375	20,3715	7,4590	2,61805	2,40964	1303,8	135265	415
416	173056	71991296	20,3961	7,4650	2,61909	2,40385	1306,9	135918	416
417	173889	72511713	20,4206	7,4710	2,62014	2,39808	1310,0	136572	417
418	174724	73034632	20,4450	7,4770	2,62118	2,39234	1313,2	137228	418
419	175561	73560059	20,4695	7,4829	2,62221	2,38663	1316,3	137885	419
420	176400	74088000	20,4939	7,4889	2,62325	2,38095	1319,5	138544	**420**
421	177241	74618461	20,5183	7,4948	2,62428	2,37530	1322,6	139205	421
422	178084	75151448	20,5426	7,5007	2,62531	2,36967	1325,8	139867	422
423	178929	75686967	20,5670	7,5067	2,62634	2,36407	1328,9	140531	423
424	179776	76225024	20,5913	7,5126	2,62737	2,35849	1332,0	141196	424
425	180625	76765625	20,6155	7,5185	2,62839	2,35294	1335,2	141863	425
426	181476	77308776	20,6398	7,5244	2,62941	2,34742	1338,3	142531	426
427	182329	77854483	20,6640	7,5302	2,63043	2,34192	1341,5	143201	427
428	183184	78402752	20,6882	7,5361	2,63144	2,33645	1344,6	143872	428
429	184041	78953589	20,7123	7,5420	2,63246	2,33100	1347,7	144545	429
430	184900	79507000	20,7364	7,5478	2,63347	2,32558	1350,9	145220	**430**
431	185761	80062991	20,7605	7,5537	2,63448	2,32019	1354,0	145896	431
432	186624	80621568	20,7846	7,5595	2,63548	2,31481	1357,2	146574	432
433	187489	81182737	20,8087	7,5654	2,63649	2,30947	1360,3	147254	433
434	188356	81746504	20,8327	7,5712	2,63749	2,30415	1363,5	147934	434
435	189225	82312875	20,8567	7,5770	2,63849	2,29885	1366,6	148617	435
436	190096	82881856	20,8806	7,5828	2,63949	2,29358	1369,7	149301	436
437	190969	83453453	20,9045	7,5886	2,64048	2,28833	1372,9	149987	437
438	191844	84027672	20,9284	7,5944	2,64147	2,28311	1376,0	150674	438
439	192721	84604519	20,9523	7,6001	2,64246	2,27790	1379,2	151363	439
440	193600	85184000	20,9762	7,6059	2,64345	2,27273	1382,3	152053	**440**
441	194481	85766121	21,0000	7,6117	2,64444	2,26757	1385,4	152745	441
442	195364	86350888	21,0238	7,6174	2,64542	2,26244	1388,6	153439	442
443	196249	86938307	21,0476	7,6232	2,64640	2,25734	1391,7	154134	443
444	197136	87528384	21,0713	7,6289	2,64738	2,25225	1394,9	154830	444
445	198025	88121125	21,0950	7,6346	2,64836	2,24719	1398,0	155528	445
446	198916	88716536	21,1187	7,6403	2,64933	2,24215	1401,2	156228	446
447	199809	89314623	21,1424	7,6460	2,65031	2,23714	1404,3	156930	447
448	200704	89915392	21,1660	7,6517	2,65128	2,23214	1407,4	157633	448
449	201601	90518849	21,1896	7,6574	2,65225	2,22717	1410,6	158337	449
450	202500	91125000	21,2132	7,6631	2,65321	2,22222	1413,7	159043	**450**

n	n^2	n^3	$\sqrt{n}$	$\sqrt[3]{n}$	$\log n$	$\frac{1000}{n}$	πn	$\frac{\pi n^2}{4}$	n
450	202500	91125000	21,2132	7,6631	2,65321	2,22222	1413,7	159043	**450**
451	203401	91733851	21,2368	7,6688	2,65418	2,21729	1416,9	159751	451
452	204304	92345408	21,2603	7,6744	2,65514	2,21239	1420,0	160460	452
453	205209	92959677	21,2838	7,6801	2,65610	2,20751	1423,1	161171	453
454	206116	93576664	21,3073	7,6857	2,65706	2,20264	1426,3	161883	454
455	207025	94196375	21,3307	7,6914	2,65801	2,19780	1429,4	162597	455
456	207936	94818816	21,3542	7,6970	2,65896	2,19298	1432,6	163313	456
457	208849	95443993	21,3776	7,7026	2,65992	2,18818	1435,7	164030	457
458	209764	96071912	21,4009	7,7082	2,66087	2,18341	1438,8	164748	458
459	210681	96702579	21,4243	7,7138	2,66181	2,17865	1442,0	165468	459
460	211600	97336000	21,4476	7,7194	2,66276	2,17391	1445,1	166190	**460**
461	212521	97972181	21,4709	7,7250	2,66370	2,16920	1448,3	166914	461
462	213444	98611128	21,4942	7,7306	2,66464	2,16450	1451,4	167639	462
463	214369	99252847	21,5174	7,7362	2,66558	2,15983	1454,6	168365	463
464	215296	99897344	21,5407	7,7418	2,66652	2,15517	1457,7	169093	464
465	216225	100544625	21,5639	7,7473	2,66745	2,15054	1460,8	169823	465
466	217156	101194696	21,5870	7,7529	2,66839	2,14592	1464,0	170554	466
467	218089	101847563	21,6102	7,7584	2,66932	2,14133	1467,1	171287	467
468	219024	102503232	21,6333	7,7639	2,67025	2,13675	1470,3	172021	468
469	219961	103161709	21,6564	7,7695	2,67117	2,13220	1473,4	172757	469
470	220900	103823000	21,6795	7,7750	2,67210	2,12766	1476,5	173494	**470**
471	221841	104487111	21,7025	7,7805	2,67302	2,12314	1479,7	174234	471
472	222784	105154048	21,7256	7,7860	2,67394	2,11864	1482,8	174974	472
473	223729	105823817	21,7486	7,7915	2,67486	2,11416	1486,0	175716	473
474	224676	106496424	21,7715	7,7970	2,67578	2,10970	1489,1	176460	474
475	225625	107171875	21,7945	7,8025	2,67669	2,10526	1492,3	177205	475
476	226576	107850176	21,8174	7,8079	2,67761	2,10084	1495,4	177952	476
477	227529	108531333	21,8403	7,8134	2,67852	2,09644	1498,5	178701	477
478	228484	109215352	21,8632	7,8188	2,67943	2,09205	1501,7	179451	478
479	229441	109902239	21,8861	7,8243	2,68034	2,08768	1504,8	180203	479
480	230400	110592000	21,9089	7,8297	2,68124	2,08333	1508,0	180956	**480**
481	231361	111284641	21,9317	7,8352	2,68215	2,07900	1511,1	181711	481
482	232324	111980168	21,9545	7,8406	2,68305	2,07469	1514,2	182467	482
483	233289	112678587	21,9773	7,8460	2,68395	2,07039	1517,4	183225	483
484	234256	113379904	22,0000	7,8514	2,68485	2,06612	1520,5	183984	484
485	235225	114084125	22,0227	7,8568	2,68574	2,06186	1523,7	184745	485
486	236196	114791256	22,0454	7,8622	2,68664	2,05761	1526,8	185508	486
487	237169	115501303	22,0681	7,8676	2,68753	2,05339	1530,0	186272	487
488	238144	116214272	22,0907	7,8730	2,68842	2,04918	1533,1	187038	488
489	239121	116930169	22,1133	7,8784	2,68931	2,04499	1536,2	187805	489
490	240100	117649000	22,1359	7,8837	2,69020	2,04082	1539,4	188574	**490**
491	241081	118370771	22,1585	7,8891	2,69108	2,03666	1542,5	189345	491
492	242064	119095488	22,1811	7,8944	2,69197	2,03252	1545,7	190117	492
493	243049	119823157	22,2036	7,8998	2,69285	2,02840	1548,8	190890	493
494	244036	120553784	22,2261	7,9051	2,69373	2,02429	1551,9	191665	494
495	245025	121287375	22,2486	7,9105	2,69461	2,02020	1555,1	192442	495
496	246016	122023936	22,2711	7,9158	2,69548	2,01613	1558,2	193221	496
497	247009	122763473	22,2935	7,9211	2,69636	2,01207	1561,4	194000	497
498	248004	123505992	22,3159	7,9264	2,69723	2,00803	1564,5	194782	498
499	249001	124251499	22,3383	7,9317	2,69810	2,00401	1567,7	195565	499
500	250000	125000000	22,3607	7,9370	2,69897	2,00000	1570,8	196350	**500**

n	n^2	n^3	$\sqrt{n}$	$\sqrt[3]{n}$	$\log n$	$\frac{1000}{n}$	πn	$\frac{\pi n^2}{4}$	n
500	250000	125000000	22,3607	7,9370	2,69897	2,00000	1570,8	196350	**500**
501	251001	125751501	22,3830	7,9423	2,69984	1,99601	1573,9	197136	501
502	252004	126506008	22,4054	7,9476	2,70070	1,99203	1577,1	197923	502
503	253009	127263527	22,4277	7,9528	2,70157	1,98807	1580,2	198713	503
504	254016	128024064	22,4499	7,9581	2,70243	1,98413	1583,4	199504	504
505	255025	128787625	22,4722	7,9634	2,70329	1,98020	1586,5	200296	505
506	256036	129554216	22,4944	7,9686	2,70415	1,97628	1589,6	201090	506
507	257049	130323843	22,5167	7,9739	2,70501	1,97239	1592,8	201886	507
508	258064	131096512	22,5389	7,9791	2,70586	1,96850	1595,9	202683	508
509	259081	131872229	22,5610	7,9843	2,70672	1,96464	1599,1	203482	509
510	260100	132651000	22,5832	7,9896	2,70757	1,96078	1602,2	204282	**510**
511	261121	133432831	22,6053	7,9948	2,70842	1,95695	1605,4	205084	511
512	262144	134217728	22,6274	8,0000	2,70927	1,95312	1608,5	205887	512
513	263169	135005697	22,6495	8,0052	2,71012	1,94932	1611,6	206692	513
514	264196	135796744	22,6716	8,0104	2,71096	1,94553	1614,8	207499	514
515	265225	136590875	22,6936	8,0156	2,71181	1,94175	1617,9	208307	515
516	266256	137388096	22,7156	8,0208	2,71265	1,93798	1621,1	209117	516
517	267289	138188413	22,7376	8,0260	2,71349	1,93424	1624,2	209928	517
518	268324	138991832	22,7596	8,0311	2,71433	1,93050	1627,3	210741	518
519	269361	139798359	22,7816	8,0363	2,71517	1,92678	1630,5	211556	519
520	270400	140608000	22,8035	8,0415	2,71600	1,92308	1633,6	212372	**520**
521	271441	141420761	22,8254	8,0466	2,71684	1,91939	1636,8	213189	521
522	272484	142236648	22,8473	8,0517	2,71767	1,91571	1639,9	214008	522
523	273529	143055667	22,8692	8,0569	2,71850	1,91205	1643,1	214829	523
524	274576	143877824	22,8910	8,0620	2,71933	1,90840	1646,2	215651	524
525	275625	144703125	22,9129	8,0671	2,72016	1,90476	1649,3	216475	525
526	276676	145531576	22,9347	8,0723	2,72099	1,90114	1652,5	217301	526
527	277729	146363183	22,9565	8,0774	2,72181	1,89753	1655,6	218128	527
528	278784	147197952	22,9783	8,0825	2,72263	1,89394	1658,8	218956	528
529	279841	148035889	23,0000	8,0876	2,72346	1,89036	1661,9	219787	529
530	280900	148877000	23,0217	8,0927	2,72428	1,88679	1665,0	220618	**530**
531	281961	149721291	23,0434	8,0978	2,72509	1,88324	1668,2	221452	531
532	283024	150568768	23,0651	8,1028	2,72591	1,87970	1671,3	222287	532
533	284089	151419437	23,0868	8,1079	2,72673	1,87617	1674,5	223123	533
534	285156	152273304	23,1084	8,1130	2,72754	1,87266	1677,6	223961	534
535	286225	153130375	23,1301	8,1180	2,72835	1,86916	1680,8	224801	535
536	287296	153990656	23,1517	8,1231	2,72916	1,86567	1683,9	225642	536
537	288369	154854153	23,1733	8,1281	2,72997	1,86220	1687,0	226484	537
538	289444	155720872	23,1948	8,1332	2,73078	1,85874	1690,2	227329	538
539	290521	156590819	23,2164	8,1382	2,73159	1,85529	1693,3	228175	539
540	291600	157464000	23,2379	8,1433	2,73239	1,85185	1696,5	229022	**540**
541	292681	158340421	23,2594	8,1483	2,73320	1,84843	1699,6	229871	541
542	293764	159220088	23,2809	8,1533	2,73400	1,84502	1702,7	230722	542
543	294849	160103007	23,3024	8,1583	2,73480	1,84162	1705,9	231574	543
544	295936	160989184	23,3238	8,1633	2,73560	1,83824	1709,0	232428	544
545	297025	161878625	23,3452	8,1683	2,73640	1,83486	1712,2	233283	545
546	298116	162771336	23,3666	8,1733	2,73719	1,83150	1715,3	234140	546
547	299209	163667323	23,3880	8,1783	2,73799	1,82815	1718,5	234998	547
548	300304	164566592	23,4094	8,1833	2,73878	1,82482	1721,6	235858	548
549	301401	165469149	23,4307	8,1882	2,73957	1,82149	1724,7	236720	549
550	302500	166375000	23,4521	8,1932	2,74036	1,81818	1727,9	237583	**550**

n	n^2	n^3	$\sqrt{n}$	$\sqrt[3]{n}$	$\log n$	$\frac{1000}{n}$	πn	$\frac{\pi n^2}{4}$	n
550	302500	166375000	23,4521	8,1932	2,74036	1,81818	1727,9	237583	**550**
551	303601	167284151	23,4734	8,1982	2,74115	1,81488	1731,0	238448	551
552	304704	168196608	23,4947	8,2031	2,74194	1,81159	1734,2	239314	552
553	305809	169112377	23,5160	8,2081	2,74273	1,80832	1737,3	240182	553
554	306916	170031464	23,5372	8,2130	2,74351	1,80505	1740,4	241051	554
555	308025	170953875	23,5584	8,2180	2,74429	1,80180	1743,6	241922	555
556	309136	171879616	23,5797	8,2229	2,74507	1,79856	1746,7	242795	556
557	310249	172808693	23,6008	8,2278	2,74586	1,79533	1749,9	243669	557
558	311364	173741112	23,6220	8,2327	2,74663	1,79211	1753,0	244545	558
559	312481	174676879	23,6432	8,2377	2,74741	1,78891	1756,2	245422	559
560	313600	175616000	23,6643	8,2426	2,74819	1,78571	1759,3	246301	**560**
561	314721	176558481	23,6854	8,2475	2,74896	1,78253	1762,4	247181	561
562	315844	177504328	23,7065	8,2524	2,74974	1,77936	1765,6	248063	562
563	316969	178453547	23,7276	8,2573	2,75051	1,77620	1768,7	248947	563
564	318096	179406144	23,7487	8,2621	2,75128	1,77305	1771,9	249832	564
565	319225	180362125	23,7697	8,2670	2,75205	1,76991	1775,0	250719	565
566	320356	181321496	23,7908	8,2719	2,75282	1,76678	1778,1	251607	566
567	321489	182284263	23,8118	8,2768	2,75358	1,76367	1781,3	252497	567
568	322624	183250432	23,8328	8,2816	2,75435	1,76056	1784,4	253388	568
569	323761	184220009	23,8537	8,2865	2,75511	1,75747	1787,6	254281	569
570	324900	185193000	23,8747	8,2913	2,75587	1,75439	1790,7	255176	**570**
571	326041	186169411	23,8956	8,2962	2,75664	1,75131	1793,8	256072	571
572	327184	187149248	23,9165	8,3010	2,75740	1,74825	1797,0	256970	572
573	328329	188132517	23,9374	8,3059	2,75815	1,74520	1800,1	257869	573
574	329476	189119224	23,9583	8,3107	2,75891	1,74216	1803,3	258770	574
575	330625	190109375	23,9792	8,3155	2,75967	1,73913	1806,4	259672	575
576	331776	191102976	24,0000	8,3203	2,76042	1,73611	1809,6	260576	576
577	332929	192100033	24,0208	8,3251	2,76118	1,73310	1812,7	261482	577
578	334084	193100552	24,0416	8,3300	2,76193	1,73010	1815,8	262389	578
579	335241	194104539	24,0624	8,3348	2,76268	1,72712	1819,0	263298	579
580	336400	195112000	24,0832	8,3396	2,76343	1,72414	1822,1	264208	**580**
581	337561	196122941	24,1039	8,3443	2,76418	1,72117	1825,3	265120	581
582	338724	197137368	24,1247	8,3491	2,76492	1,71821	1828,4	266033	582
583	339889	198155287	24,1454	8,3539	2,76567	1,71527	1831,6	266948	583
584	341056	199176704	24,1661	8,3587	2,76641	1,71233	1834,7	267865	584
585	342225	200201625	24,1868	8,3634	2,76716	1,70940	1837,8	268783	585
586	343396	201230056	24,2074	8,3682	2,76790	1,70648	1841,0	269703	586
587	344569	202262003	24,2281	8,3730	2,76864	1,70358	1844,1	270624	587
588	345744	203297472	24,2487	8,3777	2,76938	1,70068	1847,3	271547	588
589	346921	204336469	24,2693	8,3825	2,77012	1,69779	1850,4	272471	589
590	348100	205379000	24,2899	8,3872	2,77085	1,69492	1853,5	273397	**590**
591	349281	206425071	24,3105	8,3919	2,77159	1,69205	1856,7	274325	591
592	350464	207474688	24,3311	8,3967	2,77232	1,68919	1859,8	275254	592
593	351649	208527857	24,3516	8,4014	2,77305	1,68634	1863,0	276184	593
594	352836	209584584	24,3721	8,4061	2,77379	1,68350	1866,1	277117	594
595	354025	210644875	24,3926	8,4108	2,77452	1,68067	1869,2	278051	595
596	355216	211708736	24,4131	8,4155	2,77525	1,67785	1872,4	278986	596
597	356409	212776173	24,4336	8,4202	2,77597	1,67504	1875,5	279923	597
598	357604	213847192	24,4540	8,4249	2,77670	1,67224	1878,7	280862	598
599	358801	214921799	24,4745	8,4296	2,77743	1,66945	1881,8	281802	599
600	360000	216000000	24,4949	8,4343	2,77815	1,66667	1885,0	282743	**600**

n	n^2	n^3	$\sqrt{n}$	$\sqrt[3]{n}$	$\log n$	$\frac{1000}{n}$	πn	$\frac{\pi n^2}{4}$	n
600	360000	216000000	24,4949	8,4343	2,77815	1,66667	1885,0	282743	**600**
601	361201	217081801	24,5153	8,4390	2,77887	1,66389	1888,1	283687	601
602	362404	218167208	24,5357	8,4437	2,77960	1,66113	1891,2	284631	602
603	363609	219256227	24,5561	8,4484	2,78032	1,65837	1894,4	285578	603
604	364816	220348864	24,5764	8,4530	2,78104	1,65563	1897,5	286526	604
605	366025	221445125	24,5967	8,4577	2,78176	1,65289	1900,7	287475	605
606	367236	222545016	24,6171	8,4623	2,78247	1,65017	1903,8	288426	606
607	368449	223648543	24,6374	8,4670	2,78319	1,64745	1906,9	289379	607
608	369664	224755712	24,6577	8,4716	2,78390	1,64474	1910,1	290333	608
609	370881	225866529	24,6779	8,4763	2,78462	1,64204	1913,2	291289	609
610	372100	226981000	24,6982	8,4809	2,78533	1,63934	1916,4	292247	**610**
611	373321	228099131	24,7184	8,4856	2,78604	1,63666	1919,5	293206	611
612	374544	229220928	24,7386	8,4902	2,78675	1,63399	1922,7	294166	612
613	375769	230346397	24,7588	8,4948	2,78746	1,63132	1925,8	295128	613
614	376996	231475544	24,7790	8,4994	2,78817	1,62866	1928,9	296092	614
615	378225	232608375	24,7992	8,5040	2,78888	1,62602	1932,1	297057	615
616	379456	233744896	24,8193	8,5086	2,78958	1,62338	1935,2	298024	616
617	380689	234885113	24,8395	8,5132	2,79029	1,62075	1938,4	298992	617
618	381924	236029032	24,8596	8,5178	2,79099	1,61812	1941,5	299962	618
619	383161	237176659	24,8797	8,5224	2,79169	1,61551	1944,6	300934	619
620	384400	238328000	24,8998	8,5270	2,79239	1,61290	1947,8	301907	**620**
621	385641	239483061	24,9199	8,5316	2,79309	1,61031	1950,9	302882	621
622	386884	240641848	24,9399	8,5362	2,79379	1,60772	1954,1	303858	622
623	388129	241804367	24,9600	8,5408	2,79449	1,60514	1957,2	304836	623
624	389376	242970624	24,9800	8,5453	2,79518	1,60256	1960,4	305815	624
625	390625	244140625	25,0000	8,5499	2,79588	1,60000	1963,5	306796	625
626	391876	245314376	25,0200	8,5544	2,79657	1,59744	1966,6	307779	626
627	393129	246491883	25,0400	8,5590	2,79727	1,59490	1969,8	308763	627
628	394384	247673152	25,0599	8,5635	2,79796	1,59236	1972,9	309748	628
629	395641	248858189	25,0799	8,5681	2,79865	1,58983	1976,1	310736	629
630	396900	250047000	25,0998	8,5726	2,79934	1,58730	1979,2	311725	**630**
631	398161	251239591	25,1197	8,5772	2,80003	1,58479	1982,3	312715	631
632	399424	252435968	25,1396	8,5817	2,80072	1,58228	1985,5	313707	632
633	400689	253636137	25,1595	8,5862	2,80140	1,57978	1988,6	314700	633
634	401956	254840104	25,1794	8,5907	2,80209	1,57729	1991,8	315696	634
635	403225	256047875	25,1992	8,5952	2,80277	1,57480	1994,9	316692	635
636	404496	257259456	25,2190	8,5997	2,80346	1,57233	1998,1	317690	636
637	405769	258474853	25,2389	8,6043	2,80414	1,56986	2001,2	318690	637
638	407044	259694072	25,2587	8,6088	2,80482	1,56740	2004,3	319692	638
639	408321	260917119	25,2784	8,6132	2,80550	1,56495	2007,5	320695	639
640	409600	262144000	25,2982	8,6177	2,80618	1,56250	2010,6	321699	**640**
641	410881	263374721	25,3180	8,6222	2,80686	1,56006	2013,8	322705	641
642	412164	264609288	25,3377	8,6267	2,80754	1,55763	2016,9	323713	642
643	413449	265847707	25,3574	8,6312	2,80821	1,55521	2020,0	324722	643
644	414736	267089984	25,3772	8,6357	2,80889	1,55280	2023,2	325733	644
645	416025	268336125	25,3969	8,6401	2,80956	1,55039	2026,3	326745	645
646	417316	269586136	25,4165	8,6446	2,81023	1,54799	2029,5	327759	646
647	418609	270840023	25,4362	8,6490	2,81090	1,54560	2032,6	328775	647
648	419904	272097792	25,4558	8,6535	2,81158	1,54321	2035,8	329792	648
649	421201	273359449	25,4755	8,6579	2,81224	1,54083	2038,9	330810	649
650	422500	274625000	25,4951	8,6624	2,81291	1,53846	2042,0	331831	**650**

n	n^2	n^3	$\sqrt{n}$	$\sqrt[3]{n}$	$\log n$	$\frac{1000}{n}$	πn	$\frac{\pi n^2}{4}$	n
650	422500	274625000	25,4951	8,6624	2,81291	1,53846	2042,0	331831	**650**
651	423801	275894451	25,5147	8,6668	2,81358	1,53610	2045,2	332853	651
652	425104	277167808	25,5343	8,6713	2,81425	1,53374	2048,3	333876	652
653	426409	278445077	25,5539	8,6757	2,81491	1,53139	2051,5	334901	653
654	427716	279726264	25,5734	8,6801	2,81558	1,52905	2054,6	335927	654
655	429025	281011375	25,5930	8,6845	2,81624	1,52672	2057,7	336955	655
656	430336	282300416	25,6125	8,6890	2,81690	1,52439	2060,9	337985	656
657	431649	283593393	25,6320	8,6934	2,81757	1,52207	2064,0	339016	657
658	432964	284890312	25,6515	8,6978	2,81823	1,51976	2067,2	340049	658
659	434281	286191179	25,6710	8,7022	2,81889	1,51745	2070,3	341084	659
660	435600	287496000	25,6905	8,7066	2,81954	1,51515	2073,5	342119	**660**
661	436921	288804781	25,7099	8,7110	2,82020	1,51286	2076,6	343157	661
662	438244	290117528	25,7294	8,7154	2,82086	1,51057	2079,7	344196	662
663	439569	291434247	25,7488	8,7198	2,82151	1,50830	2082,9	345237	663
664	440896	292754944	25,7682	8,7241	2,82217	1,50602	2086,0	346279	664
665	442225	294079625	25,7876	8,7285	2,82282	1,50376	2089,2	347323	665
666	443556	295408296	25,8070	8,7329	2,82347	1,50150	2092,3	348368	666
667	444889	296740963	25,8263	8,7373	2,82413	1,49925	2095,4	349415	667
668	446224	298077632	25,8457	8,7416	2,82478	1,49701	2098,6	350464	668
669	447561	299418309	25,8650	8,7460	2,82543	1,49477	2101,7	351514	669
670	448900	300763000	25,8844	8,7503	2,82607	1,49254	2104,9	352565	**670**
671	450241	302111711	25,9037	8,7547	2,82672	1,49031	2108,0	353618	671
672	451584	303464448	25,9230	8,7590	2,82737	1,48810	2111,2	354673	672
673	452929	304821217	25,9422	8,7634	2,82802	1,48588	2114,3	355730	673
674	454276	306182024	25,9615	8,7677	2,82866	1,48368	2117,4	356788	674
675	455625	307546875	25,9808	8,7721	2,82930	1,48148	2120,6	357847	675
676	456976	308915776	26,0000	8,7764	2,82995	1,47929	2123,7	358908	676
677	458329	310288733	26,0192	8,7807	2,83059	1,47710	2126,9	359971	677
678	459684	311665752	26,0384	8,7850	2,83123	1,47493	2130,0	361035	678
679	461041	313046839	26,0576	8,7893	2,83187	1,47275	2133,1	362101	679
680	462400	314432000	26,0768	8,7937	2,83251	1,47059	2136,3	363168	**680**
681	463761	315821241	26,0960	8,7980	2,83315	1,46843	2139,4	364237	681
682	465124	317214568	26,1151	8,8023	2,83378	1,46628	2142,6	365308	682
683	466489	318611987	26,1343	8,8066	2,83442	1,46413	2145,7	366380	683
684	467856	320013504	26,1534	8,8109	2,83506	1,46199	2148,8	367453	684
685	469225	321419125	26,1725	8,8152	2,83569	1,45985	2152,0	368528	685
686	470596	322828856	26,1916	8,8194	2,83632	1,45773	2155,1	369605	686
687	471969	324242703	26,2107	8,8237	2,83696	1,45560	2158,3	370684	687
688	473344	325660672	26,2298	8,8280	2,83759	1,45349	2161,4	371764	688
689	474721	327082769	26,2488	8,8323	2,83822	1,45138	2164,6	372845	689
690	476100	328509000	26,2679	8,8366	2,83885	1,44928	2167,7	373928	**690**
691	477481	329939371	26,2869	8,8408	2,83948	1,44718	2170,8	375013	691
692	478864	331373888	26,3059	8,8451	2,84011	1,44509	2174,0	376099	692
693	480249	332812557	26,3249	8,8493	2,84073	1,44300	2177,1	377187	693
694	481636	334255384	26,3439	8,8536	2,84136	1,44092	2180,3	378276	694
695	483025	335702375	26,3629	8,8578	2,84198	1,43885	2183,4	379367	695
696	484416	337153536	26,3818	8,8621	2,84261	1,43678	2186,5	380459	696
697	485809	338608873	26,4008	8,8663	2,84323	1,43472	2189,7	381553	697
698	487204	340068392	26,4197	8,8706	2,84386	1,43266	2192,8	382649	698
699	488601	341532099	26,4386	8,8748	2,84448	1,43062	2196,0	383746	699
700	490000	343000000	26,4575	8,8790	2,84510	1,42857	2199,1	384845	**700**

n	n^2	n^3	$\sqrt{n}$	$\sqrt[3]{n}$	$\log n$	$\frac{1000}{n}$	πn	$\frac{\pi n^2}{4}$	n
700	490000	343000000	26,4575	8,8790	2,84510	1,42857	2199,1	384845	**700**
701	491401	344472101	26,4764	8,8833	2,84572	1,42653	2202,3	385945	701
702	492804	345948408	26,4953	8,8875	2,84634	1,42450	2205,4	387047	702
703	494209	347428927	26,5141	8,8917	2,84696	1,42248	2208,5	388151	703
704	495616	348913664	26,5330	8,8959	2,84757	1,42045	2211,7	389256	704
705	497025	350402625	26,5518	8,9001	2,84819	1,41844	2214,8	390363	705
706	498436	351895816	26,5707	8,9043	2,84880	1,41643	2218,0	391471	706
707	499849	353393243	26,5895	8,9085	2,84942	1,41443	2221,1	392580	707
708	501264	354894912	26,6083	8,9127	2,85003	1,41243	2224,2	393692	708
709	502681	356400829	26,6271	8,9169	2,85065	1,41044	2227,4	394805	709
710	504100	357911000	26,6458	8,9211	2,85126	1,40845	2230,5	395919	**710**
711	505521	359425431	26,6646	8,9253	2,85187	1,40647	2233,7	397035	711
712	506944	360944128	26,6833	8,9295	2,85248	1,40449	2236,8	398153	712
713	508369	362467097	26,7021	8,9337	2,85309	1,40252	2240,0	399272	713
714	509796	363994344	26,7208	8,9378	2,85370	1,40056	2243,1	400393	714
715	511225	365525875	26,7395	8,9420	2,85431	1,39860	2246,2	401515	715
716	512656	367061696	26,7582	8,9462	2,85491	1,39665	2249,4	402639	716
717	514089	368601813	26,7769	8,9503	2,85552	1,39470	2252,5	403765	717
718	515524	370146232	26,7955	8,9545	2,85612	1,39276	2255,7	404892	718
719	516961	371694959	26,8142	8,9587	2,85673	1,39082	2258,8	406020	719
720	518400	373248000	26,8328	8,9628	2,85733	1,38889	2261,9	407150	**720**
721	519841	374805361	26,8514	8,9670	2,85794	1,38696	2265,1	408282	721
722	521284	376367048	26,8701	8,9711	2,85854	1,38504	2268,2	409415	722
723	522729	377933067	26,8887	8,9752	2,85914	1,38313	2271,4	410550	723
724	524176	379503424	26,9072	8,9794	2,85974	1,38122	2274,5	411687	724
725	525625	381078125	26,9258	8,9835	2,86034	1,37931	2277,7	412825	725
726	527076	382657176	26,9444	8,9876	2,86094	1,37741	2280,8	413965	726
727	528529	384240583	26,9629	8,9918	2,86153	1,37552	2283,9	415106	727
728	529984	385828352	26,9815	8,9959	2,86213	1,37363	2287,1	416248	728
729	531441	387420489	27,0000	9,0000	2,86273	1,37174	2290,2	417393	729
730	532900	389017000	27,0185	9,0041	2,86332	1,36986	2293,4	418539	**730**
731	534361	390617891	27,0370	9,0082	2,86392	1,36799	2296,5	419686	731
732	535824	392223168	27,0555	9,0123	2,86451	1,36612	2299,6	420835	732
733	537289	393832837	27,0740	9,0164	2,86510	1,36426	2302,8	421986	733
734	538756	395446904	27,0924	9,0205	2,86570	1,36240	2305,9	423138	734
735	540225	397065375	27,1109	9,0246	2,86629	1,36054	2309,1	424293	735
736	541696	398688256	27,1293	9,0287	2,86688	1,35870	2312,2	425447	736
737	543169	400315553	27,1477	9,0328	2,86747	1,35685	2315,4	426604	737
738	544644	401947272	27,1662	9,0369	2,86806	1,35501	2318,5	427762	738
739	546121	403583419	27,1846	9,0410	2,86864	1,35318	2321,6	428922	739
740	547600	405224000	27,2029	9,0450	2,86923	1,35135	2324,8	430084	**740**
741	549081	406869021	27,2213	9,0491	2,86982	1,34953	2327,9	431247	741
742	550564	408518488	27,2397	9,0532	2,87040	1,34771	2331,1	432412	742
743	552049	410172407	27,2580	9,0572	2,87099	1,34590	2334,2	433578	743
744	553536	411830784	27,2764	9,0613	2,87157	1,34409	2337,3	434746	744
745	555025	413493625	27,2947	9,0654	2,87216	1,34228	2340,5	435916	745
746	556516	415160936	27,3130	9,0694	2,87274	1,34048	2343,6	437087	746
747	558009	416832723	27,3313	9,0735	2,87332	1,33869	2346,8	438259	747
748	559504	418508992	27,3496	9,0775	2,87390	1,33690	2349,9	439433	748
749	561001	420189749	27,3679	9,0816	2,87448	1,33511	2353,1	440609	749
750	562500	421875000	27,3861	9,0856	2,87506	1,33333	2356,2	441786	**750**

n	n^2	n^3	$\sqrt{n}$	$\sqrt[3]{n}$	$\log n$	$\frac{1000}{n}$	πn	$\frac{\pi n^2}{4}$	n
750	562500	421875000	27,3861	9,0856	2,87506	1,33333	2356,2	441786	**750**
751	564001	423564751	27,4044	9,0896	2,87564	1,33156	2359,3	442965	751
752	565504	425259008	27,4226	9,0937	2,87622	1,32979	2362,5	444146	752
753	567009	426957777	27,4408	9,0977	2,87679	1,32802	2365,6	445328	753
754	568516	428661064	27,4591	9,1017	2,87737	1,32626	2368,8	446511	754
755	570025	430368875	27,4773	9,1057	2,87795	1,32450	2371,9	447697	755
756	571536	432081216	27,4955	9,1098	2,87852	1,32275	2375,0	448883	756
757	573049	433798093	27,5136	9,1138	2,87910	1,32100	2378,2	450072	757
758	574564	435519512	27,5318	9,1178	2,87967	1,31926	2381,3	451262	758
759	576081	437245479	27,5500	9,1218	2,88024	1,31752	2384,5	452453	759
760	577600	438976000	27,5681	9,1258	2,88081	1,31579	2387,6	453646	**760**
761	579121	440711081	27,5862	9,1298	2,88138	1,31406	2390,8	454841	761
762	580644	442450728	27,6043	9,1338	2,88195	1,31234	2393,9	456037	762
763	582169	444194947	27,6225	9,1378	2,88252	1,31062	2397,0	457234	763
764	583696	445943744	27,6405	9,1418	2,88309	1,30890	2400,2	458434	764
765	585225	447697125	27,6586	9,1458	2,88366	1,30719	2403,3	459635	765
766	586756	449455096	27,6767	9,1498	2,88423	1,30548	2406,5	460837	766
767	588289	451217663	27,6948	9,1537	2,88480	1,30378	2409,6	462041	767
768	589824	452984832	27,7128	9,1577	2,88536	1,30208	2412,7	463247	768
769	591361	454756609	27,7308	9,1617	2,88593	1,30039	2415,9	464454	769
770	592900	456533000	27,7489	9,1657	2,88649	1,29870	2419,0	465663	**770**
771	594441	458314011	27,7669	9,1696	2,88705	1,29702	2422,2	466873	771
772	595984	460099648	27,7849	9,1736	2,88762	1,29534	2425,3	468085	772
773	597529	461889917	27,8029	9,1775	2,88818	1,29366	2428,5	469298	773
774	599076	463684824	27,8209	9,1815	2,88874	1,29199	2431,6	470513	774
775	600625	465484375	27,8388	9,1855	2,88930	1,29032	2434,7	471730	775
776	602176	467288576	27,8568	9,1894	2,88986	1,28866	2437,9	472948	776
777	603729	469097433	27,8747	9,1933	2,89042	1,28700	2441,0	474168	777
778	605284	470910952	27,8927	9,1973	2,89098	1,28535	2444,2	475389	778
779	606841	472729139	27,9106	9,2012	2,89154	1,28370	2447,3	476612	779
780	608400	474552000	27,9285	9,2052	2,89209	1,28205	2450,4	477836	**780**
781	609961	476379541	27,9464	9,2091	2,89265	1,28041	2453,6	479062	781
782	611524	478211768	27,9643	9,2130	2,89321	1,27877	2456,7	480290	782
783	613089	480048687	27,9821	9,2170	2,89376	1,27714	2459,9	481519	783
784	614656	481890304	28,0000	9,2209	2,89432	1,27551	2463,0	482750	784
785	616225	483736625	28,0179	9,2248	2,89487	1,27389	2466,2	483982	785
786	617796	485587656	28,0357	9,2287	2,89542	1,27226	2469,3	485216	786
787	619369	487443403	28,0535	9,2326	2,89597	1,27065	2472,4	486451	787
788	620944	489303872	28,0713	9,2365	2,89653	1,26904	2475,6	487688	788
789	622521	491169069	28,0891	9,2404	2,89708	1,26743	2478,7	488927	789
790	624100	493039000	28,1069	9,2443	2,89763	1,26582	2481,9	490167	**790**
791	625681	494913671	28,1247	9,2482	2,89818	1,26422	2485,0	491409	791
792	627264	496793088	28,1425	9,2521	2,89873	1,26263	2488,1	492652	792
793	628849	498677257	28,1603	9,2560	2,89927	1,26103	2491,3	493897	793
794	630436	500566184	28,1780	9,2599	2,89982	1,25945	2494,4	495143	794
795	632025	502459875	28,1957	9,2638	2,90037	1,25786	2497,6	496391	795
796	633616	504358336	28,2135	9,2677	2,90091	1,25628	2500,7	497641	796
797	635209	506261573	28,2312	9,2716	2,90146	1,25471	2503,8	498892	797
798	636804	508169592	28,2489	9,2754	2,90200	1,25313	2507,0	500145	798
799	638401	510082399	28,2666	9,2793	2,90255	1,25156	2510,1	501399	799
800	640000	512000000	28,2843	9,2832	2,90309	1,25000	2513,3	502655	**800**

n	n^2	n^3	$\sqrt{n}$	$\sqrt[3]{n}$	$\log n$	$\frac{1000}{n}$	πn	$\frac{\pi n^2}{4}$	n
800	640000	512000000	28,2843	9,2832	2,90309	1,25000	2513,3	502655	**800**
801	641601	513922401	28,3019	9,2870	2,90363	1,24844	2516,4	503912	801
802	643204	515849608	28,3196	9,2909	2,90417	1,24688	2519,6	505171	802
803	644809	517781627	28,3373	9,2948	2,90472	1,24533	2522,7	506432	803
804	646416	519718464	28,3549	9,2986	2,90526	1,24378	2525,8	507694	804
805	648025	521660125	28,3725	9,3025	2,90580	1,24224	2529,0	508958	805
806	649636	523606616	28,3901	9,3063	2,90634	1,24069	2532,1	510223	806
807	651249	525557943	28,4077	9,3102	2,90687	1,23916	2535,3	511490	807
808	652864	527514112	28,4253	9,3140	2,90741	1,23762	2538,4	512758	808
809	654481	529475129	28,4429	9,3179	2,90795	1,23609	2541,5	514028	809
810	656100	531441000	28,4605	9,3217	2,90849	1,23457	2544,7	515300	**810**
811	657721	533411731	28,4781	9,3255	2,90902	1,23305	2547,8	516573	811
812	659344	535387328	28,4956	9,3294	2,90956	1,23153	2551,0	517848	812
813	660969	537367797	28,5132	9,3332	2,91009	1,23001	2554,1	519124	813
814	662596	539353144	28,5307	9,3370	2,91062	1,22850	2557,3	520402	814
815	664225	541343375	28,5482	9,3408	2,91116	1,22699	2560,4	521681	815
816	665856	543338496	28,5657	9,3447	2,91169	1,22549	2563,5	522962	816
817	667489	545338513	28,5832	9,3485	2,91222	1,22399	2566,7	524245	817
818	669124	547343432	28,6007	9,3523	2,91275	1,22249	2569,8	525529	818
819	670761	549353259	28,6182	9,3561	2,91328	1,22100	2573,0	526814	819
820	672400	551368000	28,6356	9,3599	2,91381	1,21951	2576,1	528102	**820**
821	674041	553387661	28,6531	9,3637	2,91434	1,21803	2579,2	529391	821
822	675684	555412248	28,6705	9,3675	2,91487	1,21655	2582,4	530681	822
823	677329	557441767	28,6880	9,3713	2,91540	1,21507	2585,5	531973	823
824	678976	559476224	28,7054	9,3751	2,91593	1,21359	2588,7	533267	824
825	680625	561515625	28,7228	9,3789	2,91645	1,21212	2591,8	534562	825
826	682276	563559976	28,7402	9,3827	2,91698	1,21065	2595,0	535858	826
827	683929	565609283	28,7576	9,3865	2,91751	1,20919	2598,1	537157	827
828	685584	567663552	28,7750	9,3902	2,91803	1,20773	2601,2	538456	828
829	687241	569722789	28,7924	9,3940	2,91855	1,20627	2604,4	539758	829
830	688900	571787000	28,8097	9,3978	2,91908	1,20482	2607,5	541061	**830**
831	690561	573856191	28,8271	9,4016	2,91960	1,20337	2610,7	542365	831
832	692224	575930368	28,8444	9,4053	2,92012	1,20192	2613,8	543671	832
833	693889	578009537	28,8617	9,4091	2,92065	1,20048	2616,9	544979	833
834	695556	580093704	28,8791	9,4129	2,92117	1,19904	2620,1	546288	834
835	697225	582182875	28,8964	9,4166	2,92169	1,19760	2623,2	547599	835
836	698896	584277056	28,9137	9,4204	2,92221	1,19617	2626,4	548912	836
837	700569	586376253	28,9310	9,4241	2,92273	1,19474	2629,5	550226	837
838	702244	588480472	28,9482	9,4279	2,92324	1,19332	2632,7	551541	838
839	703921	590589719	28,9655	9,4316	2,92376	1,19190	2635,8	552858	839
840	705600	592704000	28,9828	9,4354	2,92428	1,19048	2638,9	554177	**840**
841	707281	594823321	29,0000	9,4391	2,92480	1,18906	2642,1	555497	841
842	708964	596947688	29,0172	9,4429	2,92531	1,18765	2645,2	556819	842
843	710649	599077107	29,0345	9,4466	2,92583	1,18624	2648,4	558142	843
844	712336	601211584	29,0517	9,4503	2,92634	1,18483	2651,5	559467	844
845	714025	603351125	29,0689	9,4541	2,92686	1,18343	2654,6	560794	845
846	715716	605495736	29,0861	9,4578	2,92737	1,18203	2657,8	562122	846
847	717409	607645423	29,1033	9,4615	2,92788	1,18064	2660,9	563452	847
848	719104	609800192	29,1204	9,4652	2,92840	1,17925	2664,1	564783	848
849	720801	611960049	29,1376	9,4690	2,92891	1,17786	2667,2	566116	849
850	722500	614125000	29,1548	9,4727	2,92942	1,17647	2670,4	567450	**850**

n	n^2	n^3	$\sqrt{n}$	$\sqrt[3]{n}$	$\log n$	$\frac{1000}{n}$	πn	$\frac{\pi n^2}{4}$	n
850	722500	614125000	29,1548	9,4727	2,92942	1,17647	2670,4	567450	**850**
851	724201	616295051	29,1719	9,4764	2,92993	1,17509	2673,5	568786	851
852	725904	618470208	29,1890	9,4801	2,93044	1,17371	2676,6	570124	852
853	727609	620650477	29,2062	9,4838	2,93095	1,17233	2679,8	571463	853
854	729316	622835864	29,2233	9,4875	2,93146	1,17096	2682,9	572803	854
855	731025	625026375	29,2404	9,4912	2,93197	1,16959	2686,1	574146	855
856	732736	627222016	29,2575	9,4949	2,93247	1,16822	2689,2	575490	856
857	734449	629422793	29,2746	9,4986	2,93298	1,16686	2692,3	576835	857
858	736164	631628712	29,2916	9,5023	2,93349	1,16550	2695,5	578182	858
859	737881	633839779	29,3087	9,5060	2,93399	1,16414	2698,6	579530	859
860	739600	636056000	29,3258	9,5097	2,93450	1,16279	2701,8	580880	**860**
861	741321	638277381	29,3428	9,5134	2,93500	1,16144	2704,9	582232	861
862	743044	640503928	29,3598	9,5171	2,93551	1,16009	2708,1	583585	862
863	744769	642735647	29,3769	9,5207	2,93601	1,15875	2711,2	584940	863
864	746496	644972544	29,3939	9,5244	2,93651	1,15741	2714,3	586297	864
865	748225	647214625	29,4109	9,5281	2,93702	1,15607	2717,5	587655	865
866	749956	649461896	29,4279	9,5317	2,93752	1,15473	2720,6	589014	866
867	751689	651714363	29,4449	9,5354	2,93802	1,15340	2723,8	590375	867
868	753424	653972032	29,4618	9,5391	2,93852	1,15207	2726,9	591738	868
869	755161	656234909	29,4788	9,5427	2,93902	1,15075	2730,0	593102	869
870	756900	658503000	29,4958	9,5464	2,93952	1,14943	2733,2	594468	**870**
871	758641	660776311	29,5127	9,5501	2,94002	1,14811	2736,3	595835	871
872	760384	663054848	29,5296	9,5537	2,94052	1,14679	2739,5	597204	872
873	762129	665338617	29,5466	9,5574	2,94101	1,14548	2742,6	598575	873
874	763876	667627624	29,5635	9,5610	2,94151	1,14416	2745,8	599947	874
875	765625	669921875	29,5804	9,5647	2,94201	1,14286	2748,9	601320	875
876	767376	672221376	29,5973	9,5683	2,94250	1,14155	2752,0	602696	876
877	769129	674526133	29,6142	9,5719	2,94300	1,14025	2755,2	604073	877
878	770884	676836152	29,6311	9,5756	2,94349	1,13895	2758,3	605451	878
879	772641	679151439	29,6479	9,5792	2,94399	1,13766	2761,5	606831	879
880	774400	681472000	29,6648	9,5828	2,94448	1,13636	2764,6	608212	**880**
881	776161	683797841	29,6816	9,5865	2,94498	1,13507	2767,7	609595	881
882	777924	686128968	29,6985	9,5901	2,94547	1,13379	2770,9	610980	882
883	779689	688465387	29,7153	9,5937	2,94596	1,13250	2774,0	612366	883
884	781456	690807104	29,7321	9,5973	2,94645	1,13122	2777,2	613754	884
885	783225	693154125	29,7489	9,6010	2,94694	1,12994	2780,3	615143	885
886	784996	695506456	29,7658	9,6046	2,94743	1,12867	2783,5	616534	886
887	786769	697864103	29,7825	9,6082	2,94792	1,12740	2786,6	617927	887
888	788544	700227072	29,7993	9,6118	2,94841	1,12613	2789,7	619321	888
889	790321	702595369	29,8161	9,6154	2,94890	1,12486	2792,9	620717	889
890	792100	704969000	29,8329	9,6190	2,94939	1,12360	2796,0	622114	**890**
891	793881	707347971	29,8496	9,6226	2,94988	1,12233	2799,2	623513	891
892	795664	709732288	29,8664	9,6262	2,95036	1,12108	2802,3	624913	892
893	797449	712121957	29,8831	9,6298	2,95085	1,11982	2805,4	626315	893
894	799236	714516984	29,8998	9,6334	2,95134	1,11857	2808,6	627718	894
895	801025	716917375	29,9166	9,6370	2,95182	1,11732	2811,7	629124	895
896	802816	719323136	29,9333	9,6406	2,95231	1,11607	2814,9	630530	896
897	804609	721734273	29,9500	9,6442	2,95279	1,11483	2818,0	631938	897
898	806404	724150792	29,9666	9,6477	2,95328	1,11359	2821,2	633348	898
899	808201	726572699	29,9833	9,6513	2,95376	1,11235	2824,3	634760	899
900	810000	729000000	30,0000	9,6549	2,95424	1,11111	2827,4	636173	**900**

n	n^2	n^3	$\sqrt{n}$	$\sqrt[3]{n}$	$\log n$	$\frac{1000}{n}$	πn	$\frac{\pi n^2}{4}$	n
900	810000	729000000	30,0000	9,6549	2,95424	1,11111	2827,4	636173	**900**
901	811801	731432701	30,0167	9,6585	2,95472	1,10988	2830,6	637587	901
902	813604	733870808	30,0333	9,6620	2,95521	1,10865	2833,7	639003	902
903	815409	736314327	30,0500	9,6656	2,95569	1,10742	2836,9	640421	903
904	817216	738763264	30,0666	9,6692	2,95617	1,10619	2840,0	641840	904
905	819025	741217625	30,0832	9,6727	2,95665	1,10497	2843,1	643261	905
906	820836	743677416	30,0998	9,6763	2,95713	1,10375	2846,3	644683	906
907	822649	746142643	30,1164	9,6799	2,95761	1,10254	2849,4	646107	907
908	824464	748613312	30,1330	9,6834	2,95809	1,10132	2852,6	647533	908
909	826281	751089429	30,1496	9,6870	2,95856	1,10011	2855,7	648960	909
910	828100	753571000	30,1662	9,6905	2,95904	1,09890	2858,8	650388	**910**
911	829921	756058031	30,1828	9,6941	2,95952	1,09769	2862,0	651818	911
912	831744	758550528	30,1993	9,6976	2,95999	1,09649	2865,1	653250	912
913	833569	761048497	30,2159	9,7012	2,96047	1,09529	2868,3	654684	913
914	835396	763551944	30,2324	9,7047	2,96095	1,09409	2871,4	656118	914
915	837225	766060875	30,2490	9,7082	2,96142	1,09290	2874,6	657555	915
916	839056	768575296	30,2655	9,7118	2,96190	1,09170	2877,7	658993	916
917	840889	771095213	30,2820	9,7153	2,96237	1,09051	2880,8	660433	917
918	842724	773620632	30,2985	9,7188	2,96284	1,08932	2884,0	661874	918
919	844561	776151559	30,3150	9,7224	2,96332	1,08814	2887,1	663317	919
920	846400	778688000	30,3315	9,7259	2,96379	1,08696	2890,3	664761	**920**
921	848241	781229961	30,3480	9,7294	2,96426	1,08578	2893,4	666207	921
922	850084	783777448	30,3645	9,7329	2,96473	1,08460	2896,5	667654	922
923	851929	786330467	30,3809	9,7364	2,96520	1,08342	2899,7	669103	923
924	853776	788889024	30,3974	9,7400	2,96567	1,08225	2902,8	670554	924
925	855625	791453125	30,4138	9,7435	2,96614	1,08108	2906,0	672006	925
926	857476	794022776	30,4302	9,7470	2,96661	1,07991	2909,1	673460	926
927	859329	796597983	30,4467	9,7505	2,96708	1,07875	2912,3	674915	927
928	861184	799178752	30,4631	9,7540	2,96755	1,07759	2915,4	676372	928
929	863041	801765089	30,4795	9,7575	2,96802	1,07643	2918,5	677831	929
930	864900	804357000	30,4959	9,7610	2,96848	1,07527	2921,7	679291	**930**
931	866761	806954491	30,5123	9,7645	2,96895	1,07411	2924,8	680752	931
932	868624	809557568	30,5287	9,7680	2,96942	1,07296	2928,0	682216	932
933	870489	812166237	30,5450	9,7715	2,96988	1,07181	2931,1	683680	933
934	872356	814780504	30,5614	9,7750	2,97035	1,07066	2934,2	685147	934
935	874225	817400375	30,5778	9,7785	2,97081	1,06952	2937,4	686615	935
936	876096	820025856	30,5941	9,7819	2,97128	1,06838	2940,5	688084	936
937	877969	822656953	30,6105	9,7854	2,97174	1,06724	2943,7	689555	937
938	879844	825293672	30,6268	9,7889	2,97220	1,06610	2946,8	691028	938
939	881721	827936019	30,6431	9,7924	2,97267	1,06496	2950,0	692502	939
940	883600	830584000	30,6594	9,7959	2,97313	1,06383	2953,1	693978	**940**
941	885481	833237621	30,6757	9,7993	2,97359	1,06270	2956,2	695455	941
942	887364	835896888	30,6920	9,8028	2,97405	1,06157	2959,4	696934	942
943	889249	838561807	30,7083	9,8063	2,97451	1,06045	2962,5	698415	943
944	891136	841232384	30,7246	9,8097	2,97497	1,05932	2965,7	699897	944
945	893025	843908625	30,7409	9,8132	2,97543	1,05820	2968,8	701380	945
946	894916	846590536	30,7571	9,8167	2,97589	1,05708	2971,9	702865	946
947	896809	849278123	30,7734	9,8201	2,97635	1,05597	2975,1	704352	947
948	898704	851971392	30,7896	9,8236	2,97681	1,05485	2978,2	705840	948
949	900601	854670349	30,8058	9,8270	2,97727	1,05374	2981,4	707330	949
950	902500	857375000	30,8221	9,8305	2,97772	1,05263	2984,5	708822	**950**

n	n^2	n^3	$\sqrt{n}$	$\sqrt[3]{n}$	$\log n$	$\frac{1000}{n}$	πn	$\frac{\pi n^2}{4}$	n
950	902500	857375000	30,8221	9,8305	2,97772	1,05263	2984,5	708822	**950**
951	904401	860085351	30,8383	9,8339	2,97818	1,05152	2987,7	710315	951
952	906304	862801408	30,8545	9,8374	2,97864	1,05042	2990,8	711809	952
953	908209	865523177	30,8707	9,8408	2,97909	1,04932	2993,9	713306	953
954	910116	868250664	30,8869	9,8443	2,97955	1,04822	2997,1	714803	954
955	912025	870983875	30,9031	9,8477	2,98000	1,04712	3000,2	716303	955
956	913936	873722816	30,9192	9,8511	2,98046	1,04603	3003,4	717804	956
957	915849	876467493	30,9354	9,8546	2,98091	1,04493	3006,5	719306	957
958	917764	879217912	30,9516	9,8580	2,98137	1,04384	3009,6	720810	958
959	919681	881974079	30,9677	9,8614	2,98182	1,04275	3012,8	722316	959
960	921600	884736000	30,9839	9,8648	2,98227	1,04167	3015,9	723823	**960**
961	923521	887503681	31,0000	9,8683	2,98272	1,04058	3019,1	725332	961
962	925444	890277128	31,0161	9,8717	2,98318	1,03950	3022,2	726842	962
963	927369	893056347	31,0322	9,8751	2,98363	1,03842	3025,4	728354	963
964	929296	895841344	31,0483	9,8785	2,98408	1,03734	3028,5	729867	964
965	931225	898632125	31,0644	9,8819	2,98453	1,03627	3031,6	731382	965
966	933156	901428696	31,0805	9,8854	2,98498	1,03520	3034,8	732899	966
967	935089	904231063	31,0966	9,8888	2,98543	1,03413	3037,9	734417	967
968	937024	907039232	31,1127	9,8922	2,98588	1,03306	3041,1	735937	968
969	938961	909853209	31,1288	9,8956	2,98632	1,03199	3044,2	737458	969
970	940900	912673000	31,1448	9,8990	2,98677	1,03093	3047,3	738981	**970**
971	942841	915498611	31,1609	9,9024	2,98722	1,02987	3050,5	740506	971
972	944784	918330048	31,1769	9,9058	2,98767	1,02881	3053,6	742032	972
973	946729	921167317	31,1929	9,9092	2,98811	1,02775	3056,8	743559	973
974	948676	924010424	31,2090	9,9126	2,98856	1,02669	3059,9	745088	974
975	950625	926859375	31,2250	9,9160	2,98900	1,02564	3063,1	746619	975
976	952576	929714176	31,2410	9,9194	2,98945	1,02459	3066,2	748151	976
977	954529	932574833	31,2570	9,9227	2,98989	1,02354	3069,3	749685	977
978	956484	935441352	31,2730	9,9261	2,99034	1,02249	3072,5	751221	978
979	958441	938313739	31,2890	9,9295	2,99078	1,02145	3075,6	752758	979
980	960400	941192000	31,3050	9,9329	2,99123	1,02041	3078,8	754296	**980**
981	962361	944076141	31,3209	9,9363	2,99167	1,01937	3081,9	755837	981
982	964324	946966168	31,3369	9,9396	2,99211	1,01833	3085,0	757378	982
983	966289	949862087	31,3528	9,9430	2,99255	1,01729	3088,2	758922	983
984	968256	952763904	31,3688	9,9464	2,99300	1,01626	3091,3	760466	984
985	970225	955671625	31,3847	9,9497	2,99344	1,01523	3094,5	762013	985
986	972196	958585256	31,4006	9,9531	2,99388	1,01420	3097,6	763561	986
987	974169	961504803	31,4166	9,9565	2,99432	1,01317	3100,8	765111	987
988	976144	964430272	31,4325	9,9598	2,99476	1,01215	3103,9	766662	988
989	978121	967361669	31,4484	9,9632	2,99520	1,01112	3107,0	768214	989
990	980100	970299000	31,4643	9,9666	2,99564	1,01010	3110,2	769769	**990**
991	982081	973242271	31,4802	9,9699	2,99607	1,00908	3113,3	771325	991
992	984064	976191488	31,4960	9,9733	2,99651	1,00806	3116,5	772882	992
993	986049	979146657	31,5119	9,9766	2,99695	1,00705	3119,6	774441	993
994	988036	982107784	31,5278	9,9800	2,99739	1,00604	3122,7	776002	994
995	990025	985074875	31,5436	9,9833	2,99782	1,00503	3125,9	777564	995
996	992016	988047936	31,5595	9,9866	2,99826	1,00402	3129,0	779128	996
997	994009	991026973	31,5753	9,9900	2,99870	1,00301	3132,2	780693	997
998	996004	994011992	31,5911	9,9933	2,99913	1,00200	3135,3	782260	998
999	998001	997002999	31,6070	9,9967	2,99957	1,00100	3138,5	783828	999

N	0	1	2	3	4	5	6	7	8	9
0	— ∞	0,0000	0,6931	1,0986	1,3863	1,6094	1,7918	1,9459	2,0794	2,1972
1	2,3026	2,3979	2,4849	2,5649	2,6391	2,7081	2,7726	2,8332	2,8904	2,9444
2	2,9957	3,0445	3,0910	3,1355	3,1781	3,2189	3,2581	3,2958	3,3322	3,3673
3	3,4012	3,4340	3,4657	3,4965	3,5264	3,5553	3,5835	3,6109	3,6376	3,6636
4	3,6889	3,7136	3,7377	3,7612	3,7842	3,8067	3,8286	3,8501	3,8712	3,8918
5	3,9120	3,9318	3,9512	3,9703	3,9890	4,0073	4,0254	4,0431	4,0604	4,0775
6	4,0943	4,1109	4,1271	4,1431	4,1589	4,1744	4,1897	4,2047	4,2195	4,2341
7	4,2485	4,2627	4,2767	4,2905	4,3041	4,3175	4,3307	4,3438	4,3567	4,3694
8	4,3820	4,3944	4,4067	4,4188	4,4308	4,4427	4,4543	4,4659	4,4773	4,4886
9	4,4998	4,5109	4,5218	4,5326	4,5433	4,5539	4,5643	4,5747	4,5850	4,5951
10	4,6052	4,6151	4,6250	4,6347	4,6444	4,6540	4,6634	4,6728	4,6821	4,6913
11	4,7005	4,7095	4,7185	4,7274	4,7362	4,7449	4,7536	4,7622	4,7707	4,7791
12	4,7875	4,7958	4,8040	4,8122	4,8203	4,8283	4,8363	4,8442	4,8520	4,8598
13	4,8675	4,8752	4,8828	4,8903	4,8978	4,9053	4,9127	4,9200	4,9273	4,9345
14	4,9416	4,9488	4,9558	4,9628	4,9698	4,9767	4,9836	4,9904	4,9972	5,0039
15	5,0106	5,0173	5,0239	5,0304	5,0370	5,0434	5,0499	5,0562	5,0626	5,0689
16	5,0752	5,0814	5,0876	5,0938	5,0999	5,1059	5,1120	5,1180	5,1240	5,1299
17	5,1358	5,1417	5,1475	5,1533	5,1591	5,1648	5,1705	5,1761	5,1818	5,1874
18	5,1930	5,1985	5,2040	5,2095	5,2149	5,2204	5,2257	5,2311	5,2364	5,2417
19	5,2470	5,2523	5,2575	5,2627	5,2679	5,2730	5,2781	5,2832	5,2883	5,2933
20	5,2983	5,3033	5,3083	5,3132	5,3181	5,3230	5,3279	5,3327	5,3375	5,3423
21	5,3471	5,3519	5,3566	5,3613	5,3660	5,3706	5,3753	5,3799	5,3845	5,3891
22	5,3936	5,3982	5,4027	5,4072	5,4116	5,4161	5,4205	5,4250	5,4293	5,4337
23	5,4381	5,4424	5,4467	5,4510	5,4553	5,4596	5,4638	5,4681	5,4723	5,4765
24	5,4806	5,4848	5,4889	5,4931	5,4972	5,5013	5,5053	5,5094	5,5134	5,5175
25	5,5215	5,5255	5,5294	5,5334	5,5373	5,5413	5,5452	5,5491	5,5530	5,5568
26	5,5607	5,5645	5,5683	5,5722	5,5759	5,5797	5,5835	5,5872	5,5910	5,5947
27	5,5984	5,6021	5,6058	5,6095	5,6131	5,6168	5,6204	5,6240	5,6276	5,6312
28	5,6348	5,6384	5,6419	5,6454	5,6490	5,6525	5,6560	5,6595	5,6630	5,6664
29	5,6699	5,6733	5,6768	5,6802	5,6836	5,6870	5,6904	5,6937	5,6971	5,7004
30	5,7038	5,7071	5,7104	5,7137	5,7170	5,7203	5,7236	5,7268	5,7301	5,7333
31	5,7366	5,7398	5,7430	5,7462	5,7494	5,7526	5,7557	5,7589	5,7621	5,7652
32	5,7683	5,7714	5,7746	5,7777	5,7807	5,7838	5,7869	5,7900	5,7930	5,7961
33	5,7991	5,8021	5,8051	5,8081	5,8111	5,8141	5,8171	5,8201	5,8230	5,8260
34	5,8289	5,8319	5,8348	5,8377	5,8406	5,8435	5,8464	5,8493	5,8522	5,8551
35	5,8579	5,8608	5,8636	5,8665	5,8693	5,8721	5,8749	5,8777	5,8805	5,8833
36	5,8861	5,8889	5,8916	5,8944	5,8972	5,8999	5,9026	5,9054	5,9081	5,9108
37	5,9135	5,9162	5,9189	5,9216	5,9243	5,9269	5,9296	5,9322	5,9349	5,9375
38	5,9402	5,9428	5,9454	5,9480	5,9506	5,9532	5,9558	5,9584	5,9610	5,9636
39	5,9661	5,9687	5,9713	5,9738	5,9764	5,9789	5,9814	5,9839	5,9865	5,9890
40	5,9915	5,9940	5,9965	5,9989	6,0014	6,0039	6,0064	6,0088	6,0113	6,0137
41	6,0162	6,0186	6,0210	6,0234	6,0259	6,0283	6,0307	6,0331	6,0355	6,0379
42	6,0403	6,0426	6,0450	6,0474	6,0497	6,0521	6,0544	6,0568	6,0591	6,0615
43	6,0638	6,0661	6,0684	6,0707	6,0730	6,0753	6,0776	6,0799	6,0822	6,0845
44	6,0868	6,0890	6,0913	6,0936	6,0958	6,0981	6,1003	6,1026	6,1048	6,1070
45	6,1092	6,1115	6,1137	6,1159	6,1181	6,1203	6,1225	6,1247	6,1269	6,1291
46	6,1312	6,1334	6,1356	6,1377	6,1399	6,1420	6,1442	6,1463	6,1485	6,1506
47	6,1527	6,1549	6,1570	6,1591	6,1612	6,1633	6,1654	6,1675	6,1696	6,1717
48	6,1738	6,1759	6,1779	6,1800	6,1821	6,1841	6,1862	6,1883	6,1903	6,1924
49	6,1944	6,1964	6,1985	6,2005	6,2025	6,2046	6,2066	6,2086	6,2106	6,2126

$\ln 10^{\pm 1} = \pm 2{,}30258509$, $\ln 10^{\pm 2} = \pm 4{,}6052$, $\ln 10^{\pm 3} = \pm 6{,}9078$,
$\ln 10^{\pm 4} = \pm 9{,}2103$, $\ln 10^{\pm 5} = \pm 11{,}5129$.

N	0	1	2	3	4	5	6	7	8	9
50	6,2146	6,2166	6,2186	6,2206	6,2226	6,2246	6,2265	6,2285	6,2305	6,2324
51	6,2344	6,2364	6,2383	6,2403	6,2422	6,2442	6,2461	6,2480	6,2500	6,2519
52	6,2538	6,2558	6,2577	6,2596	6,2615	6,2634	6,2653	6,2672	6,2691	6,2710
53	6,2729	6,2748	6,2766	6,2785	6,2804	6,2823	6,2841	6,2860	6,2879	6,2897
54	6,2916	6,2934	6,2953	6,2971	6,2989	6,3008	6,3026	6,3044	6,3063	6,3081
55	6,3099	6,3117	6,3135	6,3154	6,3172	6,3190	6,3208	6,3226	6,3244	6,3261
56	6,3279	6,3297	6,3315	6,3333	6,3351	6,3368	6,3386	6,3404	6,3421	6,3439
57	6,3456	6,3474	6,3491	6,3509	6,3526	6,3544	6,3561	6,3578	6,3596	6,3613
58	6,3630	6,3648	6,3665	6,3682	6,3699	6,3716	6,3733	6,3750	6,3767	6,3784
59	6,3801	6,3818	6,3835	6,3852	6,3869	6,3886	6,3902	6,3919	6,3936	6,3953
60	6,3969	6,3986	6,4003	6,4019	6,4036	6,4052	6,4069	6,4085	6,4102	6,4118
61	6,4135	6,4151	6,4167	6,4184	6,4200	6,4216	6,4232	6,4249	6,4265	6,4281
62	6,4297	6,4313	6,4329	6,4345	6,4362	6,4378	6,4394	6,4409	6,4425	6,4441
63	6,4457	6,4473	6,4489	6,4505	6,4520	6,4536	6,4552	6,4568	6,4583	6,4599
64	6,4615	6,4630	6,4646	6,4661	6,4677	6,4693	6,4708	6,4723	6,4739	6,4754
65	6,4770	6,4785	6,4800	6,4816	6,4831	6,4846	6,4862	6,4877	6,4892	6,4907
66	6,4922	6,4938	6,4953	6,4968	6,4983	6,4998	6,5013	6,5028	6,5043	6,5058
67	6,5073	6,5088	6,5103	6,5117	6,5132	6,5147	6,5162	6,5177	6,5191	6,5206
68	6,5221	6,5236	6,5250	6,5265	6,5280	6,5294	6,5309	6,5323	6,5338	6,5352
69	6,5367	6,5381	6,5396	6,5410	6,5425	6,5439	6,5453	6,5468	6,5482	6,5497
70	6,5511	6,5525	6,5539	6,5554	6,5568	6,5582	6,5596	6,5610	6,5624	6,5639
71	6,5653	6,5667	6,5681	6,5695	6,5709	6,5723	6,5737	6,5751	6,5765	6,5779
72	6,5793	6,5806	6,5820	6,5834	6,5848	6,5862	6,5876	6,5889	6,5903	6,5917
73	6,5930	6,5944	6,5958	6,5971	6,5985	6,5999	6,6012	6,6026	6,6039	6,6053
74	6,6067	6,6080	6,6093	6,6107	6,6120	6,6134	6,6147	6,6161	6,6174	6,6187
75	6,6201	6,6214	6,6227	6,6241	6,6254	6,6267	6,6280	6,6294	6,6307	6,6320
76	6,6333	6,6346	6,6359	6,6373	6,6386	6,6399	6,6412	6,6425	6,6438	6,6451
77	6,6464	6,6477	6,6490	6,6503	6,6516	6,6529	6,6542	6,6554	6,6567	6,6580
78	6,6593	6,6606	6,6619	6,6631	6,6644	6,6657	6,6670	6,6682	6,6695	6,6708
79	6,6720	6,6733	6,6746	6,6758	6,6771	6,6783	6,6796	6,6809	6,6821	6,6834
80	6,6846	6,6859	6,6871	6,6884	6,6896	6,6908	6,6921	6,6933	6,6946	6,6958
81	6,6970	6,6983	6,6995	6,7007	6,7020	6,7032	6,7044	6,7056	6,7069	6,7081
82	6,7093	6,7105	6,7117	6,7130	6,7142	6,7154	6,7166	6,7178	6,7190	6,7202
83	6,7214	6,7226	6,7238	6,7250	6,7262	6,7274	6,7286	6,7298	6,7310	6,7322
84	6,7334	6,7346	6,7358	6,7370	6,7382	6,7393	6,7405	6,7417	6,7429	6,7441
85	6,7452	6,7464	6,7476	6,7488	6,7499	6,7511	6,7523	6,7534	6,7546	6,7558
86	6,7569	6,7581	6,7593	6,7604	6,7616	6,7627	6,7639	6,7650	6,7662	6,7673
87	6,7685	6,7696	6,7708	6,7719	6,7731	6,7742	6,7754	6,7765	6,7776	6,7788
88	6,7799	6,7811	6,7822	6,7833	6,7845	6,7856	6,7867	6,7878	6,7890	6,7901
89	6,7912	6,7923	6,7935	6,7946	6,7957	6,7968	6,7979	6,7991	6,8002	6,8013
90	6,8024	6,8035	6,8046	6,8057	6,8068	6,8079	6,8090	6,8101	6,8112	6,8123
91	6,8134	6,8145	6,8156	6,8167	6,8178	6,8189	6,8200	6,8211	6,8222	6,8233
92	6,8244	6,8255	6,8265	6,8276	6,8287	6,8298	6,8309	6,8320	6,8330	6,8341
93	6,8352	6,8363	6,8373	6,8384	6,8395	6,8405	6,8416	6,8427	6,8437	6,8448
94	6,8459	6,8469	6,8480	6,8491	6,8501	6,8512	6,8522	6,8533	6,8544	6,8554
95	6,8565	6,8575	6,8586	6,8596	6,8607	6,8617	6,8628	6,8638	6,8648	6,8659
96	6,8669	6,8680	6,8690	6,8701	6,8711	6,8721	6,8732	6,8742	6,8752	6,8763
97	6,8773	6,8783	6,8794	6,8804	6,8814	6,8824	6,8835	6,8845	6,8855	6,8865
98	6,8876	6,8886	6,8896	6,8906	6,8916	6,8926	6,8937	6,8947	6,8957	6,8967
99	6,8977	6,8987	6,8997	6,9007	6,9017	6,9027	6,9037	6,9047	6,9057	6,9068

$\ln 10^{\pm 6} = \pm 13{,}8155$, $\ln 10^{\pm 7} = \pm 16{,}1181$, $\ln 10^{\pm 8} = \pm 18{,}4207$

Beispiele s. S. 36

Grad	Sinus 0′	10′	20′	30′	40′	50′	60′	
0	0,00000	0,00291	0,00582	0,00873	0,01164	0,01454	0,01745	89
1	0,01745	0,02036	0,02327	0,02618	0,02908	0,03199	0,03490	88
2	0,03490	0,03781	0,04071	0,04362	0,04653	0,04943	0,05234	87
3	0,05234	0,05524	0,05814	0,06105	0,06395	0,06685	0,06976	86
4	0,06976	0,07266	0,07556	0,07846	0,08136	0,08426	0,08716	85
5	0,08716	0,09005	0,09295	0,09585	0,09874	0,10164	0,10453	84
6	0,10453	0,10742	0,11031	0,11320	0,11609	0,11898	0,12187	83
7	0,12187	0,12476	0,12764	0,13053	0,13341	0,13629	0,13917	82
8	0,13917	0,14205	0,14493	0,14781	0,15069	0,15356	0,15643	81
9	0,15643	0,15931	0,16218	0,16505	0,16792	0,17078	0,17365	**80**
10	0,17365	0,17651	0,17937	0,18224	0,18509	0,18795	0,19081	79
11	0,19081	0,19366	0,19652	0,19937	0,20222	0,20507	0,20791	78
12	0,20791	0,21076	0,21360	0,21644	0,21928	0,22212	0,22495	77
13	0,22495	0,22778	0,23062	0,23345	0,23627	0,23910	0,24192	76
14	0,24192	0,24474	0,24756	0,25038	0,25320	0,25601	0,25882	75
15	0,25882	0,26163	0,26443	0,26724	0,27004	0,27284	0,27564	74
16	0,27564	0,27843	0,28123	0,28402	0,28680	0,28959	0,29237	73
17	0,29237	0,29515	0,29793	0,30071	0,30348	0,30625	0,30902	72
18	0,30902	0,31178	0,31454	0,31730	0,32006	0,32282	0,32557	71
19	0,32557	0,32832	0,33106	0,33381	0,33655	0,33929	0,34202	**70**
20	0,34202	0,34475	0,34748	0,35021	0,35293	0,35565	0,35837	69
21	0,35837	0,36108	0,36379	0,36650	0,36921	0,37191	0,37461	68
22	0,37461	0,37730	0,37999	0,38268	0,38537	0,38805	0,39073	67
23	0,39073	0,39341	0,39608	0,39875	0,40142	0,40408	0,40674	66
24	0,40674	0,40939	0,41204	0,41469	0,41734	0,41998	0,42262	65
25	0,42262	0,42525	0,42788	0,43051	0,43313	0,43575	0,43837	64
26	0,43837	0,44098	0,44359	0,44620	0,44880	0,45140	0,45399	63
27	0,45399	0,45658	0,45917	0,46175	0,46433	0,46690	0,46947	62
28	0,46947	0,47204	0,47460	0,47716	0,47971	0,48226	0,48481	61
29	0,48481	0,48735	0,48989	0,49242	0,49495	0,49748	0,50000	**60**
30	0,50000	0,50252	0,50503	0,50754	0,51004	0,51254	0,51504	59
31	0,51504	0,51753	0,52002	0,52250	0,52498	0,52745	0,52992	58
32	0,52992	0,53238	0,53484	0,53730	0,53975	0,54220	0,54464	57
33	0,54464	0,54708	0,54951	0,55194	0,55436	0,55678	0,55919	56
34	0,55919	0,56160	0,56401	0,56641	0,56880	0,57119	0,57358	55
35	0,57358	0,57596	0,57833	0,58070	0,58307	0,58543	0,58779	54
36	0,58779	0,59014	0,59248	0,59482	0,59716	0,59949	0,60182	53
37	0,60182	0,60414	0,60645	0,60876	0,61107	0,61337	0,61566	52
38	0,61566	0,61795	0,62024	0,62251	0,62479	0,62706	0,62932	51
39	0,62932	0,63158	0,63383	0,63608	0,63832	0,64056	0,64279	**50**
40	0,64279	0,64501	0,64723	0,64945	0,65166	0,65386	0,65606	49
41	0,65606	0,65825	0,66044	0,66262	0,66480	0,66697	0,66913	48
42	0,66913	0,67129	0,67344	0,67559	0,67773	0,67987	0,68200	47
43	0,68200	0,68412	0,68624	0,68835	0,69046	0,69256	0,69466	46
44	0,69466	0,69675	0,69883	0,70091	0,70298	0,70505	0,70711	45
	Cosinus 60′	50′	40′	30′	20′	10′	0′	Grad

Grad	Cosinus							
	0′	10′	20′	30′	40′	50′	60′	
0	1,00000	1,00000	0,99998	0,99996	0,99993	0,99989	0,99985	89
1	0,99985	0,99979	0,99973	0,99966	0,99958	0,99949	0,99939	88
2	0,99939	0,99929	0,99917	0,99905	0,99892	0,99878	0,99863	87
3	0,99863	0,99847	0,99831	0,99813	0,99795	0,99776	0,99756	86
4	0,99756	0,99736	0,99714	0,99692	0,99668	0,99644	0,99619	85
5	0,99619	0,99594	0,99567	0,99540	0,99511	0,99482	0,99452	84
6	0,99452	0,99421	0,99390	0,99357	0,99324	0,99290	0,99255	83
7	0,99255	0,99219	0,99182	0,99144	0,99106	0,99067	0,99027	82
8	0,99027	0,98986	0,98944	0,98902	0,98858	0,98814	0,98769	81
9	0,98769	0,98723	0,98676	0,98629	0,98580	0,98531	0,98481	**80**
10	0,98481	0,98430	0,98378	0,98325	0,98272	0,98218	0,98163	79
11	0,98163	0,98107	0,98050	0,97992	0,97934	0,97875	0,97815	78
12	0,97815	0,97754	0,97692	0,97630	0,97566	0,97502	0,97437	77
13	0,97437	0,97371	0,97304	0,97237	0,97169	0,97100	0,97030	76
14	0,97030	0,96959	0,96887	0,96815	0,96742	0,96667	0,96593	75
15	0,96593	0,96517	0,96440	0,96363	0,96285	0,96206	0,96126	74
16	0,96126	0,96046	0,95964	0,95882	0,95799	0,95715	0,95630	73
17	0,95630	0,95545	0,95459	0,95372	0,95284	0,95195	0,95106	72
18	0,95106	0,95015	0,94924	0,94832	0,94740	0,94646	0,94552	71
19	0,94552	0,94457	0,94361	0,94264	0,94167	0,94068	0,93969	**70**
20	0,93969	0,93869	0,93769	0,93667	0,93565	0,93462	0,93358	69
21	0,93358	0,93253	0,93148	0,93042	0,92935	0,92827	0,92718	68
22	0,92718	0,92609	0,92499	0,92388	0,92276	0,92164	0,92050	67
23	0,92050	0,91936	0,91822	0,91706	0,91590	0,91472	0,91355	66
24	0,91355	0,91236	0,91116	0,90996	0,90875	0,90753	0,90631	65
25	0,90631	0,90507	0,90383	0,90259	0,90133	0,90007	0,89879	64
26	0,89879	0,89752	0,89623	0,89493	0,89363	0,89232	0,89101	63
27	0,89101	0,88968	0,88835	0,88701	0,88566	0,88431	0,88295	62
28	0,88295	0,88158	0,88020	0,87882	0,87743	0,87603	0,87462	61
29	0,87462	0,87321	0,87178	0,87036	0,86892	0,86748	0,86603	**60**
30	0,86603	0,86457	0,86310	0,86163	0,86015	0,85866	0,85717	59
31	0,85717	0,85567	0,85416	0,85264	0,85112	0,84959	0,84805	58
32	0,84805	0,84650	0,84495	0,84339	0,84182	0,84025	0,83867	57
33	0,83867	0,83708	0,83549	0,83389	0,83228	0,83066	0,82904	56
34	0,82904	0,82741	0,82577	0,82413	0,82248	0,82082	0,81915	55
35	0,81915	0,81748	0,81580	0,81412	0,81242	0,81072	0,80902	54
36	0,80902	0,80730	0,80558	0,80386	0,80212	0,80038	0,79864	53
37	0,79864	0,79688	0,79512	0,79335	0,79158	0,78980	0,78801	52
38	0,78801	0,78622	0,78442	0,78261	0,78079	0,77897	0,77715	51
39	0,77715	0,77531	0,77347	0,77162	0,76977	0,76791	0,76604	**50**
40	0,76604	0,76417	0,76229	0,76041	0,75851	0,75661	0,75471	49
41	0,75471	0,75280	0,75088	0,74896	0,74703	0,74509	0,74314	48
42	0,74314	0,74120	0,73924	0,73728	0,73531	0,73333	0,73135	47
43	0,73135	0,72937	0,72737	0,72537	0,72337	0,72136	0,71934	46
44	0,71934	0,71732	0,71529	0,71325	0,71121	0,70916	0,70711	45
	60′	50′	40′	30′	20′	10′	0′	
	Sinus							Grad

Grad	Tangens							
	0′	10′	20′	30′	40′	50′	60′	
0	0,00000	0,00291	0,00582	0,00873	0,01164	0,01455	0,01746	89
1	0,01746	0,02036	0,02328	0,02619	0,02910	0,03201	0,03492	88
2	0,03492	0,03783	0,04075	0,04366	0,04658	0,04949	0,05241	87
3	0,05241	0,05533	0,05824	0,06116	0,06408	0,06700	0,06993	86
4	0,06993	0,07285	0,07578	0,07870	0,08163	0,08456	0,08749	85
5	0,08749	0,09042	0,09335	0,09629	0,09923	0,10216	0,10510	84
6	0,10510	0,10805	0,11099	0,11394	0,11688	0,11983	0,12278	83
7	0,12278	0,12574	0,12869	0,13165	0,13461	0,13758	0,14054	82
8	0,14054	0,14351	0,14648	0,14945	0,15243	0,15540	0,15838	81
9	0,15838	0,16137	0,16435	0,16734	0,17033	0,17333	0,17633	**80**
10	0,17633	0,17933	0,18233	0,18534	0,18835	0,19136	0,19438	79
11	0,19438	0,19740	0,20042	0,20345	0,20648	0,20952	0,21256	78
12	0,21256	0,21560	0,21864	0,22169	0,22475	0,22781	0,23087	77
13	0,23087	0,23393	0,23700	0,24008	0,24316	0,24624	0,24933	76
14	0,24933	0,25242	0,25552	0,25862	0,26172	0,26483	0,26795	75
15	0,26795	0,27107	0,27419	0,27732	0,28046	0,28360	0,28675	74
16	0,28675	0,28990	0,29305	0,29621	0,29938	0,30255	0,30573	73
17	0,30573	0,30891	0,31210	0,31530	0,31850	0,32171	0,32492	72
18	0,32492	0,32814	0,33136	0,33460	0,33783	0,34108	0,34433	71
19	0,34433	0,34758	0,35085	0,35412	0,35740	0,36068	0,36397	**70**
20	0,36397	0,36727	0,37057	0,37388	0,37720	0,38053	0,38386	69
21	0,38386	0,38721	0,39055	0,39391	0,39727	0,40065	0,40403	68
22	0,40403	0,40741	0,41081	0,41421	0,41763	0,42105	0,42447	67
23	0,42447	0,42791	0,43136	0,43481	0,43828	0,44175	0,44523	66
24	0,44523	0,44872	0,45222	0,45573	0,45924	0,46277	0,46631	65
25	0,46631	0,46985	0,47341	0,47698	0,48055	0,48414	0,48773	64
26	0,48773	0,49134	0,49495	0,49858	0,50222	0,50587	0,50953	63
27	0,50953	0,51320	0,51688	0,52057	0,52427	0,52798	0,53171	62
28	0,53171	0,53545	0,53920	0,54296	0,54673	0,55051	0,55431	61
29	0,55431	0,55812	0,56194	0,56577	0,56962	0,57348	0,57735	**60**
30	0,57735	0,58124	0,58513	0,58905	0,59297	0,59691	0,60086	59
31	0,60086	0,60483	0,60881	0,61280	0,61681	0,62083	0,62487	58
32	0,62487	0,62892	0,63299	0,63707	0,64117	0,64528	0,64941	57
33	0,64941	0,65355	0,65771	0,66189	0,66608	0,67028	0,67451	56
34	0,67451	0,67875	0,68301	0,68728	0,69157	0,69588	0,70021	55
35	0,70021	0,70455	0,70891	0,71329	0,71769	0,72211	0,72654	54
36	0,72654	0,73100	0,73547	0,73996	0,74447	0,74900	0,75355	53
37	0,75355	0,75812	0,76272	0,76733	0,77196	0,77661	0,78129	52
38	0,78129	0,78598	0,79070	0,79544	0,80020	0,80498	0,80978	51
39	0,80978	0,81461	0,81946	0,82434	0,82923	0,83415	0,83910	**50**
40	0,83910	0,84407	0,84906	0,85408	0,85912	0,86419	0,86929	49
41	0,86929	0,87441	0,87955	0,88473	0,88992	0,89515	0,90040	48
42	0,90040	0,90569	0,91099	0,91633	0,92170	0,92709	0,93252	47
43	0,93252	0,93797	0,94345	0,94896	0,95451	0,96008	0,96569	46
44	0,96569	0,97133	0,97700	0,98270	0,98843	0,99420	1,00000	45
	60′	50′	40′	30′	20′	10′	0′	Grad
	Cotangens							

Grad	Cotangens 0′	10′	20′	30′	40′	50′	60′	
0	∞	343,77371	171,88540	114,58865	85,93979	68,75009	57,28996	89
1	57,28996	49,10388	42,96408	38,18846	34,36777	31,24158	28,63625	88
2	28,63625	26,43160	24,54176	22,90377	21,47040	20,20555	19,08114	87
3	19,08114	18,07498	17,16934	16,34986	15,60478	14,92442	14,30067	86
4	14,30067	13,72674	13,19688	12,70621	12,25051	11,82617	11,43005	85
5	11,43005	11,05943	10,71191	10,38540	10,07803	9,78817	9,51436	84
6	9,51436	9,25530	9,00983	8,77689	8,55555	8,34496	8,14435	83
7	8,14435	7,95302	7,77035	7,59575	7,42871	7,26873	7,11537	82
8	7,11537	6,96823	6,82694	6,69116	6,56055	6,43484	6,31375	81
9	6,31375	6,19703	6,08444	5,97576	5,87080	5,76937	5,67128	**80**
10	5,67128	5,57638	5,48451	5,39552	5,30928	5,22566	5,14455	79
11	5,14455	5,06584	4,98940	4,91516	4,84300	4,77286	4,70463	78
12	4,70463	4,63825	4,57363	4,51071	4,44942	4,38969	4,33148	77
13	4,33148	4,27471	4,21933	4,16530	4,11256	4,06107	4,01078	76
14	4,01078	3,96165	3,91364	3,86671	3,82083	3,77595	3,73205	75
15	3,73205	3,68909	3,64705	3,60588	3,56557	3,52609	3,48741	74
16	3,48741	3,44951	3,41236	3,37594	3,34023	3,30521	3,27085	73
17	3,27085	3,23714	3,20406	3,17159	3,13972	3,10842	3,07768	72
18	3,07768	3,04749	3,01783	2,98869	2,96004	2,93189	2,90421	71
19	2,90421	2,87700	2,85023	2,82391	2,79802	2,77254	2,74748	**70**
20	2,74748	2,72281	2,69853	2,67462	2,65109	2,62791	2,60509	69
21	2,60509	2,58261	2,56046	2,53865	2,51715	2,49597	2,47509	68
22	2,47509	2,45451	2,43422	2,41421	2,39449	2,37504	2,35585	67
23	2,35585	2,33693	2,31826	2,29984	2,28167	2,26374	2,24604	66
24	2,24604	2,22857	2,21132	2,19430	2,17749	2,16090	2,14451	65
25	2,14451	2,12832	2,11233	2,09654	2,08094	2,06553	2,05030	64
26	2,05030	2,03526	2,02039	2,00569	1,99116	1,97680	1,96261	63
27	1,96261	1,94858	1,93470	1,92098	1,90741	1,89400	1,88073	62
28	1,88073	1,86760	1,85462	1,84177	1,82906	1,81649	1,80405	61
29	1,80405	1,79174	1,77955	1,76749	1,75556	1,74375	1,73205	**60**
30	1,73205	1,72047	1,70901	1,69766	1,68643	1,67530	1,66428	59
31	1,66428	1,65337	1,64256	1,63185	1,62125	1,61074	1,60033	58
32	1,60033	1,59002	1,57981	1,56969	1,55966	1,54972	1,53987	57
33	1,53987	1,53010	1,52043	1,51084	1,50133	1,49190	1,48256	56
34	1,48256	1,47330	1,46411	1,45501	1,44598	1,43703	1,42815	55
35	1,42815	1,41934	1,41061	1,40195	1,39336	1,38484	1,37638	54
36	1,37638	1,36800	1,35968	1,35142	1,34323	1,33511	1,32704	53
37	1,32704	1,31904	1,31110	1,30323	1,29541	1,28764	1,27994	52
38	1,27994	1,27230	1,26471	1,25717	1,24969	1,24227	1,23490	51
39	1,23490	1,22758	1,22031	1,21310	1,20593	1,19882	1,19175	**50**
40	1,19175	1,18474	1,17777	1,17085	1,16398	1,15715	1,15037	49
41	1,15037	1,14363	1,13694	1,13029	1,12369	1,11713	1,11061	48
42	1,11061	1,10414	1,09770	1,09131	1,08496	1,07864	1,07237	47
43	1,07237	1,06613	1,05994	1,05378	1,04766	1,04158	1,03553	46
44	1,03553	1,02952	1,02355	1,01761	1,01170	1,00583	1,00000	45
	60′	50′	40′	30′	20′	10′	0′ Tangens	Grad

Centri-winkel in Grad	Bogen-länge	Bogen-höhe	Sehnen-länge	Inhalt des Kreisab-schnittes	Centri-winkel in Grad	Bogen-länge	Bogen-höhe	Sehnen-länge	Inhalt des Kreisab-schnittes
1	0,0175	0,0000	0,0175	0,00000	46	0,8029	0,0795	0,7815	0,04176
2	0,0349	0,0002	0,0349	0,00000	47	0,8203	0,0829	0,7975	0,04448
3	0,0524	0,0003	0,0524	0,00001	48	0,8378	0,0865	0,8135	0,04731
4	0,0698	0,0006	0,0698	0,00003	49	0,8552	0,0900	0,8294	0,05025
5	0,0873	0,0010	0,0872	0,00006	**50**	0,8727	0,0937	0,8452	0,05331
6	0,1047	0,0014	0,1047	0,00010	51	0,8901	0,0974	0,8610	0,05649
7	0,1222	0,0019	0,1221	0,00015	52	0,9076	0,1012	0,8767	0,05978
8	0,1396	0,0024	0,1395	0,00023	53	0,9250	0,1051	0,8924	0,06319
9	0,1571	0,0031	0,1569	0,00032	54	0,9425	0,1090	0,9080	0,06673
10	0,1745	0,0038	0,1743	0,00044	55	0,9599	0,1130	0,9235	0,07039
11	0,1920	0,0046	0,1917	0,00059	56	0,9774	0,1171	0,9389	0,07417
12	0,2094	0,0055	0,2091	0,00076	57	0,9948	0,1212	0,9543	0,07808
13	0,2269	0,0064	0,2264	0,00097	58	1,0123	0,1254	0,9696	0,08212
14	0,2443	0,0075	0,2437	0,00121	59	1,0297	0,1296	0,9848	0,08629
15	0,2618	0,0086	0,2611	0,00149	**60**	1,0472	0,1340	1,0000	0,09059
16	0,2793	0,0097	0,2783	0,00181	61	1,0647	0,1384	1,0151	0,09502
17	0,2967	0,0110	0,2956	0,00217	62	1,0821	0,1428	1,0301	0,09958
18	0,3142	0,0123	0,3129	0,00257	63	1,0996	0,1474	1,0450	0,10428
19	0,3316	0,0137	0,3301	0,00302	64	1,1170	0,1520	1,0598	0,10911
20	0,3491	0,0152	0,3473	0,00352	65	1,1345	0,1566	1,0746	0,11408
21	0,3665	0,0167	0,3645	0,00408	66	1,1519	0,1613	1,0893	0,11919
22	0,3840	0,0184	0,3816	0,00468	67	1,1694	0,1661	1,1039	0,12443
23	0,4014	0,0201	0,3987	0,00535	68	1,1868	0,1710	1,1184	0,12982
24	0,4189	0,0219	0,4158	0,00607	69	1,2043	0,1759	1,1328	0,13535
25	0,4363	0,0237	0,4329	0,00686	**70**	1,2217	0,1808	1,1472	0,14102
26	0,4538	0,0256	0,4499	0,00771	71	1,2392	0,1859	1,1614	0,14683
27	0,4712	0,0276	0,4669	0,00862	72	1,2566	0,1910	1,1756	0,15279
28	0,4887	0,0297	0,4838	0,00961	73	1,2741	0,1961	1,1896	0,15889
29	0,5061	0,0319	0,5008	0,01067	74	1,2915	0,2014	1,2036	0,16514
30	0,5236	0,0341	0,5176	0,01180	75	1,3090	0,2066	1,2175	0,17154
31	0,5411	0,0364	0,5345	0,01301	76	1,3265	0,2120	1,2313	0,17808
32	0,5585	0,0387	0,5512	0,01429	77	1,3439	0,2174	1,2450	0,18477
33	0,5760	0,0412	0,5680	0,01566	78	1,3614	0,2229	1,2586	0,19160
34	0,5934	0,0437	0,5847	0,01711	79	1,3788	0,2284	1,2722	0,19859
35	0,6109	0,0463	0,6014	0,01864	**80**	1,3963	0,2340	1,2856	0,20573
36	0,6283	0,0489	0,6180	0,02027	81	1,4137	0,2396	1,2989	0,21301
37	0,6458	0,0517	0,6346	0,02198	82	1,4312	0,2453	1,3121	0,22045
38	0,6632	0,0545	0,6511	0,02378	83	1,4486	0,2510	1,3252	0,22804
39	0,6807	0,0574	0,6676	0,02568	84	1,4661	0,2569	1,3383	0,23578
40	0,6981	0,0603	0,6840	0,02767	85	1,4835	0,2627	1,3512	0,24367
41	0,7156	0,0633	0,7004	0,02976	86	1,5010	0,2686	1,3640	0,25171
42	0,7330	0,0664	0,7167	0,03195	87	1,5184	0,2746	1,3767	0,25990
43	0,7505	0,0696	0,7330	0,03425	88	1,5359	0,2807	1,3893	0,26825
44	0,7679	0,0728	0,7492	0,03664	89	1,5533	0,2867	1,4018	0,27675
45	0,7854	0,0761	0,7654	0,03915	**90**	1,5708	0,2929	1,4142	0,28540

Ist r der Kreishalbmesser und φ der Centriwinkel in Grad, so ergibt sich:

1) die Sehnenlänge: $s = 2\, r \sin \frac{\varphi}{2}$;

2) die Bogenhöhe: $h = r\left(1 - \cos \frac{\varphi}{2}\right) = \frac{s}{2} \operatorname{tg} \frac{\varphi}{4} = 2\, r \sin^2 \frac{\varphi}{4}$;

Centri-winkel in Grad	Bogen-länge	Bogen-höhe	Sehnen-länge	Inhalt des Kreisab-schnittes	Centri-winkel in Grad	Bogen-länge	Bogen-höhe	Sehnen-länge	Inhalt des Kreisab-schnittes
91	1,5882	0,2991	1,4265	0,29420	136	2,3736	0,6254	1,8544	0,83949
92	1,6057	0,3053	1,4387	0,30316	137	2,3911	0,6335	1,8608	0,85455
93	1,6232	0,3116	1,4507	0,31226	138	2,4086	0,6416	1,8672	0,86971
94	1,6406	0,3180	1,4627	0,32152	139	2,4260	0,6498	1,8733	0,88497
95	1,6580	0,3244	1,4746	0,33093	**140**	2,4435	0,6580	1,8794	0,90034
96	1,6755	0,3309	1,4863	0,34050	141	2,4609	0,6662	1,8853	0,91580
97	1,6930	0,3374	1,4979	0,35021	142	2,4784	0,6744	1,8910	0,93135
98	1,7104	0,3439	1,5094	0,36008	143	2,4958	0,6827	1,8966	0,94700
99	1,7279	0,3506	1,5208	0,37009	144	2,5133	0,6910	1,9021	0,96274
100	1,7453	0,3572	1,5321	0,38026	145	2,5307	0,6993	1,9074	0,97858
101	1,7628	0,3639	1,5432	0,39058	146	2,5482	0,7076	1,9126	0,99449
102	1,7802	0,3707	1,5543	0,40104	147	2,5656	0,7160	1,9176	1,01050
103	1,7977	0,3775	1,5652	0,41166	148	2,5831	0,7244	1,9225	1,02658
104	1,8151	0,3843	1,5760	0,42242	149	2,6005	0,7328	1,9273	1,04275
105	1,8326	0,3912	1,5867	0,43333	**150**	2,6180	0,7412	1,9319	1,05900
106	1,8500	0,3982	1,5973	0,44439	151	2,6354	0,7496	1,9363	1,07532
107	1,8675	0,4052	1,6077	0,45560	152	2,6529	0,7581	1,9406	1,09171
108	1,8850	0,4122	1,6180	0,46695	153	2,6704	0,7666	1,9447	1,10818
109	1,9024	0,4193	1,6282	0,47844	154	2,6878	0,7750	1,9487	1,12472
110	1,9199	0,4264	1,6383	0,49008	155	2,7053	0,7836	1,9526	1,14132
111	1,9373	0,4336	1,6483	0,50187	156	2,7227	0,7921	1,9563	1,15799
112	1,9548	0,4408	1,6581	0,51379	157	2,7402	0,8006	1,9598	1,17472
113	1,9722	0,4481	1,6678	0,52586	158	2,7576	0,8092	1,9633	1,19151
114	1,9897	0,4554	1,6773	0,53807	159	2,7751	0,8178	1,9665	1,20835
115	2,0071	0,4627	1,6868	0,55041	**160**	2,7925	0,8264	1,9696	1,22525
116	2,0246	0,4701	1,6961	0,56289	161	2,8100	0,8350	1,9726	1,24221
117	2,0420	0,4775	1,7053	0,57551	162	2,8274	0,8436	1,9754	1,25921
118	2,0595	0,4850	1,7143	0,58827	163	2,8449	0,8522	1,9780	1,27626
119	2,0769	0,4925	1,7233	0,60116	164	2,8623	0,8608	1,9805	1,29335
120	2,0944	0,5000	1,7321	0,61418	165	2,8798	0,8695	1,9829	1,31049
121	2,1118	0,5076	1,7407	0,62734	166	2,8972	0,8781	1,9851	1,32766
122	2,1293	0,5152	1,7492	0,64063	167	2,9147	0,8868	1,9871	1,34487
123	2,1468	0,5228	1,7576	0,65404	168	2,9322	0,8955	1,9890	1,36212
124	2,1642	0,5305	1,7659	0,66759	169	2,9496	0,9042	1,9908	1,37940
125	2,1817	0,5383	1,7740	0,68125	**170**	2,9671	0,9128	1,9924	1,39671
126	2,1991	0,5460	1,7820	0,69505	171	2,9845	0,9215	1,9938	1,41404
127	2,2166	0,5538	1,7899	0,70897	172	3,0020	0,9302	1,9951	1,43140
128	2,2340	0,5616	1,7976	0,72301	173	3,0194	0,9390	1,9963	1,44878
129	2,2515	0,5695	1,8052	0,73716	174	3,0369	0,9477	1,9973	1,46617
130	2,2689	0,5774	1,8126	0,75144	175	3,0543	0,9564	1,9981	1,48359
131	2,2864	0,5853	1,8199	0,76584	176	3,0718	0,9651	1,9988	1,50101
132	2,3038	0,5933	1,8271	0,78034	177	3,0892	0,9738	1,9993	1,51845
133	2,3213	0,6013	1,8341	0,79497	178	3,1067	0,9825	1,9997	1,53589
134	2,3387	0,6093	1,8410	0,80970	179	3,1241	0,9913	1,9999	1,55334
135	2,3562	0,6173	1,8478	0,82454	**180**	3,1416	1,0000	2,0000	1,57080

3) die Bogenlänge: $l = \pi r \frac{\varphi}{180} = 0{,}017453\, r\, \varphi = \sqrt{s^2 + \frac{16}{3} h^2}$ (angenähert);

4) der Inhalt des Kreisabschnittes $= \frac{r^2}{2} \left(\frac{\pi}{180} \varphi - \sin \varphi \right)$;

5) „ „ „ Kreisausschnittes $= \frac{\varphi}{360} \pi r^2 = 0{,}00872665\, \varphi\, r^2$.

Sin φ für φ = 0 bis 5,99

φ	0	1	2	3	4	5	6	7	8	9	D
0,0	0,0000	0100	0200	0300	0400	0500	0600	0701	0801	0901	101
0,1	0,1002	1102	1203	1304	1405	1506	1607	1708	1810	1911	102
0,2	0,2013	2115	2218	2320	2423	2526	2629	2733	2837	2941	104
0,3	0,3045	3150	3255	3360	3466	3572	3678	3785	3892	4000	108
0,4	0,4108	4216	4325	4434	4543	4653	4764	4875	4986	5098	113
0,5	0,5211	5324	5438	5552	5666	5782	5897	6014	6131	6248	119
0,6	0,6367	6485	6605	6725	6846	6967	7090	7213	7336	7461	125
0,7	0,7586	7712	7838	7966	8094	8223	8353	8484	8615	8748	133
0,8	0,8881	9015	9150	9286	9423	9561	9700	9840	9981	*0122	143
0,9	1,0265	0409	0554	0700	0847	0995	1144	1294	1446	1598	154
1,0	1,1752	1907	2063	2220	2379	2539	2700	2862	3025	3190	166
1,1	1,3356	3524	3693	3863	4035	4208	4382	4558	4735	4914	181
1,2	1,5095	5276	5460	5645	5831	6019	6209	6400	6593	6788	196
1,3	1,6984	7182	7381	7583	7786	7991	8198	8406	8617	*8829	214
1,4	1,9043	9259	9477	9697	9919	0143	*0369	*0597	*0827	1059	234
1,5	2,1293	1529	1768	2008	2251	2496	2743	2993	3245	3499	257
1,6	2,3756	4015	4276	4540	4806	5075	5346	5620	5896	6175	281
1,7	2,6456	6740	7027	7317	7609	*7904	8202	8503	8806	9112	310
1,8	2,9422	9734	*0049	*0367	*0689	1013	*1340	*1671	*2005	*2341	341
1,9	3,2682	3025	3372	3722	4075	4432	4792	5156	5523	5894	375
2,0	3,6269	6647	7028	7414	7803	8196	8593	8993	9398	9806	413
2,1	4,0219	0635	1056	1480	1909	2342	2779	3221	3666	4117	454
2,2	4,4571	5030	5494	5962	6434	6912	7394	7880	8372	8868	502
2,3	4,9370	9876	*0387	*0903	*1425	*1951	*2483	*3020	*3562	*4109	553
2,4	5,4662	5221	5785	6354	6929	7510	8097	8689	9288	9892	610
2,5	6,0502	1118	1741	2369	3004	3645	4293	4946	5607	6274	673
2,6	6,6947	7628	8315	9009	9709	*0417	*1132	*1854	*2583	*3319	744
2,7	7,4063	4814	5572	6338	7112	7894	8683	9480	*0285	*1098	821
2,8	8,1919	2749	3586	4432	5287	6150	7021	7902	8791	9689	907
2,9	9,0596	1512	2437	3371	4315	5268	6231	7203	8185	9177	1002
3,0	10,0179	1191	2212	3245	4287	5340	6403	7477	8562	9658	1107
3,1	11,0765	1882	3011	4151	5303	6466	7641	8827	*0026	*1236	1223
3,2	12,2459	3694	4941	6201	7473	8758	*0056	*1367	*2691	*4028	1351
3,3	13,5379	6743	8121	9513	*0919	*2338	*3772	*5221	*6684	*8161	1493
3,4	14,965	15,116	15,268	15,422	15,577	15,734	15,893	16,053	16,214	16,378	165
3,5	16,543	16,709	16,877	17,047	17,219	17,392	17,567	17,744	17,923	18,103	182
3,6	18,285	18,470	18,655	18,843	19,033	19,224	19,418	19,613	19,811	20,010	201
3,7	20,211	20,415	20,620	20,828	21,037	21,249	21,463	21,679	21,897	22,117	222
3,8	22,339	22,564	22,791	23,020	23,252	23,486	23,722	23,961	24,202	24,445	246
3,9	24,691	24,939	25,190	25,444	25,700	25,958	26,219	26,483	26,749	27,018	272
4,0	27,290	27,564	27,842	28,122	28,404	28,690	28,979	29,270	29,564	29,862	300
4,1	30,162	30,465	30,772	31,081	31,393	31,709	32,028	32,350	32,675	33,004	332
4,2	33,336	33,671	34,009	34,351	34,697	35,046	35,398	35,754	36,113	36,476	367
4,3	36,843	37,214	37,588	37,966	38,347	38,733	39,122	39,515	39,913	40,314	405
4,4	40,719	41,129	41,542	41,960	42,382	42,808	43,238	43,673	44,112	44,555	448
4,5	45,003	45,455	45,912	46,374	46,840	47,311	47,787	48,267	48,752	49,242	495
4,6	49,737	50,237	50,742	51,252	51,767	52,288	52,813	53,344	53,880	54,422	547
4,7	54,969	55,522	56,080	56,643	57,213	57,788	58,369	58,955	59,548	60,147	604
4,8	60,751	61,362	61,979	62,601	63,231	63,866	64,508	65,157	65,812	66,473	668
4,9	67,141	67,816	68,498	69,186	69,882	70,584	71,293	72,010	72,734	73,465	738
5,0	74,203	74,949	75,702	76,463	77,232	78,008	78,792	79,584	80,384	81,192	816
5,1	82,008	82,832	83,665	84,506	85,355	86,213	87,079	87,955	88,839	89,732	902
5,2	90,633	91,544	92,464	93,394	94,332	95,281	96,238	97,205	98,182	99,169	997
5,3	100,166	101,173	102,190	103,217	104,254	105,302	160,360	107,429	108,509	109,599	1102
5,4	110,701	111,814	112,938	114,072	115,219	116,377	117,547	118,728	119,921	121,127	1217
5,5	122,344	123,574	124,816	126,070	127,337	128,617	129,910	131,215	132,534	133,866	1346
5,6	135,211	136,570	137,943	139,329	140,730	142,144	173,573	145,016	146,473	147,945	1487
5,7	149,432	150,934	152,451	153,983	155,531	157,094	158,673	160,267	161,878	163,505	1643
5,8	165,148	166,808	168,485	170,178	171,888	173,616	175,361	177,123	178,903	180,701	1816
5,9	182,517	184,352	186,205	188,076	189,966	191,875	193,804	195,752	197,719	199,706	2007

Cof φ für $\varphi = 0$ bis 5,99

φ	0	1	2	3	4	5	6	7	8	9	D
0,0	1,0000	0001	0002	0005	0008	0013	0018	0025	0032	0041	9
0,1	1,0050	0061	0072	0085	0098	0113	0128	0145	0162	0181	20
0,2	1,0201	0221	0243	0266	0289	0314	0340	0367	0395	0423	30
0,3	1,0453	0484	0516	0549	0584	0619	0655	0692	0731	0770	41
0,4	1,0811	0852	0895	0939	0984	1030	1077	1125	1174	1225	51
0,5	1,1276	1329	1383	1438	1494	1551	1609	1669	1730	1792	63
0,6	1,1855	1919	1984	2051	2119	2188	2258	2330	2402	2476	76
0,7	1,2552	2628	2706	2785	2865	2947	3030	3114	3199	3286	88
0,8	1,3374	3463	3555	3647	3740	3835	3932	4029	4128	4229	102
0,9	1,4331	4434	4539	4645	4753	4862	4973	5085	5199	5314	117
1,0	1,5431	5549	5669	5790	5913	6038	6164	6292	6421	6552	133
1,1	1,6685	6820	6956	7093	7233	7374	7517	7662	7808	7957	151
1,2	1,8107	8258	8412	8568	8725	8884	9045	9208	9373	9540	169
1,3	1,9709	9880	*0053	*0228	*0404	*0583	*0764	*0947	*1132	*1320	189
1,4	2,1509	1700	1894	2090	2288	2488	2691	2896	3103	3312	212
1,5	2,3524	3738	3955	4174	4395	4619	4845	5073	5305	5538	237
1,6	2,5775	6013	6255	6499	6746	6995	7247	7502	7760	8020	263
1,7	2,8283	8549	8818	9090	9364	9642	9922	*0206	*0492	*0782	293
1,8	3,1075	1371	1669	1972	2277	2585	2897	3212	3530	3852	325
1,9	3,4177	4506	4838	5173	5512	5855	6201	6551	6904	7261	361
2,0	3,7622	7987	8355	8727	9103	9483	9867	*0255	*0647	*1043	400
2,1	4,1443	1847	2256	2669	3086	3507	3932	4362	4797	5236	443
2,2	4,5679	6127	6580	7037	7499	7966	8437	8914	9395	9881	491
2,3	5,0372	0868	1370	1876	2388	2905	3427	3954	4487	5026	543
2,4	5,5570	6119	6674	7235	7801	8373	8951	9535	*0125	*0721	602
2,5	6,1323	1931	2545	3166	3793	4426	5066	5712	6365	7024	666
2,6	6,7690	8363	9043	9729	*0423	*1123	*1831	*2546	*3268	*3998	737
2,7	7,4735	5749	6231	6990	7758	8533	9316	0106	*0905	*1712	815
2,8	8,2527	3351	4182	5022	5871	6728	7594	8469	9352	*0244	902
2,9	9,1146	2056	2976	3905	4844	5792	6749	7716	8693	9680	998
3,0	10,0678	1683	2701	3728	4765	5814	6872	7942	9022	*0113	1102
3,1	11,1215	2328	3453	4589	5736	6895	8065	9247	*0442	*1648	1218
3,2	12,2867	4097	5340	6596	7864	9146	*0440	*1747	*3067	*4401	1347
3,3	13,5748	7108	8483	9871	*1273	*2689	*4120	*5565	*7024	*8498	1489
3,4	14,999	15,149	15,301	15,455	15,610	15,766	15,924	16,084	16,245	16,408	165
3,5	16,573	16,739	16,907	17,077	17,248	17,421	17,596	17,772	17,951	18,131	182
3,6	18,313	18,497	18,682	18,870	19,059	19,250	19,444	19,639	19,836	20,035	201
3,7	20,236	20,439	20,644	20,852	21,061	21,272	21,486	21,702	21,919	22,140	222
3,8	22,362	22,586	22,813	23,042	23,273	23.507	23,743	23,982	24,222	24,466	245
3,9	24,711	24,960	25,210	25,463	25,719	25,977	26,238	26,502	26,768	27,037	271
4,0	27,308	27,583	27,860	28,139	28,422	28,707	28,996	29,287	29,581	29,878	300
4,1	30,178	30,482	30,788	31,097	31,409	31,725	32,044	32,365	32,691	33,019	332
4,2	33,351	33,686	34,024	34,366	34,711	35,060	35,412	35,768	36,127	36,490	367
4,3	36,857	37,227	37,601	37,979	38,360	38,746	39,135	39,528	39,925	40,326	406
4,4	40,732	41,141	41,554	41,972	42,393	42,819	43,250	43,684	44,123	44,566	448
4,5	45,014	45,466	45,923	46,385	46,851	47,321	47,797	48,277	48,762	49,252	495
4,6	49,747	50,247	50,752	51,262	51,777	52,297	52,823	53,354	53,890	54,431	547
4,7	54,978	55,531	56,089	56,652	57,221	57,796	58,377	58,964	59,556	60,155	604
4,8	60,579	61,370	61,987	62,609	63,239	63,874	64,516	65,164	65,819	66,481	668
4,9	67,149	67,823	68,505	69,193	69,889	70,591	71,300	72,017	72,741	73,472	738
5,0	74,210	74,956	75,709	76,470	77,238	78,014	78,798	79,590	80,390	81,198	816
5,1	82,014	82,838	83,671	84,512	85,361	86,219	87,085	87,960	88,844	89,737	902
5,2	90,639	91,550	92,470	93,399	94,338	95,286	96,243	97,211	98.188	99,174	997
5,3	100,171	101,178	102,194	103,221	104,259	105,307	106,365	107,434	108,513	109,604	1102
5,4	110,706	111,818	112,942	114,077	115,223	116,381	117,551	118,732	119,925	121,131	1217
5,5	122,348	123,578	124,820	126,074	127,341	128,621	129,913	131,219	132,538	133,870	1345
5,6	135,215	136,574	137,947	139,333	140,733	142,148	143,576	145,019	146,476	147,949	1487
5,7	149,435	150,937	152,454	153,986	155,534	157,097	158,676	160,270	161,881	163,508	1643
5,8	165,151	166,811	168,488	170,181	171,891	173,619	175,364	177,126	178,906	180,704	1816
5,9	182,520	184,354	186,207	188,079	189,969	191,878	193,806	195,754	197,721	199,709	2007

Briggssche Logarithmen von Sin φ für $\varphi = 0$ bis 5,99; um 10 vergrößert

φ	0	1	2	3	4	5	6	7	8	9	D
0,0	—∞	8,0000	3011	4772	6022	6992	7784	8455	9036	9548	459
0,1	9,0007	0423	0802	1152	1476	1777	2060	2325	2576	2814	225
0,2	9,3039	3254	3459	3656	3844	4025	4199	4366	4528	4685	151
0,3	9,4836	4983	5125	5264	5398	5529	5656	5781	5902	6020	116
0,4	9,6136	6249	6359	6468	6574	6678	6780	6880	6978	7074	95
0,5	9,7169	7263	7354	7444	7533	7620	7707	7791	7875	7958	81
0,6	9,8039	8119	8199	8277	8354	8431	8506	8581	8655	8728	72
0,7	9,8800	8872	8942	9012	9082	9150	9219	9286	9353	9419	66
0,8	9,9485	9550	9614	9678	9724	9805	9868	9920	9992	*0053	61
0,9	10,0114	0174	0234	0294	0353	0412	0470	0529	0586	0644	57
1,0	10,0701	0758	0815	0871	0927	0983	1038	1093	1148	1203	54
1,1	10,1257	1311	1365	1419	1472	1525	1578	1631	1684	1736	52
1,2	10,1788	1840	1892	1944	1995	2046	2098	2149	2199	2250	50
1,3	10,2300	2351	2401	2451	2501	2551	2600	2650	2699	2748	42
1,4	10,2797	2846	2895	2944	2993	3041	3090	3138	3186	3234	48
1,5	10,3282	3330	3378	3426	3474	3521	3569	3616	3663	3711	47
1,6	10,3758	3805	3852	3899	3946	3992	4039	4086	4132	4179	46
1,7	10,4225	4272	4318	4364	4411	4457	4503	4549	4595	4641	46
1,8	10,4687	4733	4778	4824	4870	4915	4961	5007	5052	5098	45
1,9	10,5143	5188	5234	5279	5324	5370	5415	5460	5505	5550	45
2,0	10,5595	5640	5685	5730	5775	5820	5865	5910	5955	6000	45
2,1	10,6044	6089	6134	6178	6223	6268	6312	6357	6401	6446	45
2,2	10,6491	6535	6580	6624	6668	6713	6757	6802	6846	6890	45
2,3	10,6935	6979	7023	7067	7112	7156	7200	7244	7289	7333	44
2,4	10,7377	7421	7465	7509	7553	7597	7642	7686	7730	7774	44
2,5	10,7818	7862	7906	7950	7994	8038	8082	8126	8169	8213	44
2,6	10,8257	8301	8345	8389	8433	8477	8521	8564	8608	8652	44
2,7	10,8696	8740	8784	8827	8871	8915	8959	9003	9046	9090	44
2,8	10,9134	9178	9221	9265	9309	9353	9396	9440	9484	9527	44
2,9	10,9571	9615	9658	9702	9746	9789	9833	9877	9920	9964	44
3,0	11,0008	0051	0095	0139	0182	0226	0270	0313	0357	0400	44
3,1	11,0444	0488	0531	0575	0618	0662	0706	0749	0793	0836	44
3,2	11,0880	0923	0967	1011	1054	1098	1141	1185	1228	1272	44
3,3	11,1316	1359	1403	1446	1490	1533	1577	1620	1664	1707	44
3,4	11,1751	1794	1838	1881	1925	1968	2012	2056	2099	2143	43
3,5	11,2186	2230	2273	2317	2360	2404	2447	2491	2534	2578	43
3,6	11,2621	2665	2708	2752	2795	2839	2882	2925	2969	3012	44
3,7	11,3056	3099	3143	3186	3230	3273	3317	3360	3404	3447	44
3,8	11,3491	3534	3578	3621	3665	3708	3752	3795	3838	3882	43
3,9	11,3925	3969	4012	4056	4099	4143	4186	4230	4273	4317	43
4,0	11,4360	4403	4447	4490	4534	4577	4621	4664	4708	4751	44
4,1	11,4795	4838	4881	4925	4968	5012	5055	5099	5142	5186	43
4,2	11,5229	5273	5316	5359	5403	5446	5490	5533	5577	5620	44
4,3	11,5664	5707	5750	5794	5837	5881	5924	5968	6011	6055	43
4,4	11,6098	6141	6185	6228	6272	6315	6359	6402	6446	6489	43
4,5	11,6532	6576	6619	6663	6706	6750	6793	6836	6880	6923	44
4,6	11,6967	7010	7054	7097	7141	7184	7227	7271	7314	7358	43
4,7	11,7401	7445	7488	7531	7575	7618	7662	7705	7749	7792	44
4,8	11,7836	7879	7922	7966	8009	8053	8096	8140	8183	8226	44
4,9	11,8270	8313	8357	8400	8444	8487	8530	8574	8617	8661	43
5,0	11,8704	8748	8791	8835	8878	8921	8965	9008	9052	9095	43
5,1	11,9139	9182	9225	9269	9312	9356	9399	9443	9486	9529	43
5,2	11,9573	9616	9660	9703	9747	9790	9833	9877	9920	9964	43
5,3	12,0007	0051	0094	0137	0181	0224	0268	0311	0355	0398	43
5,4	12,0442	0485	0528	0572	0615	0659	0702	0746	0789	0832	43
5,5	12,0876	0919	0963	1006	1050	1093	1136	1180	1223	1267	43
5,6	12,1310	1354	1397	1440	1484	1527	1571	1614	1658	1701	43
5,7	12,1744	1788	1831	1875	1918	1962	2005	2048	2092	2135	43
5,8	12,2179	2222	2266	2309	2352	2396	2439	2483	2526	2570	43
5,9	12,2613	2656	2700	2743	2787	2830	2874	2917	2960	3004	43

Briggssche Logarithmen von $\mathfrak{Cof}\ \varphi$ für φ = 0 bis 5,99

φ	0	1	2	3	4	5	6	7	8	9	D
0,0	0,0000	0000	0001	0002	0004	0005	0008	0011	0014	0018	4
0,1	0,0022	0026	0031	0037	0042	0049	0055	0063	0070	0078	8
0,2	0,0086	0095	0104	0114	0124	0134	0145	0156	0168	0180	13
0,3	0,0193	0205	0219	0232	0246	0261	0276	0291	0306	0322	17
0,4	0,0339	0355	0372	0390	0407	0426	0444	0463	0482	0502	20
0,5	0,0522	0542	0563	0583	0605	0626	0648	0670	0693	0716	23
0,6	0,0739	0762	0786	0810	0835	0859	0884	0910	0935	0961	26
0,7	0,0987	1013	1040	1067	1094	1122	1149	1177	1206	1234	29
0,8	0,1236	1292	1321	1350	1380	1410	1440	1470	1501	1532	31
0,9	0,1563	1594	1625	1657	1689	1721	1753	1786	1818	1851	33
1,0	0,1884	1917	1950	1984	2018	2052	2086	2120	2154	2189	34
1,1	0,2223	2258	2293	2328	2364	2399	2435	2470	2506	2542	36
1,2	0,2578	2615	2651	2688	2724	2761	2798	2835	2872	2909	38
1,3	0,2947	2984	3022	3059	3097	3135	3173	3211	3250	3288	38
1,4	0,3326	3365	3403	3442	3481	3520	3559	3598	3637	3676	39
1,5	0,3715	3755	3794	3833	3873	3913	3952	3992	4032	4072	40
1,6	0,4112	4152	4192	4232	4273	4313	4353	4394	4434	4475	40
1,7	0,4515	4556	4597	4637	4678	4719	4760	4801	4842	4883	41
1,8	0,4924	4965	5006	5048	5089	5130	5172	5213	5254	5296	41
1,9	0,5337	5379	5421	5462	5504	5546	5587	5629	5671	5713	41
2,0	0,5754	5796	5838	5880	5922	5964	6006	6048	6090	6132	43
2,1	0,6175	6217	6259	6301	6343	6386	6428	6470	6512	6555	42
2,2	0,6597	6640	6682	6724	6767	6809	6852	6894	6937	6979	43
2,3	0,7022	7064	7107	7150	7192	7235	7278	7320	7363	7406	42
2,4	0,7448	7491	7534	7577	7619	7662	7705	7748	7791	7833	43
2,5	0,7876	7919	7926	8005	8048	8091	8134	8176	8219	8262	43
2,6	0,8305	8348	8391	8434	8477	8520	8563	8606	8649	8692	43
2,7	0,8735	8778	8821	8864	8907	8951	8994	9037	9080	9123	43
2,8	0,9166	9209	9252	9295	9338	9382	9425	9468	9511	9554	43
2,9	0,9597	9641	9684	9727	9770	9813	9856	9900	9943	9986	43
3,0	1,0029	0073	0116	0159	0202	0245	0289	0332	0375	0418	44
3,1	1,0462	0505	0548	0591	0635	0678	0721	0764	0808	0851	43
3,2	1,0984	0938	0981	1024	1068	1111	1154	1197	1241	1284	43
3,3	1,1327	1371	1414	1457	1501	1544	1587	1631	1674	1717	44
3,4	1,1761	1804	1847	1891	1934	1977	2021	2064	2107	2151	43
3,5	1,2194	2237	2281	2324	2367	2411	2454	2497	2541	2584	44
3,6	1,2628	2671	2714	2758	2801	2844	2888	2931	2975	3018	43
3,7	1,3061	3105	3148	3191	3235	3278	3322	3365	3408	3452	43
3,8	1,3495	3538	3582	3625	3669	3712	3755	3799	3842	3886	43
3,9	1,3929	3972	4016	4059	4103	4146	4189	4233	4276	4320	43
4,0	1,4363	4406	4450	4493	4537	4580	4623	4667	4710	4754	43
4,1	1,4797	4840	4884	4927	4971	5014	5057	5101	5144	5188	43
4,2	1,5231	5274	5318	5361	5405	5448	5492	5535	5578	5622	43
4,3	1,5665	5709	5752	5795	5839	5882	5926	5969	6012	6056	43
4,4	1,6099	6143	6186	6230	6273	6316	6360	6403	6447	6490	43
4,5	1,6533	6577	6620	6664	6707	6751	6794	6873	6881	6924	44
4,6	1,6968	7011	7055	7098	7141	7185	7228	7272	7315	7358	44
4,7	1,7402	7445	7489	7532	7576	7619	7662	7706	7749	7793	43
4,8	1,7836	7880	7923	7966	8010	8053	8097	8140	8184	8227	43
4,9	1,8270	8314	8357	8401	8444	8487	8531	8574	8618	8661	44
5,0	1,8705	8748	8791	8835	8878	8922	8965	9009	9052	9095	43
5,1	1,9139	9182	9226	9269	9313	9356	9399	9443	9486	9530	43
5,2	1,9573	9617	9660	9703	9747	9790	9843	9877	9921	9964	43
5,3	2,0007	0051	0094	0138	0181	0225	0268	0311	0355	0398	43
5,4	2,0442	0485	0529	0572	0615	0659	0702	0746	0789	0833	43
5,5	2,0876	0919	0963	1006	1050	1093	1137	1180	1223	1267	43
5,6	2,1310	1354	1397	1441	1484	1527	1571	1614	1658	1701	43
5,7	2,1745	1788	1831	1875	1918	1962	2005	2049	2092	2135	43
5,8	2,2179	2222	2266	2309	2353	2396	2439	2483	2526	2570	43
5,9	2,2613	2657	2700	2743	2787	2830	2874	2917	2961	3004	43

𝔗𝔤 φ für φ = 0 bis 2,89

φ	0	1	2	3	4	5	6	7	8	9	D
0,0	0,0000	0100	0200	3000	0400	0500	0599	0699	0798	0898	99
0,1	0,0997	1096	1194	1293	1391	1489	1587	1684	1781	1878	96
0,2	0,1974	2070	2165	2260	2355	2449	2543	2636	2739	2821	92
0,3	0,2913	3004	3095	3185	3275	3364	3452	3540	3627	3714	86
0,4	0,3800	3885	3969	4053	4137	4119	4301	4382	4462	4542	79
0,5	0,4621	4700	4777	4854	4930	5005	5080	5154	5227	5299	71
0,6	0,5370	5441	5511	5581	5649	5717	5784	5850	5915	5980	64
0,7	0,6044	6107	6169	6231	6291	6352	6411	6469	6527	6584	56
0,8	0,6640	6696	6751	6805	6858	6911	6963	7014	7064	7114	49
0,9	0,7163	7211	7259	7306	7352	7398	7443	7487	7531	7574	42
1,0	0,7616	7658	7699	7739	7779	7818	7857	7895	7932	7969	36
1,1	0,8005	8041	8076	8110	8144	8178	8210	8243	8275	8306	31
1,2	0,8337	8367	8397	8426	8455	8483	8511	8538	8565	8591	26
1,3	0,8617	8643	8668	8693	8717	8741	8764	8787	8810	8831	22
1,4	0,8854	8875	8896	8917	8937	8957	8977	8996	9015	9033	19
1,5	0,9052	9069	9087	9104	9121	9138	9154	9170	9186	9202	15
1,6	0,9217	9232	9246	9261	9275	9289	9302	9316	9329	9342	12
1,7	0,9354	9367	9379	9391	9402	9414	9425	9436	9447	9458	10
1,8	0,9468	9478	9488	9498	9508	9518	9527	9536	9545	9554	8
1,9	0,9562	9571	9579	9587	9595	9603	9611	9619	9626	9633	7
2,0	0,9640	9647	9654	9661	9668	9674	9680	9687	9693	9699	6
2,1	0,9705	9710	9716	9722	9727	9732	9738	9743	9748	9753	5
2,2	0,9757	9762	9767	9771	9776	9780	9785	9789	9793	9797	4
2,3	0,9801	9805	9809	9812	9816	9820	9823	9827	9830	9834	3
2,4	0,9837	9840	9843	9846	9849	9852	9855	9858	9861	9864	2
2,5	0,9866	9869	9871	9874	9876	9879	9881	9884	9886	9888	2
2,6	0,9890	9892	9895	9897	9899	9901	9903	9905	9906	9908	2
2,7	0,9910	9912	9914	9915	9917	9919	9920	9922	9923	9925	1
2,8	0,9926	9928	9929	9931	9932	9933	9935	9936	9937	9938	2

Briggssche Logarithmen von 𝔗𝔤 φ für φ = 0 bis 2,89; um 10 vergrößert

φ	0	1	2	3	4	5	6	7	8	9	D
0,0	—∞	8,0000	3010	4770	6018	6986	7776	8444	9022	9531	455
0,1	8,9986	*0397	*0771	*1115	*1433	*1729	*2004	*2263	*2506	*2736	217
0,2	9,2953	3159	3355	3542	3720	3890	4053	4210	4360	4505	139
0,3	9,4644	4778	4907	5031	5152	5268	5381	5490	5596	5698	99
0,4	9,5797	5894	5987	6078	6166	6252	6336	6417	6496	6573	75
0,5	9,6648	6721	6792	6861	6928	6994	7058	7121	7182	7242	58
0,6	9,7300	7357	7413	7467	7520	7572	7622	7671	7720	7767	46
0,7	9,7813	7858	7902	7945	7988	8029	8069	8109	8147	8185	37
0,8	9,8222	8258	8294	8328	8362	8395	8428	8460	8491	8521	30
0,9	9,8551	8580	8609	8637	8664	8691	8717	8743	8768	8793	24
1,0	9,8817	8841	8864	8887	8909	8931	8952	8973	8994	9014	20
1,1	9,9034	9053	9072	9090	9108	9126	9144	9161	9177	9194	16
1,2	9,9210	9226	9241	9256	9271	9285	9300	9314	9327	9341	13
1,3	9,9354	9367	9379	9391	9404	9415	9427	9438	9450	9460	11
1,4	9,9471	9482	9492	9502	9512	9522	9531	9540	9550	9558	9
1,5	9,9567	9576	9584	9592	9601	9608	9616	9624	9631	9639	7
1,6	9,9646	9653	9660	9666	9673	9680	9686	9692	9698	9704	6
1,7	9,9710	9716	9721	9727	9732	9738	9743	9748	9753	9758	5
1,8	9,9763	9767	9772	9776	9781	9785	9790	9794	9798	9802	4
1,9	9,9806	9810	9813	9817	9821	9824	9828	9831	9834	9838	3
2,0	9,9841	9844	9847	9850	9853	9856	9859	9862	9864	9867	3
2,1	9,9870	9872	9875	9877	9880	9882	9884	9887	9889	9891	2
2,2	9,9893	9895	9898	9900	9902	9904	9905	9907	9909	9911	2
2,3	9,9913	9914	9916	9918	9919	9921	9923	9924	9926	9927	2
2,4	9,9929	9930	9931	9933	9934	9935	9937	9938	9939	9940	1
2,5	9,9941	9943	9944	9945	9946	9947	9948	9949	9950	9951	1
2,6	9,9952	9953	9954	9955	9956	9957	9958	9958	9959	9960	1
2,7	9,9961	9962	9962	9963	9964	9965	9965	9966	9967	9967	1
2,8	9,9968	9969	9969	9970	9970	9971	9972	9972	9973	9973	1

Zahlen zur Umwandlung von Bogenmaß in Gradmaß und umgekehrt

arc 1^0 = 0,0174532925	log arc 1^0 = 0,2418774—2	Vgl. auch Zahlentafel D.
arc $1'$ = 0,0002908882	log arc $1'$ = 0,4637261—4	
arc $1''$ = 0,0000048481	log arc $1''$ = 0,6855749—6	

arc α	α			arc α	α		
	0	′	″		0	′	″
1,0	57	17	44,806	0,005	0	17	11,32
0,9	51	33	58,33	0,004	0	13	45,06
0,8	45	50	11,84	0,003	0	10	18,79
0,7	40	6	25,36	0,002	0	6	52,53
0,6	34	22	38,88	0,001	0	3	26,26
0,5	28	38	52,40	0,0009	0	3	5,64
0,4	22	55	5,92	0,0008	0	2	45,01
0,3	17	11	19,44	0,0007	0	2	24,39
0,2	11	27	32,96	0,0006	0	2	3,76
0,1	5	43	46,48	0,0005	0	1	43,13
0,09	5	9	23,83	0,0004	0	1	22,51
0,08	4	35	1,18	0,0003	0	1	1,88
0,07	4	0	38,54	0,0002	0	0	41,25
0,06	3	26	15,89	0,0001	0	0	20,63
0,05	2	51	53,24	0,00009	0	0	18,56
0,04	2	17	30,59	0,00008	0	0	16,50
0,03	1	43	7,94	0,00007	0	0	14,44
0,02	1	8	45,30	0,00006	0	0	12,38
0,01	0	34	22,65	0,00005	0	0	10,31
0,009	0	30	56,38	0,00004	0	0	8,251
0,008	0	27	30,12	0,00003	0	0	6,188
0,007	0	24	3,85	0,00002	0	0	4,135
0,006	0	20	37,59	0,00001	0	0	2,063

F. Einige Zahlenwerte

Zahl	Wert n	log n	Zahl	Wert n	log n
π	3,141593	0,49715	$\sqrt{2g}$	4,429447	0,64635
π^2	9,869604	0,99430	$\frac{1}{\sqrt{2g}}$	0,225763	0,35365—1
$\sqrt{\pi}$	1,772454	0,24857	$\frac{\pi}{\sqrt{g}}$	1,003033	0,00132
g	9,81	0,99167	e	2,718282	0,43429
$\sqrt{g}$	3,132092	0,49583			
$1:2g$	0,050968	0,70830—2			

G. Bemerkungen zu den Tafeln A—E

Sind die in den Tafeln A—E angegebenen Funktionen für Zwischenwerte zu berechnen, so können diese Funktionswerte durch geradlinige Einschaltung ermittelt werden.

Zur Tafel A: Genaue Werte der Quadrate von vier- und mehrstelligen Zahlen ermittle man nach der Formel

$$(a + b)^2 = a^2 + 2\,b\left(a + \frac{b}{2}\right).$$

Beispiel:

$$3426^2 = 3420^2 + 2 \cdot 6 \cdot (3423) = 11696400 + 41076 = 11737476$$

Zur angenäherten Berechnung der Quadrat- und Kubikwurzeln benütze man die Formeln 27 und 29 S. 37.

Zur Tafel B:

1. Beispiel: ln **43545** = ?
ln 43545 = ln 435,45 + ln 100 = 6,0763 + 4,6052 = **10,6815**

2. Beispiel: ln **0,07625** = ?
ln 0,07625 = ln 762,5 · + ln 10^{-4} = 6,6366 — 9,2103 = — **2,5737**

Zur Tafel E. Die letzte Spalte gibt unter D die Differenz zwischen den Tafelwerten, und zwar gilt das am Ende einer Zeile stehende D für den Übergang von dieser Zeile zur nächsten.

Für Werte $\varphi > 5{,}99$ gilt innerhalb der Genauigkeit der Tafeln

$$\mathfrak{Sin}\,\varphi = \mathfrak{Cof}\,\varphi = \frac{1}{2}\,e^{\varphi}.$$

Umgekehrt kann aus den Tafeln e^{φ} und $e^{-\varphi}$ mittels der Beziehungen

$$e^{\varphi} = \mathfrak{Cof}\,\varphi + \mathfrak{Sin}\,\varphi \text{ und } e^{-\varphi} = \mathfrak{Cof}\,\varphi - \mathfrak{Sin}\,\varphi$$

entnommen werden.

II. Arithmetik

A. Potenzen, Wurzeln, Logarithmen, komplexe Zahlen

Potenzen und Wurzeln

(1) $(+a)^n = +a^n$. (2) $(-a)^n = \begin{matrix} +a^n & \text{für gerade } n, \\ -a^n & \text{,, ungerade } n. \end{matrix}$

(3) $a^m \cdot a^n = a^{m+n}$. (4) $a^m : a^n = a^{m-n}$. (5) $(a^n)^m = a^{nm}$.

(6) $a^{-n} = \dfrac{1}{a^n}$. (7) $a^0 = 1$. (8) $1^{\pm n} = 1$. (9) $a^{\infty} = \begin{matrix} 0 \\ \infty \end{matrix}$ für $\begin{matrix} a < 1 \\ a > 1 \end{matrix}$

(10) $a^2 - b^2 = (a + b)(a - b)$. (11) $(a^3 - b^3) = (a - b)(a^2 + a\,b + b^2)$.

(12) $a^n - b^n = (a - b)(a^{n-1} + a^{n-2}b + a^{n-3}b^2 + \ldots + a\,b^{n-2} + b^{n-1})$.

(13) $a^3 + b^3 = (a + b)(a^2 - a\,b + b^2)$.

(14) $(a^{2n+1} + b^{2n+1}) = (a + b)(a^{2n} - a^{2n-1}b + a^{2n-2}b^2 - \ldots\ldots + a^2 b^{2n-2} - a\,b^{2n-1} + b^{2n})$.

(15) Binomische Reihe.

$$(1 \pm a)^n = 1 \pm \binom{n}{1} a + \binom{n}{2} a^2 + \ldots\ldots\ldots + (-1)^n \binom{n}{n} a^n,$$

wobei

$$\binom{n}{k} = \frac{n \cdot (n-1) \cdot (n-2) \ldots\ldots (n-k+1)}{1 \cdot 2 \cdot 3 \ldots\ldots k} = \frac{n!}{k!\,(n-k)!}.$$

Ist n eine ganze positive Zahl, so bricht die Reihe ab. Für jedes andere n ist die Reihe unendlich. Sie konvergiert absolut, wenn $a < 1$ ist.

(16) $(p \pm q)^n = p^n \left(1 \pm \frac{q}{p}\right)^n, \quad p > q.$

(17) $\frac{1}{1 \pm a} = (1 \pm a)^{-1} = 1 \mp a + a^2 \mp a^3 + a^4 \mp a^5 + \ldots$

(18) $\sqrt{1 \pm a} = (1 \pm a)^{1/2} = 1 \pm \frac{1}{2} a - \frac{1}{2 \cdot 4} a^2 \pm \frac{1 \cdot 3}{2 \cdot 4 \cdot 6} a^3 - \frac{1 \cdot 3 \cdot 5}{2 \cdot 4 \cdot 6 \cdot 8} a^4 \pm \ldots$

(19) $\frac{1}{\sqrt{1 \pm a}} = (1 \pm a)^{-1/2} = 1 \mp \frac{1}{2} a + \frac{1 \cdot 3}{2 \cdot 4} a^2 \mp \frac{1 \cdot 3 \cdot 5}{2 \cdot 4 \cdot 6} a^3 + \frac{1 \cdot 3 \cdot 5 \cdot 7}{2 \cdot 4 \cdot 6 \cdot 8} a^4 \mp \ldots$

Die Formeln 3) bis 6) gelten auch für gebrochene n, sonach gelten sie auch für das Rechnen mit Wurzelgrößen, wenn man

(20) $$a^{\frac{m}{n}} = \sqrt[n]{a^m}$$

setzt.

Die $n$te Wurzel aus einer reellen positiven Zahl liefert bei geradem n zwei reelle und $n-2$ komplexe Werte, bei ungeradem n eine reelle und $n-1$ komplexe Werte. Ist a negativ, dann besteht nur bei ungeradem n eine einzige negative reelle Wurzel.

Näherungsformeln: Ist δ klein gegen 1, so gilt:

(21) $(1 \pm \delta)^2 = 1 \pm 2\delta.$ (22) $(1 \pm \delta)^3 = 1 \pm 3\delta.$

(23) $$(1 \pm \delta)^n = 1 \pm n\delta.$$

(24) $\frac{1}{(1 \pm \delta)^2} = 1 \mp 2\delta.$ (25) $\frac{1}{(1 \pm \delta)^3} = 1 \mp 3\delta.$

(26) $$\frac{1}{(1 \pm \delta)^m} = 1 \mp m\delta.$$

(27) $\sqrt{1 \pm \delta} = 1 \pm \frac{\delta}{2}.$ (28) $\frac{1}{\sqrt{1 \pm \delta}} = 1 \mp \frac{\delta}{2}.$

(29) $\sqrt[n]{1 \pm \delta} = 1 \pm \frac{\delta}{n}.$ (30) $\frac{1}{\sqrt[n]{1 \pm \delta}} = 1 \mp \frac{\delta}{n}.$

Logarithmen

(1) $\log(a \cdot b) = \log a + \log b.$ (2) $\log(a : b) = \log a - \log b.$

(3) $\log a^n = n \cdot \log a.$ (4) $\log \sqrt[n]{a} = \frac{1}{n} \log a.$

(5) $\log 1 = 0, \quad \log 0 = -\infty, \quad \log \infty = \infty, \quad \log \beta = 1,$

wenn β die Basis des Logarithmensystems ist. Logarithmen für die Basis 10 heißen gemeine oder Briggssche Logarithmen.

Logarithmen für die Basis

$$e = \lim_{n \to \infty} \left(1 + \frac{1}{n}\right)^n = 2{,}7182818 \ldots$$

heißen natürliche Logarithmen. Abkürzung: ln.

Zur Berechnung der natürlichen Logarithmen aus den gewöhnlichen und umgekehrt benütze man die Beziehungen:

(6) $\ln a = \ln 10 \cdot \log a = 2{,}3025851 \ \log a,$

(7) $\log a = \log e \cdot \ln a = 0{,}4342945 \ \ln a.$

Komplexe Zahlen

(1) $i = \sqrt{-1}, \quad i^2 = -1, \quad i^3 = -i = -\sqrt{-1}, \quad i^4 = +1, \quad \frac{1}{i} = -i.$

Für das Rechnen mit komplexen Zahlen gelten die Regeln:

(2) Wenn $a + bi = c + di$, so muß: $a = c$, $b = d$.

,, $a + bi = 0$, ,, ,, $a = 0$, $b = 0$.

(3) $(a + bi) + (c + di) = e + fi$, wobei $e = a + c$, $f = b + d$.

(4) $(a + bi)(c + di) = e + fi$, wobei $e = (ac - bd)$, $f = ad + bc$.

(5) $(a + bi)(a - bi) = a^2 + b^2$. (reell). $a + bi$ und $a - bi$ heißen zu einander konjugiert.

(6) $\frac{1}{a + bi} = \frac{a - bi}{a^2 + b^2}$.

Normalform einer komplexen Zahl:

(7) $a \pm bi = \varrho (\cos \varphi \pm i \sin \varphi)$. ϱ heißt der Modul, φ die Amplitude:

$$\varrho = \sqrt{a^2 + b^2}, \quad \cos \varphi = \frac{a}{\varrho}, \quad \sin \varphi = \frac{b}{\varrho}, \quad \operatorname{tg} \varphi = \frac{b}{a}.$$

Moivresche Formel:

(8) $(a \pm bi)^n = \varrho^n (\cos n\varphi \pm i \sin n\varphi)$.

B. Endliche Reihen

Arithmetische Reihen

Bei einer arithmetischen Reihe $k$ter Ordnung

	a_1	a_2	a_3	a_4	a_5	a_6	....	als Hauptreihe
mit	$\triangle a_1$	$\triangle a_2$	$\triangle a_3$	$\triangle a_4$	$\triangle a_5$		....	,, erste
	$\triangle^2 a_1$	$\triangle^2 a_2$	$\triangle^2 a_3$	$\triangle^2 a_4$			....	,, zweite
	....							usw.

Differenzreihe, sind die $k$ten Differenzen $\triangle^k a$ konstant und die $(k + 1)$sten Differenzen Null. Das $n$te Glied der Hauptreihe berechnet man nach der Formel

$$(1) \quad a_n = a_1 + \binom{n-1}{1} \triangle a_1 + \binom{n-1}{2} \triangle^2 a_1 + \ldots\ldots + \binom{n-1}{k} \triangle^k a_1$$

und die Summe der n ersten Glieder nach der Formel

$$(2) \quad \sum_{\nu=1}^{n} a_\nu = \binom{n}{1} a_1 + \binom{n}{2} \triangle a_1 + \binom{n}{3} \triangle^2 a_1 + \ldots\ldots + \binom{n}{k+1} \triangle^k a_1$$

Im besonderen gilt:

$$(3) \qquad 1 + 2 + 3 + \ldots\ldots + n = \frac{n(n+1)}{2}.$$

$$(4) \qquad 1^2 + 2^2 + 3^2 + \ldots\ldots + n^2 = \frac{n(n+1)(2n+1)}{6}.$$

$$(5) \qquad 1^3 + 2^3 + 3^3 + \ldots\ldots + n^3 = \left(\frac{n(n+1)}{2}\right)^2.$$

Geometrische Reihe

$$a, \quad aq, \quad aq^2, \ldots . aq^{n-1}.$$

Das $n$te Glied ist: aq^{n-1}.

Die Summe der n ersten Glieder: $S = a\,\frac{q^n - 1}{q - 1}$

Mit $q < 1$ und $n = \infty$, wird

$$\lim_{n \to \infty} S = \frac{a}{1 - q}.$$

C. Zinseszins- und Rentenrechnung

Ist K das Anlagekapital, p % der Zinsfuß, so ist der Endwert K_n des Kapitals nach n Jahren mit $q = 1 + \frac{p}{100}$.

$$K_n = K\,q^n, \tag{1}$$

wenn die Zinsen am Ende eines jeden Jahres zum Kapital geschlagen werden.

Bei halbjährigem Zinszuschlag mit $q = \left(1 + \frac{p}{200}\right)$ ist

$$K_n = K\,q^{2n}. \tag{2}$$

Wird am Ende eines jeden Jahres ein Betrag k eingezahlt, so ist der Endwert nach n Jahren

$$S_n = k\,\frac{(q^n - 1)}{q - 1}; \qquad q = \left(1 + \frac{p}{100}\right). \tag{3}$$

Wird dieser Betrag k zu Anfang eines jeden Jahres eingezahlt, so ist die Endsumme am Ende des n ten Jahres

$$S_n = k\,\frac{q\,(q^n - 1)}{q - 1}. \tag{4}$$

Tilgung, Amortisation. Ist ein Betrag K, der mit p % verzinst wird, in n Jahren zu tilgen, so beträgt die jährliche Zahlung k

$$k = K\,\frac{q^n\,(q - 1)}{q^n - 1}. \tag{5}$$

Abschreibung. Ist der Anschaffungswert A in n Jahren abzuschreiben, so beträgt die jährliche Abschreibung a

$$a = A\,\frac{q - 1}{q^n - 1}.$$

D. Gleichungen

Gleichungen zweiten Grades

$$x^2 + px + q = 0, \qquad x = -\frac{p}{2} \pm \sqrt{\frac{p^2}{4} - q}. \tag{1}$$

$$ax^2 + bx + c = 0, \qquad x = \frac{-b \pm \sqrt{b^2 - 4ac}}{2a}. \tag{2}$$

Sind x_1, x_2 die beiden Wurzeln einer Gleichung zweiten Grades, so ist

$$x_1 + x_2 = -p \text{ und } x_1\,x_2 = q.$$

Gleichungen dritten Grades

$$z^3 + b_2 z^2 + b_1 z + b_0 = 0$$

Führt man $z = x - \frac{b_2}{3}$ ein, so erhält man die reduzierte Form

$$x^3 - 3px - 2q = 0.$$

α) $p^3 < q^2$. Eine Lösung ist reell, die beiden andern konjugiert komplex. Man benütze die Cardanische Formel:

$$u = \sqrt[3]{q + \sqrt{q^2 - p^3}}, \qquad v = \sqrt[3]{q - \sqrt{q^2 - p^3}}.$$

$$x_1 = u + v, \qquad x_{23} = -\frac{1}{2}(u + v) \pm \frac{i}{2}\sqrt{3}\,(u - v).$$

β) $p^3 > q^2$. Alle drei Lösungen sind reell.

Die Auflösung geschieht mittels Kreisfunktionen

$$\cos 3\varphi = \frac{q}{p\sqrt{p}};$$

$$x_1 = 2\sqrt{p}\cos\varphi, \qquad x_2 = 2\sqrt{p}\cos(\varphi + 120^0), \qquad x_3 = 2\sqrt{p}\cos(\varphi + 240^0)$$

γ) $p^3 \doteq q^2$

$$x_1 = 2\sqrt{p} \quad x_2 = x_3 = -\sqrt{p}.$$

Beispiele:

1. $x^3 + 9x - 26 = 0$: $\quad p = -3, \quad q = 13,$ also $p^3 < q^2$

$\sqrt{q^2 - p^3} = 14, \quad u = \sqrt[3]{13 + 14} = 3, \quad v = \sqrt[3]{13 - 14} = -1;$

daher

$$x_1 = 2, \; x_{23} = -\frac{1}{2}\cdot 2 \pm \frac{i}{2}\sqrt{3}\cdot 4 = -1 \pm 2i\sqrt{3}.$$

2. $x^3 - 15x + 6 = 0$: $\quad p = 5, \quad q = -3,$ also $p^3 > q^2$.

$\cos 3\varphi = \frac{-3}{5\sqrt{5}} = -0{,}268328, \quad 3\varphi = 105^0\,33'\,53'', \quad \varphi = 35^0\,11'\,18''$

$$x_1 = 2\sqrt{p}\cdot\cos\; 35^0\,11'\,18'' = +3{,}6549,$$
$$x_2 = 2\sqrt{p}\cdot\cos 155^0\,11'\,18'' = -4{,}0593,$$
$$x_3 = 2\sqrt{p}\cdot\cos 275^0\,11'\,18'' = +0{,}4044.$$

Reziproke Gleichungen

Sind in einer Gleichung $n$ten Grades

$$a_n x^n + a_{n-1} x^{n-1} + \ldots\ldots + a_1 x + a_0 = 0$$

die Beiwerte $a_n = a_0$, $a_{n-1} = a_1$, $a_{n-2} = a_2$ usw., so heißt die Gleichung reziprok. Sie läßt sich durch eine passende Substitution auf eine Gleichung vom Grade $\frac{n}{2}$ bzw. $\frac{n-1}{2}$ reduzieren.

α) n ist eine gerade Zahl: $n = 2\nu$

Man teilt durch x^ν und erhält

$$a_n\left(x^\nu + \frac{1}{x^\nu}\right) + a_{n-1}\left(x^{\nu-1} + \frac{1}{x^{\nu-1}}\right) + \ldots\ldots + a_{\nu+1}\left(x + \frac{1}{x}\right) + a_\nu = 0$$

Mit $z = x + \frac{1}{x}$ geht diese Gleichung in

$$c_\nu z^\nu + c_{\nu-1} z^{\nu-1} + \ldots\ldots + c_1 z + c_0 = 0$$

über. Sind die ν Wurzeln z bekannt, so folgen aus $x^2 - z x + 1 = 0$ die 2ν Wurzeln x, von denen je zwei, die aus einem z entspringen, der Relation $x_i\, x_j = 1$ genügen.

Beispiel:

$$x^4 + 6x^3 - 5x^2 + 6x + 1 = 0.$$

$$\left(x^2 + \frac{1}{x^2}\right) + 6\left(x + \frac{1}{x}\right) - 5 = 0.$$

Aus $\quad x + \frac{1}{x} = z \quad$ folgt $\quad x^2 + \frac{1}{x^2} = z^2 - 2,$

sonach $\quad z^2 + 6z - 7 = 0 \quad$ mit den Wurzeln $z_1 = 1, \quad z_2 = -7.$

Aus $\quad x^2 - zx + 1 = 0 \quad$ folgen schließlich

$$x_{1\,2} = \frac{1}{2}\left(1 \pm i\sqrt{3}\right), \qquad x_{3\,4} = \frac{1}{2}\left(-7 \pm \sqrt{45}\right).$$

β) n ist eine ungerade Zahl: $n = 2\nu + 1$.

Da $x = -1$ stets eine Wurzel einer solchen Gleichung ist, so dividiere man die rechte Gleichungsseite durch $x + 1$ und erhält dann eine reziproke Gleichung geraden Grades, die nach α) aufzulösen ist.

Beispiel:

$$2x^3 - 3x^2 - 3x + 2 = 0, \qquad x_1 = -1;$$

$$(2x^3 - 3x^2 - 3x + 2) : (x + 1) = 2x^2 - 5x + 2 = 0.$$

$$x_2 = 2, \qquad x_3 = \frac{1}{2}.$$

Lösung von Gleichungen mittels Näherungsverfahren

Hat man durch Proberechnung einen genäherten Wert für eine Gleichungswurzel gefunden, so kann man, wie folgt, genauere Werte ermitteln:

Regula falsi:

Sei $f(x) = 0$ die vorgelegte Gleichung und seien x_1 und x_2 zwei genäherte Wurzelwerte, die, in die Gleichung $y = f(x)$ eingeführt, die Funktionswerte y_1 und y_2 erzeugen. Die gesuchte Wurzel liegt dann zwischen x_1 und x_2, Abb. 1, wenn y_1 und y_2 verschiedenes Vorzeichen haben. Die lineare Einschaltung, die am besten zeichnerisch durchgeführt wird, liefert den Schnittpunkt x_3 mit dem zugehörenden Funktionswert y_3. Wählt man nun einen genügend nahe gelegenen Punkt x_4 mit dem Funktionswert $+ y_4$, so kann wieder durch lineare Einschaltung ein genauerer Wurzelwert ermittelt werden. Dieses Verfahren kann fortgesetzt werden. Die rechnerische Durchführung der linearen Interpollation geschieht mittels der Formel

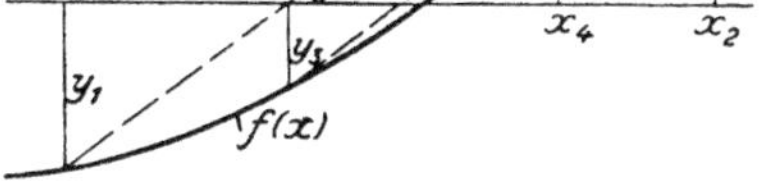

Abb. 1

$$x = x_1 + \frac{(x_2 - x_1)\, y_1}{y_1 - y_2}.$$

Beispiel:

$$\frac{\operatorname{tg} x}{x} - 2 = 0.$$

Für $x_1 = 1{,}1 \qquad y_1 = -0{,}2139$

„ $\quad x_2 = 1{,}2 \qquad y_2 = +0{,}1434$

$$x_3 = 1{,}1 + \frac{0{,}1 \cdot (-0{,}2139)}{-0{,}3573} = 1{,}160.$$

Für $x_3 = 1{,}16 \qquad y_3 = -0{,}02087$

„ $\quad x_4 = 1{,}17 \qquad y_4 = +0{,}01708$

$$x_5 = 1{,}16 + \frac{0{,}01 \cdot (-0{,}02087)}{0{,}03795} = \mathbf{1{,}1655.}$$

III. Trigonometrie

A. Kreisfunktionen

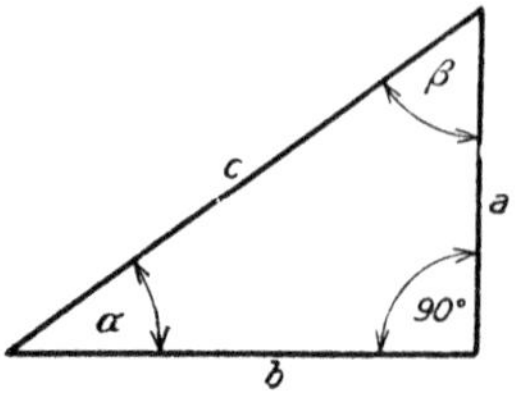

Abb. 2

Geometrische Definition

$$\sin\alpha = \frac{a}{c},\quad \cos\alpha = \frac{b}{c},\quad \operatorname{tg}\alpha = \frac{a}{b},$$

$$\operatorname{cotg}\alpha = \frac{b}{a},\quad \operatorname{cosec}\alpha = \frac{1}{\sin\alpha},\quad \sec\alpha = \frac{1}{\cos\alpha}.$$

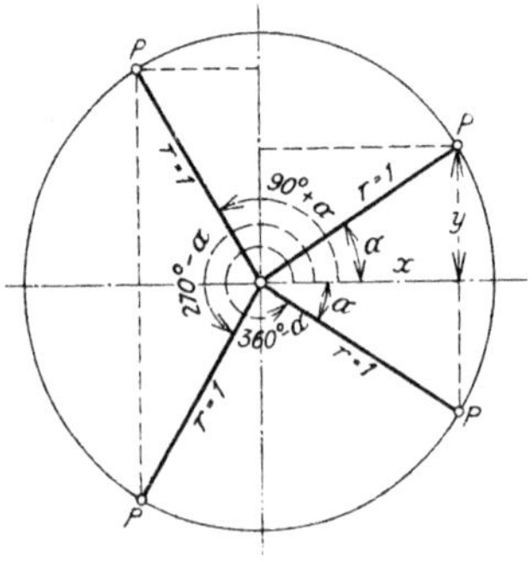

Abb. 3

Beziehungen zwischen Komplement- und Supplementwinkeln

$\varphi =$	$90 \pm \alpha$	$180 \pm \alpha$	$270 \pm \alpha$	$(n \cdot 360 \pm \alpha)$ oder $\pm\alpha$
$\sin\varphi$	$\cos\alpha$	$\mp \sin\alpha$	$-\cos\alpha$	$\pm\sin\alpha$
$\cos\varphi$	$\mp\sin\alpha$	$-\cos\alpha$	$\pm\sin\alpha$	$+\cos\alpha$
$\operatorname{tg}\varphi$	$\mp\operatorname{cotg}\alpha$	$\pm\operatorname{tg}\alpha$	$\mp\operatorname{cotg}\alpha$	$\pm\operatorname{tg}\alpha$
$\operatorname{cotg}\varphi$	$\mp\operatorname{tg}\alpha$	$\pm\operatorname{cotg}\alpha$	$\mp\operatorname{tg}\alpha$	$\pm\operatorname{cotg}\alpha$

Grundbeziehungen

$$\sin(-\alpha) = -\sin\alpha,\quad \cos(-\alpha) = \cos\alpha,$$

$$\operatorname{tg}(-\alpha) = -\operatorname{tg}\alpha,\quad \operatorname{cotg}(-\alpha) = -\operatorname{cotg}\alpha.$$

$$\sin^2\alpha + \cos^2\alpha = 1,\quad \operatorname{tg}\alpha = \frac{\sin\alpha}{\cos\alpha},\quad \operatorname{tg}\alpha\cdot\operatorname{cotg}\alpha = 1.$$

$$\sin\alpha = \sqrt{1-\cos^2\alpha} = \frac{\operatorname{tg}\alpha}{\sqrt{1+\operatorname{tg}^2\alpha}} = \frac{1}{\sqrt{1+\operatorname{cotg}^2\alpha}},$$

$$\cos\alpha = \sqrt{1-\sin^2\alpha} = \frac{1}{\sqrt{1+\operatorname{tg}^2\alpha}} = \frac{\operatorname{cotg}\alpha}{\sqrt{1+\operatorname{cotg}^2\alpha}},$$

$$\operatorname{tg}\alpha = \frac{\sin\alpha}{\sqrt{1-\sin^2\alpha}} = \frac{\sqrt{1-\cos^2\alpha}}{\cos\alpha} = \frac{1}{\operatorname{cotg}\alpha},$$

$$\operatorname{cotg}\alpha = \frac{\sqrt{1-\sin^2\alpha}}{\sin\alpha} = \frac{\cos\alpha}{\sqrt{1-\cos^2\alpha}} = \frac{1}{\operatorname{tg}\alpha}$$

Beziehungen zwischen den Funktionen zweier Winkel und Funktionen mehrfacher Winkel

(1) $\sin(\alpha \pm \beta) = \sin\alpha\cos\beta \pm \cos\alpha\sin\beta,$

$\cos(\alpha \pm \beta) = \cos\alpha\cos\beta \mp \sin\alpha\sin\beta,$

$\operatorname{tg}(\alpha \pm \beta) = (\operatorname{tg}\alpha \pm \operatorname{tg}\beta) : (1 \mp \operatorname{tg}\alpha\cdot\operatorname{tg}\beta),$

$\operatorname{cotg}(\alpha \pm \beta) = (\operatorname{cotg}\alpha\cdot\operatorname{cotg}\beta \mp 1) : (\operatorname{cotg}\beta \pm \operatorname{cotg}\alpha).$

(2) $$\sin 2\alpha = 2 \sin \alpha \cdot \cos \alpha = \frac{2}{\operatorname{cotg} \alpha + \operatorname{tg} \alpha},$$

$$\cos 2\alpha = \cos^2 \alpha - \sin^2 \alpha = 1 - 2 \sin^2 \alpha = 2 \cos^2 \alpha - 1,$$

$$\operatorname{tg} 2\alpha = \frac{2 \operatorname{tg} \alpha}{1 - \operatorname{tg}^2 \alpha} = \frac{2}{\operatorname{cotg} \alpha - \operatorname{tg} \alpha},$$

$$\operatorname{cotg} 2\alpha = \frac{\operatorname{cotg}^2 \alpha - 1}{2 \operatorname{cotg} \alpha} = \frac{\operatorname{cotg} \alpha - \operatorname{tg} \alpha}{2}.$$

(3) $$\sin \alpha + \sin \beta = 2 \sin \frac{\alpha + \beta}{2} \cdot \cos \frac{\alpha - \beta}{2},$$

$$\sin \alpha - \sin \beta = 2 \cos \frac{\alpha + \beta}{2} \cdot \sin \frac{\alpha - \beta}{2},$$

$$\cos \alpha + \cos \beta = 2 \cos \frac{\alpha + \beta}{2} \cdot \cos \frac{\alpha - \beta}{2},$$

$$\cos \alpha - \cos \beta = -2 \sin \frac{\alpha + \beta}{2} \cdot \sin \frac{\alpha - \beta}{2},$$

$$\operatorname{tg} \alpha \pm \operatorname{tg} \beta = \sin (\alpha \pm \beta) : (\cos \alpha \cdot \cos \beta),$$

$$\operatorname{cotg} \alpha \pm \operatorname{cotg} \beta = \pm \sin (\alpha \pm \beta) : (\sin \alpha \cdot \sin \beta).$$

(4) $$\sin (\alpha + \beta) \cdot \sin (\alpha - \beta) = \sin^2 \alpha - \sin^2 \beta = \cos^2 \beta - \cos^2 \alpha,$$

$$\cos (\alpha + \beta) \cdot \cos (\alpha - \beta) = \cos^2 \alpha - \sin^2 \beta = \cos^2 \beta - \sin^2 \alpha.$$

(5) $$1 + \cos 2\alpha = 2 \cos^2 \alpha, \qquad 1 + \cos \alpha = 2 \cos^2 \frac{\alpha}{2},$$

$$1 - \cos 2\alpha = 2 \sin^2 \alpha, \qquad 1 - \cos \alpha = 2 \sin^2 \frac{\alpha}{2},$$

$$\frac{1 - \cos 2\alpha}{1 + \cos 2\alpha} = \operatorname{tg}^2 \alpha, \qquad \frac{1 - \cos \alpha}{1 + \cos \alpha} = \operatorname{tg}^2 \frac{\alpha}{2},$$

$$1 + \operatorname{tg}^2 \alpha = \frac{1}{\cos^2 \alpha}, \qquad 1 + \operatorname{cotg}^2 \alpha = \frac{1}{\sin^2 \alpha}.$$

(6) $$\sin 3\alpha = 3 \sin \alpha \cos^2 \alpha - \sin^3 \alpha = 3 \sin \alpha - 4 \sin^3 \alpha,$$

$$\cos 3\alpha = \cos^3 \alpha - 3 \sin^2 \alpha \cos \alpha = 4 \cos^3 \alpha - 3 \cos \alpha.$$

(7) $$\sin (45 \pm \alpha) = \cos (45 \mp \alpha),$$

$$\operatorname{tg} (45 + \alpha) = (1 + \operatorname{tg} \alpha) : (1 - \operatorname{tg} \alpha) = \operatorname{cotg} (45 - \alpha),$$

$$\left.\begin{array}{l}\operatorname{tg} (45 - \alpha/2) \\ \operatorname{cotg} (45 + \alpha/2)\end{array}\right\} = \frac{\cos \alpha}{1 + \sin \alpha} = \frac{1 - \sin \alpha}{\cos \alpha} = \sec \alpha - \operatorname{tg} \alpha,$$

$$\left.\begin{array}{l}\operatorname{cotg} (45 - \alpha/2) \\ \operatorname{tg} (45 + \alpha/2)\end{array}\right\} = \frac{\cos \alpha}{1 - \sin \alpha} = \frac{1 + \sin \alpha}{\cos \alpha} = \sec \alpha + \operatorname{tg} \alpha.$$

(8) $$\sin \alpha \cos \beta = \tfrac{1}{2} [\sin (\alpha + \beta) + \sin (\alpha - \beta)],$$

$$\cos \alpha \sin \beta = \tfrac{1}{2} [\sin (\alpha + \beta) - \sin (\alpha - \beta)],$$

$$\sin \alpha \sin \beta = \tfrac{1}{2} [\cos (\alpha - \beta) - \cos (\alpha + \beta)],$$

$$\cos \alpha \cos \beta = \tfrac{1}{2} [\cos (\alpha - \beta) + \cos (\alpha + \beta)].$$

Reihenentwicklung der Kreisfunktionen und der zyklometrischen Funktionen, siehe S. 56.

Zusammenhang zwischen den Kreisfunktionen und der Exponentialfunktion. (Siehe die folgende Seite.)

(9) $$e^{ix} = \cos x + i \sin x, \qquad e^{-ix} = \cos x - i \sin x,$$

$$\cos x = \tfrac{1}{2}\,(e^{ix} + e^{-ix}), \qquad \sin x = \frac{1}{2i}\,(e^{ix} - e^{-ix}),$$

$$i = \sqrt{-1}.$$

B. Hyperbelfunktionen

Definition:

(1) $$\mathfrak{Sin}\,\varphi = \frac{e^{\varphi} - e^{-\varphi}}{2}, \quad \mathfrak{Cof}\,\varphi = \frac{e^{\varphi} + e^{-\varphi}}{2}, \quad \mathfrak{Tg}\,\varphi = \frac{e^{\varphi} - e^{-\varphi}}{e^{\varphi} + e^{-\varphi}}.$$

Grundbeziehungen

$$\mathfrak{Sin}\,(-\varphi) = -\,\mathfrak{Sin}\,\varphi, \quad \mathfrak{Cof}\,(-\varphi) = \mathfrak{Cof}\,\varphi, \quad \mathfrak{Tg}\,(-\varphi) = -\,\mathfrak{Tg}\,\varphi\,;$$

$$\mathfrak{Cof}^2\varphi - \mathfrak{Sin}^2\varphi = 1, \quad \mathfrak{Tg}\,\varphi = \frac{\mathfrak{Sin}\,\varphi}{\mathfrak{Cof}\,\varphi}, \quad (\mathfrak{Cof}\,\varphi \pm \mathfrak{Sin}\,\varphi)^n = \mathfrak{Cof}\,n\varphi \pm \mathfrak{Sin}\,n\varphi.$$

$$\mathfrak{Sin}\,\varphi = \sqrt{\mathfrak{Cof}^2\varphi - 1} = \frac{\mathfrak{Tg}\,\varphi}{\sqrt{1 - \mathfrak{Tg}^2\varphi}}, \quad \mathfrak{Cof}\,\varphi = \sqrt{1 + \mathfrak{Sin}^2\varphi} = \frac{1}{\sqrt{1 - \mathfrak{Tg}^2\varphi}},$$

$$\mathfrak{Tg}\,\varphi = \frac{\mathfrak{Sin}\,\varphi}{\sqrt{1 + \mathfrak{Sin}^2\varphi}} = \frac{\sqrt{\mathfrak{Cof}^2\varphi - 1}}{\mathfrak{Cof}\,\varphi}.$$

$$e^{\varphi} = \mathfrak{Cof}\,\varphi + \mathfrak{Sin}\,\varphi, \qquad e^{-\varphi} = \mathfrak{Cof}\,\varphi - \mathfrak{Sin}\,\varphi.$$

Mit $\mathfrak{Sin}\,\varphi + \mathfrak{Cof}\,\varphi = z$ gilt:

$$\varphi = \ln z, \quad \mathfrak{Sin}\,\varphi = \frac{z^2 - 1}{2z}, \quad \mathfrak{Cof}\,\varphi = \frac{z^2 + 1}{2z}, \quad \mathfrak{Tg}\,\frac{\varphi}{2} = \frac{z - 1}{z + 1},$$

$$e^{2\varphi} = \frac{1 + \mathfrak{Tg}\,\varphi}{1 - \mathfrak{Tg}\,\varphi}. \quad \mathfrak{Sin}\,0 = 0, \quad \mathfrak{Cof}\,0 = 1, \quad \mathfrak{Tg}\,0 = 0, \quad \mathfrak{Tg}\,\infty = 1.$$

Zusammenhang zwischen den Kreisfunktionen und den Hyperbelfunktionen:

$$\sin a = -\,i\,\mathfrak{Sin}\,i\,a, \quad \cos a = \mathfrak{Cof}\,i\,a, \quad \operatorname{tg} a = -\,i\,\mathfrak{Tg}\,i\,a, \quad \operatorname{cotg} a = i\,\mathfrak{Cotg}\,i\,a;$$

$$\sin i\,a = i\,\mathfrak{Sin}\,a, \quad \cos i\,a = \mathfrak{Cof}\,a, \quad \operatorname{tg} i\,a = i\,\mathfrak{Tg}\,a, \quad \operatorname{cotg} i\,a = -\,i\,\mathfrak{Cotg}\,a.$$

Beziehungen zwischen den Funktionen zweier Sektoren und Funktionen zweifacher Sektoren

(1) $$\mathfrak{Sin}\,(a \pm \beta) = \mathfrak{Sin}\,a\,\mathfrak{Cof}\,\beta \pm \mathfrak{Cof}\,a\,\mathfrak{Sin}\,\beta,$$
$$\mathfrak{Cof}\,(a \pm \beta) = \mathfrak{Cof}\,a\,\mathfrak{Cof}\,\beta \pm \mathfrak{Sin}\,a\,\mathfrak{Sin}\,\beta,$$
$$\mathfrak{Tg}\,(a \pm \beta) = (\mathfrak{Tg}\,a \pm \mathfrak{Tg}\,\beta) : (1 \pm \mathfrak{Tg}\,a\,\mathfrak{Tg}\,\beta).$$

(2) $$\mathfrak{Sin}\,2a = 2\,\mathfrak{Sin}\,a\,\mathfrak{Cof}\,a = \frac{2\,\mathfrak{Tg}\,a}{1 - \mathfrak{Tg}^2 a},$$

$$\mathfrak{Cof}\,2a = \mathfrak{Cof}^2 a + \mathfrak{Sin}^2 a = 2\,\mathfrak{Cof}^2 a - 1 = 1 + 2\,\mathfrak{Sin}^2 a = \frac{1 + \mathfrak{Tg}^2 a}{1 - \mathfrak{Tg}^2 a},$$

$$\mathfrak{Tg}\,2a = \frac{2\,\mathfrak{Tg}\,a}{1 + \mathfrak{Tg}^2 a}.$$

(3) $$\mathfrak{Sin}\,a + \mathfrak{Sin}\,\beta = 2\,\mathfrak{Sin}\,\frac{a + \beta}{2}\,\mathfrak{Cof}\,\frac{a - \beta}{2},$$

$$\mathfrak{Sin}\,a - \mathfrak{Sin}\,\beta = 2\,\mathfrak{Cof}\,\frac{a + \beta}{2}\,\mathfrak{Sin}\,\frac{a - \beta}{2},$$

$$\mathfrak{Cof}\,\alpha + \mathfrak{Cof}\,\beta = 2\,\mathfrak{Cof}\,\frac{\alpha+\beta}{2}\,\mathfrak{Cof}\,\frac{\alpha-\beta}{2},$$

$$\mathfrak{Cof}\,\alpha - \mathfrak{Cof}\,\beta = 2\,\mathfrak{Sin}\,\frac{\alpha+\beta}{2}\,\mathfrak{Sin}\,\frac{\alpha-\beta}{2},$$

$$\mathfrak{Tg}\,\alpha \pm \mathfrak{Tg}\,\beta = \frac{\mathfrak{Sin}\,(\alpha\pm\beta)}{\mathfrak{Cof}\,\alpha\,\mathfrak{Cof}\,\beta}.$$

(4) $\mathfrak{Cof}\,2\alpha - 1 = 2\,\mathfrak{Sin}^2\,\alpha, \qquad \mathfrak{Cof}\,2\alpha + 1 = 2\,\mathfrak{Cof}^2\,\alpha,$

$$\frac{\mathfrak{Cof}\,2\alpha - 1}{\mathfrak{Cof}\,2\alpha + 1} = \mathfrak{Tg}^2\,\alpha.$$

(5) $\mathfrak{Sin}\,\alpha\,\mathfrak{Sin}\,\beta = \tfrac{1}{2}\,\mathfrak{Cof}\,(\alpha+\beta) - \tfrac{1}{2}\,\mathfrak{Cof}\,(\alpha-\beta),$

$\mathfrak{Cof}\,\alpha\,\mathfrak{Cof}\,\beta = \tfrac{1}{2}\,\mathfrak{Cof}\,(\alpha+\beta) + \tfrac{1}{2}\,\mathfrak{Cof}\,(\alpha-\beta),$

$\mathfrak{Sin}\,\alpha\,\mathfrak{Cof}\,\beta = \tfrac{1}{2}\,\mathfrak{Sin}\,(\alpha+\beta) + \tfrac{1}{2}\,\mathfrak{Sin}\,(\alpha-\beta),$

$\mathfrak{Cof}\,\alpha\,\mathfrak{Sin}\,\beta = \tfrac{1}{2}\,\mathfrak{Sin}\,(\alpha+\beta) - \tfrac{1}{2}\,\mathfrak{Sin}\,(\alpha-\beta).$

C. Dreiecksberechnung

Das rechtwinklige Dreieck

Zur Berechnung des rechtwinkligen Dreieckes benütze man die unter A angegebenen geometrischen Definitionen sowie den pythagoreischen Lehrsatz.

Das schiefwinklige Dreieck

a) Formeln, siehe Abb. 4.

1. Sinussatz:

$$\frac{a}{\sin\alpha} = \frac{b}{\sin\beta} = \frac{c}{\sin\gamma} = 2r.$$

2. Projektionssatz:

$$a = b\cos\gamma + c\cos\beta,$$
$$b = c\cos\alpha + a\cos\gamma,$$
$$c = b\cos\alpha + a\cos\beta.$$

3. Cosinussatz:

$$a^2 = b^2 + c^2 - 2bc\cos\alpha =$$
$$= (b+c)^2 - 4bc\cos^2\frac{\alpha}{2} =$$
$$= (b-c)^2 + 4bc\sin^2\frac{\alpha}{2}.$$

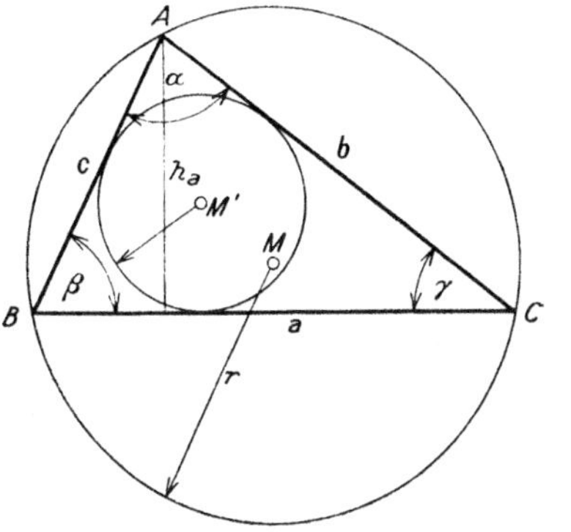

Abb. 4

4. Tangentensatz:

$$(a+b) : (a-b) = \operatorname{tg}\frac{\alpha+\beta}{2} : \operatorname{tg}\frac{\alpha-\beta}{2}.$$

6. Mollweidesche Gleichungen:

$$(b+c)\sin\frac{\alpha}{2} = a\cos\frac{\beta-\gamma}{2}, \qquad (b-c)\cos\frac{\alpha}{2} = a\sin\frac{\beta-\gamma}{2}.$$

7. Halbwinkelsätze:

$$\sin\frac{\alpha}{2} = \sqrt{\frac{(s-b)(s-c)}{b\cdot c}}, \quad \cos\frac{\alpha}{2} = \sqrt{\frac{s(s-a)}{b\cdot c}},$$

$$\operatorname{tg}\frac{\alpha}{2} = \sqrt{\frac{(s-b)(s-c)}{s(s-a)}}, \quad s = \tfrac{1}{2}(a+b+c).$$

8. Inkreishalbmesser ϱ, Umkreishalbmesser r:

$$\varrho = \sqrt{\frac{(s-a)(s-b)(s-c)}{s}} = (s-a)\operatorname{tg}\frac{\alpha}{2} = (s-b)\operatorname{tg}\frac{\beta}{2} = (s-c)\operatorname{tg}\frac{\gamma}{2}.$$

$$r = \frac{a}{2\sin\alpha} = \frac{b}{2\sin\beta} = \frac{c}{2\sin\gamma}.$$

b) Grundaufgaben

1. Gegeben eine Seite a und die anliegenden Winkel β, γ:

$$b = \frac{a\sin\beta}{\sin\alpha}, \qquad c = \frac{a\sin\gamma}{\sin\alpha}, \qquad \alpha = 180^0 - \beta - \gamma.$$

2. Gegeben zwei Seiten a, b und der eingeschlossene Winkel γ:

a) $c = \sqrt{a^2 + b^2 - 2ab\cos\gamma}$,

$$\sin\alpha = a\frac{\sin\gamma}{c}, \qquad \sin\beta = b\frac{\sin\gamma}{c}.$$

b) $\frac{\alpha+\beta}{2} = 90 - \frac{\gamma}{2}$, $\quad \operatorname{tg}\frac{\alpha-\beta}{2} = \frac{a-b}{a+b}\operatorname{tg}\frac{\alpha+\beta}{2}$,

$$c = \frac{a\sin\gamma}{\sin\alpha} = \frac{b\sin\gamma}{\sin\beta}.$$

3. Gegeben zwei Seiten a, b und der Gegenwinkel β:

α) $b > a$: $\alpha < 90^0$, $\quad \sin\alpha = \frac{a\sin\beta}{b}$, $\quad c = \frac{b\sin\gamma}{\sin\beta} = \frac{a\sin\gamma}{\sin\alpha}$,

$\gamma = 180^0 - \alpha - \beta$. Es besteht nur eine Lösung.

β) $b < a$: Aus $\sin\alpha = \frac{a\sin\beta}{b}$ entstehen für α zwei Werte, der eine $< 90^0$, der andere $> 90^0$. Im übrigen wie vor. Ist $a\sin\beta > b$, so besteht überhaupt keine Lösung.

4. Gegeben die drei Seiten a, b, c:

a) $\cos\alpha = \frac{b^2+c^2-a^2}{2bc}$, $\quad \sin\beta = \frac{b\sin\alpha}{a}$, $\quad \gamma = 180^0 - \alpha - \beta$,

b) $\cos\frac{\alpha}{2} = \sqrt{\frac{s(s-a)}{bc}}$, $\quad \cos\frac{\beta}{2} = \sqrt{\frac{s(s-b)}{ac}}$, $\quad \gamma = 180^0 - \alpha - \beta$,

$$s = \frac{1}{2}(a+b+c).$$

IV. Ebene Figuren und Körper

A. Flächeninhalt und Umfang ebener Figuren

1. **Dreieck.** Bezeichnungen siehe Abb. 4, S. 45.

$$F = \frac{1}{2}a\,h_a = \frac{1}{2}ab\sin\gamma = \frac{a^2\sin\beta\cdot\sin\gamma}{2\sin\alpha},$$

$$= \sqrt{s(s-a)(s-b)(s-c)} = 2r^2\sin\alpha\sin\beta\sin\gamma = \frac{abc}{4r}.$$

2. Viereck

Ein unregelmäßiges Viereck zerlege man durch eine Diagonale in zwei Dreiecke und benütze die Formeln unter 1. Sind D_1 und D_2 die Längen der beiden Diagonalen, φ der Winkel, den sie einschließen, so ist auch

$$F = \frac{1}{2} D_1 D_2 \sin \varphi.$$

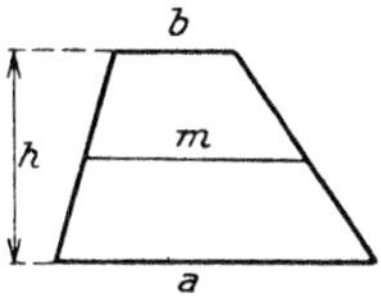

Abb. 5

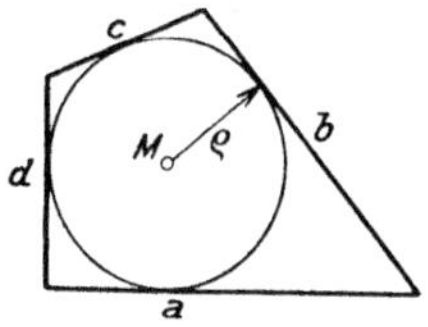

Abb. 6

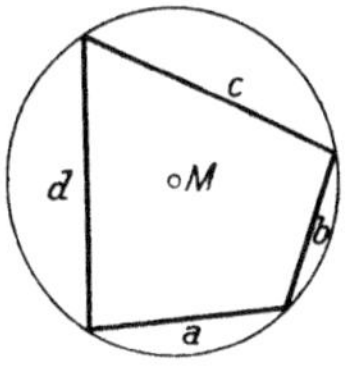

Abb. 7

Trapez, Abb. 5.

$$m = \frac{a+b}{2}, \quad F = \frac{h}{2}(a+b) = m\,h.$$

Tangentenviereck, Abb. 6.

$$s = \frac{1}{2}(a+b+c+d), \quad F = \varrho\, s.$$

Sehnenviereck, Abb. 7.

$$s = \frac{1}{2}(a+b+c+d), \quad F = \sqrt{(s-a)(s-b)(s-c)(s-d)}.$$

Überschlagenes Viereck (Einflußfläche), Abb. 8.

$$F_1 = \frac{h}{2}\,\frac{a^2}{a+b}, \quad F_2 = \frac{h}{2}\,\frac{b^2}{a+b}.$$

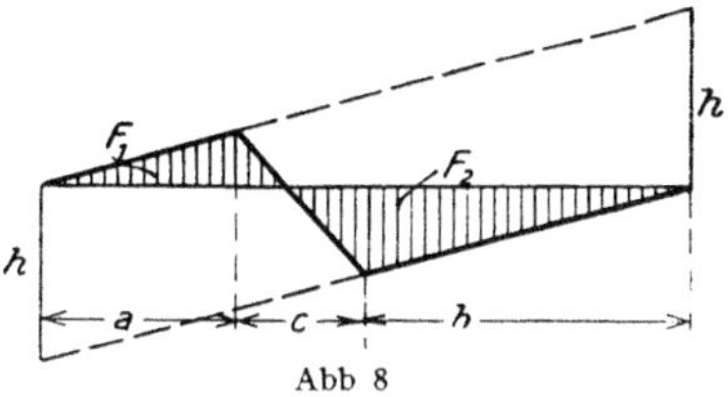

Abb 8

3. Vieleck

Unregelmäßige Vielecke zerlege man in Dreiecke und berechne die Einzelflächen nach 1.

Regelmäßiges Vieleck (n-Eck).

Ist a die Seitenlänge, r der Umkreishalbmesser, ϱ der Inkreishalbmesser, $\varphi = \frac{180^0}{n}$, so gilt:

$$U = n \cdot a = 2\,n\,r \sin\varphi = 2\,n\,\varrho \operatorname{tg}\varphi,$$

$$F = \frac{1}{2} n\, r^2 \sin 2\varphi = \frac{1}{4} n\, a^2 \operatorname{cotg}\varphi = n\,\varrho^2 \operatorname{tg}\varphi.$$

4. Kreis

Ist r der Halbmesser, d der Durchmesser, so ist

$$U = 2\,r\,\pi = \pi\, d,$$

$$F = r^2 \pi = \frac{1}{4}\pi\, d^2 = 0{,}7853982\, d^2.$$

Siehe die Tafel A.

Kreisring. R äußerer, r innerer Halbmesser, D äußerer, d innerer Durchmesser, ϱ mittlerer Halbmesser, δ Ringbreite.

$$F = \pi(R^2 - r^2) = \frac{1}{4}\pi(D^2 - d^2) = 2\,\pi\,\delta\,\varrho.$$

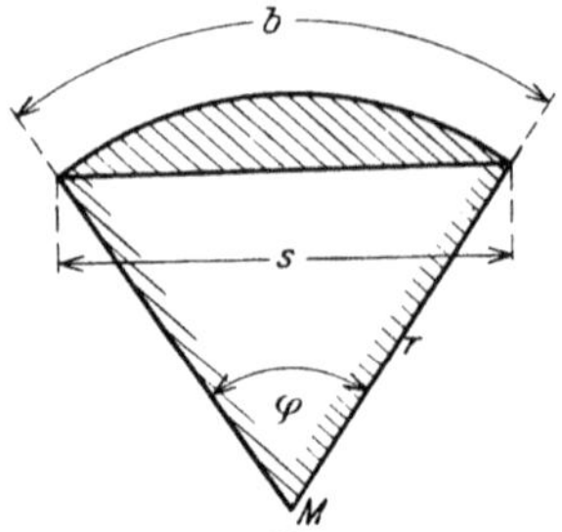

Abb. 9

Kreisabschnitt, Abb. 9.

$$F = \frac{1}{2} r^2 \left(\frac{\varphi^0}{180^0} \pi - \sin \varphi \right) = \\ = \frac{r (b - s) + s\,h}{2};$$

wenn $\frac{h}{s}$ klein, gilt angenähert $F = \frac{2}{3}\, s\, h.$

Kreisausschnitt, Abb. 9.

$$F = r^2 \frac{\varphi^0}{360^0} \pi = \frac{1}{2}\, b\, r = 0{,}00873\, r^2 \cdot \varphi^0.$$

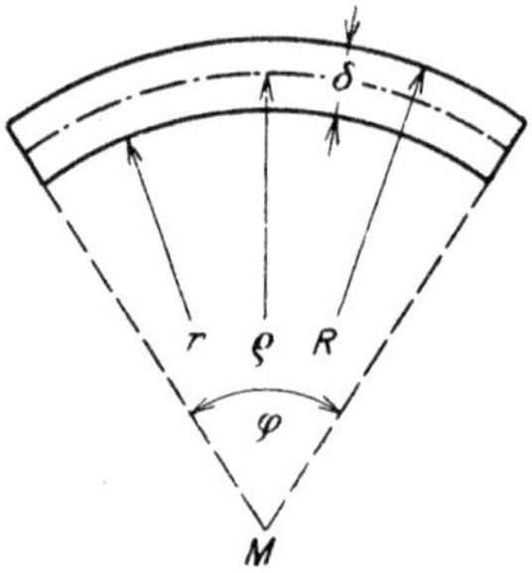

Abb. 10

Kreisringstück, Abb. 10.

$$F = (R^2 - r^2) \frac{\varphi^0}{360^0} \pi = \varrho\, \delta \cdot \frac{\varphi^0}{180^0} \pi.$$

5. **Parabel.** Abb. 11.

$$F = \frac{2}{3}\, s\, h,$$

$$U \cong s \left[1 + \frac{8}{3} \left(\frac{h}{s} \right)^2 - \frac{32}{5} \left(\frac{h}{s} \right)^4 \right],$$ wenn $\frac{h}{s}$ nicht zu groß ist.

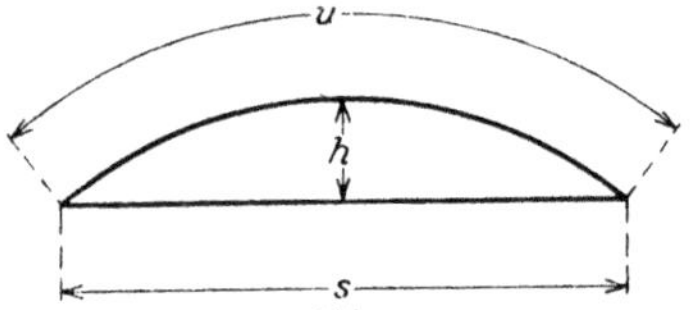

Abb. 11

6. **Sinuslinie.** Abb. 11.

$$F = \frac{2}{\pi}\, s\, h,$$

$$U \cong s \left[1 + \frac{\pi^2}{4} \left(\frac{h}{s} \right)^2 - \frac{\pi^4}{8} \left(\frac{h}{s} \right)^4 \right],$$ für kleine Werte von $\frac{h}{s}$.

7. **Ellipse**

Halbachsen a und b.

$$F = a\, b\, \pi.$$

Umfang U, siehe die folgende Tafel.

$b : a$	0,1	0,2	0,3	0,4	0,5	0,6	0,7	0,8	0,9
$U : a$	4,0640	4,2020	4,3860	4,6026	4,8442	5,1054	5,3824	5,6723	5,9732

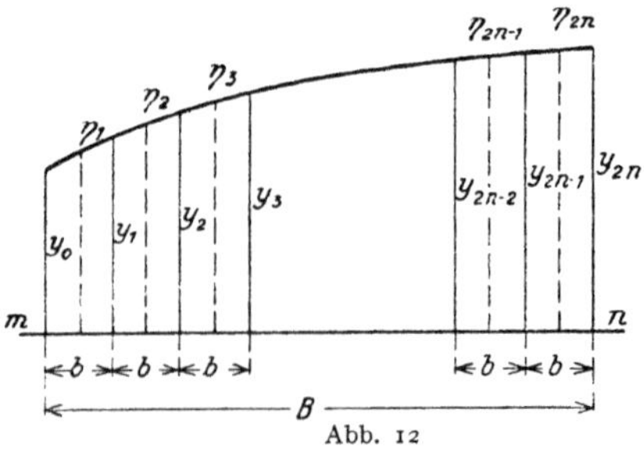

Abb. 12

8. **Beliebig geformte Flächen**

Man teile die Fläche, falls sie auf mehreren Seiten von krummen Linien begrenzt ist, durch eine Gerade $m\,n$ in zwei Teile und berechne, nachdem man jede Hälfte in eine gerade Anzahl von gleich breiten Streifen gemäß Abb. 12 geteilt hat, deren Fläche nach einer der folgenden Formeln:

(1) $F = b\left(\frac{1}{2} y_0 + y_1 + y_2 + \cdots\cdots\cdots + y_{2n-2} + y_{2n-1} + \frac{1}{2} y_{2n}\right);$

(2) $F = b\,(\eta_1 + \eta_2 + \eta_3 + \cdots\cdots\cdots\cdots + \eta_{2n-1} + \eta_{2n});$

(3) $F = \frac{b}{3}\,(y_0 + 4\,y_1 + 2\,y_2 + 4\,y_3 + \ldots + 2\,y_{2n-2} + 4\,y_{2n-1} + y_{2n});$

(4) $F = \frac{3}{8}\,b\,(y_0 + 3\,y_1 + 3\,y_2 + 2\,y_3 + 3\,y_4 + 3\,y_5 + 2\,y_6 + \cdots\cdots$
$\cdots\cdots\cdots + 2\,y_{n-3} + 3\,y_{n-2} + 3\,y_{n-1} + y_n).$

Die Formeln sind nach dem Grade ihrer Genauigkeit geordnet. Die Gl. (3) und (4) heißen die Simpsonschen Regeln.

B. Oberflächen und Rauminhalte von Körpern [1])

V Rauminhalt, M Mantelfläche, O Oberfläche.

1. **Prisma.** Grundfläche G, Höhe h.

$$V = G \cdot h, \text{ siehe auch 1 d.}$$

1 a. Würfel. Kante a. $V = a^3$; $O = 6\,a^2$; Diagonale $d = a\sqrt{3}$.

1 b. Rechtwinkliges Parallelepiped: Kanten a, b, c; $V = a \cdot b \cdot c$; Diagonale $d = \sqrt{a^2 + b^2 + c^2}$; $O = 2\,(a\,b + b\,c + c\,a)$.

1 c. Schief abgeschnittenes 3seitiges Prisma: Die 3 parallelen Kanten a, b, c; Normalschnitt N; $V = \frac{1}{3}\,(a + b + c) \cdot N$; s. auch 1 d.

1 d. Schief abgeschnittenes beliebiges Prisma: Verbindungslinie der Schwerpunkte der beiden Grundflächen l, Normalschnitt N; $V = N \cdot l$.

2. **Zylinder.** Grundfläche G, Höhe h.
$V = G \cdot h$; Mantelfläche = Umfang des Normalschnitts × Mantellinienlänge.

2 a. Gerader Kreiszylinder. Halbmesser der Grundfläche R, Höhe h.

$$V = R^2 \cdot \pi \cdot h, \quad M = 2\,R\,\pi \cdot h, \quad O = 2\,R\,\pi\,(R + h).$$

2 b. Gerader Kreiszylinder, schief abgeschnitten. Größte und kleinste Mantellinie a und b.

$$V = R^2\,\pi \cdot \frac{a + b}{2}, \qquad M = R\,\pi\,(a + b).$$

2 c. Zylinderhuf, Abb. 13.

$F\,C = a, \quad A\,C = B\,C = b,$

$\sphericalangle\,F\,M\,B = \varphi$ im Bogenmaß.

$$V = \frac{h}{3\,a}\,[b\,(3\,R^2 - b^2) + 3\,R^2\,(a - R)\,\varphi],$$

$$M = \frac{2\,h\,R}{a}\,[(a - R)\,\varphi + b].$$

Wenn C mit M zusammenfällt ($FC = AC = BC = a = b = R$):

$$V = \tfrac{2}{3}\,R^2 h, \qquad M = 2\,R\,h.$$

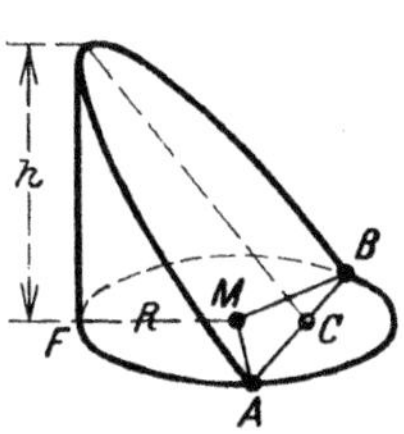

Abb. 13

[1]) Aus Foerster, Taschenbuch für Bauingenieure. 4. Auflage. Berlin; Julius Springer. 1921.

2 d. Hohlzylinder. R äußerer, r innerer, ϱ mittlerer Halbmesser; Wandstärke $\delta = R - r$, Höhe h.

$$V = \pi \cdot h\,(R^2 - r^2) = \pi \cdot h \cdot s\,(2R - s) = \pi \cdot h \cdot s\,(2r + s) = 2\pi \cdot \varrho \cdot h \cdot s.$$

3. **Pyramide, Kegel.** Grundfläche G, Höhe h. $V = \frac{1}{3} G \cdot h$.

3 a. Abgestumpfte Pyramide: Grundflächen G und g, Höhe h.

$$V = \tfrac{1}{3} h \left(G + g + \sqrt{Gg}\right).$$

3 b. Kreiskegel: Halbmesser der Grundfläche R, Höhe h.

$$V = \tfrac{1}{3} \pi R^2 \cdot h.$$

Mantel des geraden Kreiskegels:

$$M = \pi R \sqrt{R^2 + h^2} = \pi R \cdot s \quad (s \text{ Mantellinie}).$$

3 c. Abgestumpfter Kreiskegel: r Halbmesser der oberen, R der unteren Grundfläche, h Höhe.

$$S = R + r, \quad D = R - r, \quad s = \sqrt{h^2 + D^2}.$$

$$V = \tfrac{1}{3} \pi h\,(R^2 + R r + r^2) = \tfrac{1}{6} h\,(\pi R^2 + \pi S^2 + \pi r^2) = \frac{h}{4}\left(\pi S^2 + \frac{\pi D^2}{3}\right).$$

Mantel des geraden abgestumpften Kreiskegels: $M = S \cdot \pi \cdot s$.
πR^2, πr^2, πS^2 und πD^2 aus den Tabellen Seiten 2 bis 21!

4. **Prismoide.** (Körper, deren beliebige Grundflächen in parallelen Ebenen liegen, deren Seitenflächen also Dreiecke, Trapeze, Parallelogramme und windschiefe Flächen sind.) Abb. 14.
Der Inhalt eines Prismoids wird nach der Simpsonschen Regel berechnet.

$$V = \tfrac{1}{6} h\,(G + 4 F_m + g),$$

G und g Grundflächen, F_m Querschnitt in halber Höhe.

4 a. Obelisk mit rechteckigen Grundflächen, abgestumpfter Keil, Abb. 15.

$$V = \frac{h}{6}\,[(2a + a_1)\,b + (2a_1 + a)\,b_1]$$

$$= \frac{h}{6}\,[a b + (a + a_1)(b + b_1) + a_1 b_1].$$

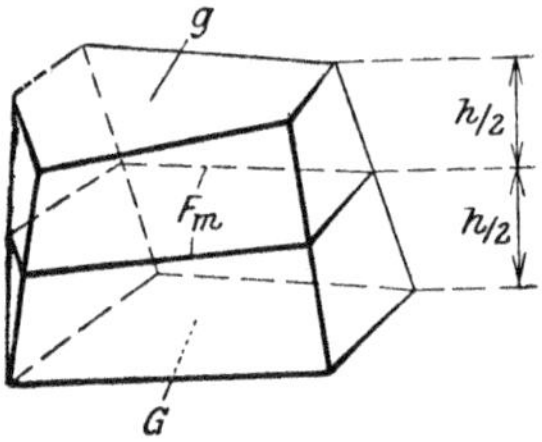

Abb. 14

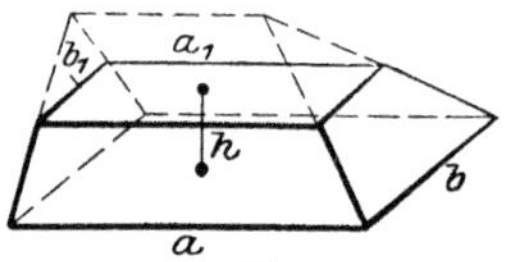

Abb. 15

4 b. Obelisk mit Trapezgrundflächen, wie unter 4 a, wenn a und a_1 die Mittelparallelen, b und b_1 die Höhen der Trapeze bezeichnen.

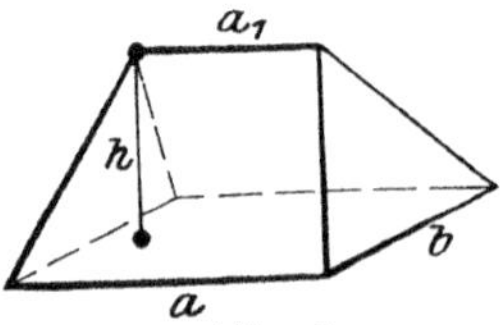

Abb. 16

4 c. Keil, Dach, Abb. 16.

$$V = \frac{h \cdot b}{6}\,(2a + a_1), \quad \text{siehe auch 1 c.}$$

Die Formel gilt auch für einen Keil mit trapezförmiger Grundfläche, wenn unter a die Mittelparallele, unter b die Höhe des Trapezes verstanden wird.

4d. Prismoid mit einer windschiefen Fläche, Abb. 17.

Die Grundflächen G und g seien Trapeze und stehen auf einer Seitenfläche s senkrecht. $G, g \perp s$; parallele Seiten der Grundflächen:

$a, b, c, d;\quad p, q;\quad a, b, c, d \perp p, q.$

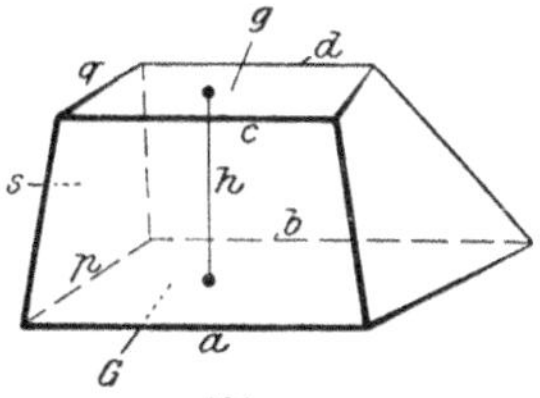

Abb. 17

$$V = \frac{h}{12}\,[(a+b)\,p + (a+b+c+d)\,(p+q) + (c+d)\,q].$$

Ist $a = c$ und $b = d$, so wird: $V = \frac{1}{4}\,h\,(a+b)\,(p+q)$.

4e. Rampe, Abb. 18. Nach 4 b zu berechnen.

$$V = \frac{1}{6}\,h^2 \left\{3\,a + 2\,n\,h\,\frac{m-n}{m}\right\}(m-n).$$

Bei Anlehnung der Rampe an eine lotrechte Mauer ($n = 0$):

$V = \frac{1}{6}\,h^2\,(3\,a + 2\,h\,n)\,m.$

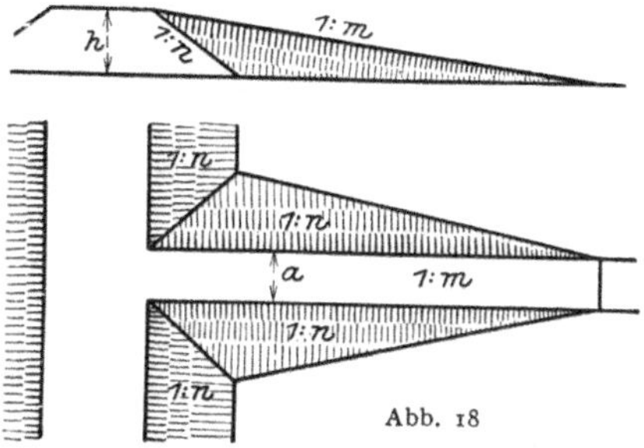

Abb. 18

5. **Kugel.** Halbmesser R.

$V = \frac{4}{3}\,R^3\,\pi = \frac{1}{3}\,O\,R$

$= 4{,}18879 \cdot R^3,$

$O = 4\,R^2\pi = \frac{3\,V}{R},$

$R = 0{,}620351 \cdot \sqrt[3]{V}.$

5a. Kugelabschnitt, Kalotte, Abb. 19. Kugelhalbmesser R, Höhe des Abschnittes h, Halbmesser seiner Grundfläche $a = \sqrt{h\,(2\,r - h)}$.

$$V = h^2\,\pi\left(\mathrm{R} - \frac{h}{3}\right) = \frac{1}{6} \cdot \pi\,h\,(3\,a^2 + h^2).$$

Kappe: $M = 2\,r\,\pi\,h = \pi\,(a^2 + h^2)$.

5b. Kugelzone, Kugelschicht, Abb. 20. Halbmesser der Grundkreise a und b.

$$V = \frac{\pi \cdot h}{6}\,(3\,a^2 + 3\,b^2 + h^2),\ M = 2\,R\,\pi \cdot h,$$

$$R^2 = a^2 + \left(\frac{a^2 - b^2 - h^2}{2\,h}\right),\quad a > b.$$

Ist $a = R$, so gilt: $V = h \cdot \pi\left(R^2 - \frac{h^2}{3}\right)$.

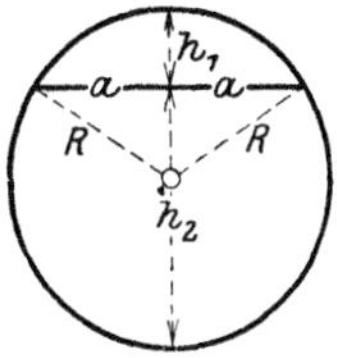

Abb. 19

5c. Kugelausschnitt, Abb. 21.

$V = \frac{2}{3}\,\pi\,R^2 \cdot h = 2{,}0944 \cdot R^2 \cdot h,$

$O = \pi\,R\,(2\,h + a).$

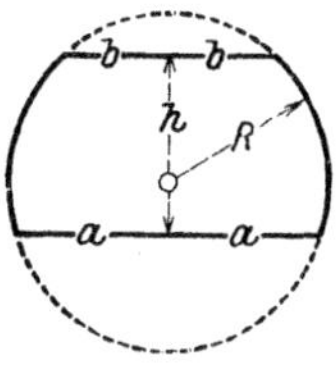

Abb. 20

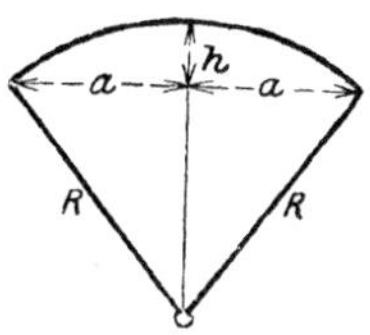

Abb. 21

5d. Kugelkeil, Kugelzweieck. φ der Winkel zwischen den beiden größten Kreisen.

$$V = 0{,}0116355 \cdot \varphi^0 \cdot R^3, \quad M = 0{,}034907 \cdot \varphi^0 \cdot R^2.$$

5e. Kugeldreieck. ε^0 sphärischer Exzeß.

$$M = \frac{\varepsilon^0}{180^0} \cdot \pi R^2.$$

6. Körper mit elliptischen und parabolischen Querschnitten

6a. Ellipsoid. Halbachsen a, b, c.

$$V = \tfrac{4}{3}\pi\, a \cdot b \cdot c.$$

6b. Umdrehungsellipsoid.

$$2a \text{ Drehachse:} \quad V = \tfrac{4}{3} \cdot \pi \cdot a \cdot b^2,$$

$$2b \text{ Drehachse:} \quad V = \tfrac{4}{3} \cdot \pi \cdot a^2 \cdot b.$$

6c. Umdrehungsparaboloid. Höhe h, Halbmesser der Grundfläche R.

$$V = \tfrac{1}{2} \cdot \pi \cdot R^2 h = 1{,}570796\, R^2 \cdot h.$$

6d. Abgestumpftes Umdrehungsparaboloid. Höhe h, Halbmesser der Grundflächen R und r.

$$V = \tfrac{1}{2}\pi \cdot (R^2 + r^2) \cdot h.$$

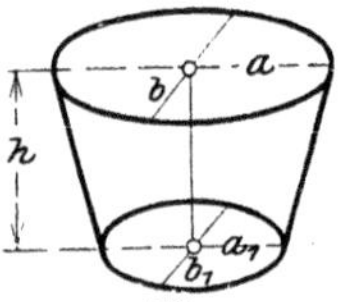

Abb. 22

6e. Kübel, Bottich, Abb. 22. Endflächen Ellipsen mit den Halbachsen a, b und a_1, b_1, Höhe h.

$$V = \frac{\pi h}{6}\,[(2a + a_1)\,b + (2a_1 + a)\,b_1].$$

6f. Faß. Beide Bodenhalbmesser r, Mitten-, Spundhalbmesser R, Länge (Höhe) h.

Bei Annahme parabolischer Dauben ist genau:

$$V = 0{,}837758 \cdot h\,(2R^2 + Rr + 0{,}75\,r^2);$$

bei Annahme kreisförmiger Dauben ist angenähert:

$$V = 1{,}0472 \cdot h\,(2R^2 + r^2).$$

7. Gewölb.

7a. Kappengewölbe. Spannweite (Lichtweite) $2s$, Halbmesser der inneren Leibung r, Stärke δ, Stich f, Länge des Gewölbes l.

$$V = \frac{\varphi^0 \pi}{180}\left(r + \frac{\delta}{2}\right)\delta \cdot l, \qquad \text{wenn } \sin\frac{\varphi}{2} = \frac{s}{r}$$

oder angenähert: $V = 2\,\delta\, l \cdot \sqrt{s^2 + \tfrac{4}{3} f^2}$.

7b. Kreuzgewölbe. Grundriß $2S \cdot 2s$. Bezeichnungen wie in 7a mit $2S$ statt l, für die Kappe über $2s$;
$2S$, R, Δ, F, $2s$, ψ für die Kappe über $2S$.

$$V = \frac{\varphi^0 \cdot \pi}{180}\left(r + \frac{\delta}{2}\right)\delta \cdot S + \frac{\psi^0 \cdot \pi}{180}\left(R + \frac{\Delta}{2}\right)\Delta \cdot s,$$

wenn $\sin\frac{\varphi}{2} = \frac{s}{r}$, $\sin\frac{\psi}{2} = \frac{S}{R}$

oder angenähert: $V = \delta \cdot S\sqrt{s^2 + \tfrac{4}{3} f^2} + \Delta \cdot s \cdot \sqrt{S^2 + \tfrac{4}{3} F^2}$.

8. Umdrehungsflächen und -körper. Sätze von Guldin

8a. Die Oberfläche M einer Umdrehungsfläche ist gleich dem Produkte aus der Länge l der erzeugenden Linie und dem Wege ihres Schwerpunktes.

Hat dieser von der Drehachse den Abstand r, so ist:

$$M = 2 r \pi \cdot l.$$

Besteht die erzeugende Linie l aus den n-Teilen $l_1, l_2, \ldots$ mit den Schwerpunktsabständen $r_1, r_2, \ldots$, so gilt:

$$M = 2\pi \sum_{1}^{n} (r\, l).$$

Die erzeugende Linie darf die Drehachse nicht schneiden.

8b. Der Inhalt V eines Umdrehungskörpers ist gleich dem Produkte aus dem Flächeninhalte f der erzeugenden Fläche und dem Wege ihres Schwerpunktes.

Hat dieser von der Drehachse den Abstand r, so ist:

$$V = 2 \pi r \cdot f.$$

Besteht die erzeugende Fläche f aus den n Teilen $f_1, f_2 \ldots$ mit den Schwerpunktsabständen $r_1, r_2, \ldots$, so gilt:

$$V = 2\pi \sum_{1}^{n} (f \cdot r).$$

Die erzeugende Fläche darf von der Drehachse nicht geschnitten werden.

8c. Ist $y = f(x)$ die Gleichung der erzeugenden (Meridian-) Kurve in bezug auf die Drehachse, so gilt allgemein:

$$M = 2\pi \int_{x_1}^{x_2} y\, d s \qquad \text{und} \qquad V = 2\,\pi \int_{x_1}^{x^2} y^2\, d x.$$

8d. Für eine teilweise Umdrehung ist zu beachten, daß Oberfläche und Rauminhalt den Drehwinkeln proportional sind.

8e. Die vorstehenden Regeln und Rechnungen sind sinngemäß auch anwendbar, wenn der Schwerpunkt keinen Kreis, sondern eine beliebige Kurve beschreibt, solange nur die Ebene der Erzeugenden zur Bewegungsrichtung immer senkrecht bleibt.

8f. Zylindrischer Ring, Abb. 23.

$$V = 2\,\pi^2 R\, r^2 = 19{,}739 \cdot R\, r^2,$$

$$O = 4\,\pi^2 R\, r = 39{,}478 \cdot R\, r.$$

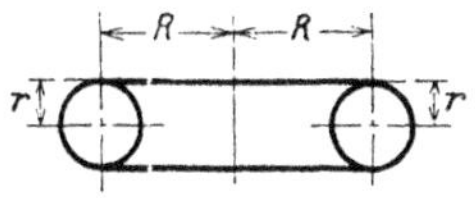

Abb. 23

V. Differential- und Integralrechnung

A. Differentialformeln

Definition: Unter dem Differentialquotienten $\frac{dy}{dx}$ einer Funktion $y = f(x)$ versteht man den Grenzwert des Differenzenquotienten

$$\lim_{h \to 0} \frac{f(x+h) - f(x)}{h}$$

und bezeichnet diesen Grenzwert $\frac{d f(x)}{d x} = f'(x)$, falls er besteht, auch als Ableitung der Funktion $f(x)$.

Ist im rechtwinkligen Achsensystem $y = f(x)$ die Gleichung einer im betrachteten Intervall stetigen Kurve, Abb. 24, so gehört zu jedem Punkte der Kurve ein bestimmter Wert des Differentialquotienten. Ist τ der Winkel, den die Tangente in P mit der x-Achse einschließt, so gilt die Beziehung

$$\left|\frac{dy}{dx}\right|_P = \operatorname{tg} \tau,$$

wenn $\left|\frac{dy}{dx}\right|_P$ der Wert des Differentialquotienten im Punkte P ist.

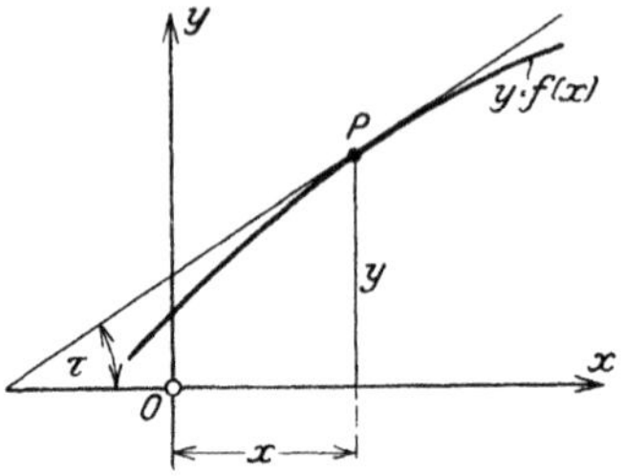

Abb. 24

Fundamentalformeln. (a = Konstante, y, u, v, w. Funktionen von x, u', v', w'. . . . Abgeleitete.)

(1) $\frac{da}{dx} = 0$; (2) $\frac{d(a y)}{dx} = a \frac{dy}{dx}$;

(3) $\frac{d(u + v + w + \ldots.)}{dx} = \frac{du}{dx} + \frac{dv}{dx} + \frac{dw}{dx} + \ldots.$;

(4) $\frac{d(u \cdot v)}{dx} = v \frac{du}{dx} + u \frac{dv}{dx}$;

(5) $\frac{d(u \cdot v \cdot w \ldots.)}{dx} = u \cdot v \cdot w \ldots \left(\frac{u'}{u} + \frac{v'}{v} + \frac{w'}{w} + \ldots.\right)$;

(6) $\frac{d\left(\frac{u}{v}\right)}{dx} = \frac{v u' - u v'}{v^2}$;

(7) Ist $y = f(z)$, wo $z = \varphi(x)$ so gilt:

$$\frac{dy}{dx} = \frac{dy}{dz} \cdot \frac{dz}{dx};$$

(8) Ist $y = f(z)$, $z = \varphi(u)$, $u = \psi(x)$ so ist:

$$\frac{dy}{dx} = \frac{dy}{dz} \cdot \frac{dz}{du} \cdot \frac{du}{dx};$$

(9) $\frac{du^v}{dx} = u^v \left(\frac{v}{u} \frac{du}{dx} + \ln u \cdot \frac{dv}{dx}\right)$;

(10) $f(x y) = 0$ $\qquad \frac{dy}{dx} = -\frac{\frac{\delta f}{\delta x}}{\frac{\delta f}{\delta y}}$;

Differentialformeln

(11) $y = x^m$; $\frac{dy}{dx} = m x^{m-1}$. (12) $\sqrt{x} = x^{1/2}$; $\frac{dy}{dx} = \frac{1}{2} \cdot x^{-1/2}$.

(13) $y = e^x$; $\frac{dy}{dx} = e^x$. (14) $y = a^{mx}$; $\frac{dy}{dx} = m a^{mx} \ln a$.

(15) $y = \ln x;\quad \frac{dy}{dx} = \frac{1}{x}.$ (16) $\overset{a}{\log} x;\quad \frac{dy}{dx} = \frac{1}{x} \cdot \overset{a}{\log} e.$

(17) $y = \sin x;\quad \frac{dy}{dx} = \cos x.$ (18) $y = \cos x;\quad \frac{dy}{dx} = -\sin x.$

(19) $y = \operatorname{tg} x;\quad \frac{dy}{dx} = \frac{1}{\cos^2 x}.$ (20) $y = \operatorname{cotg} x;\quad \frac{dy}{dx} = -\frac{1}{\sin^2 x}.$

(21) $y = \frac{1}{\sin x};\quad \frac{dy}{dx} = -\frac{\cos x}{\sin^2 x}.$ (22) $y = \frac{1}{\cos x};\quad \frac{dy}{dx} = \frac{\sin x}{\cos^2 x}.$

(23) $y = \operatorname{arc} \sin x;\quad \frac{dy}{dx} = \frac{1}{\sqrt{1 - x^2}}.$

(24) $y = \operatorname{arc} \cos x;\quad \frac{dy}{dx} = -\frac{1}{\sqrt{1 - x^2}}.$

(25) $y = \operatorname{arc} \operatorname{tg} x;\quad \frac{dy}{dx} = \frac{1}{1 + x^2}.$

(26) $y = \operatorname{arc} \operatorname{cotg} x;\quad \frac{dy}{dx} = -\frac{1}{1 + x^2}.$

(27) $y = \operatorname{arc} \sec x;\quad \frac{dy}{dx} = \frac{1}{x\sqrt{x^2 - 1}}.$

(28) $y = \operatorname{arc} \operatorname{cosec} x;\quad \frac{dy}{dx} = -\frac{1}{x\sqrt{x^2 - 1}}.$

B. Potenzreihenentwicklung

1. Taylorsche Reihe

Bedeuten $f'(x)$, $f''(x)$ .... $f^{(n+1)}(x)$ die erste, zweite, ... $(n+1)$ste Ableitung der Funktion $f(x)$, die im Intervalle x bis $x + h$ endlich und stetig ist, während die Ableitungen $f'(x) \ldots f^{(n+1)}(x)$ im Intervalle von x bis $x + h$ bestimmte endliche Werte haben, so gilt die Entwicklung

$$f(x + h) = f(x) + \frac{h}{1!} f'(x) + \frac{h^2}{2!} f''(x) + \ldots + \frac{h^n}{n!} f^{(n)}(x) + R_{n+1}.$$

Hiebei ist das Restglied

$$R_{n+1} = \frac{h^{n+1}}{(n+1)!} f^{(n+1)}(x + \vartheta h)$$

oder

$$R_{n+1} = \frac{(1 - \vartheta)^n h^{n+1}}{n!} f^{(n+1)}(x + \vartheta h).$$

ϑ ist ein positiver echter Bruch. Wird $\lim\limits_{n \to \infty} R_{n+1} = 0$, so hat man eine konvergente unendliche Reihe vor sich.

2. Mac Laurinsche Reihe

$$f(x) = f(0) + \frac{x}{1!} f'(0) + \frac{x^2}{2!} f''(0) + \ldots + \frac{x^n}{n!} f^{(n)}(0) + R'_{n+1}.$$

$f(0)$, $f'(0) \ldots . f^n(0)$ sind die Werte der Funktion $f(x)$ und ihrer n ersten Ableitungen an der Stelle $x = 0$. Das Restglied R'_{n+1} wird aus R_{n+1} der Taylorschen Reihe gewonnen, wenn man dort $x = 0$ setzt.

3. Besondere Reihen

In den nachfolgenden Gleichungen bedeutet
$p! = 1\cdot 2\cdot 3 \ldots p.$

Exponential- und goniometrische Reihen

(1) $e^x = 1 + \frac{x}{1!} + \frac{x^2}{2!} + \frac{x^3}{3!} + \ldots,$ konvergiert für $-\infty < x < \infty$.

(2) $e = 1 + \frac{1}{1} + \frac{1}{2!} + \frac{1}{3!} + \ldots = \lim_{n \to \infty} \left(1 + \frac{1}{n}\right)^n = 2{,}7182818 \ldots$

(3) $a^x = 1 + \frac{x \ln a}{1} + \frac{(x \ln a)^2}{2!} + \frac{(x \ln a)^3}{3!} + \ldots$

(4) $\sin x = \frac{x}{1!} - \frac{x^3}{3!} + \frac{x^5}{5!} - \frac{x^7}{7!} + \frac{x^9}{9!} - \ldots,$ konvergiert für $-\infty < x < +\infty$.

(5) $\cos x = 1 - \frac{x^2}{2!} + \frac{x^4}{4!} - \frac{x^6}{6!} + \frac{x^8}{8!} - \ldots$ „ „ $-\infty < x < +\infty$.

(6) $\operatorname{tg} x = x + \frac{x^3}{3} + \frac{2x^5}{3\cdot 5} + \frac{17x^7}{3^2\cdot 5\cdot 7} + \frac{62x^9}{3^2\cdot 5\cdot 7\cdot 9} + \ldots$ konvergiert für $-\frac{\pi}{2} < x < +\frac{\pi}{2}$.

(7) $\arcsin x = x + \frac{1\cdot x^3}{2\cdot 3} + \frac{1\cdot 3\cdot x^5}{2\cdot 4\cdot 5} + \frac{1\cdot 3\cdot 5\cdot x^7}{2\cdot 4\cdot 6\cdot 7} + \ldots,$ konvergiert für $-1 \leqq x \leqq +1$.

(8) $\arccos x = \frac{\pi}{2} - \arcsin x,$

(9) $\operatorname{arc\,tg} x = x - \frac{x^3}{3} + \frac{x^5}{5} - \frac{x^7}{7} + \ldots,$ konvergiert für $-1 \leqq x \leqq +1$.

(10) Hieraus $\frac{\pi}{4} = \operatorname{arc\,tg} 1 = 1 - \frac{1}{3} + \frac{1}{5} - \frac{1}{7} + \frac{1}{9} - \ldots$

Hyperbelfunktionen

(11) $\mathfrak{Sin}\, x = x + \frac{x^3}{3!} + \frac{x^5}{5!} + \frac{x^7}{7!} + \ldots = -\mathfrak{Sin}(-x)$

(12) $\mathfrak{Cof}\, x = 1 + \frac{x^2}{2!} + \frac{x^4}{4!} + \frac{x^6}{6!} + \ldots = \mathfrak{Cof}(-x)$

konvergieren für $-\infty < x < \infty$.

Logarithmische Reihen

(13) $\ln(1 \pm x) = \pm x - \frac{x^2}{2} \pm \frac{x^3}{3} - \frac{x^4}{4} \pm \ldots,$ konvergiert für $-1 < x < +1$.

(14) $\ln \frac{1+x}{1-x} = 2\left(x + \frac{x^3}{3} + \frac{x^5}{5} + \ldots\right),$ „ „ $-1 < x < +1$.

(15) $\ln \frac{x+1}{x-1} = 2\left(x^{-1} + \frac{x^{-3}}{3} + \frac{x^{-5}}{5} + \ldots\right),$ konv. für $+1 < x$ oder $x < -1$.

(16) $\ln x = 2\left\{\frac{x-1}{x+1} + \frac{1}{3}\left(\frac{x-1}{x+1}\right)^3 + \frac{1}{5}\left(\frac{x-1}{x+1}\right)^5 + \ldots\right\},$ konvergiert für $0 < x < +\infty$.

(17) $\ln(a+x) = \ln a + 2\left\{\frac{x}{2a+x} + \frac{1}{3}\left(\frac{x}{2a+x}\right)^3 + \frac{1}{5}\left(\frac{x}{2a+x}\right)^5 + \ldots\right\}$

C. Unbestimmte Ausdrücke

1. Nähern sich in dem Bruche $\frac{\varphi(x)}{\psi(x)}$ Zähler und Nenner gleichzeitig der Grenze 0 oder ∞, wenn sich x einem Werte x_1 nähert, so erhält der Bruch für $x = x_1$ die unbestimmte Form $\frac{0}{0}$ oder $\frac{\infty}{\infty}$. Man findet dann den wirklichen Wert des Bruches mit den Ableitungen $\varphi'(x)$ und $\psi'(x)$ zu

$$\lim_{x \to x'} \frac{\varphi(x)}{\psi(x)} = \frac{\varphi'(x)}{\psi'(x)}.$$

Nimmt auch $\frac{\varphi'(x)}{\psi'(x)}$ für $x = x_1$ eine unbestimmte Form an, so bilde man den Quotienten der zweiten Ableitungen usw.

2. Wenn $\varphi(x) \cdot \psi(x)$ für $x = x_1$ die Form $0 \cdot \infty$ annimmt, so setzt man $\frac{1}{\varphi(x)} = f(x)$, wodurch das Produkt auf die Form $\frac{\psi(x)}{f(x)}$, die sich nach 1. behandeln läßt, gebracht wird.

3. Nimmt die Funktion $[f(x)]^{\varphi(x)}$ bei Annäherung an den Wert $x = x_1$ eine der unbestimmten Formen 0^0, ∞^0, 1^∞ an, so setze man

$$[f(x)]^{\varphi(x)} = e^{\varphi(x) \ln f(x)}$$

und bringe so die vorgelegte Funktion für $x = x_1$ in die Form $0 \cdot \infty$ die nach 2. behandelt wird.

4. Wird für $x = x_1$, die Differenz $\varphi(x) - \psi(x)$ gleich $\infty - \infty$, so verwandelt man den vorgelegten Ausdruck mittels der Substitution $\varphi(x) = \frac{1}{\Phi(x)}$ und $\psi(x) = \frac{1}{\Psi(x)}$ in einen Bruch, der nach 1. ausgewertet wird.

5. In vielen Fällen kommt man dadurch zum Ziele, daß man die einzelnen Funktionen nach der Taylorschen Reihe entwickelt und den Grenzübergang $h = 0$ durchführt, oder daß man in die vorgelegte Funktion $x = x + h$ einsetzt und dann nach Vereinfachung den Grenzübergang versucht.

Beispiel:

$$f(x) = \frac{x - \sin x}{x^3}.$$ Für $x = 0$ erhält man zunächst $\frac{0}{0}$

Die Entwicklung nach Taylor ergibt

$$\frac{(x + h) - \left(\sin x + h \cos x - \frac{h^2}{2} \sin x - \frac{h^3}{6} \cos x + \ldots\right)}{x^3 + 3hx^2 + 3h^2x + h^3};$$

setzt man jetzt $x = 0$, so entsteht

$$f(0) = \frac{h^3}{6h^3} = \frac{1}{6}.$$

D. Maxima und Minima von Funktionen

Funktionen mit einer Veränderlichen

Jenen Wert x_0, der die Funktion $f(x)$ zu einem Maximum oder Minimum macht, findet man aus der Gleichung

$$f'(x) = 0,$$

wobei $f(x)$ ein Maximum wird, wenn $f''(x_0) < 0$, und ein Minimum, wenn $f''(x_0) > 0$.

Sind die $(n-1)$ ersten Ableitungen für $x = x_0$ sämtlich Null, während $f^{(n)}(x_0) \lessgtr 0$, so liegt dann ein Maximum oder Minimum vor, wenn n eine gerade Zahl ist. Anderenfalls ist $f(x_0)$ weder ein Größt- noch ein Kleinstwert.

Unentwickelte Funktionen $f(xy) = 0$

y wird für jenen Wert x_0 ein Maximum oder Minimum, der die Gleichungen

$$\frac{\partial f(xy)}{\partial x} = 0 \text{ und } f(xy) = 0$$

erfüllt, wobei $\dfrac{\partial f(xy)}{\partial y} \lessgtr 0$ sein muß.

$$y \text{ wird ein Maximum, wenn } -\frac{\partial^2 f}{\partial x^2} : \frac{\partial f}{\partial y} < 0;$$

$$y \text{ wird ein Minimum, wenn } -\frac{\partial^2 f}{\partial x^2} : \frac{\partial f}{\partial y} > 0.$$

Funktionen mit zwei unabhängigen Veränderlichen

Die Funktion $z = f(xy)$ weist für das Wertepaar $(x_0\, y_0)$ einen Größt- oder Kleinstwert auf, wenn $(x_0\, y_0)$ den beiden Gleichungen

$$\frac{\partial f}{\partial x} = 0, \quad \frac{\partial f}{\partial y} = 0$$

genügt. Hiebei muß für $(x_0\, y_0)$ der Ausdruck

$$\frac{\partial^2 f}{\partial x^2} \cdot \frac{\partial^2 f}{\partial y^2} - \left(\frac{\partial^2 f}{\partial x\, \partial y}\right)^2 > 0$$

sein. Ein Maximum liegt dann vor, wenn für $(x_0\, y_0)$, $\dfrac{\partial^2 f}{\partial x^2} < 0$ und ein Minimum, wenn $\dfrac{\partial^2 f}{\partial x^2} > 0$.

Maxima und Minima mit Nebenbedingungen

Zwecks Ermittlung jener Werte $(x_0 y_0)$, für die die Funktion $z = f(xy)$ bei gleichzeitigem Bestehen der Bedingung $\varphi(xy) = 0$ einen Extremwert aufweisen soll, setze man

$$\frac{\partial f}{\partial x} + \lambda \frac{\partial \varphi}{\partial x} = 0, \quad \frac{\partial f}{\partial y} + \lambda \frac{\partial \varphi}{\partial y} = 0, \quad \varphi(xy) = 0$$

und ermittle aus diesen drei Gleichungen nach Elimination von λ das Wertepaar $x_0 y_0$.

E. Integralformeln

Grundregeln: (Die Integrationskonstanten sind weggelassen)

(1) $\int f(ax)\, dx = \frac{1}{a} \varphi(ax)$, (2) $\int f(x+c)\, dx = \varphi(x+c)$,

(3) $\int f(ax+c)\, dx = \frac{1}{a} \varphi(ax+c)$, wobei in (1)—(3) $\int f(x)\, dx = \varphi(x)$,

(4) $\int a f(x)\, dx = a \int f(x)\, dx$,

(5) $\int (u+v+w)\, dx = \int u\, dx + \int v\, dx + \int w\, dx$,

(6) $\int u \frac{dv}{dx} dx = u \cdot v - \int v \frac{du}{dx} dx$, (teilweise Integration),

(7) $\int \frac{f'(x)}{f(x)} dx = \ln f(x)$.

Rationale Funktionen

(8) $\int x^n dx = \frac{x^{n+1}}{n+1}$, (ausgenommen $n = -1$),

(9) $\int (a + bx)^n dx = \frac{(a+bx)^{n+1}}{b(n+1)}$, (10) $\int \frac{dx}{x} = \ln x$,

(11) $\int \frac{dx}{a+bx} = \frac{1}{b} \ln (a + bx)$, (12) $\int \frac{dx}{(a+bx)^2} = -\frac{1}{b} \frac{1}{a+bx}$

(13) $\int \frac{dx}{1+x^2} = \operatorname{arctg} x$, (14) $\int \frac{dx}{a+bx^2} = \frac{1}{\sqrt{ab}} \operatorname{arctg}\left(\sqrt{\frac{b}{a}}\, x\right)$,

(15) $\int \frac{dx}{1-x^2} = \operatorname{arc} \mathfrak{Tg}\, x = \frac{1}{2} \ln \frac{1+x}{1-x}$ für $x < 1$

(16) $\int \frac{dx}{x^2-1} = -\operatorname{arc} \mathfrak{Cotg}\, x = \frac{1}{2} \ln \frac{x-1}{x+1}$ „ $x > 1$

(17) $\int \frac{dx}{a-bx^2} = \frac{1}{\sqrt{ab}} \operatorname{arc} \mathfrak{Tg}\left(\sqrt{\frac{b}{a}}\, x\right) = \frac{1}{2\sqrt{ab}} \ln \frac{\sqrt{ab}+bx}{\sqrt{ab}-bx}$, a und b positiv.

(18) $\int \frac{dx}{x^2+2px+q} = \int \frac{dx}{(x+p)^2+(q-p^2)} =$

$$= \begin{cases} \frac{1}{\sqrt{q-p^2}} \operatorname{arctg} \frac{x+p}{\sqrt{q-p^2}}, & \text{wenn } q > p^2; \\ -\frac{1}{\sqrt{p^2-q}} \operatorname{arc} \mathfrak{Tg} \frac{p+x}{\sqrt{p^2-q}}, & \text{wenn } p^2 > q; \\ -\frac{1}{p+x}, & \text{wenn } p^2 = q. \end{cases}$$

(19) $\int \frac{(x+b)\,dx}{x^2+2px+q} = \frac{1}{2} \ln (x^2 + 2px + q) + (b-p) \int \frac{dx}{x^2+2px+q}$.

Irrationale Funktionen

(20) $\int \sqrt{a+bx}\, dx = \frac{2}{3b} \sqrt{(a+bx)^3}$,

(21) $\int \frac{dx}{\sqrt{a+bx}} = \frac{2}{b} \sqrt{a+bx}$,

(22) $\int x\sqrt{a+bx}\, dx = \frac{2}{5b^2} \left(bx - \frac{2}{3} a\right) \sqrt{(a+bx)^3}$,

(23) $\int \frac{x\,dx}{\sqrt{a+bx}} = \frac{2}{3b^2} (bx - 2a) \sqrt{a+bx}$,

(24) $\int \frac{dx}{\sqrt{a^2-x^2}} = \arcsin \frac{x}{a}$, (25) $\int \frac{dx}{\sqrt{x^2+a}} = \ln (x + \sqrt{x^2+a})$.

(26) $\int \frac{dx}{\sqrt{x^2 - a^2}} = \operatorname{arc} \mathfrak{Cof} \frac{x}{a}$, (27) $\int \frac{dx}{\sqrt{x^2 + a^2}} = \operatorname{arc} \mathfrak{Sin} \frac{x}{a}$,

(28) $\int \frac{x\,dx}{\sqrt{a \pm x^2}} = \pm \sqrt{a \pm x^2}$,

(29) $\int \frac{x^2}{\sqrt{a^2 - x^2}}\,dx = \frac{1}{2}\left(-x\sqrt{a^2 - x^2} + a^2 \arcsin \frac{x}{a}\right)$,

(30) $\int \frac{x^2}{\sqrt{a + x^2}}\,dx = \frac{1}{2}\left(x\sqrt{a + x^2} - a \ln (x + \sqrt{a + x^2})\right)$,

(31) $\int \sqrt{a^2 - x^2}\,dx = \frac{1}{2}\left(x\sqrt{a^2 - x^2} + a^2 \arcsin \frac{x}{a}\right)$,

(32) $\int \sqrt{x^2 - a^2}\,dx = \frac{1}{2}\left(x\sqrt{x^2 - a^2} - a^2 \ln (x + \sqrt{x^2 - a^2})\right)$,

(33) $\int \sqrt{x^2 + a^2}\,dx = \frac{1}{2}\left(x\sqrt{x^2 + a^2} + a^2 \ln (x + \sqrt{x^2 + a^2})\right)$,

(34) $\int x\sqrt{x^2 \pm a^2}\,dx = \frac{1}{3}\sqrt{(x^2 \pm a^2)^3}$,

(35) $\int x^2\sqrt{x^2 \pm a^2}\,dx = \frac{1}{4}\left(x^2 \pm \frac{a^2}{2}\right) x\sqrt{x^2 \pm a^2} - \frac{a^4}{8} \ln \left[x + \sqrt{x^2 \pm a^2}\right]$,

(36) $$\int \frac{dx}{\sqrt{a + 2bx + cx^2}} = \begin{cases} \frac{1}{\sqrt{c}} \ln [b + cx + \sqrt{c}\ \sqrt{a + 2bx + cx^2}], & \text{wenn } c > 0; \\ \frac{1}{\sqrt{c}} \operatorname{arc} \mathfrak{Sin} \frac{b + cx}{\sqrt{ac - b^2}}, & \text{wenn } ac - b^2 > 0; \\ \frac{1}{\sqrt{c}} \operatorname{arc} \mathfrak{Cof} \frac{b + cx}{\sqrt{b^2 - ac}}, & \text{,,} \quad b^2 - ac > 0; \\ \frac{-1}{\sqrt{-c}} \arcsin \frac{b + cx}{\sqrt{b^2 - ac}}, & \text{wenn } c < 0 \end{cases}$$

(37) $$\int \frac{p + qx}{\sqrt{a + 2bx + cx^2}}\,dx = \frac{q}{c}\sqrt{a + 2bx + cx^2} + \frac{pc - qb}{c}\int \frac{dx}{\sqrt{a + 2bx + cx^2}},$$

(38) $$\int \frac{x^m\,dx}{\sqrt{a + 2bx + cx^2}} = \frac{x^{m-1}X}{mc} - \frac{(m-1)a}{mc}\int \frac{x^{m-2}\,dx}{X} - \frac{(2m-1)b}{mc}\int \frac{x^{m-1}\,dx}{X},$$

Rekursionsformel, wobei $X = \sqrt{a + 2bx + cx^2}$,

(39) $$\int \sqrt{a + 2bx + cx^2}\,dx = \frac{b + cx}{2c}\sqrt{a + 2bx + cx^2} + \frac{ac - b^2}{2c}\int \frac{dx}{\sqrt{a + 2bx + cx^2}},$$

Transzendente Funktionen

(40) $\int e^x \, dx = e^x,$ (41) $\int a^x \, dx = \frac{a^x}{\ln a},$

(42) $\int x e^x \, dx = (x - 1) e^x,$

(43) $\int x^n e^{\alpha x} \, dx = \frac{x^n e^{\alpha x}}{\alpha}\left[1 - \frac{n}{\alpha x} + \frac{n(n-1)}{\alpha^2 x^2} - \dots \pm \frac{n!}{\alpha^n x^n}\right],$

giltig für $n \gtreqless 0,$

(44) $\int \ln x \, dx = x(\ln x - 1),$ (45) $\int (\ln x)^n dx = x(\ln x)^n - n\int (\ln x)^{n-1} dx,$

(46) $\int \frac{\ln x}{x^2} dx = -\frac{\ln x}{x} - \frac{1}{x},$ (47) $\int \frac{(\ln x)^n}{x} dx = \frac{1}{n+1}(\ln x)^{n+1},$

ausgenommen $n = -1$

für $n = -1$ ist $\int \frac{dx}{x \ln x} = \ln(\ln x)$

(48) $\int x^n \ln x \, dx = \frac{x^{n+1}}{n+1}\left(\ln x - \frac{1}{n+1}\right),$ gilt für pos. und neg. n, ausgenommen $n = -1$

(49) $\int \sin \alpha x \, dx = -\frac{1}{\alpha}\cos \alpha x$ $\int \cos \alpha x \, dx = \frac{1}{\alpha}\sin \alpha x,$

(50) $\int \frac{dx}{\sin^2 x} = -\operatorname{cotg} x,$ (51) $\int \frac{dx}{\cos^2 x} = \operatorname{tg} x,$

(52) $\int \operatorname{tg} x \, dx = -\ln \cos x,$ $\int \operatorname{cotg} x \, dx = \ln \sin x,$

(53) $\int \frac{dx}{\sin x} = \ln \operatorname{tg}\frac{x}{2},$ $\int \frac{dx}{\cos x} = \ln \operatorname{tg}\left(\frac{x}{2} + \frac{\pi}{4}\right),$

(54) $\int \sin x \cos x \, dx = -\frac{1}{4}\cos 2x,$

(55) $\int \frac{dx}{1 + \cos x} = \operatorname{tg}\frac{x}{2},$ $\int \frac{dx}{1 - \cos x} = -\operatorname{cotg}\frac{x}{2},$

(56) $\int x \sin \alpha x \, dx = \frac{\sin \alpha x}{\alpha^2} - \frac{x \cos \alpha x}{\alpha},$ $\int x \cos \alpha x \, dx =$

$= \frac{\cos \alpha x}{\alpha^2} + \frac{x \sin \alpha x}{\alpha},$

(57) $\int x^2 \sin \alpha x \, dx = -\frac{x^2 \cos \alpha x}{\alpha} + \frac{2x \sin \alpha x}{\alpha^2} + \frac{2\cos \alpha x}{\alpha^3},$

(58) $\int x^2 \cos \alpha x \, dx = \frac{x^2 \sin \alpha x}{\alpha} + \frac{2x \cos \alpha x}{\alpha^2} - \frac{2\sin \alpha x}{\alpha^3},$

(59) $\int \sin^2 x \, dx = \frac{1}{2}\left(-\sin x \cos x + x\right),$ $\int \cos^2 x \, dx =$

$= \frac{1}{2}\left(\sin x \cos x + x\right),$

(60) $\int \sin^n x \, dx = -\frac{1}{n}\cos x \sin^{n-1} x + \frac{n-1}{n}\int \sin^{n-2} x \, dx,$

(61) $\int \cos^n x\,d\,x = \frac{1}{n} \sin x \cos^{n-1} x + \frac{n-1}{n} \int \cos^{n-2} x\,d\,x,$

(62) $\int \operatorname{tg}^n x\,d\,x = \frac{\operatorname{tg}^{n-1} x}{n-1} - \int \operatorname{tg}^{n-2} x\,d\,x, \qquad \int \operatorname{cotg}^n x\,d\,x = -\frac{\operatorname{cotg}^{n-1} x}{n-1} - \int \operatorname{cotg}^{n-2} x\,d\,x,$

(63) $\int \frac{d\,x}{\sin^n x} = -\frac{\cos x}{(n-1)\sin^{n-1} x} + \frac{n-2}{n-1}\int \frac{d\,x}{\sin^{n-2} x},$

(64) $\int \frac{d\,x}{\cos^n x} = \frac{\sin x}{(n-1)\cos^{n-1} x} + \frac{n-2}{n-1}\int \frac{d\,x}{\cos^{n-2} x},$

(65) $\int \sin m\,x \cos n\,x\,d\,x = -\frac{\cos(m+n)\,x}{2\,(m+n)} - \frac{\cos(m-n)\,x}{2\,(m-n)},$

(66) $\int \sin m\,x \sin n\,x\,d\,x = \frac{\sin(m-n)\,x}{2\,(m-n)} - \frac{\sin(m+n)\,x}{2\,(m+n)},$

(67) $\int \cos m\,x \cos n\,x\,d\,x = \frac{\sin(m-n)\,x}{2\,(m-n)} + \frac{\sin(m+n)\,x}{2\,(m+n)},$

(68) $\int \frac{d\,x}{a+\cos x} = \frac{2}{\sqrt{a^2-1}} \operatorname{arc\,tg}\left(\sqrt{\frac{a-1}{a+1}} \operatorname{tg}\frac{x}{2}\right),$ wenn $a^2 > 1$

$= \frac{2}{\sqrt{1-a^2}} \operatorname{arc\,\mathfrak{Tg}}\left(\sqrt{\frac{1-a}{1+a}} \operatorname{tg}\frac{x}{2}\right),$ wenn $a^2 < 1,$

(69) $\int \frac{d\,x}{a+\sin x} = \frac{2}{\sqrt{a^2-1}} \operatorname{arc\,tg}\left(\sqrt{\frac{a+1}{a-1}} \operatorname{tg}\left(45 + \frac{x}{2}\right)\right),$ wenn $a^2 > 1,$

$= \frac{-2}{\sqrt{1-a^2}} \operatorname{arc\,\mathfrak{Tg}}\left(\sqrt{\frac{1+a}{1-a}} \operatorname{tg}\left(45 + \frac{x}{2}\right)\right),$ wenn $a^2 < 1,$

(70) $\int x^m \sin x\,d\,x = -x^m \cos x + m \int x^{m-1} \cdot \cos x\,d\,x,$

(71) $\int x^m \cos x\,d\,x = x^m \sin x - m \int x^{m-1} \sin x\,d\,x,$

(72) $\int \operatorname{arc\,sin} x\,d\,x = x \operatorname{arc\,sin} x + \sqrt{1-x^2},$

(73) $\int \operatorname{arc\,cos} x\,d\,x = x \operatorname{arc\,cos} x - \sqrt{1-x^2},$

(74) $\int \operatorname{arc\,tg} x\,d\,x = x \operatorname{arc\,tg} x - \frac{1}{2} \ln(1+x^2),$

75) $\int \operatorname{arc\,cotg} x\,d\,x = x \operatorname{arc\,cotg} x + \frac{1}{2} \ln(1+x^2).$

F. Bestimmte Integrale

Wenn $\int f(x)\,d\,x = \varphi(x)$, so gilt

$$\int_a^b f(x)\,d\,x = \varphi(b) - \varphi(a), \qquad \int_a^b f(x)\,d\,x = -\int_b^a f(x)\,d\,x,$$

$$\int_a^b f(x)\,dx + \int_b^c f(x)\,dx = \int_a^c f(x)\,dx.$$

Das Integral $\int_a^x f(z)\,dz = \varphi(x)$ ist eine stetige Funktion der oberen Grenze x.

Differentiation eines bestimmten Integrals nach einem Parameter:

Ist $f(x\,\alpha)$ eine stetige Funktion der Veränderlichen x und des veränderlich gedachten Parameters α, so ist bei festen Grenzen a, b

$$F(\alpha) = \int_a^b f(\alpha\,x)\,dx;$$

d. h., das bestimmte Integral ist eine stetige Funktion des Parameters α. Es gilt dann

$$\frac{dF(\alpha)}{d\alpha} = \int_a^b \frac{\partial f(x\,\alpha)}{\partial \alpha}\,dx.$$

Vertauschung der Integrationsfolge.

Wenn $f(x\,\alpha)$ eine im Bereiche x_1 bis x_2 bzw. α_1 bis α_2 endliche und stetige Funktion von x bzw. α ist, so gilt

$$\int_{\alpha_1}^{\alpha_2} d\alpha \int_{x_1}^{x_2} f(x\alpha)\,dx = \int_{x_1}^{x_2} dx \int_{\alpha_1}^{\alpha_2} f(x\alpha)\,d\alpha.$$

Die Grenzen sind hiebei unabhängig von x und α.

Besondere Integrale:

(1) $\displaystyle\int_0^\infty x^n e^{-ax}\,dx = \frac{n!}{a^{n+1}}$, (2) $\displaystyle\int_0^\infty \frac{e^{-x} - e^{-ax}}{x}\,dx = \ln a$,

(3) $\displaystyle\int_0^\infty e^{-\alpha x} \sin \lambda x\,dx = \frac{\lambda}{\alpha^2 + \lambda^2}$, (4) $\displaystyle\int_0^\infty e^{-\alpha x} \cos \lambda x\,dx = \frac{\alpha}{\alpha^2 + \lambda^2}$, $\alpha > 0$,

(5) $\displaystyle\int_0^\infty x\,e^{-\alpha x} \cos \lambda x\,dx = \frac{\alpha^2 - \lambda^2}{(\alpha^2 + \lambda^2)^2}$,

(6) $\displaystyle\int_0^{\pi/2} \frac{dx}{a\cos^2 x + b\sin^2 x} = \frac{\pi}{2\sqrt{a\,b}}$, ($a$, b positiv)

(7) $\displaystyle\int_0^{\pi/2} \frac{dx}{a + b\cos x} = \frac{1}{\sqrt{a^2 - b^2}} \arccos \frac{b}{a}$, wenn $a^2 > b^2$

$\displaystyle = \frac{1}{\sqrt{b^2 - a^2}} \ln \frac{b + \sqrt{b^2 - a^2}}{a}$, „ $a^2 < b^2$

$\displaystyle = \frac{1}{a}$, „ $a = b$.

$$(8)\quad \int_0^\infty e^{-\alpha x}\,\frac{\sin\lambda x}{x}\,dx = \operatorname{arctg}\frac{\lambda}{\alpha},$$

$$(9)\quad \int_0^\infty \frac{\sin\lambda x}{x}\,dx = \pm\frac{\pi}{2},\ \text{je nachdem } \lambda \gtrless 0,$$

$$(10)\quad \int_0^\infty \frac{\cos a x \sin x}{x}\,dx = \frac{\pi}{2}\ (\text{für } |a| < 1),$$

$$= \frac{\pi}{4}\ (\text{für } |a| = 1),\quad = 0\ (\text{für } |a| > 1),$$

$$(11)\quad \int_0^\infty e^{-x^2}\,dx = \frac{1}{2}\sqrt{\pi},\qquad (12)\quad \int_0^\infty \frac{\cos x}{\sqrt{x}}\,dx = \int_0^\infty \frac{\sin x}{\sqrt{x}}\,dx = \sqrt{\frac{\pi}{2}},$$

$$(13)\quad \int_0^\infty \frac{\operatorname{tg} x}{x} = \frac{\pi}{2},$$

$$(14)\quad \int_0^\pi \sin m x \sin n x\,dx = \int_0^\pi \cos m x \cos n x\,dx = \begin{cases} 0, & \text{wenn } m \gtrless n \\ \pi/2, & \text{,, } m = n. \end{cases}$$

G. Fouriersche Reihen

Eine Funktion $f(x)$, die in einem gegebenen Bereich von 0 bis l überall endlich und mit Ausnahme einer endlichen Anzahl von Stellen stetig ist, läßt sich durch eine unendliche trigonometrische Reihe (Fouriersche Reihe), wie folgt, darstellen:

$$f(x) = \frac{A_0}{2} + A_1 \cos a x + A_2 \cos 2 a x + \ldots + A_n \cos n a x + \ldots .$$
$$+ B_1 \sin a x + B_2 \sin 2 a x + \ldots + B_n \sin n a x + \ldots .$$

Hierin ist $a = \frac{2\pi}{l}$, während die Beiwerte A und B durch die bestimmten Integrale

$$A_0 = \frac{2}{l}\int_0^l f(t)\,dt,\qquad A_n = \frac{2}{l}\int_0^l f(t)\cos n a t\,dt,\qquad B_n = \frac{2}{l}\int_0^l f(t)\sin n a t\,dt$$
$$n = 1, 2, 3 \ldots$$

definiert sind.

An den Unstetigkeitsstellen liefert die Fouriersche Reihe den Mittelwert aus den beiden Grenzwerten der Unstetigkeitsstelle.

Die Fouriersche Reihe stellt eine periodische Funktion mit der Periode l dar, da $f(x + l) = f(x)$ ist. Sind die beiden Endwerte der vorgelegten Funktion $f(x)$ in den Punkten $x = 0$ und $x = l$ von einander verschieden, so liefert die Fouriersche Reihe an den Endstellen nicht den wahren Wert der Funktion $f(x)$, sondern das arithmetische Mittel aus den beiden Endordinaten.

Ist $f(x)$ symmetrisch zu $x = \frac{l}{2}$, so sind sämtliche Beiwerte B Null.

Ist $f(x)$ spiegelsymmetrisch zu $x = \frac{l}{2}$, so verschwinden die Beiwerte A_0, A_1, A_2 ....

Beispiel:

Das in Abb. 25 dargestellte unstetige Belastungsgesetz ist in einer Fourierschen Reihe zu entwickeln:

Es ist

$f(x) = \frac{2px}{l}$ von $x = 0$ bis $x = \frac{l}{2}$,

$f(x) = \frac{2p(l-x)}{l}$ von $x = \frac{l}{2}$ bis $x = l$.

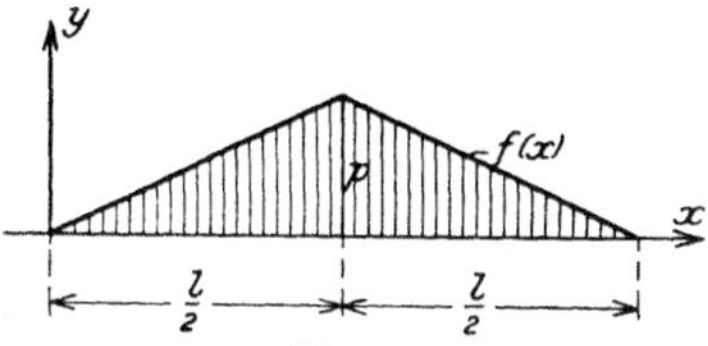

Abb. 25

Wegen der Symmetrie der Funktion $f(x)$ sind alle Beiwerte B Null. Die Beiwerte A bestimmt man wie folgt:

$$A_0 = \frac{2}{l}\int_0^{l/2} \frac{2pt}{l}\,dt + \int_{l/2}^{l} \frac{2p(l-t)}{l}\,dt = p$$

$$A_n = \frac{2p}{l}\cdot\frac{2}{l}\left\{\int_0^{l/2} t\cos\frac{2\pi n}{l}t\,dt + \int_{l/2}^{l}(l-t)\cos\frac{2\pi n}{l}t\,dt\right\}$$

$$= \frac{4p}{l^2}\left\{\left[\frac{l^2}{4\pi^2 n^2}\cos\frac{2\pi n}{l}t + \frac{l}{2\pi n}t\sin\frac{2\pi n}{l}t\right]_0^{l/2} + \left[\frac{l^2}{2\pi n}\sin\frac{2\pi n}{l}t\right]_{l/2}^{l}\right.$$

$$\left.-\left[\frac{l^2}{4\pi^2 n^2}\cos\frac{2\pi n}{l}t + \frac{l}{2\pi n}t\sin\frac{2\pi n}{l}t\right]_{l/2}^{l}\right\} = \frac{2p}{\pi^2}\,\frac{\cos\pi n - 1}{n^2}.$$

Die Reihe lautet daher:

$$f(x) = p\left[\frac{1}{2} - \frac{4}{\pi^2}\cos\frac{2\pi}{l}x - \frac{4}{9\pi^2}\cos\frac{6\pi}{l}x - \frac{4}{25\pi^2}\cos\frac{10\pi}{l}x \quad \ldots\ldots\right].$$

H. Differentialgleichungen

Differentialgleichungen erster Ordnung

Trennung der Veränderlichen:

Die Differentialgleichung hat die Form $\frac{dy}{dx} = \frac{f(x)}{\varphi(y)}$. Daraus

$$\varphi(y)\,dy - f(x)\,dx = 0$$

und schließlich

$$\int\varphi(y)\,dy - \int f(x)\,dx = C.$$

Beispiel:

$$\frac{dy}{dx} + \frac{y+a}{x} = 0:\quad \frac{dy}{y+a} + \frac{dx}{x} = 0$$

$$\ln x(y+a) = c \text{ oder } x(y+a) = c.$$

Homogene Differentialgleichungen

Hat die Gleichung die Form $\frac{dy}{dx} = f\left(\frac{y}{x}\right)$, so löst man sie mit Hilfe der Substitution $v = \frac{y}{x}$, woraus $dy = x\,dv + v\,dx$ entsteht. Die Einführung in die Differentialgleichung führt auf

$$(f(v) - v)\,dx = x\,dv \quad \text{oder} \quad \frac{dv}{f(v) - v} = \frac{dx}{x}.$$

Beispiel:

$$x\,y\,dy - (x^2 + y^2)\,dx = 0:$$

$$\frac{dy}{dx} = \frac{x^2 + y^2}{x\,y}; \quad \text{mit } v = \frac{y}{x} \text{ wird } f(v) = v + \frac{1}{v}$$

$$v\,dv = \frac{dx}{x}, \quad \frac{v^2}{2} = \ln c\,x \text{ oder } y^2 = 2\,x^2 \ln c\,x.$$

Lineare Differentialgleichungen

Allgemeine Form $y' + f(x)\,y + \varphi(x) = 0$.

Setzt man $y = u(x) \cdot v(x)$, so wird $u(v' + f \cdot v) + u'v + \varphi = 0$. v bestimmt man aus der Gleichung $v' + f \cdot v = 0$. Dann genügt u der Gleichung $u'v + \varphi = 0$. In beiden Gleichungen können die Veränderlichen getrennt werden. Man findet schließlich mit $\int f(x)\,dx = \psi(x)$

$$y = e^{-\psi(x)} \left[\int \varphi(x) \cdot e^{\psi(x)}\,dx + C\right].$$

Beispiel: $\dfrac{dy}{dx} + \dfrac{y}{x} = b\,x^3.$ $\quad \psi(x) = \displaystyle\int \frac{dx}{x} = \ln x.$ $\quad e^{\psi(x)} = x$

$$y = \frac{1}{x}\left\{\int b\,x^3\,dx + C\right\} = \frac{b}{4}\,x^3 + \frac{C}{x}.$$

Differentialgleichungen zweiter Ordnung

Gleichungen von der Form $y'' = f(y)$.

Man multipliziert beiderseits mit y' und erhält, da links die Ableitung von $\frac{1}{2}(y')^2$ entsteht, nach der Integration

$$\tfrac{1}{2}(y')^2 = \int f(y)\,dy + C_1,$$

woraus

$$x = \int \frac{dy}{\sqrt{2\int f(y)\,dy + C_1}} + C_2.$$

Lineare Differentialgleichungen mit konstanten Koeffizienten.

Allgemeine Form $y'' + a\,y' + b\,y = f(x)$.

Man bestimmt zunächst die beiden Partikularlösungen der homogenen Gleichung $y'' + a\,y' + b\,y = 0$, indem man $y = e^{\alpha x}$ setzt. Dies liefert für α die charakteristische Gleichung

$$\alpha^2 + a\,\alpha + b = 0$$

mit den beiden Wurzeln α_1 und α_2. Sind diese voneinander verschieden, so ist

$$\bar{y} = C_1\,e^{\alpha_1 x} + C_2\,e^{\alpha_2 x}$$

die allgemeine Lösung der homogenen Gleichung. Ist $\alpha_1 = \alpha_2$, so lautet die allgemeine Lösung

$$\bar{y} = e^{\alpha x}(C_1 + C_2\,x).$$

Mit den beiden Partikularlösungen $y_1 = e^{\alpha_1 x}$ und $y_2 = e^{\alpha_2 x}$ der homogenen Gleichung berechnet man nun die Integrale

$$\varphi_1(x) = \int \frac{f(x)\,y_2\,dx}{y_1'\,y_2 - y_2'\,y_1} \quad \text{und} \quad \varphi_2(x) = \int \frac{f(x)\,y_1\,dx}{y_2'\,y_1 - y_1'\,y_2}$$

womit die allgemeine Lösung der vollständigen Gleichung

$$y = C_1\,e^{\alpha_1 x} + C_2\,e^{\alpha_2 x} + y_1\,\varphi_1(x) + y_2\,\varphi_2(x)$$

gefunden ist.

Beispiel:

$$y'' - c^2 y = x,$$

Aus $\alpha^2 - c^2 \alpha = 0$ folgen $\alpha_1 = c$, $\alpha_2 = -c$, sonach

$$y_1 = e^{cx}, \quad y_2 = e^{-cx}$$

$$\varphi_1(x) = \int \frac{x e^{-cx}\, dx}{2c} = -\frac{1}{2c^2}\left(x + \frac{1}{c}\right) e^{-cx}, \quad \varphi_2(x) = -\int \frac{x e^{cx}\, dx}{2c} = -\frac{1}{2c^2}\left(x - \frac{1}{c}\right) e^{cx},$$

$$y = C_1 e^{cx} + C_2 e^{-cx} - \frac{x}{e^2}.$$

VI. Analytische Geometrie

A. Koordinatentransformation

Parallelverschiebung, Abb. 26

Ursprüngliches System $(x\,y)$, neues $(\xi\,\eta)$: Koordinaten des Ursprunges Ω, $x = a$, $y = b$. Für einen Punkt P gilt

$$\xi = x - a \qquad x = \xi + a$$
$$\eta = y - b \qquad y = \eta + b$$

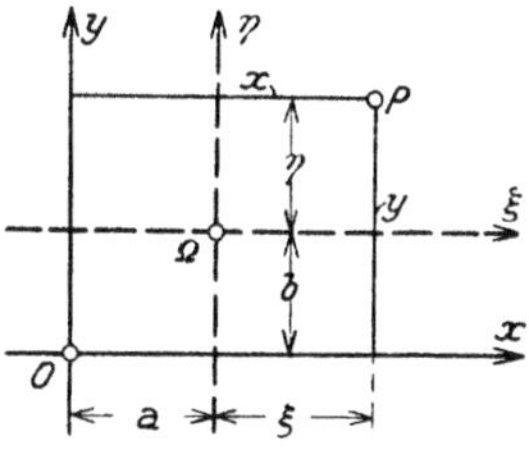

Abb. 26

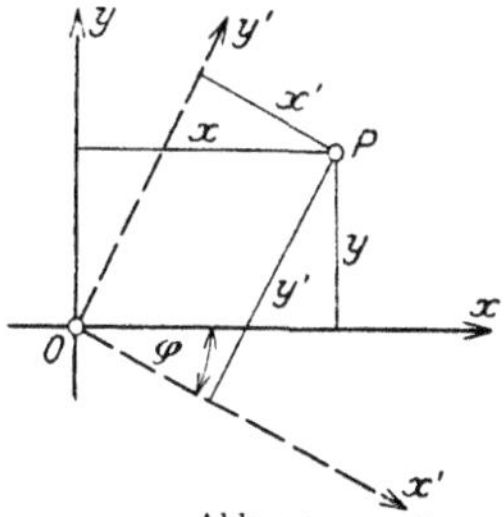

Abb. 27

Drehung des Achsensystems, Abb. 27

Die Drehung findet um den Winkel φ statt.

$$x = x' \cos\varphi - y' \sin\varphi, \qquad x' = x\cos\varphi + y\sin\varphi,$$
$$y = x' \sin\varphi + y' \cos\varphi, \qquad y' = -x\sin\varphi + y\cos\varphi.$$

Der Winkel φ ist mit dem Vorzeichen einzuführen. In Abb. 27 z. B. ist φ negativ.

Polarkoordinaten, Abb. 28

r heißt Fahrstrahl oder Radiusvektor, ϑ die Amplitude, sie wird positiv gezählt, wenn die Drehung des Fahrstrahles entgegengesetzt dem Urzeigersinn erfolgt.

ϑ geht von $-\infty$ bis $+\infty$, r von 0 bis ∞.

$$x = r\cos\vartheta, \qquad r = \sqrt{x^2 + y^2}$$

$$y = r\sin\vartheta, \qquad \cos\vartheta = \frac{x}{r}, \quad \sin\vartheta = \frac{y}{r}.$$

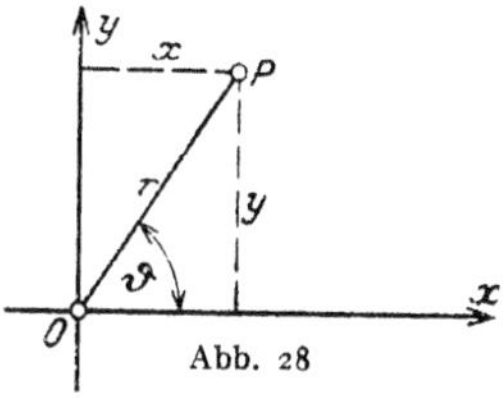

Abb. 28

B. Punkt und Gerade

Entfernung s **zweier Punkte,** Abb. 29 (siehe S. 68)

$$P_1 \ldots x_1, y_1 \quad P_2 \ldots x_2, y_2$$

Entfernung $s = \sqrt{(x_2 - x_1)^2 + (y_2 - y_1)^2}$.

Flächeninhalt F des Dreieckes $O\,P_1\,P_2$, Abb. 29

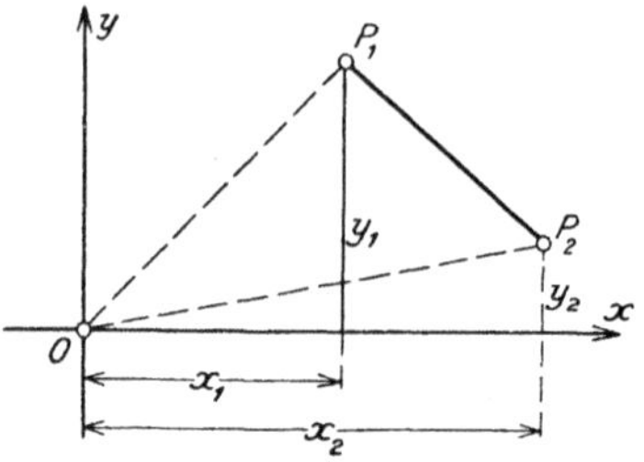

Abb. 29

$$2\,F = x_1\,y_2 - x_2\,y_1.$$

Allgemeine Form der Geradengleichung

$$A\,x + B\,y + C = 0.$$

Die Gerade geht durch die Punkte x_1, y_1 **und** x_2, y_2

$$\frac{y - y_1}{x - x_1} = \frac{y_2 - y_1}{x_2 - x_1} = \operatorname{tg}\alpha$$ (α Neigung gegen die positive x-Achse).

Die Gerade geht durch den Punkt x_1, y_1 **und hat die Neigung** α **gegen die** x-**Achse**

$$\frac{y - y_1}{x - x_1} = \operatorname{tg}\alpha.$$

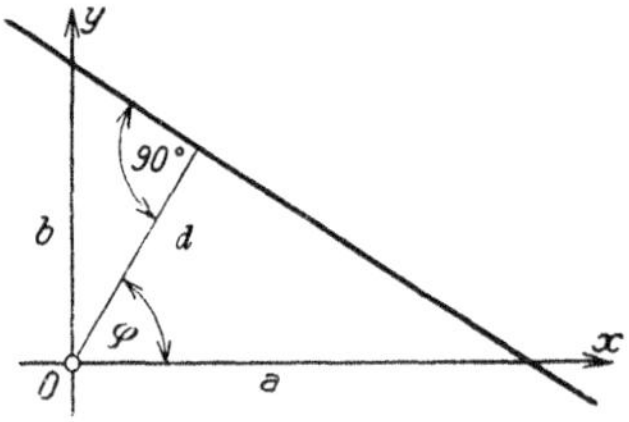

Abb. 30

Gerade mit den Achsenabschnitten $x = a$ **und** $y = b$, Abb. 30

$$\frac{x}{a} + \frac{y}{b} = 1.$$

Normalform, Abb. 30

$$x\cos\varphi + y\sin\varphi - d = 0$$

wobei d der senkrechte Abstand des Ursprunges O von der Geraden ist.

$$\cos\varphi = \frac{A}{\pm\sqrt{A^2 + B^2}}, \quad \sin\varphi = \frac{B}{\pm\sqrt{A^2 + B^2}}, \quad d = -\frac{C}{\pm\sqrt{A^2 + B^2}}.$$

Der Wurzel ist das entgegengesetzte Vorzeichen zu geben, das C in der allgemeinen Form der Geradengleichung hat.

Gerade, die mit $y = a\,x + b$ **den Winkel** α **bildet und durch den Punkt** $x_1\,y_1$ **geht**

$$y - y_1 = \frac{a + \operatorname{tg}\alpha}{1 - a\operatorname{tg}\alpha}(x - x_1).$$

Abstand n **des Punktes** $P_0 = (x_0\,y_0)$ **von der Geraden** $x\cos\alpha + y\sin\alpha - d = 0$

$$n = \mp(x_0\cos\alpha + y_0\sin\alpha - d),$$

— oder +, je nachdem P_0 und der Ursprung O auf der gleichen Seite oder auf entgegengesetzten Seiten der Geraden liegen.

Geradengleichung in Polarkoordinaten

Aus der Normalform $x\cos\varphi + y\sin\varphi - d = 0$ folgt unmittelbar

$$r\cos(\varphi - \vartheta) = d.$$ (r und ϑ Veränderliche).

C. Der Kreis

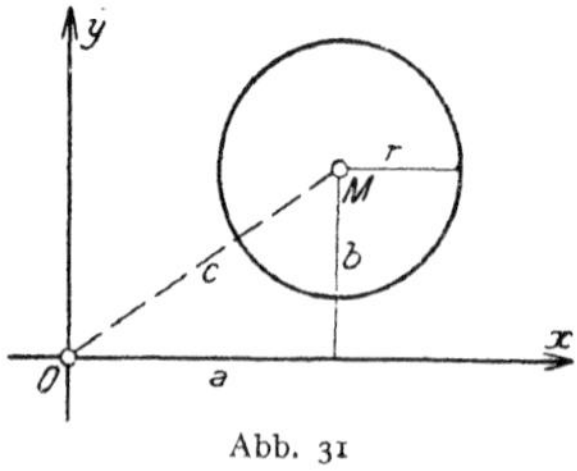

Abb. 31

Allgemeine Gleichung, Abb. 31

$$(x - a)^2 + (y - b)^2 = r^2.$$

Mittelpunktsgleichung. Wenn M und O zusammenfallen,

$$x^2 + y^2 = r^2.$$

Polargleichung. Mit $O\,M = c$ und dem Fahrstrahl ϱ, $O\,M$ Polarachse. Abb. 31

$$\varrho^2 - 2\varrho\,c\cos\vartheta + c^2 = r^2.$$

Gleichung der Tangente im Punkte $x_1\,y_1$

$$(x - a)(x_1 - a) + (y - b)(y_1 - b) = r^2.$$

D. Die Ellipse

Mittelpunktsgleichung. Halbachsen a und b, Abb. 32

$$\frac{x^2}{a^2} + \frac{y^2}{b^2} = 1, \text{ Brennweite } e = \sqrt{a^2 - b^2}.$$

Polargleichung: Koordinaten ϱ, ϑ; $\varepsilon = \frac{\sqrt{a^2 - b^2}}{a}$ (numerische Exzentrizität); $p = \frac{b^2}{a} = a(1 - \varepsilon^2)$ (Halbparameter), Abb. 32

$$\varrho^2 = \frac{b^2}{1 - \varepsilon^2 \cos^2 \vartheta}$$ bezogen auf den Mittelpunkt M,

$$\varrho' = \frac{p}{1 + \varepsilon \cos \vartheta'}$$ bezogen auf den Brennpunkt F.

Gleichung der Tangente im Punkte $x_1\ y_1$

$$\frac{x x_1}{a^2} + \frac{y y_1}{b^2} = 1.$$

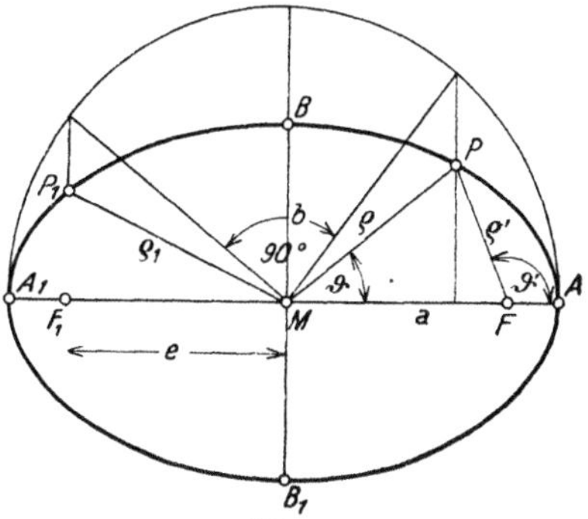

Abb. 32

Krümmungsradien in den Scheiteln

$$\text{In } A\colon\ R = p = \frac{b^2}{a}. \quad \text{In } B\colon\ R' = \frac{a^2}{b}.$$

Konjugierte Durchmesser. Solche Durchmesser, welche einem Paar rechtwinklig aufeinander stehenden Kreisdurchmessern affin sind, ϱ und ϱ_1 in Abb. 32. Der eine halbiert die zum andern parallelen Sehnen. Die Tangenten an den Endpunkten des einen Durchmessers sind zu dem konjugierten Durchmesser parallel.

E. Die Hyperbel

Mittelpunktsgleichung. Halbachsen a und b, Abb. 33

$$\frac{x^2}{a^2} - \frac{y^2}{b^2} = 1,$$

Brennweite $e = \sqrt{a^2 + b^2}$.

Polargleichung. Koordinaten ϱ, ϑ. Halbparameter

$$p = \frac{b^2}{a} = a(\varepsilon^2 - 1).$$

Numerische Exentrizität

$$\varepsilon = \frac{e}{a}.$$

$$\varrho^2 = \frac{b^2}{\varepsilon^2 \cos^2 \vartheta - 1},$$ bezogen auf den Mittelpunkt M;

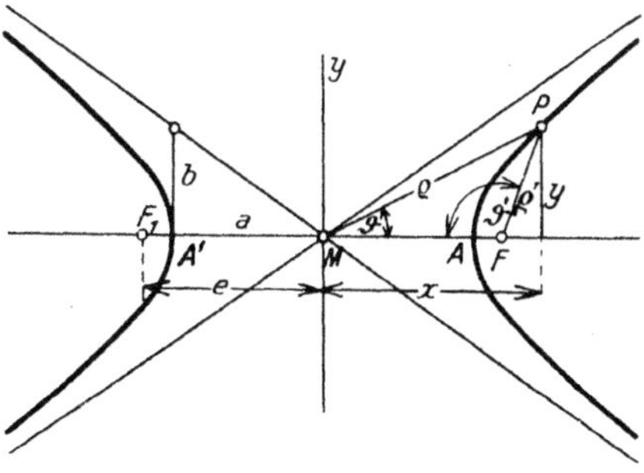

Abb. 33

$$\varrho' = \frac{p}{1 + \varepsilon \cos \vartheta_{\prime}},$$ bezogen auf den Brennpunkt F.

Gleichung der Tangente im Punkte $x_1\, y_1$

$$\frac{x\,x_1}{a^2} - \frac{y\,y_1}{b^2} = 1.$$

Krümmungshalbmesser im Scheitel

$$R = p = \frac{b^2}{a}.$$

Gleichungen der Asymptoten

$$\frac{x}{a} + \frac{y}{b} = 0 \quad \text{und} \quad \frac{x}{a} - \frac{y}{b} = 0.$$

Gleichung der Hyperbel, bezogen auf die Asymptoten als Achsensystem

$$x'\,y' = \tfrac{1}{4}\,(a^2 + b^2).$$

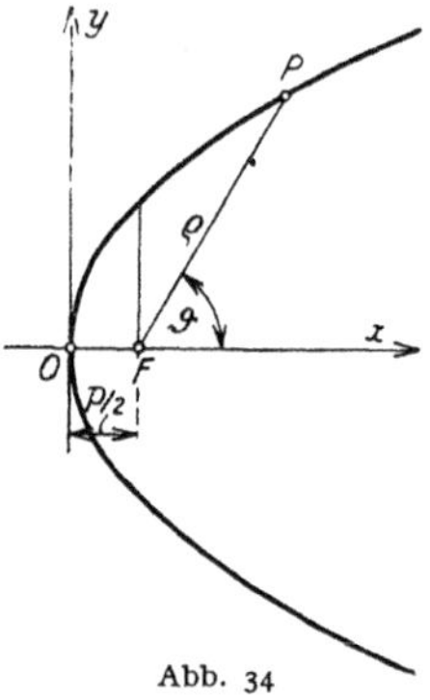

Abb. 34

F. Die Parabel

Scheitelgleichung. p Halbparameter, Abb. 34,

$$y^2 = 2\,p\,x.$$

Polargleichung mit dem Brennpunkt F als Pol

$$\varrho = \frac{p}{1 + \cos\vartheta}.$$

Gleichung der Tangente im Punkte $x_1\, y_1$

$$y\,y_1 = p\,(x + x_1).$$

Krümmungshalbmesser R

$$R = \sqrt{\frac{(p + 2\,x)^3}{p}} = 2\,\varrho\,\sqrt{\frac{2\,\varrho}{p}}.$$

Konstruktion der Parabel. Siehe Abb. 35

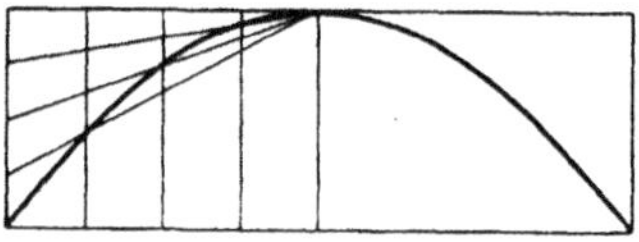

Abb. 35

G. Die Kettenlinie

Allgemeine Gleichung (a Ordinate des Scheitels), Abb. 36

$$y = a\,\mathfrak{Cof}\,\frac{x}{a}.$$

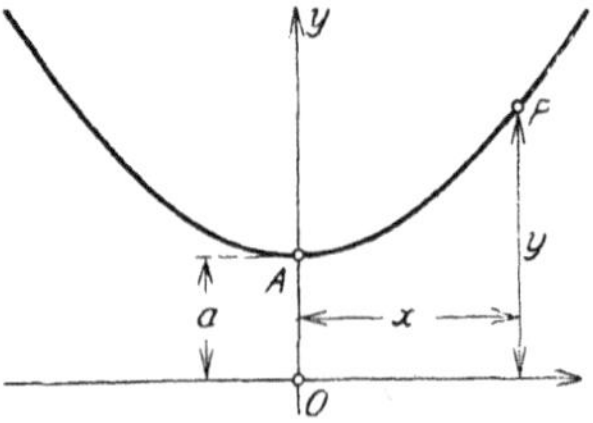

Abb. 36

Gleichung der Tangente im Punkte $x_1\, y_1$

$$\frac{y - y_1}{x - x_1} = \mathfrak{Sin}\,\frac{x_1}{a}.$$

Krümmungshalbmesser R

$$R = \frac{y^2}{a}.$$

Bogenlänge $A\,P$

$$B = a\,\mathfrak{Sin}\,\frac{x}{a}.$$

VII. Wahrscheinlichkeitsrechnung und Ausgleichsrechnung

A. Wahrscheinlichkeitsrechnung

Die **absolute Wahrscheinlichkeit** w eines Ereignisses ist das Verhältnis der dem Eintreffen des Ereignisses günstigen Fälle g zur Anzahl der überhaupt möglichen Fälle m. Daher $w = \frac{g}{m}$. w ist immer kleiner, höchstens gleich 1, $w = 0$ ist das Symbol der Unmöglichkeit, $w = 1$ das Symbol der Gewißheit.

Die Wahrscheinlichkeit w', daß ein bestimmtes Ereignis nicht eintreffen wird, heißt die entgegengesetzte Wahrscheinlichkeit. Es gilt

$$w' = 1 - w. \tag{1}$$

Bedeuten $w_1, w_2, w_3 \ldots$ die Wahrscheinlichkeiten für das Eintreffen verschiedener voneinander unabhängiger Ereignisse, so ist die Wahrscheinlichkeit w, daß diese Ereignisse gleichzeitig oder in vorbestimmter Reihenfolge eintreffen (zusammengesetzte Wahrscheinlichkeit),

$$w = w_1 \cdot w_2 \cdot w_3 \ldots \tag{2}$$

Soll ein Ereignis mit der absoluten Wahrscheinlichkeit w r-mal hintereinander eintreffen, so ist die Wahrscheinlichkeit hiefür

$$W = w^r. \tag{3}$$

Sind $w_1, w_2, w_3 \ldots$ die absoluten Wahrscheinlichkeiten mehrerer Ereignisse, so ist die Wahrscheinlichkeit w für das Eintreffen eines dieser Ereignisse

$$w = w_1 + w_2 + w_3 + \ldots \tag{4}$$

Unter **relativer Wahrscheinlichkeit** versteht man die Wahrscheinlichkeit, daß von zwei Ereignissen, welche einer Reihe möglicher Fälle angehören, das eine eher eintreffe als das andere. Sind w_1 und w_2 die absoluten Wahrscheinlichkeiten für das Eintreffen der Ereignisse A bzw. B, so ist die Wahrscheinlichkeit, daß A eher eintreffe als B, durch

$$W = \frac{w_1}{w_1 + w_2}, \tag{5}$$

und daß B eher eintreffe als A, durch

$$W' = \frac{w_2}{w_1 + w_2} \tag{5'}$$

gegeben. W und W' heißen die relativen Wahrscheinlichkeiten der beiden Ereignisse A und B.

Kommen zwei Ereignissen A und B die absoluten Wahrscheinlichkeiten w_1 und w_2 zu, so ist die Wahrscheinlichkeit, daß A m-mal und B n-mal in bestimmter Reihenfolge eintritt,

$$W = w_1^m \cdot w_2^n. \tag{6}$$

Bei beliebiger Reihenfolge gilt

$$W = \frac{(m+n)!}{m!\,n!} w_1^m \cdot w_2^n. \tag{7}$$

B. Ausgleichsrechnung

Gegenstand der Ausgleichsrechnung sind jene Methoden, die es gestatten, aus einer Reihe von Beobachtungen, deren Zahl größer ist als die Zahl der zu suchenden Größen, den wahrscheinlichsten Wert dieser Größen (als Ersatz des wahren Wertes, der meist unbekannt bleibt) zu ermitteln sowie die Genauigkeit der Rechnungsergebnisse festzustellen.

1. Theorie der Beobachtungsfehler

Wird irgendeine Größe durch mehrere voneinander unabhängige Messungen bestimmt, so weichen diese Messungen voneinander und vom wahren Wert, falls dieser bekannt ist, ab. Die einzelnen Beobachtungen sind mit einem zufälligen Fehler behaftet.

Die Fehlertheorie beruht auf der Annahme, daß die regellos verteilten Fehler sich bei einer größeren Zahl von Messungen gewissen Wahrscheinlichkeitsgesetzen fügen. Sind alle Messungen gleich sorgfältig durchgeführt, so gilt für die Häufigkeit und Größe der Fehler das Gaußsche Exponentialgesetz: Die Wahrscheinlichkeit w, daß eine einzelne Beobachtung um einen Betrag, der in der Umgebung des Wertes ε liegt, vom wahren Wert abweicht (d. h., daß die Abweichung zwischen ε und $\varepsilon + d\varepsilon$ liegt), ist durch

$$w = \frac{h}{\sqrt{\pi}} e^{-h^2 \varepsilon^2} d\varepsilon \tag{1}$$

gegeben. Daraus folgt die Wahrscheinlichkeit W, daß die Abweichung zwischen den Grenzen ε_1 und ε_2 liegt, zu

$$W = \frac{h}{\sqrt{\pi}} \int_{\varepsilon_1}^{\varepsilon_2} e^{-h^2 \varepsilon^2} d\varepsilon. \tag{2}$$

h ist ein Proportionalitätsfaktor, der von der Genauigkeit der Messungen abhängt und Präzisionsmaß (Genauigkeitszahl) heißt. Aus (1) folgt, daß w für $\varepsilon = 0$ ein Maximum wird. $\varepsilon = 0$ ist daher der wahrscheinlichste Fehler, d. h. der Mittelwert vieler Messungsergebnisse nähert sich mit wachsender Zahl der Messungen dem wahren Werte. Je größer h ist, d. h., je größer die Meßgenauigkeit, umso dichter häufen sich die Messungen um den genauen Wert. Gleichung (2) läßt sich auch so aussprechen: Von n Beobachtungen weisen $n \cdot W$ Fehler auf, die zwischen ε_1 und ε_2 liegen.

Das Integral in (2), Gaußsches Fehlerintegral, läßt sich durch elementare Funktionen nicht darstellen. Tafeln hiezu siehe Jahnke und Emde, Funktionentafeln, Leipzig 1909.

Die Linie $y = \frac{1}{\sqrt{\pi}} e^{-x^2}$ (Fehlerkurve) für $h = 1$ ist eine glockenförmige, symmetrisch zur y-Achse gelegene Kurve, die sich der x-Achse beiderseits asymptotisch nähert. Die gesamte Fläche zwischen der Fehlerkurve und der x-Achse hat den Wert 1, da

$$\frac{1}{\sqrt{\pi}} \int_{-\infty}^{\infty} e^{-x^2} dx = 1$$

ist. In den Punkten $x = \pm \frac{1}{\sqrt{2}}$ hat die Fehlerkurve Wendepunkte. Nachstehend sind einige Werte für das Integral

$$J = \frac{1}{\sqrt{\pi}} \int_0^x e^{-t^2} dt$$

angegeben.

x	J	x	J	x	J	x	J	x	J
0,0	0,000								
0,1	0,056	0,6	0,302	1,1	0,440	1,6	0,488	2,1	0,498
0,2	0,111	0,7	0,339	1,2	0,455	1,7	0,492	2,2	0,499
0,3	0,164	0,8	0,371	1,3	0,467	1,8	0,494	2,3	0,499
0,4	0,214	0,9	0,398	1,4	0,476	1,9	0,496	2,4	0,500
0,5	0,260	1,0	0,421	1,5	0,483	2,0	·0,498	$>$2,4	0,500

Allgemein bezeichnet man als Fehler die Abweichung der Beobachtung vom wahren Wert, falls dieser bekannt ist, sonst die Abweichung vom errechneten wahrscheinlichsten Wert.

Als **mittleren Fehler** μ gegen den wahren Wert bezeichnet man die Quadratwurzel aus dem arithmetischen Mittel aller Fehlerquadrate, sonach

$$\mu = \sqrt{\frac{[\varepsilon\varepsilon]}{n}}, \qquad [\varepsilon\varepsilon] = \varepsilon_1^2 + \varepsilon_2^2 + \dots + \varepsilon_n^2, \tag{3}$$

wenn n die Zahl der Messungen bedeutet. Aus dem Exponentialgesetz folgt aber auch

$$\mu = \frac{1}{h\sqrt{2}}, \tag{4}$$

so daß aus μ das Präzisionsmaß h ermittelt werden kann.

Unter dem **wahrscheinlichen Fehler** ω versteht man diejenige Abweichung vom wahren Wert, innerhalb welcher die Hälfte aller Messungen liegt. Er wird aus der Fehlerkurve mit

$$\omega = \frac{0{,}4769}{h} = 0{,}4769 \cdot \sqrt{2} \cdot \mu = 0{,}6745 \sqrt{\frac{[\varepsilon\varepsilon]}{n}} \tag{5}$$

bestimmt. Es ist also $\mu > \omega$. Der wahrscheinliche Fehler ist dadurch gekennzeichnet, daß der irgend einer Messung zukommende Fehler ebenso wahrscheinlich größer als kleiner als ω sein kann.

Nun ist in Anwendungsfällen der wahre Wert der beobachteten Größe nicht bekannt, sondern nur ihr Mittelwert, der sich, wie oben erwähnt, mit wachsender Zahl der Messungen dem wahren Wert annähert. Bezeichnet man die Abweichung vom mittleren Wert (wahrscheinlichsten Wert) mit ε', so erhält man aus theoretischen Überlegungen für den mittleren Fehler μ' der Messungen

$$\mu' = \sqrt{\frac{[\varepsilon'\varepsilon']}{n-1}} \tag{6}$$

und den mittleren Fehler $\bar{\mu}$ des Mittelwertes

$$\bar{\mu} = \sqrt{\frac{[\varepsilon'\varepsilon']}{n(n-1)}}. \tag{6'}$$

Der wahrscheinliche Fehler ω' der Messungen beträgt dann

$$\omega' = 0{,}6745\,\mu' = 0{,}6745 \sqrt{\frac{[\varepsilon'\varepsilon']}{n-1}} \tag{7}$$

und der des Mittelwertes $\bar{\omega}$

$$\bar{\omega} = 0{,}6745\,\bar{\mu} = 0{,}6745 \sqrt{\frac{[\varepsilon'\varepsilon']}{n(n-1)}} = \frac{\omega'}{\sqrt{n}}. \tag{7'}$$

Sind die Beobachtungen nicht gleich genau, so führt man alle Beobachtungen durch Multiplikation mit der die Genauigkeit zum Ausdruck bringenden Zahl g (Gewicht) auf eine Beobachtungsreihe mit dem Gewicht 1 zurück.

2. Methode der kleinsten Quadrate

a) Ausgleichung unmittelbarer Beobachtungen

Wird eine zu beobachtende Größe n-mal unmittelbar gemessen, so ist ihr wahrscheinlichster Wert x der Mittelwert der Beobachtungen, also

$$x = \frac{x_1 + x_2 + x_3 + \ldots}{n} = \frac{[x]}{n}. \tag{8}$$

Man findet diesen wahrscheinlichsten Wert der beobachteten Größe durch folgende Überlegung: Die Wahrscheinlichkeit, daß die Abweichung (der Fehler) in der Umgebung des Wertes ε liegt, ist durch die Exponentialfunktion (1), S. 72, gegeben. Es ist daher die Wahrscheinlichkeit für das gleichzeitige Auftreten von Abweichungen $\varepsilon_1, \varepsilon_2, \varepsilon_3 \ldots . \varepsilon_n$ nach Gl. (2), S. 71,

$$W = \left(\frac{h}{\sqrt{\pi}}\right)^n e^{-h^2 [d\varepsilon]}, \text{ wobei } [\varepsilon\varepsilon] = \varepsilon_1^2 + \varepsilon_2^2 + \ldots . \varepsilon_n^2.$$

Soll nun W einen möglichst großen Wert erreichen, so muß $[\varepsilon\varepsilon]$ ein Minimum sein. Wir erhalten sonach die wahrscheinlichsten Werte der gesuchten Größen $x, y, z \ldots$, wenn wir sie so bestimmen, daß die Summe der Fehlerquadrate ein Minimum wird (Gauß). Es muß also allgemein die Bedingung

$$[\varepsilon\,\varepsilon] = \min$$

erfüllt sein. Im vorliegenden Falle ist $\varepsilon_i = x - x_i$ $(i = 1, 2 \ldots . n)$, daher

$$[\varepsilon\,\varepsilon] = \sum_{i=1}^{n} (x - x_i)^2,$$

woraus die Minimumbedingung

$$\frac{d}{d\,x} \sum_{i=1}^{n} (x - x_i)^2 = 0 \qquad \text{oder} \quad n\,x - \sum_{i=1}^{n} x_i = 0$$

folgt. x ist, wie oben angegeben, das arithmetische Mittel der Beobachtungswerte.

Der wahrscheinliche Beobachtungsfehler ist nach Gl. (7)

$$\omega' = 0{,}6745 \sqrt{\frac{[\varepsilon' \varepsilon']}{n - 1}},$$

wobei ε' die Abweichungen der Beobachtungen $x_1, x_2 \ldots$ vom arithmetischen Mittel x sind. Der wahrscheinliche Fehler des arithmetischen Mittels x beträgt nach Gl. (7′)

$$\overline{\omega} = \frac{\omega'}{\sqrt{n}}.$$

b) Ausgleichung vermittelnder Beobachtungen

Werden die gesuchten Größen $x, y, z \ldots$ nicht unmittelbar beobachtet, sondern sind sie durch ein System linearer Gleichungen (Funktionalgleichungen) mit den beobachteten Größen $f_1, f_2 \ldots$ verbunden, ist also

$$\begin{aligned} a_1 x + b_1 y + c_1 z + \ldots\ldots &= f_1, \\ a_2 x + b_2 y + c_2 z + \ldots\ldots &= f_2, \\ \ldots\ldots\ldots\ldots\ldots\ldots\ldots\ldots \end{aligned} \tag{9}$$

wobei die Zahl n der Beobachtungen viel größer ist als die Zahl r der Unbekannten $x, y, z \ldots$, so lassen sich die Gleichungen (9) nicht unmittelbar auflösen, da ihre Zahl größer ist als die Zahl der Unbekannten und die Gleichungen wegen der Beobachtungsfehler einander widersprechen. Die Beiwerte $a, b, c \ldots$ sind hiebei bekannte, unveränderliche Größen. Es sind daher an den gemessenen Größen $f_1, f_2 \ldots$ derartige Verbesserungen $\varepsilon_1, \varepsilon_2 \ldots$ anzubringen, damit die Gleichungen

$$\begin{aligned} a_1 x + b_1 y + c_1 z + \ldots\ldots &= f_1 + \varepsilon_1, \\ a_2 x + b_2 y + c_2 z + \ldots\ldots &= f_2 + \varepsilon_2 \\ \ldots\ldots\ldots\ldots\ldots\ldots\ldots\ldots\ldots \end{aligned}$$

widerspruchsfrei erfüllt werden und außerdem die Größen $x, y, z \ldots$ die wahrscheinlichsten Werte erhalten. Sind alle Beobachtungen mit gleicher Sorgfalt angestellt, so erhalten wir die wahrscheinlichsten Werte der zu bestimmenden Größen $x, y, z \ldots$ nach den gleichen Überlegungen wie oben aus der Bedingung, daß die Summe der Quadrate der Abweichungen vom wahrscheinlichsten Wert ein Minimum sein muß. Da nun

$$\varepsilon_i = a_i x + b_i y + c_i z + \ldots - f_i, \quad (i = 1, 2 \ldots n),$$

so muß

$$\begin{aligned} \frac{\partial}{\partial x} \sum_{i=1}^{n} (a_i x + b_i y + \ldots - f_i)^2 &= 0, \\ \frac{\partial}{\partial y} \sum_{i=1}^{n} (a_i x + b_i y + \ldots - f_i)^2 &= 0 \\ \ldots\ldots\ldots\ldots\ldots\ldots\ldots\ldots \end{aligned} \tag{10}$$

sein. Man gewinnt so r-Gleichungen von der Form

$$\begin{aligned} [aa]\, x + [ab]\, y + [ac]\, z + \ldots &= [af], \\ [ab]\, x + [bb]\, y + [bc]\, z + \ldots &= [bf], \\ \ldots\ldots\ldots\ldots\ldots\ldots\ldots\ldots \end{aligned} \tag{11}$$

wobei

$$[ab] = a_1 b_1 + a_2 b_2 + \ldots + a_n b_n, \quad [af] = a_1 f_1 + a_2 f_2 + \ldots a_n f_n$$

usw. bedeuten. Aus diesen Gleichungen erhält man nach der Auflösung die wahrscheinlichsten Werte der gesuchten Größen $x, y, z \ldots$ in der Gestalt:

$$\begin{aligned} x &= A_1 [af] + B_1 [bf] + \ldots \\ y &= A_2 [af] + B_2 [bf] + \ldots \\ \ldots\ldots\ldots\ldots\ldots\ldots\ldots \end{aligned} \tag{12}$$

Die Gl. (11) heißen die Normalgleichungen. Man erhält diese Normalgleichungen unmittelbar aus den Funktionalgleichungen (9), wenn man zunächst die erste mit a_1, die zweite mit a_2 usw. multipliziert und die so erweiterten n Gleichungen addiert. Man gewinnt so die erste der Normalgleichungen. Verfährt man ebenso mit $b_1, b_2 \ldots$, so erhält man die zweite Normalgleichung usw.

Der wahrscheinliche Fehler der beobachteten Größen f liegt in den Grenzen

$$\omega = 0{,}6745 \sqrt{\frac{[\varepsilon\varepsilon]}{n - r}} \left(1 \pm \frac{0{,}4769}{\sqrt{n}}\right), \tag{13}$$

die wahrscheinlichen Fehler der gesuchten Größen $x, y, z \ldots$ in den Grenzen

$$\omega_x = \omega \sqrt{A_1}, \quad \omega_y = \omega \sqrt{B_2}, \quad \omega_z = \omega \sqrt{C_3} \ldots\ldots, \tag{14}$$

wobei $A_1, B_2, C_3 \ldots$ die Beiwerte der in der Hauptdiagonale liegenden Glieder der Gleichungen (12) sind.

c) Ausgleichung bedingter Beobachtungen

Werden r-Größen $x, y, z \ldots$. durch unmittelbare Messungen bestimmt und bestehen zwischen diesen Größen noch m Bedingungsgleichungen, wobei $r > m$, so werden die Messungsergebnisse im allgemeinen die Bedingungsgleichungen nicht genau erfüllen. Die Zahl der Messungen sei hiebei $n > r - m$. Soll z. B.

$$(15) \qquad \begin{array}{l} a_0 + a_1 x + a_2 y + a_3 z + \ldots\ldots = 0, \\ b_0 + b_1 x + b_2 y + b_3 z + \ldots\ldots = 0, \\ \ldots\ldots\ldots\ldots\ldots\ldots\ldots\ldots \end{array}$$

sein, so wird nach Eintragen der Messungsergebnisse in diese Gleichungen in Wirklichkeit

$$\begin{array}{l} a_0 + a_1 x + a_2 y + a_3 z + \ldots\ldots = p_1, \\ b_0 + b_1 x + b_2 y + b_3 z + \ldots\ldots = p_2, \\ \ldots\ldots\ldots\ldots\ldots\ldots\ldots\ldots \end{array}$$

sein. Man bestimmt daher, ähnlich wie vor, Korrekturen $\varepsilon_x, \varepsilon_y, \varepsilon_z \ldots$. der Größen $x, y, z \ldots$. derart, daß die Bedingungsgleichungen (15) strenge erfüllt werden und daß die $x, y, z \ldots$. ihren wahrscheinlichsten Wert annehmen, was dann der Fall sein wird, wenn $[\varepsilon\varepsilon] = \min$ ist (Minimum mit Nebenbedingungen). Man berechnet zu diesem Zwecke ein System von m Hilfsgrößen $k_1, k_2 \ldots$. aus m Gleichungen von der Form

$$(16) \qquad \begin{array}{l} [aa]\, k_1 + [ab]\, k_2 + \ldots\ldots + p_1 = 0, \\ [ab]\, k_1 + [bb]\, k_2 + \ldots\ldots + p_2 = 0, \\ \ldots\ldots\ldots\ldots\ldots\ldots\ldots\ldots \end{array}$$

und erhält damit die wahrscheinlichen Abweichungen

$$(17) \qquad \begin{array}{l} \varepsilon_x = a_1 k_1 + b_1 k_2 + \ldots\ldots, \\ \varepsilon_y = a_2 k_1 + b_2 k_2 + \ldots\ldots \\ \ldots\ldots\ldots\ldots\ldots\ldots \end{array}$$

Mechanik

fester und flüssiger Körper

bearbeitet von

Ing. Dr. **Friedrich Bleich**, Wien

I. Statik starrer Körper

Aufgabe der Statik ist es, die Bedingungen festzulegen, unter denen sich die Kräfte, die auf einen starren oder als starr anzusehenden Körper einwirken, im Gleichgewichte befinden. Sie fußt auf zwei Axiomen:

a) Satz vom Parallelogramm der Kräfte. Zwei in einem Punkt angreifende und durch die gerichteten Strecken P_1 und P_2 dargestellten Kräfte können in ihrer Wirkung durch eine einzige Kraft, Resultierende oder Mittelkraft, ersetzt werden, die ihrer Richtung und Größe nach durch die Diagonale des aus P_1 und P_2 gebildeten Parallelogramms dargestellt wird. Abb. 1.

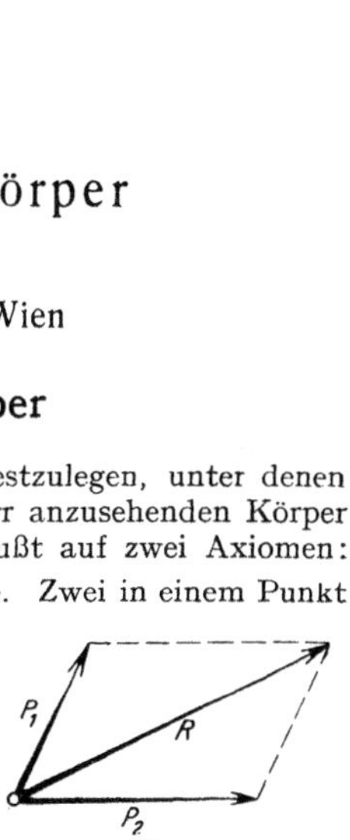

Abb. 1

b) Der Angriffspunkt einer Kraft kann ohne Änderung der Wirkung auf den Körper in der Richtung der Wirkungslinie der Kraft verschoben werden.

A. Zusammensetzung und Zerlegung der Kräfte; Gleichgewicht

1. Kräfte, die in einem Punkte angreifen

Mittelkraft R **mehrerer Kräfte** $P_1, P_2 \ldots\ldots P_n$.

a) Rechnerisch: Man zerlegt jede der Kräfte P nach den drei rechtwinkligen Koordinatenachsen in die Seitenkräfte (Komponenten)

$$X = P\cos\alpha,\ Y = P\cos\beta,\ Z = P\cos\gamma. \qquad (1)$$

(α, β, γ die Winkel zwischen der Kraft P und den positiven Richtungen der Koordinatenachsen). Dann sind die Seitenkräfte der Mittelkraft durch

$$R_x = \Sigma X,\quad R_y = \Sigma Y,\quad R_z = \Sigma Z, \qquad (2)$$

ihre Richtung durch

$$\cos\alpha_r = \frac{R_x}{R},\quad \cos\beta_r = \frac{R_y}{R},\quad \cos\gamma_r = \frac{R_z}{R}, \qquad (3)$$

ihre Größe durch $R = \sqrt{R_x^2 + R_y^2 + R_z^2}$ gegeben.

Es herrscht Gleichgewicht, wenn $\Sigma X = 0$, $\Sigma Y = 0$, $\Sigma Z = 0$.

β) Zeichnerisch: Von einem Punkte O ausgehend füge man die Kräfte ihrer Größe, Richtung und ihrem Sinn nach in willkürlicher Reihenfolge aneinander an (Kräfteplan), Abb. 2. Die Schlußlinie, d. i. die Verbindungslinie von O mit dem Endpunkt der letztangefügten Kraft, liefert die Mittelkraft nach Größe, Richtung und Sinn. Liegen die Kräfte nicht in einer Ebene, dann wird der Kräfteplan ein räumliches Vieleck.

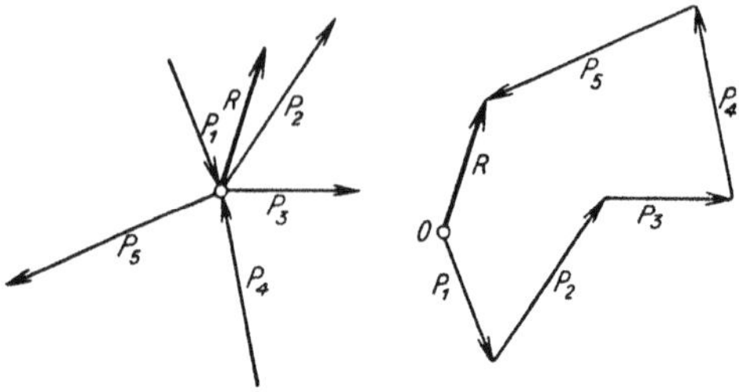

Abb. 2

Gleichgewicht herrscht, wenn $R = 0$ ist, wenn der Endpunkt in den Anfangspunkt O fällt. Der Kräftezug ist geschlossen.

2. Kräfte mit verschiedenen Angriffspunkten

a) Sämtliche Kräfte liegen in einer Ebene

α) Rechnerisch: Man zerlegt die Kräfte wie unter 1 in die Seitenkräfte X und Y parallel zu den aufeinander senkrechtstehenden Koordinatenachsen; dann ist

$$(4)\quad R_x = \Sigma X,\quad R_y = \Sigma Y,\quad R = \sqrt{R_x^2 + R_y^2},\ \cos\alpha_r = \frac{R_x}{R},\ \cos\beta_r = \frac{R_y}{R}.$$

Sind x, y die Koordinaten des Angriffspunktes der Kraft P, x_r, y_r die Koordinaten des Angriffspunktes von R, wobei eine derselben willkürlich ist, so erhält man die Lage von R aus der Momentengleichung (Bezugspunkt der Koordinatenursprung O):

$$(5)\qquad \Sigma\,(X y - Y x) = R_x\, y_r - R_y\, x_r.$$

Es besteht Gleichgewicht, wenn

$$\Sigma X = 0,\quad \Sigma Y = 0,\quad \Sigma(X y - Y x) = 0.$$

Beliebige Kräfte in der Ebene stehen im Gleichgewicht, wenn die Summe der Seitenkräfte in der Richtung x bzw. y Null ist und wenn das Moment der Kräfte, bezogen auf einen beliebigen Punkt der Ebene, verschwindet.

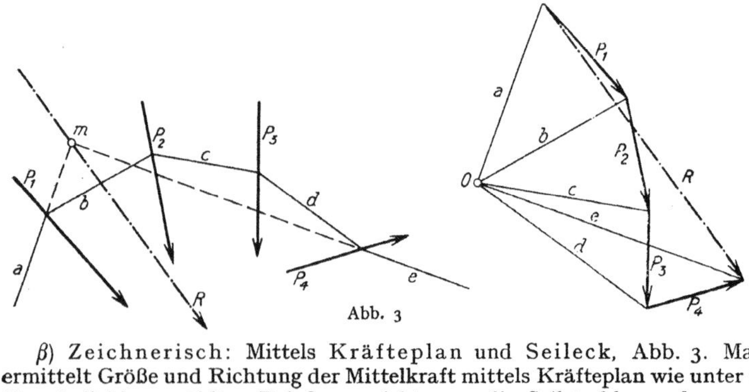

Abb. 3

β) Zeichnerisch: Mittels Kräfteplan und Seileck, Abb. 3. Man ermittelt Größe und Richtung der Mittelkraft mittels Kräfteplan wie unter 1. Vom beliebig gewählten Pol O aus zieht man die Seilstrahlen $a, b, c, \ldots$ und dazu die parallelen Seileckseiten $a, b, c \ldots.$ Der Schnittpunkt m der ersten und letzten Seileckseite ist ein Punkt der Wirkungslinie der Mittelkraft R.

Eine Kräftegruppe in der Ebene ist im Gleichgewicht, wenn die Kräfte einen geschlossenen Kräfteplan ergeben und wenn sich zu einem

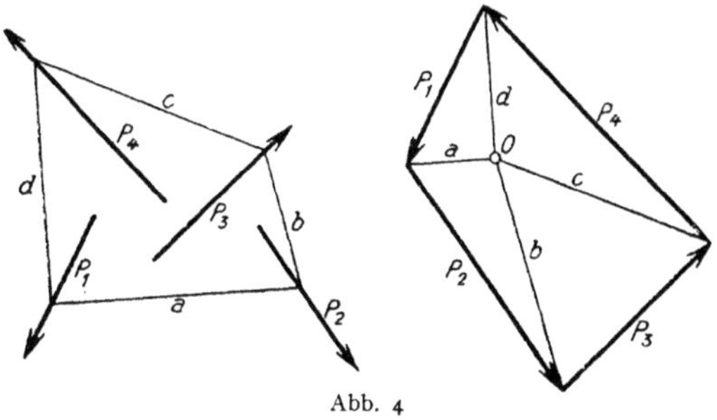

Abb. 4

beliebigen Pol O ein geschlossenes Seileck zwischen den Kräfterichtungen zeichnen läßt, Abb. 4.

Ist das Krafteck geschlossen, nicht aber das Seileck, so kann die Kräfte-

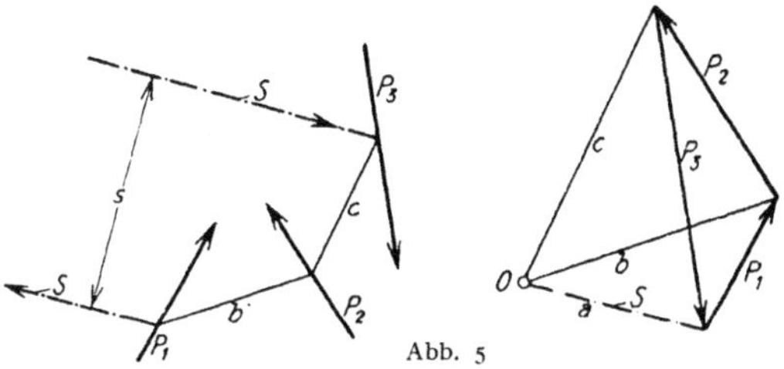

Abb. 5

gruppe durch ein Kräftepaar Ss ersetzt werden. Der erste und letzte Seilstrahl sind einander parallel. Abb. 5.

Sonderfälle

Drei Kräfte sind nur dann im Gleichgewicht, wenn sie durch einen Punkt gehen und ihr Kräftedreieck geschlossen ist.

Vier Kräfte sind im Gleichgewicht, wenn die Mittelkraft der Kräfte P_1, P_2 gleich groß und entgegengesetzt der Mittelkraft von P_3 und P_4 ist und die Wirkungslinien beider Mittelkräfte sich decken. Die Wirkungslinie ist die Verbindungslinie der Schnittpunkte von P_1, P_2 bzw. P_3, P_4.

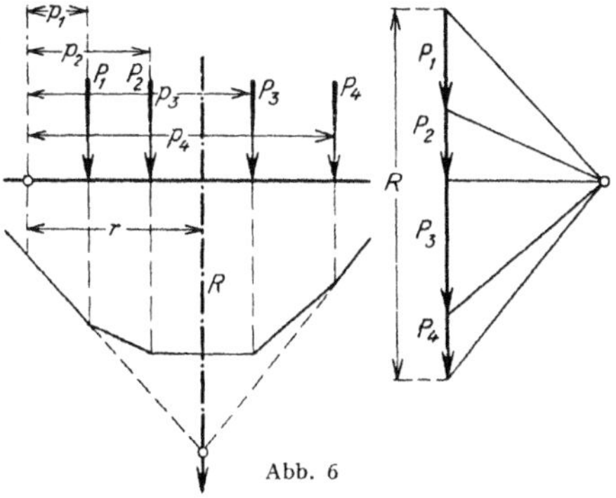

Abb. 6

Parallele Kräfte, Abb. 6.

α) Rechnerisch: $R = \Sigma P$, $R r = \Sigma P p$. Der Momentenbezugspunkt ist beliebig.

β) Zeichnerisch: Mittels Seilpolygon wie bei beliebig gerichteten Kräften. Siehe Abb. 6.

Zerlegung der Kräfte

Zerlegung in zwei Kräfte. Nur dann möglich, wenn die beiden vorgegebenen Zerlegungsrichtungen $O\,1$, $O\,2$ sich in einem Punkte der Wirkungslinie der gegebenen Kraft schneiden, Abb. 7. Liegt der Punkt O

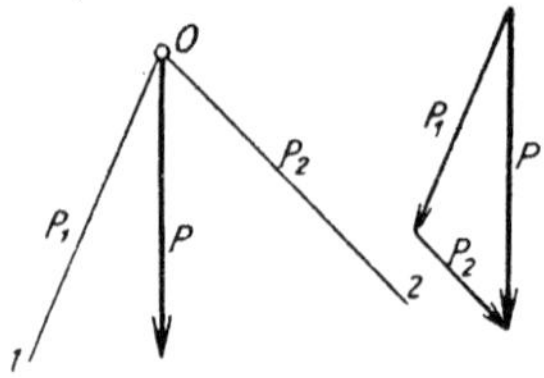

Abb. 7

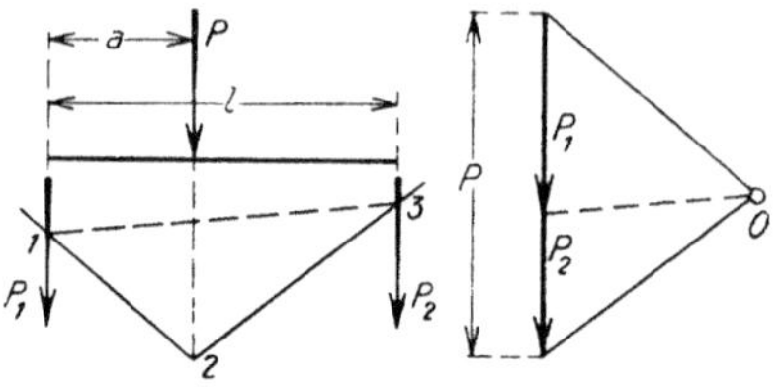

Abb. 8

im Unendlichen, d. h. sind die beiden zu suchenden Seitenkräfte parallel der gegebenen Kraft, dann versagt die Zerlegung mittels Kräftedreieck. Man benütze ein Seilpolygon. Die Parallele zur Schlußlinie 1 3 teilt die Kraft P in die Seitenkräfte P_1 und P_2, Abb. 8.

Rechnerisch: $P_1 = P\,\frac{l-a}{l}$, $\quad P_2 = P\,\frac{a}{l}$.

Zerlegung in drei Kräfte. Nur dann möglich, wenn sich von den vier Wirkungsrichtungen höchstens je zwei in einem Punkt schneiden.

Nach dem Satz über das Gleichgewicht von vier Kräften in der Ebene muß die Mittelkraft ϱ aus R und P_1, Abb. 9, in die Verbindungslinie 1 2

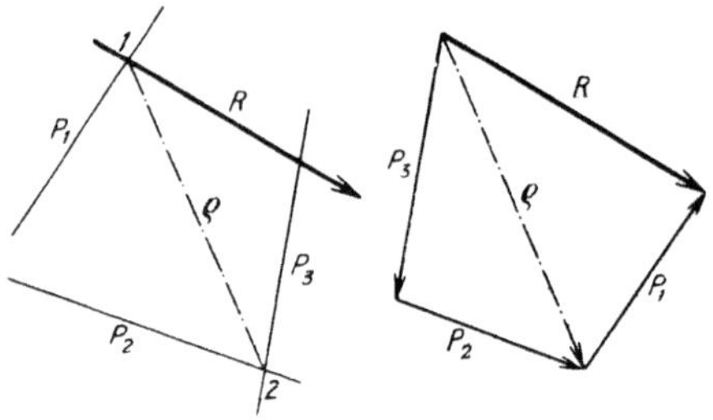

Abb. 9

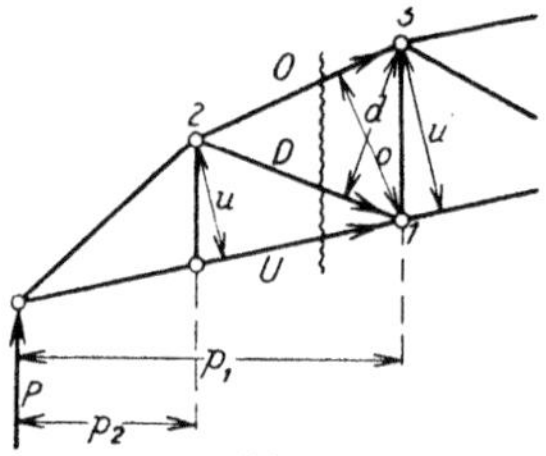

Abb. 10

fallen. Man zerlege R in P_1 und ϱ und ϱ wiederum in P_2 und P_3. Culmannsches Viereck.

Rechnerisch: Die Kraft P ist in die Richtungen O, U, D zu zerlegen. Momentenverfahren von Ritter, Abb. 10. Die Momentengleichung in bezug auf 1 bzw. 2 liefert mit den angenommenen Pfeilrichtungen der Kräfte O, U, D zunächst $P\,p_1 + O\,o = 0$, $\; O = -P\,\frac{p_1}{o}$, $\; P\,p_2 - U\,u = 0$,

$U = P\,\frac{p_2}{u}$. und in bezug auf 3

$$P\,p_1 - U\,u' - D\,d = 0,$$

aus welcher Gleichung sich, da U bereits bekannt ist, D berechnen läßt.

Kräftepaare: Zwei gleich große, entgegengesetzt gerichtete Kräfte P mit verschiedenen Angriffspunkten besitzen keine Mittelkraft. Sie können also in ihrer Wirkung nicht durch eine Kraft ersetzt werden. Man bezeichnet eine solche Kraftgruppe als ein Kräftepaar und mißt ihre Wirkung auf den

Körper durch das Produkt aus Kraft P und Entfernung a. Dieses Moment heißt statisches Moment des Kräftepaares. $M = P\,a$, Abb. 11.

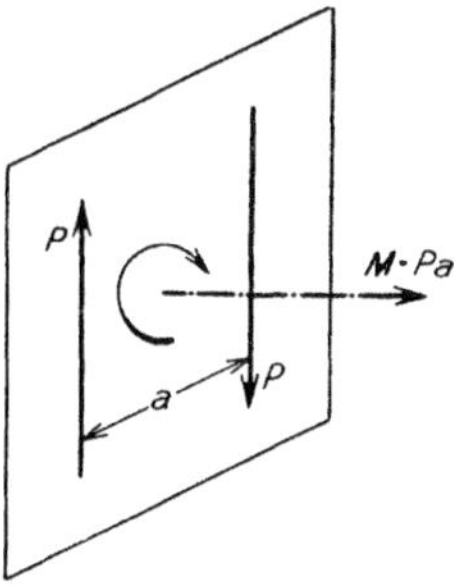

Abb. 11

Da einem Kräftepaar Größe und Richtung zukommt, so ist es ein Vektor und kann durch eine gerichtete Strecke M dargestellt werden, die auf der Ebene des Kräftepaares senkrecht steht und deren Länge ein Maß für $M = P\,a$ ist. Die Strecke weist vereinbarungsgemäß nach derjenigen Seite der Ebene, von welcher aus gesehen das Kräftepaar im Sinne des Urzeigers dreht. Die gerichtete Strecke M nennt man die Achse des Kräftepaares.

Zusammensetzung von Kräftepaaren. Da ein Kräftepaar beliebig in seiner Ebene verschoben werden darf oder in eine zu seiner Wirkungsebene parallele Ebene verlegt werden kann, so werden Kräftepaare, die in verschiedenen Ebenen wirken, so zusammengesetzt, daß man ihre Achsen an einem gemeinsamen Angriffspunkt parallel zu sich selbst verlegt und die Achsen so wie Kräfte zeichnerisch mittels Kräftezug oder rechnerisch mittels Zerlegung in aufeinander senkrecht stehende Komponenten zusammensetzt. Liegen sämtliche Kräftepaare in einer Ebene oder in parallelen Ebenen, so sind ihre Momente einfach algebraisch zu addieren.

Gleichgewicht besteht, wenn der Achsenzug geschlossen ist. Bei Kräftepaaren in derselben oder in parallelen Ebenen, wenn $\Sigma M = 0$ ist.

Ein Kräftepaar M und eine Kraft P in der gleichen Ebene können ersetzt werden durch eine Einzelkraft P, die um $p = \frac{M}{P}$ parallel verschoben ist.

Eine Kraft P ist gleichwertig einer um p parallel verschobenen Kraft P und einem Kräftepaar $M = P\,p$.

b) Die Kräfte liegen im Raume

Man zerlegt jede Kraft P in ihre Seitenkräfte X, Y, Z wie unter 1. und fügt diese Seitenkräfte je mit den Gegenkräften $-X$, $-Y$, $-Z$ versehen im Koordinatenursprung an. Man erhält so für jede Kraft P eine im Ursprung angreifende Kraft P mit den drei Teilkräften X, Y, Z und drei Kräftepaare. Die Zusammensetzung der Kräfte und der Kräftepaare liefert schließlich, wenn x, y, z die Koordinaten des Angriffspunktes der Kraft P sind,

die Seitenkräfte der Mittelkraft

$$R_x = \Sigma X, \quad R_y = \Sigma Y, \quad R_z = \Sigma Z; \qquad R = \sqrt{R_x^2 + R_y^2 + R_z^2}, \tag{6}$$

die Seitenmomente des resultierenden Momentes

$$M_x = \Sigma\,(Yz - Zy), \qquad M_y = \Sigma\,(Zx - Xz), \qquad M_z = \Sigma\,(Xy - Yx); \tag{7}$$

$$M_r = \sqrt{M_x^2 + M_y^2 + M_z^2}.$$

Die Winkel α, β, γ zwischen der Resultierenden R und den Koordinatenachsen sowie die Winkel λ, μ, ν zwischen der Achse des resultierenden Kräftepaares und den Koordinatenachsen erhält man aus den Beziehungen

$$\cos\alpha = \frac{R_x}{R}, \qquad \cos\beta = \frac{R_y}{R}, \qquad \cos\gamma = \frac{R_z}{R};$$
$$\cos\lambda = \frac{M_x}{M_r}, \qquad \cos\mu = \frac{M_y}{M_r}, \qquad \cos\nu = \frac{M_z}{M_r}. \tag{8}$$

Eine Kraftgruppe im Raume, deren Kräfte keinen gemeinsamen Angriffspunkt haben, läßt sich durch eine Einzelkraft und durch ein Kräftepaar ersetzen.

Parallele Kräfte. Sind a, b die Abstände der Durchstoßpunkte der Kräfte von zwei rechtwinkligen Koordinatenachsen, die in einer zur Kraftrichtung senkrechten Ebene liegen, so gilt für die Mittelkraft

$$(9) \qquad R = \Sigma P, \qquad a_r = \frac{\Sigma P a}{\Sigma P}, \qquad b_r = \frac{\Sigma P b}{\Sigma P}.$$

Gleichgewichtsbedingungen: Eine Kraftgruppe im Raume steht im Gleichgewicht, wenn

$$(10) \quad \Sigma X = 0, \quad \Sigma Y = 0, \quad \Sigma Z = 0; \quad M_x = 0, \quad M_y = 0, \quad M_z = 0.$$

B. Momente von Einzelkräften

Unter dem statischen Moment einer Kraft P in bezug auf einen Punkt O versteht man das Produkt aus der Kraft P und ihrem kürzesten Abstand vom Bezugspunkt O, Abb. 12. Das Moment wird positiv gezählt, wenn es im Uhrzeigersinn dreht.

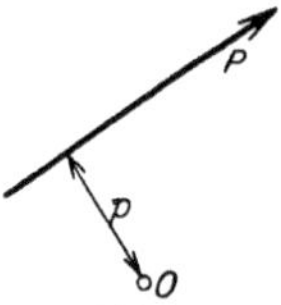

Abb. 12

Das Moment einer Kraftgruppe in bezug auf einen Punkt O ist gleich der Summe der Momente der Einzelkräfte und gleich dem Moment der Mittelkraft der Kraftgruppe bezüglich O.

Zeichnerische Ermittlung der Momente, Abb. 13.

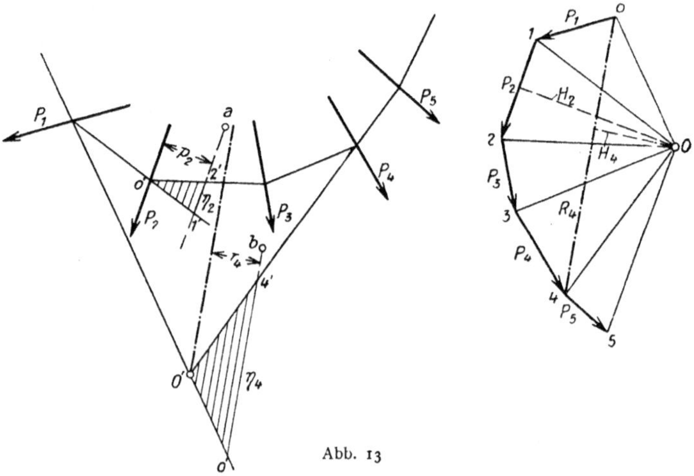

Abb. 13

Man zeichnet den Kräfteplan und nach Wahl des Poles O das Seileck. Siehe S. 78. Moment $P_2 p_2$ der Last P_2 in bezug auf a ist durch $H_2 \eta_2$ gegeben (H_2 Polentfernung der Kraft P_2). Folgt aus der Ähnlichkeit der Dreiecke $O\ 1\ 2$ und $O'\,1'\,2'$. H_2 ist im Kräftemaßstab der P, η_2 im Längenmaßstab von p_2 zu messen. Ist das Moment der Mittelkraft R_4 aus P_1, P_2, P_3, P_4, bezogen auf Punkt b, zu bestimmen, so zeichne man die Mittelkraft R_4 ein, ziehe durch b die Parallele zur Mittelkraft, die auf der ersten und fünften Seileckseite die Ordinate η_4 abschneidet. Das Moment $R_4\, r_4$ ist durch das Produkt $H_4\eta_4$ gegeben. (H_4 Polentfernung der Resultierenden R_4) H_4 ist in Kräfte-, η_4 im Längenmaßstab abzulesen. Die Richtigkeit geht aus der Ähnlichkeit der Dreiecke $O\ o\ 4$ und $O'o'4'$ hervor.

Bilden die Kräfte P eine Gleichgewichtsgruppe, so fällt die erste und letzte Seite des Seileckes zusammen. Das Seileck bildet eine geschlossene Figur. Die umschlossene Fläche heißt die Momentenfläche.

Beispiel: Balken mit Kragarm unter parallelen Lasten, Abb. 14. Man trägt den Kräftezug P_1, P_2, P_3, P_4 ab, wählt den Pol O im Abstand H und zeichnet das Seileck. Den Schnittpunkt a der ersten Seileckseite mit der Auflagersenkrechten A verbindet man mit b. Die Gerade $O\,a' \parallel a\,b$ teilt die Summe der Lasten P in die Auflagerkräfte A und B. Das Produkt $H\eta_1$ gibt z. B. das Moment der Lasten P_1 und P_2 in bezug auf 1 und $H\eta_2$ das Moment der Kräfte A, P_1, P_2 und P_3 in bezug auf 2. Allgemein: Ist η die unter dem Punkt m des Trägers gemessene Ordinate der Momentenlinie, so stellt $H\eta$ das Moment aller auf einer Seite von m gelegenen äußeren Kräfte in bezug auf m vor.

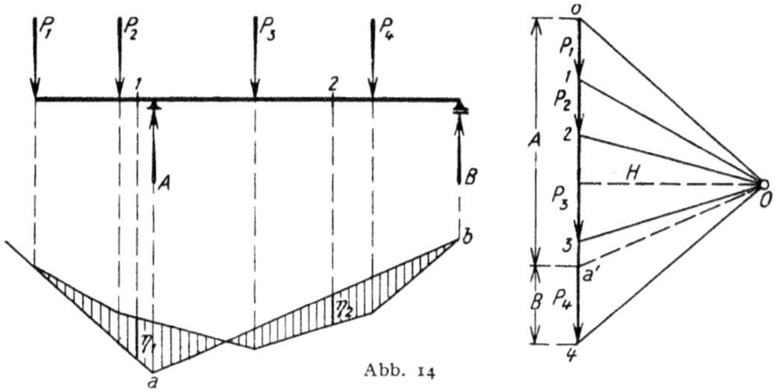

Abb. 14

C. Die Stützkräfte fester Körper

Wird ein irgendwie belasteter fester Körper gegen andere Körper oder gegen den festen Erdboden gestützt, dann treten an den Stützstellen Auflagerkräfte auf, die im Verein mit den übrigen belastenden Kräften ein Gleichgewichtssystem bilden. Lasten und Auflagerkräfte bilden die äußeren Kräfte des Körpers.

Ist die Auflagerung des festen Körpers derart beschaffen, daß die in A aufgestellten statischen Gleichgewichtsbedingungen zur Ermittlung der Stützkräfte ausreichen, so bezeichnet man den Körper als statisch bestimmt gelagert. Sind mehr Stützenunbekannte vorhanden als Gleichgewichtsbedingungen, so spricht man von statisch unbestimmter Lagerung; die Stützkräfte sind dann auch vom elastischen Verhalten des Körpers abhängig. Ist die Zahl der Gleichgewichtsbedingungen größer als die Zahl der Stützenunbekannten, dann ist der Körper nicht mehr eindeutig im Raume festgelegt, er ist beweglich.

Stützung ebener Scheiben

Es wird angenommen, daß sämtliche äußeren Kräfte, also auch die Stützkräfte, in der Scheibenebene liegen. In diesem ebenen Kräftesystem besteht Gleichgewicht, wenn drei Gleichgewichtsbedingungen erfüllt werden. Siehe S. 78. Die Zahl der Stützenunbekannten muß daher bei statisch bestimmter Lagerung gerade drei sein. Folgende Stützungsweisen sind daher möglich:

1. Ein Gelenk und eine Pendelstütze, Abb. 15.

Ist R die Resultierende der Lasten, dann zerlege man mittels Kräfteplan R in zwei Teilkräfte, wovon die eine in die Pendelrichtung $B\,B'$ fällt, die zweite durch den Auflagerpunkt A hindurchgeht. Die Auflagerkräfte A und B haben dann entgegengesetzten Sinn wie die Teilkräfte und bilden mit R ein Gleichgewichtsystem. Rechnerisch bestimme man die Größe von B aus der Momentengleichung $R\,r = B\,b$ und die beiden Teilkräfte X_A, Y_A der Auflagerkraft A aus den Bedingungen $\Sigma X = 0$, $\Sigma Y = 0$, wobei die Summen sämtliche äußeren Kräfte umfassen.

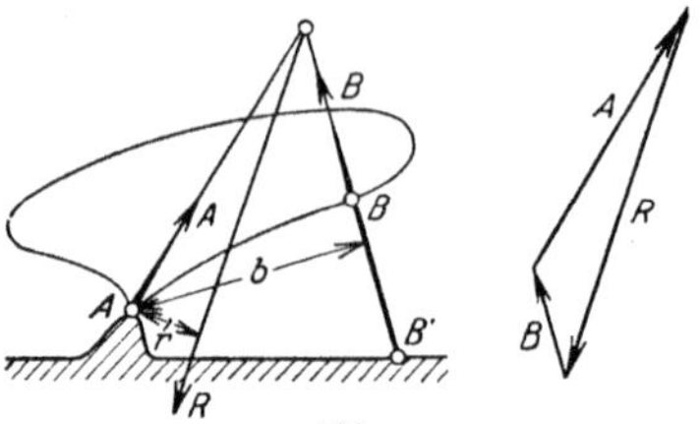

Abb. 15

2. Drei Pendelstützen, Abb. 16.

Man faßt den Schnittpunkt der beiden Richtungen $B\,B'$ und $C\,C'$ als Gelenk auf, womit die Bestimmung der Auflagerkräfte A, B, C, die die Richtung der Pendelachsen haben, auf Fall 1. zurückgeführt ist. Siehe den Kräfteplan in Abb. 16. Zur sicheren Lagerung des Körpers ist es notwendig, daß sich die drei Pendelrichtungen nicht in einem Punkte schneiden.

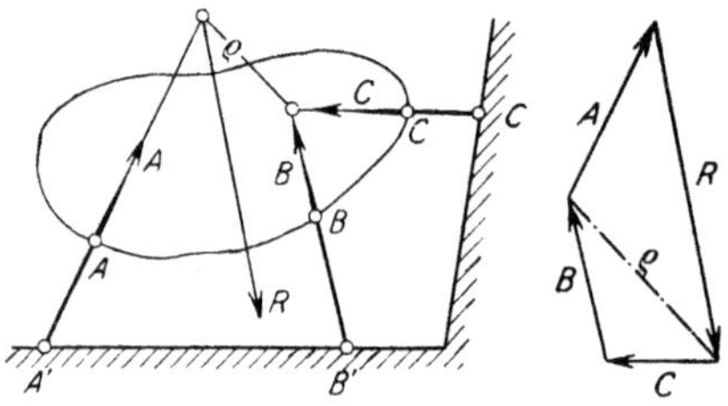

Abb. 16

Stützung der Körper

Soll eine Kräftegruppe im Raume im Gleichgewicht stehen, so müssen sechs Gleichgewichtsbedingungen erfüllt werden, sonach muß die Zahl der Stützenunbekannten bei einem statisch bestimmt gelagerten Körper

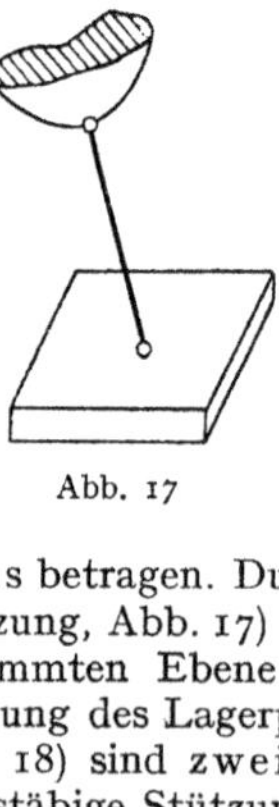

Abb. 17

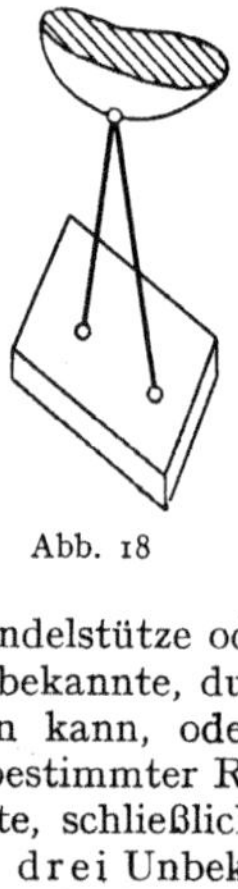

Abb. 18

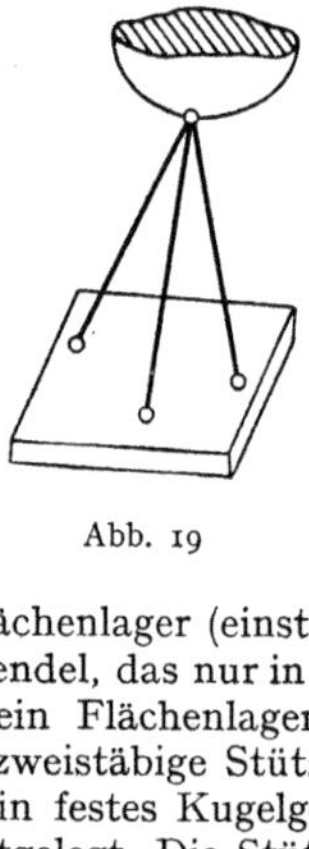

Abb. 19

sechs betragen. Durch eine Pendelstütze oder ein Flächenlager (einstäbige Stützung, Abb. 17) ist eine Unbekannte, durch ein Pendel, das nur in einer bestimmten Ebene ausschlagen kann, oder durch ein Flächenlager mit Führung des Lagerpunktes in bestimmter Richtung (zweistäbige Stützung, Abb. 18) sind zwei Unbekannte, schließlich durch ein festes Kugelgelenk (dreistäbige Stützung, Abb. 19) drei Unbekannte festgelegt. Die Stützung des Körpers kann durch passende Kombination dieser drei Stützungsarten erfolgen, derart, daß die Zahl der Unbekannten gerade sechs beträgt (insgesamt sechs Stützstäbe), doch müssen mindestens drei Punkte des Körpers Stützpunkte sein. Es ist darauf zu achten, daß die Stützstäbe so angeordnet werden, daß nicht unendlich kleine oder gar endliche Beweglichkeit eintritt. Mehr als drei Stützlinien dürfen sich nicht in einem Punkte schneiden oder in einer Ebene liegen. Im allgemeinen gilt, daß die sechs Stützstäbe so angeordnet sein müssen, daß es nicht möglich ist, eine Gerade zu finden, die sämtliche sechs Richtungslinien der Stützstäbe schneidet.

D. Prinzip der virtuellen Verschiebungen

Auf ein Punktsystem wirken außer beliebigen äußeren Kräften P noch Verbindungskräfte S, die die einzelnen Punkte aufeinander in der Richtung ihrer Verbindungslinie ausüben, sogenannte innere Kräfte. Einzelne Punkte mögen festgehalten oder auf vorgeschriebener Bahn geführt werden. Die in diesen Punkten wirkenden Auflager- oder Bahnreaktionen zählen wir zu den äußeren Kräften. Erteilt man nun jedem der Punkte eine willkürliche, aber unendlich kleine (virtuelle) Verschiebung δ, die nur so beschaffen ist, daß sie möglich, d. h. mit den Bedingungen des Systems verträglich ist, so nennt man $P\,\delta\cos\alpha$ die virtuelle Arbeit der äußeren Kraft P bei der Verschiebung δ (α Neigung der Kraft P gegen Verschiebung δ) und $-S\,\delta l$ die virtuelle Arbeit der inneren Kraft S, wobei δl die Entfernungsänderung der beiden Punkte bedeutet, zwischen denen S wirkt. $S\,\delta l$ ist negativ, da S und δl entgegengesetzte Richtung haben.

Das System ist im Gleichgewicht, wenn die Bedingung

$$\Sigma\, P\delta\cos\alpha - \Sigma\, S\,\delta l = 0$$

erfüllt ist, d. h. die algebraische Summe der virtuellen Arbeiten der äußeren und inneren Kräfte muß im Falle des Gleichgewichtes Null sein.

Bei einem starren Körper sind die δl in allen Fällen Null, die inneren Kräfte leisten keine Arbeit. Das Prinzip der virtuellen Verschiebungen lautet dann

$$\Sigma\, P\delta\cos\alpha = 0 \quad \text{oder} \quad \Sigma\,(X\,\delta x + Y\,\delta y + Z\,\delta z) = 0.$$

E. Schwerpunktbestimmung

Dreht man eine Gruppe parallel gerichteter Kräfte um ihre Angriffspunkte unter Aufrechterhaltung ihrer Parallelität, dann geht ihre Mittelkraft stets durch denselben Punkt, den man Schwerpunkt nennt, wenn die Kräfte Schwerkräfte sind. Bezeichnet man mit x_s, y_s, z_s die rechtwinkligen Koordinaten des Schwerpunktes, mit x, y, z die Koordinaten der einzelnen schweren Massenpunkte, in denen die Schwerkräfte P angreifen, dann ist

$$x_s = \frac{\Sigma P x}{\Sigma P}, \quad y_s = \frac{\Sigma P y}{\Sigma P}, \quad z_s = \frac{\Sigma P z}{\Sigma P}.$$

Liegen die Massenpunkte dicht (Körper, Flächen, Linien), so gehen die Summen in Integrale über. Hat das Gebilde eine Symmetrieebene oder Symmetrieachse, so liegt der Schwerpunkt in dieser.

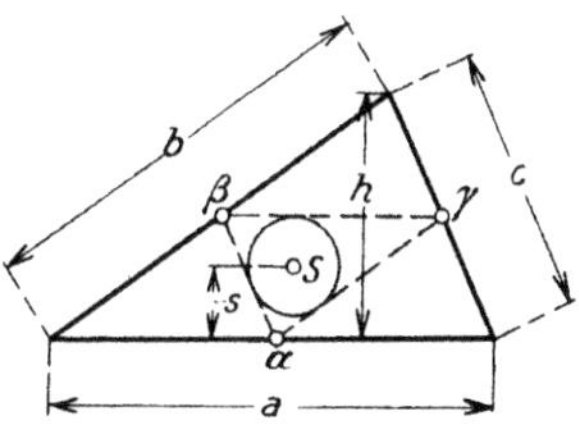

Abb. 20

Schwerpunkte homogener Linien

Gerade Linie. Der Schwerpunkt liegt in der Mitte der Strecke.

Dreieckumfang. S liegt im Mittelpunkt des dem Dreieck $\alpha\,\beta\,\gamma$ eingeschriebenen Kreises. Abb. 20: α, β, γ sind die Seitenmitten.

$$s = \frac{h}{2} \quad \frac{b + c}{a + b + c}.$$

Parallelogrammumfang. S liegt im Schnittpunkt der Diagonalen.

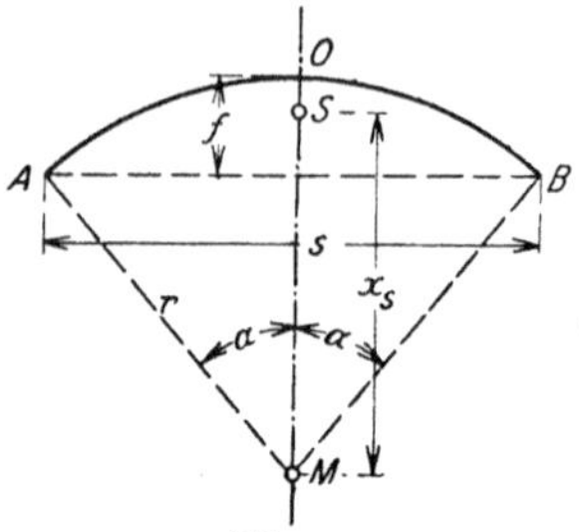

Abb. 21

Kreisbogen. Der Schwerpunkt liegt in der Winkelhalbierenden, sein Abstand x_s vom Mittelpunkt M ist. Abb. 21:

$$x_s = r\,\frac{\sin \alpha}{\alpha} = r\,\frac{s}{b}; \quad b = \text{Bogen } AOB.$$

Für $\alpha = 90^0$: $x_s = 0{,}63662\,r$:
für $\alpha = 45^0$: $x_s = 0{,}90032\,r$.
Für flache Bogen gilt angenähert

$$OS = \frac{f}{3}.$$

Schwerpunkte homogener Flächen

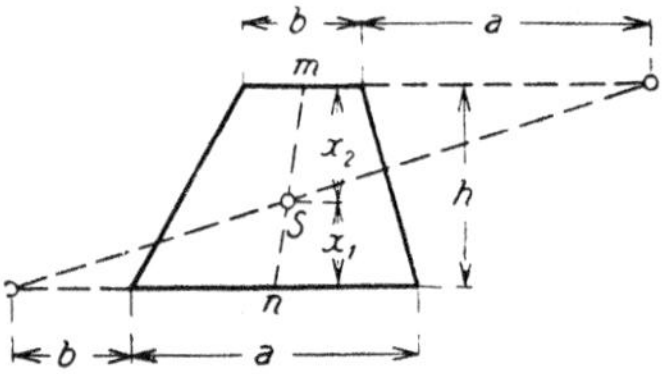

Abb. 22

Dreieck. Der Schwerpunkt liegt im Schnittpunkt der Mittellinien. Seine Koordinaten sind das arithmetische Mittel aus den Koordinaten der Eckpunkte. Abstand von einer Dreieckseite

$$x_s = \frac{h}{3}.$$

Viereck. Ein unregelmäßiges Viereck zerlege man durch die Diagonalen in vier Dreiecke mit den Schwerpunkten S_1, S_2, S_3, S_4. Im Schnittpunkte der Geraden $S_1\,S_3$ und $S_2\,S_4$ liegt der Schwerpunkt.

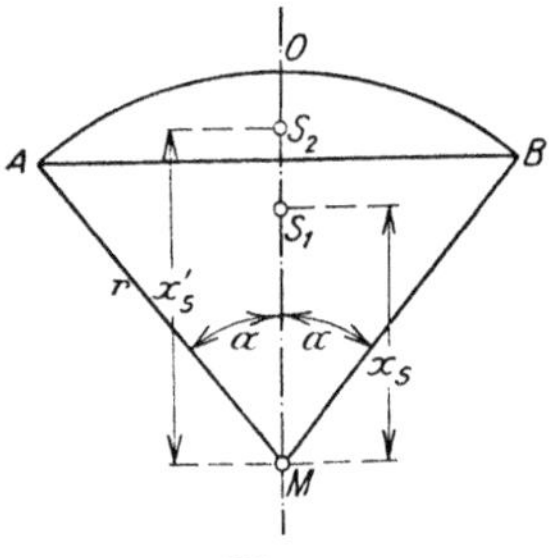

Abb. 23

Trapez. Schwerpunktermittlung, vgl. Abb. 22: $m\,n$ = Mittellinie.

$$x_1 = \frac{h}{3} \cdot \frac{a + 2\,b}{a + b}, \qquad x_2 = \frac{h}{3} \quad \frac{b + 2\,a}{b + a}.$$

Kreisausschnitt. Abb. 23:

$$x_s = \frac{2}{3}\,r\,\frac{\sin \alpha}{\alpha} = \frac{2}{3}\,r\,\frac{s}{b}; \quad b = \text{Bogenlänge.}$$

Für $\alpha = 90^0$: $x_s = 0{,}42441\,r$;
für $\alpha = 45^0$: $x_s = 0{,}60021\,r$.

Kreisabschnitt:

$$x_s' = \frac{2}{3}\,r\,\frac{\sin^3 \alpha}{\alpha - \sin \alpha \cos \alpha}.$$

Kreisringstück, Abb. 24:

$$x_s = \frac{2}{3}\,\frac{R^3 - r^3}{R^2 - r^2} \cdot \frac{\sin \alpha}{\alpha}.$$

Parabel. Siehe Abb. 25.

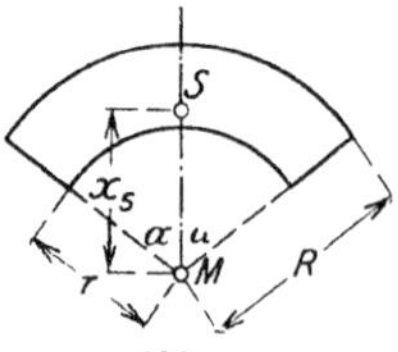

Abb. 24

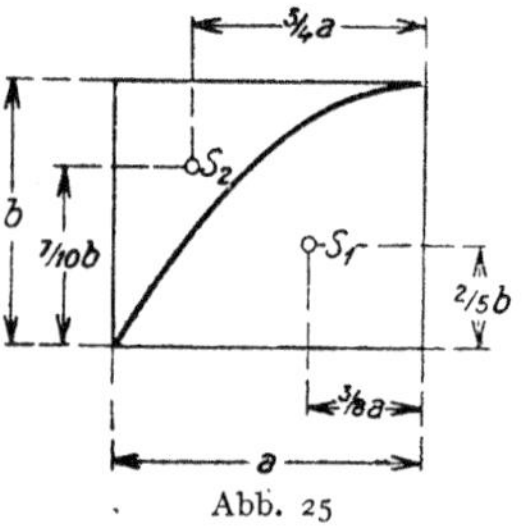

Abb. 25

Kugelzone und Kugelkalotte. Der Schwerpunkt S liegt in der halben Höhe.

Kegel- und Pyramidenmantel. Der Schwerpunkt S liegt auf der Verbindungslinie der Spitze mit dem Schwerpunkt der Grundfläche und beträgt sein Abstand von der Grundfläche $^1/_3\,h$.

Schwerpunkte homogener Körper

Gerades Prisma, gerader Zylinder. Der Schwerpunkt liegt in der Mitte der die Schwerpunkte der Endflächen verbindenden Achse.

Pyramide, Kegel. S liegt in der Schwerachse (Verbindungslinie der Spitze mit dem Schwerpunkt der Grundfläche) im Abstand $^1/_4\, h$ von der Grundfläche.

Abgestumpfte Pyramide und abgestumpfter Kegel. Ist G die Grundfläche, g die Endfläche, h die Höhe, so ist der Abstand des Schwerpunktes von der Grundfläche:

$$x_s = \frac{h}{4}\,\frac{G + 2\sqrt{Gg} + 3g}{G + \sqrt{Gg} + g}.$$

Keil. Siehe Abb. 16, S. 50 x_s Abstand von der Grundfläche:

$$x_s = \frac{h}{2}\,\frac{a + a_1}{2a + a_1}.$$

Kugelabschnitt, Abb. 19, S. 51; x_s Abstand von der Grundfläche:

$$x_s = \frac{3}{4}\,\frac{(2R - h_1)^2}{3R - h_1}. \quad \text{Halbkugel: } x_s = \frac{3}{8}R.$$

II. Dynamik starrer Körper

A. Bewegungslehre

Die Linie, die ein Punkt durchläuft, heißt Bahn, die zurückgelegte Strecke, Weg. Geschwindigkeit ist das Verhältnis von Weglänge s zu jener Zeit t, die zu ihrer Zurücklegung benötigt wird. Bei ungleichförmiger Bewegung spricht man von mittlerer Geschwindigkeit $v = \frac{s - s_0}{t - t_0}$ auf der Strecke $s - s_0$ oder während der Zeit $t - t_0$, oder von Geschwindigkeit kurzweg, $v = \frac{ds}{dt}$. (Augenblickliche Geschwindigkeit.) Die Änderung der Geschwindigkeit mit der Zeit heißt Beschleunigung p. Mittlere Beschleunigung für den Zeitraum $t - t_0$ ist $p = \frac{v - v_0}{t - t_0}$. Beschleunigung $p = \frac{dv}{dt} = \frac{d^2 s}{dt^2}$.

Einheit der Geschwindigkeit in der Technik m/sek oder km/St. Einheit der Beschleunigung m/sek².

Geschwindigkeiten	für eine Sekunde	für eine Stunde	Geschwindigkeiten	für eine Sekunde
Fußgänger	1,4 m	5 km	Artilleriegeschoße	350 m
Frachtwagen	0,8 m	3 km	Umdrehungsgeschw. d. Erde am Äquator	448 m
Postwagen	3 m	10 km	Fortschreitende Bewegung der Erde	29,4 km
Maximalgeschwindigkeit der Eisenbahnzüge auf Hauptbahnen: Güterzüge	12 m	45 km	Lichtgeschwindigkeit	300000 km
Personenzüge	17 m	60 km	Elektrischer Strom in Telegraphenleitung	12000 km
Eilzüge	25 m	90 km	Schallgeschwindigkeit in der Luft bei 0°	332,5 m
Die mittleren Geschwindigkeiten sind etwa $^2/_3$ so groß.			bei 200°	344,4 m
			Wind	3 m
Flußdampfer: Talfahrt	4,2 m	15 km	Sturm bis zu	30 m
Bergfahrt	2,5 m	9 km		

Geradlinige Bewegung

Gleichförmige Bewegung: v = konstant.

Gleichförmig beschleunigte Bewegung: p = konstant.

$$(1) \qquad v = v_0 + pt, \qquad s = v_0 t + \frac{p}{2} t^2.$$

Freier Fall: Erdbeschleunigung $g = 9{,}81$ m/sek².

Geschwindigkeit nach der Zeit t: $v = gt$;

Fallhöhe: $h = \frac{g}{2} t^2$;

Steighöhe des mit v lotrecht nach aufwärts geworfenen Körpers: $h = \frac{v^2}{2g}$;

Geschwindigkeit nach Durchfallen der Höhe h: $v = \sqrt{2gh}$.

Ungleichförmige Bewegung: $p = f(t)$ gegeben.

$$(2) \qquad v = v_0 + \int_0^t p\,dt, \quad s = v_0 t + \int_0^t v\,dt, \quad v^2 = v_0^2 + 2\int_0^s p\,ds.$$

Krummlinige Bewegung

Die Richtung der Geschwindigkeit v fällt stets in die Bahntangente. Die Beschleunigung weist im allgemeinen zwei Komponenten auf: Abb. 26.

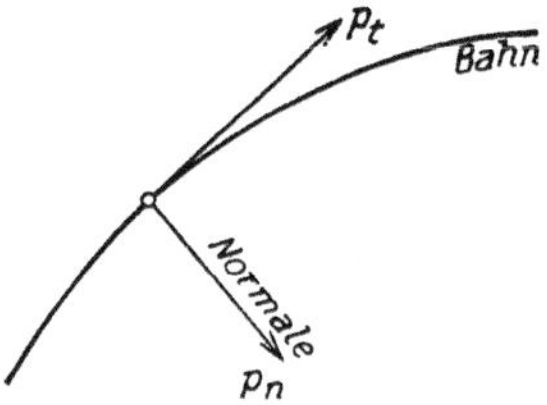

Abb. 26

$$(3) \qquad \text{Tangentialbeschleunigung: } p_t = \frac{dv}{dt}; \qquad \text{Normalbeschleunigung: } p_n = \frac{v^2}{\varrho};$$

Gesamtbeschleunigung $p = \sqrt{p_t^2 + p_n^2}$;
ϱ Krümmungshalbmesser der Bahn.

Ist $p_t = 0$, dann ist v = konst. gleichförmige krummlinige Bewegung. Ist $p_n = 0$, dann wird die Bewegung geradlinig.

Wurfbewegung (ohne Luftwiderstand), Abb. 27, Anfangsgeschwindigkeit v_0 unter α gegen die Wagrechte. Schwerbeschleunigung g.

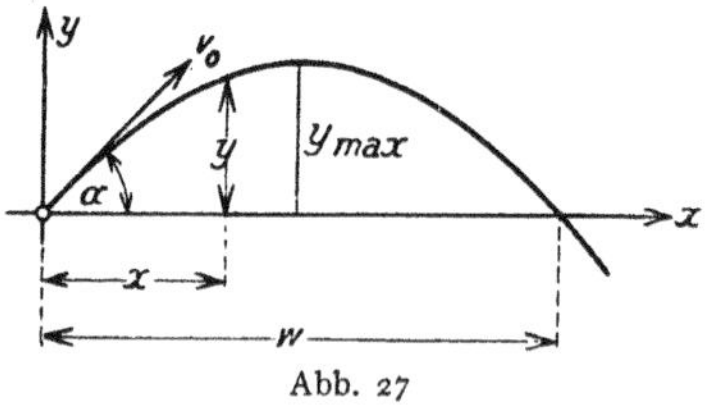

Abb. 27

$$p_x = \frac{dv_x}{dt} = 0, \quad p_y = \frac{dv_y}{dt} = -g,$$

$$(4) \qquad v_x = v_0 \cos\alpha, \qquad v_y = v_0 \sin\alpha - gt,$$

$$x = v_0 t \cos\alpha, \quad y = v_0 t \sin\alpha - \frac{g}{2} t^2.$$

Die Elimination von t aus den Gleichungen für x und y liefert die Gleichung der Bahn:

$$(5) \qquad y = x \operatorname{tg}\alpha - \frac{g}{2v_0^2} \frac{x^2}{\cos^2\alpha} \quad \text{(Parabel).}$$

Wurfweite $w = \frac{v_0^2}{g} \sin 2\alpha$. Wurfhöhe $y_{\max} = \frac{v_0^2}{2g} \sin^2\alpha$.

B. Physikalische Mechanik

1. Grundgesetze der Dynamik

Kraft ist das Produkt aus Masse und Beschleunigung

$$P = m p = m \frac{dv}{dt} = m \frac{d^2 s}{dt^2}. \tag{1}$$

Ist $P = 0$, so muß auch $p = 0$ sein, da m im Sinne der Galilei-Newtonschen Mechanik eine unveränderliche Konstante des Körpers ist. Der Körper verharrt in Ruhe oder in gleichförmiger Bewegung. (Galileis Trägheitsgesetz.) Mehrere Kräfte, die auf den Körper einwirken, können in ihrer Wirkung auf den Bewegungszustand durch ihre Mittelkraft ersetzt werden. Ist diese Null, so ist auch $p = 0$.

Wirkung = Gegenwirkung. Die Kraft, die ein Körper m_1 auf einen zweiten m_2 ausübt, ist gleich der Kraft, die m_2 auf m_1 ausübt.

Einheit der Kraft in der Technik ist das kg, 1000 kg = 1 t.

Einheit der Masse, da $m = \frac{P}{g}$, kg sek²/m.

Physikalisches Maßsystem: Masseneinheit 1 g, Krafteinheit 1 Dyn = 1 g cm/sek² = 0,000001019 kg.

2. Arbeit und lebendige Kraft, Potential, Leistung

Ist $P \cos\varphi$ die in die Richtung des Weges fallende Komponente der Kraft, so heißt $P\, ds \cos\varphi$ die Elementararbeit der Kraft auf dem Wegelement ds. (φ Winkel zwischen P und ds.)

$$A = \int_{s_0}^{s} P \cos\varphi\, ds \tag{2}$$

ist die Arbeit der Kraft auf dem Wege $s - s_0$.

Zeichnerisch ist die Arbeit durch die in Abb. 28 schraffierte Fläche dargestellt.

Wirken mehrere Kräfte gleichzeitig an einem Punkte, so ist die Summe der Arbeiten auf dem Wege s gleich der Arbeit der Mittelkraft auf diesem Wege. Die Arbeit ist eine skalare Größe.

Aus Formel (2), S. 88, folgt nach Multiplikation mit der Masse m bei geradliniger Bewegung

$$\frac{m v^2}{2} - \frac{m v_0^2}{2} = \int_{s_0}^{s} P\, ds. \quad (P = m p) \tag{3}$$

und bei krummliniger Bewegung, wenn $P_t = P \cos\varphi$ die in die Tangentenrichtung (Richtung von ds) fallende Seitenkraft von P ist,

$$\frac{m v^2}{2} - \frac{m v_0^2}{2} = \int_{s_0}^{s} P \cos\varphi\, ds. \tag{3'}$$

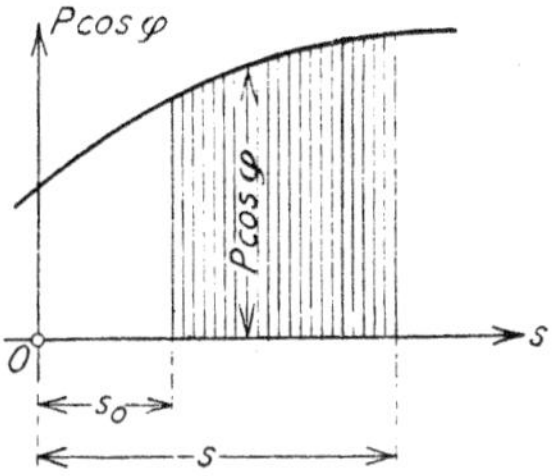

Abb. 28

$T = \frac{m v^2}{2}$ heißt die lebendige Kraft oder kinetische Energie des Massenpunktes mit der Masse m.

Gl. (3) und (3') sprechen das Gesetz von der lebendigen Kraft aus: Die Änderung der lebendigen Kraft eines Massenpunktes bei

Zurücklegung eines Weges ist gleich der auf diesem Wege geleisteten Arbeit der am Massenpunkt angreifenden Kräfte.

Besteht eine Funktion — V der Koordinaten x, y, z des Angriffspunktes einer Kraft P, deren Teilkräfte nach den drei Achsenrichtungen X, Y, Z seien, und lassen sich diese Teilkräfte als partielle Differentialquotienten der Funktion — V darstellen, ist also

$$X = -\frac{\partial V}{\partial x}, \quad Y = -\frac{\partial V}{\partial y}, \quad Z = -\frac{\partial V}{\partial z}, \tag{4}$$

so nennt man — V die zu P gehörige Kräftefunktion und V das Potential oder die potentielle Energie. Kräfte, die eine Kräftefunktion besitzen, heißen konservativ.

Da einerseits

$$A = \int_{s_0}^{s} (X\,dx + Y\,dy + Z\,dz) = -\int_{s_0}^{s} \left(\frac{\partial V}{\partial x}dx + \frac{\partial V}{\partial y}dy + \frac{\partial V}{\partial z}dz\right)$$

$$= -\int_{s_0}^{s} dV = -(V - V_0),$$

anderseits nach Gl. (3) $A = T - T_0$,
so folgt

$$T - T_0 = -(V - V_0)$$

oder

$$T + V = c. \tag{5}$$

Die Summe von kinetischer und potentieller Energie eines Körpersystems bleibt zeitlich konstant.

Leistung: Man bezeichnet den Ausdruck $L = \frac{dA}{dt}$ als Leistung der Kraft P. Mittlere Leistung ist das Verhältnis $\frac{A}{t}$, wenn t die Zeit bezeichnet, in der die Arbeit A geleistet wurde.

Einheiten der Leistung in der Technik sind: mkg/sek. 1 Pferdestärke (PS) = 75 mkg/sek, 1 Voltampère = 1 Watt = 0,1019 mkg/sek, 1 PS = 736 Watt = 0,736 Kilowatt. (Pferdekraftstunden, Kilowattstunden sind Arbeitseinheiten.)

	Gewicht in kg	Art der Arbeit	Vorteilhafteste Kraft in kg	Vorteilhafteste Geschwindigkeit c in m	Arbeit pro 8 Stunden in Kilogramm-Metern	Pferdestärken
Mensch ..	70	ohne Maschine ...	12 (5)[1]	0,8	—	—
		am Hebel	15 (6)	1,1	—	—
		im Taglohn	—	—	138000	$^1/_{15}$
		im Akkord	—	—	200000	$^1/_{10}$
Pferd ...	300	ohne Maschine ...	56	1,3	2100000	1
		am Göpel	44	0,9	1140000	—
Ochse ...	280	ohne Maschine ...	60	0,8	1400000	$^2/_3$
		am Göpel	65	0,6	1120000	—

[1]) Die eingeklammerten Zahlen gelten für andauernde Taglohnarbeit.

Auf Schleppgleisen kann die auf der Steigung von m⁰/₀₀ beförderte Bruttolast gesetzt werden:

für ein mittelstarkes Pferd oder einen Ochsen ...... $\frac{56}{4+m}$ Tonnen

für ein starkes Pferd .... $\frac{93}{4+m}$ „

für einen starken Ochsen .... $\frac{78}{4+m}$ „

3. Bewegungsgröße und Kraftantrieb

Erweitert man die Gleichung $dv = p\,dt$ mit m (Masse) und integriert zwischen den Grenzen t_0 und t, so erhält man

$$m\,v - m\,v_0 = \int_{t_0}^{t} P\,dt. \tag{6}$$

$m\,v$ heißt die Bewegungsgröße des Massenpunktes m zur Zeit t.

$\int_{t_0}^{t} P\,dt$ nennt man den Antrieb der Kraft in der Zeit $t - t_0$.

Die Änderung der Bewegungsgröße während der Zeit $t - t_0$ ist gleich dem Antrieb der Kraft in dieser Zeit.

Die Bewegungsgröße ist ein Vektor, der die Richtung der Geschwindigkeit hat; der Antrieb ist ein Vektor, dessen Richtung mit der des Kraftvektors übereinstimmt.

4. Systeme von Massenpunkten

Die für einen Massenpunkt ausgesprochenen Sätze bleiben auch bestehen, wenn ein System von Massenpunkten unter dem Einfluß von Kräften P steht. Es ist dann die Kinetische Energie $T = \Sigma \frac{m\,v^2}{2}$, die Bewegungsgröße $B = \Sigma\, m\,v$.

Starre, oder in erster Annäherung als starr anzusehende, Körper können als Massenpunkte mit den Ortskoordinaten ihres Schwerpunktes angesehen werden, wobei die Körpermasse im Schwerpunkt vereinigt zu denken ist. Innere Kräfte, d. s. Kräfte, die zwischen den einzelnen Teilen eines Körpers oder zwischen den Massenpunkten eines Punkthaufens wirken (ein System von Körpern kann in der Regel auch als Punkthaufen angesehen werden, die einzelnen Massenpunkte sind die Schwerpunkte der Körper, z. B. Planetensystem), haben keinen Einfluß auf die Bewegung des Körpers oder des Systemschwerpunktes.

Kinetische Energie eines sich gleichmäßig drehenden Körpers

$$T = \frac{1}{2}\,\omega^2 \int r^2\,dm = \frac{1}{2}\,J\,\omega^2. \tag{7}$$

$\omega = \frac{2\pi}{\tau}$ Winkelgeschwindigkeit, τ Umdrehungszeit, J Trägheitsmoment des Körpers bezogen auf die Drehachse.

Arbeit eines Kräftepaares mit dem Moment M in Bezug auf die Drehachse bei Drehung um den Winkel φ:

$$A = \int_0^{\varphi} M\,d\varphi. \tag{8}$$

Es gilt weiters

$$(9)\qquad \int_0^{\varphi} M\,d\varphi = \frac{1}{2}\,J\,(\omega^2 - \omega_0^2).$$

Die Arbeit, die vom Moment M der äußeren Kräfte bei Drehung um den Winkel φ geleistet wird, ist gleich der Änderung der lebendigen Kraft während der Drehung.

Massenträgheitsmomente

Trägheitsmoment einer mit der Masse M belegten Geraden: Länge $2l$, Drehachse durch die Mitte senkrecht zur Geraden $J = {}^1/_3\,M\,l^2$.

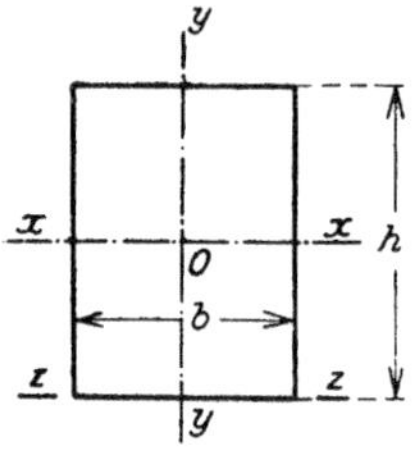

Abb. 29

Rechteckfläche: Abb. 29.

$$J_x = \frac{1}{12}\,M\,h^2,\quad J_y = \frac{1}{12}\,M\,b^2,\quad J_z = \frac{1}{3}\,M\,h^2.$$

$$J_0 = M\,\frac{b^2 + h^2}{12}\ \text{(Polares Trägheitsmoment)}$$

Kreisfläche (Zylinder). Drehachse durch den Mittelpunkt senkrecht zur Fläche: $J = \frac{1}{2}\,M\,r^2$. (r = Halbmesser).

Kreisringfläche (Ring mit Rechteckquerschnitt). Äußerer Halbmesser R, innerer r, mittlerer ϱ, Ringbreite δ, Drehachse durch den Mittelpunkt, senkrecht zur Ringfläche:

$$J = \frac{1}{2}\,M\,(R^2 + r^2) = M\left(\varrho^2 + \frac{\delta^2}{4}\right).$$

Ring. Querschnitt Kreis mit Halbmesser a. Achse wie vor:

$$J = M\left(R^2 + \frac{3}{4}\,a^2\right).$$

R Abstand des Querschnittsschwerpunktes von der Drehachse.

Querschnitt Ellipse mit a und b als Halbachsen. Achse $2b$ parallel zur Drehachse: $J = M\left(R^2 + \frac{3}{4}\right)a^2$.

Eisenbahnwagenrad: $J = 80\,r^2$ in kg.

Prinzip von d'Alembert

Es liege ein System von Massenpunkten vor. Auf die einzelnen Punkte wirken neben den äußeren Kräften P noch innere Kräfte S, die einzelne Punkte aufeinander ausüben (z. B. elastische Kräfte) sowie Bahnwiderstände W bei jenen Punkten, die auf einer Bahn geführt werden. Ist $p = \frac{d^2 s}{d t^2}$ die Beschleunigung eines Punktes, so bezeichnet man $-m\,\frac{d^2 s}{d t^2}$ als den Trägheitswiderstand des Punktes mit der Masse m. Das Prinzip von d'Alembert besagt nun: Die an einem Punkte des Systems angreifenden äußeren und inneren Kräfte und Bahnwiderstände stehen mit dem Trägheitswiderstand im Gleichgewicht. Für jeden Punkt können somit drei Bewegungsgleichungen von der Form

$$\Sigma P_x + \Sigma S_x + \Sigma W_x - m\,\frac{d^2 x}{d t^2} = 0,\qquad \Sigma P_y + \Sigma S_y + \Sigma W_y - m\,\frac{d^2 y}{d t^2} = 0$$

$$\Sigma P_z + \Sigma S_z + \Sigma W_z - m\,\frac{d^2 z}{d t^2} = 0$$

aufgestellt werden. P_x, P_y, P_z sind die zu x, y, z parallelen Seitenkräfte der äußeren Kraft P, S_x, S_y, S_z die der inneren Kraft S und W_x, W_y, W_z die Seitenkräfte des Widerstandes W. x, y, z die Projektionen des Weges s auf die drei Achsenrichtungen.

5. Besondere Fälle

Elastische Schwingung einer Masse m. (Harmonische Schwingung.) Eine Masse m stehe unter der Wirkung einer Kraft $P = k\, s$ wo k ein Proportionalitätsfaktor, s die Ausweichung des Massenpunktes aus der Ruhelage bedeutet. Die Integration der Bewegungsgleichung

$$\frac{d^2 s}{d t^2} + \frac{k}{m} s = 0$$

liefert mit der Anfangsgeschwindigkeit v_0 zur Zeit $t = 0$

$$s = v_0 \sqrt{\frac{m}{k}} \sin\left(t \sqrt{\frac{k}{m}}\right), \qquad v = v_0 \cos\left(t \sqrt{\frac{k}{m}}\right).$$

Größter Ausschlag (Amplitude) $a = v_0 \sqrt{\frac{m}{k}}$, daher auch

$$s = a \sin\left(t \sqrt{\frac{k}{\mathrm{m}}}\right).$$

Schwingungsdauer (Hin- und Hergang): $T = 2\pi \sqrt{\frac{m}{k}}$.

Schwingungszahl (Frequenz): $n = \frac{1}{T}$.

Bewegung in gekrümmter Bahn. Man zerlegt zweckmäßig die auf den Massenpunkt einwirkende Kraft in zwei Seitenkräfte:

$$\text{Tangentialkraft } T = m\, p_t = m \frac{dv}{dt}$$

$$\text{Zentripetalkraft } N = m\, p_n = m \frac{v^2}{\varrho} \quad (\varrho \text{ Krümmungshalbmesser}).$$

Eine der Kraft N gleiche, aber entgegengerichtete Kraft bezeichnet man als Fliehkraft. Damit ein Massenpunkt eine krummlinige Bewegung ausführt, muß stets eine Zentripetalkraft vorhanden sein. Diese Zentripetalkraft wird bei einem in gekrümmter Bahn geführten Körper durch die in Richtung der Bahnnormalen wirkende Widerstandskraft S der Führung und von der in die Richtung dieser Normalen fallenden Seitenkraft der bewegenden Kraft P gebildet. Es gilt also, Abb. 30:

$$N = m \frac{v^2}{\varrho} = S \mp P \cos \alpha,$$

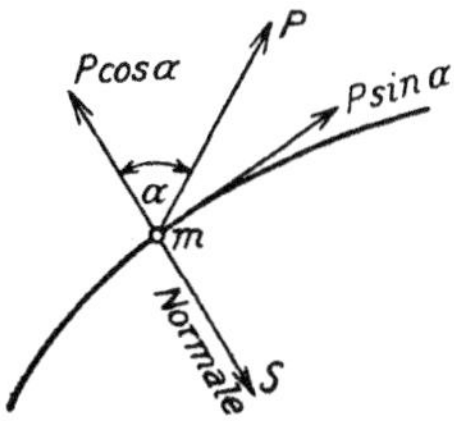

Abb. 30

je nachdem $P \cos \alpha$ nach außen oder nach innen gerichtet ist.

Beispiel: Eisenbahnfahrzeug im Bogen. Die Schwerkraft hat auf die Bewegung keinen Einfluß, da diese in wagrechter Ebene stattfindet. Bei konstanter Geschwindigkeit v ist daher $P = 0$. Sonach muß die Widerstandskraft $S = m \frac{v^2}{\varrho}$ sein. Diesen Druck haben die Schienen zu übernehmen.

III. Reibungswiderstand

An der Berührungsstelle zweier Körper tritt stets Reibung auf, deren Größe proportional dem Drucke N ist, mit dem die beiden Körper aneinandergepreßt werden.

$$R = \mu N.$$

μ heißt Reibungszahl; ihre Größe hängt von der Beschaffenheit der Berührungsflächen, von der Größe des spezifischen Berührungsdruckes $\frac{N}{F}$ und von der Geschwindigkeit der Bewegung ab. μ erreicht seinen größten Wert zu Beginn der Bewegung; Reibungszahl der Ruhe μ_0. Man unterscheidet gleitende Reibung und rollende Reibung.

1. Gleitende Reibung

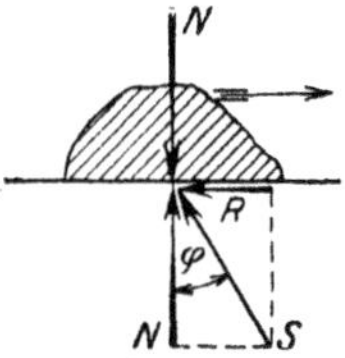

Abb. 31

Ermittelt man die Mittelkraft aus Normaldruck N und Reibung R, so weicht diese um den Winkel φ, Reibungswinkel, von der Normalen ab. Abb. 31.

$$\operatorname{tg} \varphi = \frac{R}{N} = \mu.$$

Die trigonometrische Tangente des Reibungswinkels ist gleich der Reibungszahl.

Ein Körper beginnt auf einer schiefen Ebene zu gleiten, wenn die Neigung α der Ebene gleich dem Reibungswinkel ist. Er bleibt in Ruhe, wenn $\alpha < \varphi$. (Siehe Tabelle Seite 95.)

2. Rollende Reibung

Zur Überwindung der rollenden Reibung, die dann auftritt, wenn ein Zylinder auf einer Unterlage ohne zu gleiten rollt, also zur Einleitung der Drehung um den Stützpunkt, ist ein Drehmoment, Abb. 32,

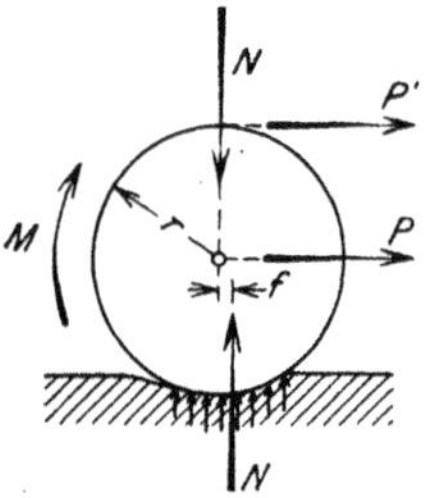

Abb. 32

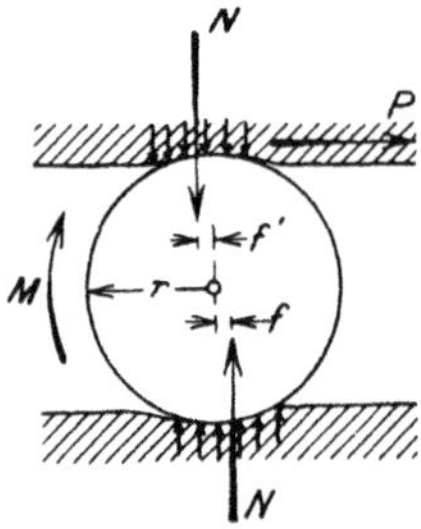

Abb. 33

$$M = N \cdot f$$

notwendig. N ist der Normaldruck des Körpers gegen seine Unterlage, f die Reibungszahl der rollenden Reibung (Länge).

Wird das Kräftepaar M durch eine im Schwerpunkt der Walze angreifende Kraft P überwunden, Abb. 32, so gilt $M = P r = N f$. Greift die Kraft am Umfange lotrecht über dem Stützpunkt an, so ist

$$M = 2 P' r = N f.$$

Wird die Last N auf einer Walze fortbewegt, Abb. 33, und bedeutet f die Reibungszahl für Walze und Bahn, f' für Walze und Last, so gilt

$$2 P r = N (f + f').$$

Zylinder auf schiefer Ebene: Ein Zylinder mit dem Halbmesser r beginnt auf einer schiefen Ebene zu rollen, wenn ihr Steigungsverhältnis $\operatorname{tg} \alpha = \frac{f}{r}$ ist. Daher $f = r \operatorname{tg} \alpha$.

Reibungszahlen der gleitenden Reibung[1]).

= bedeutet: die Fasern liegen parallel, + bedeutet: die Fasern liegen gekreuzt, ⊥ bedeutet: das Holz liegt als Hirnholz auf.	Reibungszahl					
	der Ruhe			der Bewegung		
	trocken	mit Wasser	geschmiert	trocken	mit Wasser	geschmiert
Eichenholz auf Eiche =	0,62	—	0,11	0,48	—	0 075
„ „ „ +	0,54	0,71	—	0,34	0,25	—
„ „ „ ⊥	0,43	—	—	0,19	—	—
„ „ {Esche, Buche, Tanne =	0,53	—	—	0,38	—	0,15—0,10
„ „ Muschelkalk ⊥	0,63	—	—	0,38	—	—
„ „ Stein und Kies	0,60—0,46	—	—	—	—	—
Holz auf Metall	0,60	0,65	0,11	0,40	0,24	0,10
Hartholz auf poliertem Metall oder Granit	—	0,5	—	0,30	0,10	0,06
Stahl auf Stahl (*hoher Druck, bis etwa 1000 kg/cm²)	0,15	—	*0,12—0,11	0,09 bei $v = 3$ m/sek 0,03 bei $v = 27$ m/sek		
Stahl auf Phosphor-Bronze ebene Flächen	0,11	—	0,098	0,105	—	0,092
zylindrische Flächen	0,169	—	0,16—0,13	0,162	—	0,15—0,12
Stahl auf grobem Sandstein	—	—	—	0,29	—	—
„ „ Eis	0,027	—	—	0,014	—	—
Schmiedeeisen auf Eiche =	—	0,65	0,11	0,5—0,4	0,26	0,08
„ „ Weichholz	—	—	—	0,65—0,50	—	—
„ Stahl	—	—	—	0,21 bei $v = 4,5$ m/sek 0,11 bei $v = 22$ m/sek		
„ „ Schmiedeeisen	0,13	—	0,11	—	—	0,10—0,08
„ „ Gußeisen oder Bronze	0,19	—	—	0,18—0 17	—	0,08—0,07
„ „ Sandstein	—	—	—	0,46—0,41	—	—
„ „ Muschelkalk	0,49—0,42	—	—	0,29—0,24	—	—
„ „ Stein u. Kies	0,49—0,42	—	—	—	—	—
Gußeisen auf Eiche	—	0,65	—	0,5—0,3	0,22	0,19
„ „ Weichholz	—	—	—	0,5—0,4	—	—
„ „ Stahl	0,33	—	—	0,27 bei $v = 2,2$ m/sek 0,13 bei $v = 20$ m/sek		
„ „ Gußeisen	—	—	0,16	—	0,31	0,10—0,08
„ „ Bronze	—	—	—	0,20—0,15	—	0,08—0,07
„ „ grobem Sandstein	—	—	—	0,24—0,21	—	—
Bronze auf Eiche =	0,62	—	—	0,30	—	—
„ „ Bronze	—	—	0,11	0,20	0,10	0,06
Ziegelstein auf Muschelkalk	0,67	—	—	0,65—0,60	—	—
Rauher Kalkstein auf desgl. oder mit frischem Mörtel	0,75	—	—	0,67	—	—
Muschelkalk auf Muschelkalk	0,70	—	—	0,38	—	—
Mauerwerk auf Beton	0,76	—	—	—	—	—
„ „ gewachsenem Boden, trocken	0,65	0,30	—	—	—	—
Rindleder auf Eichenholz	0,6—0,5	—	—	0,5—0,3	—	—
„ „ Gußeisen	0,5—0,3	0,6—0,4	0,12	0,56	0,36	0,15
Hanfseil auf rauhem Holz	0,8—0,5	—	—	0,5	—	—
„ glattem Holz	0,33	—	—	—	—	—

Reibungszahlen für rollende Reibung

Eisen auf Eisen .... $f = 0,005$

Laufräder (Gußeisen oder Stahl) auf Schienen .... $f = 0,05$

Rollen in Brückenlagern (l = Walzenlänge) $f = 0,0020 + 0,0018 \frac{N}{l}$.

Werte der Gesamtreibung für Straßenfuhrwerke sowie Reibungswiderstände bei Eisenbahnen, siehe die Abschnitte „Straßen- und Wegebau“, I. C und „Eisenbahnbau“, I. B.

[1]) Aus Foerster, Taschenbuch für Bauingenieure. 4. Auflage, Berlin: Julius Springer. 1921.

IV. Hydromechanik

A. Statik tropfbar flüssiger Körper

Tropfbar flüssige Körper sind durch die leichte Verschieblichkeit ihrer Teilchen und die geringe Elastizität gekennzeichnet. Die Volumenverminderung beträgt bei 1 kg/cm² Druck bei Wasser 0,000044, bei Quecksilber 0,000003.

Wird auf ein Teilchen einer im Gleichgewicht befindlichen Flüssigkeit ein in bestimmter Richtung wirkender Druck ausgeübt, so pflanzt sich dieser Druck auf alle Teile nach allen Richtungen unverändert fort. (Gesetz von Pascal.)

Hydrostatischer Druck

Der spezifische Druck p auf ein irgendwie gerichtetes Flächenelement df in einer Tiefe y unter dem Flüssigkeitsspiegel beträgt, wenn γ das spezifische Gewicht der Flüssigkeit und p_0 der Druck für die Flächeneinheit auf der Oberfläche der Flüssigkeit ist,

$$p = p_0 + \gamma y.$$

Der Druck p ist stets senkrecht zum Flächenelement gerichtet.

Druck gegen eine Fläche F, Abb. 34.

Der auf einen Flächenstreifen dF ausgeübte Druck ist $dP = y\,dF \cdot \gamma$, daher Gesamtdruck auf die Fläche

$$P = \int \gamma \cdot y\,dF = S\gamma \sin\alpha,$$

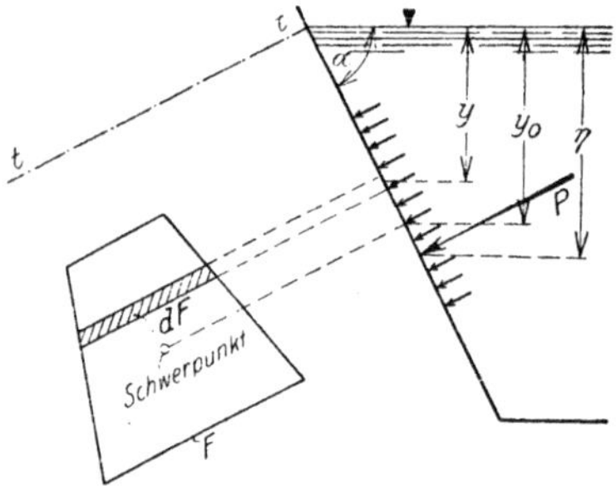

Abb. 34

wenn S das statische Moment der gedrückten Fläche, bezogen auf die Schnittlinie $t - t$, ist. Mit dem Schwerpunktsabstand y_0 der gedrückten Fläche vom Flüssigkeitsspiegel ist sonach

$$P = F \cdot y_0 \cdot \gamma.$$

Der Angriffspunkt der Kraft P (Druckmittelpunkt) ist durch

$$\eta = \frac{\int y^2\,dF}{\int y\,dF} = \frac{J}{S} \sin\alpha$$

gegeben. J ist das Trägheitsmoment der gedrückten Fläche, bezogen auf die Schnittlinie $t - t$.

Besondere Fälle. $\alpha = 90^0$, Rechteck. Oberkante parallel zum Flüssigkeitsspiegel. Abstand der Oberkante vom Flüssigkeitsspiegel $= a$, der Unterkante $= a + h$:

$$\eta = \frac{h}{3}\,\frac{3a + 2h}{2a + h} + a; \quad \text{für } a = 0 \ldots \eta = \frac{2}{3}h.$$

Trapez. Die parallelen Seiten b_o und b_u parallel zum Flüssigkeitsspiegel. Abstände a und $a + h$ wie vor:

$$\eta = \frac{h}{2}\,\frac{2a(b_o + 2b_u) + h(b_o + 3b_u)}{3a(b_o + b_u) + h(b_o + 2b_u)} + a.$$

Kreis. Durchmesser $2r$, $a =$ Abstand des oberen Randes vom Spiegel:

$$\eta = r + a + \frac{r^2}{4(r + a)}; \quad \text{für } a = 0 \ldots . \eta = \frac{5}{4}r.$$

B. Dynamik tropfbar flüssiger Körper

1. Ausfluß des Wassers aus Gefäßen

Die theoretische Ausflußgeschwindigkeit aus einer Öffnung im wagrechten Gefäßboden bei konstantem Druck ist:

$$v = \sqrt{\frac{2gh}{1-\varphi^2}},$$

wobei h die Flüssigkeitshöhe über der Öffnung und φ das Verhältnis des Mündungsquerschnittes zum Oberflächenquerschnitt bedeutet.

In der Regel ist φ^2 klein gegen 1, alsdann hat man bei der Querschnittsfläche F der Mündung:

$$v = \sqrt{2gh} = 4{,}429\sqrt{h}$$

und $Q' = Fv$ die theoretische Ausflußmenge. $Q = \mu Q'$ ist die wirkliche Ausflußmenge. μ ist ein Beiwert, der die Verringerung der Ausflußmenge infolge der Reibung und der Kontraktion des Ausflußstrahles zum Ausdruck bringt.

Die Formel für v gilt auch annähernd für die Öffnungen in lotrechter Wand, wenn h den Abstand des Schwerpunktes der Mündung von dem dieselbe um mindestens $\frac{h}{2}$ überdeckenden Flüssigkeitsspiegel bezeichnet.

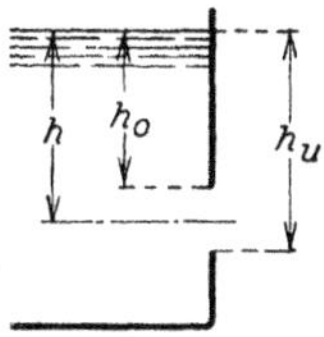

Abb. 35

Genauer wird beispielsweise für kreisförmige Öffnungen mit dem Halbmesser r

$$Q = \mu \pi r^2 \sqrt{2gh}\left[1 - \frac{1}{32}\left(\frac{r}{h}\right)^2 - \ldots\right].$$

Für eine rechteckige Öffnung von der Breite b, deren untere Kante den Abstand h_u und deren obere Kante den Abstand h_o vom Flüssigkeitsspiegel hat, Abb. 35, gilt:

$$Q = \frac{2}{3}\mu b\left(h_u^{\frac{3}{2}} - h_o^{\frac{3}{2}}\right)\sqrt{2g}.$$

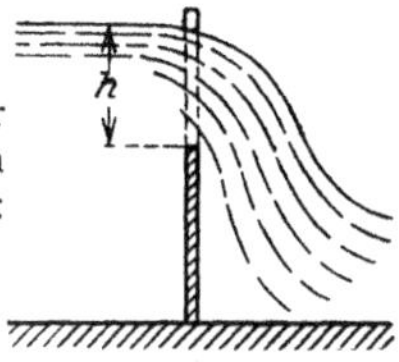

Abb. 36

Für den rechteckigen Überfall in lotrechter Wand von der Breite b und der Höhe h des ungesenkten Wasserspiegels über der Überfallskante, Abb. 36, ist:

$$v = \frac{2}{3}\sqrt{2gh}, \quad Q = \frac{2}{3}\mu b h\sqrt{2gh} = 2{,}953\,\mu b h^{\frac{3}{2}}.$$

Hat das Wasser im Zuflußkanal eine Geschwindigkeit $c > 0{,}3$ m, so berechnet sich die Überfallsmenge zu

$$Q = \frac{2}{3}\mu b\sqrt{2g}\left[\left(h + \frac{c^2}{2g}\right)^{\frac{3}{2}} - \left(\frac{c^2}{2g}\right)^{\frac{3}{2}}\right].$$

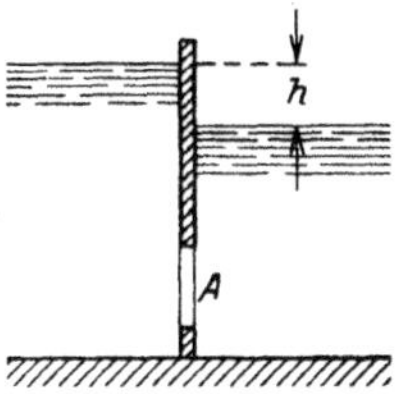

Abb. 37

Für den Ausfluß unter Wasser durch die Öffnung A, Grundablaß, Abb. 37, gilt ebenfalls, wenn h der Höhenunterschied zwischen Unter- und Oberwasser bezeichnet und wenn das obere und untere Gerinne nahezu gleich breit sind, angenähert

$$Q = \mu A\sqrt{2gh}.$$

Ausflußzahl μ. Der Wert μ schwankt zwischen 0,5 und 1,0. Der Einfluß der Reibung an der Ausflußstelle ist etwa durch den Beiwert $\varphi = 0{,}97$ gegeben, so daß, mit dem Kontraktionskoeffizienten α, $\mu = 0{,}97\,\alpha$ wird.

1. Boden- und Seitenöffnungen. Ist der Gefäß- oder Zuflußquerschnitt F_0 groß gegen den Öffnungsquerschnitt F, so gilt im Mittel nach Weißbach bei großen Öffnungen und großer Tiefe $\mu = 0{,}62$.

Wenn der unmittelbar vor der Ausflußöffnung befindliche Zuflußquerschnitt F_0 nicht sehr groß gegen F ist, so multipliziere man μ mit folgenden Zahlen:

Für $F : F_0 =$	0,2	0,3	0,4	0,5	0,6	0,7	0,8	0,9	1,0
F rund	1,03	1,06	1,09	1,13	1,19	1,26	1,35	1,47	1,63
F rechteckig .	1,04	1,07	1,11	1,15	1,21	1,28	1,36	1,47	1,61

2. Überfallwehr. Sind oberhalb des Wehres Leitwände vorhanden, so setze man für abgerundete Wehrkronen $\mu = 0{,}83$, für scharfkantige $\mu = 0{,}68$.

Über Stauanlagen, Bewegung des Wassers in Kanälen und Flüssen und in Rohrleitungen, siehe „Wasserbau".

Wärmemechanik und Mechanik der Gase

bearbeitet von

Dozent Ing. Dr. **Leopold Huber**, Technische Hochschule Wien

1. Temperatur

Die Temperaturmessung erfolgt mit Volumthermometern, meist mit Quecksilberfüllung; bei tieferen Temperaturen Verwendung von Alkohol und Toluol. Zur Messung hoher Temperaturen werden meist die auf optischer Grundlage wirkenden Pyrometer benützt.

Temperaturskalen

	⁰ Celsius	⁰ Reaumur	⁰ Fahrenheit
Siedepunkt des Wassers	100	80	212
Gefrierpunkt des Wassers	0	0	32

$$1^0\,C = 0{\cdot}8^0\,R = 1{\cdot}8^0\,F.$$

Bezeichnungen: t Temperatur in ^{0} C, T absolute Temperatur (Celsiusgrade vom absoluten Nullpunkte, d. i. von -273^0 gezählt). $T = t + 273$.

Erdtemperatur

Die täglichen Temperaturänderungen machen sich rund 3 m, die jährlichen rund 60 m tief bemerkbar.

Temperaturen beim Glühen des Eisens in ^{0}C

Beginn der Lichtausstrahlung mit grauer Farbe ..	390	Hellkirschrot	1000
Im Dunkeln rotglühend ...	525	Dunkelorange	1100
Dunkelrot	700	Hellorange	1200
Dunkelkirschrot	800	Weißglühend	1300
Kirschrot	900	Schweißhitze	1400
		Blendendweiß	1500

2. Ausdehnung durch die Wärme

Wird ein stabförmiger Körper mit der Länge l um t^0 C erwärmt, so dehnt er sich auf die Länge l' aus.

$$l' = (1 + \alpha t)\, l$$

α ist der lineare, $3\,\alpha$ der kubische Ausdehnungskoeffizient.

Linearer Ausdehnungskoeffizient

	0,0000		0,0000
Aluminium	26	Beton	14
Blei	28	Gips	25
Bronze, Messing	18	Glas	09
Gußeisen	10	Kalkstein	08
Flußeisen	12	Eis (zwischen — 20° und 0°)	52
Schweißeisen	11		
Eisendraht	14		
Stahl, ungehärtet	11		
„ gehärtet	14		
Kupfer	17		
Zink	28		
Zinn	21		

Holz	quer	längs
	0,0000	0,0000
Eiche	54	05
Fichte	34	05
Pappel	37	04
Tanne	58	04

Volumen von 1 kg Wasser bei verschiedenen Temperaturen

0°	1,0001	30°	1,0044
4°	1,0000	40°	1,0078
10°	1,0003	50°	1,0121
20°	1,0018	100°	1,0434

Schmelztemperaturen bzw. Gefrierpunkte in °C bei Atmosphärendruck

Aluminium	rund 660	Alkohol	— 118
Blei	327	Benzol	5
Bronze	rund 900	Glyzerin	— 20
Flußeisen	„ 1400	Kochsalzlösung, gesättigt	— 18
Gußeisen, grau	„ 1200	Nitroglyzerin	8
„ weiß	„ 1130	Schwefel	115
Schmiedeeisen	„ 1600	Toluol	— 102
Stahl	„ 1350	Wasser	0
Glas	500—1000	Seewasser	— 2,5
Kupfer	1084		
Messing	rund 900		
Zink	419		
Zinn	232		

Lineares Schwindmaß

Verkleinerungen der Längenabmessungen eines Gußstückes beim Erstarren und Erkalten:

Blei	1:92	Stahlguß	1: 50
Bronze	1:63	Puddelstahl	1: 72
Flußeisen	1:64	Messing	1: 65
Gußeisen	1:96	Zink	1: 62
Schmiedeeisen	1:55	Zinn	1:128

Siedetemperaturen von Flüssigkeiten in ^{0}C bei 760 mm Barometerstand

Alkohol	78
Fette	300—325
Nitroglyzerin	185
Schwefel	448
Wasser	100
Destillationsprodukte des Petroleums:	
Petroleumäther	40— 70
Gasolin	70— 90
Benzin (Leicht-)	90—110
Ligroin (zum Brennen)	110—120
Putzöl	120—170
Brennöl	170—245
Solaröl	245—310
Schmieröl	310—350
Paraffin, weich	350—390
„ hart	390—430

Entflammungstemperaturen in ^{0}C

Alkohol	rund	16
Brantwein	„	30
Leinöl	„	320
Petroleumäther	—	20
Brennöl (Petroleum)		22
Solaröl		60
Schmieröl		200
Teer		50—80

3. Wärmemenge, spezifische Wärme

Nach der kinetischen Gastheorie ist Wärme bedingt durch die kinetische Energie der Moleküle. Wärme ist also äquivalent den anderen Energieformen. Ein bestimmter Betrag dieser Energie wird Wärmemenge genannt. Die Wärmeeinheit (1 W E) oder Kalorie ist die zur Erwärmung von 1 kg Wasser von 14,5 auf 15,5^0 C erforderliche Wärmemenge.

Spezifische Wärme ist die Wärmemenge in W E, die notwendig ist, um 1 kg einer Substanz um 1^0 C zu erwärmen.

Mittlere spezifische Wärme fester Körper zwischen 0 und 100^0 C

Aluminium	0,21
Blei	0,031
Bronze	0,104
Flußeisen	0,113
Schweißeisen	0,114
Stahl	0,118
Kupfer	0,092
Messing	0,092
Zink	0,096
Zinn	0,056
Beton	0,27
Eis	0,50
Gips	0,20
Glas	0,20
Granit	0,20
Holz, Eiche	0,57
„ Fichte	0,65
Kalkstein	0,21
Sandstein	0,22
Ziegelstein	0,22

Mittlere spezifische Wärme flüssiger und gasförmiger Körper

Quecksilber	0,033
Wasser	1,000
Atmosphärische Luft:	
c_v (bei konstant. Volum.)	0,168
c_p („ „ Druck)	0,238
Wasserdampf:	
c_v (bei konstant. Volum.)	0,334
c_p („ „ Druck)	0,485

Latente Schmelzwärme in WE

(jene Wärmemenge, die zur Überführung eines Kilogramms der Substanz vom festen in den flüssigen Aggregatzustand erforderlich ist)

Aluminium	77	Kupfer	43
Blei	6	Schwefel	9
Eis	80	Zinn	28
Gußeisen, grau	23	Zink	14
„ weiß	33		

4. Fortpflanzung der Wärme

a) Wärmestrahlung

Wärme pflanzt sich durch Strahlung nach den gleichen Gesetzen der Wellenlehre fort wie das Licht oder die Wellen der drahtlosen Telephonie, es ist nur ein Unterschied in der Wellenlänge.

Wellenlängen einiger Strahlungen

Drahtlose Telephonie	einige hundert Meter
Wärmestrahlen	$3{,}4 \cdot 10^{-2}$ — $8 \cdot 10^{-5}$ cm
Lichtstrahlen	$8 \cdot 10^{-5}$ — $4 \cdot 10^{-5}$ „
Röntgenstrahlen	$1{,}2 \cdot 10^{-7}$ — $1{,}7 \cdot 10^{-9}$ „

Unter Emissions- oder Strahlungsvermögen S_1 versteht man die in der Stunde von 1 m² Oberfläche ausgehende Wärmemenge in WE; diese ist von der absoluten Temperatur des strahlenden Körpers abhängig (Stefan-Boltzmann).

$$S_1 = \sigma\,(T/100)^4\ \text{WE}$$

Gilt genau nur für den absolut schwarzen Körper, der die gesamte, ihn treffende Strahlung absorbiert, für andere Körper angenähert.

Strahlungskoeffizient σ

Absolut schwarzer Körper	4,76	Ackererde	1,8
Eisen: Gußeisen, rauh, oxyd.	4,5	Dolomitkalk	2,0
Schmiedeeisen, blank	1,6	Eis	3,1
„ oxydiert	4,4	Glas	4,4
Kupfer	0,8	Kalkmörtel	4,3
Messing	1,0	Kies	1,4
Zink	1,0	Lehm	1,9
		Sandstein	2,9
		Wasser	3,2

Die gesamte Wärmestrahlung während n Stunden eines Körpers mit der Oberfläche O in m² und der absoluten Temperatur T_1 auf ihn umgebende Flächen mit der Temperatur T_2 ergibt sich mit S:

$$S = \frac{O n \left[\left(\frac{T_1}{100}\right)^4 - \left(\frac{T_2}{100}\right)^4\right]}{\frac{1}{\sigma_1} + \frac{1}{\sigma_2} - \frac{1}{\sigma}}\ \text{WE},$$

σ_1 Strahlungskoeffizient des strahlenden Körpers,
σ_2 „ der Umgebung,
σ „ des absolut schwarzen Körpers.

Nach dem Kirchhoffschen Gesetz ist das Verhältnis von Emissions- zu Absorptionsvermögen für eine bestimmte Temperatur für alle Körper gleich und, wenn die vollständige Absorption gleich 1 gesetzt wird, gleich dem Emissionsvermögen des absolut schwarzen Körpers.

Die von einem Oberflächendifferential eines matten Körpers in einer bestimmten Richtung ausgestrahlte Wärme ist proportional dem Cosinus des Winkels, den diese Richtung mit der Normalen des Flächendifferentials bildet (Gesetz von Lambert).

b) Wärmeleitung

Wärmeleitung ist Fortpflanzung der Wärme von Teilchen zu Teilchen, u. zw. erfolgt der Wärmeübergang immer von wärmeren zu kälteren Stellen des Körpers oder der Umgebung. Für gleichförmige Körper gilt, wenn

Q Wärmefluß, Wärmemenge in WE,
n Zeit des Wärmeüberganges in Stunden,
$\triangle t$ Temperaturgefälle in ^{0} C,
F Querschnittsfläche in m^2 } durch welche Wärmeleitung erfolgt,
d Dicke der Platte in m }
λ Wärmeleitfähigkeit in WE/m^2, m, 1 St., 1^0 C.

$$Q = n \lambda \frac{F}{d} \triangle t \text{ in WE.}$$

Wärmeleitfähigkeit λ einiger Stoffe

(d. i. diejenige Wärmemenge, welche in einer Stunde durch eine Platte von 1 m^2 Querschnitt und 1 m Dicke durchfließt, wenn zwischen den Endflächen der Platte ein Temperaturgefälle von 1^0 C besteht)

Aluminium	173
Blei	29
Eisen und Stahl:	
Flußeisen	43
Gußeisen	54
Stahl	47
Kupfer	320
Messing	50—100
Rotguß	58
Zink	95
Zinn	54
Asbest	0,13—0,2
Asphalt	0,6
Beton 1 : 4	0,65
,, 1 : 12	0,70
Bruchsteinmauerwerk	1,3—2,1
Eis	1,5
Gips	0,32
Glas	0,75
Holz: Eiche, quer	0,18
,, längs	0,31
Kiefer, quer	0,11
,, längs	0,30
Hohlziegelmauerwerk	0,28
Kalkstein	0,81
Linoleum	0,16
Kalk	0,26
Kork	0,26
Sandstein	1,4
Sägemehl	0,06
Sägespäne, gepreßt	0,04
Schiefer	0,3—1,3
Ton, feuerfest	0,72
Verputz	0,70
Wasser	0,52
Zement	0,76
Ziegel	0,44
Ziegelmauerwerk	0,36
Luft in lotrechten Schichten bei einer Schichtendicke von 1 cm	0,02
bei einer Schichtendicke von 10 cm	0,07

Wärmeübergang zwischen der Oberfläche eines festen Körpers und Luft, Wasserdampf oder Wasser.

F Fläche des Wärmeüberganges in m^2,
$\triangle t$ Temperaturgefälle in ^{0} C,
n Stunden, Dauer der Wärmebewegung,
Q übergehende Wärmemenge in WE,

$$Q = \varrho F n \triangle t \text{ in WE.}$$

ϱ Wärmeübergangskoeffizient.

Kondensierender Wasserdampf bis 10.000
Ruhendes, nicht siedendes Wasser ....rund 500
Ruhende Luft und lotrechte ebene Flächen bei

$$\triangle t = 0 \quad 10 \quad 25 \quad 50^0$$
$$= 3{,}0 \quad 3{,}8 \quad 4{,}9 \quad 5{,}9.$$

Für frei bewegliche bzw. für lebhaft bewegte Luft erhöhen sich obige Werte um 25 bzw. 50%.

Wärmebewegung durch eine Wand, die zwei Flüssigkeiten bzw. Gase trennt

$$Q = k\, n\, F \triangle t$$

dabei ist

$$k = \frac{1}{\frac{1}{\varrho_1} + \frac{1}{\varrho_2} + \frac{d}{\lambda}}.$$

ϱ_1, ϱ_2 Wärmeübergangskoeffizienten, λ, d m Wärmeleitfähigkeit bzw. Dicke der Wand.

5. Luftfeuchtigkeit

e Dunstdruck in kg/m², Teildruck des in der Luft enthaltenen Wasserdampfes,

f absolute Luftfeuchtigkeit (g Wasserdampf in 1 m³ Luft),

die relative Luftfeuchtigkeit gibt an, wie viel Prozent der höchstmöglichen Luftfeuchtigkeit vorhanden sind. (Bei 20° C ist 17,3 g/m³ höchstmögliche Feuchtigkeit.)

Taupunkt ist jene Temperatur, bis zu welcher die ungesättigte Luft abgekühlt werden muß, daß sie gesättigt wird.

Aus der Zustandsgleichung

$$e\, V = G_W\, 47{,}1\, (273 + t^0) \text{ wird für } V = 1 \text{ m}^3,$$

$$g_W = \frac{e}{47{,}1\, (273 + t^0)} \text{ kg/m}^3 \text{ und}$$

$$= 1000\, g_W = \frac{21{,}2\; e}{273 + t^0} \text{ g/m}^3 \text{ absolute Luftfeuchtigkeit.}$$

Messung der Luftfeuchtigkeit

Taupunkt-Hygrometer. Abkühlung eines Gefäßes mit glänzender Oberfläche durch Verdunstung von Äther, bis sich Tau an der Oberfläche niederschlägt, gleichzeitig wird ein Thermometer abgelesen.

Haarhygrometer. Entfettete Haare werden durch Feuchtigkeit länger und zeigen bei richtiger Einstellung die relative Feuchtigkeit an.

6. Brennstoffe

Der Heizwert ist jene Wärmemenge in W E, die 1 kg des Brennstoffes bei völliger Verbrennung abgibt.

Feste Brennstoffe

	W E/kg
Trockenes Holz	4500
(frisch gefälltes Holz 20—60% Wasser, lufttrockenes Holz 10—20% Wasser)	
Lufttrockener Torf (15—20% Wasser)	3300—4500
Braunkohlen	4500—5000
„ frisch gefördert (bis 60% Wasser), oft nur	2500
Steinkohlen	6800—7700
Anthrazit	8000
Braunkohlenbriketts	4800—5100
Steinkohlenbriketts	7800
Gaskoks	7000

Flüssige und gasförmige Brennstoffe

Für Dieselmotoren

	W E/kg
Rohpetroleum	10.500
Gasöl	10.000
Braunkohlenteeröl	9.500
Steinkohlenteeröl	9.000

Für Explosionsmotoren

	W E/kg
Benzin	10.500—11.000
Benzol	9.600
Gereinigtes Petroleum (Leuchtöl)	10.500—11.000
Generatorgas	1.200
Leuchtgas	1.000
Gichtgas	800

7. Verhalten der Gase und Dämpfe

a) Bezeichnungen und Zustandsgleichung für Gase

v spezifisches Volumen (Volumen der Gewichtseinheit) in m^3/kg, V Volumen in m^3 von G kg $\left(v = \frac{V}{G}\right)$, γ spezifisches Gewicht in kg/m^3, P spezifischer Druck, Spannung oder kurz Druck in kg/m^2, p derselbe Druck in kg/cm^2, d. i. in Atmosphären (at), $T = t + 273$ absolute Temperatur, R Gaskonstante, für jedes Gas ein konstanter Wert.

$R_l = 29{,}3$ für Luft,

$R_d = 47{,}1$ für überhitzten Wasserdampf.

Gesetz von Boyle-Mariotte für $t =$ konstant

$$P\,V = P_0\,V_0, \qquad p\,V = p_0\,V_0$$

Gesetz von Gay-Lussac für $p =$ konstant

$$\frac{V_2}{V_1} = \frac{273 + t_2}{273 + t_1}.$$

Boyle-Gay-Lussacsches Gesetz

$$P\,V = G\,R\,T \text{ (Zustandsgleichung für Gase).}$$

Wird eine Gasmasse bei konstant gehaltenem Drucke erwärmt, so wird ein Teil der als Wärme zugeführten Energie zur Erwärmung des

Gases, der Rest zur Überwindung des äußeren Druckes verwendet. Erfolgt dagegen die Erwärmung bei konstantem Volumen, so erübrigt sich der zweite Betrag. Daher ist die spezifische Wärme eines Gases bei konstantem Volumen c_v kleiner als die bei konstantem Druck c_p. Da bei allen Gasen der Ausdehnungskoeffizient der gleiche ist, ergibt sich nach der Zustandsgleichung

$$c_p - c_v = A\,R = \text{konst.}$$

$$\text{und damit auch } \frac{c_p}{c_v} = \text{konst.}$$

b) Wasserdampf

Soll Wasser verdampft werden, so muß für je 1 kg Wasser ein bestimmter Wärmebetrag, die Verdampfungswärme r, aufgewendet werden, die zum Teil zur äußeren Arbeitsleistung durch Vergrößerung des Volumens, zum Teil zur inneren Arbeit, zur Lösung des molekularen Zusammenhanges erforderlich ist.

Gesättigter Dampf ist ein Dampf, bei welchem gerade alle Flüssigkeit verdampft ist und daher praktisch ein Gemenge von reinem Dampf und mitgerissener Flüssigkeit.

Wird dem gesättigten Dampf weiter Wärme zugeführt, so wird Heißdampf oder überhitzter Dampf erhalten, der bei dem selben Druck wie der gesättigte Dampf eine höhere Temperatur aufweist.

Gesättigter Dampf

p absoluter Druck in kg/cm² (d. i. Überdruck + atmosphärischer Druck),

λ Gesamtwärme in W E, die erforderlich ist, um 1 kg Wasser von 0° C bei dem jeweiligen Druck in gesättigten Dampf zu verwandeln,

γ spezifisches Gewicht des Dampfes in kg/m³,

v spezifisches Volumen des Dampfes in m³/kg.

p	t° C	λ	γ	v
0,5	80,9	631	0,304	3,29
1,0	99,1	638	0,581	1,72
2,0	120	646	1,11	0,902
3,0	133	650	1,62	0,619
4,0	143	653	2,12	0,471
10,0	179	664	5,05	0,198
12,0	187	666	6,00	0,167
15,0	197	669	7,41	0,135
18,0	206	672	8,77	0,114
20,0	211	673	9,66	0,104
25,0	223	676	12,1	0,083

Überhitzter Dampf

Das Verhalten des überhitzten Dampfes regelt sich nach der Zustandsgleichung für Gase. Genauer ist $P\,v = 47{,}1\,T - 0{,}016\,P$, daraus ist

$$\gamma = \frac{10.000}{\frac{47{,}1\,T}{p} - 160}.$$

Die Wärmemenge, die zur Erwärmung von 1 kg Dampf um je 1° aufgewendet werden muß, heißt, wie bei den Gasen, spezifische Wärme bei konstantem Druck c_p.

c_p für überhitzten Dampf nicht unveränderlich. Für Näherungsrechnungen im gewöhnlich bei Dampfmaschinen angewendeten Bereich (14—20 at, 240—350°) kann c_p rund mit 0,6 angenommen werden.

c) Graphische Darstellungen

Thermodynamische Prozesse werden am sinnfälligsten im pv-Diagramm dargestellt. Abb. 1, S. 109. Jedem Punkt p, v entspricht eine bestimmte Temperatur; werden alle Punkte gleicher Temperatur verbunden, so wird eine Isotherme erhalten. Nach der Zustandsgleichung für Gase ist die Isotherme eine gleichseitige Hyperbel. Die verschiedenen Zustandsänderungen werden durch Linien dargestellt, da jeder Punkt einen bestimmten Zustand kennzeichnet.

Offene Prozesse werden durch offene, Kreisprozesse durch geschlossene Linien dargestellt.

Die äußere Arbeit wird bei den offenen Prozessen durch die von der Kurve, den Endordinaten und dem entstehenden Abszissenabschnitt begrenzte Fläche dargestellt, während bei Kreisprozessen die von der geschlossenen Kurve begrenzte Fläche ein Maß der äußeren Arbeit ist.

Besonders wichtig sind noch die adiabatischen Vorgänge, das sind solche, bei welchen das Gas oder der Dampf von der Umgebung kalorisch abgeschlossen ist, so daß Wärme weder zu- noch abgeführt werden kann. $\left(\text{Entropie } S \text{ konstant, } dS = \frac{dQ}{T}\right)$.

Die Adiabate hat die Gleichung

$$P\,v^k = \text{konst.}$$

Häufig wird auch das Entropie-Temperaturdiagramm verwendet (Entropie S Abszisse, absolute Temperatur T Ordinate) Abb. 1, S. 109.

8. Grundgesetze der Thermodynamik

Wärme ist eine Erscheinungsform der Energie.

Prinzip von der Erhaltung der Energie: Die Summe der Energie in einem abgeschlossenen System ist eine konstante Größe.

Wird einem Körper die Wärmemenge $d\,Q$ zugeführt, so wird ein Teil $d\,U$ zur Temperaturerhöhung und zur Leistung innerer Arbeit verwendet, der Rest setzt sich in äußere Arbeit $d\,L$ um.

$$d\,Q = d\,U + A\,d\,L.$$

Der Teil der Wärmemenge, der in mechanische Arbeit umgewandelt wird, steht immer zu dieser in dem festen Verhältnis $A = \frac{1}{427}$ WE/mkg (1. Hauptsatz).

1 Kalorie (1 WE) ist 427 mkg äquivalent. $A = \frac{1}{427}$ das mechanische Wärmeäquivalent.

1 PS (Pferdestärke)	= 75 mkg/sek	= 0,176 WE/sek,
1 kW (Kilowatt)		= 0,239 WE/sek,
1 kWSt (Kilowattstunde)		= 860 WE.

In den Wärmekraftmaschinen kann nur ein geringer Teil der im Heizstoff enthaltenen Energie in nutzbare Arbeit umgesetzt werden. Dieser wirtschaftliche Wirkungsgrad η_w ist bei der Dampfmaschine 5—20%, bei Verbrennungskraftmaschinen bis 38%.

Wärme kann nur bei einer Temperaturdifferenz in mechanische Arbeit umgesetzt werden. Trotz des gewaltigen Wärmeinhalts der Körper kann doch nur ein verschwindend kleiner Teil in Arbeit verwandelt werden, da alle Körper annähernd gleiche Temperatur haben. Daher sind künstlich große Temperaturunterschiede zu erzeugen (Dampfkessel, Verbrennungskraftmaschinen).

Mechanische Energie kann restlos in Wärme umgewandelt werden; dagegen kann die Wärmemenge Q nur dann in die mechanische Nutzarbeit ($427\,Q$) mkg umgewandelt werden, wenn gleichzeitig noch die Wärmemenge Q_2 geopfert wird, die nicht in Arbeit umgesetzt wird. Um die Arbeit $L = 427\,Q$ zu erhalten, müssen $Q + Q_2 = Q_1$ WE aufgewendet werden.

Wärme kann nur unter Aufwendung von mechanischer Arbeit oder anderer Energie von einem kälteren zu einem wärmeren Körper übergehen (2. Hauptsatz)

$$dQ = T\,dS.$$

Entropie S. Wird für irgend einen thermischen Prozeß mit stetiger Temperaturänderung in jedem Zeitdifferential die Änderung der zu- oder abgeführten Wärmemenge dQ gebildet und durch die augenblickliche Temperatur T dividiert, so wird das Differential der Zustandsfunktion S erhalten

$$dS = \frac{dQ}{T} \qquad \int_1^2 \frac{dQ}{T} = S_2 - S_1.$$

Umkehrbare Prozesse haben nach Ablauf dieselbe Entropie als am Beginn des Prozesses; die Summe der Entropieänderungen über den ganzen Vorgang genommen ist Null

$$S_2 - S_1 = \int_1^2 \frac{dQ}{T} = 0 \qquad \text{(2. Hauptsatz, Form für umkehrbare Prozesse.)}$$

Bei nicht umkehrbaren Prozessen nimmt die Entropiesumme immer mehr zu

$$\int \frac{dQ}{T} < 0.$$

Ein isoliertes System kann nicht an Entropie abnehmen; diese Bedingung ist jedoch praktisch nicht erfüllbar. Bei Austausch von Energie mit der Umgebung kann die Entropie abnehmen, allerdings unter Zunahme der Entropie der Umgebung. Die Entropie des Weltalls strebt wahrscheinlich einem Höchstwert zu.

9. Kreisprozeß von Carnot

Dieser stellt die ideale (praktisch nicht erreichbare) Form der Umwandlung von Wärme in mechanische Energie dar und gibt die für die jeweils angenommenen Temperaturgrenzen T_1 und T_2 theoretisch möglichen Wirkungsgrade der Energieumwandlung an.

Der Zustand von 1 kg Gas vom Druck p_1 und der Temperatur T_1 wäre durch Punkt A gegeben. Abb. 1. Von A bis B dehne sich die Luft von v_1

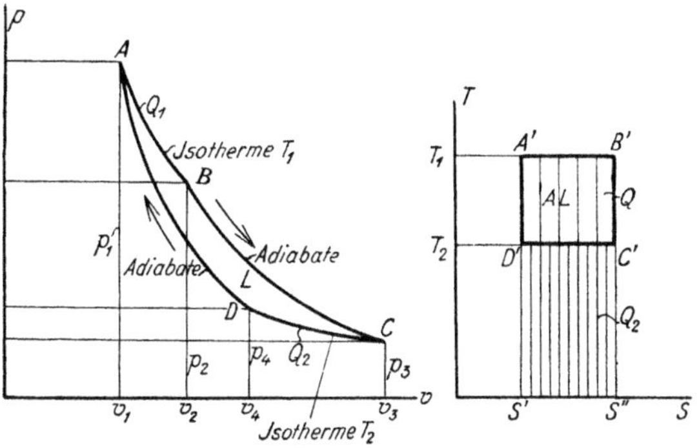

Abb. 1

auf v_2 bei Aufrechthaltung der Temperatur T_1 und unter Zufuhr der Wärmemenge Q_1 aus, wobei mechanische Arbeit durch Ausdehnung der Luft verrichtet wird. AB Isotherme für T_1

$$Q_1 = R\,T_1 \ln \frac{v_2}{v_1}.$$

Von B bis C würde die weitere arbeitverrichtende Ausdehnung adiabatisch (ohne Wärmezu- oder -abfuhr) erfolgen bis die untere Grenztemperatur T_2 erreicht ist.

Um zu den Anfangsbedingungen (p_1, v_1) zurückzugelangen, muß das Gas wieder verdichtet werden, wobei ihm bis D bei gleichbleibender Temperatur T_2 (Isotherme) die Wärmemenge Q_2 entzogen wird.

$$Q_2 = R\,T_2 \ln \frac{v_3}{v_4}.$$

Von D bis A zurück erfolgt die Verdichtung adiabatisch. D wird so gewählt, daß mit der Adiabate durch D der Punkt A erreicht wird.

Die Gleichung der Adiabate ist

$$p\,v^k = p_0\,v_0{}^k, \text{ wobei } k = \frac{c_p}{c_v}$$

k für Luft 1,41, für Wasserdampf 1,135.

Die Differenz $Q_1 - Q_2$ würde in Nutzarbeit umgewandelt

$$\frac{Q_2}{Q_1} = \frac{T_2}{T_1}\,\frac{\ln \frac{v_3}{v_4}}{\ln \frac{v_2}{v_1}}.$$

Wird die Adiabatengleichung für $A\,C$ und $D\,A$ aufgestellt, so ergibt sich, daß

$$\frac{v_2}{v_1} = \frac{v_3}{v_4}, \text{ daher}$$

$$\frac{Q_2}{Q_1} = \frac{T_2}{T_1}, \quad A\,L = Q_1\left(1 - \frac{T_2}{T_1}\right),$$

$$\eta_t = \frac{AL}{Q_1} = 1 - \frac{T_2}{T_1} = \frac{T_1 - T_2}{T_1}$$ theoretischer Wirkungsgrad der Energieumwandlung.

Die ganze Wärme Q_1 kann daher nicht in Arbeit umgesetzt werden, da in diesem Falle eine Abkühlung bis auf den absoluten Nullpunkt erforderlich wäre ($T_2 = -273^0$ C). Da die mögliche Temperatur des Kühlwassers im Durchschnitt bei rund 10^0 C liegt, muß T_1 möglichst hoch gewählt werden.

Für	$t_1 =$	100	200	400	600^0 C
	$T_1 =$	373	473	673	873^0 C
würde	$\eta_t =$	0,21	0,38	0,56	0,66

theoretisch erreichen. Daher besteht das Bestreben, Wärmekraftmaschinen für sehr hohe Temperaturen zu entwickeln. Die wirtschaftlichen Wirkungsgrade η_w stellen sich jedoch infolge Verluste noch wesentlich tiefer.

10. Allgemeine Zustandsänderungen in Gas- und Dampfströmen

Der Zustand eines strömenden Gases ist gleichfalls durch die Zustandsgleichung gegeben.

Wirbelfreie oder Parallel-Strömung tritt nur in engen, kreisrunden und glatten Röhren oder bei ganz geringen Geschwindigkeiten auf.

Bei der praktisch fast immer vorhandenen Wirbelströmung kann auch mit einer mittleren Geschwindigkeit (w_m in m/sek) gerechnet werden.

$$w_m = \frac{V}{F} = \frac{G}{\gamma F}$$

F Querschnitt in m²,
V in der Sekunde durch F fließendes Volumen in m³/sek,
G in der Sekunde in Kilogramm; γ spezifisches Gewicht kg/m³.

Für den Beharrungszustand gilt die Kontinuitätsgleichung

$$F_1\, w_1\, \gamma_1 = F_2\, w_2\, \gamma_2 = F_3\, w_3\, \gamma_3.$$

Für kleine Druckänderungen kann das spezifische Gewicht der Gase und Dämpfe konstant angenommen werden, so daß

$$w_2 : w_1 = F_1 : F_2.$$

11. Statischer und dynamischer Druck bei Gas- und Dampfströmen

Unter dem statischen Druck wird jener verstanden, den ein vom Gasstrom mitgeführtes Manometer anzeigen würde. Dieser Druck ist jeweils in die Zustandsgleichung einzuführen. Er ist bei Leitungen auch der auf die Wand ausgeübte Druck und kann durch Manometer gemessen werden, deren Leitungen in Bohrungen der Wand befestigt sind. Absoluter Druck und Überdruck wird genau wie bei ruhenden Gasen unterschieden.

Eine geringe Wärmezu- und -abfuhr im Zuge der Rohrleitung wird in der Folge vernachlässigt.

Bei einer Leitung mit veränderlichem Querschnitt ist der Druck in den einzelnen Querschnitten verschieden. Einer Zunahme der Geschwindigkeit entspricht eine Abnahme des Druckes.

$$d\,P = -\frac{\gamma}{g}\, w\, d\, w\,; \quad v\, d\, P = d\left(\frac{w^2}{2\,g}\right).$$

P Druck in kg/m², $d\left(\frac{w^2}{2g}\right)$ ist die Zunahme der lebendigen Kraft von 1 kg Gas,
γ spezifisches Gewicht kg/m³,
v spezifisches Volumen m³/kg,
w Geschwindigkeit in m/sek, $g = 9{,}81$ m/sek²

$$-\int_{v_1}^{v_2} v\, d\, P = \frac{w_2^2 - w_1^2}{2g}.$$

Für kleine Druckunterschiede gilt dann, da γ konstant angenommen werden kann:

$$\frac{P_1}{\gamma} - \frac{P_2}{\gamma} = \frac{W_2^2}{2g} - \frac{W_1^2}{2g}.$$

Die Abnahme der Druckenergie ist gleich der Zunahme der Geschwindigkeitsenergie oder längs einer Strömungslinie bleibt die Summe aus Druck- und Geschwindigkeitsenergie konstant.

Statt auf Energie kann auch die Gleichung auf Druck bezogen werden. Einführung eines äquivalenten Druckes: Dynamischer Druck h_d. (Dem Zahlenwerte nach ist P kg/m³ = h mm Wassersäule)

$$h_d = \frac{\gamma}{2g} w^2 \text{ mm Wassersäule.}$$

Gesamtdruck: $H = h_s + h_d$.

Die Messung des Gesamtdruckes und des statischen Druckes erfolgt durch das Staurohr von Pitot; die Geschwindigkeit w ergibt sich dann

$$w = \sqrt{\frac{2g\,(H - h_s)}{\gamma}} \text{ m/sek.}$$

12. Druckabfall in Rohrleitungen

Ein bestimmter Druckabfall in Rohrleitungen ist zur Aufrechthaltung der Geschwindigkeit notwendig.

In den weitaus meisten praktischen Fällen erfolgt die Gasströmung als rollende Bewegung in Wirbeln. Zur Ermittlung des Druckabfalles dient nachstehende empirische Formel:

$$\triangle p = \beta \frac{l}{d} \gamma w^2.$$

$\triangle p$ Druckverlust in kg/cm²,
l Rohrlänge in m,
d Rohrdurchmesser in m,
γ spezifisches Gewicht in kg/m³,
w Gasgeschwindigkeit in m/sek,
β Koeffizient des Rohrleitungswiderstandes.

Für **Dampfleitungen** mittleren Durchmessers ist $10^8 \cdot \beta = 10{,}5$ nach Eberle.
Für **Luftleitungen** ist $10^8 \cdot \beta$ nach Versuchen von Fritsche

Rohrdurchmesser in m	bis $\gamma \cdot w =$					
	10	20	40	60	100	200
0,05	14,9	13,5	12,2	11,5	10,7	9,8
0,10	12,4	11,2	10,1	9,6	8,8	8,2
0,20	10,3	9,3	8,4	7,9	7,3	6,8
0,40	8,6	7,7	7,0	6,6	—	—

Elastizitäts- und Festigkeitslehre

bearbeitet von

Ing. Dr. **Friedrich Bleich**, Wien

I. Grundbegriffe

Die Elastizitäts- und Festigkeitslehre ist jener Teil der Mechanik fester Körper, in welchem die Körper unter Berücksichtigung der gewöhnlich sehr kleinen Formänderungen, die sie unter dem Einfluß von äußeren Kräften erleiden, betrachtet werden.

Spannung. Grenzt man in einem Körperpunkte m eine unendlich kleine Fläche dF ab, und ist dP die Kraft, die durch diese Fläche von dem einen Körperteil auf den anderen übertragen wird, so heißt $\frac{dP}{dF}$ die Spannung im Punkte m für die Richtung der Fläche dF. Zerlegt man die übertragene Kraft dP in eine Teilkraft dN senkrecht zur Fläche dF und in eine zweite dT, die in die Fläche fällt, so heißt $\frac{dN}{dF}$ die Normalspannung (σ) und $\frac{dT}{dF}$ die Schubspannung (τ).

Hauptspannungen. Denkt man sich die Spannung $\frac{dP}{dF}$, die eine gerichtete Größe ist, im Punkte m als Vektor aufgetragen, so entspricht jeder durch m gehenden Ebene ein solcher Spannungsvektor. Die Endpunkte aller dieser von m ausgehenden Vektoren liegen auf dem Spannungsellipsoid, dessen drei aufeinander senkrecht stehenden Achsen die Hauptspannungen darstellen. Sie sind die Größt- bzw. Kleinstwerte, die die Spannungen im Punkte m annehmen können und dadurch ausgezeichnet, daß sie senkrecht zu den zugehörigen Ebenen (Hauptebenen) stehen, weshalb die Schubspannungen in den Hauptebenen verschwinden. Man nennt den allgemeinsten Spannungszustand, der durch drei Hauptspannungen gekennzeichnet ist, dreiachsigen Spannungszustand. Er ist durch sechs Spannungsgrößen, drei Normalspannungen σ_x, σ_y, σ_z und drei Schubspannungen τ_x, τ_y, τ_z eindeutig festgelegt. Ist eine der Hauptspannungen Null, dann liegt der ebene Spannungszustand vor, zu dessen Beschreibung die Angabe von je drei Spannungsgrößen in jedem Punkte, σ_x, σ_y und τ, notwendig ist. Verschwinden schließlich zwei Hauptspannungen, dann bezeichnet man den Zustand als linearen Spannungszustand, der durch die Angabe einer einzigen Spannungsgröße σ gekennzeichnet ist.

Hauptspannungen bei ebenem Spannungszustand. Sind σ_x, σ_y die Normalspannungen in den Richtungen der Achsen x bzw. y, τ die Schubspannung, dann sind die Hauptspannungen gegeben durch

(1) $$\sigma_{\substack{max \\ min}} = \frac{\sigma_x + \sigma_y}{2} \pm \frac{1}{2}\sqrt{4\,\tau^2 + (\sigma_x - \sigma_y)^2}.$$

Die Winkel φ, die die Richtungen der beiden Hauptspannungen mit der x-Achse einschließen berechnet man aus

$$\operatorname{tg} 2\varphi = \frac{2\tau}{\sigma_y - \sigma_x}. \tag{2}$$

Formänderungen. Die gemeinsam mit den Spannungen auftretenden Formänderungen sind Längenänderungen, die den Normalspannungen, und Winkeländerungen, die den Schubspannungen entsprechen.

Der Zusammenhang zwischen Spannungen und Formänderungen wird durch das Elastizitätsgesetz, das ein Erfahrungsgesetz ist und sich auf den linearen Spannungszustand bezieht, beschrieben. Die Elastizitätstheorie legt ihren Untersuchungen das Hookesche Gesetz (Proportionalität zwischen Spannung und Formänderung) zugrunde.

Wirkt auf einen zylindrischen Körper eine über dem Querschnitt F gleichmäßig verteilte Kraft P (linearer Spannungszustand), so ist die Spannung $\sigma = \frac{P}{F}$. Gleichzeitig tritt eine Längenänderung Δl des Stabes und eine Querzusammenziehung desselben auf. Bezeichnet man mit ε die spezifische Dehnung, d. i. die Dehnung der Längeneinheit, mit E den Elastizitätsmodul, so gilt

$$\varepsilon = \frac{\sigma}{E} \text{ und } \Delta l = \varepsilon l = \frac{Pl}{EF}. \tag{3}$$

Das Verhältnis der Längsdehnung zur Querzusammenziehung liegt für die meisten festen Körper zwischen 3 und 4 (es kann erfahrungsgemäß auch größer als 4 sein, aber aus theoretischen Gründen nicht kleiner als 2) und wird mit m bezeichnet. Der reziproke Wert $\frac{1}{m}$ heißt Poissonsche Konstante. Für Eisen wird $m = \frac{10}{3}$ angenommen.

Wirken auf einen unendlich kleinen Würfel bloß Schubspannungen τ, so tritt die in Abb. 1 dargestellte Verformung ein. Die Änderung $\gamma = 2\delta$ des ursprünglich rechten Winkels ergibt sich zu

$$\gamma = \frac{2\tau}{E}\left(1 + \frac{1}{m}\right), \tag{4}$$

woraus nach Einführung einer neuen Konstanten

$$G = \frac{m}{2(m+1)} E \tag{5}$$

die Proportionalitätsbeziehung zwischen Schubspannung und Winkeländerung

$$\gamma = \frac{\tau}{G} \tag{5'}$$

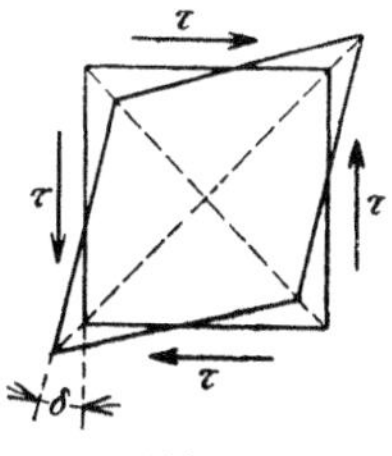

Abb. 1

hervorgeht. G heißt Schubelastizitätsmodul oder Gleitmaß.

Bei isotropen Körpern genügt die Festlegung von zwei Materialkonstanten E und m oder E und G, um die Formänderung eindeutig beschreiben zu können.

Spannungs-Dehnungslinie. Die Baustoffe folgen entweder gar nicht dem Hookeschen Gesetze oder nur bis zu einer bestimmten Grenze, der

Proportionalitätsgrenze. In Abb. 2 ist die Spannungs-Dehnungslinie für Stahl gezeichnet. Auf der ε-Achse sind die Dehnungen, auf der σ-Achse die zugehörenden Spannungen aufgetragen. P ist die Proportionalitätsgrenze (ε_P σ_P). S heißt Streck- oder Fließgrenze ($\varepsilon_S\,\sigma_S$), weil von der Spannung σ_S angefangen, ein starkes Strecken (Fließen) eintritt. σ_S heißt beim Druckversuch auch Stauch- oder Quetschgrenze. Die erreichte Höchstspannung σ_B heißt Bruchfestigkeit. Als Bruchdehnung wird die gesamte Dehnung bis zur Querschnittstrennung (Bruch) bezeichnet. Die Fläche $OPSBZZ_0O$ wird das Arbeitsvermögen des Baustoffes genannt. Annäherungsweise auch durch die Rechteckfläche $OB_0B_1Z_0O = \varepsilon_Z \cdot \sigma_B$ gegeben. Das Produkt aus Bruchspannung und Bruchdehnung heißt Gütezahl.

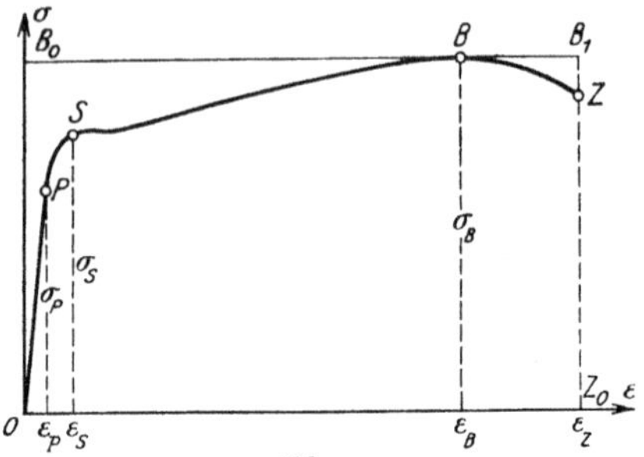

Abb. 2

Schubfestigkeit τ_B ist jene Schubspannung, bei der zwei gegeneinander verschobene Querschnitte sich trennen. Mit τ_P wird die Proportionalitätsgrenze für Schub bezeichnet.

Für die wichtigsten Baustoffe: Schmiedeeisen, Stahl und auch Holz gibt das Hookesche Dehnungsgesetz bis zur Proportionalitätsgrenze eine vollkommen zureichende Annäherung an das wirkliche Elastizitätsgesetz. Für andere Stoffe aber, namentlich für Gußeisen, Beton und steinartige Materialien, bei welchen überhaupt keine eigentliche Proportionalitätsgrenze besteht, kann das lineare Gesetz nicht mehr als zutreffend angesehen werden. Man hat deshalb verschiedene empirische Formeln zur Darstellung der Abhängigkeit der elastischen Dehnung von der Spannung in Vorschlag gebracht. Nach Prof. v. Bach gibt das Gesetz $\varepsilon = a\,\sigma^n$ eine gute Übereinstimmung mit den Versuchswerten. Der Exponent n ist für Schmiedeeisen, Stahl usw. $= 1$ zu setzen, für die übrigen Baustoffe ist n zwischen 1 und 2 gelegen.

Elastizitätsgrenze. Die gesamten Formänderungen zerfallen in elastische und bleibende Formänderungen. Die ersteren verschwinden nach Aufhören der Belastung. Jene Grenze, bis zu der die bleibenden Formänderungen Null oder verschwindend klein sind, heißt die Elastizitätsgrenze σ_E. σ_E liegt bei Metallen nicht fest, sondern ihre Lage wird durch die vorangehende Bearbeitung in ziemlich weiten Grenzen beeinflußt.

Zulässige Beanspruchung. Sicherheitsgrad. Man setzt in der Regel $n\,\sigma_{zul} = \sigma_k$, worin n der Sicherheitsgrad, σ_{zul} die zulässige Beanspruchung, σ_k jene kritische Spannung ist, bei der entweder der Bruch eintritt oder unzulässige Formänderungen zustande kommen. σ_k kann entweder die Zug- oder Druckfestigkeit, die Biegungsfestigkeit, die Schub- oder Drehungsfestigkeit sein. Im Bauwesen wird neben der Bruchfestigkeit auch die Streckgrenze, manchmal auch die Elastizitätsgrenze als kritische Spannung betrachtet. Der Sicherheitsgrad n schwankt in sehr weiten Grenzen. Er hängt ab von der Art des Materiales, von der Art der Belastung, ob ruhend oder wechselnd und ob dynamische Wirkungen (Schwingungen) in Frage kommen.

Reduzierte Spannung. Unter der Annahme, daß die größte Hauptdehnung für den Eintritt des Bruches maßgebend ist, ergibt sich die sogenannte reduzierte Spannung σ_{red} zur Berechnung der größten Anstrengung bei ebenem Spannungszustand zu

$$\sigma_{red} = \frac{m-1}{2m}(\sigma_x + \sigma_y) \pm \frac{m+1}{2m}\sqrt{4\tau^2 + (\sigma_x - \sigma_y)^2} \tag{6}$$

oder mit $m = \frac{10}{3}$

$$\sigma_{red} = 0{,}35(\sigma_x + \sigma_y) \pm 0{,}65\sqrt{4\tau^2 + (\sigma_x - \sigma_y)^2}, \tag{7}$$

wobei σ_x, σ_y, τ die Spannungskomponenten, bezogen auf ein beliebiges rechtwinkliges Achsensystem, bedeuten.

Festigkeitszahlen verschiedener Baustoffe

a) Eisen und Stahl

Durchschnittswerte nach Tetmajer in t/cm²

Material	Elastizitätsmodul	Zugfestigkeit	Proport.-Grenze	Streckgrenze
Schweißeisen:				
bestes Nietmaterial	2000	3,8	1,6	1,8—2,0
Rund- und Stabeisen	2000	3,6	1,5	
Formeisen	2000	3,4	1,5	
Bleche, Längsrichtung	2000	3,4	1,6	
,, Querrichtung	—	2,8	—	
Draht, je nach Dicke	—	4,0—7,0	—	
Flußeisen:				
bestes Nietmaterial	2150	4,0—4,2	2,0	2,4
Rund- und Stabeisen	2150	3,6—4,2	2,0	
Formeisen	2150	3,6—4,2	2,0	
Bleche, Längs- und Querrichtung	2150	3,8	2,0	
Draht, weich	—	6,5	—	
,, härtere Sorten	—	6,5—8,5	—	
Drahtseil, je nach Härte	—	6,0—8,0	—	
Flußstahl:				
in Stäben, weich	—	4,5	2,5	3,0 und mehr
,, ,, mittelhart	—	5,5	3,5	
,, ,, hart	2200	6,5	4,2	
Draht, weich	2200	6,5—10,0	—	
,, mittelhart	2200	10,0—14,0	—	
,, hart	—	14,0—20,0	—	
Tiegelgußstahldrahtseil, mittelhart	—	12,0	—	
,, hart	—	18,0	—	
Nickelstahl	2100	5,6—7,0	—	3,5—3,8
Gußeisen	1000	1,2 Zug	—	

b) Bauholz

Festigkeitszahlen in kg/cm²

Holzart	Elastizitätsmodul E	Zugfestigkeit	Druckfestigkeit	Biegungsfestigkeit	Schubfestigkeit ∥ zur Faser	Schubfestigkeit ⊥ zur Faser	Zug ⊥ zur Faser	Druck ⊥ zur Faser	Ungefähre Elastizitätsgrenze
Kiefer	100,000—130,000	720-970	230-300	500-700	61	210	—	—	für Zug = 0,6 × Zugfestigkeit „ Druck = 0,4 × Druckfestigkeit „ Biegung = 0,5 × Biegungsfestigkeit
Fichte		600-750	280-440	560-700	61	219	—	—	
Tanne		550-800	280-350	500-650	63	273	—	—	
Lärche		710-960	330-500	500-700	72	247	—	—	
Nadelholz im Mittel		730	330	550	65	230	125	40-70	
Eiche		920	400	620	75	270	150	120-150	
Buche		1000	400	—	85	300	—	—	

Das Kernholz besitzt eine etwas geringere Festigkeit als das seitliche Stammholz. Die Festigkeit des Holzes nimmt ferner mit abnehmendem Feuchtigkeitsgehalte zu. Besonders gutes Holz kann eine bis zu 60% höhere, schlechtes Holz eine um 50% geringere Festigkeit als nach obenstehender Tabelle haben.

Gütebeurteilung des Bauholzes nach Tetmajer: Probestab von 10×10 cm Querschnitt, 160 cm Länge, auf zwei Schneiden in 150 cm Abstand frei aufliegend und in der Mitte bis zum Bruche belastet. Ist B die Bruchlast, f die größte Durchbiegung unmittelbar vor dem Bruche, so ist die Biegungsarbeit annäherungsweise $A = 0{,}7\, B f$.

Es soll lufttrockenes Nadelholz eine Biegungsarbeit von mindestens $A = 3{,}5$ t/cm und eine Druckfestigkeit (an 10 cm-Würfeln) von mindestens 0,24 t/cm², lufttrockenes Laubholz eine Biegungsarbeit von mindestens $A = 5{,}5$ t/cm und eine Druckfestigkeit von mindesten 0,32 t/cm² aufweisen.

c) Verschiedene Baustoffe

σ in kg/cm²

Material	Elastizitätsmodul E t/cm²	Bruchbelastung Zug	Bruchbelastung Druck	Proportionalitätsgrenze Zug	Proportionalitätsgrenze Druck	Zulässige Inanspruchnahme im Mittel Zug	Zulässige Inanspruchnahme im Mittel Druck
Aluminium:							
gegossen	775	1050	—	457	—	—	—
Stäbe	—	1970	—	985	246	—	—
Draht	—	2100-4600	—	1130-2100	—	—	—
Kupfer, gehäm.	1070	2500	4000	1400	1400	700	—
Kupferdraht	1210	4200	—	1600	—	1000	—
Messing	1000	1200	800	480	—	250	150

Material	Elastizitätsmodul E t/cm²	Bruchbelastung		Proportionalitätsgrenze		Zulässige Inanspruchnahme im Mittel	
		Zug	Druck	Zug	Druck	Zug	Druck
Zink, gegossen	950	526	—	230	—	—	—
Blei	50	130	500	105	—	50	100
Granit	300	40	800–1400	—	—	5	50—60
Kalkstein, dichter	350	40	500–1000	—	—	—	25—30
Sandstein	—	20	300—800	—	—	—	20—30
Ziegel, gewöhnl.	—	10	60—120	—	—	—	5—7
„ gute	—	20	150—250	—	—	—	7—10
Zementmörtel	80–200	15	100—200	—	—	2	15
Kalkmörtel	—	—	50	—	—	—	5
Glas	800	300	1500	—	—	75	75
Kautschuk	0,5	230	—	—	—	—	—

Seile und Riemen	E	Zerreiß-festigkeit	Zulässige Inanspruchnahme kg/cm²	
	t/cm²	kg/cm²	für Tragseile	für Transmissionsseile
Manillahanfseile (neu)	9,5	1200	80—120	10
Schleißhanfseile (neu)	12,5	800—1000	80—120	10
Drahtseile (Eisendraht)	700	4000	700	350
Lederriemen (neu)	1,3	290	30	12,5
„ (gebraucht)	2,3	—	—	—

Die Spannungszahlen beziehen sich bei den Seilen auf den wirklichen Draht- oder Litzenquerschnitt, welcher bei dem Seildurchmesser d mit 0,5 bzw. 0,6 $\frac{\pi d^2}{4}$ anzunehmen ist.

Festigkeitszahlen für **Steine, Mörtel, Beton** siehe „Baustoffe".

Zulässige Beanspruchungen im Maschinenbau

(nach Bach)

In nachstehender Tafel gelten die zulässigen Spannungen unter I, wenn die Belastung eine ruhende ist.

Die zulässigen Spannungen unter II gelten, wenn die Belastung beliebig oft wechselt, derart, daß die durch sie hervorgerufenen Spannungen abwechselnd von Null bis zu einem größten Werte stetig wachsen und dann wieder auf Null zurücksinken (z. B. wiederholte Dehnung, wiederholte Biegung, wiederholte Drehung nach einer Richtung hin).

Die zulässigen Spannungen unter III gelten, wenn die Belastung beliebig oft wechselt, derart, daß die durch sie hervorgerufenen Spannungen abwechselnd von einem größten negativen Werte stetig bis zu einem größten positiven, absolut gleich großen Werte wachsen, dann wieder abnehmen (z. B. wiederholte Biegung und wiederholte Drehung nach entgegengesetzten Richtungen hin). Der Wechsel der Beanspruchung kann auch durch Änderung der Temperatur bewirkt werden.

In kg/cm²

Art der Festigkeit und Belastung		Schweißeisen	Flußeisen		Flußstahl		Stahlguß		Gußeisen	Kupferblech gewalzt
			von	bis	von	bis	von	bis		
Zug k_z	I	900	900	1200	1200	1500	600	900	300	600
	II	600	600	800	800	1000	400	600	200	300
	III	300	300	400	400	500	200	300	100	—
Druck k	I	900	900	1200	1200	1500	900	1200	900	—
	II	600	600	800	800	1000	600	900	600	—
Biegung k_b	I	900	900	1200	1200	1500	750	1050		—
	II	600	600	800	800	1000	500	700	¹)	—
	III	300	300	400	400	500	250	350		—
Schub k_s	I	720	720	960	960	1200	480	840	300	—
	II	480	480	640	640	800	320	560	200	—
	III	240	240	320	320	400	160	280	100	—
Drehung k_d	I	360	600	840	900	1200	480	840		—
	II	240	400	560	600	800	320	560	²)	—
	III	120	200	280	300	400	160	280		—

¹) Bei Rechteckquerschnitt setze man $k_b = 1{,}7\ k_z$, bei Kreisquerschnitt $k_b = 2{,}05\ k_z$, bei I-Querschnitt $k_b = 1{,}45\ k_z$.

²) Bei Kreisquerschnitt $k_d = k_z$,
„ Kreisringquerschnitt $k_d = 0{,}8\ k_z$,
„ quadratischen Querschnitt $k_d = 1{,}4\ k_z$,
„ I, [, L, +-Querschnitt $k_d = 1{,}5\ k_z$.

Zulässige Beanspruchungen im **Hochbau** und **Brückenbau** siehe die Kapitel „Hochbau, Eisenbetonbau und Brückenbau".

II. Grundgleichungen der Elastizitätstheorie

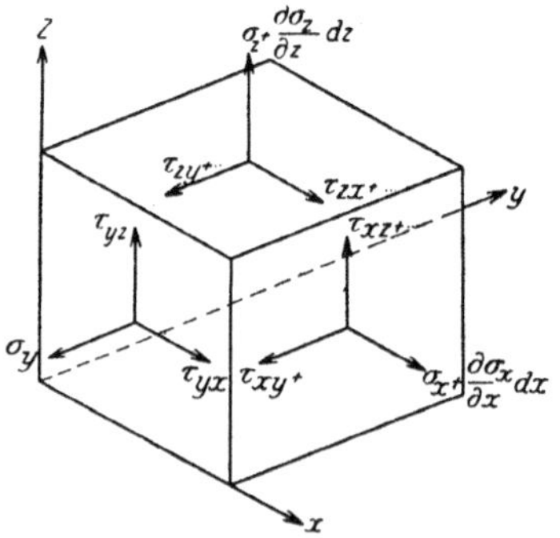

Abb. 3

Gleichgewichtsbedingungen zwischen den Spannungskomponenten

Unter Beachtung der in Abb. 3 eingetragenen Spannungsbezeichnungen gelten für jeden inneren Punkt des Körpers bei Vernachlässigung der Massenkraft die Differentialgleichungen (Gleichgewichtsbedingungen):

$$
\begin{aligned}
&\frac{\partial \sigma_x}{\partial x} + \frac{\partial \tau_{yx}}{\partial y} + \frac{\partial \tau_{zx}}{\partial z} = 0,\\
(1)\quad &\frac{\partial \sigma_y}{\partial y} + \frac{\partial \tau_{xy}}{\partial x} + \frac{\partial \tau_{zy}}{\partial z} = 0,\\
&\frac{\partial \sigma_z}{\partial z} + \frac{\partial \tau_{xz}}{\partial x} + \frac{\partial \tau_{yz}}{\partial y} = 0.
\end{aligned}
$$

Außerdem gilt allgemein der Satz von der Gleichheit der einander zugeordneten Schubspannungen.

$$\tau_{xy} = \tau_{yx}, \qquad \tau_{xz} = \tau_{zx}, \qquad \tau_{yz} = \tau_{zy}.$$

Für Punkte an der Oberfläche des Körpers, wenn p_{nx}, p_{ny}, p_{nz}, die in Richtung der x- bzw. y- bzw. z-Achse genommenen Teilkräfte der Drucke sind, die auf die Körperoberfläche im betrachteten Punkte einwirken, Abb. 4, bestehen die Gleichungen

$$\begin{aligned} &\sigma_x \cos(n\,x) + \tau_{yx} \cos(n\,y) + \\ &\qquad + \tau_{zx} \cos(n\,z) = p_{nx}, \\ &\sigma_y \cos(n\,y) + \tau_{xy} \cos(n\,x) + \\ &\qquad + \tau_{zy} \cos(n\,z) = p_{ny}, \\ &\sigma_z \cos(n\,z) + \tau_{xz} \cos(n\,x) + \\ &\qquad + \tau_{yz} \cos(n\,y) = p_{nz}, \end{aligned} \tag{2}$$

wobei $(n\,x)$, $(n\,y)$, $(n\,z)$ die Neigungswinkel der Oberflächennormalen gegen die x- bzw. y- bzw. z-Achse bedeuten.

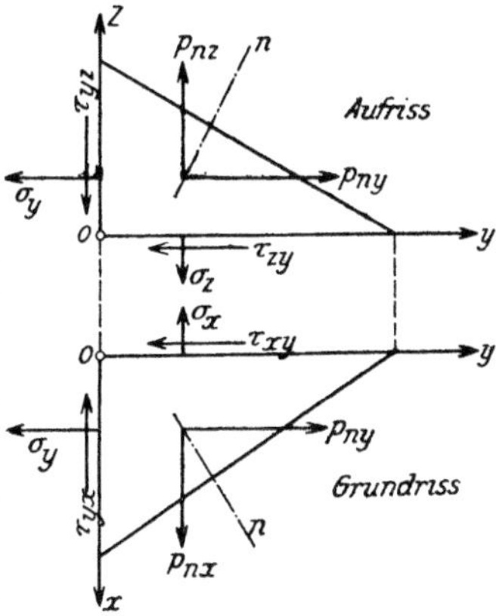

Abb. 4

Beziehungen zwischen Spannungen und Formänderungen

Zwischen den Dehnungen ε, den Winkeländerungen γ einerseits, den Normalspannungen σ und Schubspannungen τ anderseits bestehen folgende Verknüpfungen:

$$\begin{aligned} \varepsilon_x &= \frac{1}{E}\left(\sigma_x - \frac{1}{m}(\sigma_y + \sigma_z)\right), \\ \varepsilon_y &= \frac{1}{E}\left(\sigma_y - \frac{1}{m}(\sigma_x + \sigma_z)\right), \\ \varepsilon_z &= \frac{1}{E}\left(\sigma_z - \frac{1}{m}(\sigma_x + \sigma_y)\right); \end{aligned} \tag{3}$$

$$\gamma_{xy} = \frac{1}{G}\tau_{xy}, \quad \gamma_{xz} = \frac{1}{G}\tau_{xz}, \quad \gamma_{yz} = \frac{1}{G}\tau_{yz}; \quad G = \frac{m\,E}{2\,(m+1)}. \tag{4}$$

Bezeichnen ξ, η, ζ die elastischen Verschiebungen eines Punktes des Körpers in den Richtungen x, y, z eines im Körper festliegenden rechtwinkligen Koordinatensystems, so gelten folgende Beziehungen zwischen Dehnung und Winkeländerung einerseits und den Verschiebungen anderseits:

$$\varepsilon_x = \frac{\partial \xi}{\partial x}, \quad \varepsilon_y = \frac{\partial \eta}{\partial y}, \quad \varepsilon_z = \frac{\partial \zeta}{\partial z}; \tag{5}$$

$$\gamma_{xy} = \frac{\partial \xi}{\partial y} + \frac{\partial \eta}{\partial x}, \quad \gamma_{xz} = \frac{\partial \xi}{\partial z} + \frac{\partial \zeta}{\partial x}, \quad \gamma_{yz} = \frac{\partial \eta}{\partial z} + \frac{\partial \zeta}{\partial y}. \tag{6}$$

Die Auflösung der Gleichungen (3) und (4) nach den Spannungen und die Einführung von ε und γ gemäß (5) und (6) liefert

$$\begin{aligned} \sigma_x &= 2\,G\left(\frac{\partial \xi}{\partial x} + \frac{e}{m-2}\right), \\ \sigma_y &= 2\,G\left(\frac{\partial \eta}{\partial y} + \frac{e}{m-2}\right), \qquad e = \frac{\partial \xi}{\partial x} + \frac{\partial \eta}{\partial y} + \frac{\partial \zeta}{\partial z}. \\ \sigma_z &= 2\,G\left(\frac{\partial \zeta}{\partial z} + \frac{e}{m-2}\right). \end{aligned} \tag{7}$$

(8) $$\tau_{xy} = \tau_{yx} = G\left(\frac{\partial \xi}{\partial y} + \frac{\partial \eta}{\partial x}\right), \quad \tau = \tau_{zx} = G\left(\frac{\partial \xi}{\partial z} + \frac{\partial \zeta}{\partial x}\right),$$
$$\tau_{yz} = \tau_{zy} = G\left(\frac{\partial \eta}{\partial z} + \frac{\partial \zeta}{\partial y}\right).$$

Schließlich erhält man aus den Gleichgewichtsbedingungen (1) nach Einsetzen von (7) und (8) die Differentialgleichungen der Verschiebungen ξ, η, ζ, nämlich:

(9) $$\begin{aligned} \nabla^2 \xi + \frac{m}{m-2}\frac{\partial e}{\partial x} &= 0, \\ \nabla^2 \eta + \frac{m}{m-2}\frac{\partial e}{\partial y} &= 0, \qquad \nabla^2 = \frac{\partial^2}{\partial x^2} + \frac{\partial^2}{\partial y^2} + \frac{\partial^2}{\partial z^2}. \\ \nabla^2 \zeta + \frac{m}{m-2}\frac{\partial e}{\partial z} &= 0. \end{aligned}$$

Formänderungsarbeit

(10) $$A = G\int\limits_V \left((\varepsilon_x^2 + \varepsilon_y^2 + \varepsilon_z^2) + \frac{e^2}{m-2} + \tfrac{1}{2}(\gamma_{xy}^2 + \gamma_{xz}^2 + \gamma_{yz}^2)\right) dv$$

oder

(11) $$A = \frac{1}{2G}\int\limits_V \left(\tfrac{1}{2}(\sigma_x^2 + \sigma_y^2 + \sigma_z^2) - \frac{1}{2(m+1)}(\sigma_x + \sigma_y + \sigma_z)^2 + \right.$$
$$\left. + (\tau_{xy}^2 + \tau_{xz}^2 + \tau_{yz}^2)\right) dv.$$

Das Integral erstreckt sich über das Volumen V des Körpers.

Ebener Formänderungszustand (Scheiben)

Die Airysche Spannungsfunktion F genügt der Differentialgleichung vierter Ordnung

(12) $$\frac{\partial^4 F}{\partial x^4} + 2\frac{\partial^4 F}{\partial x^2 \partial y^2} + \frac{\partial^4 F}{\partial y^4} = 0.$$

Aus F findet man die Spannungen mittels der Beziehungen

(13) $$\sigma_x = \frac{\partial^2 F}{\partial y^2}, \quad \sigma_y = \frac{\partial^2 F}{\partial x^2}, \quad \tau = -\frac{\partial^2 F}{\partial x \partial y}.$$

Biegungsgleichung ebener Platten

Die Durchbiegung ξ einer am Rande irgendwie gestützten und mit p für die Flächeneinheit belasteten Platte, wobei p selbst eine Funktion des Lastortes sein kann, genügt der Differentialgleichung

(14) $$\frac{m^2 E}{m^2 - 1}\frac{h^3}{12}\left(\frac{\partial^4 \xi}{\partial x^4} + 2\frac{\partial^4 \xi}{\partial x^2 \partial y^2} + \frac{\partial^4 \xi}{\partial y^4}\right) = p,$$

wobei h die Dicke der Paltte ist.

III. Zug und Druck, Knickfestigkeit

A. Zug und Druck

Greift an einem stabförmigen Körper eine Kraft P an, deren Richtung in die Stabachse fällt, so verteilt sich die Kraft P in einiger Entfernung von ihrem Angriffspunkt genügend genau gleichförmig über den Stabquerschnitt. Man kann auf Grund theoretischer Überlegungen und auf

Grund von Versuchen annehmen, daß in einer Entfernung vom Kraftangriff (Befestigungsstelle), die gleich der größten Abmessung des Stabquerschnittes ist, die Querschnittsspannung $\frac{P}{F}$ praktisch gleichmäßig ist.

Die gleichmäßige Spannungsverteilung wird gestört, wenn der Stab Löcher oder Einkerbungen besitzt. Die Spannung steigt am Rande eines kreisförmigen Loches (an den Enden des zur Kraftrichtung senkrechten Durchmessers) nach theoretischen Überlegungen bis auf den dreifachen Wert der Durchschnittsspannung. Bei zähen Stoffen findet aber nach Überschreitung der Elastizitätsgrenze an den stärkst beanspruchten Stellen ein Ausgleich der Spannungen statt, so daß die Bruchfestigkeit gelochter Stäbe, wenn man den Nettoquerschnitt berücksichtigt, wie der Versuch zeigt, nicht geringer ist als der ungelochter.

B. Knickfestigkeit

Eulersche Knickformel

Bezeichnet l die Stablänge, J das kleinste Trägheitsmoment des Querschnittes, E den Elastizitätsmodul, P_k die Knickkraft, so ist, die unbeschränkte Gültigkeit des Hookeschen Gesetzes vorausgesetzt, für den an den beiden Enden frei drehbaren Stab

$$P_k = \frac{\pi^2 E J}{l^2}. \qquad (1)$$

Ist der Stab an den Enden nicht drehbar befestigt, so bleibt (1) in Geltung, nur ist für die Knicklänge l ein entsprechend geänderter Wert einzuführen. Ist l_0 die Stablänge, so ist die Knicklänge l:

für den einerseits eingespannten, anderseits drehbar gelagerten Stab .... $l = 0{,}7\, l_0$,
für den beiderseits eingespannten Stab .... $l = 0{,}5\, l_0$,
für den einerseits eingespannten, anderseits freien Stab .... $l = 2\, l_0$.

Diese Formeln gelten nur für reibungslose Gelenke und für vollkommene Einspannung.

Formt man Gl. (1) durch Einführung des Trägheitsradius $i = \sqrt{\frac{J}{F}}$ um, und bezeichnet man den Quotienten $\frac{P_k}{F} = \sigma_k$ als Knickspannung, so entsteht die derzeit gebräuchlichste Form der Eulerformel

$$\sigma_k = \frac{\pi^2 E}{\left(\frac{l}{i}\right)^2}. \qquad (2)$$

σ_k ist eine Funktion des Schlankheitsgrades $\frac{l}{i}$. Im rechtwinkligen Koordinatensystem erscheint die σ_k-Linie als Eulerhyperbel, Abb. 5.

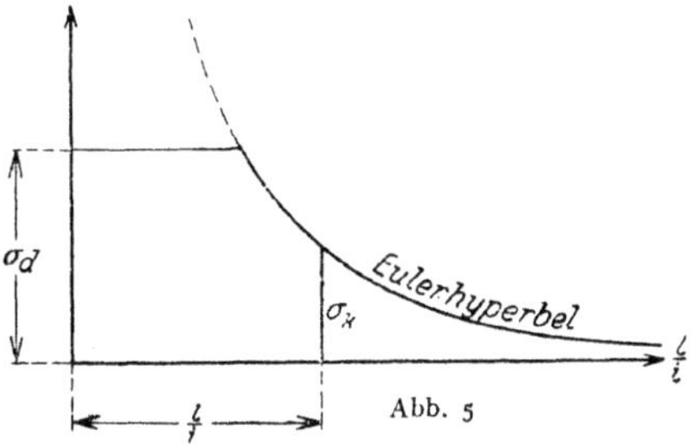

Abb. 5

Formeln von Tetmajer

Die Eulersche Knickformel verliert ihre Geltung, wenn noch vor Erreichung der kritischen Last P_k, also vor Eintritt des Knickens, die Querschnittsspannung die Elastizitätsgrenze überschreitet. Von einem bestimmten Schlankheitsgrad an hört also der Geltungsbereich der Eulerformel auf. Tetmajer hat daher für diesen Bereich auf Grund zahlreicher Versuche Erfahrungsformeln aufgestellt, während er für den elastischen Bereich, d. h. für ein unterhalb der Elastizitätsgrenze liegenden σ_k, die Eulerformel beibehielt. Die Formeln lauten:

Für Flußeisen, $\sigma_d = 3{,}8$ t/cm²,

für $\frac{l}{i} = 10$ bis 105 .... $\sigma_k = 3{,}1 - 0{,}0114\,\frac{l}{i}$ t/cm²,

„ $\frac{l}{i} > 105$ .... $\sigma_k = 21220\left(\frac{i}{l}\right)^2$ t/cm².

Für Flußstahl, $\sigma_d = 6{,}0$ t/cm²,

für $\frac{l}{i} = 10$ bis 90 .... $\sigma_k = 3{,}35 - 0{,}0062\,\frac{l}{i}$ t/cm²,

„ $\frac{l}{i} > 90$ .... $\sigma_k = 22210\left(\frac{i}{l}\right)^2$ t/cm².

Für graues Gußeisen, $\sigma_d = 8{,}0$ t/cm²,

für $\frac{l}{i} = 10$ bis 80 .... $\sigma_k = 7{,}76 - 0{,}12\,\frac{l}{i} + 0{,}00053\left(\frac{l}{i}\right)^2$ t/cm²,

„ $\frac{l}{i} > 80$ .... $\sigma_k = 9870\left(\frac{i}{l}\right)^2$ t/cm².

Für Bauholz, $\sigma_d = 0{,}28$ t/cm²,

für $\frac{l}{i} = 10$ bis 100 .... $\sigma_k = 0{,}293 - 0{,}00194\,\frac{l}{i}$ t/cm²,

„ $\frac{l}{i} > 100$ .... $\sigma_k = 3530\left(\frac{i}{l}\right)^2$ t/cm².

Nach Versuchen Kármáns gilt:

Für Siemens-Martinstahl, $\sigma_d = 6{,}8$ t/cm²,

für $\frac{l}{i} = 10$ bis 91 .... $\sigma_k = 3{,}84 - 0{,}0136\,\frac{l}{i}$ t/cm²,

„ $\frac{l}{i} > 91$ .... $\sigma_k = 21420\left(\frac{i}{l}\right)^2$ t/cm².

Die Berechnung der Tragfähigkeit gedrückter Stäbe kann nach Tetmajer in zweifacher Weise erfolgen.

1. Verfahren: Bei n-facher Sicherheit darf der mittlere Druck $\sigma = \frac{P}{F}$ nicht größer als $\frac{\sigma_k}{n}$ sein, wenn σ_k die zum Schlankheitsgrad $\frac{l}{i}$ gehörende Knickspannung nach Tetmajer ist. Man benütze hiebei die in den Tafeln auf S. 123 ff. zusammengestellten Werte von σ_k. i und F beziehen sich auf den Vollquerschnitt des Stabes.

Beispiel: Ein flußeiserner Druckstab von 5 m Länge habe 65 t zu übertragen. Die Knicksicherheit soll $n = 3$ sein.

Wir wählen als Querschnitt ⊐⊏ Nr. 22 mit 11,5 cm Abstand ($F = 81{,}28$ cm²) $i_{min} = 8{,}51$ cm, $\frac{l}{i} = \frac{500}{8{,}51} = 59$. Mit diesem Werte findet man aus der Tafel auf Seite 123 $\sigma_k = 2{,}427$ t/cm² und daher die Knickkraft

$$P_k = 2{,}427 \cdot 81{,}28 = 197{,}3 \text{ t}.$$

Die Knicksicherheit beträgt somit $n = \frac{197{,}3}{65} = 3{,}03$.

2. Verfahren: Man vergleicht die Druckfestigkeit σ_d des Baustoffes mit der Knickspannung σ_k und bezeichnet das Verhältnis $\frac{\sigma_k}{\sigma_d} = \alpha$ als Abminderungszahl. Ist σ_{zul} die zulässige Druckbeanspruchung, so ist $\alpha\,\sigma_{zul}$ der zulässige Wert der mittleren Druckbeanspruchung eines auf Knicken beanspruchten Stabes. Es muß daher, wenn P die Stablast und F der Stabquerschnitt,

$$\frac{P}{F} \lesseqgtr \alpha\,\sigma_{zul} \quad \text{oder} \quad \frac{1}{\alpha}\frac{P}{F} \lesseqgtr \sigma_{zul}$$

sein. $\frac{1}{\alpha}$ bezeichnet man als Knickkoeffizienten. Die Koeffizienten α bzw. $\frac{1}{\alpha}$ sind neben σ_k in den nachfolgenden Tafeln angeführt.

Beispiel: Ein flußeiserner Fachwerkstab sei mit $P = 18{,}6$ t gedrückt. Knicklänge 300 cm, $\sigma_{zul} = 1200$ kg/cm². Wir wählen einen aus zwei Winkeln ⌐ 80 · 80 · 10 zusammengesetzten Stab mit $i_{min} = 3{,}07$ cm und $F = 30{,}00$ cm². Man erhält mit $\frac{l}{i} = \frac{300}{3{,}07} = 98$ aus der Tafel auf S. 124 oben $\frac{1}{\alpha} = 1{,}917$ und damit die Beanspruchung

$$\sigma = 1{,}917 \cdot \frac{18{,}60}{30{,}00} = 1.188 \text{ t/cm}^2.$$

Knicklänge. Die gute Übereinstimmung der Berechnung von σ_k nach Tetmajer mit den tatsächlichen Knickspannungen gestattet von Fall zu Fall den Einspannungsgrad des Druckstabes durch entsprechende Bemessung der Knicklänge zu berücksichtigen. Regeln für die Wahl der Knicklänge, siehe Abschnitt „Brückenbau“ IIIB.

Tafeln der Knickspannungen in t/cm² und Knickkoeffizienten nach Tetmajer

a) Flußeisen

$\frac{l}{i}$	σ_k	$\frac{1}{\alpha}$	$\frac{l}{i}$	σ_k	$\frac{1}{\alpha}$	$\frac{l}{i}$	σ_k	$\frac{1}{\alpha}$	$\frac{l}{i}$	σ_k	$\frac{1}{\alpha}$
10	2,986	1,273									
11	2,975	1,278	31	2,747	1,384	51	2,519	1,509	71	2,291	1,659
12	2,963	1,282	32	2,735	1,389	52	2,507	1,516	72	2,279	1,667
13	2,952	1,287	33	2,724	1,395	53	2,496	1,523	73	2,268	1,676
14	2,940	1,292	34	2,712	1,401	54	2,484	1,530	74	2,256	1,684
15	2,929	1,297	35	1,701	1,407	55	2,473	1,537	75	2,245	1,693
16	2,918	1,302	36	2,690	1,413	56	2,462	1,544	76	2,234	1,701
17	2,906	1,308	37	2,678	1,419	57	2,450	1,551	77	2,222	1,710
18	2,895	1,313	38	2,667	1,425	58	2,439	1,558	78	2,211	1,719
19	2,883	1,318	39	2,655	1,431	59	2,427	1,566	79	2,199	1,728
20	2,872	1,323	**40**	2,644	1,437	**60**	2,416	1,573	**80**	2,188	1,737
21	2,861	1,328	41	2,633	1,443	61	2,405	1,580	81	2,177	1,746
22	2,849	1,334	42	2,621	1,450	62	2,393	1,588	82	2,165	1,755
23	2,838	1,339	43	2,610	1,456	63	2,382	1,595	83	2,154	1,764
24	2,826	1,345	44	2,598	1,462	64	2,370	1,603	84	2,142	1,774
25	2,815	1,350	45	2,587	1,469	65	2,359	1,611	85	2,131	1,783
26	2,804	1,355	46	2,576	1,475	66	2,348	1,619	86	2,120	1,793
27	2,792	1,361	47	2,564	1,482	67	2,336	1,627	87	2,108	1,803
28	2,781	1,366	48	2,553	1,489	68	2,325	1,635	88	2,097	1,812
29	2,769	1,372	49	2,541	1,495	69	2,313	1,643	89	2,085	1,822
30	2,758	1,378	**50**	2,530	1,502	**70**	2,302	1,651	**90**	2,074	1,832

$\frac{l}{i}$	σ_k	$\frac{1}{\alpha}$	$\frac{l}{i}$	σ_k	$\frac{1}{\alpha}$	$\frac{l}{i}$	σ_k	$\frac{1}{\alpha}$	$\frac{l}{i}$	σ_k	$\frac{1}{\alpha}$
91	2,063	1,842	121	1,450	2,622	151	0,930	4,083	181	0,648	5,867
92	2,051	1,853	122	1,426	2,665	152	0,918	4,137	182	0,641	5,932
93	2,040	1,863	123	1,403	2,709	153	0,906	4,192	183	0,634	5,997
94	2,028	1,873	124	1,380	2,754	154	0,894	4,247	184	0,627	6,063
95	2,017	1,884	125	1,358	2,798	155	0,883	4,302	185	0,620	6,129
96	2,006	1,895	126	1,337	2,843	156	0,872	4,358	186	0,613	6,195
97	1,994	1,906	127	1,316	2,888	157	0,861	4,414	187	0,606	6,262
98	1,983	1,917	128	1,295	2,934	158	0,850	4,471	188	0,600	6,329
99	1,971	1,928	129	1,275	2,980	159	0,839	4,527	189	0,594	6,397
100	1,960	1,939	**130**	1,256	3,026	**160**	0,829	4,584	**190**	0,588	6,465
101	1,949	1,950	131	1,237	3,073	161	0,819	4,642	191	0,582	6,533
102	1,937	1,962	132	1,218	3,120	162	0,809	4,700	192	0,576	6,602
103	1,926	1,973	133	1,200	3,168	163	0,799	4,758	193	0,570	6,670
104	1,914	1,985	134	1,182	3,216	164	0,789	4,816	194	0,564	6,740
105	1,903	1,997	135	1,164	3,264	165	0,779	4,875	195	0,558	6,809
106	1,889	2,012	136	1,147	3,312	166	0,770	4,935	196	0,552	6,879
107	1,853	2,050	137	1,130	3,361	167	0,761	4,994	197	0,546	6,950
108	1,819	2,089	138	1,114	3,410	168	0,752	5,054	198	0,541	7,021
109	1,786	2,128	139	1,098	3,460	169	0,743	5,115	199	0,536	7,092
110	1,754	2,167	**140**	1,082	3,510	**170**	0,734	5,175	**200**	0,531	7,163
111	1,722	2,206	141	1,067	3,560	171	0,725	5,236	201	0,525	7,235
112	1,692	2,246	142	1,052	3,611	172	0,717	5,298	202	0,520	7,307
113	1,662	2,287	143	1,037	3,662	173	0,709	5,360	203	0,515	7,380
114	1,633	2,327	144	1,023	3,713	174	0,701	5,422	204	0,510	7,452
115	1,605	2,368	145	1,009	3,765	175	0,693	5,484	205	0,505	7,526
116	1,577	2,410	146	0,995	3,817	176	0,685	5,547	206	0,500	7,599
117	1,550	2,451	147	0,982	3,870	177	0,677	5,610	207	0,495	7,673
118	1,524	2,494	148	0,969	3,923	178	0,669	5,674	208	0,490	7,748
119	1,498	2,536	149	0,956	3,976	179	0,662	5,738	209	0,485	7,822
120	1,474	2,579	**150**	0,943	4,029	**180**	0,655	5,802	**210**	0,481	7,897

b) Graues Gußeisen

$\frac{l}{i}$	σ_k	α	$\frac{l}{i}$	σ_k	α	$\frac{l}{i}$	σ_k	α	$\frac{l}{i}$	σ_k	α
10	6,613	0,827	$47\frac{1}{2}$	3,256	0,407	$82\frac{1}{2}$	1,450	0,181	135	0,542	0,068
$12\frac{1}{2}$	6,343	0,793	50	3,085	0,386	85	1,366	0,171	140	0,504	0,063
15	6,079	0,760	$52\frac{1}{2}$	2,921	0,365	$87\frac{1}{2}$	1,289	0,161	145	0,470	0,059
$17\frac{1}{2}$	5,822	0,728	55	2,763	0,345	90	1,218	0,152	150	0,439	0,055
20	5,572	0,697	$57\frac{1}{2}$	2,612	0,327	$92\frac{1}{2}$	1,154	0,144	155	0,411	0,051
$22\frac{1}{2}$	5,328	0,666	60	2,468	0,309	95	1,094	0,137	160	0,386	0,048
25	5,091	0,636	$62\frac{1}{2}$	2,330	0,291	$97\frac{1}{2}$	1,038	0,130	165	0,363	0,045
$27\frac{1}{2}$	4,861	0,608	65	2,199	0,275	100	0,987	0,123	170	0,342	0,043
30	4,637	0,580	$67\frac{1}{2}$	2,075	0,259	105	0,895	0,112			
$32\frac{1}{2}$	4,420	0,553	70	1,957	0,245	110	0,816	0,102			
35	4,209	0,526	$72\frac{1}{2}$	1,846	0,231	115	0,746	0,093			
$37\frac{1}{2}$	4,005	0,501	75	1,741	0,218	120	0,686	0,086			
40	3,808	0,476	$77\frac{1}{2}$	1,643	0,205	125	0,632	0,079			
$42\frac{1}{2}$	3,617	0,452	80	1,552	0,194	130	0,584	0,073			
45	3,433	0,429									

c) Bauholz

$\frac{l}{i}$	σ_k	a	$\frac{l}{i}$	σ_k	a	$\frac{l}{i}$	σ_k	a	$\frac{l}{i}$	σ_k	a
10	274	0,979	47½	201	0,718	85	128	0,457	145	47	0,168
12½	269	0,961	50	196	0,700	87½	123	0,439	150	44	0,157
15	264	0,943	52½	191	0,682	90	118	0,421	155	41	0,146
17½	259	0,925	55	186	0,664	92½	114	0,405	160	38	0,136
20	254	0,907	57½	181	0,646	95	109	0,387	165	36	0,129
22½	249	0,889	60	177	0,632	97½	104	0,371	170	34	0,121
25	244	0,871	62½	172	0,614	100	99	0,353	175	32	0,114
27½	240	0,857	65	167	0,596	105	90	0,321	180	30	0,107
30	235	0,839	67½	162	0,578	110	82	0,293	185	29	0,104
32½	230	0,821	70	157	0,561	115	75	0,268	190	27	0,096
35	225	0,804	72½	152	0,543	120	69	0,246	195	26	0,093
37½	220	0,787	75	147	0,525	125	63	0,225	200	25	0,089
40	216	0,771	77½	143	0,511	130	58	0,207			
42½	211	0,754	80	138	0,493	135	54	0,193			
45	206	0,736	82½	133	0,475	140	50	0,179			

Engesser-Kármán-Formel

Engesser und Kármán haben nachgewiesen, daß die Euler-Formel auch im unelastischen Bereich ihre Geltung beibehält, wenn man an Stelle des unveränderlichen Elastizitätsmodul E den mit der Knickspannung σ_k veränderlichen Knickmodul T einführt. Es gilt dann allgemein

$$P_k = \frac{\pi^2 T J}{l^2} \quad \text{oder} \quad \sigma_k = \frac{\pi^2 T}{\left(\frac{l}{i}\right)^2} \tag{3}$$

oder, wenn man das Verhältnis $\frac{T}{E} = \tau$ einführt und τ als Knickzahl bezeichnet,

$$\sigma_k = \frac{\pi^2 E}{\left(\frac{l}{i}\right)^2} \tau. \tag{4}$$

τ wird 1 im Bereich der elastischen Knickung und < 1 im Bereich der unelastischen Knickung.

Aus der Tetmajerschen Geradenformel für Flußeisen

$$\sigma_k = 3{,}1 - 0{,}0114 \frac{l}{i}$$

und der Formel (4) folgt nach Elimination von $\frac{l}{i}$ eine Formel für τ im unelastischen Bereich

$$\tau = \frac{\sigma_k}{E} \left(\frac{3{,}1 - \sigma_k}{0{,}0358}\right)^2. \qquad (\sigma_k \text{ und } E \text{ in t/cm}^2) \tag{5}$$

Gegliederte Stäbe

Neuere Versuche haben zur Erkenntnis geführt, daß Stäbe, die aus mehreren Teilen, die unter sich durch Ausfachungen oder Bindebleche verbunden sind, in der Regel eine geringere Tragfähigkeit aufweisen als Stäbe vom gleichen Schlankheitsgrad aber von einheitlichem

Querschnitt. Man bemißt derartige Stäbe in der Weise, daß man sie ebenso wie vollwandige Stäbe nach den Tetmajerschen Formeln berechnet, aber der Tatsache, daß es sich um einen zusammengesetzten Stab handelt, dadurch Rechnung trägt, daß man eine entsprechend vergrößerte Knicklänge γl, wenn l die Knicklänge des vollwandig gedachten Stabes ist, der Bemessung zugrunde legt. γ ist > 1 und kann für Flußeisenstäbe aus der untenstehenden Tafel entnommen werden. Bei einem zweiteiligen Querschnitt, Abb. 6, bezeichnet man die Achse $y - y$ als freie Achse, die Achse $x - x$ als Materialachse.

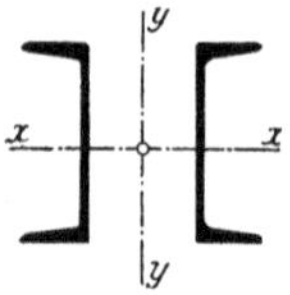

Abb. 6

Formeln für gegliederte Stäbe aus Flußeisen

Abbildung	In Rechnung zu stellende Knicklänge γl
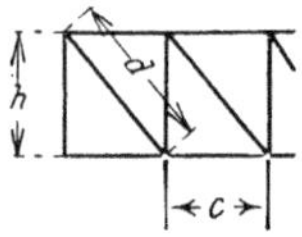	$$\gamma = \sqrt{1 + 2\,\sigma_k^0\,\frac{F_g}{E\,c\,h^2}\left[\frac{d^3}{F_d} + \frac{h^3}{F_v}\right]}$$
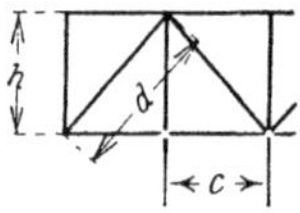 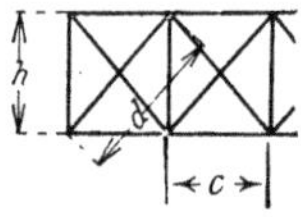	$$\gamma = \sqrt{1 + 2\,\sigma_k^0\,\frac{F_g}{E\,c\,h^2}\,\frac{d^3}{F_d}}$$ Bezeichnungen: F_g Gurtquerschnitt, F_d Strebenquerschnitt, F_v Pfostenquerschnitt, σ_k^0 Knickspannung nach Tetmajer für Vollstäbe mit dem Schlankheitsgrad l/i_y, wenn i_y den Trägheitsradius des Gesamtquerschnittes bezogen auf die freie Achse, bedeutet.
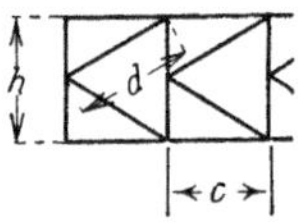	$$\gamma = \sqrt{1 + 4\,\sigma_k^0\,\frac{F_g}{E\,c\,h^2}\,\frac{d^3}{F_d}}$$
Stäbe mit Bindeblechen 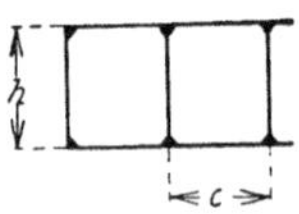	$$\gamma = \sqrt{1 + \frac{\pi^2}{24}\,\frac{J_y}{J_g}\left(\frac{c}{l}\right)^2 + 2\,\sigma_k^0\,F_g\,\frac{c\,h}{12\,E\,J_v}}$$ Bezeichnungen; J_y Trägheitsmoment des Gesamtquerschnittes, bezogen auf die freie Achse. J_g Trägheitsmoment eines Gurtes, bezogen auf die zur freien Achse parallele Schwerpunktachse; J_v Trägheitsmoment des Bindeblechquerschnittes.

Ist das Schlankheitsverhältnis des Einzelstabes $\frac{c}{i} \leq 30$, so ist die Verringerung der Tragfähigkeit des gegliederten Stabes im Vergleich zu der des vollwandigen Stabes nur klein. Man kann den Stab in der Regel als Vollwandstab berechnen und die Abminderung der Tragfähigkeit vernachlässigen.

Näherungsformel von Melan-Saliger für gegliederte Stäbe

Bezeichnet α den Abminderungsbeiwert für das Schlankheitsverhältnis l/i_y des Vollstabes (i_y Trägheitsradius des Gesamtquerschnittes, bezogen auf die freie Achse), α' den Abminderungsbeiwert für das Schlankheitsverhältnis $\frac{c}{i}$ des Teilstabes, wenn c die Entfernung der durch Vergitterung oder Bindebleche festgehaltenen Punkte des Teilstabes bedeutet, σ_{zul} die zulässige Beanspruchung, so gilt für die Knickspannung

$$\sigma_k^{zul} = 1{,}226\,\alpha\,\alpha'\,\sigma_{zul}. \tag{6}$$

Die Formel liefert etwas zu reichliche Querschnitte. (Siehe auch Abschnitt „Brückenbau" III B.)

Bemessung der Stabteile und Verbindungen

Selbstverständlich muß der Einzelgurt auf die Feldlänge c knicksicher sein und müssen die Querverbindungen entsprechend kräftig bemessen werden. Zur Abschätzung der Abmessungen der Querverbindungen diene die Krohnsche Regel: Die Querverbindungen sind mit einer größten Querkraft $Q_{\max}$ zu berechnen, die sich aus der Gesamtfläche $F = 2\,F_g$ der beiden Stabgurte nach der Formel

$$Q_{\max} = \frac{F}{28} \tag{7}$$

bestimmt. Setzt man F in cm² ein, so erhält man $Q_{\max}$ in t. Da sich das errechnete $Q_{\max}$ auf den Knickzustand bezieht, so kann als zulässige Beanspruchung bei Bemessung der Verstrebung und der Bindebleche $\sigma_{zul} = 2{,}4$ t/cm² für Zug und Druck und 2 t/cm² für Schubbeanspruchung der Nieten bzw. 4,0 t/cm² für Leibungsdruck der Nieten angenommen werden.

a) Vergitterte Stäbe: Aus $Q_{\max}$ berechnet man die größte Strebenkraft $D_{\max} = Q_{\max}\,\frac{d}{h}$, Abb. 7. Man achte darauf, daß bei doppelwandigen Stäben, wenn also zwei parallele Ebenen Ausfachungen aufweisen, auf die Streben in jeder Ebene $\frac{D_{\max}}{2}$ entfällt.

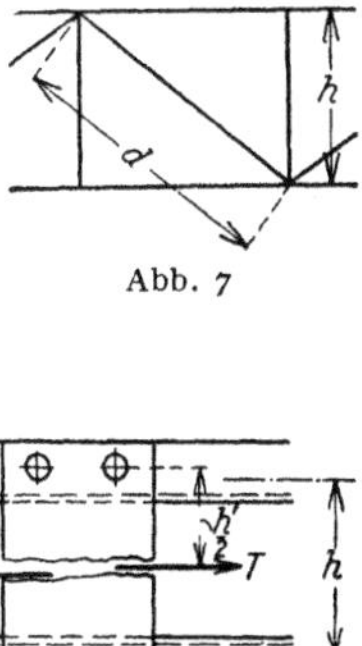

Abb. 7

b) Stäbe mit Bindeblechen (Rahmenstäbe).

Die Längsschubkraft T, Abb 8, ist proportional der Querkraft Q, sonach ist

$$T_{\max} = Q_{\max}\,\frac{c}{h} \tag{8}$$

und daher das von den Anschlußnieten aufzunehmende Moment

$$M = Q_{\max}\,\frac{c}{h}\,\frac{h'}{2}. \tag{9}$$

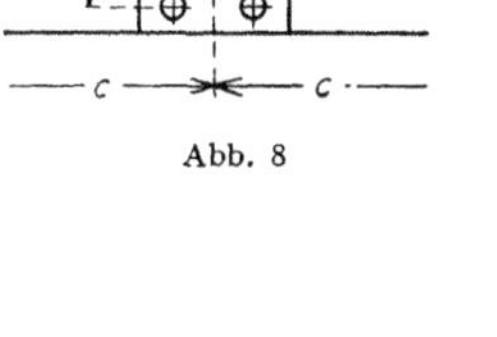

Abb. 8

IV. Biegung gerader und gekrümmter Stäbe

A. Biegung gerader Stäbe

Ein gerader prismatischer Stab sei mit Kräften belastet, die in einer Ebene liegen, die durch die Stabachse geht. Abb. 9. Sämtliche am Stab angreifenden Kräfte bilden ein Gleichgewichtssystem. Ist S der Schwerpunkt eines Stabquerschnittes s — s, so nennt man: 1. die Summe aller in die Richtung der Stabachse fallenden Teilkräfte der auf einer Seite des Schnittes liegenden Kräfte die Längs- oder Normalkraft N im Querschnitte s — s; 2. die Summe aller senkrecht zur Stabachse genommenen Teilkräfte der auf einer Seite des Schnittes s — s gelegenen Kräfte die Querkraft Q im Querschnitt s — s. 3. Die Summe der Momente der auf einer Seite des Schnittes s — s gelegenen Kräfte, bezogen auf den Querschnittsschwerpunkt S das Biegungsmoment M im Querschnitt s — s.

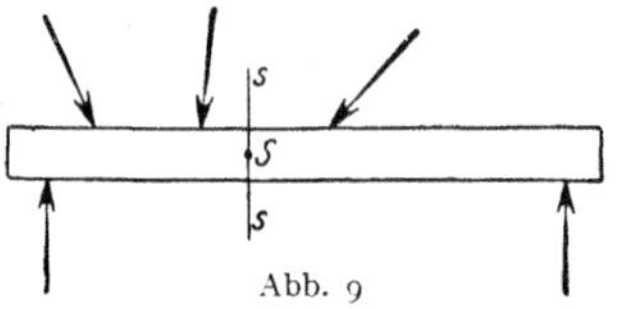

Abb. 9

Die Normalkraft wird positiv gezählt, wenn sie vom betrachteten Querschnitt weg wirkt, den Stab also auf Zug beansprucht. Die Querkraft ist positiv, wenn die Summe der Kräfte links (rechts) von s — s nach oben (unten) wirkt. Das Moment ist positiv, wenn die Kräfte um den betrachteten Querschnitt so drehen, daß bei der Biegung die hohle Seite oben entsteht. Man drückt dies auch so aus: Das Biegungsmoment M ist positiv, wenn die Mittelkraft der links von s — s gelegenen Kräfte um S im Sinne des Uhrzeigers dreht.

Einige Sätze über die Trägheitsmomente von Flächen

Ist y der Abstand des Elementes df der Fläche F von einer geraden Linie x — x (Achse), so heißt

$$J_x = \int_F y^2\, df \tag{1}$$

das axiale Trägheitsmoment (kurz Trägheitsmoment) der Fläche F, bezogen auf die Achse x — x. Ist r der Abstand von df von einem in der Flächenebene gelegenen Pol O, so nennt man

$$J_p = \int_F r^2\, df \tag{2}$$

das polare Trägheitsmoment der Fläche F, bezogen auf den Pol O. Zwischen polarem und axialem Trägheitsmoment besteht die Beziehung

$$J_p = J_x + J_y\,,$$

wenn J_x und J_y die Trägheitsmomente, bezogen auf ein durch den Pol O gehendes rechtwinkliges Achsenkreuz (x, y), bedeuten.

Sind x, y die rechtwinkligen Koordinaten eines Flächenelementes df der Fläche F, so nennt man

$$J_{xy} = \int_F x\, y\, df \tag{3}$$

das Zentrifugalmoment der Fläche F, bezogen auf die x- und y-Achse.

Besteht eine Fläche aus n Teilen, so ist ihr Trägheitsmoment gleich der Summe der Trägheitsmomente der Einzelteile, also

$$J = J_1 + J_2 + J_3 + \ldots + J_n.$$

Trägheitsmomente für parallele Achsen. Ist J_s das Trägheitsmoment einer Fläche F, bezogen auf eine durch den Schwerpunkt gehende Achse, J das Trägheitsmoment auf eine im Abstande ξ verlaufende parallele Achse, so ist

$$J = J_s + F\xi^2 \quad \text{und} \quad J_s = J - F\xi^2. \tag{4}$$

Drehung der Achsen. Sind J_x und J_y die axialen Trägheitsmomente, J_{xy} das Zentrifugalmoment, bezogen auf die durch den Flächenschwerpunkt gehenden Achsen x, y, Abb. 10, und sind weiters J_a und J_b die axialen Trägheitsmomente und J_{ab} das Zentrifugalmoment, bezogen auf die Achsen a, b, die ebenfalls durch den Schwerpunkt gehen, wobei Achse a mit der x-Achse den Winkel α einschließt, so gelten die Beziehungen:

$$\begin{aligned} J_a &= J_x \cos^2\alpha + J_y \sin^2\alpha - J_{xy} \sin 2\alpha, \\ J_b &= J_x \sin^2\alpha + J_y \cos^2\alpha + J_{xy} \sin 2\alpha, \\ J_{ab} &= \tfrac{1}{2}(J_x - J_y) \sin 2\alpha + J_{xy} \cos 2\alpha. \end{aligned} \tag{5}$$

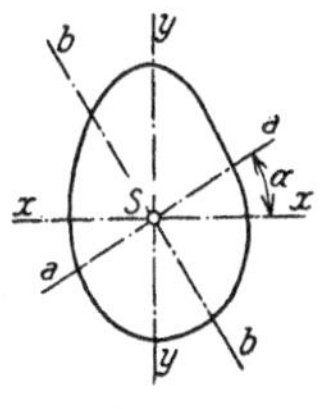

Abb. 10

J_a und J_b wird ein Größt- bzw. Kleinstwert, wenn $J_{ab} = 0$. $a = A$ und $b = B$ heißen dann die Hauptträgheitsachsen. Dann gilt

$$\operatorname{tg} \alpha_0 = \frac{2 J_{xy}}{J_y - J_x}, \tag{6}$$

$$\begin{aligned} J_A &= \tfrac{1}{2}(J_x + J_y) + \tfrac{1}{2}\sqrt{(J_x - J_y)^2 + 4 J_{xy}^2}, \\ J_B &= \tfrac{1}{2}(J_x + J_y) - \tfrac{1}{2}\sqrt{(J_x - J_y)^2 + 4 J_{xy}^2}. \end{aligned} \tag{7}$$

J_A und J_B nennt man die Hauptträgheitsmomente.

Denkt man sich α veränderlich und trägt man jeweils auf der Achse a — a vom Punkte S aus die zu der betreffenden Achse gehörende Größe $\varrho = \frac{1}{\sqrt{J_a}}$ ab, so liegen die Endpunkte von ϱ auf einer Ellipse, die Zentralellipse heißt. Die Ellipsenachsen stimmen mit den Hauptträgheitsachsen überein. Zieht man zwei parallele Tangenten zu einem beliebigen Durchmesser der Zentralellipse und verbindet die Berührungspunkte, so ist der so erhaltene zweite Durchmesser zu dem ersteren konjugiert.

Den Wurzelausdruck

$$i_x = \sqrt{\frac{J_x}{F}}$$

nennt man den Trägheitshalbmesser für die Achse x — x.

Trägheitsmomente verschiedener Querschnittsflächen siehe S. 134.

Ermittlung der Spannungen

Die technische Biegungstheorie geht von der Annahme aus, daß die Stabquerschnitte auch nach der Formänderung eben bleiben und senkrecht zur verbogenen Stabachse stehen. Die Richtigkeit dieser Annahme ist durch den Versuch nicht nur für Stoffe, die dem Hookeschen Gesetze folgen, sondern auch für Gußeisen, Steine usw. nachgewiesen. Bei der Stabbiegung behält eine Faserschicht, die neutrale Schicht, ihre ursprüngliche Länge, während die oberhalb liegenden Fasern verkürzt, die unterhalb liegenden verlängert werden. Die neutrale Schichte schneidet jeden zur Stabachse winkelrechten Querschnitt in der Nullinie, die, falls die Normalkraft $N = 0$, durch den Querschnittsschwerpunkt geht. Bei Geltung des Hookeschen Gesetzes wachsen die Faserspannungen (Normalspannungen σ im gebogenen Stab) proportional mit ihrer Entfernung von der Nullinie. Abb. 11. Die Querkraft Q ruft Schubspannungen τ hervor, die ungleichmäßig über dem Querschnitt verteilt sind und deren Ermittlung im allgemeinen nur näherungsweise möglich ist.

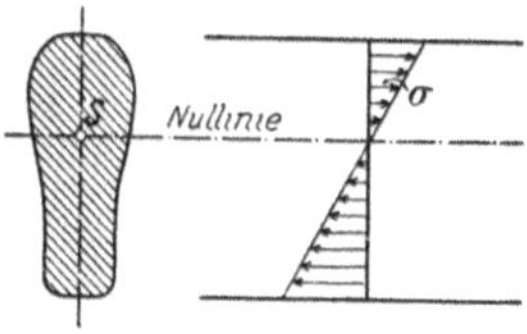

Abb. 11

a) Normalspannungen

In einem beliebigen Querschnitt ist N die Längskraft, M das Biegungsmoment, $t - t$ die Schnittlinie mit der Kraftebene, $u - u$ die zur Kraftlinie $t - t$ konjugierte Schwerachse, F die Querschnittsfläche, $J_u = \int v^2 df$ das Trägheitsmoment, bezogen auf $u - u$. Abb. 12. Die Normalspannung σ in einem Punkte m im Abstande v von der Achse $u - u$ ist gegeben durch

$$\sigma = \frac{N}{F} + \frac{M \sin\delta}{J_u} v. \tag{8}$$

Wird $v = e_1$ bzw. e_2, so wird σ ein Größt- oder Kleinstwert. (Randspannungen.)

$$\sigma_1 = \frac{N}{F} + \frac{M \sin\delta}{J_u} e_1 = \frac{N}{F} + \frac{M}{W_1}, \quad \sigma_2 = \frac{N}{F} - \frac{M \sin\delta}{J_u} e_2 = \frac{N}{F} - \frac{M}{W_2}, \tag{9}$$

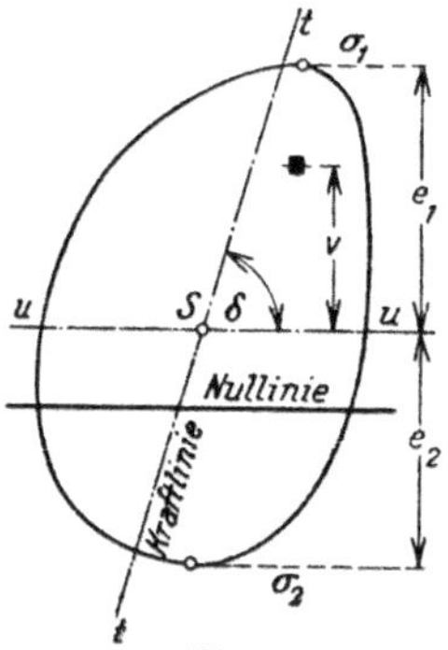

Abb. 12

wobei

$$W_1 = \frac{J_u}{e_1 \sin\delta} \quad \text{und} \quad W_2 = \frac{J_u}{e_2 \sin\delta} \tag{9'}$$

die Widerstandsmomente, bezogen auf die Achse $u - u$, heißen.

Die Nullinie verläuft parallel der Achse $u - u$. Sie fällt mit derselben zusammen, wenn $N = 0$ ist. Zwischen Kraftlinie $t - t$ und Achse $u - u$ besteht folgende Beziehung: Sind $A - A$ und $B - B$ die Hauptträgheitsachsen des Querschnittes (siehe S. 129), Abb. S. 13, so gilt

$$\operatorname{tg}\alpha \operatorname{tg}\beta = \frac{J_A}{J_B}, \tag{10}$$

wenn $J_A = J_{\max}$ und $J_B = J_{\min}$ die Hauptträgheitsmomente sind:

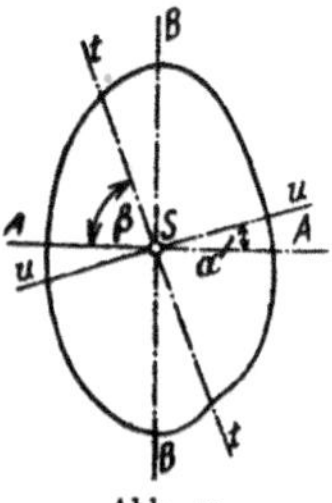

Abb. 13

Fällt die Kraftlinie im Querschnitt mit einer Hauptachse $y - y$ (z. B. Symmetrieachse) zusammen, so ist $\delta = \frac{\pi}{2}$ und es gilt

$$\sigma_1 = \frac{N}{F} + \frac{M}{J_x} e_1 = \frac{N}{F} + \frac{M}{W_1}, \quad \sigma_2 = \frac{N}{F} - \frac{M}{J_x} e_2 = \frac{N}{F} - \frac{M}{W_2}. \tag{11}$$

J_x ist das auf die zu $y - y$ senkrechte Hauptachse $x - x$ bezogene Trägheitsmoment. Die Nullinie steht auf der Kraftlinie senkrecht.

Fällt die Kraftlinie nicht mit einer Querschnittshauptachse zusammen, so erhält man die Normalspannung σ entweder auf Grund der Gl. (8) bzw. (9) nach Ermittlung der zur Kraftlinie konjugierten Achse $u - u$ mittels der Formel (10) oder auf folgendem Wege:

Man zerlegt M in zwei Komponenten M_1 und M_2, die in die Richtungen der Hauptachsen fallen. Abb. 14.

$$M_1 = M \sin\alpha, \quad M_2 = M \cos\alpha;$$

dann ist die Spannung in einem beliebigen Punkte mit dem Abstande x und y

$$\sigma = \frac{N}{F} + \frac{M_1}{J_x} y + \frac{M_2}{J_y} x, \tag{12}$$

wobei J_x und J_y die Hauptträgheitsmomente sind. x und y werden in der Richtung M_1 bzw. M_2 positiv gezählt. Bei Ermittlung der Randspannungen ist zu beachten, ob N gleich Null oder von Null verschieden ist.

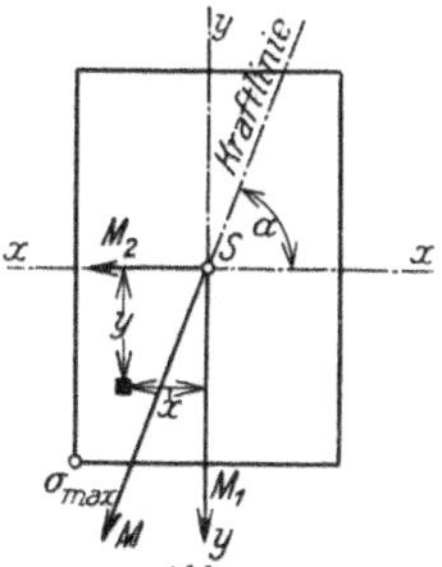

Abb. 14

α) Die Normalspannung N ist Null. Die Randspannung $\sigma_{\max}$ ergibt sich dann zu

$$\sigma_{\max} = \frac{M_1}{W_x} + \frac{M_2}{W_y}, \tag{13}$$

wo W_x, W_y die auf die Achsen x und y bezogenen Widerstandsmomente des Querschnittes bedeuten.

Beispiel: Das in nebenstehender Abb. dargestellte [-Eisen ist in einem bestimmten Querschnitt mit $M = 0{,}30$ mt belastet.

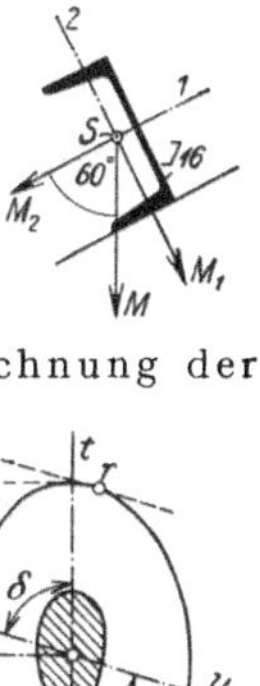

Mit $\alpha = 60^0$ findet man

$M_1 = 0{,}30 \sin 60^0 = 0{,}2598$ mt, $\quad M_2 = 0{,}30 \cos 60^0 = 0{,}150$ mt.

Da $W_1 = 129{,}80$ cm³ und $W_2 = 21{,}55$ cm³, so folgt

$$\max\sigma = \frac{25980}{129{,}8} + \frac{15000}{21{,}55} = 200 + 696 = 896 \text{ kg/cm}^2.$$

β) Die Normalspannung σ ist nicht Null. Berechnung der Randspannungen mit Hilfe des Kernes. Bedeutet R die Resultierende aller links von Schnitt $s - s$ gelegenen Kräfte und sei A ihr Schnittpunkt mit der Querschnittsebene, so ist das Biegungsmoment M durch $M = Nz$, Abb. 15, gegeben. Die Spannung σ in einem Punkte im Abstande v von der Achse $u - u$ folgt aus

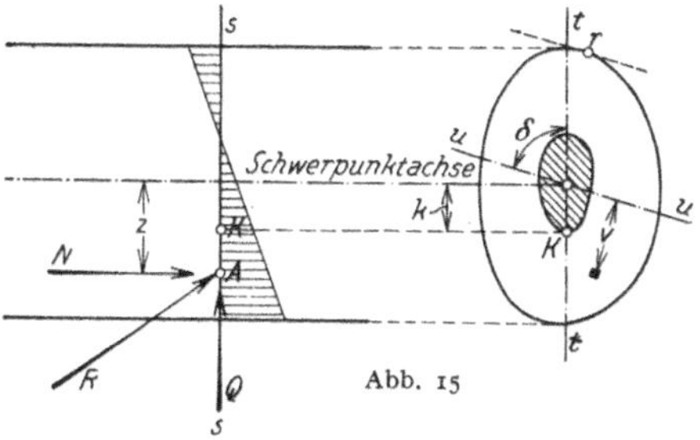

Abb. 15

$$\sigma = \frac{N}{F} + \frac{N z \sin\delta}{J_u} v = \frac{N}{F}\left(1 + \frac{F z \sin\delta}{J_u} v\right) = \frac{N}{F}\left(1 + \frac{z v}{i_u^2} \sin\delta\right),$$

wobei $\sqrt{\frac{J_u}{F}} = i_u$ den Trägheitshalbmesser bezeichnet. σ wird Null, wenn

$$v_0 = -\frac{i_u^2}{z} \operatorname{cosec}\delta$$

wird, woraus folgt, daß die Lage der Nullinie unabhängig von N ist, also bloß eine Funktion von z darstellt. Geht R durch den Schwerpunkt, so ist $M = 0$; die Spannung, ist über dem Querschnitt gleichförmig verteilt, v_0 wird ∞ wegen $z = 0$, d. h. die Nullinie wandert ins Unendliche. Rückt A aus dem Schwerpunkt heraus, dann nehmen die Spannungen auf der Seite von A zu, auf der anderen Seite des Querschnittes ab, bis ein Abstand $z = k$ erreicht ist, der so beschaffen ist, daß in dem A gegenüberliegenden Randpunkt, in dem die zu $t - t$ gehörige Nullinie den Querschnitt tangiert (Punkt r in Abb. 15), $\sigma = 0$ entsteht. Der Punkt K heißt Kernpunkt. Wandert der Angriffspunkt der Kraft noch über K gegen den Rand, so entsteht in r eine Spannung σ von entgegengesetztem Vorzeichen wie auf der Seite von A. Denkt man sich nun umgekehrt zu jedem Punkt des Querschnittsumfanges den Kernpunkt K als Angriffspunkt einer Last N bestimmt, so umschließt die Gesamtheit dieser Punkte eine Fläche, die man als Kernfläche oder kurz als Kern bezeichnet.

Liegt der Angriffspunkt A der Kraft R innerhalb des Kernes, dann treten im Querschnitt Spannungen von einerlei Vorzeichen auf. Liegt A auf der Kerngrenze, dann ist gerade eine der beiden Randspannungen Null. Liegt A außerhalb des Kernes, dann haben die beiden zu dem betreffenden Lastangriff gehörenden Randspannungen entgegengesetztes Vorzeichen.

Nachstehend sind für einige gebräuchliche Querschnitte die Kerne angegeben.

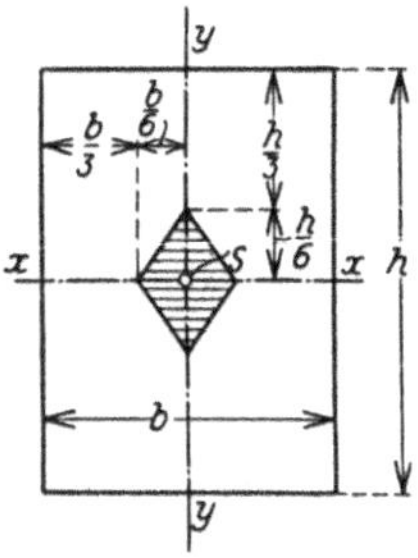

Abb. 16

1. Rechteck, Abb. 16:

$$k_{\min} = \frac{b\,h}{6\sqrt{b^2 + h^2}}.$$

2. Gleichschenkeliges Dreieck, Abb. 17.

3. Kreis $k = \frac{d}{8} = \text{konst.}$ (Kreisfläche).

4. Kreisring:

$$k = \frac{D}{8}\left(1 + \frac{d^2}{D^2}\right) = \text{konst.}$$

(Kreisfläche).

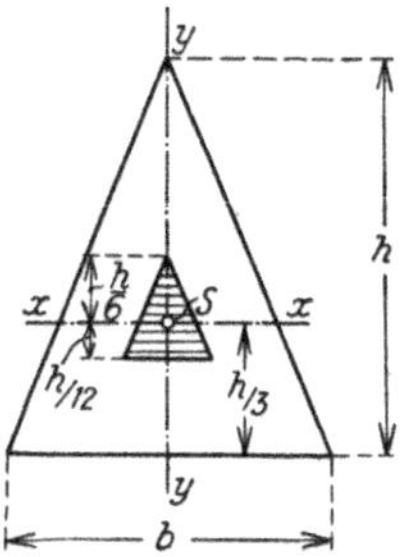

Abb. 17

Bestimmung der Grenzwerte der Randspannungen mit Hilfe der Kernpunkte.

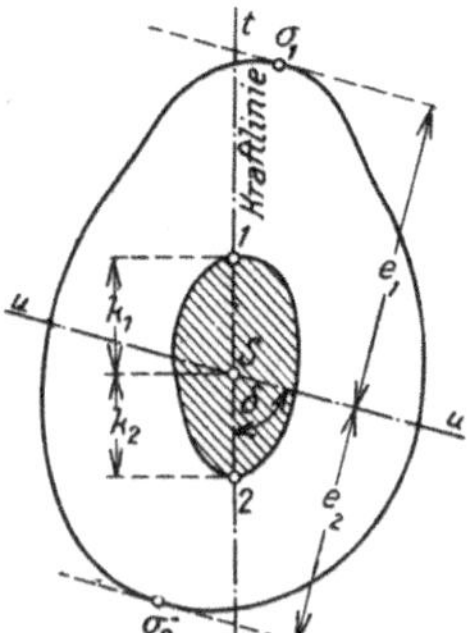

Abb. 18

Die Lage der beiden zu einer Kraftlinie t—t gehörigen Kernpunkte 1 und 2 ist gegeben durch

$$(14) \qquad k_1 = \frac{i_u^2}{e_2 \sin\delta} \text{ und } k_2 = \frac{i_u^2}{e_1 \sin\delta} \qquad \text{(Abb. 18)}$$

oder durch

$$(14') \qquad k_1 = \frac{W_2}{F} \text{ und } k_2 = \frac{W_1}{F}.$$

Hierin ist $i_u = \sqrt{\frac{J_u}{F}}$ der Trägheitshalbmesser, bezogen auf die zu $t - t$ konjugierte Achse $u - u$. W_1 und W_2 sind die Widerstandsmomente, bezogen auf $u - u$, Gl. (9'), F die Querschnittsfläche. Die Randspannungen folgen aus den Beziehungen:

$$(15) \qquad \sigma_1 = \frac{M_2}{F k_2} = \frac{M_2}{W_1}, \qquad \sigma_2 = -\frac{M_1}{F k_1} = -\frac{M_1}{W_2},$$

wobei M_1 und M_2 die Biegungsmomente, bezogen auf die Kernpunkte 1 und 2 bedeuten. Man achte darauf, daß Kernweite k und Kernmoment M sich stets auf den dem Randpunkt gegenüberliegenden Kernpunkt beziehen.

Die Verteilung der Normalspannungen in zur neutralen Achse parallelen Streifen ergibt sich auch durch die beistehende Konstruktion (Abb. 18a). K_1 und K_2 sind die Kernpunkte des Querschnittes AB; S ist der Schwerpunkt der Fläche F und SP wurde $= \frac{N}{F}$ gemacht.

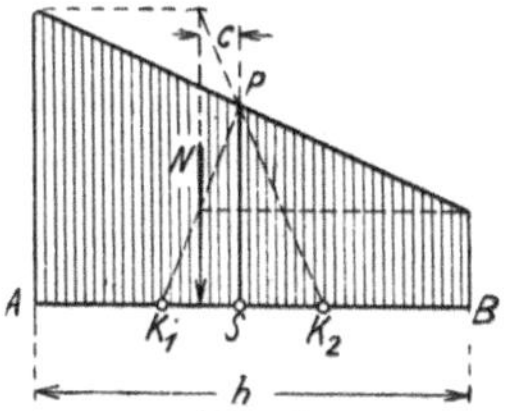

Abb. 18a

Für den Rechteckquerschnitt mit einer durch eine Hauptachse gehenden Kraftebene wird, wenn h die zur Kraftebene parallele Seite des Rechteckes und c den Abstand des Kraftangriffpunktes vom Schwerpunkt bezeichnet

$$\sigma_1 = \frac{N}{F}\,\frac{h+6c}{h} \quad \text{und} \quad \sigma_2 = \frac{N}{F}\,\frac{h-6c}{h}.$$

Der Baustoff kann nur Druckkräfte aufnehmen, Mauerwerkskörper. Die Kraftlinie fällt mit einer Querschnittshauptachse (meist Symmetrieachse) zusammen. Liegt der Angriffspunkt A der Längskraft N innerhalb des Querschnittskernes, so werden in allen Querschnittspunkten Druckspannungen übertragen, die Berechnung der Randspannungen σ_1 und σ_2 erfolgt nach den Formeln

$$\sigma_1 = \frac{N}{F} + \frac{M}{W_1} \quad \text{und} \quad \sigma_2 = \frac{N}{F} - \frac{M}{W_2}.$$

Liegt der Angriffspunkt A außerhalb des Kernes, dann trennt die Nullinie den wirksamen Querschnittsteil von dem unwirksamen, es ergibt sich die in Abb. 19 dargestellte Verteilung der Spannungen über den Querschnitt. Ist $\xi = a + z$ der Abstand des Angriffspunktes A der Längskraft N von der Nullinie, so ist

$$\xi = \frac{J'}{S'} \qquad (16)$$

wenn J' und S' das Trägheitsmoment bzw. das statische Moment des tragenden Querschnitteiles (Druckzone), bezogen auf die zunächst noch unbekannte Nullinie bedeuten. Zur Bestimmung der Randspannung σ_{max} dient die Gleichgewichtsbedingung

$$\int \sigma_{max} \frac{v}{a+e}\, df = N,$$

woraus

$$\sigma_{max} = \frac{a+e}{S'} N \qquad (17)$$

folgt.

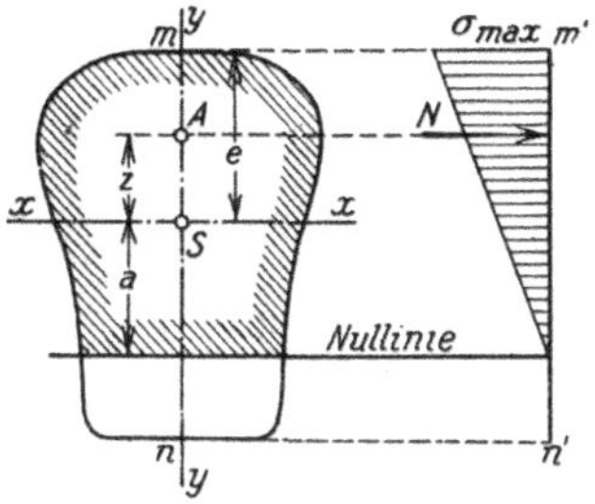

Abb. 19

Für den **Rechteckquerschnitt**, Abb. 20, gilt, wenn c den Abstand der Kraft N von der näherliegenden Querschnittskante bedeutet, für den Abstand der Nullinie von dieser Kante das Maß $3c$. Es ist dann

$$\sigma_{max} = \frac{2N}{3bc} \qquad (18)$$

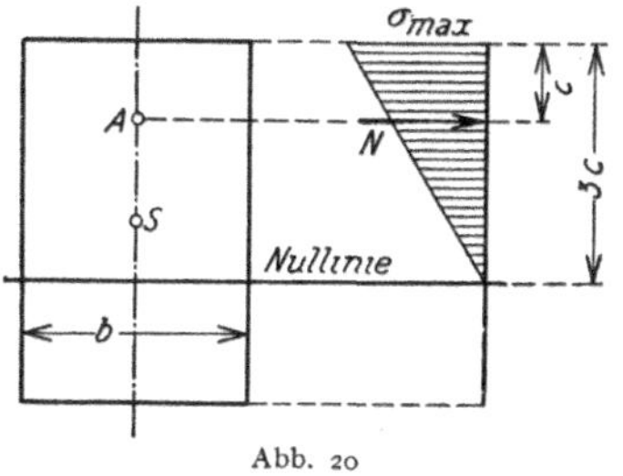

Abb. 20

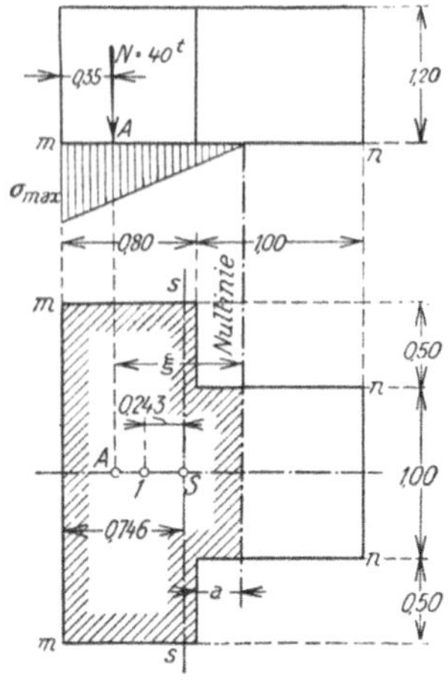

Abb. 21

Beispiel: Der in Abb. 21 im Aufriß und Grundriß dargestellte Fundamentkörper ist in der Bodenfuge $m\,n$ außerhalb des Schwerpunktes im Abstande 0,35 m von der Kante m mit $N = 40$ t belastet. Das Eigengewicht des Betonkörpers ist in N bereits mitenthalten. Wie groß ist die Bodenpressung in der Kante m?

Wir untersuchen zunächst, ob A innerhalb oder außerhalb des Kernes fällt, weshalb wir die Lage des einen Kernpunktes 1 bestimmen. Das auf die Schwerpunktachse s—s bezogene Trägheitsmoment des Gesamtquerschnittes beträgt $J_s = 0{,}667$ m⁴, sonach das Widerstandsmoment $W_2 = \frac{0{,}667}{1{,}054} = 0{,}633$ m³ und die Kerndistanz k_1 mit $F = 2{,}60$ m², $k_1 = \frac{0{,}632}{2{,}60} = 0{,}243$ m. A liegt sonach außerhalb des Kernes. Zur Ermittlung der Lage der Nullinie benützen wir die Gl. (16), $\xi = \frac{J'}{S'}$ wobei wir ξ sowie J' und S' durch das in Abb. 21 eingetragene Maß a ausdrücken. Wir erhalten:

$$S' = 2 \cdot 0{,}8\,(0{,}4 + a) + \frac{a^2}{2} = 0{,}64 + 1{,}6\,a + 0{,}5\,a^2,$$

$$J' = \frac{1}{2}\,\frac{1}{12}\,2^3\,[2\,(0{,}8 + a)^3 - a^3] =$$

$$= \frac{1}{3}\,(1{,}024 + 3{,}84\,a + 4{,}8\,a^2 + a^3)$$

und damit

$$a + 0{,}45 = \frac{1}{3}\,\frac{1{,}024 + 3{,}84\,a + 4{,}8\,a^2 + a^3}{0{,}64 + 1{,}6\,a + 0{,}5\,a^2}.$$

Aus dieser Gleichung dritten Grades erhält man $a = 0{,}30$ m und damit mittels Gl. (17), wenn $S' = 1{,}165$ m³ eingeführt wird

$$\sigma_{max} = \frac{0{,}30 + 0{,}80}{1{,}165} \cdot 40 \text{ t} = 38 \text{ t/m}^2 = \mathbf{3{,}8\ kg/cm^2}.$$

Trägheits- und Widerstandsmomente

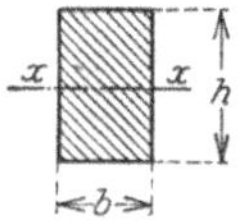

$$J_x = \frac{1}{12}\,b\,h^3; \qquad W_x = \frac{1}{6}\,b\,h^2;$$

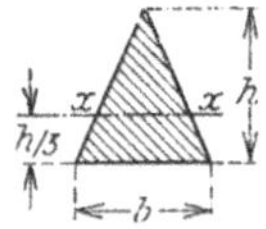

$$J_x = \frac{1}{36}\,b\,h^3; \qquad W_x^o = \frac{1}{24}\,b\,h^2; \qquad W_x^u = \frac{1}{12}\,b\,h^2;$$

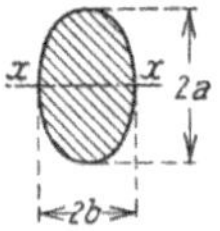

$$J_x = \frac{\pi\,a^3\,b}{4}; \qquad W_x = \frac{\pi\,a^2\,b}{4};$$

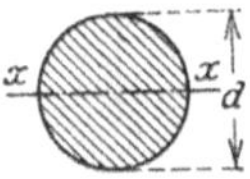

$$J_x = \frac{\pi\,d^4}{64}; \qquad W_x = \frac{\pi\,d^3}{32} = 0{,}1\,d^3;$$

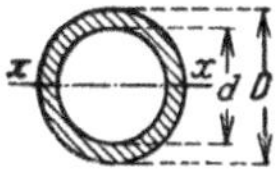

$$J_x = \frac{\pi}{64}(D^4 - d^4); \qquad W_x = \frac{\pi}{32}\frac{D^4 - d^4}{D};$$

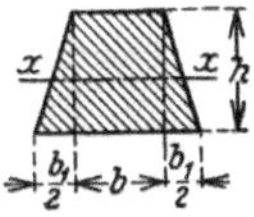

$$J_x = \frac{6\,b^2 + 6\,b\,b_1 + b_1^2}{36\,(2\,b + b_1)}\,h^3; \qquad W_x = \frac{6\,b^2 + 6\,b\,b_1 + b_1^2}{12\,(3\,b + 2\,b_1)}\,h^2.$$

Trägheits- und Widerstandsmomente für Holz- und Walzeisenquerschnitte siehe die Abschnitte „Baustoffe" und „Hochbau".

b) Schubspannungen

Wir nehmen an, daß die Kraftebene durch eine Symmetrieachse des Querschnittes gehe. Bezeichnet Q die Querkraft für den in Betracht gezogenen Querschnitt, S_x das statische Moment des durch $m\,n$ abgetrennten Querschnitteiles, siehe Abb. 22, bezüglich der Achse $x - x$, J_x das Trägheitsmoment des ganzen Querschnittes, bezogen auf $x - x$, so ist die gesamte in der Fläche $m\,n$ auf die Längeneinheit (gemessen in der Richtung der Stabachse) wirkende Schubkraft T.

$$T = \frac{Q\,S_x}{J_x}. \tag{19}$$

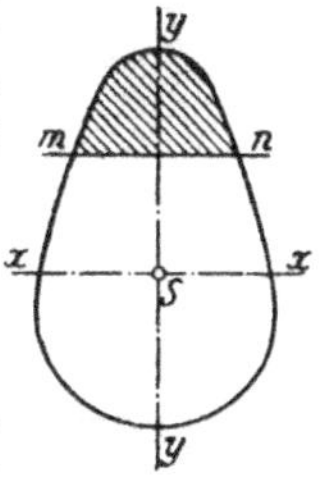

Abb. 22

Wie sich diese Schubkraft zwischen m und n verteilt, ist bei beliebiger Querschnittsform auf Grund der technischen Biegungslehre nicht feststellbar. Beim Rechteckquerschnitt mit der Breite b ist die Schubkraft über b gleichförmig verteilt. Man begnügt sich bei anderen Querschnittsformen ebenfalls mit der Annahme, daß τ gleichmäßig über $b = m\,n$ verteilt sei, so daß allgemein

$$\tau = \frac{Q\,S_x}{b\,J_x} \tag{20}$$

gesetzt werden kann.

T und somit τ erreichen Größtwerte in jenen Querschnitten, in denen Q seinen Größtwert erhält. Innerhalb eines Querschnittes, also bei konstantem Q, ist τ am oberen und unteren Rande Null und wird ein max, wenn die Schnittlinie $m\,n$ durch den Schwerpunkt geht. Man erhält so:

für den Rechteckquerschnitt: $\tau_{max} = \frac{3\,Q}{2\,F}$;

für den Kreisquerschnitt: $\tau_{max} = \frac{4}{3}\frac{Q}{F}$; ($F$, Querschnittsfläche)

für den Kreisringquerschnitt: $\tau_{max} = \frac{2\,Q}{F}$,

wenn die Wandstärke gegenüber dem Durchmesser klein ist. Bei anderen Querschnittsformen bestimme man τ_{max} unmittelbar aus Formel (20). Für die Bemessung gebogener Stäbe ist es von Wichtigkeit, daß die größten Normalspannungen dort auftreten, wo τ Null ist.

Formänderungen gebogener Stäbe

a) Einfluß der Biegungsmomente. Ist $d\varphi$ der Verdrehungswinkel zweier unendlich benachbarter Stabquerschnitte, so gilt

(21) $$d\varphi = \left(\frac{M_x}{EJ} + \alpha_t \frac{t_u - t_o}{h}\right) d\,x,$$

wenn M_x das Moment im betrachteten Querschnitt, E der Elastizitätsmodul und J das Trägheitsmoment für die bei der Biegung in Betracht kommende Querschnittsachse bedeutet. α_t ist das Verlängerungsverhältnis für 1^0 Temperaturerhöhung, t_u und t_o die Temperatur der unteren bzw. oberen Randfasern, Abb. 23.

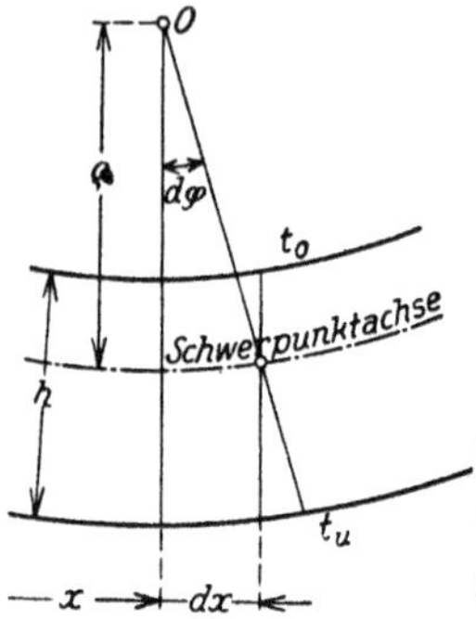

Abb. 23

Bezeichnet man mit ϱ den Krümmungshalbmesser der elastischen Linie, so kann Gl. (21) auch in der Form

(22) $$\frac{1}{\varrho} = \frac{M_x}{EJ} + \alpha_t \frac{t_u - t_o}{h}$$

geschrieben werden. Man erhält so in Gl. (22) die Differentialgleichung der elastischen Linie in allgemeinster Form. Setzt man schließlich näherungsweise $\varrho = -\frac{1}{\frac{d^2 y}{d x^2}}$, so gewinnt man für $t_u = t_o = 0$ die gebräuchlichste Form der Differentialgleichung der elastischen Linie

(23) $$E J \frac{d^2 y}{d x^2} = - M_x.$$

Die Ordinaten y werden nach abwärts positiv gezählt. M_x ist positiv, wenn es den Stab nach oben hohl zu krümmen trachtet.

Drückt man M_x als Funktion der Lasten und der Abszissen x aus, so erhält man nach zweimaliger Integration unter Berücksichtigung der Grenzbedingungen die Gleichung der elastischen Linie.

Ist J nicht konstant, sondern eine Funktion von x, so nimmt die Gl. (23) die Form

$$E \frac{d^2 y}{d x^2} = - \frac{M_x}{J_x}$$

an. An Stelle der M_x-Linie tritt die $\frac{M_x}{J_x}$-Linie.

b) Einfluß der Querkräfte. Berücksichtigt man den Einfluß der Querkräfte auf die Gestalt der elastischen Linie (dieser Einfluß ist gewöhnlich gering), so stellt sich die Gleichung der elastischen Linie in der Form dar:

(24) $$y' = y + \chi \int_0^x \frac{Q_x\, d\,x}{G F}.$$

Hiebei ist y der durch Integration von Gl. (23) gefundene Wert; Q_x ist die Querkraft im Querschnitt mit der Abszisse x; G das Gleitmaß und F der Querschnitt bei der Abszisse x; χ heißt Schubverteilungszahl und ist von der Querschnittsform abhängig.

Für Rechtecke .... $\chi = 1{,}2$

Für I- und]-Querschnitte entsprechend den Normalprofilen .... $\chi = 2{,}2$ (Mittelwert).

c) Zeichnerische Ermittlung der elastischen Linie nach Mohr. Nach Mohr läßt sich die elastische Linie eines gebogenen Stabes als Seillinie (siehe „Mechanik", S. 82) darstellen.

Man bestimme aus der gegebenen Belastung nach Ermittlung der Auflagerkräfte die Momentenfläche, fasse diese als neue Belastung eines Balkens auf und zeichne mit der Polweite EJ (J konstant angenommen) hiezu eine Seillinie, die dann die gesuchte elastische Linie darstellt, wenn der Schlußlinienzug den Auflagerbedingungen des Trägers entsprechend eingetragen wird.

Ist der Querschnitt veränderlich, dann ermittle man statt der M-Fläche die $\frac{M}{J}$-Fläche und zeichne zu dieser als Belastung eine Seillinie mit der Polweite E.

Für die Bestimmung der Durchbiegung δ eines Trägerpunktes m ergibt sich nach dem Vorhergehenden die einfache Regel: Man betrachte die Momentenfläche (bei veränderlichem Trägheitsmoment die $\frac{M}{J}$-Fläche) als Lastfläche und bestimme das Balkenmoment dieser Belastung im Punkte m. Der durch EJ (bzw. E) geteilte Momentenwert ist die gesuchte Durchbiegung δ im Punkte m. Die Bestimmung des Momentes kann rechnerisch oder zeichnerisch erfolgen. Die größte Durchbiegung findet in jenem Punkte statt, in dem die Querkraft der $\frac{M}{J}$-Belastung Null ist.

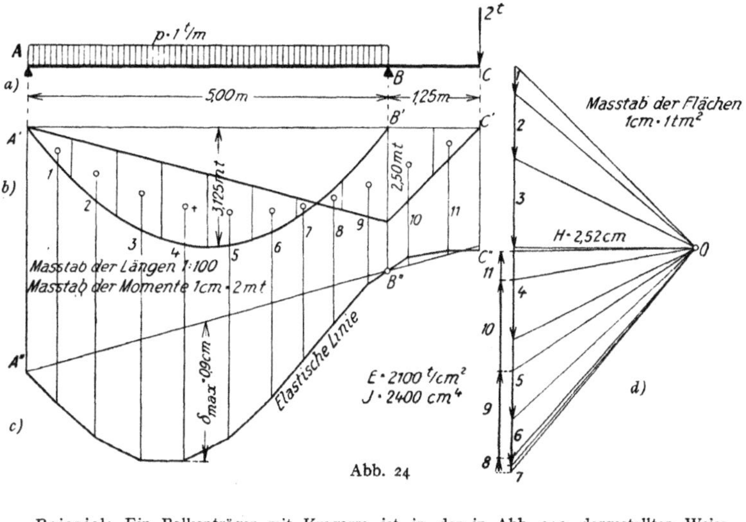

Abb. 24

Beispiel: Ein Balkenträger mit Kragarm ist in der in Abb. 24a dargestellten Weise belastet. Der Verlauf der Biegungsmomente M ist in Abb. 24b veranschaulicht. Die Momentenfläche wurde nun in einzelne Streifen geteilt und die Flächen derselben unter Berücksichtigung des Längen- und Momentenmaßstabes berechnet (z. B. Fläche $1: {}^1/_2\, 0{,}625\,\mathrm{m} \cdot 1{,}05\,\mathrm{mt} = 0{,}328\,\mathrm{tm}^2$).

Diese Flächengrößen, deren Dimension $\mathrm{tm} \cdot \mathrm{m} = \mathrm{tm}^2$ ist, wurden nun als Kräfte betrachtet, die in den Schwerpunkten der Teilflächen angreifen und in Form eines Kräftezuges in Abb. 24 d, die positiven Momente nach abwärts, die negativen Momente nach aufwärts, abgetragen, wobei $1\,\mathrm{tm}^2 = 1\,\mathrm{cm}$ gewählt wurde.

Wären die Längen in natürlicher Größe dargestellt, so würden sich die Durchbiegungen nach Zeichnen der Seillinie mit $H = EJ$, wobei die Maßzahl für H (Dimension tm²) im gleichen Maßstabe einzutragen wäre, wie die Kräfte des Kräftezuges, in natürlicher Größe ergeben. In Abb. 24 ist aber

$$H = \frac{2100 \cdot 2400}{100 \cdot 2 \cdot 1 \cdot 10000} = 2{,}52 \text{ cm}$$

gemacht worden. $EJ = 2100 \cdot 2400$. Da die Längen im Maßstab 1:100 aufgetragen sind und die Durchbiegungen in zweifacher Vergrößerung erscheinen sollen, ist H mit $100 \cdot 2$ zu teilen. Um auch noch den Maßstab der Kräfte 1 cm $= 1 \cdot 10^4$ tcm² zu berücksichtigen, ist eine weitere Verkleinerung von H durch Division mit $1 \cdot 10^4$ vorzunehmen. Das Ergebnis ist $H = 2{,}52$ cm und die in Abb. 24 c gezeichnete elastische Linie, deren Ordinaten die tatsächlichen Durchbiegungen in zweifacher Vergrößerung darstellen. Die Schlußlinie des Seilzuges wurde so gelegt, daß die Auflagerbedingungen, d. s. $\delta_A = \delta_B = 0$ erfüllt werden. Die in Abb. 24 c eingezeichnete polygonale elastische Linie stellt das Tangentenpolygon der eigentlichen stetig gekrümmten elastischen Linie vor. Für praktische Zwecke genügt natürlich das Polygon.

Die in diesem Abschnitt für gerade Stäbe angeführten Formeln gelten auch mit genügender Annäherung für gekrümmte Stäbe, wenn die Querschnittsabmessungen der Stäbe klein gegenüber dem Krümmungshalbmesser sind.

Formänderungsarbeit im gebogenen Stab

Sind M_x, N_x und Q_x Biegungsmoment, Längskraft und Querkraft im Querschnitt mit der Abszisse x, E der Elastizitätsmodul, G das Gleitmaß, J und F Trägheitsmoment und Querschnittsfläche, χ die Schubverteilungszahl (siehe S. 136), α_t das Längenänderungsverhältnis für 1° Temperaturänderung, t die Temperaturänderung des Stabes gegenüber dem spannungslosen Anfangszustand, l die Stablänge, so beträgt die im gebogenen Stabe aufgespeicherte potentielle Energie A (Formänderungsarbeit)

$$(25) \qquad A = \frac{1}{2}\int_0^l \frac{M_x^2}{EJ}\,dx + \frac{1}{2}\int_0^l \frac{N_x^2}{EF}\,dx + \frac{1}{2}\int_0^l \frac{Q_x^2 \chi}{GF}\,dx + \int_0^l \alpha_t t N_x\,dx.$$

M_x, N_x, Q_x sind hiebei als Funktionen von x einzuführen. Sind J und F nicht konstant, so sind auch diese Größen als Funktionen von x darzustellen oder es sind, wenn sie abschnittsweise konstant sind, die Integrale in Teilintegrale zu zerlegen.

Biegung schlanker Stäbe

Wirken auf einen Stab, dessen Querschnittsabmessungen sehr klein gegen seine Länge sind, neben quergerichteten Kräften noch Längskräfte ein, so beeinflussen die Längskräfte die Biegungsmomente der quergerichteten Kräfte in erheblicher Weise. Dieser Einfluß kann aber nur dann bestimmt werden, wenn man bei der Ermittlung der Angriffsmomente der äußeren Kräfte die Formänderungen des Stabes mit berücksichtigt. Es ergeben sich dann die in der Tabelle (siehe S. 139) für einige Belastungsfälle angeführten Näherungsformeln für das Biegungsmoment und für die Durchbiegung.

Beispiel: Ein Windverbandstab von 7 m Länge, aus ⊨ 50·75·10 mit 1 cm Schenkelabstand bestehend, sei mit $S = 20$ t gezogen. Unter dem Einfluß seines Eigengewichtes von $g = 0{,}020$ tm biegt sich der Stab durch. Wie groß sind die Randspannungen auf der Zugseite? Die Rechnung wird zunächst ohne Rücksicht auf die Nietabzüge durchgeführt.

Man erhält mit $J = 124{,}9$ cm⁴

$$S_E = \frac{\pi^2 . 2150 . 124{,}9}{490000} = 5{,}41 \text{ t.}$$

Damit berechnet man das Größtmoment in Stabmitte nach Belastungsfall 2 der vorangehenden Tafel mit $x = \frac{l}{2}$ (in Metern und Tonnen gerechnet).

Biegungsformeln für schlanke Stäbe

Belastungsweise	Durchbiegung y	Biegungsmoment M_x im Querschnitt x
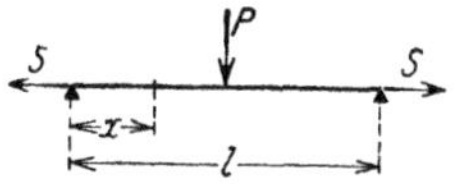	$y = \frac{2Pl}{\pi^2} \frac{\sin \frac{\pi x}{l}}{S_E \pm S}$	$M_x = \mathfrak{M}_x \mp \frac{2Pl}{\pi^2} \frac{S}{S_E \pm S} \sin \frac{\pi x}{l}$
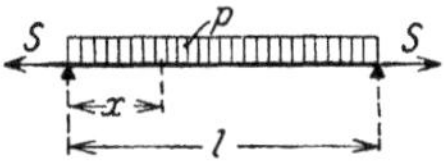	$y = \frac{4pl^2}{\pi^3} \frac{\sin \frac{\pi x}{l}}{S_E \pm S}$	$M_x = \mathfrak{M}_x \mp \frac{4pl^2}{\pi^3} \frac{S}{S_E \pm S} \sin \frac{\pi x}{l}$
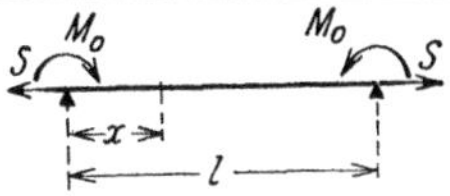	$y = \frac{4M_o}{\pi} \frac{\sin \frac{\pi x}{l}}{S_E \pm S}$	$M_x = M_o\left(1 \mp \frac{4}{\pi} \frac{S}{S_E \pm S} \sin \frac{\pi x}{l}\right)$

$S_E = \frac{\pi^2 E J}{l^2}$; $\mathfrak{M}_x$ ist das der betreffenden Belastungsweise entsprechende Balkenmoment im Querschnitt x; das obere Vorzeichen gilt, wenn S Zug ist, das untere, wenn S Druck ist.

$$M = \frac{1}{8} g l^2 - \frac{4 g l^2}{\pi^3} \frac{S}{S_E + S} =$$

$$= \frac{1}{8} 0{,}020.49 - \frac{4.0{,}020.49}{\pi^3} \frac{20}{20 + 5{,}41} = 0{,}1225 - 0{,}0995 = 0{,}0230 \text{ mt.}$$

Die Beanspruchung beträgt sonach, bei Berücksichtigung des Nietlochabzuges $d = 20$ mm in den längeren Schenkeln, wenn man $F_{netto} = 19$ cm², $W_{netto} = 21{,}93$ cm³ setzt,

$$\sigma = \frac{20}{19} + \frac{2{,}300}{21{,}93} = 1{,}052 + 0{,}105 = \mathbf{1{,}157} \text{ t/cm}^2.$$

Hätte man den Einfluß der Längskraft auf das Biegungsmoment vernachlässigt, so hätte man die Biegungsbeanspruchung statt mit 0,105 t/cm² mit $\frac{12{,}25}{21{,}93} = 0{,}558$ t/cm² festgestellt.

B. Biegung einfach gekrümmter Stäbe

Sind die Stäbe stark gekrümmt, d. h. wird der Krümmungshalbmesser vergleichbar mit der in der Ebene des gekrümmten Stabes liegenden Querschnittsabmessung (wie z. B. bei Haken, Kettengliedern usw.), so versagen die unter A abgeleiteten Formeln, da die Längsspannung nicht mehr linear verläuft und in der Schwerlinie nicht mehr verschwindet.

Unter der Annahme, daß die Normalquerschnitte, Abb. 25, während der Biegung eben bleiben, was durch Versuche bestätigt ist, erhält man die Normalspannungen σ im Abstande v von der durch den Schwerpunkt gehenden Stabachse s—s in der Form

$$\sigma = \frac{\mathfrak{N}}{F} + \frac{M}{r F \varkappa} \frac{v}{r + v}, \quad \text{wo } \mathfrak{N} = N + \frac{M}{r}. \qquad (26)$$

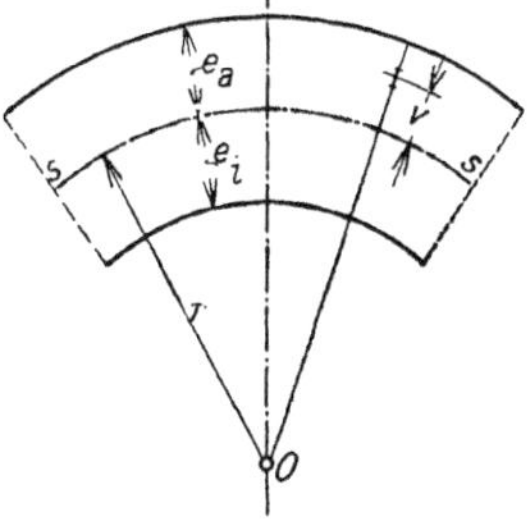

Abb. 25

Hierin bedeuten: N und M Längskraft und Biegungsmoment im betrachteten Querschnitt, r den Krümmungshalbmesser. N ist positiv, wenn es als Zug wirkt, M ist positiv, wenn es die Krümmung zu verstärken sucht; v ist positiv für Punkte außerhalb, negativ für Punkte innerhalb der Stabachse. $\varkappa$ ist ein von der Querschnittsform und der Krümmung abhängiger Faktor, nämlich

$$\varkappa = \frac{1}{F}\int \frac{v}{r+v}\,dF.$$

Man erhält aus Gl. (26) mit $v = +e_a$ bzw. $-e_i$; für die Randpunkte a und i

$$\sigma_a = \frac{\mathfrak{N}}{F} + \frac{M}{rF\varkappa}\,\frac{e_a}{r+e_a}, \qquad \sigma_i = \frac{\mathfrak{N}}{F} - \frac{M}{rF\varkappa}\,\frac{e_i}{r-e_i}$$

und für $v = 0$ in der Schwerlinie

$$\sigma_0 = \frac{\mathfrak{N}}{F} = \frac{N}{F} + \frac{M}{rF}.$$

Für $\varkappa$ gelten folgende Formeln:

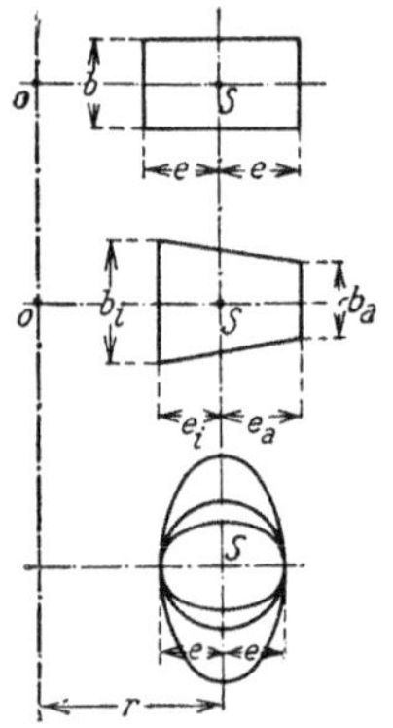

Rechteck:

$$\frac{e}{r} = u, \qquad \varkappa = \frac{u^2}{3} + \frac{u^4}{5} + \frac{u^6}{7} + \ldots\ldots;$$

Trapez:

$$\varkappa = -1 + \frac{2r}{(b_a+b_i)\,h}\left\{\left[b_a + \frac{b_i-b_a}{h}(r+e_a)\right]\cdot \ln\frac{r+e_a}{r-e_i} - (b_i-b_a)\right\};$$

Kreis, Ellipse:

$$\varkappa = \frac{1}{4}u^2 + \frac{1}{8}u^4 + \frac{5}{64}u^6 + \ldots; \quad \frac{e}{r} = u.$$

Krümmungshalbmesser ϱ:

Angenähert ist

(27) $$\frac{1}{\varrho} = \frac{1}{r} + \frac{M}{E\varkappa F r^2}.$$

V. Verdrehung gerader Stäbe

Wirkt auf einen prismatischen Stab ein Kräftepaar M_d (Drehmoment), dessen Ebene winkelrecht auf der Stabachse steht, so wird der Stab auf Verdrehen (Torsion) beansprucht. Zwei durch einen Querschnitt getrennte Teile des Stabes haben das Bestreben, sich gegeneinander zu verdrehen; in der Querschnittsebene treten daher Schubspannungen τ auf, die im allgemeinen tangential zum Querschnittsumfang verlaufen und von außen gegen innen abnehmen. Diese Querschnittsschubspannungen sind begleitet von gleich großen Schubspannungen, die parallel zur Stabachse gerichtet sind. (Bei Holz zu beachten, da Schubfestigkeit // zur Faser wesentlich geringer ist als $\perp$ zur Faser.)

Zwei im Abstande 1 befindliche Querschnitte verdrehen sich um den Winkel ϑ, sonach beträgt die Verdrehung α zweier um l voneinander abstehender Querschnitte

$$\alpha = l\,\vartheta \text{ (Bogenmaß) oder } \alpha = l\,\vartheta\,\frac{180}{\pi} \text{ (Gradmaß).}$$

Zur Berechnung der Größtbeanspruchungen $\tau_{\max}$ und des Winkels ϑ aus M_d bestehen folgende Formeln (G bedeutet das Gleitmaß):

Kreisquerschnitt: Durchmesser d

$$\tau_{\max} = \frac{M_d}{\frac{\pi}{16} d^3}; \qquad \vartheta = \frac{M_d}{\frac{\pi}{32} d^4 G}. \quad (\tau_{\max} \text{ am Umfang}).$$

Kreisringquerschnitt: Innerer Durchmesser d, äußerer Durchmesser D

$$\tau_{\max} = \frac{M_d}{\frac{\pi}{16} \frac{D^4 - d^4}{D}}; \qquad \vartheta = \frac{M_d}{\frac{\pi}{32} (D^4 - d^4) G}. \quad (\tau_{\max} \text{ am Umfang}).$$

Ellipse: Große Achse a, kleine Achse b

$$\tau_{\max} = \frac{M_d}{\frac{\pi}{16} b^2 a}; \qquad \vartheta = \frac{M_d}{\frac{\pi}{16} \frac{b^3 a^3}{b^2 + a^2} G}. \quad (\tau_{\max} \text{ an den Enden der kleinen Achse}).$$

Gleichseitiges Dreieck: Höhe h

$$\tau_{\max} = \frac{15\sqrt{3}}{2} \frac{M_d}{h^3}; \qquad \vartheta = \frac{15\sqrt{3}\, M_d}{h^4 G}. \quad (\tau_{\max} \text{ in der Mitte der Schenkel}).$$

Quadrat: Seitenlänge a

$$\tau_{\max} = 4{,}81 \frac{M_d}{a^3}; \qquad \vartheta = 7{,}12 \frac{M_d}{a^4 G}. \quad (\tau_{\max} \text{ in der Mitte der Seiten}).$$

Rechteck: Seitenlängen b und h, $h > b$.

Mit $\frac{h}{b} = n$ gilt

$$\tau_{\max} = \frac{\alpha}{\beta} \frac{M_d}{b^3}; \qquad \vartheta = \frac{1}{\beta} \frac{M_d}{b^4 G},$$

wo

$$\alpha \cong 1 - \frac{0{,}65}{1 + n^3}; \qquad \beta \cong \frac{1}{3}\left(n - 0{,}63 + \frac{0{,}052}{n^4}\right).$$

($\tau_{\max}$ in der Mitte der längeren Seiten).

Für sehr schmale und hohe Rechtecke gilt annähernd

$$\tau_{\max} \cong 3 \frac{M_d}{b^2 h}; \qquad \vartheta \cong 3 \frac{M_d}{b^3 h G}.$$

L, I, ⊔, ⊥, ┼ -Querschnitte.

Man denke sich den Querschnitt in die einzelnen Rechtecke mit den Höhen $h_1, h_2 \ldots$ und den Stärken $\delta_1, \delta_2 \ldots$ zerlegt. Dann ist

$$\tau_{\max} = \frac{M_d\, \delta_{\max}}{\eta \frac{1}{3} \Sigma h \delta^3}; \qquad \vartheta = \frac{M_d}{\eta G \frac{1}{3} \Sigma h \delta^3}.$$

($\tau_{\max}$ in jenen Teilen, wo ϑ ein max. Bei Walzträgern z. B., in den Flanschmitten.)

Für η fand Föppl aus Versuchen

für L, ⊔, I, ⊥ -Querschnitte

im Mittel $\eta = 0{,}99 - 1{,}03$ 1,12 1,30 1,12.

Die voranstehenden Formeln setzen voraus, daß die Momente M_d nur in den Endquerschnitten des Stabes wirken. (Reine Verdrehung.) Wirken Momente in den Zwischenquerschnitten, dann ist die der Aufstellung der

Formeln zugrunde gelegte Annahme über das Fehlen von Längsspannungen bei der reinen Verdrehung nicht mehr richtig. Die Formeln gelten in solchen Fällen genau nur für Kreis- und Ringquerschnitt, annähernd für gedrungene Vollquerschnitte. Bei den aus schmalen Rechtecken zusammengesetzten Walzeisenquerschnitten aber treten ganz nennenswerte Biegungsbeanspruchungen, dafür aber Verringerung der Drehbeanspruchung auf. (Nähere Berechnung, siehe Bleich, „Theorie und Berechnung der eisernen Brücken", Berlin, 1924.)

VI. Ebene und gewölbte Platten

A. Ebene biegungssteife Platten

Die nachstehenden Formeln wurden unter der Voraussetzung berechnet, daß die Dicke der Platte klein gegen die übrigen Plattenabmessungen und daß die Durchbiegung wieder klein gegen die Dicke ist. Geltung des Hookeschen Gesetzes angenommen. In der die Plattenstärke h halbierenden Mittelebene der Platte sind die Spannungen $\sigma = 0$ und nehmen geradlinig gegen die beiden Oberflächen der Platte zu, wo sie Größtwerte erreichen. Zwei Punkte, die beiderseits der Mittelebene und in gleichem Abstand von ihr liegen, haben gleichgroße Spannungen bei entgegengesetztem Vorzeichen.

I. Kreisförmige Platten

In zylindrischen Schnittflächen treten Radialspannungen σ_r, in Radialschnitten Tangentialspannungen σ_t auf. Der Durchmesser der Platte sei $2r$, die Stärke h, $m = {}^{10}/_3$. Die nachstehend angegebenen Spannungswerte sind Größtwerte in den Oberflächen.

a) Die Platte ist gleichförmig mit p belastet.

α) am Rande frei aufliegend. Abb. 26a.

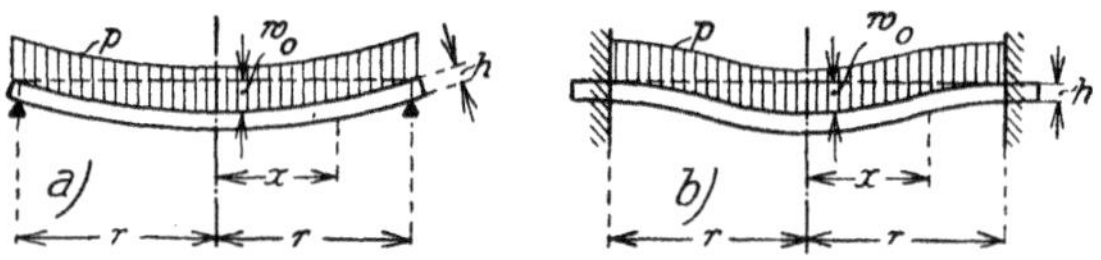

Abb. 26

(1)
$$\sigma_r = \mp \frac{3}{8}\,\frac{3m+1}{m}\left(1 - \frac{x^2}{r^2}\right)\frac{p\,r^2}{h^2} = \mp 1{,}238\left(1 - \frac{x^2}{r^2}\right)\frac{p\,r^2}{h^2},$$

$$\sigma_t = \mp \frac{3}{8}\left(\frac{3m+1}{m} - \frac{m+3}{m}\,\frac{x^2}{r^2}\right)\frac{p\,r^2}{h^2} = \mp\left(1{,}238 - 0{,}713\,\frac{x^2}{r^2}\right)\frac{p\,r^2}{h^2};$$

$$\text{für } x = 0 \text{ (Mitte)}: \quad \max\sigma_r = \max\sigma_t = \mp 1{,}238\,\frac{p\,r^2}{h^2};$$

$$\text{für } x = r \text{ (Rand)}: \quad \sigma_r = 0, \quad \sigma_t = \mp 0{,}525\,\frac{p\,r^2}{h^2}.$$

Für die Bemessung ist die Spannung in der Mitte maßgebend. Man erhält mittels der Formel (7) von S. 115, für die reduzierten Spannungen,

da $\tau = 0$, $\sigma_{red} = \sigma_r - 0{,}3\,\sigma_t = 0{,}867\,\frac{p\,r^2}{h^2} \lessgtr \sigma_{zul}$.

Durchbiegung in der Mitte:

$$w_0 = \frac{3}{16}\,\frac{(5m+1)(m-1)}{m^2}\,\frac{p\,r^4}{E\,h^3} = 0{,}70\,\frac{p\,r^4}{E\,h^3}.$$

β) am Rande eingespannt. Abb. 26 b.

$$\sigma_r = \mp \frac{3}{8}\left(\frac{m+1}{m} - \frac{3m+1}{m}\frac{x^2}{r^2}\right)\frac{p\,r^2}{h^2} = \mp\left(0{,}488 - 1{,}238\frac{x^2}{r^2}\right)\frac{p\,r^2}{h^2},$$

$$\sigma_t = \mp \frac{3}{8}\left(\frac{m+1}{m} - \frac{m+3}{m}\frac{x^2}{r^2}\right)\frac{p\,r^2}{h^2} = \mp\left(0{,}488 - 0{,}713\frac{x^2}{h^2}\right)\frac{p\,r^2}{h^2}; \qquad (2)$$

für $x = 0$ (Mitte): $\sigma_r = \sigma_t = \mp 0{,}488\,\frac{p\,r^2}{h^2}$;

für $x = r$ (Rand): $\max\sigma_r = \pm 0{,}750\,\frac{p\,r^2}{h^2}$, $\sigma_t = \pm 0{,}225\,\frac{p\,r^2}{h^2}$.

Für die Bemessung ist die Spannung am Rande maßgebend.

$$\sigma_{red} = \sigma_r - 0{,}30\,\sigma_t = 0{,}683\,\frac{p\,r^2}{h^2} \lessgtr \sigma_{zul}.$$

Durchbiegung in der Mitte: $w_0 = \frac{3}{16}\,\frac{m^2-1}{m^2}\,\frac{p\,r^4}{E\,h^3} = 0{,}17\,\frac{p\,r^4}{E\,h^3}$.

b) Die Platte ist in der Mitte durch eine auf der Kreisfläche $\pi\,a^2$ gleichmäßig verteilte Last p belastet. Abb. 27. a ist klein gegen r.

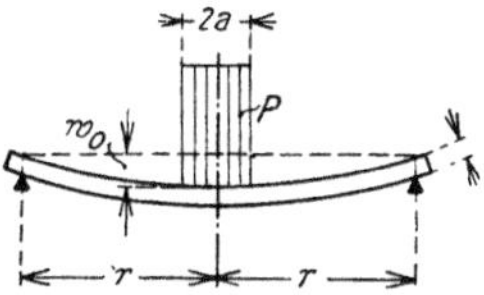

Abb. 27 a

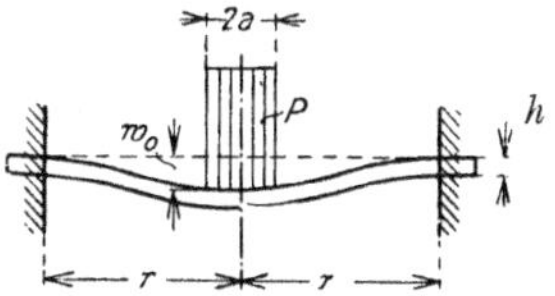

Abb. 27 b

α) Am Rande frei aufliegend. Abb. 27 a.
Die größten Spannungen treten in der Mitte auf. Dort ist

$$\max\sigma_r = \max\sigma_t = \mp\frac{3}{8}\,\frac{P}{\pi\,h^2}\left(4\,\frac{m+1}{m}\ln\frac{r}{a} + 4 - \frac{m-1}{m}\,\frac{a^2}{r^2}\right) \qquad (3)$$

$$= \pm\frac{P}{h^2}\left(0{,}621\ln\frac{r}{a} + 0{,}477 - 0{,}084\,\frac{a^2}{r^2}\right).$$

Für die Bemessung gilt: $\sigma_{red} = 0{,}70\max\sigma_r \leqq \sigma_{zul}$.

Durchbiegung in der Mitte:

$$w_0 = \frac{3\,(m-1)\,(3\,m+1)}{4\,m^2\,\pi}\,\frac{P\,r^2}{E\,h^3} = 0{,}55\,\frac{P\,r^2}{E\,h^3}.$$

β) Am Rande eingespannt. Abb. 27 b.
Die größten Spannungen treten in der Mitte auf. Dort ist

$$\max\sigma_r = \max\sigma_t = \mp 0{,}155\,\frac{P}{h^2}\left(4\ln\frac{r}{a} + \frac{a^2}{r^2}\right);\quad \sigma_{red} = 0{,}70\max\sigma_r. \qquad (4)$$

Für die Spannungen am Rande gilt

$$\sigma_r = \pm\frac{3\,P}{2\,h^2\,\pi} = \pm 0{,}477\,\frac{P}{h^2}, \qquad \sigma_t = \frac{3\,P}{2\,h^2\,\pi}\,\frac{1}{m} = 0{,}143\,\frac{P}{h^2}.$$

Für die Bemessung ist: $\sigma_{red} = \sigma_r - 0{,}3\,\sigma_t = 0{,}434\,\frac{P}{h^2} \leqq \sigma_{zul}$.

Durchbiegung in der Mitte: $w_0 = \frac{3}{4\pi}\,\frac{m^2-1}{m^2}\,\frac{P\,r^2}{E\,h^3} = 0{,}22\,\frac{P\,r^2}{E\,h^3}$.

Wenn $a \to 0$ geht, d. h. für den Fall einer Einzellast in Plattenmitte, versagen die Formeln für die Spannungen σ. Die Gleichungen für die Durchbiegungen w_0 gelten auch für eine Einzellast, da sie unabhängig von a sind.

2. Rechteckige Platten

a) Die Platte liegt auf allen vier Rändern frei auf und ist mit p gleichmäßig belastet. Seitenlängen a und b. (Näherungsformeln.) Abb. 28.

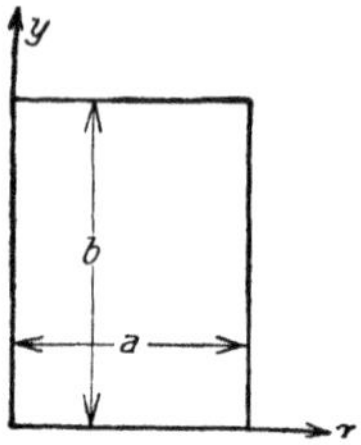

Abb. 28

Größtspannung in Plattenmitte:

$$(5)\qquad \max \sigma_x = \frac{96}{\pi^4}\frac{p}{h^2}\frac{a^2 b^2}{(a^2+b^2)^2}\left(b^2+\frac{a^2}{m}\right),\quad \max \sigma_y = \frac{96}{\pi^4}\frac{p}{h^2}\frac{a^2 b^2}{(a^2+b^2)^2}\left(a^2+\frac{b^2}{m}\right);$$

$$\frac{96}{\pi^4}\sim 1,\qquad m=\frac{10}{3}.$$

Wenn $b > a$, ist $\max \sigma_x > \max \sigma_y$ und daher für die Bemessung $\sigma_{red} = \max \sigma_x - 0{,}3 \max \sigma_y$ zu setzen. Für die quadratische Platte wird

$$\max \sigma_x = \max \sigma_y = \frac{24}{\pi^4}\frac{m+1}{m}\frac{p a^2}{h^2} = 0{,}33\frac{p a^2}{h^2}.$$

Durchbiegung in der Mitte:

$$w_0 = \frac{192}{\pi^6}\frac{m^2-1}{m^2}\frac{a^4 b^4}{(a^2+b^2)^2}\frac{p}{E h^3} = 0{,}182\frac{a^4 b^4}{(a^2+b^2)^2}\frac{p}{E h^3}.$$

b) Näherungsformeln von Marcus. Für die Berechnung von Eisenbetonplatten wurden auf Grund genauerer Ergebnisse die nachstehend angegebenen Näherungsformeln für gleichmäßige Belastung mit p abgeleitet. Da bei ihrer Ermittlung $m=\infty$ gesetzt wurde, so ist einfach die größere der beiden Spannungen σ_x bzw. σ_y für die Bemessung maßgebend, da für $m=\infty$, $\sigma_{red}=\sigma_x$ oder $\sigma_{red}=\sigma_y$ wird. Mit M_x und M_y sind die Biegungsmomente für einen Plattenstreifen von der Breite 1 bezeichnet. Die Spannungen ergeben sich dann mit

$$\sigma_x = \frac{M_x}{W_x}\quad\text{und}\quad \sigma_y=\frac{M_y}{W_y},$$

wobei W_x und W_y die Widerstandsmomente der zugehörenden Plattenstreifen von der Breite 1 bedeuten. Abb. 29.

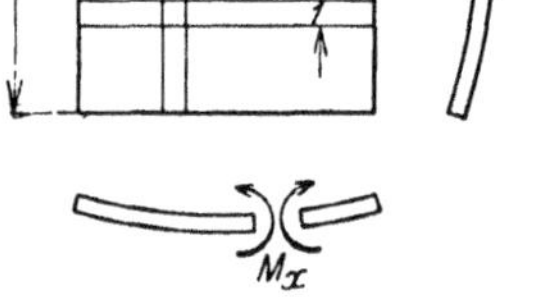

Abb. 29

α) Die Platte liegt auf allen vier Rändern frei auf.

$$(6)\qquad \max M_x = \frac{p l_x^2}{8}\frac{l_y^4}{l_x^4+l_y^4}k,\quad \max M_y = \frac{p l_y^2}{8}\frac{l_x^4}{l_x^4+l_y^4}k,\quad k = 1-\frac{5}{6}\frac{l_x^2 l_y^2}{l_x^4+l_y^4}.$$

β) Die Platte ist an allen vier Rändern eingespannt. Feldmomente:

$$(7)\qquad \max M_x = \frac{p l_x^2}{24}\frac{l_y^4}{l_x^4+l_y^4}k,\quad \max M_y = \frac{p l_y^2}{24}\frac{l_x^4}{l_x^4+l_y^4}k,\qquad k = 1-\frac{5}{18}\frac{l_x^2 l_y^2}{l_x^4+l_y^4}.$$

Einspannungsmomente:

$$\min M_x = -\frac{p l_x^2}{12} \frac{l_y^4}{l_x^4 + l_y^4} \frac{1}{k}, \qquad k = 1 - \frac{5}{18} \frac{l_x^2 l_y^2}{l_x^4 + l_y^4}. \qquad (8)$$
$$\min M_y = -\frac{p l_y^2}{12} \frac{l_x^4}{l_x^4 + l_y^4} \frac{1}{k},$$

γ) Die Platte ist an zwei gegenüberliegenden Seiten frei gelagert, an den beiden andern Seiten fest eingeklemmt. Abb. 30.

Feldmomente:

$$\max M_x = \frac{p l_x^2}{24} \frac{5 l_y^4}{l_x^4 + 5 l_y^4} \left(1 - \frac{25}{18} \frac{l_x^2 l_y^2}{l_x^4 + 5 l_y^4}\right),$$
$$\max M_y = \frac{p l_y^2}{8} \frac{l_x^4}{l_x^4 + 5 l_y^4} \left(1 - \frac{5}{6} \frac{l_x^2 l_y^2}{l_x^4 + 5 l_y^4}\right); \qquad (9)$$

Einspannungsmoment:

$$M_x = \frac{p l_x^2}{8} \frac{5 l_y^4}{l_x^4 + 5 l_y^4}. \qquad (10)$$

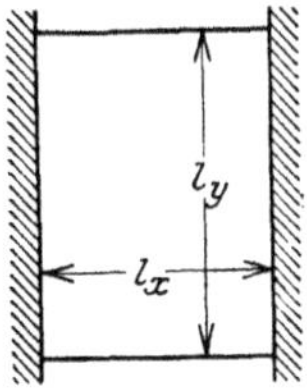

Abb. 30

Weitere Lagerungsfälle (auch mehrreihige Platten) siehe Marcus: Die vereinfachte Berechnung biegsamer Platten. „Bauingenieur" 1924, H. 20 und 21; sowie Luetkens: Auswertung der Marcusschen Formeln zur Berechnung vierseitig gelagerter Platten. „Bauingenieur" 1925, H. 21.

B. Gewölbte, nicht biegungssteife Platten

Behälter

Wenn die Plattendicke gegenüber den übrigen Abmessungen sehr gering ist, wie bei eisernen Behältern z. B., so spielen die Biegungsspannungen eine so geringe Rolle für die Tragfähigkeit der Platte, daß sie vernachlässigt werden können. Maßgebend sind die in die Plattenfläche fallenden Zug- und Druckspannungen. Die Platte stellt eine gewölbte Haut (Membran) vor. Die nachfolgend angeführten Formeln gelten für Belastung durch Flüssigkeitsdruck.

1. Behältertrommel. Abb. 31

Bezeichnet: y die Tiefe unter der Flüssigkeitsoberfläche, r den Trommelhalbmesser, δ die Wandstärke, γ das spezifische Gewicht der Füllung, so beträgt die Ringspannung in der Tiefe y

$$\sigma = \frac{r y \gamma}{\delta}. \qquad (11)$$

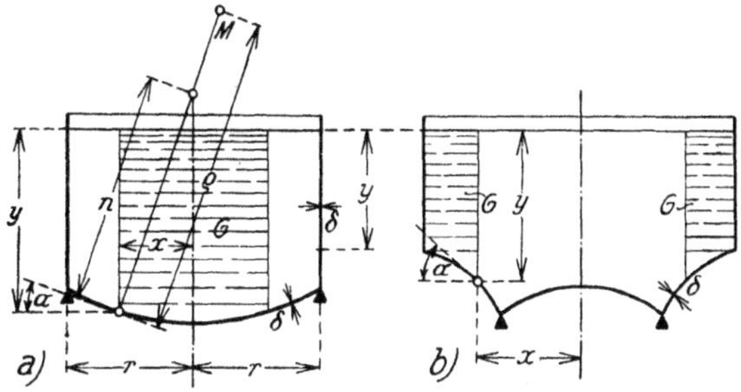

Abb. 31

2. Behälterboden[1])

Bedeutet: G das Gewicht des Flüssigkeitszylinders, der bei Innenböden, Abb. 31 a), über dem durch den Halbmesser x gegebenen Parallelkreis ruht, bei Außenboden, Abb. 31 b), das Gewicht der ringförmigen Flüssigkeitsmasse außerhalb des Parallelkreises mit dem Halbmesser x, σ_m die Meridianspannung, σ_p die Spannung im Parallelkreise, ϱ den Krümmungshalbmesser des Meridians, n die Länge der Normalen der Meridianlinie bis zum Schnitt mit der Behälterachse, γ das spezifische Gewicht der Füllung und δ die Plattenstärke, so ist

$$\sigma_m = \frac{G}{2\pi x \delta \sin\alpha}, \quad (12) \qquad \pm\frac{\sigma_m}{\varrho} + \frac{\sigma_p}{n} = \frac{y\gamma}{\delta}. \quad (13)$$

Das Vorzeichen des ersten Gliedes in Gl. (13) wird durch das nachfolgende Schema, Abb. 32, bestimmt:

	Außenboden				Innenboden			
für den Boden	I	II	III	IV	V	VI	VII	VIII
ist das Vorzeichen von $\frac{\sigma_m}{\varrho}$:	$-$	$+$	$+$	$-$	$-$	$+$	$+$	$-$
und ist σ_m	Druck		Zug		Druck		Zug	
und ist σ_p	Zug		Druck		Druck		Zug	

Bei kugelförmigem Innenboden wird $\varrho = n$. Mit den Bezeichnungen der Abb. 33 gilt dann

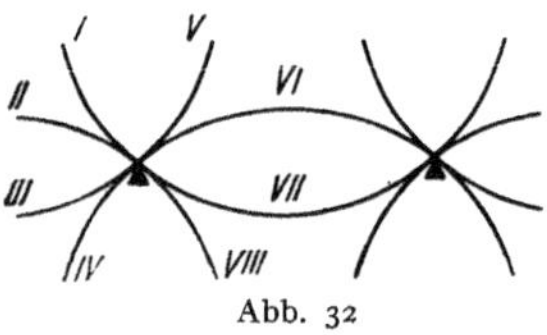

Abb. 32

$$(14) \qquad \sigma_m = \frac{\varrho\gamma}{2\delta}\left(h \pm \frac{z}{3}\,\frac{3\varrho - 2z}{2\varrho - z}\right), \qquad \sigma_p = \frac{\varrho\gamma}{2\delta}\left(h \pm \frac{z}{3}\,\frac{9\varrho - 4z}{2\varrho - z}\right).$$

Das $+$-Zeichen gilt für den Stützboden, das $-$-Zeichen für den Hängeboden. Die maßgebende Spannung ist beim Kugelstützboden σ_p und beim Kugelhängeboden σ_m. Bei ersterem nehmen σ_m und σ_p gegen die Mitte ab, bei letzterem gegen die Mitte zu, wo sie den Wert $\sigma_m = \sigma_p = \frac{\varrho h \gamma}{2\delta}$ erreichen. Stützböden müssen gegen Einbeulen versteift werden. Die Gl. (14) gelten auch für Halbkugelhängeboden. Soll bei einem derartigen Behälter bei Vollfüllung keine Druckspannung im Boden auftreten, so muß die Gesamthöhe $H \geqq {}^5/_3\,\varrho$ sein.

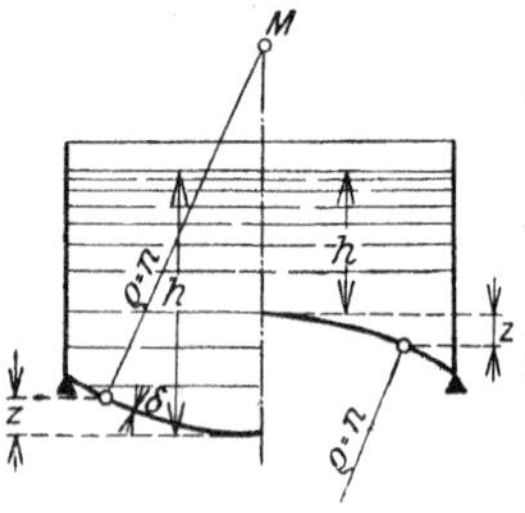

Abb. 33

Für kegelförmige Böden ist $\varrho = \infty$, daher, Abb. 34,

$$(15) \quad \sigma_m = \frac{x\gamma\left(y \pm \frac{y'}{3}\right)}{2\delta\sin\alpha}, \qquad (16) \quad \sigma_p = \frac{xy\gamma}{\delta\sin\alpha}.$$

Das $+$-Zeichen in Formel (15) gilt für den Hängeboden, das $-$-Zeichen für den Stützboden.

Die im Auflagerring wirkende Kraft P errechnet sich aus den Beziehungen:

[1]) Nach Forchheimer, „Berechnung ebener und gekrümmter Behälterböden". Berlin. 1909

Bei Hänge- und Stützboden, Abb. 33,

$$P = \frac{G \operatorname{cotg} \alpha}{2\pi}, \qquad (17)$$

wo P bei Hängeboden Druck, bei Stützboden Zug bedeutet. α, Neigung der Meridiantangente gegen die Horizontale im Anlaufpunkte.

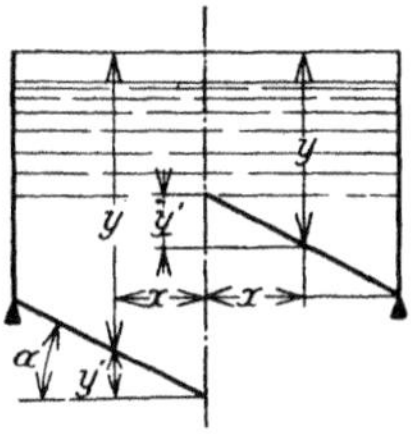

Abb. 34

Bei Intzebehältern, Abb. 31 b), gilt

$$P = \frac{1}{2\pi}(G_2 \operatorname{cotg} \alpha_2 - G_1 \operatorname{cotg} \alpha_1), \qquad (18)$$

wobei G_1 das Gewicht des innerhalb des Stützringes befindlichen Flüssigkeitszylinders, G_2 das Gewicht des außerhalb des Stützringes ruhenden Flüssigkeitsringes bedeutet. α_1 bzw. α_2 sind die Anlaufwinkel des Innen- bzw. Außenbodens gegen die Horizontale.

Die Abmessungen werden meist so gewählt, daß bei Vollfüllung

$$G_2 \operatorname{cotg} \alpha_2 - G_1 \operatorname{cotg} \alpha_1 = 0 \text{ ist.} \qquad (19)$$

VII. Das Berührungsproblem elastischer Körper

Berühren sich zwei Körper in einer sehr kleinen Fläche unter Druck, so gelten für die größten in der Berührungsstelle übertragenen Drucke und die dort auftretenden Formänderungen die nachfolgend angegebenen Hertzschen Formeln. Geltung des Hookeschen Gesetzes und Kleinheit der Berührungsfläche gegenüber den Abmessungen der aneinandergepreßten Körpern ist Voraussetzung.

1. Zwei Kugeln

Es bedeuten: E_1 und E_2 die Elastizitätsmaße in kg/cm² der beiden Körper, r_1 und r_2 die beiden Kugelhalbmesser in cm, P die Kraft in kg, mit der die Kugeln aneinandergepreßt werden, Abb. 35, a den Halbmesser der kreisförmigen Druckfläche, σ_{max} der größte in der Berührungsstelle übertragene Druck. Abb. 36. Dann ist

$$a = 0{,}88 \sqrt[3]{P \frac{r_1 r_2}{r_2 \pm r_1} \frac{E_1 + E_2}{E_1 E_2}} \text{ cm,}$$

$$\sigma_{max} = 1{,}5 \frac{P}{\pi a^2} \qquad (1)$$

$$= 0{,}62 \sqrt[3]{P \frac{(r_2 \pm r_1)^2}{r_1^2 r_2^2} \frac{E_1^2 E_2^2}{(E_1 + E_2)^2}} \text{ kg/cm}^2.$$

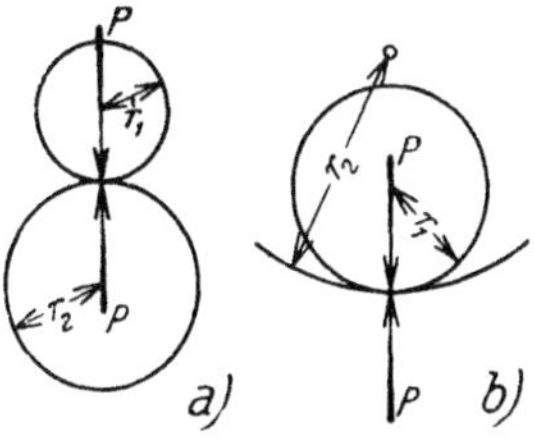

Abb. 35

Das $+$-Zeichen gilt für den Fall Abb. 35 a), das $-$-Zeichen für den Fall Abb. 35 b).

Ist $E_1 = E_2$, so erhält man

$$a = 1{,}11 \sqrt[3]{\frac{P}{E} \frac{r_1 r_2}{r_2 \pm r_1}} \text{ cm,}$$

$$\sigma_{max} = 0{,}39 \sqrt[3]{P E^2 \frac{(r_2 \pm r_1)^2}{r_1^2 r_2^2}} \text{ kg/cm}^2. \qquad (2)$$

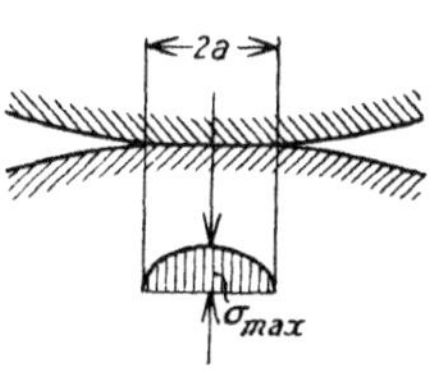

Abb. 36

2. Kugel und ebene Platte

Setzt man in den Gl. (1) $r_1 = r, r_2 = \infty$, so gehen die Formeln über in

$$(3)\qquad a = 0{,}88 \sqrt[3]{P r \frac{E_1 + E_2}{E_1 E_2}}\ \text{cm}, \qquad \sigma_{max} = 0{,}62 \sqrt[3]{\frac{P}{r^2} \frac{E_1^2 E_2^2}{(E_1 + E_2)^2}}\ \text{kg/cm}^2.$$

Mit $E_1 = E_2$ wird

$$(4)\qquad a = 1{,}11 \sqrt[3]{\frac{P r}{E}}\ \text{cm}, \qquad \sigma_{\max} = 0{,}39 \sqrt[3]{\frac{P E^2}{r^2}}\ \text{kg/cm}^2.$$

3. Zwei Kreiszylinder, die sich längs einer Erzeugenden berühren

Sind r_1 und r_2 die Halbmesser der Grundflächen in cm, l die Länge der Zylinder in cm, b die Breite der rechteckigen Druckfläche, so gilt

$$(5)\qquad \begin{aligned} b &= 2{,}14 \sqrt{\frac{P}{l} \frac{r_1 r_2}{r_2 \pm r_1} \frac{E_1 + E_2}{E_1 E_2}}\ \text{cm}, \\ \sigma_{\max} &= \frac{4 P}{\pi b l} = 0{,}59 \sqrt{\frac{P}{l} \frac{r_2 \pm r_1}{r_1 r_2} \frac{E_1 E_2}{E_1 + E_2}}\ \text{kg/cm}^2. \end{aligned}$$

Ist $E_1 = E_2$, so folgt:

$$(6)\qquad b = 3{,}03 \sqrt{\frac{P}{E l} \frac{r_1 r_2}{r_2 \pm r_1}}\ \text{cm}, \qquad \sigma_{\max} = 0{,}42 \sqrt{\frac{P E}{l} \frac{r_2 \pm r_1}{r_1 r_2}}\ \text{kg/cm}^2.$$

Das +-Zeichen gilt im Falle Abb. 35a, das —-Zeichen im Falle 35b.

4. Kreiszylinder und ebene Platte

Setzt man in Gl. (5) $r_1 = r$, $r_2 = \infty$, so erhält man

$$(7)\qquad b = 2{,}14 \sqrt{\frac{P r}{l} \frac{E_1 + E_2}{E_1 E_2}}\ \text{cm}, \qquad \sigma_{\max} = 0{,}59 \sqrt{\frac{P}{r l} \frac{E_1 E_2}{E_1 + E_2}}\ \text{kg/cm}^2.$$

Diese Formeln gehen für den Fall $E_1 = E_2$ über in

$$(8)\qquad b = 3{,}03 \sqrt{\frac{P r}{E l}}\ \text{cm}, \qquad \sigma_{\max} = 0{,}42 \sqrt{\frac{P E}{r l}}\ \text{kg/cm}^2.$$

Bei der Festlegung der zulässigen Beanspruchung an den Berührungsstellen gehe man von der Härteziffer H_B (Brinnelhärte), die durch die Kugeldruckprobe bestimmt wird, aus. Neuere Schweizer Versuche haben es wahrscheinlich gemacht, daß die Grenzspannung σ_e, bei der an der Berührungsstelle bleibende Formänderungen auftreten, beiläufig mit der halben Kugeldruckhärte übereinstimmt. Als σ_{zul} wird $^1/_3\ H_B$ empfohlen.

(Über zulässige Pressungen bei Brückenlagern siehe „Brückenbau", S. 505.)

Baustatik

bearbeitet von

Ing. Dr. **Friedrich Bleich**, Wien

I. Statisch bestimmte ebene Träger

A. Einleitung

Die Ermittlung der größten Anstrengungen erfordert die Kenntnis des Verlaufes der Biegungsmomente und Querkräfte in vollwandigen Trägern bzw. die Kenntnis der größtmöglichen Stabkräfte in Fachwerksträgern. Bei ortsfester Belastung genügt die Aufstellung der Momenten- und Querkraftlinien bzw. die Darstellung der Stabkräfte mittels Kräfteplanes; bei beweglichen Lasten ist meist die Benützung von Einflußlinien der Momente, Querkräfte oder Stabkräfte notwendig. Die Stützenkräfte werden für jeden in Betracht kommenden Belastungsfall aus den Gleichgewichtsbedingungen am starren Körper (siehe „Mechanik", S. 83) ermittelt und wie die eigentlichen Lasten als äußere Kräfte betrachtet. (Freimachen des Trägers.) Die Bestimmung der Momente, Querkräfte und Stabkräfte kann dann rechnerisch oder zeichnerisch erfolgen.

Allgemeine Bemerkungen über Einflußlinien

Eine Einzellast $P = 1$ im Punkte n des Trägers ruft in einem Punkte m eine bestimmte Wirkung (Moment, Querkraft, Stützenkraft, Stabkraft, Durchbiegung) hervor. Diese Wirkung ändert sich im allgemeinen, wenn

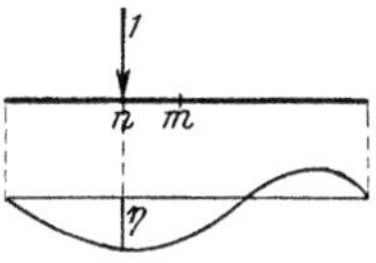

Abb. 1

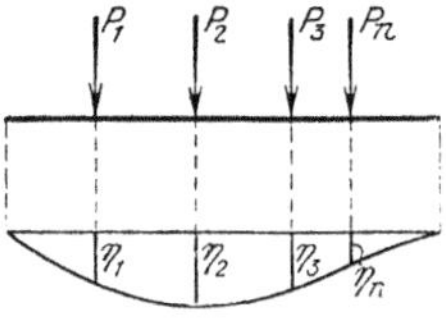

Abb. 2

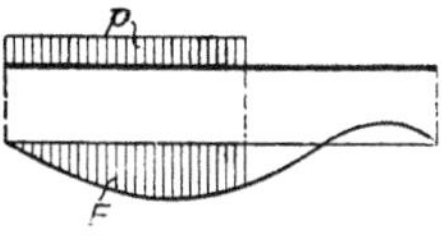

Abb. 3

die Einzellast ihren Ort ändert. Trägt man die Wirkung, die $P = 1$ im Punkte m hervorruft, unter dem jeweiligen Lastort als Ordinate auf, so erhält man, wenn man sich die Last von einem Trägerende bis zum anderen verschoben denkt, die Einflußlinie der in Rede stehenden Wirkung im Punkte m, Abb. 1.

Man nennt die Ordinate η Einflußgröße.

Eine Einzellast von der Größe P erzeugt sonach die Wirkung $P\eta$ und ein System von parallelen Einzellasten P_1, $P_2 \ldots\ldots\ldots P_n$ die Summeneinflußgröße, Abb. 2,

$$Z = \Sigma P \eta = P_1 \eta_1 + P_2 \eta_2 + \ldots P_n \eta_n. \qquad (1)$$

Sind die Lasten stetig verteilt, dann geht die Summe in das Integral

$$Z = \int p \, \eta \, dx \qquad (2)$$

über. Ist p konstant, so folgt

$$Z = p \int \eta \, dx = p F.$$

wobei F die Einflußfläche ist. Abb. 3.

Die Anwendung der Einflußlinien setzt Geltung des Superpositionsprinzipes und durchwegs parallele Kräfte voraus. Jene Punkte der Einflußlinie, in denen $\eta = 0$ ist, heißen Lastscheiden. Sie zerlegen die Abszissenachse in positive und negative Beitragsstrecken.

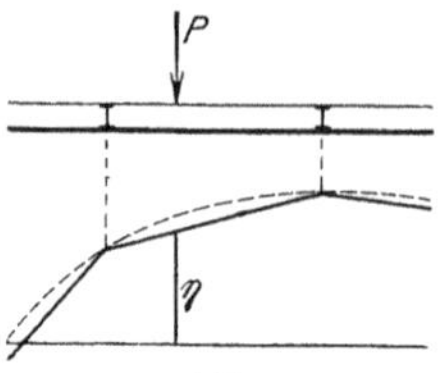

Abb. 4

Wir haben bisher angenommen, daß jeder Punkt des Trägers Angriffsort der wandernden Last sein kann. Unmittelbare Lastübertragung. Ist dies nicht der Fall, sondern werden die Lasten auf den Träger durch balkenartige Zwischenelemente, Abb. 4, übertragen, mittelbare Lastübertragung, so verläuft die Einflußlinie zwischen zwei Lastübertragungspunkten geradlinig.

B. Vollwandige Träger

1. Balken auf zwei Stützen

a) Stützkräfte

Für mehrere Einzellasten $P_1, P_2, \ldots P_n$ ergeben sich die Auflagerkräfte Abb. 5 a).

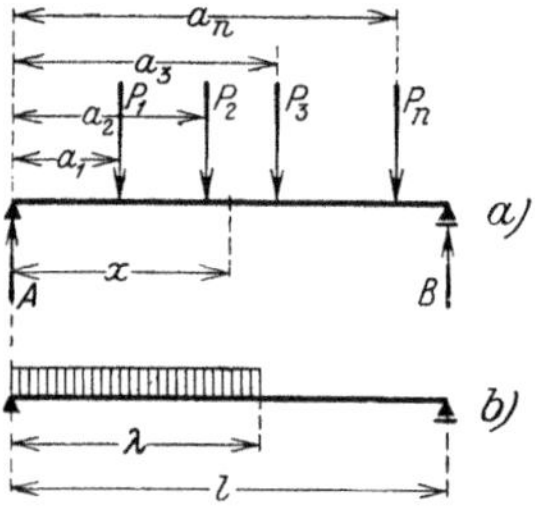

Abb. 5

$$(3) \qquad A = \frac{1}{l} \sum_1^n P\,(l - a), \qquad B = \frac{1}{l} \sum_1^n P\,a.$$

Bei gleichmäßig verteilter Belastung p, Abb. 5b)

$$(4) \qquad A = \frac{p\lambda}{2l}\,(2\,l - \lambda), \qquad B = \frac{p\,\lambda^2}{2\,l};$$

für Vollbelastung mit p

$$(5) \qquad A = B = \frac{p\,l}{2}.$$

Einflußlinie der Stützkräfte A und B

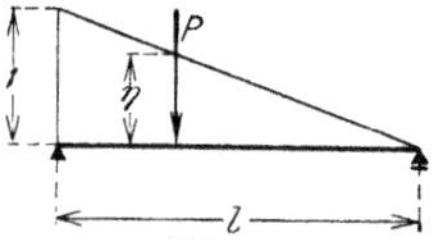

Abb. 6

Die Einflußlinie für A ist ein Dreieck mit der Ordinate 1 über A, Abb. 6. Die Einflußlinie für B ist ihr spiegelbildlich gleich.

Für die Bestimmung der Stützkräfte ist es gleichgültig, ob die Lasten mittelbar oder unmittelbar auf den Träger einwirken.

b) Querkräfte

Unmittelbare Belastung: Querkraft Q_x im Punkte m bei Belastung mit festen Einzellasten, Abb. 7. Q_x positiv, wenn nach aufwärts gerichtet.

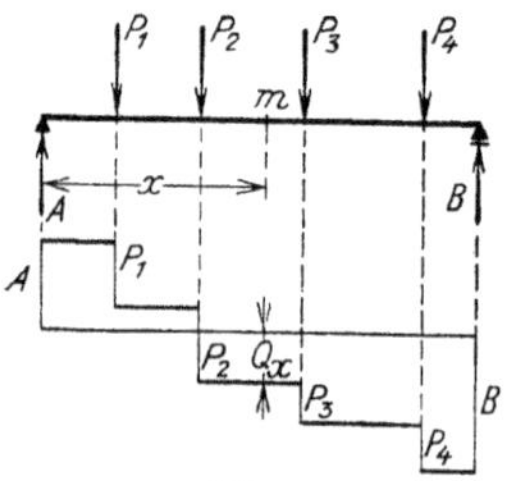

Abb. 7

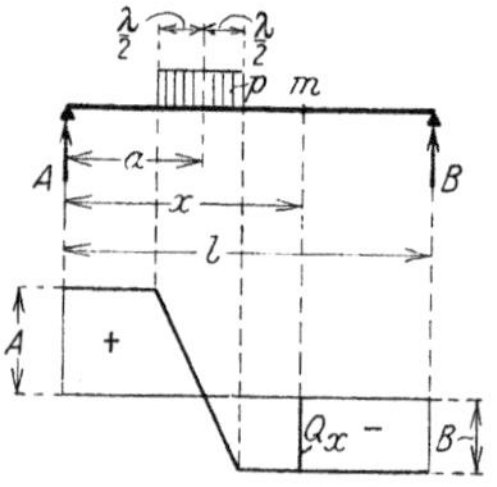

Abb. 8

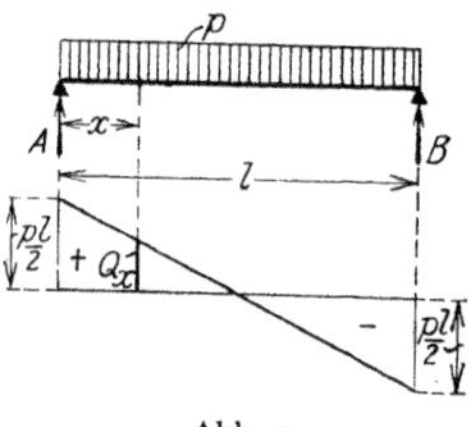

Abb. 9

$$Q_x = A - \sum_1^x P. \tag{6}$$

Die Querkraftlinie ist eine stufenförmige Linie, deren Unstetigkeitsstellen bei unmittelbarer Belastung in den Lastorten liegen.

Belastung durch eine Streckenlast p, Abb. 8 (siehe S. 150).

Endordinaten der Querkraftlinie: $A = \frac{p\,\lambda\,(l-a)}{l}$, $\quad B = p\,\lambda\,\frac{a}{l}$.

Vollbelastung mit p, Abb. 9 (siehe S. 150).

Endordinaten der Querkraftlinie: $A = B = \frac{p\,l}{2}$.

Mittelbare Belastung: Ermittlung der Querkräfte bei Einzellastsystemen am zweckmäßigsten zeichnerisch. In Abb. 10 wurde der Kräfte-

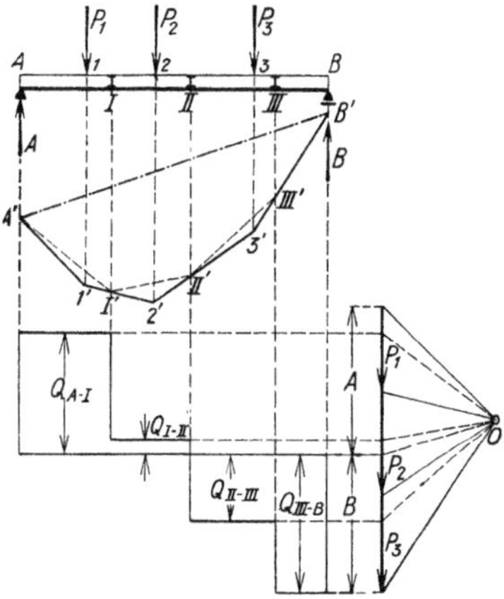

Abb. 10

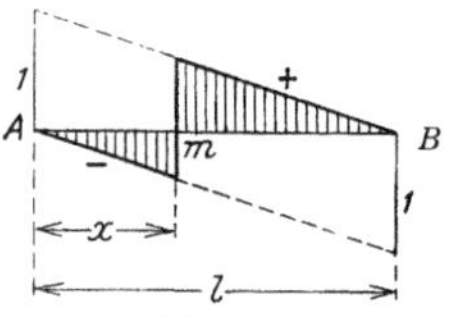

Abb. 11

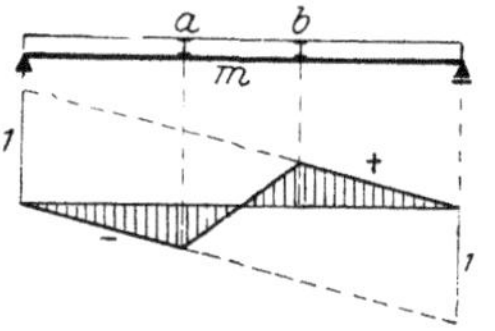

Abb. 12

zug P_1, P_2, P_3 gezeichnet und nach Wahl des Poles O das Seilpolygon A' 1' 2' 3' B' gezogen. Die Parallele zur Schlußlinie A' B' ergibt im Kräftezug die Auflagerkräfte A und B. Projiziert man die Lastübertragungsstellen (Querträger) in der Kräfterichtung auf das Seileck, so erhält man ein neues Polygon A' I' II' III' B' (gestrichelt). Die Parallelen zu den so erhaltenen neuen Polygonseiten schneiden im Kräftezug die aufeinanderfolgenden Feldquerkräfte Q_{A-I}, Q_{I-II} usw. ab.

Einflußlinien der Querkräfte

Die Einflußlinie für die im Querschnitt x wirkende Querkraft Q_x ist bei unmittelbarer Belastung ein überschlagenes Viereck, Abb. 11. Überschreitet die Last $P = 1$ den Querschnitt x, so ändert Q_x sein Vorzeichen. max $-Q_x$ bei Vollbelastung von A bis m, max $+Q_x$ bei Vollbelastung von m bis B.

Die Einflußlinie für Q_x im Punkte m im Falle mittelbarer Belastung ändert ihre Gestalt gegenüber Abb. 11 nur innerhalb des Feldes, in dem der fragliche Querschnitt m liegt. Da sie nach dem oben in A ausgesprochenen Satz zwischen a und b geradlinig sein muß, so ist die Form der Einflußlinie durch Abb. 12 festgelegt. Für alle Punkte, die zwischen a und b liegen, gilt die gleiche Linie.

A-Polygon. Zur unmittelbaren Bestimmung der Größtwerte der Querkräfte infolge eines beweglichen Einzellastenzuges benützt man, um das Auftragen von Einflußlinien zu umgehen, das A-Polygon. Man trägt vom Trägerende B den Lastenzug in umgekehrter Fahrtrichtung gegen A ab, Abb. 13, zeichnet über A den Kräftezug der Lasten $P_1, P_2, \ldots P_n$ in der Reihenfolge von unten nach oben, zeichnet die Seilstrahlen durch den Pol B und durch Parallelenzug das durch B gehende Seileck, das A-Polygon. Steht nun die erste Last P_1 des von B gegen A fahrenden Lastenzuges auf m, so ist die in diesem Punkte im Kräftemaßstab gemessene Ordinate gleich der Querkraft Q_x in m. Diese Laststellung liefert bei unmittelbarer Lastübertragung die größte positive Querkraft $\max + Q_x$ in m. Bestimmt man in gleicher Weise für den symmetrisch gelegenen Punkt m' die Querkraft, so ist diese zugleich die größte negative Querkraft $\max - Q_x$ in m. Das A-Polygon stellt somit die Linie der $\max Q_x$ dar.

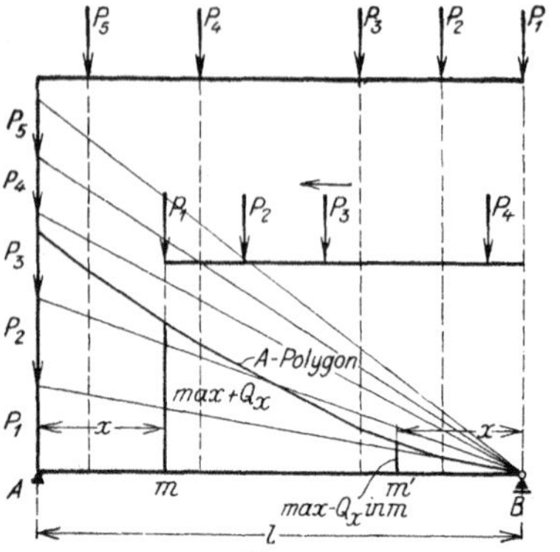

Abb. 13

Bei mittelbarer Lastübertragung erhält man die größten Querkräfte i. d. R., wenn man der Reihe nach die Last P_1 auf die einzelnen Lastübertragungspunkte stellt. (Grundstellung.) Die unter P_1 gemessene Ordinate des Seilecks gibt dann den Wert von $\max + Q$ im links von m gelegenen Feld an. Sind die Entfernungen der Lastübertragungspunkte groß gegen die Lastabstände, dann ist es oft notwendig, die zweite oder gar die dritte Last

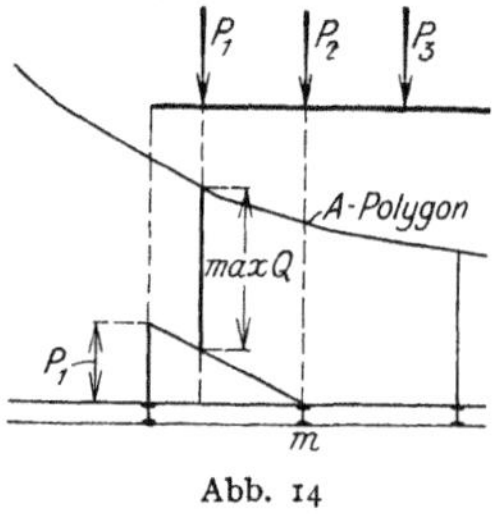

Abb. 14

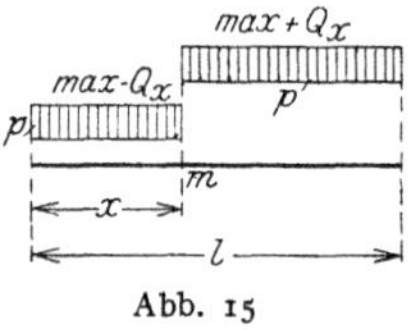

Abb. 15

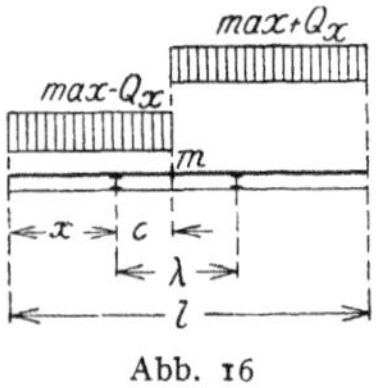

Abb. 16

auf den fraglichen Übertragungspunkt zu stellen, um $\max Q$ zu erzielen. Abb. 14 zeigt die Ermittlung von $\max Q$ in m, wenn P_2 auf m zu stehen kommt.

Größtwerte der Querkräfte bei gleichförmig verteilter Belastung.

Bei unmittelbarer Lasteinwirkung ergeben sich $\max + Q_x$ und $\max - Q_x$ für einen Querschnitt mit dem Abstand x vom linken Auflager für die in Abb. 15 verzeichneten Laststellungen:

$$(7) \qquad \max - Q_x = \frac{p x^2}{2 l}, \quad \max + Q_x = \frac{p (l - x)^2}{2 l}.$$

Bei mittelbarer Belastung, Abb. 16, ist die ungünstigste Laststellung durch $c = \dfrac{\lambda x}{l - \lambda}$ gegeben.

Weiters ist

$$\max - Q_x = \frac{p\,x^2}{2\,(l-\lambda)}, \quad \max + Q_x = \frac{p\,(l-\lambda-x)^2}{2\,(l-\lambda)}. \tag{8}$$

c) Momente

Ist der Träger mit feststehenden Einzellasten P_1, P_2, ... P_n belastet, so ist das Moment M_x im Punkte m, der vom Auflager A den Abstand x hat, bei unmittelbarer Lastübertragung, Abb. 5,

$$M_x = A_x - \sum_0^x P\,(x-a). \tag{9}$$

Zeichnerische Ermittlung der Momente M_x, siehe „Mechanik" S. 82.

Bei mittelbarer Lastübertragung zeichnet man die Momentenfläche genau wie vor, lotet die Lastübertragungspunkte in das Seileck und erhält so ein neues, dem ersteren eingeschriebenes Seileck, das die Momentenfläche begrenzt, Abb. 17.

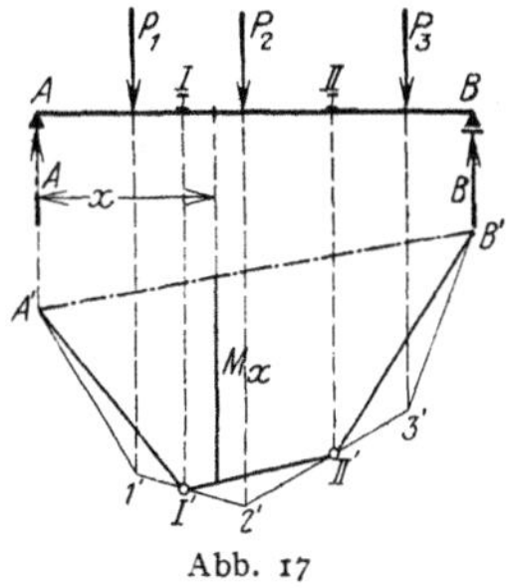

Abb. 17

Bei gleichförmig verteilter Vollbelastung mit p ist die Momentenfläche eine Parabel

$$M_x = \frac{p}{2}\,x\,(l-x); \qquad \max M_x = \frac{1}{8}\,p\,l^2. \tag{10}$$

Im Falle unmittelbarer Lastübertragung zeichnet man durch die heruntergeloteten Lastübertragungspunkte ein der Parabel eingeschriebenes Polygon, das die Momentenfläche begrenzt.

Einflußlinien der Momente

Die Einflußlinien für M_x bei unmittelbarer und mittelbarer Lastübertragung sind in den Abb. 18 und 19 dargestellt. Um das Einflußdreieck zu erhalten, genügt es, über A entweder die Strecke $1 \cdot x$ oder über B die

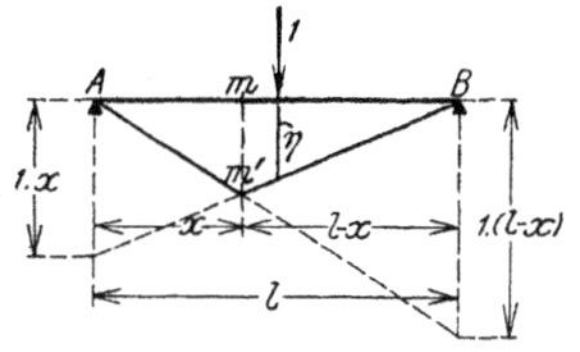

Abb. 18

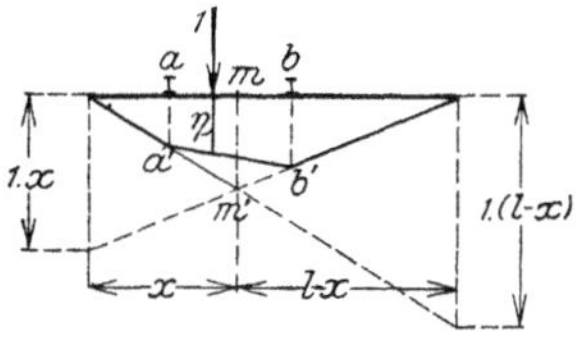

Abb. 19

Strecke $1 \cdot (l-x)$ abzutragen. Ist der Träger durch eine Folge von Einzellasten belastet, so kann in x nur dann ein Größtmoment auftreten, wenn eine der Einzellasten, im Falle Abb. 18 in x, im Falle Abb. 19 in a oder b steht.

Zeichnerische Ermittlung der Größtmomente bei Einzellastenzügen. Um den Verlauf der Größtmomente im Träger kennen zu lernen, ermittelt man für eine Reihe von Zwischenpunkten (bei mittelbarer Lastübertragung in den Querträgeranschlußpunkten), z. B. in den Punkten I, II, III, in Abb. 20, die Größtmomente wie folgt:

Man zeichnet zu dem gegebenen Lastenzug das Seileck, siehe Abb. 20, und denkt sich den Träger $A\,B$ so unter dem feststehenden Lastenzug verschoben, daß in den Punkten I, II, III Größtwerte der Momente entstehen. Da z. B. $\max M_I$ nur auftritt, wenn eine der Lasten P_1, P_2, P_3... auf I zu stehen kommt, so hat man nur versuchsweise die Strecke $A\,B$ mit dem markierten Punkt I so einzustellen, daß z. B. I unter P_2 fällt. Lotet man die Enden A

und B herunter und zeichnet die Schlußlinie, so erhält man in der Lotrechten unter P_2 das Moment M_I als Ordinate der Momentfläche dargestellt. Auf dieselbe Weise ermittelt man M_I, wenn P_1 bzw. P_3 usw. über I zu stehen

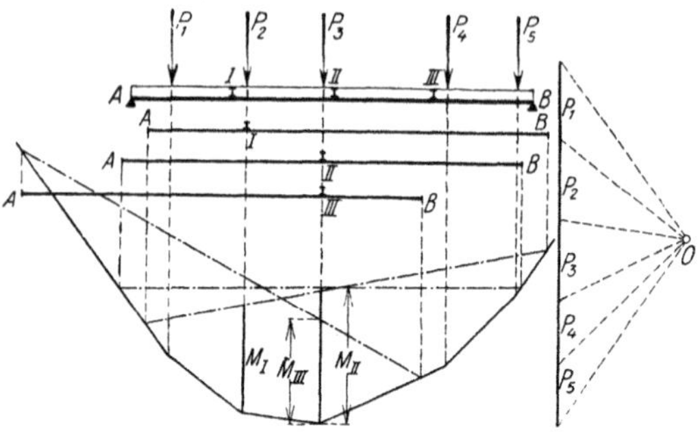

Abb. 20

kommen, und kann schließlich durch Vergleichen entscheiden, bei welcher Stellung der Lasten max M_I entsteht. Der gleiche Vorgang wird eingehalten, um max M_{II} bzw. max M_{III} zu ermitteln. Abb. 20.

Vielfach genügt es, jenen Querschnitt zu ermitteln, in dem der überhaupt größte Momentenwert max max M auftritt (gefährlicher Querschnitt) sowie max max M zu berechnen und die Linie der Maximalmomente, als Umhüllende, so wie in Abb. 21 angegeben, zu zeichnen. Zur Bestimmung der Lage des gefährlichen Querschnittes diene die Regel: Der gefährliche Querschnitt und die Mittelkraft $R = \sum_1^n P$ aller Lasten liegen gleich weit von der Trägermitte. Der gefährliche Querschnitt liegt in der Regel unter der der Mittelkraft am nächsten stehenden Last. Abb. 22.

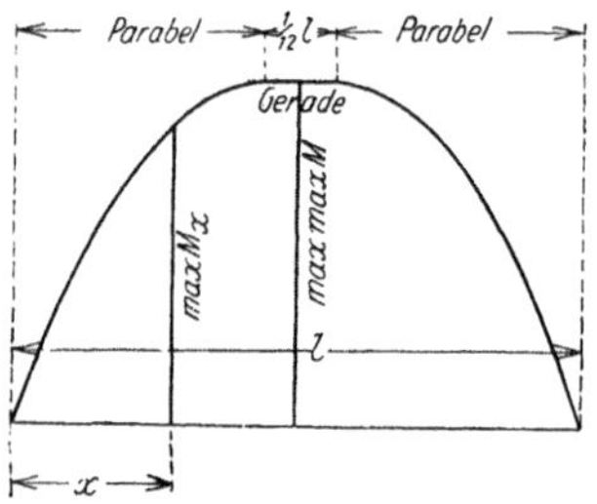

Abb. 21

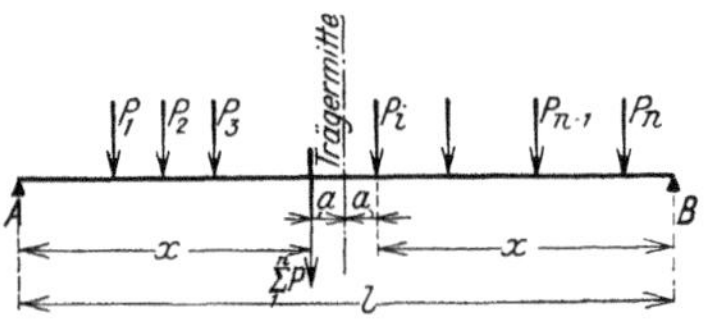

Abb. 22

Ausnahmsweise kann auch eine andere als die zunächst liegende Last maßgebende Last sein. Allgemein ist die maßgebende Last, die auf den gefährlichen Querschnitt zu stellen ist, durch die Ungleichungen

$$\sum_1^n P < \frac{l}{x} \sum_1^i P \quad \text{und} \quad \sum_1^n P > \frac{l}{x} \sum_1^{i-1} P$$

festgelegt. i ist der Zeiger der maßgebenden Last, x ihr Abstand von der linken Stütze.

2. Statisch bestimmte durchlaufende Balken (Gerberträger)

Bei n Stützen müssen $n-2$ Gelenke vorhanden sein, die so verteilt sein müssen, daß kein System mit endlicher Beweglichkeit entsteht. Beispiele für die Austeilung der Gelenke Abb. 23.

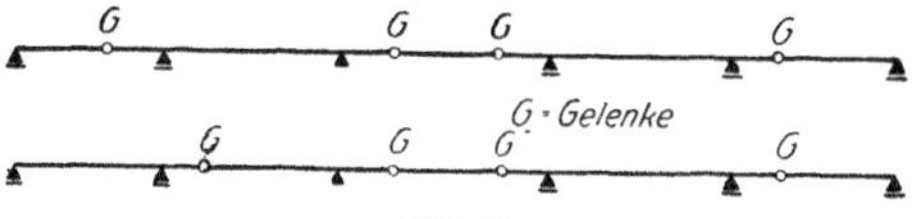

Abb 23

Bei bleibender Belastung ist die zeichnerische Behandlung am zweckmäßigsten: Man zeichne zu jeder Öffnung ein Seileck, mit dem gleichen Polabstand H, Abb. 24, lege die Schlußlinien S_1 S_2 S_3, so, daß sie durch die Trägerenden und durch die Gelenkpunkte G' hindurchgehen. Man erhält so die Momentenfläche der vorgegebenen Belastung. Die Stützkräfte findet man durch Eintragen der Parallelen zu den Schlußlinien S_1 S_2 S_3 in die zugehörenden Kraftecke. (Strichpunktierte Linien in Abb. 24.) Man erhält aus den Teilwerten;

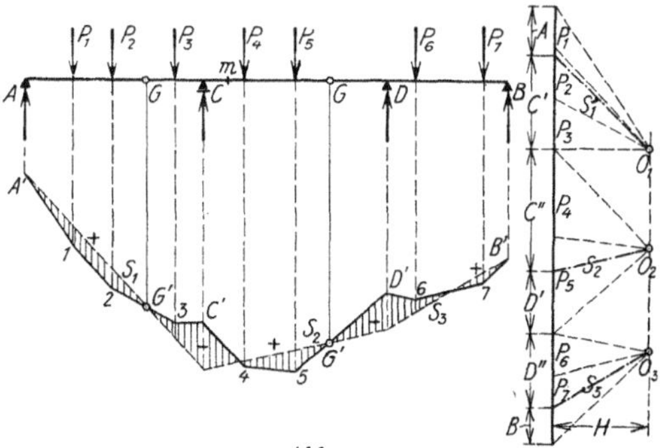

Abb. 24

$$\text{Stützendruck } C = C' + C'', \qquad \text{Stützendruck } D = D' + D''.$$

Die Querkräfte ergeben sich durch einfaches Zusammenzählen von Stützkräften und Lasten unter Berücksichtigung der Kraftrichtung, z. B. für Punkt m,

$$Q_m = A + C - (P_1 + P_2 + P_3).$$

Einflußlinien.

In Abb. 25 sind die Einflußlinien für einen dreifeldigen Träger mit Gelenken in der Außenöffnung dargestellt. Nach den gleichen Gesichtspunkten lassen sich die Einflußlinien für jeden anderen Gerberträger entwickeln. Abb. 25a) zeigt den Verlauf der Einflußlinie für einen Punkt m des Mittelfeldes, Abb. 25b) die Einflußlinie für einen Punkt m' des Kragarmes. Abb. 25c) und d) sind Querkrafteinflußlinien für einen Schnitt im Mittelfelde und einen Schnitt im Kragarm. Abb. 25e) zeigt

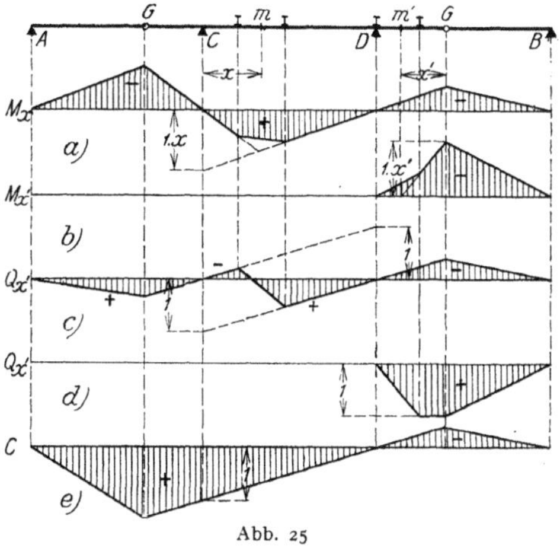

Abb. 25

die Einflußlinie für den linken Mittelstützendruck C. Die Einhängeträger (Koppelträger) sind gewöhnliche Balken und als solche zu behandeln.

Gerberträger mit gleichen Stützweiten unter gleichmäßig verteilter Vollbelastung (Gelenkpfetten)

Durch entsprechende Anordnung der Gelenke kann erzielt werden, daß, von den Endfeldern abgesehen, die größten positiven Momente gleich den größten negativen Momenten werden. Vorausgesetzt wird Vollbelastung mit p.

1. Zwei Felder, Abb. 26,

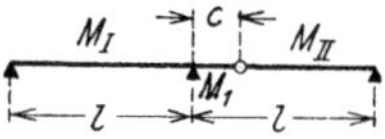

Abb. 26

$$c = 0{,}1716\, l; \qquad M_1 = M_I = M_{II} = 0{,}0858\, p l^2.$$

2. Drei Felder, Abb. 27,

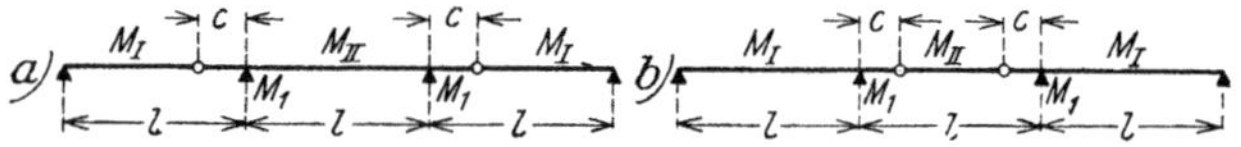

Abb. 27

$$c = 0{,}125\, l; \qquad c = 0{,}220\, l;$$

$$M_1 = M_{II} = 0{,}0625\, p l^2, \qquad M_1 = M_I = 0{,}0858\, p l^2$$

$$M_I = 0{,}0957\, p l^2. \qquad M_{II} = 0{,}0392\, p l^2.$$

3. Vier Felder, Abb. 28,

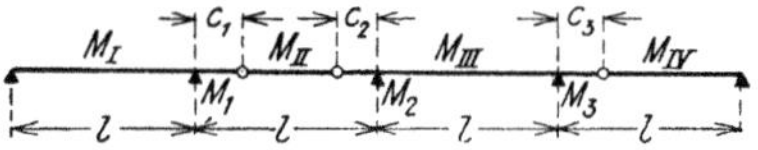

Abb. 28

$$c_1 = 0{,}2035\, l, \qquad c_2 = 0{,}157\, l, \qquad c_3 = 0{,}125\, l;$$

$$M_1 = M_I = 0{,}0858\, p l^2, \qquad M_2 = M_3 = M_{III} = 0{,}0625\, p l^2,$$

$$M_{II} = 0{,}0511\, p l^2, \qquad M_{IV} = 0{,}0957\, p l^2.$$

4. Mehr als 4 Felder (ungerade Felderzahl),

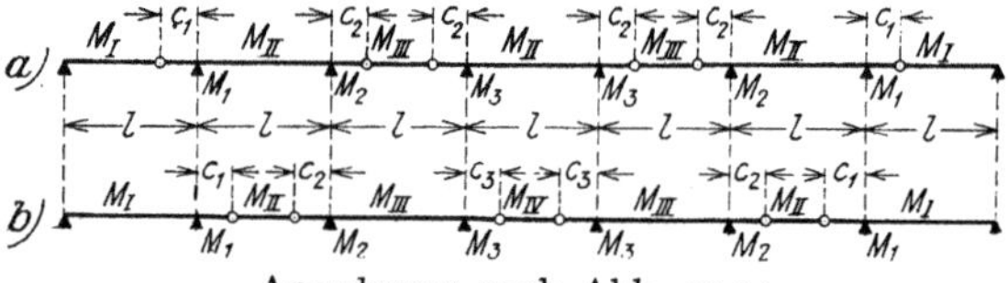

Abb. 29

Anordnung nach Abb. 29a:

$$c_1 = 0{,}125\, l, \qquad c_2 = 0{,}1465\, l;$$

$$M_1 = M_2 = M_3 = M_{II} = M_{III} = 0{,}0625\, p l^2, \qquad M_I = 0{,}0957\, p l^2.$$

Anordnung nach Abb. 29b:

$$c_1 = 0{,}2035\, l, \qquad c_2 = 0{,}157\, l, \qquad c_3 = 0{,}1465\, l;$$

$$M_1 = M_I = 0{,}0957\, p l^2,$$

$$M_2 = M_3 = M_{III} = M_{IV} = 0{,}0625\, p l^2,$$

$$M_{II} = 0{,}0511\, p l^2,$$

5. Mehr als 4 Felder (gerade Felderanzahl), Abb. 30,

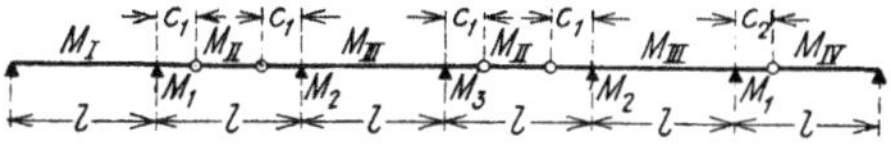

Abb. 30

$$c_1 = 0{,}1465\, l, \qquad c_2 = 0{,}125\, l;$$
$$M_1 = M_2 = M_3 = M_{II} = M_{III} = 0{,}0625\, p l^2,$$
$$M_I = M_{IV} = 0{,}0957\, p l^2.$$

3. Der Dreigelenkbogen

Ständige Belastung

a) Die Berechnung der **Auflagerkräfte** geschieht bei beliebiger Belastung in der Regel zeichnerisch. Siehe Abb. 31. Sind R_1 und R_2 die Mittel-

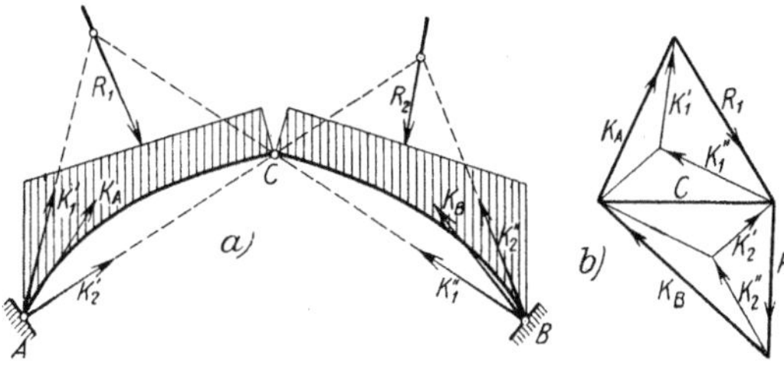

Abb. 31

kräfte der Belastungen des linken und rechten Bogenteiles, so ermittelt man zunächst die Kämpferkräfte K_1' und K_1'' für Belastung mit R_1 allein und ebenso die Kämpferkräfte K_2' und K_2'' für R_2 allein.

Ermittlung von K_1' K_1'': Man verbindet B mit dem Gelenkpunkt C, erhält hiedurch die Richtung von K_1''; K_1' geht dann durch den Schnittpunkt von K_1'' und R_1. Die Größe von K_1' und K_1'' wird in bekannter Weise (Zerlegen einer Kraft in zwei Teilkräfte von vorgegebener Richtung) bestimmt. Abb. 31 b. In gleicher Weise zeichne man die von R_2 herrührenden Kämpferkräfte K_2' und K_2''. Die Zusammensetzung von K_1' und K_2' liefert den linken Gesamtkämpferdruck K_A, die von K_1'' und K_2'' den rechten Kämpferdruck K_B, Abb. 31 b. Gelenkkraft C durch Zusammensetzung von K_1'' und K_2'.

Rechnerische Ermittlung bei lotrechten Kräften, Abb. 32.

$$A = \frac{1}{l} \sum_0^l P\,(l - a) + H \operatorname{tg} \alpha, \qquad B = \frac{1}{l} \sum_0^l P a - H \operatorname{tg} \alpha,$$
$$H = \frac{\mathfrak{M}_C}{f}, \tag{11}$$

wenn $\mathfrak{M}_C$ das Moment aller auf einer Seite von C gelegenen lotrechten Kräfte, bezogen auf C, bedeutet.

b) **Querkräfte**

Bei beliebig gerichteten Lasten werden die Querkräfte zeichnerisch durch Kräftezerlegung ermittelt. Bei lotrechten Kräften rechnerisch.

Die lotrechte Querkraft $\overline{Q}_x$ im Punkte m, Abb. 32, ergibt sich aus

$$\overline{Q}_x = \mathfrak{Q}_x + H \operatorname{tg} \alpha,$$

wenn $\mathfrak{Q}_x$ die Balkenquerkraft bedeutet. Aus $\overline{Q}_x$ folgt die Bogenquerkraft

(12) $$Q_x = \mathfrak{Q}_x \cos \varphi - H \frac{\sin(\varphi - \alpha)}{\cos \alpha}$$

und die Bogenlängskraft

(13) $$N_x = \mathfrak{Q}_x \sin \varphi + H \frac{\cos(\varphi - \alpha)}{\cos \alpha}.$$

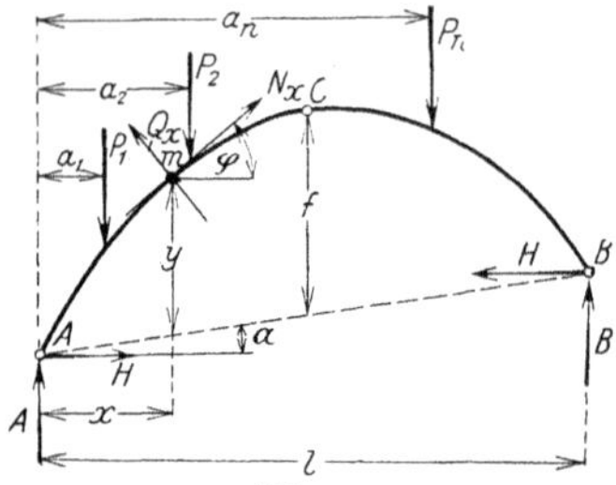

Abb. 32

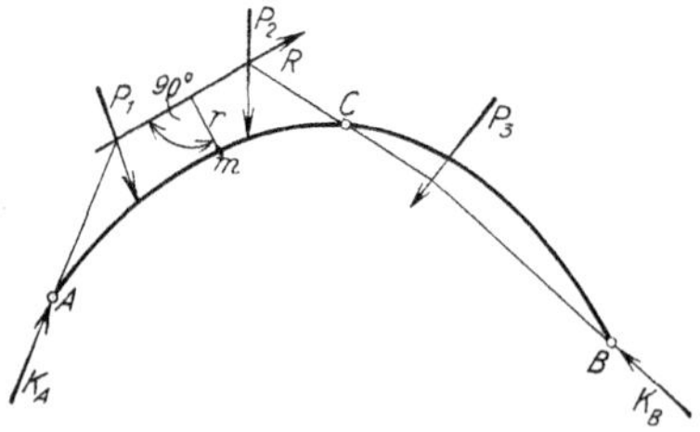

Abb. 33

c) Momente

Bei beliebig gerichteten Kräften durch Zeichnen des Stützpolygons, Abb. 33. Für einen Punkt m der Achse (oder für einen Kernpunkt) ist

$$M_x = R \cdot r.$$

Bei lotrechten Kräften am besten rechnerisch:
Moment im Punkte m, Abb. 32:

(14) $$M_x = \mathfrak{M}_x - H y,$$

wenn $\mathfrak{M}_x$ das Balkenmoment der gegebenen Belastung in m darstellt.

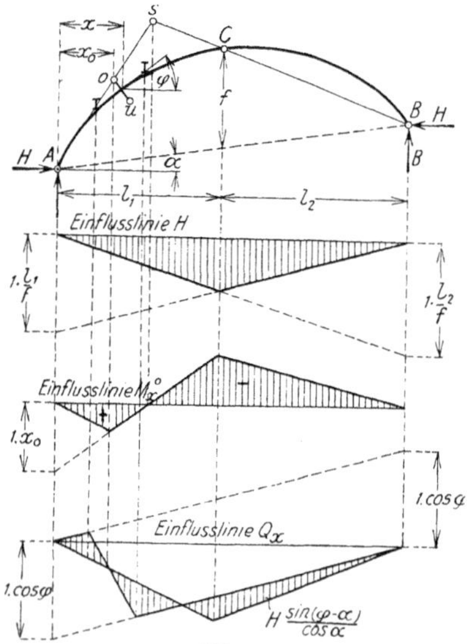

Abb. 34

Einflußlinien

In Abb. 34 sind die Einflußlinien für die wagrechte Auflagerkraft H, für das Moment M_x^o (o oberer Kernpunkt im Querschnitt x) und für die Bogenquerkraft Q_x dargestellt. Die Einflußlinie für H ist ein Dreieck mit dem Scheitel unter dem Gelenkpunkt C. Die Größe der Randabschnitte beträgt $1 \cdot \frac{l_1}{f}$ und $1 \cdot \frac{l_2}{f}$. Die Einflußlinie für M_x^o ergibt sich am raschesten mit Hilfe des Schnittpunktes s der Linien BC und Ao, welcher Hilfspunkt lotrecht über der Lastscheide liegt. (Für M_x^u ist Au zu ziehen.) Die Linie für die Querkraft Q_x ergibt sich aus Gl. (12), oben, als Differenz zweier Linien: der mit $\cos\varphi$ multiplizierten Balkenquerkraftlinie $\mathfrak{Q}_x$ und der mit

$\dfrac{\cos(\varphi-\alpha)}{\cos\alpha}$ vermehrten H-Linie. Die Einflußlinien für die lotrechten Auflagerkräfte A und B trägt man gemäß Gl. (11) nach den Formeln

$$A = \mathfrak{A} + H \operatorname{tg} \alpha \quad \text{und} \quad B = \mathfrak{B} - H \operatorname{tg} \alpha$$

auf, wobei $\mathfrak{A}$ und $\mathfrak{B}$ die Einflußlinien der Balkenstützkräfte bedeuten.

C. Fachwerkträger

1. Ständige Belastung

Für die Berechnung der Stabkräfte in ebenen Fachwerkträgern infolge ständiger Belastung kommen in erster Linie zeichnerische Verfahren, seltener rechnerische in Betracht.

a) Zeichnerische Verfahren

Reziproker Kräfteplan, Cremonaplan. Bei Dreiecksfachwerken lassen sich alle Stabkräfte aus einer einzigen Zeichnung, dem Kräfteplan, in der jede äußere Kraft und jede Stabkraft nur einmal vorkommt, darstellen. Die Möglichkeit der Zeichnung eines derartigen Kräfteplanes ist an folgende Bedingungen gebunden: 1. Das Fachwerk ist so aufgebaut, daß an ein Grunddreieck jeder weitere Knoten durch je zwei Stäbe an das bereits gebildete Fachwerk angeschlossen ist, wobei sich aber keine Stäbe überschneiden dürfen. 2. Die äußeren Kräfte (Lasten und Auflagerkräfte) greifen nur an Knotenpunkten des Umfanges an.

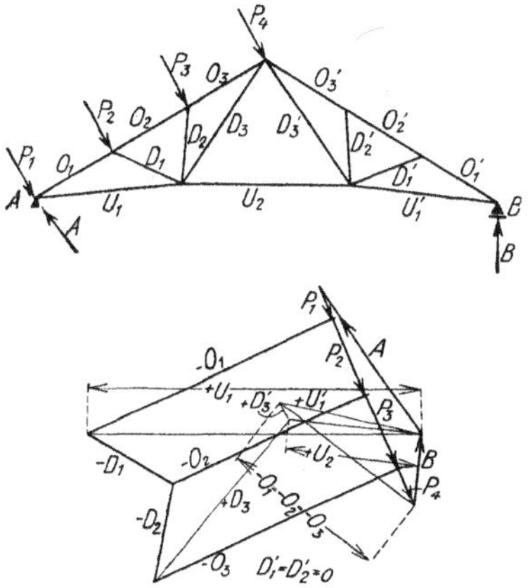

Abb. 35

Die Zeichnung des Kräfteplanes erfolgt nach folgenden Regeln: 1. Man ermittelt sämtliche Auflagerkräfte und zeichnet ein geschlossenes Krafteck aller Lasten und Auflagerkräfte, die eine Gleichgewichtsgruppe bilden, indem man von einer beliebigen Kraft ausgeht und die Kräfte so aneinanderreiht, wie man sie bei einer Umfahrung des Fachwerkes im Sinne der Uhrzeigerbewegung (Rechtsumfahrung) trifft.

2. Man beginnt die Zerlegung der Kräfte in einem Knoten, in dem nur zwei Stäbe zusammentreffen, und ordnet bei der Zerlegung die Kräfte wieder so an, wie sie bei einer Rechtsumfahrung aufeinander folgen. Nun schreite man zum nächsten Knoten, in dem höchstens zwei noch unbekannte Stabkräfte wirken, und zerlege in der gleichen Weise, usw. fort.

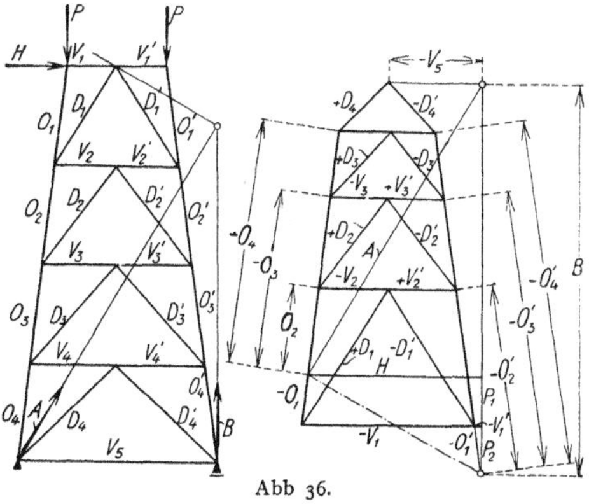

Abb 36.

Es empfiehlt sich, das Fachwerknetz in möglichst großem Maßstabe zu zeichnen, den Kräfteplan kleiner. Ergibt sich beim Ziehen der letzten Stabrichtung ein Fehlerdreieck, dann teile man den Fehler auf die benachbarten Stäbe auf. In Abb. 35 und 36 sind zwei Beispiele durchgeführt. Das der Stabkraftbezeichnung vorgesetzte +-Zeichen bedeutet, daß der betreffende Stab gezogen, das —-Zeichen, daß er gedrückt ist.

Culmannsches Verfahren. Führt man einen Schnitt $s - s$ durch das Fachwerk, Abb. 37, der drei Stäbe O, D, U trifft, so lassen sich durch Zeichnen des sogenannten Culmannschen Viereckes (siehe „Mechanik", S. 80) die drei unbekannten Stabkräfte O, D, U ermitteln. R ist hiebei die Mittelkraft aus allen links vom Schnitt $s - s$ gelegenen äußeren Kräften. Man bringt O zum Schnitt mit R, zeichnet die Verbindungslinie ϱ und zerlegt erst R nach ϱ und O und schließlich ϱ nach D und U. Die Pfeile sind so zu setzen, wie sie sich bei Umfahrung des Viereckes im Sinne des Pfeiles von R ergeben. Weist der zugehörende Pfeil, an der Schnitt-

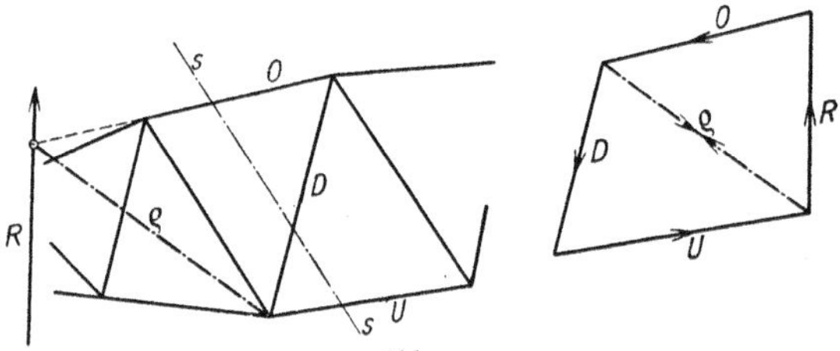

Abb. 37

stelle angebracht, von dem dem linken Trägerteil angehörenden Knoten weg, dann ist der Stab gezogen, andernfalls gedrückt. In Abb. 37 ist U gezogen, D und O gedrückt.

b) Rechnerisches Verfahren

Schnittverfahren von Ritter. Man führt einen Schnitt, der drei Stäbe trifft, und bestimmt die Schnittpunkte je zweier der drei Stabrichtungen O, D und U, das sind die Punkte m_1, m_2 und m_3, Rittersche Momentenpunkte, Abb. 38. Sei R die Mittelkraft aller links vom Schnitt gelegenen

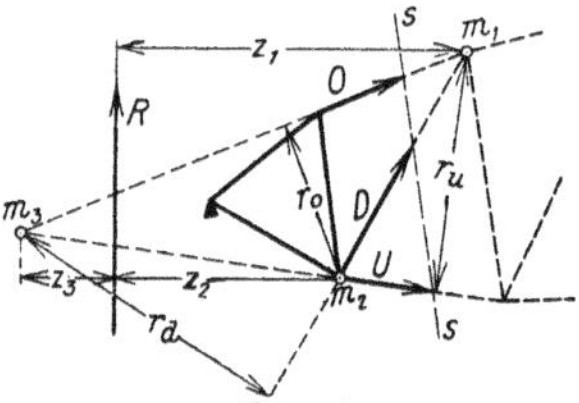

Abb. 38

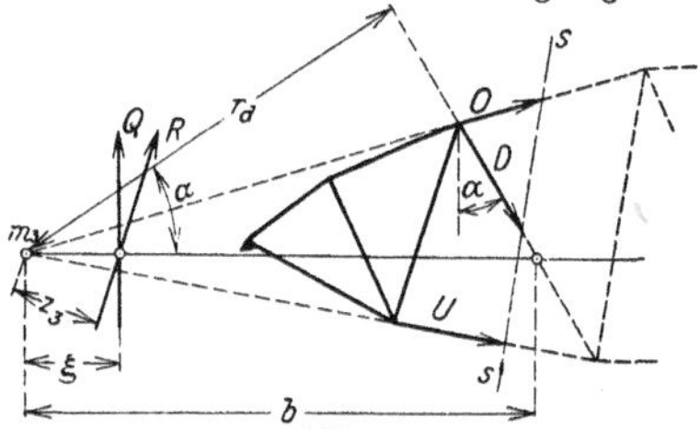

Abb. 39

äußeren Kräfte, ihr Abstand von den drei Schnittpunkten z_1, z_2 und z_3, so liefern die drei Momentengleichungen

$$R z_1 - U r_u = 0, \quad R z_2 + O r_o = 0, \quad - R z_3 - D r_d = 0$$

die gesuchten Stabkräfte. Hierbei wurden O, D, U zunächst als Zugkräfte vorausgesetzt.

Die Auflösung der drei Gleichungen liefert

$$(1) \qquad U = R \frac{z_1}{r_u}, \qquad O = - R \frac{z_2}{r_o}, \qquad D = - R \frac{z_3}{r_d}.$$

U ist gezogen, O und D gedrückt.

Setzt man $Rz_1 = M_o$ (Moment der äußeren Kräfte, bezogen auf den Ritterschen Momentenpunkt für den Stab U), weiters $Rz_2 = M_u$ (Moment der äußeren Kräfte, bezogen auf den Ritterschen Momentenpunkt für den Stab O), so erhält man für die Gurtstabkräfte die einfachen Formeln

$$U = \frac{M_o}{r_u}, \qquad O = -\frac{M_u}{r_o}. \tag{2}$$

Für die Füllstäbe ergibt sich unter Beachtung der Abb. 39 (siehe S. 160):

$$Rz_3 = Q\xi \quad \text{und} \quad D = \frac{Q\xi}{r_d},$$

wenn Q die Querkraft für den Schnitt s—s bedeutet.

Da $r_d = b \cos \alpha$, so folgt schließlich

$$D = \frac{Q}{\cos \alpha} \frac{\xi}{b}. \tag{3}$$

Sind die Gurte im Schnittfelde parallel, dann rückt m_3 ins Unendliche, $\frac{\xi}{b} = 1$, daher

$$D = \frac{Q}{\cos \alpha}. \tag{4}$$

Q ist hier die senkrecht zur Gurtrichtung genommene Teilkraft der Mittelkraft R.

2. Bewegliche Belastung (Einflußlinien)

Allgemeine Regeln für die Darstellung der Einflußlinien lassen sich bei gegliederten Trägern schwer angeben. Die Methode richtet sich von Fall zu Fall nach der Form des Trägers und nach der Art der Lagerung (Balken, Gerberträger, Dreigelenkbogen usw.). Bei Balkenträgern werden die Größtwerte der Stabkräfte, vielfach auch ohne Zuhilfenahme der Einflußlinien, aus der Linie der Größtmomente und mit Hilfe des A-Polygons berechnet.

a) Balken auf zwei Stützen

Verfahren von Müller-Breslau. Man zeichnet zwei Kräftepläne für folgende Belastungen: Last 1 (lotrecht) in A, das rechte Ende des Trägers denke man sich festgehalten; dann Last 1 (lotrecht) in B, wobei das linke Ende festgehalten ist. Trägt man für einen Stab die aus den beiden Kräfteplänen entnommenen Stabkräfte S^A und S^B in den Auflagersenkrechten A und B ab, so bestimmen diese Endabschnitte in der in Abb. 40 dargestellten Weise die Einflußlinie. Sind S^A und S^B gleichbezeichnet, so sind sie nach derselben Seite (z. B. Obergurtstab O_m), sind sie entgegengesetzt bezeichnet, so sind sie nach entgegengesetzten Seiten (z. B. Stab D_m) abzutragen. Bei zweistützigen Balkenträgern haben die Gurtstäbe **keine Lastscheiden**. Bei Füllstäben gilt

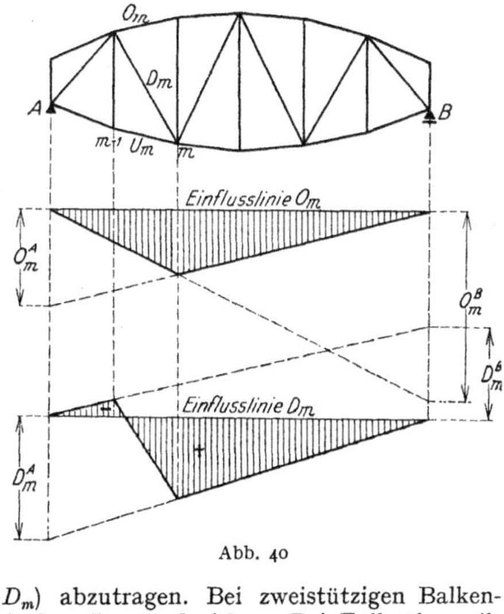

Abb. 40

die Regel: Liegt der Rittersche Momentenpunkt des fraglichen Stabes innerhalb der Stützweite, so ist keine Lastscheide vorhanden, liegt er außerhalb, dann wechselt die Stabkraft einmal ihr Vorzeichen, wenn eine Einzellast über den Träger wandert.

Unmittelbare Bestimmung der größten Stabkräfte aus der Maximalmomentenlinie und aus dem A-Polygon. Die Linie der Maximalmomente (siehe S. 153) liefert gemäß der Beziehung

$$\max S = \frac{\max M}{r}$$

unmittelbar die Größtwerte der Gurtstabkräfte. Hierbei ist $\max M$ das auf den Ritterschen Momentenpunkt des Stabes S bezogene Größtmoment und r der Abstand des Ritterschen Momentenpunktes von diesem Stab. Bei Parallelträgern ist $r = h$ (h Trägerhöhe). Die Ermittlung der größten Füllstabkräfte geschieht folgendermaßen: Man bestimmt aus dem A-Polygon in der auf S. 152 dargestellten Weise für die einzelnen Füllstäbe die zur Grundstellung gehörende Auflagerkraft A und aus dieser durch Zeichnen eines Culmannschen Vierecks die Füllstabkraft $\max D$ oder $\max V$. Abb. 41a. Die Ermittlung von A genügt, wenn die Grundstellung, siehe S. 152, für $\max D$ maßgebend ist. Ist dies nicht der Fall, tritt z. B. die Last P_1 in das fragliche Feld, so ist der Einfluß dieser Last auf D für sich zu bestimmen. Zu diesem Zwecke ermittelt man in der in Abb. 41b dargelegten Weise durch Zeichnung von zwei Culmannschen Vierecken die von A herrührende Stabkraft D' sowie die von P_1 herrührende Stabkraft D''. $\max D$ ist dann durch $D' - D''$ gegeben. Ist $\max D$ eine Zugkraft, dann ist auch für den symmetrisch gelegenen Stab D die Stabkraft in gleicher Weise mittels des A-Polygons zu bestimmen. Man erhält damit $\min D$, die größte Druckkraft in D.

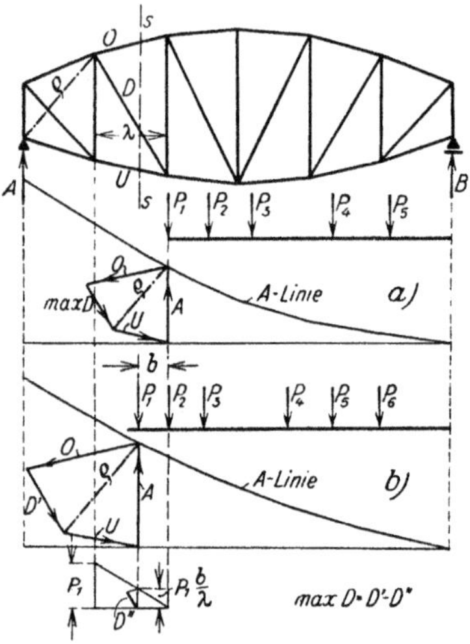

Abb. 41

Bei Parallelträgern ergeben sich die Strebenkräfte aus dem wie vor bestimmten A nach der Formel $\max D = A \sec \varphi$, wobei φ die Neigung von D gegen die Lotrechte bedeutet. Für Vertikalen gilt $\max V = A$.

b) Gerberträger

Die Berechnung der größten Stabkräfte infolge beweglicher Belastung geschieht am besten mittels Einflußlinien. Bei parallelen Gurten können diese Linien unmittelbar aus den Einflußlinien der Momente und Querkräfte für den Vollwandbalken, siehe S. 155, abgeleitet werden. Da die Gurtkräfte durch $\frac{M}{h}$ (h = Trägerhöhe), die Strebenkräfte durch $Q \sec \varphi$ (φ Neigung der Strebe gegen die Lotrechte), dargestellt sind, so sind die oben erwähnten Einflußlinien für M und Q bloß mit den Multiplikatoren $\frac{1}{h}$ bzw. $\sec \varphi$ zu vervielfachen.

Bei gekrümmten Gurten werden die Einflußlinien der Gurtkräfte ebenfalls aus den Einflußlinien der Momente mittels der Gleichungen

$$O_m = \frac{M_{m-1}}{r^o_{m-1}}, \qquad U_m = \frac{M_m}{r_m^u}$$

abgeleitet. Siehe Abb. 42.

Der Verlauf der Einflußlinie für die Strebe D_m einer Außenöffnung, falls die Gelenke in der Mittelöffnung liegen, ist aus Abb. 42a zu entnehmen.

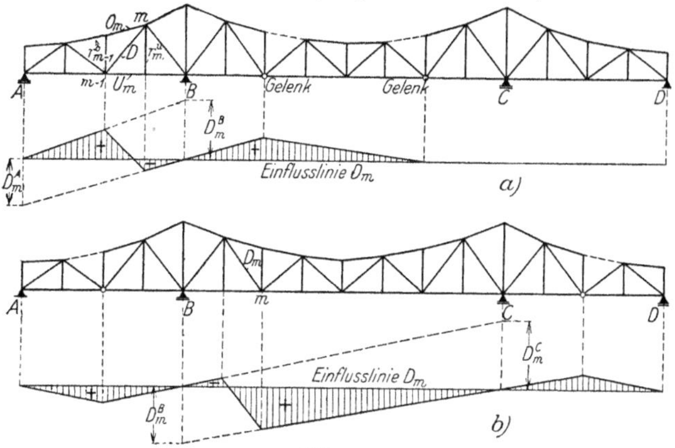

Abb. 42

Für eine Last 1 zwischen A und B stellt die Außenöffnung einen einfachen Balken vor, weshalb die Einflußlinie zwischen A und B nach Abb. 40 zu zeichnen ist. Die Fortsetzung in der Mittelöffnung ist dann ein einfaches Dreieck mit dem Scheitel unter dem Gelenk. Ähnliches gilt, wenn die Gelenke in der Außenöffnung angeordnet sind. Man verlängert dann die

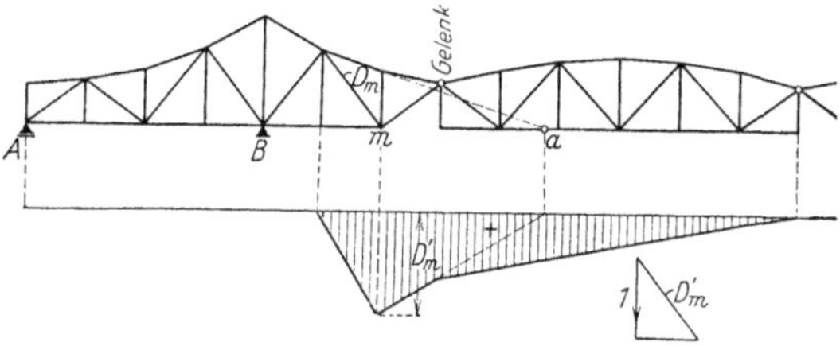

Abb. 43

beiden durch die Ordinaten D_m^B und D_m^C festgelegten Grenzlinien in die Seitenöffnungen bis zum Schnitt mit den Gelenksenkrechten, wodurch die beiden Einflußliniendreiecke in den Außenöffnungen bestimmt sind. Liegt der Füllstab D_m auf einem Kragarm, dann ermittle man die Einflußlinie mittels einer Hilfsordinate D'_m und mittels des Ritterschen Momentenpunktes, wie dies aus Abb. 43 ersichtlich ist.

c) Dreigelenkbogen

Die Einflußlinien der Gurtstabkräfte ergeben sich unmittelbar aus den Momenteneinflußlinien, Abb. 34, S. 158, nach der Formel

$$S = \frac{M_m}{r_m}.$$

Um die Einflußlinien der Füllstäbe zu entwickeln, siehe Abb. 44, betrachte man jede Bogenhälfte als Balkenträger und zeichne die beiden Kräftepläne für den Zustand $A = 1$ und $C = 1$ bzw. $C = 1$ und $B = 1$. (Bei symmetrischen Bogen genügen natürlich zwei Cremonapläne.) Man erhält

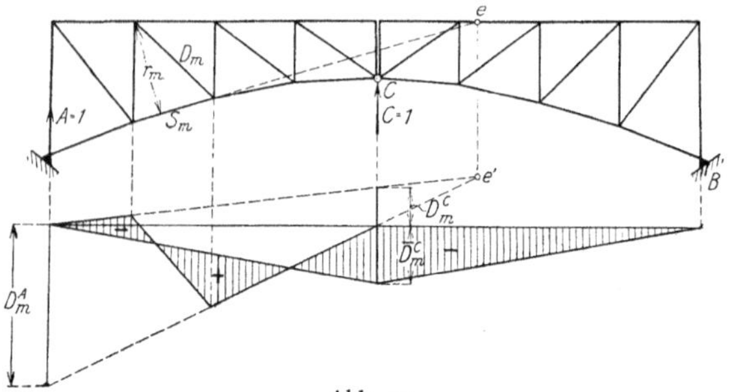

Abb. 44

so z. B. für einen Stab der linken Hälfte die Füllstabkräfte D_m^A und D_m^C. Weiters zeichne man einen Kräfteplan für den Dreigelenkbogen mit der Belastung $P = 1$ im Gelenkpunkt und gewinnt so die Stabkräfte $\overline{D}_m^C$. Trägt man für jeden Stab die drei Ordinaten D_m^A, D_m^C und $\overline{D}_m^C$, wie in Abb. 44 gezeigt, auf, so ist hiedurch der Verlauf der Einflußlinie D_m festgelegt. Zur Kontrolle der Genauigkeit der Zeichnung kann man den Ritterschen Momentenpunkt e des Stabes D_m benützen. Siehe Abb. 44.

II. Formänderungen ebener Tragwerke

A. Allgemeine Sätze

1. Prinzip der virtuellen Verschiebungen (Mohr)

Wirken auf einen elastischen Körper irgendwelche äußeren Kräfte $\overline{Q}$, die eine Gleichgewichtsgruppe bilden, und die die Spannungen $\overline{\sigma}$ im Körper hervorrufen, und seien δ die unendlich klein angenommenen Verschiebungen der Angriffspunkte der Kräfte $\overline{Q}$ und ε die elastischen Dehnungen, wobei die δ und ε nur der Bedingung unterworfen sind, daß sie einen möglichen Verschiebungszustand des Körpers darstellen, im übrigen aber beliebig (virtuell) sind, so lautet das Prinzip der virtuellen Verschiebungen

$$\Sigma \overline{Q} \delta = \int \overline{\sigma} \varepsilon \, d v, \tag{1}$$

wobei sich das Summenzeichen über alle $\overline{Q}$, das Integral über den ganzen Körper erstreckt.

Man bezeichnet $\Sigma \overline{Q} \delta$ als virtuelle Arbeit der äußeren Kräfte, $\int \overline{\sigma} \varepsilon \, dv$ als virtuelle Arbeit der inneren Kräfte (virtuelle Formänderungsarbeit) und kann Gl. (1) dann so aussprechen: Im Falle des Gleichgewichtes ist die virtuelle Arbeit der äußeren Kräfte gleich der virtuellen Arbeit der inneren Kräfte[1]). Die virtuellen Verschiebungen bzw. Dehnungen δ und ε kann man sich z. B. durch irgendeine im Gleichgewicht befindliche Gruppe äußerer Kräfte Q oder durch Erwärmung des Körpers hervorgerufen denken.

---

[1]) Die virtuelle Arbeit unterscheidet sich von der wirklichen Arbeit durch das Fehlen des Faktors $^1/_2$, da die Kräfte vom Beginn der Verschiebung an ihren vollen Wert haben.

Die $\overline{Q}$ und $\overline{\sigma}$ sind unabhängig von den δ und ε und bilden bei der Anwendung des Prinzips i. d. R. eine irgend passend zusammengesetzte Gleichgewichtsgruppe, die sogenannte „gedachte Belastung"; die δ und ε entsprechen in der Anwendung einer wirklichen Belastung und heißen die „wirklichen Verschiebungen".

Wir denken uns nun einen Körper aus einzelnen Stäben, die an den übrigen Teilen des Körpers gelenkig angeschlossen sind und nur Zug- oder Druckkräfte übertragen können (Fachwerkstäbe), sowie aus biegungsfesten, stabförmigen Teilen zusammengesetzt. Bezeichnet nun: $\overline{S}$, $\overline{M}$ und $\overline{N}$ die Stabkräfte, Momente und Längskräfte infolge der gedachten Lasten $\overline{Q}$, S, M und N die Stabkräfte, Momente und Längskräfte infolge der wirklichen Lasten Q, t die Temperaturänderung des Körpers gegenüber dem spannungslosen Anfangszustand, E das Elastizitätsmaß, α_t das Längenänderungsverhältnis für 1^0 Temperaturänderung, F_s die Querschnitte und s die Längen der Fachwerkstäbe, F und J Querschnittsflächen und Trägheitsmomente der biegungssteifen Teile, so ist die virtuelle Formänderungsarbeit in den Fachwerkstäben:

$$\sum \int \overline{\sigma} \varepsilon \, dv = \sum \frac{\overline{S} S s}{E F_s} + \sum \overline{S} \alpha_t t s.$$

Man gewinnt die rechte Seite, indem man links

$$\overline{\sigma} = \overline{S}/F_s, \quad \varepsilon = S/F_s E + \alpha_t t, \quad dv = F_s ds$$

setzt und die Integration ausführt.

Die virtuelle Formänderungsarbeit in den biegungssteifen, geraden oder schwach gekrümmten Teilen beträgt, wenn der Einfluß der Querkräfte als geringfügig vernachlässigt wird,

$$\int \overline{\sigma} \varepsilon \, dv = \int \frac{\overline{N} N}{E F} ds + \int \frac{\overline{M} M}{E J} ds + \int \overline{N} \alpha_t t \, ds.$$

Hiebei wurde links

$$\overline{\sigma} = \frac{\overline{N}}{F} + \frac{\overline{M} y}{J}, \quad \varepsilon = \frac{\sigma}{E} + \alpha_t t = \frac{1}{E}\left(\frac{N}{F} + \frac{M y}{J}\right) + \alpha_t t, \quad dv = F ds = ds \int df$$

eingesetzt, unter der Annahme, daß die Ebene der äußeren Kräfte mit einer Querschnittshauptachse zusammenfalle. df ist ein zur Nullinie paralleler Querschnittsstreifen.

Gl. (1) nimmt daher die Form an

$$\Sigma \overline{Q} \delta = \sum \frac{\overline{S} S s}{E F_s} + \int \frac{\overline{N} N}{E F} ds + \int \frac{\overline{M} M}{E J} ds + \sum \overline{S} \alpha_t t \, ds + \int \overline{N} \alpha_t t \, ds. \qquad (2)$$

2. Die Belastungseinheit

Bedeutet δ_m allgemein die Verschiebung eines Punktes, die Entfernungsänderung zweier Punkte, die Verdrehung einer Geraden oder die Winkeländerung eines Geradenpaares, so nennt man die zur Erzeugung der Arbeit $1 \cdot \delta_m$ notwendige Kraftgruppe die Belastungseinheit der Verschiebung δ_m. Je nach der Art von δ_m unterscheidet man α) die Belastungseinheit eines Punktes, Abb. 45a): δ_m ist die Verschiebung des Punktes m in der Richtung $m m'$; β) die Belastungseinheit eines Punktpaares, Abb. 45b): δ_m ist die Entfernungsänderung der Punkte m und m'; γ) die Belastungseinheit einer Geraden, Abb. 45c): δ_m ist der Winkel im Bogenmaß, um den sich die Gerade $m m'$ dreht; δ) die Belastungseinheit eines Geradenpaares, Abb. 45d): δ_m ist die Änderung des Winkels φ, den die beiden Geraden $m m'$ und $n n'$ miteinander einschließen.

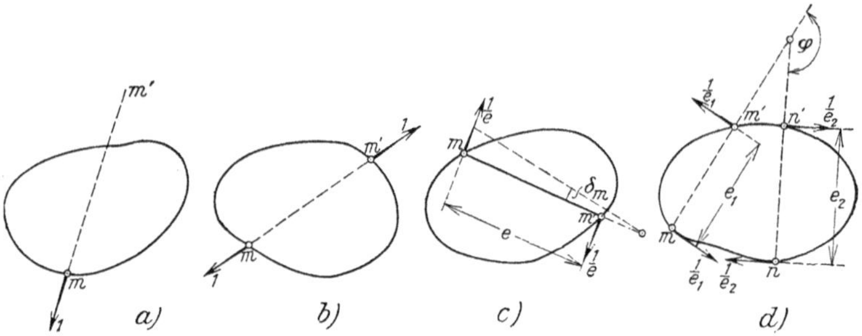

Abb. 45

Aus Gründen der Zweckmäßigkeit werden die Verschiebungen δ häufig mit zwei Zeigern versehen. Der erste Zeiger gibt den Ort der Verschiebung, der zweite den Ort der Ursache oder die Ursache selbst an. So bedeutet δ_{mn} die Verschiebung (Verlängerung, Verdrehung) im Punkte m infolge einer Last im Punkte n; oder δ_{mt} die Verschiebung (Verlängerung, Verdrehung) in m infolge Temperaturänderung um t^0.

Trägt man die in einer bestimmten Richtung fallende Komponente der Verschiebungen der Achsenpunkte eines stabförmigen Trägers oder der Knotenpunkte einer Gurtung eines Fachwerkträgers als rechtwinklige Ordinaten von einer Geraden als Abszissenachse ab, so nennt man die so erhaltene Linie Biegelinie.

3. Satz von der Gegenseitigkeit der Verschiebungen (Maxwell)

Die in der Richtung von $m m$ erfolgte Verschiebung des Punktes a infolge einer in der Richtung $n n$ wirkenden Belastungseinheit im Punkte b ist größengleich der Verschiebung des Punktes b in der Richtung $n n$ infolge einer in der Richtung $m m$ wirkenden Belastungseinheit, die in a angreift. Die in a und b wirkenden Belastungseinheiten können gleicher oder verschiedener Art sein.

Es gilt daher

$$\delta_{ab} = \delta_{ba}. \tag{3}$$

Beispiele: 1. Der Punkt a, Abb. 46, verschiebt sich unter dem Einfluß der Kraft $P_2 = 1$ in der Richtung von P_1 um ebensoviel, wie Punkt b in der Richtung von P_2 infolge Wirkung von $P_1 = 1$.

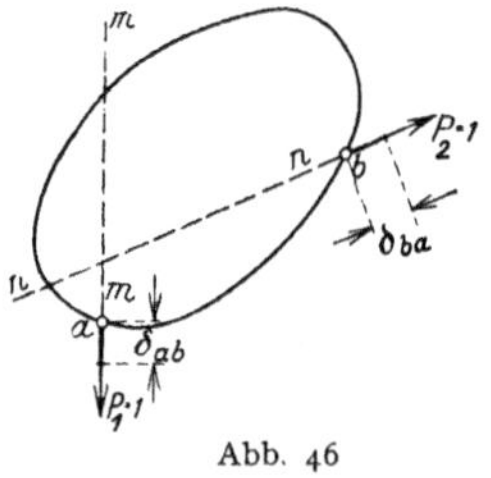

Abb. 46

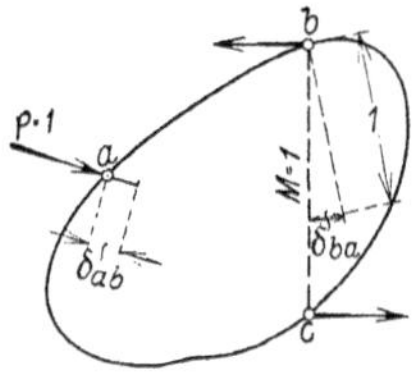

Abb. 47

2. Der Punkt a, Abb. 47, verschiebt sich infolge Wirkung des Kräftepaares $M = 1$ in der Richtung von P um ebensoviel, als sich die Gerade bc dreht, wenn in a die Kraft $P = 1$ wirkt. (Verdrehung im Bogenmaß.)

4. Einflußlinien für die Verschiebungen (Biegelinien)

Aus dem Satze über die Gegenseitigkeit der elastischen Verschiebungen folgt die Regel: Um die Einflußlinie der Verschiebung δ_m eines Punktes m zu erhalten, bestimme man für eine im Punkte m angreifende, in der Richtung der gesuchten Verschiebung wirkende Belastungseinheit die Biegelinie. Diese Linie ist zugleich Einflußlinie der Verschiebung δ_m des Punktes m.

Beispiele: 1. Um die Einflußlinie der lotrechten Verschiebung eines Punktes m eines Balkens auf zwei Stützen zu finden, belaste man den Balken in m durch eine lotrechte Einzellast und bestimme die Biegelinie (elastische Linie) des Trägers für diese Belastung. Die so gefundene Linie ist die Einflußlinie der Senkung δ_m.

2. Um die Einflußlinie der Verdrehung des linken Auflagerpunktes eines Balkens auf zwei Stützen zu finden, belastet man den Balken mit dem Moment $M = 1$ im linken Auflager, bestimmt die Biegelinie infolge dieser Belastung, welche Biegelinie bereits die gesuchte Einflußlinie vorstellt.

5. Ermittlung der Verschiebungen mit Hilfe des Prinzipes der virtuellen Verschiebungen

Um die Verschiebung δ_m des Punktes m eines mit den Lasten P belasteten und der Temperaturänderung t^0 unterworfenen Trägers zu ermitteln (wobei Verschiebung im Sinne von Punkt 2 ganz allgemein verstanden sei), wird dem gegebenen Belastungsfall ein zweiter, gedachter Belastungsfall, Belastung mit der Belastungseinheit, gegenübergestellt. Wendet man auf diesen gedachten Belastungszustand das Prinzip der virtuellen Verschiebungen, Gl. (2) an, in der man als virtuelle Verschiebungen die durch den wirklichen Belastungszustand (Lasten P bzw. Temperaturänderung t^0) hervorgerufenen Verschiebungen einführt, so erhält man

$$1 \cdot \delta_m = \sum \frac{\bar{S} S s}{E F_s} + \int \frac{\bar{M} M}{E J} d s + \int \frac{\bar{N} N}{E F} d s + \sum \bar{S}\, \alpha_t t_s s + \int \bar{N}\, \alpha_t t\, d s, \qquad (4)$$

sonach einen expliziten Ausdruck für δ_m.

Die $\bar{S}$, $\bar{M}$, $\bar{N}$ entsprechen dem gedachten Belastungsfall, die S, M, N, t der wirklichen Belastung bzw. Temperaturänderung. Liegt ein reines Fachwerk vor, dann fallen rechts die Integrale fort. Sind keine Fachwerkstäbe vorhanden, so entfallen auf der rechten Seite die Summen.

Soll mittels Gl. (4) die Verschiebung δ_m in einem statisch unbestimmten Träger berechnet werden, so ist es statthaft, bei der Berechnung der $\bar{M}$, $\bar{N}$ und $\bar{S}$ die statisch unbestimmten Größen X (s. w. u.) Null zu setzen. Die Summen und Integrale erstrecken sich daher nur über die notwendigen Teile des betrachteten Trägers.

Wenn die biegungsfesten Teile Unstetigkeiten aufweisen, wie z. B. Knickpunkte ihrer Achsen (bei steifen Stabzügen, eckigen Rahmenformen), Unterbrechung durch fachwerkartige Teile, sprungweise Änderung der Querschnitte und Trägheitsmomente usw., so sind die Integrale der Gl. (4) in Teilintegrale zu zerlegen, derart, daß innerhalb des Summationsbereiches eines derartigen Teilintegrales die Momente, Längskräfte, Trägheitsmomente und Flächen als stetige Funktionen von s angesehen werden können.

Ergibt das Rechnungsresultat für δ_m einen positiven Wert, so war die angenommene Richtung der Verschiebung richtig. Ist δ_m negativ, dann ist die angenommene Richtung umzukehren.

Den Einfluß der Temperaturänderungen bestimmt man i. d. R. getrennt von dem Einfluß der Lasten P.

B. Formänderungen vollwandiger Träger

1. Unmittelbare Integration der elastischen Linie

In einfachen Fällen kann die Formänderung durch unmittelbare Integration der Differentialgleichung der elastischen Linie, siehe „Festigkeitslehre", S. 136, festgestellt werden. Man erhält aus

$$\frac{d^2 y}{d x^2} = -\frac{M}{EJ}$$

(5)
$$y = -\int dx \int \frac{M}{EJ}\, dx + C_1 x + C_2.$$

Die Konstanten C_1 und C_2 sind aus den Auflagerbedingungen zu ermitteln.

Beispiel: Durchbiegung eines Freiträgers mit Last P am Ende. Abb. 48. Es ist $M = -P(l - x)$, daher erhält man aus $y'' = \frac{P}{EJ}(l - x$ nach zweimaliger Integration

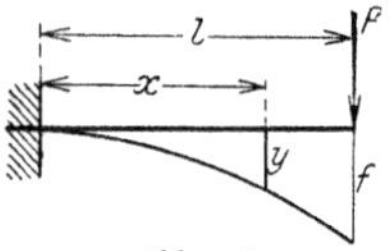

Abb. 48

$$y' = \frac{P}{EJ}\left(l x - \frac{x^2}{2}\right) + C_1 \text{ und } y = \frac{P}{EJ}\left(\frac{l x^2}{2} - \frac{x^3}{6}\right) + C_1 x + C_2.$$

Da für $x = 0$, $y = 0$ und $y' = 0$, so erhält man $C = 0$ und $C_2 = 0$, somit

$$y = \frac{P l^3}{2 EJ}\left[\left(\frac{x}{l}\right)^2 - \frac{1}{3}\left(\frac{x}{l}\right)^3\right].$$

Mit $x = l$ erhält man $f = \frac{P l^3}{3 EJ}$.

2. Biegelinien für gerade oder schwach gekrümmte Träger

Die elastische Linie gerader oder schwach gekrümmter Träger kann als Seillinie aufgefaßt werden, welche mit dem Polabstand 1 zu einer Belastungslinie gezeichnet wird, deren Ordinaten z durch

(6)
$$z = \frac{M}{EJ\cos\varphi} + \frac{d}{dx}\left[\left(\frac{N}{EF} + \alpha_t t\right)\operatorname{tg}\varphi\right]$$

gegeben sind. Abb. 49.

Hierin bedeuten: M und N Moment und Längskraft an der Stelle x, J und F Trägheitsmoment und Querschnittsfläche an dieser Stelle, E den

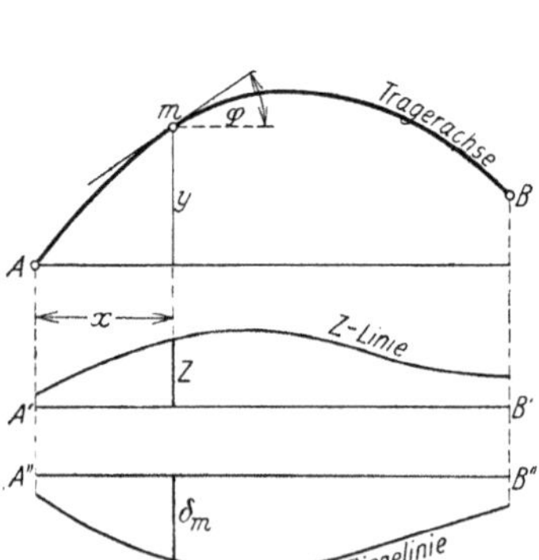

Abb. 49

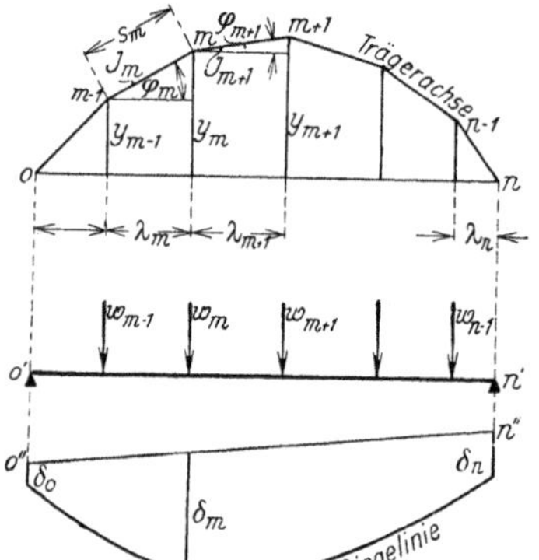

Abb. 50

Elastizitätsmodul, α_t die verhältnismäßige Längenänderung für 1^0 Temperaturänderung, t die überall gleiche Temperaturänderung des Trägers in Graden.

Die Wirkung der Querkräfte ist in Gl. (6), als geringfügig, nicht berücksichtigt. Gl. (6) gilt nur dann, wenn im betrachteten Trägerstück AB keine Gelenke vorhanden sind.

Zwecks Bestimmung der eigentlichen Werte der Ordinaten δ_m der Biegelinie ist noch die Kenntnis der Verschiebungsgrößen für zwei Punkte der Stabachse notwendig, die aber in der Regel durch die Auflagerbedingungen festgelegt sind. z und die Polweite 1 sind durch die gleiche, sonst beliebige Einheitsstrecke darzustellen, dann erscheinen die Ordinaten der Biegelinie im Maßstab der Trägerzeichnung.

Elastische Gewichte w. Die durch die z-Linie gegebene stetige Belastung wird bei der Anwendung zweckmäßigerweise in ein System von Einzellasten, die elastischen Gewichte w, aufgelöst. Zu diesem Ende zerlegt man die Stabachse in Abschnitte, innerhalb welcher der Querschnitt unveränderlich und die Stabachse als gerade angesehen werden kann. Der Träger stellt dann einen in Abb. 50 veranschaulichten Stabzug vor.

Bezeichnet: M_m das Biegungsmoment im Punkte m, N_m die Längskraft im Trägerstück $\overline{m-1, m}$, λ_c eine beliebige Feldweite, J_c ein beliebiges Trägheitsmoment, $J_m' = J_m \cos\varphi_m$, so gilt für das in m wirkend gedachte elastische Gewicht w_m, wenn zunächst $t = 0$ gesetzt wird,

$$w_m = w_m' \frac{\lambda_c}{6\,E\,J_c}, \tag{7}$$

wobei

$$\begin{aligned} w_m' = {} & \frac{J_c}{J_m'} \frac{\lambda_m}{\lambda_c} (M_{m-1} + 2\,M_m) + \frac{J_c}{J_{m+1}'} \frac{\lambda_{m+1}}{\lambda_c} (M_{m+1} + 2\,M_m) \\ & - 6 \frac{J_c}{\lambda_c} \left(\frac{N_m}{F_m} \operatorname{tg}\varphi_m - \frac{N_{m+1}}{F_{m+1}} \operatorname{tg}\varphi_{m+1} \right). \end{aligned} \tag{7'}$$

Da der Faktor $\frac{\lambda_c}{6EJ_c}$ allen Gewichten w_m gemeinsam ist, so macht man beim Zeichnen des Seilpolygons die Polweite $H = \frac{6EJ_c}{\lambda_c}$ und zeichnet das Seileck mit den Gewichten w_m'. Die Ordinaten der Biegelinie erscheinen dann im Maßstab der Trägerzeichnung, wenn für die Gewichte w_m' und die Polweite die gleiche Streckeneinheit gewählt wird. Sollen die Ordinaten ν-mal größer sein, so ist die Polweite ν-mal kleiner zu wählen.

Einfluß einer Temperaturänderung. Für die Gewichte w_{mt} gilt

$$w_{mt} = t\,(\operatorname{tg}\varphi_m - \operatorname{tg}\varphi_{m+1}),$$

wobei die Polweite $\frac{1}{\alpha_t}$ zu machen ist. w_{mt} und $\frac{1}{\alpha_t}$ stellen jetzt Temperaturen vor und sind entsprechend ihren Maßzahlen durch die gleiche Einheitsstrecke darzustellen. Die Ordinaten der Biegelinie sind dann im Maßstab der Trägerzeichnung abzulesen.

C. Formänderungen von Fachwerken

1. Verschiebungsplan von Williot

Man ermittelt zunächst für die vorgegebene Belastung die Stabkräfte S und die zugehörenden elastischen Längenänderungen $\Delta s = \frac{S\,s}{EF} + \alpha_t\,t\,s$ der einzelnen Fachwerkstäbe. Nun denkt man sich einen Stab, z. B. den Stab 2—4 in Abb. 51 (siehe S. 170), in seiner Richtung festgehalten, schreibt einen der Endpunkte dieses Stabes, z. B. dem Punkt 2, die Verschiebung Null zu und bestimmt nun die Verschiebungen der Knotenpunkte 1, 3, 4...

auf folgende Weise: Man trägt von einem Pol O aus die Längenänderung des Stabes 2—4, d. i. Δs_{24} in der Richtung 2—4 ab. Um nun die Lage von 3 nach der Formänderung zu bestimmen, trägt man in O die

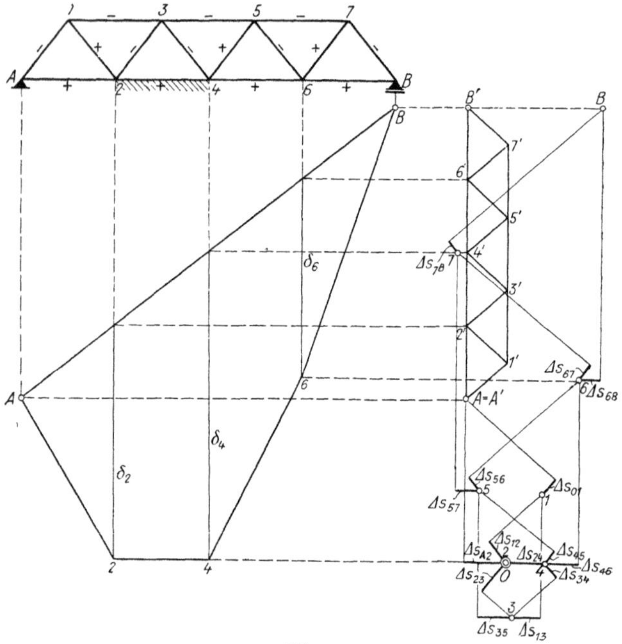

Abb. 51

Dehnung Δs_{23} parallel zur Stabrichtung 2—3 und von 4 die Dehnung Δs_{34} parallel zur Stabrichtung 3 — 4 auf, fällt in den Endpunkten die Senkrechten, deren Schnitt Punkt 3 liefert. $\overline{O3}$ ist die Verschiebung des Punktes 3. Um die Verschiebung von 5 zu erhalten, trägt man von 3 die Dehnung Δs_{35}, von 4 die Dehnung Δs_{45} jeweils parallel zur betreffenden Stabrichtung ab, fällt in den Endpunkten die Senkrechten, deren Schnitt Punkt 5 liefert. $\overline{O5}$ ist die Verschiebung des Punktes 5. In der gleichen Weise bestimmt man die Punkte 6, 7, B und schließlich 1 und A. $\overline{O6}$, $\overline{O7}$ usw. sind dann die Verschiebungen dieser Punkte. Der so gewonnene Verschiebungsplan heißt der erste Verschiebungsplan.

Die tatsächlichen Verschiebungen der Knotenpunkte des Fachwerkes können aus diesem Plane erst nach Berücksichtigung der tatsächlichen Auflagerbedingungen (die z. B. fordern, daß in unserem Beispiel die Verschiebung von A Null ist, und daß in B die lotrechte Komponente der Verschiebung verschwindet) ermittelt werden. Zu diesem Zwecke denken wir uns das ganze verformte Fachwerk um den Punkt A (festes Lager) so lange gedreht, bis die Auflagerverbindungslinie A—B horizontal wird und schließlich die ganze Scheibe parallel zu sich um den Betrag OA' verschoben, damit A in den Auflagerpunkt gelangt. Bei dieser Drehung und Verschiebung der starren Scheibe werden die einzelnen Knotenpunkte Verschiebungen erleiden, die mit den aus dem ersten Verschiebungsplan entnommenen Verschiebungen vektoriell zusammengesetzt (geometrisch addiert), die tatsächlichen Verschiebungen ergeben. Die durch die Drehung erzeugten Verschiebungen bestimmt man nun auf folgende Weise: Wir weisen dem Punkt A die Verschiebung 0 zu, setzen also $A = A'$. $A'B'$ in Abb. 51 ist dann die lotrechte Verschiebungskomponente des Punktes B, die durch die Drehung rückgängig gemacht wurde. Durch die Punkte A' und B' ist die Lage zweier Punkte der Scheibe nach der Drehung festgelegt und man findet nach einem bekannten Satz der Kinematik die Verschiebungen der anderen Punkte der starren Scheibe infolge der Drehung, indem man zwischen A' und B' eine der Fachwerkfigur ähnliche Figur einzeichnet, deren Seiten senkrecht auf den betreffenden Stabrichtungen des gegebenen Fachwerkes stehen. $A'1'$, $A'2'$, $A'3'$ usw. sind die Drehungsverschiebungen der Punkte 1, 2, 3.. des Fachwerkes. Berücksichtigt man noch die bei allen Punkten gleiche Verschiebung OA' (Parallelverschiebung der Scheibe), so ergeben sich die tatsächlichen Verschiebungen

des Punktes A .... $O A' \overset{\wedge}{+} A' O = 0$,

„ „ 1 .... $1' A' \overset{\wedge}{+} A' O \overset{\wedge}{+} O\,1 = 1'1$,

„ „ 2 .... $2' A' \overset{\wedge}{+} A' O \overset{\wedge}{+} 0 = 2'2$,

„ „ 3 .... $3' A' \overset{\wedge}{+} A' O \overset{\wedge}{+} O\,3 = 3'3$,

....

wobei die Strecken $1'1$, $2'2$, $3'3$,.... die die tatsächlichen Verschiebungen darstellen, unmittelbar aus dem Verschiebungsplan entnommen werden können.

Man zeichnet einen Williotschen Verschiebungsplan in allen jenen Fällen, in denen die vollständigen Verschiebungen der Knoten gesucht werden oder um genaue Biegelinien unter Berücksichtigung der Formänderungen sämtlicher Stäbe zu gewinnen.

2. Biegelinien für ebene Fachwerke

Die Biegelinie einer Fachwerkgurtung kann ebenso wie die Biegelinie vollwandiger Träger als Seileck eines Balkens aufgefaßt werden, der mit den elastischen Gewichten w belastet ist. Nach Ausrechnung der elastischen Gewichte kann die Seillinie rechnerisch oder zeichnerisch ermittelt werden. Bei der zeichnerischen Darstellung ist die Schlußlinie der Momentenfläche durch die Auflagerbedingungen des betrachteten Trägers gegeben. Bei Benützung der nachfolgend angegebenen Formeln für die Gewichte w ist die Polweite 1 oder $\frac{1}{\nu}$ zu machen, je nachdem die Durchbiegungen im gleichen oder ν-fachen Maßstab der Trägerzeichnung erscheinen sollen. Polweite und Gewichte w sind durch die gleiche Streckeneinheit darzustellen. Haben sämtliche Stäbe das gleiche E, so ermittelt man die E-fachen Werte der Gewichte w und macht die Polweite E bzw. $\frac{E}{\nu}$.

Berechnung der elastischen Gewichte

Genaue Formel für die elastischen Gewichte w_m. Bedeuten Δs_g, Δs_m, Δs_{m+1} die Längenänderungen der drei ein Fachwerkdreieck bildenden Stäbe, siehe Abb. 52, so ist das im Knoten m, der dem Gurtstab s_g gegenüberliegt, anzubringende elastische Gewicht w_m nach der Formel

$$w_m = (\Delta s_g - \Delta s_m) \operatorname{cotg} \alpha_1 + (\Delta s_g - \Delta s_{m+1}) \operatorname{cotg} \alpha_2 \qquad (8)$$

zu berechnen.

N ä h e r u n g s f o r m e l n: Meist beschränkt man sich bei der Methode der elastischen Gewichte zur Bestimmung von Biegelinien auf jene Fälle, wo der Einfluß der Ausfachungsstäbe auf die Formänderungen vernachlässigt werden darf, was z. B. bei der Ermittlung der Überzähligen in einem statisch unbestimmten System i. d. R. der Fall ist. Andernfalls ist es viel zweckmäßiger, statt die genauen Formeln zu verwenden, die Biegelinie aus einem Williotschen Verschiebungsplan zu ermitteln.

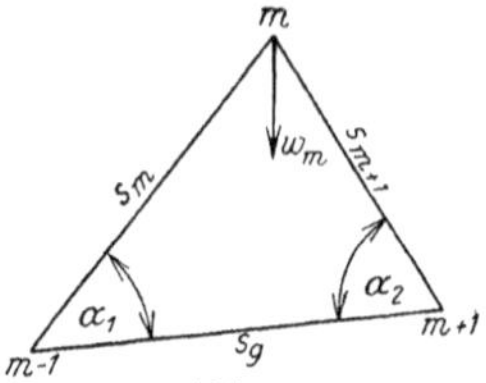

Abb. 52

Die in der nachstehenden Tafel, S. 173, für verschiedene Ausfachungsarten angegebenen Formeln für die elastischen Gewichte w_m sind unter der Annahme entwickelt, daß die Füllstäbe starr sind, also keine Formänderungen erleiden.

Es bedeutet: M_m und M_m' das Angriffsmoment der äußeren Kräfte, bezogen auf die Punkte m bzw. m'. Je nachdem M positiv oder negativ ist, ist das elastische Gewicht nach abwärts oder nach aufwärts wirkend anzunehmen. o bzw. u sind die Längen der in Betracht kommenden Ober- bzw. Untergurtstäbe, F die Querschnittsfläche der betreffenden Stäbe.

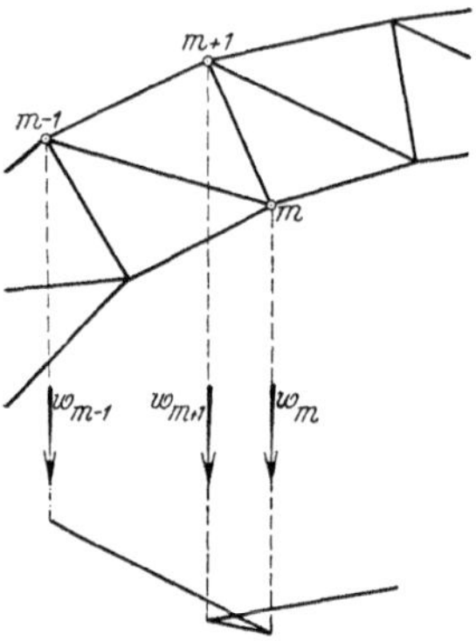

Abb. 52a

A u s n a h m s f a l l: Bei Strebenfachwerken tritt häufig der in Abb. 52a dargestellte Fall ein. Das Gewicht w_{m+1} liegt links von w_m. Das Seileck weist an dieser Stelle eine Verschlingung auf.

B e i s p i e l: Das in Abb. 53 dargestellte Bogenfachwerk ist in den Kämpferpunkten mit $H = 1$ belastet. Es ist die Biegelinie der Gurtung (lotrechte Verschiebung) zu bestimmen. Die Knoten-

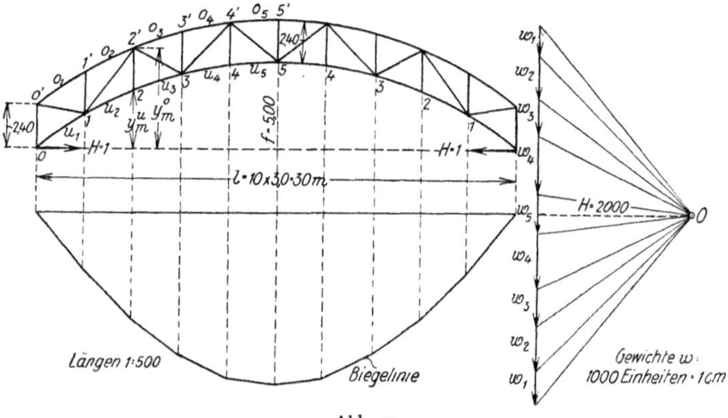

Abb. 53

punkte liegen auf Parabeln, die Trägerhöhe ist unveränderlich. Die zur Berechnung der Gewichte w_m notwendigen Momente M_m und M_m' folgen aus der einfachen Beziehung

$$M_m = 1 \cdot y_m^u \text{ und } M_m' = 1 \cdot y_m^0.$$

In der folgenden Tabelle, S. 174 sind außer den Ordinaten y_m die Stablängen und Stabquerschnitte sowie die Hebelarme r angegeben. Die Berechnung der Gewichte erfolgt dann mittels der beiden letzten Formeln der Tafel auf S. 173. Da sowohl das Fachwerk als auch die Belastung symmetrisch sind, wurde die Berechnung nur für die linke Hälfte durchgeführt.

	Art der Ausfachung	Elastische Gewichte w_m
Strebenfachwerk	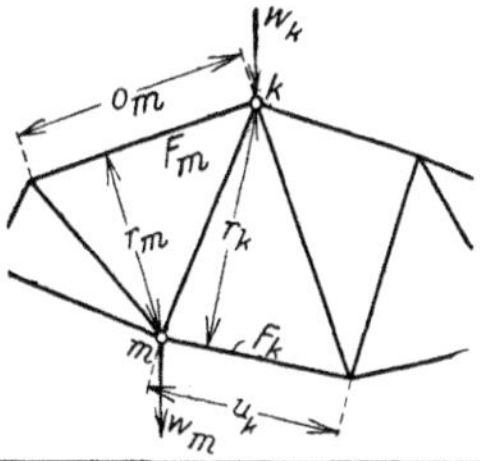	$w_m = \frac{M_m o_m}{E F_m r_m^2}$, $w_k = \frac{M_k u_k}{E F_k r_k^2}$;
Pfostenfachwerke	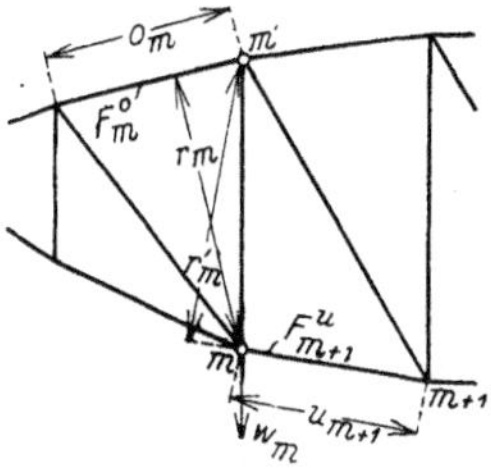	$w_m = \frac{M_m o_m}{E F^o_m r_m^2} + \frac{M_m' u_{m+1}}{E F^u_{m+1} r'^2_m}$;
	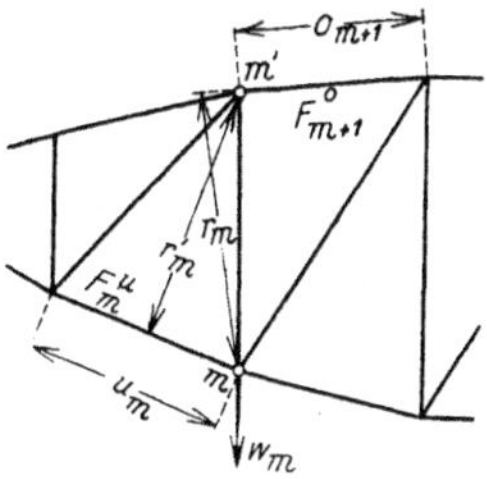	$w_m = \frac{M_m' u_m}{E F^u_m r'^2_m} + \frac{M_m o_{m+1}}{E F^o_{m+1} r_m^2}$;
	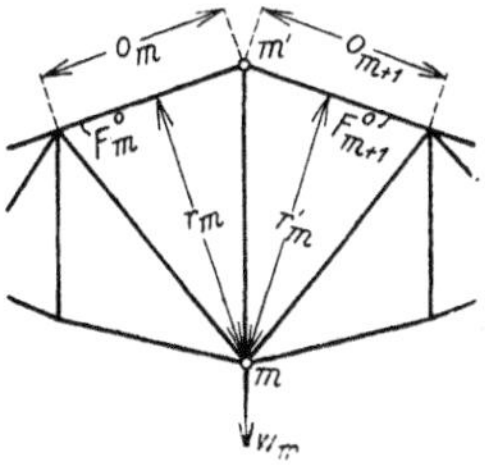	$w_m = \frac{M_m o_m}{E F^o_m r_m^2} + \frac{M_m o_{m+1}}{E F^o_{m+1} r'^2_m}$;
	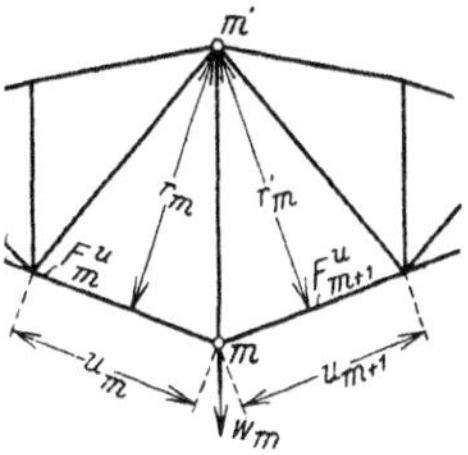	$w_m = \frac{M_m' u_m}{E F^u_m r_m^2} + \frac{M_m' u_{m+1}}{E F^u_{m+1} r'^2_m}$.

m	y_m^u m	y_m^0 m	u_m m	o_m m	F_m^u m²	F_m^0 m²	r_m m	r'_m m
0	0	2,40	—	—	—	—	—	—
1	1,80	4,20	3,50	3,50	0,015	0,006	2,06	2,19
2	3,20	5,60	3,31	3,31	0,015	0,008	2,19	2,28
3	4,20	6,60	3,16	3,16	0,012	0,010	2,28	2,36
4	4,80	7,20	3,06	3,06	0,012	0,012	2,36	2,39
5	5,00	7,40	3,01	3,01	0,011	0,012	2,39	2,39

Man erhält weiters:

$$w_1 = \frac{y_1^u\, o_1}{F_1^0\, r_1^2} + \frac{y_1^u\, o_2}{F_2^0\, r_1'^2} = 1,80\left(\frac{3,50}{0,006 \cdot 2,06^2} + \frac{3,31}{0,008 \cdot 2,19^2}\right) = 403,$$

$$w_2 = \frac{y_2^0\, u_2}{F_2^u\, r_2^2} + \frac{y_2^0\, u_3}{F_3^u\, r_2'^2} = 5,60\left(\frac{3,31}{0,015 \cdot 2,19^2} + \frac{3,16}{0,012 \cdot 2,28^2}\right) = 541,$$

$$w_3 = \frac{y_3^u\, o_3}{F_3^0\, r_3^2} + \frac{y_3^u\, o_4}{F_4^0\, r_3'^2} = 4,20\left(\frac{3,16}{0,010 \cdot 2,28^2} + \frac{3,06}{0,012 \cdot 2,36^2}\right) = 448,$$

$$w_4 = \frac{y_4^0\, u_4}{F_4^u\, r_4^2} + \frac{y_4^0\, u_5}{F_5^u\, r_4'^2} = 7,20\left(\frac{3,06}{0,012 \cdot 2,36^2} + \frac{3,01}{0,011 \cdot 2,39^2}\right) = 675,$$

$$w_5 = 2\,\frac{y_5^u\, o_5}{F_5^0\, r_5^2} = 2 \cdot 5,00\,\frac{3,01}{0,012 \cdot 2,39^2} = 439.$$

In Abb. 53 ist mit den Gewichten w_m das Krafteck im Maßstab 1000 Gewichtseinheiten = 1 cm gezeichnet. Die Polweite H wurde 2000 Gewichtseinheiten, d. i. 2 cm gemacht. Da H richtig $E = 20.000.000$ t/m² sein soll, so erscheinen die Ordinaten, wenn man im Maßstabe der Trägerzeichnung, d. i. 1 : 500, abliest, 10,000fach vergrößert oder, im natürlichen Maßstab gemessen, $\frac{10.000}{500} = 20$fach vergrößert. Die Durchbiegung beträgt z. B. in der Mitte $\frac{20,5}{20}$ mm = 1,03 mm

III. Berechnung statisch unbestimmter Träger

A. Allgemeine Methoden

Die nachstehenden Erörterungen beziehen sich auf Träger, die aus Fachwerkstäben und biegungssteifen Teilen zusammengesetzt sind. Bei reinen Fachwerken sind dann in den Gleichungen jene Glieder zu streichen, die sich auf die biegungssteifen Teile beziehen; bei vollwandigen Trägern ohne Fachwerkstäbe fallen die auf das Fachwerk bezüglichen Glieder fort.

Die überzähligen Größen eines n-fach statisch unbestimmten Systems werden mit $X_1, X_2, \ldots X_n$ bezeichnet. Die Auswahl der überzähligen Größen hat so zu erfolgen, daß nach Nullsetzung derselben das übrigbleibende System, das statisch bestimmte Hauptsystem, ein im geometrischen Sinne unverschiebliches Gebilde vorstellt.

Bezeichnet man mit C die Auflagerkräfte, mit M die Momente, mit N die Längskräfte, mit Q die Querkräfte, mit S die Stabkräfte im vorgelegten statisch unbestimmten Tragwerk, mit C_0, M_0, N_0, Q_0, S_0 die Auflagerkräfte, Momente, Längs-, Quer- und Stabkräfte im statisch bestimmten Hauptsystem infolge der gegebenen Lasten P, mit C_ν, M_ν, N_ν, Q_ν, S_ν die Auflagerkräfte, Momente, Längs-, Quer- und Stabkräfte, wenn sämtliche Lasten $P = 0$ sind und nur die Last $X_\nu = -1$ wirkt, (Zustand $X_\nu = -1$), so gelten nach dem Superpositionsgesetz folgende Beziehungen:

$$\begin{aligned}
C &= C_0 - C_1 X_1 - C_2 X_2 - \ldots\ldots - C_n X_n, \\
M &= M_0 - M_1 X_1 - M_2 X_2 - \ldots\ldots - M_n X_n, \\
N &= N_0 - N_1 X_1 - N_2 X_2 - \ldots\ldots - N_n X_n, \\
Q &= Q_0 - Q_1 X_1 - Q_2 X_2 - \ldots\ldots - Q_n X_n, \\
S &= S_0 - S_1 X_1 - S_2 X_2 - \ldots\ldots - S_n X_n.
\end{aligned} \tag{1}$$

Die Berechnung des statisch unbestimmten Tragwerkes läuft also auf die Ermittlung der Überzähligen X heraus.

1. Ermittlung der Überzähligen X unmittelbar aus den Formänderungen

Durch Aufstellung von Beziehungen zwischen den statisch unbestimmten Größen X und den Formänderungen werden so viele Gleichungen gewonnen, als Unbekannte X vorhanden sind. Dieses Verfahren ist in einfachen Fällen gut verwendbar.

Beispiel: Träger auf drei Stützen mit gleichmäßig verteilter Last p, Abb. 54. Das statisch bestimmte Hauptsystem wird durch Beseitigung der Mittelstütze C erzeugt. Die Durchbiegung des statisch bestimmten Balkens $A\,B$ an der Stelle C (Mitte) beträgt nach der Zusammenstellung auf S. 213

$$\delta_p = \frac{5}{384}\,\frac{p\,(2\,l)^4}{E\,J} = \frac{5}{24}\,\frac{p\,l^4}{E\,J}.$$

Wirkt in C die Überzählige X, so hebt sie an dieser Stelle den Balken um

$$\delta_X = \frac{1}{48}\,\frac{X\,(2\,l)^3}{E\,J} = \frac{1}{6}\,\frac{X\,l^3}{E\,J}.$$

Aus der Bedingung $\delta_p = \delta X$

folgt $$\frac{5}{24}\,\frac{p\,l^4}{E\,J} - \frac{X\,l^3}{6\,E\,J} = 0$$

oder $$X = \frac{5}{4}\,p\,l.$$

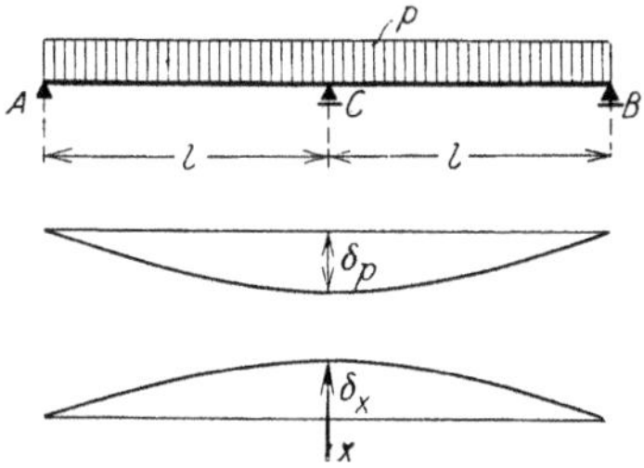

Abb. 54

2. Berechnung der Überzähligen X mit Hilfe des Prinzipes der virtuellen Verschiebungen

Man wendet zu diesem Zwecke das Prinzip der virtuellen Verschiebungen (siehe S. 164) der Reihe nach auf die Belastungszustände $X_1 = -1$, $X_2 = -1$, ... des statisch bestimmten Hauptsystems an, wobei in die Arbeitsprodukte als Wege die tatsächlichen Verschiebungen, als Kräfte aber die den Zuständen $X_1 = -1$, $X_2 = -1$, ... entsprechenden Momente M_1, M_2, ..., Längskräfte N_1, N_2, ..., Stabkräfte S_1, S_2, ..., Auflagerkräfte C_1, C_2, ... eingehen. Man erhält auf diese Weise ebensoviele Gleichungen als Überzählige X vorhanden sind. Vernachlässigt man den Einfluß der Querkräfte, so erhält man zur Berechnung der X Beziehungen von der Form

$$\begin{aligned}
\Sigma\,C_1\,\varDelta c &= \int \frac{M\,M_1}{E\,J_1}\,d\,s + \int \frac{N\,N_1}{E\,F}\,d\,s + \int N_1\,\alpha_t\,t\,d\,s + \\
&\quad + \sum \frac{S\,S_1}{E\,F_s}\,s + \Sigma\,S_1\,\alpha_t\,t\,s, \\
\Sigma\,C_2\,\varDelta c &= \int \frac{M\,M_2}{E\,J}\,d\,s + \int \frac{N\,N_2}{E\,F}\,d\,s + \int N_2\,\alpha_t\,t\,d\,s + \\
&\quad + \sum \frac{S\,S_2}{E\,F_s}\,s + \Sigma\,S_2\,\alpha_t\,t\,s.
\end{aligned} \tag{2}$$

....

Links steht die Arbeit der Auflagerkräfte, wobei die $\varDelta\,c$ die tatsächlichen Verschiebungen der Auflager in Richtung der Widerstände C bedeuten. Sind die Lager unverschieblich, dann ist die linke Seite der Gl. (2) Null. Über die Bedeutung von E, J, F, F_s, α_t, t usw., siehe S. 165. Sämtliche Summen und Integrale erstrecken sich über alle Teile des vorgelegten statisch unbestimmten Systems, über die notwendigen und über die überzähligen Teile. Treten in den biegungssteifen Teilen Unstetigkeiten auf, so sind die Integrale gemäß des auf S. 167 Gesagten in Teilintegrale zu zerlegen. Drückt man M, N und S in den

Gl. (2) durch die X gemäß den Gl. (1) aus, so erhält man ein System linearer Gleichungen, die sogenannten Elastizitätsbedingungen zur Ermittlung der Überzähligen, nämlich

$$\sum C_1 \Delta c = \left[\int \frac{M_0 M_1}{EJ} ds + \int \frac{N_0 N_1}{EF} ds + \sum \frac{S_0 S_1}{EF_s} s + \int N_1 \alpha_t t\, ds + \sum S_1 \alpha_t t s\right]$$
$$- X_1 \left[\int \frac{M_1^2}{EJ} ds + \int \frac{N_1^2}{EF} ds + \sum \frac{S_1^2 s}{EF_s}\right] - X_2 \left[\int \frac{M_1 M_2}{EJ} ds + \int \frac{N_1 N_2}{EF} ds + \sum \frac{S_1 S_2}{EF_s} s\right]$$
$$(3) \qquad - X_3 \left[\int \frac{M_1 M_3}{EJ} ds + \int \frac{N_1 N_3}{EF} ds + \sum \frac{S_1 S_3}{EF_s} s\right] - \dots\dots$$

$$\sum C_2 \Delta c = \left[\int \frac{M_0 M_2}{EJ} ds + \int \frac{N_0 N_2}{EF} ds + \sum \frac{S_0 S_2}{EF_s} s + \int N_2 \alpha_t t\, ds + \sum S_2 \alpha_t t s\right]$$
$$- X_1 \left[\int \frac{M_2 M_1}{EJ} ds + \int \frac{N_2 N_1}{EF} ds + \sum \frac{S_2 S_1}{EF_s} s\right] - X_2 \left[\int \frac{M_2^2}{EJ} ds + \int \frac{N_2^2}{EF} ds + \sum \frac{S_2^2}{EF_s} s\right]$$
$$- X_3 \left[\int \frac{M_2 M_3}{EJ} ds + \int \frac{N_2 N_3}{EF} ds + \sum \frac{S_2 S_3}{EF_s} s\right] - \dots\dots$$

....

In jeder Gleichung stellt das erste Glied der rechten Seite den Einfluß der Lasten P und der Temperaturänderungen t vor. Alle übrigen Glieder sind von Lasten und Temperaturänderungen unabhängig.

Da die einzelnen Klammerausdrücke in den Elastizitätsbedingungen (3) gemäß Gl. (4) auf S. 167 als Verschiebungen gedeutet werden können, so lassen sich die Elastizitätsbedingungen auch in der übersichtlicheren Form

$$(4) \qquad \begin{aligned} \Sigma C_1 \Delta c &= \Sigma P_m \delta_{m1} + \delta_{1t} - X_1 \delta_{11} - X_2 \delta_{12} - X_3 \delta_{13} - \dots \\ \Sigma C_2 \Delta c &= \Sigma P_m \delta_{m2} + \delta_{2t} - X_1 \delta_{21} - X_2 \delta_{22} - X_3 \delta_{23} - \dots \end{aligned}$$

....

schreiben. In diesen Gleichungen bedeuten:

δ_{m1}, δ_{m2}, ... die Verschiebungen des Angriffspunktes m der Last P_m in Richtung dieser Last infolge der Zustände $X_1 = -1$ bzw. $X_2 = -1$....

δ_{11}, δ_{12}, ... die Verschiebungen des Angriffspunktes der Last X_1 in Richtung dieser Last infolge der Zustände $X_1 = -1$ bzw. $X_2 = -1$, ...

δ_{21}, δ_{22}, ... die Verschiebungen des Angriffspunktes der Last X_2 in Richtung dieser Last infolge der Zustände $X_1 = -1$ bzw. $X_2 = -1$, ... usw.

δ_{1t}, δ_{2t}, ... Die Verschiebungen der Angriffspunkte der Lasten X_1 bzw. X_2,..... in der Richtung dieser Lasten infolge der Temperaturänderung t.

Außerdem gilt noch

$$\delta_{\alpha\beta} = \delta_{\beta\alpha},$$

das heißt: die Nennerdeterminante der Gleichungssysteme (3) und (4) ist symmetrisch.

Die Ermittlung der Unbekannten X kann entweder aus den Gl. (3) oder (4) erfolgen. Form (4) empfiehlt sich nur dann, wenn die Verschiebungen δ einfach zu bestimmen sind oder Einflußlinien der Größen X (siehe unter 4.) gesucht werden. Bei unveränderlicher äußerer Belastung (wenn also keine Einflußlinien notwendig sind) ist stets die Verwendung der Elastizitätsbedingungen in der Form (3) anzuraten, da die Stabkräfte $S_0, S_1, S_2 \ldots\ldots$ aus Kräfteplänen rasch bestimmt werden können, während sich die Integrale in den Elastizitätsbedingungen häufig als Flächen oder Momente erster oder zweiter Ordnung deuten lassen, wodurch ihre Berechnung vielfach vereinfacht wird. Bei Fachwerken kann wenigstens bei Vorberechnungen der Einfluß der Füllstäbe vernachlässigt werden; sie sind dann als starr anzusehen. Ist der Elastizitätsmodul E in allen Teilen des Tragwerkes der gleiche, dann multipliziere man alle Glieder der Gl. (3) mit E. Um an Stelle von J und F Verhältniszahlen zu erhalten, ist es zweckmäßig, sämtliche Gleichungen mit einem beliebig gewählten J_c bzw. F_c zu vervielfachen, wobei danach zu trachten ist, daß möglichst viele Verhältnisse $\frac{J_c}{J}$ bzw. $\frac{F_c}{F}$ Eins werden.

3. Berechnung der Überzähligen X mit Hilfe des Satzes vom Minimum der Formänderungsarbeit. (Castigliano)

Bildet man aus dem Ausdruck für die Formänderungsarbeit für einen aus biegungssteifen Teilen und Fachwerkstäben zusammengesetzten Träger (siehe „Festigkeitslehre", S. 138)

$$A = \frac{1}{2}\int\frac{M^2\,ds}{EJ} + \frac{1}{2}\int\frac{N^2\,ds}{EF} + \frac{1}{2}\sum\frac{S^2\,s}{EF_s}$$

und dem von der gleichmäßigen Temperaturänderung t abhängigen Ausdruck

$$A' = \int N\alpha_t t\,ds + \Sigma S\alpha_t t\,s$$

die Summe $A_i = A + A'$, also

$$A_i = \frac{1}{2}\int\frac{M^2\,ds}{EJ} + \frac{1}{2}\int\frac{N^2\,ds}{EF} + \frac{1}{2}\sum\frac{S^2\,s}{EF_s} + \int N\alpha_t t\,ds + \Sigma S\alpha_t t\,ds, \quad (5)$$

so bezeichnet man A_i als ideelle Formänderungsarbeit. Denkt man sich auf der rechten Seite der Gl. (5) die M, N, S als Funktionen der äußeren Lasten und der Überzählungen X gemäß den Gl. (1) ausgedrückt, so lassen sich die aus dem Prinzip der virtuellen Verschiebungen gewonnenen Elastizitätsbedingungen (2) in der übersichtlichen Form

$$\frac{\partial A_i}{\partial X_1} - \Sigma C_1 \Delta c = 0, \qquad \frac{\partial A_i}{\partial X_2} - \Sigma C_2 \Delta c = 0 \text{ usw.} \quad (6)$$

darstellen.

Ist $\Sigma C \Delta c$ in allen Fällen Null, das heißt, sind die Stützen in Richtung der Stützenwiderstände unverschieblich, und findet an keiner Stelle des Trägers eine Änderung der anfänglichen Temperatur statt, so gehen die Gl. (6) in

$$\frac{\partial A}{\partial X_1} = 0, \qquad \frac{\partial A}{\partial X_2} = 0 \text{ usw.} \quad (7)$$

über. Die Gl. (7) besagen, daß die statisch nicht bestimmbaren Größen X die Formänderungsarbeit A, als Funktion der unabhängig Veränderlichen X betrachtet, zu einem Minimum machen. (Satz von Castigliano).

Bei der Anwendung der Gl. (6) bzw. (7) stellt man die M, N und S als Funktionen der gegebenen Lasten und der Überzähligen X dar, bestimmt die partiellen Differentialquotienten

$$\frac{\partial M}{\partial X_1}, \frac{\partial M}{\partial X_2}, \ldots\ldots; \quad \frac{\partial N}{\partial X_1}, \frac{\partial N}{\partial X_2}, \ldots\ldots; \quad \frac{\partial S}{\partial X_1}, \frac{\partial S}{\partial X_2}, \ldots\ldots,$$

und führt die M, N, S sowie deren partielle Differentialquotienten in die Gl. (6) bzw. (7) ein, ordnet nach den Unbekannten X und erhält ein System linearer Gleichungen zur Ermittlung der Überzähligen, die mit den mit Hilfe des Prinzipes der virtuellen Verschiebungen erhaltenen Gl. (3), die sich ja unmittelbar anschreiben lassen, übereinstimmen.

Beispiel: Der einerseits fest eingespannte, anderseits auf wagerechter Bahn bewegliche Balken unveränderlichen Querschnitts sei mit einer Einzellast P belastet. (Abb. 55.) Als überzählige Größe dieses einfach statisch unbestimmten Systems betrachten wir die Auflagerkraft B. Für einen beliebigen Schnitt im Abstande x von A gilt

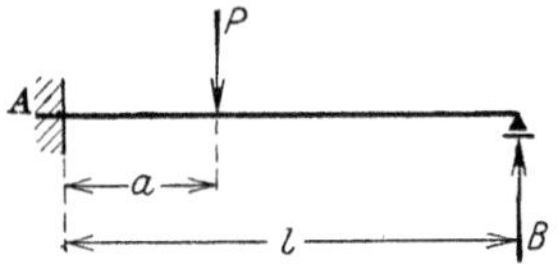

Abb. 55

$$\text{für } x \leq a \ldots\ldots M_x = P(a-x) - B(l-x),$$

$$\text{,, } x > a \ldots\ldots M_x = -B(l-x),$$

$$N = 0.$$

Daher

$$\frac{\partial M_x}{\partial B} = -(l-x).$$

Somit lautet die Elastizitätsbedingung

$$\frac{1}{EJ}\int_0^a [P(a-x) - B(l-x)](l-x)\,dx - \int_a^l B(l-x)^2\,dx = 0.$$

Nach Durchführung der Integration erhält man

$$P\left[\frac{a^2 l}{2} - \frac{a^3}{6}\right] - B\frac{l^3}{3} = 0$$

oder

$$B = \frac{P}{2}\left[3\left(\frac{a}{l}\right)^2 - \left(\frac{a}{l}\right)^3\right].$$

4. Einflußlinien für die statisch unbestimmbaren Größen X

In jenen Fällen, wo Einflußlinien der Überzähligen X in Betracht kommen, ist es zweckmäßig, von der Form (4) der Elastizitätsbedingungen auszugehen. Wir nehmen die Auflagerverschiebungen und die Temperaturänderungen mit Null an, da diese, wenn sie überhaupt in Frage kommen, besonders betrachtet werden, setzen, da es sich um Einflußlinien handelt, $P_m = 1$ (Last 1 im Punkte m) und erhalten die Elastizitätsbedingungen

$$(8) \qquad \begin{aligned} \delta_{11} X_1 + \delta_{12} X_2 + \delta_{13} X_3 + \ldots\ldots + \delta_{1n} X_n &= \delta_{m1}, \\ \delta_{21} X_1 + \delta_{22} X_2 + \delta_{23} X_3 + \ldots\ldots + \delta_{2n} X_n &= \delta_{m2}. \\ \ldots\ldots\ldots\ldots\ldots\ldots\ldots\ldots\ldots\ldots\ldots\ldots \end{aligned}$$

Die Beiwerte δ_{11}, δ_{12}, ... auf der linken Seite sind von der Belastung unabhängig. Die rechten Seiten δ_{m1}, δ_{m2} ... bezeichnet man als Belastungsglieder. Löst man die Gleichungen nach X_1, X_2 ..... auf, so erhält man die Unbekannten als lineare Funktionen der Belastungsglieder

$$\begin{aligned} X_1 &= \alpha_1 \delta_{m1} + \alpha_2 \delta_{m2} + \ldots\ldots + \alpha_n \delta_{mn}, \\ X_2 &= \beta_1 \delta_{m1} + \beta_2 \delta_{m2} + \ldots\ldots + \beta_n \delta_{mn}. \\ \ldots\ldots\ldots\ldots\ldots\ldots\ldots\ldots\ldots \end{aligned}$$

Da die Einflußlinie von δ_{m1} die Biegelinie des belasteten Gurtes vorstellt, wenn das Hauptsystem mit $X_1 = -1$ belastet ist, weiters δ_{m2} die Biegelinie des belasteten Gurtes, wenn das Hauptsystem mit $X_2 = -1$ belastet ist, usw., so läßt sich die Ermittlung der Einflußlinien der X zurückführen auf die Summation von Biegelinien, die für die Zustände $X_1 = -1$, $X_2 = -1$, usw. nach den im Abschnitt II angegebenen Verfahren bestimmt werden.

5. Hilfsformeln für die Darstellung der Einflußlinien in statisch unbestimmten Tragwerken

Die Formeln (1), S. 174, geben eine Anweisung, wie aus den Einflußlinien für die M_0, N_0, S_0 usw., die sich auf das statisch bestimmte Hauptsystem beziehen und nach den Regeln des Abschnittes I dieses Kapitels zu bestimmen sind, und aus den Einflußlinien der X die Einflußlinien der gesuchten M, N, S ... durch Summation zusammenzusetzen sind. Diese Zusammensetzung muß für die Einflußlinien der Momente oder Gurtstabkräfte unbedingt erfolgen. Um aber wenigstens bei der Auftragung der Einflußlinien der Füllstäbe bei Fachwerken die Arbeit zu vereinfachen, ist es zweckmäßig, diese Einflußlinien aus den bereits aufgetragenen Einflußlinien der Gurtstabkräfte abzuleiten. Es sind hierbei zwei Fälle zu unterscheiden:

a) Die Stützenwiderstände sind nicht parallel zu den Lasten P.

Bei belastetem Obergurt gilt mit den Bezeichnungen der Abb. 56

$$\begin{aligned} D_m &= \nu_m\left(-\frac{\mu_m}{\nu_m}\,U_{m-1} + U_{m+1}\right), \\ D_{m+1} &= \nu_{m+1}\left(\frac{\mu_{m+1}}{\nu_{m+1}}\,U_{m-1} - U_{m+1}\right). \end{aligned} \tag{9}$$

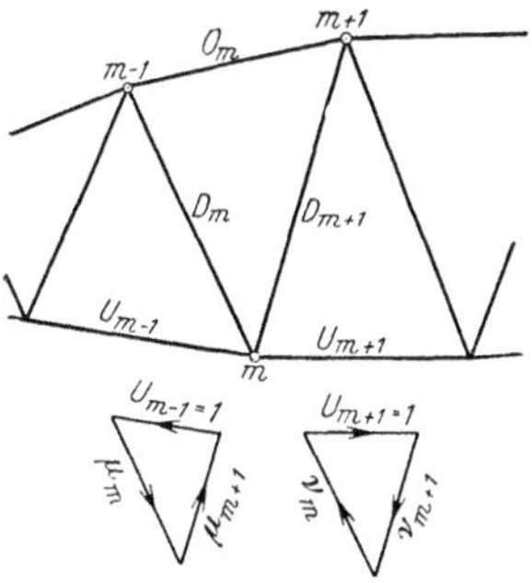

Abb. 56

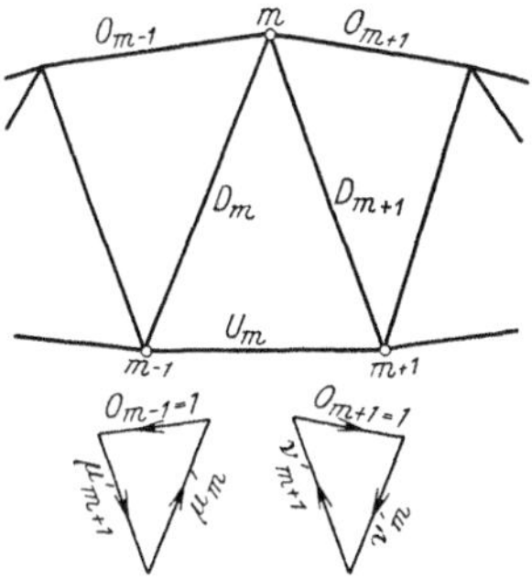

Abb. 57

μ_m, μ_{m+1} sind die Stabkräfte in den Streben D_m bzw. D_{m+1}, wenn $U_{m-1} = 1$ und $U_{m+1} = 0$. Ebenso sind ν_m und ν_{m+1} die Stabkräfte in diesen beiden Streben, wenn $U_{m-1} = 0$ und $U_{m+1} = 1$. Die Ermittlung der μ und ν geschieht zeichnerisch, Abb. 56. Die U sind in den Gl. (9) positiv oder negativ einzuführen, je nachdem sie Zug- oder Druckkräfte sind.

Bei belastetem Untergurt ist, Abb. 57,

$$\begin{aligned} D_m &= \nu'_m\left(-\frac{\mu'_m}{\nu'_m}\,O_{m-1} + O_{m+1}\right), \\ D_{m+1} &= \nu'_{m+1}\left(\frac{\mu'_{m+1}}{\nu'_{m+1}}\,O_{m-1} - O_{m+1}\right). \end{aligned} \tag{10}$$

μ'_m, μ'_{m+1} sind die Strebenkräfte in D_m und D_{m+1}, wenn $O_{m-1} = 1$ und $O_{m+1} = 0$; ebenso sind ν'_m und ν'_{m+1} die Stabkräfte in diesen Streben, wenn $O_{m-1} = 0$ und $O_{m+1} = 1$. Je nachdem die O Zug oder Druck sind, sind sie positiv oder negativ in die Gl. (10) einzusetzen.

b) Lasten P und Auflagerkräfte sind untereinander parallel.

α) Strebenfachwerk, Abb. 58.

Es gelten die Beziehungen:

$$
(11)\qquad
\begin{aligned}
D_m \cos\varphi_m &= -U_{m-1}\cos\gamma_{m-1} - O_m\cos\beta_m,\\
D_{m+1}\cos\varphi_{m+1} &= -U_{m+1}\cos\gamma_{m+1} - O_m\cos\beta_m.
\end{aligned}
$$

Zugkräfte sind positiv, Druckkräfte negativ einzuführen.

β) Pfostenfachwerke, Abb. 59.

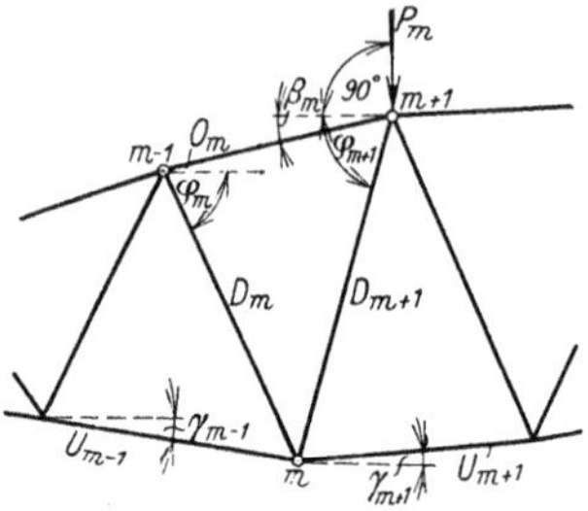

Abb. 58

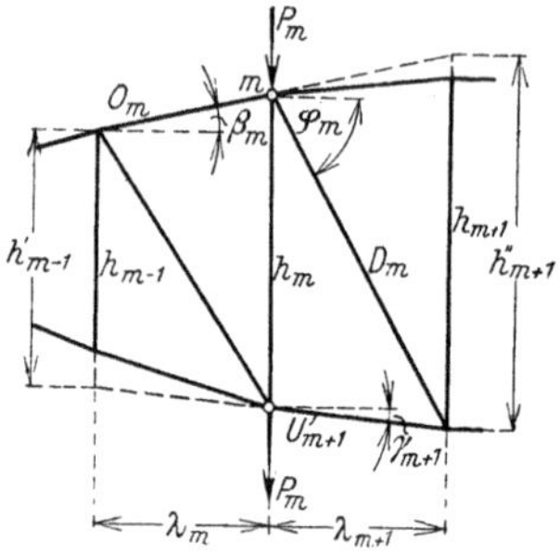

Abb. 59

$$
(12)\qquad
\begin{aligned}
-O_m\cos\beta_m &= U_m\cos\gamma_{m+1} = \frac{M_m}{h_m},\\
D_m\cos\varphi_m &= \frac{M_m}{h_m} - \frac{M_{m-1}}{h_{m-1}},\\
V_m &= \frac{h'_{m-1}}{\lambda_m}\left[\frac{M_{m-1}}{h_{m-1}}\cdot\frac{h_{m-1}}{h'_{m-1}} - \frac{M_m}{h_m}\right] \text{ (Last im Obergurt)},\\
V_m &= \frac{h''_{m+1}}{\lambda_{m+1}}\left[\frac{M_m}{h_m} - \frac{M_{m+1}}{h_{m+1}}\cdot\frac{h_{m+1}}{h''_{m+1}}\right] \text{ (Last im Untergurt)}.
\end{aligned}
$$

M_m ist das Angriffsmoment für den Knoten m.

B. Statisch unbestimmte vollwandige Träger

1. Durchlaufender Balken

a) Ermittlung der Stützenmomente

Die nachfolgend angeführten Gleichungen gelten für den Fall gleichbleibenden Balkenquerschnittes innerhalb einer Öffnung. Der Träger auf $n+1$ Stützen ist $(n-1)$-fach statisch unbestimmt. Als Überzählige betrachtet man zweckmäßigerweise die Momente in den Stützpunkten; das Hauptsystem

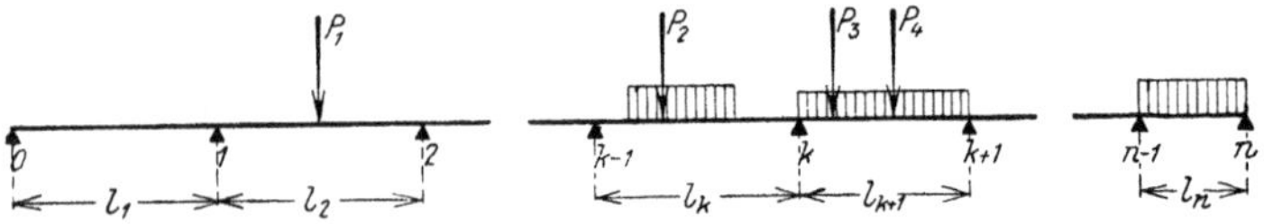

Abb. 60

besteht demnach aus n Balkenträgern, die in den Stützpunkten gelenkig zusammenhängen. Es bedeuten: l_k die Stützweite des Feldes $(k-1)\,k$, M_k das Stützenmoment über der k-ten Stütze, y_k die Senkung der k-ten Stütze gegenüber einer beliebig angenommenen Wagerechten, J_k das Trägheitsmoment des Feldes $(k-1)\,k$, E den Elastizitätsmodul, Abb. 60.

Zur Berechnung der Stützenmomente (als Überzählige) dienen die $n - 1$ Dreimomentengleichungen

$$M_{k-1} l'_k + 2 M_k (l'_k + l'_{k+1}) + M_{k+1} l'_{k+1} = -6 \mathfrak{B}_k \frac{l'_k}{l_k} - 6 \mathfrak{A}_{k+1} \frac{l'_{k+1}}{l_{k+1}} + 6 E J_c \left[\frac{y_k - y_{k-1}}{l_k} + \frac{y_k - y_{k+1}}{l_{k+1}}\right] \quad (1)$$

$(k = 1, 2, 3, \ldots\ldots n-1).$

Hierin bedeuten: $l' = l \frac{J_c}{J}$ die reduzierte Stützweite, wobei J_c ein beliebiges Trägheitsmoment ist. $\mathfrak{B}_k$ ist die in der rechten Stütze des Feldes l_k wirkende Balkenauflagerkraft, wenn dieses Feld mit dem von der Belastung dieses Feldes herrührenden Balkenmoment $\mathfrak{M}_x^k$ belastet gedacht wird. Ebenso ist $\mathfrak{A}_{k+1}$ die in der linken Stütze des Feldes l_{k+1} auftretende Balkenauflagerkraft, wenn dieses Feld mit dem von der Belastung dieses Feldes herrührenden Balkenmoment $\mathfrak{M}_x^{k+1}$ belastet gedacht wird. Es ist also

$$\mathfrak{B}_k = \frac{1}{l_k} \int_0^{l_k} \mathfrak{M}_x^k x \, d x \qquad \text{und} \qquad \mathfrak{A}_{k+1} = \frac{1}{l_{k+1}} \int_0^{l_{k+1}} \mathfrak{M}_x^{k+1} x' \, d x, \quad (2)$$

wenn die Abszissen x von der linken, die Abszissen x' von der rechten Stütze des betreffenden Feldes aus gezählt werden. Beachtet man, daß $M_0 = 0$ und $M_n = 0$, so genügen die $n - 1$ Gleichungen 1 zur Berechnung der $n - 1$ Überzähligen $M_1, M_2, \ldots\ldots M_{n-1}$.

Im besonderen ist:

Für Einzellasten P: Abb. 61.

$$6 \mathfrak{B}_k \frac{l'_k}{l_k} = \Sigma P l'_k a \left(1 - \frac{a^2}{l^2_k}\right),$$
$$6 \mathfrak{A}_{k+1} \frac{l'_{k+1}}{l_{k+1}} = \Sigma P' l'_{k+1} a' \left(1 - \frac{a'^2}{l^2_{k+1}}\right), \quad (3)$$

wobei die Abstände a von der linken, die Abstände a' von der rechten Stütze des betreffenden Feldes aus gezählt werden.

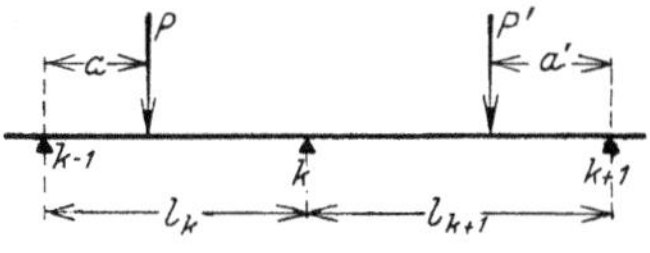

Abb. 61

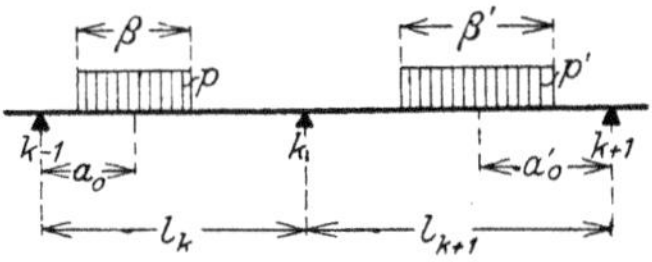

Abb. 62

Gleichförmig verteilte Streckenlast p bzw. p', Abb. 62.

$$6 \mathfrak{B}_k \frac{l'_k}{l_k} = p l'_k a_0 \beta \left[1 - \frac{4 a_0^2 + \beta^2}{4 l^2_k}\right],$$
$$6 \mathfrak{A}_k \frac{l'_{k+1}}{l_{k+1}} = p' l'_{k+1} a'_0 \beta' \left[1 - \frac{4 a'^2_0 + \beta'^2}{4 l^2_{k+1}}\right]. \quad (4)$$

Totale gleichförmig verteilte Belastung p.

$$6 \mathfrak{B}_k \frac{l'_k}{l_k} = \frac{1}{4} p l'_k l^2_k, \qquad 6 \mathfrak{A}_{k+1} \frac{l'_{k+1}}{l_{k+1}} = \frac{1}{4} p' l'_{k+1} l^2_{k+1}. \quad (5)$$

Einflußlinien der Stützenmomente.

Steht nur eine Einzellast $P = 1$ im i-ten Felde (zwischen den Stützen $i - 1$ und i), so sind, die Senkungen $y = 0$ vorausgesetzt, die rechten Seiten der Gl. (1) Null, ausgenommen der $(i - 1)$-sten und i-ten Gleichung, die folgendermaßen lauten:

$$M_{i-2}\, l'_{i-1} + 2\, M_{i-1}\,(l'_{i-1} + l'_i) + M_i\, l'_i = -1 \cdot l'_i\, a' \left(1 - \frac{a'^2}{l_i^2}\right) = -f_r\, l_i\, l'_i,$$

$$M_{i-1}\, l'_i + 2\, M_i\,(l'_i + l'_{i+1}) + M_{i+1}\, l'_{i+1} = -1\, l'_i\, a \left(1 - \frac{a^2}{l_i^2}\right) = -f_l\, l_i\, l'_i,$$

wobei

(6) $$f_r = \left(\frac{a'}{l}\right)\left(1 - \frac{a'^2}{l^2}\right) \text{ und } f_l = \left(\frac{a}{l}\right)\left(1 - \frac{a^2}{l^2}\right),$$

die sogenannten Stammfunktionen sind, die unabhängig von der Stützweite sind und nur von der Stellung der Last $P = 1$ im Felde abhängen. Für beliebige Verhältnisse $\frac{a}{l}$ sind die Funktionen f_r und f_l in der Tafel auf S. 183 angegeben.

Löst man daher das System der Dreimomentengleichung mit den vorbeschriebenen rechten Seiten nach den Stützenmomenten $M_1, M_2, \ldots M_{n-1}$ auf, so erhält man sämtliche Stützenmomente bei Belastung des i-ten Feldes mit $P = 1$, d. i. also den Einflußlinienzweig zwischen $i - 1$ und i eines jeden der $n - 1$ Stützenmomente.

Um nun mit einer einmaligen Auflösung des Gleichungssystems alle Einflußlinienzweige ermitteln zu können, setze man alle Dreimomentengleichungen mit von Null verschiedenen rechten Seiten $N_1, N_2, \ldots . N_{n-1}$ an und löse dieses System auf. Man gewinnt dann die Stützenmomente in der allgemeinen Form

$$M_k = c_{k1}\, N_1 + c_{k2}\, N_2 + c_{k3}\, N_3 + \ldots\ldots\ldots + c_{k,n-1}\, N_{n-1}.$$

$$(k = 1, 2, \ldots\ldots\ldots n - 1).$$

Nun setzt man der Reihe nach in der allgemeinen Gleichung für M_k:

für Belastung des ersten Feldes: $N_1 = -f_l\, l_1\, l_1'$, $N_2 = 0$, $N_3 = 0 \ldots$,

„ „ „ zweiten „ $N_1 = -f_r\, l_2\, l_2'$, $N_2 = -f_l\, l_2\, l_2'$, $N_3 = 0 \ldots$,

„ „ „ dritten „ $N_1 = 0$, $N_2 = -f_r\, l_3\, l_3'$, $N_3 = -f_l\, l_3\, l_3'$, $N_4 = 0 \ldots\ldots$

„ „ „ i-ten „ $\ldots . N_{i-2} = 0$, $N_{i-1} = -f_r\, l_i\, l_i'$, $N_i = -f_l\, l_i\, l_i'$, $N_{i+1} = 0 \ldots\ldots$

Man gewinnt auf diese Weise den Einflußlinienzweig $(i - 1)$, i des Stützenmomentes M_k in der zweigliedrigen Form

(7) $$M_k^{(i)} = c_{k,i-1}\, f_r + c_{k,i}\, f_l.$$

Mit Hilfe der Tafel der Stammfunktionen f ist die Errechnung von genügend vielen Zwischenordinaten für jeden Einflußlinienzweig leicht möglich.

Stammfunktionen f_r und f_l

$\frac{a}{l}$	f_r	f_l	$\frac{a}{l}$	f_r	f_l
0	0	0			
0,05	0,0926	0,0499	0,55	0,3589	0,3836
0,10	0,1710	0,0990	0,60	0,3360	0,3840
0,15	0,2359	0,1466	0,65	0,3071	0,3754
0,20	0,2880	0,1920	0,70	0,2730	0,3570
0,25	0,3281	0,2344	0,75	0,2344	0,3281
0,30	0,3570	0,2730	0,80	0,1920	0,2880
0,35	0,3754	0,3071	0,85	0,1466	0,2359
0,40	0,3840	0,3360	0,90	0,0990	0,1710
0,45	0,3836	0,3589	0,95	0,0499	0,0926
0,50	0,3750	0,3750	1,00	0	0

Beispiel: Es sind die Einflußlinien der Stützenmomente des in Abb. 63 dargestellten vierfeldrigen Trägers zu berechnen.

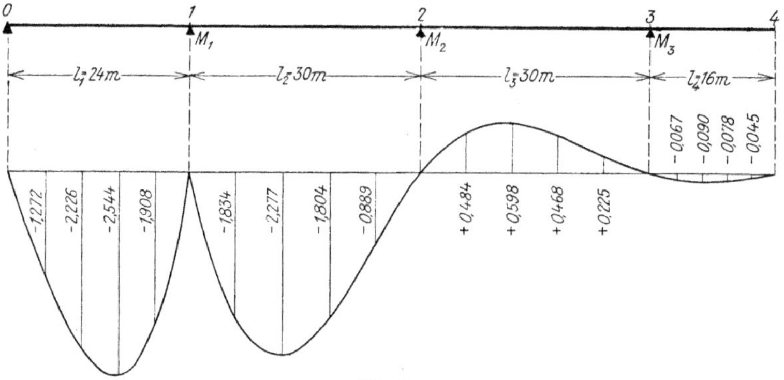

Abb. 63

Wir nehmen $J_1 = J_4$ und $\frac{J_2}{J_1} = \frac{J_3}{J_1} = \frac{4}{3}$ an. Sonach ist mit $J_c = J_1$

$$l_1' = l_1 = 24 \text{ m}, \qquad l_2' = l_3' = l_2 \frac{J_c}{J_2} = 22{,}5 \text{ m}, \qquad l_4' = l_4 = 16 \text{ m}.$$

Die Dreimomentengleichungen lauten

$$\begin{aligned} 2\,(24 + 22{,}5)\, M_1 + 22{,}5\, M_2 \qquad\qquad &= N_1, \\ 22{,}5\, M_1 + 2\,(22{,}5 + 22{,}5)\, M_2 + 22{,}5\, M_3 &= N_2, \\ 22{,}5\, M_2 + 2\,(22{,}5 + 16)\, M_3 \qquad\qquad &= N_3. \end{aligned}$$

Ihre Auflösung liefert

$$\begin{aligned} M_1 &= 0{,}01150\, N_1 - 0{,}00310\, N_2 + 0{,}00091\, N_3, \\ M_2 &= -0{,}00310\, N_1 + 0{,}01282\, N_2 - 0{,}00375\, N_3, \\ M_3 &= 0{,}00091\, N_1 - 0{,}00375\, N_2 + 0{,}01408\, N_3. \end{aligned}$$

Nun setzt man

für einen Einflußlinienzweig von 0 bis 1:

$$N_1 = -24 \cdot 24 \cdot f_l, \qquad N_2 = 0, \qquad N_3 = 0;$$

für einen Einflußlinienzweig von 1 bis 2:

$$N_1 = -22{,}5 \cdot 30 \cdot f_r, \qquad N_2 = -22{,}5 \cdot 30 \cdot f_l, \qquad N_3 = 0;$$

für einen Einflußlinienzweig von 2 bis 3:

$$N_1 = 0, \qquad N_2 = -22{,}5 \cdot 30 \cdot f_r, \qquad N_3 = -22{,}5 \cdot 30 \cdot f_l;$$

für einen Einflußlinienzweig von 3 bis 4:

$$N_1 = 0, \qquad N_2 = 0, \qquad N_3 = -16 \cdot 16 \cdot f_r.$$

Führt man diese Werte von N_1, N_2, N_3 der Reihe nach in die Gleichungen für M_1, M_2, M_3 ein, so erhält man z. B. für M_1

1. Feld: $M_1 = -6{,}624\, f l$; 3. Feld: $M_1 = 2{,}093\, f r - 0{,}614\, f l$;
2. Feld: $M_1 = -7{,}763\, f r + 2{,}093\, f l$; 4. Feld: $M_1 = -0{,}233\, f r$.

Die Ordinaten der Einflußlinie M_1 können nun mittels der oben angegebenen Tafel der Stammfunktionen f auf dem Rechenschieber leicht berechnet werden. In Abb. 63 ist die Einflußlinie von M_1 zur Darstellung gebracht.

b) Feldmomente, Querkräfte und Stützendrucke

Das Moment M_x an einer beliebigen Stelle x des Feldes l_k ist, falls $\mathfrak{M}_x$ das Moment in x infolge der Feldbelastung bedeutet, wenn man das Feld l_k auf frei aufliegenden Balken ansieht,

$$M_x = \mathfrak{M}_x + M_{k-1} + \frac{M_k - M_{k-1}}{l_k}\, x. \tag{8}$$

Die Einflußlinie von M_x setzt sich demnach aus den drei Linien M_{k-1}, M_k und $\mathfrak{M}_x$ zusammen.

Die Querkraft Q_x an beliebiger Stelle des Feldes l_k ist durch

$$Q_x = \mathfrak{Q}_x + \frac{M_k - M_{k-1}}{l_k} \tag{9}$$

gegeben, wobei $\mathfrak{Q}_x$ die Querkraft in x infolge der gegebenen Belastung bedeutet, wenn das Feld l_k als frei aufliegender Balken betrachtet wird. Die Einflußlinie Q_x setzt sich aus den M_k- und M_{k-1}-Linien und aus der $\mathfrak{Q}_x$-Linie zusammen.

Stützendrucke C_k. Bezeichnet $\mathfrak{C}_r$ die rechte Auflagerkraft des Feldes l_k, $\mathfrak{C}_l$ die linke Auflagerkraft des Feldes l_{k+1}, wenn beide Felder frei aufliegende Balken wären, so ist der Stützendruck C_k

$$C_k = \mathfrak{C}_r + \mathfrak{C}_l + \frac{M_{k+1} - M_k}{l_{k+1}} - \frac{M_k - M_{k-1}}{l_k}.$$

In den nachstehenden Tafeln sind für den Fall gleicher Feldweiten und konstanten Querschnittes für eine Reihe von Belastungsarten die Stützen- und Feldmomente, Querkräfte und Auflagerdrucke zusammengestellt.

1. Momente und Stützendrucke durchlaufender Balken mit gleichen Feldweiten l bei gleichmäßig verteilter Vollbelastung q t/m

Anzahl der Stützen	Stützenmomente			Größte Feldmomente			Orte von Mmax (x von der nächsten linken Stütze gemessen)			Stützendrucke			
	M_1	M_2	M_3	M^1max	M^2max	M^3max	x_1	x_2	x_3	C_0	C_1	C_2	C_3
	$q l^2$	$q l^2$	$q l^2$	$q l^2$	$q l^2$	$q l^2$	l	l	l	$q l$	$q l$	$q l$	$q l$
3	0,125	—	—	0,070	—	—	0,375	—	—	0,375	1,250	—	—
4	0,100	—	—	0,080	0,025	—	0,400	0,500	—	0.400	1,100	—	—
5	0,107	0,071	—	0,077	0,036	—	0,393	0,536	—	0,393	1,143	0,929	—
6	0,105	0,079	—	0,078	0,033	0,046	0,395	0,526	0,500	0,395	1,132	0,974	—
7	0,106	0,077	0,087	0,078	0,034	0,043	0,394	0,533	0,490	0,394	1,135	0,962	1,019

2. Durchlaufende Balken mit gleichen Feldweiten *l*, mit gleichförmig verteilter, feldweiser Vollbelastung

a) 2 Felder: *g* ständige, *p* bewegliche Belastung, letztere in ungünstigster Stellung

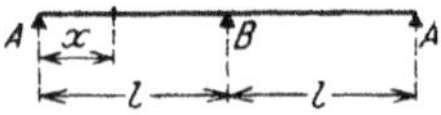

Entfernung von äußerer Stütze	Querkräfte: Einfluß v. *g*	Querkräfte: Einfluß von *p*		Entfernung von äußerer Stütze	Momente: Einfluß v. *g*	Momente: Einfluß von *p*	
	Q	max (+*Q*)	max (—*Q*)		*M*	max (—*M*)	max (+*M*)
0	+ 0,375	0,4375	0,0625	0	0	0	0
0,1	+ 0,275	0,3437	0,0687	0,1	+ 0,0325	0,00625	0,03875
0,2	+ 0,175	0,2624	0,0874	0,2	+ 0,0550	0,01250	0,06750
0,3	+ 0,075	0,1932	0,1182	0,3	+ 0,0675	0,01875	0,08625
0,375	0	0,1491	0,1491	0,4	+ 0,0700	0,02500	0,09500
0,4	— 0,025	0,1359	0,1609	0,5	+ 0,0625	0,03125	0,09375
0,5	— 0,125	0,0898	0,2148	0,6	+ 0,0450	0,03750	0,08250
0,6	— 0,225	0,0544	0,2794	0,7	+ 0,0175	0,04375	0,06125
0,7	— 0,325	0,0287	0,3537	0,75	0	0,04688	0,04688
0,8	— 0,425	0,0119	0,4369	0,8	— 0,0200	0,05000	0,03000
0,9	— 0,525	0,0027	0,5277	0,85	— 0,0425	0,05773	0,01523
1,0	— 0,625	0	0,6250	0,9	— 0,0765	0,07361	0,00611
$\cdot l$	$\cdot g\,l$	$\cdot p\,l$	$\cdot p\,l$	0,95	— 0,0950	0,09638	0,00138
				1,0	— 0,1250	0,12500	0
				$\cdot l$	$\cdot g\,l^2$	$\cdot p\,l^2$	$\cdot p\,l^2$

Stützkräfte:

$\max A = 0{,}3750\, g\, l + 0{,}4375\, p\, l;$
$\max B = 1{,}25\, (g + p)\, l.$

b) 3 Felder:

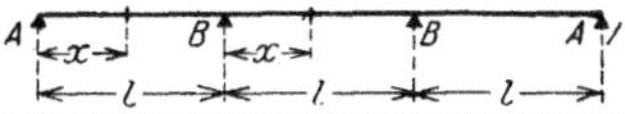

I. Feld				I. Feld			
0	+ 0,4	0,4500	0,0500	0	0	0	0
0,1	+ 0,3	0,3560	0,0563	0,1	+ 0,035	0,005	0,040
0,2	+ 0,2	0,2752	0,0752	0,2	+ 0,060	0,010	0,070
0,3	+ 0,1	0,2065	0,1065	0,3	+ 0,075	0,015	0,090
0,4	0	0,1496	0,1496	0,4	+ 0080	0,020	0,100
0,5	— 0,1	0,1042	0,2042	0,5	+ 0,075	0,025	0,100
0,6	— 0,2	0,0694	0,2694	0,6	+ 0,060	0,030	0,090
0,7	— 0,3	0,0443	0,3443	0,7	+ 0,035	0,035	0,070
0,8	— 0,4	0,0280	0,4280	0,8	0	0,04022	0,04022
0,9	— 0,5	0,0193	0,5191	0,85	— 0,02125	0,04898	0,02773
1,0	— 0,6	0,0167	0,6167	0,9	— 0,04500	0,06542	0,02042
II. Feld				0,95	— 0,07125	0,08831	0,01706
0	+ 0,5	0,5833	0,0833	1,0	— 0,10000	0,11667	0,01667
0,1	+ 0,4	0,4870	0,0870	II. Feld			
0,2	+ 0,3	0,3991	0,0991	0	— 0,10000	0,11667	0,01667
0,3	+ 0,2	0,3210	0,1210	0,05	— 0,07625	0,09033	0,01408
0,4	+ 0,1	0,2537	0,1537	0,1	— 0,05500	0,06248	0,00748
0,5	0	0,1979	0,1979	0,15	— 0,03625	0,05678	0,02053
$\cdot l$	$\cdot g\,l$	$\cdot p\,l$	$\cdot p\,l$	0,2	— 0,020	0,050	0,030
				0,2764	0	0,050	0,050
				0,3	+ 0,005	0,050	0,055
				0,4	+ 0,020	0,050	0,070
				0,5	+ 0,025	0,050	0,075
				$\cdot l$	$\cdot g\,l^2$	$\cdot p\,l^2$	$\cdot p\,l^2$

Stützkräfte:

$\max A = 0{,}40\, g\, l + 0{,}45\, p\, l;$
$\max B = 1{,}1\, g\, l + 1{,}2\, l.$

c) 4 Felder:

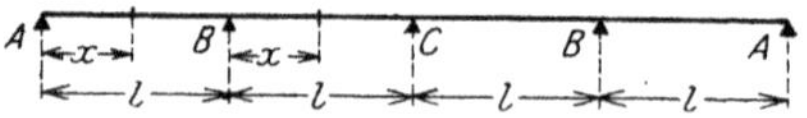

Entfernung von äußerer Stütze	Querkräfte: Einfluß v. g: Q	Querkräfte: Einfluß von p: max $(+Q)$	Querkräfte: Einfluß von p: max $(-Q)$
I. Feld			
0	+ 0,3929	0,4464	0,0535
0,1	+ 0,2929	0,3528	0,0599
0,2	+ 0,1929	0,2717	0,0788
0,3	+ 0,0929	0,2029	0,1101
0,3929	0	0,1498	0,1498
0,4	— 0,0071	0,1461	0,1533
0,5	— 0,1071	0,1007	0,2079
0,6	— 0,2071	0,0660	0,2731
0,7	— 0,3071	0,0410	0,3481
0,8	— 0,4071	0,0247	0,4319
0,9	— 0,5071	0,0160	0,5231
1,0	— 0,6071	0,0134	0,6205
II. Feld			
0	+ 0,5357	0,6027	0,6070
0,1	+ 0,4357	0,5064	0,0707
0,2	+ 0,3357	0,4187	0,0830
0,3	+ 0,2357	0,3410	0,1153
0,4	+ 0,1357	0,2742	0,1385
0,5	+ 0,0357	0,2190	0,1833
0,5357	0	0,2028	0,2028
0,6	— 0,0643	0,1755	0,2398
0,7	— 0,1435	0,1435	0,3078
0,8	— 0,2643	0,1222	0,3865
0,9	— 0,3643	0,1106	0,4749
1,0	— 0,4643	0,1071	0,5714
$\cdot l$	$\cdot p\,l$	$\cdot p\,l$	$\cdot p\,l$

Stützkräfte:

$\max A = 0{,}3929\, g\, l + 0{,}4464\, p\, l;$
$\max B = 1{,}1428\, g\, l + 1{,}2232\, p\, l;$
$\max C = 0{,}9286\, g\, l + 1{,}1428\, p\, l.$

Entfernung von äußerer Stütze	Momente: Einfluß v. g: M	Momente: Einfluß von p: max $(-M)$	Momente: Einfluß von p: max $(+M)$
I. Feld			
0	0	0	0
0,1	+ 0,03429	0,00536	0,03964
0,2	+ 0,05857	0,01071	0,06929
0,3	+ 0,07286	0,01607	0,08893
0,4	+ 0,07714	0,02143	0,09857
0,5	+ 0,07143	0,02679	0,09822
0,6	+ 0,05572	0,03214	0,08786
0,7	+ 0,03000	0,02750	0,06750
0,7857	0	0,04209	0,04209
0,8	— 0,00571	0,04309	0,03738
0,85	— 0,02732	0,05216	0,02484
0,9	— 0,05143	0,06772	0,01629
0,95	— 0,07803	0,09197	0,01393
1,0	— 0,10714	0,12054	0,01340
II. Feld			
0	— 0,10714	0,12054	0,01340
0,05	— 0,08160	0,09323	0,01163
0,1	— 0,05857	0,07212	0,01455
0,15	— 0,03803	0,06340	0,02537
0,2	— 0,02000	0,05000	0,03000
0,2661	0	0,04832	0,04882
0,3	+ 0,00857	0,04821	0,05678
0,4	+ 0,02714	0,04643	0,07357
0,5	+ 0,03572	0,04464	0,08036
0,6	+ 0,03429	0,04286	0,07715
0,7	+ 0,02286	0,04107	0,06393
0,8	+ 0,00143	0,04027	0,04170
0,8053	0	0,04092	0,04092
0,85	— 0,01303	0,04754	0,03451
0,9	— 0,03000	0,06105	0,03105
0,95	— 0,04947	0,08120	0,03173
1,0	— 0,07143	0,10714	0,03571
$\cdot l$	$\cdot g\, l^2$	$\cdot p\, l^2$	$\cdot p\, l^2$

4. Durchlaufende Balken mit gleichen Feldweiten l, in jedem Felde mit P, bzw. mit eins, zwei, drei gleich großen Lasten P belastet[1]).

Der auf die bleibende Last entfallende Anteil ist P_g, der auf die veränderliche Nutzlast entfallende Teil ist P_p. Die angegebenen Werte der Momente max M_p und min M_p, der Querkräfte Q_p (absolute Größtwerte) sind jeweils für die entsprechende ungünstigste Kombination der

[1]) Auszugsweise nach Foerster, Taschenbuch für Bauingenieure. 4. Aufl., Berlin, 1924.

3. Durchlaufende Balken auf unendlich vielen Stützen mit gleichen Feldweiten l, belastet mit zwei beweglichen gleichen Einzellasten R im Festabstande a (Kranbahnen)

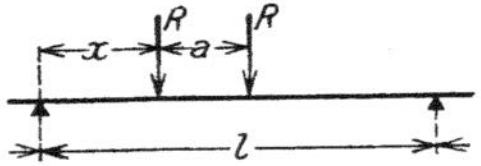

$\frac{a}{l}$	Stützenmoment M_1, x von der Stütze 0 gemessen: $\frac{x}{l}$	M_1	Stützenmoment M_2, x von der Stütze 1 gemessen: $\frac{x}{l}$	M_2	Feldmomente, Erstes Feld, x von der Stütze 0 gemessen: $\frac{x}{l}$	M_x	Feldmomente, Zweites Feld, x von der Stütze 1 gemessen: $\frac{x}{l}$	M_x	Stützendrucke A_0	Stützendrucke A_1	$\frac{a}{l}$
0	0,578	0,206 $R\,l$	0,616	0,172 $R\,l$	0,437	0,409 $R\,l$	0,495	0,345 $R\,l$	2,000 R	2,000 R	0
0,05	0,552	0,206 „	0,590	0,172 „	0,417	0,396 „	0,489	0,321 „	1,937 „	1,975 „	0,05
0,10	0,525	0,204 „	0,563	0,171 „	0,407	0,364 „	0,484	0,299 „	1,874 „	1,946 „	0,10
0,15	0,497	0,201 „	0,534	0,168 „	0,398	0,343 „	0,479	0,279 „	1,811 „	1,913 „	0,15
0,20	0,469	0,197 „	0,504	0,164 „	0,389	0,323 „	0,474	0,261 „	1,749 „	1,877 „	0,20
0,25	0,439	0,192 „	0,472	0,159 „	0,380	0,304 „	0,470	0,243 „	1,687 „	1,842 „	0,25
0,30	0,408	0,186 „	0,438	0,153 „	0,372	0,287 „	0,466	0,226 „	1,627 „	1,803 „	0,30
0,35	0,375	0,179 „	0,402	0,147 „	0,366	0,271 „	0,462	0,212 „	1,568 „	1,768 „	0,35
0,40	0,342	0,170 „	0,365	0,139 „	0,361	0,256 „	0,458	0,200 „	1,510 „	1,723 „	0,40
0,45	0,307	0,161 „	0,773	0,146 „	0,357	0,242 „	0,455	0,190 „	1,454 „	1,675 „	0,45
0,50	0,725	0,160 „	0,748	0,153 „	0,351	0,229 „	0,453	0,180 „	1,399 „	1,630 „	0,50
0,55	0,700	0,167 „	0,723	0,160 „	0,345	0,218 „	0,450	0,172 „	1,347 „	1,582 „	0,55
0,60	0,675	0,172 „	0,698	0,164 „	0,348	0,208 „	0,408	0,165 „	1,297 „	1,532 „	0,60
0,65	0,651	0,176 „	0,674	0,168 „	0,350	0,199 „	0,409	0,159 „	1,249 „	1,480 „	0,65
0,70	0,627	0,180 „	0,648	0,170 „	0,354	0,191 „	0,410	0,155 „	1,204 „	1,430 „	0,70
0,75	0,603	0,181 „	0,623	0,172 „	0,357	0,185 „	0,411	0,151 „	1,162 „	1,378 „	0,75
0,80	0,579	0,182 „	0,598	0,171 „	0,361	0,180 „	0,413	0,148 „	1,123 „	1,323 „	0,80
0,85	0,556	0,181 „	0,574	0,170 „	0,368	0,177 „	0,414	0,146 „	1,087 „	1,268 „	0,85
0,90	0,532	0,180 „	0,549	0,167 „	0,374	0,174 „	0,416	0,145 „	1,054 „	1,213 „	0,90
0,95	0,517	0,178 „	0,524	0,164 „	0,386	0,173 „	0,418	0,145 „	1,025 „	1,157 „	0,95
1,00	0,487	0,174 „	0,499	0,159 „	0,392	0,173 „	0,420	0,145 „	1,000 „	1,100 „	1,00

Die Stützenmomente M_3, M_4.... setze man, genau genug, gleich dem Stützenmoment M_2. Ebenso die Auflagerdrucke A_2, A_3...., genau genug, gleich A_1.

Lasten P_p bestimmt. Man erhält aus der Tafel daher unmittelbar die Grenzwerte

der Momente: $M_1 = M_g + \min M_p$, $M_2 = M_g + \max M_p$,

der Querkräfte: $Q = Q_g + Q_p$.

Die Momente sind auf die Form $M = \frac{P\,l}{k}$, die Querkräfte auf die Form $Q = P\,.\,k$ reduziert. Die Beiwerte k sind den nachfolgenden Tafeln zu entnehmen.

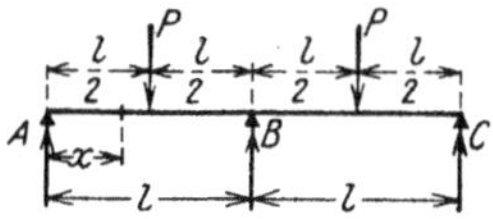

$\frac{x}{l}$	Momente M_g $\frac{P_g l}{k}$	min M_p $\frac{P_p l}{k}$	max M_p $\frac{P_p l}{k}$	Querkräfte Q_g $P_g\,.\,k$	Q_p $P_p\,.\,k$
0	+∞	−∞	+∞		
0,2	16,0	53,3	12,3	+	+
0,4	8,0	26,7	6,15	0,312	0,407
0,5	6,4	21,3	4,92		
0,6	11,4	17,8	6,96		
0,8	−20,0	13,3	40,0	—	—
0,9	8,42	8,42	∞	0,687	0,687
1,0	5,33	5,33			

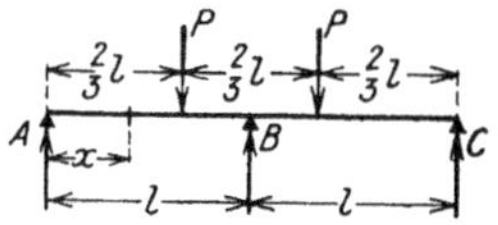

$\frac{x}{l}$	Momente M_g $\frac{P_g l}{k}$	min M_p $\frac{P_p l}{k}$	max M_p $\frac{P_p l}{k}$	Querkräfte Q_g $P_g\,.\,k$	Q_p $P_p\,.\,k$
0	+∞	−∞	+∞		
0,2	33,7	54,0	20,8	+	+
0,4	16,9	27,0	10,4	0,148	0,241
0,6	11,2	18,0	6,92		
$^2/_3$	10,1	16,2	6,23		
0,8	−67,5	13,5	16,9	—	—
0,9	10,0	10,0	∞	0,852	0,852
1,0	5,4	5,4			

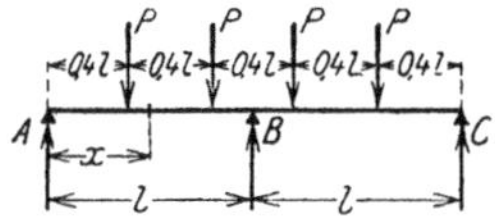

$\frac{x}{l}$	Momente M_g $\frac{P_g l}{k}$	min M_p $\frac{P_p l}{k}$	max M_p $\frac{P_p l}{k}$	Querkräfte Q_g $P_g\,.\,k$	Q_p $P_p\,.\,k$
0	+∞	−∞	+∞	+	+
0,2	10,2	32,0	7,76	0,488	0,644
0,4	5,12	16,0	3,88		
0,6	10,8	10,7	5,36	—	—
0,8	−10,4	8 01	8 68	0,512	0,640
0,9	6,22	6,22	65,8	—	—
1,0	3,20	3,20	∞	1,512	1,512

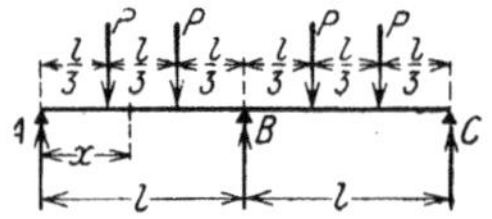

$\frac{x}{l}$	Momente M_g $\frac{P_g l}{k}$	min M_p $\frac{P_p l}{k}$	max M_p $\frac{P_p l}{k}$	Querkräfte Q_g $P_g\,.\,k$	Q_p $P_p\,.\,k$
0	+∞	−∞	+∞	+	+
0,2	7,5	30,0	6,0	0,667	0,883
$^1/_3$	4,5	18,0	3,6		
0,4	5,0	15,0	3,75	—	—
0,6	7,5	10,0	4,29	0,333	0,574
$^2/_3$	9,0	9,0	4,5		
0,8	−15,0	7,5	15,0	—	—
0,9	5,0	5,0	∞	1,333	1,333
1,0	3,0	3,0			

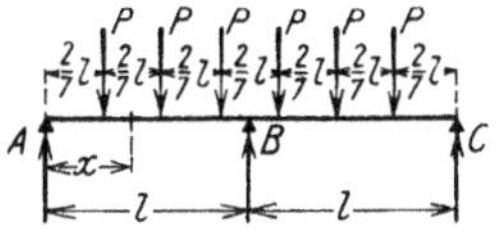

$\frac{x}{l}$	Momente			Querkräfte	
	M_g $\frac{P_g l}{k}$	min M_p $\frac{P_p l}{k}$	max M_p $\frac{P_p l}{k}$	Q_g $P_g \cdot k$	Q_p $P_p \cdot k$
0	$+\infty$	$-\infty$	$+\infty$	+	+
0,2	5,89	22,9	4,68	0,848	1,067
$^2/_7$	4,12	16,0	3,28		
0,4	4,44	11,4	3,20	—	—
$^4/_7$	5,02	8,00	3,09	0,152	0,570
0,6	6,02	7,62	3,36	—	—
0,8	— 15,6	5,72	9,03	1,151	1,237
$^6/_7$	7,7	4,91	13,6		
0,9	4,5	3,9	28,9	—	—
1,0	2,29	2,29	∞	2,151	2,151

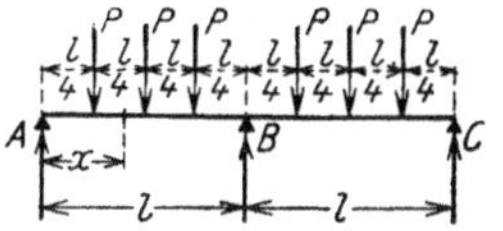

$\frac{x}{l}$	Momente			Querkräfte	
	M_g $\frac{P_g l}{k}$	min M_p $\frac{P_p l}{k}$	max M_p $\frac{P_p l}{k}$	Q_g $P_g \cdot k$	Q_p $P_p \cdot k$
0	$+\infty$	$-\infty$	+ 0,0		
0,2	4,85	21,3	3,95	+	—
0,25	3,88	17,1	3,16	1,031	1,265
0,4	3,81	10,7	2,81	+	+
0,5	3,76	8,53	2,61	0,031	0,574
0,6	5,93	7,11	3,23	—	—
0,75	42,7	5,69	5,02	0,968	1,136
0,8	— 13,3	5,33	8,89		
0,9	3,68	3,68	85,3	—	—
1,0	2,13	2,13	∞	1,968	1,968

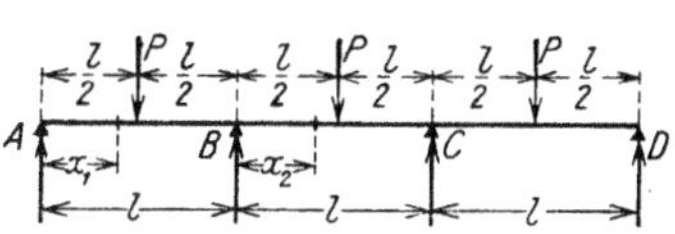

Endfeld

$\frac{x_1}{l}$	Momente			Querkräfte	
	M_g $P_g \cdot l : k$	min M_p $P_p \cdot l : k$	max M_p $P_p \cdot l : k$	Q_g $P_g \cdot k$	Q_p $P_p \cdot k$
0	$+\infty$	$-\infty$	$+\infty$		
0,20	14,3	66,7	11,8	+	+
0,40	7,14	33,3	5,88	0,350	0,425
0,50	5,71	26,7	4,70		
0,60	9,09	23,5	6,45		
0,80	—50,0	16,7	25,0	—	—
0,90	11,8	9,30	44,4	0,650	0,675
1,00	6,67	5,71	40,0		

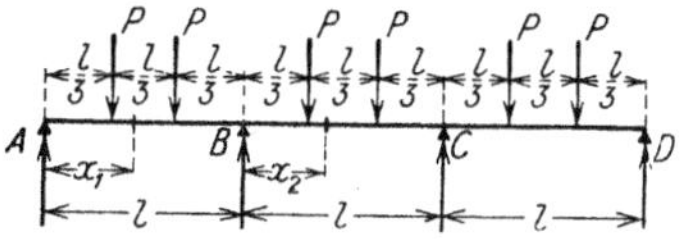

Endfeld

$\frac{x_1}{l}$	Momente			Querkräfte	
	M_g $P_g \cdot l : k$	min M_p $P_p \cdot l : k$	max M_p $P_p \cdot l : k$	Q_g $P_g \cdot k$	Q_p $P_p \cdot k$
0	$+\infty$	$-\infty$	$+\infty$	+	+
0,20	6,82	37,5	5,77	0,733	0,867
$^1/_3$	4,09	22,5	3,46		
0,40	4,41	18,8	3,57	—	—
0,60	5,77	12,4	3,95	0,267	0,546
$^2/_3$	6,43	11,2	4,09		
0,80	—75,0	9,37	10,7	—	—
0,90	7,14	5,55	25,0	1,267	1,311
1,00	3,75	3,21	22,5		

Mittelfeld

$\frac{x_1}{l}$	Momente M_g $P_g \cdot l : k$	Momente $\min M_p$ $P_p \cdot l : k$	Momente $\max M_p$ $P_p \cdot l : k$	Querkräfte Q_g $P_g \cdot k$	Querkräfte Q_p $P_p \cdot k$
0	−6,67	−5,71	+40,0		
0,10	10,0	8,89	80,0		
0,20	20,0	13,3	40,0	+	+
0,40	+20,0	13,3	8,00	0,500	0,575
0,50	10,0	13,3	5,71		
		—	+		

Stützkräfte von den bleibenden Lasten:

$A_g = 0{,}350\ P_g$, $B_g = 1{,}150\ P_g$.

Stützkräfte von den veränderlichen Lasten:

$A_{\min} = -0{,}075\ P_p$, $A_{\max} = 0{,}425\ P_p$,
$B_{\min} = -0{,}100\ P_p$, $B_{\max} = 1{,}250\ P_p$.

Mittelfeld

$\frac{x_2}{l}$	Momente M_g $P_g \cdot l : k$	Momente $\min M_p$ $P_p \cdot l : k$	Momente $\max M_p$ $P_p \cdot l : k$	Querkräfte Q_g $P_g \cdot k$	Querkräfte Q_p $P_p \cdot k$
0	−3,75	−3,21	+22,5	+	+
0,10	6,00	5,29	45,0	1,000	1,222
0,20	15,0	7,50	15,0		
1/3	+15,0	7,50	5,00		
0,40	15,0	7,50	5,00	0	+ —
0,50	15,0	7,50	5,00		0,531

Stützkräfte von den bleibenden Lasten:

$A_g = 0{,}733\ P_g$, $B_g = 2{,}267\ P_g$.

Stützkräfte von den veränderlichen Lasten:

$A_{\min} = -0{,}133\ P_p$, $A_{\max} = 0{,}867\ P_p$,
$B_{\min} = 0{,}267\ P_p$, $B_{\max} = 2{,}533\ P_p$.

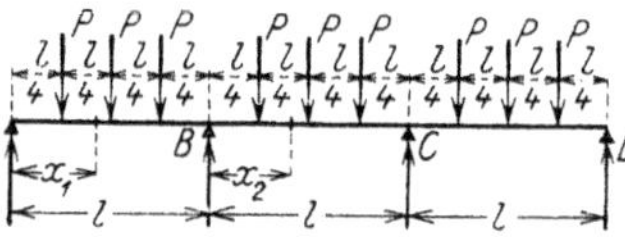

Endfeld

$\frac{x_2}{l}$					
0	∞	∞	∞	+	+
0,2	+4,44	−26,7	+3,81	1,125	1,312
0,25	3,55	21,3	3,05		
0,4	3,33	13,3	2,67	+	+
0,5	3,20	10,7	2,46	0,125	0,625
0,6	4,44	8,89	2,96	—	—
0,75	10,7	7,11	4,27	0,875	1,100
0,8	0,0	6,67	6,67		
0,9	−5,33	4,10	17,8	—	—
1,0	2,67	2,28	16,0	1,875	1,937

Mittelfeld

$\frac{x_2}{l}$					
0	−2,67	−2,28	+16,0		
0,1	4,44	3,81	26,7	+	+
0,2	13,3	5,33	8,89	1,500	1,812
0,25	0	5,33	5,33		
0,4	+13,3	5,33	3,81	+	+
0,5	8,0	5,33	3,20	0,500	1,031

Stützkräfte von den bleibenden Lasten:

$A_g = 1{,}125\ P_g$, $B_g = 3{,}375\ P_g$.

Stützkräfte von den veränderlichen Lasten:

$A_{\min} = -0{,}188\ P_p$, $A_{\max} = 1{,}312\ P_p$,
$B_{\min} = -0{,}375\ P_p$, $B_{\max} = 3{,}750\ P_p$.

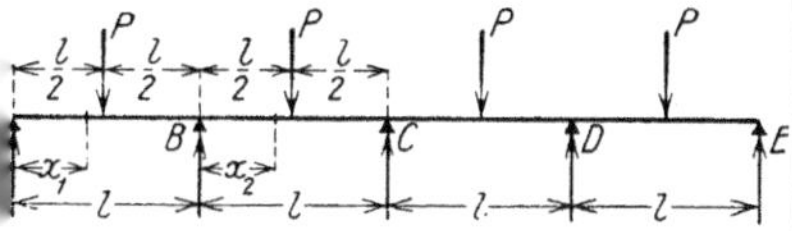

Endfeld

$\frac{x_1}{l}$	Momente $\frac{M_g}{P_g \cdot l : k}$	$\frac{\min M_p}{P_p \cdot l : k}$	$\frac{\max M_p}{P_p \cdot l : k}$	Querkräfte $\frac{Q_g}{P_g \cdot k}$	$\frac{Q_p}{P_p \cdot k}$
0,00	$+\infty$	$-\infty$	$+\infty$		
0,20	14,7	62,2	11,9	+	+
0,40	7,37	31,1	5,96	0,339	0,420
0,50	5,89	24,9	4,76		
0,60	9,65	20,7	6,59		
0,80	−35,0	15,5	28,0	—	—
0,90	10,6	8,87	55,3	0,661	0,681
1,00	6,22	5,53	49,8		

Mittelfeld

$\frac{x_2}{l}$					
0,00	−6,22	5,53	49,8		
0,10	9,49	8,66	99,5	+	+
0,20	20,0	13,3	40,0	0,553	0,654
0,40	+16,5	14,3	7,67		
0,50	8,61	14,9	5,46		
0,60	14,0	15,5	7,37		
0,80	−56,0	16,6	23,6	—	—
0,90	16,0	10,0	26,7	0,446	0,607
1,00	9,33	6,22	18,7		

Stützkräfte von den bleibenden Lasten:

$A_g = 0{,}339\, P_g,\quad B_g = 1{,}214\, P_g.$
$C_g = 0{,}893\, P_g.$

Stützkräfte von den veränderlichen Lasten:

$A_{\min} = -0{,}080\, P_p,\quad A_{\max} = 0{,}420\, P_p,$
$B_{\min} = -0{,}120\, P_p,\quad B_{\max} = 1{,}335\, P_p,$
$C_{\min} = -0{,}321\, P_p,\quad C_{\max} = 1{,}214\, P_p.$

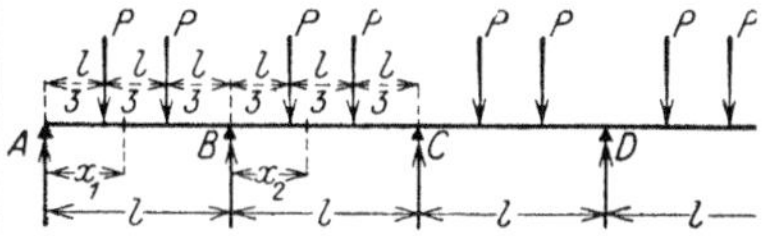

Endfeld

$\frac{x_1}{l}$	Momente $\frac{M_g}{P_g \cdot l : k}$	$\frac{\min M_p}{P_p \cdot l : k}$	$\frac{\max M_p}{P_p \cdot l : k}$	Querkräfte $\frac{Q_g}{P_g \cdot k}$	$\frac{Q_p}{P_p \cdot k}$
0,00	+0,0	$-\infty$	$+\infty$	+	+
0,20	7,00	35,0	5,83	0,714	0,857
$^1/_3$	4,20	21,0	3,50		
0,40	4,56	17,5	3,62	—	—
0,60	6,18	11,7	4,04	0,286	0,555
$^2/_3$	7,00	10,5	4,20		
0,80	−35,0	8,75	11,7	—	—
0,90	6,36	5,28	31,1	1,286	1,321
1,00	3,50	3,11	28,0		

Mittelfeld

$\frac{x_2}{l}$					
0,00	−3,50	−3,11	+28,0		
0,10	5,67	5,15	56,0	+	+
0,20	15,0	7,50	15,0	1,095	1,274
$^1/_3$	+12,6	7,87	4,85		
0,40	11,7	8,08	4,77	+	+
0,60	9,54	8,75	4,56	0,095	0,587
$^2/_3$	9,00	9,00	4,50		
0,80	−105,	9,33	10,2	—	—
0,90	10,0	6,00	15,0	0,905	1,190
1,00	5,25	3,50	10,5		

Stützkräfte von den bleibenden Lasten:

$A_g = 0{,}714\, P_g,\quad B_g = 2{,}381\, P_g.$
$C_g = 1{,}810\, P_g.$

Stützkräfte von den veränderlichen Lasten:

$A_{\min} = -0{,}143\, P_p,\quad A_{\max} = 0{,}857\, P_p,$
$B_{\min} = -0{,}214\, P_p,\quad B_{\max} = 2{,}595\, P_p,$
$C_{\min} = -0{,}571\, P_p,\quad C_{\max} = 2{,}381\, P_p.$

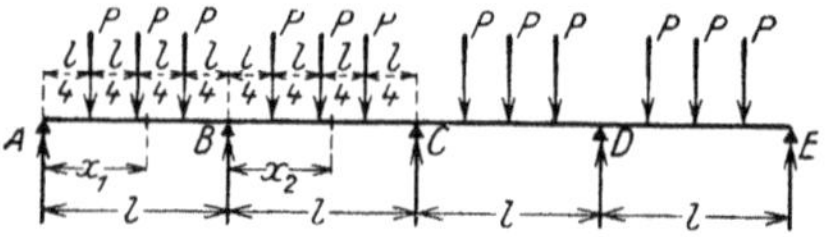

Endfeld

$\frac{x_1}{l}$	Momente M_g $P_g \cdot l : k$	Momente $\min M_p$ $P_p \cdot l : k$	Momente $\max M_p$ $P_p \cdot l : k$	Querkräfte Q_g $P_g \cdot k$	Querkräfte Q_p $P_p \cdot k$
0,00	$+\infty$	$-\infty$	$+\infty$		
0,20	4,55	24,9	3,85	+ 1,098	+ 1,299
0,25	3,64	19,9	3,08		
0,40	3,46	12,4	2,71	+ 0,098	+ 0,612
0,50	3,34	9,96	2,50		
0,60	4,79	8,30	3,04	— 0,902	— 1,114
0,75	13,6	6,64	4,46		
0,80	—46,7	6,21	7,17	— 1,902	— 1,952
0,90	4,73	3,89	22,1		
1,00	2,49	2,21	19,9		

Mittelfeld

$\frac{x_2}{l}$	Momente M_g $P_g \cdot l : k$	Momente $\min M_p$ $P_p \cdot l : k$	Momente $\max M_p$ $P_p \cdot l : k$	Querkräfte Q_g $P_g \cdot k$	Querkräfte Q_p $P_p \cdot k$
0,00	2,49	2,21	19,9		
0,10	4,19	3,70	31,5	+ 1,634	+ 1,885
0,20	13,3	5,33	8,89		
0,25	+149	5,43	5,24		
0,40	9,82	5,74	3,62	+ 0,634	+ 1,107
0,50	6,05	5,97	3,01		
0,60	7,78	6,22	3,46	— 0,366	— 0,980
0,75	13,6	6,64	4,46		
0,80	187	6,64	6,41	— 1,366	— 1,768
0,90	— 7,62	4,41	10,5		
1,00	3,73	2,49	7,47		

Stützkräfte durch ruhende Lasten:
$A_g = 1{,}098\ P_g$, $B_g = 3{,}536\ P_g$,
$C_g = 2{,}732\ P_g$.

Stützkräfte durch veränderliche Lasten:
$A_{\min} = -0{,}201\ P_p$, $A_{\max} = 1{,}299\ P_p$,
$B_{\min} = -0{,}301\ P_p$, $B_{\max} = 3{,}837\ P_p$,
$C_{\min} = -0{,}803\ P_p$, $C_{\max} = 3{,}534\ P_p$.

Balken mit mehr als vier Feldern berechne man in der Weise, daß man für die Mittelfelder Momente und Querkräfte der Mittelfelder des Vierfeldbalkens in Rechnung stellt. Für die Endfelder gelten Momente und Querkräfte der Endfelder des Vierfeldträgers.

2. Bogen mit Kämpfergelenken

Als überzählige Größe dieses einfach statisch unbestimmten Trägers betrachten wir den Horizontalschub H. Das Hauptsystem ist daher ein Balken auf zwei Stützen. Die Elastizitätsgleichungen (2) auf S. 175 liefern unter der Voraussetzung unverschieblicher Kämpfer die Bedingung

$$\int \frac{M\, M_1}{E J}\, d s + \int \frac{N\, N_1}{E F}\, d s + \int N_1\, \alpha_t\, t\, d s = 0,$$

wobei M und N die im statisch unbestimmten System auftretenden Momente und Längskräfte infolge der gegebenen Belastung und Temperaturänderung, M_1 und N_1 die zum Zustand $H = -1$ des Hauptsystems gehörenden Momente und Längskräfte sind. Die Integrale sind über die ganze Bogenlänge zu erstrecken. Da nun, wenn $\mathfrak{M}_x$ das Balkenmoment der gegebenen Belastung bezeichnet, siehe Abb. 64, S. 193,

$$M = \mathfrak{M}_x - H\,y, \qquad N = -H\cos\varphi \left(\text{für flache Bogen } \frac{f}{l} < \frac{1}{8}\right)$$
$$M_1 = -y, \qquad N_1 = -\cos\varphi,$$

so erhält man nach Einführen in die Elastizitätsbedingung mit $ds = \dfrac{dx}{\cos\varphi}$

$$H = \frac{\int \frac{\mathfrak{M}\,y}{E\,J}\,ds + a_t\,t\,l}{\int \frac{y^2}{E\,J}\,ds + \int \frac{\cos\varphi}{E\,F}\,dx}. \qquad (11)$$

Das zweite Nennerglied ist klein gegen das erste; es genügt daher, mit Mittelwerten von F und $\cos\varphi$ zu rechnen. Setzt man diesen Mittelwert $\dfrac{F}{\cos\varphi} = F'$, so erhält man

$$H = \frac{\int \frac{\mathfrak{M}\,y}{E\,J}\,ds + a_t\,t\,l}{\int \frac{y^2}{E\,J}\,ds + \frac{l}{E\,F'}}. \qquad (11')$$

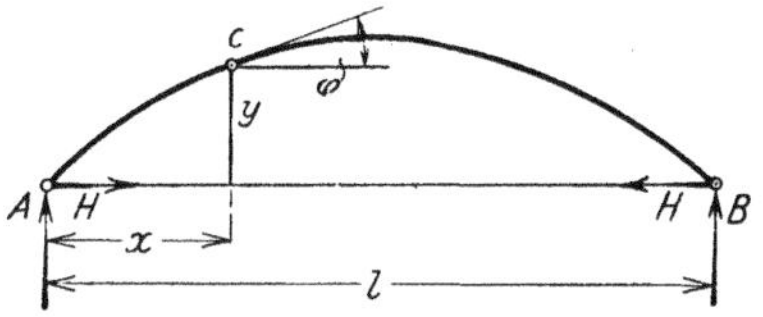

Abb. 64

Einflußlinie für H. Deutet man $\int \frac{\mathfrak{M}\,y}{E\,J}\,ds$ gemäß Gl. (4), S. 167, als lotrechte Verschiebung des Angriffspunktes m der Last $P_m = 1$, die das Balkenmoment $\mathfrak{M}$ erzeugt, infolge $H = -1$, so wird

$$H_p = \frac{\delta_m}{\int \frac{y^2}{E\,J}\,ds + \frac{l}{E\,F'}} \quad \text{und} \quad H_t = \frac{a_t\,t\,l}{\int \frac{y^2}{E\,J}\,ds + \frac{l}{E\,F'}}. \qquad (12)$$

H ist proportional δ_m. Man gewinnt daher die Einflußlinie für H wenn man die Ordinaten der Biegelinie für den Zustand $H = -1$ durch den von der Belastung unabhängigen Nenner der Gl. (12) teilt. Die Biegelinie selbst bestimmt man am besten mittels der Methode der elastischen Gewichte (S. 169). Es ist im vorliegendem Falle

$$w_m = \frac{\lambda_c}{6\,E}\left[\frac{\lambda_m}{\lambda_c}\,\frac{y_{m-1} + 2\,y_m}{J_m \cos\varphi_m} + \frac{\lambda_{m+1}}{\lambda_c}\,\frac{y_{m+1} + 2\,y_m}{J_{m+1}\cos\varphi_{m+1}}\right].$$

Die Gewichte benützt man auch zur Berechnung des Nenners. Es gilt nämlich

$$\int \frac{y^2\,ds}{E\,J} = \Sigma\, y_m\, w_m. \qquad (13)$$

Einflußlinien der Kernpunktmomente M_o und M_u. Aus

$$M_o = \mathfrak{M}_o - H\,y_o = y_o\left(\frac{\mathfrak{M}_o}{y_o} - H\right)$$
$$M_u = \mathfrak{M}_u - H\,y_u = y_u\left(\frac{\mathfrak{M}_u}{y_u} - H\right) \qquad (14)$$

folgt die in Abb. 65 als Beispiel dargestellte Einflußlinie für das Moment M_o.

Einflußlinie der Querkräfte Q. Bezeichnet $\mathfrak{Q}$ die Balkenquerkraft, so gilt

$$Q = \mathfrak{Q}\cos\varphi - H\sin\varphi = \sin\varphi\,(\mathfrak{Q}\,\mathrm{cotg}\,\varphi - H). \qquad (15)$$

In Abb. 65 (siehe S. 194) ist auch die Einflußlinie für Q veranschaulicht.

Sonderfall. Die Achse ist nach einer Parabel gekrümmt, $J' = J \cos \varphi$ ist konstant. Es ist, wenn f die Pfeilhöhe am Scheitel, a den Abstand der Einzellast $P = 1$ vom linken Kämpfer bedeutet,

(16)
$$H_p = \frac{5}{8} \frac{l}{f} \left[\left(\frac{a}{l}\right)^4 - 2 \left(\frac{a}{l}\right)^3 + \left(\frac{a}{l}\right) \right] \nu, \qquad \nu = \frac{1}{1 + \frac{15}{8} \frac{J'}{f^2 F'}}$$
$$H_t = \frac{15}{8} \frac{E J'}{f^2} \alpha_t \, t \, \nu.$$

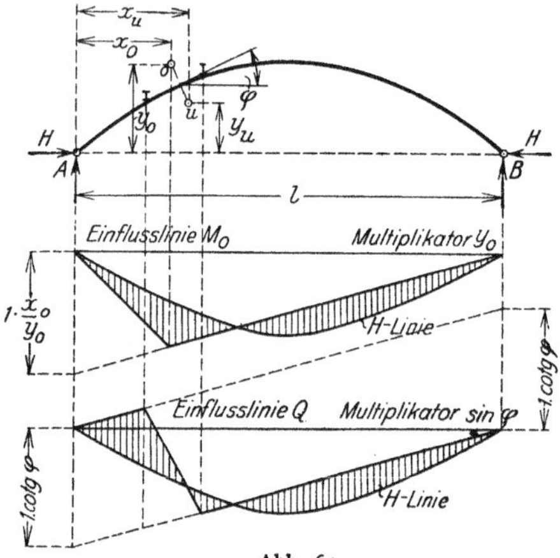

Abb. 65

Für eine vom linken Kämpfer bis zum Punkte x reichende Streckenlast p gilt:

$$H_p = \frac{p x^2}{8 f} \left[\left(\frac{x}{l}\right)^3 - \frac{5}{2} \left(\frac{x}{l}\right)^2 + \frac{5}{2} \right] \nu. \text{ Für } x = l \text{ wird } H_p = \frac{p l^2}{8 f} \nu.$$

Bei halbseitiger Belastung mit p, von $x = 0$ bis $x = \frac{l}{2}$ ist:

$$H = \frac{p l^2}{16} \nu$$

und das Moment in Punkt x bzw. x'

(17)
$$M_x = \frac{p x}{8} [3 l - 4 x - 2 (l - x) \nu]$$ auf der Lastseite, x von A gezählt.

$$M'_x = \frac{p x'}{8} [l - 2 (l - x') \nu]$$ auf der unbelasteten Seite, x' von B gezählt.

Ist statt der festen Kämpfer ein Zugband vorhanden, so gelten die gleichen Formeln, nur ist für ν zu setzen:

$$\nu = \frac{1}{1 + \frac{15}{8 f^2} \left(\frac{J'}{F'} + \frac{J'}{F_z} \right)},$$

wobei F_z der Zugbandquerschnitt ist.

3. Eingespannter Bogen (Gewölbe)

Der beiderseits eingespannte Bogen ist dreifach statisch unbestimmt. Als Hauptsystem betrachten wir den einseitig eingespannten Bogen (Kragträger), an dessen linkem Ende unter Vermittlung eines starren Stabes die Überzähligen X, Y, Z, siehe Abb. 66, angreifen. Die Lage des Punktes O wird noch zweckmäßig bestimmt werden. Bezeichnen M_x, M_y, M_z die Momente in einem beliebigen Querschnitt, für den Zustand $X = -1$ bzw. $Y = -1$ bzw. $Z = -1$, N_x die Normalkraft

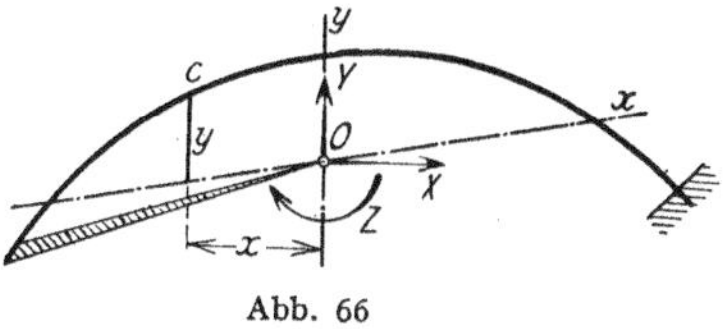

Abb. 66

infolge $X = -1$, während N_y, die dem Zustand $Y = -1$ entsprechende Normalkraft, näherungsweise Null gesetzt wird, sind weiters $\mathfrak{M}$ und $\mathfrak{N}$ Moment und Querkraft im Hauptsystem infolge der Belastung mit den Lasten P, so lauten die Elastizitätsbedingungen, Gl. (3) auf S. 176:

$$\int \frac{\mathfrak{M} M_x}{E J} ds + \int \frac{\mathfrak{N} N_x}{E F} ds + \int N_x \alpha_t t \, ds - X \left[\int \frac{M_x^2}{E J} ds + \int \frac{N_x^2 ds}{E F} \right] = 0,$$

a)
$$\int \frac{\mathfrak{M} M_y}{E J} ds - Y \int \frac{M_y^2}{E J} ds = 0,$$

$$\int \frac{\mathfrak{M} M_z}{E J} ds - Z \int \frac{M_z^2}{E J} ds = 0.$$

Hiebei wurde zunächst

$$\int \frac{M_x M_y}{E J} ds = 0$$

b)
$$\int \frac{M_x M_z}{E J} ds = 0$$

$$\int \frac{M_y M_z}{E J} ds = 0$$

angenommen. Man wählt nun den Punkt O derart, daß die Bedingungen b) erfüllt werden. Da

$$M_x = -1 \cdot y,$$

$$M_y = -1 \cdot x, \qquad M_z = 1,$$

so erhält man bei überall gleichem E zur Festlegung von O die drei Bedingungen

$$\int \frac{x y}{J} ds = 0,$$

c)
$$\int \frac{x}{J} ds = 0, \qquad \int \frac{y}{J} ds = 0.$$

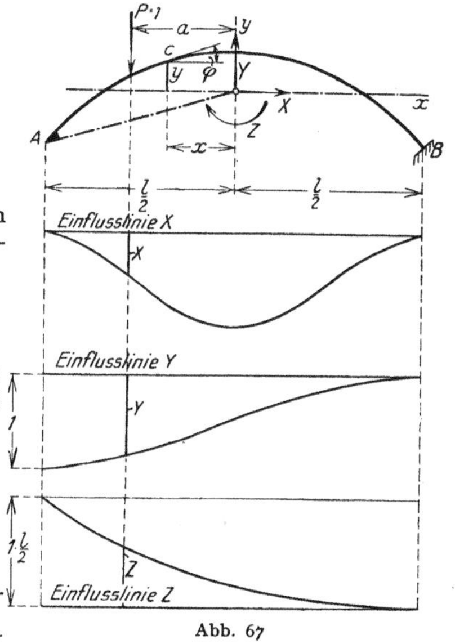

Abb. 67

Diese besagen, daß O der Schwerpunkt der mit $\frac{1}{J}$ belegten Bogenachse ist, und daß die Achsen x und y, Abb. 66, konjugierte Achsen sind, da das Zentrifugalmoment verschwindet. Für einen symmetrischen Bogen ist daher die Symmetrieachse y-Achse, während die x-Achse durch den Schwerpunkt O geht und parallel zur Kämpfersehne verläuft. Abb. 67.

Die Gleichungen a) liefern dann unmittelbar

$$(18)\qquad X=\frac{\int\frac{\mathfrak{M}\,M_x}{J}\,d\,s+E\,\alpha_t\,t\,l}{\int\frac{M_x^2}{J}\,d\,s+\frac{E\,l}{F}},\quad Y=\frac{\int\frac{\mathfrak{M}\,M_y}{J}\,d\,s}{\int\frac{M_y^2}{J}\,d\,s},\quad Z=\frac{\int\frac{\mathfrak{M}\,M_z}{J}\,d\,s}{\int\frac{M_z^2}{J}\,d\,s},$$

wobei $\int\frac{\mathfrak{N}\,N_x}{E\,J}\,d\,s$ wegen seines geringen Einflusses auf das Ergebnis unterdrückt wurde, während

$$\int N_x\,\alpha_t\,t\,d\,s \cong 1\cdot\alpha_t\,t\,l \quad \text{und} \quad \int\frac{N_x^2}{EF}\,d\,s \cong 1\cdot\frac{l}{E\,F}$$

gesetzt wurde.

Damit erhält man das Moment im Punkte $(x\,y)$

$$M_x=\mathfrak{M}-X\,y-Y\,z+Z$$

und die Längskraft

$$N_x=\mathfrak{N}-X\cos\varphi-Y\sin\varphi.$$

Zwecks Darstellung der Einflußlinien deutet man die Zählerglieder

$$\delta_{mx}=\int\frac{\mathfrak{M}\,M_x}{J}\,d\,s,\qquad \delta_{my}=\int\frac{\mathfrak{M}\,M_y}{J}\,d\,s,\qquad \delta_{mz}=\int\frac{\mathfrak{M}\,M_z}{J}\,d\,s$$

als Verschiebungen mit $E=1$. δ_{mx} ist die durch den Zustand $X=-1$ im Hauptsystem hervorgerufene Verschiebung des Angriffspunktes m der Last $P_m=1$ in ihrer Richtung, δ_{my} die durch $Y=-1$ bewirkte Verschiebung von m und schließlich δ_{mz} die durch $Z=-1$ bewirkte Verschiebung desselben Punktes in der Richtung von P_m. Wandert P_m über den Träger, so stellen die Zähler der Gl. (18) die Ordinaten der Biegelinien für den Zustand $X=-1$, $Y=-1$, $Z=-1$ dar. Diese Biegelinien lassen sich nach Zerlegung des Bogens in Einzelabschnitte von der Länge s nach der Methode der elastischen Gewichte leicht darstellen. (Siehe S. 168.) Die Nenner selbst berechne man aus den Gleichungen

$$\int\frac{M_x^2}{J}\,d\,s=\sum\frac{y^2\,s}{J},\qquad \int\frac{M_y^2}{J}\,d\,s=\sum\frac{x^2\,s}{J},\qquad \int\frac{M_z^2}{J}\,d\,s=\sum\frac{s}{J}.$$

Die Einflußlinien sind in Abb. 67 dargestellt.

Sonderfall: Die Achse ist nach einer Parabel geformt. Abb. 68. $J\cos\varphi$ und F sind konstant. J ist das Trägheitsmoment des Scheitelquerschnittes. Es gelten folgende Formeln:

Einflußlinien

Für die Überzähligen:

$$(19)\qquad X=\frac{15\,l}{4\,f}\left(\frac{a}{l}\right)^2\cdot\left[1-\left(\frac{a}{l}\right)^2\right]\eta,\qquad Y=\left(1-\frac{a}{l}\right)^2\left(1+2\,\frac{a}{l}\right),$$

$$Z=\frac{l}{2}\cdot\left(1-\frac{a}{l}\right)^2,$$

wobei

$$\eta=\frac{1}{1+\frac{45}{4}\,\frac{J}{f^2\,F}}.$$

Horizontalschub H:

$$(20)\qquad H=X=\frac{15\,l}{4\,f}\left(\frac{a}{l}\right)^2\left[1-\left(\frac{a}{l}\right)^2\right]\eta.$$

Moment im Punkte x:

$$M_x = l\left(1-\frac{a}{l}\right)^2\left[\frac{x}{l}+\left(\frac{2x}{l}-1\right)\frac{a}{l}-\eta\left(\frac{15\,y}{4\,f}-\frac{5}{2}\right)\left(\frac{a}{l}\right)^2\right]. \qquad (21)$$

Für Punkte der Einflußlinie rechts von c sind a und x vom linken Kämpfer, für die Einflußlinienpunkte links von c sind a und x vom rechten Kämpfer aus zu zählen, a ist also stets größer als x.

Kämpfermoment (linker Kämpfer). Mit $x = 0$ folgt aus Gl. (21).

$$M_o = l\left(1-\frac{a}{l}\right)^2\frac{a}{l}\left(\frac{5}{2}\frac{a}{l}\eta-1\right). \qquad (22)$$

Die Einflußlinie des rechten Kämpfermomentes M_o' ist der M_o-Linie spiegelbildlich gleich.

Auflagerdruck:

$$A = Y = \left(1-\frac{a}{l}\right)^2\left(1+2\frac{a}{l}\right). \qquad (23)$$

Die B-Linie ist das Spiegelbild der A-Linie.
Die Einflußlinien von H, M_x, M_o, A sind in Abb. 68 dargestellt.

Wärmeänderungen:

$$X_t = \frac{45\,E\,J\,\alpha_t\,t}{4\,f^2}\eta,\quad Y_t = 0,\quad Z_t = 0,\quad M_o^t = \frac{15\,E\,J\,\alpha_t\,t}{2\,f}\eta,\quad H_t = X_t. \qquad (24)$$

Gleichförmig verteilte Vollbelastung g

Horizontalschub und lotrechter Auflagerdruck:

$$H_g = X_g = \frac{g\,l^2}{8\,f}\eta,\quad A_g = \frac{g\,l}{2}. \qquad (25)$$

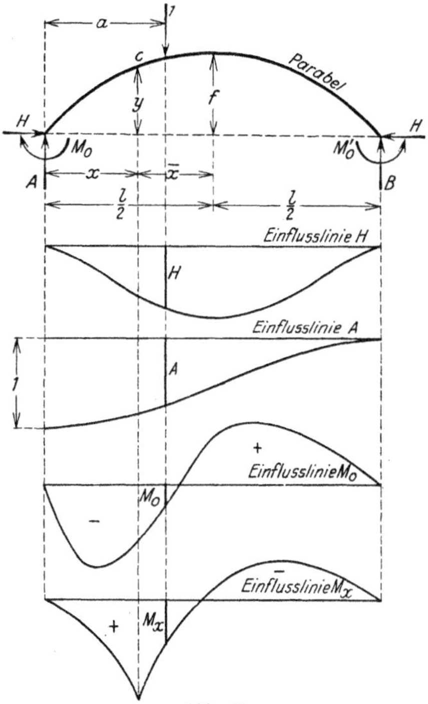

Abb. 68

Moment im Punkte x:

$$M_x^g = \frac{g\,l^2}{24}\left[1-12\left(\frac{\bar{x}}{l}\right)^2\right](1-\eta),\quad \text{wobei } \bar{x} = \frac{l}{2}-x;$$

$$\text{Am Scheitel: } M_s = \frac{g\,l^2}{24}(1-\eta). \qquad (26)$$

Kämpfermoment:

$$M_o^g = -\frac{g\,l^2}{12}(1-\eta). \qquad (27)$$

Belastung der linken Bogenhälfte mit p

Horizontalschub:

(28) $$H_p = X_p = \frac{p\,l^2}{16 f}\,\eta.$$

Moment im Punkte x:

$$M_x = \frac{p\,l^2}{96}\left[2\,(1-\eta) + 9\,\frac{\bar{x}}{l} - 24\,(2-\eta)\left(\frac{\bar{x}}{l}\right)^2\right], \quad \bar{x} = \frac{l}{2} - x$$

(29) $$\max M_x = \frac{64 - 37\,\eta}{3072}\,p\,l^2 \quad \text{für } x = \frac{5}{16}\,l$$

(linke belastete Bogenhälfte)

$$M_x = \frac{p\,l^2}{96}\left[2\,(1-\eta) + 9\,\frac{\bar{x}}{l} + 24\,\eta\left(\frac{\bar{x}}{l}\right)^2\right], \quad \bar{x} = \frac{l}{2} - x$$

$$\max M_x = -\frac{-10 + 37\,\eta}{3072}\,p\,l^2 \quad \text{für } x = \frac{11}{16}\,l$$

(rechte unbelastete Bogenhälfte)

Kämpfermomente:

(30) $$M_0 = -\frac{11 - 8\,\eta}{192}\,p\,l^2 \quad \text{(linker Kämpfer)},$$

$$M'_0 = \frac{-5 + 8\,\eta}{192}\,p\,l^2 \quad \text{(rechter Kämpfer)}.$$

Auflagerdrucke:

(31) $$A = \frac{13}{32}\,p\,l, \qquad B = \frac{3}{32}\,p\,l.$$

4. Der geschlossene Ring

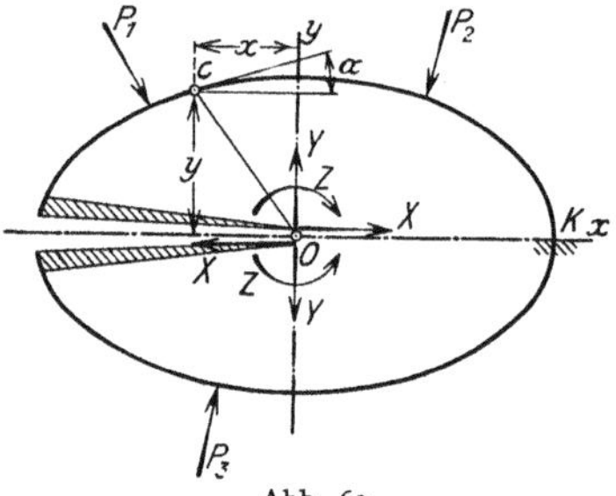

Abb. 69

Ein irgendwie geformter bezüglich der Achsen x und y symmetrisch gestalteter Ring mit unveränderlichem Querschnitt stehe unter der Wirkung äußerer Kräfte P. Wir denken uns den Ring an beliebiger Stelle durchschnitten und dort mit Hilfe starrer Stäbe im Schwerpunkte O des Ringes die Schnittkräfte X, Y, Z angebracht, Abb. 69. Unter Vernachlässigung des Einflusses der Längskräfte ermittelt man die drei statisch unbestimmbaren Größen X, Y, Z mittels der Gleichungen

(32) $$X = \frac{\int \mathfrak{M}\,y\,ds}{\int y^2\,ds}, \qquad Y = \frac{\int \mathfrak{M}\,x\,ds}{\int x^2\,ds}, \qquad Z = \frac{\int \mathfrak{M}\,ds}{\int ds}.$$

Die Nenner $\int y^2\,ds$ und $\int x^2\,ds$ sind sie Trägheitsmomente des Ringes, bezogen auf die Achsen x bzw. y, $\int ds = U$ ist der Ringumfang. Bezeichnet man mit $\mathfrak{M}$, $\mathfrak{N}$, das Biegungsmoment bzw. die Längskraft in einem Punkte c des Hauptsystems unter der Wirkung der Lasten P, so ist das Moment M und die Längskraft N im statisch unbestimmten System durch

$$M = \mathfrak{M} - X\,y - Y\,x + Z$$
$$N = \mathfrak{N} - X\cos\alpha - Y\sin\alpha$$

gegeben, wobei jene Momente positiv gezählt wurden, die in der Innenfaser des Ringes Zug erzeugen. Punkt K denke man sich festgehalten.

Anwendung auf den Kreisring

Mit $x = r\cos\varphi$, $y = r\sin\varphi$, $ds = r\,d\varphi$ wird

$$\int y^2 ds = \int x^2 ds = r^3\pi \text{ und } \int ds = 2r\pi.$$

Weiters

$$\int \mathfrak{M}\, y\, ds = r^2 \int \mathfrak{M} \sin\varphi\, d\varphi, \quad \int \mathfrak{M}\, x\, ds = r^2 \int \mathfrak{M}\cos\varphi\, d\varphi,$$

$$\int \mathfrak{M}\, ds = r \int \mathfrak{M}\, d\varphi.$$

1. Fall: Zwei Kräfte P in den Punkten C und D, Abb. 70.

Es ist:

$$X = 0, \qquad Y = \frac{P}{2}, \qquad Z = \frac{Pr}{\pi}. \tag{33}$$

$$M_x = \left(\frac{r}{\pi} - \frac{x}{2}\right)P, \quad M_A = M_B = -0{,}182\, P r,$$
$$M_C = M_D = +0{,}318\, P r. \tag{34}$$

$$N_A = N_B = -\frac{P}{2}, \qquad N_C = N_D = 0. \tag{35}$$

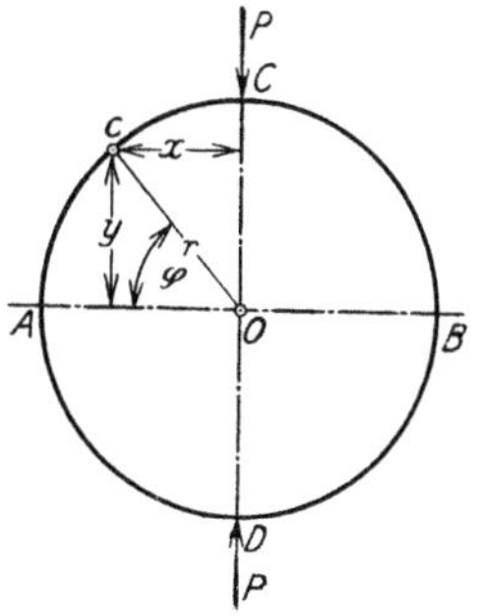

Abb. 70

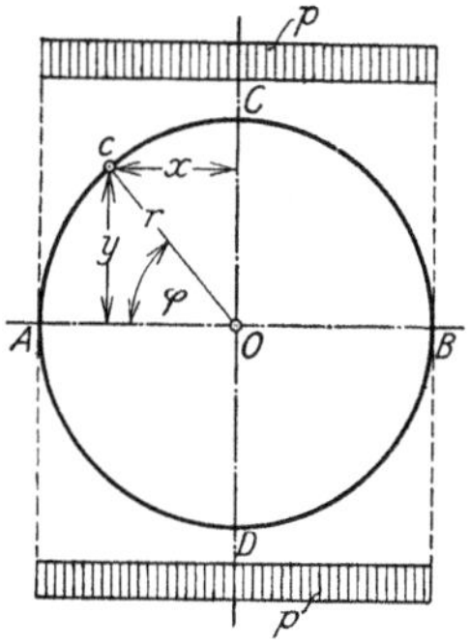

Abb. 71

2. Fall: Lasten p gleichförmig verteilt, Abb. 71.

Hier gilt:

$$M_A = M_B = -\frac{pr^2}{4}, \qquad M_C = M_D = +\frac{pr^2}{4}.$$

$$N_A = N_B = -pr, \qquad N_C = N_D = 0.$$

$$M_x = \frac{pr^2}{4}(2\sin^2\varphi - 1). \tag{36}$$

5. Rahmentragwerke

Die Ergebnisse der Untersuchung einfacherer Fälle von Rahmentragwerken ist in der am Schlusse dieses Abschnittes angefügten Tabelle, S. 218 bis S. 226, zusammengestellt. Die Berechnung der Rahmentragwerke erfolgt am zweckmäßigsten aus Formänderungsbetrachtungen, am besten mit Benützung des Viermomentensatzes[1]), da die Berechnung mittels der in Absatz A angegebenen Verfahren meist zu umständlich wird.

[1]) Siehe darüber: Bleich, Die Berechnung statisch unbestimmter Tragwerke nach der Methode des Viermomentensatzes, 2. Aufl., Berlin 1924, und Saliger, Praktische Statik, Wien 1921.

Mehrfeldriger Rahmen mit eingespannten Stützen, Abb. 72

Wir beziffern die Riegelknoten von links nach rechts mit 0, 1, 2.... n. l_k ist die Länge des Stabes $k - 1$ bis k, h_k die Stützenhöhe der k-ten Stütze.

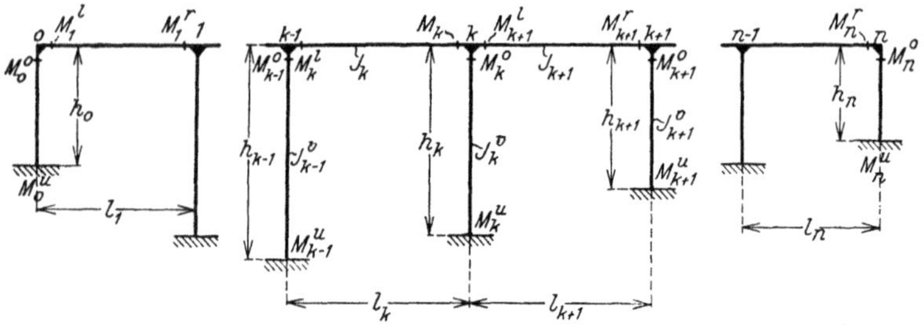

Abb. 72

Die Anschlußmomente der drei in Knoten k steif verbundenen Stäbe seien M_k^r, M_{k+1}^l für die Riegel und M_k^o für die Stütze. M_k^u sei das Einspannungsmoment am unteren Stielende. Folgende Festsetzungen gelten bezüglich des Vorzeichens der Momente: Die Riegelanschlußmomente sind positiv, wenn sie auf der Riegelunterseite Zug erzeugen. Positive Ständermomente rufen auf der linken Ständerseite Zug hervor. Siehe Abb. 73.

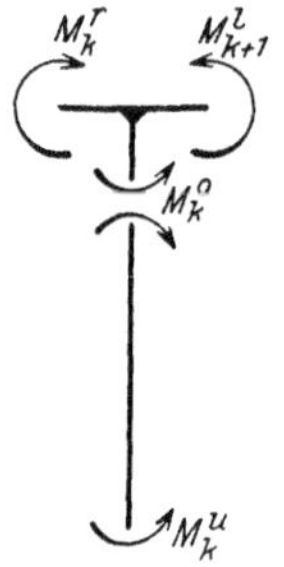

Abb. 73

Die nachstehend angegebenen Formeln gelten unter der Voraussetzung, daß das eine Riegelende so festgehalten ist, daß die Ständerköpfe keine wagrechten Bewegungen machen können. Sollte diese Voraussetzung nicht erfüllt sein, so sind die Gleichungen nur als (meistens ausreichende) Näherungslösungen zu betrachten[1]).

Führt man die Hilfsgröße

$$Y_k = (M_k^u + 2\, M_k^o)\, h'_k,$$

wobei

$$l'_k = l_k \frac{J_c}{J_k}, \qquad h'_k = h_k \frac{J_c}{J_k^v} \qquad (J_c \text{ beliebiges Trägheitsmoment}),$$

ein, so stehen zur Berechnung der Y_k folgende $n + 1$ Gleichungen zur Verfügung:

$$2\, Y_0 \left(\frac{1}{h'_0} + \frac{1}{l'_1}\right) + Y_1 \frac{1}{l'_1} = N_0$$

. . . .

(37) $$Y_{k-1} \frac{1}{l'_k} + 2\, Y_k \left(\frac{1}{l'_k} + \frac{1}{h'_k} + \frac{1}{l'_{k+1}}\right) + Y_{k+1} \frac{1}{l'_{k+1}} = N_k$$

. . . .

$$Y_{n-1} \frac{1}{l'_n} + 2\, Y_n \left(\frac{1}{l'_n} + \frac{1}{h'_n}\right) = N_n.$$

Mit Ausnahme der ersten und letzten Gleichung haben alle Gleichungen dieselbe Form; sie werden aus der mittleren der drei angeschriebenen Gleichungen gewonnen, indem man der Reihe nach $k = 1, 2 \ldots\ldots n - 1$ setzt. Die rechten Seiten N_0, $N_1 \ldots\ldots N_n$ hängen von der Belastung ab.

[1]) Über die genaue Lösung siehe das, S. 199, zitierte Buch von **Bleich**.

Die Auflösung der Gl. (37) liefert die $n + 1$ Unbekannten Y als lineare Funktionen der Lastglieder $N_0, N_1 \ldots N_n$, also in der allgemeinen Gestalt

$$Y_k = c_{k0} N_0 + c_{k1} N_1 + \ldots\ldots + c_{kn} N_n. \tag{38}$$

Handelt es sich um die Auftragung von Einflußlinien, so denken wir uns der Reihe nach die einzelnen Riegelfelder mit der wandernden Last 1 belastet. Steht z. B. die Last 1 im i-ten Felde, so sind die sämtlichen N Null, ausgenommen N_{i-1} und N_i, die die Form

$$N_{i-1} = \Phi_1 l_i \text{ und } N_i = -\Phi_2 l_i$$

annehmen. Φ_1 und Φ_2 sind von der Stellung der Last im Felde abhängige Größen und können der nachfolgenden Tafel entnommen werden.

Werte der Funktionen Φ_1 und Φ_2

$\frac{a}{l}$	0	0,1	0,2	0,3	0,4	0,5	0,6	0,7	0,8	0,9	1,0
Φ_1	0	0,243	0,384	0,441	0,432	0,375	0,288	0,189	0,096	0,027	0
Φ_2	0	0,027	0,096	0,189	0,288	0,375	0,432	0,441	0,384	0,243	0

a .... Abstand der Last, $P=1$ von der linken Stütze.

Man erhält daher aus Formel (38) die Gleichung des Einflußlinienzweiges zwischen $i - 1$ und i in der Gestalt

$$Y_k = (c_{k,i-1} \Phi_1 - c_{k,i} \Phi_2)\, l_i. \tag{39}$$

Setzt man in Gl. (39) der Reihe nach $k = 0, 1 \ldots n$ und bei festgehaltenem k jedesmal $i = 1, 2 \ldots n$ und wählt man aus den allgemeinen Lösungen (38) die den Zeigern k und i entsprechenden Zahlenwerte der c aus, so können nach der Formel (39) die Einflußlinienzweige sämtlicher Unbekannten Y berechnet und aufgetragen werden.

Sind alle Riegel gleichmäßig mit p belastet, so lautet das Belastungsglied

$$N_k = -\frac{p}{4}(l_k^2 - l^2_{k+1}), \qquad (k = 0, 1, 2 \ldots n) \tag{40}$$

wobei $l_o = 0$ und $l_{n+1} = 0$ zu setzen ist.

Nach Ausrechnung der Y ergeben sich alle übrigen für die Berechnung des Tragwerkes notwendigen statischen Größen aus den folgenden Verknüpfungen:

$$\left.\begin{aligned} M_k^l &= \frac{1}{3\, l_k'}(2\, Y_{k-1} + Y_k) - \frac{l_k}{3}\Phi_1, \\ M_k^r &= -\frac{1}{3\, l_k'}(2\, Y_k + Y_{k-1}) - \frac{l_k}{3}\Phi_2. \end{aligned}\right\} \tag{41}$$

Das Glied $\frac{l_k}{3}\Phi_1$ bzw. $\frac{l_k}{3}\Phi_2$ ist nur beim k-ten Zweig der Einflußlinie hinzuzufügen, bei den anderen Zweigen ist es Null zu setzen. Weiters ist

$$M_k^o = \frac{2}{3\, h_k'} Y_k, \qquad M_k^u = -\frac{1}{3\, h_k'} Y_k. \tag{42}$$

Die wagrechte Auflagerkraft am unteren Ende der Stütze h_k beträgt

$$H_k = \frac{Y_k}{h_k\, h_k'}. \tag{43}$$

Mehrfeldriger Rahmen mit gelenkig aufgesetzten Stützen

Der Berechnungsgang ist im wesentlichen der gleiche wie bei eingespannten Stützen; siehe oben, S. 200. Die Gleichungen zur Berechnung der Hilfsgrößen $Y = 2\,M^o_k\,h'_k$ lauten:

$$2\,Y_0\left(\frac{3}{4\,h_0'} + \frac{1}{l_1'}\right) + Y_1\,\frac{1}{l_1'} = N_0.$$

$$\cdots\cdots\cdots\cdots\cdots\cdots\cdots\cdots\cdots\cdots\cdots\cdots$$

(44) $$Y_{k-1}\,\frac{1}{l_k'} + 2\,Y_k\left(\frac{1}{l_k'} + \frac{3}{4\,h_k'} + \frac{1}{l'_{k+1}}\right) + Y_{k+1}\,\frac{1}{l'_{k+1}} = N_k,$$

$$\cdots\cdots\cdots\cdots\cdots\cdots\cdots\cdots\cdots\cdots\cdots\cdots$$

$$Y_{n-1}\,\frac{1}{l_n'} + 2\,Y_n\left(\frac{1}{l_n'} + \frac{3}{4\,h_n'}\right) = N_n.$$

Für die N_k gelten die gleichen Formeln wie bei Rahmen mit eingespannten Stützen. Für die Riegelmomente gelten die Formeln (41), während die oberen Stützenanschlußmomente nach

(45) $$M_k^o = \frac{Y_k}{2\,h_k'}$$

zu berechnen sind. Für die wagrechte Auflagerkraft H_k gilt

(46) $$H_k = \frac{Y_k}{2\,h_k\,h_k'}.$$

6. Rahmenträger (Vierendeelträger)

Die Berechnung dieses bei n Feldern $3\,n$-fach statisch unbestimmten Tragwerkes läßt sich unter der Annahme, daß die Trägheitsmomente der Gurtstäbe eines Feldes sich so verhalten wie die Längen dieser Stäbe, auf die Auflösung von n dreigliedrigen Gleichungen zurückführen. Wir setzen sonach für jedes Rahmenfeld das Bestehen der Beziehung

$$J^o : J^u = o : u$$

voraus, wobei die Trägheitsmomente von Feld zu Feld beliebig wechseln können. Die Trägheitsmomente J^v der Pfosten sind keiner Einschränkung unterworfen. Abb. 74. Der Querschnitt eines jeden Rahmenstabes sei

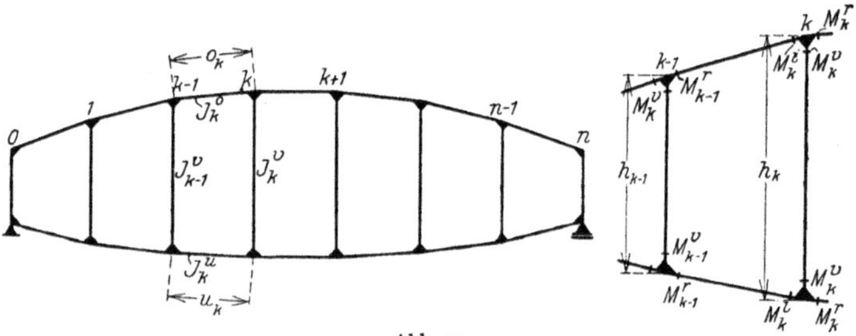

Abb. 74

zwischen zwei Knoten unveränderlich. Wir führen folgende Bezeichnungen ein, wobei auf die Abb. 74 und 75 verwiesen wird; in Abb. 75a) wurde der Schnitt links vom Knoten k, in Abb. 75b) rechts vom Knoten k geführt und die Schnittkräfte mit positivem Richtungssinn eingezeichnet.

M_k^l und M_k^r sind die Gurtmomente unmittelbar links bzw. rechts vom Knotenpunkt k,

X_k^o, X_k^u sind die wagrechten Schnittkräfte im Ober- bzw. Untergurt für Schnitte links von k,

X^o_{k+1}, X^u_{k+1} die betreffenden Schnittkräfte für Schnitte rechts von k,

T_k^o, T_k^u sowie T^o_{k+1}, $T_k^u{}_{+1}$ die lotrechten Schnittkräfte für die Schnitte links bzw. rechts von k,

$\mathfrak{M}_k$ das Moment der links von k gelegenen äußeren Kräfte, bezogen auf den Punkt k des Obergurtes,

$\mathfrak{Q}_k$ die Summe der lotrechten Teilkräfte der links von k gelegenen äußeren Kräfte (Querkraft),

$\mathfrak{H}_k$ die Summe der wagrechten Teilkräfte der links von k gelegenen äußeren Kräfte.

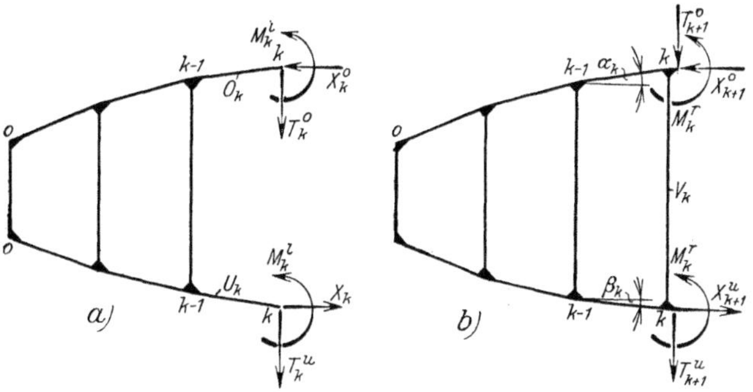

Abb. 75

Die n Unbekannten $X_1^u \ldots\ldots X_n^u$, die horizontalen Feldkräfte des Untergurtes bestimmt man nun aus folgenden System linearer Gleichungen[1]):

$$+X_1^u\Big[h_0'h_0^2+2\,s_1'(h_0^2+h_0h_1+h_1^2)+h_1'h_1^2 + 12\Big(o_1\frac{J_c}{F_1^o}+u_1\frac{J_c}{F_1^u}\Big)\Big]-X_2^u h_1'h_1^2$$
$$=\Big[\mathfrak{M}_0[h_0'h_0+s_1'(2h_0+h_1)]+\mathfrak{M}_1 s_1'(h_0+2h_1)-12\,o_1\frac{J_c}{F_1}\mathfrak{H}_1\Big],$$

. . . .

$$-X^u_{k-1}h'_{k-1}h^2_{k-1}+X_k^u\Big[h'_{k-1}h^2_{k-1}+2\,s_k'(h^2_{k-1}+h_{k-1}h_k+h_k^2)+h_k'h_k^2 + 12\Big(o_k\frac{J_c}{F_k^o}+u_k\frac{J_c}{F_k^u}\Big)\Big]-X^u_{k+1}h_k'h_k^2$$
$$=\Big[\mathfrak{M}_{k-1}s_k'(2\,h_{k-1}+h_k)+\mathfrak{M}_k s_k'(h_{k-1}+2\,h_k)-12\,o_k\frac{J_c}{F_k^o}\mathfrak{H}_k\Big], \qquad (47)$$

. . . .

$$-X^u_{n-1}h'_{n-1}h^2_{n-1}+X_n^u\Big[h'_{n-1}h^2_{n-1}+2\,s_n'(h^2_{n-1}+h_{n-1}h_n+h_n^2) + h_n'h_n^2+12\Big(o_n\frac{J_c}{F_n^o}+u_n\frac{J_c}{F_n^u}\Big)\Big]$$
$$=\Big[\mathfrak{M}_{n-1}s_n'(2\,h_{n-1}+h_n)+\mathfrak{M}_n(s_n'(2\,h_n+h_{n-1})+h_n h_n')-12\,o_n\frac{J_c}{F_n^o}\mathfrak{H}_n\Big].$$

[1]) Siehe Bleich, Die Berechnung statisch unbestimmter Tragwerke nach der Methode des Viermomentensatzes, 2. Aufl., Berlin 1924.

Hierin bedeuten:

$$h_k' = \frac{J_c}{J_k^v} h_k, \qquad s_k' = \frac{J_c}{J_k^o} o_k = \frac{J_c}{J_k^u} u_k;$$

J_k^o, J_k^u und J_k^v sind die Trägheitsmomente des Obergurtes, des Untergurtes und des Pfostens. J_c ein beliebiges Trägheitsmoment. F_k^o und F_k^u die Gurtquerschnitte.

Das von der Dehnung der Gurtstäbe herrührende Glied

$$12\left(o_k \frac{J_c}{F_k^u} + u_k \frac{J_c}{F_k^u}\right)$$

kann nur in Ausnahmefällen vernachlässigt werden. Doch genügt es meist, mit einem für alle Felder gleichen Wert zu rechnen. Eine Vernachlässigung des Einflusses der Gurtdehnungen bei der Ermittlung der Größen X ist nicht zu empfehlen.

Mittels der Größen X_k^u lassen sich alle anderen Stabkräfte, Momente und Querkräfte ermitteln. Es kommen hiefür die folgenden Beziehungen in Betracht:

Anschlußmomente der Gurtstäbe:

$$(48) \qquad M_k^l = \frac{1}{2}(\mathfrak{M}_k - X_k^u h_k), \qquad M_k^r = \frac{1}{2}(\mathfrak{M}_k - X^u_{k+1} h_k);$$

Anschlußmomente der Pfosten (oben und unten gleich groß, aber entgegengesetzt bezeichnet):

$$(49) \qquad M_k^v = (X^u_{k+1} - X_k^u)\frac{h_k}{2};$$

Anschlußquerkräfte:

$$(50) \qquad \begin{aligned} T_k^o &= \frac{\mathfrak{Q}_k}{2} + \frac{X_k^u}{2}(\operatorname{tg}\alpha_k - \operatorname{tg}\beta_k) + \frac{\mathfrak{H}_k}{2}\operatorname{tg}\alpha_k, \\ T_k^u &= \frac{\mathfrak{Q}_k}{2} - \frac{X_k^u}{2}(\operatorname{tg}\alpha_k - \operatorname{tg}\beta_k) - \frac{\mathfrak{H}_k}{2}\operatorname{tg}\alpha_k; \end{aligned}$$

Gurtlängskräfte:

$$(51) \qquad \begin{aligned} O_k &= X_k^u\left[\cos\alpha_k + \frac{\sin\alpha_k}{2}(\operatorname{tg}\alpha_k - \operatorname{tg}\beta_k)\right] + \frac{1}{2}\mathfrak{Q}_k\sin\alpha_k \\ &\quad + \mathfrak{H}_k\frac{1+\cos^2\alpha_k}{2\cos\alpha_k}, \\ U_k &= X_k^u\left[\cos\beta_k - \frac{\sin\beta_k}{2}(\operatorname{tg}\alpha_k - \operatorname{tg}\beta_k)\right] + \frac{1}{2}\mathfrak{Q}_k\sin\beta_k \\ &\quad - \frac{\mathfrak{H}_k}{2}\operatorname{tg}\alpha_k\sin\beta_k; \end{aligned}$$

Pfostenlängskraft:

$$(52) \qquad V_k = \frac{X^u_{k+1}}{2}(\operatorname{tg}\alpha_{k+1} - \operatorname{tg}\beta_{k+1}) - \frac{X_k^u}{2}(\operatorname{tg}\alpha_k - \operatorname{tg}\beta_k) \pm \frac{P_k}{2}.$$

Das $+$-Zeichen gilt, wenn die Last P_k am Obergurt, das $-$-Zeichen, wenn die Last am Untergurt angreift. Ergibt sich V_k positiv, so ist der Pfosten gedrückt, andernfalls gezogen.

Bei der Einführung der Werte für die Winkelfunktionen sin und tg in den Gl. (50) bis (52) ist auf das Vorzeichen der Winkel α und β zu achten. Diese Winkel sind positiv für rechts steigende Obergurte und für rechts fallende Untergurte. Hat einer der Gurte entgegengesetzte Steigung, so ist das Vorzeichen der betreffenden Funktionen sin oder tg umzukehren.

Sind wagrechte äußere Kräfte vorhanden, dann ist X_k^u die horizontale Feldkraft für den Untergurt des k-ten Feldes, während die Schnittkraft für den Obergurt $X_k^u + \mathfrak{H}_k$ beträgt. Nur wenn $\mathfrak{H}_k$ Null ist, ist der absolute Wert der Schnittkraft im Obergurt und im Untergurt gleich. Der Obergurt ist beim Balkenträger gedrückt, der Untergurt gezogen.

Einflußlinien der Größen X

Bezeichnet man die von der Belastung abhängigen rechten Seiten der Gl. (47) mit $a_1, a_2, \ldots a_n$, so nehmen die Größen X nach Auflösung des linearen Gleichungssystems (47) die Form

$$X_k^u = c_{k1}\, a_1 + c_{k2}\, a_2 + \ldots + c_{kn}\, a_n \tag{53}$$

an. Einem positiven X_k^u entspricht eine vom Knoten k nach rechts gerichtete Feldkraft (siehe Abb. 75), die, für sich genommen, im Untergurt Zug erzeugt. Um nun die Einflußlinien der Überzähligen zu finden, belastet man der Reihe nach die einzelnen Knoten mit $P = 1$, bestimmt hiefür die Werte a und mit Hilfe der Lösungen (53) die Einzelwerte der Unbekannten X_k^u, aus denen dann die Einflußlinien zusammengestellt werden. Bei symmetrischen Trägern genügt natürlich die Berechnung für eine Trägerhälfte.

Da der Beiwert der mittleren Unbekannten in jeder der Gl. (47) bedeutend größer ist als die Beiwerte der rechts und links hievon stehenden Unbekannten, so weisen auch die Lösungen (53) die Eigenheit auf, daß der Beiwert c_{kk} weitaus größer ist als alle anderen Beiwerte. Von c_{kk} an nehmen die Glieder nach beiden Seiten rasch ab. In der Regel genügt es daher, 5 Glieder der Gl. (53) zu berücksichtigen, also

$$X_k^u = c_{k,k-2}\, a_{k-2} + c_{k,k-1}\, a_{k-1} + c_{k,k}\, a_k + c_{k,k+1}\, a_{k+1} + c_{k,k+2}\, a_{k+2}$$

zu setzen. Ebenso genügt es, bei der Ausrechnung der Ordinaten der X_k^u-Linie, bloß die Punkte $k-2$, $k-1$, k und $k+1$ zu ermitteln, da die Äste $0 - (k-2)'$ und $(k+1)' - n$ sich kaum von der Geraden unterscheiden. (Abb. 76.) Oft sind selbst die Knicke bei $(k-2)'$ und $(k+1)'$ nicht mehr scharf betont.

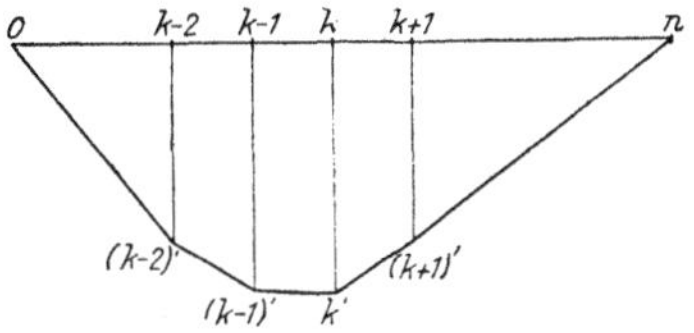

Abb. 76

Mit Hilfe der Gl. (48) bis (52) ist es nun leicht, unter Zuhilfenahme der X_k^u-Linien die Einflußlinien der Anschlußmomente M_k^l, M_k^r, M_k^v und der Stabkräfte O_k, U_k, V_k bzw. der betreffenden Kernmomente zu zeichnen.

Die Randspannungen sind im Bereiche des Knotens am größten. Bei den Gurten sind neben den Momenten auch die Längskräfte vielfach für die Bemessung ausschlaggebend. Bei den Pfosten, ausgenommen die Endpfosten, spielen die Längskräfte fast keine Rolle. Hier genügt es in der Regel, die Einflußlinie des Achsenmomentes zu bestimmen und die geringe Längsspannung zur Randspannung zuzuschlagen.

Näherungsverfahren: Unter der Annahme starrer Pfosten (nach Engesser) erhält man aus den Gl. (47) für die Größen X_k^u die einfache Formel

$$X_k^u = \frac{\mathfrak{M}_{k-1}\,(2\,h_{k-1} + h_k) + \mathfrak{M}_k\,(h_{k-1} + 2\,h_k)}{2\,(h^2_{k-1} + h_{k=1}\; h_k + h_k^2)}. \tag{54}$$

Die im Zähler der Gl. (54) stehende Momentensumme läßt sich als das $3\,(h_{k-1} + h_k)$ fache Moment $\overline{\mathfrak{M}}_k$ in jenem Obergurtpunkt deuten, der in der lotrechten Schwerlinie $s - s$ der zwischen $k - 1$ und k liegenden Trapezfläche liegt (Abb. 77). Für $\overline{\mathfrak{M}_k}$ findet man nach einfacher Rechnung

$$\overline{\mathfrak{M}_k} = \frac{\mathfrak{M}_{k-1}(2h_{k-1}+h_k)+\mathfrak{M}_k(h_{k-1}+2h_k)}{3(h_{k-1}+h_k)};$$

sonach ist

(55) $$X_k^u = \frac{3}{2}\overline{\mathfrak{M}_k}\frac{h_{k-1}+h_k}{h^2_{k-1}+h_{k-1}\,h_k+h^2_k} = \frac{\overline{\mathfrak{M}_k}}{\overline{h_k}},$$

wenn $\overline{h_k}$ die Höhe des Feldes $k - 1$, k in der Schwerlinie gemessen, bedeutet (Abb. 77). Die Einflußlinien für X_k^u sind einfache Vierseite, die aus der Momenteneinflußlinie für den Punkt s in der in Abb. 78 dargestellten Weise entstehen.

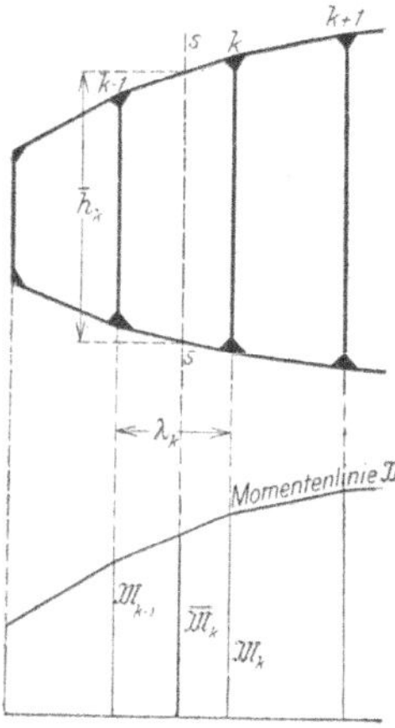

Abb 77

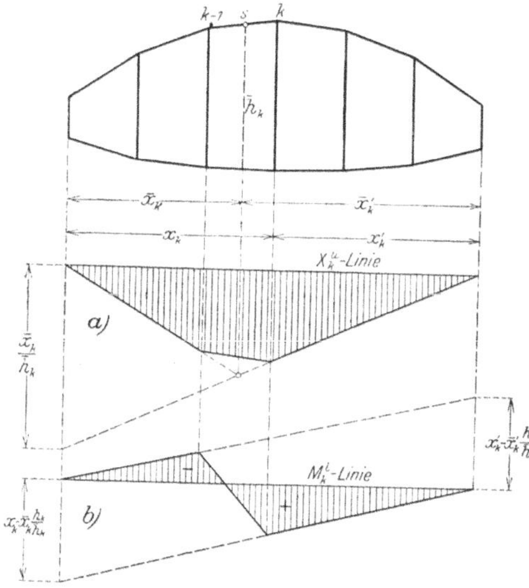

Abb. 78

Man erhält weiters für die Gurtmomente:

(56) $$M_k^l = \frac{1}{2}\left(\mathfrak{M}_k - \overline{\mathfrak{M}_k}\frac{h_k}{\overline{h_k}}\right), \quad M_k^r = \frac{1}{2}\left(\mathfrak{M}_k - \overline{\mathfrak{M}}_{k+1}\frac{h_k}{\overline{h}_{k+1}}\right).$$

Die Einflußlinien der Gurtmomente ergeben sich somit als Differenz zweier Momentenlinien, Abb. 78.

Die Gurtlängskräfte O_k und U_k ermittelt man genau genug nach den Formeln

(57) $$O_k = (X_k^u + \mathfrak{H}_k)\sec\alpha_k \quad \text{und} \quad U_k = X_k^u \sec\beta_k.$$

Bei den Pfosten genügt es, die halbe Knotenlast P_k in Rechnung zu stellen, sonach

(58) $$V_k = \pm\frac{P_k}{2}$$

zu setzen. Die Pfostenanschlußmomente selbst ergeben sich als Unterschied der beiden dem Knoten k zugehörenden Gurtmomente, also

(59) $$M_k^v = M_k^l - M_k^r.$$

7. Häng- und Sprengwerke[1])

a) Das Dreieck-Hängwerk

Als Überzählige X dieses einfach statisch unbestimmten Tragwerkes betrachten wir die wagrechte Seitenkraft der Strebendrucke S_1, Abb. 79. Bei Vernachlässigung des Einflusses der Längskräfte auf die Formänderungen erhält man für Belastung mit der Einzellast $P = 1$ (Einflußlinie von X)

$$X = \frac{a\,(3\,l^2 - a^2)}{4\,\mu\,h\,l^2}, \qquad (60)$$

wo

$$\mu = 1 + \frac{3\,J}{F\,h^2}\left(1 + \frac{E}{E_s}\,\frac{F}{F_s}\sec^3\alpha + 2\,\frac{E}{E_h}\,\frac{F}{F_h}\,\mathrm{tg}^3\alpha\right).$$

E, J, F sind Elastizitätsmaß, Trägheitsmoment, Querschnittsfläche des Streckbalkens, E_s, F_s gelten für die Streben und E_h, F_h für die Hängesäule. μ ist in der Regel nahe bei 1. Die X-Linie ist in Abb. 79a) dargestellt. Bei Vollbelastung mit der gleichförmig verteilten Last g wird

$$X_g = \frac{5\,g\,l^2}{8\,\mu\,h}. \qquad (61)$$

Moment im Streckbalken:

$M_x = \mathfrak{M}_x - H y$ ($\mathfrak{M}_x$ = Moment im Balken mit der Stützweite $2\,l$).

Für $x = l$ (Mitte) wird

$$M_C = \frac{a}{2} - \frac{a\,(3\,l^2 - a^2)}{4\,\mu\,l^2}. \qquad (62)$$

Näherungsformeln. Setzt man $\mu = 1$, so gewinnt man folgende für die meisten Rechnungen ausreichenden Näherungsformeln. Es bedeutet $\frac{a}{l} = \alpha$.

Moment im Punkte C:

$$M_C = -\frac{\alpha}{4}\,(1 - \alpha^2)\,l; \qquad (63)$$

giltig von $\alpha = 0$ bis 1.

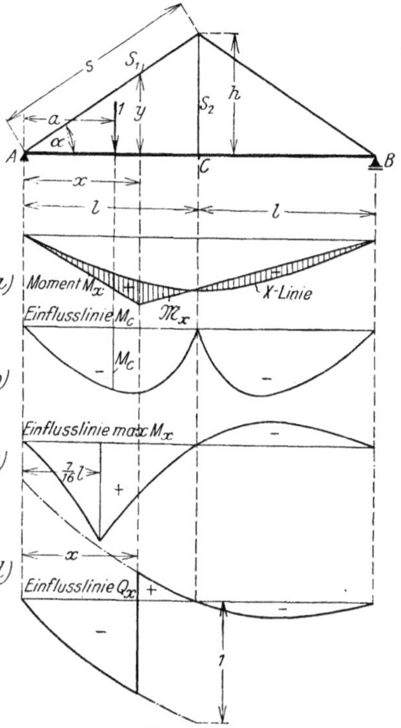

Abb. 79

Größtmoment[2]): tritt in $x = \frac{7}{16}\,l$ auf (Abb. 79c):

Linke Hälfte der Einflußlinie:

$$0 < \alpha < \frac{7}{16} \ldots \max M = \frac{\alpha}{64}\,(7\,\alpha^2 + 29)\,l$$

$$\frac{7}{16} < \alpha < 1 \ldots \max M = \frac{7}{64}\,(\alpha^3 - 5\,\alpha + 4)\,l \qquad (64)$$

[1]) Nach Dr. techn. O. Seyller, Die Hänge- und Sprengwerke und ihre Einflußlinien, Leoben 1913. Dieses Buch enthält auch ausführliche Darstellungen der Einflußlinien.

[2]) Als größtes Feldmoment gilt jenes, dessen Einflußfläche die größte positive Teilfläche hat.

Rechte Hälfte (α ist vom rechten Auflager aus zu zählen):

(64′) $$\max M = \frac{7}{64}\,\alpha\,(\alpha^2 - 1)\,l.$$

Bei Vollbelastung des ganzen Tragwerkes mit der gleichförmig verteilten Last g wird

(65) $$M_x{}^g = \frac{gx}{8}\,(3\,l - 4\,x)$$

(66) $$\min M_g = -\frac{1}{8}\,g l^2 \;\ldots\ldots\ldots \text{ im Punkte } C;$$
$$\max M_g = \frac{9}{128}\,g l^2 \;\ldots\ldots\ldots \text{ in } x = \frac{3}{8}\,l.$$

Bei gleichförmig verteilter Streckenlast p in ungünstigster Stellung erhält man:

(67) $$\max M_p = 0{,}0957\,p l^2 \text{ in } x = \frac{7}{16}\,l,$$
$$\min M_p = -\frac{1}{8}\,p l^2 \text{ in } C.$$

Querkraft Q_x, Last im linken Streckbalkenfelde:

(68) $$a \leq x \ldots\ldots Q_x = -\frac{5}{4}\,\alpha + \frac{\alpha^3}{4},$$
$$a > x \ldots\ldots Q_x = 1 - \frac{5}{4}\,\alpha + \frac{\alpha^3}{4}.$$

Querkraft Q_x, Last im rechten Streckbalkenfelde:

(68′) $$Q_x = -\frac{\alpha}{4} + \frac{\alpha^3}{4}.$$

In der linken Trägerhälfte ist x vom linken, in der rechten Trägerhälfte ist x vom rechten Lagerpunkt zu zählen. Die Q_x-Linie ist in Abb. 79d) veranschaulicht.

Bei Vollbelastung mit der gleichförmig verteilten Last g ist

(69) $$Q_x = g\,l\left(\frac{3}{8} - \frac{x}{l}\right) \ldots \text{giltig für } \frac{x}{l} \text{ von 0 bis 1.}$$

Strebenkraft: Hängesäule:

(70) $$S_1 = X\,\frac{s}{l}; \qquad S_2 = 2\,X\,\frac{h}{l}.$$

b) Das Dreieck-Sprengwerk

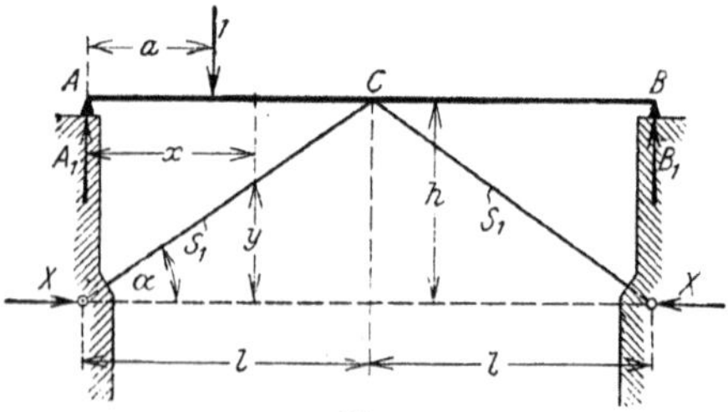

Abb. 80

Es gelten dieselben Gleichungen wie beim Hängwerk, nur ist in den genauen Formeln μ mit

(71) $$\mu = 1 + 3\,\frac{E}{E_s}\,\frac{J}{F_s\,h^2}\sec^3\alpha$$

einzuführen. E, J beziehen sich auf den Streckbalken, E_s, F_s auf die Streben Abb. 80.

Die lotrechten Auflagerdrucke des Streckbalkens erhält man aus den Formeln

$$A_1 = \mathfrak{A} - X\frac{h}{l}, \qquad B_1 = \mathfrak{B} - X\frac{h}{l}, \tag{72}$$

wenn $\mathfrak{A}$ und $\mathfrak{B}$ die lotrechten Auflagerdrucke des Balkens von der Stützweite $2l$ sind.

c) Das Trapez-Hängwerk

Als Überzählige X betrachten wir wieder die wagrechte Seitenkraft der Strebendrucke bzw. die Druckkraft im wagrechten Riegel, Abb. 81 (s. S. 210).

Für eine Einzellast $P = 1$ (Einflußlinie), Abb. 81a), ist:

$$\text{für } 0 < a < l: \quad X = a\frac{3l^2 - a^2 + 3ll_1}{2\mu hl(2l + 3l_1)} = a\frac{3(m+1)l^2 - a^2}{2\mu hl(3m+2)},$$

$$\text{für } l < a < \frac{L}{2}: \quad X = \frac{2l^2 + 3al_1 - 3(a-l)^2}{2\mu hl(2l + 3l_1)} = \frac{-l^2 + 3al(m+2) - 3a^2}{2\mu hl(3m+2)}, \tag{73}$$

wenn man $\frac{l_1}{l} = m$ setzt, wobei

$$\mu = 1 + 3\frac{J}{Fh^2}\frac{2l + l_1}{2l + 3l_1} + \frac{3l}{h^2(2l + 3l_1)}\left(2\frac{E}{E_s}\frac{J}{F_s}\sec^3\alpha + \right.$$

$$\left. + \frac{E}{E_s}\frac{J}{F_r}\frac{l_1}{l} + 2\frac{E}{E_h}\frac{J}{F_h}\operatorname{tg}^3\alpha\right).$$

E, F, J beziehen sich auf den Streckbalken, E_s auf Streben und Riegel, E_h auf die Hängesäulen, F_s ist der Querschnitt der Streben, F_r der Querschnitt der Riegel und F_h der der Hängesäulen.

Für Vollbelastung mit g wird

$$X_g = \frac{gl^2}{4\mu h}\frac{m^3 + 6m^2 + 10m + 5}{3m + 2}. \tag{74}$$

Momente im Streckbalken (Näherungsformeln mit $\mu = 1$):

$M_x = \mathfrak{M}_x - Hy$ ($\mathfrak{M}_x$ = Moment im Balken mit der Stützweite L).

Einflußlinie für das Moment im Punkte C (größtes negatives Moment, Abb. 81b):

$$0 < a < l: \quad M_C = \frac{\alpha^3(m+2) + \alpha(3m^2 + m - 2)}{2(3m+1)(m+2)}l; \qquad \alpha = \frac{a}{l}.$$

$l < a < l + l_1$:

$$M_C = \frac{\alpha^2 \cdot 3m(m+2) - \alpha(3m^2 + 12m + 4) + (3m+2)}{2(3m+2)(m+2)}l_1; \quad \alpha = \frac{a-l}{ml}. \tag{75}$$

$l + l_1 < a < L$:

$$M_C = \frac{\alpha^3(m+2) - \alpha(3m^2 + 3m + 2)}{2(3m+2)(m+2)}l; \qquad \alpha = \frac{a'}{l},$$ wobei a' vom rechten Lager aus zu zählen ist.

Einflußlinie für größtes positives Moment in den Seitenfeldern, Abb. 81b): Es tritt genau genug bei $x_0 = \frac{m+2}{5}l$[1]) auf. Man erhält die Formeln:

$0 < a < x_0$:

$$\max M = \frac{\alpha^2(m+2) - (3m^2 - 15m - 10)}{10(3m+2)}\alpha l; \qquad \alpha = \frac{a}{l}.$$

[1]) Gilt bis etwa $m = 2$.

$x_0 < a < l$:

$$\max M = \frac{\alpha^3 (m+2) - \alpha (3m^2 + 15m + 10) + 2(3m^2 + 8m + 4)}{10(3m+2)} l;$$

(76) $l < a < l + l_1$:

$$\max M = \frac{\alpha^2 (m+2)\, 3m - \alpha (3m^2 + 12m + 4) + (3m+2)}{10(3m+2)} m l; \quad \alpha = \frac{a-l}{ml}.$$

$l_1 + l_1 < a < L$:

$$\max M = \frac{\alpha^3 (m+2) - \alpha (3m^2 + 3m + 2)}{10(3m+2)} l; \qquad \alpha = \frac{a}{l},$$

wobei in der letzten Formel a vom rechten Lager aus zu zählen ist

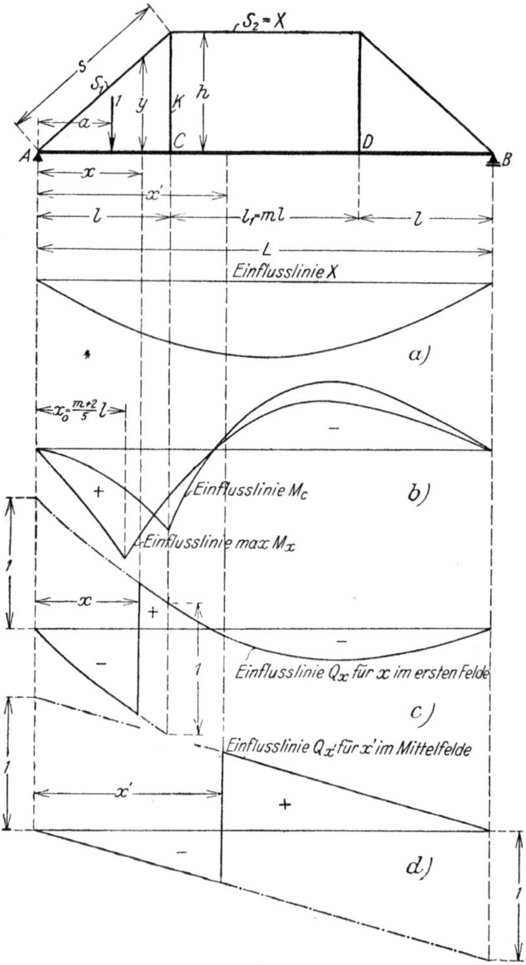

Abb. 81

Bei Vollbelastung mit der gleichförmig verteilten Last g ist

$$M_C{}^g = -\frac{1}{4} g l^2 \frac{m^3+1}{3m+2} \quad \text{(größtes negatives Moment)} \tag{77}$$

und in $x = \frac{-m^3+6m+3}{3m+2}\frac{l}{4}$ das größte positive Moment:

$$\max M_g = \frac{1}{32} g l^2 \left(\frac{-m^3+6m+3}{3m+2}\right)^2. \tag{78}$$

Für $x_0 = \frac{m+2}{5} l$: $M_{x_0}{}^g = \frac{g l^2}{100}\frac{m+2}{3m+2}(-5m^3-6m^2+14m+7)$. (79)

Streben: Hängesäulen:

$$S_1 = X\frac{s_1}{l}; \qquad K = X\frac{h}{l}. \tag{80}$$

Einflußlinien der Querkräfte Q_x.

Querschnitt im ersten Feld, Abb. 81c):

$$0 < a < x:\quad Q_x = \frac{\alpha^3(m+2) - \alpha(3m^2+15m+10)}{2(3m+2)(m+2)};\quad \alpha = \frac{a}{l}.$$

$$x < a < l:\quad Q_x = 1 + \frac{\alpha^3(m+2) - \alpha(3m^2+15m+10)}{2(3m+2)(m+2)};\quad \alpha = \frac{a}{l}.$$

$l < a < l + l_1$: (81)

$$Q_x = \frac{\alpha^2\cdot 3m^2(m+2) - \alpha m(3m^2+12m+4) + m(3m+2)}{2(3m+2)(m+2)};\quad \alpha = \frac{a-l}{ml},$$

$$l + l_1 < a < L:\quad Q_x = \frac{\alpha^3(m+2) - \alpha(3m^2+3m+2)}{2(3m+2)(m+2)};\quad \alpha = \frac{a}{l}.$$

In der letzten Formel ist a vom rechten Auflager B zu zählen.

Querschnitt im zweiten Feld:

Die Einflußlinie der Querkraft Q_x ist hier gleich der Querkraft-Einflußlinie eines Balkens von der Stützweite L, Abb. 81d):

Bei Vollbelastung mit g ist:

Der Auflagerdruck A_1, im Streckbalken:

$$A_1 = \frac{2+m}{2} g l - X_g \frac{h}{l} \tag{82}$$

und daher die Querkraft $Q_x{}^g$ für einen Querschnitt im ersten Feld:

$$Q_x{}^g = A_1 - g x$$

und für einen Querschnitt im zweiten Feld:

$$Q_x{}^g = \mathfrak{Q}_x{}^g,$$

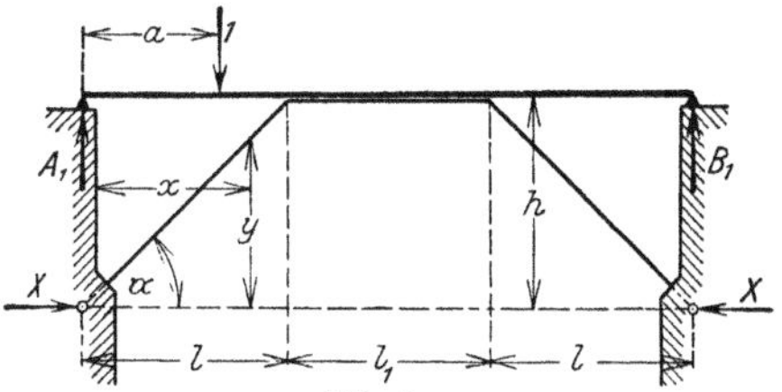

Abb. 82

wenn $\mathfrak{Q}_x{}^g$ die Querkraft eines Balkens mit der Stützweite L ist, der mit g belastet ist.

d) Das Trapez-Sprengwerk

Es gelten die unter **c)** angeführten Gleichungen. In den genauen Formeln ist für μ der Wert

$$\mu = 1 + 3\frac{E}{E_s}\frac{J}{h^2}\frac{1}{(2l+3l_1)}\left(\frac{2l}{F_s}\sec^3\alpha + \frac{l_1}{F_r}\right) \tag{83}$$

einzuführen. E, J, F beziehen sich auf den Streckbalken, E_s, F_s auf die Streben, F_r auf den Sprengriegel, Abb. 82.

IV. Anhang,

Auflagerkräfte, Querkräfte, Momente und

A. Balkenträger

Es bedeuten: J = Trägheitsmoment

Nr.	Balkenform Belastungsart	Auflagerkraft Querkraft	Momente
		Einseitig eingespannter Balken	
1	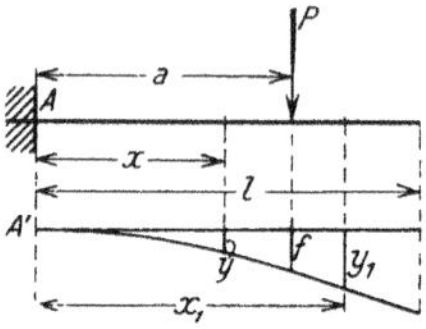	$A = P$ $Q_x = P$	$M_x = -P(a-x)$ $\max M = -P \cdot a$
2	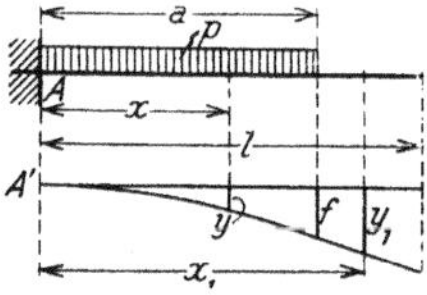	$A = p\,a$ $Q_x = p\,(a-x)$ $\max Q = p\,a$	$M_x = -\frac{p}{2}(a-x)^2$ $\max M = -\frac{p\,a^2}{2}$
3	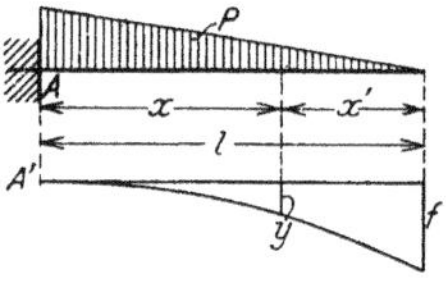	$A = P$ $Q_x = P\frac{x'^2}{l^2}$	$M_x = -\frac{P}{3}\frac{x'^3}{l^2}$ $\max M = -\frac{P\,l}{3}$
		Freiaufliegender Balken	
4	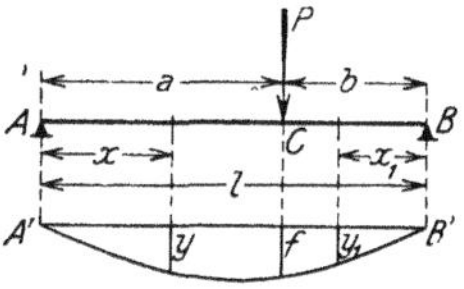	$A-C$: $A = Q_x = \frac{P\,b}{l}$ $C-B$: $B = Q_{x_1} = \frac{P\,a}{l}$	$A-C$: $M_x = \frac{P\,b}{l}x$ $C-B$: $M_{x_1} = \frac{P\,a}{l}x_1$ in C: $\max M = \frac{P\,a\,b}{l}$
5	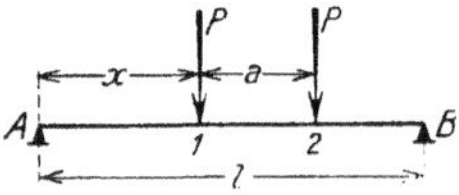	$A = \frac{2P}{l}\left(l - x - \frac{a}{2}\right)$ $B = \frac{2P}{l}\left(x + \frac{a}{2}\right)$	$M_1 = \frac{2P}{l}\left(l - x - \frac{a}{2}\right)x$
6	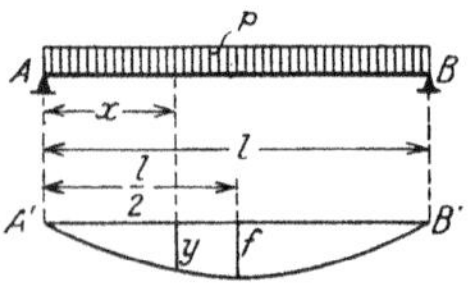	$A = B = \frac{1}{2}p\,l$ $Q_x = p\left(\frac{l}{2} - x\right)$	$M_x = \frac{1}{2}p\,x\,(l-x)$ für $x = \frac{l}{2}$: $\max M = \frac{1}{8}p\,l^2$

Tabellen

Durchbiegungen verschiedener Träger

mit einer Öffnung

des Balkens, E = Elastizitätsmaß

Durchbiegungen	Anmerkung
$0 < x < a$: $y = \frac{P x^2}{2 E J}\left(a - \frac{x}{3}\right)$ $a < x_1 < l$: $y_1 = \frac{P a^2}{2 E J}\left(x_1 - \frac{a}{3}\right)$ $x = a$: $f = \frac{P a^3}{3 E J}$	
$0 < x < a$: $y = \frac{p x^2 a^2}{2 E J}\left[\frac{1}{2} - \frac{1}{3}\left(\frac{x}{a}\right) + \frac{1}{12}\left(\frac{x}{a}\right)^2\right]$ $a < x_1 < l$: $y_1 = \frac{p a^3}{6 E J}\left(x_1 - \frac{a}{4}\right)$ $x = a$: $f = \frac{p a^4}{8 E J}$	
$y = \frac{P l^3}{12 E J}\left[\frac{4}{5} - \frac{x'}{l} + \frac{1}{5}\left(\frac{x'}{l}\right)^5\right]$ $x = l$: $f = \frac{P l^3}{15 E J}$	P = Gesamtbelastung $x' = l - x$
$A - C$: $y = \frac{P b x}{6 E J l}(l^2 - b^2 - x^2)$ $C - B$: $y_1 = \frac{P a x_1}{6 E J l}(l^2 - a^2 - x_1^2)$ in C: $f = \frac{P a^2 b^2}{3 E J l}$ wenn $a = b$: $f = \frac{P l^3}{48 E J}$	
$M_2 = \frac{2 P}{l}(l - x - a)\left(x + \frac{a}{2}\right)$ für $x = \frac{l}{2} - \frac{a}{4}$: $M_1 = \max M = \frac{P l}{2}\left(1 - \frac{a}{2 l}\right)^2$	Wenn $\frac{a}{l} \geq 0{,}586$: nur eine Last maßgebend $\max M = \frac{1}{4} P l$
$y = \frac{p l^4}{24 E J}\left[\frac{x}{l} - 2\left(\frac{x}{l}\right)^3 + \left(\frac{x}{l}\right)^4\right]$ für $x = \frac{l}{2}$: $f = \frac{5 p l^4}{384 E J}$	

Nr.	Balkenform Belastungsart	Auflagerkraft Querkraft	Momente
7	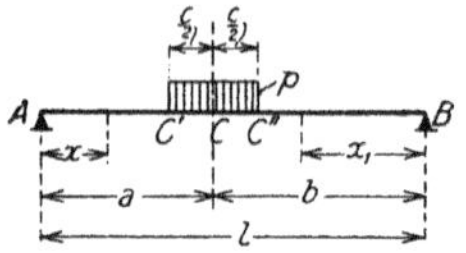	$A = p\frac{bc}{l}$ $B = p\frac{ac}{l}$	A—C': $M_x = p\frac{b\cdot c}{l}\cdot x$ C''—B: $M_{x_1} = p\frac{ac}{l}x_1$ in C: $M_C = p\cdot c\left(\frac{ab}{l}-\frac{c}{8}\right)$ für $x = a-\frac{c}{2}+\frac{cb}{l}$: $\max M = p\frac{abc}{l^2}\left(l-\frac{c}{2}\right)$
8	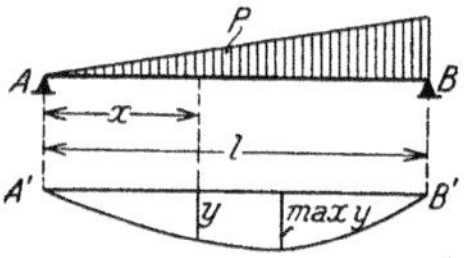	$A = \frac{P}{3}$ $B = \frac{2P}{3}$	$M_x = \frac{Px}{3}\left[1-\left(\frac{x}{l}\right)^2\right]$ für $x = 0{,}577\,l$: $\max M = 0{,}128\,Pl$
9	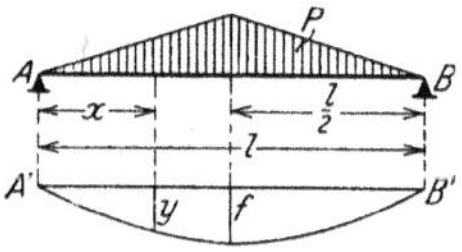	$A = B = \frac{P}{2}$ $0 < x < \frac{l}{2}$ $Q_x = P\left[\frac{1}{2}-2\left(\frac{x}{l}\right)^2\right]$	$0 < x < \frac{l}{2}$: $M_x = P\cdot x\left[\frac{1}{2}-\frac{2}{3}\left(\frac{x}{l}\right)^2\right]$ für $x = \frac{l}{2}$: $\max M = \frac{Pl}{6}$
		Balken mit Kragarmen	
10	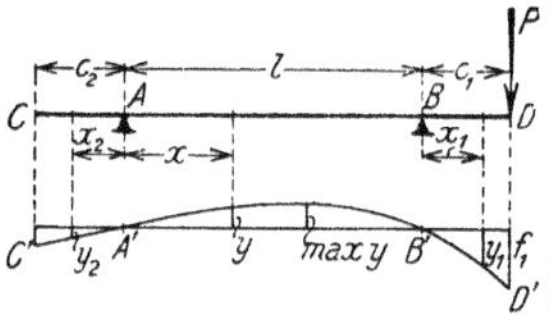	$A = -P\cdot\frac{c_1}{l}$ $B = P\frac{l+c_1}{l}$ A—B: $Q_x = -P\cdot\frac{c_1}{l}$ B—D: $Q_{x_1} = P$	A—B: $M_x = -P\frac{c_1 x}{l}$ B—D: $M_{x_1} = P(c_1 - x_1)$
11	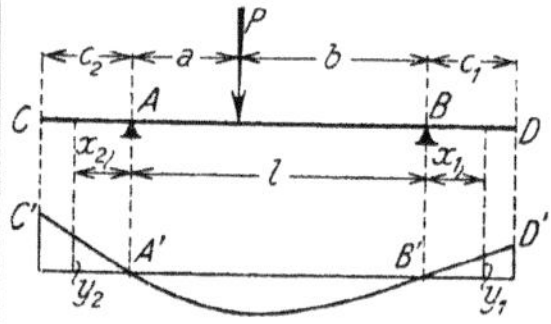	wie beim einfachen Balken	wie beim einfachen Balken
12	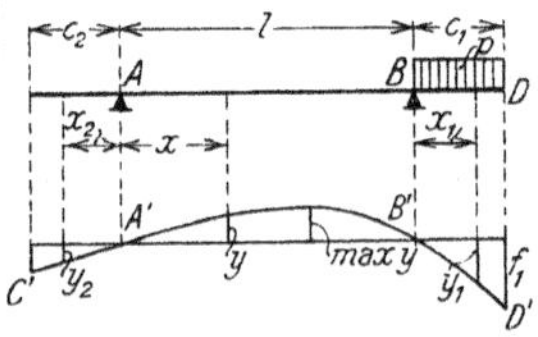	$A = -\frac{p}{2}\frac{c_1^2}{l}$ $B = pc_1\left(1+\frac{c_1}{2l}\right)$ A—B: $Q_x = -\frac{p}{2}\frac{c_1^2}{l}$ B—D: $Q_{x_1} = p(c_1 - x_1)$	A—B: $M_x = -\frac{p}{2}\frac{c_1^2 x}{l}$ B—D: $M_{x_1} = -\frac{p}{2}(c_1 - x_1)^2$

Durchbiegungen	Anmerkung
$y = \frac{P l^3}{180 EJ}\left[7\left(\frac{x}{l}\right) - 10\left(\frac{x}{l}\right)^3 + 3\left(\frac{x}{l}\right)^5\right]$ für $x = 0{,}519\, l$: $\max y = 0{,}01304 \frac{P l^3}{EJ}$	P = Gesamtbelastung
$y = \frac{P l^3}{12 EJ}\left[\frac{5}{8}\left(\frac{x}{l}\right) - \left(\frac{x}{l}\right)^3 + \frac{2}{5}\left(\frac{x}{l}\right)^5\right]$ für $x = \frac{l}{2}$: $f = \frac{P l^3}{60 EJ}$	P = Gesamtbelastung
$A-B$: $y = -\frac{P c_1 l^2}{6 EJ}\left(\frac{x}{l}\right)\left[1 - \left(\frac{x}{l}\right)^2\right]$ $x = 0{,}577\, l$: $\max y = \frac{P \cdot c_1 l^2}{9 \sqrt{3} EJ}$ $B-D$: $y_1 = \frac{P c_1^2 x_1}{6 EJ}\left[2 \frac{l}{c_1} + 3 \frac{x_1}{c_1} - \left(\frac{x_1}{c_1}\right)^2\right]$ in D: $f_1 = \frac{P c_1^2}{3 EJ}(l + c_1)$ $A-C$: $y_2 = \frac{P c_1 l}{6 EJ} x_2$	
$A-B$: wie beim einfachen Balken $B-D$: $y_1 = -\frac{P a b x_1}{6 EJ l}(2a + b)$ $C-A$: $y_2 = -\frac{P a b x_2}{6 EJ l}(a + 2b)$	
$A-B$: $y = -\frac{p c_1^2 l^2}{12 EJ}\left(\frac{x}{l}\right)\left[1 - \left(\frac{x}{l}\right)^2\right]$ $x = 0{,}577\, l$: $\max y = -\frac{p c_1^2 l^2}{18 \sqrt{3} EJ}$ $B-D$: $y_1 = \frac{p c_1^3 x_1}{6 EJ}\left[\frac{l}{c_1} + \frac{3}{2} \frac{x_1}{c_1} - \left(\frac{x_1}{c_1}\right)^2 + \frac{1}{4}\left(\frac{x_1}{c_1}\right)^3\right]$ $f_1 = \frac{p c_1^3}{24 EJ}(4 l + 3 c_1)$ $A-C$: $y_2 = \frac{p c_1^2 l}{12 EJ} x_2$	

Nr.	Balkenform Belastungsart	Auflagerkraft Querkraft	Momente
13	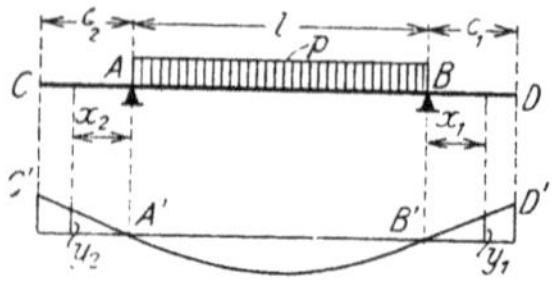	wie beim einfachen Balken Durchbiegungen: $A-B$: wie beim einfachen Balken $B-D$: $y_1 = -\frac{p\,l^3}{24\,E\,J}x_1$ $A-C$: $y_2 = -\frac{p\,l^3}{24\,E\,J}x_2$	wie beim einfachen Balken

Im folgenden bezeichnen: J = Trägheitsmoment des Balkens, F = Querschnittsfläche der Stütze, E = Elastizitätsmaß für Balken und Stütze, α_t = Längenänderungsverhältnis für 1^0 Temperaturänderung, t = Temperaturänderung gegenüber dem spannungslosen Anfangszustand.

Nr.	Balkenform Belastungsart	Auflagerkraft Querkraft	Momente
14	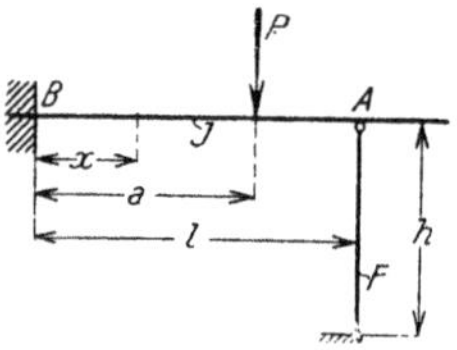	**Einseitig eingespannter Balken mit Pendelstütze** $M_B = -\frac{P}{2\,l^2}a\,(l-a)\,(2\,l-a)$ $A = \frac{P\,a^2\,(3\,l-a)}{2\,l^3+\frac{6\,h\,J}{F}}$ bei Vernachlässigung von $\frac{6\,h\,J}{F}$: $A = P\frac{a^2\,(3\,l-a)}{2\,l^3}$	im Lastorte: $M_a = P\frac{a^2\,(3\,l-a)\,(l-a)}{2\,l^3}$ M_a und M_B mit Vernachlässigung von $\frac{6\,E\,J}{F}$ M_a ist das größte positive Moment
15	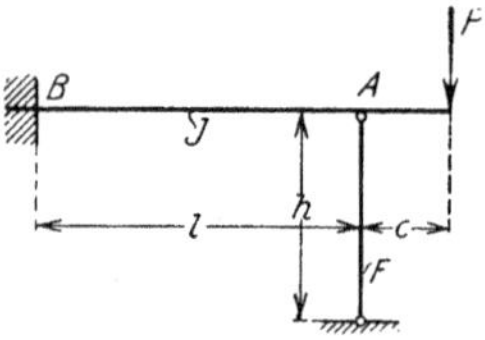	$A = \frac{P\,l^2\,(2\,l+3\,c)}{2\,l^3+\frac{6\,h\,J}{F}}$ bei Vernachlässigung von $\frac{6\,h\,J}{F}$: $A = P\left(1+\frac{3\,c}{2\,l}\right)$	$M_B = P\frac{c}{2}$
16	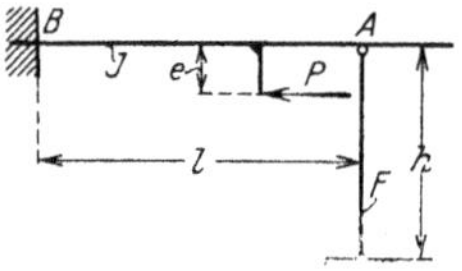	bei Vernachlässigung von $\frac{6\,h\,J}{F}$: $A = \frac{3}{2}\frac{P\,e}{l^3}d\,(2\,l-d)$	$M_B = \frac{3}{2}\frac{P\,e}{l^2}\left[(l-d)^2-\frac{l^2}{3}\right]$ (d = Abstand der Konsole von B)
17	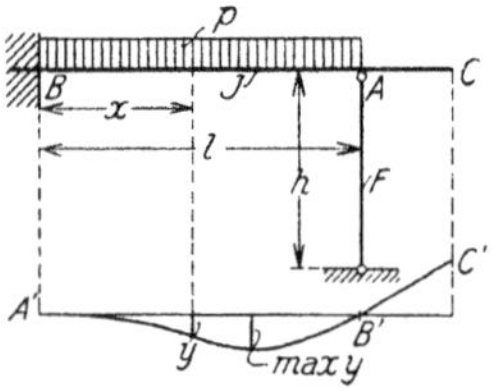	$A_p = \frac{3\,p\,l^4}{8\,l^3+\frac{24\,h\,J}{F}}$ bei Vernachlässigung von $\frac{24\,h\,J}{F}$: $A_p = \frac{3\,p\,l}{8}$ $B_p = \frac{5\,p\,l}{8}$ Durchbiegung: $y = \frac{p\,l^4}{48\,E\,J}\left[\frac{l-x}{l}-3\left(\frac{l-x}{l}\right)^3+2\left(\frac{l-x}{l}\right)^4\right]$ $x = 05785\,l$: $\max y = \frac{p\,l^4}{185\,E\,J}$ Wendepunkt: $x = \frac{l}{4}$	$M_B = -\frac{p\,l^2}{8}$ $x = \frac{5}{8}l$: $\max M = \frac{9}{128}p\,l^2$

Nr.	Balkenform Belastungsart	Auflagerkraft Querkraft	Momente
18	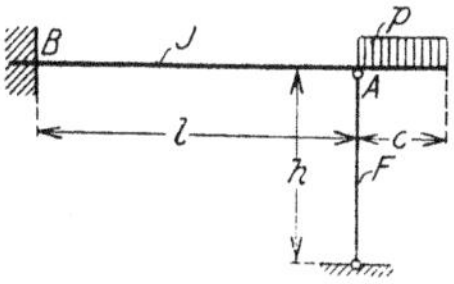	$A_p = \frac{p l^2 c (4l + 3c)}{4l^3 + \frac{12hJ}{F}}$ bei Vernachlässigung von $\frac{12hJ}{F}$: $A_p = pc\left(1 + \frac{3}{4}\frac{c}{l}\right)$	$M_B = \frac{pc^2}{4}$
19	Temperaturänderung	$A^t = \frac{3EJ\alpha_t t h}{l^3 + \frac{3hJ}{F}}$ bei Vernachlässigung von $\frac{3hJ}{F}$: $A^t = \frac{3EJ\alpha_t t h}{l^3}$	$M^t_B = \frac{3EJ\alpha_t t h}{l^2}$
		Beiderseits eingespannter Balken	
20	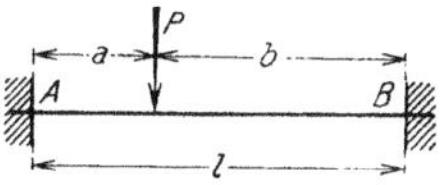	$A = P\frac{b^2}{l^3}(2a + l)$ $B = P\frac{a^2}{l^3}(2b + l)$	$M_A = -P\frac{ab^2}{l^2}$ $M_B = -P\frac{a^2 b}{l^2}$ im Lastorte: $M_a = \frac{2Pa^2b^2}{l^3}$
21	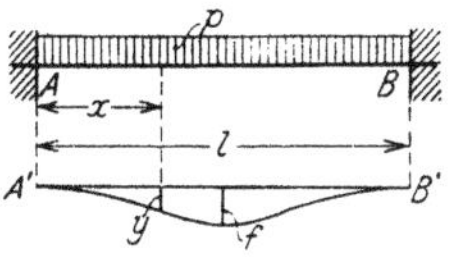	$A = B = \frac{pl}{2}$	$M_A = M_B = -\frac{pl^2}{12}$ $M_x = \frac{pl^2}{2}\left[\frac{1}{6} - \frac{x}{l} + \left(\frac{x}{l}\right)^2\right]$ für $x = \frac{l}{2}$: $M = \frac{pl^2}{24}$
		Durchbiegungen: $y = \frac{pl^4}{24EJ}\left(\frac{x}{l}\right)^2\left(1 - \frac{x}{l}\right)^2$ für $x = \frac{l}{2}$: $f = \frac{pl^4}{384EJ}$ Wendepunkte bei $x = \frac{1}{2}l\left(1 \pm \sqrt{\frac{1}{3}}\right)$	

B. Rahmenträger mit einer Öffnung

Es bezeichnen: J = Trägheitsmoment, F = Querschnittsfläche, E = das Elastizitätsmaß, α_t = Längenänderungsverhältnis für 1° Temperaturänderung, t = Temperaturänderung in Celsiusgraden gegenüber dem spannungslosen Anfangszustand

22	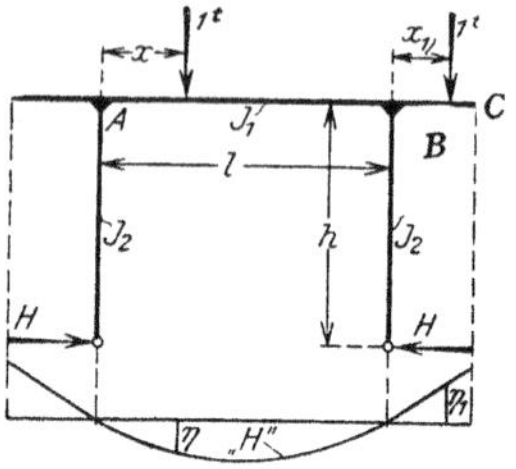	**Symmetrischer Zweigelenkrahmen** Einflußlinie H: $A - B$: $\eta = \frac{x(l-x)}{2hl} \cdot \nu$ $B - C$: $\eta_1 = -\frac{x_1}{2h} \cdot \nu$ $\nu = \frac{1}{1 + \frac{2}{3}\frac{h}{l}\frac{J_1}{J_2}}$ Anmerkung: Längs- und Querkräfte bei der Ermittlung von H vernachlässigt
23	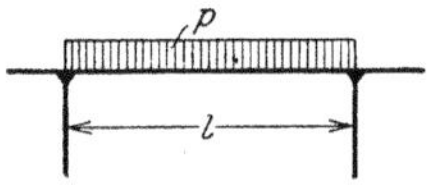	$H = \frac{p l^2}{12 h} \cdot \nu$ ν: wie Nr. 22
24	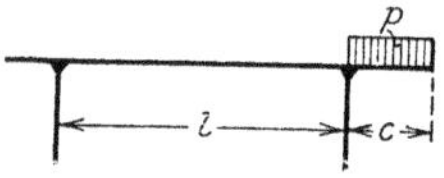	$H = -\frac{p c^2}{4 h} \cdot \nu$ ν: wie Nr. 22
25	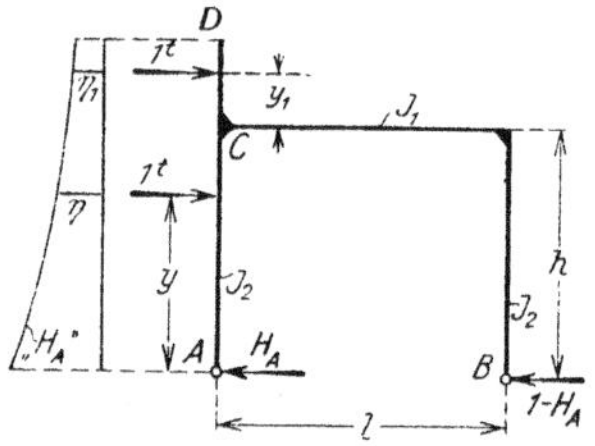	Einflußlinie H_A: $A - C$: $\left[\frac{1}{2}\frac{y}{h}\left(\frac{J_1}{J_2}\frac{h}{l} + 1\right) - \frac{1}{6}\frac{y^3}{h^2 l}\frac{J_1}{J_2}\right] \cdot \nu$ $C - D$: $\eta = 1 - \eta_1 = \frac{1}{2} - \frac{y_1}{2h} \cdot \nu$ ν: wie Nr. 22
26	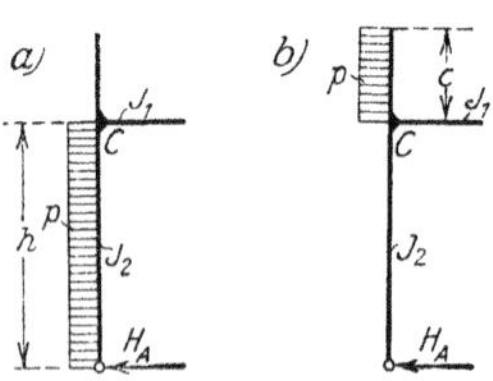	Belastung a): $H_A = p h\left(\frac{11}{24}\frac{J_1}{J_2}\frac{h}{l} + \frac{3}{4}\right) \cdot \nu$ Belastung b): $H_A = c p\left(\frac{1}{2} - \frac{c}{4h} \cdot \nu\right)$ ν: wie Nr. 22

27	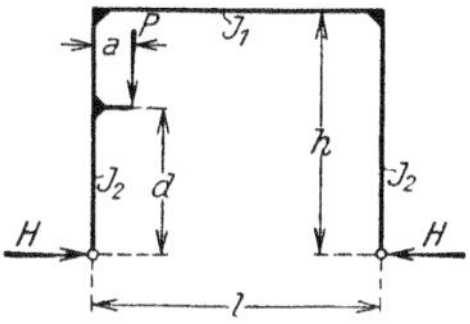	$$H = \frac{P a \nu}{2 h}\left[\frac{J_1}{J_2}\left(\frac{h}{l} - \frac{d^2}{h l}\right) + 1\right]$$ ν: wie Nr. 22
28	Temperaturänderung $\pm t^0$	$$H_t = \pm \frac{E J_1 \alpha_t t}{h^2} \cdot \nu$$ ν: wie Nr. 22
29	Nachgiebigkeit der Stützpunkte um Δl wagrecht	$$H_{\Delta l} = \pm \frac{E J_1 \Delta l}{h^2 l} \cdot \nu$$ ν: wie Nr. 22
30	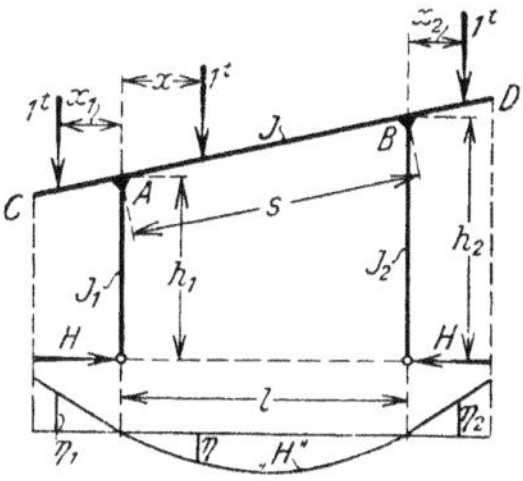	**Unsymmetrischer Zweigelenkrahmen** $$\nu = 1 + k + k^2 + \frac{J}{J_1}\frac{h_1}{s} + k^2 \frac{J}{J_2}\frac{h_2}{s} \qquad k = \frac{h_2}{h_1}$$ Einflußlinie H: $A - B$: $$\eta = \frac{x(l-x)}{2 h_1 l \nu}\left[k\left(1 + \frac{x}{l}\right) + \left(2 - \frac{x}{l}\right)\right]$$ $C - A$: $$\eta_1 = -\frac{x_1}{2 h_1 \cdot \nu}(k + 2)$$ $B - D$: $$\eta_2 = -\frac{x_2}{2 h_1 \cdot \nu}(2 k + 1)$$
31	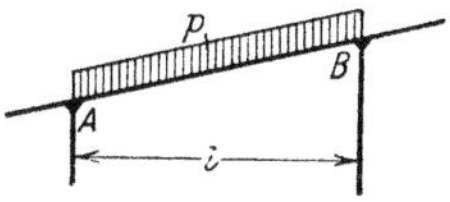	$$H = \frac{p l^2}{8 h_1 \cdot \nu}(1 + k)$$ ν und k: wie Nr. 30
32	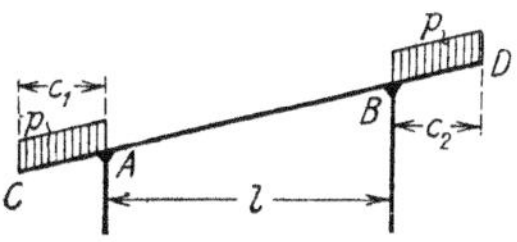	nur $A - C$ belastet: $H = -\frac{p c_1^2}{4 h_1 \cdot \nu}(k + 2)$ nur $B - D$ belastet: $H = -\frac{p c_2^2}{4 h_1 \cdot \nu}(2 k + 1)$ ν und k: wie Nr. 30
33	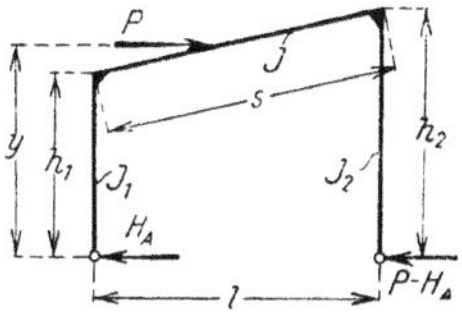	$$H_A = \frac{P}{(k-1)\cdot\nu}\left[\frac{h_2}{s}\frac{J}{J_2} k^2 (k-1) + k^3 - \frac{y}{2 h_1}(k^2 + k + 1) + \frac{1}{2}\left(\frac{y}{h_1}\right)^3\right]$$ ν und k: wie Nr. 30

34	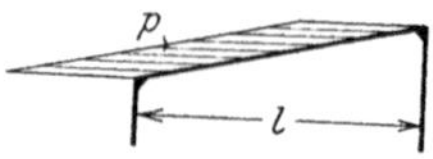	$H_A = \frac{p\,(h_2 - h_1)}{(k-1)\cdot\nu}\left[\frac{h_2}{s}\,\frac{J}{J_2}\,k^2\,(k-1) + k^3 - \frac{(k+1)^3}{8}\right]$ ν und k: wie Nr. 30
35	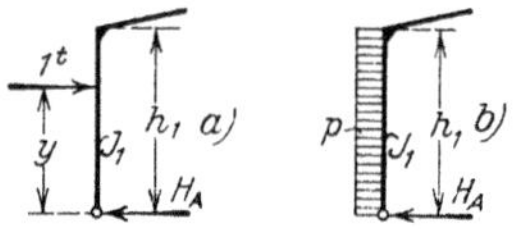	Belastungsfall a): $H_A = 1 - \frac{k\cdot y}{2\,h_2\,\nu}\left[\frac{h_1}{s}\,\frac{J}{J_1}\left(3 - \frac{y^2}{h_1^2}\right) + k + 2\right]$ Belastungsfall b): $H_A = p\,h_1\left\{1 - \frac{1}{8\,\nu}\left[5\,\frac{h_1}{s}\,\frac{J}{J_1} + 2\,(k+2)\right]\right\}$ ν und k: wie Nr. 30
36	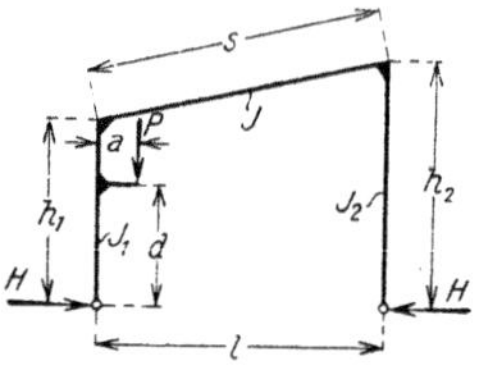	$H = \frac{3\,P\,a\,k}{2\,h_2\,\nu}\left[\frac{h_1}{s}\,\frac{J}{J_1}\left(1 - \frac{d^2}{h_1^2}\right) + \frac{k+2}{3}\right]$ ν und k: wie Nr. 30
37	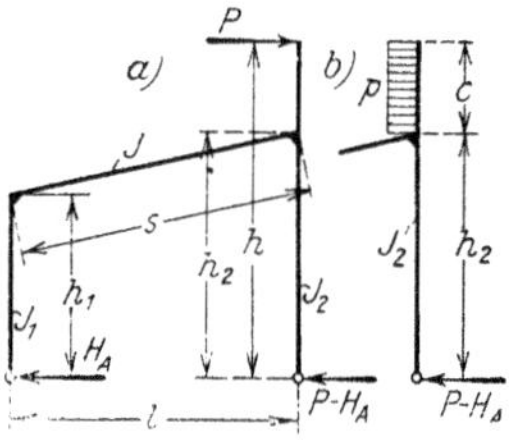	Belastungsfall a): $H_A = \left[\frac{h}{h_1}\,(2\,k+1) + 2\,k^2\,\frac{J}{J_2}\,\frac{h_2}{s}\right]\frac{P}{2\,\nu}$ Belastungsfall b): $H_A = \frac{p\,c}{2\,\nu}\left[\frac{h+h_2}{2\,h_1}\,(2\,k+1) + 2\,k^2\,\frac{J}{J_2}\,\frac{h_2}{s}\right]$ ν und k: wie Nr. 30
38	Temperaturänderung t^0	$H_t = \pm\,\frac{3\,E\,J\,\alpha_t\,t\,l}{h_1^2\cdot s\cdot\nu}$ ν und k: wie Nr. 30
39	Nachgiebigkeit der Stützpunkte um Δl	$H_{\Delta l} = \pm\,\frac{3\,E\,J\,\Delta l}{h_1^2\cdot s\cdot\nu}$ ν und k: wie Nr. 30

40

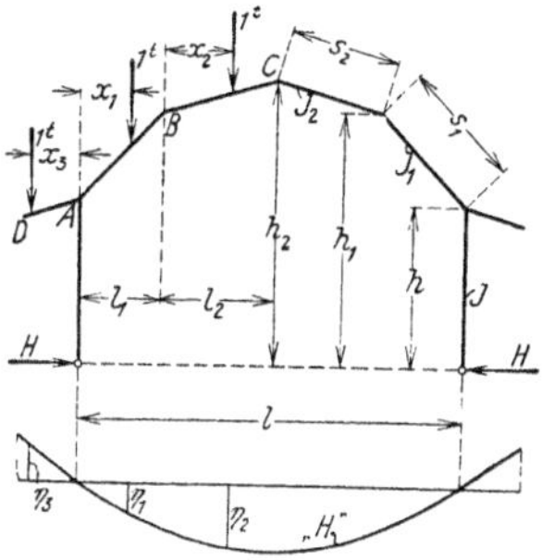

Zweigelenkhalbrahmen mit mehrfach geknicktem Riegel

Einflußlinie H:

$A-B$: $$\eta_1 = \frac{l_1}{4}\left\{\frac{J}{J_1}s_1\left|(h+h_1)\frac{x_1}{l_1} - h\left(\frac{x_1}{l_1}\right)^2 - \frac{1}{3}(h_1-h)\left(\frac{x_1}{l_1}\right)^3\right| + \frac{J}{J_2}s_2(h_1+h_2)\left(\frac{x_1}{l_1}\right)\right\}\cdot\frac{1}{\nu},$$

wobei $$\nu = \frac{h^3}{3} + s_1\frac{J}{J_1}\left[h h_1 + \frac{1}{3}(h_1-h)^2\right] + \frac{J}{J_2}s_2\left[h_1 h_2 + \frac{1}{3}(h_2-h_1)^2\right]$$

$B-C$: $$\eta_2 = \frac{l_2}{4}\left\{\frac{J}{J_1}\frac{s_1 l_1}{3 l_2}(h+2h_1) + \frac{J}{J_2}s_2\left[(h_1+h_2)\left(\frac{l_1}{l_2}+\frac{x_2}{l_2}\right) - h_1\left(\frac{x_2}{l_2}\right)^2 - \frac{1}{3}(h_2-h_1)\left(\frac{x_2}{l_2}\right)^3\right]\right\}\cdot\frac{1}{\nu}$$

$A-D$: $$\eta_3 = -\frac{x_3}{4}\left[\frac{J}{J_1}s_1(h+h_1) + \frac{J}{J_2}s_2(h_1+h_2)\right]\cdot\frac{1}{\nu}$$

41

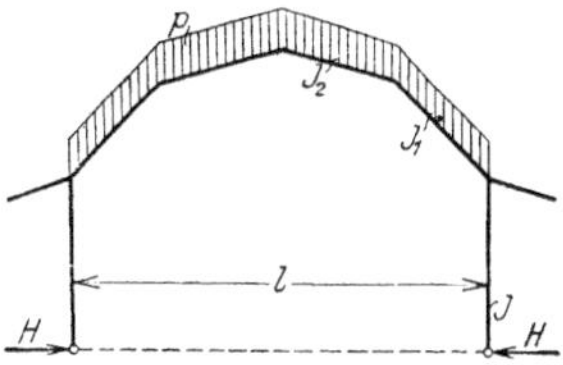

$$H = \frac{p}{6\nu}\left\{\frac{J}{J_1}s_1 l_1\left[\frac{3h+5h_1}{4}l_1 + (h+2h_1)l_2\right] + \frac{J}{J_2}s_2 l_2\left[\frac{3h_1+5h_2}{4}l_2 + \frac{3(h_1+h_2)}{2}\,\frac{l_1^2+2l_1 l_2}{l_2}\right]\right\}$$

ν: wie Nr. 40

42

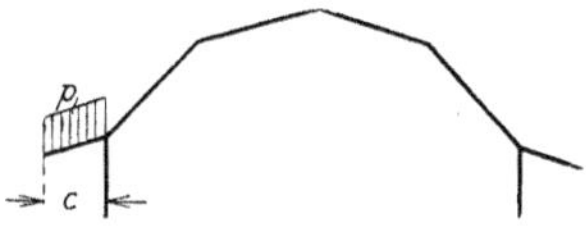

$$H = -\frac{1}{8}pc^2 \cdot\left[\frac{J}{J_1}s_1(h+h_1) + \frac{J}{J_2}s_2(h_1+h_2)\right]\cdot\frac{1}{\nu}$$

ν: wie Nr. 40

43

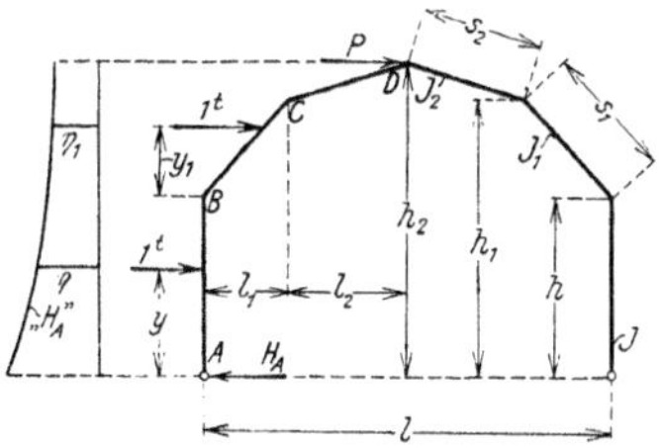

Einflußlinie H_A:

$A-B$: $$\eta = 1 - \frac{y}{4}\left\{\frac{3h^2-y^2}{3} + \frac{J}{J_1}s_1(h+h_1) + \frac{J}{J_2}s_2(h_1+h_2)\right\}\frac{1}{\nu}$$

$B-C$: $$\eta_1 = 1 - \frac{1}{4}\left\{\frac{2}{3}h^3 + \frac{J}{J_1}s_1\left[(y_1+h)(h+h_1) - \frac{h}{h_1-h}y_1^2 - \frac{1}{3(h_1-h)}y_1^3\right] + s_2\frac{J}{J_2}(y_1+h)(h_1+h_2)\right\}\cdot\frac{1}{\nu}$$

ν: wie Nr. 40

Last in D: $H = \frac{P}{2}$

44

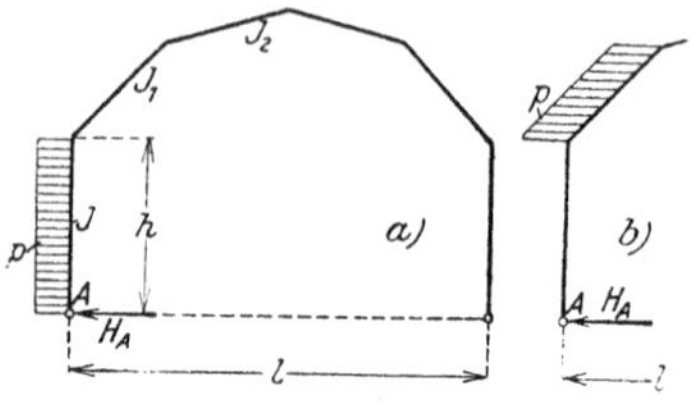

Belastungsfall a):

$$H_A = p\,h\left\{1 - \frac{h}{8}\left[\frac{5}{6}h^2 + \frac{J}{J_1}s_1(h+h_1) + \frac{J}{J_2}s_2(h_1+h_2)\right]\frac{1}{\nu}\right\}$$

Belastungsfall b):

$$H_A = (h_1 - h)\cdot p\left[1 - \frac{1}{4}\left\{\frac{2}{3}h^3 + \frac{J}{J_1}\frac{s_1}{3}\left(\frac{5}{4}(h_1+h)^2 + h^2\right) + s_2\frac{J}{J_2}(h_1+h_2)\frac{h+h_1}{2}\right\}\frac{1}{\nu}\right]$$

ν: wie Nr. 40

45

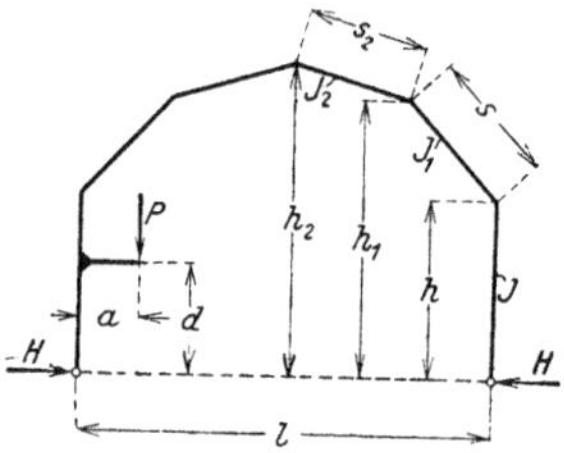

$$H = \frac{Pa}{4}\left\{(h^2 - d^2) + s_1\frac{J}{J_1}(h+h_1) + s_2\frac{J}{J_2}(h_1+h_2)\right\}\cdot\frac{1}{\nu}$$

ν: wie Nr. 40

46

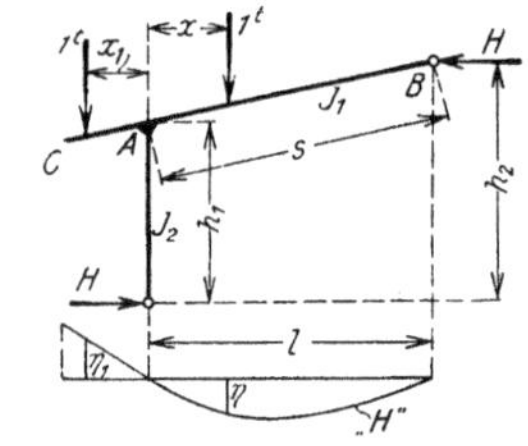

Zweigelenkhalbrahmen

Einflußlinie H:

A—B: $$\eta = \frac{x\,(l-x)\,(2l-x)}{2\,h_1\,l^2}\cdot\nu$$

A—C: $$\eta_1 = -\frac{x_1}{h_1}\cdot\nu$$

$$\nu = \frac{1}{1 + \frac{J_1}{J_2}\,\frac{h_1}{s}}$$

47

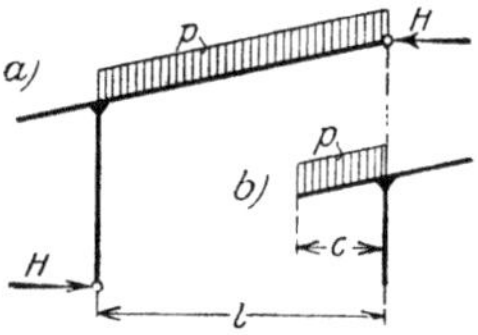

Belastungsfall a): $$H = \frac{p\,l^2}{8\,h_1}\cdot\nu$$

Belastungsfall b): $$H = -\frac{p\,c^2}{2\,h_1}\nu$$

ν: wie Nr. 46

48

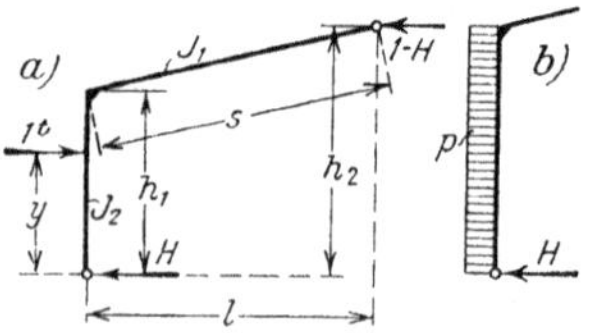

Belastungsfall a):

$$H = \frac{[2h_1^3 - 3y\,h_1^2 + y^3]\,\frac{J_1}{J_2} + 2h_1(h_1 - y)\cdot s}{2\,h_1^2\,s}\,\nu$$

wenn $y = h_1$: $H = 0$

Belastungsfall b):

$$H = \frac{p\,h_1}{2}\left(1 + \frac{3}{4}\,\frac{h_1}{s}\,\frac{J_1}{J_2}\right)\nu$$

ν: wie Nr. 46

49

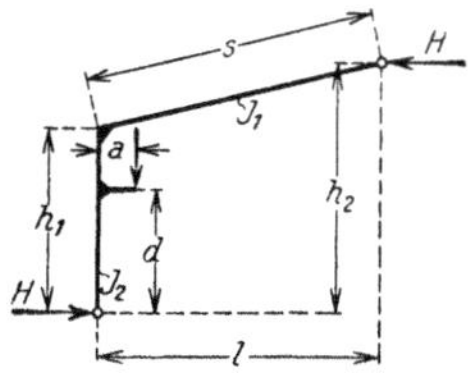

$$H=\frac{Pa\left[3\,(h_1^2-d^2)\,\frac{J_1}{J_2}+2\,h_1\,s\right]}{2\,h_1^2\,s}\,\nu$$

ν: wie Nr. 46

50

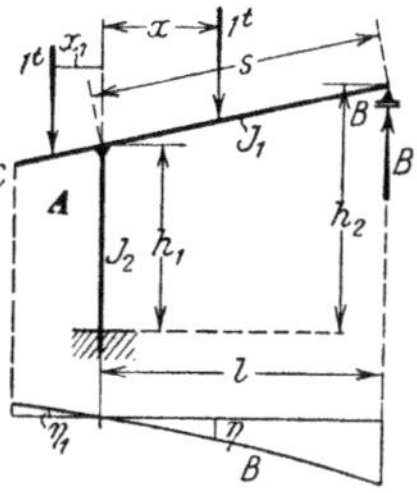

Halbrahmen mit einer eingespannten Stütze

Einflußlinie B:

$$A-B:\quad \eta=\frac{2\,x+\frac{J_2}{J_1}\,\frac{x^2 s}{h_1 l^2}\left(l-\frac{x}{3}\right)}{2\,l}\,\nu$$

$$A-C:\quad \eta_1=-\frac{x_1}{l}\cdot\nu$$

$$\nu=\frac{1}{1+\frac{1}{3}\,\frac{J_2}{J_1}\cdot\frac{s}{h_1}}$$

51

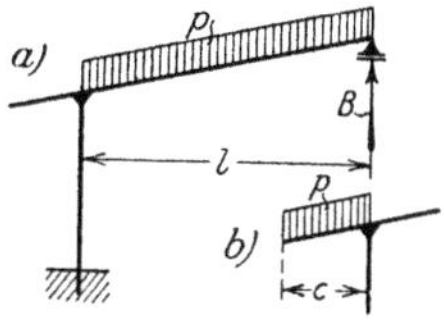

Belastungsfall a):

$$B=\left(1+\frac{1}{4}\,\frac{J_2}{J_1}\,\frac{s}{h_1}\right)\cdot\frac{p\,l}{2}\,\nu$$

Belastungsfall b):

$$B=-\frac{pc^2}{2\,l}\cdot\nu$$

ν: wie Nr. 50

52

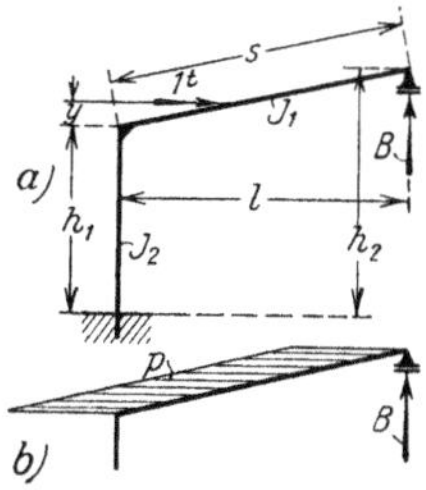

Belastungsfall a):

$$B=\left[\frac{h_1}{2\,l}+\frac{y}{l}+\frac{y^2 s}{2\,h_1\,l\,(h_2-h_1)}\,\frac{J_2}{J_1}\left(1-\frac{y}{3\,(h_2-h_1)}\right)\right]\nu$$

Belastungsfall b):

$$B=\frac{p\,(h_2-h_1)}{2\,l}\left[h_2+\frac{1}{4}\,\frac{J_2}{J_1}\,\frac{s}{h_1}\,(h_2-h_1)\right]\nu$$

ν: wie Nr. 50

53

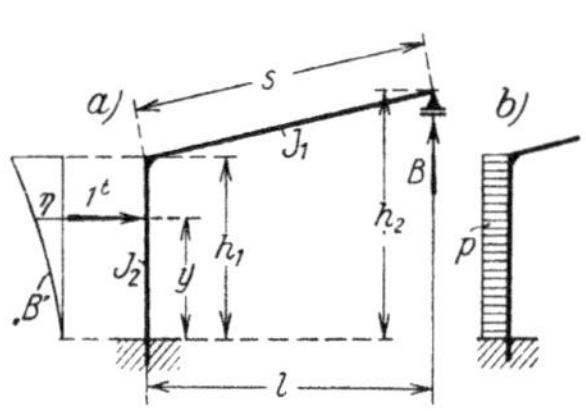

Belastungsfall a): $\eta=\frac{y^2}{2\,h_1\,l}\,\nu$

Belastungsfall b): $B=\frac{p\,h_1^2}{6\,l}\,\nu$

ν: wie Nr. 50

54	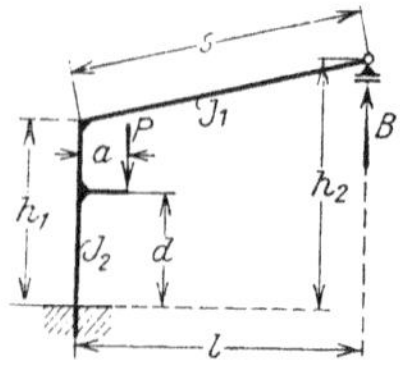	$B = \frac{P a d}{h_1 l} \cdot \nu$ ν: wie Nr. 50
	Temperaturänderung t^0	$B = \pm \frac{\alpha_t t E J_2}{l^2} \frac{h_2}{h_1} \cdot \nu$ ν: wie Nr. 50
55	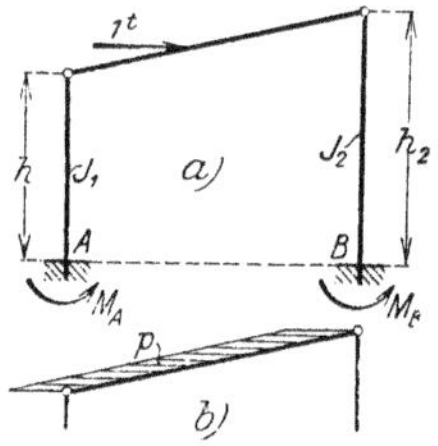	**Beiderseits eingespannter Rahmen mit gelenkig angeschlossenem Querriegel** Belastungsfall a): $M_A = P(1-\nu)\cdot h_1$ $M_B = P\cdot \nu h_2$ Belastungsfall b): $M_A = p(h_2-h_1)\cdot h_1(1-\nu)$ $M_B = p(h_2-h_1)\cdot h_2\cdot \nu$ $\nu = \frac{1}{1+\frac{J_1}{J_2}\left(\frac{h_2}{h_1}\right)^3}$
56	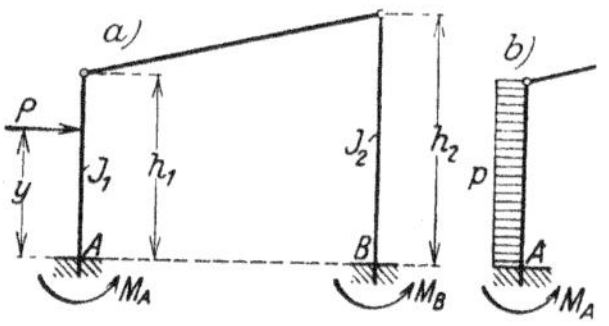	Belastungsfall a): $M_A = P h_1\left[\frac{y}{h_1} - \frac{\nu}{2}\left(\frac{y}{h_1}\right)^2\left(3-\frac{y}{h_1}\right)\right]$ $M_B = P\cdot h_2\left[\frac{\nu}{2}\left(\frac{y}{h_1}\right)^2\left(3-\frac{y}{h_1}\right)\right]$ Belastungsfall b): $M_A = \frac{p h_1^2}{8}(4-3\nu)$ $M_B = \frac{3 p h_1 h_2}{8}\nu$ ν: wie Nr. 55
57	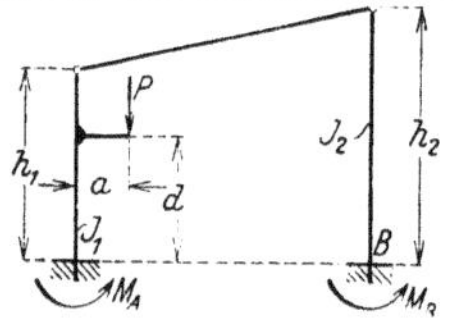	$M_A = P\cdot a\left\{1-\frac{3\nu}{2}\left[2\frac{d}{h_1}-\left(\frac{d}{h_1}\right)^2\right]\right\}$ $M_B = P a\frac{h_2}{h_1}\left[2\frac{d}{h_1}-\left(\frac{d}{h_1}\right)^2\right]\frac{3\nu}{2}$ ν: wie Nr. 55
58	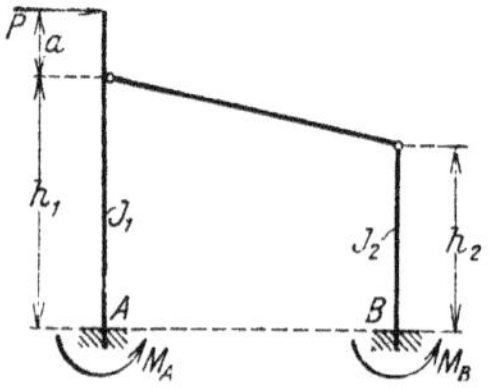	$M_A = P h_1\left[\frac{a}{h_1}+1-\nu\left(\frac{3}{2}\frac{a}{h_1}+1\right)\cdot\frac{h_2}{h_1}\right]$ $M_B = P h_2\left(\frac{3}{2}\frac{a}{h_1}+1\right)\nu$ ν: wie Nr. 55

59	Temperaturänderung t^0	$M_A = \frac{3\,\alpha_t t\, E J_1 l}{h_1^2}\nu$ $M_B = \frac{3\,\alpha_t t \cdot E J_1 l h_2}{h_1^3}\cdot\nu$ ν: wie Nr. 55
60	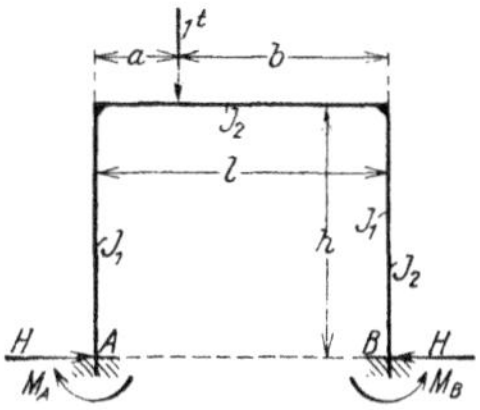	**Beiderseits eingespannter Rahmen** $M_A = \frac{P a b}{2 l}\,\frac{5\nu - 1 + 2\frac{a}{l}(2+\nu)}{(2+\nu)(1+6\nu)}$ $M_B = \frac{P a b}{2 l}\,\frac{3 + 7\nu - 2\frac{a}{l}(2+\nu)}{(2+\nu)(1+6\nu)}$ $H = \frac{3 P a b}{2 h l (2+\nu)}$ $\nu = \frac{J_2}{J_1}\cdot\frac{h}{l}$
61	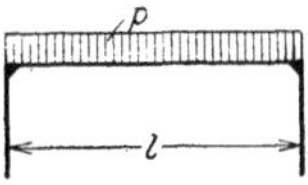	$M_A = M_B = \frac{p l^2}{12(2+\nu)}\quad H = \frac{p l^2}{4 h(2+\nu)}$ ν: wie Nr. 60
62	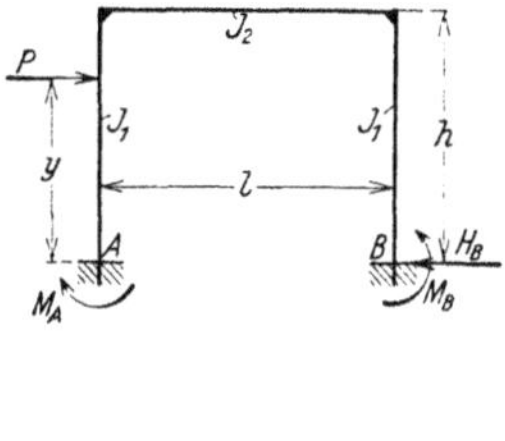	$M_A = -\frac{P y^2}{2h}\left[\frac{2h}{y} - \frac{3+2\nu-\frac{y}{h}(1+\nu)}{2+\nu} - \frac{3\nu}{1+6\nu}\right]$ $M_B = +\frac{P y^2}{2h}\left[\frac{3+2\nu-\frac{y}{h}(1+\nu)}{2+\nu} - \frac{3\nu}{1+6\nu}\right]$ $H_B = \frac{P\left(\frac{y}{h}\right)^2}{2(2+\nu)}\left[3(1+\nu) - \frac{y}{h}(1+2\nu)\right]$ ν: wie Nr. 60
63	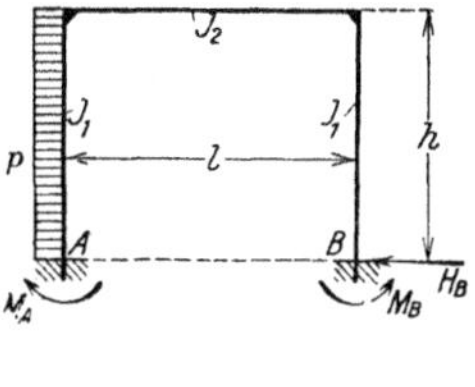	$M_A = -\frac{p h^2}{24}\left(12 - \frac{9+5\nu}{2+\nu} - \frac{12\nu}{1+6\nu}\right)$ $M_B = +\frac{p h^2}{24}\left(\frac{9+5\nu}{2+\nu} - \frac{12\nu}{1+6\nu}\right)$ $H_B = \frac{p h}{8}\,\frac{3+2\nu}{2+\nu}$ ν: wie Nr. 60

64	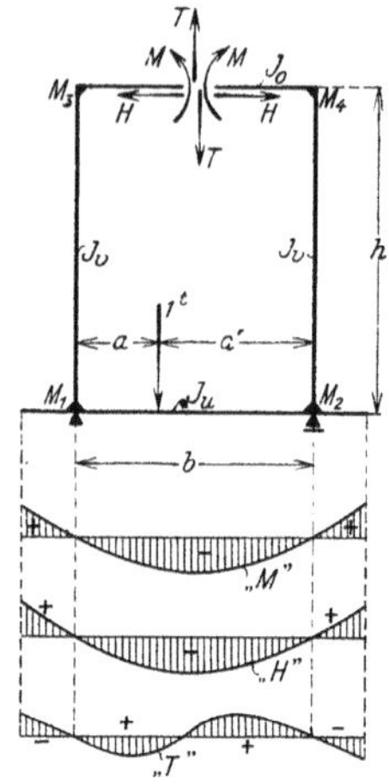	Geschlossener Brückenrahmen $T=\frac{2aa'\left(\frac{b}{2}-a\right)b\frac{J_v}{J_u}}{b^3\left(b\frac{J_v}{J_o}+6h+b\frac{J_v}{J_u}\right)}$ $H=\frac{9}{2}\frac{aa'b\frac{J_v}{J_u}\left(h+b\frac{J_v}{J_o}\right)}{bh\left[\left(2h+3b\frac{J_v}{J_o}\right)\left(2h+3b\frac{J_v}{J_u}\right)-h^2\right]}$ $M=-\frac{3}{2}\frac{aa'bh\frac{J_v}{J_u}}{b\left[\left(2h+3b\frac{J_v}{J_o}\right)\left(2h+3b\frac{J_v}{J_u}\right)-h^2\right]}$ Eckmomente: $M_1=M+T\frac{b}{2}+Hh,\quad M_2=M-T\frac{b}{2}+Hh$ $M_3=M+T\frac{b}{2},\quad M_4=M-T\frac{b}{2}$
65	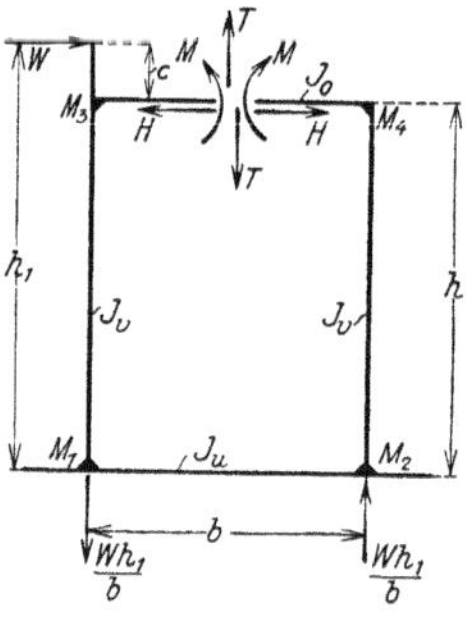	$T=W\frac{h_1}{b}\frac{b\frac{J_v}{J_u}+3h}{b\frac{J_v}{J_o}+6h+b\frac{J_v}{J_u}}$ $H=W\frac{h_1}{2h},\quad M=0$ $M_1=-M_2=-\frac{1}{2}(Wh_1-Tb)$ $M_3=-M_4=\frac{1}{2}Tb.$ Wagrechte Verschiebung der oberen Ecke: $\delta=\frac{Wh_1h}{12EJ_v}\left[\frac{\left(b\frac{J_v}{J_u}+3h\right)\left(b\frac{J_v}{J_o}+3h\right)}{b\frac{J_v}{J_o}+6h+b\frac{J_v}{J_u}}-h\right]$

V. Erddruck

A. Erddruck im unbegrenzten Erdkörper

Die gebräuchliche Theorie des Erddruckes setzt homogenes, kohäsionsloses Material voraus, so daß außer Druckkräften nur noch Reibungskräfte im Innern des Erd- oder Schüttkörpers übertragen werden können. Bei einer kleinen Bewegung (Kippen) der stützenden Wand bildet sich nach der Annahme Coulombs im Erdkörper eine Gleitfläche *A G*, Abb. 83. Das Gewicht des Erdprismas *A B G* steht im Gleichgewicht mit dem Widerstand *E* der stützenden Wand und dem Widerstand *S* in der Gleitfläche. Richtung und Größe dieser Kräfte sowie der Winkel ϑ, den die Gleitfläche mit der Wagrechten einschließt, sind zunächst unbekannt. Zur Kennzeichnung der Reibungsverhältnisse des Erd- oder Schüttmaterials dient noch der Böschungswinkel φ, das ist jener Winkel, unter dem sich das

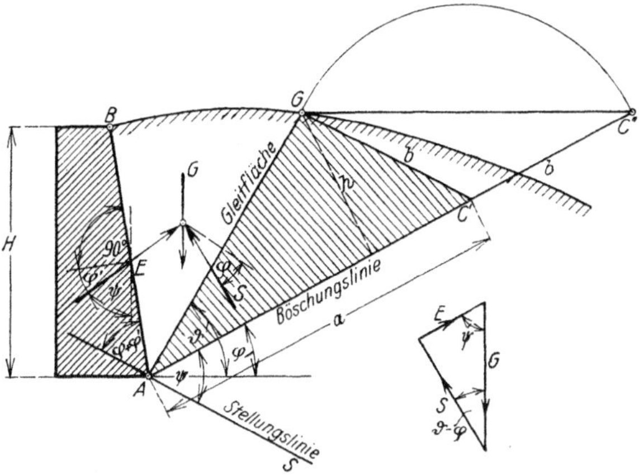

Abb. 83

Schüttmaterial abböscht; er entspricht dem Reibungswinkel. In der nachfolgenden Tafel sind für die wichtigsten hier in Betracht kommenden Schüttstoffe Einheitsgewicht γ und Böschungswinkel φ angegeben.

Tafel der Einheitsgewichte γ und Böschungswinkel φ verschiedener Schüttstoffe

Schüttstoff	γ kg/m³	φ^0	Schüttstoff	γ kg/m³	φ^0
Dammerde, gelockert, trocken	1400	40	Sand, trocken	1600	35
Dammerde, gelockert, feucht	1600	45	Sand, feucht	1800	40
Dammerde, mit Wasser gesättigt	1800	27—30	Sand, mit Wasser gesättigt	2000	25
Dammerde, gestampft, trocken	1700	42	Schutt und Sand, trocken	1400	35
Dammerde, gestampft, feucht	1900	37	Schutt und Sand, naß	1800	30
Lehmerde, gelockert, trocken	1500	40—45	Kohle	850	45
Lehmerde, gelockert, feucht	1550	45	Koks	500	45
Lehmerde, mit Wasser gesättigt	2000	20—25	Erz	1800	45
Lehmerde, gestampft, trocken	1800	40	Zement	1400	40
Lehmerde, gestampft, feucht	1850	70	Weizen	800	25
Kies, trocken	1800	30—45	Malz	500	22
Kies, feucht	2000	25—30			

Der Kleinstwert, den der Widerstand E bei Aufrechterhaltung des Gleichgewichtes annehmen kann, heißt der aktive Erddruck. In diesem Grenzfalle tritt ein Gleiten des Erdkörpers nach unten ein, der Erddruck sucht die Wand zu kippen und zu verschieben. Der Größtwert von E, der zum Gleichgewicht erforderlich ist, heißt passiver Erddruck, das Erdprisma ABG gleitet nach oben. Dieser Grenzfall kann dann eintreten, wenn die Wand gegen das Erdreich gepreßt wird. In beiden Fällen schließt die Kraft S mit der Lotrechten zur Gleitfläche den Reibungswinkel φ ein. Im nachstehenden wird nur der aktive Erddruck betrachtet.

Nimmt man die Gleitfläche als eben an, so folgt aus einer Minimumbetrachtung der Rebhannsche Satz: Die Gleitfläche halbiert das Erdprisma, das von der Wand AB, der Böschungsebene AC', der Erdfläche BG und von der parallel zur Geraden AS gezogenen Geraden GC' eingeschlossen wird. AS heißt die Stellungslinie; sie schließt mit der Böschungslinie den Winkel ψ, das ist auch der Winkel, den der Erddruck E mit der Lotrechten bildet, ein.

Der **Erddruck** E ist durch

(1) $$E = G\frac{GC'}{AC'} = G\frac{b}{a}$$

gegeben. Da nun Fläche AGC' nach dem Rebhannschen Satz gleich Fläche ABG, also gleich G/γ ist, so ist für einen Wandstreifen von 1 m Breite

(2) $$G = \gamma\, a\frac{h}{2} \quad \text{und} \quad E = \gamma\frac{hb}{2}.$$

Der Erddruck E auf einen Wandstreifen von 1 m Breite ist demnach durch den Flächeninhalt des Erddruckdreieckes $GC'C''$ dargestellt.

Die Richtung des Erddruckes hängt ab von der Größe der Reibung zwischen Wand und Schüttungsmaterial. Grenzwerte sind: Wenn keine Reibung vorhanden, $\varphi' = 0$, und bei Wirken der vollen Reibung $\varphi' = \varphi$. Vielfach wird $\varphi' = \varphi$ gesetzt. Bei nassem Erdmaterial, das von Wasser durchtränkt ist, ist es besser, $\varphi' = 0$ zu setzen. E wirkt dann senkrecht auf die Wandfläche.

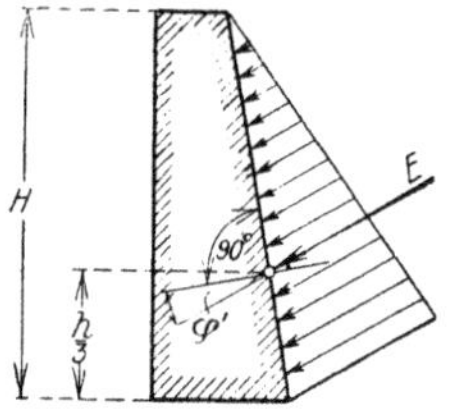

Abb. 84

Die Verteilung des Erddruckes über die Wand AB erfolgt nach dem gleichen Gesetz wie bei Wasserdruck, Abb. 84. Der Angriffspunkt der Resultierenden E liegt demnach im unteren Drittelpunkt der Wandhöhe.

Erddruck bei ebener Wand und gerader Erdlinie

a) Zeichnerisch: Abb. 85 (s. S. 229). Man zeichnet durch den Punkt A die Böschungslinie unter dem Winkel φ zur Wagrechten, ermittelt ihren Schnittpunkt C mit der Erdlinie, zeichnet weiters durch B eine Parallele zur Stellungslinie, d. i. eine Gerade BN, die mit der Wand AB den Winkel $\varphi + \varphi'$ einschließt. Nun schlägt man über AC einen Halbkreis, fällt in N die Senkrechte auf die Böschungslinie, beschreibt den Kreisbogen $N'D$ und erhält durch Ziehen von $D'D \,//\, BN$ die Strecke b und damit das schraffierte Erddruckdreieck $DD'D''$.

Es ist
$$E = \frac{1}{2}\gamma\, b\, h.$$

Die Verwandlung dieses Dreieckes in ein flächengleiches von der Höhe H der stützenden Wand liefert die Verteilung des Erddruckes über die Wand. Der Angriffspunkt der Resultierenden liegt im unteren Drittelpunkt der Wand.

β) Rechnerisch: Ist die Erdlinie unter dem Winkel α und die Wand unter dem Winkel β gegen die Wagrechte geneigt, dann erhält man für die wagrechte Seitenkraft E_h des Erddruckes E

$$E_h = \frac{1}{2} \gamma s^2 \frac{\sin^2(\beta + \varphi)}{\left[1 + \sqrt{\frac{\sin(\varphi + \varphi') \cdot \sin(\varphi - \alpha)}{\sin(\beta - \varphi') \cdot \sin(\alpha + \beta)}}\right]^2}. \tag{3}$$

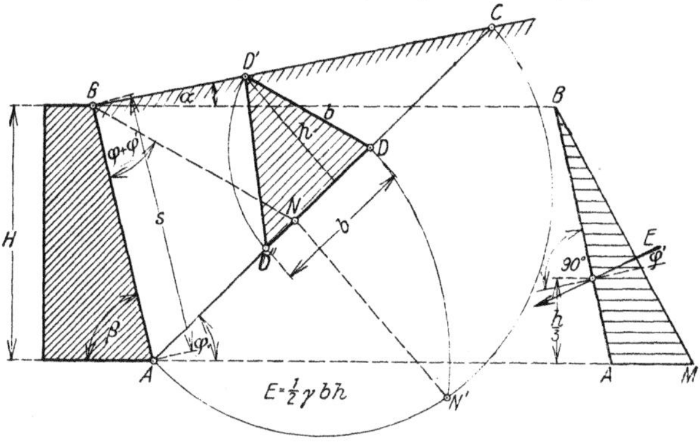

Abb. 85

In dem Sonderfall, wo die Wand lotrecht ist ($\beta = 90^0$) und die Erdlinie wagrecht ($\alpha = 0$), erhält man für $\varphi' = \varphi$ (rauhe Wand)

$$E_h = \frac{1}{2} \gamma H^2 \frac{\cos^2 \varphi}{[1 + \sqrt{2} \sin \varphi]^2}, \tag{4}$$

und wenn $\varphi' = 0$ (glatte Wand und nasse Hinterfüllung), E wagrecht:

$$E = E_h = \frac{1}{2} \gamma H^2 \operatorname{tg}^2 \left(45^0 - \frac{\varphi}{2}\right). \tag{5}$$

Es ist für φ^0	20	25	30	35	37
$\operatorname{tg}^2 (45^0 - \varphi/_2)$	0,490	0,406	0,333	0,271	0,250

Es ist für φ^0	40	42	45	50	60	70
$\operatorname{tg}^2 (45^0 - \varphi/_2)$	0,217	0,198	0,171	0,132	0,072	0,031

Ist die Erdlinie unter dem Böschungswinkel φ geneigt und ist $\varphi' = 0$ (für Großraumsilo), so ist für lotrechte Wand ($\beta = 90^0$)

$$E = E_h = \frac{1}{2} \gamma H^2 \cos^2 \varphi. \tag{6}$$

Erddruck bei Vorhandensein einer Auflast

Man denkt sich die Auflast p t/m² durch eine gleich schwere Aufschüttung aus dem Hinterfüllungsmaterial von der Höhe

$$h_p = \frac{p}{\gamma}$$

ersetzt. Man erhält so eine neue Erdlinie $B'\,C'$, die parallel der gegebenen Erdlinie verläuft, Abb. 86. Mit dieser neuen Erdlinie wird die oben angegebene zeichnerische Bestimmung des Erddruckes E durchgeführt. Da in Abb. 86 der Schnittpunkt C' zu weit nach rechts fällt, wurde die oben angeführte Konstruktion statt auf der Linie $A\,C'$ auf der Linie $A\,B'$ im verjüngten Maßstabe durchgeführt. Der Angriffspunkt von E liegt in gleicher Höhe wie der Schwerpunkt des Erddrucktrapezes.

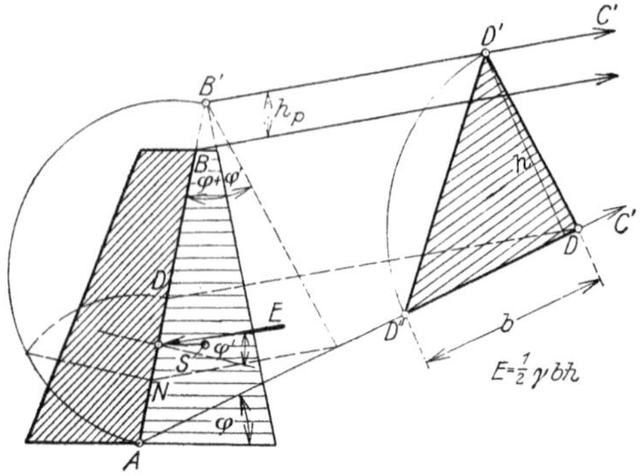

Abb. 86

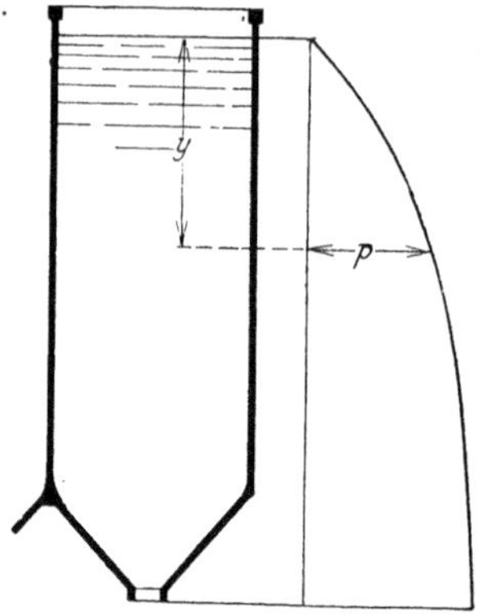

Abb. 87

B. Wanddruck in Silozellen

Die Reibung zwischen Wand und Füllgut wird immer berücksichtigt. Man wählt $\operatorname{tg}\varphi' = 0{,}25$ bis $0{,}30$, aber nicht größer als die Tangente des Böschungswinkels. Die Wanddrücke nehmen anfangs mit zunehmender Tiefe unter der Füllgutoberfläche rascher, später langsamer zu.

Der Wanddruck p (Pressung für die Flächeneinheit) folgt beiläufig dem Gesetz

(1) $$p = \frac{e^{y/h} - 1}{e^{y/h}} \cdot p', \quad \text{wobei } p' = \frac{\gamma F}{U \operatorname{tg}\varphi'}.$$

In diesen Gleichungen bedeuten: y die Tiefe unter der Füllgutoberfläche, F den Flächeninhalt, U den Umfang der Zellengrundfläche, γ das Einheitsgewicht des Füllgutes, während die Länge h aus der Beziehung

(2) $$h = \frac{p'}{\gamma \operatorname{tg}^2(45 - \varphi/_2)} = \frac{F}{U} \frac{1}{\operatorname{tg}\varphi' \cdot \operatorname{tg}^2(45 - \varphi/_2)}$$

zu bestimmen ist. φ = Böschungswinkel des Füllgutes. p' ist der Wert von p für $y = \infty$.

Zur leichteren Errechnung von p aus p' diene die nachfolgende Tafel (siehe auch Abb. 87), in der y in Vielfachen der Länge h ausgedrückt ist.

$\frac{y}{h} =$	0,1	0,2	0,3	0,4	0,5	0,6	0,7	0,8	0,9	1,0
$\frac{p}{p'}$	0,095	0,181	0,259	0,330	0,393	0,451	0,503	0,551	0,593	0,632
$\frac{y}{h} =$	1,2	1,4	1,6	1,8	2,0	2,2	2,4	2,6	2,8	3,0
$\frac{p}{p'}$	0,699	0,753	0,798	0,835	0,865	0,889	0,909	0,926	0,939	0,950

Den Bodendruck q für die Flächeneinheit der horizontalen Schnittfläche in der Tiefe y findet man aus dem zur Tiefe y gehörenden Wanddruck p nach der Formel

(3) $$q = \frac{p}{\operatorname{tg}^2(45 - \varphi/_2)}.$$

Vermessungskunde

von

Prof. Dr. **Alfred Haerpfer** in Prag

I. Horizontalaufnahmen

A. Grundlagen

1. Polygonometrische Punktbestimmung

Bei geringerer Ausdehung des aufzunehmenden Gebietes genügt als Grundlage der Horizontalaufnahme ein einfaches Polygon bzw. ein zusammenhängendes System von solchen, ein sogenanntes Polygonnetz.

Die Gestalt und Größe eines beliebigen Vieleckes wird durch die Messung der Seiten und Winkel festgelegt. Zur einfachen Bestimmung des n-Eckes sind $(2n - 3)$ unabhängige Bestimmungsstücke notwendig. Die Messung aller $2n$-Elemente ermöglicht aber Meßproben, aus denen auf die Genauigkeit der Messungen geschlossen werden kann. Die Polygonpunkte sind so auszuwählen, daß die Polygonseiten nahe den Grenzen des aufzunehmenden Gebietes liegen und möglichst lang ausfallen, und daß auf jedem Punkt die Winkelmessung, ferner die Längenmessung zwischen benachbarten Punkten ausführbar ist. Die Bezeichnung der Punkte erfolgt zweckmäßig durch 0,5 m lange Gasröhren oder Ton- (Drain-) Röhren, die lotrecht in den Boden eingeschlagen werden, bis das Röhrenende in der Höhe der Geländeoberfläche liegt. Die Seiten werden mit Meßlatten oder mit einem Stahlmeßband hin und zurück gemessen. Zur Winkelmessung genügt ein kleiner Nonientheodolit mit etwa $^1/_2$ Minute Angabe. Besonderes Gewicht ist hiebei auf die gute Zentrierung des Instrumentes und der Zielstäbe zu legen. Man mißt die Winkel in jeder Fernrohrlage einmal, also in zwei Richtungssätzen, zwischen welchen der Horizontalkreis um rund 90^0 verstellt wird.

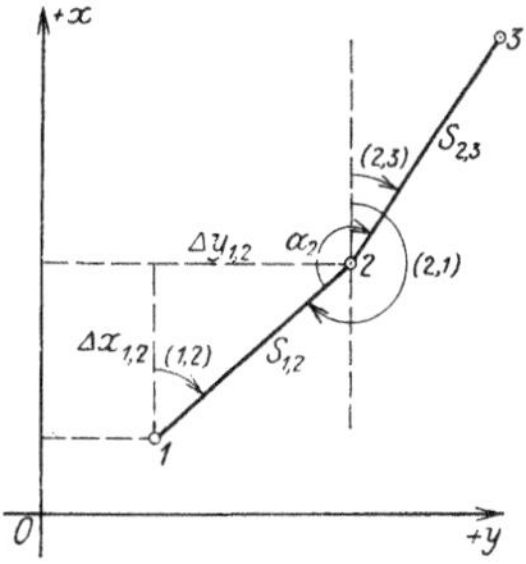

Abb. 1

Die Berechnung der Koordinaten der Polygonpunkte erfolgt in einem rechtwinkligen, ebenen Koordinatensystem. Bei dem hier zunächst angenommenen Fall einer kleinen Lageplanaufnahme kann die Abszissenachse beliebig gewählt werden. Durch rechtsläufige Drehung dieser Achse um 90^0 ergibt sich die Ordinatenachse. Der Winkel, der von der positiven Richtung der Abszissenachse und bei Drehung im Sinne der Bewegung des Uhrzeigers bis zu einer Strecke 1, 2 gezählt wird, heißt der Richtungswinkel (1, 2) der Strecke 1, 2. Demnach ist

$$(2,\ 1) = (1,\ 2) \pm 180^0.$$

Ist ferner α_2 der in 2 gemessene Polygonwinkel, so liest man aus der Figur ab:

$$(2,\ 3) = (2,\ 1) + \alpha_2.$$

Die Summe ist nötigenfalls um 360^0 zu vermindern. Führt man für (2, 1) den oben gefundenen Wert ein, so ist

$$(1) \qquad (2,\ 3) = (1,\ 2) + \alpha_2 \pm 180^0.$$

Sind $\Delta\, y_{1,\,2}$ und $\Delta\, x_{1,\,2}$ die Koordinatenunterschiede des Punktes 2 gegen 1, so folgen aus den gegebenen Koordinaten y_1 und x_1 von 1 diejenigen von 2 nach

$$y_2 = y_1 + \Delta\, y_{1,\,2}, \quad x_2 = x_1 + \Delta\, x_{1,\,2},$$

wobei $\Delta\, y_{1,\,2} = s_{1,\,2}$ sin (1, 2) und $\Delta\, x_{1,\,2} = s_{1,\,2}$ cos (1, 2) ist. Diese Grundgleichungen für die Koordinatenberechnung gelten allgemein für beliebige Werte des Richtungswinkels (1, 2). Die jeweiligen Vorzeichen von sin (1, 2) und cos (1, 2) bestimmen jene von $\Delta\, y_{1,\,2}$ und $\Delta\, x_{1,\,2}$.

In einem Polygon seien sämtliche Seiten s und die Brechungswinkel α gemessen. Für die Summe der Innenwinkel

$$\alpha_1 + \alpha_2 + \ldots\ldots + \alpha_n = [\alpha]$$

besteht dann die bekannte Bedingungsgleichung:

$$(2) \qquad [\alpha] = (n - 2) \cdot 180^0,$$

die aber wegen der Messungsfehler nicht streng erfüllt sein wird. Ist die Abweichung vom Sollbetrag klein genug, um grobe Fehler auszuschließen, und überschreitet sie nicht die in der österreichischen Katasterinstruktion angegebene Grenze von $75\sqrt{n}$ Sekunden, worin n die Anzahl der Brechungspunkte bedeutet, so wird sie zu gleichen Teilen auf die n-Winkel aufgeteilt. Mit diesen ausgeglichenen Brechungswinkeln werden nunmehr die Richtungswinkel der Seiten berechnet.

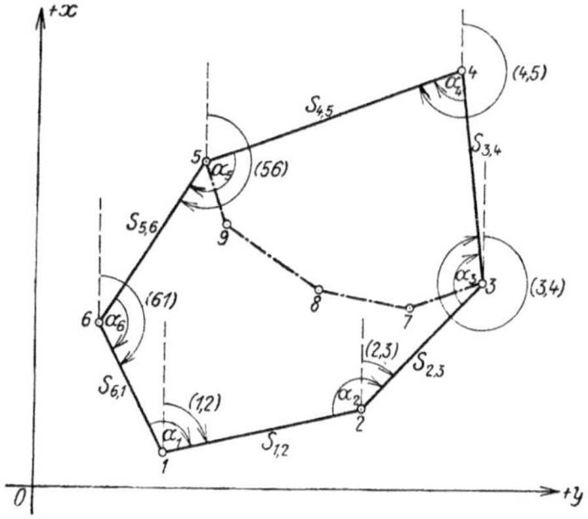

Abb. 2

Zur Festlegung der positiven Richtung der x-Achse wird der Richtungswinkel (1, 2) beliebig angenommen. Dann ist

$$(2, 3) = (1, 2) + \alpha_2 \pm 180^0,$$
$$(3, 4) = (2, 3) + \alpha_3 \pm 180^0,$$
$$\ldots\ldots\ldots\ldots\ldots\ldots$$
$$(1, 2) = (6, 1) + \alpha_1 \pm 180^0.$$

Die letzte Gleichung ergibt eine Rechenprobe. Werden jetzt die $\Delta\, y$ und die $\Delta\, x$ berechnet, so sollen für das geschlossene Polygon die Bedingungen erfüllt sein:

$$[\Delta\, y] = 0 \qquad \text{und} \qquad [\Delta\, x] = 0.$$

Es werden sich Abweichungen

$$[\Delta y] = \omega_y \qquad\qquad [\Delta\, x] = \omega_x$$

ergeben, die jedoch lediglich durch unvermeidliche Messungsfehler hervorgerufen sein und sich nur innerhalb sehr enger Grenzen bewegen dürfen. Durch eine empirische Ausgleichung beseitigt man die Widersprüche, indem man sie nach dem Verhältnis der Strecken s zu ihrer Summe $[s]$ auf die einzelnen Produkte $s_{i,\,i+1}$ sin $(i,\ i + 1)$ und $s_{i,\,i+1}$ cos $(i,\ i + 1)$ verteilt:

$$\begin{aligned}\Delta y_{1,2} &= s_{1,2}\ \sin\ (1,2) - \frac{\omega_y}{[s]} s_{1,2} & \Delta x_{1,2} &= s_{1,2} \cos\ (1,2) - \frac{\omega_x}{[s]} s_{1,2} \\ \Delta y_{2,3} &= s_{2,3}\ \sin\ (2,3) - \frac{\omega_y}{[s]} s_{2,3} & \Delta x_{2,3} &= s_{2,3} \cos\ (2,3) - \frac{\omega_x}{[s]} s_{2,3} \\ &\ldots\ldots\ldots & &\ldots\ldots\ldots\end{aligned} \tag{3}$$

Hierin werden die Korrektionsglieder genau genug mit dem logarithmischen Rechenschieber berechnet.

Wenn zum Einbinden der Messungslinien für die Kleinaufnahme ein solches Polygon nicht ausreicht, so können an dasselbe je nach Erfordernis im Umkreis weitere Polygone, die mit dem ersten durch eine oder durch mehrere gemeinsame Seiten zusammenhängen, angegliedert werden. Oder es wird das bereits berechnete Polygon unterteilt und werden zwei passend gewählte Punkte desselben durch einen Polygonzug verbunden.

In Abb. 2 ist ein solcher von 5 über 9, 8, 7 nach 3 geführt. Polygonzüge werden in jenen Teilen des Aufnahmegebietes gebraucht, in denen Messungslinien, deren Endpunkte einfach auf Polygonseiten liegen und durch Einmessung der Längen festgelegt werden, infolge von Geländehindernissen nicht abgesteckt werden können.

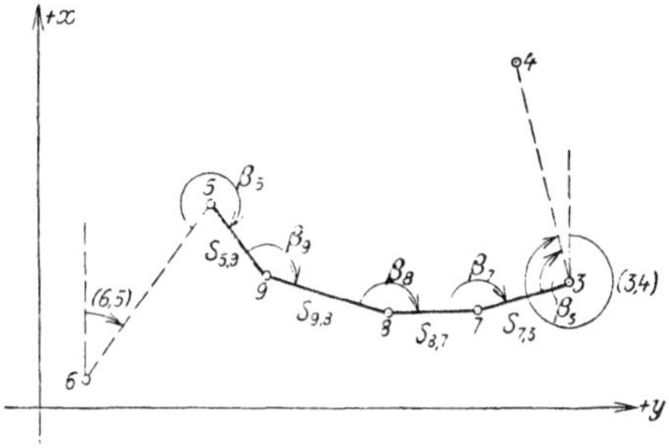

Abb. 3

In Abb. 3 sind die Punkte 5, 3, 4 und 6 bereits als bekannt vorauszusetzen. Im Polygonzug sind gemäß dem früheren außer den Seiten $s_{5,9}$, $s_{9,8}$ ...., die Brechungswinkel β_9, β_8, β_7, ferner ein Anschlußwinkel β_5 und ein Abschlußwinkel β_3 zu messen. Dadurch ergeben sich 3 Bedingungen als Meßproben. Aus der Berechnung des Polygons sind die Richtungswinkel (6, 5) und (3, 4) bekannt. Sonst wären sie aus den Koordinaten zu berechnen:

$$\operatorname{tg}(6,5) = \frac{y_5 - y_6}{x_5 - x_6} \qquad \text{und} \qquad \operatorname{tg}(3,4) = \frac{y_4 - y_3}{x_4 - x_3}.$$

Die Vorzeichen von Zähler und Nenner legen eindeutig den Quadranten fest, in dem der zu berechnende Richtungswinkel liegt. Die Gleichungen

$$\operatorname{tg}\{45^0 + (6,5)\} = \frac{(x_5 + y_5) - (x_6 + y_6)}{(x_5 - y_5) - (x_6 - y_6)},$$

$$\operatorname{tg}\{45^0 + (3,4)\} = \frac{(x_4 + y_4) - (x_3 + y_3)}{(x_4 - y_4) - (x_3 - y_3)}$$

ergeben bequeme Rechenproben.

Wenden wir die Gl. (1), S. 232, wiederholt an

$$\begin{aligned}(5,9) &= (6,5) + \beta_5 - 180^0, \\ (9,8) &= (5,9) + \beta_9 - 180^0 = (6,5) + \beta_5 + \beta_9 - 2 \cdot 180^0, \\ (8,7) &= (9,8) + \beta_8 - 180^0 = (6,5) + \beta_5 + \beta_9 + \beta_8 - 3 \cdot 180^0, \\ (7,3) &= (8,7) + \beta_7 - 180^0 = (6,5) + \beta_5 + \beta_9 + \beta_8 + \beta_7 - 4 \cdot 180^0, \\ (3,4) &= (7,3) + \beta_3 - 180^0 = (6,5) + \beta_5 + \beta_9 + \beta_8 + \beta_7 + \beta_3 - 5 \cdot 180^0,\end{aligned}$$

so gelangen wir zur Bedingungsgleichung für die Brechungswinkel, die in allgemeiner Form lautet:

$$(3,4) = (6,5) + [\beta] \pm n \cdot 180^0.$$

Hierin bedeutet wieder n (hier = 5) die Anzahl der gemessenen Brechungswinkel. Die Gleichung entspricht der Gl. (2) des geschlossenen Polygons. Der Widerspruch wird wie früher durch gleichmäßige Verteilung auf die Brechungswinkel weggebracht. Die jetzt zu berechnenden Δy und Δx unterliegen den beiden Bedingungsgleichungen:

$$[\Delta y] = y_3 - y_5, \quad [\Delta x] = x_3 - x_5$$

Abweichungen sind empirisch nach Gl. (3) zu beseitigen.

Folgt man dem exakten Weg der strengen Ausgleichung, so sind die Verbesserungen η und ξ der einzelnen Δy und Δx nach den folgenden Formeln zu berechnen, in denen der Kürze wegen

$$\sin(i, i+1) = p_{i,i+1} \text{ und } \cos(i, i+1) = q_{i,i+1}$$

gesetzt sind:

$$\eta_{i,i+1} = p^2_{i,i+1}\, K_1 + p_{i,i+1}\, q_{i,i+1}\, K_2$$
$$\xi_{i,i+1} = p_{i,i+1}\, q_{i,i+1}\, K_1 + q_{i,i+1}{}^2\, K_2$$

Hierin bedeuten:

$$K_1 = N\,([q\,q]^{1)}\,\omega_y - [p\,q]\,\omega_x),$$
$$K_2 = N\,([p\,p]\,\omega_x - [p\,q]\,\omega_y),$$
$$\frac{1}{N} = [p\,p]\,[q\,q] - [p\,q]^2.$$

Das strenge Verfahren verdient es, endlich an die Stelle der empirischen Ausgleichung gesetzt zu werden. An dem Vorgang der Winkelausgleichung ändert sich dadurch nichts. Doch treten nunmehr die ausgeglichenen Winkel als unveränderliche Größen in die strenge Berechnung der η und ξ ein und es unterbleibt die nachträgliche Fälschung der Polygonwinkel durch die empirische Seitenausgleichung, die die Messungsschärfe in diesen Winkeln illusorisch macht.

Knotenpunkte. Treffen mehrere von bekannten Punkten $P, Q, R \ldots$ ausgehende Züge in einem Punkt K zusammen, so könnte zunächst der Zug $P - K - R$, dann der Zug $K - Q$ berechnet werden. Doch empfiehlt es sich aus Gründen der Gleichmäßigkeit, die Züge $P - K$, $R - K$ und $Q - K$ gleichzeitig zu rechnen, die für die Koordinaten von K erhaltenen Werte zu mitteln und dann die Züge auszugleichen. Dadurch wird K zu einem Knotenpunkt. Auch hier ist eine Winkel- und eine Koordinatenausgleichung vorzunehmen. Aus allen in K zusammenlaufenden Zügen wird der Richtungswinkel einer aus K kommenden Seite, z. B. K, 8, bestimmt. Die sämtlichen Werte für $(K, 8)$ werden mit Gewichten, die der Anzahl der jeweiligen Brechungswinkel verkehrt proportional zu nehmen sind, gemittelt.

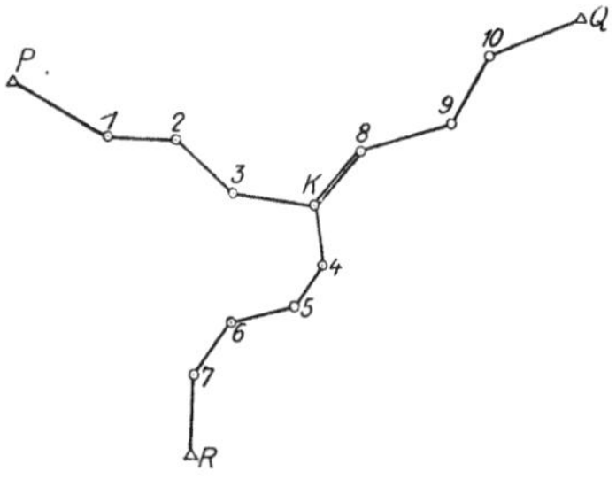

Abb. 4

Aus Abb. 4 ergeben sich die Gewichtszahlen $g_p = \frac{1}{5}$, $g_q = \frac{1}{4}$ und $g_r = \frac{1}{6}$. Der Mittelwert $(K, 8)$ ist nun als gegebene Größe zur Ausgleichung der Brechungswinkel in den von K ausstrahlenden Zügen zu verwenden. Aus den weiter zu berechnenden Δy und Δx ergeben sich

[1] $[q\,q] = q_{5,9}{}^2 + q_{9,8}{}^2 + q_{8,7}{}^2 + q_{7,3}{}^2.$

abweichende Werte für die Koordinaten des Knotenpunktes. Bei der Mittelbildung müssen wieder Gewichte, die z. B gleich den Kehrwerten der Zuglängen zu wählen sind, berücksichtigt werden.

Anhangsweise ist hier noch die Aufgabe der **Absteckung einer langen Geraden,** z. B. einer Tunnelachse, allerdings unter der Einschränkung nicht allzugroßer Längenausdehnung, zu erwähnen.

Sichthindernisse trennen die Punkte A und B, die für sich zugängig sind. Zwischenpunkte sind in der Verbindungslinie abzustecken. Ist die Entfernung $A\,B$ nicht größer als etwa 2 km, so können mitunter die Formen des einschließenden Geländes eine Lösung der Aufgabe durch polygonale Umgehung der langen Geraden nahelegen. Es ergibt sich der eingangs erwähnte Fall der einfachen Bestimmung eines geschlossenen Polygons, in welchem von den $2\,n$-Bestimmungsstücken deren drei, eine Seite, u. zw. die abzusteckende lange Gerade $A\,B$, und die zwei an ihr liegenden Winkel φ und ψ nicht bekannt sind. Die übrigen $(2\,n - 3)$ Elemente sind direkt gemessen worden. Die beiden Winkel, von denen φ die Richtung der abzusteckenden Geraden in A, ψ dieselbe für B gibt, werden aber ohne Proben erhalten. Die Summe $\varphi + \psi$ folgt unmittelbar aus der Bedingungsgleichung für die Summe der Innenwinkel eines geschlossenen Polygons:

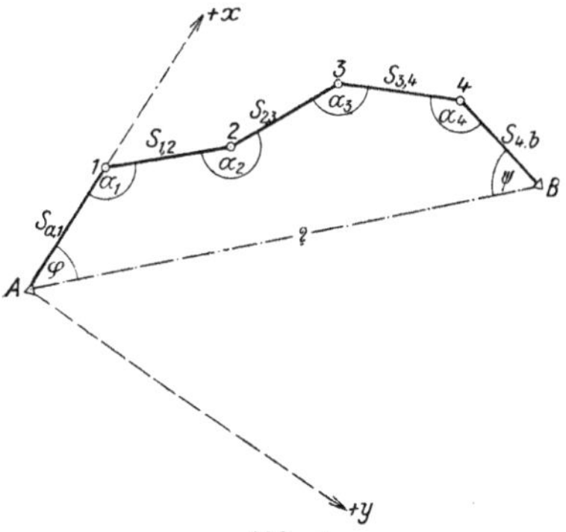

Abb. 5

$$\varphi + \psi = (n - 2) \cdot 180^0 - [\alpha]. \qquad (4)$$

Bei einem geschränkten Polygon ist:

$$\varphi + \psi = n \cdot 180^0 - [\alpha].$$

Man macht ferner den Punkt A zum Ursprung und die Seite A, 1 zum positiven Ast der Abszissenachse eines rechtwinkligen Koordinatensystems.

Dann ist: $y_1 = 0 \qquad x_1 = s_{a,1}$

$y_2 = s_{1,2} \sin(1,2) \qquad x_2 = s_{a,1} + s_{1,2} \cos(1,2)$ usw.

Schließlich werden die Koordinaten y_b und x_b des Endpunktes B erhalten, aus denen unmittelbar der unbekannte Winkel φ gerechnet werden kann. Es ist

$$\operatorname{tg} \varphi = \frac{y_b}{x_b}.$$

Die Länge $A\,B$ ergibt sich aus: $A\,B = \dfrac{y_b}{\sin\varphi} = \dfrac{x_b}{\cos\varphi}$. Aus Gl. (4) folgt dann sofort der zweite unbekannte Winkel ψ. Diese Ergebnisse prüft man entweder durch eine tatsächliche oberirdische Absteckung der Geraden $A\,B$ oder durch eine zweite, von der ersten vollkommen unabhängige polygonale Umgehung von $A\,B$.

2. Trigonometrische Punktbestimmung

Sollen Geländeabschnitte von großer Flächenausdehnung aufgenommen werden, so wird infolge der Häufung der unvermeidlichen Winkel- und Streckenmeßfehler die polygonometrische Punktbestimmung zu ungenau. Als Grundlage für eine solche größere Aufnahme kommen nur Polygonzüge in Betracht, deren Endpunkte eintrianguliert, d. h. durch Messung großer, das ganze Aufnahmegebiet umspannender Dreiecke festgelegt sind. Durch die Messung der Dreieckswinkel wird die Gestalt, durch die Messung von wenigstens einer Dreiecksseite, der Basis oder Grundlinie, die Größe des Dreiecksnetzes bestimmt. Werden die Dreiecke nach dem Sinussatz aufgelöst, so können die Eckpunkte in einem beliebig gewählten, rechtwinklig ebenen Koordinatensystem berechnet werden. Wird das magnetische oder astronomische Azimut einer Dreiecksseite gemessen, so kann der positive Ast der Abszissenachse nach dem magnetischen oder astronomischen Nordpol orientiert werden. Die Zahl der im ganzen erforderlichen Messungen ist gering und da sie von der Geländebeschaffenheit fast unabhängig sind, können sie mit größerer Genauigkeit durchgeführt werden. Indessen wird auch hier mit zunehmender Zahl der Dreieckspunkte der schädliche Einfluß der Häufung der unvermeidlichen Beobachtungsfehler wachsen. Man muß trachten, mit möglichst wenigen, dafür aber recht großen Dreiecken auszukommen, ohne zunächst an die Anschlußbedürfnisse der Polygonzüge zu denken. Für diese wird dann dadurch gesorgt, daß eigens weitere Punkte nach den Methoden der trigonometrischen Punkteinschaltung abgeleitet werden. Spitze Winkel in den Dreiecken wirken ungünstig, da sie die Genauigkeit der Punktbestimmung beeinträchtigen. Man wird ihnen nach Möglichkeit ausweichen und gleichseitige Dreiecke, die am vorteilhaftesten sind, anstreben.

Der Wahl der Dreieckspunkte muß demnach eine eingehende Erkundung des Geländes vorangehen. Ihre Vermarkung geschieht durch Steine mit eingemeißeltem Strichkreuz oder durch Röhren, wie bei den Polygonpunkten, allenfalls auch unterirdisch durch Steinplatten mit Strichkreuzen. Die Sichtbarmachung erfolgt am besten durch 4 bis 5 m hohe, vierseitige Holzpyramiden, die über dem Punkt errichtet werden. Die in die Lotrichtung gestellte Pyramidenachse muß durch die Punktmarke hindurchgehen. Demnach wird besser zuerst die Pyramide erbaut und dann durch Herabloten ihrer Achse der Punkt ermittelt. Werden Turmspitzen, Blitzableiter, Fahnenstangen u. a. als Dreieckspunkte verwendet, so entfallen die Sichtbarmachung und die Vermarkung. Dafür ist aber meist die Winkelmessung in solchen Punkten sehr erschwert bzw. überhaupt unmöglich.

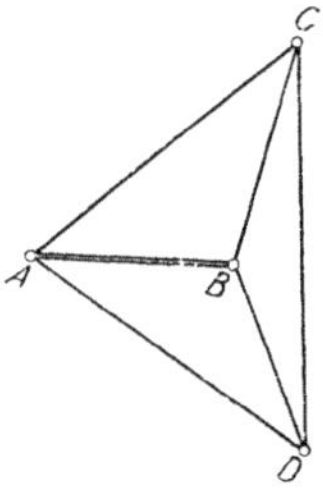

Abb. 6

Die Basis ist auf hartem, gleichmäßig geebnetem Boden, am besten auf einem genügend langen, geraden Stück einer gut gepflegten Straße oder eines Eisenbahnkörpers zu wählen. Geländeschwierigkeiten werden in der Regel verhindern, unmittelbar eine der Seiten der Hauptdreiecke zur Grundlinie zu wählen. Gewöhnlich ist eine eigene Dreiecksmessung, z. B. eine solche nach Abb. 6, notwendig, um die Basis $A\,B$ an eine der großen Seiten, z. B. $C\,D$, anzuschließen. Dafür kann aber diese Grundlinie kürzer gewählt und ihre Länge mit erhöhter Genauigkeit ermittelt werden.

Zur Messung verwendet man entweder zwei 4 bis 5 m lange Latten aus Holz oder 20 m lange Meßbänder aus Stahl oder Nickelstahl (Invar[1]). Hölzerne Meßlatten ändern sich nur wenig mit der Luftfeuchtigkeit und sind darum das verläßlichste Hilfsmittel der Längenmessung, namentlich dann, wenn sie an den Enden mit Stahlschneiden versehen sind und sich daher beim Aneinanderlegen nur in einem Punkt

[1]) 36% Nickel, 64% Stahl.

berühren. Man bestimmt ihre genaue Länge durch wiederholtes Abgleichen im Lattenkomparator mittels zweier Normalmeter. Um ferner die Richtung einzuhalten, wird diese durch Pflöcke in geringen Abständen bezeichnet.

Dagegen unterliegt die Länge des Stahlmeßbandes starken Veränderungen mit der Temperatur.

Bei Invarbändern ist durch den auf 0,000001 und weniger herabgedrückten Ausdehnungskoeffizienten der Temperatureinfluß praktisch nahezu kompensiert und die Meterlänge im allgemeinen von Temperatur und Luftfeuchtigkeit so gut wie unabhängig. Immerhin sind zeitweilige Untersuchungen anzuraten, weil sich erfahrungsgemäß bei Invar oft sprunghafte Längenänderungen zeigen.

Die **Messung der Horizontalwinkel** in den Dreiecken erfolgt mit einem **Schraubenmikroskoptheodolit** nach dem Verfahren der Satz- oder Richtungsbeobachtungen.

Als Beispiel einer gut durchdachten Konstruktion sei der neue Theodolit von Heinrich Wild in Heerbrugg (Schweiz) kurz beschrieben[1]). Der wesentliche Fortschritt beruht in einer neuen Ableseeinrichtung. Im Gesichtsfeld eines einzigen, unmittelbar neben dem Fernrohrokular angebrachten Schraubenmikroskopes wird gleichzeitig an zwei diametral gegenüberliegenden Stellen des horizontalen bzw. vertikalen Teilkreises abgelesen.

Der an das untere Ende der hohlen, zylindrischen Stehachse (vertikalen Umdrehungsachse) verlegte Horizontalkreis (Limbus) besteht aus einer ringförmigen Planparallelplatte aus optischem Glas von 95 mm Durchmesser. Die Oberflächenteilung ist versilbert und verschlossen. Ein darunter liegendes Glasprismensystem, das einen Bestandteil des beweglichen Oberteiles, der Alhidade, bildet und im engeren Sinne zum Ablesedoppelmikroskop gehört, bildet zwei gegenüberliegende Kreisstellen im Hohlraum der stählernen Stehachse übereinander im gegenläufigen Sinne ab. Auch der Höhenkreis mit 50 mm Durchmesser ist aus optischem Glas hergestellt und mit dem Fernrohr, in dessen Innerem eine negative Fokussierlinse um weniges verschoben werden kann, fest verbunden. Die Strichplatte der Gesichtsfeldblende (Abb. 7) zeigt außer dem normalen Fadenkreuz, bestehend aus dem über das ganze Gesichtsfeld reichenden Horizontal- und Vertikalfaden, die gekürzten, äußeren Striche für die optische Distanzmessung bei horizontaler und vertikaler Lattenstellung. Da das Fernrohr als anallaktisch anzusehen ist, enthält die Gleichung für die horizontale Entfernung E kein additionelles Glied und lautet einfach: $E = C\,L$. Hierin ist die Multiplikationskonstante $C = 100$ und ist L die Differenz der jeweiligen Lattenablesungen an den beiden äußeren, gekürzten horizontalen bzw. vertikalen Strichen.

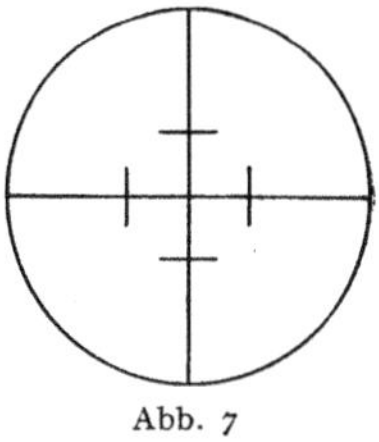

Abb. 7

Die Ableseeinrichtung beruht auf der schon erwähnten gegenläufigen Abbildung zweier gegenüberliegender Kreisstellen, die an einer feinen Trennungslinie übereinander gelegt sind. Ein in der Fernrohrstütze gelagertes, rhombisches Glasprisma verschiebt die Lichtstrahlen aus dem Innern der hohlen Stehachse parallel nach der Seite, um den Raum für das Durchschlagen des Fernrohres zu gewinnen. Hier fallen die von den beiden Ablesestellen kommenden Lichtstrahlen auf ein aus zwei Planparallelplatten gebildetes optisches Mikrometer. Ein Mechanismus, der die aus Glas bestehende Sekundentrommel des Ablesemikroskops in Drehung versetzt, besorgt gleichzeitig symmetrische Kippungen der beiden Planparallelplatten um eine horizontale Achse, so daß die von der einen Platte bewirkte Verschiebung des zugehörigen Bildes der einen Ablesestelle gleich und entgegengesetzt jener durch die zweite Platte veranlaßten Verschiebung des Bildes der anderen Ablesestelle ist.

Wird die Sekundentrommel auf Null gestellt, so stehen die gleichgerichteten Platten des optischen Mikrometers senkrecht zum einfallenden Licht und lassen sie daher die von den beiden Ablesestellen kommenden Lichtstrahlen ohne Verschiebung durch. Mithin werden diese beiden Stellen in ihrer der Fernrohrzielung entsprechenden, gegenseitigen Lage abgebildet.

In den beiden übereinander liegenden Teilungsbildern (Abb. 8) ist jener Punkt ihrer Trennungslinie aufzusuchen, der in beiden Teilungen dieselbe Ablesung bis auf den konstanten Unterschied $\pm 200^g$ gibt. In Abb. 8 liegt dieser Punkt im Schnitt der Trennungslinie mit den zusammenfallenden Zeigerstrichen z_1 und z_2, die als Bilder der beiderseitigen Endigungen eines Alhidadendurchmessers übereinander erscheinen.

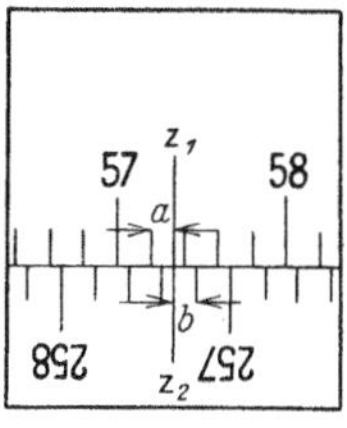

Ablesung mit Schätzung: 57.339

Abb. 8

[1]) Einzelheiten können in Wilds Urschrift in der „Schweizerischen Zeitschrift für Vermessungswesen und Kulturtechnik", Heft 5 und 6, Jahrgang 1925, nachgelesen werden.

Werden die Abstände a und b der Zeigerstriche von den vorhergehenden Teilstrichen gemessen, so ist das arithmetische Mittel $\frac{a+b}{2}$ frei vom Fehler wegen einer Exzentrizität der Alhidadenachse. Die Messung von a und b erfolgt durch symmetrisches Verschieben der beiden Bilder der Ablesestellen. Sobald die Teilstriche der beiderseitigen Limbusstriche zusammenfallen (koinzidieren), hat das obere Bild die Strecke a, das untere die Strecke b zurückgelegt. Die Teilung der Trommel ist derartig beziffert, daß unmittelbar $\frac{a+b}{2}$ abgelesen wird. Diese Koinzidenzstellung und den einzigen, vorhandenen Zeigerstrich gibt die Abb. 9 wieder, in der auch die Ablesestelle 285 an der Trommelteilung durch denselben Zeigerstrich bezeichnet wird

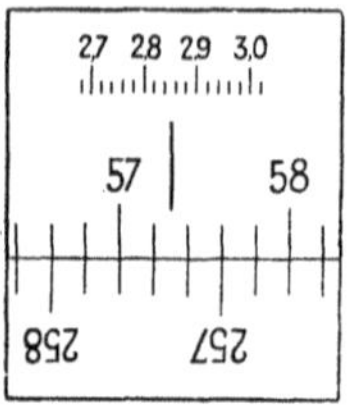

Feinablesung: 57,3285 g

Abb. 9

Die zentrisch eingebaute Alhidadenlibelle wird zur Aufstellung des Theodolits benutzt und hiezu in zwei um 90^0 (100^g) verschiedenen Lagen, von denen eine in die Richtung zweier Fußstellschrauben fällt, zum Einspielen gebracht. Um sie zu justieren, wird sie aus der einspielenden Lage über zwei Fußstellschrauben mit Benutzung der Horizontalkreisteilung genau um 180^0 (200^g) gedreht. Der Ausschlag der Libellenblase wird zur Hälfte mit den Stellschrauben des Dreifußunterbaues, zur Hälfte mit den Höhenjustierschrauben der Libelle beseitigt.

Überprüfung der Theodolite. Es soll die Ziellinie des Fernrohrs zur Kippachse und diese zur Stehachse senkrecht stehen.

Eine Abweichung von der ersten Bedingung ergibt einen Ziellinien- oder Kollimationsfehler, eine solche von der zweiten Bedingung einen Kippachsenfehler.

Ein Ziellinienfehler läßt sich am bequemsten justieren, wenn das Fernrohr umgelegt werden kann. Man stellt das Fadenkreuz auf einen Zielpunkt ein und klemmt die Alhidade. Legt man das Fernrohr um, so daß die Zapfen der Kippachse ihre Lager vertauschen, so ergibt die Abweichung des Fadenkreuzes von dem Zielpunkt den doppelten Ziellinienfehler, den man beseitigt, indem man das Fadenkreuz mit den beiden seitlichen Justierschräubchen der Gesichtsfeldblende, der Trägerin des Fadenkreuzes, näherungsweise nach der Mitte verschiebt und das Verfahren mehrmals wiederholt. Ist das Fernrohr nicht zum Umlegen, wohl aber zum Durchschlagen eingerichtet, so wird auf einen Zielpunkt eingestellt, bei geklemmter Alhidade durchgeschlagen und an einem horizontalen Maßstab abgelesen. Dann wird zurückgedreht, auf den Zielpunkt eingestellt, abermals durchgeschlagen und am horizontalen Maßstab eine zweite Ablesung gemacht. Die Differenz beider Ablesungen ist ein Maß für den vierfachen Kollimationsfehler. Zur Berichtigung wird in der letzten Fernrohrstellung das Fadenkreuz mit den seitlichen Justierschrauben auf eine um den vierten Teil der Differenz verbesserte Maßstabablesung eingestellt.

Die Justierung des Kippachsenfehlers geschieht entweder mit der Reiterlibelle oder mit der Zielebene, wenn keine Reiterlibelle vorhanden ist.

Das erste Verfahren beginnt mit der Justierung der Reiterlibelle in bezug auf die Kippachse, wobei zunächst durch Schwenken auf Kreuzung zu prüfen und diese mit den seitlichen Justierschrauben der Achsenlibelle wegzubringen ist. Dann prüft man durch Umsetzen der Libelle auf der Kippachse, ob die Libellenachse parallel zur Kippachse ist, und berichtigt an den Höhenjustierschrauben der Libelle.

Bei lotrechter Stehachse wird nun die Kippachse mit der Reiterlibelle in die Richtung zweier Fußstellschrauben gedreht und die Reiterlibelle mit diesen zum Einspielen gebracht. Dann dreht man die Alhidade mit Benutzung der Limbusteilung um 180^0 (200^g) und beseitigt die Hälfte des Libellenausschlages vermittels der Justierschrauben eines Kippachsenlagers.

Ist keine Reiterlibelle, sondern eine mit der Alhidade fest verbundene Röhrenlibelle vorhanden, so kommt das Verfahren mit der Zielebene zur

Anwendung, dem aber die Beseitigung des Ziellinienfehlers vorangehen muß. Bringt man die Stehachse in die Lotrichtung, so wird die Zielebene um den Kippachsenfehler gegen die Lotrichtung geneigt sein. Ändert man diese Neigung durch die Justierschrauben am Kippachsenlager, bis der Faden eines Lotes oder eine lotrechte Hauskante in der Zielebene liegt, so ist die Kippachse horizontal und ihr Fehler beseitigt. Man kann auch bei lotrechter Stehachse einen hochgelegenen Punkt in beiden Fernrohrlagen auf einen horizontalen Maßstab herabloten und auf das Mittel beider Ablesungen, das der lotrechten Lage der Zielebene entspricht, einstellen. Dann wird die Neigung der Kippachse mit ihren Justierschrauben derartig geändert, daß die Zielebene auch durch den hochgelegenen Punkt geht.

Die Methoden der Winkelmessung. Man mißt entweder Richtungen in vollen bzw. unvollständigen Sätzen und berechnet die Winkel aus der Differenz zweier Richtungen oder man mißt unmittelbar Einzelwinkel, wobei entweder für jede Einstellung abgelesen oder nach dem Repetitionsverfahren vorgegangen wird.

Um aus allen Stationen die endgültigen Winkel mit der gleichen Genauigkeit zu erhalten, wie es bei Triangulationen unerläßlich ist, mißt man volle Sätze oder Einzelwinkel in allen Kombinationen der Zielpunkte. Richtungsmessungen sind bei gleicher Genauigkeit im Zielen und Ablesen weniger mühsam als Einzelwinkelmessungen. Dagegen müssen bei Richtungssätzen alle Ziele, die der Satz umfaßt, fast gleichzeitig sichtbar sein und muß der Theodolit während der Dauer der Satzmessung unbedingt still stehen. Bei Gebirgsaufnahmen und Triangulationen höherer Ordnung werden daher Satzbeobachtungen seltener Anwendung finden können.

Messungen nach dem Verfahren der Repetition werden bei Instrumenten notwendig sein, deren Ablesegenauigkeit hinter der Schärfe im Zielen zurücksteht. Aber selbst dann, wenn die Ablesegenauigkeit groß genug ist, wird man von Richtungsbeobachtungen absehen und Winkel messen müssen, wenn das Stativ n i c h t sehr fest aufgestellt und nicht genügend vor Bestrahlung geschützt werden kann.

Standpunkt	Ziel	Zeiger I	Zeiger II	Mittel	Richtung	Richtungsmittel	Anmerkung
		° ′ ″	° ′ ″	° ′ ″	° ′ ″	° ′ ″	
				1. Satz			
S	*T*	6 43 20	186 43 40	6 43 30	0 0 0	0 0 0	
	U	47 28 40	227 29 —	47 28 50	40 45 20	40 45 16	
	V	81 34 40	261 34 30	81 34 35	74 51 5	74 51 5	
	W	102 57 20	282 57 25	102 57 22	96 13 52	96 13 46	
		44 —	44 35	44 17	50 17	50 7	
				2. Satz			
S	*W*	192 47 30	12 47 40	192 47 35	96 13 40		
	V	171 24 50	351 25 10	171 25 —	74 51 5		
	U	137 19 10	317 19 5	137 19 8	40 45 13		
	T	96 33 50	276 34 —	96 33 55	0 0 0		
		5 20	5 55	5 38	49 58		

Bei S a t z - oder R i c h t u n g s b e o b a c h t u n g e n werden auf den einzelnen Standpunkten die Ziele der Reihe nach im Sinne der Uhrzeigerbewegung eingestellt und nach jeder Einstellung die Ablesungen an beiden Zeigern der Alhidade gemacht. Eine einmalige Beobachtung aller Richtungen ist ein Richtungssatz. Um die Instrumentalfehler zu tilgen, müssen mindestens zwei Sätze in verschiedenen Fernrohrlagen gemessen werden. Eine Satzbeobachtung mit vier Richtungen und zwei Sätzen kann nach Art der obenstehenden Tabelle angeschrieben werden.

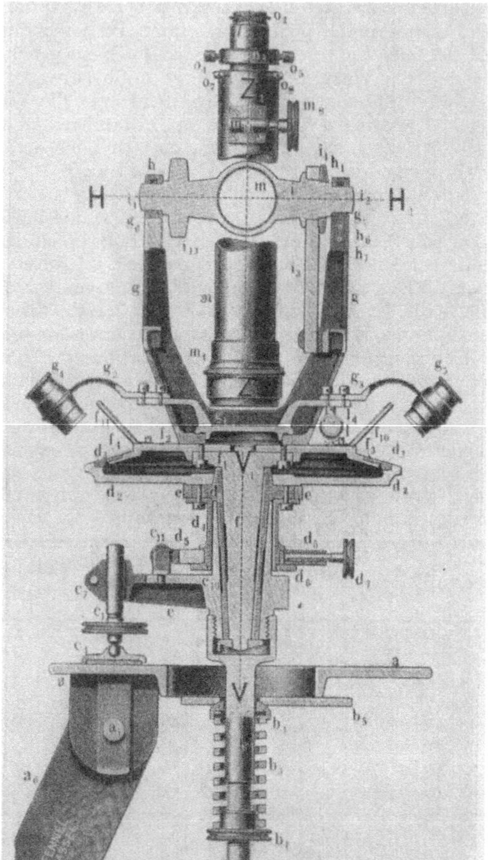

Abb. 10

Im zweiten Satz werden bei geänderter Fernrohrlage die Zielpunkte in umgekehrter Reihenfolge eingestellt. Unter der Einwirkung der Sonnenbestrahlung wird das Stativ langsam, aber stetig gedreht und es soll durch den Wechsel der Zielfolge wenigstens eine teilweise Aufhebung dieses Fehlereinflusses erreicht werden. Ferner ist der Limbus vor Beginn des zweiten Satzes zu verstellen, um durch die Verschiedenheit der Ablesungen grobe Fehler im Ablesen aufzudecken. Um die Genauigkeit der Richtungsmessungen, namentlich beim Triangulieren, zu steigern, wird die Anzahl der Sätze erhöht. Werden im allgemeinen n Sätze gemessen, so sind der Kreisteilungsfehler und, ihres meist periodischen Charakters wegen, die Ablesungen möglichst symmetrisch über den ganzen Limbus zu verteilen und wird der Limbus vor Beginn eines jeden Satzes um $180^0 : n$ verstellt. Hiebei empfiehlt es sich die Stehachse neu aufzustellen bzw. ihre Stellung zu überprüfen. Ferner sollen in einen Satz nicht mehr als sechs Ziele aufgenommen werden.

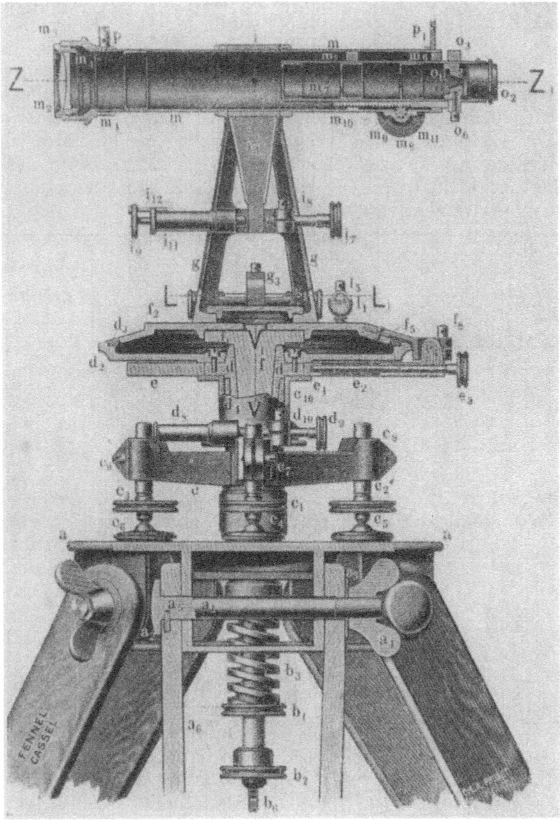

Abb. 11

Das Repetitionsverfahren kann nur mit solchen Theodoliten ausgeübt werden, bei welchen außer der Alhidade auch der Limbus auf dem Dreifuß drehbar angebracht und nach Klemmung noch feinbewegt werden kann. Die Abb. 10 und 11 geben Vertikalschnitte durch einen solchen

Repetitionstheodolit. Zwischen den Zapfen f der Alhidade und die Dreifußbüchse c_{10} ist ein Hohlkegel, die Kreis- oder Limbusachse d, eingeschaltet, die sich mit ihrer Flansche auf das obere, ebene Ende der Dreifußbüchse stützt und den Limbus d_2 trägt, der durch die Schraube d_7 geklemmt und mittels d_9 feinbewegt wird.

Bei der Repetitionsmethode wird immer nur der Winkel zwischen zwei Zielen erhalten. Man beginnt mit der Einstellung auf das linke Ziel, für die man an beiden Zeigern abliest und den Mittelwert a_1 bildet. Dann wird durch Drehung um die Alhidadenachse rechts eingestellt und die Ablesung eines Zeigers (b_1) vorgemerkt, um die beiläufige Größe des Winkels zu erfahren. Die Alhidade bleibt geklemmt. Man dreht den Limbus linksläufig und stellt auf den linken Zielpunkt ein, wodurch sich die Ablesung b_1 nicht verändert. Wird der Vorgang wiederholt und rechts b_2 abgelesen, so gibt $b_2 - a_1$ den doppelten Winkel. Dazu ist viermal eingestellt und nur zweimal abgelesen worden. Wurde n-mal repetiert, so ist die Differenz der Ablesungen bei der letzten und ersten Einstellung $b_n - a_1$ durch n zu dividieren. Dadurch werden die Ablesefehler von b_n und a_1 auf den n-ten Teil herabgedrückt und nur die wesentlich kleineren Einstellfehler gehen in voller Größe in das Messungsergebnis ein. Aus den gleichen Gründen wie bei den Richtungsbeobachtungen ist auch hier die Messung in der zweiten Fernrohrlage zu wiederholen, wobei auf die Ziele in umgekehrter Reihenfolge eingestellt wird. Das nachfolgende Beispiel zeigt die sechsfache Repetition eines Winkels mit einem 20″-Theodolit.

Standpunkt	Ziel	Fernrohrlage	Repetitionszahl	Zeiger I	Zeiger II	Mittel	n-facher Winkel	Mittel und einfacher Winkel	Anmerkung
				° ′ ″	° ′ ″	° ′ ″	° ′ ″	° ′ ″	
B	*A*	*l*	0	8 41 40	188 42 —	8 41 50			
	C		3	140 26 20	320 27 —	140 26 40	131 44 50	131 44 40	
	C	*r*	6	272 11 —	92 11 20	272 11 10	131 44 30	43 54 53	

Aus der bei Beginn festgestellten beiläufigen Größe des Winkels ermittelt man allenfalls das Vielfache von 360° (400^g), um welches die Schlußablesung vor der Berechnung des Winkels vermehrt werden muß.

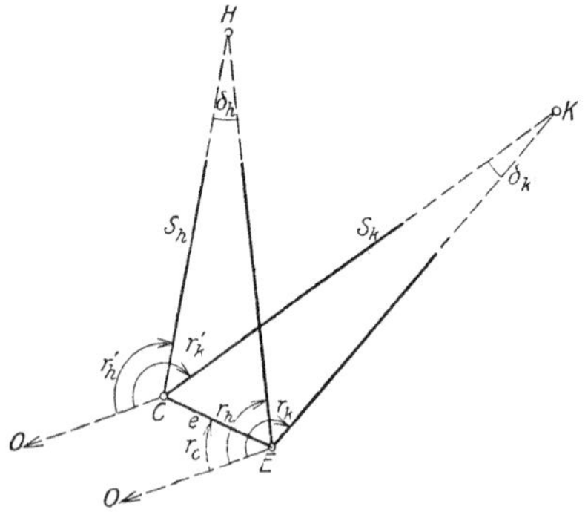

Abb. 12

Exzentrizität im Standpunkt. Wählt man Turmspitzen, Blitzableiter auf Schornsteinen, Baumsignale usw. als Dreieckspunkte, so wurde schon erwähnt, daß die Winkelmessung in diesen Punkten Schwierigkeiten bereitet; gewöhnlich ist sie nur in einer Hilfsstation, einem exzentrischen Standpunkt, ausführbar und muß nachträglich durch Rechnung auf das richtige Zentrum zurückgeführt werden. In der Abb. 12 ist C das Zentrum des Dreieckspunktes und E der Theodolitstandpunkt, in welchem EO die Nullrichtung des Fernrohres, d. h. diejenige Lage der Zielebene bezeichnet, für die die Ablesung Null erhalten wird, und in welchem ferner die Richtungen $r_c, r_h, r_k, \ldots$ nach dem Zentrum C und den Dreieckspunkten $H, K, \ldots$ gemessen worden sind. Denkt man sich das Instrument mit derselben Nullrichtung in C aufgestellt, so sind die zentrierten Richtungen:

$$r_h' = r_h + \delta_h$$
$$r_k' = r_k + \delta_k$$
$$\ldots\ldots\ldots\ldots$$

Setzt man $C E = e$, dann $C H = s_h$, $C K = s_k$, ..., so folgt aus der Anwendung des Sinussatzes auf die Dreiecke $C E H$, $C E K$, ...

$$s_h \sin \delta_h = e \sin (r_h - r_c)$$
$$s_k \sin \delta_k = e \sin (r_k - r_c).$$
$$\ldots\ldots\ldots\ldots\ldots\ldots$$

Die Entfernungen s werden aus einer vorläufigen Dreiecksberechnung genügend genau erhalten. Die lineare Exzentrizität e, deren Länge in der Regel nur einige Meter beträgt, wird entweder mittels Latten scharf gemessen oder auf indirektem Wege durch Dreiecksmessung abgeleitet. Immer bleibt e verschwindend klein gegenüber den langen Dreiecksseiten s und es können wegen der daraus folgenden Kleinheit der Winkel δ deren Sinus durch die Bögen ersetzt werden. Geht man dann noch vom Bogenmaß zum Winkelmaß über und setzt die Umwandlungskonstante für die Rechnung in Sexagesimalsekunden $206265'' = \varrho$, so ist

$$\delta_h = \varrho \frac{e}{s_h} \sin (r_h - r_c)$$

$$\delta_k = \varrho \frac{e}{s_k} \sin (r_k - r_c).$$
$$\ldots\ldots\ldots\ldots\ldots\ldots$$

Die Größen e und r_c sind die Zentrierungselemente für den Standpunkt C.

Exzentrizität am Zielpunkt. Wurde ein Dreieckspunkt unrichtig sichtbar gemacht, geht z. B. die Spitze der über ihm errichteten Pyramide nicht durch die Lotrichtung des Dreieckspunktes, so sind die auf das fehlerhafte Zeichen bezogenen Richtungsmessungen ebenfalls zu verbessern. Mitunter muß wegen eines Sichthindernisses ein exzentrischer Zielpunkt gewählt werden. Es ergeben sich dieselben Zentrierungselemente wie bei der exzentrischen Theodolitaufstellung und ihre Bestimmung erfolgt wieder auf direktem oder indirektem Wege. Man wird z. B. die Spitze einer Pyramide mittels des nahe aufgestellten Theodolits herabloten und am Boden bezeichnen. Dann können die Zentrierungselemente unmittelbar gemessen werden. Um die nach dem exzentrischen Zielpunkte E gemessenen Richtungen (Abb. 13) auf das Zentrum C graphisch zurückzuführen, werden alle Zielungen mit dem Transporteur und auch die lineare Exzentrizität e in großem Maßstabe, etwa 1:10, und in richtiger Lage aufgetragen. Aus den in der Zeichnung zu messenden senkrechten Abständen d_l, d_m.. des Zentrums C von den Zielungen ergeben sich die Verbesserungen v der gemessenen Richtungen:

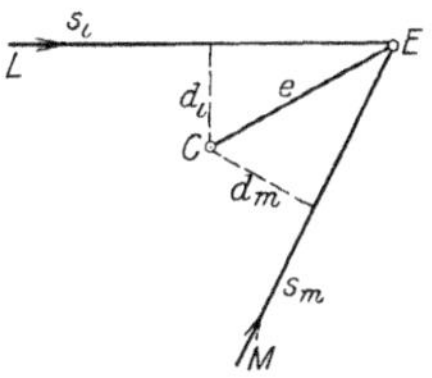

Abb. 13

$$v_l = + \varrho \frac{d_l}{s_l}, \qquad v_m = - \varrho \frac{d_m}{s_m}, \text{ usw.}$$

Methoden der trigonometrischen Punkteinschaltung. Sobald die Richtungssätze zentriert sind, folgt die Ausgleichung des Dreiecksnetzes nach der Methode der kleinsten Quadrate, da die Bedingungen des Dreiecksnetzes wegen der unvermeidlichen Messungsfehler zunächst nicht erfüllt sein werden. Darauf kann hier nicht näher eingegangen werden. Dann werden die Dreiecksseiten nach dem Sinussatz der ebenen Trigonometrie und die rechtwinkligen, ebenen Koordinaten der Dreieckspunkte nach den früher erläuterten Grundsätzen berechnet. Es wird sich schließlich zeigen, daß die Dreieckspunkte allein, für deren Wahl in erster Linie die Forderung nach großen, möglichst gleichseitigen Dreiecken ausschlaggebend war, für die Anschlüsse der Polygonzüge nicht ausreichen. Das Punktnetz muß dann durch trigonometrische Einschaltung weiterer Punkte nach den Methoden des Vorwärtsabschneidens, des Seitwärtsabschneidens und des Rückwärtseinschneidens verdichtet werden. Beim Vorwärts- und Seitwärtsabschneiden sind zwei Festpunkte A und B gegeben. Nach dem ersten Verfahren werden auf A und B Richtungsmessungen nach anderen Festpunkten und nach dem zu bestimmenden Neupunkt P, nach dem zweiten Verfahren Richtungsmessungen auf einem der beiden Festpunkte, z. B. auf A, und auf dem Neupunkt P ausgeführt. In beiden Fällen sind drei Stücke des $\triangle\, ABP$, die Seite AB, die aus den gegebenen Koordinaten ihrer Endpunkte zu berechnen ist, und zwei Winkel gegeben. Nach Auflösung des Dreieckes können somit die Koordinaten von P ermittelt werden. Die Methode des Vorwärtsabschneidens ist nur dann die genauere von beiden, wenn $AP < AB$ ist.

Soll ein Punkt rückwärtseingeschnitten werden, so sind auf ihm die Richtungen nach drei gegebenen Festpunkten, A, B, C, zu messen, wobei die Richtungsmessung nach einem vierten Festpunkt eine vorteilhafte Prüfung der Lage des Neupunktes gestattet.

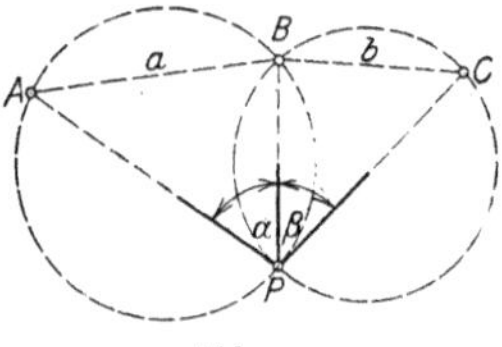

Abb. 14

Die geometrische Lösung der Aufgabe hat davon auszugehen, daß in Abb. 14 die Seiten a und b gegeben und die Winkel α und β im Neupunkt P gemessen sind. P liegt im Schnitt zweier Kreise, die die Winkel α und β als Peripheriewinkel enthalten und durch die Punkte A und B bzw. B und C gehen. Die Lösung wird unbestimmt, wenn alle vier Punkte auf einem Kreise, dem gefährlichen Kreise, liegen.

Wird in Abb. 15 der dritte, durch die Punkte A, C und P gehende Kreis mit der Geraden BP zum Schnitt gebracht, so ergibt sich in Q ein Hilfspunkt, der zuerst von Collins zu einer konstruktiven Lösung. verwendet worden ist. Q wird gefunden, wenn man den Winkel α bei C und den Winkel β bei A anträgt. BQ ist aber schon der geometrische Ort für P, der mittels α oder β ermittelt wird.

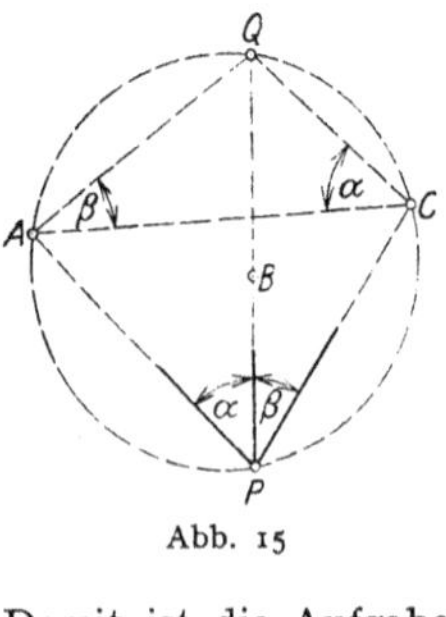

Abb. 15

Die trigonometrische Behandlung dieser Lösung findet die Koordinaten von Q durch Vorwärtsabschneiden aus A und C. Die Koordinaten von B und Q bestimmen die Richtungswinkel (QB) bzw. (BQ). Aus (BP) und den bekannten Richtungswinkeln (BA) bzw. (BC) ergeben sich die Winkel bei B in den Dreiecken ABP und BCP. Damit ist die Aufgabe auf die des Seitwärtsabschneidens zurückgeführt, wobei die Länge BP der Rechenprobe halber aus beiden Dreiecken berechnet wird.

Eine häufig angewendete, analytische Lösung der Aufgabe beruht auf der Ermittlung der unbekannten Differenz der Winkel φ und ψ in Abb. 16.

Man rechnet aus den Koordinaten der drei gegebenen Festpunkte die Seiten a und b und erhält aus ihren Richtungswinkeln die Größe des Winkel ω. Denn es ist

$$\omega = (BA) - (BC).$$

Außerdem liest man aus der Figur ab:

$$\varphi + \psi = 360^0 - (\alpha + \beta + \omega). \qquad (5)$$

Aus

$$\frac{a}{r}\,\frac{r}{b} = \frac{\sin\alpha}{\sin\varphi}\,\frac{\sin\psi}{\sin\beta} \text{ entsteht } \frac{\sin\psi}{\sin\varphi} = \frac{a\sin\beta}{b\sin\alpha}.$$

Führt man einen Hilfswinkel λ ein und setzt

$$\frac{a\sin\beta}{b\sin\alpha} = \operatorname{tg}\lambda,$$

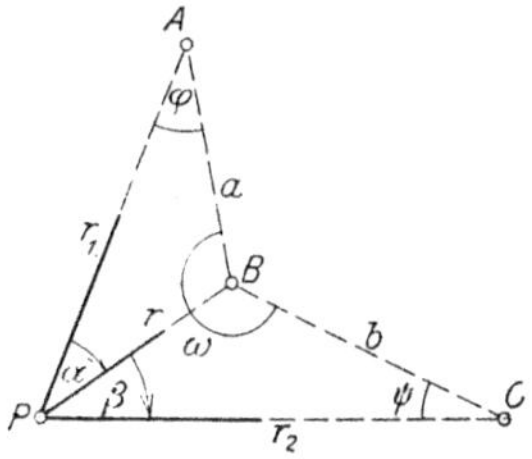

Abb. 16

so ist

$$\frac{\sin\varphi - \sin\psi}{\sin\varphi + \sin\psi} = \frac{1 - \operatorname{tg}\lambda}{1 + \operatorname{tg}\lambda} = \operatorname{tg}(45^0 - \alpha) = \operatorname{ctg}(45^0 + \alpha).$$

Nach Umformung entsteht die für die praktische Berechnung geeignete Gleichung

$$\operatorname{tg}\frac{\varphi - \psi}{2} = \operatorname{tg}\frac{\varphi + \psi}{2}\operatorname{ctg}(45^0 + \lambda). \qquad (6)$$

Aus der halben Differenz in Gl. (6) und der halben Summe nach Gl. (5) ergeben sich unmittelbar die beiden unbekannten Winkel φ und ψ, welche die Aufgabe wieder auf die des Seitwärtsabschneidens zurückführen.

Soll mit der Maschine gerechnet werden, so wird eine andere Lösung benutzt, die zu bequem anzuwendenden Gleichungen führt.

In Abb. 17, S. 247, ist P der Neupunkt, der aus den drei gegebenen Festpunkten $A\,M\,B$ durch Rückwärtseinschneiden bestimmt werden soll. Man legt durch P die Hilfsgerade $C\,D$ senkrecht zu $P\,M$. Dann sind auch die Winkel $M\,A\,C$ und $M\,B\,C = 90^0$, weil $C\,M$ ein Durchmesser des linken und $D\,M$ ein Durchmesser des rechten Kreises ist. Nach der Abb. 17 ist $A\,C = A\,M \operatorname{ctg}\alpha$ und $(A\,C) = (A\,M) + 90^0$. Daraus ist

$$y_c - y_a = A\,C\sin(A\,C) = A\,C\cos(A\,M)$$

$$x_c - x_a = A\,C\cos(A\,C) = -A\,C\sin(A\,M).$$

Ferner erhalten wir aus

$$A\,M = \frac{y_m - y_a}{\sin(A\,M)} = \frac{A\,C}{\operatorname{ctg}\alpha} = -\frac{x_c - x_a}{\sin(A\,M)}\,\frac{1}{\operatorname{ctg}\alpha}$$

die wichtige Gleichung

$$x_c - x_a = -(y_m - y_a)\operatorname{ctg}\alpha,$$

welche von $x_m = x_m$ abzuziehen ist:

$$x_m - x_c = (x_m - x_a) + (y_m - y_a)\,ctg\,\alpha.$$

Auf ähnliche Weise entstehen die weiteren Gleichungen

$$y_m - y_c = (y_m - y_a) - (x_m - x_a)\operatorname{ctg}\alpha \text{ und}$$

$$x_m - x_d = (x_m - x_b) - (y_m - y_b)\operatorname{ctg}\beta$$

$$y_m - y_d = (y_m - y_b) + (x_m - x_b)\operatorname{ctg}\beta.$$

Der Neupunkt P ist der Schnittpunkt der Geraden $M\,P$ und $C\,D$. Läßt man die Gleichungen der beiden Geraden koexistieren, so können die Koordinaten von P unmittelbar abgeleitet werden. Die Gleichung von $C\,D$ lautet:

$$y - y_c = \frac{y_d - y_c}{x_d - x_c}(x - x_c)$$

und jene von MP

(7) $$y - y_m = -\frac{x_d - x_c}{y_d - y_c}(x - x_m).$$

Daraus erhält man

$$y_c - y_m = -\frac{y_d - y_c}{x_d - x_c}(x - x_c) - \frac{x_d - x_c}{y_d - y_c}(x - x_m)$$

bzw.

$$x\,\{(y_d - y_c)^2 + (x_d - x_c)^2\} =$$
$$= (y_d - y_c)^2\, x_c + (x_d - x_c)^2\, x_m - (y_c - y_m)\,(x_d - x_c)\,(y_d - y_c).$$

Vermindert man beide Seiten der Gleichung um

$$x_m\,\{(y_d - y_c)^2 + (x_d - x_c)^2\},$$

so ist endlich mit Benützung der Gl. (7)

$$\frac{x - x_m}{y_d - y_c} = \frac{(y_m - y_c)\,(x_d - x_c) - (x_m - x_c)\,(y_d - y_c)}{(y_d - y_c)^2 + (x_d - x_c)^2} = -\frac{y - y_m}{x_d - x_c} = A.$$

In dem folgenden **Schema**, S. 247, ist ein Beispiel übersichtlich gerechnet und durch zweimalige Bestimmung des Richtungswinkels (PM) geprüft. In abgekürzter Form ist dort $\frac{\mathrm{II}}{\mathrm{I}} = A$ gesetzt. Die Bestimmung der Strecke MP nach

$$MP = A\sqrt{\mathrm{I}}$$

ergibt eine zweite Rechenprobe.

Zum Schluß sei noch die wichtigste der Methoden der gleichzeitigen Einschaltung mehrerer Punkte, die Hansensche Aufgabe oder die Aufgabe der beiden Punktpaare, erwähnt. Es sind nur zwei Punkte A und B gegeben, auf welchen nicht beobachtet wird. Die Ableitung eines Neupunktes P erfordert die gleichzeitige Bestimmung eines zweiten Punktes Q und die Messung der Winkel α, β, γ und δ in diesen beiden Punkten (Abb. 18).

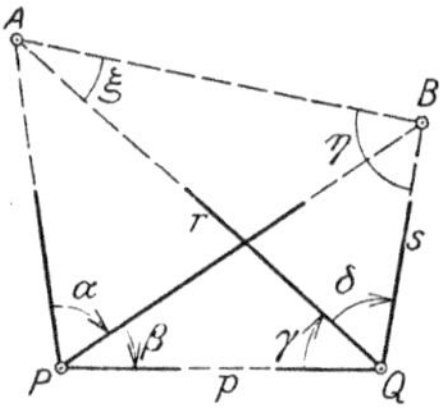

Abb. 18

Das Viereck $A\,B\,Q\,P$ muß sich berechnen lassen, weil fünf unabhängige Bestimmungsstücke bekannt sind. Wird für PQ eine beliebige Länge angenommen, so läßt sich ein Wert für AB berechnen, der von der wahren, aus den Koordinaten von A und B abgeleiteten Länge abweichen wird. Das Verhältnis der richtigen zur berechneten Länge AB ergibt den Faktor, mit dem alle Längen zu multiplizieren sind.

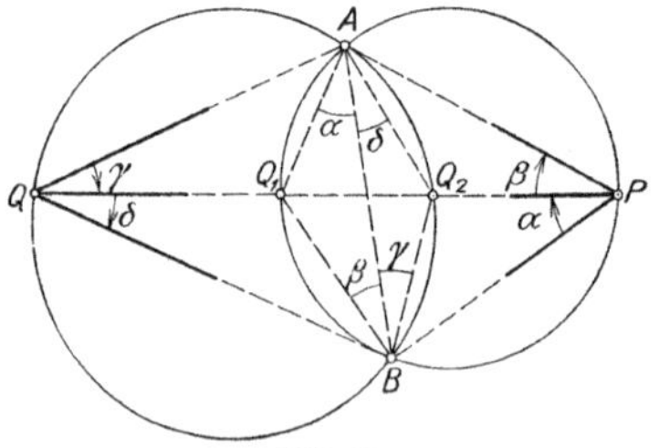

Abb. 19

Die zweimalige Konstruktion des Collinsschen Hilfspunktes führt zu einer einfachen geometrischen Lösung. In Abb. 19 ist der besseren Übersicht wegen eine andere Lage der Neupunkte P, Q gegen die Festpunkte A, B gewählt. Die Neupunkte liegen auf Kreisen durch A und B unter den Pheripheriewinkeln $\alpha + \beta$ bzw. $\gamma + \delta$ gegen AB. Durch Antragen der Winkel β und γ bei B und der Winkel α und δ bei A gegen die Strecke AB ergeben sich die beiden Hilfspunkte Q_1 und Q_2. Die durch beide gehende Gerade schneidet die Kreise in den gesuchten Neupunkten P und Q.

P = Fixpunkt F Plattform (Technische Hochschule).

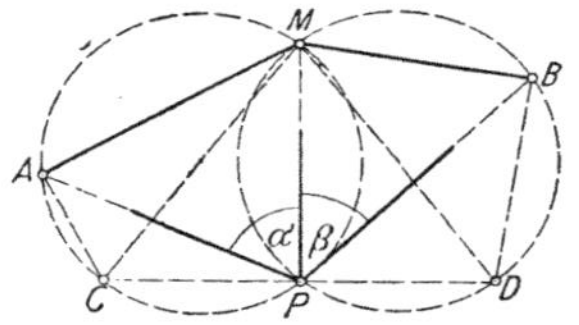

Abb. 17

Beobachtete Richtungen

A	Turmspitze V	212° 21′ 4,5″		
M	Turmspitze T	321 25 38,0		
B	Turmspitze R	70 1 36,0		
α	109° 4′ 33,5″	ctg α	— 0,34581	
β	108 35 58,0	ctg β	— 0,33653	

y_m	+	3011,99	x_m	+	5370,97
y_a	+	4578,60	x_a	+	5046,59
$(y_m - y_a)$	—	1566,61	$(x_m - x_a)$	+	324,38
$-(x_m - x_a)\operatorname{ctg}\alpha =$	+	112,17	$+(y_m - y_a)\operatorname{ctg}\alpha =$	+	541,75
$= y_m - y_c$	—	1454,44	$= x_m - x_c$	+	866,13
$y_m - y_d$	—	280,77	$x_m - x_d$	+	1091,97
$y_d - y_c$	—	1735,21	$x_d - x_c$	+	1958,10
$(y_d - y_c)^2$		3010953,7	*Summe I:*		6845109,3
$(x_d - x_c)^2$		3834155,6	$\sqrt{I} =$		2616,3
y_m	+	3011,99			
$-A(x_d - x_c) = y - y_m$	+	384,75			

$y = +3396{,}74$ m

y_m	+	3011,99	x_m	+	5370,97
y_b	+	3089,88	x_b	+	6436,73
$(y_m - y_b)$	—	77,89	$(x_m - x_b)$	—	1065,76
$+(x_m - x_b)\operatorname{ctg}\beta =$	+	358,66	$-(y_m - y_b)\operatorname{ctg}\beta =$	—	26,21
$= y_m - y_d$	+	280,77	$= x_m - x_d$	—	1091,97
$(y_m - y_c)(x_d - x_c)$	—	2847939			
$-(x_m - x_c)(y_d - y_c)$	+	1502917			
Summe II	—	1345022			
$\frac{\text{Summe II}}{\text{Summe I}} = A$	—	0,196494			
x_m	+	5370,97			
$+A(y_d - y_c) = x - x_m$	+	340,96			

$x = +5711{,}93$ m

$y_a - y$	+	1181,86	(PA)	119° 22′ 40″
$x_a - x$	—	665,34	$+\alpha$	109° 4′ 34″
$\frac{y_a - y}{x_a - x} = \operatorname{tg}(PA)$	—	1,776 32	(PM)	228° 27′ 14″

$y_b - y$	—	306,86	(PB)	337° 3′ 14″
$x_b - x$	+	724,80	$-\beta$	108° 35′ 58″
$\frac{y_b - y}{x_b - x} = \operatorname{tg}(PB)$	—	0,423 37	(PM)	228° 27′ 16″

$\overline{MP} = \frac{y - y_m}{\sin(PM)} = 514{\cdot}08$, $\overline{MP} = \frac{x - x_m}{\cos(PM)} = 514{\cdot}10$, $\overline{MP} = A\sqrt{I} = 514{\cdot}09$, $\sin(PM) = -0{\cdot}74843$, $\cos(PM) = -0.66321$.

Bei trigonometrischer Auffassung werden Q_1 und Q_2 durch Vorwärtsabschneiden aus A und B abgeleitet. Die dadurch gegebene Richtung $(Q_1 Q_2) = (Q\,P)$ führt die Lösung auf die Methode des Seitwärtsabschneidens zurück.

Bei der analytischen Behandlung werden für zwei unbekannte Winkel des Viereckes, Abb. 18, z. B. ξ und η, zwei Bestimmungsgleichungen aufgesucht. Die eine derselben führt zur Ermittlung der Summe

$$\xi + \eta = 180^0 - \delta.$$

Die zweite Gleichung erhält man durch Anwendung des Sinushilfssatzes

$$\frac{p}{r}\,\frac{r}{s}\,\frac{s}{p} = 1 = \frac{\sin(\alpha+\beta+\gamma)\sin\eta\sin\beta}{\sin(\alpha+\beta)\sin\xi\sin(\beta+\gamma+\delta)}.$$

Hieraus ergibt sich

$$\frac{\sin\eta}{\sin\xi} = \frac{\sin(\alpha+\beta)\sin(\beta+\gamma+\delta)}{\sin(\alpha+\beta+\gamma)\sin\beta}.$$

Die rechte Seite der Gleichung, die berechnet werden kann, wird der Tangente eines Hilfswinkels $\varLambda$ gleichgesetzt. Dann ist

$$\frac{\sin\xi+\sin\eta}{\sin\xi-\sin\eta} = \frac{1+\operatorname{tg}\varLambda}{1-\operatorname{tg}\varLambda},$$

$$\operatorname{tg}\frac{\xi+\eta}{2}\operatorname{ctg}\frac{\xi-\eta}{2} = \operatorname{tg}(45^0+\varLambda). \quad \text{Da aber } \operatorname{tg}\frac{\xi+\eta}{2} = \operatorname{ctg}\frac{\delta}{2},$$

folgt als Schlußgleichung

$$\operatorname{tg}\frac{\xi-\eta}{2} = \operatorname{ctg}\frac{\delta}{2}\operatorname{ctg}(45^0+\varLambda).$$

B. Kleinaufnahme oder Stückvermessung

Die Kleinaufnahme ist in erster Linie auf die Seiten des Polygonnetzes als Standlinien zu beziehen. Wo dieses nicht ausreicht, wird es durch den Anschluß eines Netzes von Messungslinien verdichtet, deren Endpunkte in den Polygonseiten liegen, lediglich durch Streckenmessung auf diesen festgelegt und die dadurch eingebunden werden. Das Netz der Messungslinien ist so anzulegen, daß die Kleinaufnahme direkt durch kurze Ordinaten in bezug auf diese Linien als Abszissenachsen durchgeführt werden kann. Die Gegenstände der Kleinaufnahme sind Gebäude, Flüsse, Wege, Eigentumsgrenzen usw. Sie werden durch Messung der rechtwinkligen Koordinaten ihrer Eck- bzw. Bruchpunkte aufgenommen. Zur Prüfung der Messungszahlen, die in eine Augenmaßskizze eingetragen werden, sind die Abstände der aufgenommenen Grenzsteine, die Längen und Breiten der Gebäudegrundrisse zu messen und die Verlängerungen der aufzunehmenden Seiten, Gebäudefluchten usw. in die Abszissenachse einzubinden.

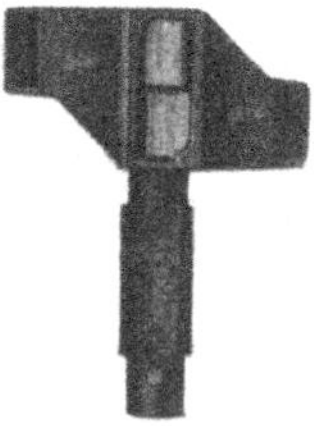

Abb. 20

Da die Ordinatenmessung in der Lotrichtung zur Abszissenachse erfolgen muß, ist das Abstecken rechter Winkel eine ständig wiederkehrende Aufgabe. Dazu sind Hilfsmittel notwendig, welche in der Gebrauchsstellung zwei sich rechtwinklig schneidende, vertikale Zielebenen bestimmen. Hieher gehören die Kreuzscheibe, Winkeltrommel, Kegelkreuzscheibe, der Winkelspiegel und das Winkelprisma. Unter den letzten ist heute das optisch vollkommenste das Kreuzvisier von Rudolf Stützer in Wetzlar (Abb. 20), bestehend aus zwei Glasprismen von trapezförmigem Querschnitt (Abb. 21), deren Kanten beim Gebrauch durch ein angehängtes Senkel in die Lotrichtung gestellt sind.

Von dem Punkte M, der durch einen Fluchtstab bezeichnet wird oder eine Gebäudekante sein kann, ist das Lot auf die Richtung $A\,B$ zu fällen. Der von M kommende Lichtstrahl wird beim Eintritt in den Glaskörper und beim Verlassen desselben gebrochen und im Innern zweimal total reflektiert. Bei keiner der Prismenflächen ist daher ein Spiegelbelag notwendig. Das bei A befindliche Auge des Beobachters empfängt durch das das Prisma verlassende Licht zunächst das Bild des seitlich gelegenen Gegenstandes M.

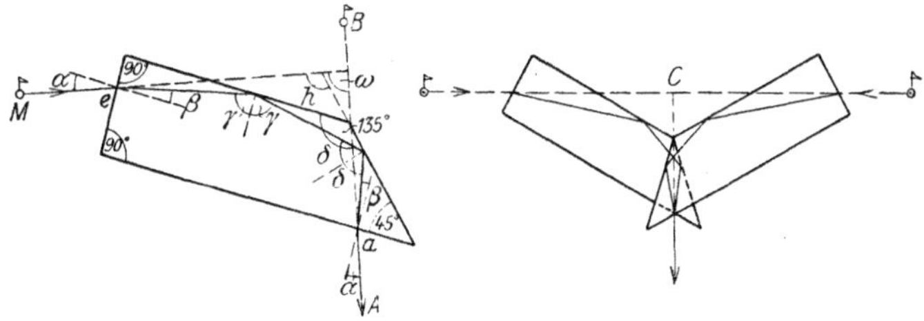

Abb. 21

Da das Prisma vermöge seines trapezförmigen Querschnittes zugleich auch Planparallelplatte ist, zeigt es dem Beobachter mit geringer Parallelverschiebung gleichzeitig das Bild des geradeaus liegenden Zielpunktes B durch eine Öffnung an der objektseitigen Gehäusewand. In der rechten Figur der Abb. 21 sind zwei Prismen der beschriebenen Art übereinandergelegt, um Winkel von 180^0 abzustecken, d. h. Zwischenpunkte in eine gegebene Gerade einzuschalten. Der Fassungsgriff mit dem Lothaken ist unter C, dem Schnittpunkt der beiden Hauptrichtungen, mithin zentrisch angebracht. Ein Gehäuse umschließt alle Kanten der Glaskörper und schützt sie vor Beschädigungen beim Gebrauch.

Winkelspiegel und Winkelprismen versagen bei größeren Höhenunterschieden im Gelände, die steile Zielungen im Gefolge haben, weil bei lotrecht gestelltem Instrument das Bild des Fluchtstabes in M mit dem direkt gesehenen Fluchtstab in B nicht mehr zur Deckung gebracht werden kann. Es können dann nur die Winkeltrommel und die Kegelkreuzscheibe angewendet werden.

Die zulässige Lotlänge hängt von der Genauigkeit dieser Instrumente ab. Man wird durchschnittlich mit einem Fehler von 3 Minuten in der Lotrichtung rechnen müssen. Geht man von 0,1 mm als jener kleinsten Planstrecke aus, die noch mit unbewaffnetem Auge durch Ablesung an einem guten Kantenmaßstab unterschieden werden kann, so entspricht ihr im Maßstab 1:500 eine Feldstrecke von 5 cm. Wir erhalten die Lotlänge l aus

$$l = 5\,\frac{3438'}{3'}\text{ cm} = 57\text{ m}.$$

Da aber der durchschnittliche Fehler von $3'$ keine obere Grenze darstellt, so wird die zulässige Lotlänge kleiner genommen. Es gilt als Regel, die Lotlänge von 40 Meter nicht zu überschreiten.

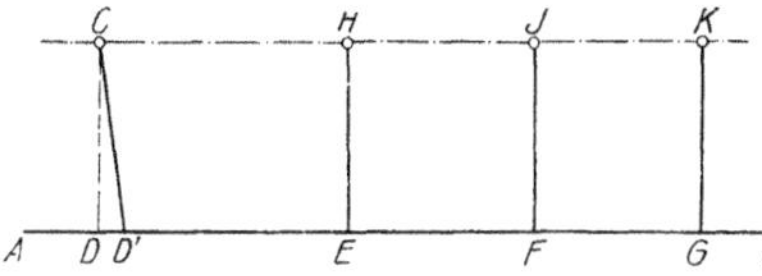

Abb. 22

Sind zahlreiche lange Lote auf die Aufnahmelinie zu fällen und zu messen, so empfiehlt es sich, eine Parallele als Hilfslinie abzustecken. Diese Parallelverschiebung der Aufnahmelinie geschieht am besten durch Errichtung von Loten und durch Längenmessen. Man ermittelt den Lotfußpunkt D von C (Abb. 22) und mißt $C\,D$ scharf. In den genau eingerichteten Punkten

E, F, G von *A B* werden Lote errichtet und auf diesen die Länge *C D* scharf abgetragen. Dann sind *H, J, K* Punkte der Parallelen.

Weicht das abgesteckte Lot *C D'* von dem richtigen *C D* um 20 Minuten ab, so ist für $C\,D = 40$ m

$$D\,D' = 40\,\text{m}\,\frac{20'}{3440'} = 0{,}23\ \text{m},$$

$$C\,D = C\,D' \cos 20' = C\,D'\left(1 - \frac{1}{2}\,\frac{20^2}{3440^2}\right),$$

$$C\,D = C\,D' - \frac{1}{2}\,\frac{20^2}{3440^2}\,C\,D',$$

$$C\,D = 40 - 0{,}0007\ \text{m}.$$

Diese Abweichung von rund 1 mm ist für gewöhnliche Längenmessung mit Latten oder Meßband nicht fühlbar. Es genügt daher, die Lote flüchtig zu fällen. Es können dann Parallelen in Abständen bis zu 80 m von *A B* abgesteckt werden. Dadurch kann die Breite des Streifens für die Kreuzscheibenaufnahme bis auf 160 m gesteigert werden. Wenn außerdem noch für größere Genauigkeit in der Absteckung der Lotrichtung gesorgt wird, so kann man mit der Parallelen so weit von der ursprünglichen Aufnahmelinie abrücken, als es die Schärfe der Längenmessung des Lotes gestattet, etwa bis zu einem Abstand von $3 \times 80 = 240$ m.

Im Punkte *C* von *A B* (Abb. 23) ist mit dem Winkelspiegel ein 80 m langes Lot errichtet worden. Der zu *D* gehörige Lotfußpunkt *D'* auf *A B* wird gesucht. Von *D* wird *D E* abgesteckt und ebenso wie *C D* sorgfältig gemessen. Dann ist

$$D'\,E = \sqrt{\overline{D\,E^2} - \overline{C\,D^2}} = \sqrt{(D\,E + C\,D)\,(D\,E - C\,D)}.$$

Damit wird *D'* von *E* aus auf 1 cm genau erhalten.

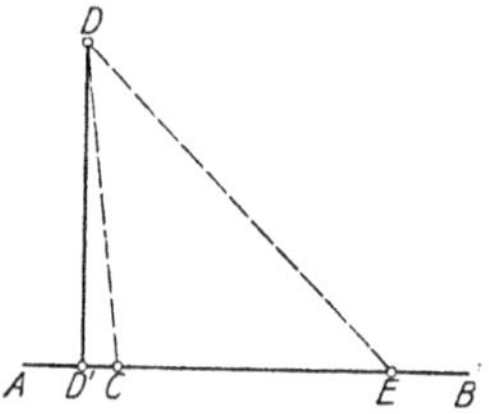

Abb. 23

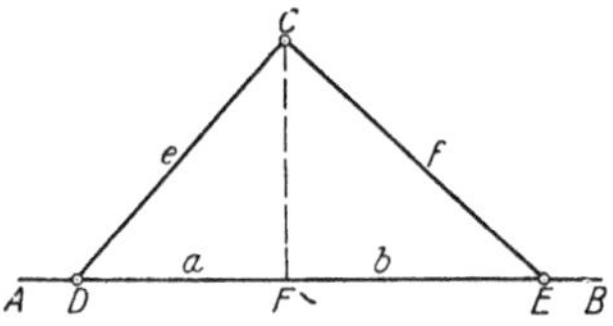

Abb. 24

Von einem hoch über *A B* gelegenen Punkt *C* (Abb. 24) ist der Lotfußpunkt zu suchen.

Wegen der Steilheit der Zielung versagt auch die Kegelkreuzscheibe. Sind keine Sichthindernisse im Gelände, so steckt man von *C* zwei Strecken, *C D* und *C E*, ab und mißt deren Längen *e* und *f*, sowie die Länge $D\,E = d$. Dann folgt aus Abb. 24

$$e^2 - a^2 = f^2 - b^2 \quad \text{oder} \quad a^2 - b^2 = e^2 - f^2.$$

In Verbindung mit $a + b = d$ ergibt sich

$$a = \frac{1}{2}\left\{\frac{(e-f)\,(e+f)}{d} + d\right\},$$

$$b = \frac{1}{2}\left\{d - \frac{(e-f)\,(e+f)}{d}\right\}.$$

C. Flächeninhaltsberechnungen

Die Lagemessungen haben außer der Lösung der Aufgabe, die Formen der Geländefiguren festzulegen, den weiteren wichtigen Zweck, ihren Flächeninhalt bestimmen zu können. Kann dieser aus Längen, die unmittelbar gemessen wurden, berechnet werden, so ist das Ergebnis lediglich mit den Messungsfehlern behaftet. Müssen dagegen die Maße der Karte entnommen werden, so ist die Flächenbestimmung um so ungenauer, je kleiner der Kartenmaßstab ist.

Wurden die n-Eckpunkte eines Polygons durch Koordinatenmessung gegen ein einziges, rechtwinkliges Achsensystem festgelegt, so werden zur Berechnung des Flächeninhaltes dieses n-Eckes die nachstehenden, von C. F. Gauß angegebenen Gleichungen angewendet:

$$2\,F = \sum_{i=1}^{i=n} y_i\,(x_{i-1} - x_{i+1}) = \sum_{i=1}^{i=n} x_i\,(y_{i+1} - y_{i-1}).$$

Muß die Flächeninhaltsbestimmung aus der Karte allein erfolgen, so zerlegt man die Figuren in Dreiecke und rechnet deren Flächen aus den der Karte entnommenen Grundlinien und Höhen. Manchmal kann eine Verwandlung des Vieleckes in ein Dreieck gleichen Inhaltes bequem sein. Bei unregelmäßig begrenzten Flächen bedient man sich am besten eines mechanischen Hilfsmittels. Das einfachste dieser Art ist die Planimeterharfe. Sie besteht aus einer Schar von Parallelen in gleichen Abständen, die entweder auf Pauspapier gezogene Linien oder auf einen Rahmen gespannte Fäden sind. Die aufgelegte Harfe zerlegt die Figur in Streifen, die als Trapeze berechnet werden dürfen. Nennt man m_1, m_2, ... die mittleren Grundlinien dieser Trapeze und d den Parallelenabstand, so ist $F = d\,\Sigma\,m$. Durch eigene, mit einem Zählwerk versehene Zirkel werden die m der Karte entnommen und sofort mechanisch addiert. Durch die Verkleinerung von d kann die Genauigkeit der Flächeninhaltsberechnung beliebig gesteigert werden. Die Harfe eignet sich hauptsächlich für schmale, langgestreckte Flächenstreifen. Größere Figuren zerlegt man vorerst in Dreiecke, die man für sich berechnet, und lediglich die übrigbleibenden Randstreifen werden mit der Harfe gemessen.

Die bequemsten und wichtigsten mechanischen Hilfsmittel für die Flächeninhaltsberechnung beliebig begrenzter Figuren sind die Umfahrungsplanimeter, von denen das Amslersche Polarplanimeter die meiste Verbreitung gefunden hat.

Zwei Stäbe, a und c (Abb. 25) sind durch das Gelenk G miteinander verbunden. Der eine Endpunkt P, der Pol des Planimeters, ist auf der Zeichnungsebene befestigt; am anderen Ende ist ein Fahrstift S angebracht. Auf der Verlängerung von a ist eine Hülse verschiebbar, die im Abstand b von G die Meßrolle mit dem Halbmesser r trägt. Diese dreht sich um eine Achse, die parallel zu a justiert ist. Wird S beliebig auf dem Plan bewegt, so wird die auf dem Plan wälzende Rolle zum Teil gleiten, zum Teil sich drehen.

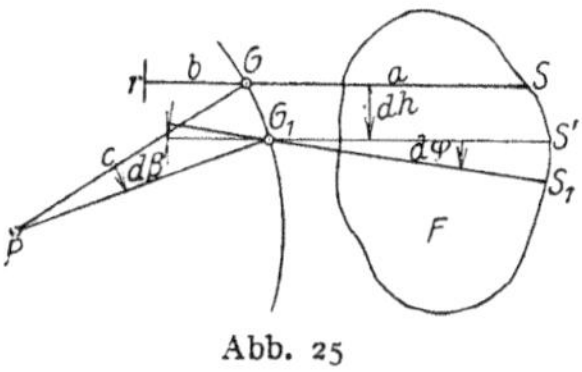

Abb. 25

Wird mit S eine Fläche F umfahren, die den Pol P nicht einschließt, und ist dabei v der Wälzungswinkel der Rolle, so ist die Größe der umfahrenen Fläche

$$F = a\,r\,v.$$

Hat die Rolle n Umdrehungen gemacht, so ist $v = 2\,\pi\,n$ und

$$F = 2\,\pi\,a\,r \cdot n \,\ldots\ldots \tag{7}$$

Schließt die von S umfahrene Fläche den Pol P ein, so ist

$$F = 2\pi a r \cdot n + (a^2 + 2ab + c^2)\pi \ldots\ldots \tag{8}$$

In den Gl. (7′) und (8) erscheint daher als eigentliche Messungsgröße die Anzahl n der Rollenumdrehungen. Sie geht aus der Differenz der Ablesungen hervor, die vor und nach der Umfahrung an einem Zählwerk und an einem Nonius bis auf $^1/_{1000}$ einer Umdrehung gemacht werden. Werden diese Ablesungen auf Tausendstelumdrehungen bezogen und in der Noniuseinheit ausgedrückt, so ist ihre Differenz $n' = 1000\,n$. Die Gl. (7′) nimmt dann die Form an

$$F = 2\pi a r \frac{n'}{1000}.$$

Gewöhnlich kann die Fahrarmlänge a durch Verschiebung der die Rolle tragenden Hülse verändert werden. Sie wird an einer $^1/_2$ mm- oder $^5/_6$ mm-Teilung an der Oberfläche des Fahrarmes mit einem an der verschiebbaren Hülse befestigten Nonius abgelesen. Die Ablesung müßte Null ergeben, wenn angenommen würde, daß der Fahrstift und die Gelenkachse zusammenfielen. Wegen der unvermeidlichen Fehler in der Justierung des Nonius wird sich eine geringe Abweichung a_0 von dem Nullwert ergeben. Für jede andere Ablesung a_i ist die Fahrarmlänge

$$a = k\,(a_i - a_0)\text{ mm},$$

worin $k = \frac{1}{2}$ bzw. $\frac{5}{6}$ ist. So erhält man

$$F = \frac{2\pi k r}{1000} n'\,(a_i - a_0)\text{ mm}^2 \ldots\ldots \tag{9}$$

Da die beiden Instrumentkonstanten r, das gewöhnlich nahe 10 mm beträgt, und a_0, das nur wenig von Null verschieden ist, durch direkte Messung nicht genau genug erhalten werden, wird eine Figur von bekanntem Flächeninhalt bei zwei möglichst verschiedenen Fahrarmlängen umfahren. Es entstehen dann zwei Gleichungen:

$$\frac{1000\,F}{2\pi k}\frac{1}{r} + n_1'\,a_0 = n_1'\,a_1,$$

$$\frac{1000\,F}{2\pi k}\frac{1}{r} + n_2'\,a_0 = n_2'\,a_2,$$

die nach den Unbekannten $\frac{1}{r}$ und a_0 aufzulösen sind.

Soll die Fläche aus einer Karte im Maßstab $1:M$ unmittelbar in m² erhalten werden, so ist die rechte Seite der Gl. (9) mit $\frac{M^2}{1000^2}$ zu multiplizieren. Setzt man der Einfachheit wegen $\frac{2\pi k r}{1000} = C$, so entsteht der endgültige Ausdruck

$$F = n'\,(a_i - a_0)\,C\,\frac{M^2}{1000^2}.$$

Es ist somit die bei der Umfahrung erhaltene Rollenumdrehung n' mit dem Faktor

$$\varphi = (a_i - a_0)\,C\,\frac{M^2}{1000^2},$$

dem Flächenwert der Noniuseinheit für die Fahrarmlänge a_i und den Kartenmaßstab $1:M$ zu multiplizieren.

Durch zweckmäßige Wahl von a_i wird φ auf einen runden Wert gebracht. Dazu ist

$$a_i = a_0 + \frac{\varphi}{C} \frac{1000^2}{M^2}.$$

Diagramme bzw. Nomogramme können die Wahl der passendsten Fahrarmlänge wesentlich erleichtern.

Wird eine Figur aus zwei verschiedenen Polstellungen umfahren, so werden Abweichungen in der Rollenumdrehung n' auftreten, die auf Instrumentalfehler, die Schiefe des Gelenkes und die Rollenschiefe, zurückzuführen sind. Von der letzten macht man die Flächeninhaltsberechnung unabhängig, wenn Planimeter verwendet werden, bei welchen der Rollenarm b unter dem Polarm c „durchgeschlagen" werden kann. Die Fläche kann dann bei gleicher Polstellung in zwei verschiedenen Lagen des Rollenarmes zum Polarm umfahren werden. Das Ergebnis ist frei vom Einfluß der Rollenschiefe. Dieses zuerst von Coradi in Zürich konstruierte „Kompensationsplanimeter" ist heute die vollkommenste Form des Polarplanimeters (Abb. 26).

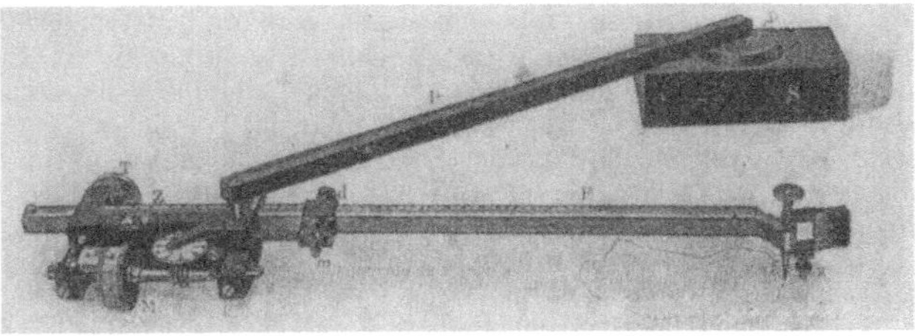

Abb. 26

Der mittlere Fehler einer Flächenberechnung mit dem Polarplanimeter beträgt durchschnittlich $\pm 0{,}02 \sqrt{F\,(\mathrm{cm}^2)}\ \mathrm{cm}^2$. Doch können die Abweichungen hievon sehr bedeutend sein, da auch die Gestalt der zu bestimmenden Figur von Einfluß ist. So sind z. B. langgestreckte Figuren im allgemeinen sehr ungünstig.

Die Genauigkeit wird wesentlich gesteigert, wenn die Meßrolle sich nicht unmittelbar auf dem unebenen Kartenblatt, sondern auf einer Scheibe des Instrumentes bewegt, die bei der Umfahrung in Drehung versetzt wird. Das sich hierauf stützende Scheibenrollplanimeter, ferner das Kugelrollplanimeter, bei dem sich eine Kugelkalotte auf einem Zylinder bewegt, geben bei großen Flächen Genauigkeiten, die an jene der Flächeninhaltsberechnungen aus Messungszahlen heranreichen. Beide Präzisionsplanimeter haben den großen Vorteil, daß sehr große und namentlich langgestreckte Flächen auf einmal mit Pol außerhalb umfahren und bestimmt werden können, weil die Leitlinie des Gelenkes eine Gerade ist.

II. Höhenaufnahmen

A. Das geometrische Nivellement

Es werden die lotrechten Abstände der einzumessenden Punkte von einer Ebene ermittelt, die durch den Querfaden des Fadenkreuzes und die Ziellinie des Fernrohres eines Nivellierinstrumentes bestimmt und mit einer Röhrenlibelle horizontal gerichtet wird. Die Abstände werden an einer lotrecht aufgestellten, geteilten Latte abgelesen. Die günstigste Zielweite beträgt rund 50 m. Bei größeren Entfernungen zweier Punkte, deren Höhenunterschied bestimmt werden soll, sind mehrere Instrumentaufstellungen notwendig. In Abständen von rund 100 m werden Hilfs- oder Wechselpunkte angeordnet, in denen nacheinander die Latte lotrecht aufgestellt wird. In der beiläufigen Mitte zwischen je zwei Wechselpunkten wird der Standpunkt für das Instrument gewählt und im Rückblick und Vorblick werden die Zielhöhen r und v in Bezug auf die am Lattenfußpunkt befindliche Teilungsnull abgelesen. Das Gefälle zwischen den einzelnen Wechselpunkten ist dann

$$g_1 = v_1 - r_1$$
$$g_2 = v_2 - r_2$$
$$\cdots\cdots\cdots$$

und der gesuchte Höhenunterschied $\triangle H = [v] - [r]$.

Die Nivellierlatte aus gut getrocknetem, geradfaserigem Tannenholz ist 3 bis 4 m lang, hat einen rechteckigen Querschnitt von etwa 3 cm auf 10 cm und eine Zentimeterteilung. Die Ablesung am Querfaden gibt die Zentimeter direkt, während die Millimeter geschätzt werden müssen. Um den Lattenstand zu sichern, verwendet man eine Fußplatte, gewöhnlich eine kreisrunde Eisenplatte von 1 dm Durchmesser, die unten drei Spitzen zum Eindrücken in den Boden und oben einen halbkugelig abgerundeten Knopf zum Aufsetzen des Lattenendes trägt. Die mit Handhaben versehene Latte wird entweder nach dem Augenmaß oder mittels eines in einem Einstellring spielenden Senkels oder mittels einer an der Seite oder hinten angebrachten Dosenlibelle in die Lotrichtung gebracht. Bei Feineinwägungen wird die Latte nicht mit den Händen gehalten, sondern durch Stäbe verspreizt bzw. in ein Stativ gestellt.

Die wesentlichen Bestandteile eines Nivellierinstrumentes sind das Fernrohr und die Röhrenlibelle. Beide sind um eine Stehachse drehbar eingerichtet, zu deren Aufstellung meist eine eigene Dosenlibelle beigegeben ist. Die Zielebene des Fernrohres wird horizontal, wenn ihre beiden Bestimmungsstücke horizontal sind. Der Querfaden des Fadenkreuzes muß die Stehachse rechtwinklig kreuzen und die Fernrohrziellinie muß zur Achse der Nivellierlibelle parallel sein. Wurde die Stehachse in die Lotrichtung gebracht und spielt die Nivellierlibelle ein, so ist die Zielebene horizontal. Das größere Gewicht ist der zweiten Bedingung beizulegen und es wird vor jeder Ablesung an der Latte die Achse der Nivellierlibelle horizontal gerichtet, d. h. ihre Blase scharf auf den Spielpunkt geführt und hier gehalten werden müssen. Dieses geschieht beim Nivellierinstrument einfachster Bauart durch die Fußstellschrauben des Unterbaues, in dessen Büchse sich die Stehachse dreht, bei allen feiner konstruierten Instrumenten dagegen durch eine eigene Höhenfeinstell- oder Kippschraube. Bei den von der Kippschraube hervorgerufenen Neigungsänderungen des Fernrohres dreht sich dieses um eine kurze Kippachse. Um den Standfehler möglichst herabzudrücken, wird bei den modernen Instrumenten die Kippachse zentrisch angeordnet. Ein etwa vorhandener Stellungsfehler der Stehachse hat dann keine Schwankungen der Höhenlage des Meßhorizontes innerhalb eines Instrumentstandes zur Folge.

Nach der Bauart unterscheiden wir:

A. Nivellierinstrumente mit festem Fernrohr und fester Libelle und

B. solche mit drehbarem oder Ringfernrohr, wobei die Libelle entweder als Reiterlibelle frei aufsitzt oder mit dem Fernrohr oder mit seinen Trägern fest verbunden ist.

Der Unterbau ist bei beiden Gruppen gewöhnlich mit jenem eines einfachen Theodolits identisch: der Zapfen der Stehachse dreht sich in der Büchse eines Dreifußunterbaues.

Justierung der Nivellierinstrumente mit festem Fernrohr und fester Libelle

1. Libellenachse und Fernrohrziellinie sollen in einer Ebene liegen. Sonst wäre Kreuzung vorhanden. Da mit nahezu lotrechter Stehachse nivelliert wird, braucht diese Bedingung nicht streng erfüllt zu sein. Die einmalige Beseitigung der Kreuzung bei der Erzeugung genügt.

2. Der Querfaden soll die Stehachse rechtwinklig kreuzen. Die Stehachse wird ins Lot und das eine Fadenende auf einen Zielpunkt eingestellt. Wird das Fernrohr um die Stehachse fein gedreht und verläßt der Faden den Zielpunkt, so muß der Querfaden durch Verdrehung der Fadenplatte verstellt werden.

3. Die Libellenachse und die Fernrohrziellinie müssen zueinander parallel sein. Man stellt die Libellenachse senkrecht zur Stehachse, indem man die Libelle über zwei Fußstellschrauben zum Einspielen bringt, dann um die Stehachse um 180° dreht und die Hälfte des Ausschlages mit den Justierschrauben der Libelle beseitigt. Ist eine Dosenlibelle vorhanden, so ist ihre Blase mit den Justierschrauben dieser Libelle zum Einspielen zu bringen. Man bestimmt nun den Höhenunterschied zweier Punkte im Abstande von 80 bis 100 m durch ein Nivellement aus der Mitte, d. h. mit gleichen Zielweiten im Vor- und Rückblick. Wird vor beiden Lattenablesungen die Libellenblase genau zum Einspielen gebracht, so wird der Höhenunterschied richtig erhalten, auch wenn Libellenachse und Fernrohrziellinie nicht parallel zueinander wären. Dann wird das Instrument dicht bei einem der beiden Punkte aufgestellt, die Stehachse in die Lotrichtung gebracht und die Höhe der Ziellinie über diesem Punkt mit der Nivellierlatte gemessen. Hiebei wird am oberen und am unteren Rand der Objektivfassung abgelesen und das Mittel gebildet. Wird diesem der Höhenunterschied der beiden Punkte mit richtigem Vorzeichen hinzugegeben, so erhält man die Ablesung, die bei horizontaler Zielung am Querfaden gemacht werden muß, wenn die Latte auf dem anderen Punkt aufgestellt ist. Das Fadenkreuz ist mit seinen vertikalen Richteschräubchen zu verschieben, bis bei einspielender Libelle die oben berechnete Lattenablesung erhalten wird. Zur Probe wird das Verfahren auf dem zweiten Punkt wiederholt.

Justierung der Nivellierinstrumente mit Ringfernrohr

Zunächst muß wieder der Querfaden des Ringfernrohres in den beiden, um 180° auseinanderliegenden Gebrauchsstellungen desselben die Stehachse rechtwinklig kreuzen. Das Fernrohr der Abb. 27 (siehe S. 256) ist an der Okular- und an der Objektivseite mit je einem Anschlagzapfen versehen. Diese sind um 180° gegeneinander verstellt. Schlägt der eine der beiden Zapfen an die zugehörige Schraube des Fernrohrträgers, so befindet sich das Fernrohr in der einen seiner beiden Gebrauchsstellungen. Wird wie früher das eine Fadenende auf einen Zielpunkt eingestellt und verläßt ihn der Faden bei Drehungen des Fernrohres um die Stehachse, so ist das Anschlagschräubchen entsprechend zu verstellen.

Eine weitere neu hinzukommende Bedingung verlangt die Parallelstellung der Ziellinie und der Ringachse oder das Zentrieren des Fadenkreuzes. Wird das Fadenkreuz auf einen entfernten Zielpunkt eingestellt, so dürfen sich bei Drehungen des Fernrohres um die Ringachse keine Lageveränderungen des Fadenkreuzes zum Zielpunkt zeigen. Wurden solche festgestellt, so werden am besten die beiden Fäden nacheinander in ihre richtigen Stellungen gebracht. An einer lotrecht aufgestellten Nivellierlatte wird mit dem Horizontalfaden eine Ablesung gemacht und diese nach Drehung des Fernrohres um die Ringachse um 180° wiederholt. Der Faden wird mit den Justierschrauben der Fadenplatte auf das arithmetische Mittel beider Ablesungen eingestellt. In der gleichen Weise wird der Vertikalfaden behandelt, nachdem in beiden Lagen an einer horizontalen Nivellierlatte abgelesen worden ist. Die Ziellinie ist aber außer durch das Fadenkreuz noch durch das Objektiv bestimmt. Bei den Fokussierungsbewegungen beschreibt der Fadenkreuzschnittpunkt eine Bahn, die das Objektiv im Gegenstandsraum abbildet. Dieses Abbild ist die

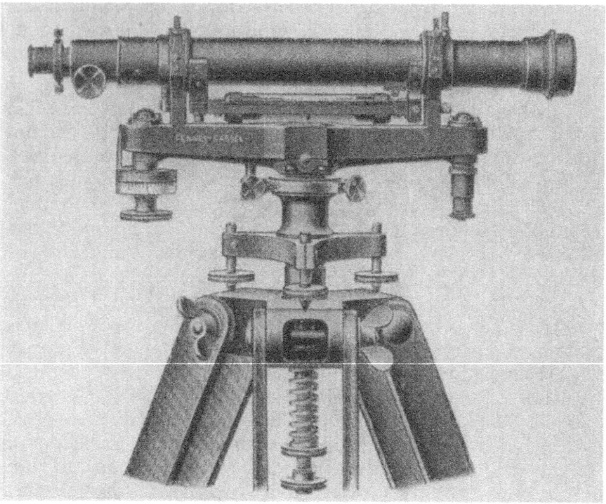

Abb. 27

eigentliche Fernrohrziellinie. Fällt daher, wie immer angenommen werden muß, die optische Achse des Objektivs mit der Ringachse des Fernrohres nicht zusammen, so ist das Fadenkreuz nach der Durchführung des oben beschriebenen Verfahrens bloß für den betreffenden Lattenabstand zentriert. Je weiter der Lattenstandpunkt gewählt wird, um so mehr nähert sich die berichtigte Ziellinie ihrer parallelen Lage zur Ringachse. Da aber bei wachsender Entfernung die Lattenablesung schwierig wird, so begnügt man sich damit, auf einen sehr weit entfernten Zielpunkt einzustellen und statt der zweiten Ablesung den Abstand des Fadens vom Zielpunkt zu schätzen. Durch mehrfache Wiederholung des Verfahrens wird das Fadenkreuz allmählich seiner zentrischen Lage genähert.

Die dritte Bedingung deckt sich mit jener der früheren Instrumentgruppe und besteht darin, daß die Libellenachse und die Fernrohrziellinie zueinander parallel sein müssen. Dabei ist die frei aufsitzende Reiterlibelle und die mit dem Ringfernrohr fest verbundene und an dessen Drehungen beteiligte Libelle immer vorerst auf Kreuzung zu untersuchen bzw. zu justieren. Für die Hauptjustierung genügt im übrigen bei allen Nivellierinstrumenten dieser Gruppe eine e i n z i g e Instrumentaufstellung.

Setzt man die Gleichheit der Halbmesser der beiden Fernrohrringe voraus, so wird die auf den Ringen sitzende Reiterlibelle für diese Unterlage berichtigt und dadurch schon zur Ziellinie parallel gestellt, weil wegen der angenommenen Ringhalbmessergleichheit die Ziellinie parallel zur Libellenunterlage ist.

Ist die Libelle mit dem Fernrohr fest verbunden, so bilden die Fernrohrträger die Unterlage, zu der die Libelle durch Umlegen des Fernrohrs mit Vertauschung seiner Ringe in ihren Lagern parallel gestellt wird. Dabei ist die eine Hälfte des Libellenausschlages mit den vertikalen Justierschrauben der Libelle, die zweite Hälfte mit der Kippschraube zu beseitigen.

Ist die Libelle mit den Fernrohrträgern fest verbunden, so wird bei einspielender Libelle an einer etwa 80 m entfernten und lotrecht aufgestellten Nivellierlatte abgelesen. Wird das Fernrohr in den Lagern umgelegt und um die Stehachse um 180⁰ gedreht, so ist bei einspielender Libelle die Lattenablesung zu wiederholen. Die Einstellung des Querfadens mit der Kippschraube auf das arithmetische Mittel der beiden Lattenablesungen bringt die Ziellinie in die horizontale Lage, verursacht aber gleichzeitig ein Ausweichen der Libellenblase. Mit den Justierschrauben wird die Libellenblase wieder zum Spielpunkt zurückgeführt. Die nunmehr horizontale Libellenachse ist parallel zur Ziellinie.

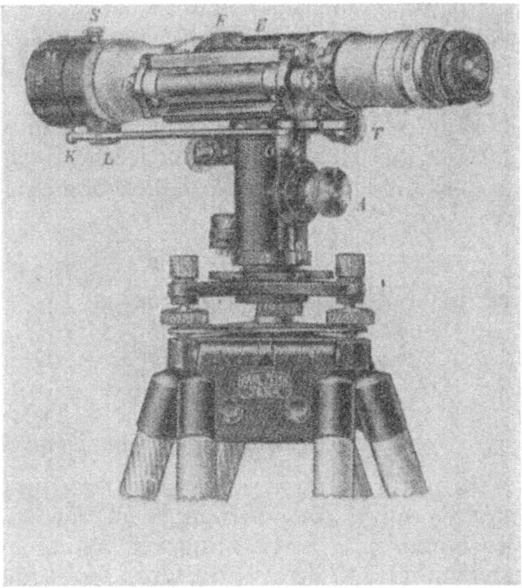

Abb. 28

Die zweckmäßigste Konstruktion ist die eines Instrumentes mit Ringfernrohr und daran befestigter Wendelibelle. Ohne vorausgehende Berichtigung werden damit auch bei ungleichen Zielweiten im Vorblick und Rückblick richtige Höhenunterschiede erhalten, wenn jeweils in beiden Fernrohrlagen bei einspielender Libelle abgelesen wird. Die Wendelibelle hat zwei einander gegenüberliegende Ausschleifungen. Deren Spielpunktstangenten sind die beiden Achsen der Wendelibelle, die zueinander parallel liegen müssen. Dazu tritt die Bedingung ihres Parallelismus zur Ringachse. Die Justierung erfolgt aus einem Standpunkt. Man läßt die Wendelibelle über zwei Fußschrauben in einer Lage (unten oder links) einspielen, dreht das Fernrohr um die Ringachse um 180⁰ und verbessert die Hälfte des Ausschlages an den vertikalen Justierschrauben der Wendelibelle, die andere an den Fußschrauben. Nach mehrfacher Wiederholung sind die Libellenachsen zur Ringachse parallel gestellt. Da aber diese wegen des voraus zentrierten Fadenkreuzes mit der Ziellinie zusammenfällt, so ist auch hier die Hauptbedingung erfüllt.

Abb. 27, S. 256, zeigt ein Nivellierinstrument der beschriebenen Art mit lotrechter Kippschraube und zentrisch liegender Kippachse von O. Fennel Söhne in Kassel. In den beiden Fernrohrlagen befindet sich die Wendelibelle einmal unter, das anderemal über dem Fernrohr. Der Parallelismus der beiden Libellenachsen kann durch Umschrauben der Wendelibelle, d. i. durch Abschrauben vom Fernrohr, an dem sie befestigt ist, und Wiederanschrauben mit vertauschten Enden geprüft werden. Die Justierschrauben für die Libellenkreuzung wirken nicht unmittelbar auf die Libellenfassung, sondern auf einen besonderen Rahmen, in den diese Fassung eingefügt ist. Für Feineinwägungen von höchster Genauigkeit eignet sich besonders das Wild-Zeißsche Präzisions-Nivellierinstrument (Abb. 28, S. 257), auf dessen nähere Beschreibung aber hier nicht eingegangen werden kann.

Genauigkeit des geometrischen Nivellements

Im allgemeinen wächst der mittlere Fehler m eines Nivellementszuges mit der Quadratwurzel aus der Länge L dieses Zuges:

$$m = \mu \sqrt{L}.$$

Wird L in km ausgedrückt, so ist μ der mittlere Fehler für ein einmaliges Nivellement von 1 km Länge. Solange μ kleiner bleibt als etwa 10 mm, ist das Nivellementsergebnis für technische Zwecke brauchbar. Bei Präzisionsnivellements darf der mittlere Kilometerfehler 1 mm nicht überschreiten.

Wurden n Nivellementszüge von den Längen $L_1, L_2, \ldots L_n$ doppelt nivelliert und für die Höhenunterschiede die Differenzen $d_1, d_2, \ldots d_n$ erhalten, so ist der mittlere Kilometerfehler des einfachen Nivellements

$$\mu_1 = \pm \sqrt{\frac{1}{2n}\left[\frac{d\,d}{L}\right]}$$

und jener des Doppelnivellements

$$\mu_2 = \pm \frac{\mu_1}{\sqrt{2}} = \pm \frac{1}{2}\sqrt{\frac{1}{n}\left[\frac{d\,d}{L}\right]}.$$

Die trigonometrische Höhenmessung

Darunter versteht man die Ermittlung des Höhenunterschiedes zweier Punkte durch die Messung von Vertikalwinkeln zwischen ihnen, wobei ihre horizontale Entfernung als bekannt vorausgesetzt wird. Je nachdem der Winkel der Fernrohrziellinie gegen die Horizontalebene oder gegen die Lotrichtung gemessen wird, spricht man von Höhenwinkeln oder Zenitdistanzen. Ein mit einem Höhenkreis versehener Theodolit wird über dem einen der beiden Punkte, A, zentrisch aufgestellt. Dann wird die Instrumenthöhe J_a über A gemessen und bei sehr scharf lotrecht gestellter Stehachse die Ziellinie auf den anderen Punkt B eingestellt. Ist dieser durch eine Stange oder Pyramide sichtbar gemacht, so wird nach einem bestimmten Punkt des Zeichens, der in der Lotrichtung über B in dem bekannten Abstand m liegt, gezielt, wobei insbesondere auf die scharfe Einstellung des Querfadens im Fernrohr zu achten ist. Bei einspielender Höhenkreislibelle werden die Ablesungen an beiden Zeigern gemacht und deren arithmetisches Mittel a_1 gebildet. Die Beobachtung wird in der zweiten Kreislage wiederholt und gibt als Mittelwert der beiden Ablesungen a_2. Dann folgt die Zenitdistanz z aus

$$z = \frac{a_2 - a_1}{2} \text{ und daraus der Höhenwinkel } h = 90^0 - z.$$

Durch das Messen in beiden Fernrohrlagen wird jeder Indexfehler des Höhenkreises von ganz beliebiger Größe eliminiert. Sind H_a und H_b die Meereshöhen von A und B, ferner s deren horizontale Entfernung, die entweder aus der Triangulationsberechnung bekannt ist oder aus der Karte entnommen wird, so ist näherungsweise

$$H_b = H_a \pm s \operatorname{ctg} z + \frac{s^2}{2R}(1 - k_a) + J_a - m.$$

Hierin bedeuten R den Halbmesser der Erde und k_a den Refraktionskoeffizienten für die Beobachtung in A, $\frac{s^2}{2R}$ den Einfluß der Erdkrümmung und $k_a \frac{s^2}{2R}$ jenen der Strahlenbrechung.

Der Refraktionskoeffizient k schwankt je nach dem Zustand der Atmosphäre zwischen den Grenzen 0,1 und 0,2 und ist mittags am kleinsten und im Sommer in gleichen Zeitabständen vom Mittag gleich groß. Mit dem Mittelwert $k = 0{,}13$ ist

$$\frac{s^2}{2R}(1 - k) = 0{,}0685\ (s_{km})^2,$$

wobei die Entfernung s in Kilometern einzusetzen ist.

$$\text{Für } s = 120 \text{ m ist } \frac{s^2}{2R}(1 - k) = 1 \text{ mm},$$

$$\text{,, } s = 350 \text{ ,, ,, } \frac{s^2}{2R}(1 - k) = 1 \text{ cm},$$

$$\text{,, } s = 1200 \text{ ,, ,, } \frac{s^2}{2R}(1 - k) = 1 \text{ dm}.$$

Nur bei gleichzeitigen und gegenseitigen Zenitdistanzmessungen wird der Höhenunterschied frei vom Einfluß der Strahlenbrechung erhalten. Wegen der Unsicherheit im Werte des Refraktionskoeffizienten genügt bei trigonometrischer Höhenmessung die Rechenschärfe im cm, um den dm verläßlich zu bekommen. Bei Entfernungen unter 500 m dürfen dann die Einflüsse von Erdkrümmung und Strahlenbrechung vernachlässigt werden.

Mit der zunehmenden Leistungsfähigkeit des geometrischen Nivellements, das bei technischen Arbeiten den cm, bei Feineinwägungen sogar den mm sicher gibt, hat das Verfahren der trigonometrischen Höhenmessung an Bedeutung eingebüßt.

Die barometrische Höhenmessung

Die Genauigkeit dieses Verfahrens ist noch wesentlich geringer als die des früheren. Seit der Einführung der Aneroide und ihrer Verbesserung durch Einrichtungen zur Aufhebung des Temperatureinflusses im Inneren des Instrumentes durch den Mechaniker Otto Bohne in Berlin ist aber diese überaus bequeme Methode für erste Vorarbeiten zu Ingenieurbauten im bergigen Gebiet zu großer Wichtigkeit gelangt. Sind nur Lagepläne vorhanden, so können für eine große Zahl von der Lage nach bekannten Punkten die Höhen gemessen und aus ihnen die Höhenlinien in den Plänen entwickelt werden.

Gute Ergebnisse setzen eine äußerst sorgfältige Behandlung des Aneroids voraus. Beim Feldgebrauch ist es in einen mit Tuchfütterung versehenen Holzkasten zu setzen, den man nur für die Ablesung öffnet und der das Instrument in gleichmäßiger Wärme erhält. Das Aneroid ist beim Ablesen horizontal zu halten. Vorher ist durch leichtes Aufklopfen auf den Glasdeckel die Reibung der Instrumentteile zu überwinden. Infolge elastischer Nachwirkungen folgt der Zeiger einer Luftdruckänderung nicht sofort in vollem Maße.

Um aus der Aneroidablesung A den wahren Wert p des Luftdruckes zu berechnen, sind an derselben die nachstehenden Verbesserungen anzubringen: 1. die Standkorrektion a, die aus Vergleichen mit dem Quecksilberbarometer oder Siedethermometer hervorgeht; 2. die Teilungskorrektion

$b(760-A)$, die eine Folge der nicht genauen Justierung des Übertragungsmechanismus ist und durch Vergleiche mit dem Quecksilberbarometer bei stark schwankendem Luftdruck erhalten wird; 3. die Temperaturkorrektion ct, durch welche die bei der Temperatur t erfolgte Aneroidablesung auf die Temperatur 0^0 reduziert wird. Der Temperaturkoeffizient c wird aus Aneroidablesungen bei beliebig hohen und tiefen Temperaturen (im Winter) und Vergleichsablesungen an einem Quecksilberbarometer oder Siedethermometer bestimmt.

Mithin ist $p = A + a + b(760 - A) + ct$. Sind in den beiden Punkten, deren Höhenunterschied h gesucht wird, die Luftdrücke p_1 und p_2 und die Lufttemperaturen t_1 und t_2 (mit dem Schleuderthermometer) gemessen, so ist nach der vereinfachten, für Mitteleuropa gültigen barometrischen Höhenformel

$$h = 18464 \log \frac{p_1}{p_2} (1 + 0{,}004\, t) \ldots \tag{10}$$

Hierin ist $t = \frac{t_1 + t_2}{2}$. In Mitteleuropa beträgt der mittlere, auf das Meeresniveau reduzierte Barometerstand p_0 etwa 762 mm. Für diesen Normalwert des Luftdruckes ergeben sich in

$$18464 \log \frac{p_0}{p_1} (1 + 0{,}004\, t) = H_1'$$

$$18464 \log \frac{p_0}{p_2} (1 + 0{,}004\, t) = H_2'$$

die sogenannten Rechnungshöhen. Ihre Differenz ist der gesuchte Höhenunterschied

$$h = H_2' - H_1'.$$

Die Werte der Rechnungshöhen hat Jordan in einer numerischen Tafel zusammengestellt, die Hammer durch Hinzufügung der ersten sechs Temperaturgrade ergänzt hat[1]).

Babinet gab der Gl. (10) eine andere Form, indem er eine Reihenentwicklung für $\log \frac{p_1}{p_2}$ benutzte und von ihr für Höhenunterschiede unter 1000 m genügend genau bloß das erste Glied berücksichtigte:

$$h = m(p_1 - p_2).$$

Hierin ist

$$m = \frac{18464\, \mu\, (1 + 0{,}004\, t)}{\frac{p_1 + p_2}{2}}$$

die barometrische Höhenstufe oder die Anzahl von Metern Höhenvergrößerung für 1 mm Abnahme des Luftdruckes.

Erfahrungsgemäß erweist sich die barometrische Höhenmessung dann als besonders brauchbar, wenn zwischen zwei gegebene Höhenmarken neue Höhenpunkte einzuschalten sind. Es ist hiezu nur ein Aneroid erforderlich. Um die Luftdruckänderungen kennen zu lernen, muß man nach Schluß der Messungen zum Ausgangspunkt zurückkehren. Stand- und Teilungskorrektion fallen bei der Ermittlung der Höhenunterschiede aus der Rechnung, so daß nur die Temperaturkorrektion zu bestimmen ist. Bei kompensierten Aneroiden fällt auch diese weg.

---

[1]) Jordan-Hammer, Barometrische Höhentafeln, 3. Aufl., Stuttgart, 1917.

Es seien die Höhen H_0 und H_n der beiden Marken P_0 und P_n bekannt. Es sind die Höhen $H_1, H_2, \ldots$ der Punkte $P_1, P_2, \ldots$ zu ermitteln, wenn die Aneroidablesungen $A_0, A_1, A_2, \ldots A_n$ bei den Uhrzeiten $z_0, z_1, z_2, \ldots z_n$ erfolgten. Nach der Aneroidgleichung ist mit Weglassung der Temperaturkorrektion

$$p = A + a + b\,(760 - A) = A\,(1 - b) + a + b \cdot 760,$$

mithin $p = A\,(1 - b) + a'$, wenn $a' = a + b \cdot 760$.

Unter der Voraussetzung, daß der Luftdruck sich gleichmäßig geändert hat und die Temperatur nahe gleich geblieben ist, kann gesetzt werden:

$$\begin{aligned} H_1 - H_0 &= \alpha\,(p_1 - p_0) + \beta\,(z_1 - z_0) \\ H_2 - H_0 &= \alpha\,(p_2 - p_0) + \beta\,(z_2 - z_0) \\ &\cdots\cdots\cdots\cdots \\ H_n - H_0 &= \alpha\,(p_n - p_0) + \beta\,(z_n - z_0), \end{aligned}$$

worin α und β vorerst unbekannte Koeffizienten sind. Kehrt man am Schluß nach P_0 zurück und wiederholt die Ablesung A_0' zur Zeit z_0', so ist

$$0 = \alpha\,(p_0' - p_0) + \beta\,(z_0' - z_0).$$

Nach früherem ist aber:

$$p_0' - p_0 = (A_0' - A_0)\,(1 - b),$$

daher

$$0 = \alpha\,(A_0' - A_0)\,(1 - b) + \beta\,(z_0' - z_0).$$

Daraus folgt

$$\beta = -\alpha\,(1 - b)\,\frac{A_0' - A_0}{z_0' - z_0}.$$

Dann aber ist

$$H_n - H_0 = \alpha\,(1 - b)\,(A_n - A_0) - \alpha\,(1 - b)\,(A_0' - A_0)\,\frac{z_n - z_0}{z_0' - z_0}$$

und daher

$$\alpha\,(1 - b) = \frac{(H_n - H_0)\,(z_0' - z_0)}{(A_n - A_0)\,(z_0' - z_0) - (A_0' - A_0)\,(z_n - z_0)}.$$

Wird damit auch β berechnet, so ist endlich

$$\begin{aligned} H_1 &= H_0 + \alpha\,(1 - \mathrm{b})\,(A_1 - A_0) + \beta\,(z_1 - z_0), \\ H_2 &= H_0 + \alpha\,(1 - \mathrm{b})\,(A_2 - A_0) + \beta\,(z_2 - z_0) \text{ usw.} \end{aligned}$$

B. Gleichzeitige Horizontal- und Höhenaufnahmen

Die Tachymetrie

Die Tachymetrie verbindet die Lage- mit der Höhenmessung und ist daher eine räumliche Aufnahmemethode, die jeden Geländepunkt durch Raumkoordinaten festlegt. Bei der Tachymetrie werden Polarkoordinaten gemessen, wobei vom Instrumentstandpunkt oder der Station als Pol auszugehen und eine durch ihn gehende feste Gerade als Polarachse anzunehmen ist. Für jeden Geländepunkt werden der Horizontalwinkel gegen die Polarachse, die horizontale Entfernung und die Zenitdistanz gemessen. Die Messung der Entfernung erfolgt nicht unmittelbar, sondern mit einem Distanzmesser.

Der Distanzmesser von Reichenbach besteht aus zwei zum Querfaden parallelen Fäden, die in der Gesichtsfeldblende eines astronomischen

Fernrohres in gleichen Abständen beiderseits von dem Querfaden der Fadenplatte befestigt sind. In neuerer Zeit sind vielfach die Fäden durch feine Striche auf dünnen Glasplättchen ersetzt. Wir nennen b den Abstand der beiden Distanzfäden, f die Brennweite des Objektives und c den Abstand des vorderen Objektivbrennpunktes von der Stehachse des Instrumentes oder die kleine oder Additionskonstante. Im Abstande E' von der vorderen Brennebene des Objektivs sei eine Nivellierlatte lotrecht aufgestellt, an der mit den beiden Distanzfäden abgelesen wird. Aus der Differenz der beiden Lattenablesungen, dem sogenannten Lattenabschnitt l, entsteht für wagrechte Zielung

$$E' = \frac{f}{b}\, l.$$

Wird $\frac{f}{b} = C$ gesetzt, so ist

$$E' = C\, l.$$

Diese Entfernungen E' sind also den Lattenabschnitten proportional und C ist die große oder Multiplikationskonstante. Der vordere Brennpunkt des Objektivs, von dem aus die E' gezählt werden, ist der anallaktische Punkt des Distanzmessers. Ist c dessen Abstand von der Stehachse des Instrumentes, so wird die Entfernung E des Lattenstandpunktes von der Stehachse des Instrumentes:

$$E = C\, l + c.$$

Durch passende Wahl des Fadenabstandes b ergeben sich für C runde Werte von 100, 200 usw.

Beim Porroschen Distanzmesser wird zwischen das Objektiv und das Okular eine Kollektivlinse, deren Brennweite kleiner ist als die des Objektivs, in einem solchen Abstand vom Objektiv eingeschaltet und im Objektivrohr befestigt, daß der vordere Brennpunkt des optischen Systems, das durch das Zusammenwirken des Objektivs mit der Schaltlinse entsteht, in die Stehachse des Instrumentes fällt. Dadurch wird dieser Brennpunkt zum anallaktischen Punkt des Systems und die kleine Konstante zu Null. Die Gleichung des Porroschen Distanzmessers für wagrechte Zielung lautet daher:

$$E = C\, l.$$

Die kleine Konstante c des Reichenbachschen Distanzmessers wird direkt, die große Konstante C indirekt aus einer bekannten Entfernung ermittelt:

$$C = \frac{E - c}{l},$$

wozu die Bestimmung von l mehrfach zu wiederholen ist. Sollen C und c gemeinsam und indirekt bestimmt werden, so erhält man zwei Gleichungen für diese beiden Unbekannten, wenn man eine kleine und eine große Entfernung mit Meßlatten oder dem Meßband voraus mißt und für beide die Lattenabschnitte scharf ermittelt. Nach dieser Methode prüft man Porrosche Fernrohre auf die richtige Stellung der Kollektivlinse und den tatsächlichen Nullwert der kleinen Konstanten c.

Ist die Fernrohrziellinie um den Winkel α gegen die Horizontalebene geneigt und die Latte lotrecht, so ist

$$E = C\, l \cos^2 \alpha + c \cos \alpha \tag{11}$$

und die Höhe h des mit dem Mittelfaden angezielten Punktes der geteilten Latte über der Kippachse

$$h = \frac{1}{2} C\, l \sin 2\,\alpha + c \sin \alpha \qquad (12)$$

oder

$$h = E \operatorname{tg} \alpha.$$

Die Gl. (11) und (12) werden für den praktischen Gebrauch umgeformt und Gl. (11) um $c \cos^2 \alpha$ und Gl. (12) um $^1/_2\, c \sin 2\,\alpha$ vermehrt und vermindert.

Die Näherungswerte

$$E = (C\, l + c) \cos^2 \alpha, \qquad (11')$$

$$h = \frac{1}{2} (C\, l + c) \sin 2\,\alpha \quad \text{bzw.} \quad h = E \operatorname{tg} \alpha \qquad (12')$$

entstehen, wenn in Gl. (11) $2\,c \cos \alpha \sin^2 \frac{\alpha}{2}$ und in Gl. (12) $2\,c \sin \alpha \sin^2 \frac{\alpha}{2}$ vernachlässigt werden. Für die extremen Annahmen $c = 0{,}45$ m und $\alpha = 45^0$ nehmen diese beiden Glieder die Werte 0,07 m und 0,08 m an. Da die Reichenbachsche Distanzmessung mit einem durchschnittlichen Fehlerverhältnis von $^1/_{500}$ arbeitet, ist bei einer Entfernung von 100 m ein Fehler von rund 2 dm zu erwarten. Der mit α rasch wachsende Fehler in h beträgt für $E = 100$ m etwa 4 cm. Von den beiden für extreme Annahmen berechneten Vernachlässigungen liegt daher nur jene für die Entfernung innerhalb der Grenzen der Meßgenauigkeit.

Zur Auswertung der Gl. (11′) und (12′) werden die Zahlentafeln von Jordan und Jadanza, die graphischen Tachymetertafeln von P. Werkmeister und Rechenschieber, z. B. jene von Starke und Kammerer in Wien, verwendet.

Von den zahllosen Vorrichtungen zur Vereinfachung der Entfernungs- und Höhenbestimmung sei hier zunächst die mit optischen Hilfsmitteln arbeitende Hammer-Feunelsche Konstruktion genannt, bei der sich die Lattenabschnitte selbsttätig ändern und aus den für Entfernung und Höhe verschiedenen Werten derselben die horizontale Entfernung durch Multiplikation mit der Konstanten 100, die Höhe durch Multiplikation mit der Konstanten 20 erhalten werden. Ein an der Kippachse des Fernrohres befestigtes und den Höhenkreis ersetzendes Kurvendiagramm wird in die Ebene des Fernrohrfadenkreuzes projiziert, so daß es neben dem Bild der geteilten Latte erscheint. In einem Teil ihrer Funktionen — der Entfernungsbestimmung — ist die ausgezeichnete Hammersche Erfindung durch den neuen, optisch einfacher gebauten und genauer arbeitenden Präzisionsdistanzmesser von Heinrich Wild überflügelt. Wild verwertet auch hier das Koinzidenzprinzip durch die Anwendung eines doppelten Planparallelplattenmikrometers.

Schließlich seien noch die Schraubendistanzmesser erwähnt, welche Feinbewegungsschrauben, die Tangenten- oder Sehnenschrauben sein können, als Mikrometer verwenden. Beim Streckenmeßtheodolit von Pulfrich-Zeiß z. B. ist die wagrechte Feinbewegungsschraube des Horizontalkreises eine Mikrometerschraube mit geteilter Trommel und Skala. Die dazugehörige Latte von konstanter Länge (1, 2 oder 3 m) wird auf einem Dreifußstativ horizontal gestellt. Die Stampfersche Sehnenschraube ist die lotrechte Kippschraube eines Nivelliers. Die Latte mit Zieltafeln wird in lotrechter Stellung gebraucht.

Die tachymetrische Aufnahme. Von einem Instrumentstandpunkt aus wird sich die Aufnahme auf eine Entfernung von etwa 250 m im Umkreis erstrecken. Daher ist mit einer Mehrzahl von Stationen zu rechnen, die gegenseitig festgelegt werden müssen. Steht ein Netz von Dreieckspunkten und Höhenmarken zur Verfügung, so sind durch das Stationieren die Instrumentstandpunkte nach Lage und Höhe in die gegebenen Punkte einzuschalten. Andernfalls wird ein geschlossenes Polygon, bei der Aufnahme von langgestreckten Geländestreifen ein offener Polygonzug die Grundlage der Aufnahme bilden müssen.

Das Einschalten von Stationen in ein gegebenes Dreiecksnetz geschieht nach der Methode des Rückwärtseinschneidens mit der Erleichterung, daß die Winkelmessung nur in einer Fernrohrlage erfolgt. Will man auf eine Meßprobe nicht verzichten, so ist ein vierter Punkt anzuzielen. Die Höhe der Stationen wird trigonometrisch eingemessen. Am wichtigsten ist das Stationieren von Polygonzügen mit gleichzeitiger Höhenübertragung. Zur Winkelmessung in nur einer Fernrohrlage tritt als weitere Erleichterung die Messung der Seiten mit einem Distanzmesser. Die größere Länge der Polygonseite verlangt eine Teilung durch Zwischenpunkte, um die Genauigkeit des Stationierens zu erhöhen und um Meßproben zu gewinnen. In der Richtung zweier Instrumentstandpunkte A und B werden zwischen denselben zwei Hilfspunkte 1 und 2 gewählt und durch Pflöcke bezeichnet. Man bestimmt die Entfernungen $A\,1$, $A\,2$, dazu die Höhenunterschiede $h_{a,1}$, $h_{a,2}$ von A aus und ferner die Distanzen $B\,2$, $B\,1$ und die Höhenunterschiede $h_{b,2}$, $h_{b,1}$ von B aus. Wir erhalten:

$$A\,1 + 1\,B = A\,2 + 2\,B = A\,B$$
$$h_{a,1} + h_{1,b} = h_{a,2} + h_{2,b} = h_{a,b}.$$

Die folgende Tabelle enthält ein Beispiel einer solchen Stationierung mit 2 Zwischenpunkten und zeigt zugleich die Einrichtung des tachymetrischen Feldbuches. Der verwendete Reichenbachsche Distanzmesser hat die Konstanten $C = 100$ und $c = 0{,}35$ m.

Für die Auswahl der nach räumlichen Polarkoordinaten zu bestimmenden Einzelpunkte sind die Erfordernisse der Horizontal- und Höhenaufnahme maßgebend. Auf die Gegenstände der Horizontalaufnahme wurde schon früher hingewiesen. Die hiebei eingemessenen Punkte werden auch für die Zwecke der Höhenaufnahme verwertet, die jedoch die Hinzufügung weiterer Punkte erfordert. Deren Auswahl ist so zu treffen, daß die von ihren Verbindungslinien gebildeten Dreiecke und windschiefen Vierecke sich mit ihren Flächen dem Gelände eng anschmiegen. Die Anzahl der aufzunehmenden Punkte richtet sich nach der Gestalt des Geländes und nach dem Kartenmaßstab. Im Flachland werden die Einzelpunkte in Abständen von mehreren 100 m gewählt werden können. Im Hügelland wird man bis auf 50 m und weniger heruntergehen müssen. In eine gleichzeitig zu entwerfende Skizze sind alle Stationen mit ihren Bezeichnungen, die aufgenommenen Geländegegenstände, dann die Geländedreiecke und -vierecke, die Punktnummern etc. einzutragen. Durch einen beiläufigen Entwurf der Höhenlinien soll deren Verlauf angedeutet und sollen Anhaltspunkte für die endgültige Zeichnung gegeben werden.

Die Stationen und die Einzelpunkte werden mit einem Tachymetertransporteur aufgetragen. Die Einschaltung der Höhenlinien erfolgt am einfachsten mit einem auf Pauspapier gezeichneten System von äquidistanten Parallelen.

Standpunkt	Instrumenthöhe J	Punkt-Nr.	Lattenablesung: Ober-Faden o	Unter-Faden u	Mittel-Faden m	Horizontalkreis 0	′	″	Höhenkreis 0	′	″	Entfernung: Lattenabschnitt $l = o - u$	$\frac{(K\,l + c)}{\cos^2 \alpha}$ gerechnet	Gerechnete Höhe $\pm H$	Höhenunterschied $\pm H + + J - m$	Kote des Punktes	Anmerkung
A	1,352	B				295	25	30									
						115	26	0									
A		1			1,352				99	14	30						— 9° 14′ 15″
1									279	14	0						
			1,122	1,500	1,311							0,378	37,1	— 6,04	— 6,04		
			1,100	1,480	1,290							0,380					
2		2			1,352				98	6	0						— 8° 5′ 45″
									278	5	30						
			1,029	1,700	1,364							0,671	66,2	— 9,33	— 9,33		
B			1,000	1,672	1,336							0,672					
B	1,226	A				20	43	30									
						200	43	30									
		2			1,226				84	53	0						+ 5° 7′ 0″
									264	53	0						
			1,100	1,372	1,236							0,272	27,3	+ 2,46	+ 2,46		
			1,128	1,400	1,264							0,272					
		1			1,226				84	7	0						+ 5° 53′ 0″
									264	7	0						
			1,000	1,565	1,282							0,565	56,5	+ 5,78	+ 5,78		
			1,035	1,600	1,317							0,565					

Horizontale Entfernung:

$A\,1 = 37{,}1$
$1\,B = 56{,}5$
$\overline{\;93{,}6}$

$B\,2 = 27{,}3$
$2\,A = 66{,}2$
$\overline{\;93{,}5}$

$AB = 93{,}6$

Höhenunterschied:

$h_{a,1} = -\ 6{,}04$
$-h_{b,1} = -\ 5{,}78$
$h_{a,b} = -11{,}82$

$h_{b,2} = +\ 2{,}46$
$-h_{a,2} = +\ 9{,}33$
$h_{b,a} = +11{,}79$

$h_{a,b} = -11{,}80$

III. Die Photogrammetrie

Der große Aufschwung, den diese Detailmethode in den letzten zehn Jahren genommen hat, ist hauptsächlich dem Umstand zu verdanken, daß es gelungen ist, den stereoskopischen Effekt für die Ausmessung zweier zusammengehöriger Platten auszunützen. Die großen Schwierigkeiten des Aufsuchens identischer Bildpunkte auf den Platten, unter denen das ältere Verfahren der Einschneidephotogrammetrie sehr zu leiden hatte, fallen bei der Stereophotogrammetrie ganz weg. Aus den Endpunkten einer unmittelbar oder mit einem Präzisionsdistanzmesser ermittelten Basis $A\,B = b$ von bestimmter Länge wird das Gelände mit horizontalliegenden, zu einander parallelen und zur Basis senkrechten Kammerachsen photographisch aufgenommen. Die beiden lichtempfindlichen Platten liegen bei der Aufnahme in einer gemeinsamen lotrechten Bildebene. Die beiden Standpunkte sollen gegenseitig sichtbar und womöglich gleich hoch liegen. Andernfalls soll die Neigung der Basis gegen die Horizontalebene 15^0 nicht überschreiten. Bei der gemeinsamen Betrachtung beider Bilder im Stereoskop nimmt man ein plastisches Bild des Geländes wahr, das im Verhältnis des Augenabstandes zur Basislänge verkleinert ist. Werden gleiche Marken in den beiden Gesichtsfeldern des Stereoskops mit zusammengehörigen Bildpunkten der beiden Aufnahmen zur Deckung gebracht, so hat man den Eindruck einer einzigen, in das Geländemodell gestellten Marke, die auf dem betreffenden Punkt aufsitzt. Dieses Scheinsignal, die Meßmarke, wandert auf dem plastischen Bild, wenn die beiden Marken bewegt werden. Dabei kann das scharfe Aufsitzen dieses Zeichens im stereoskopischen Sehen sehr genau beurteilt werden. Bei dem auf diesen Grundgedanken beruhenden Stereokomparator von Pulfrich-Zeiß (Abb. 29) werden die Komponenten der Markenbewegungen in den Richtungen der Bildpunktkoordinaten x und y gemessen. Auf einem festen

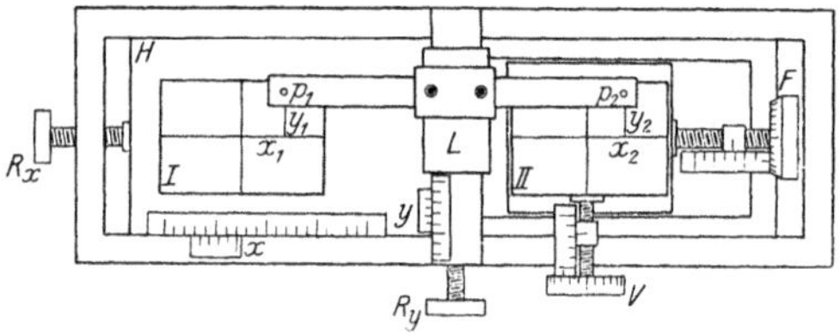

Abb. 29

Untergestell wird der Hauptschlitten H, welcher der Träger der linken Platte I ist, mit der Spindelkurbel R_x in der Richtung des Plattenhorizontes um die linke Bildpunktsabszisse x_1 bewegt. Ein rechts befindlicher Nebenschlitten, in den die rechte Platte II, ebenso wie I, mit der Emulsionsschichte nach unten einzulegen und auszurichten ist, wird mit der Mikrometerschraube F auf dem Hauptschlitten um die Differenz der beiden Bildpunktsabzissen, die sogenannte stereoskopische Horizontalparallaxe $a = x_1 - x_2$, verschoben. Mit der Schraube V kann die rechte Platte in der Ordinatenrichtung nachgestellt werden, um bei abweichender Höhe der beiden Standpunkte durch Beseitigung der Vertikalparallaxe den stereoskopischen Effekt zu erzielen. In der Mitte spannt sich über das Untergestell eine mit diesem fest verbundene Höhenbrücke L, durch welche sich unten der Hauptschlitten in der Richtung des Plattenhorizontes bewegt, während auf ihr in der Richtung der Plattenvertikalen, also senkrecht zum Hauptschlitten, das Betrachtungssystem in der Gestalt eines Doppelmikroskopes gleitet. Der Antrieb zu dieser Bewegung erfolgt mit der Spindelkurbel R_y. Die beiden Okulare des Doppelmikroskops, in deren Bildebenen sich die Marken befinden, sind durch Prismensysteme mit den Objektiven verbunden und diese sind gegen die Okulare in erweitertem Abstand voneinander eingesetzt.

Die der Stellung des Hauptschlittens H entsprechende Ablesung am X-Maßstab, die mittels Nonius erfolgt, gibt die Abszisse x_1, die der Stellung des Doppelmikroskops entsprechende Ablesung am Y-Maßstab die Ordinate y_1 des mit Haupt- und Höhenschlitten eingestellten Bildpunktes p_1 der linken Platte. In beiden Fällen wird mittels Nonius auf 0,02 mm abgelesen. Die Stellung des Nebenschlittens zum Hauptschlitten liest man an der Parallaxenschraube F auf 0,01 mm ab und erhält dadurch die stereoskopische Horizontalparallaxe.

In der Grundrißfigur 30 sind p_1' und p_2' der linke und der rechte Bildpunkt eines Geländepunktes P. Man stellt die linke Marke mit dem Hauptschlitten und der Mikroskopbewegung auf p_1, die rechte Marke mit den Mikrometerschrauben F und V auf p_2 ein. Zur räumlichen Festlegung des Punktes P stehen demnach die gemessene Aufnahmebasis b, die Koordinaten x_1, y_1 des linken Bildpunktes p_1, endlich die Horizontalparallaxe a zur Verfügung. In Abb. 30 ist der Objektivhauptpunkt A der linken Aufnahme der Ursprung eines räumlichen, rechtwinkligen Koordinatensystems, dessen X-Achse die Richtung $A\,B$ der Aufnahmebasis, dessen Y-Achse die Lotrichtung in A und dessen Z-Achse die Horizontale durch A ist, welche auf der X-Achse senkrecht steht. Der Geländepunkt P habe in diesem System die Koordinaten X, Y und Z. Die Parallele $A\,Q$ zu $B\,P'$ schneidet auf der Spur der linken Plattenebene in $p'_1\,q$ die stereoskopische Parallaxe a ab. Ist f die Brennweite des Aufnahmeobjektivs, so erhält man aus ähnlichen Dreiecken

$$Z = E = \frac{b\,f}{a} \qquad (13)$$

$$X = x_1 \frac{E}{f} \qquad (14)$$

$$Y = y_1 \frac{E}{f}. \qquad (15)$$

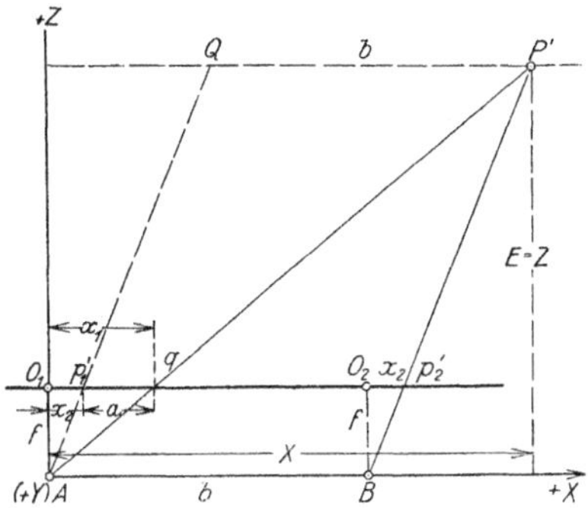

Abb. 30

Da b und f Konstante für eine bestimmte Aufnahme sind, hängt nach Gl. (13) $E = Z$ nur von der stereoskopischen Parallaxe a ab. Punkte gleicher Parallaxe liegen daher für diesen Normalfall auf einer Parallelen $Q\,P'$ zu $A\,B$ im Abstande E. Die Differentiation der Gl. (13) gibt:

$$d\,E = -\frac{b\,f}{a^2}\,d\,a.$$

Beim Übergang auf Fehler von endlicher Größe ist

$$\triangle\,E = \pm\,E\,\frac{\triangle a}{a} \text{ oder } \frac{\triangle E}{E} = \frac{\triangle a}{a}.$$

Wir suchen die günstigste Länge der Aufnahmebasis b für

$$\frac{\triangle E}{E} \lesseqgtr \frac{1}{1000} \text{ bei } 30 \text{ mm} > a > 6 \text{ mm}.$$

Es ist auch

$$\triangle E = \pm \frac{bf}{a} \frac{\triangle a}{a} \frac{bf}{bf} = \pm \frac{E^2}{bf} \triangle a.$$

Daraus folgt

(16) $$b = \frac{E^2}{f} \frac{\triangle a}{\triangle E} = \frac{E}{\triangle E} \frac{E}{f} \triangle a.$$

Die Gl. (16) gibt z. B. für $E = 1000$ m, $\triangle a = 0{,}01$ mm und $f = 200$ mm eine Basislänge von $b = 50$ m.

Für die praktische Anwendung der Gl. (16) empfiehlt sich die Anlage eines Nomogramms in der Gestalt eines logarithmischen Rechenschiebers mit den Logarithmen-Skalen für E^2, $\triangle E$ und b. Eine vierte Winkelskala bezieht sich auf die Richtungswinkel der Raumpunkte gegen die normale Lage der Kammerachse, bei welcher sie zur Basisrichtung senkrecht steht. Im allgemeinen ist der Winkel der Kammerachse gegen die Basisrichtung beliebig. Man pflegt den Standpunkt durch weitere Doppelaufnahmen mit parallelen, um 30° gleichmäßig nach links und nach rechts verschwenkten Kammerachsen besser auszunützen, wobei die verschwenkten Aufnahmen die normale teilweise übergreifen. Die Berechnung der Raumkoordinaten aus verschwenkten Bildern wird jedoch umständlicher. Die Schwierigkeiten steigern sich, wenn die Aufnahmen mit horizontalen, aber sonst beliebig gerichteten Kammerachsen erfolgen. Und sie machen die Anwendung einer rechnerischen Lösung praktisch vollends unmöglich, wenn die Kammerachsen aus der horizontalen Lage heraustreten. Einen günstigen Ausweg bedeutet die mechanische Auswertung der Platten im Orel-Zeißschen Stereoautographen. Ein an die Schlitten des Stereokomparators gekuppeltes Hebelsystem projiziert die Lichtstrahlen durch den linken Bildpunkt und den Geländepunkt mittels schwenkbarer Lineale auf die Horizontal- und Kreuzrißebene. Zwei von diesen Linealen entsprechen den Richtungen für das Vorwärtsabschneiden im Grundriß, ein drittes ist die Projektion des Lichtstrahls vom linken Standpunkt zum Geländepunkt auf die durch die optische Achse der linken Aufnahme gehende Vertikalebene. Die Linealbewegungen beim Aufsuchen eines Punktes rufen die entsprechenden Bewegungen im Stereokomparator hervor. Der Stereokomparator und das Hebelsystem sind auf einer gemeinsamen Grundplatte befestigt. Um die mit Teilkreisen ausgestatteten Stehachsen I, II und III (Abb. 31, siehe S. 269) drehen sich das Abstandslineal P, das Richtungslineal R und das Höhenlineal H unter dem Einfluß der Schlittenbewegungen des Komparators. Die Hebel sind einerseits durch die Aufnahmebrennweite f, anderseits durch den Abstand E des Geländepunktes begrenzt. Dieser Wert E entsteht aus der Lage der Abstandsbrücke B_2, die durch die Spindeln Sp_1 und Sp_2 mit dem Handrad R_a senkrecht zur X-Richtung verstellt wird und auf welcher der Abstandschlitten S_d läuft, wenn R_x gedreht wird. Der Abstandschlitten S_d ist der Träger des Kreuzschlittens S_a und S_s zur Einstellung der Basis im Kartenmaßstab mit einer Genauigkeit von 0,01 mm. Bei der Parallelverschwenkung um den Winkel φ wird der Basisstamm $b \cos \varphi$ auf S_s und die Basisausrückung $b \sin \varphi$ auf S_a eingestellt. Die Knickbarkeit von P in II um den Winkel γ kommt in Betracht, wenn um diesen Winkel konvergent liegende Aufnahmen ausgewertet werden sollen. Auf der Höhenbrücke B_2' gleitet der durch Drehung von R_y verschiebbare Höhenschlitten S_p.

Sobald das Plattenpaar eingelegt und ausgerichtet, die Basis bzw. Verschwenkung und Konvergenz eingestellt sind, wird die räumliche Marke des Stereokomparators mit den drei Handrädern R_a, R_x und R_y auf das plastische Bild eines Geländepunktes eingestellt. Der mit dem Abstandschlitten S_d fest verbundene Zeichenstift z gibt unmittelbar die Lage des Kartenpunktes gegenüber dem Stationspunkt N. Die zugehörige Höhe wird am Maßstab der Höhenbrücke abgelesen. In der schematischen Darstellung der Abb. 31 ergeben die drei Linealstellungen die Figuren, aus denen unmittelbar die Gl. (13), (14) und (15), S. 267, hervorgehen.

Wird eine bestimmte Höhe auf der Höhenbrücke eingestellt und das Handrad R_y geklemmt, so zwingt man die Meßmarke, sich in der Horizontalebene, die der eingestellten Höhe entspricht, zu bewegen. Wenn durch die Nachstellung des Abstandes und der Richtung die Meßmarke immer auf dem plastischen Bild des Geländes aufsitzt, so bewegt sich dieselbe tatsächlich in der Schnittlinie der betreffenden Horizontalebene mit dem

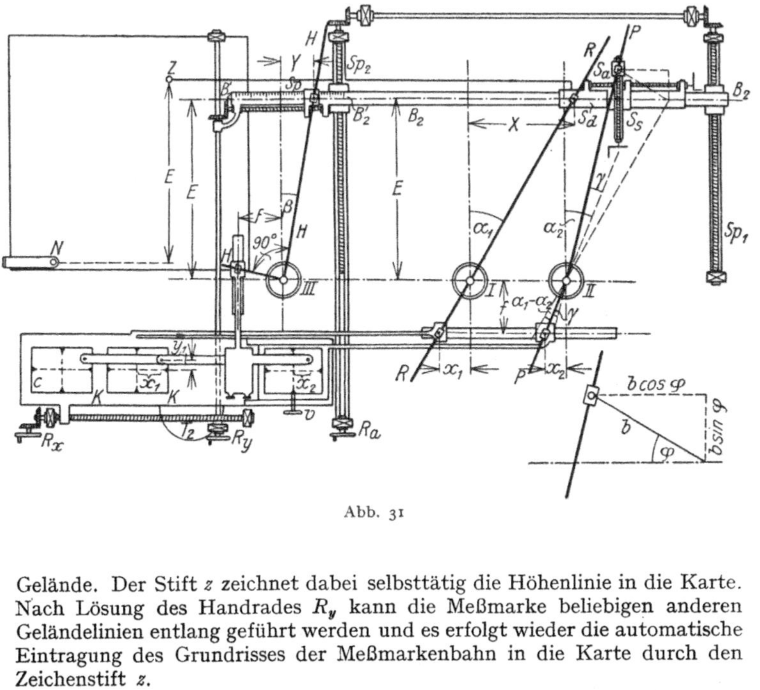

Abb. 31

Gelände. Der Stift z zeichnet dabei selbsttätig die Höhenlinie in die Karte. Nach Lösung des Handrades R_y kann die Meßmarke beliebigen anderen Geländelinien entlang geführt werden und es erfolgt wieder die automatische Eintragung des Grundrisses der Meßmarkenbahn in die Karte durch den Zeichenstift z.

Auf dem mit dem Hauptschlitten verbundenen Zeichenbrett C neben der linken Platte wird ein Lichtbild dieser Platte aufgespannt und ausgerichtet. Durch einen Zeichenarm, der die Bewegungen des Betrachtungssystems mitmacht, werden beim Ziehen der Höhenlinien perspektivische Höhenlinien in das Lichtbild eingezeichnet.

Der Zeichenstift z kann dem Stationspunkt N bis auf 75 mm genähert werden und sich von ihm höchstens 750 mm entfernen. Für den Kartenmaßstab $1:M$ ergeben sich daraus die Grenzwerte für die Entfernungen

$$E_{\min}\,\mathrm{m} = 0{,}075\ \mathrm{m}\ M$$
$$E_{\max}\,\mathrm{m} = 0{,}750\ \mathrm{m}\ M$$

Die Tabelle enthält für die wichtigsten Kartenmaßstäbe die Werte von E_{min}, E_{max} und b_{max}.

Maßstab	E_{min}	E_{max}	b_{max}
1 : 500	38 m	375 m	32 m
1 : 1000	75	750	65
1 : 2000	150	1500	130
1 : 2500	187	1875	162
1 : 5000	375	3750	325

Die Stereoautographie ist heute eine bereits erprobte und vollkommen durchgereifte Detailmethode, die im kahlen Bergland durch ihre Ergiebigkeit, Genauigkeit und Raschheit alle anderen Methoden einschließlich der Tachymetrie überflügelt hat. Sie verlangt auch nicht die scharfe Orientierung der älteren Stereophotogrammetrie. Ist der linke Standpunkt nach Lage und Höhe festgelegt und die Basis gemessen, so genügt es, wenn ein trigonometrisch bestimmter Punkt auf zusammengehörigen Platten abgebildet ist und die Aufnahmen mit vertikaler Bildebene, konstanter Brennweite und bekanntem Horizont erfolgen. Dann kann auch die im Gelände oft schwer zu erfüllende Bedingung fortfallen, daß die Aufnahmerichtung senkrecht zur Basis sein muß. Ein Nachteil der Methode, die ihre Anwendbarkeit im Hochgebirge beeinträchtigt, besteht darin, daß es oft nicht möglich ist, unter den zur Instrumentaufstellung überhaupt geeigneten Standpunkten solche ausfindig zu machen, an welche sich die Basis in der gewünschten Richtung und erforderlichen Länge anschließen ließe. Jede terrestrische Methode der Photogrammetrie wird schließlich bei der Aufnahme Lücken offen lassen, da nicht alle Falten und Winkel des Geländes photographisch eingesehen werden können. Die Ergänzung erfolgt durch tachymetrische Messungen.

Die beste Einsicht in das aufzunehmende Gelände erhält man bei Aufnahmen aus der Luft. Diese sind gegenüber den terrestrischen Aufnahmen durch das Fehlen des festen Standpunktes vielfach im Nachteil, haben dafür aber die Vorteile der Übersicht und der guten Einsicht in die Einzelheiten des Geländes. Bei Aufnahmen mit mäßig gegen die Horizontalebene geneigter optischer Achse, den sogenannten Schrägaufnahmen, ist die Übersicht besonders groß, bei nadirwärts gerichteten, sogenannten Senkrechtaufnahmen ist die Einsicht eine besonders günstige. Auch die Luftphotogrammetrie scheint ähnliche Wege wie ihre terrestrische Schwestermethode gehen zu wollen. Dabei wird sogar die Standortsbestimmung, deren rein rechnerische Behandlung erhebliche Schwierigkeiten bereitet, dem mechanischen Verfahren überlassen, wie dies beim Zeißschen Stereoplanigraphen zutrifft. Ein vorzügliches Auswertegerät für Schrägaufnahmen ist ferner der Hugershoff-Heydesche Autokartograph.

Die Baustoffe[1]

bearbeitet von

Ing. Dr. **Friedrich Bleich**, Wien

Man teilt die Baustoffe ein in:

I. **Hauptbaustoffe**, die vornehmlich für die tragenden Teile eines Bauwerkes Verwendung finden, das sind natürliche und künstliche Steine, Beton und Eisenbeton, Holz und Eisen.

II. **Hilfsbaustoffe**, die zur Verbindung dienen, wie Mörtel, Asphalt, Kitt, oder beim Ausbau benützt werden, wie Dach- und Fußbodenbeläge, Glas, Verkleidungsstoffe und Anstriche.

I. Hauptbaustoffe

A. Natürliche Steine

1. Die im Bauwesen verwendeten natürlichen Gesteine

Die im Steinbruch gewonnenen Bausteine werden je nach Größe und Form wie folgt benannt:

Bruchsteine, jene Steine, die in ihrer beim Ausbrechen zufällig erhaltenen Gestalt verbleiben und beim Bau nur geringfügige Bearbeitung erfahren. Lagerhafte Bruchsteine sind solche mit natürlichen Lagerflächen.

Werksteine, Quadern sind allseits regelmäßig bearbeitete Steine.

Hackelsteine nennt man solche Steine, welche an der Sichtfläche und an den Fugenflächen auf einige Zentimeter Tiefe rein bearbeitet sind, sonst aber rauh bleiben.

Schotter, Grus, Sand ist das auf natürlichem oder künstlichem Wege zerkleinerte Gestein, dessen Teile bis etwa 6 cm Seitenlänge haben. Man unterscheidet:

Fluß- und Grubenschotter, das aus Flüssen oder Gruben gewonnene Flußgeschiebe mit glatter abgerundeter Oberfläche. Schlägelschotter, der durch Zerkleinern von Bruchsteinen mittels Schlägel oder Steinbrechmaschine gewonnen wird. Kies nennt man einen feineren Fluß- oder Grubenschotter mit 1—2 cm Korngröße. Sand besteht aus Körnern von Hanfkorngröße bis Mehlfeinheit.

In der nachfolgenden Zusammenstellung sind die wichtigsten Gesteine, ihre Zusammensetzung, Härte, spezifisches Gewicht, Wasseraufnahmefähigkeit, Gütekennzeichnung und Verwendungsart angegeben. Es bedeuten: γ = spezifisches Gewicht, σ_d = Druckfestigkeit, h = Härte, w = Wasseraufnahmefähigkeit.

---

[1] Literatur: H. Daub, Hochbaukunde, I. Teil, Baustoffe, Leipzig und Wien, 1910. — Lange, Baustofflehre, Leipzig, 1910. — M. Foerster, Lehrbuch der Baumaterialienkunde, Leipzig, 1900—1912. — M. Foerster, Taschenbuch für Bauingenieure, 4. Aufl., Berlin, 1921. — A. Kleinlogel, Veranschlagung von Eisenbetonbauten, 2. Aufl., Berlin, 1921. — A. Ilkow, Material und Zeitaufwand bei Bauarbeiten, Wien, 1925.

a) Erstarrungsgesteine

Granit. Hauptsächlich aus Feldspat, Quarz, Glimmer bestehend. $\gamma = 2{,}5$—$3{,}0$; $\sigma_d = 1500$ kg/cm² (Mittelwert); $h = 6$—8; $w = 0{,}6\%$. Farbe weiß und schwarz, rötlich und grünlich. Gute Sorten zeigen mittel- bis feinkörniges Gefüge. Bei großem Feldspatgehalt leichtes Verwittern. Sehr wetterbeständig, schwer bearbeitbar, politurfähig. Verwendung für Gebäudesockel, Säulen, Auflagersteine, Verkleidungen bei Brücken- und Wasserbauten, Pflasterungen. Liefert gutes Schottermaterial.

Syenit. Besteht aus Feldspat und Hornblende. An Stelle der Hornblende manchmal Augit oder Biotit. Bei deutlichem Hervortreten von großen Feldspatkristallen als Porphyrsyenit bezeichnet. $\gamma = 2{,}5$—$3{,}00$; $\sigma_d = 1400$ kg/cm² (Mittelwert); $h = 7$—8; $w = 0{,}5\%$. Farbe dunkelgrün bis schwärzlich. Die Achsen der Hornblendekristalle sollen nicht parallel liegen, weil schlecht bearbeitbar. Eigenschaften wie bei Granit, aber leichter zu bearbeiten. Verwendung wie bei Granit.

Porphyr. Die dichte, aus Quarz und Feldspat bestehende Grundmasse ist von größeren Kristallen aus Quarz (Quarzporphyr) oder Feldspat (Granitporphyr) oder Hornblende (Syenitporphyr) durchsetzt. $\gamma = 2{,}4$—$2{,}8$; $\sigma_d = 1800$ kg/cm² (Mittelwert); $h = 7$—8; $w = 0{,}6\%$. Quarzporphyr meist rötlich, Granitporphyr wie Granit. Syenitporphyr wie Syenit. Bei ungleichmäßigem Korn und poriger Beschaffenheit von geringer Dauer. Porphyr ist wetterbeständig, schwer bearbeitbar, polierfähig und sehr hart. Für Sarkophage, Vasen usw. Hauptsächlich im Straßenbau verwendet.

Diorit und **Diabas** (Grünstein). Feldspat mit Hornblende bzw. Augit. $\gamma = 2{,}8$—$3{,}0$; $\sigma_d = 2000$ kg/cm²; $h = 5$—6; $w = 2\%$. Farbe grünlich. Er enthält häufig FeS und ist dann weniger dauerhaft. Weniger hart wie Granit aber polierfähig. Verwendung für Säulen und Denkmäler, Wasserbauten und Pflasterungen. Liefert gutes Schottermaterial.

Basalt. Dichtes Gemenge von Feldspat, Augit, Olivin und Eisenverbindungen. $\gamma = 2{,}9$—$3{,}3$; $\sigma_d = 2000$ kg/cm² (Mittelwert); $h = 6$—8; $w = 1\%$. Grauschwarz bis blauschwarz gefärbt. Sprödes Gestein, bei poriger Beschaffenheit unverwendbar. Sehr hart und zähe, sehr wetterbeständig. Nicht polierbar. Pulverisiert, verleiht er, dem Mörtel beigemengt, diesem hydraulische Beschaffenheit. Reißt und springt bei großer Hitze. Guter Baustein für Fundamente und Wasserbauten. Gutes Pflaster- und Schottermaterial.

Trachyt. Aus Feldspat und Hornblende bzw. Glimmer bzw. Augit bestehend. $\gamma = 2{,}5$—$2{,}7$; $\sigma_d = 1000$ kg/cm² (Mittelwert); $h = 6$; $w = 2\%$. Bei feinem Korn guter Baustoff. Weiche Trachyte verwittern leicht. Er findet Verwendung für Fenster- und Torgewände, Fassadenverkleidungen. Da er dauernd rauh bleibt, als Pflasterstein für steile Straßen mit nicht zu starkem Verkehr.

b) Kristallinische Schiefer

Gneis. Zusammensetzung wie Granit. Schieferig, bricht in Platten. $\gamma = 2{,}4$—$2{,}9$; $\sigma_d = 1800$ kg/cm² (Mittelwert); $h = 7$; Wasseraufnahme gering. Farbe grau bis rötlich. Als Bruchstein und für Pflasterungen in Verwendung.

Glimmerschiefer. Aus Quarz und Glimmer bestehend. $\gamma = 2{,}7$; $\sigma_d = 1000$ kg/cm²; $h = 7$. Färbung grau, rötlich, dunkelgrün. Bei großem Quarzgehalt gut verwendbar. Feuerbeständig. Zu Straßenpflasterungen als Pflasterstein und Schotter benützt.

c) Kalkgesteine

Kalkstein. Kohlensaurer Kalk mit verschiedenen Beimengungen. Struktur dicht bis kristallinisch. Kalkgesteine sind im allgemeinen wenig wetterbeständig, nicht feuerfest, da sie zu *Ca O* verbrennen. Spezifisches Gewicht je nach den Beimengungen 1,5—3,0; σ_d = 500—1500 kg/cm². Man unterscheidet:

Urkalkstein: Kristallinisch, grob bis körnig, frei von mineralischen Beimengungen und organischen Resten. Farbe meist weiß bis grau. Weißer Marmor. Verwendung im Hochbau und für Monumente.

Flözkalkstein: Dichter Kalk mit Beimengung von Ton, Kohle, Bitumen, Muscheln, Korallen in verschiedenster Färbung (bunter Marmor), polierfähig. Verwendung im Hochbau.

Alpenkalkstein: Enthält bis 25% Tonbeimengung, aber keine Versteinerungen. Guter Baustein. Gebrannt, liefert er einen guten hydraulischen Kalk (z. B. Kufsteiner Kalk).

Jurakalkstein: Ein Flözkalk von meist sehr dichter Beschaffenheit. Als widerstandsfähiger Baustein verwendbar.

Kalktuff, ein poröses, leichtes Gestein, das seines geringen Gewichtes wegen für Zwischenwände, Gewölbe usw. Verwendung findet.

Dolomit. Verbindung von kohlensaurem Kalk mit kohlensaurem Magnesium. Säurefester als reiner Kalkstein. Färbung verschieden. Bei mittlerem Korn ein guter, wetterbeständiger Baustein. $\gamma = 2{,}9$; σ_d = 500—1500 kg/cm²; h = 3,5—4,5. Hauptverwendung zur Herstellung von Portlandzement.

Gips. Schwefelsaurer Kalk mit 21% Kristallwasser. $\gamma = 2{,}6$. Wird im Bauwesen nur in gebranntem Zustand zur Bereitung von Gipsmörtel verwendet.

d) Trümmergesteine

Sandstein. Aus Quarzkörnern mit kieseligem, kalkigem oder mergeligem Bindemittel bestehend. Spezifisches Gewicht sehr verschieden, 2—2,7. Druckfestigkeit je nach dem Bindemittel zwischen 200 und 1500 kg/cm². Grauwackensandstein sogar bis 3000 kg/cm²; w = 4—5%, manchmal aber sehr hoch, bis 25%. Tonige und mergelige Sandsteine sind nicht wetterfest. Gute Bausteine liefern die Sandsteine mit kieseligem und kalkigem Bindemittel. Leichte Bearbeitung. Verwendung der guten Sorten allgemein im Hochbau zu Säulen, Gesimsen, Verkleidungen.

Tonschiefer. Besteht aus feinem Ton, Quarz und Glimmerschüppchen. γ = 2,7—2,9; σ_d = 650—950 kg/cm²; $h = 3$; w = 0,2—0,7%. Farbe bläulich bis schwarz. Bricht leicht in dünnen Tafeln (Dachschiefer). Leicht verwitterbare Schiefer sind an der helleren Farbe, die sie bald bekommen, erkenntlich. Gute Schiefer zeigen hellen Klang. Kalkhaltige Schiefer, die beim Begießen mit Schwefelsäure aufbrausen, sind zu vermeiden. Hauptverwendung für Dacheindeckungen.

e) Lose Erden

Ton, Lehm. Verwitterungsprodukt des Feldspates, plastisch; Farbe grau bis blau, bei Vorhandensein von Eisen gelblich bis rötlich. $\gamma = 2{,}2$. Meist mit Quarzsand vermengt. Bei geringem Sandgehalt (bis 20%) spricht man von fettem, bei hohem Gehalt von magerem Ton. Hauptverwendung zur Ziegelherstellung.

Mergel. Aus Ton und Kalk zusammengesetzte, leicht zerreibliche Gesteinsarten. Kalkmergel bis zu 75% Kalkgehalt wird bei der Ziegelherstellung verwendet; Tonmergel bis zu 80% Tongehalt wird als Ziegelton benützt.

2. Eigenschaften, Beurteilung und Erhaltung der natürlichen Steine

Die **Festigkeit** der Gesteine (Zug-, Druck-, Biegungs- und Scherfestigkeit) hängt von den Gesteinselementen und von dem Bindemittel ab. Maßgebend ist für die Beurteilung meist die Druckfestigkeit, da die Steine vornehmlich nur dort verwendet werden, wo sie auf Druck beansprucht werden. Im bergfeuchten Zustande ist die Druckfestigkeit meist etwas kleiner als im trockenen Zustande.

In der folgenden Tafel sind für einige häufig verwendete Steine Mittelwerte für spezifisches Gewicht und Druckfestigkeit angegeben. Bei den Festigkeitszahlen kann der tatsächliche Wert bei Graniten um ± 20%, bei Kalk- und Sandsteinen um ± 20 bis 50% vom Mittelwert abweichen.

Die angegebene Druckfestigkeit bezieht sich auf würfelförmige Probekörper von etwa 10 cm Seitenlänge, doch hat die Größe der Probekörper nach Bauschinger keinen wesentlichen Einfluß auf die Festigkeit.

Spezifisches Gewicht und Druckfestigkeit natürlicher Steine

Bausteine, Bezugsort, Prüfer	Spezifisches Gewicht t/m³	Mittlere Druckfestigkeit kg/cm²
Granite		
Bacher Granit, Steiermark (nach Hanisch)	2,66	1700
Mauthausener Granit, Oberösterreich (nach Hanisch)	2,65	1600
Granit von Gmünd, Niederösterreich (nach Hanisch)	2,63	1000
Feinkörniger böhm.-mähr. Granit (nach Hanisch)	2,60	1300
Granit, verwendet beim Neißeviadukt in Görlitz	2,65	1100
Granit von Schreiersgrün, verwendet beim Göltschtalviadukt	—	1350
Grünstein (Diabas, Diorit)		
Glimmerdiabas aus Serbien (nach Tetmajer)	2,84	1240
Porphyr (nach Hanisch)	2,53	1700
Kalksteine		
Untersberger Marmor (nach Hanisch)	2,69	1500
Karstmarmor (nach Hanisch)	2,61	1400
Carraramarmor (nach Hanisch)	2,72	1000
Schlesischer Marmor (nach Hanisch)	2,72	1000
Laaser Marmor, Südtirol (nach Hanisch)	2,70	850
Sterzinger Marmor (nach Hanisch)	2,69	700
Kalkstein von Grisignano (nach Hanisch)	2,48	900
Kalkstein von Wöllersdorf, Niederösterreich (nach Hanisch)	2,54	1200
Kalkstein von Häusling, Niederösterreich (nach Hanisch)	2,71	1000
Kalkstein von Mannersdorf, Niederösterreich (nach Hanisch)	2,44	1000
Kalkstein von Sommerein, Ungarn (nach Hanisch)	2,42	800
Kalkstein von Hundsheim, Niederösterreich (nach Hanisch)	2,52	800
Jurakalkstein von Solothurn, Schweiz (nach Tetmajer)	2,67	1080

Bausteine, Bezugsort, Prüfer	Spezifisches Gewicht t/m³	Mittlere Druckfestigkeit kg/cm²
Sandsteine		
Wiener Sandstein (nach Hanisch)	2,39	900
Karpathensandstein von Rzeka, Schlesien (nach Hanisch)	2,49	1190
Sandstein von Mähr. Trübau (nach Hanisch)	1,95	450
Sandstein von Hořic, Böhmen (nach Hanisch)	1,95	370
Sandstein von Zogelsdorf, Niederösterreich (nach Hanisch)	1,92	200
Vogesensandstein von Zittersheim, Elsaß (nach Tetmajer)	2,61	590
Buntsandstein von Donaueschingen, Baden (nach Tetmajer)	—	560
Konglomerate		
Wöllersdorfer Konglomerat, Niederösterreich (nach Hanisch)	2,47	650
Ternitzer Konglomerat, Niederösterreich (nach Hanisch)	2,37	550
Innsbrucker Konglomerat (nach Hanisch)	2,34	450
Salzburger Konglomerat (nach Hanisch)	2,54	350

Die Druckfestigkeit, auf die wirkliche Druckfläche bezogen, erhöht sich wesentlich, wenn die Belastung nur auf einen Teil F_1 der Querschnittsfläche F des prismatischen Steinkörpers ausgeübt wird, wogegen sich dann die auf den ganzen Querschnitt bezogene spezifische Bruchbelastung vermindert. Nach Bauschinger ist die Druckfestigkeit unter der Druckfläche $\beta'_d = P : F_1$ annähernd durch

$$\beta'_d = \beta_d \sqrt[3]{a}$$

ausgedrückt. Es bezeichnet darin β_d die normale Würfeldruckfestigkeit und $a = F : F_1$ das Verhältnis des Würfelquerschnittes zur Druckfläche. Ein übereinstimmendes Resultat lieferten Versuche von Bach (1888). Diese Ergebnisse sind für die Ausbildung der Gelenkkonstruktionen in Steingewölben von Wichtigkeit.

Die Zugfestigkeit der Bausteine spielt bei den Steinbauten keine Rolle, da sie bei allen Gesteinsarten, die brauchbare Bausteine liefern, mindestens so hoch liegt als die Zugfestigkeit des Mörtels und höher als die Adhäsion zwischen Stein und Mörtel. Sie wurde für Granit und die härteren Kalksteine mit 40 bis 80 kg für 1 cm², für die festeren Sandsteine mit etwa 30 kg, für die minder festen mit 15 bis 10 kg für 1 cm² erhoben.

Die Biegungsfestigkeit der natürlichen Bausteine, d. i. die rechnungsmäßige Zugspannung beim Bruche durch Biegung, ergibt sich immer größer als die aus unmittelbaren Zugversuchen ermittelte Zugfestigkeit. Sie wurde mit folgenden Werten bestimmt:

für Granitbalken (nach Hanisch)	100—230	kg/cm²
,, ,, (nach Föppl)	133—150	,,
dichte Kalksteine, Marmor (nach Hanisch)	120—200	,,
mittelharte Kalksteine, Karpathensandstein	70—120	,,
Wiener Sandstein, böhm.-mähr. Sandstein	40— 75	,,

Es kommt übrigens die Biegungsfestigkeit der natürlichen Bausteine nur bei kleinen Tragwerken (plattenförmigen Überdeckungen, Kragsteinen etc.) in Frage.

Für die Scherfestigkeit der Bausteine haben die Untersuchungen Bauschingers folgende Durchschnittswerte geliefert:

für Granit	70—100	kg/cm²
„ Muschelkalk, parallel zum Lager	30—47	„
„ „ senkrecht „ „	58	„
„ Leithakalk von Wöllersdorf, parallel zum Lager	44	„
„ „ „ „ senkrecht „ „	58	„
„ Buntsandstein, parallel zum Lager	13—36	„
„ „ senkrecht „ „	21—26	„
„ Klinkerziegel	38	„
„ gewöhnliche Ziegel	17	„

Die elastischen Längenänderungen der Steine folgen nicht vollkommen dem Proportionalitätsgesetze: der Elastizitätsmodul kann demnach nur für kleine Spannungsintervalle als konstant angenommen werden. Er ergibt sich auch verschieden, je nachdem er aus Zug-, aus Druck- oder aus Biegeversuchen ermittelt wird. So fand Föppl für Granit aus Zug- und Druckversuchen an kleinen Probekörpern bei Beanspruchung bis 38 kg/cm² für die Zugelastizität $E = 98—220$ t/cm², für die Druckelastizität $E = 300$ t/cm², während aus Biegeversuchen von 30 cm hohen Balken abgeleitet wurde: für Zug $E = 250$ t/cm², für Druck $E = 399$ t/cm² bei einer Zuginanspruchnahme von 77 kg/cm². Für Sandstein wurde aus Druckversuchen gefunden: für Pressungen von 3—33 kg/cm² $E = 53—98$ t/cm², ferner aus Biegeversuchen für eine Zugbeanspruchung bis 10 kg/cm² $E = 48$ t/cm².

Die **Dauerhaftigkeit**, d. i. die dauernde Widerstandsfähigkeit der Gesteine gegen chemische und physikalische Einflüsse, hängt in erster Linie von der Zusammensetzung der Gesteine, von ihrer Porosität, Gleichmäßigkeit des Gefüges usw. ab.

Am meisten werden die Steine von Wasser, Sauerstoff, Kohlensäure, Humussäuren (Flechten und Moosen) angegriffen (Verwitterung). Kieselsäurehaltige Gesteine (Quarz, Granit, Ton) sind sehr widerstandsfähig. Glimmer zerfällt, kohlensaurer Kalk wird in kohlensäurehältigem Wasser aufgelöst. Tonschiefer, die Schwefelkies enthalten, verwittern leicht.

Das Hauptaugenmerk ist auf die Frostbeständigkeit der Steine zu legen. Das in Poren oder Rissen eindringende Wasser sprengt beim Gefrieren das Gestein.

Die Prüfung der Dauerhaftigkeit erfordert die chemische Untersuchung zwecks Feststellung der Gesteinselemente und fallweise vorhandener schädlicher Bestandteile. Untersuchung über den Verwitterungszustand der Oberfläche von in Bauwerken seit längeren Jahren eingebauten Steinen ergeben am sichersten Aufschluß über die Dauerhaftigkeit des in Aussicht genommenen Materiales. Zur Prüfung der Frostsicherheit wird der mit Wasser gesättigte Würfel wenigstens 25mal einem Frost von -10^0 bis -15^0 C ausgesetzt. Jede Kälteeinwirkung muß mindestens 4 Stunden dauern. Das Auftauen erfolgt im Wasser von $+15^0$ bis 20^0 C. Durch Wägung ist die Menge des abgesprengten Gesteines und durch Festigkeitsprüfung die Abnahme der Druckfestigkeit zu bestimmen. Bei guten Bausteinen darf die Abnahme nur wenige Hundertteile betragen.

Dienen natürliche Steine zur Herstellung von Feuerungsanlagen, dann müssen sie auch feuerbeständig sein. Feuerfeste Steine sind: Sandstein mit kieseligem Bindemittel, Tonschiefer, Glimmerschiefer, Serpentin,

Trachyt, Bimssteintuff. Granit und Syenit bekommen bei hohen Temperaturen Sprünge. Kalksteine, Dolomite, Mergel, Sandsteine mit kalkigem oder mergeligem Bindemittel sind nicht feuerbeständig.

Unter **Abnutzbarkeit** versteht man die Größe des Widerstandes gegen wiederholte Beanspruchung auf Druck und Reibung (bei Pflastersteinen, Treppenstufen z. B.). Sie hängt von der Härte, Zähigkeit, Gleichmäßigkeit des Gefüges ab. Die Prüfung erfolgt im Laboratorium auf der Abschleifmaschine durch Bestimmung des Abschleifverlustes.

Die **Ausdehnung durch Wärme** kommt bei Feuerungsanlagen in Frage. Rasche und große Temperaturunterschiede bringen die Steine zum Zerfall.

Längenausdehnungszahl α_t für 1^0 C

Granit	0,000008	Sandstein	0,000009—0,000012
Kalkstein	0,000008	Schiefer	0,000010

Die **Erhaltung** des Bausteines im Bauwerk hat hauptsächlich darin zu bestehen, daß man dem Verwittern desselben durch zweckmäßige Maßnahmen entgegentritt. Das Eindringen von Wasser und organischen Keimen hindert man durch möglichst glatte (porenlose) Herstellung der Sichtflächen, also durch Schleifen und Polieren oder durch Überziehen mit Wasserglas behufs Schließen der Poren, in letzter Zeit durch Tränken des Steines mit einer Lösung von Kieselfluorwasserstoff. Wagrecht vorkragende Teile, wie Gesimse, Solbänke usw. schrägt man ab, um den Wasserabfluß zu beschleunigen oder deckt sie bei minderem Material mit Blech oder Schiefer ab.

B. Künstliche Steine

Man unterscheidet: 1. gebrannte künstliche Steine, 2. ungebrannte künstliche Steine.

1. Gebrannte künstliche Steine

Sie werden im wesentlichen aus dem in der Natur vorkommenden Ton (Lehm) erzeugt.

Mauerziegel. In zwei Größen im Handel. Großes Ziegelmaß (österreichisches Format): $29 \times 14 \times 6{,}5$ cm; kleines Ziegelmaß (deutsches Format): $25 \times 12 \times 6{,}5$ cm. Gute Steine haben hellen Klang beim Anschlagen, müssen frei von groben Verunreinigungen sein, ebene Flächen und gerade Kanten haben. Wasseraufnahme höchstens 16%. Druckfestigkeit guter Ziegel $\sigma_d = 120$—200 kg/cm². Gewicht eines m³ Mauerwerks 1600 kg. Für 1 m³ Mauerwerk werden gebraucht: 290 Ziegel großes oder 400 Ziegel kleines Ziegelmaß. Wölbmauerwerk um etwa 3% mehr. 13 Scharen sind 1 m hoch. (Lagerfuge 1,2 cm.) Mit nachstehenden aufgerundeten Wandstärken ausschließlich des beiderseitigen Verputzes ist bei Verwendung der Normalformate zu rechnen.

Stärke:	1/2	1	1 1/2	2	2 1/2	3	3 1/2 Stein
großes Ziegelmaß	15	30	45	60	75	90	105 cm
kleines „	13	25	38	51	64	77	90 „

1 m² Riegelwandausmauerung, 1/2 Stein stark, erfordert 40 Stück Ziegel großes Ziegelmaß bzw. 55 Stück Ziegel kleines Ziegelmaß. 1 m² liegendes Ziegelpflaster erfordert 24 Stück Ziegel großes Ziegelmaß oder 32 Stück Ziegel kleines Ziegelmaß, stehendes Pflaster die doppelte Menge.

Klinker. Aus stark kalk- und sandhältigem Rohmaterial hergestellte Ziegel, die bis zur Sinterung gebrannt werden. Sie nehmen kein Wasser auf und sind nur mit Zementmörtel zu vermauern. Abmessungen wie gewöhnliche Mauerziegel. $\sigma_d = 300$—700 kg/cm². Auch als Pflastersteine in verschiedenen Abmessungen in Verwendung.

Trottoirklinker: 15×15×4,5 oder 20×20×5; Einfahrtsplatten: 20×20×6—7, Stallsteine: 10×15×5,5. Für Innenräume 17×17×2—3.

Gewölbeziegel. Keilförmige Ziegel zur Herstellung von kreisförmigen Gewölben mit kleinem Halbmesser.

Pflasterziegel. Ziegel von 2,5—5 cm Stärke, von rechteckiger oder sechseckiger Form.

Gesimsziegel: So wie Mauerziegel, aber mit größeren Abmessungen. Länge 65—80 cm, Breite 15—30 cm, Höhe 9—15 cm.

Verblendziegel. Für Rohbaufassaden. Sorgfältig, aus reinem Material hergestellte Mauerziegel (Maschinziegel) mit meist um 2 mm größeren Abmessungen, um die Fugen schwächer halten zu können. Sie werden als Ganz-, Halb- und Viertelsteine in den Handel gebracht.

Hohlziegel. Ziegel mit zylindrischen oder prismatischen Hohlräumen; leiten Wärme und Schall schlechter als volle Ziegel. Sie werden wegen des geringen Gewichtes des aus ihnen hergestellten Mauerwerkes für schwebendes Mauerwerk (Erker, Gesimse) für Gewölbe und Decken (Steineisendecken) verwendet.

Dachziegel. In verschiedenen Formen: Flachziegel oder Biberschwänze, Falzziegel, Strangfalzziegel. Über Abmessungen, Materialverbrauch, Lattenentfernung usw. siehe „Hochbau".

Tonrohre (Steinzeugrohre). Beiderseits mit einer Glasur von Natronsilikat überzogen, daher wasserdicht und säurefest. Spezifisches Gewicht 2,2 t/m³, σ_d = 120—130 kg/cm². Tonrohre können Drucke bis zu 15 kg/cm² ertragen.

a) Gerade Röhren in Längen von 0,8—1,0 m

Innerer Durchmesser in cm	5	7,5	10	12,5	15	17,5	20	22,5
Wandstärke in cm	2	2	2	2	2	2	2	2,5
Gewicht in kg/m	10	12	16	20	25	30	35	40
Innerer Durchmesser in cm	25	30	35	40	45	50	55	60
Wandstärke in cm	2,5	2,5	2,5	2,5	3	3	3	3
Gewicht in kg/m	47	60	74	85	110	128	140	160

b) Bogenstücke mit Radien von 0,25, 0,50, 1,0, 2,0 m und 0,5—0,7 m Länge.

c) Kniestücke 0,5—0,7 m Länge.

d) Einfache Zweigstücke 30°, 45°, 90°, 0,6 m lang.

e) Doppelte Zweigstücke und Kreuzstücke 0,6 m lang.

f) Reduktionsstücke.

g) Ausgußbecken, Abortgainzen, Putzrohre, Fettfänge, Siphons, Rinnen, Kanalsohlen, Schornsteinaufsätze, Rauchröhren.

Für Entwässerungen unglasierte Dränrohre von 30 cm Länge und 5, 10, 15 cm Durchmesser.

Tonfliesen. Unter hohem hydraulischen Druck hergestellte, gebrannte Tonplatten aus besserem Material für Bodenbelag und Wandverkleidung.

2. Ungebrannte künstliche Steine

Kalksandziegel. Staubförmiger ungelöschter Kalk und Sand wird mit wenig Wasser gelöscht, in Formen gepreßt, dann unter hohem Dampfdruck (min 8 Atm.) gehärtet. Kalkgehalt etwa 10%, Druckfestigkeit σ_d = 120—240 kg/cm². Mauerwerksgewicht 1900 kg/m³. Verwendung wie bei gewöhnlichen Mauerziegeln, ausgenommen Feuerungen und Rauchfänge.

Schlackenziegel. Aus Hochofenschlacke und gelöschtem Kalk unter Druck hergestellt. Kalkgehalt 20—25%. Gewicht ca. 1200 kg/m³, Druckfestigkeit 50—100 kg/cm².

Korksteine. Aus Kalkbrei, Ton und Korkabfällen (weiße Korksteine) oder aus Kork, Ton und Asphalt (schwarze Korksteine) hergestellt. Geringe Wärmeleitung. Große Feuersicherheit. Spezifisches Gewicht 0,25—0,35. Druckfestigkeit gering. 15—18 kg/cm². Verwendung für leichte Zwischenwände und für Isolierungen, gegen Wärmezu- oder Abgang und gegen Feuer. Sie werden im kleinen und großen Ziegelmaß bei 3, 4, 5, 6,5 cm Dicke oder in Platten von 3—6,5 cm Dicke und 30, 45, 90 cm Länge bei 25 oder 30 cm Breite hergestellt.

Abmessungen nach den österreichischen Normen:
Größen: 25×50 25×100 50×50 50×100 cm
Stärken: 2, 2,5, 3, 4, 6, 8, 10, 12 cm.
Biegefestigkeit mindestens 7 kg/cm².

Zementkunststeine. Sie bestehen aus Sand oder Steinpulver verschiedener Art und aus Zementbrei als Bindemittel. Es sind meist sehr dauerhafte und feste sandsteinähnliche Kunststeine. Herstellung meist durch Stampfen in Formen.

Zementsteine und -platten. 1 Teil Portlandzement mit 3—5 Teilen reschem Sand in Formen gestampft liefert Gesimsstücke, Kapitäle, Säulen, Pflaster- und Abdeckplatten usw.

Zementdachplatten. Aus langsam bindendem Romanzement (1 Teil) und 1—2 Teilen Sand oder Hochofenschlacke, in der Gestalt von Flachziegeln, Dachpfannen, Falzziegeln usw. geformt.

Stegzementdielen. Für Decken, Wände und Einfriedungen. Mit Nut und Feder ineinandergreifende, durch Hohlräume im Gewicht verminderte, manchmal auch mit Eisen armierte Platten von 5—12 cm Stärke und bis 2 m Länge.

Zementrohre und Kanäle. Mit kreisförmigem oder eiförmigem Querschnitt. Sie werden aus Portland-, Roman- oder Schlackenzementmörtel hergestellt und oberflächlich durch Fluatisierung gehärtet. Sie können Drucke von etwa 10 kg/cm² ertragen.

a) Rohre mit Kreisquerschnitt:

Lichtweite in cm	7,5	10	12,5	15	17,5	20	22,5	25	30
Länge in m		0,8				1,0			
Gewicht in kg/m......	17	21,5	26	36	46,5	56	71	86	124
Lichtweite in cm	35	40	45	50	60	70	80	90	100
Länge in m			1,0					0,8	
Gewicht in kg/m	150	200	225	275	389	500	620	700	750

b) Rohre mit eiförmigem Querschnitt:

Lichtweiten in cm ....h =	30	37,5	45	52,5	60	67,5		
b =	20	25	30	35	40	45		
Länge in m			1,0					
Gewicht in kg/m	96	130	158	218	305	380		
Lichtweiten in cm ....h =	75	90	100	105	120	140	150
b =	50	60	66	70	80	93	100
Länge in m				0,8			
Gewicht in kg/m	470	625	690	750	810	1150	1450

Die großen Profile werden 4 teilig geliefert, 1 Sohle, 2 Seitenteile, 1 Decke.

Terrazzo. Verschieden gefärbte Marmorstückchen werden in Zementmörtel eingedrückt, mit einem alle Zwischenräume ausfüllenden Zementbrei übergossen und nach dem Erhärten geschliffen und poliert.

Gipskunststeine.

Gipsdielen. Aus Gipsmörtel und eingebetteten Schilf- oder Bambusrohrstengeln hergestellt. Dicke 2,5—8 cm, Breite 25 cm, Länge 1,8 m, Gewicht 1000 kg/m³. Sie sind ein billiges und feuersicheres und nicht schweres Baumaterial für Zwischenwände und Verkleidungen. Für Zwischenwände benützt man 5—7 cm starke, für Verkleidungen, Putzschalungen usw. 2,5—4 cm starke Dielen. Die Gipsdielen sind mit Nut und Feder versehen.

Gipsschlackenplatten. Aus Gipsbrei und reiner Kohlenschlacke. Dicke samt beiderseitigem Verputz 5,5 oder 7 cm, Gewicht 1250 kg/m³. Sind den Gipsdielen vorzuziehen.

Kokolithplatten (Kokosgipsdielen). Dem Gips werden Kokosfasern beigemischt, Plattenstärke 1,5—5 cm. Für Verschalungen, Eisenummantelung.

Verschiedene Kunststeine.

Xylolith oder Steinholz. Als Bindemittel wird Sorelscher Zement, aus gebrannter Magnesia und Chlormagnesiumlösung bestehend, als Füllstoff Holzstaub verwendet. Xylolith ist wetter- und wasserfest, widersteht Säuren, entzündet sich nicht und ist wie Holz bearbeitbar. Gewicht 1400 kg/m³, Druckfestigkeit etwa 900 kg/cm². Hauptverwendung im inneren Ausbau für Fußbodenbeläge, Wandverkleidungen u. ä.

Ähnliche Materialien sind: Torgament, Lignolith, Papyrolith, Xylopal, Korkolith u. a. m.

Eternit, Asbestschiefer. Besteht aus Portlandzement und faserigem Asbest, wie Pappe, aber unter starkem Druck hergestellt. Farbe grau, bei Farbenzusatz auch ziegelrot oder blaugrau. Hauptverwertung für Dacheindeckungen, siehe Abschnitt „Hochbau", und für Wandverkleidungen als Wetterschutz. Wird in den Handel in quadratischen, rechteckigen oder rhombischen Platten von 3,9 mm Stärke gebracht. Seitenlänge bei quadratischen Platten 30 oder 40 cm, bei rechteckigen 30×15 und 40×20 cm. Größte Plattenabmessungen 120×120 und 250×120 cm. Biegefestigkeit $\sigma_b \leq 300$ kg/cm². Spezifisches Gewicht $\gamma = 1{,}9$—$2{,}2$ t/m³.

C. Beton

Beton ist ein künstliches Gemenge aus mehr oder minder kleinen Steinstücken, deren Zwischenräume durch Mörtel, zu dem ein hydraulisches Bindemittel verwendet wird, ausgefüllt sind. Als dieses Bindemittel kommt für den Beton der Tragwerke nur Portlandzement in Betracht; über den in neuerer Zeit als gleichwertig empfohlenen Schlackenzement liegen noch keine hinreichend befriedigenden Erfahrungen vor. Romanzementbeton für Wasserbauten, Grundbauten usw. Über Zemente siehe S. 295 ff.

Die Bestandteile des Betons, d. s. Zement, Sand und Kies oder Schotter, werden innig gemengt und unter entsprechendem Wasserzusatz verarbeitet. Näheres über die Bestandteile des Betons sowie über die Mischungsverhältnisse und Herstellung desselben, siehe „Eisenbetonbau", S. 325 ff.

Nach der Herstellung des Betons erstarrt der Mörtel unter Erwärmung; er wird in kurzer Zeit so fest, daß sich mit dem Fingernagel kein Eindruck mehr erzielen läßt. Abbinden des Mörtels. Von da ab beginnt der Beton unter Aufnahme von Wasser zu erhärten. Dieser Erhärtungsprozeß geht in den ersten Wochen nach der Herstellung rasch vor sich, um dann zu verlangsamen, dauert aber jahrelang fort.

Materialbedarf für 1 m³ Beton

Mischungs-verhältnis	Zement in kg			Sand und Schotter m³	Wasser m³
	Portland-zement	oder Schlacken-zement	oder Roman-zement		
1:3	470	320	330	1,15	0,18
1:4	360	250	260	1,2	0,17
1:5	300	210	220	1,2	0,16
1:6	250	180	190	1,2	0,16
1:7	220	160	170	1,2	0,16
1:8	190	135	145	1,2	0,16
1:9	170	120	130	1,2	0,16
1:10	150	105	110	1,2	0,16
1:12	125	90	95	1,2	0,16

Bei der Umrechnung von Raumteilen auf Gewichtsteile nimmt man den m³ lose geschütteten Portlandzement zu 1400 kg, Romanzement zu 1000 kg, Schlackenzement zu 950 kg an.

Eigenschaften des Betons

Das **Einheitsgewicht** des Betons ist von seiner Zusammensetzung abhängig und kann von Fall zu Fall aus dem Gewicht seiner Bestandteile leicht errechnet werden. Gewicht eines m³ Betons = Zementgewicht + Sandgewicht + Kiesgewicht + Wassergewicht. Im Bauwesen werden folgende Durchschnittszahlen benützt: Kiesbeton 2,2 t/m³, mit Eiseneinlagen 2,4 t/m³; Ziegelbeton 1,9 t/m³; Schlackenbeton 1,4 t/m³.

Wärmedehnung und Wärmeleitung; Verhalten im Feuer. Die Ausdehnung des Portlandzementbetons bei Erwärmung schwankt je nach Zuschlagsstoff und Mischungsverhältnis und kann im Mittel mit $\alpha_t = 0000011$ angenommen werden, ist also nur wenig von der Wärmedehnungszahl des Eisens verschieden. Kiesbeton leitet die Wärme etwa zweimal so gut als Ziegelmauerwerk. Schlacken- und Ziegelbeton etwa so wie Ziegelmauerwerk.

Beton widersteht dem Feuer verhältnismäßig gut. Um feuersicheren Beton zu erhalten, müssen feuerbeständige Zuschlagsstoffe, also Ziegel oder Klinkerbrocken, Basalt und Schlacke beigemengt werden. Quarzsand und Quarzkies sind weniger gut. Kalkstein ist zu vermeiden, da er in der Hitze zu CaO gebrannt wird. Magerer Beton, Mischung 1:5 bis 1:6, hält besser wie fetter Beton. Älterer Beton widersteht dem Feuer leichter als jüngerer.

Schwinden des Betons. Zu Beginn der Erhärtung an der Luft dehnt sich der Beton etwas aus, um sich, beiläufig vom sechsten Erhärtungstag angefangen, zusammenzuziehen. Dieses Schwinden dauert an, so lange die Erhärtung andauert. Erhärtet der Beton unter Wasser, so findet kein Schwinden statt, im Gegenteil, der Beton quillt. Schwindung und Quellen nehmen mit dem Zementgehalt des Betons zu. Die nachstehende Tafel gibt die Schwind- und Quellmaße für Beton 1:4 an.

Erhärtungszeit	Tage			Jahre		
	20	40	100	1	4	6
Schwinden bei Lagerung an der Luft in $^0/_{00}$ der Länge.	0,041	0,088	0,210	0,410	0,485	0,512
Quellen bei Lagerung unter Wasser in $^0/_{00}$ der Länge..	0,019	0,025	0,037	0,080	0,132	0,177

Bei sehr mageren Mischungen (poriger Beton) ist die Schwindung sehr gering; bei fetteren Mischungen, wie sie im Eisenbetonbau verwendet werden, macht sich das Schwinden durch Rissebildung unangenehm bemerkbar. Man rechnet nach Saliger bei Eisenbetonbauten mit etwa 0,3$^0/_{00}$ Schwindung im ersten Erhärtungsjahr.

Wasserdurchlässigkeit, Wetterbeständigkeit. Da jeder Beton Poren besitzt, so ist er auch wasserdurchlässig. Die Durchlässigkeit nimmt mit zunehmendem Zementgehalt und mit dem Alter ab. Zur Erzielung der Wasserdichtigkeit des Portlandzementbetons gibt es zwei Mittel: 1. Bituminöse Zusätze zum Mörtel, Preolith, Ceresit, Aquabar u. ä., oder 2. Überziehen der Betonoberfläche mit wasserdichten Anstrichen von Goudron- oder Asphaltemulsionen, Fluaten, Siderosthen usw. Am besten bewährt sich ein sehr glatt verriebener (geschliffener) Zementmörtelverputz von 2—2,5 cm Stärke, dem ein der unter 1. genannten Mittel zur Wasserdichtmachung beigesetzt wird.

Die Wetterbeständigkeit des Betons hängt in erster Linie von der Wetterbeständigkeit der Zuschlagsstoffe ab. Dichter und fetter Beton ist wetterbeständiger als poriger und magerer Beton. Frost verzögert oder verhindert das Abbinden des Mörtels. Frischer Beton ist vor Frost zu schützen, da das gefrierende Wasser den Beton sprengt.

Elastizität und Festigkeit des Betons

Die Elastizitäts- und Festigkeitseigenschaften des Betons, die denen der natürlichen Steine sehr ähneln, hängen in erster Linie von den Mischungsverhältnissen, weiters von der Art und Güte des Zements, der Beschaffenheit der Zuschlagsstoffe, vom Wasserzusatz, von der Sorgfalt der Herstellung und vom Alter des Betons ab.

Der **Elastizitätsmodul** E des Portlandzementbetons ist für Zug und Druck verschieden und ist eine Funktion der Beanspruchung σ. Mit wachsendem σ nimmt E ab. Anderseits wächst E mit dem Alter des Betons. Seinen Größtwert erreicht E bei Mischungen von 1:1,5 bis 1:2. Für Druck kann bei den üblichen Betonspannungen als Mittelwert $E_d = 200\,000$ kg/cm² angenommen werden, für Zug $E_z = 230\,000$ kg/cm². Im Eisenbetonbau wird $E_{eisen}:E_{beton} = 15$ gesetzt. Die bleibenden Formänderungen betragen etwa $^1/_{10}$ der gesamten Formänderungen. Bruchdehnung des Betons i. M. 0,00015.

Druckfestigkeit. Diese schwankt je nach dem Mischungsverhältnis und dem Alter in sehr weiten Grenzen. So ergaben Würfeldruckproben folgende Werte:

Mischungsverhältnis	Druckfestigkeit in kg/cm² nach 4 Wochen	13 Wochen	1 Jahr	2 Jahren
1:3	300	360	425	583
1:5	268	306	409	524
1:7,5	225	266	356	460

Setzt man die Festigkeit des Betons nach 28 Tagen = 1, so beträgt die Festigkeit i. M. nach 3 Monaten 1,25, nach 6 Monaten 1,5, nach 1 Jahr 1,75, nach 2 Jahren 2,0, nach 5 Jahren 2,25.

Der für die Festigkeit günstigste Wasserzusatz beträgt 15—18% des Volumens des Betongemisches.

Zugfestigkeit. Laboratoriumsversuche ergaben:

	Zugfestigkeit in kg/cm² nach				
Mischungsverhältnis	1 Monat	3 Monaten	1 Jahr	2 Jahren	3 Jahren
1:3	23,5	27,5	33,1	—	37,2
1:4	22,7	28,1	—	28,5	29,2
1:5	16,5	19,8	22,6	23,6	23,3

Bei gutem Beton im Bauwerk wird die reine Zugfestigkeit kaum über 15 kg/cm² nach 45 Tagen anzunehmen sein. Als Mittelwert ist 12 kg/cm² zu empfehlen.

Biegungsfestigkeit. Sie hängt in erster Linie von der Zugfestigkeit des Betons ab und kann etwa als doppelt so groß wie diese angenommen werden. Mittelwert $\sigma_{bieg.} = 25$ kg/cm².

Schubfestigkeit. Das Verhältnis der Schubfestigkeit zur Zugfestigkeit kann im Mittel wie 2:1 angenommen werden, so daß $\tau = 25$—30 kg/cm² anzusetzen ist. Nach Mohr besteht die Beziehung

$$\tau = \frac{1}{2}\sqrt{\sigma_z \cdot \sigma_d}.$$

D. Das Holz

1. Einteilung und Verwendung der Hölzer

Holz ist ein wegen seiner vorzüglichen Eigenschaften vielseitig verwendeter Baustoff. Vorzüge sind: geringe Kosten, leichte Bearbeitbarkeit, große Tragfähigkeit im Vergleiche mit dem Gewicht, Zähigkeit. Nachteile sind: die große Feuergefährlichkeit, das Schwinden und Quellen des Holzes sowie die Gefahr des Zugrundegehens durch Fäulnis, Hausschwamm oder Witterungseinflüsse.

Man unterscheidet:

a) Nadelhölzer. Weiche bzw. halbharte Hölzer. Nadelholz ist sehr elastisch, geradwüchsig, astrein, läßt sich leicht bearbeiten. Die Stämme haben große Länge. Die Verjüngung des Stammes gegen den Wipfel beträgt 1—1,5 cm für 1 m Höhe.

Im Bauwesen werden verwendet: Kiefer (Föhre), geradwüchsig, harzreich. Für alle Hochbauzwecke, wegen des Harzreichtums auch für Wasserbauten und Grundbauten, Eisenbahnschwellen. Kanadische Kiefer (Pitchpine), schwer, dicht, zäh, für Holzpflaster und für den Innenausbau, Fußboden, Treppen usw. Fichte (Rottanne), meist verwendetes Bauholz, auch für Bauten im Wasser, darf aber dem Wechsel zwischen Naß und Trocken nicht ausgesetzt werden. Tanne, ähnliche Verwendung wie Fichte. Lärche, der Kiefer nahestehend in der Verwendung, aber härter und zäher, auch fester und dauerhafter. Bestes aber auch teuerstes einheimisches Nadelholz. Imprägniert auch für Eisenbahnschwellen benützt.

b) Laubhölzer. Diese sind weniger geradwüchsig als Nadelholzstämme, meist Kurzholz, zäher, härter und fester. Verjüngung des Stammes gegen den Wipfel 1,5—2,5 cm für je 1 m Höhe.

Eiche, sehr fest, zäh, und wegen des Tanningehaltes dauerhaft, auch für Wasserbauten. Wegen des hohen Preises als Bauholz, ausgenommen Eisenbahnschwellen, Brückenbeläge u. ä., wenig in Verwendung. Für den Innenausbau, für Parkettböden, Treppen usw. stark benützt. Rotbuche, ähnlich wie Eiche, aber nicht haltbar im Wechsel von Naß und Trocken. Für Seebauten, imprägniert als Brückenbelag, für Eisenbahnschwellen, Holzpflaster usw. benützt. Für verschiedene Tischlerarbeiten. Erle, ähnlich wie Eiche, aber schlecht haltend im Wechsel. Ulme, sehr zäh und dauerhaft, vielfach statt Eiche in Verwendung.

2. Physikalische Eigenschaften des Holzes

Spezifisches Gewicht. Siehe die nachfolgende Zusammenstellung

Holzart	Gewicht in kg/m³			Mittelwert für Festigkeitsberechnungen kg/m³
	frisch geschlagen	lufttrocken	künstlich getrocknet	
Fichte	900 i. M.	400—600	430	600
Tanne	900 i. M.	600 i. M.	500	600
Kiefer	900 i. M.	650 i. M.	480	650
Lärche	800 i. M.	620 i. M.	440	700
Pitchpine	—	780—1030	—	800
Eiche	900—1300	700—1000	640	900
Rotbuche	850—1100	600—900	560	800
Erle	600—1000	450—700	425	650
Ulme	900 i. M.	700 i. M.	510	650

Elastizität und Festigkeit des Holzes. Nachstehende Tafeln geben Aufschluß über Elastizität und Festigkeit einzelner Holzarten.

Elastizität (Mittelwerte in kg/cm²)

Holzart	Elastizitätsmodul			Proportionalitätsgrenze		
	Zug // Faser	Druck // Faser	Biegung	Zug // Faser	Druck // Faser	Biegung
Fichte	92000	99000	110000	—	150	230
Kiefer	90000	96000	108000	—	155	200
Eiche	108000	103000	100000	475	150	215
Rotbuche	180000	169000	128000	580	100	240

Festigkeitszahlen (Mittelwerte in kg/cm²)

Holzart	Zugfestigkeit // Faser	Druckfestigkeit		Biegungsfestigkeit	Scherfestigkeit	
		// Faser	⊥ Faser		// Faser	⊥ Faser
Fichte	750	245	—	420	40	250
Kiefer	790	280	50	470	45	210
Eiche	965	345	144	600	75	390
Rotbuche	1340	320	—	675	80	350

Mit Zunahme des Feuchtigkeitsgehaltes nimmt die Festigkeit ab.

Quellen und Schwinden des Holzes. Der Wassergehalt des frischen Holzes ist bei Splintholz größer als bei Kernholz. Grünes Holz enthält 25—45% Wasser (Fichte 45%, Kiefer 40%, Lärche 26%, Rotbuche 32%, Eiche 30%). Infolge Verdunstung des Wassers zieht sich das Holz zusammen, *Schwinden*. Bei Wasseraufnahme vergrößert sich das Volumen, *Quellen*. Die Gestaltsveränderung infolge Quellen und Schwinden heißt „Werfen" oder „Arbeiten", wodurch Risse, Sprünge, Verdrehungen usw. verursacht werden. Das Schwinden des Holzes findet in der Richtung der Faser in viel geringerem Maße statt als in Richtung senkrecht zur Faser. Es beträgt *in der Längsrichtung* bei Fichte 0,08%, Kiefer 0,12%, Eiche 0,35%, Rotbuche 0,25% und *quer zur Faserrichtung* bei Fichte 6,2%, Kiefer 4,5%, Eiche 7,6%, Rotbuche 8%. Für das Quellen gelten ähnliche Zahlen.

Durch natürliches Trocknen (Liegenlassen des Holzes an geschützten Stellen, 1—5 Jahre) kann nicht alles Wasser aus demselben entfernt werden, 10—15% bleiben zurück, die nur durch künstliches Trocknen in Heizkammern beseitigt werden können.

Wärmeausdehnungszahl für Holz: = 0,000 003 5

3. Schutz vor Fäulnis

Grünes Holz, das wegen Mangel an Luftwechsel nicht austrocknen kann, modert, stockt, fault an, *trockene Fäulnis*. Wird es abwechselnd trocken bzw. naß, so erfolgt *nasse Fäulnis*.

Vorkehrungen gegen Fäulnis sind:

Anstriche mit Leinölfirnis, Ölfarbe, Teer oder Harz, Karbolineum, wobei das Holz bereits lufttrocken sein muß, da es sonst erstickt.

Durchtränkung (Imprägnierung) mit Metallsalzen, Kreosot u. ä.

Ankohlen. Nur geringe Wirkung; bei Leitungsmasten, Einfriedungen usw. üblich.

4. Handelssorten des Holzes

a) Kanthölzer:

Am üblichsten sind die folgenden Sorten:

Ganzhölzer: $^{13}/_{16}$, $^{13}/_{18}$, $^{16}/_{16}$, $^{16}/_{18}$, $^{16}/_{21}$, $^{16}/_{24}$, $^{18}/_{18}$, $^{18}/_{26}$, $^{20}/_{20}$, $^{20}/_{28}$;

Kreuzhölzer: $^{8}/_{8}$, $^{10}/_{10}$, $^{12}/_{12}$, $^{10}/_{13}$, $^{10}/_{15}$, $^{13}/_{13}$;

Halbhölzer: $^{8}/_{16}$, $^{8}/_{18}$, $^{8}/_{20}$, $^{10}/_{20}$;

Staffel: $^{5}/_{5}$, $^{6}/_{6}$, $^{8}/_{8}$

in Längen von 5—7 m.

Nach den *Bestimmungen des österreichischen Normenausschusses:*

Kanthölzer:	Breite:	10	12	14	16	18	20 cm
	Höhe:	12	12	14	16	18	20 „
		14	14	16	18	20	22 „
		.	.	.	.	.	.
		.	.	.	.	.	.
		26	26	26	26	26	26 cm

Staffel (mm): $^{40}/_{55}$, $^{40}/_{70}$, $^{45}/_{70}$, $^{45}/_{75}$, $^{50}/_{50}$, $^{50}/_{80}$, $^{80}/_{80}$, $^{80}/_{100}$, $^{100}/_{100}$. Längen 4, 5, 6 m.

b) Pfosten und Bohlen: Stärke $\geq$ 4 cm bis 10 cm; Breite 25—32 cm; Länge 4—5 m.

Nach den *österreichischen Normen:* 40, 45, 50, 55, 60, 65 bis 100 mm Stärke.

c) Bretter: Stärke < 4 cm; übliche Stärken in mm: 10, 12, 18, 25, 33. Breiten: schmale Bretter 8—12 cm, breite Bretter 12—25 cm; Längen: 3—6 m.

Nach den österreichischen Normen, Stärken in mm: 10, 12 15, 18, 20, 22, 25, 27, 30, 35.

d) Latten: 2,5/2,5, 3,3/5, 3,5/7, 4/8 cm.

Nach den österreichischen Normen: 12/40, 12/50, 20/50, 25/50, 27/50 mm.

e) Eisenbahnschwellen: Normale Schwellen $16 \times 25 \times 250$ cm.

E. Das Eisen

1. Die Eisenarten

Man unterscheidet Roheisen und schmiedbares Eisen.

a) Roheisen

Das aus dem Hochofen unmittelbar gewonnene Erzeugnis heißt Roheisen. Es ist leicht schmelzbar, aber nicht schmiedbar. Je nach Farbe und Gefüge unterscheidet man: graues Roheisen, siliziumhältig, der Kohlenstoff ist in Form von Graphit ausgeschieden, leichtflüssig; weißes Roheisen (Spiegeleisen), manganhältig, der Kohlenstoff ist als Härtungskohle im Eisen gelöst. Halbiertes Roheisen, ein Übergang zwischen diesen beiden Sorten. Gußeisen ist ein graues Roheisen, das durch Umschmelzung gereinigt wurde. Kohlenstoffgehalt des Roheisens 3—5%. $\sigma_d = 7{,}0$—$8{,}5$ t/cm², $\sigma_z = 1{,}2$—$1{,}8$ t/cm², $\sigma_b = 1{,}5$—$3{,}0$ t/cm², $E = 1000$ t/cm², $G = 290$—400 t/cm² [1]), $\alpha_t = 0{,}000011$ [1]). Graues Roheisen wird zur Herstellung von Eisengußwaren, weißes als Ausgangsmaterial für die Herstellung von schmiedbarem Eisen oder Stahl verwendet. Spezifisches Gewicht i. M. 7,3, Schmelzpunkt 1000—1300° C.

b) Schmiedbares Eisen (Stahl)

Schweißeisen ist das im teigigen Zustand durch das Herdfrisch- oder Puddelverfahren gewonnene, schmied- und schweißbare aber nicht merklich härtbare Eisen. Derzeit von untergeordneter Bedeutung. $\sigma_z = 3{,}3$—$4{,}0$ t/cm², $E = 2000$ t/cm², $G = 770$ t/cm², Elastizitätsgrenze $\sigma_E = 1{,}3$ t/cm², Streckgrenze $\sigma_F = 1{,}8$ t/cm².

Schweißstahl. So wie Schweißeisen, aber deutlich härtbar, weniger schweißbar.

Flußeisen ist das im flüssigen Zustand nach dem Bessemer-, Thomas- oder Martinverfahren gewonnene, schmiedbare, wenig schweißbare und nicht merklich härtbare Eisen. Kohlenstoffgehalt 0,05—0,25%. Thomas- und Martinflußeisen bilden den Hauptbaustoff im Eisenbrückenbau und Eisenhochbau. $\sigma_z = 3{,}5$—$5{,}0$ t/cm², $E = 2150$ t/cm², $G = 830$ t/cm², Elastizitätsgrenze $\sigma_E = 1{,}8$—$2{,}4$ t/cm², Streckgrenze $\sigma_F = 2{,}4$—$3{,}0$ t/cm², $\alpha_t = 0{,}000012$. Spezifisches Gewicht 7,85, Schmelzpunkt 1600—2000° C.

Flußstahl so wie Flußeisen, aber merklich härtbar. C-Gehalt bis 1,5%. $\sigma_z = 5{,}0$—$8{,}0$ t/cm² und mehr, $E = 2200$ t/cm², $G = 850$ t/cm², Elastizitätsgrenze beiläufig $^1/_2\sigma_z$, Streckgrenze beiläufig 0,6—0,65. σ_z, $\alpha_t = 0{,}000011$—$0{,}000012$. Schmelzpunkt 1400—1600° C. Nickelstahl ist ein mit 2—3% Nickel legierter Stahl, der sich durch hohe Festigkeit bei großer Zähigkeit auszeichnet (Brückenbaustoff). Elektrostahl ist ein in der Birne oder im Flammofen vorgefrischtes Eisen, das im flüssigen Zustand in den Elektroden- oder Induktionsofen eingebracht, dort zu Stahl raffiniert wird. Sehr zäh bei hoher Festigkeit.

---

[1]) σ_d = Druckfestigkeit, σ_z = Zugfestigkeit, σ_b = Biegungsfestigkeit, E = Elastizitätsmodul, G = Gleitmodul, α_t = Längenänderung für 1° C Temperaturänderung.

Da es nicht möglich ist, eine scharfe und eindeutige Grenze zwischen schmiedbarem Eisen und Stahl zu ziehen, so hat der Werkstoffausschuß des Normenausschusses der deutschen Industrie beschlossen, daß alles schon ohne Nachbehandlung schmiedbare Eisen in Zukunft als Stahl bezeichnet werden soll. Der im flüssigen Zustand gewonnene Stahl wird als Flußstahl, der im teigigen Zustand gewonnene als Schweiß- oder Puddelstahl bezeichnet. Die einzelnen Flußeisen- und Stahlsorten werden durch Hinzufügen der Minimalfestigkeit zur Bezeichnung „St" gekennzeichnet. St 37 ist z. B. das in Deutschland bisher im Brückenbau übliche Flußeisen, St 48 ein weicher für Bauzwecke geeigneter Flußstahl usw.

2. Die Handelssorten des Eisens

a) Gußeisen

Rohre: Muffen- und Flanschenrohre nach den deutschen Normalien für einen Betriebsdruck bis 10 Atm. Siehe die Tafeln im Abschnitt „Maschinenbau".

Dünnwandige Abflußröhren (schottische Rohre)
Gewichte in kg

Gerade Rohre	Durchm. mm	50	70	100	125	150	200
	Wandstärke mm	5	6	7	$7^1/_2$	8	9
	Baulänge mm	2000	2000	3000	3000	3000	3000
	Gewicht kg	14,5	24,0	54,5	73,5	94,0	140
„ Ausgleichsstücke	Baulänge mm 1500	11,0	18,0	29,5	40,5	53,0	80,0
	1000	8,0	13,0	22,0	30,0	39,0	53,0
	750	6,5	10,0	16,0	23,0	32,0	46,0
	500	4,5	7,0	12,5	17,0	22,0	34,0
Schräge Verbindungsst.	mit 1 Ansatz	6,0	10,0	18,0	28,0	38,0	62,0
„ „	„ 2 Ansätzen	8,0	13,5	25,0	—	—	—
Parallele „	„ 1 Ansatz	—	—	24,0	35,0	—	—
„ „	„ 2 Ansätzen	—	—	34,0	45,0	—	—
Lange Bogen	R = 2000 mm	—	—	—	—	43,5	65,5
Kurze „	R = 1000 „	—	—	15,5	21,5	28,5	43,0
„ „	R = 500 „	—	—	10,0	14,5	—	—
Knieröhren	R = 2 D 60°	2,5	5,0	9,5	14,0	—	—
	45°	2,5	4,0	8,0	12,0	—	—
	30°	2,0	3,5	7,0	10,0	—	—
	15°	2,0	3,5	6,0	8,0	—	—
Fußbogen 80°	ohne Übergang	—	—	14,0	20,0	—	—
	mit „	5,0	8,5	15,0	23,0	—	—
Sprungröhren	Abstand 70 mm	5,1	8,5	13,0	18,5	—	—
	„ 140 „	5,3	8,7	13,0	19,0	—	—
	„ 210 „	—	—	15,0	20,0	—	—
Übermuffen		3,0	4,5	7,5	9,0	13,5	22,0
Verbindungsst. zwisch. Fallrohr u. Eindeckst.	ohne Schrauben	7,0	10,0	12,0	16,0	—	—
Anschlußstück für Steinzeugröhren		—	—	8,0	10,0	13,0	19,0
Putzöffnungen m. Deckel ohne Schrauben		—	—	—	28,0	39,0	55,0
Übergangsröhren	50/125=250 mm 150/200=500 „	4,0	6,5	11,0	14,0	29,0	—

Abortschläuche aus Gußeisen sind dünnwandige Röhren mit nachfolgenden Abmessungen:

Durchmesser =	100	185	210	250	300 mm,
Gewicht =	23	31	41	72	94 kg für 1 m langes Rohrstück.

Die geraden Rohrstücke sind in Längen von 100, 200, ... 1000 mm zu haben. Hiezu Abzweigstücke mit Einmündung unter 50°, mit einer oder zwei Abzweigungen, sowie Kniestücke. Röhren und Formstücke sind innen und außen asphaltiert.

Andere Gußwaren: Säulen, Unterlagsplatten, Dachrinnen, Öfen, Gitter, Treppen, Fenster usw.

b) Walzwerkserzeugnisse

Man unterscheidet: Halbzeug: d. s. rohe oder vorgewalzte Blöcke, Knüppel, Platinen usw.; Eisenbahnoberbaumaterial: d. s. Schienen, Schwellen, Laschen, Unterlagsplatten usw.; Stabeisen: d. s. Träger und [-Eisen, Belageisen, gleichschenklige und ungleichschenklige Winkeleisen, ⊥-Eisen, Z-Eisen, Rund- und Quadrateisen, Flacheisen (Bandeisen), Breiteisen usw.; Bleche: Grobbleche, Feinbleche und Rippenbleche; gewalzte Röhren und Draht.

Über **Eisenbahnoberbaumaterial** siehe den Abschnitt „Eisenbahnbau".

Stabeisen. Siehe die Tabellen im Anhang zu diesem Abschnitt, S. 302 ff.

Träger und [-Eisen: Erzeugungslängen 15—18 m und mehr, Lagerlängen 6—12 m.

Belageisen: Erzeugungslängen 12—18 m.

Winkeleisen, Flacheisen, Breiteisen: Erzeugungslängen 7—14 m, Lagerlängen 4—6 m.

Z-Eisen: Erzeugungslänge 15 m, Lagerlänge 6 m.

Kranbahnschienen: Erzeugungslänge 12 m.

Rund- und Quadrateisen: Erzeugungslängen 7—12 m, Lagerlängen 4—6 m.

Betonrundeisen: Erzeugungslänge 18 m, Lagerlängen 6—12 m.

Bleche. Grobbleche, von 5 mm aufwärts. Glatte Bleche werden bis zur größten Breite von 4 m und bis zu einer Stärke von 50 mm gewalzt. Größte Längen und Breiten siehe die folgende Zusammenstellung:

Stärke mm	5	6	7	8	10
Breite m	0,8—1,9	0,8—2,3	0,8—2,6	0,8—2,6	0,8—3,5
Größte Länge m	4—10	4—10	4—12	4,5—14	7,5—15

Stärke mm	12	14	16	20
Breite m	0,8—3,5	0,8—4,0	0,8—4,0	0,8—4,0
Größte Länge m	7,5—15	6—15	5,5—15	4,5—15

Hiebei entspricht die untere Längengrenze der oberen Breitengrenze und umgekehrt.

Feinbleche unter 5 mm Stärke

Stärke mm	0,5—0,75	0,75—1	1—2	2—3	3—5
Größte Breite m	1,00	1,10	1,25	1,3	1,5
„ Länge „	2,25	2,50	3,0	2—4	1,5—8

Rippenbleche. In den Stärken von 4—10 mm. Rippenhöhe der rhombischen Rippen 1,5—2 mm.

Größtabmessungen von Rippenblechen

Annähernd. Gewicht für 1 m^2 in kg	Blechstärke einschl. Rippe in mm	Bei einer Breite in Millimetern bis zu										
		500	600	700	800	900	1000	1100	1200	1300	1400	1500
		gehen die Längen in Metern bis zu										
29	4	5,0	5,0	5,0	5,0	4,5	4,0	3,5	3,0	—	—	—
36	5	8,0	8,0	8,0	8,0	8,0	8,0	7,0	6,0	6,0	6,0	5,5
43	6	8,0	8,0	8,0	8,0	8,0	8,0	7,0	6,0	6,0	6,0	5,0
50	7	8,0	8,0	8,0	8,0	8,0	8,0	7,0	6,0	6,0	6,0	5,0
57	8	8,0	8,0	8,0	8,0	8,0	8,0	7,0	6,0	6,0	6,0	5,0
71	10	8,0	8,0	8,0	8,0	8,0	8,0	7,0	6,0	6,0	6,0	5,0

Wellbleche. Durch Walzen oder Pressen aus Feinblechen hergestellt. Man unterscheidet: Flache Wellbleche und Trägerwellbleche mit lotrechten Stegen zwischen den einzelnen Halbwellen. Verwendung entweder mit Ölfarbe gestrichen oder verzinkt. Mehrgewicht verzinkter Wellbleche ca. 1 kg/m^2 Blechfläche. Tafel über im Bauwesen gebräuchliche Wellbleche siehe Anhang, S. 319.

Niete und Schrauben. Gebräuchliche Nietdurchmesser: 6, 8, 10, 12, 13, 14, 16, 18, 20, 22, 23, 24, 26, 28, 30 mm mit normalem, halbversenktem oder versenktem Kopf. Über Querschnittsflächen und Tragfähigkeit der Niete siehe „Brückenbau".

Schrauben, nach dem Witworthschen System geschnitten, mit sechseckigem bzw. viereckigem Kopf und sechseckiger Mutter, siehe „Maschinenbau".

Drahtseile. Siehe „Maschinenbau".

Auszug aus den Vorschriften der österreichischen Brückenverordnung vom 28. August 1904, betreffend Beschaffenheit und Erprobung des Eisens und Stahles

§ 10. Erforderliche Festigkeit des Eisens und Stahles

Die Festigkeit und Dehnbarkeit des zu den Brückentragwerken zu verwendenden Eisens und Stahles hat den nachfolgenden Bestimmungen zu entsprechen, welche jedoch bei Verwendung von Materialien außergewöhnlicher Beschaffenheit und überhaupt in Ausnahmsfällen geändert oder ergänzt werden können. Etwaige abändernde Bestimmungen sind schon gelegentlich der Lieferungsausschreibung bekanntzugeben.

B. Flußeisen

Die Zugfestigkeit des für ein Brückentragwerk zu verwendenden Flußeisens darf nicht unter 3,6 t und bei dem im Flammenofen erzeugten Flußeisen nicht mehr als 4,5, bei Flußeisen anderer Erzeugungsart aber nicht mehr als 4,2 t auf das Quadratzentimeter betragen.

Die Dehnung des Flußeisens muß so groß sein, daß das Ergebnis aus Festigkeit (in Tonnen auf das Quadratzentimeter) mal Dehnung (in Prozenten) bei Zerreißproben in der Walzrichtung mindestens die Zahl 100 und bei solchen senkrecht zur Walzrichtung mindestens die Zahl 90 beträgt.

Das zu verwendende Niet- und Schraubeneisen muß eine Zugfestigkeit von 3,5 bis 4,0 t und eine solche Dehnung aufweisen, daß das Ergebnis aus Festigkeit (in Tonnen auf das Quadratzentimeter) mal Dehnung (in Prozenten) mindestens die Zahl 110 liefert.

C. Roheisenguß und Stahlguß

Der Roheisenguß muß eine Zugfestigkeit von wenigstens 1,2 t und eine Druckfestigkeit von wenigstens 5,0 t auf das Quadratzentimeter besitzen.

Der Stahlguß für Brückenlagerteile hat eine Zugfestigkeit von mindestens 5,7 t auf das Quadratzentimeter und eine Dehnung von nicht unter 10 Prozent aufzuweisen.

§ 11. Erprobung des Eisens und Stahles

A. Allgemeine Bestimmungen

Für die Zulassung des Materials zur Verwendung sind die Ergebnisse der nach den folgenden Bestimmungen vorzunehmenden Zerreiß-, Biege-, Bruch- und sonstigen Proben maßgebend.

Die Materialproben sind bereits am Erzeugungsorte durchzuführen. Der Besteller hat für sich und die Kontrollorgane das Recht zu wahren, jederzeit bei der Erzeugung des Materials gegenwärtig sein und in die Chargenbücher des Werkes einsehen zu dürfen. Fallweise können geringe Mengen vorrätigen entsprechenden Materials vom Besteller zur Verwendung zugelassen werden.

Jedes Walzstück aus Flußeisen ist unmittelbar nach Fertigwalzung deutlich mit der Nummer der Schmelzung (Chargennummer), aus welcher es erzeugt wurde, zu bezeichnen. Über sämtliche zu verwendenden Walzstücke ist ein Verzeichnis aufzustellen, welches rücksichtlich der Flußeisenteile auch die Angabe der Erzeugungsart und der Nummer der Schmelzung enthalten muß, aus welcher die Teile gewalzt wurden.

Von den zur Übernahme bestimmten Walzstücken sollen 5 Prozent den vorgeschriebenen Proben unterzogen werden. Grundsätzlich soll aber bei Schweißeisen von jeder Walzsorte, bei Flußeisen von jeder Walzsorte jeder Schmelzung unbedingt ein Walzstück den vorgeschriebenen Proben unterzogen werden, wodurch gegebenenfalls eine Vermehrung der vorstehend angegebenen Gesamtzahl der zu erprobenden Walzstücke eintreten kann. Die Probestücke sollen tunlichst aus Abfallenden (nicht Schopfenden) der Walzstücke angefertigt werden.

Entspricht von den ausgewählten Stücken eines den Bedingungen nicht, so sind Ergänzungsproben zu machen. Zu diesem Behufe sind dem Schweißeisen drei weitere Probestäbe aus der gleichen Walzsorte zu entnehmen und in gleicher Art zu prüfen. Liegt Flußeisen vor, so sind gleichfalls drei Ergänzungsproben durchzuführen, und zwar mit Stücken, welche derselben Schmelzung sowie der gleichen Walzsorte angehören. Sollte von den Ergänzungsproben auch nur eine nicht gelingen, so sind bei Schweißeisen sämtliche Stücke dieser Walzsorte, bei Flußeisen sämtliche aus derselben Schmelzung erzeugten Stücke dieser Walzsorte von der Verwendung auszuschließen; die anderen Walzsorten aus dieser Schmelzung sind dann aber einer neuerlichen Erprobung zu unterziehen und alle auszuschließen, wenn hiebei auch nur eine Probe nicht genügt. Ebenso sind bei Schweißeisen alle Stücke einer Walzsorte und bei Flußeisen alle aus derselben Schmelzung stammenden Stücke auszuschließen, wenn schon von den ursprünglich ausgewählten Probestücken zwei den Bedingungen nicht entsprochen haben.

Die Abtrennung der Probestäbe von dem zu erprobenden Material hat in kaltem Zustande derart zu erfolgen, daß hiebei keine schädliche Einwirkung auf das Gefüge entsteht. Ein Bearbeiten der Probestäbe über das zu ihrer Formgebung unbedingt erforderliche Ausmaß ist nicht gestattet. Das Geraderichten der Probestäbe darf, falls es notwendig wird, nur durch Druck ohne neuerliche Erwärmung bewerkstelligt werden. Ein Ausglühen der Probestäbe für Kaltproben ist unter gar keinen Umständen zulässig.

Alle Kaltbiegeproben sind bei einer Temperatur des Probestabes von 10 bis 40° C über Null vorzunehmen.

B. Zerreißproben

Für die Zerreißproben der Bleche, Flach-, Winkel- und sonstigen Formeisen sind die erforderlichen Probestäbe mittels Fräse- oder Hobelmaschine herzustellen. Auf der Breitseite ist bei diesen Probestäben die Walzhaut zu belassen. Das Rundeisen für Niete ist mit der Walzhaut und in nicht weiter bearbeitetem Zustande der Zerreißprobe zu unterziehen.

Die Dehnung ist an einem Probestabe mit der Meßlänge von $\sqrt{80\,F}$ zu messen. F bezeichnet die Querschnittsfläche des Stabes, welche nicht mehr als 6 cm^2 betragen soll.

Die Probestäbe sind über Verlangen der Länge nach mit einer Zentimetereinteilung zu versehen.

Wenn ein Probestab wegen deutlich erkennbarer Bearbeitungsfehler oder deshalb eine ungenügende Zerreißprobe liefert, weil er mangelhaft eingespannt war, so ist diese Probe nicht weiter in Betracht zu ziehen.

Erfolgt der Bruch eines Stabes außerhalb des mittleren Drittels der Meßlänge, so kommt die Probe, wenn dabei die Dehnung allein nicht entspricht, außer Betracht und ist an deren Stelle eine neue zu machen.

C. Biege-, Bruch- und sonstige Proben

Die der Biegeprobe in unverletztem Zustande zu unterziehenden Stäbe sind an ihren Längskanten mit der Feile etwas abzurunden.

Die Biegeproben sind unter einer Presse oder einer ähnlichen Vorrichtung vorzunehmen. Als Biegewinkel ist stets der Winkel zu betrachten, welchen ein Schenkel bei der Biegung zu durchlaufen hat.

Die Härtung des Materials für die weiter unten angeführten Biegeproben ist in der Weise zu versuchen, daß der schwach rotglühende Stab in Wasser von etwa 28° C abgeschreckt wird.

Die vorzunehmenden Proben sind folgende bei:

Flußeisen

Im unverletzten Zustande müssen 50 bis 80 mm breite, parallel und quer zur Walzrichtung entnommene Streifen von Blechen, Flacheisen, Winkeleisen usw., ohne Einrisse zu bekommen, eine Biegung über eine Rundung, deren Durchmesser bei Proben in der Walzrichtung gleich der einfachen und bei Proben senkrecht zur Walzrichtung gleich der doppelten Stabstärke ist, bis zu einem Winkel von 180° aushalten. Winkeleisen müssen überdies sich aufbreiten lassen, ohne Einrisse zu bekommen.

Im verletzten Zustande, d. i. nach Einkerbung mittels eines scharfen Meißels senkrecht auf die Walzrichtung und über die ganze Stabbreite bis auf 1 mm Tiefe, darf ein 50 bis 80 mm breiter Streifen von Blechen, Flacheisen, Winkeleisen usw. über eine Rundung, deren Durchmesser gleich der fünffachen Stabstärke ist, gebogen, keinen plötzlich durchgehenden Bruch aufweisen, bevor ein Biegewinkel erreicht wird, welcher bei einem Material von 4,5 t Zugfestigkeit mindestens 90°, bei einem Material von 4,0 t Zugfestigkeit mindestens 120° und bei einem Material von 3,6 t Zugfestigkeit mindestens 150° zu betragen hat. Für Material mit dazwischenliegender Zugfestigkeit ist der zugehörige Biegewinkel durch geradlinige Einschaltung zu ermitteln.

Im rotglühenden Zustande dürfen Streifen von Blechen usw., über eine scharfe Kante gebogen und dann vollständig zusammengeschlagen, keine Anrisse zeigen.

Nach einer versuchten Härtung muß das Material bei den Biegeproben sich ebenso verhalten, wie es durch die in den vorstehenden Absätzen festgesetzten Grenzen bedingt erscheint.

Nieteisen, kalt gebogen und mit dem Hammer derart zusammengeschlagen, daß die beiden Schenkel sich vollständig berühren, darf keine Spuren von Trennung an der Biegungsstelle zeigen. Nach einer Biegung über eine Rundung vom Halbmesser des Rundeisens um einen Winkel von 90° muß das Nieteisen sich wieder geraderichten lassen, ohne daß Spuren einer Verletzung auftreten. Es muß im kalten Zustande sich auch soweit stauchen lassen, daß ein flacher Kopf mit dem 1,5fachen Durchmesser des Rundeisens gebildet werden kann, ohne Risse zu zeigen.

Ein Nietkopf darf, im rotglühenden Zustande flach gehämmert, keine Risse bekommen und auch dann keine schadhafte Stelle zeigen, wenn er in diesem Zustande in der auf die Rothitze folgenden Blauwärme noch weiter mit dem Hammer bearbeitet wird.

Roheisenguß

Ein unbearbeiteter quadratischer Stab von 30 mm Seitenlänge, auf zwei 1 m voneinander entfernten Stützen liegend, muß eine allmählich bis 450 kg zunehmende Belastung in der Mitte aufnehmen können, bevor er bricht.

Bei einem mit dem Setzhammer gegen eine rechtwinklige Kante des Roheisengußstückes senkrecht auf die Kante geführten Schlage muß ein Eindruck erzielt werden können, ohne daß die Kante abspringt.

Deutsche Normalbedingungen für die Lieferung von Eisenbauwerken DINORM 1000

I. Güte der Baustoffe

§ 1. Das Prüfungsverfahren

Für die Beurteilung des Baustoffes sind Zerreiß-, Biege- und Bearbeitungsproben (Rotbruchproben und Stauchproben) maßgebend. Mit sichtbaren Fehlern behaftete Probestäbe dürfen nicht verwendet werden.

Die Probestäbe sind von dem zu untersuchenden Eisen kalt abzutrennen und kalt zu bearbeiten. Die Wirkungen etwaigen Scherenschnittes sowie des Auslochens oder Aushauens sind zuverlässig zu beseitigen. Ausglühen ist, wenn das Gebrauchsstück nicht ebenfalls ausgeglüht wird, zu unterlassen.

Auf den Probestäben ist die Walzhaut möglichst zu belassen.

Die Zerreißproben sollen in der Regel eine Meßlänge von 200 mm bei 300 bis 500 mm² Querschnitt haben. Bei geringerem Querschnitte (F) ist die Meßlänge (l) nach der Formel $l = 11{,}3\sqrt{F}$ zu bestimmen; für Rundstäbe von weniger als 20 mm Durchmesser ergibt sich hienach die Meßlänge gleich dem zehnfachen Durchmesser. Über die Meßlänge hinaus müssen die Probestäbe nach beiden Seiten noch auf je 10 mm Länge den gleichen Querschnitt haben.

Wenn der Bruch der Zerreißprobe außerhalb des mittleren Drittels der Meßlänge des Stabes erfolgt, so ist die Probe zu wiederholen, falls die Dehnung ungenügend ausfällt.

Die Zerreißmaschinen müssen leicht und sicher auf ihre Richtigkeit geprüft werden können.

Zu Biegeproben sind Streifen von 30 bis 50 mm Breite oder Rundeisenstäbe von einer der Verwendung entsprechenden Dicke zu benutzen, vorausgesetzt, daß diese Dicke nicht größer als 28 mm ist (siehe § 2). Die Kanten der Streifen sind abzurunden.

Querproben werden nur von solchen Eisen gemacht, die auch quer beansprucht werden. Die Prüfung und Abnahme der Baustoffe geschieht, auch wenn sie auf den Werken von Unterlieferern stattfindet, auf Kosten des Bestellers, jedoch hat der Unternehmer die fertig bearbeiteten Probestäbe unentgeltlich zu liefern und die zu den Proben und Untersuchungen notwendigen Werkzeuge, Maschinen und Arbeitskräfte unentgeltlich zur Verfügung zu stellen.

Wenn der Unternehmer oder das betreffende Hüttenwerk die erforderlichen Einrichtungen für die vorgeschriebenen Prüfungen nicht zur Verfügung stellt, so kann der Besteller die Prüfungen auf Kosten des Unternehmers anderweitig ausführen lassen.

Der abgenommene, vorschriftsmäßige Baustoff ist als solcher zu stempeln. Nicht vertragsmäßig befundene Teile sind so zu bezeichnen, daß ihre Verwerfung erkannt werden kann, ohne daß sie durch diese Bezeichnung für andere Zwecke unbrauchbar gemacht werden. Nach Ermessen des Abnahmebeamten kann von der Abstempelung kleiner oder solcher Teile, bei dennen eine Verwechslung ausgeschlossen ist, abgesehen werden.

§ 2. Flußeisen

Das Flußeisen soll glatt gewalzt sein und darf keine Schiefer, Blasen oder Kantenrisse haben.

Wird schmelzungsweise geprüft, so müssen die zur Abnahme vorgelegten Stücke die Schmelzungsnummer tragen. Aus jeder Schmelzung dürfen drei Stück, höchstens aber von je 20 oder angefangenen 20 Stück ein Stück zu Probezwecken entnommen werden.

Wird nicht schmelzungsweise geprüft, so können von je 100 Stück fünf, höchstens jedoch von je 2000 oder angefangenen 2000 kg der Abnahmsmenge ein Stück zu Probezwecken entnommen werden.

Aus jedem entnommenen Stücke werden zwei Probestäbe hergestellt. Von den Probestäben wird die halbe Anzahl zu Zerreißproben, die andere Hälfte zu Kaltbiegeproben, Abschreckbiegeproben oder zu Rotbruchproben nach Wahl des Abnahmebeamten benutzt.

Zur Entnahme der Probestücke sollen möglichst Abfallenden verwendet werden. Die ausgewählten Stäbe und Abfallenden werden gestempelt. Die Stempelzeichen sind stets so zu setzen, daß sie, in der Walzrichtung gesehen, aufrecht stehen. Die Abfallenden dürfen erst nach der Stempelung abgetrennt werden.

Entsprechen alle Proben den gestellten Vorschriften, so gelten die zugehörenden Stücke als abgenommen. Entspricht mehr als die Hälfte der vorgenommenen Proben den gestellten Anforderungen nicht, so kann die Teillieferung verworfen werden, andernfalls sind für jede nicht genügende Probe aus anderen Stücken der betreffenden, zur Abnahme gestellten Menge zwei neue Proben zu entnehmen. Entspricht eine derselben wieder den Anforderungen nicht, so können sämtliche zugehörenden Stücke verworfen werden.

Statt ganzer Schmelzungen können einzelne Stücke, aus denen eine Fehlprobe entnommen ist, die auf ungenügende Beschaffenheit des Eisens schließen läßt, verworfen worden. Jedoch ist der Lieferer berechtigt, die Tauglichkeit dieser Stücke durch weitere Proben nachzuweisen. Das Urteil über die Tauglichkeit steht dem Besteller zu.

Die nachfolgenden Bestimmungen gelten für Eisen von 4 bis 28 mm Dicke; für andere Dicken sind besondere Vereinbarungen zu treffen.

A. Zerreißproben

Art des Baustoffes		Grenzwerte der Zugfestigkeit in kg/mm²	Dehnung in % der Meßlänge mindestens
Von 7 bis 28 mm Dicke	Längsrichtung	37 — 44	20
	Querrichtung	36 — 45	17
Von 4 bis unter 7 mm	Längsrichtung	37 — 46	18
	Querrichtung	36 — 47	15
Für Nieteisen		35 — 42	24
Für Schraubeneisen		38 — 45	20

B. Sonstige Proben

1. Flacheisen, Formeisen und Bleche von 5 mm Dicke aufwärts

a) Biegeproben

Biegeproben können sowohl mit Längs- als auch mit Querstreifen angestellt werden; mit letzteren nur insoweit, als nach der Bestimmung des § 1 Querproben überhaupt in Frage kommen.

Kaltbiegeprobe. Die Probestücke sollen, bei Zimmerwärme gebogen, eine Schleife bilden, deren lichter Durchmesser bei Längsstreifen gleich der halben Dicke, bei Querstreifen gleich der Dicke des Versuchsstückes ist.

Abschreckbiegeprobe. Die Probestäbe sind hellrotwarm (700—750° C) zu machen, in Wasser von etwa 28° C abzuschrecken und dann so zusammenzubiegen, daß sie eine Schleife bilden, deren lichter Durchmesser bei Längsstreifen gleich der einfachen, bei Querstreifen gleich der doppelten Dicke des Versuchsstückes ist.

Weder bei der Kaltbiegeprobe noch bei der Abschreckbiegeprobe dürfen in Längsstreifen Risse entstehen; in Querstreifen sind unwesentliche Oberflächenrisse zulässig.

b) Rotbruchprobe

Ein im rotwarmen Zustande auf 6 mm Dicke und etwa 40 mm Breite abgeschmiedeter Probestreifen soll rotwarm mit einem Stempel von 20 mm Durchmesser in der Mitte gelocht und das Loch dann mit einem sich verjüngenden Lochstempel, der 80 mm lang ist und 20 mm Durchmesser am dünnen, 30 mm am dicken Ende hat, bei rotwarmem Zustande des Probestückes auf 30 mm erweitert werden, ohne daß hiebei ein Einriß in den Probestreifen entstehen darf.

2. Bleche von weniger als 5 mm Dicke, Riffel- und Warzenbleche

Diese Bleche sind nur der Kaltbiegeprobe zu unterziehen.

3. Nieteisen

a) Biegeprobe

Rundeisenstäbe sind hellrotwarm (700—750° C) zu machen, in Wasser von etwa 28° C abzuschrecken und dann so zusammenzubiegen, daß sie eine Schleife bilden, deren Durchmesser an der Biegestelle gleich der halben Dicke des Versuchsstückes ist. Hiebei dürfen keine Risse entstehen.

b) Stauchprobe

Ein Stück Nieteisen, dessen Länge gleich dem doppelten Durchmesser ist, soll sich im warmen, der Verwendung entsprechenden Zustande bis auf ein Drittel seiner Länge zusammenstauchen lassen, ohne Risse zu zeigen.

4. Schraubeneisen

Rundeisenstäbe sind hellrotwarm (700—750° C) zu machen, im Wasser von etwa 28° C abzuschrecken und dann so zusammenzubiegen, daß sie eine Schleife bilden, deren Durchmesser an der Biegestelle gleich der Dicke des Versuchsstückes ist. Hiebei dürfen keine Risse entstehen.

§ 3. Stahl

(für Auflagerteile, Gelenke u. dgl.)

Die Prüfung und Abnahme erfolgt schmelzungsweise. Jedes Stück muß die Schmelzungsnummer tragen. Von jeder Schmelzung sind drei Probestäbe, höchstens aber ist von je 1000 kg oder angefangenen 1000 kg ein Probestab zu entnehmen. Bei ungenügendem Ausfalle der Prüfungen wird wie bei Flußeisen verfahren.

A. Stahlformguß

Stahlformgußstücke dürfen keine Fehler haben, die die Verwendbarkeit des Stückes beeinträchtigen. Die Abgüsse müssen zweckentsprechend ausgeglüht werden.

Die Probestücke sind an die Gußstücke, möglichst gleichmäßig auf die verschiedenen Modelle verteilt, anzugießen, mit diesen zusammen auszuglühen und dürfen erst nach der Abstempelung abgetrennt werden.

Die Zerreißproben sollen eine Festigkeit von 50 bis 60 kg/mm² mit mindestens 18% Dehnung bei einer Meßlänge von $l = 11{,}3\sqrt{F}$ ergeben.

B. Gewalzter oder geschmiedeter Stahl

Der Stahl muß gleichmäßig und frei von Schlacken, Rissen, Blasen und sonstigen Fehlern sein.

Die Probestücke sind den ausgewalzten, bzw. geschmiedeten Teilen zu entnehmen, die mit entsprechender Zugabe herzustellen sind. Bei Schmiedestücken sind die Probestücke in der vorgeschriebenen Zahl an die abzunehmenden Stücke anzuschmieden; hiebei soll der Querschnitt des Stückes, aus dem die Probestäbe entnommen werden, nicht geringer als der kleinste Querschnitt der zu prüfenden Stücke sein. Die Probestücke dürfen erst nach der Abstempelung abgetrennt werden.

Die Zerreißproben sollen eine Festigkeit von 50—60 kg/mm² mit mindestens 18°/₀ Dehnung bei einer Meßlänge von $l = 11{,}3\sqrt{F}$ ergeben.

§ 4. Gußeisen

Die Gußstücke müssen, wenn nicht Hartguß oder andere Gußeisensorten ausdrücklich vorgeschrieben sind, aus grauem, weichem Eisen sauber und fehlerfrei gegossen und einer langsamen, den Formverhältnissen entsprechenden Abkühlung zur möglichsten Vermeidung von Spannungen unterworfen sein.

Das Gußeisen soll zähe und so weich sein, daß es mittels Meißel und Feile bearbeitet werden kann.

Ein unbearbeiteter Stab mit Kreisquerschnitt von 30 mm Durchmesser und etwa 650 mm Länge, welcher aus demselben Abstiche der zum Anfertigen der Gußstücke Verwendung findet, herzustellen ist, muß, auf zwei 600 mm voneinander entfernten Stützen liegend, eine allmählich bis zu 460 kg zunehmende Belastung in der Mitte aufnehmen können, bevor er bricht. Die Durchbiegung hiebei darf nicht unter 6 mm betragen. Die Ergebnisse von Probestücken, die mit Gußfehlern behaftet sind, bleiben außer Betracht.

Der Unterschied der Wanddicken eines Querschnittes, der überall mindestens den vorgeschriebenen Flächeninhalt haben muß, darf bei Säulen bis zu 400 mm mittlerem Durchmesser und 4 m Länge die Größe von 5 mm nicht überschreiten. Bei Säulen von größerem Durchmesser und größerer Länge wird der zulässige Unterschied für je 100 mm Mehrdurchmesser und für je 1 m Mehrlänge um je ½ mm erhöht.

Die Einhaltung der vorgeschriebenen Wanddicke ist durch Anbohren an geeigneten Stellen, jedesmal in zwei einander gegenüberliegenden Punkten, bei liegend gegossenen Säulen in der dem etwaigen Durchsacken des Kernes entsprechenden Richtung nachzuweisen.

Sollen Säulen aufrecht gegossen werden, so ist das besonders anzugeben.

Auf Gußeisen für Ballast und dergleichen finden diese Vorschriften keine Anwendung.

II. Hilfsbaustoffe

A. Mörtel

Mörtel ist ein Gemenge von Sand und einem Bindemittel, der, im breiartigen Zustand verwendet, nach seiner Erhärtung die Steinflächen, die er berührt, miteinander fest verkittet. Man unterscheidet Luft- und Wassermörtel; Luftmörtel sind solche, die nur an der Luft erhärten, wie Weißkalk- und Gipsmörtel. Wassermörtel erhärten auch unter Wasser, z. B. Mörtel aus hydraulischem Kalk, Roman- oder Portlandzement oder Mörtel mit hydraulischen Zuschlägen.

1. Weißkalkmörtel

Weißkalkmörtel besteht aus gelöschtem Kalk (Kalkhydrat), mit einem spezifischen Gewicht von ca. 2,0 und scharfkantigem (reschem) Sand von gemischtem Korn (2/3 grob, 1/3 feinkörnig). Es erfordert 1 m³ Mörtel:

Mischungsverhältnis	gelöschter Kalk	Sand	Wasser
1:2	0,420 m³	0,84 m³	0,170 m³
1:2½	0,370 „	0,92 „	0,184 „
1:3	0,330 „	1,00 „	0,200 „
1:4	0,250 „	1,10 „	0,230 „

Man benützt nachfolgende Mischungsverhältnisse: Für Grundmauerwerk aus Ziegeln 1:4, bei aufgehendem Mauerwerk 1:3, Bruchsteinmauerwerk 1:4, für Verputz 1:2. Zum Mauern wird gröberer Sand, zum Verputzen feinerer Sand verwendet.

Der Erhärtungsvorgang (Umwandlung des Kalkhydrates in kohlensauren Kalk) geht durch Verdunstung des Wassers und durch Aufnahme von Kohlensäure aus der Luft vor sich. Gewöhnliche Mörtelfugen sind in etwa einer Woche erhärtet. Erhärteter Mörtel wiegt etwa 1700 kg/m³.

Die Druckfestigkeit von erhärtetem Weißkalkmörtel beträgt $\sigma_d =$ 40—50 kg/cm², die Zugfestigkeit $\sigma_z =$ 5—6 kg/cm².

Unter **verlängertem Zementmörtel** versteht man eine Mischung von Portlandzement, Kalk und Sand. Derartige Mörtel weisen viel größere Festigkeiten auf, als der gewöhnliche Weißkalkmörtel. Verwendung im Hochbau bei Gewölben, bei Mauerwerk, das der Feuchtigkeit ausgesetzt ist, bei Eisenriegelwänden u. ä. Gebräuchliche Mischungsverhältnisse:

Zement	Kalk	Sand	Druckfestigkeit
1	1	6	ca. 170 kg/cm²
1	1½	8	„ 130 „
1	2	10	„ 110 „

Die Zugfestigkeit beträgt etwa 1/10 der Druckfestigkeit.

Bedarf für 1 m³:

Mischungsverhältnis	Portland-zement	Kalk ungelöscht	Sand	Wasser zum Mörtelmachen
1:1 : 6	225 kg	65 kg	0,97 m³	0,21 m³
1:1½: 8	175 „	80 „	1,0 „	0,23 „
1:2 :10	150 „	90 „	1,1 „	0,20 „

2. Mörtel aus hydraulischem Kalk

Hydraulischer Kalk ist ein in Stücken oder in Pulverform auf den Markt gebrachter magerer, aus tonhältigen Kalksteinen gebrannter Kalk, welcher die Eigenschaft besitzt, einige Zeit nach seiner Verwendung im Wasser zu erhärten. Er läßt sich mit Wasser zu Kalkbrei ablöschen und wird hauptsächlich zu Mauerwerk an feuchten Orten, teilweise auch zu Wasserbauten verwendet.

Die Festigkeit liegt höher als die des Weißkalkmörtels $\sigma_d =$ 100—150 kg/cm². Der Kalkbedarf für 1 m³ Mörtel beträgt bei den

Mischungsverhältnissen	1:2	1:3	1:4	1:5
	460	340	275	210 kg

Hydraulischer Kalk darf nur dort verwendet werden, wo die Erhärtung an der Luft vor dem Wasserzutritt stattfinden kann. Fette Mischungen 1:1 und 1:2 verwendet man bei Mauerwerk zum Fernhalten der Feuchtigkeit, 1:3 bei Wasserbauten, 1:5 bei Grundmauerwerk.

3. Mörtel aus Romanzement

Romanzement ist ein Kalk mit so wesentlich hydraulischen Eigenschaften, daß das aus den gebrannten Steinen durch Mahlen künstlich erzeugte Pulver unter Wasser anzieht und in ganz kurzer Zeit erhärtet. Derselbe hat unter allen hydraulischen Bindemitteln die kürzeste Bindezeit und eignet sich besonders zu Bauten unter Wasser. Er wird aus tonreichen Kalkmergeln durch Brennen unter der Sintergrenze erzeugt. Tongehalt ca. 30% (natürlicher Zement). Romanzement unterscheidet sich von hydraulischen Kalken dadurch, daß er, im ungemahlenen Zustand ins Wasser gebracht, nicht wie dieser zu Pulver zerfällt, sich also nicht löschen läßt. Er kommt in Fässern oder Säcken in gemahlenem Zustand in den Handel. Spezifisches Gewicht als loses Pulver 800—1050 kg/m³, in erhärtetem Zustand 2700—3000 kg/m³.

Romanzement bindet, verglichen mit anderen Bindemitteln, sehr rasch ab. Nach längerem Lagern wird er langsam bindend. Der Erhärtungsbeginn an der Luft tritt 7—15 Minuten nach dem Anmachen ein.

Der Materialbedarf für 1 m³ Romanzementmörtel ist aus nachfolgender Zusammenstellung zu ersehen:

Mischungsverhältnis	Romanzement	Sand	Wasser
1:1	700 kg	0,80 m³	0,35 m³
1:2	450 ,,	0,95 ,,	0,30 ,,
1:3	330 ,,	1,05 ,,	0,25 ,,
1:4	250 ,,	1,15 ,,	0,22 ,,
1:6	170 ,,	1,20 ,,	0,21 ,,
1:8	130 ,,	1,20 ,,	0,21 ,,

Mörtel aus Romanzement zeigen nach ihrer Erhärtung ziemliche Festigkeiten, die allerdings unterhalb den Festigkeiten von Portlandzementmörtel bleiben. Man fand bei Mörtel aus reinem Romanzement (ohne Sandzusatz) eine Druckfestigkeit $\sigma_d = 150$ kg/cm² i. M. nach 28 Tagen und eine Zugfestigkeit $\sigma_z = 19$ kg/cm² i. M. Bei Mischung 1:3 (Normalsand) soll nach den vom Österreichischen Ingenieur- und Architektenverein aufgestellten Normen bei langsam bindendem Zement nach 28 Tagen $\sigma_d > 80$ kg/cm², $\sigma_z > 10$ kg/cm², bei rasch bindendem Zement $\sigma_d > 60$ kg/cm², $\sigma_z > 8$ kg/cm² sein. Hiebei hat die Probe 1 Tag an der Luft, 27 Tage unter Wasser zu erhärten.

Man verwendet sehr fetten Mörtel 1:1 bis 1:2 mit einen Zusatz von $^1/_8$—$^1/_4$ Teil Weißkalk zur Wasserdichtmachung von Mauerwerk; die mageren Mischungen 1:4 bis 1:8 bei Grundmauerwerk.

4. Mörtel aus Portlandzement

Portlandzement ist ein Erzeugnis, welches aus natürlichen Kalkmergeln oder künstlichen Mischungen ton- und kalkhältiger Stoffe durch Brennen bis zur Sinterung und darauffolgende Zerkleinerung bis zur Mehlfeinheit gewonnen wird und auf ein Gewichtsteil hydraulischer Bestandteile mindestens 1,7 Gewichtsteile Kalkerde enthält. Portlandzement erhält seine vorzüglichen Eigenschaften vornehmlich durch das Brennen bei hoher Temperatur bis zur Sinterung (1500° C). Diese hohe Brenntemperatur unterscheidet ihn von den hydraulischen Kalken und vom Romanzement. Spezifisches Gewicht: Lose 1400 kg/m³, nach dem Abbinden 3100—3250 kg/m³. Portlandzement, ohne Sandzusatz mit Wasser angemacht, erhärtet an der Luft, wenn er rasch bindend ist, in weniger als 10 Minuten, wenn er langsam bindend ist, 15 Minuten und mehr nach dem Anmachen. Nach längerem Lagern an trockenen Orten wird der Portlandzement langsam bindend, doch gewinnt er an Bindekraft.

Portlandzement liefert den besten und festesten Mörtel, der rasch erhärtet; an der Luft schneller als unter Wasser. Er erhärtet, wenn auch langsamer, auch bei Frost.

Materialaufwand für 1 m³ Portlandzementmörtel:

Mischungsverhältnis	Portlandzement	Sand	Wasser
1 : 1	940 kg	0,80 m³	0,35 m³
1 : 2	630 ,,	0,95 ,,	0,30 ,,
1 : 3	470 ,,	1,05 ,,	0,25 ,,
1 : 4	370 ,,	1,10 ,,	0,22 ,,
1 : 6	250 ,,	1,20 ,,	0,21 ,,
1 : 8	190 ,,	1,20 ,,	0,21 ,,

Die Festigkeit des Portlandzementmörtels ist etwa doppelt so groß wie die von Romanzementmörtel und wächst mit der Feinheit der Mahlung. Reiner Zementmörtel ohne Sandzusatz zeigt $\sigma_d = 250$—300 kg/cm². Die Festigkeit des Mörtels schwankt mit dem Mischungsverhältnis, nimmt aber mit der Zeit bedeutend zu. Über Minimalfestigkeiten siehe die nachfolgend angeführten Bestimmungen des Österreichischen Ingenieur- und Architektenvereines.

Der Elastizitätsmodul schwankt je nach dem Sandgehalt des Mörtels: Für Mischung 1 : 0 ist $E = 250$ t/cm²; für 1 : $1^1/_2$, $E = 350$ t/cm²; bei 1 : 2, $E = 330$ t/cm²; bei 1 : 3, $E = 315$ t/cm²; bei 1 : 4, $E = 255$ t/cm².

Man verwendet: Fette Mischungen 1 : 1 zum Ausfugen und Verkitten; 1 : $1^1/_2$ in sehr schwachen Mauern oder schwachen Pfeilern, als Außenputz für nasse Sockel, zur Abdeckung von Gesimsen, Wasserschrägen usw. Mischungsverhältnis 1 : 2 in von Wasser umspültem Grundmauerwerk, zum Außenputz auf der Wetterseite, für flache, stark belastete Gewölbe, für Estriche. Die mageren Mischungsverhältnisse 1 : 3 und 1 : 4 für Fundamente und Kellermauern, für Gewölbe mit größerem Stich (1/4—1/5 Pfeil).

Schlackenzement ist ein Gemenge aus granulierter, gepulverter basischer Hochofenschlacke und aus pulverförmigem Kalkhydrat. Spezifisches Gewicht lose 950 kg/m³. Er hat ganz ähnliche Eigenschaften wie Portlandzement und wird so wie dieser verwendet. Raschbindender Schlackenzement bindet ohne Sandzusatz spätestens nach 10 Minuten ab. Wenn er nicht vor 30 Minuten abbindet, bezeichnet man ihn als langsambindend. Die Erhärtungsdauer beträgt 15—20 Stunden. Er wird gerne für Tief- und Wasserbauten benützt. Bei Frostwetter kann er nicht verarbeitet werden. Materialbedarf für 1 m³ Mörtel:

Mischungsverhältnis	Schlackenzement	Sand
1 : 1	800 kg	0,80 m³
1 : $1^1/_2$	600 ,,	0,88 ,,
1 : 2	535 ,,	1,08 ,,
1 : 3	400 ,,	1,20 ,,

Die Schlackenzemente stehen den Portlandzementen etwas an Festigkeit nach. Über die Minimalfestigkeiten siehe die nachfolgenden Bestimmungen des Österreichischen Ingenieur- und Architektenvereines.

Bestimmungen für die einheitliche Lieferung und Prüfung von Portlandzement bzw. von Schlackenzement[1])

Portlandzement wird aus natürlichen Kalkmergeln oder künstlichen Mischungen ton- und kalkhaltiger Stoffe durch Brennen bis zur Sinterung und darauffolgende Zerkleinerung bis zur Mehlfeinheit gewonnen. Er hat auf einen Gewichtsteil hydraulischer Bestandteile ($Si\,O_2$, $Al_2\,O_3$, $Fe_2\,O_3$) mindestens 1,7 Gewichtsteile Kalkerde ($Ca\,O$) zu enthalten. Seine Farbe ist grau mit Übergängen ins Grüne oder Gelbliche. Dichte gegen 3,1, lose eingesiebt 1,2; Glühverlust unter 2%.

[1]) Auszugsweise nach den neuen vom Österreichischen Ingenieur- und Architektenverein für Portlandzement 1919 und nach den für Schlackenzement 1907 aufgestellten, im Verlage dieses Vereines erschienenen Bestimmungen.

Schlackenzement wird aus granulierter, basischer Hochofenschlacke und aus pulverförmigem Kalkhydrat durch Zerkleinerung bis zur Mehlfeinheit und innigster Mischung gewonnen. Er hat lichtgraue Farbe mit Übergängen ins Gelbliche. Dichte gegen 2,8, lose eingesiebt 0,9; Glühverlust 4% u. m.

Zur Regelung technisch wichtiger Eigenschaften ist bei Portlandzement ein Zusatz fremder Stoffe bis zu 3% des Gewichtes ohne Änderung des Namens zulässig (bei Schlackenzement 2%). Der Gehalt an Schwefelsäureanhydrit darf im geglühten Portlandzement 2,5% und der Gehalt an Magnesia 5% nicht überschreiten.

Portland- oder Schlackenzement ist nach dem Gewichte mit Preisstellung für 100 kg brutto zu handeln.

Die Fässer sollen mit je 200 kg Bruttogewicht in den Handel gebracht werden. Bei Lieferung in Säcken sollen diese ein Gewicht von 50 kg brutto erhalten. Schwankungen im Einzelbruttogewichte können bis zu 2% nicht beanständet werden.

Das Gewicht der Packung darf bei Lieferung in Fässern nicht mehr als 5%, hingegen bei Lieferung in Säcken höchstens 1,5% des Bruttogewichtes betragen. Auf den Fässern und Säcken soll die Firma, der Herstellungsort, das Wort Portlandzement (Schlackenzement) und das Bruttogewicht verzeichnet sein.

Die Portlandzemente wie die Schlackenzemente sind rasch, mittel oder langsam bindend.

Unter rasch bindenden Portland- oder Schlackenzementen sind diejenigen verstanden, deren Erhärtungsbeginn an der Luft ohne Sandzusatz, vom Zeitpunkte der Wasserzugabe an gerechnet, innerhalb 10 Minuten eintritt. Fällt der Erhärtungsbeginn eines Portlandzementes über 30 Minuten hinaus, so ist derselbe als langsam bindend zu bezeichnen.

Zwischen den rasch und langsam bindenden Portlandzementen werden die mittel bindenden eingereiht. Rasch bindende Portland- oder Schlackenzemente sollen nur über besonderes Verlangen geliefert werden. Durch längeres Lagern werden Portland- oder Schlackenzemente langsamer bindend; selbe gewinnen bei trockener, zugfreier Aufbewahrung im allgemeinen an Güte.

Zur Bestimmung des Erhärtungsbeginnes und der Abbindezeit dient die Normalnadel in Verbindung mit dem Konsistenzmesser.

Die Normalnadel ist eine kreisrunde Stahlnadel von 1 mm^2 Querschnitt, welche sich an einem Führungsstabe bewegt. Die Nadel samt deren Beschwerung hat ein Gewicht von 300 g.

Der Zeitpunkt, in welchem die behutsam aufgesetzte Nadel den aus Zement und Wasser hergestellten Kuchen nicht mehr in seiner ganzen Höhe zu durchdringen vermag, nennt man den Erhärtungsbeginn.

Ist der Kuchen endlich soweit erstarrt, daß die Nadel beim Aufsetzen keinen merkbaren Eindruck mehr hinterläßt, so ist der Zement abgebunden; die Zeit, welche von der Zugabe des Wassers bis zu diesem Zeitpunkte verstreicht, heißt Abbindezeit.

Die Abbindeversuche sollen bei einer mittleren Temperatur des Wassers und der Luft von 15 bis 18° C vorgenommen werden.

Portland- oder Schlackenzement soll sowohl an der Luft, als auch unter Wassser volumenbeständig sein.

Diese Eigenschaft wird durch die Darrprobe und Kuchenprobe erhoben.

Zur Darrprobe ist ein Trockenschrank erforderlich, in dem die Temperatur allmählich von der Lufttemperatur bis auf 120° C gesteigert und auf dieser Höhe durch 2 bis 3 Stunden gehalten wird.

Zeigen die Kuchen nach der Behandlung im Trockenschranke Verkrümmungen oder mit Verkrümmungen verbundene, gegen die Ränder hin sich erweiternde Risse von radialer Richtung (Treibrisse), so ist der fragliche Zement als an der Luft nicht volumenbeständig zu bezeichnen.

Die durch die Anwesenheit von zu viel wasserfreiem schwefelsauren Kalk (oder entsprechendem Gehalte an ungebranntem Gips) verursachte Volumenunbeständigkeit (das sogenannte Gipstreiben) wird jedoch durch die Darrprobe nicht angezeigt. Es ist daher jedenfalls noch eine Kuchenprobe unter Wasser, welche einen schädlichen Gehalt an Gips zuverlässig in kurzer Zeit anzeigt, vorzunehmen.

Die Untersuchung bezüglich der Volumenbeständigkeit im Wasser erfolgt mittels eines unter Wasser gelegten Kuchens aus reinem Portland- oder Schlackenzement ohne Sandzusatz (Kuchenprobe).

Zu diesem Zwecke wird der reine Zement mit Wasser zu einem Brei angerührt und auf ebenen Glasplatten zu zwei Kuchen ausgegossen, welche etwa 10 cm Durchmesser haben, in der Mitte etwa 1 cm dick sind und gegen die Ränder hin auslaufen.

Die so erhaltenen Kuchen werden, um die Entstehung von Schwindrissen zu vermeiden, an einem vor Zugluft und Einwirkung der Sonnenstrahlen geschützten Orte, am besten in einem feuchtgehaltenen Kasten, aufbewahrt und nach 24 Stunden, jedenfalls aber erst nach erfolgtem Abbinden, samt den Glasplatten unter Wasser gelegt und daselbst durch mindestens 27 Tage belassen.

Zeigen sich während dieser Zeit an den Kuchen Verkrümmungen oder gegen die Ränder hin sich erweiternde Kantenrisse von mehr oder weniger radialer Richtung, so deutet dies unzweifelhaft auf Treiben des Zementes hin. Bleiben die Kuchen jedoch unverändert, so ist der Zement als unter Wasser volumenbeständig anzusehen.

Bei zu dünn auslaufenden Rändern der Kuchen, welche bei deren Herstellung zu vermeiden sind, können feine Risse auftreten, welche, wenn die Kuchen eben geblieben sind, nicht Treiberscheinungen, sondern lediglich Spannungs- oder Schwindrisse darstellen.

Sowohl Portlandzement als auch Schlackenzement soll so fein als möglich gemahlen sein.

Die Feinheit der Mahlung ist mittels eines Siebes von 4900 Maschen auf 1 cm^2 und 0,05 mm Drahtstärke und eines solchen von 900 Maschen auf 1 cm^2 und 0,10 mm Drahtstärke zu prüfen.

Der Siebrückstand darf nur auf dem 4900-Maschensieb nicht mehr als 30% und auf dem 900-Maschensieb nicht mehr als 5% betragen. Zur Siebprobe sind je 100 g Zement zu verwenden.

Die Bindekraft des Zementes soll durch Prüfung der Festigkeitsverhältnisse an einer Mischung desselben mit Sand ermittelt werden.

Als normale Mischung gilt das Gemenge von einem Gewichtsteil Portland- oder Schlackenzement mit drei Gewichtsteilen Normalsand. Der Normalsand wird dadurch gewonnen, daß man möglichst reinen, in der Natur vorkommenden Quarzsand wäscht, trocknet und mittels eines Siebes von 64 Maschen auf 1 cm² und 0,4 mm Drahtstärke die gröbsten Teile ausscheidet und sodann mittels eines Siebes von 144 Maschen auf 1 cm² und 0,3 mm Drahtstärke die feinsten Teile entfernt. Der Rückstand auf letzterem Siebe ist der Normalsand.

Die Prüfung soll auf Druck- und Zugfestigkeit nach einheitlicher Methode an Probekörpern von gleicher Gestalt und gleichem Querschnitte und mit richtig konstruierten Apparaten geschehen.

Die Zerreißproben sind an Probekörpern, welche an der Bruchfläche 5 cm² Querschnitt (2,25 cm Länge und 2,22 cm Breite) besitzen, die Druckproben an Würfeln von 50 cm² Fläche vorzunehmen. Über die Behandlung der Probekörper geben die angeführten Bestimmungen genauen Aufschluß.

Die maßgebende, wertbestimmende Probe ist die Druckprobe nach 28tägiger Erhärtungsdauer; als Kontrolle für die Gleichmäßigkeit der gelieferten Ware dient die Zugprobe nach 7- und 28tägiger Erhärtungsdauer.

In Normalmörtelmischung sollen Portland- oder Schlackenzemente nach 7 Tagen Erhärtung (die ersten 24 Stunden an der Luft, die folgenden 6 Tage unter Wasser) oder nach 28 Tagen Erhärtung (die ersten 24 Stunden an der Luft, dann 27 Tage unter Wasser) die nachstehenden Festigkeiten mindestens haben:

Art	Erhärtungsdauer in Tagen	Zug-	Druck-
		Festigkeit in kg/cm²	
Langsam und mittel bindende Portlandzemente	7	12	150
	28	22	250
Langsam und mittel bindende Schlackenzemente	7	12	—
	28	18	180
Rasch bindende Schlackenzemente	7	8	—
	28	12	120
Langsam und mittel bindende Portlandzemente, wenn die Probekörper die ersten 24 Stunden an der Luft, dann sechs Tage unter Wasser, weitere 21 Tage an der Luft liegen	28	25	300

Die ermittelten Zug- und Druckfestigkeiten geben nur Vergleichswerte für die Kraftentfaltung der verschiedenen Portland- und Schlackenzemente, welche Werte überdies nicht für sich allein, sondern nur unter entsprechender Würdigung aller übrigen Ergebnisse der Prüfung zur Gütebeurteilung benützt werden dürfen.

5. Gipsmörtel

Im Bauwesen wird meist der hochgebrannte Gips (Estrich- oder Mauergips) verwendet. Brenntemperatur 500—600° C. Mörtel ohne Sandzusatz erhärtet schnell auch unter Wasser und haftet gut an den Steinen. Spezifisches Gewicht: lose geschüttet 1000—1200 kg/m³, abgebunden 2800—2900 kg/m³. Nach längerem Lagern an der Luft verliert Gips an Bindekraft. Der Gips wird vorwiegend für Innenarbeiten im Hochbau verwendet.

1. **Gipsmörtel.** Gips und Wasser (ohne Sandzusatz). Zu einem m³ dickflüssigen Mörtel sind 1800 kg Gips und 800 l Wasser notwendig. Die Festigkeit nach 28 Tagen beträgt: $\sigma_d = 80$ kg/cm², $\sigma_z = 20$ kg/cm² und steigt mit der Zeit noch bedeutend an. Um den Gipsmörtel fester zu erhalten mischt man Leim bei, er ist dann polierfähig. Gipsmarmor. Verwendung für Wandverkleidungen, für Ornamente usw.

2. **Kalkgipsmörtel.** Mischung von Gips, Kalk, Sand und Wasser. Man verwendet als Mauermörtel ein Gemenge von 1 *R.-T.* Gips, $^1/_3$ *R.-T.* Kalk und 4—5 *R.-T.* Sand. Zu Wand- und Deckenputz 1 *R.-T.* Gips, 3 *R.-T.* Kalk und 1—2 *R.-T.* Sand. Stukkaturmörtel, grob: 0,7 Weißkalkmörtel 1 : 2+0,3 Gipsmörtel; fein: 0,6 Weißkalkmörtel 1 : 1 + 0,4 Gipsmörtel.

B. Asphalt

Der Asphalt findet sich in der Natur hauptsächlich als Asphaltstein, d. i. ein mit Bitumen getränkter Kalk, Ton oder Mergel. Beim Erhitzen auf etwa 50° zerfällt er in Pulver, das, warm gestampft, wieder zu festem Gestein zusammenbackt. Durch Auskochen oder Ausschmelzen kann aus dem Asphaltstein das Bitumen gewonnen werden. Dieses wird weiters verarbeitet zu:

Goudron. Das gereinigte, durch Ausschmelzung aus dem Asphaltstein gewonnene Bitumen heißt Goudron (Asphaltteer). Schmelztemperatur 40^0—50^0 C. Auch eine Mischung von Trinidadasphalt mit $25\,^0/_0$ Petroleumrückständen wird als Goudron bezeichnet.

Asphaltmastix. Goudron wird auf 180^0 erhitzt und zerkleinerter Asphaltstein zugesetzt. Die geschmolzene Masse wird in 25—30 kg schwere Brote abgegossen. Gehalt an Goudron etwa $20\,^0/_0$.

Spezifisches Gewicht: Reiner Asphalt 1100 kg/m³, Goudron 1300 kg/m³, Asphaltmastix 2300 kg/m³. Asphaltstein 2150 kg/m³, Zugfestigkeit von Asphalt 25—35 kg/cm², Druckfestigkeit 50—150 kg/cm².

Anwendung des Asphaltes:

Stampfasphalt. Der gepulverte und gesiebte Asphaltstein wird auf 120^0 erhitzt, auf der Betonunterlage aufgebracht und heiß gewalzt, wodurch eine wasserundurchlässige Oberschicht gebildet wird (Straßenpflaster).

Gußasphalt. (Für Fußwege.) Man schmilzt Asphaltmastix mit 3—$5\,^0/_0$ Goudron (160^0—170^0 C), setzt reinen lehm- und sandfreien Kies von etwa Erbsengröße zu (40—$50\,^0/_0$), gießt die dickflüssige Masse auf der Unterlage aus und glättet sie. Gußasphalt wird ohne Kiesbeigabe auch zum Vergießen der Fugen bei Würfelpflaster bzw. Holzstöckelpflaster verwendet.

Asphaltplatten. Aus gepulvertem Asphaltstein gepreßte Platten von 25 cm Seitenlänge. Vor dem Verlegen werden sie, des besseren Anschmiegens wegen, erwärmt und die Fugen mit Asphaltmastix ausgegossen.

Asphaltfilzplatten. Mit Asphalt getränkter Filz, 5 und 7 mm stark, als Isoliermittel häufig verwendet; die Oberfläche ist durch feinkörnigen Kies geschützt. Da Asphaltfilz nicht vollkommen wasserdicht ist, empfiehlt sich noch ein Anstrich mit Asphalt. Kommt in 80 cm breiten Rollen in den Handel. Stöße brauchen nicht geklebt werden.

C. Glas

Im Bauwesen kommen in Betracht: Geblasenes und gegossenes Rohglas, Drahtglas, Glasbausteine, Luxfergläser. Bauglas hat ein spezifisches Gewicht von 2600 kg/m³ i. M., eine Wärmedehnungszahl $\alpha_t = 0{,}0000086$. Elastizitätsmodul $E = 750$ t/cm² i. M.

Geblasenes Rohglas. Kommt in Tafeln von 1,65 m Länge und 1,02 m Breite in den Handel. Man erhält das Glas in folgenden Stärken:

7/8	Glas	1,5 mm	dick,	wiegt	3,6 kg/m²
4/4	,,	2,0	,,	,,	5,0 ,,
5/4	,,	2,5	,,	,,	6,0 ,,
6/4	,,	3,0	,,	,,	7,5 ,,
8/4	,,	4,0	,,	,,	10,0 ,,

Die Biegungsfestigkeit beträgt $\sigma_b = 375$ kg/cm². Verwendet wird als gewöhnliches Fensterglas nur 2—$2^1/_2$ mm starkes 3/4 weißes Glas. Für bessere Räume auch weißes Glas, sogenanntes Solinglas, in 2—3 mm Stärke.

Gegossenes Rohglas. Wird durch Gießen auf polierte Metallplatten gewonnen. Stärken 4—30 mm, Tafelgrößen bis 16 m². Das Rohglas wird als Riffelglas zu Dachdeckungen, Oberlichtverglasungen in 4—6 mm Stärke verwendet. Rillen nach innen verlegen, da die Gußoberfläche widerstandsfähiger. Weitere Anwendung zu Fußbodenplatten, mit Rillen oder Rauten versehen, 20—26 mm stark. Kathedralglas ist ein Gußrohglas mit unregelmäßiger, unebener Oberfläche in 2—3 mm Stärke, das wenig durchsichtig ist, ohne aber matt zu sein. Spiegelglas ist ein auf beiden Seiten geschliffenes Gußglas. Gewöhnliche Maße 3 × 5 m. Größte Breite 5 m, größte Länge 8 m.

Die Festigkeit von Gußglas nimmt mit zunehmender Stärke ab.

$\delta =$	6	7	8	10	12	15	20	25 mm
$\sigma_b =$	330	300	280	240	215	200	200	200 kg/cm²

Zulässige Beanspruchung etwa $^1/_3\ \sigma_b$

Drahtglas. Gegossenes Rohglas mit eingegossenem viereck-maschigem Drahtgitter. Hiedurch wird die Festigkeit des Glases nennenswert erhöht. $\sigma_b = 500$ kg/cm². Drahtglas ist feuersicher, da die im Feuer gesprungene Glastafel durch den Draht genügend zusammengehalten wird, so daß Flammen nicht durchdringen können. Wird gewöhnlich in Stärken von 6—8 mm für Dachverglasungen (Oberlichten) verwendet. Breiten bis 1 m, Längen bis 4 m. Spezifisches Gewicht 2800 kg/m³.

Glasbausteine. Hohlkörper mit vollständig geschlossener Oberfläche. Sie werden durch Blasen hergestellt. Für Fenster, Wände, Decken in Verwendung. Da sie Luft enthalten, bilden sie auch guten Wärmeschutz. Sie werden mit Hilfe eines aus 1 Portlandzement + $^1/_5$ Weißkalk + 3 Sand gebildeten Mörtels versetzt.

Luxfergläser. Kommen als Prismen 10×10 cm groß und 4—8 mm stark oder als Luxfergläser 80 cm breit, 1,80 m groß in den Handel. Sie sind auf einer Seite glatt, auf der anderen Seite mit parallelen Rillen von sägezahnartigem Querschnitt versehen. Diese dreiseitigen Prismen brechen die auffallenden Lichtstrahlen derart, daß diese tiefer in den Raum geleitet werden. Luxferprismen und Luxfergläser sind sehr teuer.

D. Dachpappe und Dachpappenanstriche

Teer- und Asphaltpappe. Die Dachpappe wird aus Pappe durch Tränken mit kochendem Steinkohlenteer erzeugt, Teerdachpappe. Wird dem Teer noch Asphalt zugesetzt, dann erhält man die Asphaltdachpappe. Die Oberfläche ist gesandet. Im Querschnitt muß Dachpappe vollständig von Teer durchdrungen, sie muß zäh und biegsam sein. Man erhält Dachpappe in Rollen von 1 m Breite und 10—20 m Länge. Gebräuchliche Stärken:

Nr.	80	90	100	120	150	200
Dicke in mm ... ca.	2,0	1,8	1,6	1,4	1,0	0,6
Gewicht für 1 m².	2,9	2,6	2,4	2,2	1,9	1,6 kg

Die Gewichte gelten einschließlich der feinen Besandung.

Zum Anstrich von Dachpappdächern (Teer- und Asphaltpappe) verwendet man ein Gemisch aus 4 Teilen Teer und 1 Teil Staubkalk, manchmal auch unter Zusatz von $^1/_8$ Teil Asphalt. Verwendung der Teer- und Asphaltdachpappe für Dacheindeckungen, als Unterlage für Schiefer- und Eternitdeckungen, zur Isolierung des aufgehenden Mauerwerkes gegen Grundfeuchtigkeit usw.

Ruberoid. Ein der Dachpappe ähnliches Material, das aber frei von Teer und Asphalt ist. Tränkungsmittel unbekannt. Sehr elastisch, mit glänzender hellgrauer Oberfläche, Zugfestigkeit größer als bei Teer- oder Asphaltpappe. Ruberoid benötigt bei Dachdeckungen keinen Anstrich. In Rollen von 1 m Breite und 20 m Länge erhältlich. Gebräuchliche Stärken

Nr.	I	II	III
Dicke in mm ..... ca.	0,7	1,0	1,3
Gewicht für 1 m² ..	1,3	1,65	1,9 kg

Holzzement. Es besteht aus 60 Teilen Teer, 15 Teilen Asphalt, 25 Teilen Schwefel und bildet eine braunschwarze stark klebende Masse. Verwendung bei den sogenannten Holzzementdächern.

E. Metalle

1. Zink

Ein sehr dauerhafter, für Dachdeckungen, Rinnen und Abdeckungen besonders geeigneter Baustoff. In feuchter Luft bildet sich eine dünne, festhaftende Schicht von Zinkoxyd, die nach 25 Jahren 0,02 mm stark wird. Spezifisches Gewicht von Zinkblech 7,2. Elastizitätsmodul $E = 150000$ kg/cm². Wärmedehnungszahl $\alpha_t = 0{,}000030$. Zinkblech weist eine Druckfestigkeit von $\sigma_d = 1000$ kg/cm², eine Zugfestigkeit in der Walzrichtung $\sigma_z = 1300$—1900 kg/cm², senkrecht dazu $\sigma_z = 2500$ kg/cm² auf.

Glattes Zinkblech kommt in Tafeln von

0,65×2,0; 0,8×2,0; 1,0×2,0; 1,0×2,25; 1,0×2,5 m

in den Handel. Größte Breite 1,65 m, Größte Länge 3,0 m. Im Bauwesen werden die Nummern 12—16 der schlesischen Zinkblechlehre verwendet.

Nr.	12	13	14	15	16
Stärke	0,66	0,74	0,82	0,95	1,08 mm
Gewicht.....	4,75	5,33	5,90	6,84	7,78 kg/m²

Man benützt Nr. 12 und 13 zu Dachdeckungen, Eindeckungen von Säumen, Ixen, für Einfassungen und Gesimsabdeckungen; Nr. 13 für Einlaufstutzen, Dachfenster; Nr. 14 für Dachrinnen; Nr. 15 für Kiesleisten von Holzzementdächern.

Zinkwellblech wird wie verzinktes Eisenwellblech als Dachhaut verwendet.

2. Blei

Ein sehr wetterbeständiges Eindeckungsmaterial, das aber wegen seines hohen Preises nur selten in Verwendung kommt. Spezifisches Gewicht 11,4, Wärmedehnungszahl $\alpha_t = 0{,}000028$. Man unterscheidet Weichblei und Hartblei, letzteres mit 5—10% Antimongehalt.

Festigkeitszahlen:

	Zugfestigkeit	Druckfestigkeit	Schubfestigkeit
Weichblei	150	125—300	80 kg/cm²
Hartblei	300	500	120 ,,

Elastizitätsmodul für weiches Blei, $E = 50000$ kg/cm².

Blei wird als gewalztes Blech für Dachdeckungen 1,5—2 mm stark in Tafeln von 0,80—1 m Breite und 10—15 m Länge, weiters als Bleiröhren für Gas- und Wasserleitungen mit nachstehenden Abmessungen verwendet:

	l. Durchmesser	Wandstärke	Rohrlänge
Gasröhren	4— 25 mm	1,5—3 mm	—
Wasserröhren	10— 80 ,,	2,5—2,75 ,,	5—30 m
Abflußröhren	30—150 ,,	2 —7,5 ,,	2— 4 ,,

Gußblei zur Verwendung beim Vergießen von Eisenkonstruktionen in Stein (Geländer u. a.), zum Dichten von Rohrleitungen.

Patent-Bleiisolierungen. Schwache Bleieinlagen zwischen zwei Asphaltfilz-Schutzschichten. In Rollen von 90 cm Breite und 20 m Länge, aber auch breiter erhältlich. Gewicht 6 kg/m². Bleieinlagen verschieden stark.

3. Das Kupfer

Kupfer wird im Bauwesen als Blech, Draht und Rohr verwendet. Wegen seiner Kostspieligkeit zur Dachdeckung nur bei Monumentalbauten in Verwendung.

Für Eindeckungen benützt man 1—1,25 mm starkes Kupferblech. Für Rinnen 0,75 mm stark. Spezifisches Gewicht von Kupferblech 8,9—9,0, Wärmedehnungszahl $\alpha_t = 0{,}000017$. Elastizitätsmodul $E = 1\,200\,000$ kg/cm², Elastizitätsgrenze $\sigma_E = 1200$ kg/cm², Zugfestigkeit $\sigma_z = 2500$ kg/cm², Druckfestigkeit $\sigma_d = 4000$ kg/cm².

Gangbare Blechgrößen: Breite 0,75—1,0 m, Länge 1,5—2 m. Größte Breite 2,5 m, größte Länge 6,0 m.

Kupferdraht für Leitungen: Zugfestigkeit $\sigma_z = 4700$—5500 kg/cm².

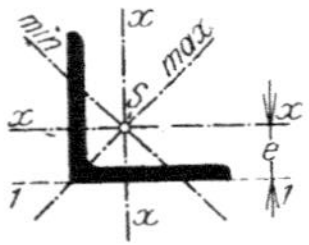

III. Anhang

Walzeisentabellen

A. Gleichschenkelige Winkeleisen

Profil		Gewicht	Querschnittsfläche	Lage des Schwerpunktes e	Trägheitsmoment cm^4				Trägheitsradius cm		
mm		kg/m	cm^2	cm	J_1	J_x	J_{max}	J_{min}	i_x	i_{max}	i_{min}
30 × 30	3	**1,34**	1,71	0,8605	2,72	1,46	2,32	0,59	0,92	1,17	0,59
	4	**1,76**	2,24	0,8964	3,66	1,86	2,94	0,77	0,91	1,15	0,59
	5	**2,16**	2,75	0,9318	4,60	2,22	3,49	0,94	0,90	1,13	0,58
35 × 35	4	**2,07**	2,64	1,0220	5,78	3,03	4,81	1,24	1,07	1,35	0,69
	5	**2,55**	3,25	1,0577	7,27	3,64	5,76	1,51	1,06	1,33	0,68
	6	**3,01**	3,84	1,0930	8,78	4,20	6,61	1,78	1,05	1,31	0,68
40 × 40	4	**2,39**	3,04	1,1474	8,61	4,61	7,34	1,88	1,23	1,55	0,79
	5	**2,94**	3,75	1,1833	10,81	5,56	8,83	2,29	1,22	1,53	0,78
	6	**3,49**	4,44	1,2189	13,04	6,45	10,20	2,70	1,21	1,52	0,78
45 × 45	5	**3,34**	4,25	1,3088	15,35	8,07	12,84	3,31	1,38	1,74	0,88
	6	**3,96**	5,04	1,3446	18,51	9,39	14,89	3,89	1,37	1,72	0,88
	7	**4,56**	5,81	1,3801	21,70	10,63	16,80	4,47	1,35	1,70	0,88
50 × 50	5	**3,73**	4,75	1,4342	21,02	11,25	17,91	4,59	1,54	1,94	0,98
	6	**4,43**	5,64	1,4702	25,32	13,13	20,85	5,40	1,53	1,92	0,98
	7	**5,11**	6,51	1,5059	29,66	14,90	23,59	6,20	1,51	1,90	0,98
	8	**5,78**	7,36	1,5413	34,05	16,57	26,15	6,98	1,50	1,88	0,97

55×55	6	**4,90**	6,24	1,5957	33,63	17,74	28,22	7,26	1,69	2,13	1,08
	7	**5,66**	7,21	1,6316	39,37	20,18	32,02	8,34	1,67	2,11	1,08
	8	**6,41**	8,16	1,6672	45,17	22,49	35,59	9,39	1,66	2,09	1,07
60×60	6	**5,37**	6,84	1,7211	43,59	23,33	37,14	9,52	1,85	2,33	1,18
	7	**6,21**	7,91	1,7571	51,01	26,59	42,25	10,92	1,83	2,31	1,18
	8	**7,03**	8,96	1,7929	58,49	29,69	47,07	12,30	1,82	2,29	1,17
	10	**8,64**	11,00	1,8636	73,67	35,46	55,92	15,01	1,80	2,25	1,17
65×65	6	**5,84**	7,44	1,8464	55,35	29,99	47,78	12,20	2,01	2,53	1,28
	7	**6,76**	8,61	1,8825	64,74	34,23	54,45	14,01	1,99	2,51	1,28
	8	**7,66**	9,76	1,9184	74,21	38,29	60,79	15,78	1,98	2,50	1,27
	10	**9,42**	12,00	1,9896	93,38	45,87	72,50	19,25	1,96	2,46	1,27
70×70	7	**7,31**	9,31	2,0079	80,75	43,22	68,81	17,63	2,15	2,72	1,38
	8	**8,29**	10,56	2,0439	92,52	48,41	76,95	19,87	2,14	2,70	1,37
	9	**9,26**	11,79	2,0798	104,38	53,39	84,70	22,07	2,13	2,68	1,37
	10	**10,21**	13,00	2,1154	116,33	58,16	92,08	24,24	2,12	2,66	1,37
75×75	7	**7,86**	10,01	2,1332	99,21	53,66	85,49	21,83	2,32	2,92	1,48
	8	**8,92**	11,36	2,1694	113,64	60,18	95,75	24,62	2,30	2,90	1,47
	9	**9,96**	12,69	2,2053	128,17	66,45	105,55	27,35	2,29	2,88	1,47
	10	**10,99**	14,00	2,2411	142,79	72,48	114,92	30,04	2,28	2,86	1,46
	11	**12,00**	15,29	2,2766	157,53	78,28	123,86	32,70	2,26	2,85	1,46
80×80	8	**9,55**	12,16	2,2947	137,76	73,73	117,38	30,08	2,46	3,11	1,57
	9	**10,67**	13,59	2,3308	155,33	81,50	129,57	33,42	2,45	3,09	1,57
	10	**11,78**	15,00	2,3667	173,00	88,98	141,25	36,72	2,44	3,07	1,56
	11	**12,87**	16,39	2,4023	190,79	96,20	152,44	39,97	2,42,	3,05	1,56
	12	**13,94**	17,76	2,4378	208,72	103,17	163,16	43,18	2,41	3,03	1,56

Profil		Gewicht	Querschnittsfläche	Lage des Schwerpunktes e	Trägheitsmoment cm⁴				Trägheitsradius cm		
mm		kg/m	cm²	cm	J_1	J_x	J_{max}	J_{min}	i_x	i_{max}	i_{min}
85×85	8	**10,17**	12,96	2,4201	165,08	89,18	142,06	36,29	2,62	3,31	1,67
	9	**11,37**	14,49	2,4562	186,08	98,67	156,99	40,35	2,61	3,29	1,67
	10	**12,56**	16,00	2,4922	207,21	107,83	171,33	44,33	2,60	3,27	1,66
	12	**14,88**	18,96	2,5636	249,85	125,25	198,35	52,14	2,57	3,23	1,66
90×90	9	**12,08**	15,39	2,5816	220,67	118,10	188,03	48,17	2,77	3,50	1,77
	10	**13,35**	17,00	2,6176	245,67	129,18	205,42	52,95	2,76	3,48	1,76
	11	**14,59**	18,59	2,6536	270,80	139,91	222,17	57,65	2,74	3,46	1,76
	12	**15,83**	20,16	2,6893	296,09	150,29	238,29	62,29	2,73	3,44	1,76
	13	**17,04**	21,71	2,7249	321,54	160,35	253,81	66,88	2,72	3,42	1,76
100×100	9	**13,49**	17,19	2,8322	302,21	164,32	261,88	66,77	3,09	3,90	1,97
	10	**14,92**	19,00	2,8684	336,33	180,00	286,58	73,43	3,08	3,88	1,97
	11	**16,32**	20,79	2,9045	370,62	195,23	310,48	79,98	3,06	3,86	1,96
	12	**17,71**	22,56	2,9404	405,07	210,01	333,59	86,44	3,05	3,85	1,96
	13	**19,08**	24,31	2,9762	439,70	224,37	355,92	92,83	3,04	3,83	1,95
	14	**20,44**	26,04	3,0118	474,53	238,32	377,49	99,15	3,03	3,81	1,95
	15	**21,78**	27,75	3,0473	509,56	251,88	398,33	105,43	3,01	3,79	1,95
110×110	10	**16,49**	21,00	3,1190	447,00	242,70	386,75	98,65	3,40	4,29	2,17
	11	**18,05**	22,99	3,1553	492,43	263,54	419,59	107,50	3,39	4,27	2,16
	12	**19,59**	24,96	3,1913	538,04	283,83	451,44	116,23	3,37	4,25	2,16
	13	**21,12**	26,91	3,2273	583,87	303,59	482,34	124,84	3,36	4,23	2,15
	14	**22,64**	28,84	3,2631	629,91	322,83	512,29	133,36	3,35	4,21	2,15
	15	**24,14**	30,75	3,2988	676,19	341,58	541,33	141,83	3,33	4,20	2,15

120 × 120	11	**19,77**	25,19	3,4059	638,44	346,23	551,68	140,78	3,71	4,68	2,36
	12	**21,48**	27,36	3,4421	697,42	373,26	594,26	152,25	3,69	4,66	2,36
	13	**23,17**	29,51	3,4782	756,64	399,63	635,67	163,59	3,68	4,64	2,35
	14	**24,84**	31,64	3,5142	816,10	425,36	675,94	174,79	3,67	4,62	2,35
	15	**26,50**	33,75	3,5500	875,81	450,48	715,08	185,88	3,65	4,60	2,35
	16	**28,13**	35,84	3,5857	935,80	474,99	753,12	196,87	3,64	4,58	2,34
130 × 130	12	**23,36**	29,76	3,6927	885,60	479,78	764,44	195,12	4,02	5,07	2,56
	13	**25,21**	32,11	3,7289	960,60	514,11	818,51	209,71	4,00	5,05	2,56
	14	**27,03**	34,44	3,7650	1035,88	547,67	871,22	224,13	3,99	5,03	2,55
	15	**28,85**	36,75	3,8010	1111,44	580,48	922,58	238,39	3,97	5,01	2,55
	16	**30,65**	39,04	3,8369	1187,30	612,56	972,62	252,51	3,96	4,99	2,54
	18	**34,19**	43,56	3,9083	1339,97	674,61	1068,82	280,41	3,94	4,95	2,54
140 × 140	13	**27,25**	34,71	3,9796	1198,37	648,66	1033,46	264,86	4,32	5,46	2,76
	14	**29,23**	37,24	4,0158	1292,06	691,50	1100,94	282,07	4,31	5,44	2,75
	16	**33,16**	42,24	4,0879	1480,40	774,53	1231,66	317,91	4,28	5,40	2,74
	18	**37,02**	47,16	4,1595	1670,12	854,16	1355,22	353,11	4,26	5,36	2,74
150 × 150	14	**31,43**	40,04	4,2664	1587,44	858,61	1367,90	349,33	4,63	5,84	2,95
	15	**33,56**	42,75	4,3026	1702,69	911,27	1450,83	371,72	4,62	5,83	2,95
	16	**35,67**	45,44	4,3387	1818,30	962,91	1531,93	393,88	4,60	5,81	2,94
	18	**39,85**	50,76	4,4106	2050,66	1063,19	1688,79	437,59	4,58	5,77	2,94
	20	**43,96**	56,00	4,4821	2284,67	1159,65	1838,67	480,63	4,55	5,73	2,93
160 × 160	14	**33,63**	42,84	4,5170	1924,82	1050,75	1674,90	426,59	4,95	6,25	3,16
	15	**35,91**	45,75	4,5533	2064,31	1115,81	1777,58	454,04	4,94	6,23	3,15
	16	**38,18**	48,64	4,5895	2204,19	1179,68	1878,15	481,20	4,92	6,21	3,15
	18	**42,67**	54,36	4,6616	2485,20	1303,94	2073,11	534,77	4,90	6,18	3,14
	20	**47,10**	60,00	4,7333	2768,00	1423,73	2260,00	587,47	4,87	6,14	3,13

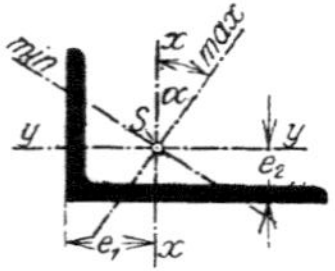

B. Ungleichschenkelige Winkeleisen

Profil mm		Gewicht kg/m	Querschnittsfläche cm²	Lage des Schwerpunktes e_1 cm	e_2 cm	Lage der Hauptachse tg α	Trägheitsmoment cm⁴ J_1	J_2	J_x	J_y	J_{max}	J_{min}	Trägheitsradius cm i_x	i_y	i_{max}	i_{min}
30×45	4	**2,23**	2,84	1,4993	0,7493	0,4389	12,21	3,69	5,82	2,09	6,71	1,20	1,43	0,86	1,54	0,65
	5	**2,75**	3,50	1,5357	0,7857	0,4325	15,29	4,67	7,04	2,51	8,08	1,46	1,42	0,85	1,52	0,65
	6	**3,25**	4,14	1,5717	0,8217	0,4256	18,40	5,68	8,17	2,89	9,34	1,72	1,40	0,83	1,50	0,64
40×60	5	**3,73**	4,75	1,9868	0,9868	0,4404	36,14	10,89	17,40	6,27	20,07	3,59	1,91	1,15	2,06	0,87
	6	**4,43**	5,64	2,0234	1,0234	0,4358	43,44	13,19	20,35	7,28	23,42	4,22	1,90	1,14	2,04	0,86
	7	**5,11**	6,51	2,0597	1,0597	0,4308	50,78	15,54	23,16	8,23	26,56	4,83	1,89	1,12	2,02	0,86
45×60	5	**3,93**	5,00	1,9000	1,1500	0,5533	36,17	15,42	18,12	8,80	22,23	4,70	1,90	1,33	2,11	0,97
	6	**4,66**	5,94	1,9364	1,1864	0,5492	43,48	18,61	21,21	10,25	25,94	5,52	1,89	1,31	2,09	0,96
	7	**5,38**	6,86	1,9725	1,2225	0,5449	50,84	21,87	24,15	11,62	29,44	6,33	1,88	1,30	2,07	0,96
	8	**6,09**	7,76	2,0082	1,2582	0,5410	58,23	25,19	26,94	12,90	32,73	7,11	1,86	1,29	2,05	0,96
50×65	6	**5,13**	6,54	2,0592	1,3092	0,5798	55,24	25,43	27,51	14,22	34,24	7,48	2,05	1,47	2,29	1,07
	7	**5,93**	7,56	2,0954	1,3454	0,5759	64,57	29,83	31,38	16,15	38,94	8,58	2,04	1,46	2,27	1,07
	8	**6,72**	8,56	2,1313	1,3813	0,5722	73,95	34,31	35,07	17,97	43,39	9,65	2,02	1,45	2,25	1,06
	10	**8,24**	10,50	2,2024	1,4524	0,5637	92,88	43,50	41,94	21,35	51,54	11,75	2,00	1,43	2,22	1,06

Profil		Gewicht	Querschnittsfläche	Lage des Schwerpunktes		Lage der Hauptachse	Trägheitsmoment cm⁴						Trägheitsradius cm			
mm		kg/m	cm²	e_1 cm	e_2 cm	tg α	J_1	J_2	J_x	J_y	J_{max}	J_{min}	i_x	i_y	i_{max}	i_{min}
50×75	6	**5,60**	7,14	2,4744	1,2244	0,4413	84,69	25,50	40,98	14,79	47,31	8,46	2,40	1,44	2,57	1,09
	7	**6,48**	8,26	2,5110	1,2610	0,4377	98,93	29,94	46,85	16,81	53,97	9,69	2,38	1,43	2,56	1,08
	8	**7,35**	9,36	2,5474	1,2974	0,4338	113,22	34,48	52,48	18,72	60,30	10,90	2,37	1,41	2,54	1,08
	10	**9,03**	11,50	2,6196	1,3696	0,4256	141,96	43,83	63,04	22,26	72,06	13,24	2,34	1,39	2,50	1,07
50×100	8	**8,92**	11,36	3,6394	1,1394	0,2642	267,38	34,92	116,91	20,17	125,09	11,80	3,21	1,34	3,31	1,02
	9	**9,96**	12,69	3,6769	1,1769	0,2593	301,00	39,74	129,44	22,16	137,72	14,52	3,20	1,33	3,29	1,01
	10	**10,99**	14,00	3,7143	1,2143	0,2543	334,67	44,67	141,53	24,03	149,44	16,51	3,19	1,31	3,27	1,00
50×125	7	**9,23**	11,76	4,7398	0,9898	0,1841	456,22	30,52	192,02	18,99	198,11	12,91	4,04	1,27	4,10	1,05
	9	**11,73**	14,94	4,8175	1,0675	0,1796	586,93	40,32	240,20	23,30	247,44	16,06	4,01	1,25	4,07	1,04
60×80	7	**7,31**	9,31	2,5455	1,5455	0,5523	120,07	51,23	59,75	29,00	73,24	15,50	2,53	1,76	2,80	1,29
	8	**8,29**	10,56	2,5818	1,5818	0,5492	137,42	58,83	67,03	32,41	81,98	17,45	2,52	1,75	2,79	1,29
	10	**10,21**	13,00	2,6538	1,6538	0,5427	172,33	74,33	80,78	38,78	98,31	21,24	2,49	1,73	2,75	1,28
	12	**12,06**	15,36	2,7250	1,7250	0,5356	207,56	90,32	93,51	44,61	113,17	24,94	2,47	1,70	2,71	1,27
60×90	8	**8,92**	11,36	2,9986	1,4986	0,4389	195,29	59,00	93,14	33,49	107,38	19,25	2,86	1,72	3,07	1,30
	9	**9,96**	12,69	3,0351	1,5351	0,4358	219,94	66,77	103,04	36,86	118,55	21,35	2,85	1,70	3,06	1,30
	10	**10,99**	14,00	3,0714	1,5714	0,4325	244,67	74,67	112,60	40,10	129,28	23,41	2,84	1,69	3,04	1,29
	12	**13,00**	16,56	3,1435	1,6435	0,4256	294,36	90,89	130,73	46,16	149,43	27,46	2,81	1,67	3,00	1,29
70×105	8	**10,50**	13,36	3,4494	1,6994	0,443	309,75	93,12	150,79	54,54	172,07	31,89	3,36	2,02	3,59	1,53
	9	**11,73**	14,94	3,4875	1,7361	0,440	348,77	105,23	167,06	60,20	192,86	34,55	3,34	2,01	3,59	1,52
	10	**12,95**	16,50	3,5227	1,7727	0,437	387,88	117,50	183,12	65,65	210,87	37,93	3,32	1,99	3,58	1,52
	11	**14,17**	18,04	3,5591	1,8091	0,434	427,08	129,94	198,56	70,90	228,27	41,20	3,32	1,98	3,56	1,51
	12	**15,36**	19,56	3,5954	1,8454	0,432	466,39	142,56	213,54	75,95	242,19	44,26	3,30	1,97	3,53	1,50

Profil		Gewicht	Querschnittsfläche	Lage des Schwerpunktes		Lage der Hauptachse	Trägheitsmoment cm⁴						Trägheitsradius cm			
mm		kg/m	cm²	e_1 cm	e_2 cm	tg α	J_1	J_2	J_x	J_y	J_{max}	J_{min}	i_x	i_y	i_{max}	i_{min}
80 × 100	8	**10,80**	13,76	3,0744	2,0744	0,6302	267,90	138,10	137,84	78,89	176,67	40,06	3,16	2,39	3,58	1,71
	9	**12,08**	15,39	3,1108	2,1108	0,6281	301,73	155,81	152,79	87,24	195,51	44,52	3,15	2,38	3,56	1,70
	10	**13,35**	17,00	3,1471	2,1471	0,6260	335,67	173,67	167,30	95,30	213,70	48,90	3,14	2,37	3,55	1,70
	12	**15,83**	20,16	3,2190	2,2190	0,6215	403,92	209,87	195,01	110,60	248,14	57,47	3,11	2,34	3,51	1,69
	14	**18,24**	23,24	3,2904	2,2904	0,6167	472,70	246,80	221,10	124,89	280,14	65,85	3,08	2,32	3,47	1,68
80 × 120	10	**14,92**	19,00	3,9737	1,9737	0,4404	578,33	174,33	278,32	100,32	321,16	57,48	3,83	2,30	4,11	1,74
	12	**17,71**	22,56	4,0468	2,0468	0,4358	695,12	211,02	325,66	116,51	374,68	67,48	3,80	2,27	4,08	1,73
	14	**20,44**	26,04	4,1194	2,1194	0,4308	812,44	248,63	370,56	131,67	425,01	77,22	3,77	2,25	4,04	1,72
90 × 120	10	**15,70**	20,00	3,8000	2,3000	0,5533	578,67	246,67	289,87	140,87	355,59	75,14	3,81	2,65	4,22	1,94
	11	**17,18**	21,89	3,8364	2,3364	0,5515	637,10	272,14	314,92	152,64	385,77	81,79	3,79	2,64	4,20	1,93
	12	**18,65**	23,76	3,8727	2,3727	0,5492	695,69	297,82	339,34	164,06	415,05	88,35	3,78	2,63	4,18	1,93
	13	**20,10**	25,61	3,9089	2,4089	0,5471	754,44	323,74	363,13	175,13	443,45	94,82	3,77	2,61	4,16	1,92
	14	**21,55**	27,44	3,9449	2,4449	0,5449	813,35	349,90	386,32	185,87	470,99	101,21	3,75	2,60	4,14	1,92
	16	**24,37**	31,04	4,0165	2,5165	0,5404	931,70	403,00	430,96	206,43	523,56	113,83	3,73	2,58	4,11	1,91
90 × 130	10	**16,49**	21,00	4,2143	2,2143	0,4750	735,00	247,00	362,04	144,04	425,55	80,52	4,15	2,62	4,50	1,96
	12	**19,59**	24,96	4,2875	2,2875	0,4709	883,29	298,40	424,46	167,79	497,60	94,65	4,12	2,59	4,46	1,95
	14	**22,64**	28,84	4,3602	2,3602	0,4666	1032,22	350,81	483,93	190,16	565,71	108,38	4,10	2,57	4,43	1,94
	16	**25,62**	32,64	4,4324	2,4324	0,4621	1181,84	404,36	540,60	211,26	630,04	121,82	4,07	2,54	4,39	1,93
90 × 135	10	**16,88**	21,50	4,4244	2,1744	0,4429	822,79	247,17	401,92	145,51	464,49	82,94	4,32	2,60	4,65	1,96
	12	**20,06**	25,56	4,4979	2,2479	0,4389	988,64	298,68	471,54	169,53	543,60	97,47	4,30	2,58	4,61	1,95
	14	**23,19**	29,54	4,5709	2,3209	0,4347	1155,13	351,27	537,96	192,15	618,52	111,59	4,27	2,55	4,58	1,94
	16	**26,25**	33,44	4,6433	2,3933	0,4303	1322,30	405,05	601,33	213,51	689,43	125,40	4,24	2,53	4,54	1,94

100 × 140	10	**18,06**	23,00	4,4565	2,4565	0,5057	917,66	337,66	460,87	198,87	550,92	108,83	4,48	2,94	4,89	2,18
	12	**21,48**	27,36	4,5298	2,5298	0,5022	1102,67	407,37	541,26	232,27	645,46	128,07	4,45	2,91	4,86	2,16
	14	**24,84**	31,64	4,6027	2,6027	0,4984	1288,40	478,19	618,12	263,87	735,21	146,78	4,42	2,89	4,82	2,15
	16	**28,13**	35,84	4,6750	2,6750	0,4945	1474,94	550,26	691,63	293,81	820,40	165,04	4,39	2,86	4,78	2,15
100 × 150	10	**18,84**	24,00	4,8750	2,3750	0,4448	1128,00	338,00	557,63	202,63	645,20	115,05	4,82	2,91	5,18	2,19
	12	**22,42**	28,56	4,9487	2,4487	0,4413	1355,07	407,95	655,63	236,69	756,97	135,36	4,79	2,88	5,15	2,18
	14	**25,94**	33,04	5,0220	2,5220	0,4377	1582,87	479,11	749,57	268,95	863,44	155,08	4,76	2,85	5,11	2,17
	16	**29,39**	37,44	5,0949	2,5949	0,4338	1811,47	551,63	839,61	299,53	964,82	174,32	4,74	2,83	5,08	2,16
	18	**32,78**	41,76	5,1672	2,6672	2,4298	2040,94	625,66	925,93	328,57	1061,29	193,22	4,71	2,80	5,04	2,15

C. Belageisen

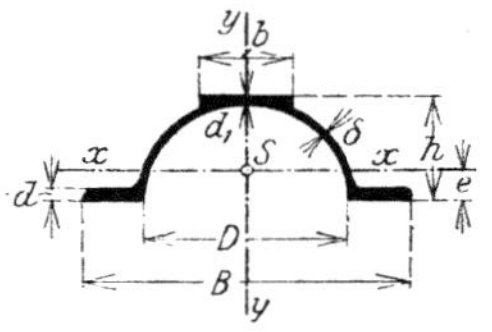

Profil Nr. 11—26

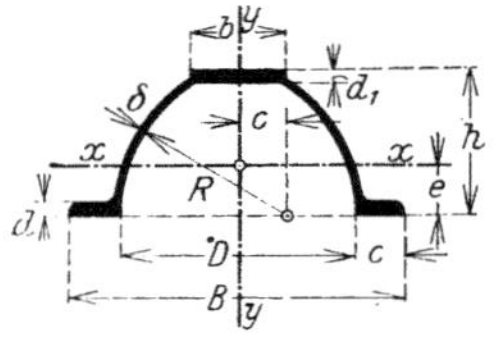

Profil Nr. 26 a

Nr.	B	D	h	b	d	d_1	δ	Gewicht kg/m	Fläche cm²	Schwerpunktlage e cm	Trägheitsmoment J_x cm⁴	Widerstandsmoment W_x cm³
11	110	60	35	42	5	5	4	**5,90**	7,52	1,76	12,29	6,97
16	160	100	55	45	6	5	4	**8,51**	10,84	2,66	45,48	16,01
18	180	112	63	50	7	7	4	**10,91**	13,90	3,08	78,58	24,42
21	210	135	75	60	8,5	7,5	5	**15,17**	19,32	3,70	152,02	39,98
24	240	156	87	69	10	9	5,5	**19,93**	25,39	4,32	270,68	61,81
26	260	170	93	75	11	10	6,0	**23,71**	30,20	4,74	382,78	80,44
26 a	260	170	125	70	10	10	6,0	**24,73**	31,50	6,18	703,54	110,6

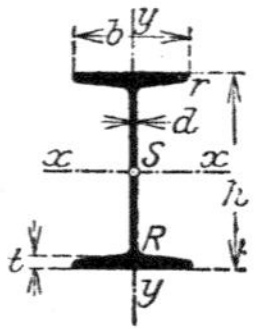

D. I-Eisen, Österreichische Normalprofile

Abrundungsradius zwischen Steg und Flansch $R = 1{,}2\,d$

" am Flanschenrande $r = 0{,}6\,d$

Flanschneigung .... $p\,^0/_0 = 0{,}02\,h + 7$

Profil Nr.	Gewicht kg/m	Abmessungen in mm h	b	d	t	Querschnittsfläche cm²	Trägheitsmoment cm⁴ J_x	J_y	Trägheitsradius cm i_x	i_y	Widerstandsmoment cm³ W_x	W_y
6	**5,43**	60	44	4,0	5,5	6,92	40,5	7,15	2,42	1,02	13,50	3,25
8	**7,13**	80	52	4,0	6,0	9,08	97,13	12,74	3,27	1,18	24,28	4,90
10	**9,75**	100	60	4,5	7,0	12,42	207,93	22,78	4,09	1,35	41,59	7,59
12	**12,78**	120	68	5,0	8,0	16,28	392,69	37,76	4,91	1,52	65,45	11,11
13	**14,66**	130	72	5,5	8,5	18,68	524,00	47,60	5,30	1,60	80,61	13,22
14	**16,13**	140	76	6,0	8,5	20,55	659,55	55,58	5,67	1,64	94,22	14,62
15	**17,73**	150	80	6,0	9,0	22,58	840,34	68,50	6,10	1,74	112,05	17,12
16	**19,96**	160	84	6,5	9,5	25,43	1068,4	83,57	6,48	1,81	133,55	19,90
18	**24,50**	180	90	7,0	11,0	31,21	1662,6	119,69	7,30	1,96	184,73	26,60
18 a	**32,27**	180	135	7,0	11,0	41,11	2363,7	380,65	7,58	3,04	262,64	56,39
20	**29,50**	200	96	8,0	12,0	37,58	2429,25	158,31	8,04	2,05	242,92	32,98
21	**32,18**	210	99	8,5	12,5	40,99	2899,2	180,76	8,41	2,1	276,11	36,52
22	**34,79**	220	102	9,0	13,0	44,55	3434,1	205,50	8,78	2,15	312,19	40,29
22 a	**41,71**	220	135	9,0	13,0	53,13	4346,4	457,77	9,05	2,94	395,13	67,82
23	**37,81**	230	105	9.0	14,0	48,17	4098,8	242,12	9,22	2,24	356,42	46,12
24	**40,82**	240	108	9,5	14,5	52,00	4785,1	272,87	9,59	2,29	398,76	50,53
24 a	**46,97**	240	135	9,5	14,5	59,83	5773,9	517,02	9,82	2,94	481,16	76,60
25	**43,96**	250	111	10,0	15,0	56,00	5556,4	306,24	9,96	2,34	444,51	55,18

26	**47,22**	260	114	10,5	15,5	60,15	6417,3	342,56	10,33	2,39	493,64	60,10
28	**53,93**	280	120	11,0	17,0	68,70	8526,8	439,00	11,14	2,53	609,06	73,17
28 a	**61,94**	280	150	11,0	17,0	78,90	10279	831,16	11,41	3,25	734,19	110,82
30	**61,25**	300	126	12,0	18,0	78,02	11003	537,20	11,88	2,62	733,50	85,27
32	**69,05**	320	132	13,0	19,0	87,96	13982	650,90	12,61	2,72	873,85	98,62
35	**81,36**	350	141	14,0	21,0	103,64	19694	876,85	13,79	2,91	1125,34	124,38
40	**104,30**	400	156	16,0	24,0	132,86	32710	1354,09	15,69	3,19	1635,47	173,60
45	**130,05**	450	171	18,0	27,0	165,67	51283	2000,88	17,59	3,48	2279,29	234,02
50	**158,63**	500	186	20,0	30,0	202,08	76804	2852,19	19,50	3,75	3072,14	306,68

E. Z-Eisen, Österreichische Normalprofile

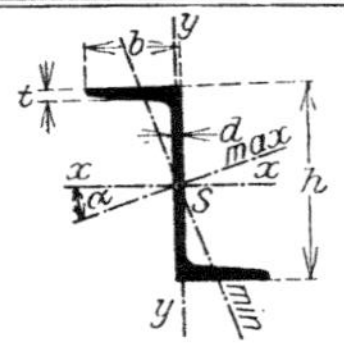

Profil					Gewicht	Fläche	Lage der Hauptachse	Trägheitsmoment cm⁴				Trägheitsradius cm		Widerstandsmoment cm³		
Nr.	h	b	d	t	kg/m	qcm	tg α	J_y	J_x	J_{max}	J_{min}	i_{max}	i_{min}	W_x	W_{max}	W_{min}
6	60	40	5,5	8,0	**6,92**	8,82	0,7121	27,64	47,51	67,95	7,20	2,78	0,90	15,84	14,76	3,00
8	80	45	6,0	9,0	**9,28**	11,82	0,5548	44,58	114,54	145,65	13,47	3,51	1,07	28,64	26,31	6,11
10	100	50	6,5	9,5	**11,59**	14,77	0,4621	64,92	224,02	267,23	21,71	4,25	1,21	44,80	41,11	9,00
12	120	55	7,0	10,5	**14,51**	18,48	0,4100	95,93	403,88	466,10	33,71	5,02	1,35	67,31	62,18	12,22
14	140	60	7,5	11,0	**17,31**	22,05	0,3695	130,97	653,17	735,76	48,38	5,78	1,48	93,31	86,39	15,60
16	160	65	8,0	12,0	**20,79**	26,48	0,3445	182,22	1023,8	1137,2	68,87	6,55	1,61	128,0	119,1	20,11
18	180	70	8,5	12,5	**24,08**	30,68	0,3217	237,73	1493,5	1638,5	92,73	7,31	1,74	166,0	154,9	24,71
20	200	75	9,0	13,5	**28,12**	35,82	0,3074	316,50	2152,3	2343,8	124,96	8,09	1,87	215,2	201,5	30,75

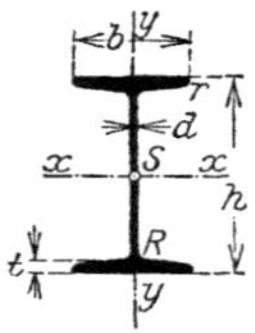

F. I-Eisen, Deutsche Normalprofile

Abrundungshalbmesser: $R = d$; $r = 0{,}6\,d$.

Profil	Abmessungen mm				Gewicht	Querschnitt	Trägheitsmoment cm⁴		Trägheitshalbmesser cm		Widerstandsmoment cm³	
Nr.	h	b	d	t	kg/m	qcm	J_x	J_y	i_x	i_y	W_x	W_y
8	80	42	3,9	5,9	**5,95**	7,58	77,8	6,29	3,20	0,91	19,5	3,00
9	90	46	4,2	6,3	**7,07**	9,00	117	8,78	3,61	1,00	26,0	3,82
10	100	50	4,5	6,8	**8,32**	10,6	171	12,2	4,01	1,07	34,2	4,88
11	110	54	4,8	7,2	**9,66**	12,3	239	16,2	4,41	1,15	43,5	6,00
12	120	58	5,1	7,7	**11,15**	14,2	328	21,5	4,81	1,23	54,7	7,41
13	130	62	5,4	8,1	**12,64**	16,1	436	27,5	5,20	1,31	67,1	8,87
14	140	66	5,7	8,6	**14,37**	18,3	573	35,2	5,61	1,40	81,9	10,7
15	150	70	6,0	9,0	**16,01**	20,4	735	43,9	6,00	1,47	98,0	12,5
16	160	74	6,3	9,5	**17,90**	22,8	935	54,7	6,40	1,55	117	14,8
17	170	78	6,6	9,9	**19,78**	25,2	1166	66,6	6,80	1,63	137	17,1
18	180	82	6,9	10,4	**21,90**	27,9	1446	81,3	7,20	1,71	161	19,8
19	190	86	7,2	10,8	**24,02**	30,6	1763	97,4	7,60	1,80	186	22,7
20	200	90	7,5	11,3	**26,30**	33,5	2142	117	8,00	1,87	214	26,0
21	210	94	7,8	11,7	**28,57**	36,4	2563	138	8,40	1,95	244	29,4
22	220	98	8,1	12,2	**31,09**	39,6	3060	162	8,80	2,02	278	33,1

Profil	Abmessungen mm				Gewicht	Querschnitt	Trägheitsmoment cm^4		Trägheitshalbmesser cm		Widerstandsmoment cm^3	
Nr.	h	b	d	t	kg/m	qcm	J_x	J_y	i_x	i_y	W_x	W_y
23	230	102	8,4	12,6	**33,52**	42,7	3607	189	9,21	2,10	314	37,1
24	240	106	8,7	13,1	**36,19**	46,1	4246	221	9,59	2,20	354	41,7
25	250	110	9,0	13,6	**39,01**	49,7	4966	256	10,00	2,27	397	46,5
26	260	113	9,4	14,1	**41,92**	53,4	5744	288	10,38	2,32	442	51,0
27	270	116	9,7	14,7	**44,90**	57,2	6626	326	10,77	2,40	491	56,2
28	280	119	10,1	15,2	**47,96**	61,1	7587	364	11,14	2,45	542	61,2
29	290	122	10,4	15,7	**50,95**	64,9	8636	406	11,55	2,50	596	66,6
30	300	125	10,8	16,2	**54,24**	69,1	9800	451	11,91	2,56	653	72,2
32	320	131	11,5	17,3	**61,07**	77,8	12510	555	12,70	2,67	782	84,7
34	340	137	12,2	18,3	**68,14**	86,8	15695	674	13,45	2,80	923	98,4
36	360	143	13,0	19,5	**76,22**	97,1	19605	818	14,21	2,90	1089	114
38	380	149	13,7	20,5	**84,00**	107,0	24012	975	15,00	3,02	1264	131
40	400	155	14,4	21,6	**92,63**	118,0	29213	1158	15,73	3,13	1461	149
42 1/2	425	163	15,3	23,0	**103,62**	132,0	36973	1437	16,73	3,30	1740	176
45	450	170	16,2	24,3	**115,40**	147,0	45852	1725	17,65	3,43	2037	203
47 1/2	475	178	17,1	25,6	**127,96**	163,0	56481	2088	18,60	3,60	2378	235
50	500	185	18,0	27,0	**141,30**	180,0	68738	2478	19,60	3,72	2750	268
55	550	200	19,8	30,0	**167,21**	213,0	99184	3488	21,42	4,02	3607	349
60	600	215	21,6	32,4	**199,40**	254,0	138957	4668	23,40	4,30	4632	434

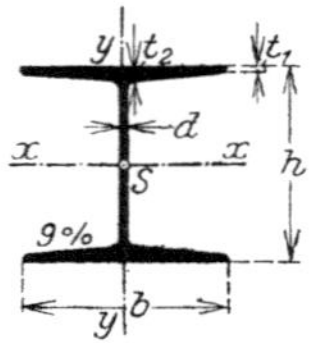

G. I-Eisen, Differdinger Träger

Abrundungshalbmesser $R = d$

Profil	Abmessungen mm					Gewicht	Quer-schnitt	Trägheitsmoment cm^4		Trägheits-halbmesser cm		Widerstands-moment cm^3	
Nr.	h	b	t_1	t_2	d	kg/m	qcm	J_x	J_y	i_x	i_y	W_x	W_y
18 B	180	180	9,0	16,72	8,5	**47,0**	59,9	3512	1073	7,66	4,23	390	119
20 B	200	200	9,5	18,12	8,5	**55,3**	70,4	5171	1568	8,57	4,72	517	157
22 B	220	220	10,0	19,5	9,0	**64,8**	82,6	7379	2216	9,45	5,18	671	201
24 B	240	240	10,5	20,85	10,0	**76,0**	96,8	10260	3043	10,30	5,61	855	254
25 B	250	250	10,9	21,7	10,5	**82,5**	105,1	12066	3575	10,71	5,83	965	286
26 B	260	260	11,7	22,9	11,0	**90,7**	115,6	14352	4261	11,14	6,07	1104	328
27 B	270	270	11,95	23,6	11,25	**96,7**	123,2	16529	4920	11,58	6,32	1224	365
28 B	280	280	12,35	24,4	11,5	**103,4**	131,8	19052	5671	12,02	6,56	1361	405
29 B	290	290	12,7	25,2	12,0	**110,8**	141,1	21866	6417	12,45	6,74	1508	443
30 B	300	300	13,25	26,25	12,5	**119,4**	152,1	25201	7494	12,88	7,02	1680	500
32 B	320	300	14,1	27,0	13,0	**126,2**	160,7	30119	7867	13,69	7,00	1882	524
34 B	340	300	14,6	27,5	13,4	**131,4**	167,4	35241	8097	14,51	6,95	2073	540
36 B	360	300	16,15	29,0	14,2	**142,5**	181,5	42479	8793	15,30	6,96	2360	586
38 B	380	300	17,0	29,8	14,8	**150,1**	191,2	49496	9175	16,09	6,93	2605	612
40 B	400	300	18,2	31,0	15,5	**159,8**	203,6	57834	9721	16,85	6,91	2892	648

$42^{1}/_{2}$ B	425	300	19,0	31,75	16,0	**167,9**	213,9	68249	10078	17,86	6,85	3212	672
45 B	450	300	20,3	33,0	17,0	**180,0**	229,3	80887	10668	18,78	6,82	3595	711
$47^{1}/_{2}$ B	475	300	21,35	34,0	17,6	**190,0**	242,0	94811	11142	19,79	6,79	3992	743
50 B	500	300	22,6	35,2	19,4	**205,5**	261,8	111283	11718	20,62	6,69	4451	781
55 B	550	300	24,5	37,0	20,6	**226,1**	288,0	145957	12582	22,51	6,61	5308	839
60 B	600	300	24,7	37,2	20,8	**236,0**	300,6	179303	12672	24,42	6,49	5977	845
65 B	650	300	25,0	37,5	21,1	**246,9**	314,5	217402	12814	26,29	6,38	6690	854
70 B	700	300	25,0	37,5	21,1	**255,3**	325,2	258106	12818	28,17	6,28	7374	854
75 B	750	300	25,0	37,5	21,1	**263,4**	335,7	302560	12823	30,02	6,18	8068	855
80 B	800	300	26,0	38,5	21,5	**278,6**	354,6	360486	13269	31,9	6,1	9012	885
85 B	850	300	26,0	38,5	21,5	**287,0**	365,6	414887	13274	33,7	6,0	9762	885
90 B	900	300	26,0	38,5	21,5	**295,5**	376,4	473964	13279	35,5	5,9	10533	885
95 B	950	300	27,0	39,5	21,9	**311,0**	396,2	550974	13727	37,3	5,9	11600	915
100 B	1000	300	27,0	39,5	21,9	**319,7**	407,2	621287	13732	39,1	5,8	12425	915

H. **Kranbahn-Schienen** (Witkowitzer Bergbau- und Eisenhütten-Gewerkschaft)

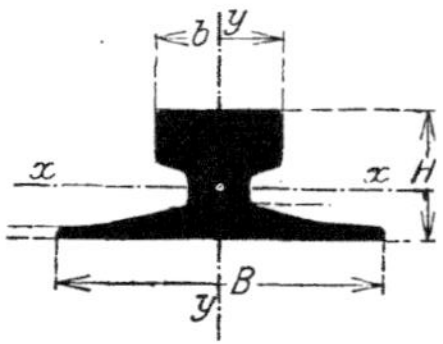

Profil				Querschnitt-fläche	Gewicht	Schwer-punkt-abstand	Momente für die xx-Biegungsachse		Momente für die yy-Biegungsachse		Raddruck in kg (Maße in cm) $R = D \cdot s\,(b - 2\,r)$			Raddurch-messer D
							Trägheits-moment J_x	Wider-stands-moment W_x	Trägheits-moment J_y	Wider-stands-moment W_y	Spezifischer Druck s pro cm²			
Nr.	B	H	b	r	cm²	kg	cm	cm⁴	cm³	cm⁴	cm³	40 kg	50 kg	60 kg	mm
2	150	65	55	4	41,1	32,2	2,65	185,0	48,0	328,8	43,8	11280	14100	16920	600
3	175	75	65	5	55,8	43,8	3,06	328,6	74,0	646,1	73,8	17600	22000	26400	800
4	200	85	75	6	72,6	57,0	3,52	523,4	105,1	988,7	98,9	25200	31500	37800	1000
8	200	100	85	6	102,5	80,1	4,33	957,9	168,6	1333,2	133,3	35040	43800	52560	1200

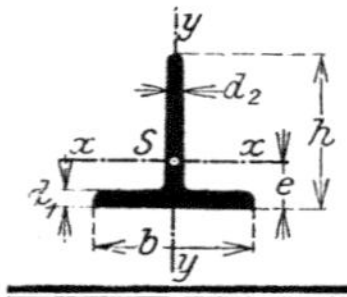

J. Abgerundete ⊥-Eisen

Abmessungen in mm				Gewicht	Fläche	Lage des Schwerpunktes e	Trägheitsmoment cm^4			Trägheitsradius cm		Widerstandsmoment cm^3	
b	h	d_1	d_2	kg/m	qcm	cm	J_1	J_x	J_y	i_x	i_y	W_x	W_y
20	**20**	3	3	**0,87**	1,11	0,6095	0,82	0,40	0,20	0,60	0,43	0,290	0,204
25	**25**	4	4	**1,44**	1,84	0,7707	2,13	1,04	0,53	0,75	0,54	0,599	0,425
25	**30**	5	4	**1,77**	2,25	0,9167	3,69	1,80	0,66	0,89	0,54	0,862	0,531
30	**25**	4	4	**1,60**	2,04	0,7147	2,14	1,10	0,91	0,73	0,67	0,614	0,608
30	**30**	4	4	**1,76**	2,24	0,8964	3,66	1,86	0,91	0,91	0,64	0,884	0,606
35	**35**	4,5	4.5	**2,32**	2,95	1,0399	6,52	3,33	1,63	1,06	0,74	1,352	0,932
40	**30**	5	5	**2,55**	3,25	0,8269	4,65	2,42	2,69	0,86	0,91	1,115	1,345
40	**40**	5	5	**2,94**	3,75	1,1833	10,81	5,56	2,70	1,22	0,85	1,975	1,352
45	**45**	5.5	5.5	**3,65**	4,65	1,3267	16,93	8,73	4,23	1,37	0,95	2,751	1,880
50	**40**	6	6	**3,96**	5,04	1,1095	13,12	6,91	6,31	1,17	1,12	2,391	2,524
50	**50**	6	6	**4,43**	5,64	1,4702	25,32	13,13	6,33	1,53	1,06	3,719	2,532
60	**45**	7	7	**5,39**	6,86	1,2225	21,87	11,60	12,71	1,31	1,36	3,539	4,237
60	**60**	7	7	**6,21**	7,91	1,7571	51,01	26,59	12,75	1,83	1,27	6,267	4,250
70	**70**	8	8	**8,29**	10,56	2,0439	92,52	48,41	23,13	2,14	1,48	9,768	6,609
80	**80**	9	9	**10,67**	13,59	2,3308	155,33	81,50	38,83	2,45	1,69	14,375	9,708

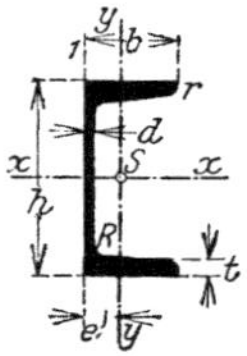

K. [-Eisen, Österreichische Normalprofile

Abrundungsradius zwischen Steg und Flansch $R = 1{,}5\,\delta$
Abrundungsradius am Flanschenrande $r = 0{,}6\,\delta$
Neigung der inneren Flanschenfläche p in $^0/_0 = 0{,}01\,h + 7$

Profil	Abmessungen in mm				Schwerpunktabstand e	Gewicht	Querschnittsfläche	Trägheitsmoment cm^4			Widerstandsmoment cm^3		Trägheitsradius cm	
Nr.	h	b	d	t	cm	kg/m	cm^2	J_x	J_y	J_1	W_x	W_y	i_x	i_y
6	60	40	5,5	8,0	1,47	**7,07**	9,01	48,05	12,97	31,53	16,02	5,06	2,32	1,20
8	80	45	6,0	9,0	1,54	**9,47**	12,06	116,09	21,92	50,47	29,02	7,40	3,11	1,35
10	100	50	6,5	9,5	1,58	**11,80**	15,03	227,06	33,27	72,63	45,41	9,84	3,90	1,49
12	120	55	7,0	10,5	1,74	**14,77**	18,81	409,68	50,09	106,73	68,28	13,31	4,67	1,63
13	130	60	7,0	10,5	1,86	**16,14**	20,56	533,41	65,30	136,81	82,06	15,79	5,11	1,78
14	140	60	7,5	11,0	1,83	**17,58**	22,40	662,21	69,94	144,31	94,60	16,74	5,44	1,77
16	160	65	8,0	12,0	1,95	**21,12**	26,90	1038,42	98,13	199,90	129,80	21,55	6,22	1,91
18	180	70	8,5	12,5	2,03	**24,44**	31,13	1513,87	129,81	258,60	168,21	26,14	6,98	2,04
20	200	75	9,0	13,5	2,16	**28,54**	36,35	2182,21	173,50	343,04	218,22	32,49	7,75	2,18
22	220	80	9,5	14,0	2,25	**32,35**	41,21	2979,50	220,78	429,35	270,86	38,40	8,51	2,32
24	240	85	10,0	15,0	2,38	**37,01**	47,15	4057,95	284,63	551,00	338,16	46,48	9,28	2,45
26	260	90	10,5	15,5	2,47	**41,32**	52,63	5293,54	351,80	672,22	407,20	53,85	10,03	2,59
28	280	95	11,0	16,5	2,59	**46,55**	59,30	6919,98	441,03	840,40	494,28	63,87	10,80	2,73
30	300	100	11,5	17,0	2,69	**51,35**	65,41	8727,45	532,79	1004,56	581,83	72,84	11,55	2,85

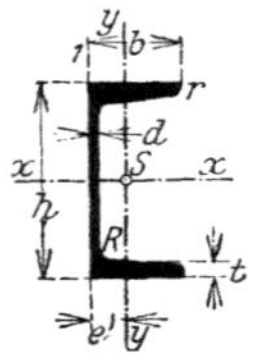

L. [-Eisen, Deutsche Normalprofile

Abrundungsradius: $R = t;\ r = \frac{R}{2}$

Profil	Abmessungen in mm				Schwerpunktabstand in mm	Gewicht für 1 m in kg	Querschnitt F in cm²	Trägheitsmoment cm⁴			Widerstandsmoment cm³		Trägheitshalbmesser cm	
Nr.	h	b	d	t				J_x	J_y	J_1	W_x	W_y	i_x	i_y
3	30	33	5,0	7,0	19,9	**4,27**	5,44	6,39	5,33	14,7	4,26	2,68	1,08	0,99
4	40	35	5,0	7,0	21,7	**4,87**	6,21	14,1	6,68	17,7	7,05	3,08	1,50	1,04
5	50	38	5,0	7,0	24,3	**5,59**	7,12	26,4	9,12	22,5	10,6	3,75	1,92	1,13
6½	65	42	5,5	7,5	27,8	**7,09**	9,03	57,5	14,1	32,3	17,7	5,07	2,52	1,25
8	80	45	6,0	8,0	30,5	**8,64**	11,0	106,0	19,4	42,5	26,5	6,36	3,10	1,33
10	100	50	6,0	8,5	34,5	**10,60**	13,5	206,0	29,3	61,7	41,2	8,5	3,91	1,47
12	120	55	7,0	9,0	39,0	**13,35**	17,0	364,0	43,2	86,7	60,7	11,1	4,62	1,59
14	140	60	7,0	10,0	42,5	**16,01**	20,4	605,0	62,7	125	86,4	14,8	5,45	1,75
16	160	65	7,5	10,5	46,6	**18,84**	24,0	925,0	85,3	167	116,0	18,3	6,21	1,89
18	180	70	8,0	11,0	50,8	**21,98**	28,0	1354,0	114,0	217	150,0	22,4	6,95	2,02
20	200	75	8,5	11,5	54,9	**25,28**	32,2	1911,0	148,0	278	191,0	27,0	7,70	2,14
22	220	80	9,0	12,5	58,6	**29,36**	37,4	2690,0	197,0	368	245,0	33,6	8,48	2,26
24	240	85	9,5	13,0	62,7	**33,31**	42,3	3598,0	248,0	458	300,0	39,6	9,22	2,42
26	260	90	10,0	14,0	66,4	**37,92**	48,3	4823,0	317,0	586	371,0	47,8	9,88	2,56
28	280	95	10,0	15,0	69,7	**41,84**	53,3	6276,0	399,0	740	448,0	57,2	10,85	2,74
30	300	100	10,0	16,0	73,0	**46,16**	58,8	8026,0	495,0	924	535,0	67,8	11,69	2,90

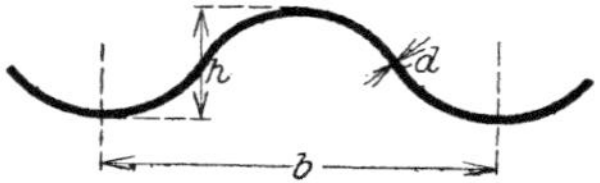

M. Wellbleche

Profil Nr.	Abmessungen in mm h	b	d	Gewicht pro m² ausschl. Überdeckung schwarz	verzinkt	Widerstands-moment pro m Breite in mm³	Querschnitt in mm² pro m Breite	Normale Baubreite
			0,75	7,65	9,05	7350	956	720
30/90	30	90	1,00	10,20	11,60	9800	1274	720
			1,50	15,29	16,69	14700	1911	720
			0,75	9,42	11,15	12975	1178	630
45/90	45	90	1,00	12,57	14,29	17300	1571	630
			1,50	18,84	20,58	25950	2356	630
			0,75	11,42	13,51	20400	1428	540
60/90	60	90	1,00	15,23	17,32	27200	1904	540
			1,50	22,85	24,94	40800	2856	540
			0,75	7,34	8,69	6900	918	800
30/100	30	100	1,00	9,80	11,15	9210	1225	800
			1,50	14,70	16,05	13815	1837	800
			0,75	7,80	9,23	8520	975	700
35/100	35	100	1,00	10,40	11,83	11360	1300	700
			1,50	15,60	17,00	17040	1950	700

Profil Nr.	Abmessungen in mm h	b	d	Gewicht pro m² ausschl. Überdeckung schwarz	verzinkt	Widerstands-moment pro m Breite in mm³	Querschnitt in mm² pro m Breite	Normale Baubreite
			0,75	8,29	9,81	10300	1037	700
40/100	40	100	1,00	11,06	12,58	13750	1383	700
			1,50	16,60	18,12	20600	2074	700
			1,00	11,79	13,41	16370	1474	600
45/100	45	100	1,50	17,70	19,31	24555	2211	600
			2,00	23,58	25,20	32740	2948	600
			1,00	12,57	14,30	19245	1571	600
50/100	50	100	1,50	18,85	20,58	28867	2356	600
			2,00	25,14	26,87	38490	3142	600
			1,00	14,17	16,12	25630	1771	500
60/100	60	100	1,50	21,25	23,19	38445	2656	500
			2,00	28,34	30,29	51260	3542	500
			1,00	15,77	17,94	32710	1971	500
70/100	70	100	1,50	23,64	25,81	49060	2955	500
			2,00	31,54	33,70	65420	3942	500

Profil Nr.	Abmessungen in mm h	b	d	Gewicht pro m² ausschl. Überdeckung schwarz	verzinkt	Widerstandsmoment pro m Breite in mm³	Querschnitt in mm² pro m Breite	Normale Baubreite
30/120	30	120	0,75	6,96	8,24	6740	870	840
			1,00	9,28	10,56	8990	1160	840
			1,50	13,92	15,20	13480	1740	840
40/120	40	120	1,00	10,20	11,60	13060	1274	720
			1,50	15,30	16,70	19590	1911	720
			2,00	20,40	21,80	26120	2548	720
50/120	50	120	1,00	11,30	12,85	17660	1413	600
			1,50	16,95	18,50	26490	2119	600
			2,00	22,60	24,15	35320	2826	600
35/130	35	130	0,75	7,10	8,41	7900	888	780
			1,00	9,46	10,76	10540	1183	780
			1,50	14,21	15,51	15800	1776	780
35/150	35	150	0,75	6,84	8,09	7620	855	750
			1,00	9,11	10,36	10160	1139	750
			1,50	13,68	14,93	15240	1710	750
40/150	40	150	0,75	7,08	8,38	9000	885	750
			1,00	9,44	10,74	12000	1180	750
			1,50	14,16	15,46	18000	1770	750

Profil Nr.	Abmessungen in mm h	b	d	Gewicht pro m² ausschl. Überdeckung schwarz	verzinkt	Widerstandsmoment pro m Breite in mm³	Querschnitt in mm² pro m Breite	Normale Baubreite
45/150	45	150	0,75	7,35	8,70	10480	919	750
			1,00	9,80	11,15	13976	1225	750
			1,50	14,70	16,05	20960	1837	750
50/150	50	150	1,00	10,19	11,59	16100	1274	750
			1,50	15,29	16,70	24150	1911	750
			2,00	20,38	21,80	32200	2548	750
60/150	60	150	1,00	11,06	12,58	20790	1383	600
			1,50	16,59	18,11	31185	2074	600
			2,00	22,13	23,65	41580	2766	600
70/150	70	150	1,00	12,04	13,69	26130	1505	600
			1,50	18,06	19,70	39195	2257	600
			2,00	24,08	25,73	52260	3010	600
80/150	80	150	1,00	13,10	14,90	32150	1638	450
			1,50	19,66	21,45	48225	2457	450
			2,00	26,21	28,00	64300	3276	450

Gewichte von Flacheisen in kg/m

Dicke in mm	Breite in mm: 5	10	20	30	40	50	60	70	80	90	100	200	300	400	500	600	700	800	900	1000
1	0,039	0,079	0,157	0,236	0,314	0,393	0,471	0,550	0,628	0,707	0,785	1,57	2,36	3,14	3,93	4,71	5,50	6,28	7,07	7,85
2	0,079	0,157	0,314	0,471	0,628	0,785	0,942	1,099	1,256	1,413	1,570	3,14	4,71	6,28	7,85	9,42	10,99	12,56	14,13	15,70
3	0,118	0,236	0,471	0,707	0,942	1,178	1,413	1,649	1,884	2,120	2,355	4,71	7,07	9,42	11,78	14,13	16,49	18,84	21,20	23,55
4	0,157	0,314	0,628	0,942	1,256	1,570	1,884	2,198	2,512	2,826	3,140	6,28	9,42	12,56	15,70	18,84	21,98	25,12	28,26	31,40
5	0,196	0,393	0,785	1,178	1,570	1,963	2,355	2,748	3,140	3,533	3,925	7,85	11,78	15,70	19,63	23,55	27,48	31,40	35,33	39,25
6	0,236	0,471	0,942	1,413	1,884	2,355	2,826	3,297	3,768	4,239	4,710	9,42	14,13	18,84	23,55	28,26	32,97	37,68	42,39	47,10
7	0,275	0,550	1,099	1,649	2,198	2,748	3,297	3,847	4,396	4,946	5,495	10,99	16,49	21,98	27,48	32,97	38,47	43,96	49,46	54,95
8	0,314	0,628	1,256	1,884	2,512	3,140	3,768	4,396	5,024	5,652	6,280	12,56	18,84	25,12	31,40	37,68	43,96	50,24	56,52	62,80
9	0,353	0,707	1,413	2,120	2,826	3,533	4,239	4,946	5,652	6,359	7,065	14,13	21,20	28,26	35,33	42,39	49,46	56,52	63,59	70,65
10	0,393	0,785	1,570	2,355	3,140	3,925	4,710	5,495	6,280	7,065	7,850	15,70	23,55	31,40	39,25	47,10	54,95	62,80	70,65	78,50
11	0,432	0,864	1,727	2,591	3,454	4,318	5,181	6,045	6,908	7,772	8,635	17,27	25,91	34,54	43,18	51,81	60,45	69,08	77,72	86,35
12	0,471	0,942	1,884	2,826	3,768	4,710	5,652	6,594	7,536	8,478	9,420	18,84	28,26	37,68	47,10	56,52	65,94	75,36	84,78	94,20
13	0,510	1,021	2,041	3,062	4,082	6,103	6,123	7,144	8,164	9,185	10,21	20,41	30,62	40,82	51,03	61,23	71,44	81,64	91,85	102,1
14	0,550	1,099	2,198	3,297	4,396	5,495	6,594	7,693	8,792	9,891	10,99	21,98	32,97	43,96	54,95	65,94	76,93	87,92	98,91	109,9
15	0,589	1,178	2,355	3,533	4,710	5,888	7,065	8,243	9,420	10,60	11,78	23,55	35,33	47,10	58,88	70,65	82,43	94,20	106,0	117,8
16	0,628	1,256	2,512	3,768	5,024	6,28	7,536	8,792	10,05	11,30	12,56	25,12	37,68	50,24	62,80	75,36	87,92	100,5	113,0	125,6
17	0,667	1,335	2,669	4,004	5,338	6,673	8,007	9,342	10,68	12,01	13,35	26,69	40,04	53,38	66,73	80,07	93,42	106,8	120,1	135,5
18	0,707	1,413	2,826	4,239	5,652	7,065	8,478	9,891	11,30	12,72	14,13	28,26	42,39	56,52	70,65	84,78	98,91	113,0	127,2	141,3
19	0,746	1,492	2,983	4,475	5,966	7,458	8,949	10,44	11,93	13,42	14,92	29,83	44,75	59,66	74,58	89,49	104,4	119,3	134,2	149,2
20	0,785	1,570	3,140	4,710	6,280	7,850	9,420	10,99	12,56	14,13	15,70	31,40	47,10	62,80	78,50	94,20	109,9	125,6	141,3	157,0

Spezifische Gewichte bzw. Raumgewichte verschiedener Stoffe

(Wasser = 1,00)

Aluminium, chemisch rein	2,6
„ gehämmert	2,75
„ gegossen	2,56
Aluminiumbronze	7,7
Anthrazit	1,4 —1,7
Antimon	6,7
Antimonglanz	4,6 —4,7
Äpfel und Birnen, gelagert	0,35
Asbest	2,1 —2,8
Asbestpappe	1,2
Asche von Koks	0,60—0,85
„ von Steinkohlen	0,90
Asphalt (Erdpech)	1,1 —1,5
Basalt	2,7 —3,2
Baumwolle, lufttrocken	1,47—1,50
Bimsstein, natürlich	0,37—0,9
„ Wiener	2,2 —2,5
Blei	11,25—11,37
Brauneisenstein	3,40—3,95
Braunkohle	1,2 —1,5
„ geschichtet	0,80
Braunstein (Pyrolusit)	3,7 —4,6
Bronze (bei 7,9—14 v. H. Zinngehalt)	7,4 —8,9
Bruchsteine, geschichtet	2,00
Bücher, geschichtet	0,84
Chilisalpeter	2,26
„ geschüttet	1,00
Dolomit	2,9
Eis	0,88—0,92
Eisen, chemisch rein	7,88
Erbsen, geschüttet	0,85
Erde, lehmig, fest gestampft, frisch	2,0
„ lehmig, trocken	1,6 —1,9
„ mager, trocken	1,34
Fahlerze	4,36—5,36
Feldspat (Orthoklas)	2,53—2,58
Fette	0,92—0,94
Flußeisen	7,85
Flußstahl	7,86
Formsand, geschüttet	1,20
„ gestampft	1,65
Galmei	4,1 —4,5
Gerste, geschüttet	0,69
Gips, gebrannt	1,81
„ gegossen, trocken	0,97
„ gesiebt	1,25
Glanzkohle	1,2 —1,5
Glas:	
Fensterglas	2,4 —2,6
Flaschenglas	2 6
Flintglas	3,15—3,90
grünes Glas	2,64
Kristallglas	2,9 —3,0
Spiegel- oder Kronglas	2,45—2,72
Glockenmetall	8,81
Gneis	2,4 —2,7
Granit	2,51—3,05
Graphit	1,9 —2,3
Gras und Klee, gelagert	0,35
Grieß, geschüttet	0,66
Grobkohle	1,2 —1,5
Gußeisen	7,25
„ flüssig	6,9 —7,0
Guttapercha	0,96—0,99
Hafer, geschüttet	0,43
Harz	1,07

Heu, gelagert	0,08—0,12
„ gepreßt	0,14
Holz in Scheiten:	
Birkenholz	0,38—0,43
Buchenholz	0,40—0,44
Eichenholz	0,42—0,55
Fichtenholz	0,30—0,35
Tannenholz	0,30—0,40
Holzkohle, lufterfüllt	0,4
„ luftfrei	1,4 —1,5
„ geschichtet, von weichem Holz	0,15
von hartem Holz	0,22
Hülsenfrüchte, gelagert, im Mittel	0,80
Kalk, gebrannt, geschüttet	0,9 —1,3
„ gelöscht	1,15—1,25
Kalkmörtel, trocken	1,65
„ frisch	1,78
Kalksandstein	1,89—1,92
Kalkspat	2,6 —2,8
Kalkstein	2,46—2,84
Kalziumkarbid	2,26
Kartoffeln, geschichtet	0,70
Kies, trocken	1,8
„ naß	2,0
Kieselerde	2,66
Kleie, geschüttet	0,44—0,60
Kochsalz, gesotten	2,15—2,17
Koks im Stück	1,4
„ geschüttet (Schmelzkoks)	0,45
„ „ (Gaskoks)	0,35
Kork	0,24
Korkstein, weißer	0,25
„ schwarzer	0,56
Kreide	1,8 —2,6
Kunstsandstein	2,03
Kupfer, flüssig	8,22
„ gegossen	8,8
„ gewalzt und gehämmert	8,9 —9,0
Kupfer, elektrolytisches	8,9 —8,95
Kupferdraht	8,8 —9,0
Kupferkies	4,1 —4,3
Kupfervitriol, kristallisiert	2,2 —2,3
Lava, basaltisch	2,8 —3,0
„ trachytisch	2,0 —2,7
Lehm, trocken	1,52
„ frisch gegraben	1,67—2,85
Linoleum in Rollen	1,15—1,30
Magnesit	3,0
Magnesium	1,74
Magneteisenstein	4,9 —5,2
Magnetkies	4,54—4,64
Manganerz, rot	3,46
„ schwarz	3,9 —4,1
Marmor, gewöhnlicher	2,52—2,85
„ carrarischer	2,72
Mehl, lose	0,4 —0,5
„ in Säcken	0,7 —0,8
Mennige, Blei-	8,6 —9,1
Mergel, erdig	2,3
„ hart	2,5
Messing, gegossen } je nach Zinkgehalt	8,4 —8,7
„ gewalzt } je nach Zinkgehalt	8,52—8,62
„ gezogen } je nach Zinkgehalt	8,43—8,73
Mist und Guano	0,75—0,95
Papier	0,70—1,15
Pech	1,07—1,10
Porphyr	2,6 —2,9

Pottasche	2,26
Preßkohle (Briketts)	1,25
Quarz	2,5 —2,8
Roggen, geschüttet	0,68—0,79
Roheisen, graues	6,7 —7,6
„ weißes	7,0 —7,8
Roteisenstein	4,5 —4,9
Rüben, geschüttet	0,57—0,65
Sägespäne, festgedrückt	0,30
Salpeter, Kali-	1.95—2,08
Sand, fein und trocken	1,40—1,65
„ fein und feucht	1,90—2,05
„ grob	1,4 —1,5
Sandstein	2,2 —2,5
Schamottesteine	1,85
Schiefer	2,65—2,70
Schlacke, Hochofen-	2,5 —3,0
Schnee, lose	0,125
„ gestampft	0,80
Schwefelkies (Pyrit)	4,9 —5,2
Schweißeisen	7,8
„ als Draht	7,60—7,75
Schweißstahl	7,86
Schwerspat	4,5
Soda, geglüht	2,5
Soda, kristallisiert	1,45
Spateisenstein	3,7 —3,9
Stahl	7,86—7,87
Steinkohle im Stück	1,2 —1,5
„ geschichtet	0,90
Steinsalz	2,28—2,41
Stroh, geschichtet	0,08
Stroh, gepreßt	0,14
Ton	1,8 —2,6
Tonschiefer	2,76—2,88
Torf:	
Erdtorf	0,64
Pechtorf	0,84
Torfstreu, gepreßt	0,21—0,23
Traß, gemahlen	0,95
Tuffstein im Stück	1,3
Tuffstein als Ziegel	0,8 —0,9
Weizen, geschüttet	0,7 —0,8
Zement, geschichtet, in Fässern	1,50
Ziegel, gewöhnliche	1,40—1,55
„ Klinker-	1,6 —2,0
Zink, flüssig	6,48
„ gegossen	6,86
„ gewalzt	7,13—7,20
Zucker, weißer	1,61

Eisenbetonbau

bearbeitet von

Prof. Dr. Ing. h. c. **J. Melan**, Prag

Einleitung

Unter Eisenbeton (armierter oder bewehrter Beton) versteht man eine Verbindung der beiden Baustoffe Beton und Eisen zu einer einheitlich wirkenden Tragkonstruktion, in der sich beide Stoffe in die Spannungsaufnahme teilen. Für die Verbundwirkung ist ein unverschieblicher Zusammenhang der Einzelstoffe unbedingtes Erfordernis; er wird durch die Anhaftefestigkeit des in den Beton eingebetteten Eisens erzielt und durch entsprechende Formgebung der Eiseneinlagen unterstützt.

In dem Verbundkörper kommen die Festigkeitseigenschaften der beiden Baustoffe sich gegenseitig unterstützend zur Geltung. Während die Biegungsfestigkeit des nicht bewehrten Betons infolge seiner niedrigen Zugfestigkeit nur eine geringe ist, kann dieselbe in dem Verbundkörper so hoch gesteigert werden, als es die Druckfestigkeit des Betons oder die Zugfestigkeit des Eisens zuläßt. Aber auch bei einer Druckbeanspruchung zeigt der bewehrte Beton eine je nach der Stärke der Bewehrung gesteigerte Tragfähigkeit. Diese Steigerung resultiert einerseits aus der unmittelbaren Beteiligung der Eisenbewehrung an der Spannungsaufnahme, welche von dem Elastizitätsverhältnis von Beton und Eisen abhängig ist, anderseits aus der durch die Bewehrung bewirkten teilweisen Einschließung des Betons, durch welche die Querdehnung und die Bildung von Gleitflächen behindert wird.

Der Tragkraft und dem günstigen Verhalten des Eisenbetons kommen mehrere Umstände zustatten:

1. Die Verschiedenheit der Elastizitätsmaße von Eisen und Beton, demzufolge das viel weniger dehnbare Eisen entsprechend höhere Spannungsanteile aufnimmt.

2. Das feste Anhaften des Zements am Eisen. Diese Haltkraft (Haftfestigkeit oder Gleitwiderstand des Eisens im Beton) vermittelt die Spannungsübertragung zwischen den beiden Baustoffen und sie ist für ihr Zusammenwirken im Verbundkörper von größter Wichtigkeit. Als Mittelwert des Gleitwiderstandes einbetonierter Rundeisen (Haftfestigkeit) wurde für Stampfbeton aus direkten Zugversuchen etwa 40 kg für den cm^2 Berührungsfläche gefunden, doch hängt dieser Widerstand nicht bloß von der Betonmischung und dem Wasserzusatz, sondern auch von der Gestalt und Beschaffenheit der Oberfläche und von der Länge des einbetonierten Eisenstabes ab. Nach Bach nimmt der Gleitwiderstand mit der Zunahme des Wasserzusatzes ab. Für Gußbeton wurde als kleinster Wert etwa 6 kg/cm^2 gefunden. Längere Eisen geben pro Quadratzentimeter einen kleineren Gleitwiderstand als kurze. Aus Balkenversuchen, bei denen der Bruch durch Überwindung des Gleitwiderstandes herbeigeführt wurde, sind kleinere Werte der Haftfestigkeit errechnet worden als aus den Zugversuchen, doch ist die Berechnungsart dieser Haftspannungen in gebogenen Balken eine unsichere.

Man unterstützt die Wirkung der Haftfestigkeit bei den üblichen Rundeiseneinlagen durch hakenförmiges Umbiegen der Stabenden (Abb. 1 und 2), bei Flacheisen durch aufgenietete Winkeleisenstücke oder (in Amerika) durch Verwendung von Spezialeisen mit unebener Oberfläche (Thatcher-, Ransome-Eisen). Jedenfalls ist ein wirksames Einbinden von auf Zug beanspruchten Eisen nur an Stellen möglich, wo der Beton nicht selbst größeren Zugspannungen unterworfen ist.

3. Die Wärmeausdehnung von Beton und Eisen ist nahezu gleich groß. Temperaturänderungen wirken sonach auf den Verbund nicht schädlich ein. Dagegen werden aber durch das mit der Lufterhärtung des Betons verbundene Schwinden Spannungen, u. zw. Zugspannungen im Beton und Druckspannungen im Eisen hervorgerufen. Man kann aber annehmen, daß von dem, nach *Schüle* linear etwa 0,0006 betragenden, totalen Schwinden des Zementmörtels die Hälfte auch in dem bewehrten Beton noch ohne Spannungswirkung vor sich gehen kann und daß nur das restliche Schwinden durch die Bewehrung unter Auftreten von Spannungen verhindert wird. Immerhin ist dadurch die Möglichkeit nähergerückt, daß beim Hinzutreten von durch die Belastung oder durch Temperaturänderung hervorgerufenen Zugspannungen Risse entstehen. Solche schwache Risse (Haarrisse) auf der Zugseite des Betons sind zwar für das Tragvermögen einer richtig bewehrten Konstruktion ohne Bedeutung, man wird sie aber bei Brücken und anderen, wiederholten Belastungen oder dem schädlichen Einflusse von Rauchgasen ausgesetzten Bauteilen zu vermeiden suchen und deshalb die Zugspannungen infolge der Belastung tunlichst niedrig halten. Bei der Ausführung ist das Schwindmaß des Betons durch möglichst langsames Austrocknen und längeres Feuchthalten herabzusetzen, um Schwindrisse hintanzuhalten.

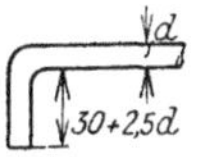

Abb. 1

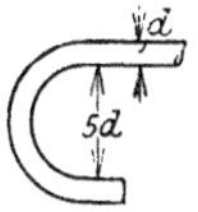

Abb. 2

4. Eine dichte Betonumhüllung hat für das Eisen eine konservierende Wirkung, da sich der am Eisen haftende Zement als ein gutes Rostschutzmittel erweist. Es ist aber dazu notwendig, daß das Eisen rostfrei eingelegt wird und daß der das Eisen umhüllende Beton eine nicht zu magere Mörtelmischung enthält und weich verarbeitet wird.

A. Die Baustoffe des Eisenbetons

Die Bestandteile des Betons sind Zement, Sand und Kies oder Schotter. Für den Beton der Tragwerke kommt vornehmlich nur *Portlandzement* von normengemäßer Beschaffenheit in Betracht. Bei verminderten Festigkeitsanforderungen können auch *Eisenportlandzement* und *Hochofenzement* verwendet werden. Für Eisenbetontragwerke sind nur *langsam bindende* Zemente (Erhärtungsbeginn nach 30 Minuten, Abbindedauer 3 bis 4 Stunden) zu verwenden. Über die für den Zement geltenden Normen siehe S. 296.

Die in neuerer Zeit erzeugten *hochwertigen Zemente* haben höhere Festigkeit als der normale Portlandzement und sind bei langsamer Abbindung rasch erhärtend. Ihre Verwendung im Eisenbetonbau kann durch die Zulässigkeit höherer Druckbeanspruchung, demzufolge kleinerer Querschnittsabmessung, und durch die Möglichkeit kurzer Ausschalungsfrist wirtschaftliche Vorteile bieten. Die höhere Druckspannung ist aber bei auf Biegung beanspruchten Tragwerken nur bei entsprechend starker Zugbewehrung auszunutzen, was dazu führt, für die Bewehrung anstatt Flußeisen *Stahl* zu verwenden. Allerdings ist mit der höheren Beanspruchung der Bewehrung die Rißgefahr erhöht, da die Zugfestigkeit des hochwertigen Zementbetons nicht in dem Maße wie die Druckfestigkeit zunimmt.

Der Sand, worunter ein Zuschlagstoff zu verstehen ist, der bis zu 7 mm Korngröße hat und auf einem Siebe von 900 Maschen auf 1 cm² mindestens 95 v. H. Rückstand gibt, soll von ungleicher Korngröße, scharfkantig und frei von anhaftenden lehmigen Bestandteilen oder sonstigen schädlichen Verunreinigungen, Kohlenteilchen u. dgl. sein. Staubfeine Beimengungen (bis zu etwa 3 v. H. des Gewichtes) sind aber nicht unzulässig und brauchen durch Waschen nicht entfernt zu werden. Auch Bimssand, Schlackensand, falls er nicht schwefelkieshältig ist, kann verwendet werden. Die **Zuschlagstoffe** sind Kies, Rundschotter (Flußgeschiebe oder Grubenschotter) oder Steinschlag (Schlägelschotter). Es ist nur hartes, wetterbeständiges Steinmaterial zu verwenden, das nicht mehr als 10 v. H. seines Gewichtes an Wasser aufnimmt. Für Arbeiten aus Stampfbeton kann gröberer Schotter mit einer Korngröße bis zu 7 cm verwendet werden, für Eisenbeton muß aber die Korngröße des Zuschlages kleiner als der Raum zwischen den Eiseneinlagen oder zwischen diesen und den nächstliegenden Außenflächen sein und darf im allgemeinen etwa 3 cm nicht überschreiten. Man bezeichnet diesen unter Verwendung von Sand und Kies hergestellten Beton als Kiesbeton oder, wenn nur grobkörniger Sand gegeben wird, als Grobmörtel. Verschiedene Korngröße der Zuschlagstoffe ist für die Ersparnis an Bindemittel und für Erzielung eines dichten Betons von Vorteil.

Zur Erzielung eines dichten und festen Betons muß in der Mischung genügend Mörtel vorhanden sein, um alle Hohlräume der Kies- oder Schottersteine auszufüllen und die einzelnen Steinstücke mit einer Mörtelschicht zu umhüllen; überdies muß auch der Mörtel selbst dicht sein, also etwas mehr (etwa um 10 v. H.) Zement enthalten, als der Rauminhalt der Hohlräume im Sande beträgt, wenigstens aber 500 kg Zement auf 1 m³ Sand.

Die Hohlräume des Kies- oder Schottermaterials lassen sich durch die Menge des Wassers bestimmen, die in einem Gefäße einer abgemessenen Menge des Schotters bis zum Steigen des Wassers an die Oberfläche zugegossen werden kann. Sie betragen zwischen 40 und 60 v. H. Bezeichnet man sie allgemein mit h (in Hundertteilen) und nimmt man an, daß ein Zementvolumen Z und Sandvolumen S eine Ausbeute an Mörtel von $0{,}7\ (Z + S)$ liefert, so kann das Volumen des Steinzuschlages

$K = c \frac{70}{h} (Z + S)$, d. i. $K = c \cdot 1{,}17\ (Z + S)$ bis $c \cdot 1{,}75\ (Z + S)$ betragen.

Der Beiwert c ist kleiner als 1 zu nehmen, um im Gemenge einen Mörtelüberschuß zu haben, u. zw. wird man für wenig beanspruchtes Mauerwerk (Fundamente) $c = 0{,}9$, für Gewölbe und Eisenbetontragwerke $c = 0{,}8$ wählen. Es kommen hienach etwa folgende Mischungsverhältnisse in Betracht. Tabelle siehe S. 327.

Für Eisenbetonarbeiten ist die zulässig geringste Menge von Portlandzement auf 1 m³ trockenes Gemenge von Sand und Schotter 240 kg, für Stampfbeton 100 kg.

Sand und Schotter werden für die Betonbereitung nach Raummaß, der Zement nach Gewicht gemessen. Das Mischungsverhältnis wird nach dem Gewichte des Zements auf 1 m³ trockenen Gemenges von Sand und Schotter (oder Kies) angegeben. Der Rauminhalt des trockenen Gemenges von Sand und Schotter ist für eine Mische so zu wählen, daß die zugehörige Zementmenge ein Vielfaches von ganzen oder halben Zementsäcken (50 kg) ist. Wird der Zement ausnahmsweise in Maßgefäßen zugesetzt, so ist deren Größe so zu bestimmen, daß sie das ganze für eine Mische nötige Zementgewicht fassen, sobald sie mit Zement bis an den Rand gefüllt sind und die Oberfläche abgestrichen wird. Hiebei ist das Raumgewicht des eingeschütteten Zements mit 1,2 kg für 1 Liter anzunehmen, falls es an der Baustelle nicht gesondert ermittelt wird.

Raummischungsverhältnis	Ungefähres Zementgewicht auf 1 m³ Gemenge Sand und Steinmaterial kg	Ungefähres Zementgewicht auf 1 m³ Betonmasse[1]) kg	Durchschnittl. Würfeldruckfestigkeit nach 28 Tagen kg/cm²	
1 Zement, 3 Sand und Kies ..	465	450	180	Eisenbeton
1 Zement, 4 Sand und Kies ..	350	360	160	
1 Zement, 2 Sand, 3 Kies oder Schotter	280	298	140	Stampfbeton für Gewölbe, Pfeiler, stärker belastete Mauern
1 Zement, 2 Sand, 4 Kies oder Schotter	230	250	125	
1 Zement, $2^1/_2$ Sand, 5 Kies oder Schotter	185	205	110	
1 Zement, 3 Sand, 6 Kies oder Schotter	155	170	90	Stampfbeton für Fundamente, schwach belastete Mauern
1 Zement, 4 Sand, 6 Kies oder Schotter	138	151	70	

[1]) Auf 1 m³ fertig gestampften Beton sind etwa 1,2 bis 1,3 Betonmasse notwendig.

Ein vorhandenes natürliches Gemenge von Sand und Kiessteinen kann ohne Trennung in seine Bestandteile zur Betonbereitung Verwendung finden, wenn es frei von lehmigen und erdigen Bestandteilen ist und die Zusammensetzung des Gemenges durch Sieb- oder Wurfproben als geeignet erkannt oder durch Zuschläge von Sand oder Steinmaterial geeignet gemacht wurde. Werden Sand und Schotter getrennt geliefert, so muß das Raummaß ihrer Mischung versuchsweise bestimmt werden.

Das Mischen geschieht entweder auf Mischbühnen durch Handarbeit oder bei größeren Arbeiten jetzt wohl meist mittels Mischmaschinen, von denen eine große Zahl verschiedener Systeme besteht. Eine Betonmaschine mit zwei Trommeln und achtpferdiger Betriebskraft liefert pro Stunde zirka 10 m³ Beton. Eine häufig angewandte Betonmischmaschine zeigt folgende Einrichtung: Um eine horizontale Achse drehbarer Eisenblechzylinder von 1 m Länge, 1,5 m Durchmesser; in demselben befinden sich zirka 40 lose Stahlkugeln von 12 cm Durchmesser, die durch einen vor der Entleerungsöffnung der Trommel angebrachten Rost am Herausfallen verhindert sind. Sechspferdige Betriebsmaschine. Mischung 2 Minuten trocken, hierauf 3 Minuten unter Einspritzen von Wasser durch die hohle Drehachse. Fassung 0,6 m³ Beton; Leistung während 10 stündiger Arbeitszeit 36 m³. Mit Handbetrieb kann ein Arbeiter täglich etwa 4 m³ Beton erzeugen.

Die **Mischung** muß eine möglichst innige sein und zuerst trocken, dann unter allmählichem Zusatz von Wasser vorgenommen werden. Moorwasser ist nicht zu verwenden. Die Verarbeitung kann mit geringerem oder größerem Wasserzusatze erfolgen und unterscheidet man danach:

erdfeuchte Betonmasse, Wasserzusatz 5 bis 8 v. H. des Gemengvolumens; sie muß immer gut gestampft werden;

weiche Betonmasse, bei welcher der Wasserzusatz reichlicher bemessen wird, mit 10 bis 15 v. H., bei ganz trockenem Gemenge auch mit mehr, so daß die Masse zwar noch stampffähig ist, während des Stampfens aber weich wird;

nasser oder Gußbeton, der fließend ist und sich nicht stampfen läßt.

Im allgemeinen wird bei gut gestampftem, erdfeuchtem Beton größere Festigkeit erzielt als bei weichem Beton, jedoch ist man bei ersterem mehr von der Güte und Sorgfalt der Ausführung abhängig als bei letzterem. Für Eisenbetontragwerke wird wenigstens in der Umgebung der Eiseneinlagen immer weicher Beton mit höherem Wasserzusatz verwendet. An Stellen, wo wegen der Form oder wegen der dichten Lage der Bewehrungseisen ein Stampfen des eingebrachten Betons überhaupt nicht möglich ist, kann nasser oder Gußbeton verwendet werden. Dieser wird mit so viel Wasserzusatz verarbeitet, daß er ohne Stampfen die Form selbst ausfüllt; er soll aber nur Steinmaterial von höchstens 2 cm Korngröße und eine um 10 v. H. größere Zementmenge als im Entwurfe vorgeschrieben enthalten.

Der erdfeuchte Beton wird in Schichten von 15 bis 20 cm Höhe in die Baugrube oder in eingeschalte Formen gebracht und durch Stampfen mit 10 bis 17 kg schweren Stampfern so lange verdichtet, bis sich an der Oberfläche Wasser zeigt; der weiche Beton wird gewöhnlich in etwas höheren Schichten eingebracht und nur so lange gestampft, bis er eine gleichförmig weiche Masse bildet. Die einzelnen Schichten sollen, wo es die Bauausführung gestattet, rechtwinklig zu der im Bauwerk auftretenden Druckrichtung eingelegt werden oder wo dies, wie bei Gewölben oder Trägern, nicht möglich ist, gleichlaufend mit der Druckrichtung. Sie sollen stets frisch auf frisch verarbeitet werden. Muß jedoch eine Arbeitsunterbrechung eintreten, so soll dies nur in einer Fläche geschehen, die tunlichst senkrecht zur Druckrichtung steht. Überdies wird man vor dem Aufbringen der frischen Betonmasse die Verbindungsfläche aufrauhen und ankerben, sodann mit Stahlbesen naß und scharf abkehren und mit dünnem Zementbrei einschlemmen. Um die Bildung von Schwindrissen zu verhindern, sind Betonbauten über Wasser namentlich bei trockenem, warmem Wetter satt anzunetzen und durch mindestens acht Tage nach der Herstellung feucht zu halten.

Bei der Beurteilung der Güte und Verwendbarkeit eines Betons zu tragenden Bauteilen kommt in erster Linie seine **Druckfestigkeit** in Betracht. Diese ist vom Mischungsverhältnis und von der Güte des Zements, von der Beschaffenheit der Zuschlagstoffe, dann aber auch von der Verarbeitung und vom Alter des Betons abhängig. Sie kann daher in ziemlich weiten Grenzen schwanken. Der in einem Bauwerk zu verwendende Beton muß auf seine Druckfestigkeit geprüft werden, u. zw. sowohl vor Baubeginn, als auch während der Bauausführung.

Hiezu dienen Probewürfel; während der Bauausführung können für die Kontrollproben auch Biegebruchversuche mit Kontrollbalken benützt werden. Zum Anfertigen der Probekörper ist ein Mischgut von gleicher Art und Zusammensetzung sowie von gleichem Wassergehalt zu verwenden wie für den Beton des betreffenden Bauteiles und sind die Probekörper auch in gleicher Weise zu verarbeiten. Auf je 400 m^3 zu verarbeitende Betonmasse soll wenigstens eine Probe entfallen und soll jede Prüfung mindestens drei gleichzeitig angefertigte Probekörper umfassen. Die Probewürfel erhalten 20 cm Seitenlänge; sie sind, wenn es sich um erdfeuchte oder weiche Betonmasse handelt, in zerlegbaren Eisenformen herzustellen, wobei die gleichen quadratischen Stampfer wie beim Bau zu benützen sind. Normalstampfer von 12 cm Seitenlänge und 12 kg Gewicht. Das Stampfen hat in zwei Reihen längs der Seitenkanten der Form zu erfolgen. Zur Führung der Stampfer dient ein auf die Form mit ihren Innenflächen bündig aufgesetzter 20 cm hoher eiserner Rahmen. Die Betonmasse ist in zwei Schichten von gleicher Höhe einzubringen. Nach beendigtem Stampfen und nach Abnahme des Rahmenaufsatzes wird der überstehende Beton beseitigt und die Oberfläche mit den Formenrändern eben abgeglichen. Flüssiger Beton ist in glatte Holzformen einzuschütten und so lange nachzufüllen bis kein Absenken mehr eintritt. Die Würfel sind bis zu ihrer Erprobung in feuchten Sand gebettet aufzubewahren. Sie sollen im Durchschnitt aus drei Probekörpern die verlangte Festigkeit ergeben, zumindestens aber, falls nicht die Festigkeit, sondern die Gewichtsmenge Zement auf 1 m³ Sand- und Schottergemenge im Entwurfe vorgeschrieben ist, nach sechswöchentlicher Erhärtung

bei 400 kg Zement	....	170 kg/cm²
,, 300 ,, ,,	....	150 ,,
,, 240 ,, ,,	....	130 ,,
,, 200 ,, ,,	....	110 ,,
,, 160 ,, ,,	....	90 ,,
,, 130 ,, ,,	....	75 ,,
,, 100 ,, ,,	....	50 ,,

Wird der Nachweis der erforderlichen Druckfestigkeit nicht rechtzeitig erbracht, so wird bei vorschriftsmäßiger Beschaffenheit des Zements und Mischung mit Maschinen die Zementmenge vorgeschrieben, u. zw. (österreichische Betonvorschrift):

bei verlangter Druckfestigkeit von	170,	150,	130 kg/cm²
Zementmenge	400,	340,	280 kg

Die neuen Bestimmungen des deutschen Ausschusses für Eisenbeton (September 1925) verlangen eine gewisse Mindest-Würfelfestigkeit nach 28 Tagen, und zwar die Festigkeit $W_{e,\,28}$ von erdfeuchten Beton und $W_{b,\,28}$ von Beton der gleichen Beschaffenheit (gleicher Aufbereitung und gleichem Feuchtigkeitsgehalte), wie er im Bauwerk verwendet wird.

Es muß mindestens betragen:

bei Verwendung von Handelszement $W_{e,\,28} = 200$, $W_{b,\,28} = 100$ kg/cm²,
bei Verwendung von hochwertigem Zement $W_{e,\,28} = 275$, $W_{b,\,28} = 130$ kg/cm².

Während der Baudurchführung kann die Druckfestigkeit des verarbeiteten Betons auch aus Biegebruchversuchen mit bewehrten Betonbalken beurteilt werden, welche aber eine so starke Bewehrung erhalten müssen, daß sie nicht durch Erreichung der Streckgrenze des Eisens, sondern durch Zerdrücken des Betons zum Bruche kommen. Dieser Bedingung genügen für die gewöhnlichen Betonfestigkeiten Balken, die mit 2 bis 4 v. H. bewehrt sind. Diese Kontrollbalken sind in hölzernen, glattwandigen, zerlegbaren Formen anzufertigen, wobei die Eisen mit versetzten Zementplättchen zu unterlegen und in ihrer Lage zu sichern sind (Abb. 3). Nach 24 Stunden sind die Seitenwände zu entfernen; nach fünf Tagen, während welcher die Balken dreimal täglich zu besprengen sind, immer jedoch erst nach genügendem Erhärten, sind die Balken von den Unterlagspfosten abzuheben und in einem geschlossenen, vor Frost und Luftzug geschützten Raume zu lagern. Die Erprobung erfolgt nach sechswöchentlicher Erhärtung.

Nach den **Vorschriften des österreichischen Bundesministeriums für Handel und Gewerbe vom Dezember 1920** über die Herstellung von Tragwerken aus Eisenbeton bei Hochbauten und bei Straßenbrücken sowie nach den **Vorschriften der tschechoslowakischen Republik vom Dezember 1922** über

„**Ausführung und Abrechnung der Betonarbeiten**“ sollen die Probebalken 7 cm Breite, 10 cm Höhe und 2,2 m Länge erhalten. Sie sind mit zwei 12 mm Rundeisen zu bewehren. Bei der Erprobung werden sie, wie Abb. 3 zeigt, in einer Stützweite von 2 m mit 15 cm langen, 2 cm starken Blechplatten auf ein 25 mm Rundeisen gelagert und in zwei von der Mitte je 0,25 m abstehenden Punkten belastet. Die Bruchlast P (kg), bei der ohne Steigerung der Last eine stetige Zunahme der Durchbiegung zu beobachten ist, rechnet sich aus der aufgebrachten Belastung, einschließlich der Belastungsvorrichtung, vermehrt um $^2/_3$ des Eigengewichtes des Probebalkens. Die Biegungsdruckfestigkeit σ_b (kg/cm²) ist dann rund $\sigma_b = \frac{1}{3} P$.

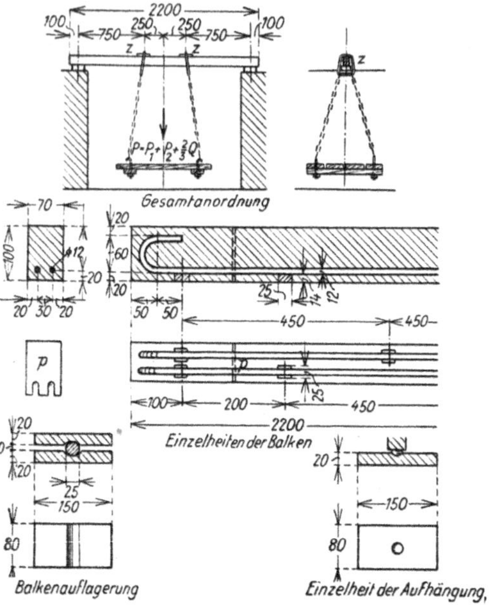

Abb. 3

Die aus der Bruchlast errechnete Biegungsdruckfestigkeit ergibt sich aber immer um das 1,2- bis 1,5fache größer als die Würfeldruckfestigkeit. Sie soll nach den obigen Vorschriften mindestens $^4/_3$ der geforderten Würfeldruckfestigkeit betragen.

Über die sonstigen Festigkeits- und elastischen Eigenschaften des Betons siehe „Baustoffe“, S. 280.

Das **Eisen** für Bauwerke aus Eisenbeton muß an Güte und Bearbeitung den für Eisenbauwerke der gleichen Art (Brücken, Hochbauten u. a.) geltenden Vorschriften und Bedingnissen entsprechen. Für kleinere Bauten kann Lagereisen verwendet werden. Das Eisen entspricht, wenn bei einem Umbug um 180°, mit einem inneren Durchmesser des Umbuges gleich der Eisenstärke, an der Zugseite keine Risse entstehen. Zerreißproben werden nur in besonderen Fällen bei sehr ungünstig beanspruchten Bauteilen oder bei solchen gefordert, in denen eine höhere als die normale Eisenfestigkeit vorausgesetzt wird.

Kaltbiegen ist bei Herstellung von Haken bis zu einer Eisenstärke von 20 mm zulässig, bei Abbiegungen von Rundeisen bis zu einer Stärke von 28 mm. Beim Warmbiegen ist das Eisen möglichst nur mit einmaligem Erwärmen auf Rotglut zu biegen, ohne daß es überhitzt wird.

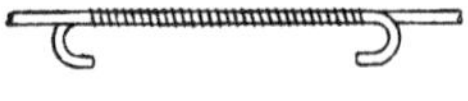

Abb. 4

Die Stoßverbindung der Rundeisen wird gewöhnlich durch Übergreifen, Umwicklung mit weichem Draht und hakenförmiges Abbiegen der Enden ausgeführt (Abb. 4).

Die Länge des Übergriffes soll den 30fachen Durchmesser der Eisen, mindestens aber 50 cm betragen. Die Verbindung durch Schweißung ist nicht immer ganz zuverlässig, überdies, so wie die Verbindung durch aufgeschraubte Muffen, für die Ausführung umständlich und teuer. Eisenteile, die entwürfsgemäß aus einem Stück bestehen sollen, dürfen nicht aus mehreren Stücken zusammengesetzt werden.

Die Bewehrung besteht in der Regel aus Rundeisen, in bei uns weniger angewendeten Ausführungen aus Flach- oder Profileisen (Thatcher-Eisen, Kahn-Eisen, d. s. Rund- oder Vierkantstäbe mit angewalzten, dann aufgeschnittenen und aufgebogenen seitlichen Flügellappen) oder auch aus biegungssteifen Einlagen (nietlosen Gitterträgern, Walz- oder Gitterträgern).

Bauweisen

Der Eisenbeton hat sich in folgenden Bauweisen entwickelt:

1. **Monier-Bauweise** mit schichtweiser Einlagerung von dünnen Rundeisenstäben, die durch schwächere Querstäbe zu einem Netz mit rechteckigen Maschen verbunden sind. Gewöhnlich liegt nur ein Netz auf der Zugseite der plattenförmigen Tragkörper; wechselt die Zugseite, wie bei durchgehenden Platten, so ist das Netz abzubiegen oder es sind, wie bei Gewölben, zwei Netze nahe den Leibungen anzuordnen.

2. Die **Bauweise nach Hennebique**, bei welcher die auf der Zugseite anzubringenden Eisen die Form stärkerer Rundeisenstangen erhalten, die in den Beton mittels Bügel aus schwachem Rund- oder Flacheisen einzubinden sind. Es werden auf solche Art bewehrte Betonbalken und Rippentragkörper (Plattenbalken und Rippengewölbe) gebildet.

3. Die **Bauweisen mit steifer Bewehrung,** darunter besonders die steif bewehrten Bogen und Gewölbe nach **Bauweise Melan,** d. s. Stampfbetonbogen, deren Bewehrung aus eisernen, in 0,8 bis 1,2 m Abstand liegenden, in die Betonmasse eingebetteten Bogenrippen besteht. Für letztere werden gebogene Walzträger, bei größeren Gewölben genietete Gitterträger angewendet. Die steife Bewehrung bietet den Vorteil, daß sie zum Tragen der Schalung herangezogen werden kann, wodurch namentlich bei großen Bogen nicht nur das Lehrgerüst entlastet und verbilligt, sondern auch eine bessere Ausnützung der Eisenfestigkeit erzielt wird.

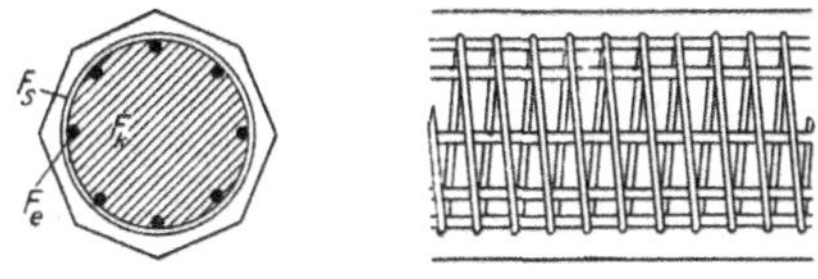

Abb. 5

4. Der **umschnürte Beton (Beton fretté) nach Considère.** Auf Druck beanspruchte Bauteile (Säulen, Stützen, Druckstäbe) erhalten hier nebst einer aus Rundeisen bestehenden Längsbewehrung eine ringförmige Umschnürung mittels einer nahe am Umfange gelegenen Rundeisenspirale (Abb. 5). Hiedurch wird infolge Behinderung der Querdehnung die Druckfestigkeit des Betons erhöht.

5. Die **Bauweise Emperger** verwendet für vornehmlich auf Druck beanspruchte Bauteile (Säulen, Gewölbe) umschnürte Verbundkörper aus Beton und Gußeisen.

B. Grundzüge der Theorie des Eisenbetons

Unter der Voraussetzung, daß der Verbund ein vollkommener ist und kein Gleiten des Eisens im Beton stattfindet, müssen die beiden Baustoffe in ihrer Berührungsfläche die gleichen Längenänderungen annehmen. Es ist sonach, wenn E_e den Elastizitätsmodul des Eisens, E_b jenen des Betons, σ_e die Eisenspannung, σ_b die Betonspannung an der gleichen Querschnittsstelle bezeichnet,

$$\frac{\sigma_e}{E_e} = \frac{\sigma_b}{E_b}, \text{ demnach } \sigma_e = \frac{E_e}{E_b}\,\sigma_b.$$

Tabelle der Rundeisen für Eisenbeton

Durchmesser cm	Gewicht kg/m	Umfang cm	Anzahl der Rundeisen										15 F
			1	2	3	4	5	6	7	8	9	10	
			Querschnitt cm²										
0,5	0,15	1,57	0,20	0,39	0,59	0,78	0,98	1,18	1,37	1,57	1,76	1,96	2,95
0,6	0,22	1,89	0,28	0,57	0,85	1,13	1,41	1,70	1,98	2,26	2,55	2,83	4,25
0,7	0,30	2,20	0,38	0,77	1,16	1,54	1,93	2,31	2,70	3,08	3,47	3,85	5,70
0,8	0,40	2,51	0,50	1,01	1,51	2,01	2,52	3,02	3,52	4,02	4,53	5,04	7,50
0,9	0,50	2,83	0,64	1,27	1,91	2,54	3,18	3,82	4,45	5,09	5,72	6,36	9,54
1,0	0,62	3,14	0,79	1,57	2,36	3,14	3,93	4,71	5,50	6,28	7,06	7,85	11,85
1,1	0,75	3,46	0,95	1,90	2,85	3,80	4,75	5,70	6,65	7,60	8,55	9,50	14,25
1,2	0,89	3,77	1,13	2,26	3,39	4,52	5,65	6,78	7,91	9,04	10,17	11,30	17,00
1,3	1,04	4,08	1,33	2,66	3,99	5,32	6,65	7,98	9,31	10,64	11,97	13,30	19,95
1,4	1,21	4,40	1,54	3,08	4,62	6,16	7,70	9,42	10,78	12,32	13,86	15,40	23,10
1,5	1,39	4,71	1,77	3,54	5,31	7,08	8,85	10,62	12,39	14,14	15,93	17,70	27,50
1,6	1,58	5,03	2,01	4,02	6,03	8,04	10,05	12,06	14,07	16,08	18,09	20,10	30,16
1,7	1,78	5,34	2,27	4,54	6,81	9,08	11,35	13,62	15,89	18,16	20,43	22,70	34,05
1,8	2,00	5,65	2,54	5,08	7,62	10,16	12,70	15,24	17,78	20,32	22,86	25,40	38,10
1,9	2,23	5,97	2,84	5,68	8,52	11,36	14,20	17,05	19,88	22,72	25,56	28,40	42,52
2,0	2,47	6,28	3,14	6,28	9,42	12,57	15,70	18,84	21,98	25,12	28,26	31,40	47,10
2,1	2,72	6,60	3,46	6,92	10,38	13,84	17,30	20,76	24,22	27,68	31,14	34,60	51,90
2,2	2,98	6,91	3,80	7,60	11,40	15,20	19,00	22,80	26,60	30,40	34,20	38,00	57,02
2,3	3,26	7,23	4,15	8,30	12,45	16,60	20,75	24,90	29,05	33,20	37,35	41,50	62,25
2,4	3,55	7,54	4,52	9,04	13,56	18,08	22,60	27,12	31,64	36,16	40,68	45,20	67,85
2,5	3,85	7,85	4,91	9,82	14,73	19,64	24,55	29,64	34,37	39,28	44,19	49,10	73,65
2,6	4,19	8,17	5,31	10,62	15,93	21,24	26,55	31,86	37,17	42,48	47,79	53,10	79,65
2,7	4,50	8,48	5,73	11,46	17,19	22,92	28,65	34,38	40,11	45,84	51,57	57,30	85,95
2,8	4,84	8,80	6,16	12,32	18,48	24,63	30,80	36,96	43,12	49,28	55,44	61,60	92,36
2,9	5,19	9,11	6,61	13,22	19,83	26,44	33,05	39,66	46,27	52,88	59,49	66,40	99,15
3,0	5,55	9,42	7,07	14,14	21,21	28,28	35,35	42,42	49,49	56,56	63,63	70,70	106,00
3,1	5,93	9,74	7,55	15,09	22,64	30,19	37,74	45,29	52,83	60,38	67,93	75,48	113,22
3,2	6,31	10,05	8,04	16,08	24,13	32,17	40,21	48,26	56,30	64,34	72,38	80,42	120,63
3,3	6,72	10,37	8,55	17,11	25,66	34,21	42,76	51,32	59,87	68,42	76,97	85,53	128,29
3,4	7,13	10,68	9,08	18,16	27,24	36,32	45,40	54,48	63,56	72,63	81,71	90,79	136,19
3,5	7,56	11,00	9,62	19,24	28,86	38,48	48,11	57,73	67,34	76,97	86,59	96,21	144,39
3,6	8,00	11,31	10,18	20,36	30,54	40,72	50,90	61,07	71,26	81,43	91,61	101,79	152,69
3,7	8,45	11,62	10.75	21,50	32,26	43,01	53,76	64,51	75,27	86,02	96,77	107,52	161,28
3,8	8,89	11.94	11,34	22,68	34,02	45,36	56,70	68,04	79,38	90,73	102,07	113,41	170.11
3,9	9,40	12,25	11,94	23,89	35,84	47,78	59,73	71,68	83,62	95,57	107,51	119,46	179,19
4,0	9,86	12,57	12,56	25,13	37,70	50,26	62,83	75,40	87,96	100,53	113,09	125,66	188,49

Die Spannungen der beiden Baustoffe an der örtlich gleichen Stelle verhalten sich wie ihre Elastizitätsmoduln und es läßt sich der Verbundkörper hinsichtlich der Wirkung der in einem Querschnitt auftretenden Normalspannungen durch einen Körper aus einheitlichem Baustoff (Beton) ersetzen, wenn man die von dem anderen Baustoffe (Eisen) eingenommenen Querschnittsflächenteile mit dem $n = \frac{E_e}{E_b}$ fachen Betrage in Rechnung bringt.

Der Elastizitätsmodul E_b ist aber nicht nur je nach der Beschaffenheit des Betons (Zusammensetzung, Alter) verschieden, sondern auch mit der Größe der Spannung veränderlich. Die Rechnung, der die Gültigkeit des Hookeschen Gesetzes mit einem Mittelwert von E_b und die Naviersche Biegungstheorie unter Voraussetzung eben bleibender Querschnitte zugrunde gelegt wird, kann demnach in allen Fällen nur angenäherte Werte der Spannungen liefern. Man hat dabei aber auch verschiedene Phasen der Beanspruchung zu unterscheiden.

Phase I. Der Beton hat im ganzen Querschnitt des Verbundkörpers das gleiche Dehnungsmaß. Es wird sonach der volle Betonquerschnitt mit einem konstanten E_b als wirksam in Rechnung gestellt. Diese Annahme ist zulässig, wenn im Querschnitt nur Druck- und keine oder nur geringe Zugspannungen auftreten. Die Zugspannungsgrenze wird für diese Berechnungsart nach den schweizerischen Eisenbetonbestimmungen (1915) für Hochbauten mit 10 kg/cm², für Brücken mit 8 bis 9 kg/cm², nach den deutschen Vorschriften (1925) mit $^1/_5$ der zulässigen Betondruckspannung, nach dem Entwurf der Vorschriften für Eisenbetonbauten in der Tschechoslowakischen Republik, wohl allzu niedrig, mit 4 bis 5 kg/cm² angesetzt. Phase I ist sonach der Berechnung der Spannungen in zentrisch belasteten Tragkörpern und im allgemeinen auch jenen in exzentrisch gedrückten Stützen sowie in Gewölben zugrunde zu legen.

Es bezeichnet n das Verhältnis der Elastizitätsmoduli $n = \frac{E_e}{E_b}$.

Gewöhnlich wird mit dem Mittelwert $n = 15$ gerechnet. Für frischen Beton oder hohe Spannungen kann n den Wert 20 und darüber annehmen, für harten Beton aber unter 10 herabsinken.

Die Vorschriften in Österreich, den Nachfolgestaaten, in Deutschland u. a. setzen $n = 15$; nach den schweizerischen Vorschriften ist für das gedrückte Eisen $n = 10$, für das gezogene Eisen $n = 20$; nach den nordamerikanischen Bestimmungen (1921)

$n = 40$	bei Betondruckfestigkeiten	unter 56	kg/cm²
$n = 15$	„ „	von 56 bis 152	kg/cm²
$n = 12$	„ „	„ 152 bis 204	kg/cm²
$n = 10$	„ „	über 204	kg/cm²;

nach den französischen Eisenbetonbestimmungen (1906) ist mit $n = 15$ zu rechnen, wenn der Durchmesser der Eiseneinlagen nicht mehr als $^1/_{20}$ der kleinsten Querschnittsabmessung des Bauteiles beträgt, und mit $n = 8$, wenn er $^1/_{10}$ dieser Abmessung ist.

Ist F_b der Betonquerschnitt, F_e der Eisenquerschnitt, so ist die Fläche des ideellen homogenen Querschnittes

$$F = F_b + n F_e, \qquad (1)$$

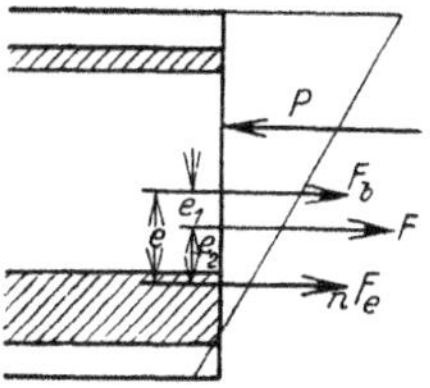

Abb. 6

und die Lage seines Schwerpunktes (Abstand vom Schwerpunkt der Betonfläche) ergibt sich bei dem Abstande e der Schwerpunkte der Teilflächen (Abb. 6) aus

$$e_1 = \frac{n F_e}{F_b + n F_e} e. \qquad (2)$$

Das Trägheitsmoment J des ideellen Querschnittes rechnet sich, wenn J_b und J_e die auf ihre Schwerachsen bezogenen Trägheitsmomente der Teilflächen sind, aus

(3) $$J = J_b + F_b e_1^2 + n\,(J_e + F_e e_2^2) = J_b + n\,J_e + e_1 e\,F_b.$$

Bei zur Achse des Betonquerschnittes symmetrischer Bewehrung fallen die drei Schwerpunkte zusammen und es ist

$$J = J_b + n\,J_e.$$

An Stelle des Verbundquerschnittes ist sonach der einheitliche Betonquerschnitt mit der ideellen Fläche F und dem auf deren Schwerpunkt bezogenen Trägheitsmomente J zu setzen und es berechnet sich die Betonspannung im Abstande v von der durch den ideellen Schwerpunkt gelegten Schwerachse aus

(4) $$\sigma_b = \frac{P}{F} + \frac{M\,v}{J},$$

die Eisenspannung im Abstande v' von dieser Achse aus

(5) $$\sigma_e = n\left(\frac{P}{F} + \frac{M\,v'}{J}\right).$$

P ist die auf den Querschnitt wirkende Druckkraft, M ihr auf die ideelle Schwerachse wirkendes Moment. Bei zentrischer, d. i. in der ideellen Schwerachse wirkender Belastung ist $M = O$, die Betonspannung $\sigma_b = \frac{P}{F}$, die Eisenspannung $n$fach größer.

Phase II. Der Beton nimmt nur Druck-, aber keine Zugspannungen auf. Für letztere muß zur Gänze die Eisenbewehrung aufkommen. Dieser Zustand wird in Wirklichkeit allerdings erst eintreten, wenn die Rißgrenze erreicht ist, doch wird sich ihm infolge der geringen Zugaufnahmsfähigkeit des Betons das Verhalten des Verbundkörpers auch schon früher nähern. Die nach dieser Annahme (Abb. 7) berechneten Druckspannungen im Beton und Zugspannungen im Eisen ergeben sich, solange die Rißgrenze nicht erreicht ist, gegenüber der Wirklichkeit etwas zu groß. Wollte man die Mitwirkung des Betons für die Aufnahme der Zugkräfte in Berücksichtigung ziehen, so müßte, wenn man die Naviersche Biegungstheorie mit ebenbleibenden Querschnitten gelten läßt, für die gezogenen Querschnittsteile des Betons mit einem stark verminderten Elastizitätsmodul gerechnet werden. Dies führt zu einer Berechnung nach

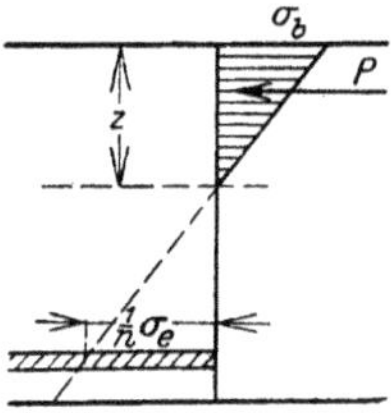

Abb. 7

Phase IIa. Es wird dabei auch für die Zugzone des Betons eine lineare Spannungsverteilung, sonach ein konstanter Elastizitätsmodul E_{bz} eingeführt, der aber kleiner als jener der Druckelastizität E_b ist. (Abb. 8.) Setzt man

$$E_e = n\,E_b, \qquad E_{bz} = \mu\,E_b$$

und bezeichnet

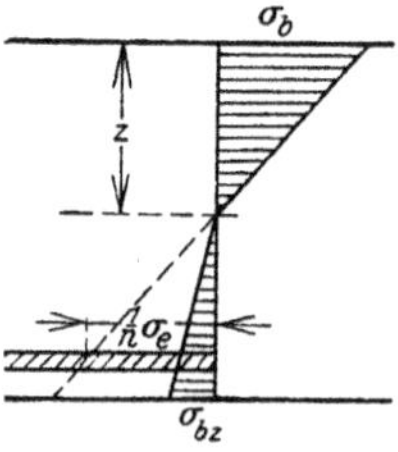

Abb. 8

S_d das statische Moment des Querschnittsteiles der Druckzone des Betons,
S_z „ „ „ „ „ „ Zugzone „ „
S_e „ „ „ „ Eisenquerschnittsfläche (im Drehsinn der Zugrichtung),

J_d das Trägheitsmoment des Querschnittsteiles der Druckzone des Betons,
J_z ,, ,, ,, ,, ,, Zugzone ,, ,,
J_e ,, ,, der Eisenquerschnittsfläche,
P die Achsialkraft,
M_o das äußere Angriffsmoment; dieses sowie sämtliche statische und Trägheitsmomente bezogen auf die Nullinie (neutrale Achse) des Querschnittes,
σ_o die Betondruckspannung im Abstande 1 von der Nullinie,
so hat man zur Bestimmung der Lage der Nullinie und der Spannung σ_o die beiden Gleichungen:

$$\sigma_o (S_d - \mu S_z - n S_e) = P,$$
$$\sigma_o (J_d + \mu J_z + n J_e) = M_o. \tag{6}$$

Die Randspannungen in Beton und Eisen (Abb. 8) werden:

$$\sigma_{bd} = \sigma_o a_1, \qquad \sigma_{bz} = \mu \sigma_o a_2, \qquad \sigma_e = n \sigma_o a_3. \tag{7}$$

Die Annahme $\mu = 0$ entspricht der Phase II, $\mu = 1$ der Phase I. Für n gelten die oben angegebenen Werte, μ wird mit 0,3 bis 0,4 angenommen.

C. Berechnungsformeln

1. Säulen und Stützen, desgleichen auch Gewölbe mit zentrischer Belastung

Längsbewehrung. Bewehrungsziffer $\alpha = \frac{F_e}{F_b}$

$$\text{ideelle Fläche } F = F_b + n F_e = F_b (1 + n \alpha), \tag{8}$$

$$\text{Betondruckspannung } \sigma_b = \frac{P}{F}, \quad \text{Eisendruckspannung } \sigma_e = n \sigma_b.$$

Nach den österreichischen Betonvorschriften ist die Längsbewehrung nur dann als mittragend zu rechnen, wenn ihr Querschnitt mindestens 0,8 v. H. des Betonquerschnittes, die Bewehrungsziffer sonach $\alpha \gtrless 0{,}008$ (bei Gewölben mindestens 0,004) beträgt. Nach den neuen deutschen Betonvorschriften soll die Längsbewehrung von Säulen bei einem Verhältnis von Säulenhöhe zur kleinsten Dicke der Säule > 10 mindestens 0,8 v. H., bei einem Verhältnis $= 5$ mindestens 0,5 v. H. des statisch erforderlichen Betonquerschnitts betragen. Macht der Eisenquerschnitt mehr als 3 v. H. aus, so darf der Mehrbetrag an Eisen über $\alpha = 0{,}03$ nur mit dem dritten Teil in Rechnung gestellt werden.

Nach den ungarischen Eisenbetonbestimmungen darf α höchstens mit 0,04 angesetzt werden. Nach dem Entwurfe für die tschechoslowakischen Eisenbetonvorschriften ist für die ideelle Querschnittsfläche eines zentrisch gedrückten Bauteiles zu setzen:

$$F = F_b + 15 F_e + \left(18 - \frac{10 v}{d}\right) F_s.$$

Es bezeichnet: F_s die Querschnittsfläche eines gedachten Längseisens, welches auf 1 m Länge der Säule das gleiche Gewicht hat, wie alle auf die gleiche Länge entfallenden Querbewehrungen;
v die Abstände der Querbewehrungen;
d die kleinste Stärke der Säule.

Die Eiseneinlagen müssen für sich allein unter Annahme einer freien Knicklänge gleich dem Abstande der Querverbände knicksicher sein; letztere sind in Abständen höchstens gleich dem kleinsten durch den Schwerpunkt des Querschnittes gezogenen Durchmesser des Druckgliedes anzuordnen.

Umschnürter Beton mit einer Querbewehrung aus geschlossenen Kreisringen (Ringbügel, die entsprechend tief in dem Betonkern verankert sind) oder zusammenhängenden Schraubenwindungen von kreisförmigem Grundriß, bei denen das Verhältnis des Abstandes der Ringe oder der Ganghöhe der Schraubenwindung zum Durchmesser des Kernquerschnittes $< \frac{1}{5}$ ist (siehe Abb. 5). Es bezeichnet

F_b den vollen Betonquerschnitt,
F_k „ umschnürten Kernquerschnitt,
F_e „ Querschnitt der Längseisen,
F_s „ „ eines gedachten Längseisens, das auf die Längseinheit das gleiche Gewicht hat wie die Querbewehrung.

Für die ideelle Fläche eines solchen Druckgliedes ist zu setzen:
nach den österreichischen Eisenbetonbestimmungen

$$F = F_b + 15\,F_e + 30\,F_s, \text{ höchstens } F = 1{,}5\ (F_b + 15\,F_e) \text{ oder } 2\,F_b;$$

nach den deutschen Eisenbetonbestimmungen

$$F = F_k + 15\,F_e + 45\,F_s, \text{ höchstens } F = 2\,F_b;$$

nach dem tschechoslowakischen Entwurfe

$$F = 1{,}3\,F_k + 15\,F_e + 36\,F_s, \text{ höchstens } F = 1{,}6\ (F_b + 15\,F_e) \text{ oder } 2\,F_b;$$

nach den Schweizer Eisenbetonbestimmungen

$$F = F_b + 10\,F_e + 24\,F_s, \text{ höchstens } F = 1{,}5\ (F_b + 10\,F_e)$$

Die Längsbewehrung F_e soll mindestens $^1/_3\ F_s$ sein. Die Ganghöhe der Schraubenlinie oder der Abstand der Ringbügel kleiner als $^1/_5$ Kerndurchmesser, jedenfalls kleiner als 8 cm. Quadratischen oder rechteckigen Umschnürungen wird eine Erhöhung der Tragfähigkeit nicht zuerkannt. (Deutsche Bestimmungen.)

Knickung. Druckglieder, deren Schlankheitsverhältnis, d. i. freie Knicklänge : Trägheitshalbmesser, $\frac{L}{i} > 60$ ist, sind auf Knicken zu berechnen. Für sie ist die für zentrische Druckbelastung zugelassene Spannung (S. 356) mit einem Abminderungsbeiwert $\eta = 1{,}72 - 0{,}012\,\frac{L}{i}$ zu multiplizieren. (Österreichische Bestimmungen.) Nach dem tschechoslowakischen Entwurfe ist die Berechnung auf Knickung durchzuführen, wenn die freie Länge L, d. i. die Länge zwischen zwei gegen Ausweichen gesicherten Punkten, größer ist als die 18fache kleinste Breitenabmessung. Es ist der gleiche Abminderungsbeiwert η wie oben einzuführen. Bei der Berechnung von Druckgliedern ist auf gegebenenfalls gleichzeitig auftretende Biegungsmomente und auch auf eine exzentrische Lastwirkung Rücksicht zu nehmen. Ist die Höhe einer belasteten Säule größer als die zwanzigfache kleinste Breitenabmessung, so ist die Berechnung auch unter Annahme eines exzentrischen Druckes mit einem Hebelarme von $\frac{1}{200}L$ vorzunehmen. Nach den deutschen Bestimmungen sind Säulen oder Stützen für die ω-fache Belastung zu bemessen. Die Knickzahl $\omega \left(= \frac{1}{\eta}\right)$ ist entsprechend dem Verhältnis Stützenlänge L zur kleinsten Dicke a wie folgt anzunehmen, für quadratische und rechteckige Stützen mit Bügelbewehrung

bei L: $a =$ 15	20	25
$\omega =$ 1,0	1,25	1,75

für umschnürte Stützen

bei L: $a =$ 13	20	25
$\omega =$ 1,0	1,7	2,7

2. Exzentrische Druckbelastung

Auf den Querschnitt des Verbundkörpers wirkt eine achsiale Druckkraft P und ein auf die Schwerachse bezogenes Moment M, wobei aber vorausgesetzt wird, daß die allfällig auftretenden Zugspannungen so gering sind, daß noch der Zustand der Phase I angenommen werden kann. Bei symmetrischer Querschnittsform und Bewehrung werden mit den ideellen Querschnittsgrößen F und J und den Randabständen a_1 und a_2 des Betons und Eisens die Randspannungen

$$\sigma_b = \frac{P}{F} + \frac{M}{J} a_1, \quad \sigma_e = n\left(\frac{P}{F} + \frac{M}{J} a_2\right), \tag{9}$$

welche die zulässigen Spannungen für exzentrischen Druck nicht übersteigen dürfen.

Exzentrisch gedrückte Säulen. Abb. 9. Bei der Exzentrizität e ist die Ausbiegung der Säule von der Länge l angenähert:

$$f = \frac{P l^2}{\pi^2 E J - P l^2} \cdot e \text{ und}$$

$$e + f = \frac{\pi^2 E J}{\pi^2 E J - P l^2} \cdot e = \frac{0{,}14 J}{0{,}14 J - P l^2} \cdot e$$

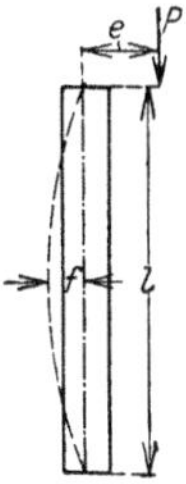

Abb 9.

(P in ton., l in m, J in cm). Damit ist die der zulässigen Spannung für exzentrischen Druck gleichzusetzende Randspannung im Beton

$$\sigma_b = P\left(\frac{1}{F} + \frac{0{,}14\, e\, a_1}{0{,}14 J - P l^2}\right). \tag{10}$$

Es darf aber auch $\frac{P}{F}$ die zulässige Knickspannung für zentrischen Druck nicht überschreiten.

Nach den österreichischen und tschechoslowakischen Eisenbetonbestimmungen gilt für exzentrisch belastete Druckglieder $\frac{1}{\eta}\frac{P}{F} + \frac{P e}{J} a_1 = \sigma_b$.

Darin ist η der oben angegebene Abminderungsbeiwert für Knickung und σ_b die für exzentrischen Druck zulässige Betonspannung.

Eine Querbewehrung oder Umschnürung vergrößert nur die ideelle Querschnittsfläche, nicht aber das Trägheitsmoment; sie hat sonach auf die Biegungsbeanspruchung keinen Einfluß.

3. Auf Biegung beanspruchte Platten und Rechteckbalken

Auf den Querschnitt wirkt bloß ein Biegungsmoment M.

a) Allgemeine Lösung

Es bezeichnet (Abb. 10):

h die Höhe, b die Breite des Balkens,
F_e Fläche des Eisenquerschnittes $= \alpha \cdot b\, h$,
J_e das Trägheitsmoment des Eisenquerschnittes, bezogen auf seine Schwerachse,
h' Abstand des Eisenschwerpunktes vom Druckrande des Betons,
z Abstand der neutralen Achse vom Druckrande.

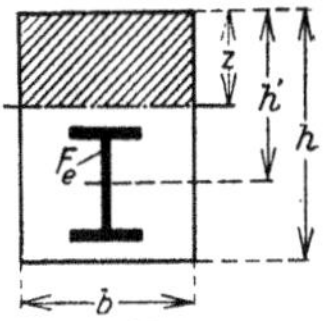

Abb. 10

Die erste der beiden allgemeinen Gl. (6) $S_d - \mu S_z - n S_e = 0$, liefert:

$$z = \frac{h}{1-\mu}\left[-(\mu + n\alpha) + \sqrt{(\mu + n\alpha)^2 + (1-\mu)\left(\mu + 2 n \alpha \frac{h'}{h}\right)}\right] \tag{11}$$

und die zweite

$$(12)\quad \sigma_0 = M : \left\{ \frac{1}{3} \mu b \left(\left(h - \frac{2}{3} z\right) (h - z)^2 + n \left[J_e + F_e (h' - z) \left(\left(h' - \frac{1}{3} z\right) \right) \right] \right\}$$

womit die Randspannungen nach Gl. (7) zu berechnen sind.

Für den Balken oder die Platte mit einfacher schlaffer Bewehrung auf der Zugseite ist in vorstehender Formel $J_e = 0$ zu setzen.

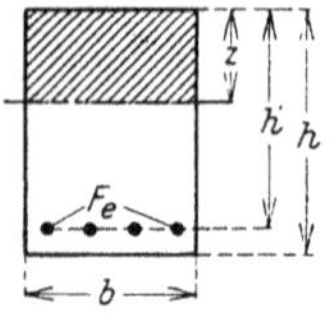

Abb. 11

b) Einfache schlaffe Bewehrung. Berechnung nach Phase II (Abb. 11)

Querschnitt der schichtförmigen Eiseneinlage $F_e = a' \, b \, h'$

für die Breite 1 ...... $f_e = \frac{F_e}{b} = a' \, h'$

a' Bewehrungsziffer bezogen auf die Balkenhöhe h'. Mit $\mu = 0$, $J_e = 0$ folgt aus (11)

$$(13)\quad z = \left[- n a' + \sqrt{(n a')^2 + 2 n a'} \right] h',$$

$$J = \frac{1}{3} n F_e (h' - z)(3 h' - z) = \frac{1}{6} b z^2 (3 h' - z),$$

Damit rechnet sich die Betonrandspannung $\sigma_b = \dfrac{2 M}{b z (h' - \frac{1}{3} z)}$

$$(14)\quad \text{die Eisenspannung} \; .....\; \sigma_e = \frac{M}{F_e (h' - \frac{1}{3} z)}$$

Dem Verhältnis $\dfrac{\sigma_e}{\sigma_b} = k$ entspricht eine Bewehrungsziffer $a' = \dfrac{n}{2 k (k + n)}$

und $z = \dfrac{n}{k + n} h'$.

Mit der zulässigen Betondruckspannung σ_b ergibt sich dafür die Balkenhöhe h':

$$h' = \sqrt{\frac{6 (k + n)^2}{n (3 k + 2 n)}} \cdot \sqrt{\frac{M}{b \sigma_b}} = \frac{\sigma_e + n \sigma_b}{\sigma_b \sqrt{n \left(\frac{1}{2} \sigma_e + \frac{1}{3} n \sigma_b\right)}} \cdot \sqrt{\frac{M}{b}}$$

(15)

$$\text{die Eisenfläche } F_e = \frac{n}{2 k (k + n)} b h' = \frac{n \sigma_b}{2 \sigma_e \sqrt{n \left(\frac{1}{2} \sigma_e + \frac{1}{3} n \sigma_b\right)}} \sqrt{M \cdot b}.$$

Für eine Platte bezeichne

M (tm) das auf 1 m Plattenbreite wirkende Moment,
h' (cm) die nutzbare Plattenstärke,
F_e (cm²) die Eisenbewehrung auf 1 m Breite.

Mit $n = 15$ ergibt sich:

$$h' = 20 \frac{\sigma_e + 15 \sigma_b}{\sigma_b \sqrt{3 \sigma_e + 30 \sigma_b}} \sqrt{M} = C_1 \sqrt{M}.$$

(16)

$$F_e = \frac{15000 \sigma_b}{\sigma_e \sqrt{3 \sigma_e + 30 \sigma_b}} \sqrt{M} = C_2 \sqrt{M}.$$

Für einen Balken von der Breite b (m), auf den ein Moment M (tm) wirkt, ist

$$(16a)\quad h' \text{ (cm)} = C_1 \sqrt{\frac{M}{b}}; \; F_e \text{ (cm}^2) = C_2 \sqrt{M b}$$

Die Beiwerte C_1 und C_2 sind nachstehender Tafel zu entnehmen.

Tafel I

σ_b	$\sigma_e = 800$		$\sigma_e = 900$		$\sigma_e = 1000$		$\sigma_e = 1100$		$\sigma_e = 1200$	
	C_1	C_2	C_1	C_2	C_1	C_2	C_1	C_2	C_1	C_2
18	22,16	6,224	22,84	5,270	23,72	4,538	24,56	3,964	25,78	3,497
20	20,08	6,854	20,89	5,802	21,66	5,000	22,42	4,367	23,20	3,858
22	18,57	7,457	19,29	6,326	20,00	5,454	20,64	4,767	21,30	4,213
24	17,31	8,056	17,96	6,839	18,58	5,901	19,02	5,162	19,78	4,564
25	16,75	8,360	17,37	7,094	17,96	6,124	18,54	5,357	19,11	4,738
26	16,23	8,645	16,82	7,345	17,39	6,343	17,94	5,550	18,48	4,911
28	15,31	9,223	15,85	7,841	16,37	6,778	16,87	5,934	17,37	5,253
30	14,50	9,790	15,00	8,333	15,48	7,206	15,94	6,312	16,40	5,590
32	13,80	10,005	14,26	8,815	14,70	7,628	15,13	6,685	15,55	5,924
34	13,17	10,900	13,60	9,293	14,01	7,999	14,41	7,054	14,80	6,252
35	12,89	11,173	13,30	9,527	13,69	8,247	14,08	7,236	14,46	6,416
36	12,62	11,440	13,01	9,759	13,40	8,454	13,76	7,418	14,13	6,579
38	12,12	11,975	12,49	10,220	12,84	8,859	13,19	7,777	13,53	6,899
40	11,67	12,500	12,01	10,675	12,34	9,258	12,67	8,131	12,99	7,216
42	11,26	13,000	11,58	11,123	11,89	9,652	12,20	8,481	12,50	7,531
44	10,88	13,527	11,18	11,501	11,48	10,042	11,77	8,826	12,05	7,841
45	10,71	13,782	11,00	11,785	11,29	10,234	11,57	9,000	11,84	7,995
46	10,54	14,029	10,82	12,002	11,10	10,426	11,38	9,169	11,64	8,148
48	10,22	14,582	10,55	12,433	10,75	10,806	11,01	9,508	11,27	8,451
50	9,93	15,009	10,18	12,858	10,43	11,180	10,68	9,841	10,92	8,752

Zwischen der Balkenhöhe h', der Zugbewehrung F_e und den Spannungen σ_b und σ besteht auch die Beziehung

$$M = \frac{\sigma_e + 10\,\sigma_b}{\sigma_e + 15\,\sigma_b} \cdot F_e\, h'\, \sigma_e. \tag{17}$$

Hierin sind alle Größen auf die gleiche Maßeinheit bezogen.

Die Formel (15) bzw. (16) mit den Tafelwerten dient zur Dimensionierung. Bei gegebenen Abmessungen rechne man die Spannungen nach den Formeln (13) und (14).

c) Doppelt bewehrte Platten und Rechteckbalken. Berechnung nach Phase II. (Abb. 12)

Es bezeichnet F_o den Querschnitt der Bewehrung auf der Druckseite,
F_u den Querschnitt der Bewehrung auf der Zugseite,
h_o und h_u die Abstände der schichtförmigen Eiseneinlagen vom Druckrande des Betons,
h die totale Balkenhöhe.

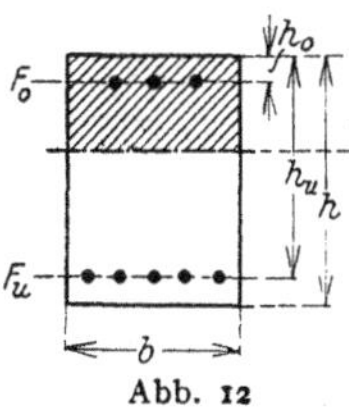

Abb. 12

Aus Gl. (6) $S_d - n\,S_e = 0$ folgt der Abstand der neutralen Achse vom Druckrande

$$z = \left[-n\,(F_u + F_o) + \sqrt{n^2\,(F_u + F_o)^2 + 2\,n\,(h_u F_u + h_o F_o)\,b}\right]\frac{1}{b},$$
$$J = \frac{1}{3}\left[(h_u - z)\,(3\,l_u - z)\,n\,F_u + (z - h_o)\,(z - 3\,h_o)\,n\,F_o\right], \tag{18}$$

womit sich berechnet:

Druckspannung im Beton

$$(19)\qquad \sigma_b = \frac{3\,M\,z}{(h_u - z)\,(3\,h_u - z)\,n\,F_u + (z - h_o)\,(z - 3\,h_o)\,n\,F_o}.$$

Eisenzugspannung

$$\sigma_e = n \cdot \frac{3\,M\,(h_u - z)}{(h_u - z)\,(3\,h_u - z)\,n\,F_u + (z - h_o)\,(z - 3\,h_o)\,n\,F_o}.$$

Eine Druckbewehrung ist dann am Platze, wenn die Zugbewehrung so stark ist, daß bei Einhaltung der zulässigen Betondruckspannung die Eisenzugspannung nicht bis zur zulässigen Grenze ausgenützt wird. Ist die Zugbewehrung bereits mit der höchsten zulässigen Spannung beansprucht, so bringt eine Bewehrung auf der Druckseite keinen Gewinn. Bei Rechteckbalken und Platten ist letzteres der Fall, wenn die Bewehrungsziffer $\alpha' < \frac{15}{2\,k\,(15 + k)}$, d. i. bei einem Verhältnis $k = \sigma_e : \sigma_b = 30$ bis 20, wenn $\alpha' < 0{,}55$ bis $1{,}07$ v. H. ist.

Die Dimensionierung doppelt bewehrter Platten und Balken wird durch die graphische Tafel (Abb. 13) sehr erleichtert.

Es werden die Bewehrungsziffern $\alpha_o = \frac{F_o}{b\,h}$ und $\alpha_u = \frac{F_u}{b\,h}$ eingeführt und die Abstände der Eisen von den Außenflächen mit dem Mittelwerte $0{,}1\,h$, sonach $h_o = 0{,}1\,h$, $h_u = 0{,}9\,h$ angenommen.

Man erhält dann aus Gl. (18) durch Umformung, wenn $z = \zeta \cdot h$ gesetzt wird,

$$\alpha_u = \frac{\zeta - 0{,}1}{0{,}9 - \zeta}\,\alpha_o - \frac{\zeta^2}{27 - 30\,\zeta}$$

und mit $\zeta = \frac{13{,}5}{k + 15}$

$$(20)\qquad \alpha_u = \frac{12 - 0{,}1\,k}{0{,}9\,k}\,\alpha_o + \frac{6{,}75}{k\,(15 + k)}.$$

Trägt man die Bewehrungsziffern α_o und α_u nach einem rechtwinkligen Achsenkreuze auf, so stellt Gl. (20) bei veränderlichem k eine Schar gerader Linien dar. Sie sind in der Tafel (Abb. 13) für $k = \frac{\sigma_e}{\sigma_b} = 14$ bis 44 eingetragen.

Das Tragmoment bei der Betondruckspannung σ_b ist

$$M = \frac{J}{z}\,\sigma_b = \left[12\,\frac{\zeta - 0{,}1}{\zeta}\,\alpha_\theta + \frac{1}{6}\,\zeta\,(2{,}7 - \zeta)\right] h^2\,\sigma_b = m\,b\,h^2\,\sigma_b,$$

$$m = 12\,\frac{\zeta - 0{,}1}{\zeta}\,\alpha_0 + \frac{1}{6}\,\zeta\,(2{,}7 - \zeta) = 12 \cdot \frac{0{,}9 - \zeta}{\zeta}\,\alpha_u + \frac{1}{6}\,\zeta\,(0{,}3 - \zeta)$$

oder $$m = \frac{4}{4{,}5}\,(12 - 0{,}1\,k)\,\alpha_o + 60{,}75\,\frac{1 + 0{,}1\,k}{(k + 15)^2} =$$

$$(21)\qquad = \frac{4}{5}\,k\,\alpha_u + 6{,}75\,\frac{0{,}1\,k - 3}{(k + 15)^2}.$$

Legt man m einen bestimmten Wert bei, so lassen sich aus vorstehenden Gleichungen für ein variables ζ oder k die zugehörigen Bewehrungsziffern α_o und α_u rechnen und man erhält in den Koordinaten der dadurch bestimmten Kurve die dem Tragmoment $M = m\,b\,h^2\,\sigma_b$ entsprechenden Bewehrungsziffern.

In der Tafel (Abb. 13) ist diese Kurvenschar für das Intervall 0,01 von m eingetragen. Die Kurven geben zwischen sich auf den k- oder ζ-Strahlen gleiche Abschnitte, was ihr Auftragen und auch die Interpolation erleichtert. Zwischenkurven sind danach leicht einzuschalten.

Additional material from *Taschenbuch für Ingenieure und Architekten*, ISBN 978-3-7091-5272-0, is available at http://extras.springer.com

EXTRA
MATERIALS
extras.springer.com

Näherungsformeln zur Dimensionierung

Einfache Bewehrung.

$$\text{Bewehrungsziffer } \alpha = 0{,}5 \text{ bis } 1{,}0 \text{ v. H.} \ldots M = 0{,}061\,(1{,}5 + \alpha)\, b\, h^2\, \sigma_b,$$

$$\alpha > 1{,}0 \text{ v. H.} \ldots M = \frac{\alpha}{2{,}4 + 4{,}2\,\alpha}\, b\, h^2\, \sigma_b \qquad (22)$$

$$\text{Doppelte Bewehrung } \alpha = \alpha_o + \alpha_u > 0{,}75 \text{ v. H.}$$

$$\text{Günstigste Anordnung } \alpha_o = -0{,}5725 + 0{,}7634\,\alpha \text{ in H. T.},$$

$$\alpha_u = 0{,}5725 + 0{,}2366\,\alpha \text{ in H. T.} \qquad (23)$$

$$M = (0{,}0931 + 0{,}0592\,\alpha)\, b\, h^2\, \sigma_b.$$

Beispiele.

1. Wie stark wird eine einfach bewehrte Platte, die für 1 *m* Breite ein Tragmoment $M = 5$ tm aufzunehmen hat. Zulässige Betondruckspannung $c_b = 35$ kg/cm², Eisenspannung 1000 kg/cm².

Aus der Tabelle I (S. 339) folgen dafür die Beiwerte $C_1 = 13{,}69$, $C_2 = 8{,}247$ und damit

$$h' = 13{,}69\,\sqrt{5} = 30{,}6 \text{ cm}, \quad h = \frac{h_\prime}{0{,}9} = 34 \text{ cm}, \quad Fe = 8{,}247\,\sqrt{5} = 18{,}44 \text{ cm}^2.$$

Mit Hilfe der graphischen Tafel findet man für das gegebene Verhältnis $k = \frac{1000}{35} = 28{,}6$ den auf der Abszissenachse (für $\alpha_o = 0$) abzulesenden Wert $\alpha_u = 0{,}54\,\%$ und ein Tragmoment $M = 0{,}123\, b\, h^2\, \sigma_b = 430{,}5\, h^2$; sohin aus $430{,}5\, h^2 = 500\,000 \ldots h = 34$ cm und die Bewehrung $F_e = 0{,}54 \cdot 34 = 18{,}4$ cm² in voller Übereinstimmung mit obiger Rechnung.

Wollte man aber die Platte bei der gleichen Betonspannung mit geringerer Stärke, etwa mit $h = 25$ cm ausführen, so hätte man zu setzen $M = 500\,000 = m\, 100 \cdot 25^2 \cdot 35 = 2\,187\,500\, m$, sonach $m = 0{,}228$, und es wären dieser Kurve die Zug- und Druckbewehrungen zu entnehmen. Wir wählen dafür den Kurvenpunkt mit etwa $\alpha_u = 1{,}11$ und $\alpha_o = 1{,}17\,\%$, erhalten sonach eine Zugbewehrung $F_u = 1{,}11 \cdot 25 = 27{,}8$ cm² und eine Druckbewehrung $F_o = 1{,}17 \cdot 25 = 29{,}2$ cm². Der Kurvenpunkt liegt auf dem Strahle $k = 25{,}9$, die Eisenspannung beträgt sonach $25{,}9 \cdot 35 = 907$ kg/cm².

Jene Punkte der Kurvenscharen, in denen die Tangente unter 45° gerichtet ist, ergeben die kleinsten Summen der Bewehrungen $\alpha_o + \alpha_u$.

Die Näherungsformeln (23) liefern in guter Übereinstimmung

$$M = 500\,000 = (0{,}0931 + 0{,}0592\,\alpha)\, 100 \cdot 25^2 \cdot 35$$
$$\alpha = 2{,}268$$
$$\alpha_o = -0{,}5725 + 0{,}7634\,\alpha = 1{,}174$$
$$\alpha_u = 0{,}5725 + 0{,}2366\,\alpha = 1{,}094.$$

2. Ermittlung der Bewehrung eines gegebenen Rechteckquerschnittes bei Einhaltung bestimmter Spannungsgrenzen.

Ein rechteckiger Balken von 80 cm Höhe und 30 cm Breite hätte ein Moment von 9 tm aufzunehmen. Wie stark ist die Zugbewehrung zu machen, bei Einhaltung einer Eisenzugspannung von 1000 kg/cm²? Mit $h' = 0{,}9 \cdot h = 72$ cm folgt $C_1 = h'\sqrt{\frac{b}{M}} = 72\sqrt{\frac{0{,}3}{9}} = 13{,}14$. Dem entspricht in der Tabelle I für $\sigma_e = 1000$ ein zugehöriger Wert $C_2 = 8{,}642$ und eine Betonspannung $\sigma_b = 37$ kg/cm². Mit C_2 ergibt sich $F_e = 8{,}642\sqrt{9 \cdot 0{,}3} = 14{,}2$ cm².

Wie stark wird die Bewehrung dieses Balkens, wenn er infolge beschränkter Bauhöhe nur $h = 60$ cm hoch gemacht werden kann? Man hätte in diesem Falle $h' = 0{,}9\, h = 54$ cm und $C_1 = 54\sqrt{\frac{0{,}3}{9}} = 9{,}86$. Die Zahlentabelle I zeigt, daß sich hiefür bei bloßer Zugbewehrung eine Betonspannung von über 50 kg/cm² ergeben würde. Es ist daher auch eine Druckbewehrung notwendig. Wir benützen zu ihrer Bestimmung wieder die graphische Tafel und nehmen als Spannungsgrenzwerte $\sigma_b = 42$ kg/cm² und $\sigma_e = 1200$ kg/cm² an. Es ist $M = 900\,000 = m \cdot 30 \cdot 60^2 \cdot 42 = 4\,536\,000\, m$ und $m = 0{,}1984$. Den Spannungen entspricht das Verhältnis $k = \frac{1200}{42} = 28{,}57$. Dem Schnittpunkt der m-Kurve mit dem k-Strahl sind aus der Tafel die Bewehrungsziffern $\alpha_o = 0{,}925$ und $\alpha_u = 0{,}875$ zu entnehmen. Dies gibt als Querschnitt der Druckbewehrung $F_o = \frac{0{,}925}{100} \cdot 30 \cdot 60 = 16{,}65$ cm², der Zugbewehrung $F_u = \frac{0{,}875}{100} \cdot 30 \cdot 60 = 15{,}75$ cm². Die Anordnung wird aber günstiger, der Gesamtquerschnitt der Bewehrung nämlich kleiner, wenn man auf der Kurve $m = 0{,}1984$ sich jenem Punkte nähert, in dem die Tangente an die Kurve unter 45° geneigt ist.

Die Näherungsformeln (23) ergeben aus $900\,000 = (0{,}0931 + 0{,}05921\,\alpha)\, 30 \cdot 60^2 \cdot 42$,

$$\alpha = 1{,}778 \text{ und } \begin{cases} \alpha_o = 0{,}785. \\ \alpha_u = 0{,}993. \end{cases}$$

Der diesen Bewehrungsziffern entsprechende Punkt liegt nahezu genau auf der Kurve $m = 0{,}198$. Die Bewehrungsquerschnitte werden hienach $F_o = \frac{0{,}785}{100} \cdot 1800 = 14{,}13\ \text{cm}^2$ und $F_u = 17{,}87\ \text{cm}^2$. Durch den Kurvenpunkt geht der Strahl $k = 25{,}2$; die Eisenzugspannung in dem so bewehrten Balken beträgt sonach nur

$$\sigma_e = 25{,}2 \cdot 42 = 1058\ \text{kg/cm}^2.$$

d) Steif bewehrte Rechteckbalken

Mit den Bezeichnungen wie oben:

h Höhe, b Breite des Balkens,

F_e Fläche des Eisenquerschnittes,

J_e dessen Trägheitsmoment auf seine Schwerachse,

h' Abstand des Eisenschwerpunktes vom Druckrande des Betons,

rechnet sich bei Außerachtlassung der Betonzugspannung die Lage der neutralen Achse aus

(24) $$z = -\frac{n F_e}{b} + \sqrt{\left(\frac{n F_e}{b}\right)^2 + 2n \frac{F_e}{b} h'},$$

das Trägheitsmoment des Verbundquerschnittes

(25) $$J = n\,[J_e + F_e\,(h' - z)\,(h' - \tfrac{1}{3} z)].$$

e) Berechnungsannahmen für die Wirkung der Plattenbelastung

Für eine auf einer Platte aufstehende Einzellast mit der Aufstandsbreite a (nach Richtung der Plattenstützweite l) und a_1 (nach Richtung der Plattenlänge L) ist bei der Höhe z der Überdeckung und der Plattenstärke d anzunehmen:

	Nach den Betonvorschriften			
	Österreichs	der Tschechosl. Republik	Deutschlands	der Schweiz
Die Verteilungsbreite b nach Richtung der Plattenstützweite	$a + 2z + 2d$	$a + 2z + d$	$a + 2z$	$a + 2z$
Die Wirkungsbreite (statisch wirksame Plattenlänge bei Biegung)	$a_1 + 2z + d$ (bei kreuzweiser Bewehrung oder wenn die Verteilungseisen mindestens 30% der Hauptbewehrung $a_1 + 2z + 2d$)	$a_1 + \frac{2}{3} l$, wenn $L \gtrless 2l$, $a_1 + 0{,}4\,l$, wenn $L = l$, mindestens aber $a_1 + 2z + d$	bei Laststellung in Plattenmitte $\frac{2}{3} l$ oder $a_1 + 2z$ bei Laststellung am Auflager $\frac{1}{3} l$ oder $a_1 + 2z$ Es gilt der größere Wert	$a_1 + \frac{1}{3} l + 2z$, wenn die Verteilungseisen mindestens 30% der Hauptbewehrung

Am ganzen Umfange aufliegende, durchgehende oder eingespannte rechteckige Platten mit den Seitenlängen a und b werden näherungsweise so berechnet, daß man die für die Gesamtlast und die gleiche Auflagerung in der Stützweite a bestimmten Momente mit einem Faktor α, jene ebenso für die Stützweite b bestimmten Momente mit einem Faktor β multipliziert. Voraussetzung ist, daß das Verhältnis der beiden Seitenlängen 1,5 nicht überschreitet. Für α und β enthalten die verschiedenen Betonverordnungen die folgenden Angaben:

Österreich	Tschechosl. Republ.	Deutschland	Schweiz
$\alpha = \frac{b^2}{\varphi a^2 + b^2}$	$\alpha = \frac{b^3}{b^3 + 2{,}3\,a^3}$	$\alpha = \nu \frac{b^4}{a^4 + b^4}$	$\alpha = \frac{b^2}{a^2 + b^2}$
$\beta = \frac{\varphi a^2}{\varphi a^2 + b^2}$	$\beta = \frac{a^3}{a^3 + 2{,}3\,b^3}$	$\beta = \nu \frac{a^4}{a^4 + b^4}$	$\beta = \frac{a^2}{a^2 + b^2}$

φ ist das Verhältnis der Bewehrungsziffern $= \frac{f_a}{f_b}$, wenn f_a der Eisenquerschnitt für die Längeneinheit in dem zur Seite a parallelen Schnitte und f_b jener in dem zur Seite b parallelen Schnitte.

Der Faktor ν ist für ringsum frei aufliegende Platten, deren Ecken gegen Abheben gesichert sind

$$\nu = 1 - \frac{5}{6} \frac{a^2 b^2}{a^4 + b^4},$$

für eingespannte Platten, für die Feldmomente

$$\nu = 1 - \frac{5}{18} \frac{a^2 b^2}{a^4 + b^4},$$

für die Einspannmomente $\nu = 1$.

Platten, die durchgehend und in steifer Verbindung mit Balken sind, können annähernd berechnet werden. Sind die Felder gleich lang und gleichmäßig belastet, ist ferner die zufällige Belastung nicht größer als 1000 kg/m², so sind die Biegungsmomente mit mindestens folgenden Werten anzunehmen:

	Tschecho-slowakische Eisenbeton-bestimmungen	Deutsche Eisenbetonbestimmungen	
		Platten mit Vouten von mind. $\frac{1}{10}\,l$ Breite	Platten ohne Vouten
Feldmoment im Endfelde	$+\frac{1}{12}\,q\,l^2$	$+\frac{1}{12}\,q\,l^2$	$+\frac{1}{11}\,q\,l^2$
Feldmoment in den Innenfeldern	$+\frac{1}{16}\,q\,l^2$	$+\frac{1}{18}\,q\,l^2$	$+\frac{1}{15}\,q\,l^2$
Moment an der Innenstütze des Randfeldes	$-\frac{1}{10}\,q\,l^2$	$-\frac{1}{9}\,q\,l^2$	
Moment an den übrigen Innenstützen	$-\frac{1}{12}\,q\,l^2$	$-\frac{1}{10}\,q\,l^2$	

Es bedeuten l die Entfernung der Balkenachsen, q die Summe der ständigen und zufälligen gleichmäßigen Belastung.

Für Einzellasten in einem Mittelfelde kann das positive Moment dem $1^1/_2$ fachen Momentenwert im gleichen Querschnitt des an beiden Enden vollkommen eingespannten Trägers und die Momente an den Stützen den Momenten für vollkommene Einspannung gleichgesetzt werden. Im Endfelde vergrößert sich das positive und das Stützenmoment gegenüber den Momenten in einem Mittelfelde um 25 v. H.

Sind die Felder in ihrer Länge sehr verschieden oder ist die zufällige Belastung größer als 1000 kg/m² oder sind die Einzellasten besonders groß, so sind die Biegungsmomente der Platte nach den Grundsätzen für frei drehbar gelagerte, durchgehende Träger unter den ungünstigsten Stellungen der zufälligen Belastung zu bestimmen. Es darf aber das kleinste der positiven Momente nicht kleiner angenommen werden als die Hälfte des größten Momentes eines frei aufliegenden Einzelträgers bei der gleichen Belastung.

Eine schärfere Berechnung der Plattenmomente hat aber auf die Senkung der unterstützenden Träger Rücksicht zu nehmen. Nur bei gleicher Belastung aller Felder sind diese Einsenkungen gleich groß und die Momente dann die gleichen wie bei der durchgehenden Platte auf unnachgiebigen Stützen. Für die Verkehrsbelastung gebe man daher den für die durchgehende Platte mit unnachgiebigen Stützen berechneten positiven Feldmomenten einen

Zuschlag, der etwa mit $\Delta M = \frac{1}{4 + 1000\,\gamma^3}\,p\,l^2$ angesetzt werden kann, worin $\gamma = \frac{l}{L} =$ Plattenstützweite: Balkenstützweite und p eine die Verkehrslast in ihrer Wirkung auf den Balken ersetzende, gleichmäßig über dessen Stützweite verteilte Ersatzlast ist.

4. Der Plattenbalken oder die Rippenplatte

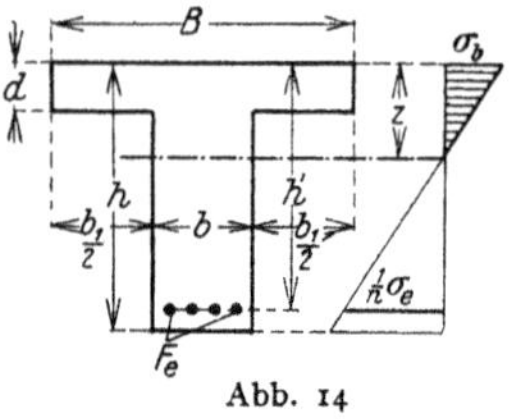

Abb. 14

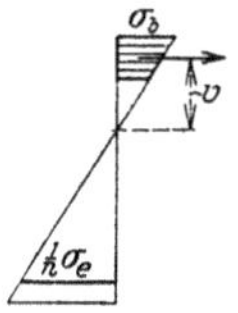

Abb. 15

a) Mit bloßer Zugbewehrung. Betonzug unberücksichtigt.

Mit den aus Abb. 14 ersichtlichen Bezeichnungen und wenn F_e der Querschnitt der Zugbewehrung ist und

$$\frac{F_e}{b\,h} = \alpha\,, \qquad \frac{b_1\,d}{b\,h} = \beta$$

gesetzt wird, rechnet sich die Lage der neutralen Achse aus

(26)
$$z = \frac{1}{b}\left[-(b_1 d + n F_e) + \sqrt{(b_1 d + n F_e)^2 + b\,b_1 d^2 + 2\,n\,F_e\,b\,h'}\right]$$

oder
$$\frac{z}{h} = -(\beta + n\,\alpha) + \sqrt{(\beta + n\,\alpha)^2 + \beta\,\frac{d}{h} + 2\,n\,\alpha\,\frac{h'}{h}},$$

(27) das Trägheitsmoment $J = \frac{b_1 d}{3}(z - d)^2 + n\,F_e\,(h' - z)\,(h' - \frac{1}{3} z)$

(28)
und damit die Betonspannung $\sigma_b = \frac{M}{J} z\,,$

die Eisenzugspannung $\sigma_e = n\,\frac{M}{J}(h' - z).$

Bei im Verhältnis zur Rippe großer Plattenfläche $B\,d$ kann zur Vereinfachung der Rechnung die geringe Mitwirkung des Betons zwischen Plattenunterkante und Nullinie vernachlässigt werden. Abb. 15. Es bestimmt sich dann

(29)
$$z = \frac{B\,d^2 + 2\,n\,F_e\,h'}{2\,(B\,d + n\,F_e)},$$

der Abstand des Druckmittelpunktes von der Nullinie

(30)
$$v = z - \frac{1}{2} d + \frac{1}{6}\,\frac{d^2}{2\,z - d},$$

sonach

(31)
$$\sigma_e = \frac{M}{(h' - z + v)\,n\,F_e},$$

$$\sigma_b = \frac{\sigma_e}{n}\,\frac{z}{h' - z}.$$

Ist mit der Bezeichnung $\varphi = \frac{n\,F_e}{B\,h'}$ (d. i. Bewehrungsziffer auf das Rechteck $B\,h'$ bezogen) $\frac{d}{h'} > -\varphi + \sqrt{\varphi^2 + 2\,\varphi}$, so fällt die Nullinie in die Platte und der Träger rechnet sich dann so wie ein Rechteckbalken von der Breite B und der Höhe h.

Tafel zur Dimensionierung von Plattenbalken

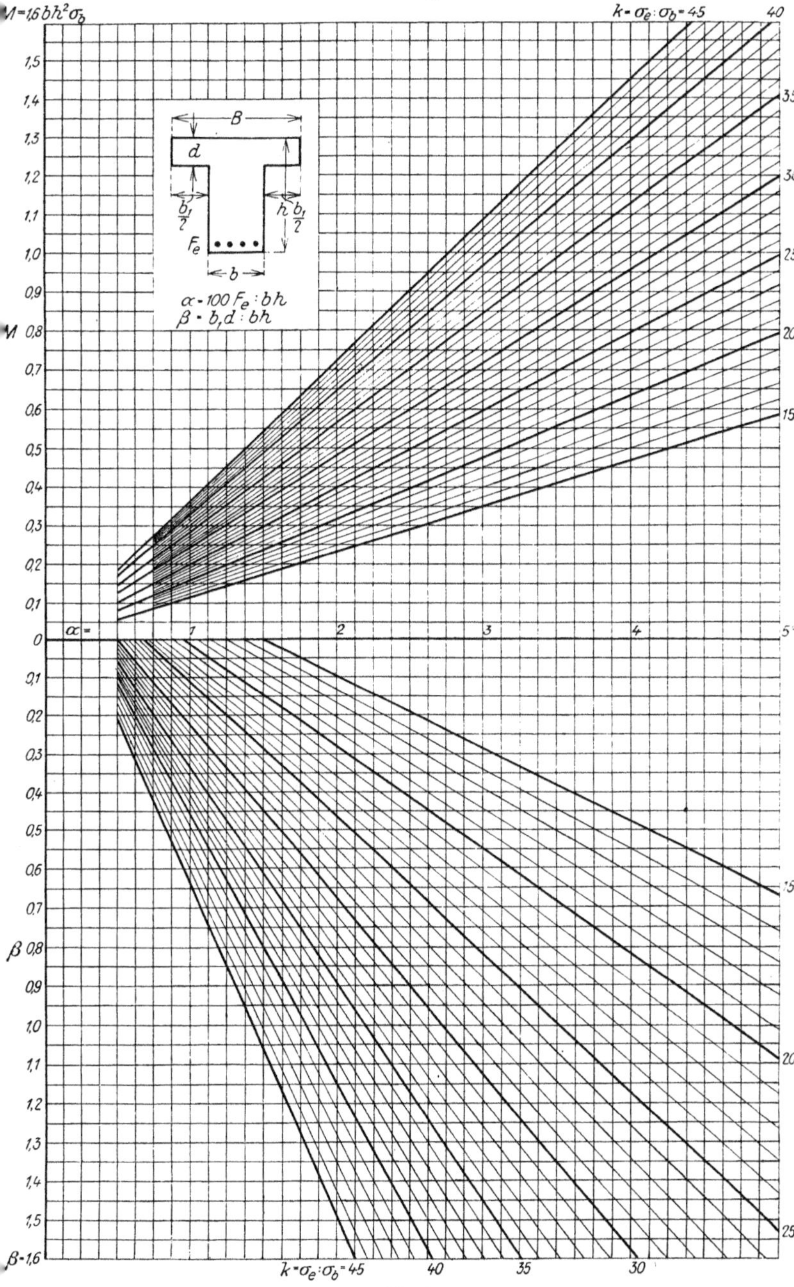

Abb. 16

Näherungsformeln für die Dimensionierung.

	Verhältnis der Spannungen;	Tragmoment $M = m\,b\,h^2\,\sigma_b$;	erforderlicher Plattenquerschnitt $b_1 d = \beta \cdot b h$
	$k = \frac{\sigma_e}{\sigma_b} = 15$	$m = 0{,}12\,a - 0{,}0113$	$\beta = \varepsilon \cdot (0{,}193\,a - 0{,}289)$
	20	$0{,}16\,a - 0{,}0055$	$\varepsilon \cdot (0{,}270\,a - 0{,}260)$
(32)	25	$0{,}20\,a - 0{,}0021$	$\varepsilon \cdot (0{,}355\,a - 0{,}240)$
	30	$0{,}24\,a$	$\varepsilon \cdot (0{,}450\,a - 0{,}225)$
	35	$0{,}28\,a + 0{,}0013$	$\varepsilon \cdot (0{,}556\,a - 0{,}214)$
	40	$0{,}32\,a + 0{,}0022$	$\varepsilon \cdot (0{,}675\,a - 0{,}207)$
	45	$0{,}36\,a + 0{,}0028$	$\varepsilon \cdot (0{,}850\,a - 0{,}203)$

a = Zugbewehrung in Hundertteilen von $b\,h$.

Diesen Formeln ist mit $\varepsilon = 1$ eine Plattenstärke $d = \frac{1}{5}\,h$ zugrundegelegt und es ist der Abstand des Schwerpunktes der Eiseneinlagen von der Unterkante der Balken mit $0{,}1\,h$ angenommen. Für ein anderes Verhältnis der Plattenstärke zur Balkenhöhe tritt an die obigen Formeln für die Plattenquerschnittsfläche noch der Faktor

$$\varepsilon = \frac{12 - 0{,}1\,k}{13{,}5 - 0{,}5\,(k + 15)\,\frac{d}{h}}. \tag{33}$$

Bei gegebenem Abstand der Tragrippen B und dadurch bestimmter Plattenstärke d sind aus den Formeln noch die Balkenmaße b, h und die Bewehrungsziffer a zu berechnen. Da aber nur zwei Bestimmungsgleichungen vorliegen, so kann noch eine der drei Größen, z. B. b entsprechend gewählt werden. Ergeben sich damit keine passenden Werte der beiden anderen Größen, so ist die Annahme zu ändern. Man kann aber auch versuchsweise vorgehen und unter Annahme zweier Größen, z. B. b und h die dritte Größe a aus der Gleichung für M berechnen. Die Einsetzung dieser Werte in die Gleichung für die Plattenquerschnittsfläche wird im allgemeinen nicht entsprechen, doch wird eine geringe Differenz noch keinen großen Unterschied in den Spannungen bewirken. Ist die aus der Gleichung berechnete Plattenquerschnittsfläche kleiner als die wirklich vorhandene b_1, d, so wird die tatsächliche Betondruckspannung kleiner als angenommen wurde; ergibt sich die erforderliche Fläche dagegen größer, so wird die in der Konstruktion auftretende Betondruckspannung den angenommenen Spannungswert überschreiten. Zur Vermeidung der Spannungserhöhung müßte entweder die Plattenstärke vergrößert oder die fehlende Plattenquerschnittsfläche durch eine äquivalente Druckbewehrung des Balkens ersetzt werden.

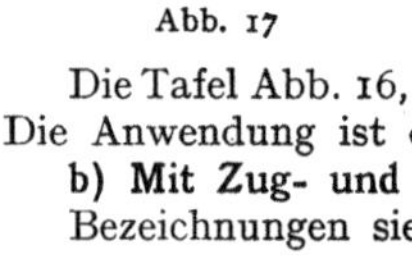

Abb. 17

Die Tafel Abb. 16, Seite 345, gibt die Gl. (32) in graphischer Darstellung. Die Anwendung ist den auf S. 347 gegebenen Beispielen zu entnehmen.

b) Mit Zug- und Druckbewehrung. Betonzug unberücksichtigt.

Bezeichnungen siehe Abb. 17. F_1 Querschnitt der Zugbewehrung,
F_2 „ „ Druckbewehrung,
h' und h'' die Abstände ihrer Schwerpunkte vom oberen Betonrande.

Es ist

$$z = \frac{1}{b}\Big[-(b_1 d + n F_1 + n F_2) + \sqrt{(b_1 d + n F_1 + n F_2)^2 + 2\,n\,(F_1 h' + F_2 h'')\,b + b\,b_1\,d^2}\Big] \tag{34}$$

$$J = \frac{b_1 d}{3}\,(z - d)^2 + n F_1\,(h' - z)\left(h' - \frac{1}{3}\,z\right) + n F_2\,(z - h'')\left(\frac{z}{3} - h''\right) \tag{35}$$

h'' wird im allgemeinen nicht viel verschieden von $\frac{1}{2}d$ sein; man kann daher die Wirkung der Druckbewehrung sehr nahe durch eine Vergrößerung der Plattenfläche um $b''\,d = n\,F_2$ ersetzen. Für die Näherungsberechnung können demnach auch wieder die Gl. (32) benützt werden.

Beispiele 1. Ein Plattenbalken von $h = 60$ cm, $b = 20$ cm wird von einem Momente $M = 8$ tm beansprucht. Die Platte ist 10 cm stark. Wie groß ist die erforderliche Breite dieser Platte und wie stark die Zugbewehrung, wenn die Eisenspannung nicht mehr als 1000 kg/cm², die Betondruckspannung nicht mehr als 25 kg/cm² betragen soll. Aus $800\,000 = m\, 20 \cdot 60^2 \cdot 25 = 1\,800\,000\, m$ ergibt sich $m = 0{,}4444$, ferner ist bei dem Verhältnis $\frac{d}{h} = \frac{1}{6}$ und $k = \frac{1000}{25} = 40$ nach Gl. (33) $\varepsilon = \frac{8}{13{,}5 - 55 \cdot \frac{1}{12}} = 0{,}897$. Damit ergeben die Gl. (32) für $k = 40$

$$0{,}4444 = 0{,}32\,\alpha + 0{,}022,\ \text{sohin}\ \alpha = 1{,}38\ \text{und}\ \beta = 0{,}897\,(0{,}675 \cdot 1{,}38 - 0{,}207) = 0{,}65.$$

Die Zugbewehrung hätte sonach einen Querschnitt $F_e = \frac{1{,}38}{100}\,20{,}60 = 16{,}56$ cm² zu erhalten und die Platte müßte eine Querschnittsfläche von $0{,}65 \cdot 1200 = 780$ cm², daher bei einer Stärke von 10 cm beiderseits des Balkens noch eine Breite von $\frac{78}{2} = 39$ cm besitzen, was einer Gesamtbreite $B = 98$ cm entspräche. Ist die vorhandene Plattenbreite geringer, so müßte entweder eine höhere Betondruckspannung zugelassen oder eine Druckbewehrung gegeben werden, u. zw. für je 10 cm Plattenbreite etwa $\frac{10 \cdot 10}{15} = 6{,}7$ cm² Druckeisen.

2. Es ist gegeben: $M = 40$ tm, die verfügbare Bauhöhe für den Balken $h = 100$ cm, die zulässige Betondruckspannung $\sigma_b = 32$ kg/cm², die Eisenspannung $\sigma_e = 800$ kg/cm². Wir wählen die Rippenbreite mit $b = 30$ cm, erhalten sonach aus der Gleichung $M = m\,b\,h^2\,\sigma_b \ldots 4\,000\,000 = 9\,600\,000\, m, \ldots\ldots m = 0{,}4167$. Das Spannungsverhältnis ist $k = \sigma_e : \sigma_b = 800 : 32 = 25$. Wir suchen nun im oberen Teil der Tafel, Abb. 16, auf dem Strahl $k = 25$ den Punkt mit der Ordinate $m = 0{,}417$ und erhalten in dessen Abszisse die Bewehrungsziffer $\alpha = 2{,}08$. Derselben Abszisse entspricht im unteren Teil der Tafel auf dem Strahl $k = 25$ die Ordinate $\frac{1}{\varepsilon}\,\beta = 0{,}5$. Bei einer Plattenstärke von rund $^1/_5\, h = 20$ cm, d. i. mit $\varepsilon = 1$, hätte sonach die Plattenquerschnittfläche $b_1\, d = 0{,}5\, b\, h = 1500$ cm² zu betragen. Die Plattenstärke von 20 cm würde sonach einen Rippenabstand von mindestens $c = 75 + 30 = 105$ cm erfordern. Bei einem Rippenabstand von 120 cm würde aber auch noch eine (1500 : 90) rund 16 cm starke Platte genügen. Die Zugbewehrung ergibt sich mit $F_e = 100\,\alpha \cdot b\,h = 62{,}4$ cm². Für diese Querschnittsannahme berechnen sich nach den Formeln (26 bis 28) die Spannungen mit $\sigma_b = 31{,}3$ kg/cm² und $\sigma_e = 796$ kg/cm², was sonach eine befriedigende Übereinstimmung ergibt.

5. Berücksichtigung der Betonzugspannung

Die Berechnung der Betonzugspannung in gebogenen Balken wird nach den neuen deutschen und nach den tschechoslowakischen Bestimmungen nicht verlangt. Nach der österreichischen Betonvorschrift ist für Brückentragwerke und dem Einfluß der Witterung oder von Rauchgasen ausgesetzten Hochbauten die Betonzugspannung unter Zugrundelegung der Phase IIa nachzuweisen. Für Rechteckbalken sind die allgemeinen Formeln (11) und (12) mit $\mu = 0{,}4$ zu benützen.

Für den Plattenbalken lauten die Formeln:

$$z = \frac{h}{1-\mu}\left[-(\beta + n\,\alpha + \mu) + \right.$$
$$\left. + \sqrt{(\beta + n\,\alpha + \mu)^2 + (1-\mu)\left(\beta\frac{d}{h} + 2\,n\,\alpha\frac{h'}{h} + \mu\right)}\right] \tag{36}$$
$$J = \frac{b_1 d}{3}(z-d)^2 + \mu\,\frac{b\,h}{3}(h-z)^2 + n\,F_e\,(h'-z)\left(h' - \frac{1}{3}\,z\right)$$
$$\sigma_{bz} = \mu \cdot \frac{M}{J}\,(h - z).$$

Im allgemeinen braucht bei Einhaltung nicht allzuhoher Eisenspannungen auf die Berechnung der Betonzugspannung nicht eingegangen zu werden. Denn, würde der Berechnung nach Phase II ($\mu = 0$) und IIa ($\mu = 0{,}4$) die gleiche Lage der neutralen Achse entsprechen, so wäre die

Betonspannung in der Schichthöhe der Eisen einfach $\frac{\mu}{n}\,\sigma_e = \frac{1}{37{,}5}\,\sigma_e$, am Betonrande vielleicht um etwa 20 v. H. höher. Nun verschiebt sich aber bei Berücksichtigung des Betonzuges die neutrale Achse gegen die Zugseite, und zwar um so mehr, je größer der Flächenteil der Zugzone im Verhältnis zum Gesamtquerschnitt ist. Bei einfach bewehrten Rechteckbalken und Platten wird sonach der Betonzug, nach Phase IIa gerechnet, nicht viel mehr als etwa $^1/_{30}$ der nach Phase II bestimmten Eisenspannung betragen und in den nach der österreichischen Betonverordnung dafür gesetzten Grenzen (siehe S. 356) bleiben. Das gleiche gilt, wenn man nach den früher geltenden deutschen Betonbestimmungen die Betonzugspannung nach Phase I ($\mu = 0$) rechnet und eine Beton-Biegungszugfestigkeit als Grenze setzt, die das 1,5- bis 1,8fache der Normalzugfestigkeit ist. Bei doppelt bewehrten Balken und Plattenbalken kann wegen der kleineren Verschiebung der Nullinie die Betonzugspannung allerdings einen etwas höheren Wert erreichen. Will man hier auf alle Fälle eine Rißgefahr verhindern, so hat man die Eisenzugspannung genügend niedrig (unter 800 kg/cm²) anzusetzen.

6. Die Schub- und Hauptzugspannungen

Neben den Normalspannungen sind auch die in einer Verbundkonstruktion auftretenden **Schubspannungen** zu berücksichtigen, welche einerseits die zulässige Scherbeanspruchung des Betons, anderseits einen durch den Sicherheitsgrad normierten Bruchteil der Anhaftefestigkeit zwischen Beton und Eisen nicht überschreiten dürfen. Für einen auf Biegung beanspruchten Balken ist die Schubspannung in der neutralen Achse

(37) $$\tau = \frac{Q\,S}{J\,b} = \frac{Q}{b} \cdot \frac{1}{\varrho},$$

worin Q die Querkraft im betreffenden Querschnitte, S das statische Moment des Druck- (oder Zug-) Querschnittes, bezogen auf die neutrale Achse, J das Trägheitsmoment des wirksamen Querschnittes und b die Breite in der neutralen Achse bezeichnet. Diese Schubspannung bleibt in dem wirkungslos gedachten Zugquerschnitt bis zu den Eiseneinlagen unverändert und muß hier von deren Haftfestigkeit aufgenommen werden.

Es ist für den einfach bewehrten Rechteckquerschnitt

$$\varrho = h' - \frac{1}{3} z,$$

für den doppelt bewehrten Rechteckquerschnitt

(38) $$\varrho = \frac{(h_u - z)\,(3\,h_u - z)\,n\,F_u + (z - h_0)\,(z - 3\,h_0)\,n\,F_0}{3\,n\,F_u\,(h_u - z)},$$

für den Plattenbalken

$$\varrho = \frac{b_1\,d\,(z - d)^2 + n\,F_e\,(h' - z)\,(3\,h' - z)}{3\,n\,F_e\,(h' - z)}.$$

Für Platten bleibt die Schubspannung auch über den Auflagern in der Regel unter der für den Beton zugelassenen Beanspruchung (4 kg/cm² für Handelszement, 5 kg/cm² für hochwertigen Zement). Für Balken wird aber diese Grenze auch schon bei nicht ungewöhnlich hoher Belastung überschritten und es ist dann eine entsprechende Schubbewehrung notwendig. Hiezu dienen die sogenannten Bügel, d. s. senkrechte Einlagen aus Rund- oder Flacheisen, vor allem aber das Aufbiegen der Zugeisen unter 45° und deren Überführung in die Druckplatte.

Nach den deutschen Bestimmungen sollen alle Schubspannungen bzw. die von ihnen hervorgerufenen Schubkräfte und die schiefen Hauptzugkräfte, nach den österreichischen Bestimmungen mindestens 60 v. H. dieser Kräfte durch die Zugeisen und Bügel aufgenommen werden.

Es soll aber der Betonquerschnitt an den Auflagern so groß sein, daß der ohne Rücksicht auf die Bügel und aufgebogenen Eisen errechnete Wert der Schubspannungen im Beton 14 kg/cm² nicht übersteigt.

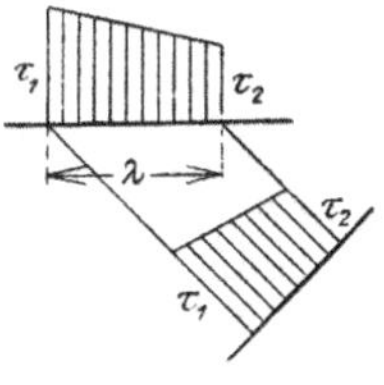

Abb. 18

Die in einem Querschnitt in der neutralen Achse wirkende Schubspannung ist der daselbst unter 45⁰ gerichteten Hauptzugspannung gleich. Sind in zwei um λ abstehenden Querschnitten τ_1 und τ_2 die maximalen Schubspannungen, so sind die Hauptzugspannungen ebenso groß, verteilen sich aber nur auf die Länge $\frac{\lambda}{\sqrt{2}}$, Abb. 18. Die auf die Trägerlänge λ entfallende Hauptzugkraft ist demnach $Z = \frac{\tau_1 + \tau_2}{2} \frac{\lambda}{\sqrt{2}} b$. Daraus ergibt sich die in Abb. 19 dargestellte graphische Ermittlung der Schubbewehrung. Man verzeichnet die der Querkraftlinie entsprechende Schubspannungslinie $M\,S$ und trägt deren Ordinaten $\tau = \frac{Q}{b\,\varrho}$ an die Linie $M'\,A'$ an, die unter 45⁰ gegen die Trägerachse durch den dem Nullwert der Querkraft entsprechenden Punkt M' der Nullinie zu legen ist. Schneidet man von der so erhaltenen Spannungsfläche $M'\,A'\,A''$ den Flächenteil $M'\,P'\,P''$ mit der Größtordinate τ_0 (= 4 kg/cm²) ab, so bestimmt die übrigbleibende Fläche $P'\,P''\,A'\,A''$ die Hauptzugkraft, welche nicht mehr vom Beton aufgenommen wird. Man kann dieselbe entweder zur Gänze den schiefen Zugeisen zuweisen oder einen Teil der Schubkräfte von den Bügeln (nach der österreichischen Verordnung auch vom Beton bis zu 4 kg/cm²) aufnehmen lassen. In dem Beispiel der Abbildung ist den Bügeln die Aufnahme einer Schubspannung $\tau_1 = \tau_0$ zugeteilt. Bei dem Querschnitt f_s eines doppelschnittigen Bügels und der Scherspannung $s_1 = 700$ kg/cm² bestimmt sich dann die Bügelentfernung mit $e = \frac{2\, f_s\, s_1}{b\, \tau_1}$.

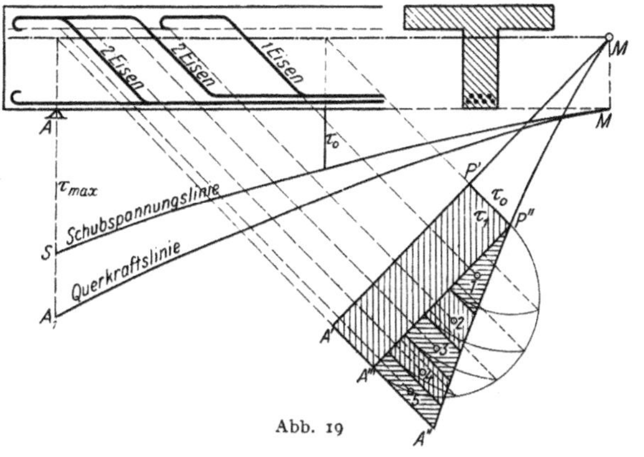

Abb. 19

Unter Annahme eines annähernd geraden Verlaufes der Spannungslinie $P''\,A''$ ist die auf die Zugeisen entfallende Kraft $Z = \frac{\tau_{max} + \tau_0 - \tau_1}{2} \cdot \overline{A'\,P'} \cdot b$.

Zur Aufnahnme dieser Kraft sind, wenn f der Querschnitt eines Zugeisens und $s = 1200$ die zulässige Beanspruchung ist, $n = \frac{Z}{f\,s}$ Eisen aufzubiegen. Um den Ort der Aufbiegung der einzelnen Eisen zu finden, ist die Zugspannungsfläche in n gleiche Teile zu teilen, was bei einer Dreiecksfläche durch eine bekannte geometrische Konstruktion, Abb. 19, geschehen kann. Die Schwerpunkte der Teilflächen bestimmen die Abbiegungsstellen. Man überzeuge sich aber auch von der Zulässigkeit dieser Aufbiegungen mit Rücksicht auf das erforderliche Tragmoment des Balkens. Die schrägen Zugeisen sind möglichst weit nach den Balkenköpfen hin zu führen und dort durch Rundhaken zu verankern. Die Abbiegungen sollen nicht zu scharf, sondern nach einem Halbmesser von etwa 10 d ausgeführt werden.

Bügel sind in der ganzen Trägerlänge auch dort anzuordnen, wo sie nicht aus statischen Gründen zur Aufnahme der Schubkräfte gefordert werden; größter Abstand etwa 40 cm.

Die **Haftspannung** rechnet sich unter der Annahme, daß im Beton keine Zugkräfte wirken und die Schubkraft $\tau\, b$ vollständig von der Haftspannung τ_h im Umfange U der Eisen aufgenommen wird, aus $\tau_h = \tau \frac{b}{U} = \frac{Q}{\varrho U}$ oder mit $F_e s_e = \frac{M}{\varrho}$ aus

(39) $$\tau_h = \frac{Q\, F_e}{M\, U} s_e.$$

Für Profileisen ist als Umfang die kleinste umschriebene Figur zu rechnen. Für Rundeisen ist $\frac{F}{U} = \frac{d}{4}$ und es muß sonach, damit die zulässige Haftspannung τ_h nicht überschritten wird, $d \lesseqgtr 4 \frac{\tau_h}{s_e} \frac{M}{Q}$ oder rund $\frac{1}{50} \frac{M}{Q}$ gewählt werden. M und Q sind mit ihren Größtwerten einzusetzen. Die vorstehende Berechnung entspricht aber nicht ganz dem tatsächlichen Verhalten. Die österreichischen Betonvorschriften setzen ein anderes Berechnungsverfahren fest, bei dem auch die Mitwirkung der Endhaken und der Überstand der Zugeisen über das theoretische Trägerauflager berücksichtigt und eine mittlere Haftspannung so bestimmt wird, daß man sich die Zug- (oder Druck-) Kraft auf Umfang und Länge des Eisens vom Querschnitt bis zum nähergelegenen Ende gleichmäßig verteilt denkt. Für recht- oder spitzwinklige Endhaken ist der vierfache, für Rundhaken der 12fache Durchmesser des Bewehrungseisens der Länge zuzuschlagen. Ist c die so bestimmte Überlänge eines Eisens über das Trägerauflager hinaus, x der Abstand eines Querschnittes, in dem ein Zugriß angenommen wird, vom Auflager, M das auf diesen Querschnitt wirkende Moment, $s_e = \frac{M}{F_e\, \varrho}$ die Eisenspannung, so ist bei dem Umfang u und dem Querschnitt f_e eines Eisens dessen mittlere Haftspannung

(40) $$\tau_h = \frac{s_e\, f_e}{u\,(c + x)} = \frac{M}{c + x} \cdot \frac{f_e}{\varrho\, F_e\, u}.$$

Nach den deutschen Eisenbetonbestimmungen brauchen die Haftspannungen nicht berechnet zu werden, wenn die Enden der Eisen mit runden oder spitzwinkligen Haken versehen und die Eisen nicht stärker als 25 mm sind. Wenn nur gerade Eisen mit oder ohne Bügel vorhanden sind, ist die Haftspannung, die bis zu 4,5 kg betragen darf, nach Gl. (39) zu berechnen. Sind dagegen so viele Eisen abgebogen, so daß sie imstande sind, die gesamten Hauptzugspannungen allein aufzunehmen, so ist für die Berechnung der Haftspannung an den unteren gerade geführten Eisen nur die halbe Querkraft in Ansatz zu bringen.

In dem Entwurfe der tschechoslowakischen Bestimmungen heißt es: Sind die Eisen richtig abgebogen, wie es die Änderung der Haupt- und Normalspannungen erfordert, und sind sie mit entsprechenden Haken versehen, so ist der Nachweis der Haftspannungen nicht nötig, mit Ausnahme von Fundamentkonstruktionen, bei denen diese Spannungen wegen der großen Belastung bestimmt werden müssen.

7. Beanspruchung auf Druck und Biegung

Ergeben sich für eine exzentrische Druckbelastung oder für Beanspruchung durch eine Achsialkraft P und ein Biegungsmoment M bei Durchführung der Rechnung nach Phase I (S. 333) Betonzugspannungen, die eine gewisse Grenze (etwa 10 kg/cm²) übersteigen, so ist die Spannungsberechnung mit Ausschaltung des Betonzuges (Phase II) oder, etwas günstiger, mit verminderter Betonzugwirkung (Phase IIa) vorzunehmen. Die Ausgangsgleichungen sind durch die Formeln (6) gegeben.

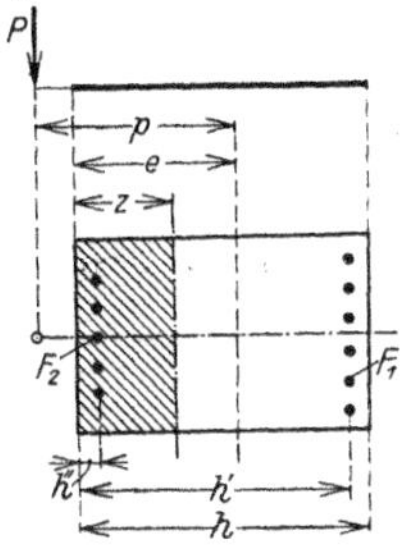

Abb. 20

1. Rechteckquerschnitt mit doppelter unsymmetrischer Bewehrung. Gegeben: Achsialkraft P und Moment $M = P\,p$, bezogen auf die zur Seite b parallele Schwerachse. Abb. 20. Mit $\frac{M}{P} - e = r$ lauten die Gl. (6):

$$\sigma_0 \left[\frac{1}{2} b\, z^2 - \frac{1}{2} \mu\, b\, (h - z)^2 + n\, F_2\, (z - h'') - n\, F_1\, (h' - z)\right] = P,$$

$$\sigma_0 \left[\frac{1}{3} b\, z^3 + \frac{1}{3} \mu\, b\, (h - z)^3 + n\, F_2\, (z - h'')^2 + n\, F_1\, (h' - z)^2\right] = P\,(r + z).$$

Daraus folgt die Bestimmungsgleichung für z:

$$\frac{b}{6}(1 - \mu)\, z^3 + \frac{1}{2} b\, r\, (1 - \mu)\, z^2 + \left[\mu\, b\, h \left(\frac{h}{2} + r\right) + n\, F_1\, (h' + r) + n\, F_2\, (h'' + r)\right] z = \mu\, b\, \frac{h^3}{3} + n\, F_1\, h'\, (h' + r) + n\, F_2\, h''\, (h'' + r).$$

Die Auflösung dieser kubischen Gleichung geschieht am besten mit Hilfe der Hornerschen Näherungsmethode.

Mit z berechne man aus der ersten der obigen Gleichungen σ_0 und die Randspannungen aus $\sigma_b = \sigma_0\, z$, $\sigma_{bz} = \mu\, \sigma_0\, (h - z)$, $\sigma_{ez} = n\, \sigma_0\, (h' - z)$, $\sigma_{ed} = n\, \sigma_0\, (z - h'')$.

Bei Nichtberücksichtigung der Betonzugspannungen vereinfacht sich die Bestimmungsgleichung für z mit $\mu = 0$ in:

$$\frac{b}{6} z^3 + \frac{1}{2} b\, r\, z^2 + \left[n\, F_1\, (h' + r) + n\, F_2\, (h'' + r)\right] z = n\, F_1\, h'\, (h' + r) + n\, F_2\, h''\, (h'' + r)$$

und bei symmetrischer Bewehrung mit $F_1 = F_2 = F \ldots,\ h' + h'' = h$,

$$\frac{b}{6}(1 - \mu)\, z^3 + \frac{1}{2} b\, r\, (1 - \mu)\, z^2 + (\mu\, b\, h + 2\, n\, F)\left(\frac{h}{2} + r\right) = n\, F\, (h'^2 + (h - h')^2 + r\, h).$$

Zur Querschnittsbemessung von auf Druck und Biegung beanspruchten Rechteckbalken (mit $\mu = 0$) kann man bei gegebenem P und M und angenommener Breite b zweckmäßig die Tabellen von Dr. Kunze (Armierter Beton. 1918. Heft 2) benutzen.

2. Graphische Bestimmung der Nullinie bei Ausschaltung der Betonzugspannungen[1]). Es wird ein zur Kraftebene symmetrischer Querschnitt von allgemeiner Form vorausgesetzt. Abb. 21. Die Nullinie steht dann senkrecht zur Kraftebene. Bezeichnet y den Abstand der Nullinie von dem in der Symmetrielinie des Querschnittes gelegenen Angriffspunkte der Last P, so ist mit $M_0 = P\,y$ nach den Gl. (6)

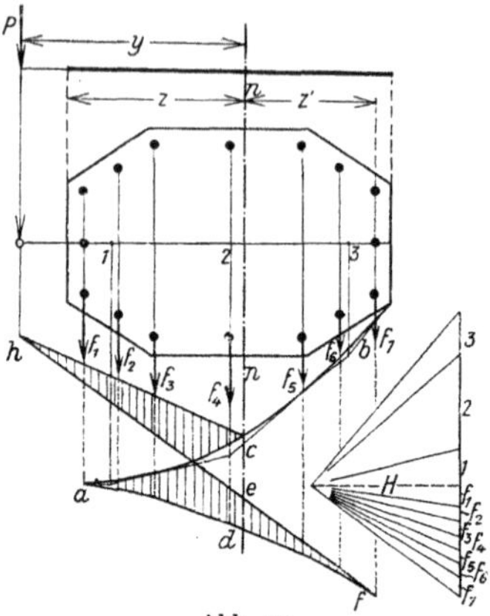

Abb. 21

$$y = \frac{J}{S}.$$

Es bezeichnet J das Trägheitsmoment, S das statische Moment des wirksamen Querschnittes, bezogen auf die Nullinie. Nimmt man einmal die in Streifen parallel zur Nullinie geteilte Betonfläche, das andere Mal die n fache Fläche der Bewehrungseisen (bei Profileisen in deren Schwerpunkt wirkend) als lotrechte, d. i. parallel zur Nullinie gerichtete Lasten an und zeichnet dafür die beiden Seilpolygone $a\,c\,b$ und $a\,d\,f$ mit der gleichen beliebigen Polweite H und der gemeinsamen wagrechten Ausgangsseite bei a, so bestimmt der Abschnitt ce zwischen dem ersten Seileck und der verlängerten Endseite $f\,h$ des zweiten Seileckes auf der Achse $n\,n$ das auf diese Achse bezogene statische Moment sämtlicher Eisen und der links von $n\,n$ gelegenen Betonfläche, sonach der wirksamen Querschnittsfläche, nämlich $S = H \cdot \overline{ce}$. Nach dem Mohrschen Verfahren ist durch diese Seilecke auch das Trägheitsmoment bestimmt. Ist F die von diesen Linien und der Trägheitsachse begrenzte Fläche $a\,d\,f\,e\,c\,a$, so ist $J = 2\,H \cdot F$, sohin $y = \frac{J}{S} = \frac{2\,F}{\overline{c\,e}}$ oder $F = \frac{1}{2}\overline{c\,e} \cdot y = \Delta\, e\,c\,h$. Daraus folgt, daß die Linie $c\,h$ so zu legen ist, daß die in der Abbildung schraffierten Flächen einander gleich werden. Durch eine nach Bedarf wiederholte Versuchsannahme wird sich hienach die richtige Lage ergeben. Die größte Betondruckspannung folgt aus $\sigma_b = \frac{P}{H}\frac{z}{\overline{c\,e}}$, die größte Eisenzugspannung aus $\sigma_e = n\,\frac{P}{H}\frac{z'}{\overline{c\,e}}$.

8. Durchbiegung und Probebelastung

Unter einer gleichförmig verteilten Last q für die Längeneinheit ist die Durchbiegung des frei aufliegenden Trägers

$$\eta = \frac{5}{384}\frac{q\,l^4}{E\,J},$$

des durchgehenden Trägers im allein belasteten Endfelde, rund

$$\eta = \frac{1}{100}\frac{q\,l^4}{E\,J}.$$

Das Trägheitsmoment J wird in der Regel unter Annahme eines voll wirkenden Betonquerschnittes (mit $E_b = 140.000$ kg/cm² und $E_e = 15\,E_b$)

[1]) Foerster, Taschenbuch für Bauingenieure.

berechnet. Etwas größere Durchbiegungen liefert die Annahme $E_{bz} = 0$ (Ausschaltung der Betonzugzone). Die gemessenen Durchbiegungen bleiben aber meist unter den berechneten wenigstens so lange, als die Belastung die Nutzlast nicht beträchtlich überschreitet. Trifft dies nicht zu, stellen sich überdies größere bleibende Durchbiegungen ein, so ist ein gewisses Bedenken gegen die Konstruktion gerechtfertigt. Nach den deutschen Bestimmungen soll die frühestens 12 Stunden nach der Entlastung festzustellende, bleibende Durchbiegung nicht mehr als höchstens $^1/_4$ der gemessenen Gesamtdurchbiegung betragen.

Die Probebelastung soll nicht unnötig hoch, nicht über die anderthalbfache Nutzlast gesteigert werden. Bei Probebelastungen von Brücken und anderen Bauwerken, in denen sichtbare Zugriffe vermieden werden sollen, sind höchstens die der Berechnung zugrunde gelegten Verkehrslasten aufzubringen. Es ist darauf zu sehen, daß sich das Belastungsmaterial nicht in sich verspannt und daß keine anderen Bauteile mittragen. Bei den Durchbiegungsmessungen sind auch die Stützen und Widerlager zu beobachten und deren allfällige Senkungen in Abzug zu bringen.

9. Trägerlose Flachdecken (Pilzdecken)

Als Pilzdecken sind kreuzweise bewehrte Eisenbetonplatten zu bezeichnen, die ohne Balken unmittelbar auf Eisenbetonsäulen ruhen und mit diesen biegungsfest verbunden sind.

Bezüglich der theoretischen Behandlung des Problems der trägerlosen Decke, siehe die unten angegebenen Veröffentlichungen[1].

Nachstehende Berechnungsregeln sind den nordamerikanischen Bestimmungen für Eisenbeton[2] entnommen. Es bezeichnet Abb. 22:

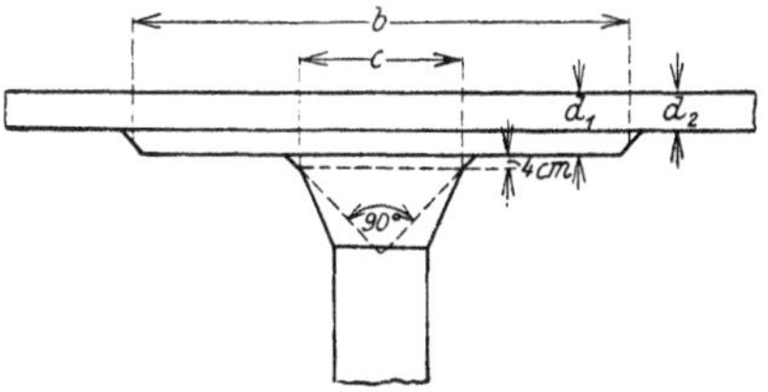

Abb. 22

l und l_1 die Abstände der Säulen in den zu einander rechtwinklig stehenden Reihen,

c den Durchmesser der Grundfläche des größten Kegels, der sich mit 90^0 Spitzenwinkel in den Säulenkopf einschreiben läßt, 4 cm unter der Unterkante der Platte oder der Kopfplatte gemessen,

P die Gesamtbelastung eines Deckenfeldes, q die Last für die Flächeneinheit in Kilogramm-Quadratzentimetern.

Für die Berechnung wird ein Deckenfeld nach jeder Richtung in zwei Streifen neben den Säulen, deren jeder $^1/_4$ der Deckenbreite umfaßt, und in einen Mittelstreifen mit einer Breite gleich der halben Deckenbreite zerlegt. Abb. 23. Beträgt die Bewehrung für die negativen Momente in einem Säulenstreifen nicht mehr als 1 v. H., so ist die numerische Summe der positiven und negativen Momente in Richtung einer Seite des Deckenfeldes zumindest

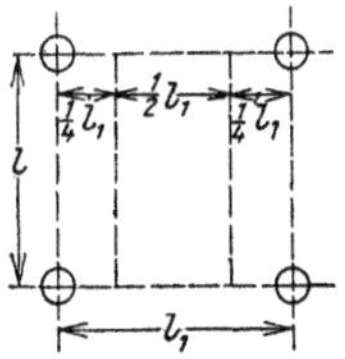
Abb. 23

$$M_0 = 0{,}09\, P l \left(1 - \frac{2\,c}{3\,l}\right)^2$$

[1]) Lewe, Berechnung trägerloser Eisenbetondecken nach dem System Pilz. Beton und Eisen 1915. S. 121. Marcus, Die Theorie elastischer Gewebe und ihre Anwendung auf die Berechnung biegsamer Platten unter besonderer Berücksichtigung der trägerlosen Pilzdecken. Berlin. Julius Springer. 1924.

[2]) Proceedings of the Amer. Soc. of Civil-Eng. 1921, Nr. 6, August., Beton u. Eisen. 1921. S. 44.

zu nehmen. In der anderen Plattenrichtung angewendet, ist l mit l_1 zu vertauschen. Auf die einzelnen Deckenstreifen entfällt dann ein Moment $M = \beta M_0$.

Der Beiwert β ist der nachstehenden Zusammenstellung zu entnehmen; es dürfen aber die Summe der größten negativen Momente in den beiden Säulenstreifen um 0·03 M_0 und das größte negative und das größte positive Moment im Mittelstreifen sowie die Summe der größten positiven Momente in den beiden Säulenstreifen um 0·01 M_0 von den Tafelwerten abweichen.

Beiwert β	Pilzdecken ohne Kopfplatten		Pilzdecken mit Kopfplatten	
Eisen in zwei Richtungen	negativ	positiv	negativ	positiv
Säulenstreifen	0,23	0,11	0,25	0,10
zwei Säulenstreifen zusammen .	0,46	0,22	0,50	0,20
Mittelstreifen	0,16	0,16	0,15	0,15
Eisen in vier Richtungen, wovon zwei schräg				
Säulenstreifen	0,25	0,10	0,27	0,095
zwei Säulenstreifen zusammen .	0,50	0,20	0,54	0,190
Mittelstreifen	0,10	0,20	0,08	0,190

Stärke der Pilzdecken:

$$d_1 = 0{,}144\left(1 - 1{,}44\,\frac{c}{l}\right) l \sqrt{\beta q \frac{l_1}{b_1}} + 3{,}8,$$

$$d_2 = 0{,}0755\, l\sqrt{q} + 2{,}5.$$

Es bezeichnet:

d_1 Stärke der Decke einschließlich Kopfplatte oder Stärke der Decke, wenn keine Kopfplatte vorhanden ist, in Zentimetern;

d_2 Stärke der Deckenplatte bei vorhandener Kopfplatte in Zentimetern;

b_1 Ausdehnung der Kopfplatte in Richtung der Spannweite l_1 in Zentimetern; bei Decken ohne Kopfplatte ist $b_1 = 0{,}5\, l_1$ zu setzen;

β Beiwert des negativen Momentes nach obiger Zusammenstellung für zwei Säulenstreifen zusammen.

Die Plattenstärke d_1 oder d_2 soll bei Decken mindestens $^1/_{32}\, l$, bei Dächern mindestens $^1/_{40}\, l$ betragen. Die Kopfplatte soll eine Länge oder einen Durchmesser von nicht weniger als $^1/_3\, l$ und eine Stärke von nicht mehr als 1,5 d_2 haben. Bei Endfeldern oder anderen Feldern, bei denen die Platte nicht durchläuft, sind die negativen Momente eine Feldlänge vom Endrande entfernt und die positiven Momente bei den Säulenstreifen um 15 v. H., und bei dem Mittelstreifen um 30 v. H. zu erhöhen. Die Wendepunkte der Biegelinie eines Mittelfeldes ohne Kopfplatten können im Abstande gleich 0,3 der Spannweite, und eines solchen mit Kopfplatten im Abstande gleich 0,25 der Spannweite von der Mitte des Feldes angenommen werden. Alle Bewehrungseisen in rechtwinkliger oder schräger Richtung, ob sie für positive oder negative Momente bestimmt sind, müssen mindestens um das 20fache ihres Durchmessers über die Wendepunkte hinausgreifen; mindestens $^2/_3$ aller Eisen müssen in jeder Richtung über den Bereich zweier negativer Momente und des dazwischenliegenden positiven Momentes hindurchgehen, und nicht alle aufzubiegenden Eisen sollen im selben Punkte aufgebogen werden, sondern die Aufbiegungen sollen sich über eine Länge von mindestens $^1/_{15}$ der Spannweite zu jeder Seite des angenommenen Wendepunktes verteilen.

Ist f_e der Querschnitt der Bewehrungseisen in einem Säulen- oder Mittelstreifen, β der zugehörige Momentenbeiwert, z der Abstand der Nulllinie vom Druckrand der Platte, ϱ der Abstand der Zugeisen vom Mittelpunkt der Druckkräfte, so rechnet sich die Eisenzugspannung aus

$$\sigma_e = \frac{\beta M_0}{f_e \varrho},$$

die Betondruckspannung für das positive und negative Moment in dem Mittelstreifen

$$\sigma_b = \frac{4 \beta M_0}{z \varrho l_1},$$

für das positive Moment in einem Säulenstreifen

$$\sigma_b = \frac{8 \beta M_0}{z \varrho l_1},$$

für das negative Moment in einem Säulenstreifen

$$\sigma_b = \frac{4{,}7 \beta M_0}{z \varrho b_1} \left(1 - 1{,}2 \frac{c}{l}\right).$$

Die Schubspannungen sind für einen durch die Kopfplatte und einen neben der Kopfplatte durch die Deckenplatte geführten Schnitt zu untersuchen.

Die Säulen der Pilzdecken sollen eine Stärke haben von mindestens $^1/_{20}$ des Säulenabstandes und $^1/_{15}$ der Stockwerkshöhe, wenigstens aber von 30 cm.

D. Amtliche Bestimmungen für den Entwurf und die Ausführung von Eisenbetonbauten[1])

Österreichische Eisenbetonbestimmungen

des Bundesministeriums für Handel und Gewerbe vom 22. Dezember 1920 über die Herstellung von Tragwerken aus Eisenbeton oder Stampfbeton bei Hochbauten und Straßenbrücken.

Annahme von Eigengewicht, Nutzlast, Winddruck und Schneelast nach den Angaben auf S. 397 ff. u. S. 402 ff. Beim Auftreten von Stößen, Nutzlast auf das $1^1/_2$ fache zu erhöhen. Wärmeschwankungen, welche Spannungen verursachen, im allgemeinen nur zu berücksichtigen, wenn das Tragwerk Wärmeänderungen der Außenluft ausgesetzt ist; sie sind dann mit $\pm 15^0$ gegenüber dem spannungslosen Zustande anzunehmen.

Als rechnungsmäßige Stützweite ist bei unklarer Auflagerung die mindestens um 5 v. H., wenigstens aber um 10 cm vergrößerte Lichtweite einzuführen.

Durchlaufende, mit ein- oder mehrgeschossigen Stützen aus Eisenbeton entsprechend steif verbundene Träger (rahmenartige Tragwerke) sind, wenn nicht die genaue Theorie zur Anwendung gelangt, für lotrechte Last in nachstehender Art näherungsweise zu berechnen: Die negativen Feldmomente sind jenen bei gedachter vollständiger Einspannung des betreffenden Feldes entstehenden gleichzuhalten. Die positiven Feldmomente nehme man gleich jenen bei gedachter freier Auflagerung des

[1]) Auszugsweise, soweit nicht bereits unter C darauf Bezug genommen wurde.

betreffenden Feldes, vermindert um $^2/_3$ der Stützenmomente, die bei der gleichen Laststellung und bei vollständiger Einspannung entstehen würden; für die positiven Feldmomente in den Endfeldern ist an den Endstützen eine Einspannung nicht zu berücksichtigen. Für die Biegungsmomente in den Stützen sind die oben bezeichneten vollen Einspannungsmomente der anschließenden Felder unter Annahme der jeweils ungünstigsten Felderbelastungen zugrunde zu legen und das Fußmoment einer Stütze mit der Hälfte des Kopfmomentes derselben Stütze, jedoch mit entgegengesetztem Vorzeichen, zu bemessen. Querkräfte und Stützendrucke sind wie für durchlaufende Träger zu berechnen.

	Baustoff	Zulässige Spannung in kg/cm²				
		bei Biegung oder exzentrischem Druck		bei zentrischem Druck	Schub-, Scher- und Hauptzugspannung	mittlere Haftspannung
		Druck	Zug			
Hochbauten	Beton Würfeldruckfestigkeit K (nach 6 Wochen) von mindestens					
	170 kg/cm²	42	25	31	4,5	5,5
	150 „	37	24	27	4,0	5,0
	130 „	32	22	24	3,5	4,5
	K = oder > 250 kg/cm²	$^1/_6\,K \leq 60$	27	$^1/_8\,K \leq 45$	4,5	5,5
		Zug und Druck		Scherspannung	Niete	Lochleibung
	Eisen: Schweißeisen	1000		600	700	1600
	Eisen: Flußeisen …	1200		700	800	1800
		Zug	Druck			
	Eisen: Roheisenguß	300	800	—	—	—
Straßenbrücken	Beton Würfeldruckfestigkeit von mindestens					
	170 kg/cm²	$33 + 0{,}2\,l$	$19 + 0{,}1\,l$ (< 22)	25	4	5
	150 „	$29 + 0{,}2\,l$	$18 + 0{,}1\,l$ (< 21)	22	3,5	4,5
	130 „	$25 + 0{,}2\,l$	$16{,}5 + 0{,}1\,l$ ($< 19{,}5$)	19	3	4
	Eisen	Zug und Druck		wie bei Hochbauten		
	Schweißeisen $l < 10$ m	800				
	Schweißeisen $l > 10$ „	$770 + 3\,l$ (< 1000)				
	Flußeisen $l < 10$ „	900				
	Flußeisen $l > 10$ „	$860 + 4\,l$ (< 1150)				

Die größten Spannungen des Betons auf Druck, des Eisens auf Zug sowie die Schub- und Haftspannungen sind unter der Voraussetzung zu ermitteln, daß der Beton keine Zugspannungen aufnehme. Das Elastizitätsmaß des Betons (für Druck) ist mit 140.000 kg/cm² = $^1/_{15}$ von dem des Eisens anzunehmen (Berechnung nach Phase II). Außerdem ist bei auf Biegung beanspruchten Tragwerken, die der Witterung, Nässe, Dämpfen, Rauch oder dergleichen ausgesetzt sind, auch die unter Annahme eines Elastizitätsmaßes $E_{bz} = 56.000$ für Betonzug auftretende Betonzugspannung nachzuweisen (Berechnung nach Phase II *a* mit $\mu = 0{,}4$).

Die bei Plattenbalken als mitwirkend in Rechnung zu ziehende Breite der Platte darf nach jeder Seite, von der Rippenachse gemessen, nicht größer als die vierfache Rippenbreite oder als die achtfache Plattendicke oder als die halbe zugehörige Achsenentfernung der Rippen angenommen werden; das kleinste dieser Maße ist zu wählen. Platten mit weniger als 6 cm kleinster Dicke dürfen bei Plattenbalken nicht als mitwirkend in Rechnung gebracht werden.

Überschreiten die unter der Voraussetzung, daß der Beton keine Zugkräfte aufnimmt, berechneten Schub- und Hauptzugspannungen die für Beton zulässigen Werte, so sind Bügel oder andere entsprechende Eiseneinlagen anzuordnen und so zu bemessen, daß sie jenen Teil der Schub- und Hauptzugkräfte, der vom Beton ohne Überschreitung der festgesetzten zulässigen Spannungen nicht aufgenommen werden kann, mindestens aber 60 v. H. der gesamten Schub- und Hauptzugkräfte aufzunehmen vermögen. Der Beton muß für sich allein imstande sein, mindestens 30 v. H. der Schubkräfte durch Schubspannungen von zulässiger Größe aufzunehmen.

Ausführung. Die unterstützenden Gerüste dürfen in der Regel nicht früher als 4 Wochen, die seitlichen Schalungen nicht vor Ablauf von 4 Tagen, Schalungen und Gerüste von Platten unter 8 cm Dicke nicht vor Ablauf von 10 Tagen nach Beendigung des Betonierens entfernt werden. Die Verwendung von Tragwerkteilen, die in fertigem Zustande auf die Baustelle gebracht werden, bedarf in jedem einzelnen Falle einer besonderen Genehmigung.

Abnahme. Belastung- und Bruchproben dürfen nicht vor Ablauf von 4 Wochen nach Beendigung des Einstampfens vorgenommen werden. Die gemessenen federnden Durchbiegungen dürfen die für die Probelast berechneten nicht um mehr als 20 v. H. überschreiten. Bleibende Durchbiegungen dürfen nicht mehr als $^1/_3$ der berechneten federnden betragen. Die Probelast beträgt im allgemeinen die Summe der ständigen und der ein- bis anderthalbfachen Nutzlast. Die Bruchlast muß mindestens der $2^1/_2$ fachen Gesamtlast gleichkommen, die auf den geprobten Tragwerkteil entfällt.

Tschechoslowakische Republik

In Beratung stehender Entwurf einer Vorschrift für das Entwerfen von Eisenbetonbauten.

Das Eigengewicht des reinen Betons ist mit 2200, jenes des Eisenbetons mit 2400 kg/m³ anzunehmen. Bei den gewöhnlichen Hochbauten, die nur den natürlichen Temperaturschwankungen der Luft ausgesetzt sind, brauchen diese in der Spannungsberechnung nicht berücksichtigt zu werden. Ihrer schädlichen Wirkung ist durch Anordnung von Ausdehnungsfugen in 30 bis 40 m Entfernung vorzubeugen. In Fällen, wo, wie bei Industriebauten, beträchtliche künstlich erzeugte Temperaturunterschiede auftreten, sowie bei Ingenieurbauten wird es sich empfehlen, diese Entfernungen zu verringern. Bei Bogen- und Rahmenkonstruktionen von größerer Spannweite, sowie bei Ingenieurbauten überhaupt, muß die Wärmewirkung dann berücksichtigt werden, wenn sie imstande ist, Spannungen hervorzurufen. Die Temperaturschwankungen sind mit $\pm 12^0$ anzunehmen; bei Konstruktionen, deren kleinste Abmessungen mindestens 70 cm betragen oder solchen, die durch Überschüttung oder sonst hinreichend geschützt sind, mit $\pm 8^0$. Das Schwinden des Betons ist, falls dessen Wirkung nicht durch geeignete Maßnahmen aufgehoben wird, einem Wärmeabfall von 10^0 gleichzusetzen.

Durchlaufende Träger mit zwei oder mehr Feldern und freier Auflagerung über den Stützen sind nach den Regeln für kontinuierliche Träger zu berechnen. Dabei ist auf eine allfällige Stützensenkung Rücksicht zu nehmen. Wenn die Bedingung freier Auflagerung nicht erfüllt ist, so hat man die Einspannung soweit zu berücksichtigen, als sie durch bauliche Maßnahmen gesichert und rechnerisch nachweisbar ist. Wirken Einzellasten auf Träger gleicher Feldweite ein, so kann das positive Biegungsmoment zwischen den Mittelstützen dem 1,5fachen Werte jenes Momentes gleichgesetzt werden, das in demselben Querschnitte auftreten würde, wenn der Träger an beiden Enden fest eingespannt wäre. Ebenso können die Biegungsmomente über den Mittelstützen gleich den Momenten des fest eingespannten Trägers angenommen werden. Im Endfelde sind das positive und das Stützenmoment um $^1/_4$ größer anzunehmen als in den Mittelfeldern. Bei wesentlich verschiedenen Feldweiten und dort, wo die Nutzlast 1000 kg/m² übersteigt, sowie bei großen Einzellasten sind aber die Biegungsmomente nach den Regeln für frei gelagerte durchlaufende Balken für die ungünstigsten Stellungen der Nutzlast zu berechnen. Das der Querschnittsbemessung zugrunde gelegte positive Moment muß mindestens die Hälfte des beim frei aufliegenden Träger der Einzelspannweite unter derselben Belastung auftretenden Momentes erreichen. Die Verstärkung von durchlaufenden Balken oder Platten an den Stützen durch Schrägen (Vouten) darf nur soweit in Rechnung gestellt werden, als die Neigung nicht steiler als 1:3 ist. Als die für die Aufnahme des Stützenmomentes in Betracht kommende Querschnittshöhe kann jene Höhe angenommen werden, die sich ergibt, wenn die Schrägen bis zur Stützenmitte verlängert werden.

Wird bei mit den Balken starr verbundenen Eisenbetonstützen (Rahmen) nicht eine genaue Berechnung als Rahmen durchgeführt, so ist das Stützenkopfmoment der Endstützen zumindest mit $^1/_3$ des bei vollkommener Einspannung auftretenden Momentes anzunehmen. In Fällen niedriger statischer Unbestimmtheit und dort, wo die Rahmen einen wichtigen Bestandteil des ganzen Bauwerks bilden, wird eine genaue Berechnung verlangt.

Bei der Berechnung der inneren Spannungen wird von einer Mitwirkung des Betons auf Zug im allgemeinen abgesehen. Sie kann nur in Betracht gezogen werden, so lange die Betonzugspannung die festgesetzten zulässigen Werte nicht überschreitet. Sonst ist bei Berechnung der Druck-, Schub- und Hauptzugspannungen im Beton und der Zugspannungen im Eisen die Betonzugzone ganz auszuschalten (Phase II). Ein Nachweis der Betonzugspannungen wird nicht gefordert. Das Verhältnis $n = E_e : E_b$ ist mit 15 anzunehmen. Die elastischen Formänderungen sind aber unter Zugrundelegung des vollen Betonquerschnittes und für eine Verhältniszahl $n = 10$ zu berechnen.

Die Haftspannungen in auf Biegung beanspruchten Tragkörpern brauchen im allgemeinen nicht nachgewiesen zu werden. Kommt bei Übertragung von Kräften zwischen Beton und Eisen die Haftfestigkeit in Frage, so setzt man voraus, daß sich die Haftspannungen auf die einbetonierte

Oberfläche der Eisen gleichmäßig verteilen. Für rechtwinklig oder spitzwinklig abgebogene Endhaken kann zu der geraden Länge der Eisen der 4fache Durchmesser, für Rundhaken der 12fache Durchmesser zugeschlagen werden.

Zulässige Beanspruchungen des Betons bei einer Würfeldruckfestigkeit von 150 bis 200 kg/cm²

	Druck		Zug bei exzentrischem Druck	Schub- und Hauptzugspannung	Mittlere Haftspannung
	bei zentrischem Druck und Knickung	bei exzentrischem Druck und Biegung			
Bauten aller Art, mit Ausnahme von Brücken	30	40	5	4	5
Straßenbrücken					
bis $l = 10$ m	22	32	4	3	4
für $l = 10$ bis 20 m	24	34	4	3	4
„ $l = 20$ „ 30 „	26	36	4,5	3,5	4,5
„ $l = 30$ „ 40 „	28	38	4,5	3,5	4,5
über 40 m „	30	40	5	4	5

Zulässige Beanspruchung des Eisens

		Druck, Zug	Schub	Leibungsdruck	Nieten auf Abscherung
für Bauten aller Art mit Ausnahme von Brücken, bei Berücksichtigung aller Einwirkungen, ausschließlich Wärmeschwankung und Schwinden	Flußeisen ..	1200	800	1800	850
	Schweißeisen ..	1000	700	1600	750

Bezüglich der zulässigen Beanspruchungen bei Straßenbrücken siehe ferner Abschnitt „Brückenbau", S. 486.

Beträgt die Würfelfestigkeit des Betons nach sechswöchentlicher Erhärtung 300 kg/cm² oder mehr, so können die zulässigen Beanspruchungen des Betons für Druck und Zug um 50 v. H. gegenüber den oben angegebenen Werten erhöht werden. Die zulässige Beanspruchung auf Schub bleibt ungeändert. Bei Würfeldruckfestigkeiten zwischen 200 und 300 kg/cm² sind die zulässigen Beanspruchungen geradlinig einzuschalten.

Wird in Ausnahmsfällen die Betondruckfestigkeit durch Würfelproben nicht rechtzeitig nachgewiesen, so sind bei Maschinmischung und erdfeuchter oder plastischer Mischung die auf S. 329 angegebenen Betonfestigkeiten anzunehmen. Bei Handmischung erhöht sich die Zementmenge um 5 v. H., bei flüssiger Betonmischung um 10 v. H.

Über den Stützen durchgehender oder eingespannter Balken kann die Biegungsdruckspannung mit einem um 25 v. H. erhöhten Werte, aber höchstens mit 60 kg/cm² zugelassen werden.

In Platten von geringerer Stärke als 8 cm darf die Druckspannung auch bei Beton von mehr als 200 kg/cm² Festigkeit 40 kg/cm² nicht übersteigen.

Werden außer allen ungünstigsten Lasteinwirkungen auch die Einflüsse der Wärmeschwankung und des Schwindens des Betons berücksichtigt, so dürfen die oben angeführten zulässigen Beanspruchungen um 20 v. H. erhöht werden.

Bei Berücksichtigung der Wärmeschwankung und des Schwindens des Betons um 20% mehr. — Für Straßenbrücken siehe Abschnitt „Brückenbau", S. 486.

Die zur Bewehrung dienenden Rundeisen sollen mindestens 5 mm Durchmesser, Flacheisen eine Mindeststärke von 2 mm haben. Die Enden der Zugeisen sind mit Rundhaken zu versehen; bei weniger wichtigen Eisen genügen recht- oder spitzwinklige Haken. Übergrifflänge an den Stoßstellen wenigstens gleich dem 25fachen Durchmesser der Eisen.

Platten. Die Dicke der tragenden Platten (ausgenommen Rippendecken) soll mindestens 7 cm betragen. Bewehrungseisen in höchstens 25 cm Abstand; Verteilungseisen in Abständen von höchstens 30 cm.

Balken. Die wirksame Höhe der Balken von Rechteckform oder von Plattenbalken hat bei freier Auflagerung mindestens $^1/_{18}$ der Stützweite, im Falle der Einspannung mindestens $^1/_{25}$ der Stützweite oder der zwischen den Vouten gemessenen Länge zu betragen. Die Balken- oder Rippenbreite ist so zu bemessen, daß die größte aus $\tau = \frac{Q_{\max}}{b\,\varrho}$ berechnete Schubspannung 14 kg/cm² nicht überschreitet. Es sind mindestens zwei Trageisen anzuordnen und es ist wenigstens die Hälfte der Trageisen durch schräge Abbiegung an die Oberseite der Balken zu führen und einzelne davon sind bis über die Auflager zu verlängern.

Bügel sind in solcher Zahl anzubringen, daß sie in Verbindung mit den schrägen Zugeisen wenigstens 70 v. H. der gesamten Schubkräfte aufnehmen. Sie sind aber auch dort, wo sie aus statischen Gründen nicht erforderlich wären, in Abständen von höchstens 40 cm anzuordnen.

Rippendecken oder Hohlkörperdecken. Bei diesen Decken mit oder ohne Ausfüllung der Zwischenräume soll der Rippenabstand nicht mehr als 75 cm, die Breite der Rippen wenigstens 7 cm und die Stärke der Druckplatte mindestens 5 cm betragen. Decken bis 6 m Spannweite müssen zwischen den Tragrippen mindestens eine Versteifungsrippe erhalten; bei Spannweiten über 6 m sind wenigstens zwei solche Querrippen anzubringen. Die Ausfüllungskörper wie auch eine untere abschließende Platte sind in den tragenden Querschnitt nicht einzurechnen.

Abstand der Eiseneinlagen. Der kleinste Abstand der Oberfläche der Eiseneinlagen von der Außenfläche des Betons muß mindestens betragen: bei Platten 1 cm, bei Balken 2 cm, bei Säulen 3 cm und bei Konstruktionen, die der Wirkung von Rauchgasen ausgestzt sind, 5 cm. Kommt hohe Temperatureinwirkung in Betracht, wie bei einem allfälligen Brande, in Schornsteinen oder Öfen, so sind diese Abstände um wenigstens 50 v. H. zu vergrößern. Die Zwischenräume zwischen den Rundeisen sollen ihrem Durchmesser gleich sein, mindestens aber 2 cm betragen.

Bestimmungen des deutschen Ausschusses für Eisenbeton, Dezember 1925

Der Einfluß der Wärmeschwankungen und des Schwindens ist nur bei Tragwerken von größerer Spannweite (Rahmen, Bogen) sowie bei Ingenieurbauten zu berücksichtigen, wenn dadurch innere Spannungen entstehen. Sonst genügt es, Schwindfugen in 30 bis 40 m Abstand anzuordnen. Die Wärmeschwankung ist mit $\pm$ 15° C, bei über 70 cm starken oder überschütteten Tragkörpern mit $\pm$ 10° anzunehmen. Der Einfluß des Schwindens ist dem eines Wärmeabfalles um 15° C gleich zu setzen.

Bei der Berechnung der unbekannten äußeren Kräfte statisch unbestimmter Tragwerke und der elastischen Formänderungen aller Tragwerke ist der Betonquerschnitt mit dem gleichen E für Zug und Druck und der Querschnitt der Längseisen mit dem 10fachen E in Rechnung zu stellen.

Ist bei Hochbauten die Breite der die Balken tragenden Stützen gleich oder größer als $^1/_5$ der Stockwerkshöhe und sind die Balken mit den Stützen biegungsfest verbunden oder ist eine entsprechende Auflast über den Stützen vorhanden, so können die durchgehenden Balken an den Stützen als voll eingespannt gerechnet werden. Als Stützweite ist in diesem Falle die um 5 v. H. vergrößerte Lichtweite anzunehmen.

Wenn freie Auflagerung im Mauerwerk angenommen wird, muß gleichwohl durch obere Eiseneinlagen und einen ausreichenden Betonquerschnitt an der Unterseite einer doch vorhandenen, unbeabsichtigten Einspannung Rechnung getragen werden; dies ist namentlich bei Rippendecken mit oder ohne Ausfüllung der Zwischenräume zu beachten.

Die Druckplatte eines Plattenbalkens muß mindestens 8 cm stark sein, die zulässige Breite ist bei beiderseitigen Plattenbalken $b = 12\,d + b_0 + 2\,b_s$, bei einseitigen Plattenbalken $b = 4{,}5\,d + b_0 + b_s$. Es bezeichnet b_0 die Breite des Balkens, b_s die Breite der Plattenverstärkung (Voute) im Anschlusse an den Balken, (höchstens gleich der 3fachen Plattendicke), d die Plattendicke. Grenzwerte für b sind bei dem beiderseitigen Plattenbalken der Achsabstand der Balken oder die halbe Balkenstützweite, bei dem einseitigen Plattenbalken der halbe Achsabstand oder ein Viertel der Balkenstützweite.

Die wirksame Balkenhöhe, d. i. der Abstand der äußeren Betondruckkante vom Schwerpunkt der Eiseneinlagen, muß mindestens betragen: bei Balken, Unterzügen und Rippendecken mit oder ohne Ausfüllung der Zwischenräume $^1/_{20}$ der Stützweite, bei Eisenbetonplatten und Hohlsteindeckenplatten $^1/_{27}$ der Stützweite, bei Eisenbetonplatten mit kreuzweiser Bewehrung mindestens $^1/_{30}$ der kleineren Stützweite. Bei durchlaufenden Platten gilt als Stützweite der Abstand der Momentennullpunkte.

Die Druckplatten von Rippendecken mit oder ohne Ausfüllung bis zu 0,7 m lichtem Rippenabstand müssen mindestens $^1/_{10}$ dieses Abstandes, wenigstens aber 5 cm stark sein. Solche Decken müssen Querrippen von der Stärke und Bewehrung der Tragrippen erhalten, und zwar bei Deckenspannweiten von 4 bis 6 m eine Querrippe, bei über 6 m mindestens zwei.

Zugeiseneinlagen sind möglichst nicht zu stoßen, keinesfalls ist die Ausbildung der Stöße der Trageisen in Zuggliedern oder bei über 20 mm starken Zugeisen in Balken durch Überdeckung zulässig, sondern es ist in solchen Fällen der Stoß durch Muffen oder durch Schweißen einwandfrei auszubilden. In den Balken sollen im allgemeinen nicht mehr als zwei Reihen Eisen übereinander angeordnet werden.

Bei der Berechnung der Spannungen in auf Biegung beanspruchten Tragkörpern ist von der Mitwirkung des Betons auf Zug ganz abzusehen. ($\mu = 0$, $n = 15$.)

Die zulässigen Beanspruchungen werden von der Würfelfestigkeit nach 28 Tagen $W_{e,28}$ und $W_{b,28}$ (siehe S. 329) abhängig gemacht.

Zulässige Beanspruchungen in kg/cm² bei Biegung oder Druck und Biegung

		a	b	c	d
	Bei Verwendung von	Beton auf Druck			
1	Handelszement mit $\begin{cases} W_{e,28} \geqq 200 \text{ kg/cm}^2 \\ W_{b,28} \geqq 100 \text{ ,,} \end{cases}$	50	40	35	—
2	hochwertigem Zement mit $\begin{cases} W_{e,28} \geqq 275 \text{ ,,} \\ W_{b,28} \geqq 130 \text{ ,,} \end{cases}$	60	50	40	—
3	in besonderen Fällen bei Nachweis der Würfelfestigkeit, wobei aber $W_{e,28} \geqq$ 250 kg/cm² sein muß	$\frac{W_{b,28}}{2}$	$\frac{W_{b,28}}{2,5}$	$\frac{W_{b,28}}{3,5}$	$\frac{W_{b,28}}{5}$
		jedoch nicht mehr als			
		70	60	45	40
		Eisen (Stahl) auf Zug			
4	Handelseisen	1200	1200	1000	800
5	Stahl St_{48} nur in Verbindung mit Beton nach 2 oder 3	1500	1500	1250	1000

Es gelten die Zahlen:

Spalte *a)* für mindestens 20 *cm* hohe volle Rechteckquerschnitte; für Balken und Plattenbalken zur Aufnahme von Stützenmomenten; für Pilzdecken; für Rahmen, Bogen und Stützen als Teile rahmenartiger Tragwerke, wenn diese ausführlich nach der Rahmentheorie berechnet werden, und zwar bei gewöhnlichen Hochbauten unter Annahme ungünstigster Laststellung, bei anderen Bauten außerdem unter Berücksichtigung der Wärmewirkung, des Schwindens, sowie der Reibungs- und Bremskräfte.

Spalte *b)* für Platten von mindestens 10 *cm* Stärke in Hochbauten, einschließlich Fabriken ohne wesentliche Erschütterungen; für Balken, Plattenbalken, außerdem für mäßig belastete Stützen und andere Tragwerke, soweit sie nicht unter *a)* fallen; für Stützenquerschnitte von Balken und Plattenbalken der Spalte *c)*.

Spalte *c)* für Platten von weniger als 10 *cm* Stärke, für die unmittelbar starken Erschütterungen ausgesetzten Teile in Hochbauten, für Platten und Träger der Fahrbahntafel in Straßenbrücken und Durchfahrten bei weniger als 50 *cm* Überschüttungshöhe.

Spalte *d)* für Balkenbrücken unter Eisenbahngleisen. Werden der Einfluß der Temperaturschwankungen und des Schwindens, sowie die Brems- und Anfahrkräfte berücksichtigt, so dürfen die Zahlen der Spalte *d)* um 30 v. H. erhöht werden. In den Spalten *c)* und *d)* ist ein Stoßzuschlag bis 50 v. H. berücksichtigt.

Die Schubspannung des Betons darf bei Handelszement 4 kg/cm², bei hochwertigem Zement 5,5 kg/cm², die Haftspannung 5 kg/cm² nicht übersteigen. Zulässige Beanspruchung bei Stützen, siehe die Tafel S. 363.

E. Die Bauausführung

Die **Ausführungspläne** für normale Hochbauten bestehen vor allem aus den im Maßstabe 1:50 gezeichneten Grundrissen, in denen die Maße für die Haupt- und Nebenbalken, Deckenplatten und Säulen mit der Zahl und Stärke der Bewehrungseisen einzuschreiben sind. Gleiche Bauteile werden mit gleichen Nummern, wie in der statischen Berechnung, bezeichnet.

Zulässige Beanspruchung von Stützen in kg/cm² durch mittigen Druck ohne Knickgefahr		
bei Verwendung von	im allgemeinen	in Brücken
Handelszement	35	30
hochwertigem Zement	45	40
in besonderen Fällen bei Nachweis der Würfelfestigkeit, wobei außerdem $W_{e,28} \gtreqless 250$	$\frac{1}{3} W_{b,28}$	$\frac{1}{4} W_{b,28}$
	jedoch nicht mehr als	
	60	50

Die einzelnen Balken sind in größerem Maßstabe (etwa 1:20) in Längsansicht und Querschnitt besonders darzustellen; ihre Eiseneinlagen werden einzeln mit Kotierung der Längen und Abbiegungen verzeichnet, und zwar die unteren Eisen unterhalb, die oberen Eisen oberhalb der Längsansicht des Balkens. In dem größer gezeichneten Querschnitte ist die Lage der Eisen, in der Längsansicht die Bügelausteilung anzugeben. Das gleiche gilt für die Säulen.

Nach diesen Arbeitsplänen ist dann der **Eisenauszug** anzufertigen. Dieser hat Bezeichnung, Stückzahl, Durchmesser, gestreckte Länge und unter Beigabe einer Skizze die Form und Maße der Abbiegungen sowie das Gewicht zu enthalten. Es empfiehlt sich, in einem Bauwerk nicht zu viel verschiedene Rundeisenstärken zu verwenden und die Unterschiede in den Stärken größer als 1 oder 2 mm zu wählen, um Verwechslungen vorzubeugen. Das Schneiden und Abbiegen der Rundeisen erfolgt entweder auf dem Werkplatze der Bauunternehmung oder bei größeren und entfernteren Baustellen am Bauplatze mittels Schneide- und Biegemaschinen.

Die **Schalung** der Plattenbalkendecken besteht aus mindestens 3 cm starken, an den Kanten besäumten Brettern, die nur in Ausnahmsfällen, wenn man ohne Verputz glatte Betonflächen erzielen will, auf der Innenseite zu hobeln sind. Unmittelbar vor dem Betonieren sind die Bretter stark anzunässen. Das den unteren Teil des Balkenkastens bildende Bodenbrett legt man zwischen die Seitenbretter, um letztere sowie auch die Schalung unter der Platte früher wegnehmen zu können, während die Balken noch unterstempelt bleiben. Das Schalgerüst wird durch senkrechte Ständer S (Steifen) gebildet, die unter stärkeren Balken paarweise durch Überlagshölzer U zu Jochen vereinigt sind, bei schwächeren Balken auch nur in einer Reihe stehen. Abb. 24. Auf den Überlagshölzern oder unmittelbar auf den Steifen liegen mittels Doppelkeilen die Unterzüge (Rahmen) r, welche mittels hochkantig gestellter Bretter (Biege) b die Plattenschalung tragen. Bei größerem Balkenabstande sind die Biege noch in einem oder in zwei Zwischenpunkten durch Unterzüge und Steifen zu unterstützen. Nach der Längsrichtung der Balken stehen die Steifen im Abstande von 1,5 bis 2,0 m, die Biegen etwa im halben Abstande. Die Biegen sichern die mit dem Bodenbrette durch Schrauben und untereinander durch angenagelte Leisten verbundenen Seitenbretter des Balkenkastens gegen

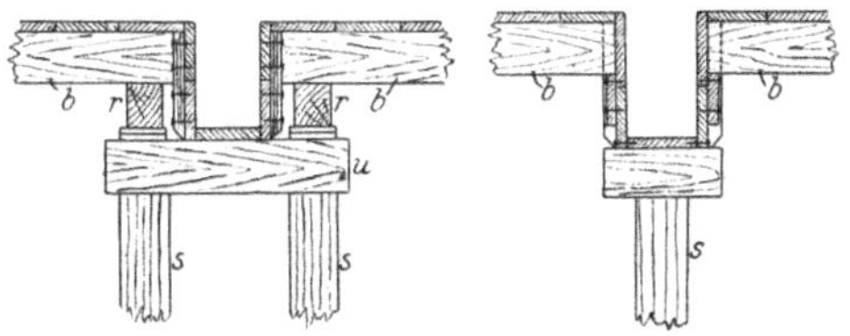

Abb. 24

seitliches Ausweichen. Bei höheren Balken sind an die Seitenwände senkrechte Kanthölzer anzulegen, von denen die gegenüberstehenden durch Bindedrähte anzuziehen sind. Von den Steifen soll nur ein Bruchteil (höchstens $^2/_3$) in der Länge gestoßen sein. Die Stöße dürfen nicht im mittleren Drittel liegen und sind entsprechend zu verlaschen. In mehrgeschossigen Gebäuden müssen die Steifen übereinander stehen und es sind in den unteren fertiggestellten Geschossen beim Ausschalen nicht alle Steifen auf einmal zu entfernen, sondern es ist wenigstens in der Mitte eines jeden Balkens und in der Mitte größerer Deckenfelder eine Notstütze stehen zu lassen. Bei Schalungsgerüsten für größere Hochbauten und für Ingenieurbauten ist der rechnerische Festigkeitsnachweis zu erbringen.

Ausschalungsfristen. Die seitliche Schalung der Balken und die Einschalung der Stützen oder Säulen darf bei günstiger Witterung nicht vor drei Tagen, die Schalung von Deckenplatten nicht vor Ablauf von acht Tagen, die Stützung der Balken und weit gespannten Deckenplatten nicht vor Ablauf von drei Wochen beseitigt werden. Bei großen Stützweiten und Abmessungen sind die Fristen unter Umständen bis zu sechs Wochen zu verlängern. Frosttage sind dabei nicht einzurechnen. Notstützen sollen nach der Ausschalung noch durch wenigstens 14 Tage stehen bleiben.

Erd- und Felsarbeiten, Gründungen

bearbeitet von

Ministerialrat, a. o. Prof. Dr. Ing. **Fritz Steiner**, Wien

I. Erd- und Felsarbeiten

A. Vorarbeiten

Die **Vorarbeiten** bezwecken die Bestimmung der Kosten, der Bauzeit, der Aufeinanderfolge und der richtigen Anordnung der einzelnen Arbeiten; sie bedingen die Ermittlung des Bedarfes an Baustoffen, Maschinen, Geräten und an Arbeitern. Zu den vorbereitenden Arbeiten gehören die Festlegung des Bauplanes und die Bodenuntersuchungen, somit die Klarstellung der geologischen Verhältnisse des zu bearbeitenden Bodens auf Grund vorhandener Karten und örtlicher Beobachtungen im Gelände, insbesondere an offenen, zutage liegenden Bruchstellen. Gute Aufschlüsse ergeben Versuchsgruben (Brunnen) oder Schlitze, allenfalls Schächte und Stollen, etwas weniger genau Bohrlöcher. Wichtig sind: Feststellungen über Alter, Art und Stärke der Bodenschichten, ihr Fallen und Streichen, Vorhandensein wasserführender Schichten, Rutschflächen; Beobachtungen, die auf frühere Bodenbewegungen schließen lassen; Einfluß des Wassers und der Luft auf den Boden, dessen Tragfähigkeit, sein innerer Zusammenhang und seine Auflockerung sowie sein spezifisches Gewicht; die Verwendbarkeit der Bodenarten für die Schüttung von Dämmen, zur Mauerung und sonstigen Bauzwecken. Für die richtige Erfassung des Baugeländes ist die Geomorphologie von Wichtigkeit.

Für Versuchsbohrungen (Tiefbohrungen mittels Bohrbock, Gestänge und Bohrer bis zu 10 m Tiefe 1 Mann, bis 30 m etwa 2 Mann nötig) kommen als Bohrgeräte in Betracht: Tellerbohrer für geringe Tiefen in leichtem, trockenem Sande und wenig festem Lehmboden; die Schappe in festerem, feuchtem Boden; der Spiralbohrer für wenig feuchten Lehm, Ton, Letten und zur Auflockerung von festem Sand- oder Kiesboden; der Schneckenbohrer für zähen Boden, wie Ton, Torf, Moor; Flachmeißel für trockenen Ton und Lehm sowie leichtes Gestein; besonders geformte Meißel- und Kronenbohrer (Diamantbohrer) für feste Gesteinsarten; Ventilbohrer für Sandboden unter Verwendung von Futterröhren aus Eisenblech mit 3 bis 4 mm Wandstärke und Längen von etwa 1,2 m (Durchmesser einige cm größer als der des Bohrers); die Schlammbüchse für flüssigen Boden und zur Hebung des Bohrschmantes. Bohrlochweiten zumeist 10—15 cm im Stich- und Hackboden, 3—7 cm im gebrächen und Sprenggestein.

Die Kosten der Erdarbeiten sind mit Berücksichtigung des Umfanges der zu lösenden und durch die Bearbeitung eine Auflockerung erfahrenden Massen (siehe Massenberechung), der Art und Weise der Lösung und der Dauer der Arbeiten, der Kosten der Fortschaffung (Förderkosten), schließlich unter Erwägung der Art der Arbeitsvergebung und der in Betracht kommenden Vorbereitungs- und Nebenarbeiten (Einrichtung von Baustellen, Wegen, Beschaffung von Geräten aller Art und sonstige Verwaltungseinrichtungen) zu bestimmen.

Die Auflockerung des Bodens ist vorübergehend oder bleibend. Erstere ist abhängig von der Bodenbeschaffenheit, der Lösungsart und dem Gewinnungsorte (z. B. im Stollen Zertrümmerung des Gesteins größer als im offenen Einschnitte). Die bleibende Auflockerung ist beeinflußt durch die Bodenart, die Höhe der Schüttung, die Verwendung sich verschieden auflockernder Bodenarten gemeinsam oder getrennt, schließlich durch die Einwirkung der Feuchtigkeit. Mit Stampfen und Abstürzen der Bodenmassen erzielt man eine größere Verdichtung der Schüttung. (Über „Auflockerungsziffern" siehe Teischinger: Vergrößerung des Rauminhaltes von Massen infolge Auflockerung; Wochenschrift f. d. öff. Baudienst, Wien, 1911.)

Für vorübergehende Auflockerung kann man rechnen: bei Stichboden 10—20%, bei Hackboden 20—25%, bei gebrächem Gestein 25—35% (mitunter auch mehr), bei Sprenggestein 35—50%; für bleibende Auflockerung: bei Stichboden 1—2%, bei Hackboden 3—5%, bei gebrächem Gestein 5—10%, bei Sprenggestein 10—20%.

Für die Dauer der Erdarbeiten kommt die Gewinnungsfestigkeit in Betracht, nach welcher man folgende Bodengattungen unterscheiden kann:

I a milder Stichboden (Alluvialsand, Humus, überhaupt Boden, der mit der Schaufel gelöst werden kann);

I b schwerer Stichboden (fester Humus, leichter Lehm, Sand u. dgl., Boden, für dessen Lösung Schaufel und Spaten, allenfalls Keile und Schlägel in Betracht kommen);

II a milder Hackboden (Lehmboden, Letten, feinkörniger aber fester Schotter, überhaupt Boden, für dessen Lösung Schaufel und Krampe zu benützen sind);

II b schwerer Hackboden (fester Ton-, Mergelboden, sehr fester, grober Schotter, überhaupt Bodenarten, die sich nur mit Spitzhaue und Krampe, Breithacke, Keil und Schlägel bearbeiten lassen);

III a mildes gebräches Gestein (verwitterter Schiefer, lockere Konglomerate, Mergelkalke, überhaupt Bodenarten, die mit Spitz- und Keilhaue und Brecheisen gewonnen werden können);

III b festes gebräches Gestein (lockerer Fels, verwitterter Gneis und Granit u. dgl., mit Keilhaue und Brecheisen unter Beihilfe vereinzelter Schüsse, unter Umständen Minensprengung zu gewinnen);

IV a festes Sprenggestein (Sand- und Kalkstein, Konglomerate, Tonschiefer u. dgl., Bohrung und Anwendung von Sprengmitteln sowie Brecheisen);

IV b sehr festes Sprenggestein (Glimmerschiefer, Gneis, Granit, fester Kalkstein u. dgl.);

IV c höchst festes Sprenggestein (dichter Granit, Porphyr, feste körnige Grauwacke u. dgl.).

Gewinnungsfestigkeit und Lösekosten des Gebirges in Bahneinschnitten nach F. v. Rziha

Boden-gattung	Verbrauchte Tagewerke[1]) für 1 m³ Boden	Verbrauch an Dynamit Nr. I[2]) in kg für 1 m³	Gewinnungs-festigkeit für 1 m³ in kg/m	Verhältnis der Gewinnungs-festigkeit
I a	0,08	—	10.400	1,0
I b	0,12	—	15.600	1,5
II a	0,16	—	20.800	2,0
II b	0,20	—	26.000	2,6
III a	0,30	—	39.000	3,8
III b	0,50	0,10	72.500	7,1
IV a	0,70	0,20	106.000	10,2
IV b	1,00	0,30	152.500	15,0
IV c	1,60	0,50	245.500	24,0

Die Gesamtkosten der Gewinnung rechnen sich aus der Zahl der Tagewerke × Taglohn eines Erdarbeiters, bzw. Steinbrechers + Sprengmittelkosten + einem 25—30%igen Zuschlag.

Beim Aushub in engen Baugruben erhöhen sich diese Kosten bei einer

		Tiefe von	0—2 m	2—4 m	4—6 m
für Bodengattung	I a	auf das	1,4	2,2	3,0 fache
,, ,,	I b	,, ,,	1,4	2,1	2,7 ,,
,, ,,	II	,, ,,	1,3	1,9	2,4 ,,
,, ,,	III	,, ,,	1,3	1,7	2,1 ,,
,, ,,	IV a	,, ,,	1,3	1,5	1,8 ,,

In nassem Boden erhöhen sich die Kosten für die Bodengattungen I und II um etwa 15—30%.

Vorstehende Zusammenstellung kann heutzutage nur für Akkordarbeiter Anwendung finden.

Die mittlere stündliche Arbeitsleistung eines Arbeiters beträgt für Stichboden 2,0—1,0, für Hackboden 1,0—0,5, für gebräches Gestein 0,5—0,32 und für Sprenggestein 0,32—0,28—0,17 m³.

Die Selbstkosten der Gewinnung für 1 m³ Boden setzen sich aus dem Lohnaufwand für die reinen Lösekosten, den Kosten der Geräte, die etwa 10—15% der reinen Lösekosten betragen, den Kosten der Sprengstoffe (etwa 10—20% der reinen Lösekosten) und den allgemeinen Unkosten (mindestens 5% Zuschlag) zusammen.

Findet eine Lösung des Bodens im oder unter Wasser statt, so sind die Kosten zu erhöhen.

An Stelle der Lösung der Massen durch Handarbeit tritt mit Vorteil jene mit Hilfe von Maschinen dann, wenn der Umfang der zu lösenden Massen die Wirtschaftlichkeit maschineller Arbeit ermöglicht.

Unter Berücksichtigung der in der folgenden Zusammenstellung enthaltenen sonstigen Angaben und unter der Voraussetzung eines achtstündigen Arbeitstages ergeben sich für Handarbeit die Leistungen:

[1]) 1 Tagewerk = 130.000 kg/m.

[2]) 1 kg Dynamit = 75.000 kg/m. Für Erdarbeiten in offenen Strecken wird Dynamit Nr. 1 selten verwendet, meist Nr. II.

Bodengattung	Gewicht eines m³ Bodens in *t*	Raumerfordernis eines m³ Abtrags im Fördergefäß in m³	Bleibende Auflockerung der Abtragsmasse ergibt im Damme für 1 m³ in m³	Anzahl der zur Lösung eines m³ nötigen Arbeitstage zu 8 Stunden	Anzahl der zum Werfen oder Verladen eines m³ in übliche Fördergefäße nötigen Arbeitstage zu 8 Stunden	Anzahl der zum Verladen eines m³ in hochbordige Fördergefäße nötigen Arbeitstage zu 8 Stunden
Stichboden .	1,5 bis 1,6	1,10 bis 1,20	1,03 bis 1,04	0,06 bis 0,12	bis 0,04	0,065
Hackboden .	1,8 bis 2,0	1,25 bis 1,30	1,06 bis 1,08	0,12 bis 0,24	0,04 bis 0,05	0,065 bis 0,07
Gebräches Gestein . .	2,0 bis 2,2	1,30 bis 1,35	1,08 bis 1,10	0,24 bis 0,32	0,05 0,05	0,07 bis 0,08
Spreng-gestein	2,2 bis 2,8	1,35 bis 1,50	1,10 bis 1,15	0,32 bis 0,72	0,055	0,08

B. Bohr- und Sprengarbeit

Bei **Handbohrung** Bohrer und Schlägel, allenfalls Wurfbohrer aus Stahl. Bohrerlängen 0,4—1,40, Wurfbohrer 1,5—3,0 m; Schaft vier- oder achteckig, 20—40 mm stark; Schneidewinkel 70—110°. Das Bohren erfolgt ein- oder zweimännig. Für Pulverladungen je nach der zwischen 30 bis 120 cm schwankenden Tiefe des Bohrloches (Mittel 100 cm), Breite des Bohrloches am oberen Ende 30—50 mm (Mittel 40 mm). Bei Verwendung von Dynamit wird der Bohrlochdurchmesser 20—25% geringer; bei **Maschinenbohrung** geht man auf rd. 2,0—2,5 m Tiefe; bei minder hartem Gestein gibt man tiefere Bohrlöcher. Ein Meter 40 mm weites Bohrloch erfordert je nach der Härte des Gesteins, 0,6—3 Mineurtagschichten (*t*) und für Werkzeugunterhaltung im Mittel 0,4 *t*; für ein 25 mm weites Bohrloch kann man für den laufenden Meter setzen 0,3—1,5 *t* und für Werkzeugunterhaltung 0,2 *t*. Als Mittelwerte der gesamten Bohrlochtiefe für 1 m³ gelöstes Gestein können angenommen werden: im lockeren Fels 0,2—0,8 m, im mittelfesten 0,5—1,5 m und im sehr festen 1,0—2,1 m.

Maschinenbohrung kommt bei hohen Arbeitslöhnen, bei der Lösung größerer Massen (Steinbrüche) und bei besonders zu betreibenden Bauten, daher vornehmlich beim Bau längerer Stollen (Tunnelbau) in Betracht. Die hohen Anlagekosten des maschinellen Betriebes gegenüber dem Handbetriebe lassen Wirtschaftlichkeit nur bei Herstellungen großen Umfanges oder dann erwarten, wenn billige Kraftquellen zur Verfügung stehen, insbesondere wenn elektrische Kraft vorhanden ist.

Bei der Maschinenbohrung stehen hauptsächlich zwei Bohrsysteme in Anwendung; das vornehmlich mit verdichteter Luft oder mit elektrischer Kraft betriebene Stoßbohrsystem und das zumeist hydraulisch oder mit elektrischer Kraft betriebene Drehbohrsystem.

Für Stoßbohrmaschinen mit stoßender, hin- und hergehender Bewegung (Wurfbohren), wobei der Bohrer nach jedem Schlage sich ein wenig um seine Längsachse dreht (Setzen des Bohrers) und nach Erreichung der größten Hubhöhe vorgeschoben wird und zum Zwecke der Auswechslung nach Beendigung der Arbeit zurückgezogen werden muß, kommen in erster Linie Meißelbohrer (Stahl), bei wechselnder Beschaffenheit des Gesteins Z-Bohrer (drei Schneiden), auch Kreuzbohrer zur Verwendung. Bohrer zumeist achtkantig. Größter Hub 170—280 mm bei 65—90 mm Zylinderdurchmesser der Maschine und 350—500 Schlägen in der Minute; Maschinengewichte von 55—150 kg; mittlere Bohrlochdurchmesser 35 bis 60 mm (nicht unter 20 mm).

In Steinbrüchen werden wohl auch Maschinen mit einem Hube bis 400 mm verwendet.

Als die wichtigsten Vertreter der Druckluftbohrmaschinen (4—7 Atm. Druck) sind neben den in den Hintergrund getretenen Ferrouxschen Maschinen solche von Meyer, Mühlhausen a. d. R., Ingersoll (Lötschbergtunnel), Hoffmann (Währwolf, Bosrucktunnel), Gatti (Bosrucktunnel) und Flottmann zu nennen. Erwähnung verdient als Ersatz für das Bohren von Hand aus, der von einem, besser zwei Männern bediente Bohrhammer (Flottmann & Co., Saarbrücken) von nur 15—35 kg Gewicht, der bei 1200—2000 Schlägen in der Minute und Bohrlochweiten bis 30 mm für leichteres und schwereres Gestein vielfach Verwendung findet.

Die durchschnittliche Leistung einer mittleren Druckluftstoßbohrmaschine von 80 mm Zylinderdurchmesser beträgt in offenem Gestein, bei einem durchschnittlichen Luftdruck von 5 kg/cm² bei festem, sehr festem und höchst festem Boden (Bodengattung IV a, b und c) rund 500—1000 cm³, 200—400 cm³ bzw. 100—150 cm³ in der Minute entsprechend einem Bohrfortschritte von 20—50, 10—20 bzw. 3—8 cm in der Minute. Eine Maschine von 8—10 PS benötigt am Kompressor 15—20 PS und mehr. Im allgemeinen sind ihr Wirkungsgrad gering, die Bedienung einfach, die Erhaltungskosten der Maschinen niedrig, die Gesamtanlagekosten aber hoch. Im Stollen weitere Vorteile zufolge der Lüftung und Kühlung vor Ort.

Elektrische Stoßbohrmaschinen nach dem Solenoidprinzipe wurden z. B. bei dem großen Tunnel der Jungfraubahn angewendet; mit zwei gleichzeitig arbeitenden Maschinen konnte in festem Kalkstein (Malm) ein Stollenfortschritt von 2,7—3,5 m in 24 Stunden erzielt werden. Auf der Südseite des Karawankentunnels nur versuchsweise verwendet.

Bohrmaschinen mit elektrischem Antriebe (System Siemens und Halske) der älteren Art (mit biegsamer Welle) wurden bei kleineren Tunnels, in Steinbrüchen und in Bergwerken angewendet. Sie erfordern sehr geringen Kraftaufwand (1—1,5 PS pro Maschine); infolge der häufig erforderlichen Auswechslungen von Maschinenbestandteilen kam jedoch der Betrieb ziemlich teuer. Heute wird eine neuere Kurbelstoßbohrmaschine von Siemens und Halske bzw. der Siemens-Schuckertwerke verwendet, bei der Sekundär-Dynamomaschine und Bohrmaschine vereinigt sind. Solche Bohrmaschinen bedürfen 2—4 PS außen. Stollenfortschritt im Karawankentunnel im Dolomitkalk 5—7 m, im Werfener Schiefer 7—10 m in 24 Stunden.

Häufige Verwendung findet noch die elektrische Bohrmaschine der Allg. Elektr.-Gesellschaft. Druckluft- und elektrischer Antrieb ist in der Bohrmaschine der Ingersoll-Rand-Co. vereinigt („Pulsator").

Elektrische Gesteinsbohrmaschinen haben einen günstigen Wirkungsgrad, gestatten rasche Inbetriebsetzung der Anlage, weisen geringe Anschaffungskosten auf, erfordern aber ziemlich beträchtliche Erhaltungskosten.

Drehbohrmaschinen, bei welchen der Bohrer vorgeschoben, dann eingreifend ins Gestein gedreht und schließlich wieder aus dem Bohrloch zurückgezogen werden muß, erhalten entweder Bohrer, welche das Gestein brechen (Kern- oder Hohlbohrer aus sehr festem Stahl von 40 bis 80 mm Durchmesser und 7—11 mm Wandstärke, sägeförmiger Krone, deren 3—5 Schneiden Winkel von 70—90° aufweisen) und mit hohem Druck bei geringer Umdrehungsgeschwindigkeit wirken, oder Bohrer, mittels derer das Gestein durch schabende oder schleifende Wirkung gelöst wird. Dieser Bohrer wirkt unter geringerem Druck bei größerer Geschwindigkeit auf das Gestein. Diamantbohrer (mit schwarzen Diamanten besetzte Kronen) finden Verwendung als Kernbohrer, die Hohlzylinder ausschaben, deren Kern abgebrochen wird, oder als Vollbohrer, die Vollzylinder ausbrechen.

Wichtigster Vertreter der Drehbohrmaschinen ist die Brandtsche Preßwassermaschine. Sie wurde seit 1880 bei den meisten größeren Tunnelbauten angewendet; nunmehr in verbesserter Form im Gebrauch. (Bau des Simplontunnels, 19,7 km lang.) Die brechend wirkende, 2—5 zahnige Bohrkrone von 70—85 mm Durchmesser sitzt auf dem zumeist hohlen Rundbohrer von 65 mm Durchmesser und 30 mm Bohrung. Die Bohrlöcher werden schwach konisch angelegt. Der Druck steigt bis zu 15.000 kg an, die Druckwasserspannung beträgt 70—100 Atm. Die Anzahl der Umdrehungen in der Minute beläuft sich auf fünf bis sieben. Die Bohrlochtiefe beträgt 1,20—1,30 m. Ein Bohrer kann unter Umständen 100—125 cm erbohren bis zum gleichen Grad der Abnützung. Wasserverbrauch für eine Maschine 1—2 l in der Sekunde; Kraftverbrauch für mildes Gestein (Kalk, Mergel, Schiefer, Sandstein) 30—40 Atm. (für eine Maschine 11 bis 14 PS vor Ort), für mittelharte Gesteine (milder Granit, Hartsandstein, Kieselschiefer) 50—60 Atm. (17—20 PS) und für ganz harte Gesteine (härtester Granit, Quarzit, Basalt) 70—80 Atm. (24—27 PS); die Antriebsleistung im Maschinenhaus ist um ein Vielfaches höher zu halten.

Brandtsche Maschinen sind leicht zu bedienen, erfordern geringe Erhaltungskosten, dagegen ziemlich beträchtliche Anlage- und Betriebskosten.

Unter den elektrisch angetriebenen Drehbohrmaschinen sind der (etwa 1 PS) Diamantdrehbohrer von Lange, Larke & Co., Brieg a. O. mit bis zu 1500 Umdrehungen, 400 kg Druck an das Gestein und Wasserspülung, sowie die Drehbohrmaschinen der Siemens-Schuckertwerke (für mildes Gestein) zu nennen.

Bohrmaschinen werden auf standfesten, leicht zu versetzenden Gestellen untergebracht, und zwar Fuß-, Säulengestelle und Bohrwagen. Erstere häufig im offenen Gelände. Ringförmige Säulen, mit Hilfe von Schrauben oder Wasserdruck zwischen Gesteinwänden eingespannt (senkrechte oder wagrechte Spannsäulen), tragen die auf denselben befestigten Bohrmaschinen. Bohrwagen, auf welchen mitunter Spannsäulen angebracht sind, nehmen häufig bis zu vier gleichzeitig arbeitende Maschinen auf.

Nach v. Rziha[1]) schwankt die Bohrfestigkeit der Sprenggesteine, d. i. der Arbeitsaufwand in kgm zum Ausbohren eines cm³ Bohrloches zwischen 18 und 111 kgm, in der Mehrzahl der Fälle aber zwischen 39 und 62 kgm (siehe Zusammenstellung S. 371).

Die Bohrfestigkeit wird heute mit in Führung arbeitendem pneumatischem Bohrhammer (Demagbohrer) von 50 mm Zylinder- und 22 mm Schaftdurchmesser sowie 45 mm Bohrschneidelänge bei 5 Atm. an Würfeln oder Platten von mindestens 10 cm Dicke, die bei fester Einspannung auf nicht erschütterbarer Unterlage aufliegen, bestimmt. Angegeben wird entweder die relative Bohrfestigkeit nach Rosiwal (Arbeit in kgm zur Erbohrung 1 cm³ Bohrlochinhaltes bei 1 cm Bohrlochdurchmesser) oder die Bohrziffer $b = \frac{B}{B'}$, wobei B der Bohrlochinhalt eines Standardgesteins, B' der des untersuchten Gesteins, bei gleicher Arbeitsleistung (gleicher Bohrzeit) sind.

[1]) Zeitschrift des Österreichischen Ingenieur- und Architektenvereines, 1888, Heft 4.

Bodengattung	Art der Gewinnung	Zahl der Schüsse in einer Schicht	Mittelwerte der		
			Druckfestigkeit kg/cm²	Scherfestigkeit kg/cm²	Bohrfestigkeit kgm
IIIa mürbes gebräches Gestein	brechen	—	100—150	1—15	2,0
IIIb festes gebräches Gestein	brechen, Schüsse vereinzelt	—	150—300	15—30	6,0
IVa festes Sprenggestein	sprengen	3—5	300—500	30—50	18,0
IVb sehr festes Sprenggestein	„	2—3	500—800	50—80	39,0
IVc höchstfestesSprenggestein	„	1—2	800—2000	80—200	67,0

Verwendung finden als **Sprengmittel** im trockenen Boden Schwarzpulver, dann Sprengsalpeter und Petroklastit. Unter den sprengkräftigen (brisanten) sind neben den Dynamiten (Nitroglyzerin- oder Sprengölpräparate) immer häufiger verschiedene Sicherheitssprengstoffe (zumeist 40—90% Ammonsalpeter mit leicht brennbaren oder explosiven Beimengungen), die gegen Stoß, Schlag, Reibung und Feuer weniger empfindlich sind und auf die der Frost geringeren schädlichen Einfluß hat. (Sprengöl erstarrt schon bei + 8° und ist dann sehr gefährlich!) Sie sind nur mit starken Sprengkapseln zur Explosion zu bringen. Am bekanntesten: Dahmenit, Roburit (Luxit), Sekurit, Westphalit und Karbonit. Neuere gelatinierte Sicherheitssprengstoffe enthalten 4—5% Nitroglyzerin.

Besonders für Einschnittsbetrieb verwendete, sehr wirksame Sprengmittel sind Dynamon, Chlorat und Amonal. Sie bedürfen eines starken Explosionsimpulses und zeichnen sich daher durch große Unempfindlichkeit gegen Stoß und Schlag aus. Angezündet verbrennen sie ohne Detonation. Sie werden mittels eigener Zündpatronen zur Explosion gebracht.

Beiläufig drückt sich das Effektverhältnis der verschiedenen Dynamitsorten durch folgende Zahlen aus: Sprenggelatine 100, Ammongelatine 80, Gelatinedynamit Nr. I 75, Kieselgurdynamit (75% Nitroglyzerin, 25% Kieselgur) 70, Gelatinedynamit Nr. II 60, Dynamit Nr. III 45.

Seit einigen Jahren wird wieder flüssige Luft, d. i. Luft, aus welcher Stickstoff zum größten Teil ausgeschieden ist, so daß der Sauerstoffgehalt 85% beträgt (spezifisches Gewicht 1,72, Temperatur — 185°), die nach dem Rektifikationsverfahren in der Nähe der Arbeitsstelle hergestellt und in doppelwandigen Kupfer- oder Messinggefäßen herangebracht wird, mit Erfolg als Sprengstoff verwendet. Patronen aus einem mit Ruß, Korkkohle und gewissen Zusätzen, wie Graphit, Kochsalz und neuestens Naphthalin (3:1) gefüllten Leinenbeutel, von 25—30 cm Länge und 24—30 mm Durchmesser, werden entweder im Bohrloch selbst (dann von beliebiger Länge) oder außerhalb desselben mit flüssiger Luft getränkt. Die sprengfertige Patrone wird sofort durch Initialimpuls (0,5—1 g Knallquecksilber) abgeschossen. Zumeist erfolgt die Tränkung der Patrone durch drei Minuten langes Eintauchen in doppelwandige Metall- oder mit Blech ausgeschlagene Holzbehälter mit flüssiger Luft. Sie sind im angesaugten Zustande ziemlich fest und steif und verlangen gute Bohrlöcher von etwas größerem Durchmesser. (Maschinenbohrung, Bohrhämmer.) Ladehöhe des Bohrloches etwa 1,3 jener der Ladehöhe von Dynamit Nr. I. Da die Brisanz beider Sprengmittel ziemlich gleich sein dürfte, wird auf Gleichwertigkeit beider geschlossen. Größe des Verlustes an flüssiger Luft durch Verdampfung etwa 58%. (Für eine Patrone von 24 mm Durchmesser und 27 cm Länge etwa 0,2 l Luft.) Bohrlöcher ohne Besatz oder leichte Verdämmung mit Bohrmehl. Vorteile gegenüber Dynamit sind geringere Kosten, gefahrlose Beförderung und Lagerung, günstige Nachschwaden, Gefahrlosigkeit ausgeworfener Patronen. Das Sprengen verlangt rasche und geschickte Besetzung des Bohrloches, geringe Zahl gleichzeitiger Schüsse. Ausgezeichnete Erfolge bei Sprengung gefrorenen Bodens und lockeren Gesteins durch Lassenschüsse oder in kleinen Stollen. (Montanistische Rundschau, 1916, Rundschau f. Techn. u. Wirtschaft, 1917; Diederich, Flüssige Luft als Sprenggstoff, ihre Erzeugung und Verwendung.)

Die Aufbewahrung und Beförderung von Sprengstoffen regeln staatliche Verordnungen. Die Zündung erfolgt mit Hilfe von Zündschnüren oder elektrischem Strom (Funken- und Glühdrahtzündung) und Zündkapseln (chlorsaures Kali und Knallquecksilber).

Ladungsformel für Dynamitsprengung in nicht verspanntem Gesteine: Bezeichnet w die Vorgabe (kürzeste Widerstandslinie), so ist die Ladung (in kg) $L = g\,w^3$.

g der Ladungskoeffizient ist für jede Gesteingattung mit der gewählten Sprengstoffsorte durch Probeschüsse zu ermitteln. Nach Lauer ist für

festes	sehr festes	höchst festes Gestein
$g = 0{,}1$	0,2	0,3

Nach Lucas bei Erschütterungs- und Lösungsladungen des Erdbaues

für Pulver .... $g = 0{,}25$—0,4, 0,4—0,6 und 0,65—0,80;
„ Dynamit ...... $g = 0{,}08$—0,1, 0,1—0,15 „ 0,15—0,25.

Im verspannten Gestein (Tunnelbau) wegen erwünschter Gesteinszerkleinerung bedeutende Erhöhung der Werte erforderlich.

Rücksichtlich der Energie, welche die Explosivstoffe bei der Detonation entwickeln, verhalten sich Schwarzpulver: Gurdynamit (75% Nitroglyzerin): Gelatinedynamit (92% Nitroglyzerin) rund wie 1:2,5:3,5.

Nach Rziha beträgt die nützliche Arbeit von

1 kg Sprengpulver (62% Salpeter)	rund	.......33.000 m/kg
1 „ Dynamit (75% Nitroglyzerin)	„	......75.000 „
1 „ Gelatinedynamit	„	......84.500 „

Um die bei Anwendung von Sprengmitteln auftretenden Erschütterungen zu vermeiden, hat man seit kurzem beim Abbruch von Mauerwerk Preßwasser angewendet. (Sprengpumpe von E. Heckel, Saarbrücken, 28 kg schwer, mit einem Mann von Hand aus zu bedienen.) Etwa 80 cm tiefe, 10 cm weite Bohrlöcher im abzubrechenden Mauerwerk, an die mehrere Sprengpumpen gesetzt werden, um damit mehrere m³ große Blöcke auf einmal abzutrennen.

Der Bedarf an Sprengstoff beträgt für 1 m³ gelöster Masse:

	beim Einschnittsbetrieb	beim Stollen- und Schachtbetrieb
für lockeren Fels	bis 0,1 kg Dynamit	0,3—0,7 kg Dynamit
„ mittelfesten Fels	„ 0,2 „ „	0,8—1,5 „ „
„ sehr festen „	„ 0,3 „ „	1,5—2 „ „

C. Herstellung von Ab- und Aufträgen

Vor jeder Erdarbeit zur **Herstellung von Einschnitten** oder **Dämmen** sind Vermessungsarbeiten, insbesondere Absteckung und Festlegung der Höhenpunkte, Aufschließung des Arbeitsortes durch Herstellung von Zufahrtswegen, Heranbringen der Geräte und Vorsorgen für die Arbeiter nötig. Den Gewinnungs- oder Schüttungsarbeiten geht die Entfernung der etwa vorhandenen Rasendecke (viereckige, mit dem Rasenmesser oder der Rasenschaufel geschnittene Ziegel von 20—40 cm Seitenlänge und 5—8 cm Stärke) voraus, die, aufbewahrt, zur Bekleidung der geebneten Böschungen Verwendung findet. Lagerung der Ziegel-Grasfläche auf Wurzelfläche. Ähnliches gilt von dem bis etwa auf 20 cm Tiefe auszuhebenden Mutterboden. (Arbeitsaufwand 0,03—0,04 Tagschichten für 1 m².) Hierauf folgt bei Einschnitten in quergeneigtem Gelände die Anlage von Saumgräben an der Bergseite (Entwässerung), während bei Dämmen die Entwässerung des Untergrundes durch Anlage von Sickerschlitzen, Drainagen, Ableitung von Quellen und Herstellung von Seitengräben ins Auge zu fassen ist. Bei wenig tragfähigem Untergrunde (Sumpf-, Moorboden u. dgl.) und unmöglicher Entwässerung sucht man den tragfähigen Boden, soferne er nicht zu tief liegt, wenigstens in einzelnen Schlitzen zu erreichen. Weiche Schichten können bis zur Herstellung des Gleichgewichtszustandes durch aufgebrachte Schüttungsmassen gedichtet oder auseinandergepreßt werden. (Siehe auch II, Gründungen.)

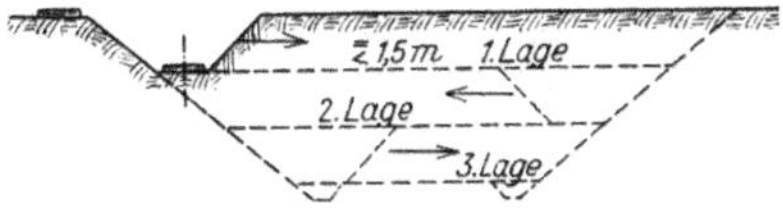

Abb. 1

Über die Art und Weise, wie im **Einschnitte Abtragsmassen zu lösen** sind, entscheiden neben der Bodenbeschaffenheit und dem Wasserreichtum des Bodens die angesetzte Bauzeit, das Gelände, die Arbeitslöhne, die Eignung und Fähigkeiten der verfügbaren Arbeitskräfte und schließlich die erreichbaren Fördermittel. Auf eine entsprechende Entwässerung der Baustellen, etwa durch Anlage der Bausohle im Gefälle, ist zu sehen. Arbeit in engen Schlitzen wird vermieden, da sie teuer ist.

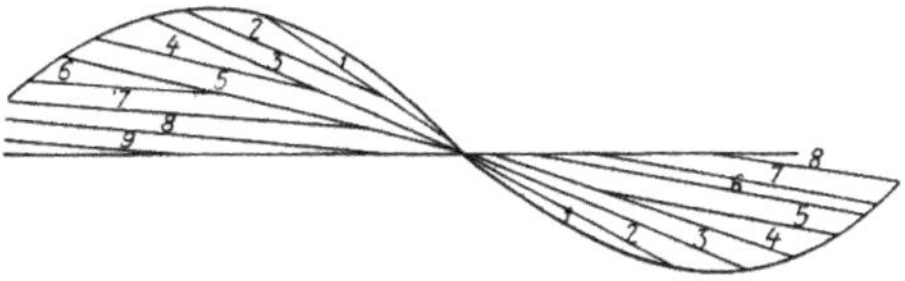
Abb. 2

Die Eigenschaft mancher Bodenarten, sich bei Untergrabung selbsttätig zu lösen, wird unter Wahrung der nötigen Vorsichtsmaßnahmen ausgenützt (kurzfristig freistehende Wandhöhe im lehmigen, tonigen Boden u. dgl. etwa 3—4 m).

In längeren Ein- oder Anschnitten erfolgt der Abbau in einzelnen Lagen (L a g e n b a u, siehe Abb. 1 und 2), wobei die Förderbahn allmählich vom gewachsenen Boden auf die Sohle der jeweilig auszuhebenden Lage verlegt wird. An steilen Hängen wird in übereinanderliegenden kleinen Anschnitten gearbeitet (S e i t e n b a u, siehe Abb. 3). Auch wird, insbesondere bei starker Querneigung des Geländes von einem bis in die Sohle des zukünftigen Einschnittes herabgehenden Schlitz ausgegangen und dieser im Seitenbau erweitert (S c h l i t z- oder R ö s c h e n b a u, siehe Abb. 4, S. 374,

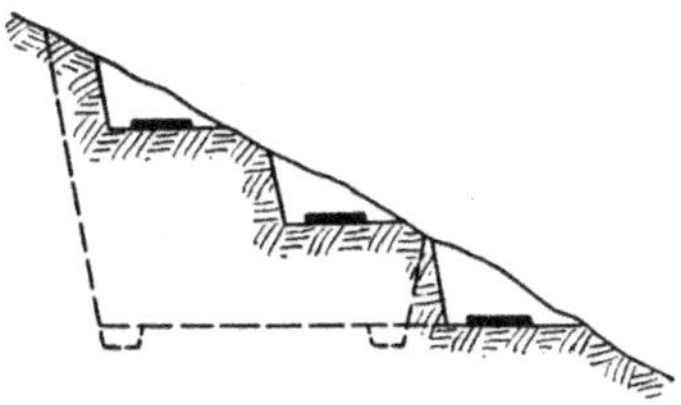
Abb. 3

Terassenbau, Abb. 5). Wird ein Einschnitt in voller Breite und dabei in der Längsrichtung in einzelnen Absätzen, Stufen oder Strossen in Angriff genommen (siehe Abb. 5a), so kommt man zum Kopfbau (Förderbahn dann zumeist an den Seiten des Einschnittes).

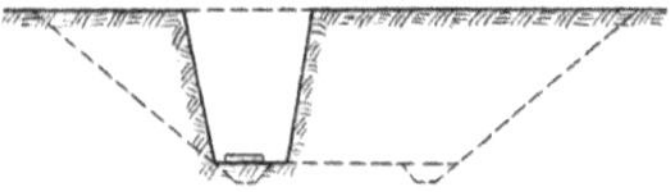

Abb. 4

Bei dem englischen Einschnittsbetriebe oder Stollenbau (siehe Abb. 6) verringern sich die Kosten der Gewinnung infolge Wegfall des Aufladens und erleichterter Entwässerung bei den Bodengattungen I—IVb um 40, 35, 30, 25, 20, 15, 10 und 5%, welcher Ersparnis ein Mehraufwand an Herstellung der Stollen und Schächte gegenübersteht. Die beim Stollenbetrieb gegenüber dem offenen Einschnittsbetrieb zu erreichende Zeitersparnis beträgt bis zu 30%.

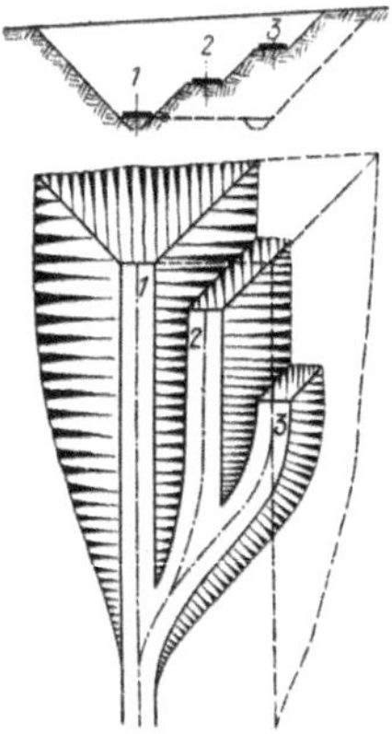

Abb. 5

Diese Bauart ist unabhängig von der Geländeneigung, gestattet eine leichte Entwässerung durch Anlage geneigter Stollen, rasche und billige Verladung und Wegschaffung der gelösten Massen auf Rollbahn mit und ohne Lokomotiven (Motoren), deren Fördergefäße aber ziemlich stark abgenützt werden, rasche Lösung des Bodens bei mehreren gleichzeitig zu betreibenden Angriffspunkten.

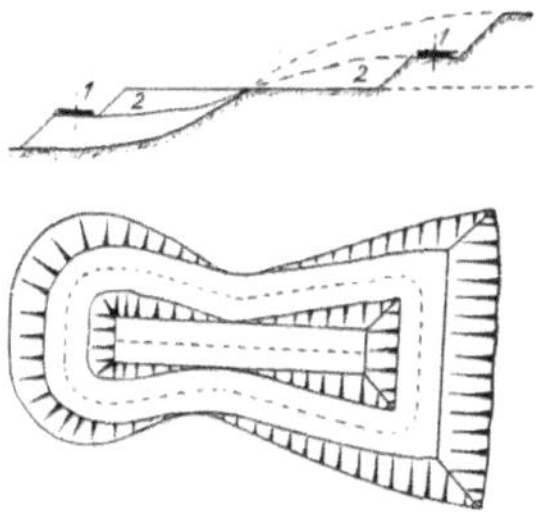

Abb. 5a

Der englische Einschnittsbetrieb empfiehlt sich bei entsprechender Tiefe und Inhalt des Einschnittes, und zwar für leichtes Material (Mergel- und Tonboden) schon bei einer Tiefe von 8—10 m, für gebräches Gestein bei einer Tiefe von etwa 12 m, für schwer schießbares Gestein bei einer Tiefe von 12—15 m.

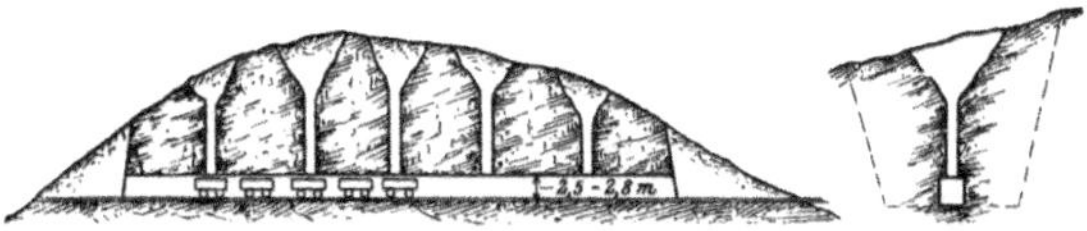

Abb. 6

Bei den heutigen Fortschritten von Stollenarbeiten wird man Schächte nur bei sehr langen Einschnitten oder bei Vorhandensein von bedeutenden Einsenkungen im Längenschnitte für den Stollenvortrieb benützen. Der englische Einschnittsbetrieb wird von (vom Stollen aus in etwa 10 bis 15 m Entfernung hergestellten) Aufbrüchen (Schächten) aus, die allmählich trichterförmig erweitert werden, vorgenommen.

Die Stollen erhalten 5 bis 7 m² Querschnitt bei rund 2,3—2,5 m Breite und 2,5—2,8 m Höhe.

Die Schächte erhalten 1,0—1,5 m² Querschnitt. Ausschachtung und Auszimmerung der Stollen und Schächte (Aufbrüche) wie im Tunnelbau.

Bei umfangreichen Erdarbeiten sind für gleichmäßigen, nicht zu festen Boden Grabmaschinen in Verwendung, und zwar auf Schienen fahrbare Wagen (bis 6 m Minutengeschwindigkeit), die an einem drehbaren Kran der Hauptsache nach motorisch (Dampf, Elektrizität) bewegte Schaufeln von 0,4—4,8 m³ Fassungsraum (zumeist 2 m³) tragen mit 70—140 m³ Stundenleistung, je nach Bodenart und Hilfseinrichtung (Dampfschaufeln,

Löffel- oder Stielbagger), oder die in der Mitte aufklappbare, zumeist halbzylindrische Gefäße am Kran geöffnet niederlassen und sodann geschlossen und gefüllt heben (Greifbagger), oder die von einer Kette ohne Ende getragene, scharfrandige Eimer (0,1—0,6 m³ Inhalt) am zu lösenden Boden, vor- oder rückwärtsschneidend, vorbeiführen (mittlere Leistung 20 Eimer in der Minute, 120—600 m³ in der Stunde). Schaufel- und Greifbagger arbeiten zumeist vor Kopf, auch in engen Einschnitten, Eimerbagger vor Kopf oder als Hochbagger, wenn tiefer als das Gelände stehend, oder als Tiefbagger, hochstehend am Einschnitts- (Graben-) rand den Boden hinauffördernd. Anschnittshöhe(tiefe) 4,5—6 m am günstigsten.

Für **Aufträge (Dämme)** eignet sich als Schüttungsmaterial gar nicht Pflanzenteile (Baumstrünke, Wurzeln) enthaltender und vom Wasser durchzogener oder gefrorener Boden. Letzterer ist vorerst aufzutauen. Insbesondere von lehmigem Boden muß das Wasser abgehalten und die Baustelle trocken gelegt werden. Bei Bodengattungen verschiedener Art muß darauf gesehen werden, daß Rutschflächen vermieden werden.

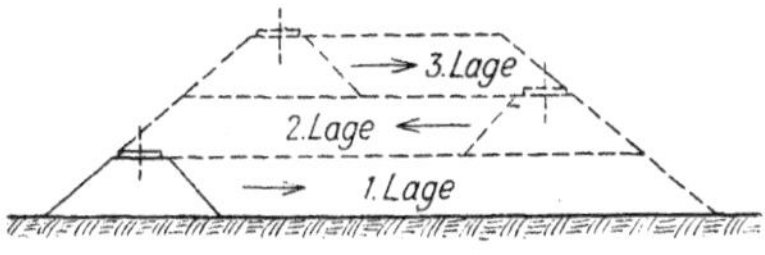

Abb. 7

Zur Herstellung von Dämmen kommt Schüttung in 1—1,5 m hohen Lagen (bei Rollbahnverwendung bis 6 m hoch), auf deren Oberfläche die Fördergefäße zum Vorteile der Dichtung der Massen fortbewegt werden, zur Anwendung (Lagenschüttung). (Siehe auch Abb. 2 und 7.) Die Seitenschüttung findet zumeist anschließend an Lehnenanschnitte, zur Herstellung des Dammes oder bei Dammverbreiterungen Anwendung, ist aber nur bei guter, gleichmäßiger Bodenbeschaffenheit empfehlenswert. Geländequerneigungen von tg $\beta \geq 0{,}1$ erfordern die Anlage von Stufen vor Beginn der Schüttung. Kopfschüttung, d. i. die Herstellung des Dammes vom Übergangspunkte aus in seiner ganzen Breite und Höhe durch Abstürzen der wohl durchwegs auf der Rollbahn (Seitenkipper zumeist nur bei Verwendung von Drehscheiben oder Schüttgerüsten) angefahrenen Massen, kann bei hohem Damm mit der Lagenschüttung verbunden werden. (Siehe Abb. 8.) Anwendung von Sturzgerüsten, die zum Teile im Damm verbleiben, ist gebräuchlich. (Siehe „Eisenbahnbau".) Die Einschüttung der Bauwerke (Durchlässe u. s. w.) hat in einzustampfenden, dünnen, wagrechten Lagen auf beiden Seiten des Bauwerkes gleichzeitig zu erfolgen. Schwimmende Dämme in nicht entwässertem Sumpfgebiete auf Knüppeln oder Faschinen bleiben stets unsicher.

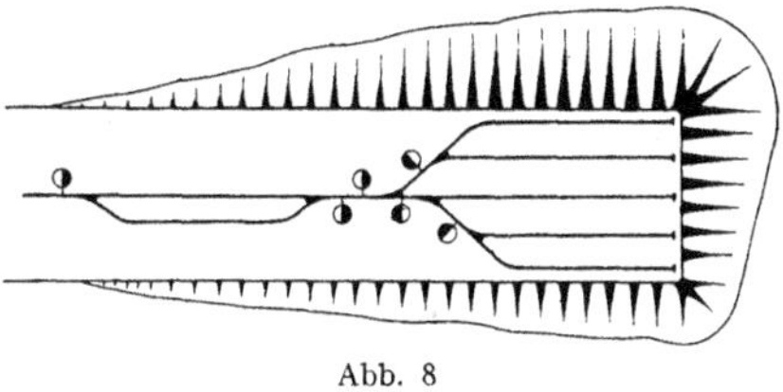

Abb. 8

Dammschüttungen von der Höhe h sind der bleibenden Auflockerung wegen (nach Winkler)

	zu überhöhen	oben zu erbreitern
bei Steinschüttungen	um $^1/_{40}$ h	um $^2/_{40}$ h
„ sandigem Boden	„ $^1/_{23}$ h	„ $^2/_{15}$ h
„ lehmigem oder tonigem Boden	„ $^1/_{12}$ h	„ $^2/_{8}$ h
„ Dammerde	„ $^1/_{14}$ h	„ $^2/_{9}$ h

Erbreiterung $E = e_1 + e_2$ auf wagrechtem oder wenig geneigtem Untergrunde zu beiden Seiten der Dammachse gleich je die Hälfte des obigen Wertes, $e_1 = e_2$; bei steilerem Gelände (tg $\beta > 0{,}1$) wird zur Bestimmung des talseitigen e_2 für $h = H + \frac{h_1}{2}$ gesetzt, wobei H Höhe der talseitigen Kronenkante über dem Gelände, h_1 den lotrechten Abstand des Böschungsfußes über dem Schnittpunkte der Höhe H mit dem Gelände bedeutet. (Siehe Abb. 9.)

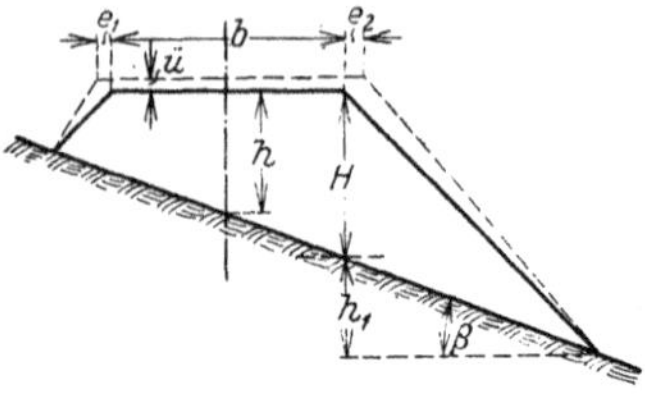

Abb. 9

Die **Befestigung der Böschungen** gegen Wasserangriff, Frost und Verwitterung erfolgt nach Einebnung und allfälliger Abtreppung durch Abdeckung mit 10—25 cm starker, festzuschlagender und zu besämender Mutterbodenschichte (Arbeitsaufwand 0,02 bis 0,04 Tagschichten für 1 m²) oder durch Aufbringung von Flachrasenziegeln, die allenfalls auf 10 cm Mutterboden aufgelegt und mit Holzpflöckchen festgenagelt werden oder als Kopfrasen in Rollschichten wagrecht, Narbe auf Narbe, auf zumeist 1:1 geneigter Böschung Verwendung finden. Rasenziegel bei fließendem Wasser nur bis zu 0,3 m/sek Wassergeschwindigkeit. Bei Mutterbodenmangel ist in steinigem Boden Bepflanzung mit Büschen oder Bäumen erwägenswert, in trockenen, warmen Gegenden Akazie, Birke, Buche, Ahorn, auch Nadelholz, in feuchtem Boden Erle, Ulme und Weide. Auf Böschungen, die Rutschungen erwarten lassen, werden 30 bis 40 cm über die Fläche ragende Flechtzäune aus Reisig oder Weidenruten in rechteckigen oder rautenförmigen Maschen mit 2—5 m Seitenlänge verwendet. Bei längeren Überflutungen ist trocken verlegtes Steinpflaster in Böschungen von 1:1 mit stets gut zu sicherndem Böschungsfuß (Steinwurf) vorteilhaft. Faschinen und Steinwürfe finden meist nur bei starkem Wasserangriff Verwendung. (Siehe liegende Steinbauten, Stütz- und Futtermauern.)

Zur Sicherung der Erdkörper gegen Rutschungen werden in Einschnitten eine gute Entwässerung durch Drainage, im Hang verlegte höchstens 6 m tiefe, 0,75 bis 1,0 m breite Sickerschlitze oder bergmännisch ausgezimmerte Stollen vorgesehen oder es werden Stützmauern, Trockenmauern und Gegendämme angeordnet. Beseitigung nachträglich eingetretener Rutschungen erfordert viel Zeit und Geld. Rutschungen an Dämmen sind zumeist auf ein Aufweichen des Schüttungsbodens oder auf Rutschflächen im Damminneren zurückzuführen. Sie lassen sich durch sorgfältige Auswahl des Schüttungsstoffes, gute Entwässerung des Dammes vermeiden. Entstehen Rutschflächen im Untergrund oder ist dieser durchweicht, so ist seine Trockenlegung zu veranlassen.

D. Förderung des Bodens und Förderkosten

Auf Grund der ermittelten Massengrößen und mittleren Förderweiten (Schwerpunktentfernungen der sich ausgleichenden Auf- und Abträge) findet die Wahl der Förderart statt, die für eine Arbeitsstelle tunlichst beibehalten werden soll.

Als Förderarten kommen in Betracht:

Der einfache, 3 bis 4 m weite Wurf auf höchstens 1,5 bis 2,0 m Höhe, der zu Beginn der Erdarbeiten zumindest zwecks Herstellung der Förderbahn erforderlich ist. Seine Kosten werden in jene der Gewinnung eingerechnet. Doppelter Wurf (etwa für kurze Querförderung) wird getrennt berechnet.

Einrädrige Schubkarren aus Holz oder Eisen auf 20 bis 25 cm breiten, 6 bis 8 cm starken Holz- oder auf Eisendielen von einem Arbeiter bedient, finden, 15 bis 20 in einem Zuge vereinigt, Anwendung.

Zweirädrige Handkippkarren laufen einzeln, von zwei bis drei Mann (Steigung) bedient, auf 25—30 cm breiten, 10—12 cm starken Holz- oder auf Eisendielen.

Zweirädrige Pferdekippkarren auf Holz- oder Eisendielen (wie früher), auf wagrechter Förderbahn bis 2 Karren von 1 Pferd gezogen und 1 Mann, in der Steigung 1 Karren mit 1 Pferd und 1 Mann, finden mitunter in Zügen von 2 bis 4 Karren, denen dann wohl auch nur ein Führer beigegeben wird, Verwendung. Kippkarren stehen immer seltener im Gebrauch.

Vierrädrige Rollwagen auf Gleisen von 0,6—1,0 m Spurweite, seltener Vollspur, werden angewendet:

a) Mit Menschenbetrieb. Auf wagrechter Bahn wird der einzelne Wagen von 1—2 Mann, auf der Steigung von 2—3 Mann bedient.

b) Mit Pferdebetrieb. In einem Zuge auf wagrechter Bahn 4—6 Wagen mit je 1,0—1,5 m^3 Inhalt, mit 1 Pferd und 1 Mann, auf der Steigung 1—3 Wagen mit 1 Pferd und 1 Mann.

c) Mit Lokomotiv- (Motor-) betrieb (schmalspurige Feldbahnlokomotiven, 20—150 PS, vollspurige auch mehr als das Doppelte). 10—36 Wagen auf ein Triebfahrzeug; auf der Steigung, der Zugkraft entsprechend, weniger Wagen.

Für Förderweiten W können die gesamten notwendigen Gleislängen (Ausweichen, Auf- und Abladegleise einbezogen) angenommen werden für a) mit 1,2 W, für b) mit 1,25 W und für c) mit 1,33 W. Die Entfernung der Ausweichen ist $e = W : (n-1)$ bei n Parallelzügen.

Bei achtstündiger Arbeitszeit ist die größte tägliche Wegleistung eines Arbeiters (Schubkarren, Handkippkarren, Rollwagen mit Menschenbetrieb) etwa 25 km, eines Pferdes (Kippkarren, Rollbahn) 30 km und bei Lokomotivbetrieb der Rollbahn 60—70 km.

Drahtseilbahnen kommen in Betracht, wenn andere Beförderungsanlagen wegen Geländeschwierigkeiten nicht oder wenig geeignet sind. Hindernisse, wie Wege, Wasserläufe, tiefe Täler, be- oder verbautes Gelände, werden mit bockartigen Stützen, auf denen das an den Enden verankerte Tragseil liegt, überwunden. Die Fördergefäße von 0,1—0,8 (Durchschnitt 0,25) m^3 Inhalt hängen mittels Rollen am Tragseil. Mittels Zugseil, das vom Motor mit 1—1,35 m Sekundengeschwindigkeit bewegt wird, können stündlich 40—100 Fördergefäße (200—300 m^3 im Tage), mitunter auch mehr befördert werden. Statt des Tragseiles auch geschweißte Rundeisenstangen oder (Flach-) Schienen (Hänge- oder Schwebebahnen).

Bandförderung, auf Laufrollen, muldenförmig, wagrecht oder (bis 27^0) geneigt geführte Gummigurten ohne Ende, mit Draht- oder Gewebeeinlage, nur unter besonderen Verhältnissen verwendbar. Mit Wasser vermengter Boden wird mitunter in Schüttrinnen befördert (Naßbagger).

Bremsberge, mit zumeist zwei Gleisen ausgestattete schiefe Ebenen, sind bei sehr starkem Gefälle (über $33^0/_{00}$) unter Umständen nicht nur zur Talförderung des oben beladenen Wagens, der dann den Leerwagen hinaufzieht, sondern auch zur Hebung tiefer gelegener Abtragsmassen bei Anwendung von Kraftmaschinen empfehlenswert.

Die Zeitdauer T für einen Fördergang, d. i. für Hin- und Rückfahrt samt Aufenthalte t an der Be- und Entladestelle, ergibt sich mit $T = \frac{2 \cdot W}{v} + t$; t wäre für Schubkarren 1 bis 1,5, für Handkippkarren, 4 bis 6 und für Pferdekippkarren 10 bis 20 Min. und für Rollwagen je nach Fassungsraum, Wagen- und Arbeiteranzahl verschieden.

Förderart		W in m	Wo in m	S	So	n_1 in m	n_2 in m	v m/Min.	J in m³	k in Hellern[1])	g in t
Schubkarren		10—300	≦ 80—100	1/10—1/7	1/12	18	25	60	0,06	40—90[2])	0,03—0,05
Handkippkarren ..		80—600	≦ 300	1/17	1/17	20	35	70	0,33	80—180[3])	0,2
Pferdekippkarren .		300—1500	=500—1500	1/17	1/20	25	40	75	0,5	115—180[4])	0,3
Rollwagenbetrieb mit	Menschen	80—1000 wenn $M \geqq 10{,}000$ m³	300—500	1/33—1/25	1/50 bis 1/60	60 bis 80	100 bis 120	60	0,5—1,0	80—180[3])	0,3 bis 0,6
	Pferden	300—2000 wenn $M \geqq 20{,}000$ m³	> 750	≧ 1/20				70	1,0—1,5	115—180[4])	0,7 bis 1,1
	Lokomotiven ...	> 500 wenn $M > 50{,}000$ m³	≧ 500	Abhängig vom Bau der Lokomotiven				200 bis 400	Schmalspur 1,0—2,5 Vollspur 2,5—7,0	 [90 bis 70] L [70 bis 60] L	etwa 1,1 bis 3,5 auch mehr

[1]) Vorkriegspreise, Goldheller. [2]) 1 Arbeiter. [3]) 2 Arbeiter. [4]) 1 Arbeiter, 1 Pferd.

Die Anzahl der Fördergänge in einer Stunde ist $x = \frac{60 \cdot v}{2W + t}$, die stündliche Laderaumleistung L = Anzahl der Fördergänge/Std. $\times$ Inhalt des Fördergefäßes.

Die Stundenleistung an gewachsenem Boden wird $L:a$, wenn a der Auflockerungsfaktor ist. Die Anzahl N der erforderlichen Fördergefäße bei einer täglich zu leistenden Bodenmasse M und der Masse K, die ein Arbeiter täglich laden kann (zu berechnen aus der Zusammenstellung S. 368), ist $N = M\left(\frac{1}{K} + \frac{1}{J \cdot x}\right)$ für Schubkarren und $N = M\left(\frac{1}{2K} + \frac{1}{J \cdot x}\right)$ für Hand- und Pferdekippkarren, wenn bei der Rückkehr zur Ladestelle bereits beladene Fördergefäße vorhanden sein sollen. Die Kosten für den Arbeitslohn (reine Förderkosten) ergeben sich aus dem Stundenlohn gebrochen durch die stündliche Arbeitsleistung an gewachsenem Boden; die Nebenkosten aus den Kosten der Fördergefäße und der Förderbahn einschließlich der Reserven dieser, bezogen auf 1 m³.

In der Zusammenstellung S. 378 bedeuten: W die übliche Förderweite in m; W_0 die zweckmäßige Fördergrenze in m; s das größtzulässige Neigungsverhältnis der Bahn; s_0 das größte Gefällsverhältnis ohne Verteuerung der Förderung, $s_0 = 1:n_0$; n_1 die zweckmäßige Weglänge für 1 m Hebung in m, $n_1 = 1:s_1$; n_2 die zweckmäßige Weglänge für 1 m Senkung in m, $n_2 = 1:s_2$; v die mittlere Geschwindigkeit für Hin- und Rückfahrt in m/Min.; J den Fassungsraum eines Fördergefäßes in m³ gewachsenen Bodens; k die reinen Förderkosten der Arbeitskräfte (Menschen, Tiere, Motoren) in Goldhellern/Std., ausschl. Gewinnungs- und Ladekosten; L das Reibungsgewicht der Lokomotiven (Motoren) in Tonnen (Schmalspurbahnen 5—8 t, Vollspur 16—25 t) und g das Eigengewicht der Fördergefäße in Tonnen.

Die angenäherten Förderkosten K (Goldheller) für 1 m³ gewachsenen Boden von rund 1,7 durchschnittlichem spezifischen Gewicht auf wagrechter Bahn von der Förderweite W (in Meter) ergeben sich als Summe der eigentlichen Förderkosten, d. s. Löhne samt Versicherungszuschlägen und Betriebskosten der Maschinen samt Unterhaltung, Verzinsung und Tilgung der Kosten für Unterhaltung der Fördergeräte und der Bahn samt den Betriebseinrichtungen, für die Verzinsung und Tilgung der Anschaffungskosten, Herstellung und Abbau der Förderbahn und die Bauaufsicht, — demnach ohne Berücksichtigung des einmalig aufzuwendenden, auf die zu befördernde Menge zu verteilenden Kostenanteiles für Heran- und Wegschaffung der Fördergefäße, Förderbahnen, Lokomotiven (Motoren), für das Einrichten der Betriebe, den Verzinsungs- und Tilgungsanteilen an den Beschaffungskosten für die Zeit vorgenannter Arbeiten, für die allgemeinen Aufwendungen für Beschädigungen und Verluste vor Inangriffnahme der eigentlichen Förderarbeiten, schließlich für die Einrichtung der Baustellen und ohne Berücksichtigung des Gewinnes des Unternehmers — wenn die Kosten der Arbeitsstunde eines Arbeiters 60, eines Pferdes 90, einer Schmalspurlokomotive 90 L und die einer Vollspurlokomotive 70 L Goldheller betragen, endlich M die gesamte, im Ausgleich zu befördernde Masse in m³, J den Inhalt der vollspurigen, zur Beförderung verwendeten Wagen in m³ bedeuten, wie folgt (Vorkriegspreise): Für die Förderung mit: [1])

Schubkarren	$K = 19 + 0{,}6\,W$;	..... Kleinstwert 30 Hell.
Handkippkarren	$K = 47 + 0{,}2\,W$;	..... „ 55 „
Pferdekippkarren	$K = 59 + 0{,}1\,W$;	..... „ 75 „

[1]) Vergleiche auch Schütz, Beiträge zur zeichnerischen Massenermittlung, Berlin, 1908; Goering, Massenermittlung, Massenverteilung und Transportkosten der Erdarbeiten; in M. Foersters Taschenbuch für Bauingenieure: Lucas, Bodenförderung; in Esselborns Tiefbau, v. Willmann, Erdbau.

Rollbahn mit Menschen ... $K = 32 + \left(0{,}1 + \frac{300}{M}\right) W$; Kleinstwert 45 Hell.

Rollbahn mit Pferden ...... $K = 35 + \left(0{,}05 + \frac{375}{M}\right) W$; „ 55 „

Rollbahn mit

a) Schmalspurlokomotive $K = 40 + \left(0{,}03 + \frac{450}{M}\right) W$; „ 55 „

b) Vollspurlokomotive .. $K = 35 + \left(0{,}02 + \frac{525}{M}\right) W + 3{,}8\, J$; Kleinstwert 60 „

Bei schwerem Boden kommen Preiserhöhungen bis 20%, für Fels sogar bis 50%, bei wasserhältigem Boden solche von 10—15% in Betracht.

Steigungszuschläge zu den Förderkosten (Z in Goldhellern/m³) für eine Hebung (h in m) sind beim Längentransport stets auf Grund des in der Bahnhöhe zu messenden Höhenunterschiedes zwischen den Schwerpunktsordinaten (Schnittpunkte dieser mit der Neigungslinie des Verkehrsweges) zu bemessen. Im allgemeinen ist daher das Neigungsverhältnis des Verkehrweges auch das der Erdförderung. Der Einfluß der Neigung der Förderbahn auf die Förderkosten ist bei den einzelnen Förderarten sehr verschieden. Üblich ist auch statt gesonderter Berechnung der Steigungszuschläge nach Formeln, ein Zuschlag zur Weglänge für je 1 m Hebung der Bodenmasse, angepaßt der Förderart. Z. B.:

für Schubkarren	12 m	für je 1 m Hebung
„ Handkippkarren	25 „	„ „ 1 „ „
„ Pferdekippkarren	50 „	„ „ 1 „ „
„ Rollwagenbetrieb mit Menschen	80 „	„ „ 1 „ „
„ „ „ Pferden	120 „	„ „ 1 „ „
„ „ „ Lokomotiven	250 „	„ „ 1 „ „

Bei der Förderung auf geringe Weiten (Querförderung) wird zumeist nur der Höhenunterschied der Schwerpunkte (h_0), allenfalls der Höhenunterschied des Schwerpunktes der zu befördernden Masse bis zum Anfangspunkte des anschließenden Längentransportes (z. B. bei Ausschachtungen) in Rechnung gezogen. Sind ausnahmsweise die zweckmäßigen Neigungen (etwa durch Anlage entsprechend langer Förderbahnen) nicht erzielbar, so muß die Förderweite W_0 und das Steigungsverhältnis s_0 aus der gegenseitigen Lage der Massenschwerpunkte ermittelt werden. Die Zuschläge können dann nach den üblichen Formeln wie bei Längenförderung berechnet werden. Bei Talförderung mit Gefällen $s > s_0$ ist ein Zuschlag wohl in den seltensten Fällen nötig.

Die Steigungszuschläge (Z in Goldhellern/m³) können für Steigungsverhältnisse s in ‰ berechnet werden für (Vorkriegspreise):

Schubkarren .... $Z = 0{,}21 \cdot s + 9{,}4 \cdot h$
Handkippkarren .... $Z = 0{,}75 \cdot s + 3{,}75 \cdot h$
Pferdekippkarren .... $Z = 1{,}05 \cdot s + 1{,}8 \cdot h$
Rollbahn mit Menschen .... $Z = 1{,}35 \cdot s + 5{,}6 \cdot h$
Rollbahn mit Pferden .... $Z = 1{,}2 \cdot s + 2{,}4 \cdot h$
Rollbahn mit Lokomotiven:
a) Schmalspur .... $Z = 0{,}45 \cdot s + 0{,}2 \cdot h$
b) Vollspur .... $Z = 0{,}45 \cdot s + 0{,}14 \cdot h$

Für bestimmte Förderweiten W kann bequemer h gleich $0{,}001\, Ws$ gesetzt werden, z. B. $Z = (0{,}21 + 0{,}0094\, Ws)$.

Beispiel: Es sind 30,000 m^3 mit Pferdekippkarren auf eine mittlere Weite von 400 m zu fördern. Steigung der Bahn $10^0/_{00}$, daher Hebungshöhe $h = 4$ m. Nach vorstehenden Formeln kostet die Förderung von 1 m^3 auf 400 m wagrechter Bahn 99 Heller, Steigungszuschlag 18 Heller, daher zusammen 117 Heller und für 30.000 m^3 rund 35.100 Kronen.

Die Berechnung der Verführungskosten für ein ganzes Baulos (P) geschieht nach: $P = \frac{\Sigma M \cdot p}{\Sigma M}$, wobei die Preise der einzelnen Einschnitte oder Aushübe (p) nach den Formeln für die Einzelmassen M gefunden werden.

Massenberechnung

Die Berechnung der Massen für langgestreckte Bauten (Dämme, Einschnitte) erfolgt in der Regel mit Hilfe von senkrecht auf die Längsachse des Baues gelegten Querschnitten, u. zw. wird der Auf- oder Abtragskörper zwischen zwei Schnitten gewöhnlich gleich dem Mittel aus den beiden Schnitten mal der Länge der Strecke gesetzt. Sind F_1 und F_2 die beiden benachbarten Querschnittsflächen und l ihre Entfernung, so ist der Inhalt des von den Flächen begrenzten Erdkörpers nach $J = \frac{F_1 + F_2}{2} l$ bei ebener Geländefläche etwas zu groß, hingegen nach der Formel $J = F\,l$, wobei die mittlere Fläche F aus den Höhen der benachbarten Querschnitte (h_1, h_2) mit $h = \frac{h_1 + h_2}{2}$ bestimmt wird, etwas zu klein. Dieser Fehler ist für $l = 50$ m ohne Bedeutung. Im hügeligen Gelände $l = 25$ bis 50 m, bei genaueren Entwürfen $l = 20$ bis 25 m empfohlen.

Zur Bestimmung des Flächeninhaltes der Querschnitte kann man sich Zahlentafeln oder des Planimeters bedienen. Zu einer näherungsweisen Berechnung der Massen genügt unter Umständen auch bloß der Längenschnitt des Baues. Ist nämlich F die Fläche des Längenschnittes (siehe Abb. 10) eines Dammes oder Einschnittes in m^2 (wobei auf die Verjüngung in der Zeichnung Rücksicht zu nehmen ist), e der Abstand ihres Schwerpunktes von der Bauwerkskrone, ferner b die Kronenbreite, $m = \operatorname{cotg} \alpha$ das Böschungsverhältnis, so berechnet sich die Masse aus $J = F\,(b + 2\,m\,e)$.

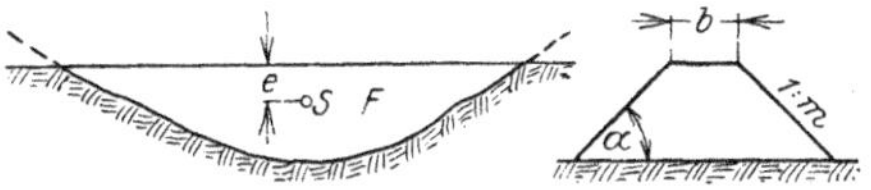

Abb. 10

Wird die Querneigung des Geländes unberücksichtigt gelassen, so ermittelt man für einen Verkehrsweg die Fläche des Querschnittes von h Höhe oder t Tiefe und einer Einschnittsgrabenfläche G (Abb. 11) für den Damm (Auftrag) $F = B \cdot h + m \cdot h^2$;
für den Einschnitt (Abtrag) $F_1 = B_1 \cdot t + m\,t^2 + 2\,G$.

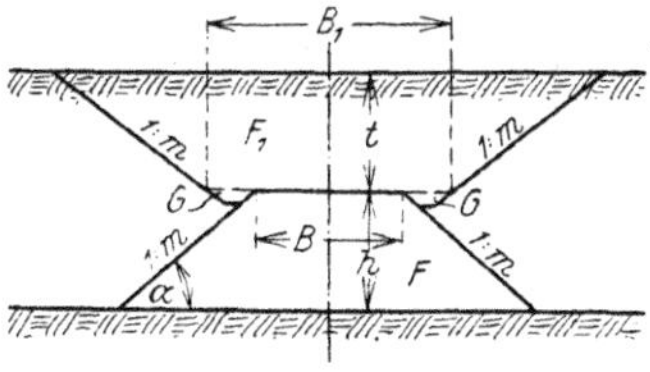

Abb. 11

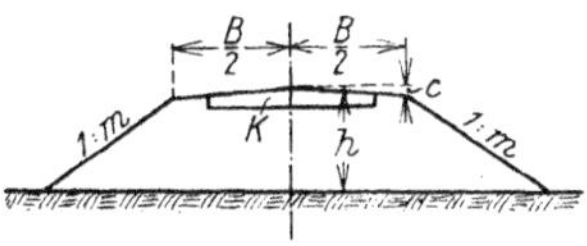

Abb. 12

Bei Straßen ist von F die Fläche des „Koffers" K abzuziehen, bei F_1 dagegen K hinzuzufügen. Bei Berücksichtigung der Querneigung der Bauwerkskrone ergibt sich genauer, z. B. (siehe Abb. 12) für den Damm:

$F = B \cdot h - \frac{c \cdot B}{2} + m\,(h - c)^2 - K$ oder $F = m \cdot h^2 + n \cdot h - C$, wenn für $B - 2\,m\,c = n$ und für $c\left(\frac{B}{2} - m\,c\right) + K = C$ gesetzt wird.

Zeichnerisch dargestellt sind dann für bestimmte Dammhöhen oder Einschnittiefen die jeweilig zugehörigen Flächen als Abstand zwischen einer Geraden ($B \cdot h$ bzw. $B_1\,t + 2\,G$ oder $B \cdot h - K$ bzw. $B_1\,t + 2\,G + K$) und einer Parabel $x = m\,h^2$ (bzw. $m\,t^2$) unmittelbar im Flächenmaßstab abzugreifen. (Abb. 13.) Als Maßstab der Höhen wird zumeist jener des Längenschnittes oder ein Vielfaches desselben gewählt, jener der Längen (Flächen) nach den voraussichtlichen Flächengrößen derart bestimmt, daß 1 mm 2, 3, 4 oder 5 m² bedeutet.

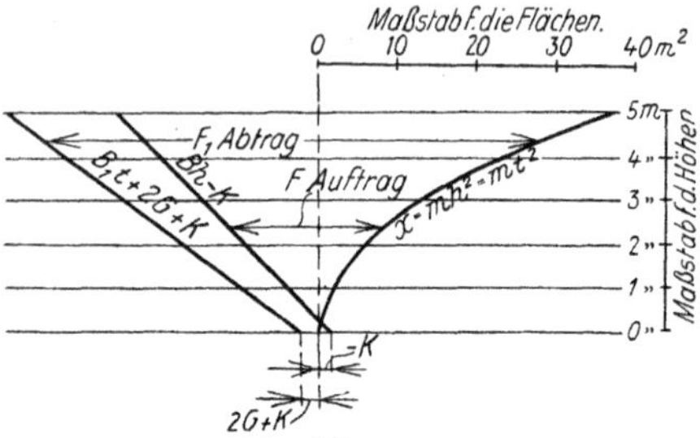

Abb. 13

Wird die Querneigung des Geländes unter der Annahme geradliniger Begrenzung berücksichtigt, so läßt sich bei einheitlichem Böschungsverhältnis und mittlerer Geländeneigung $\operatorname{cotg} \beta = n$ (Abb. 14) die Fläche des Querschnittes ermitteln für den Damm (Auftrag):

$$F = F_1 - F_0, \text{ wobei } F_1 = \frac{n^2 \cdot m}{n^2 - m^2} \cdot H^2; \quad F_0 = \frac{B^2}{4\,m}; \quad B_0 = \frac{2 \cdot n^2 \cdot m}{n^2 - m^2} \cdot H.$$

$$H = h + h_0 \text{ und } h_0 = \frac{B}{2\,m}.$$

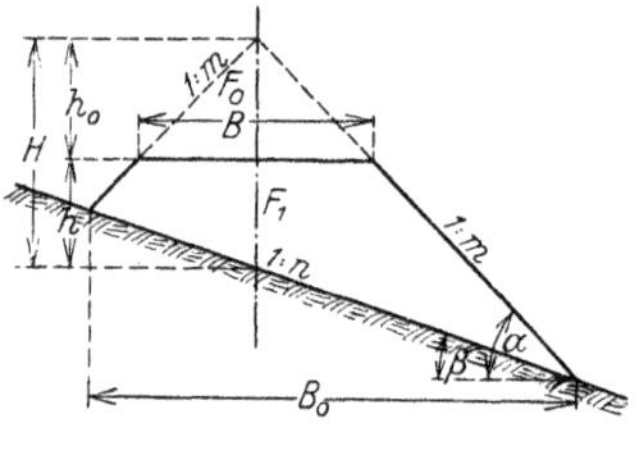

Abb. 14

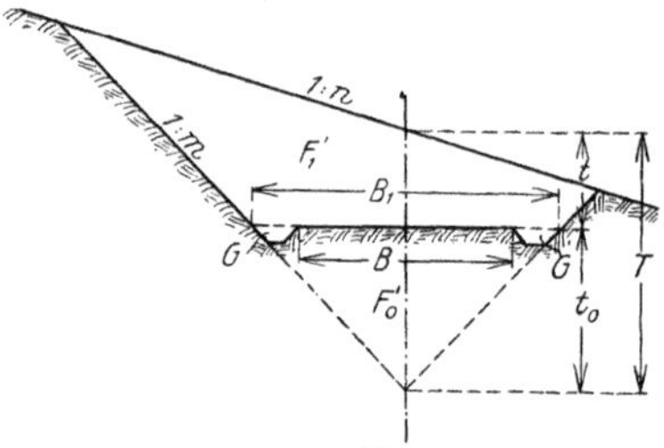

Abb. 15

Für den Einschnitt (Abtrag) ergeben sich die gleichen Ausdrücke, in die jedoch an Stelle der Höhen H und h, die Tiefen T und t, an Stelle von $B \ldots . B_1$ tritt und $F = F_1' - F_0' + 2\,G$ wird. (Siehe Abb. 15.)

Geländequerneigung findet Berücksichtigung, wenn $\operatorname{tg} \beta \gtrless 1:9$.

Die Werte von F_1 bzw. F lassen sich für die in Betracht kommenden verschiedenen Geländeneigungen wieder einer Tafel entnehmen. (Siehe Goering, Massenermittlung und Massenverteilung bei Erdarbeiten.) Mit Vorteil verwendet man Zahlentafeln, aus denen für verschiedene Werte von n und m die Festwerte $\frac{n^2\,m}{n^2 - m^2}$ entnommen werden können.

(Zeichnerische Darstellung siehe Abb. 16, S. 383.)

Für gebrochene Böschungen, die sich beim Aushub in Bodenschichten verschiedenen inneren Zusammenhanges, der erforderlichen verschiedenen Böschungsverhältnisse wegen ergeben, kann man ähnliche Formeln entwickeln und zeichnerisch darstellen.

Mit Hilfe der vorstehend ermittelten Querschnittsflächen kann auf zeichnerischem Wege nunmehr die Massenermittlung vorgenommen werden.

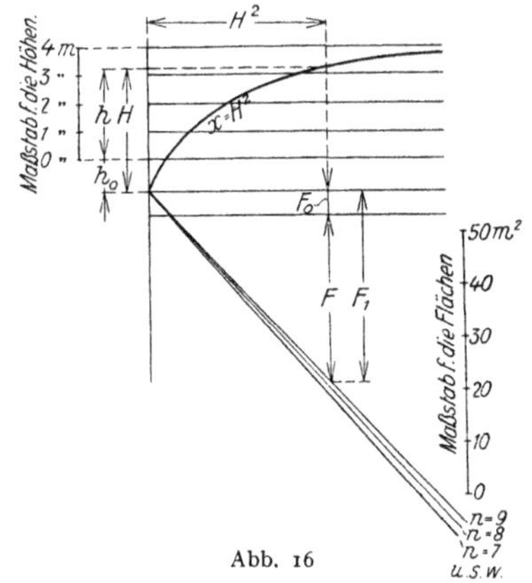

Abb. 16

Entsprechend dem Längenschnitte eines Verkehrsweges werden in den Aufnahmepunkten der Querschnitte die Querschnittsflächengrößen mit Vorteil auf einer zur Baukrone Parallelen als Ordinaten für Einschnitte nach aufwärts (Abtrag), für Dämme nach abwärts (Auftrag) im gewählten Flächenmaßstabe aufgetragen. Die bleibende Auflockerung des Bodens ist bei gleichbleibender Bodenart durch Verringerung der Dammflächen, bei verschiedener Bodenart durch Vergrößerung der Einschnittsflächen zu berücksichtigen. Man erhält so ein Flächenprofil, dessen Flächen den Inhalt der zu lösenden bzw. aufzuschüttenden Bodenmassen darstellen. (Abb. 17 und 18.)

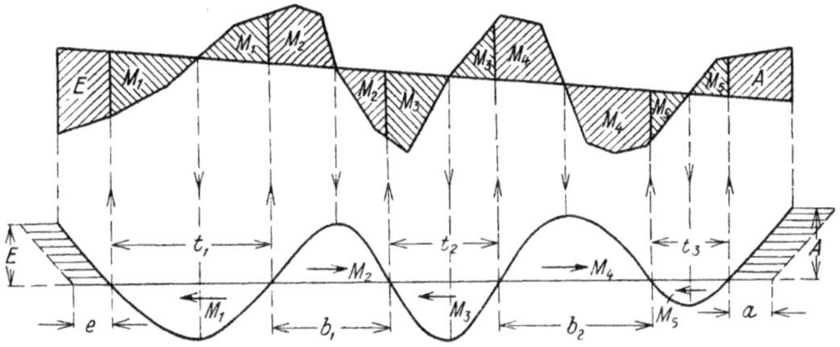

Abb. 17

Die Bestimmung dieser erfolgt wiederum entweder mittels Planimeters oder durch Rechnung aus den Querschnittsflächen. Trägt man jetzt die von einem Anfangsquerschnitt gerechneten Massensummen (Einschnittsmassen positiv, nach aufwärts, Auftragsmassen negativ, nach abwärts; Bezugs- und Verwendungslinie!) in den einzelnen Querschnittspunkten als Ordinaten von einer geraden Achse aus auf, so erhält man das sogenannte Massenprofil. (Siehe Abb. 18, S. 384.) Seine Scheitelpunkte entsprechen dem Wechsel zwischen Auftrag und Abtrag. Die Höhen des Massenprofils stellen Massen, die Längen Förderweiten dar, die wiederum bestimmten Förderpreisen entsprechen.

Es empfiehlt sich, behufs rascher zeichnerischer Darstellung des Massenprofils aus dem Flächenprofil, dieses vom Anfangsquerschnitt ausgehend durch Lotrechte in Streifen gleicher Breite zu teilen. Die mittleren Höhen dieser am besten in Trapeze (Dreiecke) zu verwandelnden Flächenstreifen werden sodann von einem auf der ersten Ordinate gewählten Anfangspunkte aus, auf dieser Ordinate summiert (Abtrag nach aufwärts, Auftrag nach abwärts auftragen!). Die so erhaltenen Punkte werden auf die Endordinaten des zugehörigen Streifens gelotet, worauf man durch Verbindung der einzelnen Schnittpunkte das Massenprofil (Massenkurve) erhält. An den Übergangsstellen vom Auftrag zum Abtrag sich ergebende Flächenstreifen von kleinerer als der gewählten Streifenbreite sind zeichnerisch

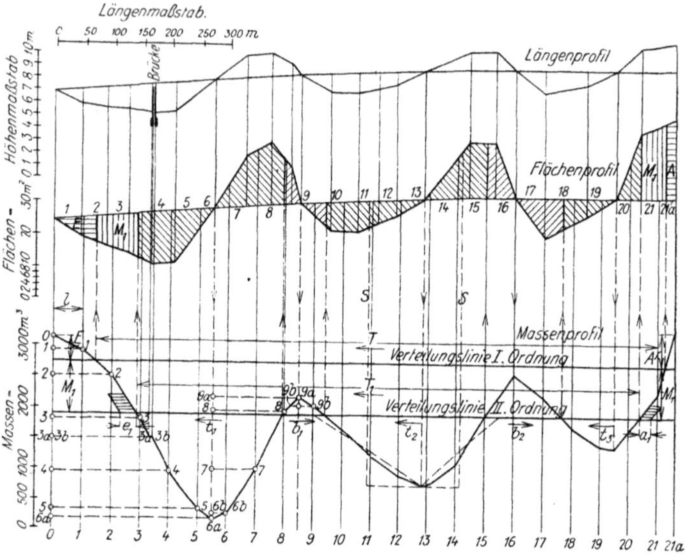

Abb. 18

in Flächenstreifen der gewählten Breite zu verwandeln. Stellt im Flächenprofil 1 mm = n m² dar und beträgt die gleichbleibende Entfernung der Querschnitte (Flächenstreifenbreite) l m, gemessen im Längenmaßstab des Längenschnittes, so wird der Massenmaßstab 1 mm = $n \cdot l$ m³.

Wählt man $n \cdot l$ als Einheit des Massenmaßstabes, so ergeben die mittleren Höhen der Flächenstreifen, im Massenmaßstab gemessen, unmittelbar die zwischen den zwei benachbarten Ordinaten liegenden Massen, z. B. Flächenmaßstab 1 mm = 2 m², $l = 20$ m, daher Massenmaßstab 1 mm = 40 m³. Würde man nur einen Teil, etwa $\frac{1}{k}$ der mittleren Höhen des Flächenstreifens auftragen, so müßte der gefundene Wert des Massenmaßstabes mit k vervielfacht werden, z. B. $\frac{1}{k} = \frac{1}{2}$; 1 mm = 80 m³.

Jede durch das Massenprofil gezogene Wagrechte (Massengleiche oder Verteilungslinie) gibt in den Schnittpunkten mit der Massenkurve jene Querschnitte an, zwischen welchen ein Massenausgleich stattfindet. Die Fördermengen ergeben sich als die größten Ordinaten zwischen der Verteilungslinie und Massenkurve. Dividiert man die von der Massengleiche begrenzten Flächen des Massenprofils durch die in jedem Abschnitt beförderte Masse (größte Ordinate), so erhält man die mittleren Förderweiten. Ihre Grenzen bezeichnen gleichzeitig die Schwerpunkte der zum Ausgleich kommenden Massen.

An den Enden der Verteilungslinie übrig bleibende, sich nicht ausgleichende Teile des Massenprofils entsprechen den nötigen Seitenablagerungen (A) bzw. — entnahmen (E). (Siehe Abb. 17.)

Wenn keine anderen Umstände dagegen sprechen, legt man die Verteilungslinie so an, daß die Gesamtkosten der Förderung am kleinsten werden, was dann eintritt, wenn eine Verschiebung der Verteilungslinie um 1 m³ nach aufwärts oder abwärts keine Änderung der Transportkosten ergibt. Dies tritt dann ein, wenn $\Sigma(t) = \Sigma(b) + e + a$ wird, worin e die Kosten der Entnahme, a die der Ablagerung, t bzw. b jene der Förderung eines m³ Bodens nach links bzw. rechts (allenfalls unter Berücksichtigung der Steigungszuschläge) bedeuten. Wenn sich die Werte a oder e mit dem Größerwerden von $\Sigma(b)$ vergrößern, so kommen sie mit $\Sigma(b)$ auf dieselbe Seite der Gleichung; vergrößern sie sich mit $\Sigma(t)$, so auf die Seite der $\Sigma(t)$. Für die Förderkostenbestimmung sind die größten Förderweiten (Entfernung der Schnittpunkte der Massengleiche mit der Massenkurve) zugrunde zu legen. Die richtige Lage der Massengleiche kann nach einigen Versuchen auf Grund von Schätzungen herbeigeführt werden. Sollten über oder unter der gemeinsamen Verteilungslinie kleinere Wellen der Massenkurve zu liegen kommen, so wird eine Verteilungslinie II. Ordnung erforderlich, deren günstigste Lage ohne Rücksicht auf den Bestand der ersteren ermittelt wird. In ihrer Bestimmungsgleichung $\Sigma(t) = \Sigma(b) + e + a$ tritt dann an die Stelle der an den Enden der Linie II. Ordnung angenommenen Entnahme bzw. Ablagerung, der Kostenbetrag für die auf eine größere Entfernung T_1 vorzunehmende Beförderung der zwischen den beiden Verteilungslinien aufscheinenden und zum Ausgleich kommenden Massen. Das setzt voraus, daß die Kosten der Verführung für 1 m³ auf die Entfernung der äußersten Schnittpunkte der Verteilungslinie II. Ordnung mit der Massenkurve, d. i. $T_1 < e + a$, sind (siehe Abb. 18). Bei der Berechnung der Kosten e und a sind die Förderkosten K_f, die etwaigen für 1 m³ auflaufenden Grunderwerbskosten K_g und bei der Entnahme noch die Gewinnungskosten K_l zu berücksichtigen: $e = K_f + K_g + K_l$; $a = K_f + K_g$.

Beim versuchsweisen Einlegen der Verteilungslinie werden natürliche oder aus bestimmten Erwägungen sich ergebende Förderscheiden (z. B. größere Hindernisse, Tunnels, bedeutende Einschnitte, sehr breite zu übersetzende Täler, Verwendung des gelösten Bodens zu baulichen Zwecken, Nichtverwendbarkeit des Bodens für Aufträge u. dgl. m.) zu berücksichtigen sein.

II. Gründungen

Die Bausohle soll möglichst senkrecht zur Druckrichtung stehen; eine Abweichung von der zur Druckrichtung senkrechten Lage der Sohlfläche soll selbst dann, wenn ein Gleiten ausgeschlossen ist, nicht mehr als 15° betragen. Bei größerer Abweichung gebrochene oder abgetreppte Bausohle. Letztere aber nur bei festem oder durch Pilotage gefestigtem Baugrunde. Form und Ausdehnung der Bausohle sind so zu wählen, daß die Resultierende des Druckes nahe ihrem Schwerpunkte angreift, der Druck sich sonach möglichst gleichmäßig verteilt. Ist dies bei einseitig belasteten Mauern, Widerlagern von Gewölben usw. nicht zu erreichen, so muß die größte Bodenpressung nach den auf Seite 411 angegebenen Regeln für exzentrische Belastung bestimmt werden und darf sie die nachstehenden Werte der **zulässigen Bodenbeanspruchung** nicht überschreiten:

Weicher Ton- und sehr feuchter feinkörniger Sandboden..... 1,0 kg/cm²
Lehm-, mittelfester Ton- und mäßig feuchter oder stark
tonhältiger, jedoch trockener Sandboden .... 2,0 „

Sandiger Boden, fest, Schotter von geringer Mächtigkeit oder wechselnd geneigter Lagerung, dann Lehm und Tegel, trocken, stehend oder teilweise stehend und gegen Ausweichen geschützt, bis .... 3,0 kg/cm²

(Wenn der Baugrund von einzelnen Wasseradern durchzogen ist, so ist für eine möglichst gleichmäßige Verteilung der Belastung durch entsprechende Höhe des Grundmauerwerkes, durch Anordnung eines Schwellrostes, einer Betonplatte usw. Sorge zu tragen.)

Tegel-, fester Ton- und trockener, wenig tonhältiger Sandboden bis .... 4,0 „

Lockerer, wasserhältiger Boden, Gründung mit Anwendung einer Pilotage, bis .... 2,0 „

Lockerer, wasserhältiger Boden, Gründung mit Anwendung einer Pilotage und 60 cm Betonlage bis .... 3,0 „

Grober Kies und Schotter, ferner fester trockener Tegel in wagrechter Lagerung und in großer Mächtigkeit, bis .... 6,0 „

Fester nicht verwitterter Felsboden .... 10,0 „
und darüber.

Die Bausohle ist unter die Frosttiefe, d. i. mindestens 1 m unter die Bodenoberfläche zu legen.

In der Regel nimmt die Festigkeit der Bodenschichten mit der Tiefe zu. Man kann daher bei größerer Tiefenlage der Gründungssohle im allgemeinen höhere Fundamentbelastungen zulassen, und zwar kann die Vergrößerung in t/m² betragen $\left(\gamma + \frac{UR}{F}\right) t$. Hierin bezeichnet γ das spezifische Gewicht der Erdmasse, t die Tiefe der Bausohle in m, U den Umfang des Fundamentes in m, F die Fundamentfläche in m², R den Reibungswiderstand bei lotrecht begrenzten Fundamentkörpern. Für letzteren kann gesetzt werden (nach Engels):

Schlickboden gegen Mauerwerk .... R = 1,0 t/m²
Lehmboden gegen Eisenblech .... „ = 1,5 „
„ „ Holz .... „ = 2,0 „
„ „ Mauerwerk .... „ = 2,5 „
Sand und Kies gegen Eisenblech .... „ = 2,0 „
„ „ „ Holz .... „ = 3,0 „
„ „ „ Mauerwerk .... „ = 3,5 „

Zu jenen Bodenarten, welche keine künstliche Befestigung der Bausohle erfordern, sondern eine unmittelbare Gründung etwa nur unter Anwendung einer entsprechenden **Fundamentverbreiterung** zulassen, gehören: Fester Fels nach Entfernung der Verwitterungskrume, Schotter, trockener Lehm, Ton von mindestens 2 m Mächtigkeit; Sand, sofern er gegen Ausweichen geschützt und mindestens 1 m mächtig ist. Bei der Verbreiterung des Grundmauerwerkes soll die Höhe der Absätze, um auf eine annähernd gleichmäßige Druckverteilung rechnen zu können, entsprechend groß gemacht werden und nicht weniger als die zweifache Breite derselben betragen. Will man eine größere Verbreiterung bei geringer Höhe des Grundmauerwerkes erzielen, so empfiehlt sich die Anordnung einer stärker ausladenden armierten Betonplatte. (Siehe unter B., Gründung auf Betoneisenrosten.)

A. Umschließung und Trockenlegung der Baugrube, Baggerungen

Umschließung der Baugrube

a) **Fangdämme als Erddämme** nur dann, wenn sie als Erdkörper aus gewachsenem Boden stehen bleiben können. Aufgeschüttete Erddämme nur bei geringen Höhen und wo kein Wasserangriff zu befürchten ist;

b) **einfache Fangdämme** als Erddämme **mit einseitiger Abschließung** durch Holzwände (Spundbohlen, Stulp- oder einfache Bretterwände) bis 1,5 m Höhe. Stärke der Bohlen 8 cm, Breite 25—35 cm. Dichtung durch Vorwerfen von Mist, Erde, Rasen u. dgl.;

c) **Kastenfangdämme** bei größerer Wassertiefe am häufigsten und namentlich im fließenden Wasser zu Umschließungen verwendet, müssen den höchsten Wasserstand um 0,3—0,5 m überragen. Ihre Herstellung erfolgt in zwei Reihen von Pfählen in 1,2—1,5 m Abstand voneinander. Die Pfähle mit aufgesetzten Holmen werden in Abständen von 1,5—2 m mit Querzangen versehen. Die Breite b des Kastens richtet sich nach der Höhe h, der Güte des Baustoffes und der Festigkeit und Versteifung der Seitenwandungen. Bis 3 m Höhe volle Höhe als Breite; bei $h > 3$ m, b ungefähr $h/3 + 2{,}0$ m. In Wassertiefen bis etwa 3,5 m können innerhalb der Pfähle dichte Bretter oder Bohlenwände aufgerichtet werden, bei größeren Tiefen werden Spund-, allenfalls Pfahlwände geschlagen; ihre Stärke ist abhängig von der freistehenden Länge, der Festigkeit des Bodens und dem Wasserangriff und schwankt zwischen 8 und 30 cm. Bei 2 m Länge gewöhnlich 10 cm und für den m Mehrlänge 1—2 cm mehr. Alle 2—3 m stärkere Zwischenpfähle. Füllmaterial, sandiger, trockener Lehm oder Letten, in dünnen Lagen eingebracht, womöglich gestampft.

Unter Umständen bieten **eiserne Spundwände** (Eisen mit Doppel-T-, Winkel- oder Wellenform) trotz der höheren Kosten Vorteile (Rückgewinnung möglich) und gestatten ebenso wie Eisenbetonspundwände, die auch mit dem Mauerwerk tragend wirken können, eine größere Inanspruchnahme. Bei Tiefen bis etwa 2 m auch Wellblech in Verwendung.

Betonfangdämme, die zwischen Holzwände geschüttet und gestampft werden, ermöglichen ihre Heranziehung als tragender Körper bei der Bauausführung. Schlecht geschlagene, stark wasserdurchlässige Spundwände lassen sich durch Anbringen von starker geteerter Segelleinwand oder durch Ausstopfen der Zwischenräume mit Moos, Werg u. a. dichten. Bei Betonfundierungen neuestens einzelstehende Holzwände mit innen angenageltem, wasserdichtem Segeltuch, das etwa 2 m tief in das Betonbett eingreift und gleich den Bohlen einbetoniert ist. Alleinstehende Pfahlwände nehmen wenig Raum ein, sind billig, müssen aber während der Bauausführung gegen Wasserdruck versteift werden.

Bewegliche Fangdämme, fertig zusammengestellt, und an Ort und Stelle versendet, bereits vielfach mit Erfolg angewendet; ihre Wiederbenützung ist möglich.

Ausheben und Herstellen der Baugrube

Diese Arbeiten richten sich nach der Bodenbeschaffenheit (siehe „Erdbau") und erfolgen in wasserfreiem oder trockengelegtem Grunde tunlichst mit lotrechten oder gering geneigten Seitenwandungen. In wenig standfestem Boden und größeren Tiefen Verschalung hinter lotrechten Riegeln (Pölzung).

Zwei Arbeiter können in lockerm Boden bis höchstens 1,3 m Tiefe in 8 Stunden etwa 8 m³, bei festerem bis etwa 4 m³ Erde ausheben und verladen.

Die Leistung eines Handbaggers (3 Arbeiter) beträgt für einen Arbeitstag bei 1,5 m Wassertiefe: In feinem Sand oder Schlamm 5—6 m^3, in Kies und Schotter 4 m^3 bzw. 2 m^3. Mit der indischen Schaufel (3 Mann) werden in 4—6 m Wassertiefe täglich etwa 5 m^3 grobes Geschiebe gebaggert. Dampfbagger liefern für eine Pferdekraft und Stunde bei 4 m Wassertiefe in Schotterboden etwa 4—6 m^3 Material. Kosten der Baggerung eines m^3 samt Verführung auf 400 m Weite auf Kähnen, Ablagerung samt Werkzeug und sonstigen Einrichtungen bei Handbaggern bis zu einer Tiefe von 1 m, bei Dampfbaggern bis zu 3 m Tiefe in lockerem Grund 5 bzw. 6, in festgelagertem Grunde 7 bzw. 10, in festgelagertem Schotter 10 bzw. 19 Deichgräberstunden (siehe „Bagger").

Das Wasserschöpfen mittels Handeimern aus Baugruben empfiehlt sich nur bei Tiefen von 1—2 m und können zwei Arbeiter täglich 60 m^3 herausfördern; bei größeren Tiefen wendet man zumeist Saugpumpen, Wasserschnecken oder Kreiselpumpen an, die durch Menschen oder Maschinen bewegt werden können. Bildet man das Produkt aus der Hubhöhe und der Anzahl m^3 (Tonnen) gehobenen Wassers, so entfällt auf einen Arbeiter beim Schöpfen mit Handeimern etwa 45—50 t/m, beim Schöpfen mit Pumpen etwa 80—100 t/m als tägliche Leistung.

Trockenlegung der Baugrube

Trockenlegung der Baugrube und des Nachbargebietes durch **Absenkung des Grundwassers** mittels **kräftiger Pumpen** in **geschlagenen Rohrbrunnen** im gleichmäßigen, sandigen Boden hat sich namentlich beim Bau der Berliner Untergrundbahnen und sonstigen Bauarbeiten im Grundwasser bis zu 22 m Absenkung bewährt. (Wassererhaltungsanlagen von Siemens & Halske, siehe Organ für d. Fortschr. d. Eisenbw. 1916.)

Die Feststellung der zu hebenden Wassermenge und Pumpenleistung geschieht am besten im Versuchswege. Wenn bei einer gleichmäßigen Wasserförderung von q l/sek der Wasserspiegel in der Baugrube oder im Brunnen dauernd auf h m abgesenkt wird, so ist, wenn die angestrebte größte Senkung des Wasserspiegels H ist, die größte Fördermenge annähernd

$$Q = q\sqrt{\frac{H}{h}} \text{ in } l/\text{sek.}$$

B. Künstliche Verdichtung und Verbesserung sowie Befestigung des Baugrundes; Druckübertragung auf tiefere Schichten

a) Fundamentsohle über dem Grundwasserspiegel: Belastung (Altschienen, Steine) auf einem über die ganze Sohle sich erstreckenden Bohlenboden (teuer und zeitraubend); Abrammen oder Abwalzen; Einstampfen von hochkantig gestellten Steinen in Schichten von 30 cm Stärke, bis der Boden, ohne sich erhöht zu haben, genügend fest geworden ist; Sand (auch Betonzylinder), der in die Löcher eingestampft wird, die nach dem Herausziehen gerammter Pfähle entstehen; Zementeinpressung, namentlich bei lockerem Boden (Kies und Sand); Abheben des minderwertigen Bodens und Einfüllen von Sand und Kies, insbesondere bei geringer Mächtigkeit der nicht tragfähigen Schichten.

b) Fundamentsohle unter dem Grundwasserspiegel: Entwässerung, Absenkung des Grundwasserspiegels, namentlich bei nassem Ton- und Lehmboden empfehlenswert; Einbau von liegenden Rosten; Einrammen von Pfählen; Brunnen- und Preßluftgründung; Gefrierverfahren; Versteinerungsverfahren.

Die wichtigsten Gründungsarten sind:

Verbreiterung der Fundamentsohle, wenn die unter a) genannten Verbesserungen des Bodens nicht vorgenommen werden können oder nicht genügen, um den Sohlendruck auf eine größere Fläche zu verteilen, die Flächenbeanspruchung zu verringern und die Standfestigkeit des Bauwerkes zu erhöhen. Man kann demnach das Fundamentmauerwerk verbreitern, oder auch auf umgekehrte Gewölbe (Bogen) oder auf Sand- oder auf Steinschüttungen stellen.

Sandschüttungen können überall da angewendet werden, wo Unterspülungen nicht zu befürchten sind. Notwendig ist reiner scharfer Sand. Die Schüttung soll über die Breite des Mauerfußes beiderseits um die Schüttungshöhe hinausragen und 1—2 m mächtig sein. Dieselbe ist zu durchfeuchten und in 15—30 cm hohen Lagen zu stampfen. Eine 2 m mächtige Sandschüttung kann mit 2—3 kg/cm² belastet werden.

Steinschüttung, zumeist im offenen Wasser (namentlich in bewegter See), zwischen Pfahlwänden, am Rande durch große Steine (Betonblöcke) gesichert. Am geeignetsten verschieden große Steine, die vor Aufbau des Mauerwerks längere Zeit lagern müssen. Nicht tragfähiger Untergrund wird entfernt oder verdrückt. Allenfalls auch Einbringung von Holzrahmen mit Steinfüllung üblich.

Der liegende Rost (Schwell- oder Streckrost). Für leichte Gebäude aus Bohlen, die auf Querpfosten genagelt sind, für schwerere Bauwerke aus 20—32 cm starken Balken. Die Langschwellen sind in die 1—1,5 m entfernt liegenden Querschwellen (15—17 cm breit, 20 cm hoch) 5 cm einzulassen und die Zwischenräume mit Ton, Bruchsteinen oder Beton auszufüllen. Die Querschwellen stehen an den Seiten 30—50 cm vor. Auf den Langschwellen wird der 8—10 cm starke Bohlenbelag aufgenagelt. Die Rostoberfläche ist mindestens 0,3 m unter den niedrigsten Grundwasserstand zu legen. Wo dies nicht durchführbar ist, sind Holzroste überhaupt nicht anzuwenden. In Amerika Holzschwellrost mit Betonbelag (auch mit Eiseneinlagen) bei Gründung höherer Häuser häufig (Eisenschwellrost). Gegen Unterspülungsgefahr schützen vor Baubeginn geschlagene Spundwände. Ungleichmäßiges Setzen der Roste oft schwer zu vermeiden.

Gründung auf Betoneisenrosten. Diese Gründung besteht aus einer entsprechend breit ausladenden Betonplatte, an deren Unterseite Walzträger quer zur Längsrichtung der Mauer in Abständen von 30 cm bis 1 m eingebettet sind. Bei starker Belastung und ungleicher Zusammendrückbarkeit des Bodens werden darüber auch nach der Längsrichtung der Mauer Träger angeordnet. Ist P die Gesamtbelastung der Bausohle für einen Längenzentimeter, b die Breite, p_{zul} die zulässige Belastung des Baugrundes für 1 cm², so ist $b = \frac{P}{p_{zul}}$, und bei der Ausladungsbreite e das Biegungsmoment auf eine Länge gleich dem Abstand a zweier Träger: $M = \frac{1}{2} p_{zul} a e^2$.

Diese Gründungsart findet insbesondere dort nützliche Anwendung, wo eine nachgiebige Bodenart von einer dünnen, festeren Schichte überlagert ist, eine Tieflegung der Bausohle mit allmählicher Erbreiterung sonach nicht zweckmäßig erscheint.

Betonschüttung kann an Stelle eines Schwell- oder Pilotenrostes angewendet werden. Bei Gebäudemauern genügt eine Schüttung, die um 30—50 cm breiter als der Mauerfuß in einer Dicke von 0,50—1,00 m ausgeführt wird. Ist die Baugrube, bei Bauausführungen in offenem Wasser oder unter starkem Grundwasserandrang, nicht trocken zu legen, so findet Naßbetonierung, d. i. ein Versenken des Betons mittels Trichters statt. Sonst Trockenbetonierung unter Stampfen. Die Betonlage wird entweder bis über den Wasserspiegel aufgeführt oder der Fuß des Mauerwerkes mit einer Art Betonfangdamm umgeben; letzterer kann später in das zu errichtende Mauerwerk eingebaut werden. Die Stärke der Betonschichte ist aus der durch den Auftrieb verursachten Biegungsbeanspruchung zu berechnen. Für den Auftrieb wird aber je nach der Bodendichte nur $^1/_2$—$^1/_3$ der hydrostatischen Druckhöhe wirksam.

Bei Bauten unter Wasser ist ein möglichst schnell bindender Zement oder Zementkalk (Romanzement) anzuwenden, und wenn es sich um große Festigkeit handelt, so ist auch die Mörtelmenge zu vermehren; z. B. 2 Teile Zementkalk, 4 Teile Sand und 5 Teile Schlägelschotter. Die Versenkung unter Wasser geschieht am besten mittels hoher Trichter oder Röhren mit trichterartigen Ansätzen. Der Zutritt von Wasser zur weichen Betonmasse ist möglichst zu verringern. Vor dem Einbringen neuer Betonlagen muß vorher der vorhandene Zementschlamm entfernt werden. In bewegtem Wasser kann nicht ohne weiteres betoniert werden. — Bei den Bauten an der Adria wird sehr häufig Santorinerde zur Betonbereitung verwendet. Das gewöhnliche Mischungsverhältnis ist 7 Teile Santorinerde, 2 Teile gelöschter Kalk und 7 Teile Schlägelschotter. Im Durchschnitt stellt sich der Santorinbeton an den Küsten der Adria um 50% billiger als Zementbeton.

Pfahlgründung

Diese bezweckt entweder die Lastübertragung auf eine (nicht mehr als 15 m) tiefer liegende Bodenschicht oder eine Verdichtung des Bodens und Lastübertragung durch Reibung. Im ersteren Falle kann man für einen Holzpfahl, der unten mindestens 1 m im festen Sand- oder Tonboden steht, eine zulässige Belastung von etwa 30 kg/cm², sonach bei 30 cm Durchmesser eine Pfahlbelastung von 20 t annehmen. Holzpfähle aus Eichen-, Buchen- oder Kiefernholz sollen bis zu einer Länge von 4,0 m mindestens 24 cm stark sein, bei jedem m Länge mehr aber um 2,5 cm stärker werden. Die Pfähle werden meist in einer Entfernung von 1—1,3 m von Mittel zu Mittel eingetrieben; sie sind übrigens so zu verteilen, daß auf die einzelnen Pfähle so ziemlich die gleiche Belastung entfällt. Pfähle sind vorteilhaft mit dem Zopfende nach unten einzubringen; bei festem Tonboden und bei Schleusenbauten besser Stammende nach unten (auftreibende Komponente, Auftrieb). Verdichtungspfähle finden dann Anwendung, wenn der Baugrund nur mit langen Pfählen (> 15 m) erreichbar ist und bei gleichmäßig verteilter Last. Man stellt sie nicht reihenweise, sondern dreieckförmig versetzt. Auf den Pfahlköpfen wurde früher gewöhnlich ein Balkenrost, aus Lang- und Querschwellen, allenfalls noch aus einem 8—10 cm starken Bohlenbelag bestehend, abgebunden. Jetzt ersetzt man diesen Rost allgemein durch eine Betonschüttung, in welche die Pfahlköpfe etwa 25 cm tief eingreifen. Es entfällt dadurch das kostspielige und zeitraubende Zurichten der Pfähle und das Abbinden des Rostes. Die Höhe der Betonschichte macht man bei der Belastung p kg/cm² und der Entfernung l der Pfähle in cm

$$h = a\, l \sqrt{p}, \qquad \text{worin } a = \frac{1}{3} \text{ bis } \frac{1}{2};$$

h mindestens 50 bis 75 cm. Die Länge der Pfähle und die erforderliche Rammtiefe sind durch das Schlagen von Probepfählen zu ermitteln. Vorsicht bei elastischem Boden nötig, da durch eingetriebene Pfähle eine starke Bodenverdichtung erfolgen kann und bereits eingerammte Pfähle durch Rammen weiterer Pfähle herausgehoben werden können. Bei Langpfählen (mindestens ebenso tief gerammt als sie über den Grund hinausragen) ist häufig ein Aufpfropfen erforderlich. Die Pfähle werden dann einfach stumpf aufeinandergestellt und durch eiserne Bänder oder durch einen Mitteldorn und umgelegte Eisenringe gegen Verschiebung gesichert. Zwischen die Hirnholzflächen wird mit Vorteil ein dünnes Eisenblech gelegt. Seltener Verblattung, häufiger gußeiserne Schuhe; Heimbachsche Verbundpfähle entstehen durch Aufpfropfen eines Betonpfahles auf einen Holzpfahl. Pfahlschuhe werden nur in steinigem Boden nötig. Die Pfahlspitze ist etwa 1,5—2mal so lang als der Pfahldurchmesser. Die zulässige Belastung ist aus der Reibung R im Pfahlumfange zu berechnen. Für letztere kann man annehmen: Bei Holzpfählen $R = 1{,}0\ t/m^2$, bei Betonpfählen $R = 1{,}2\ t/m^2$, bei eingestampften Betonpfählen (Straußpfählen) $R = 2{,}0\ t/m^2$. Die zulässige Belastung eines Pfahles von d (in m) Durchmesser und l (in m) Länge ist sonach $R\pi d l$. Sicherer ist aber die Bestimmung dieser Belastung durch das Schlagen von Probepfählen.

Der Eindringungswiderstand eines Pfahles und sonach dessen **Tragkraft** kann auch ermittelt werden:

a) auf statischem Wege durch Probebelastung einzelner Pfähle oder Pfahlgruppen,

b) aus der Rammarbeit unter Anwendung der für den Stoß geltenden dynamischen Formeln.

Es wird dabei entweder vollkommene Starrheit der Rammkörper (Eytelwein) oder vollkommene Elastizität (Weisbach) vorausgesetzt oder ein Mittelzustand angenommen. (Allgemeine Rammformel nach Ing. O. Stern[1].) Bezeichnet Q das Gewicht des Rammklotzes, P das Pfahlgewicht (beide in kg), h die Fallhöhe des Rammklotzes, e die Eindringungstiefe des Pfahles beim letzten Schlage — besser Mittelwert für einen Schlag aus der letzten Hitze — (beide in mm), l die Länge in m, F den Querschnitt des Pfahles in cm^2, E den Elastizitätskoeffizienten des Pfahlmateriales, $\varepsilon = \frac{l}{EF}$ den elastischen Verkürzungsfaktor, endlich W den Eindringungswiderstand, so ist nach Eytelwein

$$W = \frac{Q^2 h}{(P+Q)\, e} + P + Q,$$

nach Weisbach

$$Q\, h = (W - Q - P)\, e + \frac{1}{2}\, \varepsilon\, W^2,$$

nach der allgemeinen Rammformel

$$\frac{\gamma Q}{(P+Q)^2} h = (W - Q - P)\, e + \frac{1}{2}\, \varepsilon\, W^2,$$

worin $\gamma = Q\, P\, (1 + \eta)^2 + (Q - \eta\, P)^2$ und η eine zwischen 0 (vollkommen unelastisch) und 1 (vollkommen elastisch) liegende etwa mit $0{,}25$ anzunehmende Stoßelastizitätsziffer bedeutet.

Bei Langpfählen ist der über den Boden hinausragende Teil stets auf Knickung zu berechnen. Dasselbe gilt für Pfähle, die den festen Untergrund erreichen.

Die zulässige Belastung K des Pfahles ist mit einem Bruchteil von W anzunehmen. $K = W \cdot n$, wobei n zwischen $0{,}25$—$0{,}1$ liegt. Nach Brix ist die vom Pfahl zu tragende Last angenähert

$$W = \frac{Q^2\, P}{(P+Q)^2\, e}\, h.$$

---

[1]) Ing. Ottokar Stern, Das Problem der Pfahlbelastung. Berlin 1908.

Spundwände sollen nicht belastet sein und daher isoliert vom Grundmauerwerk stehen.

Das vollständige Zurichten eines Pfahles (Anpassen des Schuhes und des Kopfringes, einschl. Abschneiden nach dem Einrammen) kostet bei 25—32 cm starken Pfählen für 1 m Länge 0,13—0,17 Zimmermannstaglöhne. Ein Pfahlschuh aus Schmiedeeisen wiegt 4—8 kg, aus Gußeisen 8—10 kg. Das Ausarbeiten der Spundung bei Falzpiloten kostet für 1 m etwa 2,6, bei Pfosten 1,4 Zimmermannsstunden.

Als Grundsägen zum Abschneiden von Pfählen und Spundwänden unter Wasser finden Gattersägen (gerade Sägen), Pendelsägen in dreieckigen Rahmen (unebene Schnitte!), sowie Kreis- und Bandsägen Verwendung.

Handrammen für ein- bis viermännige Bedienung mit 1 m Hubhöhe besitzen einen Bär- oder Rammklotz mit Handgriffen von etwa 15—60 kg Gewicht. Nach etwa 30 Schlägen 1,5—2 Minuten Ruhepause. Nutzeffekt gering. Zug- oder Lauframmen bestehen aus einem drei- oder viereckigen Schwellwerk mit eingezapften Streben und Laufrute, in der der 200—600 kg schwere Rammklotz geführt wird. Hubhöhe 1,2—1,6 m; auf 100 kg Klotzgewicht etwa 6 Mann. Auf je 20—30 Schläge (Hitze) Ruhepause 2—3 Minuten. Unwirtschaftliches Arbeiten.

Dampfkunstrammen erfordern 4—5 Mann Bedienung bei einem Bärgewicht $G = 800$—1800 kg, einer Schlagzahl $Z = 11$—12/Min. und einer Hubhöhe $H = 0{,}9$—1,8 m. An Stelle der veralteten Nasmyth-Ramme und neben den Rammen von Schwarzkopf, Riggenbach, Lewicki u. a., vornehmlich die Dampframme von Menck und Hambrock, Hamburg und solche von C. Tobler, Borsigwalde ($Z = 30$—40/Min. $G = 450$—1200 kg, $H = 0{,}9$—1,8 m; Menck & Hambrocks Heißdampf-Universal-Betonpfahlramme $Z = 32$—44/Min. $G = 4000$ kg, $H = 1{,}28$ m).

Das Einrammen eines nicht über 7 m langen Pfahles mit der Zug- oder gewöhnlichen Kunstramme kostet für 1 m Einrammungstiefe und für 1 cm Pfahlumfang 0,01—0,02 t. Für einzelne Pfähle (Brückenjoche), die bis zum Feststehen zu rammen sind, ist 0,04—0,08 t zu setzen; das Einrammen einer 15 cm starken Spundwand bei 2,5 m Tiefe kostet für je 1 m 2,8 t, bei 4 m Tiefe 7 t (t = Taglohn).

Leistungsfähigkeit verschiedener Rammen in Sandboden (Nach Franzius)

Gattung der Ramme	Schläge i. d. Minute	Bärgewicht in Ztr.	Hubhöhe in Metern	Zahl der Arbeiter	Eingedrungene Pfahllänge im Tage (12 St.)	Anschaffungskosten in Goldkronen
Zugramme	30	10	1,2—1,5	30	6—15 m	720
Gew. Kunstramme	0,5—1	12—16	2—6	5	9—10 m	1080
Dampfkunstramme	3—6	15—16	2—6	3	35—40 m	4320
Sissons-Ramme	9—10	20	2—3	4	25—40 m	7200
Nasmyth-Ramme	75—100	50	0,75—1	5	80—110 m	32000
Dampframmen mit endloser Kette	12	24	1,5	4	30—50 m	8400

Zur Bedienung einer Dampframme sind 1 Maschinist, 1 Rammeister, 1 Vorarbeiter und 3 Taglöhner erforderlich; ihre Anwendung empfiehlt sich schon beim Rammen von 500—600 Piloten. Die Dampfromme arbeitet drei- bis viermal billiger als eine Kunstramme und um 5—7mal billiger als eine Zugramme.

Eintreiben von Pfählen mittels Wasserspülung empfiehlt sich insbesondere in Sand-, allenfalls auch in Kiesboden. Es wurden 30—33 cm starke, 6—8 m lange Pfähle 2—3 m tief bei Spülung (Druckwasser) in etwa 3 Minuten, unter Zuhilfenahme des Rammbären 6—8 m tief in 12—14 Minuten eingetrieben. Einspülung allenfalls auch bei ruhender Belastung unter Verwendung von Pfahlschuhen mit Spülvorrichtung (Gasrohr von $d = 50$ mm in einer Nut des Pfahles eingelegt). Anspitzen des Pfahles ist nur bei Rammung nötig.

Als Ersatz für Holzpfähle werden vielfach **Betonpfähle** angewendet. Vorteil: Unabhängigkeit von der Höhenlage des Grundwasserspiegels, Ersparnis gegenüber Senkbrunnenfundierung. Nachteil: Schwierigkeit der Ermittlung der richtigen Pfahllänge; allenfalls Kürzung oder Verlängerung des Pfahles nötig. Man unterscheidet allgemein Beton-Ramm- und Beton-Stampfpfähle. (Fast durchwegs patentierte Verfahren, daher teuer.) Betonstampfpfähle entstehen durch Ausfüllen von vorerst hergestellten Löchern (Schächten), z. B. gemäß dem Verfahren von Wayß und Freitag, in dem nach Herstellung des Pfahlschachtes ein in diesem sitzendes Futterrohr mit Beton gefüllt und der Beton nach Hochziehen des Rohres festgestampft wird, oder dadurch, daß eiserne Röhren (mit Betonspitzen) zunächst eingetrieben werden, worauf bei absatzweisem Einstampfen des Betons im Rohre (allenfalls auf der verbleibenden Spitze) dieses jeweils um ein Stück hochgezogen wird. Unter Umständen wird die Spitze des Rammrohres wiedergewonnen (Simplexpfahl) oder es verbleibt der Rohrmantel im Boden. Die armierten Rammpfähle erhalten drei- oder mehreckigen Querschnitt mit abgeschrägten Ecken. Durchmesser des Pfahles 30—50 cm. Armierung wie bei Betoneisensäulen. Auch sind umschnürte (spiralarmierte) Eisenbetonpfähle in Verwendung. Das Einstampfen in Formkästen besser in lotrechter Stellung. Am unteren Ende wird eine allenfalls mit einem Eisenschuh versehene Spitze oder Schneide ausgebildet. Pfahllänge bis 15 m. Das Einbringen geschieht durch Einspülen oder Einrammen. Zum Einrammen sind entsprechend geformte Schlaghauben und sehr schwere Rammen erforderlich. Anderer Art sind die Betonblechrohrpfähle, bei welchen ein 2 mm starkes, in eine Spitze endigendes Blechrohr mittels eines hölzernen Rammkernes eingerammt und nach Herausziehen des Holzpfahles mit Beton ausgefüllt wird oder wo das unten offene, durch Bohrung in den Boden versenkte Blechrohr in dem Maße hochgezogen wird, als Beton zur Ausfüllung der entstandenen Hohlräume eingefüllt wird. (Straußsche Pfähle.) Der Pfahldurchmesser wird zufolge seitlicher Verdrängung des Bodens größer als der Durchmesser des Blechrohres.

Neuere Erfahrungen haben gelehrt, daß der Eindringungswiderstand eines Pfahles durch eine konische Gestalt desselben außerordentlich erhöht wird. Die Konus-Betonpfähle (Patent Stern-A. Porr) verwenden eine einzige Pfahltype, nachdem sich herausgestellt hat, daß für alle in der Praxis vorkommenden Baulasten (einer Pfahlbelastung von 15—45 t entsprechend) und für alle in Betracht kommenden Bodengattungen bei diesen Pfählen mit einer Eindringungstiefe bis etwa 3,8 m ein Auslangen gefunden wird. Der hölzerne Rammkern hat demnach eine größte Länge von 4,3 m, bei der Spitze einen Durchmesser von 25 cm, in 2 m Höhe einen Durchmesser von 30 cm und in einer weiteren Höhe von 1,75 m einen Durchmesser von 46 cm. Auf den unteren 2 m langen Teil wird ein Rohr aus 1 mm Schwarzblech aufgezogen, das mit einem unteren vorstehenden

Rande über einen Absatz des Pfahlschuhes greift und daher beim Einrammen mitgezogen wird. Ist die erforderliche Tiefe erreicht, so wird der Pfahlkern mit Winden gelüftet und hochgezogen und hierauf das entstandene Erdloch, bzw. das im Boden verbleibende Blechrohr ausbetoniert. Bei Absenkungen tief unter Wasser oder bei rolligem Boden wird das Blechrohr auf 3—3,5 m verlängert. Bei sehr starkem Grundwasserandrang wird auf die Spitze noch eine Spitzhaube aus Schwarzblech aufgebracht, wodurch es gelingt, das Rammloch trocken zu halten. Der Pfahlkern wiegt etwa 460 kg, der Rammbär bei Handrammung etwa 300—400 kg, bei Dampframmung 700 kg. Die in größeren Abständen gerammten Pfähle werden mittels einer Betonplatte oder eines Rostes von Betoneisenbalken verbunden und die Last auf diese oder eine armierte Betonplatte übertragen.

In bleibendem Blechmantel hergestellte Pfähle **(Mantelpfähle)** wären z. B. der Simplex-Pfahl und der Raymond-Pfahl, letzterer aus kegelförmig sich verjüngenden, fernrohrartig zusammenhängenden Rohrstücken (2,5 m lang); das innerste, später unterste, hat eine stumpfe Spitze aus Gußstahl, deren Durchbohrung Einspülung und Betonausfüllung ermöglicht (erreichte Pfahltiefe 23 m). Rammung der Röhren auch mittels schweren, im Durchmesser veränderlichen Eisenkernes, der die Mantelröhren beim Eintreiben ausfüllt und vor Beginn der Betonierung hochgezogen wird.

Eiserne Schraubenpfähle (mit oder ohne Rostschutz, Betonumhüllung), namentlich im weichen, wassergesättigten Boden, der dem Niederbringen geringen Widerstand entgegensetzt. Sie haben den Vorteil größerer Sicherheit gegen Auftrieb und bewirken beim Versenken keine Erschütterungen. Sie bestehen aus einzelnen, mit Beton auszugießenden Rohrstücken, die mittels Muffen untereinander verschraubt werden. Im weichen Boden großer Blattdurchmesser mit einem Schraubengang, im festen Boden doppeltes Gewinde und kleinere Blattfläche. (Beträchtliche Kosten!) Tragfähigkeit $K = F\,s$, wenn F die Grundfläche der Schraube, s die zulässige Belastung der Bodenart für den cm^2 bedeuten.

Brunnengründung

Gründung auf Brunnen empfiehlt sich dann, wenn fester tragfähiger Boden von weichen Schichten überlagert, jedoch in nicht zu großer Tiefe zu erreichen ist. Tiefen über 8 m nur bei geringerem Wasserzudrang und wenn im Boden keine Hindernisse zu gewärtigen sind. Das Mauerwerk der Brunnen, die meist ringförmigen Querschnitt und für Hochbauten etwa 1,0 m, für Wasser- und Brückenbauten 3—6 m innere Weite erhalten, wird in der Stärke von 0,3 m (für Hochbauten) bis 1,0 m (für Brückenbauten 0,6—1,0 m) auf einem aus Bohlen oder aus Schmiedeeisen gefertigten Kranze aufgeführt. Nach Erhärtung der unteren Teile des Mauerwerkes wird damit begonnen, den Boden aus dem Inneren des Brunnens durch Ausgraben oder Ausbaggern herauszuschaffen. Zur Verminderung der Reibung beim Versenken erhalten die Brunnen an der Außenseite etwa $^1/_{20}$ Anlauf und einen glatten Verputz mit Portlandzementmörtel. Der Bohlenkranz besteht aus 2—4 Lagen Bohlen von 4 bis 8 cm Stärke, die untereinander verbolzt und vernagelt sind. Die unterste Bohle ist keilförmig abgeschrägt und erhält in steinigem Boden noch eine eiserne Armierung. Die unteren Schichten des Mauerwerkes werden gewöhnlich aus Klinkern in Zementmörtel ausgeführt und durch Ankerbolzen von 2 bis 4 cm Durchmesser mit dem Kranz verbunden (besonders dann, wenn Gefahr ungleichen Setzens vorhanden ist). Statt Mauerwerk auch Beton-, Eisen- oder Holzwandungen, die aber bleibende, tragende Teile darstellen. Auf dem Lande Ausfüllung des Brunnens am besten mit reinem einzuschlämmenden Sand, sonst Ausfüllung mit sehr magerem Beton 1 : 8; Entfernung der Brunnen von M. z. M. 3,0—4,0 m, oben durch Gewölbegurte verbunden, deren Spannweite nicht mehr als 1—2 m betragen soll. Bei Hochbauten Brunnen unter allen Eck- und Kreuzungspunkten der Mauern und den Fensterpfeilern erforderlich. Nach einem patentierten Verfahren (Goerke) wird in 25 cm Abstand vom Brunnenmantel ein Holzmantel, versteift durch Ankerbolzen, verwendet, der seitliches Eindringen des Bodens in den Brunnen verhindert und die Reibung am Mantel verringert.

Bei Brückenpfeilern werden die den Pfeiler tragenden Brunnen nahe nebeneinandergestellt, zuweilen nach der Grundrißform des Pfeilers gestaltet und in Niedrigwasserhöhe durch Gewölbegurte verbunden. Der Durchmesser der Brunnen ist reichlich zu bemessen, so daß das eigentliche Pfeilermauerwerk an keiner Stelle auf dem Kranzmauerwerk, sondern nur auf dem Kern desselben aufliegt.

Senkbrunnen werden bis zu 20 m Tiefe ausgeführt, und zwar wird immer häufiger Beton 1 : 7 und Eisenbeton 1 : 3 verwendet. Rechteckige Betonbrunnen von 5 bis 6 m Länge und über 2,5 m Breite und etwa 0,7 m Stärke bei Kaimauern. Durchmesser der Betoneisenbrunnen 1—3 m, Wandstärke 7—10 cm, Entfernung der Einlagen 10 cm. Die Außenwände werden geglättet. Da die Aufstellung und Absenkung vom festen Boden aus erleichtert ist, werden häufig zunächst künstliche Inseln im Wasser geschaffen (allenfalls Gerüste). Berechnung des Brunnenmantels unter ungünstigsten Verhältnissen (innen leer, außen voller Druck, Sandboden wassergesättigt). Die Grundfläche des Brunnens muß der zulässigen Belastung des Bodens entsprechen.

Röhren- und Kastengründung

Hohle, oben und unten offene Röhren, bei kleineren Bauten aus Guß-, bei größeren aus Schmiede- (Fluß-) Eisen von 6 bis 12 mm Wandstärke oder kastenförmige Körper werden wie die Senkbrunnen niedergebracht, dann ausgemauert oder betoniert. Kasten, zumeist nur im Hochbau, aus lotrechten durch Querrahmen gegeneinander versteiften Holzbohlen von etwa 4 cm Stärke hergestellt, bis zu Tiefen von 10 m in weichem gleichartigen Boden in Verwendung. Der Übergang zu Preßluftgründung ist möglich.

Preßluftgründung

Der Senkkörper besteht entweder aus einem oder mehreren einzelnen Kasten (Caissons), auf welche das Untergrundmauerwerk aufgesetzt ist. Das Preßluftverfahren kann auch auf Senkbrunnen Anwendung finden. Die Senkkasten aus Holz oder Eisenbeton, zumeist aber aus Schmiedeeisen hergestellt, sollen die eigentliche Arbeitskammer bilden und erhalten daher etwa 2 m lichte Höhe (mind. 1,6 m); ihr Eisengewicht beträgt durchschnittlich etwa 430—450 kg (mind. etwa 280 kg) für 1 m² Grundfläche. Nach Brennecke kann für das Eisengewicht gesetzt werden $280\,U + 130\,F$, wenn U den Umfang des Caissons in m, F dessen Grundfläche in m² bezeichnet. Ing. E. Swoboda setzt das Caissongewicht in kg: $G = U\,(225 + 50\,B)$, worin U Umfang, B Breite des Caissons in m.

Größte erreichbare Tiefe unter dem Wasserspiegel bis 35 m. Wasserdruck bei rund 10 m Tiefe um 1 Atm. zunehmend, daher bei 35 m etwa 3,5 Atm. Überdruck (absolute Spannung 4,5 Atm.) in der Arbeitskammer, der mit Rücksicht auf Widerstände, die die austretende Preßluft zu überwinden hat, noch höher sein müßte.

Zur Förderung des Aushubmateriales dienen Kübel mit Hand- oder maschinellem Betrieb oder Bagger; bei zweckdienlicher Einrichtung beträgt die Leistung eines Förderzeuges im Schotterboden in 24 Stunden etwa 30—40 m³, die in dieser Zeit durch gleichmäßiges Abgraben des Bodens unter den Caissonsschneiden erreichbare Senkung 0,35—0,50 m. Die Absenkung erfolgt zufolge der Belastung durch die auf dem Caisson aufsitzende Aufmauerung, die bei Herstellungen im Wasser stets über der Wasserfläche gehalten werden muß. Ist der tragfähige Boden erreicht, wird die Arbeitskammer mit magerem Beton ausgefüllt. Bei Caissons von etwa 60 m² Grundfläche beträgt die Belegschaft etwa 35 Mann, hievon arbeiten 10 im Caisson; zwei- bis dreimaliger Schichtwechsel. Schichtdauer 6—2 Stunden, je nach der Tiefe. Die Kosten der Arbeiten aller Art im Senkkasten hängen von der Leistungsfähigkeit der Arbeiter in Preßluft, demnach von der Schichtdauer ab (bis 1,75 Atm. Überdruck zweimal täglich je 4 Stunden; von 1,75—2,5, 2,5—3 und 3—3,5 Atm. einmal täglich 6, 4 bzw. 3 Stunden). Dauer des Einschleusens für je 1 Atm. etwa 8′, jene des Ausschleusens von 1—3,5 Atm. mit jeder ½ Atm. wachsend 5, 10, 20, 35, 50 und 70 Minuten. Im Innern der unter Preßluft stehenden Räume oft sehr bedeutende Temperaturzunahmen (Hamburger Elbetunnel über + 40°).

Gefrierverfahren

Mittels des von Ing. Pötsch erfundenen Gründungsverfahrens können unter hohem Wasserdruck stehende Schichten, Schwimmsand u. dgl., dadurch abbaufähig gemacht werden, daß man dieselben vorerst durch ein in dieselben eingelassenes System von Röhren (Horizontal- und Vertikalrohrverfahren), in welchem tiefabgekühlte (bis —25°) Chlorkalziumlauge kreist, zum Gefrieren bringt. Dieses Verfahren wird im Tief- und Bergbau, seit kurzem auch im Tunnelbau für Unterwasserstrecken angewendet. (Siehe Steiner, Neuerungen auf dem Gebiete des Unterwassertunnels, Zeitschrift des Österreichischen Ingenieur- und Architektenvereines 1913). Der gefrorene Boden kann mit der Spitzhaue oder sonstwie gelöst werden. Das Verfahren ist teuer, aber für große Tiefen auch in Fortsetzung der Preßluftgründung anwendbar.

Versteinerungsverfahren

Die namentlich im Bergbau (Schachtbau), in jüngster Zeit auch im Tunnelbau, verschiedentlich bewährten Verfahren, bestehen in der einfachen Einspülung von Zementmilch oder in der Einpressung dieser unter Anwendung von Preßluft zum Zwecke der dauernden Festigung des Bodens (künstliche Versteinerung). Bereits allgemein üblich ist Zementmörtelhinterspritzung im Tunnelbau zur Dichtung des das Bauwerk umgebenden wasserdurchlässigen Bodens und des Mauerwerks und deren Festigung. Vorteile gegenüber dem Gefrierverfahren liegen nicht nur in der dauernden Bodenverbesserung, sondern auch in der leichteren Anwendbarkeit selbst in bedeutenden Tiefen, unabhängig von den Boden- und Außentemperaturen, der Möglichkeit rasch und ohne bedeutende Vorarbeiten, selbst unter Wasser, die Bohrlöcher mit den zur Zementmilcheinbringung notwendigen Röhren anbringen zu können und in der größeren Wirtschaftlichkeit.

Hochbau

bearbeitet von

Ing. Dr. **Friedrich Bleich**, Wien

I. Belastungsangaben und Hochbauvorschriften

A. Belastungsangaben

a) Durchschnittliche Gewichte der Baustoffe in kg/m³

Gegenstand		nach den Vorschriften d. öst. Bundesbahnen[1])	nach den Vorschriften d. öst. Betonverordnung[2])
1. Werkstücke und Quadermauerwerk			
Sandsteinquader geringer Festigkeit	2100		
„ hoher „	2500		
Marmorquader	2700		
Kalksteinquader geringer Festigkeit	2000		
„ hoher „	2600		
Granit	2800	2800	
Quadermauerwerk		2600	
„ aus Kalkstein, Sandstein			2100—2600
„ aus Granit, Basalt, Porphyr			2800
2. Verschiedene Mauerwerksgattungen			
Bruchsteinmauerwerk, leicht	1900		
„ mittelschwer	2200		
„ schwer	2500		
„ aus Kalkstein		2400	2000—2500 (für Kalkstein und Sandstein)
„ „ Sandstein		2200	
„ „ Granit			2700
Vollziegelmauerwerk		1600	
Hohlziegelmauerwerk		1200	
„ poröses		1000	
Klinkerziegelmauerwerk		1900	
Betonmauerwerk		2000—2500	
Gips in Verbindung mit Schlacke		1250	1250
Gipsdielen		1000	1000
Korksteinmauerwerk	600		

¹) Vorschriften betreffend die eisernen und hölzernen Hochbaukonstruktionen. Erlaß des k. k. Eisenbahnministeriums vom 28. August 1907.

²) Vorschriften über Tragwerke aus Beton und Eisenbeton bei Hochbauten.

Gegenstand	nach den Vorschriften: d. öst. Bundesbahnen	nach den Vorschriften: d. öst. Betonverordnung
3. Mauerwerk mit Mörtelputz		
Aus Handschlagziegeln mit Weißkalkmörtel ..		1600
„ „ „ Roman- oder Portlandzementmörtel		1700
Aus geschlämmten oder Maschinziegeln mit Weißkalkmörtel		1700
„ Roman- oder Portlandzementmörtel .		1800
Aus Klinkerziegeln mit Portlandzementmörtel		1950
Aus Hohlziegeln mit Weißkalkmörtel		1400
„ porösen Vollziegeln mit Weißkalkmörtel		1300
„ porösen Hohlziegeln mit Weißkalkmörtel		1200
4. Mörtel		
Trockener Weißkalkmörtel	1520	1520
„ Roman- und Portlandzementmörtel	1700	1700
5. Beton		
Portlandzementbeton:		
a) leichter Beton (Ziegelbeton) 1600		
b) mittelschwerer Beton (Kalk- und Sandstein) 2200		
c) schwerer Beton (Granit) 2500	2200—2500	2000—2500
Stampfbeton im Mittel		2200
Füllungsbeton aus Zement und Schlacke:		
a) leicht 1000		
b) schwer 1300	1000—1300	1000—1300
Eisenbeton		2400
6. Füllstoffe und Beschüttungsmaterial		
Mauerschutt	1400	1400
Bausand	1400—1600	1600
Schotter und Kies	1900	1900
Granulierte Hochofenschlacke	850	850
Steinkohlenasche	750	750
Koksasche.......................... 700		
Trockene Dammerde		1350
Feuchte Dammerde		1800
Donaurundschotter 2000		
Lehm, Erde	1800	1600—2000
Torfmull: a) lose geschüttet 200		
b) gestampft 400		
7. Estriche und Fußbodenbeläge		
Gußasphalt.............................	1200	1200
„ mit Rieselschotter.............	2100	2100
Stampfasphalt	2040	2040
Asphaltplatten, fertig verlegt.......... 2200		
Terrazzo	2200	2200

Gegenstand		nach den Vorschriften d. öst. Bundesbahnen	nach den Vorschriften d. öst. Betonverordnung
Feinklinkerplatten			2300
Xylolith		1400	1400
Gipsestrich	1200		
Euböolith	1000		
Stahlestrich	2400		
Tonfliesen	2000		
Linoleum	1200		
Steinpflaster aus Kalkstein, Sandstein		2500—3000	2000—2500
„ „ Granit, Basalt, Porphyr			2700

8. Bauhölzer

Gegenstand		d. öst. Bundesbahnen	d. öst. Betonverordnung
Eichenholz, lufttrocken			800
Buchenholz „			750
Lärchenholz „			650
Kiefernholz „			600
Tannenholz „			600
Fichtenholz „			600
Holz (Kiefer, Lärche, Tanne, Fichte) durchnäßt		900	
„ (Eiche, Buche) durchnäßt		1000	
Holzstöckelpflaster		1100	1100
Kanadische Kiefer (Pitchpine) (trocken)	900		

9. Metalle

Stahl	7900 kg
Schweißeisen	7800 „
Flußeisen	7850 „
Roheisen (Gußeisen)	7300 „
Blei	11400 „
Kupfer, gewalzt	9000 „
Zink	7200 „

10. Verschiedenes

Glas	2600 nach den österr. Vorschriften
Korkstein	330 „ „ „ „

b) Durchschnittliche Gewichte von Lagerstoffen in kg/m³

Steinkohle	900	Malz	530
Braunkohle	750	Kartoffeln	750
Zechenkoks	500	Rüben	650
Gaskoks	450	Mehl, lose	500
Zement, locker geschüttet	1400	Bücher	800
„ eingerüttelt	2000	Bücher- und Aktengestelle, gefüllt	500
Bruch- und Kalksteine	2000	Papier	1100
Holz in Scheiten geschlichtet	400	Salz	1250
Weizen	760	Zucker	750
Roggen	680	Wolle	130
Gerste	690	Asche	900
Hafer	550		

Siehe auch die Tabelle über die spezifischen Gewichte und Raumgewichte auf S. 322.

c) Eigengewichte der Zwischendecken

Die folgenden Angaben sind Mittelwerte für 5,00—6,00 m Zimmertiefe. Sie gelten bei Holzdecken für Balkenabstände von 1,00 m von Mitte zu Mitte und bei Traversendecken, wo nichts anderes angegeben ist, von 2,50—3,00 m. Das Gewicht der Eisenträger selbst ist in den nachfolgenden Ziffern nicht inbegriffen. Dasselbe ist im Durchschnitt mit 25 kg/m² zu veranschlagen. Bei Eisenbeton- und anderen hier nicht angegebenen Decken ist die Eigengewichtsberechnung mit Hilfe der oben gemachten Angaben über die Einheitsgewichte verschiedener Baustoffe vorzunehmen.

Für Decken mit anderen Beschüttungshöhen als hier angegeben, ohne Beschüttung oder mit einer die Beschüttung und den Blindboden ersetzenden Korkmörtelschichte (3 cm Dicke) sei bemerkt, daß 1 cm Beschüttungshöhe mit 14 kg/m² (trockener Mauerschutt), der Blindboden samt Polsterhölzern mit 20 kg/m², 1 cm Korkmörtelstrichhöhe mit 10 kg/m² in Rechnung zu stellen sind. 1 m² Plafond aus 12 mm starken Brettern mit Rohrdeckenverputz wiegt 30 kg.

Bauart	kg/m²
1. Tramdecke mit direkt aufgenageltem Bretterboden, unten verschalt und verputzt	110
2. Daselbe wie Punkt 1, aber mit eingelegter Sturzbrettlage auf Leisten und 8 cm Beschüttung	210
3. Gewöhnliche Tramdecke (Sturzbodendecke) mit Plafond, 10 cm Beschüttung. Blindboden und Buchenbrettelbelag	250
4. Dübeldecke aus im Mittel 14 cm hohen Dippelbalken mit Plafond, 10 cm Beschüttung und liegendem Ziegelpflaster mit 4 cm starken Dachbodenplatteln	330
5. Traversentramdecke, sonst wie Punkt 3 ohne Träger	230
6. Kappengewölbe, 15 cm stark aus Mauerziegeln mit Verputz, Beschüttung im Scheitel 8 cm stark und Holzfußboden, bei Traversenabständen bis 1,5 m ohne Träger	450
7. Dasselbe wie Punkt 6, aber bei Traversenabständen bis 3,0 m	500
8. Scheitrechte, Patentgewölbe, System Demsky, Hönel, Ludwig, Schneider, Schober, Wehler u. a., sonst wie Punkt 6, im Mittel	470
9. Kleinesche Decke aus Schwemmsteinen mit Zementmörtel und Eiseneinlagen in den Fugen mit 4 cm Zementmörtelüberguß, sonst wie Punkt 6	370
10. Stampfbetongewölbe im Scheitel 8 cm stark, 15—20 cm Stich, 6 cm Beschüttung über dem Scheitel, sonst wie Punkt 6	380
11. Dasselbe wie Punkt 10, aber mit einer Ausgleichung aus leichtem Füllbeton hinter dem Gewölbe bis 2 cm über Gewölbescheitel nebst 2 cm starkem Zementestrich	330
12. Moniergewölbe, im Scheitel 5 cm stark, Trägerabstand bis 3 m, sonst wie Punkt 10	340
13. Dasselbe wie Punkt 12, aber mit Fußbodenausbildung wie Punkt 11	300
14. Decken aus bombiertem Wellblech mit leichtem Füllbeton hinter dem Wölbrücken, im Scheitel 8 cm stark und Zementestrich, Trägerentfernung bis zu 3,00 m. Ohne Deckenverputz, ohne Träger	250
15. Seideldecke, bei einer Verlagsweite der Balken von 75 cm, ebener Untersicht oder sichtbaren Balken, inklusive 10 cm Beschüttung in Steinkohlenasche und Holzfußboden	230

d) Eigengewichte der Dächer

Dachdeckung	Neigung $h:b$	kg/m² Grundriß	nach d. Vorschriften der Bundesbahnen und den öst. Betonvorschriften in kg/m² geneigter Dachfläche
Einfaches Ziegeldach	1 : 1,25	120	100
Doppeltes „	1 : 1,25	150	125
Falzziegeldach	1 : 2,25	70	64
Pfannendach auf Lattung in böhmischer Deckung	1 : 1	85	—
Einfaches Schieferdach	1 : 2,25	80	73
Doppeltes „	1 : 2,25	90	82
Zink- oder Eisenblech auf Schalung	1 : 4	45	44
Ebenes Zinkblech auf Schalung und Profileisen	—	—	48
Ebenes Eisenblech auf Winkeleisen	—	—	25
Dachpappeneindeckung	1 : 4	40	32, doppeltes 35
Glasdach samt Eisensprossen:			
Glasstärke bis 6 mm	1 : 2	26	25
Glasstärke bis 8 mm	1 : 2	38	35
Wellblech auf Walzeisenpfetten	—	25	22
Holzzementbelag mit 10 cm hoher Schotterbettung	1 : 20	165	175, 200
Eternitschiefer, einfache Deckung auf Dachpappe	1 : 2,25	50	41
Eternitschiefer, Doppeldeckung auf Dachpappe	1 : 2,15	55	—

Die Eigengewichte umfassen das Gewicht sämtlicher Teile der Dacheindeckung, einschließlich Sparren, jedoch ohne Tragwerk (Pfetten und Binder). Das Gewicht der Tragwerke kann je nach dem Gewicht des Deckenmaterials und bei Stützweiten bis 30 m angenommen werden für:

Eiserne Tragwerke (Pfetten und Binder):

a) leichte Dachdeckung (Pappe, Eternit, Blech, Glas)

$$g = 8 + 0{,}6\,l \text{ kg/m}^2 \text{ Grundrißfläche}$$

b) mittelschwere Eindeckung (Schiefer, Ziegel)

$$g = 10 + 0{,}7\,l \text{ kg/m}^2 \text{ Grundrißfläche.}$$

Hierin bedeutet l die Binderstützweite.

Hölzerne Tragwerke (Pfetten und Binder) bis 20 m Spannweite

$$g = 12 + 0{,}8\,l \text{ kg/m}^2 \text{ Grundrißfläche.}$$

Für rasche, überschlägige Berechnungen, z. B. von Schaufensterüberlagen, die außer Mauer- und Decken- auch Dachlasten tragen, verwende man folgende Werte (preußische Hochbauvorschriften 1910):

Gesamtbelastung der Dächer, bestehend aus Eigenlast, Schnee- und Winddruck für 1 m² der Horizontalprojektion:

Glasdach bei	10° Neigung	125 kg
Glasdach bei	25° „	150 „
Schieferdach bei	25° „	150 „
Schieferdach bei	45° „	250 „

Ziegeldach bei	30° Neigung	250 kg
Ziegeldach bei	45° „	300 „
Holzzementdach auf Holzsparren		275 „
Steile Mansardendachflächen mit Schiefer- oder Ziegeldeckung bei 45° Neigung		300 „
Steile Mansardendachflächen mit Schiefer- oder Ziegeldeckung bei 70° Neigung		700 „

e) Nutzlasten

Bezeichnung des belasteten Raumes	Gewicht in Kilogramm pro Quadratmeter
Gewöhnliche Dachräume	150
„ Wohnräume	250
Schulräume	300
Stiegen, Gänge, Konzert- und Tanzsäle, Turn-, Fecht- und Versammlungssäle in Miethäusern	400
Geschäftsräume, Arbeitssäle, Lagerräume in den Stockwerken von Wohn- und Geschäftshäusern	450
Geschäftsräume, Werkstätten, Lagerräume im Erdgeschoß, oder in öffentlichen Gebäuden	550
Futterkammern	400
Bei Eiskellern für 1 m Eishöhe	750

Aktengerüste und Schränke in Registraturen, Bibliotheken usw. einschließlich der Hohlräume sind mit 500 kg/m³ in Rechnung zu stellen.

Die Größe der zufälligen Belastung für Theater, Büchereien, Speicher, Lager- und Arbeitsräume mit schweren Maschinen ist von Fall zu Fall zu ermitteln und Stoßwirkungen sind besonders zu berücksichtigen. (Siehe die nachstehend angeführten Vorschriften.)

B. Vorschriften

Auszug aus den Vorschriften der österreichischen Bundesbahnen betreffend die eisernen und hölzernen Hochbaukonstruktionen

Erlaß des k. k. Eisenbahnministeriums vom 28. Februar 1907

§ 3. Belastungsgrundlagen

1. Die der Berechnung zugrunde zu legende Belastung setzt sich aus dem Eigengewichte der Eisen- oder Holzkonstruktion samt allen sonstigen, die Konstruktion ständig belastenden Bauteilen nebst Einrichtungsgegenständen (bleibende Last) und aus der durch Menschen oder die sonstige Nutzlast erzeugten zufälligen Last zusammen.

2. Außer diesen Belastungen sind auch die Schneebelastung und der Einfluß des Winddruckes und der Wärmeschwankungen, gegebenenfalls die Einwirkung des Erddruckes zu berücksichtigen.

3. Als Grundlage für den Nachweis des Eigengewichtes der Konstruktion und der bleibenden Belastung haben für die einzelnen Baumaterialien die in Tafel a), S. 397, angegebenen Einheitsgewichte zu gelten.

4. Das Eigengewicht von Zwischendecken üblicher Ausführung ist mit 300 kg/m² in Rechnung zu nehmen, sonst von Fall zu Fall nachzuweisen.

5. Das Eigengewicht der Dacheindeckung einschließlich Sparren, jedoch ohne Tragwerk, ist für das m² geneigter Dachfläche der Tafel d), S. 401, zu entnehmen.

6. Die Nutzlast (zufällige Belastung) bei Zwischendecken für das m² Grundrißfläche derselben ist je nach dem Benutzungszwecke des Raumes zu wählen und für:

gewöhnliche Dachräume mit	150 kg/m²
gewöhnliche Wohnräume mit	250 „
Säle, Warteräume, Stiegen, Gänge und dergleichen, Menschengedränge mit	400 „
und für Werkstättenräume mindestens mit	500 „

anzunehmen.

Für Magazine ist je nach ihrem Verwendungszwecke die Nutzlast von Fall zu Fall zu bestimmen und nachzuweisen.

Außerdem sind die besonderen Belastungen, welche durch außergewöhnliche schwere Maschinen, Transmissionen, Krane, Aufzüge, Hebewerke und dergleichen entstehen, von Fall zu Fall nach Größe und Wirkungsweise festzustellen und den Berechnungen zugrunde zu legen.

Belastungen, welche auf die tragende Konstruktion erschütternd oder stoßartig einwirken, sind in der Regel mit dem 1,5fachen Betrage in Rechnung zu bringen, falls nicht etwa in besonderen Fällen diese Wirkungen mit einem noch höheren Betrage berücksichtigt werden müssen.

In der Mitte untergeordneter Konstruktionsglieder des Daches, welche bei Ausbesserungsarbeiten und dergleichen von Menschen betreten werden müssen, ist außer den allgemeinen Lasten noch eine Einzellast von mindestens 100 kg zu berücksichtigen.

7. Die Belastung durch Schnee ist mit 75 kg/m² Grundrißfläche des Daches anzunehmen. Diese Belastung ist entweder auf die ganze Dachfläche oder nur auf einzelne Teile derselben wirkend in Rechnung zu stellen, derart, daß hiedurch die ungünstigste Einwirkung auf das Tragwerk stattfindet.

Bei Dachflächen mit über 40° Neigung ist die Hälfte der vorbezifferten Schneebelastung anzunehmen; bei Dachflächen mit über 60° Neigung, sowie für Gegenden mit nachweisbar äußerst geringem Schneefall kann diese Einwirkung ganz außer Betracht bleiben.

8. Der Winddruck ist mit 150 kg/m² einer zur Windrichtung senkrechten Fläche zu bemessen. Die Windrichtung ist wagrecht oder bis zu 10° gegen die Wagrechte geneigt anzunehmen; der innerhalb dieser Grenzen sich ergebende stärkste Angriff ist der statischen Berechnung zugrunde zu legen. Die Wirkung der Reibung zwischen Wind und der von ihm in geneigter Richtung getroffenen Dach- oder Wandfläche ist zu vernachlässigen. Bezeichnet α den Neigungswinkel der getroffenen Fläche, β den Neigungswinkel der Windrichtung zur Wagrechten, so beträgt der in Rechnung zu stellende Winddruck senkrecht zur Dachfläche $p_w = 150 \sin^2 (\alpha + \beta)$ in kg/m² Dachfläche.

Bei Bauwerken in Gegenden, wo erfahrungsgemäß starke Winde auftreten (Bora), ist ein Winddruck bis 250 kg/m² der senkrecht zur Windrichtung stehenden Fläche anzunehmen.

Für die Dächer offener Hallen oder Perronüberdachungen ist ein von innen nach außen wirkender Winddruck von 60 kg, in Gegenden mit starkem Windanfalle (Bora) von 100 kg/m² Dachfläche anzunehmen.

Bei Bauwerken in nachweisbar windgeschützter Lage können die vorstehenden Werte entsprechend ermäßigt werden.

9. Die Wärmeschwankungen sind für Temperaturgrenzen von — 20 bis + 30° C zu berücksichtigen.

§ 4. Äußere und innere Kräfte

1. Die statische Berechnung der Tragwerke ist für jeden der im § 3 angegebenen Belastungsfälle getrennt durchzuführen und sind dabei stets die sich ergebenden ungünstigen Einwirkungen für jeden Konstruktionsteil in Betracht zu ziehen.

2. Die Tragfähigkeit der Widerlager, Umfassungsmauern, Gewölbe, Pfeiler und die Standsicherheit derselben gegen einwirkende Kräfte (Wind-, Erd-, Gewölbedruck usw.) sind nachzuweisen.

3. Ist die Umfassungsmauer einer Halle oder Werkstätte für sich nicht standfest, was in jenen Fällen zutreffen kann, wo das Dach von der Eisenkonstruktion allein, ohne Mitwirkung der Mauer, getragen wird, so muß eine ausreichende, jedoch die Längenveränderungen der Eisenkonstruktion nicht hindernde Verbindung der letzteren mit der Umfassungsmauer hergestellt werden. Hiebei ist der auf die Mauer treffende Winddruck durch die Eisenkonstruktion entsprechend aufzunehmen.

4. In solchen Fällen, wo die Mauer nach Absatz 3 mit der Eisenkonstruktion in Verbindung gebracht ist, hat die Standfestigkeit der Mauer an sich, wenn nicht ausdrücklich anders bestimmt ist, ganz außer Betracht zu bleiben.

5. Bei Ermittlung der äußeren Kräfte und Angriffsmomente darf bei Einzeltragwerken eine Einspannung über den Auflagern nur dann angenommen werden, wenn nachgewiesen wird, daß durch geeignete bauliche Anordnungen die vorausgesetzte Einspannung tatsächlich und ohne Überschreitung der festgesetzten zulässigen Inanspruchnahme der in Betracht kommenden Bauteile erzielt wird.

6. Als rechnungsmäßige Stützweite ist bei freiaufliegenden Tragwerken die Entfernung von Mitte zu Mitte der Auflagerlängen, bei durchlaufenden Tragwerken die Entfernung von Mitte zu Mitte der Stützen, oder von Mitte der Stütze bis Mitte der Auflagerlänge anzunehmen.

7. Bei durchlaufenden Tragwerken, welche auf elastischen Stützen aufruhen, ist erforderlichenfalls die Formveränderung der letzteren infolge der bezüglichen Wirkung der äußeren Kräfte zu berücksichtigen.

8. Bei der statischen Untersuchung von Bogenfachwerken ist, wenn die Widerlager nicht als unverrückbar angenommen werden können, auf ein Ausweichen derselben um mindestens den zweitausendsten Teil der Spannweite Bedacht zu nehmen.

9. Für Tragwerksteile, welche gleichzeitig in verschiedenen Kraftebenen beansprucht werden, sind die reduzierten Spannungen als das Maß der Materialbeanspruchung nachzuweisen.

10. Bei den auf Druck beanspruchten Tragwerksteilen muß auf den erforderlichen Widerstand derselben gegen Knickung Bedacht genommen werden. Die einschlägigen Untersuchungen haben nach den Vorschriften, betreffend die Berechnung gedrückter Konstruktionsteile aus Eisen oder Holz, mit Rücksicht auf Knickung, zu erfolgen.

11. Bei Aufstellung der statischen Berechnung ist auch darauf zu achten, ob der in Frage stehende Konstruktionsteil unter Festsetzung einer größtzulässigen Einbiegung anzuordnen und zu bemessen ist.

§ 5. Zulässige Inanspruchnahme

1. Die größte Inanspruchnahme des Eisens und Stahles in kg auf 1 qcm des nutzbaren, d. i. des nach Abzug der Nietlöcher und der statisch nicht wirkenden Teile verbleibenden Querschnittes, darf die in der nachstehenden Tabelle angegebenen Grenzwerte nicht überschreiten.

Bezeichnung der Belastung und Art der Beanspruchung	Zulässige größte Inanspruchnahme kg/cm²
1. In sämtlichen Tragwerksteilen mit Ausnahme der Niete:	
a) bei gleichzeitiger Einwirkung aller möglichen Belastungen oder lediglich durch Winddruck, sofern diese Wirkung allein in Betracht kommen kann,	Flußeisen
Beanspruchung auf Zug oder Druck	1200
b) Beanspruchung auf Abscherung, ausgenommen die Niete	800
2. In Nieten, Beanspruchung auf Abscherung	850
3. Druck auf Nietlochleibung (Nietdurchmesser × Blechstärke)	1800
4. Beanspruchung der Teile aus Roheisenguß, aus welchem Material jedoch kein Glied der freitragenden Konstruktion hergestellt werden darf:	Roheisenguß
α) auf Druck	700
β) auf reinen Zug	200
γ) auf Zug im Falle der Biegung	300
5. Beanspruchung der Teile aus Flußstahl:	Flußstahl
a) im Falle der Biegung auf Zug oder Druck	1200
b) auf Abscherung	850

2. Die Inanspruchnahme des Holzes auf Zug oder Druck in der Faserrichtung darf 80 kg, auf Abscherung parallel zur Faserrichtung bei Nadelholz 10 kg, bei Eichenholz 15 kg und auf Abscherung senkrecht zur Faserrichtung bei Nadelholz 20 kg, bei Eichenholz 30 kg auf das cm² des statisch wirkenden Querschnittes nicht überschreiten.

3. Der größte Druck auf das cm² der wirksamen Querschnittsfläche des Mauerwerkes darf nachfolgende Grenzwerte nicht überschreiten.

Gattung des Mauerwerkes und Betons	Zulässiger größter Druck kg/cm²
1. Quadermauerwerk (unter Berücksichtigung der einschränkenden Bestimmungen des folgenden Absatzes a)	40
2. Auflagerquader (unter Berücksichtigung der einschränkenden Bestimmungen der folgenden Absätze a und b)	60
3. Schichtenmauerwerk mit Portlandzementmörtel	18
4. Bruchsteinmauerwerk aus zugerichteten festen Steinen mit Portlandzementmörtel	12
5. Gemischtes Mauerwerk oder Mauerwerk aus lagerhaftem Bruchstein mit Portlandzementmörtel	9
6. Gemischtes Mauerwerk oder Bruchsteinmauerwerk mit Weißkalkmörtel	5
7. Ziegelmauerwerk mit Weißkalkmörtel	7
8. Ziegelmauerwerk mit Portlandzementmörtel	12
9. Mauerwerk aus geschlämmten Ziegeln bester Sorte, sogenannte doppelt geschlämmte oder Pfeilerziegel mit Portlandzementmörtel	14
10. Mauerwerk aus Klinkern bester Sorte mit Portlandzementmörtel	20
11. Betonmauerwerk aus Portlandzement:	
α) im Mischungsverhältnis von 470 kg Portlandzement auf 1 cbm Sand und Schotter (Raummischungsverhältnis 1 : 3)	30
β) im Mischungsverhältnis von 350 kg Portlandzement auf 1 cbm Sand und Schotter (Raummischungsverhältnis 1 : 4)	25
γ) im Mischungsverhältnis von 230 kg Portlandzement auf 1 cbm Sand und Schotter (Raummischungsverhältnis 1 : 6)	20
δ) im Mischungsverhältnis von 160 kg Portlandzement auf 1 cbm Sand und Schotter (Raummischungsverhältnis 1 : 9)	15
ε) im Mischungsverhältnis von 120 kg Portlandzement auf 1 cbm Sand und Schotter (Raummischungsverhältnis 1 : 12)	10

Zur vorstehenden Tabelle wird bestimmt:

a) Der Druck auf das Quadermauerwerk und auf die Auflagerquader darf in keinem Falle mehr als $^1/_{15}$ der Druckfestigkeit des betreffenden Steinmateriales betragen.

b) Bei Auflagerquadern ist der zulässige Druck auf die Fläche der Lagerplatte des Tragwerkes zu beziehen.

c) Bei Anwendung anderer als der unter 11 α—ε angegebenen Mischungsverhältnisse sind die zulässigen Werte der Beanspruchungen des Betons durch geradlinige Einschaltung nach der betreffenden, auf 1 cbm Sand und Schotter entfallenden Gewichtsmenge von Portlandzement zwischen die in der Tabelle angegebenen Werte zu bestimmen.

d) Das in Hinsicht auf die Erzielung eines möglichst gleichförmigen dichten Gemenges beim Beton (11 α—ε) anzuwendende Mischungsverhältnis zwischen Sand und Schotter ist jeweils durch Betonproben zu bestimmen.

e) Betonmauerwerk darf durch die Tragwerke oder sonstige Belastungen nicht früher als 4 Wochen nach seiner Vollendung beansprucht werden.

4. Die zulässige Inanspruchnahme von Baumaterialien, welche in den vorstehenden Absätzen dieses Paragraphen nicht behandelt erscheinen, ist fallweise bei Vorlage des betreffenden Projektes zu begründen und unterliegt einer besonderen Genehmigung.

5. Die Beschaffenheit des Baugrundes ist durch Sondierungen, erforderlichenfalls durch Probepilotierungen zu ermitteln, und ist in allen Fällen der Nachweis der ausreichenden Tragfähigkeit des Baugrundes auch in bezug auf die zu erwartenden größten Kantenpressungen zu erbringen. Dem Entwurfe sind die in der folgenden Tabelle angeführten zulässigen Belastungen zugrunde zu legen.

Bodengattung	Zulässige Belastung kg/cm²
1. Weicher Ton und sehr feuchter, feinkörniger Sandboden	bis 1,0
2. Lehm, mittelfester Ton und mäßig feuchter oder stark tonhaltiger, jedoch trockener Sandboden	„ 2,0
3. Tegel, fester Ton und trockener, wenig tonhaltiger Sandboden	„ 4,0
4. Festgelagerter, grober Sand, dann Kies und Schotter	„ 6,0

Abweichungen von den obigen Belastungsgrenzen sowie die zulässigen Belastungen anderer Bodengattungen unterliegen der besonderen Genehmigung.

6. Bei den bestehenden, vor Hinausgabe dieser Vorschriften erbauten Tragwerken, welche nach Maßgabe der gegenwärtigen Vorschriften einer Nachrechnung auf ihre Tragfähigkeit und Standsicherheit zu unterziehen sind, dürfen die größten Inanspruchnahmen des Eisens und Stahles in kg auf das qcm des nutzbaren, das ist des nach Abzug der Nietlöcher, der statisch nicht wirkenden Teile, dann der durch Rost und dergleichen eingetretenen Schwächung verbleibenden Querschnittes, die in der vorstehenden Tabelle Absatz I dieses Paragraphen angegebenen Grenzwerte für Schweißeisen, Roheisenguß und Flußstahl, nicht um mehr als 25% (fünfundzwanzig Prozent) und bei Flußeisen um nicht mehr als 15% (fünfzehn Prozent) überschreiten.

7. Bei bestehenden Konstruktionen aus Holz, die sich jedoch in tadellosem Zustande befinden müssen, dürfen die im Absatz 2 dieses Paragraphen angegebenen Werte um nicht mehr als 25% (fünfundzwanzig Prozent) überschritten werden.

8. Wenn die Festigkeitsberechnungen Überschreitungen der vorerwähnten zulässigen größten Inanspruchnahmen ergeben sollten, so sind dem Eisenbahnministerium ungesäumt unter Bekanntgabe der auf Grund durchgeführter Proben erhobenen Materialbeschaffenheit geeignete Vorschläge zu unterbreiten. Ebenso sind bei nicht vorhandener Standsicherheit Anträge zu stellen.

9. Ist die Verstärkung einer Eisenkonstruktion notwendig und im Hinblick auf die Materialbeschaffenheit zulässig, so hat sie sich in der Regel auf das ganze Tragwerk, und zwar unter Zugrundelegung der für neu herzustellende Eisenkonstruktionen (Absatz 1 vom § 5) festgesetzten Inanspruchnahmen zu erstrecken. Hiebei dürfen aber, wenn ein Tragwerk aus Schweißeisen in Betracht kommt, nur die für dieses Material festgesetzten Grenzen der Inanspruchnahme angenommen werden, auch wenn zur Verstärkung Flußeisen verwendet wird.

10. Soll ein von einem Bauobjekte rückgewonnenes Tragwerk bei einem anderen Objekte wieder verwendet werden, so ist dasselbe nach den Bestimmungen für neu herzustellende Konstruktionen zu beurteilen.

Auszug aus der Vorschrift über die Herstellung von Tragwerken aus Eisenbeton oder Stampfbeton bei Hochbauten

(Erlaß des k. k. Ministeriums für öffentliche Arbeiten vom 15. Juni 1911 mit Nachtrag vom 15. September 1918.)

I. Abschnitt

Tragwerke aus Eisenbeton

§ 4. Berechnungsgrundlagen

1. Für die Berechnung sind zu berücksichtigen:

Die bleibende Last, das ist das Eigengewicht des Tragwerks samt der sonstigen ständigen Belastung;

die Nutzlast, das ist die durch den Zweck des Bauwerkes bedingte veränderliche Last, ferner allfällig

die Einflüsse des Schneedruckes, Winddruckes und der Wärmeschwankungen sowie des Erddruckes und des Wasserdruckes.

Bleibende Last

2. Als Grundlage für den Nachweis des Eigengewichtes des Tragwerkes und der sonstigen ständigen Belastung haben die Einheitsgewichte unter *a*), S. 397, zu gelten.

3. Das Einheitsgewicht von Stampfbeton ist mit mindestens 2200 kg für 1 m^2, jenes von Eisenbeton mit 2400 kg für 1 m^3 anzunehmen, sofern bei letzterem nicht ein gesonderter Nachweis mit Rücksicht auf die Ausmaße der Eiseneinlagen geliefert wird.

4. Bei Anwendung außergewöhnlicher im vorstehenden nicht angeführter Baustoffe ist deren Einheitsgewicht besonders nachzuweisen.

5. Das Eigengewicht von Dacheindeckungen, einschließlich Schalung oder Lattung und Sparren, jedoch ohne Tragwerk, ist für das m^2 geneigter Dachfläche in kg, wie in Tabelle *d*), S. 401, angegeben, anzunehmen:

Nutzlast

6. Für die Nutzlast sind die unter *e*), S. 402, angeführten Werte anzunehmen:

7. Die Größe der Nutzlast für Theater, Büchereien, Speicher, Lagerräume, ferner für Arbeitsräume mit schweren Maschinen ist von Fall zu Fall zu bestimmen.

8. Tragwerke, welche Erschütterungen erleiden, müssen mit dem 1,3fachen, jene, welche starken Stößen (zum Beispiel durch schwere Arbeitsmaschinen) ausgesetzt sind, mit dem 1,5fachen Betrage der unter Punkt 6 angegebenen oder nach Punkt 7 ermittelten Nutzlast berechnet werden.

Schneedruck

9. Der Schneedruck ist in kg auf 1 m^2 Grundrißfläche, wie folgt, anzunehmen:

bei Dachneigungen unter 40 Grad 75

bei Dachneigungen zwischen 40 Grad und 60 Grad 40

Bei Dachneigungen über 60 Grad ist der Schneedruck nicht zu berücksichtigen.

Für südlich gelegene, nachweisbar schneearme Gegenden kann fallweise eine Ermäßigung der vorstehenden Schneelasten zugestanden werden. Für Gegenden mit nachweisbar sehr bedeutenden Schneefällen ist der Schneedruck je nach der örtlichen Lage entsprechend höher, und zwar bei Dachneigungen unter 40° bis 200 kg, bei solchen zwischen 40 und 60° bis zu 110 kg auf 1 m^2 Grundrißfläche anzunehmen. Die Schneelast ist entweder auf sämtliche oder, wenn dies ungünstigere Belastungsverhältnisse ergibt, nur auf einzelne Dachflächen wirkend in Rechnung zu stellen.

Winddruck

10. Der Winddruck ist auf 1 m^2 einer zur Windrichtung senkrechten Ebene im allgeneinen mit $p = 150$ kg, in außergewöhnlichen Fällen je nach der örtlichen Lage bis zu 250 kg anzunehmen.

11. Die Windrichtung ist als wagrecht vorauszusetzen; für Flächen, welche mit der Windrichtung einen Winkel α einschließen, ist der Winddruck senkrecht zu dieser Fläche mit $p_1 = p \sin^2 \alpha$ auf 1 m^2 zu rechnen.

12. Bei offenen Hallen, Vordächern etc. ist gegebenenfalls ein von innen nach außen senkrecht zur Dachfläche wirkender Winddruck von 60 kg, in außergewöhnlichen Fällen je nach der örtlichen Lage bis zu 100 kg auf 1 m^2 anzunehmen.

13. Bei Bauwerken, welche sich in dauernd windgeschützter Lage befinden, kann eine Ermäßigung des Winddruckes bis auf $p = 75$ kg auf 1 m^2 zugelassen werden.

Wärmeschwankungen

14. Die Wärmeschwankungen sind, sofern durch sie Spannungen verursacht werden — von Ausnahmsfällen, wie Trockenkammern, Schornsteinen, Kühlräumen usw. abgesehen — nur dann zu berücksichtigen, wenn das Tragwerk dem Temperaturwechsel der Außenluft ausgesetzt ist; hiebei sind Änderungen der Temperatur desselben von $\pm$ 15 Grad Celsius gegenüber dem spannungslosen Zustande und ein Wärmeausdehnungskoeffizient des Betons $\alpha = 0{,}000012$ für 1 Grad Celsius anzunehmen. In den vorerwähnten Ausnahmsfällen sind die betreffenden größten Temperaturunterschiede gegenüber einer mittleren Temperatur von + 10 Grad Celsius zu berücksichtigen.

15. Zur Ermöglichung der durch Wärmeschwankungen verursachten Längenänderungen von Tragwerken sind, wenn erstere bei der Berechnung der Spannungen nicht berücksichtigt werden und wenn größere Längen in Betracht kommen, Dilatationsfugen in Abständen von höchstens 20 m anzuordnen; die Lage derselben ist in den Plänen ersichtlich zu machen.

§ 5. Statische Berechnung

Siehe hiezu die Angaben im Abschnitt „Eisenbetonbau", S. 355.

II. Abschnitt

Tragwerke aus Stampfbeton

§ 15. Berechnungsgrundlagen

Hiefür gelten die Bestimmungen des § 4.

§ 16. Statische Berechnung

1. Als rechnungsmäßige Stützweite ist, sofern sie nicht durch die Art der Auflagerung unzweifelhaft festgestellt erscheint, bei frei aufliegenden Tragwerken mit nur einem Felde die mindestens um 5 vom Hundert, wenigstens jedoch um 10 cm vergrößerte Lichtweite, bei durchlaufenden Tragwerken in den Mittelfeldern die Entfernung von Mitte zu Mitte der Stützen anzunehmen; in den Endfeldern der letzteren Trägergattung ist die Stützweite hienach sinngemäß zu bemessen.

2. Bei der Ermittlung der äußeren Kräfte und Angriffsmomente darf an einer Stütze nur jenes Maß von Einspannung angenommen werden, welches durch geeignete bauliche Anordnungen tatsächlich und ohne Überschreitung der festgesetzten zulässigen Spannungen der in Betracht kommenden Bauteile erzielt wird. Bei einer Auflagerung auf Mauerwerk aus gewöhnlichen Ziegeln

und Weißkalkmörtel darf an der betreffenden Stütze für die Bestimmung der positiven Feldmomente keinerlei Einspannung in Rechnung gestellt werden.

3. Tragwerke, welche über mehrere Felder durchgehen und auf den Stützen frei aufruhen, sind nach den Regeln für durchlaufende Träger unter Berücksichtigung der jeweils ungünstigsten Laststellung zu berechnen.

4. Bei der Berechnung von Trägern, welche mit elastischen Stützen entsprechend steif verbunden sind, müssen die infolge der Wirkung der äußeren Kräfte auftretenden elastischen Formänderungen des Tragwerkes berücksichtigt werden.

5. Rechteckige Platten, ringsum frei aufruhend oder eingespannt, sind als nur zweiseitig aufgelagert nach der kleinern der beiden Seitenlängen (Stützweiten) zu berechnen.

6. Die statische Untersuchung hat sich auch auf die Pfeiler, Widerlager und Fundamente unter Berücksichtigung eines allfällig wirkenden hydrostatischen Auftriebes sowie auf den Nachweis der Bodenpressungen zu erstrecken.

7. Die Berechnung der Spannungen hat wie für homogene Körper unter Annahme einer Formänderungszahl des Betons für Druck und Zug von 140.000 kg auf 1 cm² zu erfolgen.

8. Einzellasten sind, wenn zwischen ihrer Aufstandsfläche und einer tragenden Betonplatte eine Deckschichte vorhanden ist, als gleichförmig verteilt auf eine Fläche wirkend anzunehmen, deren Ausmaße gegenüber den betreffenden Maßen der Aufstandsfläche bei rechteckiger Form der letzteren um die doppelte Höhe der Deckschichte und die einfache Plattendicke zu vergrößern sind. Bei Aufstandsflächen anderer als rechteckiger Form ist hinsichtlich ihrer Vergrößerung sinngemäß vorzugehen. Als für die Lastaufnahme statisch wirksame Plattenbreite ist die betreffende gemäß vorstehendem vergrößerte Breite der Aufstandsfläche in Rechnung zu ziehen. Eine allfällig vorhandene Pflasterung ist für die Druckverteilung nicht zu berücksichtigen.

9. Bei Druckgliedern sind allfällig exzentrische Lastangriffe zu berücksichtigen.

§ 17. Zulässige Spannungen

1. Unter Zugrundelegung der gemäß § 15 bestimmten Lastwirkungen und Einflüsse dürfen die größten rechnungsmäßigen Spannungen des Stampfbetons die in der nachstehenden Tabelle angegebenen Grenzwerte nicht überschreiten.

Materialgattung und Art der Beanspruchung	Zulässige Spannung in kg/cm²			
	im Falle der Biegung und bei exzentrischem Druck		bei zentrischem Druck	Schub-, Scher- und Hauptzugspannung
	Druckspannung	Zugspannung	Druckspannung	
Bei einer Würfeldruckfestigkeit von:				
170 kg/cm²	33	2,5	22	3,5
150 „	30	2,5	20	3,5
130 „	26	2,0	17	2,5
110 „	21	2,0	14	2,0
75 „	13	.	9	.
50 „	9	.	6	.

2. Für Lagerteile aus Schweiß- oder Flußeisen, Roheisenguß oder Flußstahl gelten die betreffenden im § 6, Absatz 1, festgesetzten zulässigen Spannungen.

3. Bei einer nachgewiesenen Würfelfestigkeit des Betons nach sechswöchentlicher Erhärtung von mindestens 250 kg/cm² kann als zulässige Druckspannung im Falle der Biegung und bei exzentrischem Druck $^1/_6$ der Würfelfestigkeit bis höchstens 60 kg/cm² für Zug im gleichen Falle 27 kg/cm², für zentrischen Druck $^1/_8$ der Würfelfestigkeit bis höchstens 45 kg/cm² angenommen werden.

Die zulässigen Werte der Schub-, Scher-, Haupt- und mittleren Haftspannungen bleiben die gleichen wie für den Beton einer Würfelfestigkeit von mindestens 170 kg/cm².

4. Mischungsverhältnisse entsprechend einer geringeren Menge von Zement als 120 kg auf 1 m³ Gemenge von Sand und Steinmaterial dürfen für Tragwerke aus Stampfbeton nicht angewendet werden.

5. Überschreitet bei Druckgliedern das Verhältnis der freien Länge L zum kleinsten Trägheitshalbmesser i der Querschnittsfläche den Wert $\frac{L}{i} = 20$, so gelten als zulässige Spannungen:

a) bei zentrisch belasteten Druckgliedern, die laut Absatz 1 für zentrischen Druck zulässigen Betonspannungen, multipliziert mit der Abminderungszahl $\alpha = (1{,}72 - 0{,}036\,\frac{L}{i})$;

b) bei exzentrisch belasteten Druckgliedern, die laut Absatz 1 für exzentrischen Druck zulässigen Betondruckspannungen, vermindert um die $\frac{1-\alpha}{\alpha}$fache einer gedachten zentrischen Belastung entsprechende Druckspannung.

6. Die Belastung exzentrisch beanspruchter Druckglieder darf nicht größer angenommen werden als die bei gedachter zentrischer Kraftwirkung mit der zulässigen Betonspannung für zentrischen Druck gemäß Absatz 1 und 5 sich ergebende Tragkraft desselben Druckgliedes.

7. Die Ausführung von Tragwerken ungewöhnlicher oder noch unerprobter Bauweise sowie die Verwendung von Baustoffen außergewöhnlicher Beschaffenheit bedarf einer besonderen Genehmigung. Die Festsetzung der Berechnungsart für solche Tragwerke sowie der zulässigen Spannungen für Baustoffe außergewöhnlicher Beschaffenheit oder besonderer Güte erfolgt von Fall zu Fall und kann vom Ergebnisse anzustellender Baustoff-, Belastungs- und Bruchproben abhängig gemacht werden.

II. Stein- und Mauerwerksbau

Über die hier in Betracht kommenden Baustoffe siehe den Abschnitt „Baustoffe"

A. Gebäudemauern

Hohe freistehende Mauern erhalten gewöhnlich die Stärke von $^1/_{10}$ der Höhe derselben. Werden sie für einen Winddruck auf die volle Fläche von 125 kg/m² bemessen, so folgt ihre Stärke in m bei der Höhe h in m aus

$$d = \sqrt{\frac{3\,h}{38{,}4 - h}}$$

Hiebei wurde die größte zulässige Pressung σ_{zul} mit 8 kg/cm² angenommen.

Bei Höhen über 6 m ist es vorteilhafter, die Wand aus kräftigen Mauerpfeilern mit Füllmauerwerk (Abb. 1) zu bilden. Die Pfeilerabmessungen bestimme man auf Grund einer statischen Untersuchung. Die Stärken d_1 wähle man bei

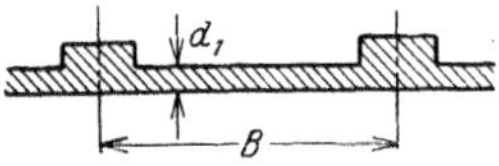

Abb. 1

Entfernung B bis 3 m .... d = 15—25 cm
„ B „ 4,5 m ...... d = 30—38 „
„ B „ 6 m .... d = 45—51 „

je nach dem Ziegelmaß.

Längs- und Giebelwände von Hallen sind als freistehende Mauern zu betrachten.

Mauerstärken bei Wohngebäuden

Trakttiefe ≤ 6,5 m. Mauerstärken in Steinlängen zu 30 cm.

Geschoß	Hauptmauern					Mittelmauern				
IV. Stock	1½					2				
III. „	1½	1½				2	2			
II. „	2	1½	1½			2	2	1½		
I. „	2	2	1½	1½		2	2	1½	1½	
Erdgeschoß	2½	2	2	1½	1½	2½	2½	1½	1½	1½
Keller	3	2½	2½	2	2	3	3	2	2	2

Kommen Dippelböden zur Verwendung, so sind die Stärken der Hauptmauern, vom vorletzten Geschoß angefangen, um ½ Stein größer zu nehmen. Die Mittelmauern müssen dann mindestens 60 cm stark sein.

Bei Verwendung von Traversen-(Träger-)Decken dürfen die Mittelmauern in drei- und vierstöckigen Gebäuden im letzten Geschoß bloß 1½ Stein stark ausgeführt werden.

Feuer- oder Nachbarmauern sind durchwegs 1 Stein stark, bei vierstöckigen Gebäuden zu ebener Erde aber 1½ Stein stark auszuführen. Dienen sie auch als Deckenauflager, so sind sie 1½ Stein stark zu machen.

Lichthofmauern 1 Stein stark, wenn unbelastet, sonst 1½ Stein stark.

Treppenmauern erhalten, falls die Treppen nicht freitragend sind, in Gebäuden mit höchstens 2 Stockwerken 1 Stein Stärke, in höheren Gebäuden $1^1/_2$ Stein Stärke. Bei freitragenden Treppen sind in allen Fällen die Treppenmauern mindestens 45 cm stark zu machen.

Gangmauern im Erdgeschoß 1 Stein, in allen übrigen Stockwerken $^1/_2$ Stein stark.

In Fällen, wo diese allgemeinen Regeln nicht ausreichen oder die Baugesetze nicht bestimmte Normen vorschreiben, sind die Mauerstärken auf Grund statischer Untersuchungen zu bestimmen. Hinsichtlich der bei Mauerwerk in Betracht kommenden zulässigen Beanspruchungen siehe S. 404. Die Zugfestigkeit des Mauerwerks ist höchstens mit 1,5 kg pro cm² anzunehmen; besser ist es, dieselbe ganz außer Rechnung zu lassen.

B. Gemauerte Schornsteinschlote

Für deren Berechnung und Ausführung wurden in Österreich, insoweit diese Schornsteine Bestandteile einer der gewerbebehördlichen Genehmigung unterliegenden Betriebsanlage bilden, mit Erlaß vom 24. März 1902 einheitliche Bestimmungen aufgestellt, welche nachstehende Hauptpunkte enthalten:

Für Schornsteinschäfte sind ausnahmslos Ziegel zu verwenden, u. zw. entweder gewöhnliche Mauerziegel von bester Qualität oder Achteckformziegel und Radialsteine, die für Schornsteinbauten besonders erzeugt werden. Es ist nur Weißkalkmörtel mit Zusatz von Portlandzement, sogenannter verlängerter Zementmörtel (Mischung: 1 Portlandzement, 4 Weißkalk und 10 Sand) zu verwenden. Lehmiger Sand oder Asche sind von der Mörtelbereitung auszuschließen. Der Unterbau ist aus gut gebrannten Ziegeln unter Verwendung von verlängertem Zementmörtel oder hydraulischem Kalkmörtel auszuführen. Für das Fundamentmauerwerk können auch lagerhafte Bruchsteine verwendet werden. Für die statische Berechnung ist die der Wirklichkeit entsprechende Gewichtseinheit des verwendeten Mauerwerks (bei gewöhnlichen Mauerziegeln etwa 1600 kg, bei Radialsteinen durchschnittlich etwa 1700—1800 kg pro m³) einzuführen. Der Winddruck wird mit 150 kg/m² der lotrechten Projektionsfläche des Schornsteines festgesetzt und ist derselbe wagrecht im Schwerpunkte dieser Fläche wirkend anzunehmen. Dort, wo erfahrungsgemäß ein höherer Winddruck aufzutreten pflegt, ist unbeschadet der diesbezüglichen Bestimmung der Bauordnung die festgestellte Windstärke zu berücksichtigen. Die angegebene Ziffer des Winddruckes ist je nach der Querschnittsform des Schaftes mit einem Abminderungskoeffizienten φ zu multiplizieren. Derselbe beträgt für:

runde Schornsteine .... $\varphi = 0{,}67$
achteckige Schornsteine..... $\varphi = 0{,}71$
viereckige Schornsteine .... $\varphi = 1{,}00$

Der Schornsteinschaft muß an seiner Basis eine mindestens zweifache Sicherheit gegen Umkippen durch den Wind besitzen. Außerdem darf aber die Inanspruchnahme des Mauerwerkes (größte Kantenpressung) in keinem Querschnitte die nachstehenden Werte überschreiten: Größte Druckinanspruchnahme bei Verwendung von gewöhnlichen Mauerziegeln 8 kg/cm², bei Verwendung von Form- und Radialziegeln 12 kg/cm². Größte Zuginanspruchnahme bei Schornsteinen bis zu 30 m Höhe 1,2 kg/cm² und für jeden Meter Mehrhöhe um 0,05 kg/cm² weniger, also für 40 m Schornsteinhöhe 0,7 kg, für 50 m Höhe 0,2 kg, für 54 m Höhe und darüber Zuginanspruchnahme Null. Das Schaftmauerwerk ist in Absätzen (Trommeln) von gleicher Stärke durchzuführen. Die Höhe derselben sowie die möglichst gleich anzunehmende Breite der Absätze ist in der für die Stabilität des Schornsteines günstigen Weise zu verteilen und empfiehlt es sich, die Höhe der Trommeln nicht über 5—7 m zu wählen. Für alle Fälle muß in jedem Vertikalabschnitt der Schaftwand die Verbindungslinie der oberen äußeren Kante mit der unteren inneren Kante im Mauerwerk verbleiben. Bei Schornsteinen, die zur Ableitung von Gasen bestimmt sind, deren Temperatur 400° C dauernd übersteigt, ist sowohl im Unterbau als auch bis zur angemessenen Höhe im Schafte ein vom Schornsteinmauerwerk unabhängiger Schutzmantel in Schamotteziegeln herzustellen.

Die Verjüngung des äußeren Durchmessers wird im Mittel mit 5 cm für 1 m Höhe angenommen. Für den inneren lichten Durchmesser ist eine Verjüngung nach oben um 2—2,5 cm für je 1 m Höhe angemessen. Die Mauerstärke soll zu oberst mindestens 15 cm, besser 20 cm betragen.

Beispiel. Es sei die Höhe $H = 30$ m, der obere lichte Durchmesser $d_0 = 0,9$ m, der untere $d_1 = 1,5$ m; der äußere Durchmesser oben $D_0 = 1,3$ m, unten $D_1 = 2,8$ m, die Wandstärke sonach oben 20 cm, unten 65 cm. Das Schaftmauerwerk beträgt sonach 70,9 m³, und bei einem spezifischen Gewicht von 1800 kg bei Verwendung von Radialziegeln das Gewicht des Schornsteinschaftes $G = 127,62\ t$. Der Winddruck wird

$$P = 0,67 \cdot 0,15 \cdot \frac{D_0 + D_1}{2} H = 6,18 \text{ t};$$

dessen Angriffspunkt liegt in der Höhe von

$$z = \frac{D_1 + 2 D_0}{D_1 + D_0} \cdot \frac{H}{3} = 13,17 \text{ m},$$

und es ist das Umsturzmoment $M = Pz = 81,4$ tm. Gegenüber dem Stabilitätsmoment

$$G \frac{D_1}{2} = 178,67 \text{ tm}$$

ist sonach eine 2,19 fache Sicherheit gegen Umkippen vorhanden. In der Basisfuge ist die Querschnittsfläche:

$$F = \frac{\pi}{4} (D_1^2 - d_1^2) = 4,39 \text{ m}^2$$

das Widerstandsmoment:

$$W = \frac{\pi}{32} \frac{D_1^4 - d_1^4}{D_1} = 1,9776 \text{ m}^3.$$

Die auftretenden Kantenspannungen werden sonach:

$$\frac{G}{F} + \frac{M}{W} = 7,02 \text{ kg/cm}^2 \text{ Druck},$$

und

$$\frac{G}{F} - \frac{M}{W} = -1,21 \text{ kg/cm}^2 \text{ Zug}.$$

Der Schornstein entspricht sonach den obigen Vorschriften.

C. Stütz- und Futtermauern

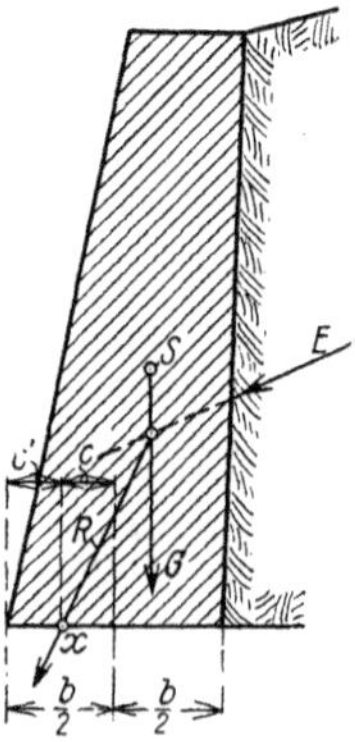

Abb. 2

Die **Ermittlung des Erddruckes** erfolgt zeichnerisch oder rechnerisch nach den Angaben im Abschnitt „Baustatik", S. 228 ff.

Zwecks **Untersuchung der Stabilität** eines gewählten Mauerquerschnittes verzeichne man die Mittelkraft R aus dem Erddruck E und dem Mauergewicht G. Beide Kräfte **für die** Mauerlänge = 1. Der Schnittpunkt x mit der Basisfläche, siehe Abb. 2, muß innerhalb dieser Fläche liegen. Außerdem darf die Pressung in der Basisfuge die zulässige Bodenpressung nicht überschreiten. Fällt x in das mittlere Drittel der Basis, so treten durchwegs Druckspannungen in der Basisfläche auf. Die Ermittlung der größten Fugenpressungen (Randspannungen) erfolgt nach der Formel

$$\sigma = N \frac{b \pm 6 c}{b^2},$$

wobei N die lotrechte Teilkraft von R bedeutet (siehe „Festigkeitslehre", S. 132). Zeichnerisch, nach Abb. 18 a, S. 133, wobei K_1 und K_2 die Drittelpunkte der Basisbreite b sind.

Liegt x außerhalb des mittleren Drittels (außerhalb der Kernpunkte), so ist die größte Fugenpressung, da keine Zugspannung zwischen Mauer und Boden übertragen werden kann, nach

$$\sigma = \frac{2}{3} \frac{N}{c'}$$

zu bestimmen (siehe S. 133). Jene Teile des Mauerquerschnittes, in welchen keine Fugendrücke auftreten, können alsdann auch ganz weggelassen und kann die Mauer mit sogenannten unterschnittenem Profil ausgeführt werden.

Bei größerer Höhe der Mauer ist es notwendig, die Drucklinie zu verzeichnen. Man teilt zu diesem Zwecke das Mauerprofil durch Schnitte // zu den Lagerflächen und bestimmt für jede solche Schnittfläche den Schnittpunkt x, durch welchen die Resultierende der äußeren Kräfte hindurchgeht. Für jeden Schnitt sind dann die Kantenpressungen, wie oben angegeben, zu ermitteln.

Wird die Mauer durch Strebepfeiler verstärkt, welche am zweckmäßigsten an der Vorderseite der Mauer angebracht werden, Abb. 3, so zerlegt man (nach Häseler) die Resultierende aus dem Erddrucke und dem Mauergewicht ohne Pfeiler in zwei Kräfte, eine Kraft P, die durch das Drittel der Fundamentbreite b geht, und in eine horizontale Kraft P_h, welche von dem Pfeiler aufgenommen werden muß. Auf diesen letzteren wirken sonach die Kräfte $E\,l$, $P_h\,l_1$ und sein Gewicht und darf die Resultierende der drei Kräfte nicht aus dem mittleren Drittel der Basisbreite b_1 fallen.

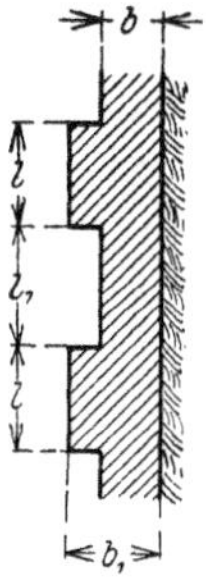

Abb. 3

Besser ist es aber, den Querschnitt als einheitlich zu betrachten. Man ermittelt dann für die Mauerlänge $l + l_1$ die Resultierende aus dem auf die Rückwand wirkenden Erddruck und dem Mauergewicht und bestimmt aus ihr und aus der Fläche und dem Trägheitsmoment des Mauerquerschnittes die Randspannungen. Siehe das Beispiel auf S. 134.

$$\text{Es wird empfohlen: } l_1 = 80\, b \sqrt{\frac{h}{P_h}}, \qquad l = b_1.$$

Erfahrungsregeln für die Stärke von Trocken-, Stütz- und Futtermauern

Trockenmauern erhalten gewöhnlich $^2/_3$ füßige Böschung; bei über 10 m Höhe ist dieselbe zu brechen und im unteren Teil $^4/_5$ füßig zu dosieren. $^1/_2$ füßige Böschungen sind bis zu 6 m Höhe zulässig.

Die Hinterfläche macht man vertikal oder mit $^1/_6$ geneigt bis zum gewachsenen Boden und von da parallel zur Vorderfläche.

Kronenstärke d bei sichtbarer Höhe h der Mauer, h_1 Höhe der Überschüttung: $d = 1 + \frac{h}{10} + \frac{h_1}{12}$. Maße in m.

Stützmauern aus lagerhaften Bruchsteinen, in Mörtel ausgeführt, erhalten vorne eine Böschung von $^1/_5$—$^1/_{12}$ und eine vertikale oder schwachgeböschte, oder mit 0,3—0,5 m breiten Absätzen versehene Hinterfläche. Wenn jedoch die Erde hinter der Mauer nicht gestampft oder letztere nicht mit Steinen hinterbeugt wird, so veranlassen Absätze häufig Setzrisse im Erdreiche, durch welche Wasser eindringen kann.

Niedere Mauern werden in der Krone mindestens 0,6 m stark gemacht.

Bei $^1/_6$ füßiger Vorder- und vertikaler Hinterfläche bestimmt sich die Kronenstärke d der h m hohen Mauer aus

$$d = 0{,}44 + 0{,}2\,h.$$

Es gilt diese Stärke auch noch für eine Überschüttung der Mauer bis zu 1 m Höhe. Bei größerer Überschüttungshöhe H ist die Kronenstärke zu vergrößern um $\frac{1}{30} H \left(2 - \frac{H}{3\,h}\right)$; für $H \gtrless 3\,h$ ist diese Verstärkung konstant mit $0{,}1\,h$ anzunehmen.

Bei Hinterbeugung der Mauer kann d um $0{,}08\,h$ vermindert werden.

Futtermauern können im allgemeinen — zu Rutschungen geneigten Boden ausgenommen — schwächer gehalten werden als Stützmauern, da die Kohäsion des gewachsenen Bodens den Erddruck vermindert. Für trockenes Erdreich kann man bei $^1/_6$ füßiger Böschung der Vorderfläche die Kronenbreite $d = 0{,}30 + 0{,}17\,h$ annehmen. Verkleidungsmauern vor Felswänden erhalten 0,4—0,6 m Stärke.

Kronenstärke d der Stütz- und Futtermauern

nach den Normalien der österr. Bundesbahnen

A. Stützmauern

Mauerhöhe h in Metern	Überschüttung H in Metern								
	bis 1	2	4	6	8	10	15	20	30
1	0,60	0,60	0,60	0,60	0,60	0,60	0,60	0,60	0,60
2	0,65	0,70	0,70	0,80	0,80	0,80	0,80	0,80	0,80
3	0,79	0,86	0,92	0,98	1,04	1,10	1,10	1,10	1,10
4	0,98	1,06	1,14	1,21	1,28	1,35	1,40	1,40	1,40
5	1,17	1,27	1,36	1,44	1,52	1,60	1,69	1,70	1,70
6	1,36	1,47	1,58	1,67	1,77	1,85	1,96	2,05	2,05
7	1,55	1,68	1,80	1,91	2,01	2,10	2,23	2,34	2,38
8	1,74	1,89	2,02	2,13	2,25	2,35	2,50	2,62	2,70
9	1,92	2,09	2,24	2,37	2,49	2,60	2,77	2,91	3,05
10	2,12	2,29	2,46	2,59	2,74	2,85	3,04	3,19	3,40
12	2,49	2,71	2,90	3,05	3,22	3,35	3,58	3,77	4,02
14	2,87	3,12	3,34	3,51	3,70	3,85	4,12	4,33	4,64
16	3,24	3,52	3,77	3,98	4,18	4,35	4,66	4,90	5,26
20	4,00	4,35	4,65	4,90	5,15	5,35	5,74	6,05	6,50

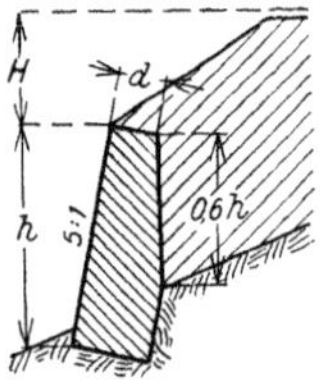

Lagerhaftes Bruchsteinmauerwerk $^1/_5$ füßige Anlage

B. Futtermauern

Mauerhöhe h in Metern	bis 1	2	4	6	8	10	15	20	30
1	0,55	0,55	0,55	0,55	0,55	0,55	0,55	0,55	0,55
2	0,60	0,60	0,60	0,60	0,60	0,60	0,60	0,60	0,60
3	0,65	0,65	0,70	0,70	0,75	0,80	0,80	0,80	0,80
4	0,78	0,79	0,84	0,90	0,95	1,00	1,05	1,05	1,05
5	0,96	0,98	1,03	1,09	1,15	1,20	1,29	1,30	1,30
6	1,15	1,17	1,23	1,29	1,35	1,41	1,50	1,55	1,55
7	1,33	1,36	1,42	1,48	1,54	1,61	1,71	1,78	1,80
8	1,51	1,54	1,61	1,68	1,74	1,81	1,93	2,01	2,05
9	1,70	1,73	1,80	1,88	1,94	2,02	2,14	2,24	2,30
10	1,88	1,92	1,99	2,07	2,14	2,22	2,35	2,46	2,60
12	2,24	2,30	2,37	2,46	2,53	2,62	2,79	2,92	3,14
14	2,61	2,67	2,76	2,85	2,93	3,02	3,21	3,38	3,68
16	2,97	3,05	3,14	3,24	3,33	3,42	3,64	3,83	4,21
20	3,70	3,81	3,91	4,02	4,12	4,23	4,49	4,75	5,28

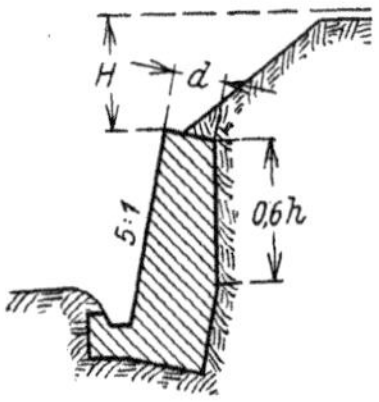

D. Hochbaugewölbe

Für die beim Hochbau gewöhnlich vorkommenden Fälle erhalten die Gurten in Umfangs- und Mittelmauern bei drei bis vier Stockwerke hohen Gebäuden die in folgender Tabelle angegebenen Scheitelstärken.

Spannweite	Scheitelstärke	
	halbkreisförmig	flach, Pfeilhöhe bis $^1/_6$ Spannweite
bis 2 m	0,30 m	0,45 m
über 2 m bis 3 m	0,45 „	0,45 m bis 0,60 m
„ 3 „ „ 6 „	0,60 „	0,60 „ „ 0,75 „
„ 6 „ „ 8 „	0,75 „	0,75 „ „ 0,90 „

Tonnengewölbe. Für die im Hochbau vorkommenden Tonnengewölbe, welche bloß den Fußboden eines oberen Stockwerkes zu tragen haben, wird das Gewölbe im Schluß bei einer Spannweite bis einschließlich 4,5 m $^1/_2$ Ziegel (15 cm) stark gemacht. Bei 4,5—6 m Spannweite 1 Ziegel stark. Dabei ist zu bemerken, daß das Gewölbe gegen die Widerlager zu verstärken ist oder in Entfernungen von 2 zu 2 m Verstärkungsgurten angeordnet werden müssen.

Gewölbe zwischen Eisenträgern werden entweder aus gewöhnlichen Mauerziegeln in Ringscharen oder aus besonderen Formziegeln (Hönel, Schneider etc.) aufgeführt. Sie erhalten bis 1,5 m, höchstens 3 m Spannweite. Die Gewölbe aus Mauerziegel haben halbe Ziegelstärke bei 0,15 m Pfeil; die Formziegelgewölbe sind gewöhnlich schwächer gehalten (10 cm) und können bei kleiner Spannweite ganz flach ausgeführt werden.

Kreuzgewölbe. Die Kreuzgewölbe werden bei Spannweiten bis zu 6 m in den Kappen $^1/_2$ Ziegel, in den Graten 1 Ziegel stark gemacht. Die Kappen steigen gewöhnlich $^1/_{20}$ bis $^1/_{30}$ ihrer Länge und die Widerlager erhalten eine Stärke von $^1/_4$ bis $^1/_6$ der Diagonale; für die Verstärkung der Widerlager bei größeren Höhen gelten die früher angeführten Bestimmungen.

Kappen- oder Klostergewölbe erhalten bis zu 4 m Spannweite eine Gewölbestärke von $^1/_2$ Ziegel, bis 5,5 m einen ganzen Ziegel. Die Widerlagsstärken ergeben sich für die Klostergewölbe wie bei den Tonnengewölben. Da der Schub auf die Widerlagsmauern in der Achsenmitte am größten ist, so muß man darauf Bedacht nehmen, dieselben durch Anordnung großer Öffnungen nicht zu schwächen.

Böhmische Platzel erhalten bis einschließlich 5 m bei einer Pfeilhöhe von $^1/_{10}$ der Diagonale eine Gewölbedicke von 0,15 m. Die Widerlager werden $^1/_4$—$^1/_5$ der Spannweite stark gemacht, bei Stiegenanlagen wohl auch bis $^1/_3$.

Nachdem gegenwärtig die Maurer in der Ausführung von Kreuz-, Kuppel- etc. Gewölben wohl nicht geübt sind, empfiehlt es sich, entweder solche Gewölbe ganz in Beton herzustellen oder, wenn möglich, deren äußere Formen als Rabitzkonstruktion, das Tragwerk aber als Tonnengewölbe zwischen Traversen auszuführen.

III. Holzbau

Über die Eigenschaften der im Bauwesen verwendeten Hölzer, über Handelssorten usw. siehe „Baustoffe", S. 283 ff.

Auf die Verwendung möglichst gut ausgetrockneten Holzes ist bei allen Holzbauten Bedacht zu nehmen. Man begnügt sich wohl meist mit der natürlichen Lufttrocknung, doch kann in manchen Fällen (bei zu imprägnierenden Hölzern, die nicht den wünschenswerten Trockenheitsgrad erlangt haben) auch eine künstliche Trocknung in geschlossenen Kammern Anwendung finden. Trockenes, gegen Feuchtigkeit vollkommen geschütztes Holz kann durch Jahrhunderte dauern, dagegen geht im Safte verwendetes und am Austrocknen behindertes Holz oder solches, das abwechselnd der Nässe und Trockenheit ausgesetzt ist, bald zugrunde. Bei Bauten im Freien kann man für Fichtenholz 6—15, für Kiefernholz 10—25 und für Eiche 25—35 Jahre annehmen. Nicht befahrener Bohlenbelag bei Brücken ist bei weichem Holz mit 6—7, bei hartem mit etwa 15 Jahren Dauer zu veranschlagen. Man erhöht die Dauer des den Witterungsverhältnissen ausgesetzten Holzes durch Anstrich (Leinöl, Teer, Ölfarbe, aber nur auf gut trockenes Holz, Karbolineum, Antinonnin), ein wirksamer nachhaltiger Schutz ist aber nur durch eine in die Tiefe gehende richtige Imprägnierung zu erzielen. Doch findet dieses Schutzmittel der Umständlichkeit und Kosten wegen bei Holzbauten nur in den allerseltensten Fällen Anwendung und wird es auf Massenlieferungen (Schwellen, Maste, Pflasterstöckel etc.) beschränkt.

Der Abfall bei der Herstellung von Bauhölzern aus Rundholz beträgt bis 25%.

Das Holz wird im Hochbau verwendet: 1. Zu Tragkonstruktionen, als biegungssteifer Balken, z. B. Deckenträme, Dachpfetten und Dachsparren, Unterzüge, als Häng-, Spreng- oder Fachwerk für Dachbinder oder zu Unterzügen größerer Spannweite, schließlich als Säule oder Wandstütze; 2. Zur Raumumschließung; als Dach- oder Wandschalung, Riegelwand, Umzäunung usw. 3. Für den inneren Ausbau, zu Fußböden, Treppen u. a.

Über die zulässige Beanspruchung des Holzes siehe die Vorschriften S. 404. Die **Berechnung gedrückter Teile** hat mit Rücksicht auf Knicken nach der Tetmajer-Euler-Formel zu erfolgen. Siehe hierüber „Festigkeitslehre", S. 121, sowie die Tafel der Knickspannungen und Abminderungszahlen, S. 125. Zur rascheren Ermittlung der Querschnitte bei gegebener Last und Knicklänge, diene die nachstehende Tafel, in der für quadratische Säulen und verschiedene Knicklängen die Tragfähigkeit nach Tetmajer-Euler für eine zulässige Druckbeanspruchuug von 80 kg/cm² angegeben ist. Für Rechteckbalken mit der Breite b und der Höhe a ist dann, wenn das Ausknicken nach der Richtung von a erfolgt, die Tragfähigkeit

$$P = P_k\, b,$$

wenn P_k die aus der Tafel entnommene Tragfähigkeit für einen quadratischen Balken mit der Seitenlänge a bedeutet.

Beispiel: Eine im Querschnitt rechteckige Säule, deren eine Seite höchstens 10 cm sein soll, hat bei 3,20 Knicklänge eine Last $P = 3{,}0$ t zu übertragen. Man entnimmt aus der Tafel für eine Säule 10/10, $P_k = 2{,}30$ t. Es muß daher die Säule $b = \frac{3{,}0}{2{,}3}\, 10 = 13$ cm breit sein, um 3 t tragen zu können. Die Säule ist daher im Querschnitt 10/13 auszuführen.

In der Tafel auf S. 416 ist auch die Tragfähigkeit runder Hölzer für verschiedene Knicklängen, ebenfalls für eine zulässige Beanspruchung von 80 kg/cm², angegeben.

Zur **Berechnung auf Biegung beanspruchter Holzbalken,** Deckenbalken (Träme), Unterzüge, Dachpfetten usw. entnehme man das Widerstandsmoment $W_{\max}$ des hochkantig gestellten Balkens der nachstehenden Tafel, S. 418, und ermittle die Beanspruchung aus dem größten Angriffsmoment M nach der Formel

$$\sigma = \frac{M}{W_{\max}}$$

oder bei gegebenem σ_{zul} das erforderliche Widerstandsmoment

$$W_{erf} = \frac{M}{\sigma_{zul}},$$

worauf man das hiezu passende Profil aus der Tafel entnimmt. Siehe auch die Tabelle auf S. 417, aus der unmittelbar die Tragfähigkeiten gleichförmig mit p belasteter Balken abgelesen werden können.

Quadratische Holzsäulen

Querschnitt in cm	F cm²	i cm	Zulässige Druckbelastung quadratischer Holzsäulen in Tonnen nach Tetmajer für $\sigma_{zul} = 80$ kg/cm² bei einer Knicklänge l in cm																					
			100	120	140	160	180	200	220	240	260	280	300	320	340	360	380	400	450	500	550	600	650	700
5/5	25	1,44	1,13	0,94	0,75	0,57	0,45	0,37	0,30	0,26	0,22	0,19	0,16	0,14										
6/6	36	1,73	1,86	1,63	1,40	1,17	0,94	0,76	0,63	0,53	0,45	0,39	0,34	0,30	0,26									
7/7	49	2,02	2,76	2,49	2,22	1,95	1,68	1,41	1,17	0,98	0,84	0,72	0,63	0,55	0,49	0,44	0,39							
8/8	64	2,31	3,82	3,52	3,21	2,90	2,59	2,29	1,98	1,67	1,42	1,23	1,07	0,94	0,83	0,74	0,67	0,60						
9/9	81	2,60	5,05	4,71	4,36	4,02	3,67	3,33	2,98	2,63	2,29	1,97	1,71	1,51	1,33	1,19	1,07	0,96	0,76	0,62				
10/10	100	2,89	6,45	6,07	5,68	5,30	4,92	4,53	4,15	3,76	3,38	3,00	2,61	2,30	2,03	1,81	1,63	1,47	1,16	0,94	0,78			
12/12	144	3,46	9,75	9,29	8,83	8,37	7,91	7,45	6,99	6,52	6,06	5,60	5,14	4,68	4,22	3,76	3,38	3,05	2,41	1,95	1,61	1,35	1,15	
13/13	169	3,75	11,7	11,2	10,7	10,2	9,65	9,16	8,66	8,16	7,66	7,16	6,66	6,16	5,66	5,16	4,65	4,20	3,31	2,69	2,22	1,87	1,59	1,37
14/14	196	4,04	13,7	13,2	12,6	12,1	11,6	11,0	10,5	9,96	9,42	8,88	8,34	7,81	7,27	6,73	6,19	5,66	4,46	3,61	2,99	2,51	2,14	1,84
15/15	225	4,33	16,0	15,4	14,8	14,2	13,7	13,1	12,5	11,9	11,3	10,8	10,2	9,62	9,04	8,47	7,89	7,32	5,88	4,76	3,93	3,31	2,82	2,43
16/16	256	4,62	18,4	17,7	17,1	16,5	15,9	15,3	14,7	14,1	13,4	12,8	12,2	11,6	11,0	10,4	9,76	9,14	7,61	6,16	5,09	4,28	3,65	3,14
18/18	324	5,20	23,7	23,0	22,3	21,6	20,9	20,2	19,5	18,8	18,1	17,4	16,8	16,1	15,4	14,7	14,0	13,3	11,6	9,84	8,16	6,85	5,84	5,04
20/20	400	5,77	29,6	28,9	28,1	27,3	26,6	25,8	25,0	24,3	23,5	22,7	22,0	21,2	20,4	19,7	18,9	18,1	16,2	14,3	12,4	10,4	8,90	7,67
22/22	484	6,35	36,3	35,4	34,6	33,8	32,9	32,1	31,2	30,4	29,5	28,7	27,8	27,0	26,2	25,3	24,5	23,6	21,5	19,4	17,3	15,2	13,0	11,2
24/24	576	6,93	43,6	42,7	41,8	40,8	39,9	39,0	38,1	37,2	36,2	35,3	34,4	33,5	32,6	31,6	30,7	29,8	27,5	25,2	22,9	20,6	18,3	15,9
26/26	676	7,51	51,6	50,6	49,6	48,6	47,6	46,6	45,6	44,6	43,6	42,6	41,6	40,6	39,6	38,6	37,6	36,6	34,1	31,6	29,1	26,6	24,1	21,6
28/28	784	8,08	60,3	59,2	58,1	57,0	56,0	54,9	53,8	52,7	51,7	50,6	49,5	48,4	47,4	46,3	45,2	44,1	41,4	38,7	36,1	33,4	30,7	28,0
30/30	900	8,66	69,6	68,4	67,3	66,1	65,0	63,8	62,7	61,5	60,4	59,2	58,1	56,9	55,8	54,6	53,5	52,3	49,4	46,5	43,7	40,8	37,9	35,0

Runde Holzsäulen

Querschnittsdurchmesser in cm	F cm	i cm	Zulässige Druckbelastung runder Holzsäulen in Tonnen nach Tetmajer für σ_{zul} = 80 kg/cm² bei einer Knicklänge l in cm											
			150	200	250	300	350	400	450	500	550	600	650	700
15	177	3,75	10,9	9,57	8,26	6,96	5,65	4,38	3,46	2,80	2,32	1,95	1,66	1,43
16	201	4,00	12,7	11,3	9,87	8,48	7,08	5,69	4,48	3,63	2,99	2,52	2,15	1,85
18	254	4,50	16,6	15,0	13,5	11,9	10,3	8,76	7,20	5,81	4,80	4,04	3,44	2,97
20	314	5,00	21,1	19,3	17,6	15,9	14,1	12,4	10,6	8,89	7,32	6,15	5,24	4,52
22	380	5,50	26,1	24,2	22,2	20,3	18,4	16,5	14,6	12,7	10,7	9,01	7,68	6,62
24	452	6,00	31,6	29,5	27,4	25,3	23,2	21,2	19,1	17,0	14,9	12,8	10,9	9,37
26	531	6,50	37,7	35,4	33,1	30,9	28,6	26,3	24,1	21,8	19,5	17,3	15,0	12,9
28	616	7,00	44,2	41,8	39,4	36,9	34,5	32,0	29,6	27,2	24,7	22,3	19,9	17,4
30	707	7,50	51,3	48,8	46,1	43,5	40,9	38,3	35,7	33,1	30,4	27,8	25,2	22,6

Tramdecken. Belastungsangaben siehe S. 400. Bezeichnen: l die Zimmertiefe (Balkenspannweite), p die Belastung des Balkens pro Längeneinheit, b und h Balkenbreite und -höhe, endlich σ_{zul} die zulässige Inanspruchnahme des Holzes, und zwar durchwegs in übereinstimmenden Einheiten ausgedrückt, so ergibt sich unter Einhaltung des günstigsten Verhältnisses

$$b : h = 5 : 7$$

die notwendige Balkenhöhe aus

$$h = \sqrt[3]{1{,}05 \frac{pl^2}{\sigma_{zul}}}.$$

Die Faustregel: Tramhöhe = $^1/_{20}$ der Zimmertiefe gibt rasche und oft ausreichend genaue Werte. Auch die empirische Formel

$$h_{\text{cm}} = 2\, l^m + 16^{\text{cm}}$$

wird viel verwendet. Balkenentfernung 90 cm.

Fachwerkswände. Auf einer Aufmauerung liegt etwa $^1/_2$ m über Terrain der Grundschweller, flachkantig $^{20}/_{16}$, $^{24}/_{18}$ cm, durch eine Isolierunterlage gegen aufsteigende Erdfeuchtigkeit geschützt, am besten aus Eichen-, dann Lärchen- oder Kiefernholz. Die Ständer $^{16}/_{10}$, $^{16}/_{16}$, $^{18}/_{18}$, bei mehrstöckigen Bauten stärker, sind in den Schweller eingezapft, stehen 0,80—1,50 m voneinander und tragen den Oberschweller $^{10}/_{21}$, $^{18}/_{24}$, $^{18}/_{26}$. In Höhenabständen von 1,50—2,00 m oder in der Höhe der Fensterparapete, der Fenster- und Türstürze sind die Ständer durch Riegel $^{16}/_{16}$ verbunden. Schräge Streben $^{16}/_{16}$ verleihen der Wand Seitensteifigkeit. Bei Holzkreuzungen sind die Riegel immer, die Streben selten, die Ständer innerhalb eines Geschosses nie zu unterbrechen. Zapfenverbindungen und Versatzungen. Decken- oder Dachträme auf Oberschweller aufgekämmt.

Dachstühle. Dachneigung siehe S. 444. Belastungsangaben S. 401. Bei steilen Dächern und Anwendung von eingebauten Dachzimmern oder Oberbodenkonstruktionen wendet man heute noch Kehlbalkendächer an, sonst durchwegs Pfettendächer mit stehenden Stuhlwänden, bei flachen Neigungen Stuhlwände senkrecht zum Sparren (Bockpfettendach). Fußstützung der Sparren fast immer durch eine Fußpfette, selten bei Kehlbalkendächern durch Stich und Wechsel. Die Bundträme $^{16}/_{21}$, $^{18}/_{24}$, $^{18}/_{26}$, $^{20}/_{28}$ liegen auf Mauerbänken $^{16}/_{13}$, $^{16}/_{16}$ auf und sind auf Zwischenmauern gestützt. Wenn keine vorhanden, an Hängewerke aufgehängt. Stuhl- und Hängesäulen $^{16}/_{16}$, $^{18}/_{18}$, Streben $^{16}/_{16}$, $^{16}/_{18}$ und Brustriegel $^{16}/_{18}$, $^{18}/_{18}$ bilden in den 4—5 m voneinander entfernten Vollgespärren das Haupttraggerüst. Bei senkrechtem Druck Verzapfung, bei schrägem Druck Versatzung mit Verzapfung mit 25—30 cm langem Vorkopf. Die Stützung der Sparren $^{10}/_{16}$, $^{13}/_{16}$, $^{13}/_{18}$ erfolgt bei Kehlbalkendächern durch die in jedem Gesparre liegenden Kehlbalken $^{16}/_{16}$, $^{18}/_{18}$, die durch die in den Vollgesparren auf Stuhl- oder Hängsäulen gestützten Oberschweller der Stuhlwände $^{16}/_{18}$, $^{16}/_{21}$, getragen werden. Bei Pfettendächern tragen direkt die erwähnten Oberschweller der Stuhlwände, die hier Pfetten heißen, $^{16}/_{21}$, $^{18}/_{21}$, $^{16}/_{24}$, die Sparren (Aufklauung). In den Vollgesparren der Pfettendächer sind Querverbände durch Zangen $2 \times {}^{8}/_{16}$, $2 \times {}^{10}/_{20}$, angeordnet. Leergesparre von m zu m. In den Stuhlwänden Kopfbänder $^{10}/_{13}$, $^{13}/_{16}$, unter 45^0 zur Versteifung. Der Bundtram kann erforderlichenfalls versenkt werden (Kniedach). Dann kommt neben die Kniewand eine Stuhlwand, die durch Zangen oder Eisenschließen den Seitenschub des Daches auf den Bundtram übertragen muß.

Bei größeren Spannweiten (Hallendächer) werden die Dachgesparre als Spreng- und Hängwerke ausgebildet, deren Abmessungen von Fall zu Fall nach den im Abschnitt „Baustatik", S. 207ff., angegebenen Regeln zu bestimmen sind. In neuerer Zeit Ausführung auch als Fachwerkträger mit meist patentierter Knotenausbildung. Bauweise Kübler, Tuchscherer, Stephan u. a. m.

Auf Biegung beanspruchte hochkantig gestellte rechteckige Holzbalken

Querschnitt cm	Widerstandsmoment cm³	Zulässige gleichförmig verteilte Gesamtbelastung $P = p\,l$ von Holzbalken einschl. Eigengewicht bei $\sigma_{zul} = 80$ kg/cm² und einer Stützweite l in cm							
		300	350	400	450	500	550	600	650
10/10	166,67	0,356	0,307	0,267	0,237	0,213	0,194	0,178	0,164
9/12	216,00	0,461	0,395	0,346	0,307	0,276	0,251	0,230	0,213
12/12	288,00	0,614	0,527	0,461	0,410	0,369	0,335	0,307	0,283
10/13	281,67	0,601	0,515	0,451	0,401	0,361	0,328	0,301	0,278
13/13	366,17	0,781	0,670	0,586	0,521	0,469	0,426	0,391	0,360
10/15	375,00	0,800	0,686	0,600	0,533	0,480	0,436	0,400	0,369
12/16	512,00	1,092	0,936	0,819	0,728	0,655	0,596	0,546	0,504
13/16	554,67	1,183	1,014	0,887	0,789	0,710	0,645	0,592	0,546
16/16	682,67	1,456	1,248	1,092	0,971	0,874	0,794	0,728	0,672
13/18	702,00	1,497	1,284	1,123	0,998	0,899	0,817	0,749	0,691
16/18	864,00	1,843	1,580	1,382	1,229	1,106	1,005	0,922	0,850
18/18	972,00	2,073	1,777	1,555	1,382	1,244	1,131	1,037	0,957
15/21	1102,5	2,352	2,016	1,764	1,568	1,411	1,283	1,176	1,085
18/21	1323,0	2,822	2,419	2,117	1,881	1,693	1,539	1,411	1,302
16/24	1536,0	3,276	2,809	2,458	2,184	1,966	1,787	1,639	1,512
18/24	1728,0	3,686	3,160	2,765	2,457	2,212	2,011	1,844	1,701
20/24	1920,0	4,096	3,511	3,072	2,730	2,458	2,234	2,048	1,890
24/24	2304,0	4,915	4,213	3,686	2,376	2,949	2,681	2,458	2,268
18/26	2028,0	4,326	3,708	3,245	2,884	2,596	2,360	2,164	1,996
20/26	2253,3	4,807	4,120	3,605	3,204	2,884	2,622	2,404	2,220
26/26	2929,3	6,249	5,356	4,687	4,166	3,750	3,408	3,125	2,883
20/28	2613,3	5,574	4,778	4,181	3,716	3,345	3,041	2,788	2,572
24/28	3136,0	6,690	5,735	5,018	4,460	4,014	3,649	3,346	3,087
28/28	3658,7	7,804	6,690	5,854	5,203	4,683	4,257	3,903	3,601
20/30	3000,0	6,399	5,485	4,800	4,266	3,840	3,491	3,201	2,953
24/30	3600,0	7,679	6,583	5,760	5,119	4,608	4,189	3,841	3,544
28/30	4200,0	8,959	7,680	6,720	5,973	5,376	4,887	4,481	4,134
30/30	4500,0	9,599	8,228	7,200	6,399	5,760	5,236	4,801	4,429

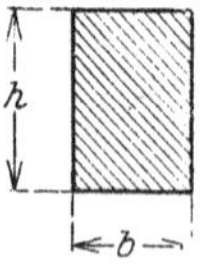

Widerstandsmomente W_{max} und Trägheitshalbmesser $i = h : \sqrt{12}$ rechteckiger Balken

Querschnitt cm h	b	Trägheitshalbmesser i cm	Widerstandsmoment W_{max} cm³
6	3		18,00
	4		24,00
	5		30,00
	6	1,73	36,00
7	4		32,67
	5		40,83
	6		49,00
	7	2,02	57,17
8	4		42,67
	5		53,33
	6		64,00
	7		74,67
	8	2,31	85,33
9	5		67,50
	6		81,00
	7		94,50
	8		108,0
	9	2,60	121,5
10	5		83,33
	6		100,0
	7		116,7
	8		133,3
	9		150,0
	10	2,89	166,7
11	6		121,0
	7		141,2
	8		161,3
	9		181,5
	10		201,7
	11	3,18	221,8
12	6		144,0
	7		168,0
	8		192,0
	9		216,0
	10		240,0
	11		264,0
	12	3,46	288,0

Querschnitt cm h	b	Trägheitshalbmesser i cm	Widerstandsmoment W_{max} cm³
13	7		197,2
	8		225,3
	9		253,5
	10		281,7
	11		309,8
	12		338,0
	13	3,75	366,2
14	7		228,7
	8		261,3
	9		294,0
	10		326,7
	11		359,3
	12		392,0
	13		424,7
	14	4,04	457,3
15	8		300,0
	9		337,5
	10		375,0
	11		412,5
	12		450,0
	13		487,5
	14		525,0
	15	4,33	562,5
16	8		341,3
	9		384,0
	10		426,7
	11		469,2
	12		512,0
	13		554,7
	14		597,3
	15		640,0
	16	4,62	682,7
17	9		433,5
	10		481,7
	11		529,8
	12		578,0
	13		626,2

Querschnitt cm h	b	Trägheitshalbmesser i cm	Widerstandsmoment W_{max} cm³
17	14		674,3
	15		722,5
	16		770,7
	17	4,91	818,8
18	9		486,0
	10		540,0
	11		594,0
	12		648,0
	13		702,0
	14		756,0
	15		810,0
	16		864,0
	17		918,0
	18	5,20	972,0
19	10		601,7
	11		661,8
	12		722,0
	13		782,2
	14		842,3
	15		902,5
	16		962,7
	17		1023
	18		1083
	19	5,48	1143
20	10		666,7
	11		733,3
	12		800,0
	13		866,7
	14		933,3
	15		1000
	16		1067
	17		1133
	18		1200
	19		1267
	20	5,77	1333
21	11		808,5
	12		882,0

Querschnitt cm h	Querschnitt cm b	Trägheitshalbmesser i cm	Widerstandsmoment W_{max} cm³
21	13		955,5
	14		1029
	15		1103
	16		1176
	17		1250
	18		1323
	19		1397
	20		1470
	21	6,06	1544
22	11		887,3
	12		968,0
	13		1049
	14		1129
	15		1210
	16		1291
	17		1371
	18		1452
	19		1533
	20		1613
	21		1694
	22	6,35	1775
23	12		1058
	13		1146
	14		1234
	15		1323
	16		1411
	17		1499
	18		1587
	19		1675
	20		1763
	21		1852
	22		1940
	23	6,64	2028
24	12		1152
	13		1248
	14		1344
	15		1440
	16		1536
	17		1632
	18		1728
	19		1824
	20		1920
	21		2016
	22		2112
	23		2208
	24	6,93	2304
25	13		1354
	14		1458
	15		1563
	16		1667
	17		1771
	18		1875
	19		1979
	20		2083
	21		2188
	22		2292
	23		2396
	24		2500
	25	7,22	2604
26	13		1465
	14		1577
	15		1690
	16		1803
	17		1915
	18		2028
	19		2141
	20		2253
	21		2366
	22		2479
	23		2591
	24		2704
	25		2817
	26	7,51	2929
27	14		1701
	15		1823
	16		1944
	17		2066
	18		2187
	19		2309
	20		2430
	21		2552
	22		2673
	23		2795
	24		2916
	25		3038
	26		3159
	27	7,79	3281
28	14		1829
	15		1960
	16		2091
	17		2221
	18		2352
	19		2483
	20		2613
	21		2744
	22		2875
	23		3005
	24		3136
	25		3267
	26		3397
	27		3528
	28	8,08	3659
29	15		2103
	16		2243
	17		2383
	18		2523
	19		2663
	20		2803
	21		2944
	22		3084
	23		3224
	24		3364
	25		3504
	26		3644
	27		3785
	28		3925
	29	8,37	4065
30	15		2250
	16		2400
	17		2550
	18		2700
	19		2850
	20		3000
	21		3150
	22		3300
	23		3450
	24		3600
	25		3750
	26		3900
	27		4050
	28		4200
	29		4350
	30	8,66	4500

IV. Eisenbau

Über Belastungen und zulässige Beanspruchungen siehe die Verordnung auf S. 402.

A. Säulen und Druckstäbe

Säulen werden in der Regel aus Flußeisen hergestellt, nur mehr sehr selten aus Gußeisen. In Abb. 4 sind die häufigst vorkommenden Säulen-

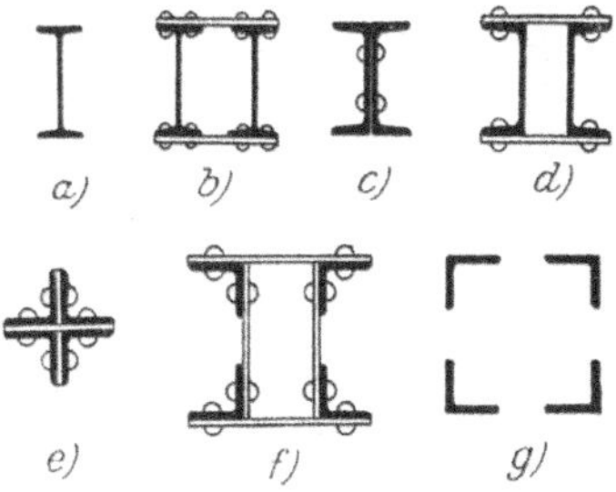

Abb. 4

querschnitte dargestellt Besteht die Säule aus zwei oder mehreren Stäben, dann ist für ausreichende Verbindung der Teile untereinander durch Vergitterung oder durch Bindebleche Sorge zu tragen. Die Säulen und Druckstäbe sind stets auf Ausknicken zu rechnen. Siehe ,,Festigkeitslehre", S. 121 Bei exzentrischer Belastung ist die notwendige Knicksicherheit wie bei zentrischer Belastung nachzuweisen und außerdem zu überprüfen, ob die Randspannungen unterhalb der zulässigen Beanspruchungen bleiben. Es muß daher

(1) $$\frac{1}{a}\,\frac{P}{F} \leq \sigma_{zul} \quad \text{und} \quad \frac{P}{F} + \frac{M}{W} \leq \sigma_{zul}$$

sein, wobei $\frac{1}{a}$ der zur Säulenschlankheit $\frac{l}{i}$ gehörende Knickbeiwert, M das Exzentrizitätsmoment, F der Säulenquerschnitt und W das Querschnittswiderstandsmoment, bezogen auf die Achse senkrecht zur Biegungsebene, bedeuten. Vielfach rechnet man noch in der Weise, daß man die ideelle Knickspannung für Ausknicken in der Biegungsebene und die Biegungsspannung addiert, sonach

(1') $$\frac{1}{a}\,\frac{P}{F} + \frac{M}{W} \leq \sigma_{zul}$$

setzt. Diese Regel liefert zu reichliche Querschnitte. Die Knickkoeffizienten $\frac{1}{a}$ entnehme man der Tafel auf S. 123.

In den folgenden Tabellen sind zur Erleichterung der Rechnung die Trägheitshalbmesser einiger häufig vorkommender zusammengesetzter Querschnitte, wie sie für Säulen oder Druckstäbe in Fachwerken Verwendung finden, angegeben. Für L, ┘┌, ⊐, I -Querschnitte können die zur Knickberechnung notwendigen Trägheitshalbmesser den Walzeisentabellen auf S. 302 ff. entnommen werden.

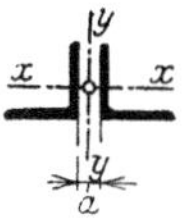		Querschnittsfläche	Trägheitshalbmesser i_x	Trägheitshalbmesser i_y in cm zweier gleichschenkliger Winkeleisen für einen Abstand a in mm									
		cm²	cm	6	8	10	12	16	20	24	30	40	50
45×45	5	8,50	1,38	2,12	2,20	2,27	2,35	2,52	2,69	2,86	3,13		
	6	11,08	1,37	2,14	2,22	2,29	2,38	2,54	2,71	2,88	3,16		
50×50	5	9,50	1,54	2,32	2,39	2,47	2,55	2,71	2,88	3,05	3,31		
	6	11,28	1,53	2,34	2,41	2,49	2,57	2,74	2,91	3,08	3,34		
	7	13,02	1,51	2,36	2,43	2,51	2,59	2,76	2,93	3,10	3,37		
55×55	6	12,48	1,69	2,54	2,61	2,69	2,77	2,93	3,10	3,26	3,53	3,97	
	7	14,42	1,67	2,56	2,63	2,71	2,79	2,95	3,12	3,29	3,55	4,00	
	8	16,32	1,66	2,57	2,65	2,73	2,81	2,97	3,14	3,31	3,58	4,03	
60×60	6	13,68	1,85	2,74	2,81	2,89	2,97	3,13	3,29	3,46	3,71	4,15	
	7	15,82	1,83	2,76	2,83	2,91	2,99	3,15	3,31	3,48	3,74	4,18	
	8	17,92	1,82	2,77	2,85	2,93	3,01	3,17	3,33	3,50	3,76	4,21	
65×65	7	17,22	1,99	2,95	3,03	3,11	3,18	3,34	3,51	3,67	3,93	4,36	
	8	19,52	1,98	2,97	3,05	3,13	3,20	3,36	3,53	3,69	3,95	4,39	
	9	21,78	1,97	2,99	3,07	3,15	3,22	3,38	3,55	3,72	3,98	4,42	
70×70	7	18,62	2,15		3,23	3,31	3,38	3,54	3,70	3,86	4,12	4,55	
	8	21,12	2,14		3,25	3,33	3,40	3,56	3,72	3,89	4,14	4,58	
	10	26,00	2,12		3,29	3,36	3,44	3,60	3,77	3,93	4,19	4,63	
75×75	8	22,72	2,30		3,45	3,52	3,60	3,76	3,92	4,08	4,33	4,76	5,21
	10	28,00	2,28		3,49	3,56	3,64	3,80	3,96	4,13	4,38	4,81	5,26
80×80	8	24,32	2,46		3,65	3,72	3,80	3,95	4,11	4,28	4,52	4,95	5,39
	10	30,00	2,44		3,69	3,76	3,84	4,00	4,16	4,32	4,57	5,00	5,44
	12	35,52	2,41		3,72	3,80	3,88	4,04	4,20	4,36	4,62	5,05	5,49
85×85	8	25,92	2,62		3,85	3,93	4,00	4,15	4,31	4,47	4,72	5,14	5,58
	10	32,00	2,60		3,89	3,96	4,04	4,19	4,35	4,51	4,76	5,19	5,63
90×90	9	30,78	2,77		4,07	4,14	4,22	4,37	4,53	4,69	4,93	5,35	5,79
	11	37,18	2,74		4,10	4,18	4,26	4,41	4,57	4,73	4,98	5,40	5,84
	13	43,42	2,72		4,14	4,22	4,29	4,45	4,61	4,77	5,02	5,45	5,89
100×100	10	38,00	3,08			4,56	4,64	4,79	4,94	5,10	5,34	5,76	6,19
	12	45,12	3,05			4,60	4,67	4,83	4,98	5,14	5,39	5,81	6,24
	14	52,08	3,03			4,64	4,71	4,87	5,02	5,19	5,43	5,85	6,29
110×110	10	42,00	3,40			4,97	5,04	5,19	5,34	5,50	5,74	6,15	6,57
	12	49,92	3,37			5,00	5,07	5,23	5,38	5,54	5,78	6,19	6,62
	14	57,68	3,35			5,04	5,11	5,26	5,42	5,58	5,82	6,24	6,66
120×120	12	54,72	3,69			5,40	5,48	5,62	5,78	5,93	6,17	6,58	7,00
	14	63,28	3,67			5,44	5,51	5,66	5,82	5,97	6,21	6,62	7,04
	16	71,68	3,64			5,47	5,55	5,70	5,86	6,01	6,25	6,67	7,09
130×130	12	59,52	4,02			5,81	5,88	6,02	6,18	6,33	6,56	6,97	7,38
	14	68,88	3,99			5,84	5,91	6,06	6,21	6,37	6,60	7,01	7,43
	16	78,08	3,96			5,87	5,95	6,07	6,25	6,41	6,65	7,05	7,47
140×140	13	69,42	4,32				6,30	6,44	6,59	6,74	6,98	7,38	7,79
	14	74,48	4,31				6,32	6,47	6,62	6,77	7,00	7,40	7,82
	16	84,48	4,28				6,35	6,50	6,65	6,80	7,04	7,44	7,86
150×150	14	80,08	4,63				6,72	6,86	7,01	7,17	7,40	7,79	8,20
	16	90,88	4,60				6,75	6,90	7,05	7,20	7,43	7,83	8,24
	18	101,52	4 58				6,79	6,94	7,09	7,24	7,48	7,88	8,29
160×160	14	85,68	4,95				6,12	7,27	7,41	7,56	7,79	8,19	8,59
	16	97,28	4,92				6,15	7,30	7,45	7,60	7,83	8,23	8,63
	18	108,72	4,90				6,19	7,34	7,49	7,64	7,87	8,27	8,68

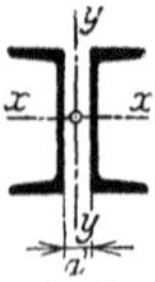

Nr.	Querschnittsfläche cm²	Trägheitshalbmesser i_y in cm zweier [-Eisen mit dem Abstand *a* in mm: 6	8	10	12	16	20	30	40	50	60	80	100	120	150
6	18,02	2,14	2,22	2,31	2,39	2,57	2,75	3,20	3,67	4,15	4,63	5,60	6,58	7,57	9,05
8	24,12	2,28	2,36	2 44	2,53	2,70	2,87	3,33	3,79	4,27	4,74	5,70	6,68	7,66	9,14
10	30,06	2,40	2,48	2,58	2,66	2,83	3,00	3,44	3,89	4,34	4,83	5,79	6,76	7,73	9,21
12	37,62	2,61	2,69	2,77	2,85	3,02	3,19	3,63	4,08	4,54	5,01	5,97	6,93	7,91	9,38
13	41,12	2,80	2,88	2,96	3,04	3,21	3,37	3,81	4,26	4,71	5,18	6,13	7,09	8,07	9,54
14	44,80	2,77	2,85	2,92	3,00	3,17	3,33	3,77	4,22	4,68	5,14	6,09	7,05	8,03	9,50
16	53,80	2,95	3,03	3,10	3,18	3,35	3,51	3,94	4,39	4,84	5,30	6,25	7,21	8,18	9,64
18	62,26	3,10	3,17	3,25	3,33	3,49	3,65	4,08	4,52	4,97	5,43	6,37	7,32	8,29	9,75
20	72,70	3,29	3 36	3,44	3,52	3,68	3,84	4,26	4,70	5,15	5,61	6,54	7,49	8,45	9,90
22	82,42	3,45	3,52	3,59	3,67	3,83	3,99	4,40	4,84	5,28	5,74	6,66	7,61	8,57	10,02
24	94,30	3,63	3,71	3,78	3,86	4,02	4,18	4,59	5,02	5,46	5,91	6,84	7,78	8,73	10,18
26	105,26	3,79	3,87	3,94	4,01	4,17	4,33	4,74	5,16	5,60	6,05	6,97	7,90	8,86	10,30
28	118,60	3,97	4,05	4,12	4,20	4,35	4,51	4,92	5,34	5,77	6,22	7,13	8,06	9,01	10,45
30	130,82	4,13	4,20	4,28	4,36	4,51	4,67	5,07	5,49	5,92	6,37	7,27	8,20	9,15	10,58

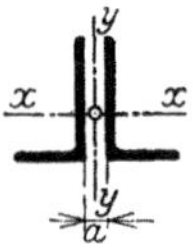

		Querschnittsfläche cm²	Trägheitshalbmesser i_x cm	Trägheitshalbmesser i_y in cm zweier ungleichschenkliger Winkeleisen für einen Abstand *a* in mm: 6	8	10	12	16	20	24	30	40	50
45 × 60	5	10,00	1,90	1,97	2,04	2,12	2,20	2,36	2,53	2,70	2,97		
	6	11,88	1,89	1,98	2,06	2,14	2,22	2,38	2,55	2,73	2,99		
	7	13,72	1,88	2,00	2,08	2,16	2,24	2,40	2,57	2,75	3,01		
50 × 75	6	14,28	2,40	2,10	2,17	2,25	2,32	2,48	2,65	2,82	3,08	3,53	
	7	16,52	2,38	2,11	2,19	2,27	2,34	2,50	2,67	2,84	3,10	3,56	
	8	18,72	2,37	2,13	2,21	2,29	2,37	2,53	2,70	2,87	3,13	3,59	
60 × 80	8	21,12	2,52	3,57	2,64	2,72	2,80	2,96	3,12	3,28	3,54	3,98	
	9	23,58	2,51	2,59	2,66	2,74	2,82	2,98	3,14	3,31	3,57	4,01	
	10	26,00	2,49	2,61	2,68	2,76	2,84	3,00	3,16	3,33	3.59	4,04	
60 × 90	8	22,72	2,86		2,56	2,63	2,71	2,87	3,03	3,20	3,46	3,90	4,35
	9	25,38	2,85		2,58	2,65	2,73	2,89	3,05	3,22	3,48	3,92	4,38
	10	28,00	2,84		2,60	2,67	2,75	2,91	3,08	3,25	3,51	3,95	4,41
80 × 100	8	27,52	3,16		3,44	3,52	3,59	3,74	3.90	4,06	4,30	4,73	5,16
	10	34,00	3,14		3,48	3,55	3,63	3,78	3,94	4,10	4,35	4,78	5,22
	12	40,32	3,11		3,51	3,59	3,67	3,82	3,98	4,14	4,40	4,83	5,27
	14	46,48	3,08		3,55	3,63	3,71	3,86	4,03	4,19	4,44	4,88	5.32
80 × 120	10	38,00	3,83		3,30	3,38	3,45	3,60	3,76	3,92	4,16	4,59	5,03
	12	45,12	3,80		3,34	3,41	3,49	3,64	3,80	3,96	4,21	4,64	5,08
	14	52,08	3,77		3,38	3,45	3,53	3,69	3,85	4,01	4,26	4,69	5,14
	16	58,88	3,75		3,42	3,49	3,57	3,73	3,89	4,06	4,31	4,75	5,19
90 × 130	10	42,00	4,15		3,70	3,77	3,84	3,99	4,15	4,30	4,54	4,96	5,39
	12	49,92	4,12		3,73	3,81	3,88	4,03	4,19	4,35	4,59	5,01	5,44
	14	57,68	4,10		3,77	3,84	3,92	4,07	4,23	4,39	4,64	5,06	5,50
	16	65,28	4,07		3,81	3,88	3,96	4,11	4,27	4,43	4,68	5,11	5,55
100 × 140	10	46,00	4,48		4,10	4,17	4,24	4,39	4,54	4,69	4,93	5,34	5,76
	12	54,72	4,45		4,13	4,20	4,28	4,42	4,58	4,73	4,97	5,39	5,81
	14	63,28	4,42		4,17	4,24	4,31	4,46	4,62	4,77	5,02	5,43	5,86
	16	71,68	4,39		4,20	4,28	4,35	4,50	4,66	4,82	5,06	5,48	5,91
100 × 150	10	48,00	4,82		4,02	4,09	4,16	4,30	4,45	4,61	4,84	5,25	5,68
	12	57,12	4,79		4,05	4,12	4,19	4,34	4,49	4,65	4,89	5,30	5,73
	14	66,08	4,76		4,08	4,16	4,23	4,38	4,53	4,69	4,93	5,35	5,78
	16	74,88	4,74		4,12	4,19	4,27	4,42	4,57	4,73	4,98	5,40	5,83

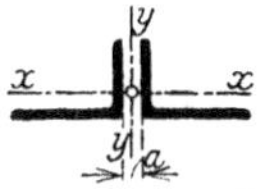		Querschnittsfläche	Trägheitshalbmesser i_x	Trägheitshalbmesser i_y in cm zweier ungleichschenkliger Winkeleisen für einen Abstand a in mm									
		cm²	cm	6	8	10	12	16	20	24	30	40	50
45×60	5	10,00	1,33	2,91	2,98	3,06	3,14	3,30	3,47	3,64	3,89		
	6	11,88	1,31	2,93	3,00	3,08	3,16	3,32	3,49	3,66	3,92		
	7	13,72	1,30	2,95	3,02	3,10	3,18	3,35	3,51	3,69	3,95		
50×75	6	14,28	1,44	3,67	3,74	3,82	3,90	4,06	4,22	4,39	4,64	5,08	
	7	16,52	1,43	3,68	3,76	3,84	3,92	4,08	4,24	4,41	4,66	5,10	
	8	18,72	1,41	3,70	3,78	3,86	3,94	4,10	4,27	4,43	4,69	5,13	
60×80	8	21,12	1,75	3,83	3,90	3,98	4,06	4,22	4,38	4,54	4,79	5,22	
	9	23,58	1,74	3,85	3,92	4,00	4,08	4,24	4,40	4,57	4,82	5,25	
	10	26,00	1,73	3,86	3,94	4,02	4,10	4,26	4,42	4,59	4,84	5,28	
60×90	8	22,72	1,72		4,44	4,52	4,60	4,76	4,92	5,08	5,33	5,76	6,20
	9	25,38	1,70		4,46	4,54	4,62	4,78	4,94	5,10	5,35	5,78	6,22
	10	28,00	1,69		4,48	4,56	4,64	4,80	4,96	5,13	5,38	5,81	6,25
80×100	8	27,52	2,39		4,70	4,77	4,85	5,00	5,16	5,32	5,56	5,98	6,41
	10	34,00	2,37		4,74	4,81	4,89	5,04	5,20	5,36	5,61	6,03	6,46
	12	40,32	2,34		4,77	4,85	4,93	5,08	5,24	5,40	5,65	6,08	6,51
	14	46,48	2,32		4,81	4,89	4,96	5,12	5,28	5,45	5,70	6,12	6,56
80×120	10	38,00	2,30		5,81	5,89	5,96	6,12	6,28	6,44	6,68	7,09	7,52
	12	45,12	2,27		5,85	5,93	6,00	6,16	6,32	6,48	6,72	7,14	7,57
	14	52,08	2,25		5,89	5,96	6,04	6,20	6,36	6,52	6,77	7,19	7,62
	16	58,88	2,23		5,93	6,00	6,08	6,24	6,40	6,57	6,81	7,24	7,67
90×130	10	42,00	2,62		6,21	6,28	6,36	6,51	6,67	6,82	7,06	7,47	7,89
	12	49,92	2,59		6,24	6,32	6,39	6,55	6,71	6,86	7,11	7,52	7,94
	14	57,68	2,57		6,28	6,36	6,43	6,59	6,75	6,91	7,15	7,57	7,99
	16	65,28	2,54		6,32	6,39	6,47	6,63	6,79	6,95	7,19	7,61	8,04
100×140	10	46,00	2,94		6,60	6,68	6,75	6,90	7,06	7,21	7,45	7,86	8,27
	12	54,72	2,91		6,64	6,71	6,79	6,94	7,10	7,25	7,49	7,90	8,32
	14	63,28	2,89		6,68	6,75	6,83	6,98	7,14	7,29	7,54	7,95	8,37
	16	71,68	2,86		6,71	6,79	6,86	7,02	7,18	7,34	7,58	7,99	8,41
100×150	10	48,00	2,91		7,15	7,22	7,29	7,45	7,60	7,76	7,99	8,40	8,81
	12	57,12	2,88		7,18	7,26	7,33	7,48	7,64	7,80	8,03	8,44	8,86
	14	66,08	2,85		7,22	7,29	7,37	7,52	7,68	7,84	8,08	8,49	8,90
	16	74,88	2,83		7,25	7,33	7,41	7,56	7,72	7,88	8,12	8,53	8,95

B. Auf Biegung beanspruchte Tragwerksteile

1. Gewalzte I-Träger

I-Träger werden im Hochbau vornehmlich als Deckenträger, Dachpfetten, für Unterzüge, Fenster- und Türüberlagen usw. verwendet. Siehe die Tabelle über I-Träger, S. 310 und 312. Die Berechnung erfolgt i. d. R. als freiaufliegender Balken. Siehe Abschnitt „Baustatik“, S. 150 (Einspannung im Mauerwerk darf nicht berücksichtigt werden, da in Wirklichkeit nicht wirksam). Aus der nachfolgenden Tafel auf S. 424 kann die Tragfähigkeit für gleichförmig verteilte Belastung p bei verschiedenen Stützweiten und $\sigma_{zul} = 1200$ kg/cm² unmittelbar entnommen werden. Kommt eine von 1200 kg/cm² verschiedene Beanspruchung σ_{zul} in Frage, dann vermehre man die Tragfähigkeitszahlen der Tafel mit $\frac{\sigma_{zul}}{1200}$. Die **Durchbiegung** δ gleichförmig belasteter Träger berechne man nach der Formel

$$\delta = 1{,}16 \frac{l^2}{h}, \qquad (2)$$

Profil Nr.	Gewicht in kg/m	Tragfähigkeit $P = pl$ in Tonnen des frei aufliegenden Trägers bei gleich- bei einer Stütz-										
		1,0	1,25	1,5	1,75	2,0	2,25	2,5	2,75	3,0	3,25	3,5
6	5,34	1,28	1,02	0,85	0,73	0,64	0,57	0,51	0,46	0,43	0,39	0,36
8	7,13	2,33	1,86	1,55	1,33	1,17	1,04	0,93	0,85	0,78	0,72	0,67
10	9,75	3,99	3,19	2,66	2,28	2,00	1,77	1,60	1,45	1,33	1,23	1,14
12	12,78	6,28	5,03	4,19	3,59	3,14	2,79	2,51	2,28	2,09	1,93	1,80
13	14,66	7,74	6,19	5,16	4,42	3,87	3,44	3,10	2,81	2,58	2,38	2,21
14	16,13	9,05	7,24	6,03	5,17	4,52	4,02	3,62	3,29	3,01	2,78	2,58
15	17,73	10,76	8,61	7,17	6,15	5,38	4,78	4,30	3,91	3,59	3,31	3,07
16	19,96	12,82	10,26	8,55	7,33	6,41	5,70	5,13	4,66	4,27	3,94	3,66
18	24,50	17,73	14,19	11,82	10,13	8,87	7,88	7,09	6,45	5,91	5,46	5,07
18a	32,27	25,21	20,17	16,81	14,41	12,61	11,20	10,09	9,17	8,40	7,76	7,20
20	29,50	23,32	18,66	15,55	13,33	11,66	10,36	9,33	8,48	7,77	7,18	6,66
21	32,18	26,51	21,21	17,67	15,15	13,25	11,78	10,60	9,64	8,83	8,16	7.57
22	34,79	29,97	23,98	19,98	17,13	14,99	13,32	11,99	10,90	9,99	9,22	8,56
22a	41,71	37,93	30,35	25,29	21,68	18,97	16,86	15,17	13,79	12,64	11,67	10,84
23	37,81	34,22	27,37	22,81	19,55	17,11	15,21	13,69	12,44	11,41	10,53	9,78
24	40,82	38,28	30,62	25,52	21,87	19,14	17,01	15,31	13,92	12,76	11,78	10,94
24a	46,97	46,19	36,95	30,79	26,39	23,10	20,53	18,48	16,80	15,40	14,21	13,20
25	43,96	42,67	34,14	28.45	24,38	21,34	18,96	17,07	15,52	14,22	13,13	12,19
26	47,22	47,39	37,91	31,59	27,08	23,69	21,06	18,96	17,23	15,79	14,58	13,54
28	53,93	58,47	46,78	38,98	33,41	29,24	25,98	23,39	21,26	19,49	17,99	16,71
28a	61,94	70,48	56,39	46,99	40,28	35,24	31,33	28,19	25,63	23,49	21,69	20,14
30	61,25	70,42	56,33	46,94	40,24	35,21	31,30	28,17	25,61	23,47	21,67	20,12
32	69,05	83,89	67,11	55,93	47,94	41,95	37.28	33,56	30,51	27.96	25,81	23,97
35	81,36	108,0	86,42	72,02	61,73	54,02	48,01	43,21	39,28	36,01	33,24	30,87
40	104,3	157,0	125,6	104,7	89,72	78,51	69,78	62,80	57,10	52,34	48,31	44,86
45	130,1	218,8	175,0	145,9	125,0	109,4	97,25	87,52	79,57	72,94	67,33	62,52
50	158,6	294,9	235,9	196,6	168,5	147,5	131,1	118,0	107,2	98,31	90,75	84,26

Anmerkung: In P ist auch das Eigengewicht des Trägers enthalten.

wo l die Stützweite in m, h die Trägerhöhe in cm bedeutet. Man erhält δ in cm. Es ist üblich, h/l nicht unter $1/_{20}$ zu wählen. Bei voller Ausnützung der zulässigen Beanspruchung beträgt dann die Durchbiegung etwa $l/430$, was noch zulässig ist.

2. Genietete Träger

Im Hochbau kommen genietete Träger als einstegige I-Träger, Abb. 5a) oder b), oder als zweistegige Kastenträger, Abb. 5c), in Betracht. Ausnahmsweise auch dreistegige Träger. Stegblechstärke 7 bis 12 mm, Gurtwinkel nicht unter 60 . 60 . 6. Gurtbleche (Lamellen) nach Bedarf. Überstand der Gurtbleche über die Gurtwinkel 1 bis 3 cm. Bei breiten Blechen, ist dieser Überstand so breit zu machen, daß noch eine Nietreihe Platz findet, falls mehr wie ein Gurtblech in jedem Gurt in Frage kommt.

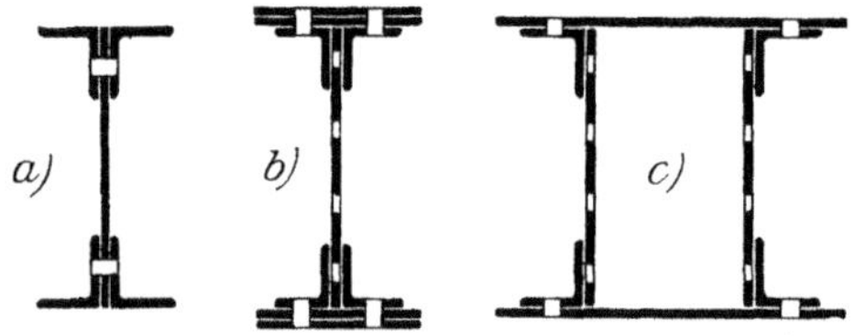

Abb. 5

Die Berechnung des Widerstandsmomentes erfolgt unter Berücksichtigung des Nietabzuges in den lotrechten Winkelschenkeln, Abb. 5a), und bei Vorhandensein von Deckplatten unter Berücksichtigung des Nietabzuges in den wagrechten Winkelschenkeln, Abb. 5b). Nietlöcher im Stegblech sind stets zu berücksichtigen. Es genügt bei Vorhandensein einer lotrechten Nietreihe, die Nietverschwächung im Stegblech an-

mäßig verteilter Belastung p und bei einer Beanspruchung von 1200 kg/cm²
weite l in m von:

3,75	4,0	4,25	4,5	4,75	5,0	5,25	5,5	5,75	6,0	6,25	6,50	6,75	7,0	7,5	8,0
0,34	0,32														
0,62	0,58	0,55	0,52												
1,06	1,00	0,94	0,89	0,84	0,80										
1,68	1,57	1,48	1,40	1,32	1,26	1,20	1,14								
2,06	1,93	1,82	1,72	1,63	1,55	1,47	1,41	1,35	1,29						
2,41	2,26	2,13	2,01	1,90	1,81	1,72	1,64	1,57	1,51	1,45	1,39				
2,87	2,69	2,53	2,39	2,26	2,15	2,05	1,96	1,87	1,79	1,72	1,65	1,59	1,54		
3,42	3,21	3,02	2,85	2,70	2,56	2,44	2,33	2,23	2,14	2,05	1,97	1,90	1,83	1,71	1,60
4,73	4,43	4,17	3,94	3,73	3,55	3,38	3,22	3,08	2,96	2,84	2,73	2,63	2,53	2,36	2,22
6,72	6,30	5,93	5,60	5,31	5,04	4,80	4,58	4,38	4,20	4,03	3,88	3,74	3,60	3,36	3,15
6,22	5,83	5,49	5,18	4,91	4,66	4,44	4,24	4,06	3,89	3,73	3,59	3,45	3,33	3,11	2,92
7,07	6,63	6,24	5,89	5,58	5,30	5,05	4,82	4,61	4,42	4,24	4,08	3,93	3,79	3,53	3,31
7,99	7,49	7,05	6,66	6,31	5,99	5,71	5,45	5,21	4,99	4,80	4,61	4,44	4,28	4,00	3,75
10,12	9,48	8,93	8,43	7,99	7,59	7,23	6,90	6,60	6,32	6,07	5,84	5,62	5,42	5,06	4,74
9,12	8,55	8,05	7,60	7,20	6,84	6,52	6,22	5,95	5,70	5,47	5,26	5,07	4,89	4,56	4,28
10,21	9,57	9,01	8,51	8,06	7,66	7,29	6,96	6,66	6,38	6,12	5,89	5,67	5,47	5,10	4,79
12,32	11,55	10,87	10,26	9,72	9,24	8,80	8,40	8,03	7,70	7,39	7,11	6,84	6,60	6,16	5,77
11,38	10,67	10,04	9,48	8,98	8,53	8,13	7,76	7,42	7,11	6,83	6,57	6,32	6,10	5,69	5,33
12,64	11,85	11,15	10,53	9,98	9,48	9,03	8,62	8,24	7,90	7,58	7,29	7,02	6,77	6,32	5,92
15,59	14,62	13,76	12,99	12,31	11,69	11,14	10,63	10,17	9,74	9,36	9,00	8,66	8,35	7,80	7,31
18,80	17,62	16,58	15,66	14,84	14,10	13,43	12,82	12,26	11,75	11,28	10,84	10,44	10,07	9,40	8,81
18,78	17,60	16,57	15,65	14,82	14,08	13,41	12,80	12,25	11,74	11,27	10,83	10,43	10,06	9,39	8,80
22,37	20,97	19,74	18,64	17,66	16,78	15,98	15,25	14,59	13,98	13,42	12,91	12,43	11,98	11,19	10,49
28,81	27,01	25,42	24,01	22,74	21,61	20,58	19,64	18,79	18,00	17,28	16,62	16,00	15,43	14,40	13,50
41,87	39,25	36,94	34,89	33,06	31,40	29,91	28,55	27,31	26,17	25,12	24,16	23,26	22,43	20,93	19,63
58,35	54,70	51,48	48,62	46,07	43,76	41,68	39,78	38,05	36,47	35,01	33,66	32,42	31,26	29,17	27,35
78,65	73,73	69,39	65,54	62,09	58,99	56,18	53,62	51,29	49,15	47,19	45,37	43,69	42,13	39,32	36.87

genähert dadurch zu berücksichtigen, daß man die Stegblechstärke mit 0,8 δ, wenn δ die tatsächliche Blechstärke ist, in Rechnung stellt.

Die folgenden Tabellen dienen dazu, um die Widerstandsmomente genieteter Träger von den üblichen Abmessungen in einfacher Weise und ohne viel Rechnung zu bestimmen.

Das Widerstandsmoment des nebenskizzierten Querschnittes, Abb. 6, setzt sich zusammen:

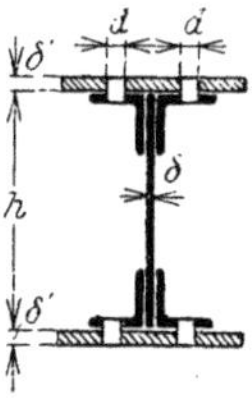

Abb. 6

1. aus dem Widerstandsmoment W_0 des Grundquerschnittes (aus Stegblech und Winkeleisen bestehend). Dasselbe ist aus der Tafel I, S. 426–428, zu entnehmen, und zwar in cm³ und mit Abzug der Nietlöcher in den wagrechten Winkeleisenschenkeln. Für andere Stegblechstärken als den Profilen der Tafel I entsprechen, ergibt sich die erforderliche Korrektur leicht mit Hilfe der Tafel III, S. 432, welche die Widerstandsmomente für 1 mm Stegblechstärke angibt;

2. aus dem Widerstandsmoment W_1 der Gurtbleche, für welches die Tafel II, S. 429—432, berechnet wurde. Dabei wurde die nutzbare Breite $b' = b - 2\,d$ auf ganze Zentimeter abgerundet angenommen; jedoch sind auch die Werte für 1 mm Breite berechnet, so daß für beliebige Blechbreiten das Widerstandsmoment durch einfache Rechnung erhalten wird.

Das Widerstandsmoment des Gesamtquerschnittes ist nun angenähert $W = W_0 + W_1$ oder bei der Gurtblechdicke δ', genauer

$$W = W_0 \left(1 - \frac{2\,\delta'}{h}\right) + W_1 = C \cdot W_0 + W_1. \qquad (3)$$

Für den Reduktionskoeffizienten C wurde die Tafel IV, S. 432, berechnet.

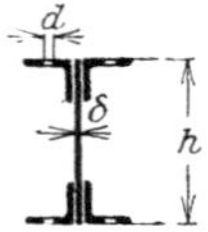

Tafel I

Widerstandsmomente W_0 in cm³ und Gewicht g in kg/m von Stegblech und 4 Gurtwinkel

Trägerhöhe h	1		2		3		4		Trägerhöhe h	5		6		7		8	
	$\delta = 7$, $4 \times \frac{60 . 60}{6}$, $d = 16$		$\delta = 8$, $4 \times \frac{60 . 60}{8}$, $d = 16$		$\delta = 9$, $4 \times \frac{65 . 65}{7}$, $d = 16$		$\delta = 9$, $4 \times \frac{65 . 65}{9}$, $d = 18$			$\delta = 8$, $4 \times \frac{70 . 70}{7}$, $d = 16$		$\delta = 9$, $4 \times \frac{70 . 70}{9}$, $d = 18$		$\delta = 10$, $4 \times \frac{70 . 70}{11}$, $d = 20$		$\delta = 9$, $4 \times \frac{80 . 80}{8}$, $d = 18$	
mm	W_0	g	W_0	g	W_0	g	W_0	g	mm	W_0	g	W_0	g	W_0	g	W_0	g
150	134	29,7	167	37,5	163	36,5	192	44,8	200	267	41,8	318	51,2	363	60,3	325	52,3
200	207	32,5	259	40,7	252	39,6	300	48,3	250	372	44,9	445	54,7	510	64,2	455	55,9
250	289	35,2	362	43,8	352	42,7	419	51,9	300	486	48,1	583	58,2	669	68,1	596	59,4
300	378	38,0	472	47,0	460	45,9	549	55,4	350	609	51,2	729	61,8	838	72,0	747	62,9
350	473	40,7	590	50,1	576	49,0	687	58,9	400	738	54,4	884	65,3	1017	76,0	906	66,5
400	574	43,5	715	53,2	699	52,2	834	62,5	450	875	57,5	1047	68,8	1205	79,9	1074	70,0
450	681	46,2	847	56,4	829	55,3	988	66,0	500	1019	60,6	1218	72,4	1402	83,8	1250	73,5
500	795	49,0	986	59,5	966	58,4	1151	69,5	550	1170	63,8	1397	75,9	1607	87,7	1434	77,1
550	914	51,7	1132	62,7	1110	61,6	1321	73,1	600	1327	66,9	1584	79,4	1821	91,7	1626	80,6
600	1040	54,5	1285	65,8	1261	64,7	1499	76,6	650	1492	70,1	1778	83,0	2044	95,6	1826	84,1
650	—	—	1444	68,9	1418	67,9	1685	80,1	700	1663	73,2	1980	86,5	2275	99,5	2033	87,7
700	—	—	1611	72,1	1583	71,0	1878	83,7	750	—	—	2190	90,0	2515	103,4	2248	91,2
750	—	—	—	—	—	—	2079	87,2	800	—	—	2407	93,6	2763	107,4	2470	94,7
800	—	—	—	—	—	—	2287	90,7	850	—	—	—	—	3020	111,3	2700	98,3
—	—	—	—	—	—	—	—	—	900	—	—	—	—	3285	115,2	2938	101,8

Trägerhöhe h	9		10		11		12	
	$\delta = 10$ $4 \times \frac{80 \cdot 80}{10}$ $d = 20$		$\delta = 11$ $4 \times \frac{80 \cdot 80}{12}$ $d = 22$		$\delta = 9$ $4 \times \frac{90 \cdot 90}{9}$ $d = 20$		$\delta = 10$ $4 \times \frac{90 \cdot 90}{11}$ $d = 22$	
mm	W_0	g	W_0	g	W_0	g	W_0	g
200	380	62,8	427	73,0	—	—	—	—
250	533	66,7	603	77,4	532	66,0	615	78,0
300	700	70,7	794	81,7	698	69,5	808	81,9
350	878	74,6	997	86,0	874	73,1	1014	85,9
400	1065	78,5	1211	90,3	1060	76,6	1230	89,8
450	1262	82,4	1435	94,6	1255	80,1	1457	93,7
500	1468	86,4	1670	98,9	1458	83,7	1693	97,6
550	1683	90,3	1914	103,2	1699	87,2	1938	101,5
600	1907	94,2	2168	107,6	1889	90,7	2192	105,4
650	2139	98,1	2432	111,9	2116	94,2	2455	109,4
700	2380	102,1	2705	116,2	2351	97,8	2727	113,3
750	2630	106,0	2988	120,5	2594	101,3	3008	117,2
800	2888	109,9	3280	124,8	2845	104,8	3297	121,2
850	3154	113,8	3581	129,2	3103	108,4	3594	125,1
900	3429	117,8	3891	133,5	3369	111,9	3901	129,0
950	—	—	4211	137,8	3643	115,4	4215	132,9
1000	—	—	4540	142,1	3924	119,0	4538	136,9
—	—	—	—	—	—	—	—	—
—	—	—	—	—	—	—	—	—

Trägerhöhe h	13		14		15		16	
	$\delta = 11$ $4 \times \frac{90 \cdot 90}{13}$ $d = 24$		$\delta = 10$ $4 \times \frac{100 \cdot 100}{10}$ $d = 22$		$\delta = 11$ $4 \times \frac{100 \cdot 100}{12}$ $d = 22$		$\delta = 12$ $4 \times \frac{100 \cdot 100}{14}$ $d = 24$	
mm	W_0	g	W_0	g	W_0	g	W_0	g
250	689	89,8	624	79,3	722	92,4	802	105,3
300	909	94,1	820	83,2	950	96,8	1058	110,0
350	1142	98,4	1030	87,1	1193	101,1	1332	114,7
400	1387	102,7	1251	91,1	1450	105,4	1620	119,4
450	1644	107,0	1482	95,0	1718	109,7	1922	124,2
500	1911	111,3	1723	98,9	1997	114,0	2235	128,9
550	2189	115,7	1974	102,8	2287	118,3	2560	133,6
600	2476	120,0	2234	106,8	2586	122,7	2896	138,3
650	2774	124,3	2502	110,7	2896	127,0	3243	143,0
700	3080	128,6	2780	114,6	3215	131,3	3601	147,7
750	3397	132,9	3066	118,5	3544	135,6	3969	152,4
800	3723	137,3	3361	122,5	3883	139,9	4347	157,1
850	4058	141,6	3665	126,4	4231	144,2	4736	161,8
900	4403	145,9	3977	130,3	4588	148,6	5136	166,5
950	4757	150,2	4297	134,2	4955	152,9	5545	171,3
1000	5120	154,5	4626	138,2	5332	157,2	5965	176,0
1050	5492	158,8	4964	142,1	5717	161,5	6395	180,7
1100	5874	163,2	5310	146,0	6112	165,8	6835	185,4
1150	—	—	—	—	—	—	7286	190,1

Trägerhöhe h	17		18		19		20	
	$\delta = 10$ $4 \times \frac{110 \cdot 110}{10}$ $d = 22$		$\delta = 11$ $4 \times \frac{110 \cdot 110}{12}$ $d = 24$		$\delta = 12$ $4 \times \frac{110 \cdot 110}{14}$ $d = 26$		$\delta = 11$ $4 \times \frac{120 \cdot 120}{11}$ $d = 22$	
mm	W_0	g	W_0	g	W_0	g	W_0	g
300	882	89,5	1009	104,3	1127	118,8	1025	105,0
350	1107	93,4	1269	108,6	1420	123,5	1288	109,3
400	1345	97,3	1544	112,9	1729	128,2	1567	113,6
450	1594	101,3	1830	117,2	2052	133,0	1858	118,0
500	1853	105,2	2129	121,6	2388	137,7	2162	122,3
550	2122	109,1	2438	125,9	2736	142,4	2476	126,6
600	2400	113,0	2758	130,2	3095	147,1	2802	130,9
650	2688	117,0	3088	134,5	3466	151,8	3137	135,2
700	2984	120,9	3427	138,8	3847	156,5	3483	139,6
750	3290	124,8	3777	143,1	4239	161,2	3839	143,9
800	3604	128,7	4136	147,5	4642	165,9	4205	148,2
850	3927	132,7	4505	151,8	5056	170,6	4580	152,5
900	4258	136,6	4884	156,1	5479	175,3	4965	156,8
950	4599	140,5	5272	160,4	5913	180,1	5359	161,1
1000	4947	144,4	5669	164,7	6358	184,8	5763	165,5
1050	—	—	6067	169,0	6812	189,5	6176	169,8
1100	—	—	6492	173,4	7277	194,2	6608	174,1
1150	—	—	—	—	7752	198,9	—	—
1200	—	—	—	—	8237	203,6	—	—

Trägerhöhe h	21		22		23		24	
	$\delta = 12$ $4 \times \frac{120 \cdot 120}{13}$ $d = 24$		$\delta = 13$ $4 \times \frac{120 \cdot 120}{15}$ $d = 26$		$\delta = 12$ $4 \times \frac{140 \cdot 140}{13}$ $d = 24$		$\delta = 13$ $4 \times \frac{140 \cdot 140}{15}$ $d = 26$	
mm	W_0	g	W_0	g	W_0	g	W_0	g
300	1160	120,9	1284	136,0	1306	137,3	1400	155,4
350	1460	125,6	1619	141,7	1641	142,0	1826	160,5
400	1777	130,3	1974	146,8	1998	146,7	2226	165,6
450	2109	135,1	2345	151,9	2372	151,4	2646	170,7
500	2455	139,8	2731	157,0	2762	156,1	3083	175,9
550	2813	144,5	3131	162,1	3165	160,8	3535	181,0
600	3183	149,2	3543	167,2	3582	165,5	4001	186,1
650	3565	153,9	3968	172,3	4011	170,2	4481	191,2
700	3956	158,6	4405	177,4	4451	174,9	4974	196,3
750	4359	163,3	4854	182,5	4902	179,6	5479	201,4
800	4773	168,0	5315	187,6	5365	184,4	5996	206,5
850	5197	172,7	5787	192,7	5839	189,1	6525	211,6
900	5632	177,4	6270	197,8	6324	193,8	7066	216,7
950	6078	182,2	6765	202,9	6819	198,5	7618	221,8
1000	6533	186,9	7271	208,0	7325	203,2	8182	226,9
1050	7000	191,6	7789	213,1	7841	207,9	8757	232,0
1100	7476	196,3	8317	218,2	8368	212,6	9344	237,1
1150	—	—	8857	223,3	8905	217,3	9942	242,2
1200	—	—	9407	228,4	9453	222,0	10551	247,3

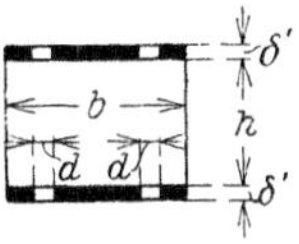

Tafel II

Widerstandsmoment $W_1 = b' \delta' h$
zweier Kopfbleche in cm^3

Trägerhöhe h mm	Dicke δ' mm	Nutzbare Breite $b' = b - 2d$										
		1 mm	110	120	130	140	150	160	170	180	190	200
150	7	1,05	116	126	137	147	158	168	—	—	—	—
	8	1,20	132	144	156	168	180	192	—	—	—	—
	9	1,35	149	162	176	189	203	216	—	—	—	—
	10	1,50	165	180	195	210	225	240	—	—	—	—
	11	1,65	182	198	215	231	248	264	—	—	—	—
200	8	1,60	176	192	208	224	240	256	272	288	304	320
	9	1,80	198	216	234	252	270	288	306	324	342	360
	10	2,00	220	240	260	280	300	320	340	360	380	400
	11	2,20	242	264	286	308	330	352	374	396	418	440
	12	2,40	264	288	312	336	360	384	408	432	456	480
	13	2,60	286	312	338	364	390	416	442	468	494	520
	14	2,80	308	336	364	393	420	448	476	504	532	560
	15	3,00	330	360	390	420	450	480	510	540	570	600
		1	150	160	170	180	190	200	210	220	230	240
250	8	2,00	300	320	340	360	380	400	420	440	460	480
	9	2,25	338	360	383	405	428	450	473	495	518	540
	10	2,50	375	400	425	450	475	500	525	550	575	600
	11	2,75	413	440	468	495	523	550	578	605	633	660
	12	3,00	450	480	510	540	570	600	630	660	690	720
	13	3,25	488	520	553	585	618	650	683	715	748	780
	14	3,50	525	560	595	630	665	700	735	770	805	840
	15	3,75	563	600	638	675	713	750	788	825	863	900
		1	200	210	220	230	240	250	260	270	280	290
300	8	2,40	480	504	528	552	576	600	624	648	672	696
	9	2,70	540	567	594	621	648	675	702	729	756	753
	10	3,00	600	630	660	690	720	750	780	810	840	870
	11	3,30	660	693	726	759	792	825	858	891	924	957
	12	3,60	720	756	792	828	864	900	936	972	1008	1044
	13	3,90	780	819	858	897	936	975	1014	1053	1092	1131
	14	4,20	840	882	924	966	1008	1050	1092	1134	1176	1218
	15	4,50	900	945	990	1035	1080	1125	1170	1215	1260	1305
350	8	2,80	560	588	616	644	672	700	728	756	784	812
	9	3,15	630	662	693	725	756	788	819	851	882	914
	10	3,50	700	735	770	805	840	875	919	945	980	1015
	11	3,85	770	809	847	886	924	963	1001	1040	1078	1117
	12	4,20	840	842	924	966	1008	1050	1092	1134	1176	1218
	13	4,55	910	956	1001	1047	1092	1138	1183	1229	1274	1320
	14	4,90	980	1029	1078	1127	1176	1225	1274	1323	1372	1421
	15	5,25	1050	1103	1155	1208	1260	1313	1365	1418	1470	1523
400	8	3,20	640	672	704	736	768	800	832	864	896	928
	9	3,60	720	756	792	828	864	900	936	972	1008	1044
	10	4,00	800	840	880	920	960	1000	1040	1080	1120	1160
	11	4,40	880	924	968	1012	1056	1100	1144	1188	1232	1276
	12	4,80	960	1008	1056	1104	1152	1200	1248	1296	1344	1392
	13	5,20	1040	1092	1144	1196	1248	1300	1352	1404	1456	1508
	14	5,60	1120	1176	1232	1288	1344	1400	1456	1512	1568	1624
	15	6,00	1200	1260	1320	1380	1440	1500	1560	1620	1680	1740

Trägerhöhe h mm	Dicke δ' mm	Nutzbare Breite $b' = b - 2d$										
		1	200	210	220	230	240	250	260	270	280	290
450	8	3,60	720	756	792	828	864	900	936	972	1008	1044
	9	4,05	810	851	891	932	972	1013	1053	1094	1134	1175
	10	4,50	900	945	990	1035	1080	1125	1170	1215	1260	1305
	11	4,95	990	1040	1089	1139	1188	1238	1287	1337	1386	1436
	12	5,40	1080	1134	1188	1242	1296	1350	1404	1458	1512	1566
	13	5,85	1170	1229	1287	1346	1404	1463	1521	1580	1638	1697
	14	6,30	1260	1323	1386	1449	1512	1575	1638	1701	1764	1827
	15	6,75	1350	1418	1485	1553	1620	1688	1755	1823	1890	1958
500	8	4,00	800	840	880	920	960	1000	1040	1080	1120	1165
	9	4,50	900	945	990	1035	1080	1125	1170	1215	1260	1305
	10	5,00	1000	1050	1100	1150	1200	1250	1300	1350	1400	1450
	11	5,50	1100	1155	1210	1265	1320	1375	1430	1485	1540	1595
	12	6,00	1200	1260	1320	1380	1440	1500	1560	1620	1680	1740
	13	6,50	1300	1365	1430	1495	1560	1625	1690	1755	1820	1885
	14	7,00	1400	1470	1540	1610	1680	1750	1820	1890	1960	2030
	15	7,50	1500	1575	1650	1725	1800	1875	1950	2025	2100	2170
550	8	4,40	880	924	968	1012	1056	1100	1144	1188	1232	1276
	9	4,95	990	1040	1089	1139	1188	1238	1287	1337	1386	1436
	10	5,50	1100	1155	1210	1265	1320	1375	1430	1485	1540	1595
	11	6,05	1210	1271	1331	1392	1452	1513	1573	1634	1694	1755
	12	6,60	1320	1386	1452	1518	1584	1650	1716	1782	1848	1914
	13	7,15	1430	1502	1573	1645	1716	1788	1859	1931	2002	2074
	14	7,70	1540	1617	1694	1771	1848	1925	2002	2079	2156	2233
	15	8,25	1650	1733	1815	1898	1980	2063	2145	2228	2310	2393
600	8	4,80	960	1008	1056	1104	1152	1200	1248	1296	1344	1392
	9	5,40	1080	1134	1188	1242	1296	1350	1404	1458	1512	1566
	10	6,00	1200	1260	1320	1380	1440	1500	1560	1620	1680	1740
	11	6,60	1320	1386	1452	1518	1584	1650	1716	1782	1848	1914
	12	7,20	1440	1512	1584	1656	1728	1800	1872	1944	2016	2088
	13	7,80	1560	1638	1716	1794	1872	1950	2028	2106	2184	2262
	14	8,40	1680	1764	1848	1932	2016	2100	2184	2268	2352	2436
	15	9,00	1800	1890	1980	2070	2160	2250	2340	2430	2520	2610
650	8	5,20	1040	1092	1144	1196	1248	1300	1352	1404	1456	1508
	9	5,85	1170	1229	1287	1346	1404	1463	1521	1580	1638	1697
	10	6,50	1300	1365	1430	1495	1560	1625	1690	1755	1820	1885
	11	7,15	1430	1502	1573	1645	1716	1788	1859	1931	2002	2074
	12	7,80	1560	1638	1716	1794	1872	1950	2028	2106	2184	2262
	13	8,45	1690	1775	1859	1944	2028	2113	2197	2282	2366	2451
	14	9,10	1820	1911	2002	2093	2184	2275	2366	2457	2548	2639
	15	9,75	1950	2048	2145	2243	2340	2438	2535	2633	2730	2828
700	8	5,60	1120	1176	1232	1288	1344	1400	1456	1512	1568	1624
	9	6,30	1260	1323	1386	1449	1512	1575	1638	1701	1764	1827
	10	7,00	1400	1470	1540	1610	1680	1750	1820	1890	1960	2030
	11	7,70	1540	1617	1694	1771	1848	1925	2002	2079	2156	2233
	12	8,40	1680	1764	1848	1932	2016	2100	2184	2268	2352	2436
	13	9,10	1820	1911	2002	2093	2184	2275	2366	2457	2548	2639
	14	9,80	1960	2058	2156	2254	2352	2450	2548	2646	2744	2842
	15	10,50	2100	2205	2310	2415	2520	2625	2730	2835	2940	3045
750	8	6,00	1200	1260	1320	1380	1440	1500	1560	1620	1680	1740
	9	6,75	1350	1418	1485	1553	1620	1688	1755	1823	1890	1958
	10	7,50	1500	1575	1650	1725	1800	1875	1950	2025	2100	2175
	11	8,25	1650	1733	1815	1898	1980	2063	2145	2228	2310	2393
	12	9,00	1800	1890	1880	1970	2160	2250	2340	2430	2520	2610
	13	9,75	1950	2048	2145	2243	2340	2438	2535	2633	2730	2828
	14	10,50	2100	2205	2310	2415	2520	2625	2730	2835	2940	3045
	15	11,25	2250	2363	2475	2588	2700	2813	2925	3038	3150	3263

Trägerhöhe h mm	Dicke δ' mm	Nutzbare Breite $b' = b - 2d$										
		1	200	210	220	230	240	250	260	270	280	290
	8	6,40	1280	1344	1408	1472	1536	1600	1664	1728	1792	1856
	9	7,20	1440	1512	1584	1656	1728	1800	1872	1944	2016	2088
	10	8,00	1600	1680	1760	1840	1920	2000	2080	2160	2240	2320
800	11	8,80	1760	1848	1936	2024	2112	2200	2288	2376	2464	2552
	12	9,60	1920	2016	2112	2208	2304	2400	2496	2592	2688	2784
	13	10,40	2080	2184	2288	2392	2496	2600	2704	2808	2912	3016
	14	11,20	2240	2352	2464	2576	2688	2800	2912	3024	3136	3248
	15	12,00	2400	2520	2640	2760	2880	3000	3120	3240	3360	3480
	8	6,80	1360	1428	1496	1564	1632	1700	1768	1836	1904	1972
	9	7,65	1530	1607	1683	1760	1836	1913	1989	2066	2142	2219
	10	8,50	1700	1785	1870	1955	2040	2125	2210	2295	2380	2465
850	11	9,35	1870	1964	2057	2151	2244	2338	2431	2525	2618	2712
	12	10,20	2040	2142	2244	2346	2448	2550	2652	2754	2856	2958
	13	11,05	2210	2321	2431	2542	2652	2763	2873	2984	3094	3205
	14	11,90	2380	2499	2618	2737	2856	2975	3094	3213	3332	3451
	15	12,75	2550	2678	2805	2933	3060	3188	3315	3443	3570	3698
	8	7,20	1440	1512	1584	1656	1728	1800	1872	1944	2016	2088
	9	8,10	1620	1701	1782	1863	1944	2025	2106	2187	2268	2349
	10	9,00	1800	1890	1980	2070	2160	2250	2340	2430	2520	2610
900	11	9,90	1980	2079	2178	2277	2376	2575	2574	2673	2772	2871
	12	10,80	2160	2268	2376	2484	2592	2700	2808	2916	3024	3132
	13	11,70	2340	2457	2574	2691	2808	2925	3042	3159	3276	3393
	14	12,60	2520	2646	2772	2898	3024	3150	3276	3402	3528	3654
	15	13,50	2700	2835	2970	3105	3240	3375	3510	3645	3780	3915
	8	7,60	1520	1596	1672	1748	1824	1900	1976	2052	2128	2204
	9	8,55	1710	1796	1881	1967	2052	2138	2223	2309	2394	2480
	10	9,50	1900	1995	2090	2185	2280	2375	2470	2565	2660	2755
950	11	10,45	2090	2195	2299	2404	2508	2613	2717	2822	2926	3031
	12	11,40	2280	2394	2508	2622	2736	2850	2964	3078	3192	3306
	13	12,35	2470	2594	2717	2841	2964	3088	3211	3335	3458	3582
	14	13,30	2660	2793	2926	3059	3192	3325	3458	3591	3724	3857
	15	14,25	2850	2993	3135	3278	3420	3563	3705	3848	3990	4133
	8	8,00	1600	1680	1760	1840	1920	2000	2080	2160	2240	2320
	9	9,00	1800	1890	1980	2070	2160	2250	2340	2430	2520	2610
	10	10,00	2000	2100	2200	2300	2400	2500	2600	2700	2800	2900
	11	11,00	2200	2310	2420	2530	2640	2750	2860	2970	3080	3190
1000	12	12,00	2400	2520	2640	2760	2880	3000	3120	3240	3360	3480
	13	13,00	2600	2730	2860	2990	3120	3250	3380	3510	3640	3770
	14	14,00	2800	2940	3080	3220	3360	3500	3640	3780	3920	4060
	15	15,00	3000	3150	3300	3450	3600	3750	3900	4050	4200	4350
	8	8,40	1680	1764	1848	1932	2016	2100	2184	2268	2352	2439
	9	9,45	1890	1985	2079	2174	2268	2363	2457	2552	2646	2741
	10	10,50	2100	2205	2310	2415	2520	2625	2730	2835	2940	3045
1050	11	11,55	2310	2426	2541	2657	2772	2888	3003	3119	3234	3350
	12	12,60	2520	2646	2772	2898	3024	3150	3276	3402	3528	3654
	13	13,65	2730	2867	3003	3140	3276	3413	3549	3686	3822	3959
	14	14,70	2940	3087	3234	3381	3528	3675	3822	3969	4116	4263
	15	15,75	3150	3308	3465	3623	3780	3938	4095	4253	4410	4568
	8	8,80	1760	1848	1936	2024	2112	2200	2288	2376	2464	2552
	9	9,90	1980	2079	2178	2277	2376	2475	2574	2673	2772	2871
	10	11,00	2200	2310	2420	2530	2640	2750	2860	2970	3080	3190
1100	11	12,10	2420	2541	2662	2783	2904	3025	3146	3267	3388	3509
	12	13,20	2640	2772	2904	3036	3168	3300	3432	3564	3696	3828
	13	14,30	2860	3003	3146	3289	3432	3575	3718	3861	4004	4147
	14	15,40	3080	3234	3388	3542	3696	3850	4004	4158	4312	4466
	15	16,50	3300	3465	3630	3795	3960	4125	4290	4455	4620	4785

Trägerhöhe h mm	Dicke δ' mm	Nutzbare Breite $b' = b - 2d$										
		1	200	210	220	230	240	250	260	270	280	290
1150	8	9,20	1840	1932	2024	2116	2208	2300	2392	2484	2576	2668
	9	10,35	2070	2174	2277	2381	2484	2588	2691	2795	2898	3002
	10	11,50	2300	2415	2530	2645	2760	2875	2990	3105	3220	3335
	11	12,65	2530	2657	2783	2910	3036	3163	3289	3416	3542	3669
	12	13,80	2760	2898	3036	3174	3312	3450	3588	3726	3864	4002
	13	14,95	2990	3140	3289	3439	3588	3738	3887	4037	4186	4336
	14	16,10	3220	3381	3542	3703	3864	4025	4186	4347	4508	4669
	15	17,25	3450	3623	3795	3968	4140	4313	4485	4658	4830	5003
1200	8	9,60	1920	2016	2112	2208	2304	2400	2496	2592	2688	2784
	9	10,80	2160	2268	2376	2484	2592	2700	2808	2916	3024	3012
	10	12,00	2400	2520	2640	2760	2880	3000	3120	3240	3360	3480
	11	13,20	2640	2772	2904	3036	3168	3300	3432	3564	3696	3828
	12	14,40	2880	3024	3168	3312	3456	3600	3744	3888	4032	4176
	13	15,60	3120	3276	3432	3588	3748	3900	4056	4212	4368	4524
	14	10,80	3360	3528	3696	3864	4032	4200	4368	4536	4704	4872
	15	18,00	3600	3780	3960	4140	4320	4500	4680	4860	5040	5220

Tafel III

Widerstandsmoment W_0 von ein Millimeter starken Stegblechen in cm³

h = 150	200	250	300	350	400	450	500	550	600	650
w_0 = 3,8	6,7	10,4	15,0	20,4	26,7	33,8	41,7	50,4	60,0	70,4
h = 700	750	800	850	900	950	1000	1050	1100	1150	1200
w_0 = 81,7	93,8	106,7	120,4	135,0	150,4	166,7	183,8	201,7	220,4	240,0

Tafel IV

Tabelle der Reduktionskoeffizienten C,

mit welchen das Widerstandsmoment W_0 zu multiplizieren ist, wenn der Querschnitt Gurtbleche von der Stärke δ' erhält

h =	150	200	250	300	350	400	450	500	550	600	650
δ' = 8	0,893	0,920	0,934	0,947	0,954	0,960	0,965	0,968	0,971	0,973	0,975
10	0,867	0,900	0,920	0,933	0,942	0,950	0,956	0,960	0,964	0,967	0,969
12	0,840	0,880	0,904	0,920	0,932	0,940	0,947	0,952	0,956	0,960	0,963
14	0,813	0,860	0,888	0,907	0,920	0,930	0,938	0,944	0,949	0,953	0,957
16	0,787	0,840	0,872	0,893	0,909	0,920	0,929	0,936	0,942	0,947	0,951
18	0,760	0.820	08,56	0,880	0,897	0,910	0,920	0,928	0,935	0,940	0,945
20	0,733	0,800	0,840	0,867	0,886	0,900	0,911	0,920	0,927	0,933	0,938
22	0,707	0,780	0,824	0,853	0,874	0,890	0,902	0,912	0,920	0,927	0,932
24	0,680	0,760	0,808	0,840	0,863	0,880	0,893	0,904	0,913	0,920	0,926
26	—	0,740	0,792	0,827	0,851	0,870	0,884	0,896	0,905	0,913	0,920
28	—	0,720	0,776	0,813	0,840	0,860	0,876	0,888	0,898	0,907	0,914
30	—	0,700	0,760	0,800	0,829	0,850	0,867	0,880	0,891	0,900	0,908
32	—	—	0,744	0,787	0,817	0,840	0,858	0,872	0,884	0,893	0,902
34	—	—	0,728	0,773	0,806	0,830	0,849	0,864	0,876	0,887	0,895
36	—	—	0,712	0,760	0,794	0,820	0,840	0,856	0,869	0,880	0,889
38	—	—	0,696	0,747	0,783	0,810	0,831	0,848	0,862	0,873	0,883
40	—	—	0,680	0,733	0,771	0,800	0,822	0,840	0,855	0,867	0,877

$h =$	700	750	800	850	900	950	1000	1050	1100	1150	1200
$\delta' =$ 8	0,977	0,978	0,980	0,981	0,982	0,983	0,984	0,985	0,985	0,986	0,986
10	0,971	0,973	0,975	0,976	0,978	0,979	0,980	0,981	0,982	0,983	0,983
12	0,966	0,968	0,970	0,972	0,973	0,975	0,976	0,977	0,978	0,979	0,980
14	0,960	0,963	0,965	0,967	0,969	0,971	0,972	0,973	0,975	0,976	0,977
16	0,954	0,957	0,960	0,962	0,965	0,967	0,968	0,970	0,971	0,972	0,973
18	0,948	0,952	0,955	0,958	0,960	0,962	0,964	0,966	0,967	0,969	0,970
20	0,942	0,947	0,950	0,953	0,956	0,958	0,960	0,962	0,964	0,966	0,967
22	0,937	0,941	0,945	0,948	0,951	0,954	0,956	0,958	0,960	0,962	0,963
24	0,932	0,936	0,940	0,944	0,947	0,950	0,952	0,954	0,956	0,958	0,960
26	0,926	0,931	0,935	0,939	0,942	0,945	0,948	0,950	0,953	0,955	0,957
28	0,920	0,925	0,930	0,934	0,938	0,941	0,944	0,946	0,949	0,951	0,953
30	0,914	0,920	0,925	0,929	0,933	0,937	0,940	0,942	0,945	0,948	0,950
32	0,909	0,915	0,920	0,925	0,929	0,933	0,936	0,939	0,942	0,945	0,947
34	0,903	0,909	0,915	0,920	0,924	0,928	0,932	0,935	0,938	0,941	0,943
36	0,897	0,904	0,910	0,915	0,920	0,924	0,928	0,931	0,935	0,938	0,940
38	0,891	0,899	0,905	0,911	0,916	0,920	0,924	0,928	0,931	0,934	0,937
40	0,886	0,893	0,900	0,906	0,911	0,916	0,920	0,924	0,927	0,930	0,933

Beispiele. 1. Es ist der Querschnitt eines Trägers zu bestimmen, der bei einer Höhe von 1000 mm ein Biegungsmoment $M = 68{,}4$ tm mit einer Inanspruchnahme $\sigma = 750$ kg/cm² aufzunehmen im Stande ist. — Das erforderliche Widerstandsmoment ist $W = \frac{6{,}840.000}{750} = 9120$ cm². Wir wählen den Grundquerschnitt 15 der Tafel I, für welchen bei 1000 mm Höhe $W_0 = 5332$ ist, so daß ein angenähertes $W_1 = 9120 - 5332 = 3788$ erübrigt. Mit der nutzbaren Gurtblechbreite von 200 mm würde nach Tafel II eine Blechstärke von 10 mm + 9 mm resultieren. Berücksichtigt man aber die Reduktion von W_0 mit dem der Tafel IV (für $h = 1000$ und $\delta' = 20$) entnommenen Koeffizienten $C = 0{,}960$, so folgt $W_1 = 9120 - 0{,}96 \,.\, 5332 = 4001$ und es erhält hienach der Träger zwei Gurtbleche von 244 mm Breite (200 mm nutzbare Breite) und 10 mm + 10 mm Stärke.

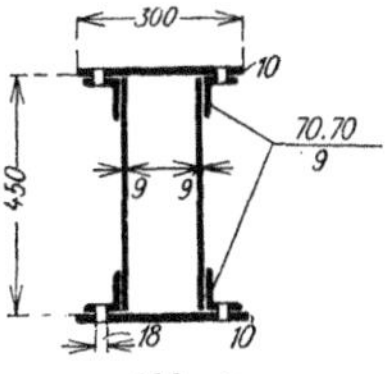

Abb. 7

2. Wie groß ist das Widerstandsmoment des in Abb. 7 dargestellten Kastenträgers?

Grundquerschnitt 6	1047
hiezu 9 mm Stegblech 9 × 33,8 = ...	304
	1351
Reduktion bei 10 mm Gurtblechstärke 0,956 × 1351 = ...	1292
Gurtbleche 300 — 2 . 18 = 264 mm nutzbare Breite; 1170 + 18	1188
Widerstandsmoment	2480

Bei größeren Trägern, die mehrere Gurtbleche besitzen, wird man die Gurtbleche nicht von einem Trägerende bis zum anderen durchführen, sondern wird entsprechend dem Momentenverlauf die Gurtbleche früher aufhören lassen. Die theoretische Länge der Gurtplatten bestimmt man aus der Momentenlinie am besten zeichnerisch. Man trägt zu diesem Zwecke in Maßstab der Momente die Produkte $W_0\sigma_{zul}$, $W_1\sigma_{zul}$, $W_2\sigma_{zul}$, ..., wobei W_0, W_1, W_2, ... die bezüglichen Widerstandsmomente des Grundquerschnittes, des Querschnittes mit einer Gurtplatte, des Querschnittes mit zwei Gurtplatten usw. bedeuten, von der gleichen Grundlinie wie die Momente M ab. Die Schnittpunkte der Momentenlinie mit der durch die Ordinaten $W_0\sigma_{zul}$ usw. gezogenen Parallelen zur Grundlinie liefern die theoretischen Enden der Gurtplatten. (Siehe Abb. 8.) Die Gurtbleche sind dann um so viel länger zu machen, als Nietreihen zum Anschluß der im Gurtblech wirkenden Kraft notwendig sind.

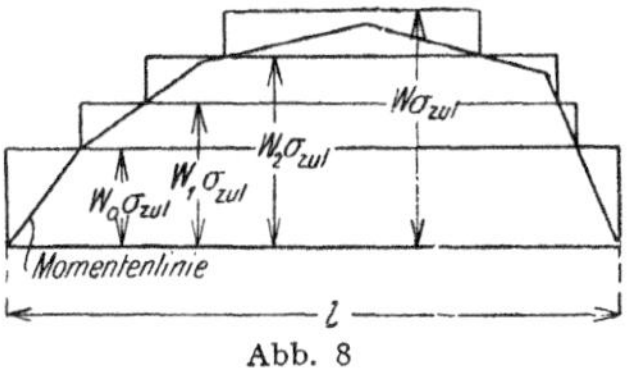

Abb. 8

Die **Stegblechstärke** ist durch die Größe der in der neutralen Schicht auftretenden Schubspannungen bedingt. Man berechnet δ aus

$$(4) \qquad \delta \geqq \frac{\max Q \cdot S}{J\,\tau_{zul}},$$

wenn $\max Q$ die größte Querkraft (beim Balken die größte Auflagerkraft), S das statische Moment der einen Trägerhälfte, bezogen auf die durch den Schwerpunkt gehende Achse s — bedeutet. τ_{zul} ist die zulässige Scherbeanspruchung. S und J ohne Nietabzug.

Nietteilung in den Gurtungen

Die Entfernung e der Halsnieten, d. s. die Nieten in den lotrechten Schenkel der Gurtwinkel, ergibt sich aus den Formeln

$$(5) \qquad e \leq \frac{d \cdot \delta\, J}{Q \cdot S}\, p_{zu} \qquad \text{bzw.} \qquad e \leq \frac{\pi\, d^2\, J}{2\, Q\, S}\, \tau_{zu},$$

wenn S das statische Moment des durch die Niete angeschlossenen Gurtquerschnittes, J das Trägheitsmoment des Gesamtquerschnittes, beide bezogen auf die wagrechte Schwerpunktachse, d der Nietdurchmesser, δ die Stegblechstärke, p_{zul} der zulässige Stauchdruck, τ_{zul} die zulässige Scherspannung der Nieten ist. Der kleinere der beiden Werte e ist für die Bemessung maßgebend. In die Gl. (5) ist bei gleichbleibender Nietteilung $\max Q$ einzusetzen. S und J ohne Nietabzug.

Das Stegblech wird meist durch Aufnieten von Winkeln ausgesteift. Die Steifen sollen möglichst dort stehen, wo größere Einzellasten übertragen werden. Abstand der Steifen in cm $0{,}7\,h + 40$ cm, wenn h die Trägerhöhe ist.

C. Eiserne Dachkonstruktionen

Eiserne Dachstühle spielen im Wohnhausbau, wie überhaupt bei Stockwerkbauten, eine geringe Rolle. Bei Hallenbauten stehen sie an erster Stelle. Die Tragkonstruktion besteht in der Regel aus Bindern, Pfetten und Sparren oder nur aus Bindern und Pfetten. Über Belastungsangaben siehe S. 401.

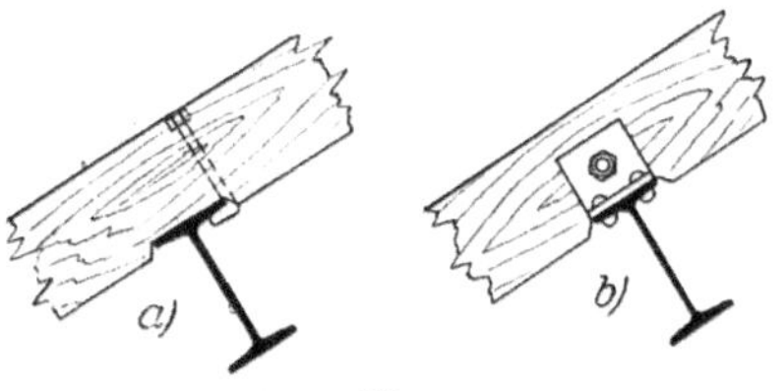

Abb. 9

Sparren. In der Regel aus Holz. Je nach Pfettenentfernung und Dachhautgewicht Profil $^{9}/_{12}$, $^{10}/_{13}$, $^{10}/_{15}$. Freilage nicht über 4 m. Entfernung der Sparren bei $2^{1}/_{2}$ cm Holzschalung rd. 1 m. Befestigung mittels Sparrenschrauben (Abb. 9 a) oder mittels Sparrenwinkel (Abb. 9 b). Die erstgenannte Anordnung ist zweckmäßiger, da die Pfetten nicht durch Schrauben- oder Nietlöcher verschwächt werden. E i s e r n e S p a r r e n (leichte I-Träger) sind selten, etwa bei Dachhaut aus Eisenbeton oder bei Eindeckung mit Dachziegeln auf eisernen Latten.

Pfetten. Meist Walzträger oder]-Eisen, wenn Sparren verwendet werden, bei größerer Binderentfernung auch leichte Fachwerkträger, sonst Holzpfetten in rd. 1 m Abstand, um die Dachschalung unmittelbar aufnageln zu können. Der Gewichtsersparnis wegen werden Walzträgerpfetten meist als Gerberträger ausgeführt. Über die Anordnung der Gelenke und Berechnung siehe „Baustatik", S. 156. Die Pfetten werden i. d. R. mit dem Steg senkrecht zur Dachfläche gestellt, doch kommt auch häufig lotrechte Stegstellung vor. Das Angriffsmoment ist immer auf die beiden in die Richtung der Hauptachsen fallenden Momente zu zerlegen und sind die von beiden Momenten herrührenden Beanspruchungen zu addieren. Siehe „Festigkeitslehre", S. 131.

Binder. In der Regel Balkenbinder, bei mehrschiffigen Hallen manchmal Gerberträger. Bogenbinder seltener und nur dann, wenn auch die Seitenwände aus Eisen bestehen (Bahnhofshallen, große Werkstattgebäude).

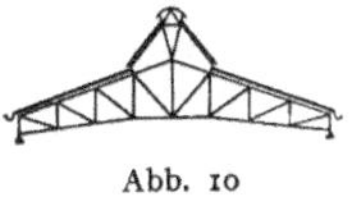

Abb. 10

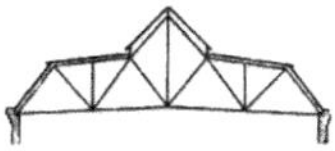

Abb. 11

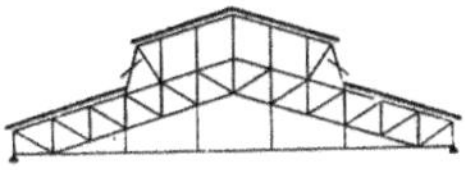

Abb. 12

Die Binderentfernung wird bei kleineren Spannweiten 4 bis 6 m gemacht, bei größeren Spannweiten aber größer; unter Benützung von Gitterpfetten bis 12 m, oder unter Einschaltung von Unterzügen und Zwischenbindern bis etwa 20 m. Binderformen für ein- und mehrschiffige Hallen zeigen die Abb. 10 bis 19.

Die Berechnung der Binder erfolgt meist zeichnerisch mittels Kräfteplänen (auch bei statisch unbestimmten Systemen). Man zeichnet je einen Kräfteplan für Eigengewicht, für einseitige Schneelast (woraus auch die Stabkräfte für volle Schneelast abgeleitet werden), für Winddruck

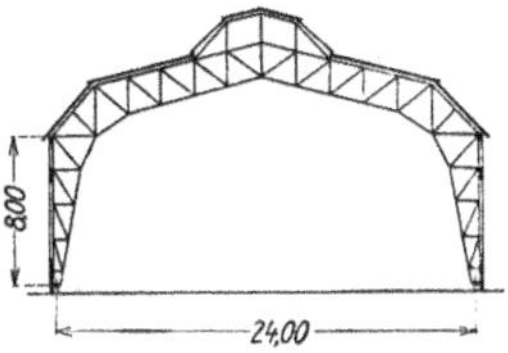

Abb. 13

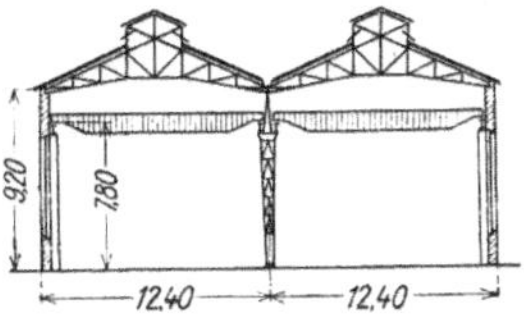

Abb. 14

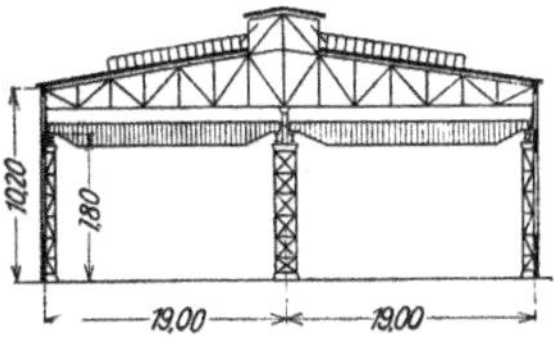

Abb 15.

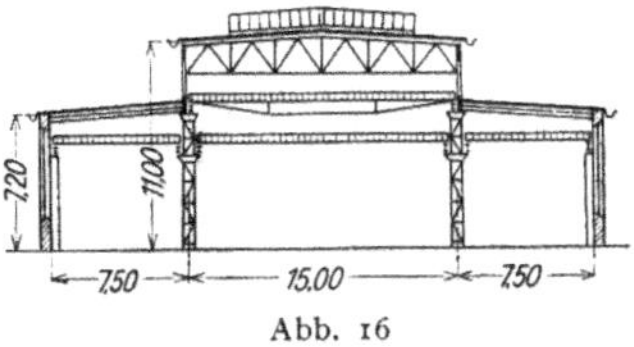

Abb. 16

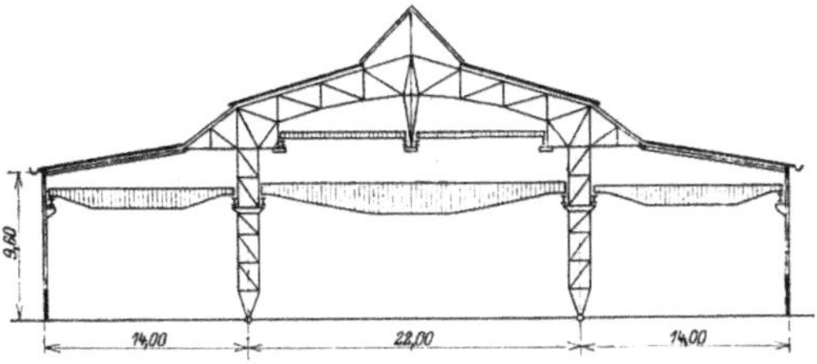

Abb. 17

(bei Balkenbindern zwei Kräftepläne wegen der Unsymmetrie der Lagerung) und fallweise noch weitere Kräftepläne, wenn noch andere Belastungen, z. B. Kranbahnen u. ä., in Frage kommen. Durch Kombination der Einzelstabkräfte wird für jeden Stab die ungünstigste Stabkraft (größte Zug- und größte Druckkraft) festgestellt, die dann der Bemessung zugrunde gelegt wird. Bei Zugstäben ist der Nietabzug zu berücksichtigen, bei Druckstäben die Knickgefahr. (Berechnung gedrückter Stäbe siehe „Festigkeitslehre", S. 121, sowie über Wahl der Knicklängen „Brückenbau", S. 496 ff.) Bei Bemessung der Druckstäbe benütze man die Tafeln von S. 421 ff.

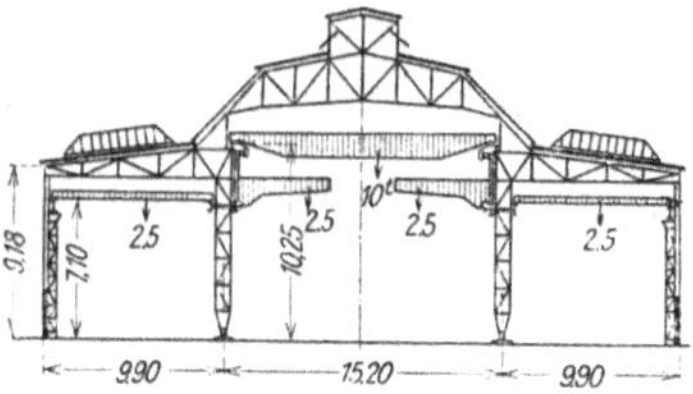

Abb. 18

Bei der Auflagerung der Binder auf Mauerwerk verwendet man bei kleinen Spannweiten, bis etwa 15 m, flußeiserne zirka 15 bis 20 mm starke Auflagerplatten ohne besondere Vorkehrungen für die Dilatation. Bei größeren Spannweiten gußeiserne Platten, die mit gewölbter Lagerfläche ausgebildet werden. Beide Lager werden gleich gemacht, der Binder auf Seite des festen Lagers aber mit Knaggen versehen, die in entsprechende Bohrungen der Lagerplatte eingreifen. (Bis etwa 25 m.) Bei noch größeren Stützweiten der Binder sind als bewegliche Lager Rollenlager (am besten eine einzige Rolle) zu empfehlen.

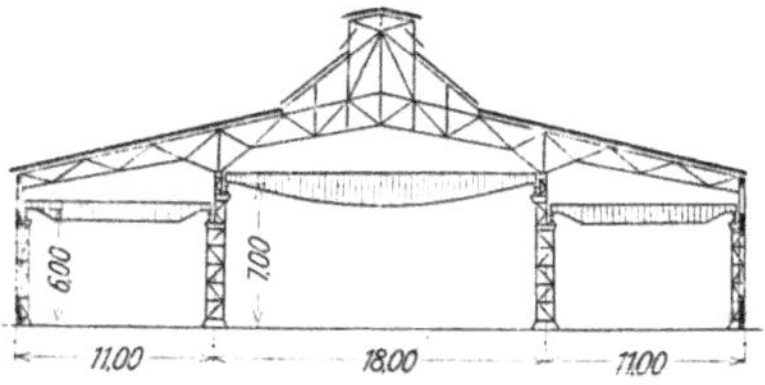

Abb. 19

Die Binder sind am Scheitel paarweise durch einen Querverband in lotrechter Ebene zu verbinden. In der Regel enthält nur jedes zweite Pfettenfeld einen solchen Verband. Windverbände in der Dachfläche vielfach nur an den Giebeln, je zwischen den beiden letzten Bindern, manchmal aber auch in jedem zweiten Pfettenfeld. Die Verbände sind unbedingt so anzuordnen, daß die gedrückten Gurtstäbe unter Mithilfe der eisernen Pfetten entsprechend der in Rechnung gestellten Knicklänge seitlich gehalten sind.

D. Kranbahnen

Bei kleinen Spannweiten und kleinen Raddrücken aus Walzträgern, sonst genietete Träger. Bei sehr großen Stützweiten (bis 30 m) auch als Fachwerksträger. Über Abmessungen der Krane, Gewichte, Radstand und Raddrücke siehe die Tafeln auf S. 437—440.

Die Berechnung der Kranbahnen erfolgt vielfach als gewöhnlicher Balkenträger. Zweckmäßiger ist es, die einzelnen Kranbahnfelder an den Auflagerstellen steif miteinander zu verbinden und die Kranbahn als durchlaufenden Balken zu berechnen, da hiedurch nennenswerte Gewichtsersparnisse erzielt werden können. Man verwende hiebei die Tafel von S. 187 im Abschnitt „Baustatik". Die Anordnung von Gelenken (Gerberträger) ist bei Kranbahnen nicht zu empfehlen.

Besonderes Augenmerk ist der seitlichen Steifigkeit des Obergurtes, der die Schiene trägt, zuzuwenden, damit die wagrechten Wirkungen des fahrenden Kranes mit ausreichender Sicherheit übernommen werden können. Man rechnet die wagrechte Belastung des Obergurtes (Schrägzug und Seitenstöße des fahrenden Kranes) gewöhnlich mit 5 bis 7,5% der größten lotrechten Raddrücke. Bei Kranen im Freien ist auch der seitliche Winddruck (bei arbeitenden Kran 60 kg/m^2) zu berücksichtigen.

Als Kranbahnschiene werden Flacheisenschienen (Schienenstahlqualität) oder breitfüßige Schienen (siehe Tafel auf S. 315) verwendet. Nur sehr selten benützt man gewöhnliche Eisenbahnschienen.

Notwendige Schienenkopfbreite b (abzüglich der Abrundungen der Kanten) bei einem Raddruck R und Raddurchmesser D

$$b = \frac{R}{D \cdot s}.$$

Man wählt $s = 25$ bei Gußeisenrädern auf Flußeisenschienen, $s = 30$—40 bei Hartgußrädern auf Stahlschienen und $s = 50$—60 bei Stahlgußrädern auf Stahlschienen.

Handlaufkrane der deutschen Maschinenfabrik A.-G. in Duisburg

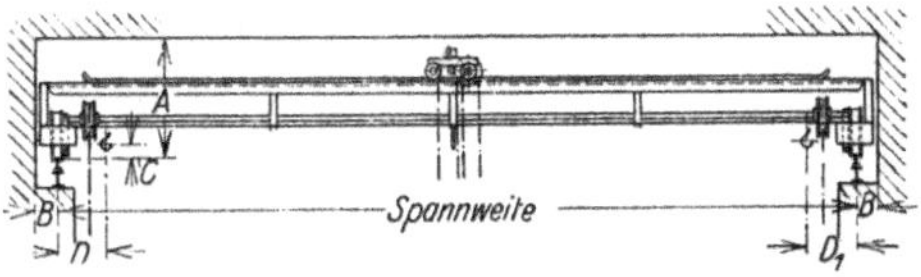

Tragkraft in	Spannweite	Maße für das Durchgangsprofil mm				Radstand in	Raddruck in	Tragkraft in	Spannweite	Maße für das Durchgangsprofil mm				Radstand in	Raddruck in
t	m	A	B	C	D/D_1	m	kg	t	m	A	B	C	D/D_1	m	kg
	6	960	180	180	600/400	1,6	1400		6	1395	220	210	750/525	1,9	4250
	8	990		210		1,7	1500		8	1445		260		2,0	4525
	10	1030		250		1,8	1725		10	1475		290		2,1	4900
2	12	1080		300		1,9	1950	**7,5**	12	1525		340		2,2	5200
	14	1120		340		2,0	2200		14	1575		390		2,3	5500
	16	1170		390		2,1	2400		16	1635		445		2,4	5800
	18	1210		430		2,2	2700		18	1685		495		2,5	6100
	6	1030	190	175	650/400	1,7	1900		6	1460	230	290	800/550	2,0	5600
	8	1080		225		1,8	2050		8	1510		340		2,1	5900
	10	1110		255		1,9	2300		10	1540		370		2,2	6200
3	12	1185		330		2,0	2550	**10**	12	1595		425		2,3	6500
	14	1225		370		2,1	2800		14	1645		475		2,4	6900
	16	1275		420		2,2	3050		16	1700		530		2,5	7300
	18	1315		460		2,3	3300		18	1740		570		2,6	7550
	6	1135	190	205	700/450	1,8	2400		6	1600	240	270	900/600	2,05	6800
	8	1185		255		1,9	2600		8	1650		320		2,15	7200
	10	1215		295		2,0	2900		10	1680		350		2,25	7600
4	12	1265		345		2,1	3100	**12,5**	12	1740		410		2,35	8000
	14	1305		385		2,2	3425		14	1790		455		2,45	8400
	16	1355		435		2,3	3700		16	1850		515		2,55	8600
	18	1395		475		2,4	3950		18	1900		565		2,65	9000
	6	1210	200	210	725/500	1,8	3000		6	1715	250	270	1000/650	2,15	8300
	8	1260		260		1,9	3125		8	1765		320		2,25	8650
	10	1290		290		2,0	3500		10	1825		380		2,35	9150
5	12	1340		340		2,1	3750	**15**	12	1885		440		2,45	9550
	14	1380		380		2,2	4000		14	1935		490		2,55	9850
	16	1430		430		2,3	4300		16	2050		605		2,65	10100
	18	1470		470		2,4	4550		18	2100		655		2,75	10400
	6	1315	210	205	750/525	1,9	3500		6	2045	250	300	1100/700	2,4	10450
	8	1365		255		2,0	3700		8	2105		360		2,4	11100
	10	1395		285		2,1	4050		10	2165		405		2,45	11700
6	12	1445		330		2,2	4350	**20**	12	2300		540		2,5	12150
	14	1490		375		2,3	4650		14	2350		590		2,6	12500
	16	1545		430		2,4	4900		16	2450		690		2,7	12850
	18	1585		470		2,5	5150		18	2500		740		2,8	13250

Elektrische Laufkrane der deutschen Maschinenfabrik A.-G. in Duisburg

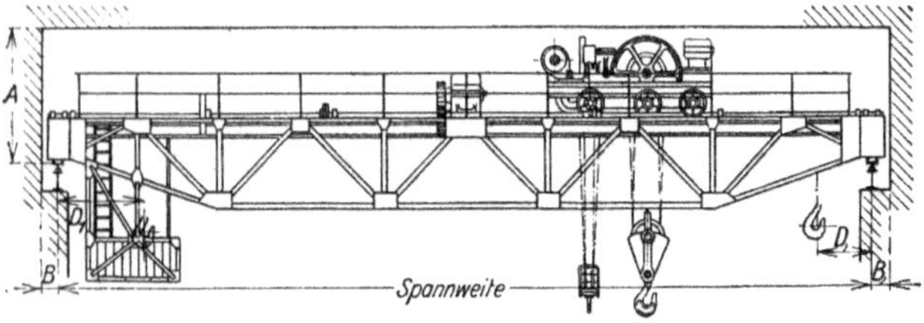

Tragkraft in t	Spannweite m	Gewicht des kompletten Krans kg: ohne Hilfshub	Gewicht des kompletten Krans kg: mit Hilfshub	Maße für das Durchgangsprofil in mm: A	B	C	D/D_1 mit Hilfshub	D/D_1 ohne Hilfshub	Radstand mm	Maximaler Raddruck pro Kranlaufrad kg	Laufschienenbreite mm
	10	10000		1600	200	400		850/750	2400	6000	50
	12	11000		.	.	.			.	6300	.
	14	12000		.	.	.			2600	6500	.
	16	13000		.	.	.		.	.	6800	.
	18	14100	ohne	.	.	.	ohne	.	2800	7100	.
5	20	15500	Hilfs-	.	.	.	Hilfs-	.	3000	7400	.
	22	17000	hub	1700	.	300	hub	.	3200	7800	55
	24	18500		.	.	.		.	3400	8100	.
	26	20200		.	.	.		.	3600	8500	.
	28	21900		.	.	.		.	3800	8900	.
	30	23700		.	.	.		.	4000	9300	.
	10	11200		1700	220	400		900/800	2600	7500	50
	12	12200		.	.	.			.	7800	.
	14	13400		.	.	.			.	8100	.
	16	14400		.	.	.		.	.	8400	.
	18	15800	ohne	.	.	.	ohne	.	2800	8800	.
7,5	20	17200	Hilfs-	.	.	.	Hilfs-	.	3000	9100	.
	22	19100	hub	1800	.	300	hub	.	3200	9500	55
	24	20900		.	.	.		.	3400	10000	.
	26	22500		.	.	.		.	3600	10300	.
	28	24500		.	.	.		.	3800	10700	.
	30	26600		.	.	.		.	4000	11300	.
	10	13000	15000	1800	230	400	900/1400	900/900	2800	9000	55
	12	14000	16100	.	.	.			.	9300	.
	14	15100	17300	.	.	.			.	9700	.
	16	16500	18700	.	.	.	.	.	.	10000	.
	18	18000	20200	.	.	.	.	.	.	10400	.
10/3	20	19600	21800	.	.	.	.	.	3000	10800	.
	22	21600	23900	1900	.	300	.	.	3200	11300	60
	24	23600	25800	.	.	.	.	.	3400	11800	.
	26	25600	27700	.	.	.	.	.	3600	12200	.
	28	27600	30000	.	.	.	.	.	3800	12800	.
	30	30000	32200	.	.	.	.	.	4000	13400	.
	10	13800	16000	1900	240	400	950/1450	950/1000	3000	10300	55
	12	15000	17100	.	.	.			.	10700	.
	14	16300	18500	.	.	.			.	11100	.
	16	17800	20000	.	.	.	.	.	.	11500	.
	18	19400	21600	.	.	.	.	.	.	12000	.
12,5/3	20	21100	23400	.	.	.	.	.	.	12500	.
	22	23300	25500	2000	.	300	.	.	3200	13000	60
	24	25200	27500	.	.	.	.	.	3400	13500	.
	26	27400	29600	.	.	.	.	.	3600	14000	.
	28	29600	32000	.	.	.	.	.	3800	14500	.
	30	32000	34400	.	.	.	.	.	4000	15100	.

Tragkraft in t	Spannweite m	Gewicht des kompletten Krans: ohne Hilfshub kg	Gewicht des kompletten Krans: mit Hilfshub kg	Maße für das Durchgangsprofil in mm: A	B	C	$\frac{D}{D_1}$ mit Hilfshub	$\frac{D}{D_1}$ ohne Hilfshub	Radstand mm	Maximaler Raddruck pro Kranlaufrad kg	Laufschienenbreite mm
15/3	10	16200	18300	2100	250	400	1000	1000	3200	12200	55
	12	17600	19700	.	.	.	1500	1100	.	12600	.
	14	19100	21200	.	.	.			.	13100	.
	16	20700	22900	.	.	.	.	.	.	13500	.
	18	22400	24600	.	.	.	.	.	.	14000	.
	20	24500	26600	.	.	.	.	.	.	14600	.
	22	26500	28700	2200	.	300	.	.		15200	60
	24	28500	30800	.	.	.	.	.	3400	15700	.
	26	30800	33000	.	.	.	.	.	3600	16200	.
	28	33200	35400	.	.	.	.	.	3800	16800	.
	30	36000	38000	.	.	.	.	.	4000	17400	.
20/5	10	18500	21000	2150	275	500	1050	1050	3400	15300	65
	12	20000	22500	.	.	.	1550	1100	.	15700	.
	14	21500	24100	.	.				.	16000	.
	16	23500	26000	.	.	.	.	.	.	16600	.
	18	25500	28000	.	.	.	.	.	.	17200	.
	20	27500	30000	.	.	.	.	.	.	17800	.
	22	30200	32800	2250	.	400	.	.	.	18500	.
	24	32500	35000	.	.	.	.	.	.	19100	.
	26	35000	37500	.	.	.	.	.	3600	19700	.
	28	37500	40000	.	.	.	.	.	3800	20300	.
	30	40000	42800	.	.	.	.	.	4000	20900	.
25/5	10	20100	23000	2200	275	600	1100	1100	3800	17800	65
	12	21800	24600	.	.	.	1600	1150	.	18400	.
	14	23500	26500	.	.	.			.	19000	.
	16	25500	28500	.	.	.	.	.	.	19500	.
	18	27600	30500	.	.	.	.	.	.	20100	.
	20	29600	32700	.	.	.	.	.	.	20700	.
	22	32600	35500	2300	.	500	.	.	.	21400	.
	24	35000	38000	.	.	.	.	.	.	22100	.
	26	37300	40500	.	.	.	.	.	.	22800	.
	28	40000	43200	.	.	.	.	.	.	23500	.
	30	43000	46200	.	.	.	.	.	4000	24200	.
30/7,5	10	22900	26000	2300	300	700	1200	1200	4000	20600	75
	12	24500	27800	.	.	.	1700	1150	.	21300	.
	14	26500	29600	.	.	.			.	22000	.
	16	28500	31600	.	.	.	.	.	.	22700	.
	18	30700	34000	.	.	.	.	.	.	23400	.
	20	33000	36200	.	.	.	.	.	.	24100	.
	22	35300	38600	2400	.	600	.	.	.	24800	.
	24	38000	41000	.	.	.	.	.	.	25400	.
	26	40700	44000	.	.	.	.	.	.	26100	.
	28	43500	47000	.	.	.	.	.	.	26800	.
	30	46700	50000	.	.	.	.	.	.	27600	.
40/7,5	10	27400	30800	2500	325	750	1300	1300	4000	26400	75
	12	29400	32800	.	.	.	1850	1400	.	27200	.
	14	31600	35100	.	.	.			.	28000	.
	16	33900	37400	.	.	.	.	.	.	28800	.
	18	36300	39700	.	.	.	.	.	.	29600	.
	20	38600	42000	.	.	.	.	.	.	30400	.
	22	41500	45000	2600	.	650	.	.	.	31200	.
	24	44300	47900	.	.	.	.	.	.	32000	.
	26	47100	50700	.	.	.	.	.	.	32700	.
	28	50200	53800	.	.	.	.	.	.	33500	.
	30	53500	57000	.	.	.	.	.	.	34300	.

Tragkraft in t	Spannweite m	Gewicht des kompletten Krans ohne Hilfshub kg	Gewicht des kompletten Krans mit Hilfshub kg	Maße für das Durchgangsprofil in mm A	B	C	$\frac{D}{D_1}$ mit Hilfshub	$\frac{D}{D_1}$ ohne Hilfshub	Radstand mm	Maximaler Raddruck pro Kranlaufrad kg	Laufschienenbreite mm
	10	32000	36900	2600	350	800	$\frac{1400}{2050}$	$\frac{1400}{1500}$	4200	31800	90
	12	33800	38900	.	.	.			.	32800	.
	14	36100	41100	.	.	..			.	33700	.
	16	38600	43700	.	.	.	.	.	.	34800	.
50/10	18	41400	46500	.	.	.	.	.	.	35700	.
	20	44200	49300	.	.	.	.	.	.	36700	.
	22	47800	53000	2700	.	700	.	.	.	37500	100
	24	51000	56000	.	.	.	.	.	.	38400	.
	26	54800	60000	.	.	.	.	.	.	39400	.
	28	58800	64000	.	.	.	.	.	.	40300	.
	30	62800	68000	.	.	.	.	.	.	41300	.
	10	36800	42300	2800	375	900	$\frac{1450}{2650}$	$\frac{1450}{1550}$	4400	37300	100
	12	39200	41600	.	.	.			.	38400	.
	14	42000	47300	.	.	.			.	39500	.
	16	44800	50300	.	.	.	.	.	.	40700	.
60/10	18	48000	53300	.	.	.	.	.	.	41900	.
	20	51500	57000	.	.	.	.	.	.	43100	.
	22	55400	61000	2900	.	800	.	.	.	44300	110
	24	59400	65000	.	.	.	.	.	.	45400	.
	26	64000	69500	.	.	.	.	.	.	46500	.
	28	68800	74200	.	.	.	.	.	.	47700	.
	30	73500	79000	.	.	.	.	.	.	48800	.
	10	42300	48300	3000	400	1000	$\frac{1500}{2750}$	$\frac{1500}{1600}$	4600	45000	110
	12	45200	51200	.	.	.			.	46700	.
	14	48200	54400	.	.	.			.	48400	.
	16	52200	58200	.	.	.	.	.	.	50000	.
75/15	18	56200	62300	.	.	.	.	.	.	51300	.
	20	60300	66400	.	.	.	.	.	.	52600	.
	22	65300	71600	3100	.	900	.	.	.	54000	120
	24	70300	76600	.	.	.	.	.	.	55400	.
	26	75500	81600	.	.	.	.	.	.	56700	.
	28	81200	87300	.	.	.	.	.	.	58200	.
	30	86800	93000	.	.	.	.	.	.	59700	.

E. Oberlichtkonstruktionen

Werden Teile des Daches mit Glas gedeckt, um dem darunter befindlichen Raum Licht zuzuführen, so nennt man diese Dachteile Oberlichten. Im wesentlichen sind zwei Fälle zu unterscheiden: 1. Die Glasfläche liegt selbst in der Dachfläche oder hebt sich nur wenig aus dieser heraus, Mansardenoberlicht oder flaches Oberlicht, Abb. 20a) bzw. 20b). 2. Die eingeschaltete Glasfläche bildet für sich ein kleines, oft abgewalmtes Satteldach, Raupenoberlicht, Abb. 21a), oder Scheitellaterne, Abb. 21b), genannt. Die Glasflächen der flachen Oberlichte sollen mindestens 25 cm über der Dachfläche liegen. Ebenso hoch muß mindestens der Saum der Raupenoberlichte oder der Scheitellaterne über den Dachflächen sich

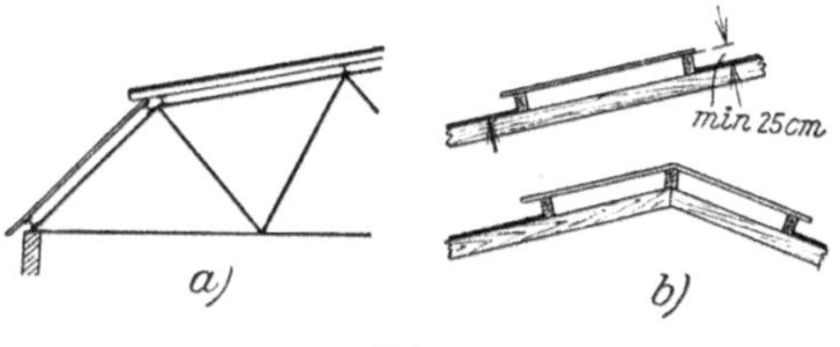

Abb. 20

erheben. Geringste Neigung für flache Oberlichten 1:3,5; wenn möglich, ist Neigung 1:1 oder mehr anzustreben.

Glas. Zur Verwendung gelangt entweder gegossenes Rohglas, Riffelglas (Schnürlglas) oder Drahtglas; geblasenes Glas nur sehr selten und bei kleinen Oberlichten. (Siehe „Baustoffe", S. 299.) Verlagsweite der Sprossen 50 bis 100 cm. Die Glasplatten werden als frei aufliegende Träger mit der Sprossenentfernung als Stützweite berechnet. Zulässige Beanspruchungen: Riffelglas $\sigma_{zul} = 90$ kg/cm², Drahtglas $\sigma_{zul} = 160$ kg/cm².

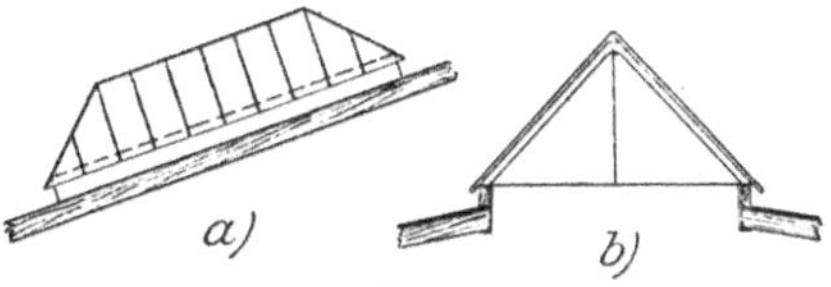

Abb. 21

Nimmt man die Belastung senkrecht zur Glasfläche im Mittel mit 130 kg/cm² an, so erhält man für die noch zulässige Sprossenentfernung e folgende Werte:

für Riffelglas (gegossenes Glas) $e = 96\,\delta$,
„ Drahtglas $e = 128\,\delta$,

wobei δ die Glasstärke bedeutet.

Bei großen Glasflächen müssen die Glastafeln gestoßen werden. Die Überdeckung beträgt bei geringen Neigungen 15 cm, bei größeren Neigungen 10 cm.

⊥-Sprossen. Bei Verlegung der Glastafeln in Kitt kommen ⊥-Sprossen (siehe die Tafel auf S. 316) in Verwendung. Zur Verwendung soll nur guter Miniumkitt kommen. Die Kittfalze sind nach Fertigstellung der Verglasung mit Leinölfarbe zu streichen.

Kittlose Sprossen. Im wesentlichen rinnenförmige Profile mit oder ohne angewalzte Schweißwasserrinne. Das Glas liegt auf einen bleiummantelten Jutestrick auf und wird durch federnde Deckschienen aus verzinktem Eisenblech mittels Messingschrauben an die Rinne angepreßt. Ein Beispiel bietet Abb. 22.

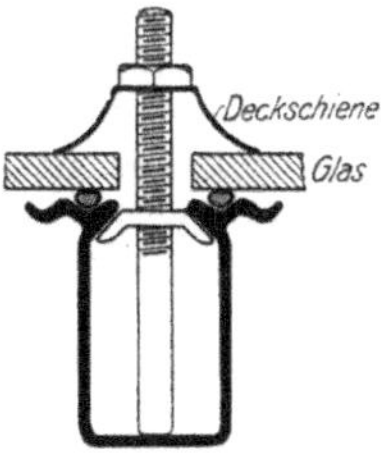

Abb. 22

V. Zwischendecken

A. Holzdecken

Verwendung bei Industriebauten, vielfach in Verbindung mit eisernen Trägern oder Unterzügen, im Wohnhausbau als Tramdecken oder Traversen-

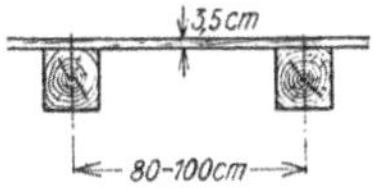

Abb. 23

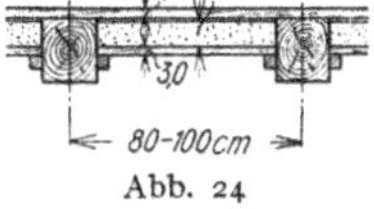

Abb. 24

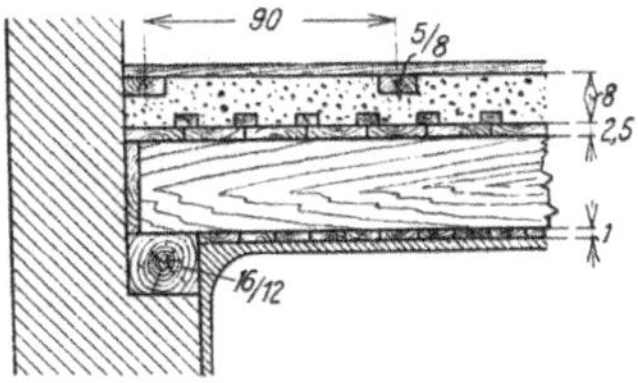

Abb. 25

Tramdecken. Abb. 23 zeigt die einfachste im Industriebau benützte Holzdecke mit einfachem oder doppeltem Bretter- oder Bohlenbelag. Abb. 24, eine Holzdecke mit Schuttschalung, aber nicht feuersicher. Übliche feuersichere Ausführung der Tramdecken im Wohnhausbau, Abb. 25. Geringste

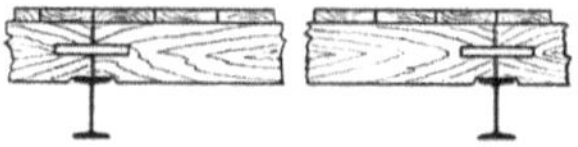

Abb. 26

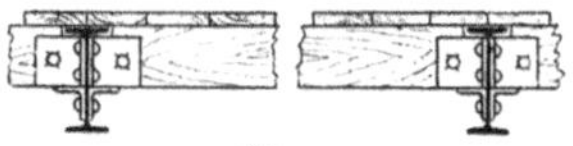

Abb. 27

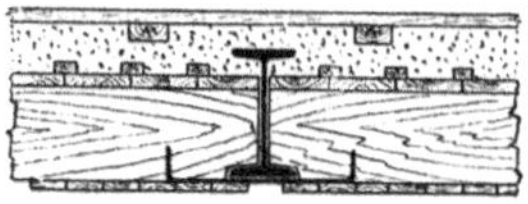

Abb. 28

Stärke der Schüttung (gerösteter Bauschutt, Schlacke, Kohlenlösche) 8 cm. Verlagsweite der Träme 80 bis 100 cm. Schuttschalung 2,5 bis 3 cm, Stukkaturschalung 1 cm.

Für eine Gesamtbelastung von 500 kg/m² (250 kg Nutzlast) ergeben sich folgende Tramabmessungen (Verlagsweite 90 cm):

Stützweite	2,25	2,50	2,75	3,00	3,25	3,50	3,75	4,00	4,25
Tramabmessung.......	$^{10}/_{16}$	$^{10}/_{16}$	$^{13}/_{16}$	$^{13}/_{18}$	$^{13}/_{18}$	$^{13}/_{21}$	$^{13}/_{24}$	$^{16}/_{21}$	$^{16}/_{24}$
Stützweite	4,50	4,75	5,00	5,25	5,50	5,75	6,00	6,25	6,50
Tramabmessung	$^{18}/_{24}$	$^{18}/_{24}$	$^{18}/_{26}$	$^{18}/_{26}$	$^{21}/_{26}$	$^{21}/_{26}$	$^{21}/_{28}$	$^{21}/_{28}$	$^{23}/_{28}$

Schuttschalungsstärke $d = 2{,}5\,e$, wenn d die Stärke in Zentimetern, e die Tramentfernung in Metern bedeutet. Siehe a. S. 416.

Traversen-Tramdecken. Im Industriebau legt man die Träme vielfach auf die Träger oder zwischen die Träger, Abb. 26 oder Abb. 27. Übliche Wohnhausdecke, Abb. 28, bei 2,5 bis 3 m Trägerentfernung.

B. Betondecken

1. Stampfbetondecken

Betonkappen zwischen Walzträgern. Sie werden auf Schalung hergestellt. Stützweite bis etwa 2 m, Pfeilhöhe $^1/_{10}$ bis $^1/_{12}$, der Spannweite, Abb. 29. Für 500 kg Nutzlast genügt 8 cm Scheitelstärke. Im Wohnhausbau für Kellerdecken gern verwendet.

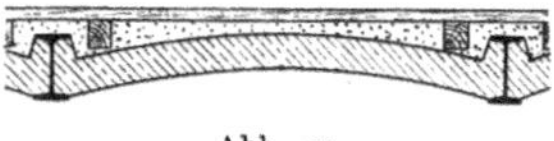

Abb. 29

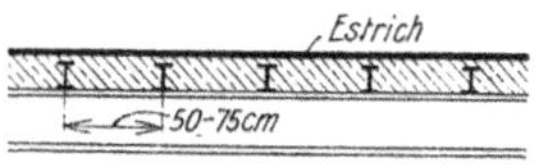

Abb. 30

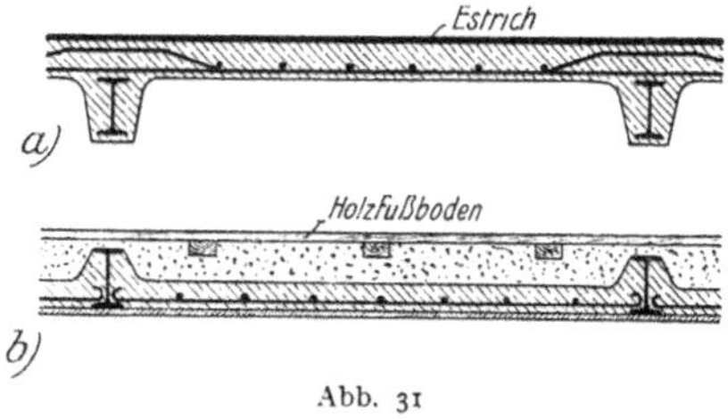

Abb. 31

Betonplatten zwischen Walzträgern, Abb. 30. Nur im Fabriksbau üblich. Trägerhöhen 8 bis 12 cm. Fußboden unmittelbar auf dem Beton. Entweder Bretter auf eingelassenen Polsterhölzern 4 × 6 oder zwei sich kreuzende Lagen aufeinandergenagelt oder Estrich.

2. Eisenbetondecken

Monierplatten zwischen eisernen Trägern entweder auf dem Oberflansch, Abb. 31 a), oder zwischen den Trägern, wenn ebene Untersicht gefordert wird, Abb. 31 b). Die nahe der Zugseite angebrachte Eiseneinlage besteht aus Drahtgeflecht oder Tragnetzblech. Durchführung am besten als richtige Eisenbetonplatte.

Koenensche Voutenplattendecke. Die Rundeiseneinlagen hängen kettenartig durch und sind um die Trägerflanschen gebogen, Abb. 32.

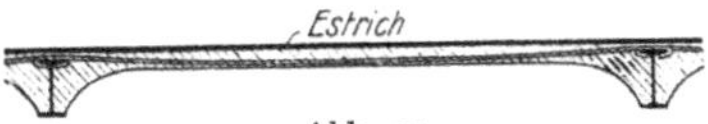

Abb. 32

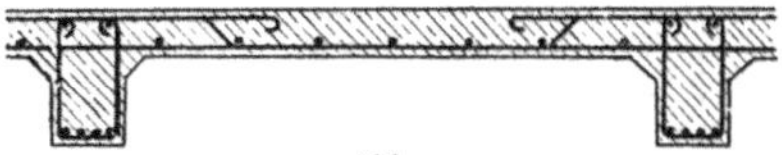
Abb. 33

Bei 10 cm Stärke in Feldmitte und 16 Rundeisen, Durchmesser 10 mm, für je 1 m Deckenlänge, reicht diese Decke, ohne Überschüttung, für folgende Nutzlasten aus:

250 kg/m^2	Nutzlast und	4,0 m	Trägerentfernung
500 ,,	,, ,,	3,3 ,,	,,
750 ,,	,, ,,	2,8 ,,	,,

Plattenbalkendecke. Eisenbewehrte Betonrippen bilden mit der eigentlichen Deckenplatte eine zusammenhängende, durch Rippen versteifte Platte, Abb. 33. Berechnung als Eisenbetontragwerk, siehe S. 344.

C. Steineisendecken

Kleinesche Decke. Scheitrechtes Gewölbe aus hoch oder flach gelegten Mauerziegeln nach Abb. 34 mit hochkant stehenden Flacheisen in den durchgehenden Längsfugen. 30 bis 50 mm hoch, 1 mm stark. Bei 15 cm Ziegelstärke in Wohnräumen bis 2,80 m Trägerentfernung zu verwenden.

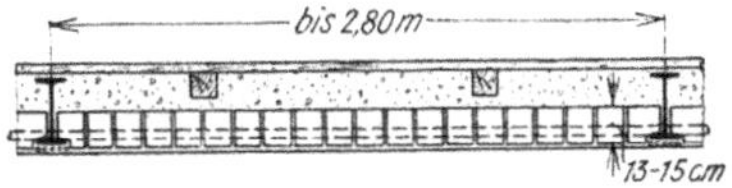

Abb. 34

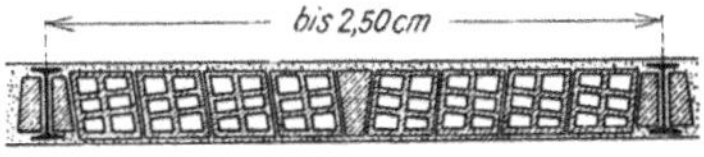

Abb. 35

Besser sind Hohlziegel oder poröse, leichte Ziegel (Schwemmsteine). Vermauerung mit verlängertem Zementmörtel (1 Teil Zement + 1 Teil Kalk + 5 Teile Sand).

Securadecke. Hohlsteine zwischen Trägern, Abb. 35. Für Wohnhausbauten genügen 12,5 cm hohe Steine bis 2,5 m Stützweite; Gewicht 260 kg/m^2.

VI. Dachdeckungen und Dachrinnen

A. Dachdeckungen

Die Dachneigung ist von der Art des Eindeckungsmaterials und von den örtlichen Schneeverhältnissen abhängig. Das Dach kann um so flacher sein, je fugenloser die Deckung ist. Bei großen Schneemengen (im Gebirge) sind steile Dächer zu empfehlen, um ein Abgleiten des Schnees zu ermöglichen. Sonst, wenn nicht architektonische Rücksichten maßgebend, möglichst flache Dächer mit möglichst fugenloser Deckung. Die nachstehende Tafel gibt die erfahrungsgemäß richtigen Dachneigungen für die gebräuchlichen Dachdeckungsmaterialien an:

Dachdeckungsart	Neigungswinkel α in Graden	tg α	
		untere Grenze	obere Grenze
Strohdach, Schindeldach	45 bis 53	1:1	1:0,75
Schieferdach (deutsche Deckung)	39 „ 90	1:1,25	1:0
„ (englische „)	22 „ 90	1:2,5	1:0
Eternitschiefer	18 „ 90	1:3	1:0
Ziegeldächer, Spließdach	45 „ 90	1:1	1:0
„ Doppeldach, Kronendach	34 „ 90	1:1,5	1:0
„ Dachpfannen	39 „ 90	1:1,25	1:0
„ Falzziegel	34 „ 90	1:1,5	1:0
Dachpappe, Ruberoid	3 „ 18	1:20	1:3
Holzzementdach	3 „ 6	1:20	1:10
Zinkdach	6 „ 18	1:10	1:3
Kupferdach	6 „ 90	1:10	1:0
Eisenwellblech	14 „ 27	1:4	1:2

1. Schieferdach

Bei großen Platten (englische Deckung) auf Latten $^4/_6$ gedeckt; bei kleinen Platten, sowie an den Säumen, Firsten, Graten, Ixen usw. ist Schalung $2^1/_2$ cm stark vorzusehen. Bei Deckung auf Schalung ist eine dünne Dachpappenlage sehr zweckmäßig, da sie das Dach vollständig dichtet. Abmessungen der Schieferplatten je nach Herkunft sehr verschieden.

Mährisch-schlesische Schiefer:

1. Schuppensteine:
2. Quadratschiefer: $^{21}/_{21}$ $^{23}/_{23}$ $^{26}/_{26}$ $^{28}/_{28}$ $^{31}/_{31}$ $^{34}/_{34}$ $^{36}/_{36}$ $^{40}/_{40}$ $^{47}/_{47}$;
3. Rechteckschiefer: $^{21}/_{31}$ $^{18}/_{36}$ $^{21}/_{42}$ $^{23}/_{47}$;

Übergriffe bei einfacher Deckung:	Neigung ..	1:1,5	1:1,25		1:1
	Übergriff .	11	8		7 cm
„ „ doppelter Deckung:	Neigung ..	1:2,5	1:2	1:1,5	1:1,25
	Übergriff .	9	8	7	6 cm

2. Eternitschieferdach

Ähnlich wie Dachschiefer zu verwenden, aber billiger. Eindeckung bei steileren Dächern auf Latten, bei flacheren auf Schalung, am besten mit Dachpappeunterlage. Größe der Dachplatten $^{30}/_{30}$ und $^{40}/_{40}$. Saum- und Firststeine $^{15}/_{30}$ und $^{20}/_{40}$. Übergriff bei einfacher Deckung je nach Dachneigung 7, 8, 9 cm.

Lattenentfernung bei einfacher Deckung:

Plattengröße	40 cm	30 cm	
Franz. Deckung (Lattenentferng.)	21 bis 23 cm	14 bis 16 cm	($\ddot{u} = 9$ bis 7 cm)
Deutsche Deckung „	31 „ 33 „	21 „ 23 „	($\ddot{u} = 9$ „ 7 „)

Lattenentfernung bei doppelter Deckung:

Plattengröße	40 cm	30 cm	
Lattenentfernung	16,5 bis 17,5 cm	11,5 bis 12,5 cm	($\ddot{u}$ = 7 bis 6 cm)

Für den Quadratmeter eingedeckter Fläche benötigt man je nach Übergriff bei einfacher Deckung 9 bis 10,5 Stück 40 cm- oder 19 bis 23 Stück 30 cm-Platten. Bei Doppeldeckung sind die bezüglichen Zahlen 14 bis 15 Stück bzw. 27 bis 29 Stück. 100 Stück $^{40}/_{40}$ Steine wiegen 140 kg und 100 Stück $^{30}/_{30}$ Steine 78 kg. Der Quadratmeter Deckung wiegt bei einfacher Deckung 15 bis 18 kg, bei Doppeldeckung 20 bis 24 kg.

3. Ziegeldach

a) Biberschwanzdach (Flachziegel, Dachtaschen). Die Größe der Ziegel schwankt zwischen 35 bis 45 cm Länge und 15 bis 26 cm Breite. Die Dicke beträgt 1,2 bis 1,5 cm. Deutsches Normalformat 36,5×15,5×1,2 cm. Die Ziegel werden mit 1×1×1 cm großen Nasen an die Latten gehängt. Die Fugen werden mit Weißkalkmörtel, dem tierische Haare beigemengt werden, verstrichen.

Einfache Deckung (Spließdach) nur für untergeordnete Bauten, Abb. 36. Lattenentfernung l — 15 cm, wenn l die Ziegellänge ist. Lattenstärke 4×6,5 cm. Für den Quadratmeter Dachfläche werden etwa 35 Ziegel, Normalformat und 5,5 m Latten benötigt. Die nicht überdeckten Stellen werden durch 5 cm breite Brettchen von untenher gedeckt oder mit Dachpappestreifen unterlegt. Siehe Abb. 36. Saum und First erhalten doppelte Ziegelscharen. Gewicht für den Quadratmeter Dachfläche einschließlich Latten und Sparren 90 kg.

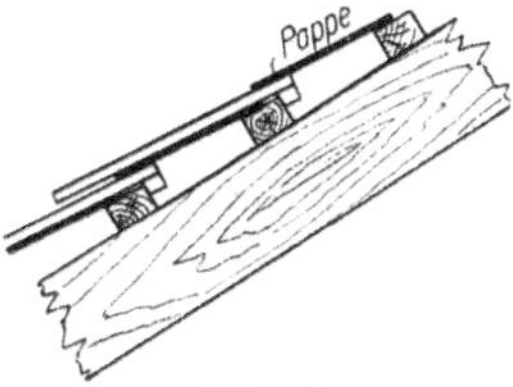

Abb. 36

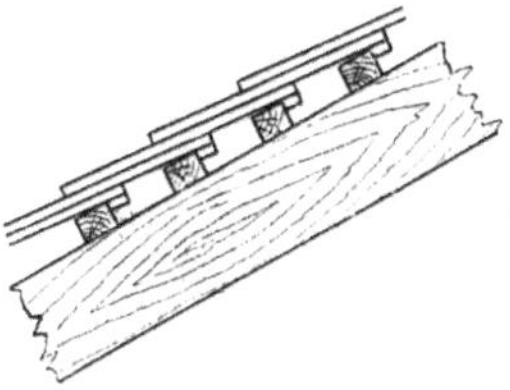
Abb. 37

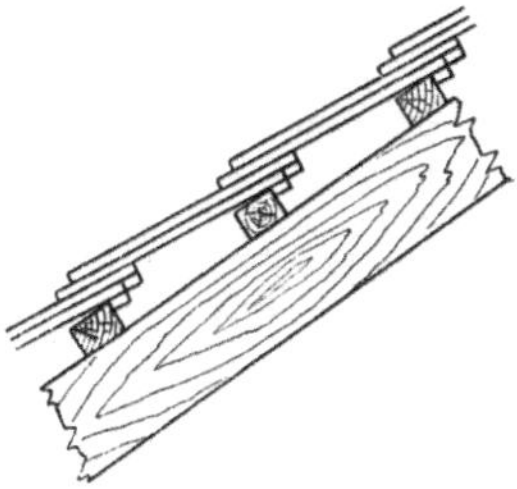
Abb. 38

Doppelte Deckung. Die Latten liegen so dicht, daß an jeder Stelle mindestens zwei Ziegel übereinander sitzen. Abb. 37, Lattenabstand $^1/_2$ (l — 5 cm). Für den Quadratmeter Dachfläche sind 7 m Latten und 50 Stück Ziegel, Normalformat, erforderlich. Sehr dichte Deckung. Gewicht einschließlich Latten und Sparren 120 kg/m².

Kronendach. Die Latten liegen in großen Abständen, etwa 30 cm, die Ziegel aber in zwei Scharen voll auf Fug aufeinander. Abb. 38, Latten 5×8 cm. Für 1 m² Dachfläche sind 3,5 m Latten und 53 Ziegel (Normalformat) erforderlich. Gewicht einschließlich Latten und Sparren 130 kg/m².

Die Firsteindeckung und Grateindeckung erfolgt in allen Fällen mit Hohlziegeln von konischer Form, sogenannten Firstziegeln.

b) Falzziegeldach. Die Dichtung dieses Daches wird durch ineinandergreifende Falze bewirkt. Die Falzziegel können daher in einfacher Deckung ohne Mörtel verlegt werden. (Leichtes Ziegeldach.) Falzziegeldächer können mit geringerer Neigung ausgeführt werden als Biberschwanzdächer. Länge der Falzziegel 38 bis 40 cm, Lattenentfernung 30 bis 34 cm. Für 1 m² Dachfläche sind 3 m Latten und 16 Stück Ziegel erforderlich. Pro Quadratmeter sind mindestens 3 Ziegel mittels Draht mit den Latten zu verhängen. Falzziegel werden in der Regel ohne Mörtel verlegt. Gewicht 60 kg/m² einschließlich Latten und Sparren.

c) Dachpfannen. Im Querschnitt ∾-förmige Dachziegel. Die Fugen werden mit Haarmörtel verstrichen. Von Vorteil ist der rasche Wasserablauf. Die Dachpfannen sind meist 26 cm breit, 34 bis 42 cm lang. Lattenentfernung 24 bis 32 cm. Auf die Sparren wird ein 2 bis $2^1/_2$ cm starke, sich je 5 cm übergreifende Schalung genagelt, auf der in Richtung der Sparren in 1,25 m Abstand Bretter 16/2,5 sitzen, die die eigentlichen Latten tragen.

4. Dachpappedach

Im Industriebau häufigst verwendete Eindeckungsart, da sehr leicht und billig und äußerst geringe Dachneigungen bis 1:20 zulässig sind. Über Dachpappe siehe „Baustoffe", S. 300. Einfache schlichte Deckung nur selten, für vorübergehende Baulichkeiten. Normal: doppelte Deckung schlicht oder einfache Deckung auf Leisten.

Einfache schlichte Deckung. Die Bahnen liegen parallel zur Traufe, der untere Rand der untersten Bahn ist 3 bis 4 cm umgekantet und an der Dachschalung angenagelt. Übergriffe geklebt, 8 bis 10 cm. An den Giebeln wird die Pappe über Dreieckleisten hochgezogen und nach abwärts gebogen, Abb. 39. Nach der Fertigstellung wird das Dach zumindest an den Nähten, besser aber vollständig mit Dachlack gestrichen. Erneuerung des Anstriches alle zwei Jahre. Neigung nicht steiler als 1:3, da bei Sonnenbestrahlung der Teer sonst abfließt.

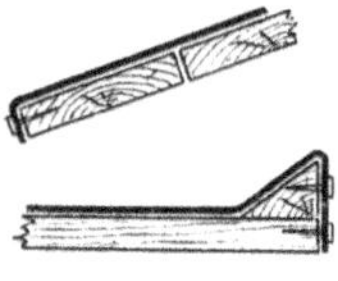

Abb. 39

Doppelte Deckung. Für die untere Lage wird eine unbesandete Pappe verwendet, die in Lagen parallel zum Saum mit 10 cm Übergriff aufgebracht, an den Nähten genagelt und geklebt wird. Darüber kommt eine zweite Lage, meist schwächere Dachpappe, die Bahnen voll auf Fug zu den unteren Lagen. Die obere Lage wird auf die untere mittels eines Asphaltklebemittels in der ganzen Fläche aufgeklebt. Die Nähte werden genagelt. Schließlich erhält die ganze Dachfläche einen Anstrich mit Dachlack. Sehr dauerhaftes und dichtes Dach.

Deckung auf Leisten. Auf die Dachschalung werden Dreikantleisten senkrecht zum First in 98 cm Abstand genagelt, zwischen den Leisten die einzelnen Dachpappebahnen eingebracht und die Stöße nach Abb. 40 durch 10 cm breite Pappestreifen gedeckt. Die Deckstreifen werden mit heißem Asphalt überzogen und schließlich die ganze Dachfläche mit Dachlack angestrichen.

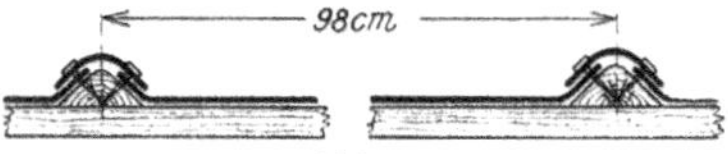

Abb. 40

An Stelle der Dachpappe kann **Ruberoid** verwendet werden. Eindeckung einfach schlicht oder mit einer Lage Dachpappe als Unterlage oder auf Leisten.

5. Zinkblechdach

Zur Eindeckung werden gewöhnlich die Stärken Nr. 12 oder 13 (siehe „Baustoffe", S. 301) verwendet. Die Eindeckung erfolgt: 1. als Falzdeckung mit stehendem Falz für die Nähte ⊥ zum First, Abb. 41a), und mit liegendem Falz für die Nähte // zum First. Abb. 41b). Für 1 m² Dachfläche sind rund 1,1 m² Blech notwendig; 2. als Leistendeckung, die teurer, aber besser ist. Die Leisten laufen ⊥ zum First. Siehe Abb. 42. Abstand der Leisten etwa 94 cm, damit mit 1 m breiten Blechtafeln das Auslangen gefunden werden kann. Die Hafte *H* sind 5 cm breit und aus starkem Blech, Nr. 14 bis 16, angefertigt. Sie werden in etwa 50 cm Entfernung angeordnet.

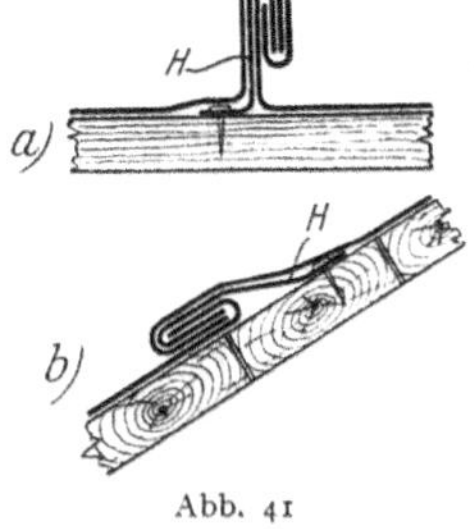

Abb. 41

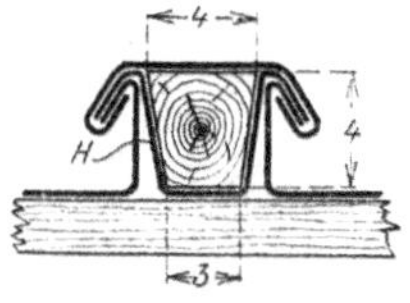

Abb. 42

6. Holzzementdach

Das Holzzementdach gehört zu den schweren Dächern, doch ist es wegen seiner geringen Neigung und wegen des guten Wärmeschutzes, den es bietet, sehr beliebt. Die Erhaltungskosten sind sehr gering. Die Eindeckung, die auf glatter Holzschalung oder Betonplatten aufgebracht werden kann, besteht aus vier Lagen von zähem Rollenpapier, zwischen denen eine Klebemasse, Holzzement (siehe „Baustoffe", S. 300), aufgebracht wird. Die unterste Lage ist nicht auf der Unterlage aufgeklebt. Beschwert und geschützt werden diese Papierlagen durch eine 6 bis 10 cm hohe Kiesschichte. Der Saum wird durch eine den Wasserabfluß ermöglichende, also durchbrochene Kiesleiste gebildet. Abb. 43.

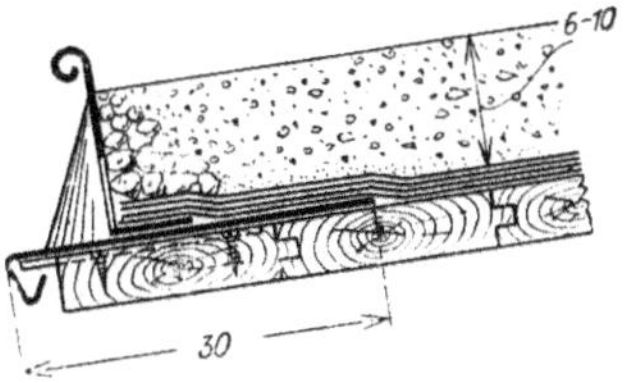

Abb. 43

B. Dachrinnen und Abfallrohre

Die Rinnen werden meist aus verzinktem Eisenblech, 0,65 bis 0,75 mm stark, oder aus Zinkblech Nr. 13 bis 14 hergestellt, Abfallrohre aus Zinkblech Nr. 13 bis 15 oder verzinktem 0,75 mm starken Eisenblech. Als Nutzquerschnitt der Rinnen rechnet man 1 bis 1,5 cm² für je 1 m² zu entwässernder Dachfläche. Rinnen sind im Gefälle von etwa 0,5 bis 1 cm auf 1 m Länge zu legen. Außenkante der Rinnen stets tiefer als Innenkante. Entfernung der Abfallrohre 15 bis 20 m, höchstens 30 m. Durchmesser der Abfallrohre nicht unter 12 cm.

VII. Künstliche Beleuchtung

A. Lichtstrom, Lichtstärke und Beleuchtungsstärke

Lichtstrom. Die von einer Lichtquelle in der Sekunde ausgehende Lichtmenge wird als Lichtstrom Φ bezeichnet und in Lumen (Abkürzung *Lm*) gemessen. Eine Lichtquelle von der Stärke einer Hefnerkerze (Abkürzung *HK*) sendet $4\pi\,Lm = 12{,}56\,Lm$ aus.

Lichtstärke J ist das Verhältnis des in einem bestimmten Raumwinkel ω ausgestrahlten Lichtstromes Φ zu diesem Raumwinkel. Also $J = \frac{\Phi}{\omega}$. Im allgemeinen wird eine Lichtquelle in den verschiedenen räumlichen Richtungen verschiedene Lichtstärke haben; man spricht in einem solchen Falle von mittlerer räumlicher Lichtstärke J_0 und versteht darunter den Mittelwert der in den verschiedenen Richtungen ausgestrahlten Lichtstärke. Da der volle Raumwinkel 4π beträgt, so besteht die Beziehung $\Phi = 4\pi J_0$ oder $J_0 = \frac{\Phi}{4\pi}$. Eine Hefnerkerze hat die mittlere räumliche Lichtstärke $J_0 = 1$, somit ergibt sich der gesamte Lichtstrom einer Hefnerkerze mit 4π Einheiten des Lichtstromes.

Beleuchtungsstärke. Die Helligkeit einer beleuchteten Fläche, die Beleuchtungsstärke E, wächst proportional mit der Größe des sie treffenden Lichtstromes Φ und nimmt verkehrt proportional mit der Größe der beleuchteten Fläche F ab. Sonach gilt $E = \frac{\Phi}{F} = \frac{J}{r^2}$. Die Einheit der Beleuchtungsstärke heißt Lux. Sie ist definiert durch die Helligkeit einer Fläche, auf welcher in jedem m² ein Lichtstrom von 1 Lumen auftrifft.

B. Elektrische Lampen

Derzeit spielt die elektrische Beleuchtung gegenüber allen anderen Arten der Beleuchtung, wie Leuchtgas, Azetylen usw., eine so hervorragende Rolle, daß wir uns hier nur auf die Besprechung der elektrischen Lampen beschränken. Für die Beleuchtung kommen in Betracht: Bogenlampen und Glühlampen. Seit Einführung der Gasfüllungslampe (Halbwattlampen) tritt aber die Bogenlampe immer mehr und mehr in den Hintergrund. Die Leistung einer elektrischen Lampe wird entweder durch den Verbrauch an elektrischer Energie in der Zeiteinheit, Wattverbrauch, gekennzeichnet oder durch die Nennlichtstärke, d. i. die in horizontaler Richtung gemessene Lichtstärke der Lampe, die z. B. bei Kohlen- und Metallfadenlampen rund 20 v. H. höher ist, als die mittlere räumliche Lichtstärke. Man erhält daher bei Kohlen- und Metallfadenlampen die Größe des ausgesendeten Lichtstromes in *Lm*, wenn man die Nennkerzenstärke mit 12,56 (1,0—0,2) $\cong$ 10 multipliziert. Eine 32, 50 100-kerzige Metallfadenlampe liefert sonach einen Lichtstrom von 320, 500, 1000 *Lm*. Über den von Halbwattlampen verschiedener Größe ausgesendeten Lichtstrom gibt nachstehende Tafel Auskunft.

Lampen mit normaler Edisonfassung					Lampen mit Goliathfassung				
Watt	Betriebsspannung				Watt	Betriebsspannung			
	100—130 *V*		200—230 *V*			100—130 *V*		200—230 *V*	
	Lumen	*HK*	Lumen	*HK*		Lumen	*HK*	Lumen	*HK*
40	450	37	—	—	300	5600	450	5000	400
60	750	62	—	—	500	10000	800	9200	750
75	1050	82	850	68	750	15000	1200	14000	1150
100	1500	120	1250	100	1000	21000	1650	19000	1550
150	2500	200	2100	170	1500	32000	2600	30000	2400
200	3500	275	3000	250					

Halbwattlampen zeigen sonach einen Verbrauch von 0,9 bis 0,55 *W/HK*.

Die Wirtschaftlichkeit einer elektrischen Lampe wird am besten durch das Verhältnis des ausgesendeten Lichtstromes in *Lm* zum Wattverbrauch gekennzeichnet. Dieses Verhältnis beträgt bei:

Kohlenfadenlampe .... 2,4—3,6 *Lm*/Watt
Tantallampen .... 6,7 „
Wolframlampen .... 9—10 „

Gasfüllungslampen:

10 Amp. .... 23 *Lm*/Watt
3 „ .... 21 „
1 „ .... 16 „
0,4 „ .... 14 „

C. Allgemeine Grundsätze der Raumbeleuchtung

Man unterscheidet: Allgemeinbeleuchtung, Arbeitsplatzbeleuchtung, Notbeleuchtung und Außenbeleuchtung.

a) **Allgemeinbeleuchtung.** Es wird die ganze Fläche des Raumes von oben her tunlichst gleichmäßig beleuchtet. Sie kommt für sich allein überall dort in Betracht, wo die menschliche Tätigkeit nicht an ganz bestimmte Stellen gebunden ist. Große Fabriksräume, Versammlungsräume, Schulräume, Montagehallen, Magazine usw. Zur Verwendung gelangen hiebei Bogenlampen oder starke Halbwattlampen.

β) **Arbeitsplatzbeleuchtung.** Örtliche Beleuchtung der eigentlichen Arbeitsplätze, Schreib- und Zeichentische, Werkbänke, Maschinen. In der Regel wird die Arbeitsplatzbeleuchtung noch mit einer schwächeren Allgemeinbeleuchtung vereinigt, um den ganzen Arbeitsraum mit Rücksicht auf den Verkehr von Menschen und Material und wegen der Überwachung aufzuhellen. Zur Verwendung gelangen meist Metallfadenlampen oder neuerdings schwächere Halbwattlampen.

γ) **Nachtbeleuchtung.** Ein Teil der Allgemeinbeleuchtung wird für sich schaltbar als Nachtbeleuchtung (Beleuchtung der Räume außerhalb des Betriebes) eingerichtet, um jederzeit eine, wenn auch notdürftige Übersicht über die Räume zu ermöglichen.

δ) **Außenbeleuchtung.** Allgemeinbeleuchtung der Straßen, der Zufuhr- und Abfuhrwege, der Arbeitshöfe und Lagerplätze in Fabriken. Verwendet werden Bogenlampen oder Halbwattlampen.

Man unterscheidet weiters:

α) Direkte Beleuchtung, wenn der Lichtstrom überwiegend mittels entsprechend großer Schirme (Reflektoren) in den unteren Halbraum der Lampe geworfen wird. Kommt in Betracht: Bei Hallen mit nicht reflektierender Decke, vielen Oberlichten, großen Fensterflächen, da Glasflächen das Licht durchlassen, also nicht reflektieren, sonach wie schwarze Flächen wirken, und für örtliche Beleuchtung. Das Licht ist durch starke Schattenbildung gekennzeichnet, was u. a. bei Feinarbeiten, wie Nähen, Weben, Gravieren usw., erwünscht sein kann.

β) Halbindirekte Beleuchtung. Das Licht wird durch eine unterhalb der Lampe angebrachte lichtstreuende Schale zum Teil nach unten durchgelassen, zum überwiegenden Teil aber gegen die Decke reflektiert, von wo aus es in den Arbeitsraum zurückgeworfen wird. Anwendungsmöglichkeit bei Räumen mit glatter, hellgestrichener Decke, hellgefärbten Wänden, ohne Oberlichten, bei guter Reinhaltung der reflektierenden Flächen. Die halbindirekte Beleuchtung ist durch schwach ausgeprägte Schatten gekennzeichnet.

γ) Indirekte Beleuchtung. Der ganze Lichtstrom wird durch geeignete Reflektoren in den oberen Halbraum der Lampe geworfen und von der hellgefärbten Decke nach unten reflektiert. Anwendungsmöglichkeiten wie unter β); Schattenbildung sehr gering. Siehe a. „Elektrotechnik", S. 687.

Die **erforderliche Beleuchtungsstärke** hängt von der Art der im Arbeitsraum zu verrichtenden Arbeit ab. Die nachstehende Aufstellung gibt die nach neuesten Erfahrungen erwünschte Beleuchtungsstärke in Lux in Arbeitshöhe an.

1. Äußerst feine Arbeiten: Gravieren, Holzschneiden, Lithographie, Feine Webarbeiten usw.	120 bis 150 Lux
2. Feine Arbeiten: Zeichnen, Feinmechanik, Weben, Nähen usw.	90 „ 120 „
3. Weniger feine Arbeiten: Schreibsäle, u. ähnl.	60 „ 90 „
4. Gröbere Arbeiten, Lesen: Arbeiten bei Werkzeugmaschinen, Schlosserei, Druckerei, Tischlerei, Elektrotechnik, Montage, grobe Webarbeiten, Lesesäle, Schulräume, Restaurationsräume u. ähnl.	40 „ 60 „
5. Grobarbeiten: Gießerei, Schmiede, Walz- und Hammerwerke u. ähnl.	15 „ 30 „
6. Wohnräume	10 „ 30 „
7. Lagerräume, Stiegen und Gänge	10 „
8. Straßen, Lagerplätze	3 „ 5 „
9. Not- oder Nachtbeleuchtung außer Betrieb	0,5 „

Wirkungsgrad einer Beleuchtungsanlage. Nicht der ganze von den Lichtquellen ausgehende Lichtstrom gelangt zu den Arbeitsplätzen, da ein Teil des Lichtstromes von den Wänden und der Decke verschluckt oder durch Fenster und Oberlichten ins Freie tritt. Unter Wirkungsgrad η versteht man das Verhältnis des ausgenützten Lichtstromes zu dem gesamten von den Lichtquellen ausgesendeten Lichtstrom. Ist E die erforderliche Beleuchtungsstärke in Lux, F die in Betracht kommende Arbeitsfläche in m², so ist der notwendige Lichtstrom Φ in Lumen, der von den Lichtquellen auszusenden ist, $\Phi = \frac{E\,F}{\eta}$.

Über die Größe des Wirkungsgrades η macht Halbertsma[1]) folgende Angaben:

Räume mit weißer Decke und hellen Wänden:

Beleuchtung halbindirekt oder direkt mit lichtstreuender Glocke . . . . . . η = 0,45 bis 0,50
Beleuchtung indirekt . . . . . . η = 0,35 „ 0,40

Werkstätten mit reflektierender Decke:

Beleuchtung direkt mit Reflektoren . . . . . . η = 0,30 „ 0,35
„ halbindirekt . . . . . . η = 0,30

Werkstätten ohne reflektierende Decke:

Beleuchtung direkt mit lichtstreuenden Glocken . . . . . . η = 0,25 „ 0,30

Schmieden, Gießereien:

Beleuchtung direkt mit lichtstreuenden Glocken . . . . . . η = 0,15 „ 0,20

D. Berechnungsgang einer Beleuchtungsanlage

Ist man sich über die in den einzelnen Werkstätten- und Bureauräumen erforderliche Beleuchtungsstärke E in Lux klargeworden (siehe die Zusammenstellung über die erforderliche Beleuchtungsstärke oben, S. 449), so berechne man für die Fläche des betreffenden Arbeitsraumes oder für einen aliquoten Teil desselben (bei Hallen z. B. für ein Binderfeld) den notwendigen Lichtstrom nach der Formel $\Phi = \frac{EF}{\eta}$. Wirkungsgrad η entnehme man der vorangehenden Aufstellung. Kommen bloß Metallfadenlampen in Betracht, so dividiere man die gewonnene Zahl Φ mit 10, um so die totale Lichtstärke der Glühlampen zu erhalten, woraus man bei angenommener Verteilung und Zahl der Lampen die Lichtstärke einer Lampe leicht berechnet. Bei Halbwattlampen, deren Leistungsverbrauch in Watt gegeben ist, benütze man Tafel auf S. 448, aus der unmittelbar mit der berechneten Lichtstromgröße Φ in *Lm* die notwendige Lampengröße, wenn notwendig nach vorhergehender Teilung durch die angenommene Lampenzahl, entnommen werden kann. Bei Halbwattlampen verwende man tunlichst große Einheiten, da die Wirtschaftlichkeit derartiger Lampen mit der Ampèrezahl wächst.

Man ordnet die Lampen in größeren Räumen zu Zwecken der Allgemeinbeleuchtung tunlichst hoch an und wählt ihre horizontale Entfernung je nach Art der benützten Glocken bei direkter Beleuchtung mit etwa 0,5 bis 0,7 der Aufhänghöhe. In der Regel wird man in einen Hallenstreifen von 8 bis 10 m Breite eine Lampenreihe anordnen. Bei mehreren Lampenreihen in breiten Hallen versetzt man die Lampen in den einzelnen Reihen gegeneinander, um gleichmäßigere Beleuchtung zu erzielen.

[1]) Dr.-Ing. N. A. Halbertsma, Fabriksbeleuchtung, München, 1918

Brückenbau

bearbeitet von

Prof. Dr. Ing. h. c. **J. Melan**, Prag

I. Angreifende Kräfte

1. Eigengewicht der hölzernen und eisernen Brücken

A. Eisenbahnbrücken

Gleis und Fahrbahndecke

	Kilogramm für den Meter Gleis: Haupt-bahn	Neben-bahn	Schmalspur-bahnen
a) ohne Durchführung der Bettung:			
Schienen samt Kleineisenzeug	100—120	70—80	45—60
Schwellen und Bedielung ...	550	500	300

	Hauptbahnen
b) mit Durchführung der Bettung:	
Schienen samt Kleineisenzeug und Schwellen	220—250
Bettung und seitliche Bedielung bei 3,3 m Breite des Bettungskoffers und einer Bettungshöhe über Oberkante der Fahrbahnplatte von 25 cm	2000
von 35 „	2700

Hölzerne Brücken

Gewicht der Träger (verzahnte oder verdübelte Träger) einschließlich Querverband und Windstreben bei der Spannweite l

		Kilogramm für den Meter Gleis
bei fehlender Schotterbettung	Hauptbahnen	$300 + 75\,l$
	Nebenbahnen	$250 + 65\,l$
	Schmalspurbahnen	$180 + 50\,l$

Eiserne Brücken

a) Gleis und Fahrbahndecke, wie oben.

b) Fahrbahnträger, einschließlich ihrer Verstrebung.

Nach Entwurf zu rechnen. Ist M in Tonnenmetern das von einem Träger aufzunehmende größte Biegungsmoment, so kann man dessen Gewicht in Kilogramm pro Meter ungefähr setzen:

Walzträger (österr. Normalprofil)

bei $s = 750$ kg/cm² .... wenn $M < 8$ t/m... $g = 17 + 8\,M$

„ $M > 8$ t/m... $g = 36 + 5{,}3\,M$

Blechträger bei $h = \frac{1}{10}\,l$ und $s = 800$ kg/cm²... $g = 9\,l + 18\,\frac{M}{l}$

„ $h = \frac{1}{7}$ bis $\frac{1}{8}\,l$ .... $g = 12\,l + 16\,\frac{M}{l}$

M größtes Moment in Tonnenmetern, l Spannweite in Metern.

Überschlägig kann man für das Gewicht der Fahrbahnträger samt ihrer Verstrebung annehmen:

a) ohne Durchführung der Bettung

		Hauptträger-abstand	Hauptbahnen	Nebenbahnen
			Kilogramm pro Meter Brückenlänge	
eingleisig	Bahn oben	3,0 m	360	250
		3,5 m	420	300
	Bahn unten	4,8 m	580	420
		5,0 m	630	470
zweigleisig	Bahn oben	5,4 m	900	
	Bahn unten	8,0 m	1400	
		8,5 m	1500	

b) mit Durchführung der Bettung
Fahrbahnträger und Fahrbahntafel

		Hauptträger-abstand	
eingleisig	Bahn oben	3,0 m	620
		3,5 m	700
	Bahn unten	4,8 m	850
		5,0 m	880

Die Angaben gelten für Verkehrslasten, wie sie durch die österreichische Brückenverordnung vom Jahre 1904 vorgeschrieben wurden. Bei Zugrundelegung schwererer Belastungszüge ist das Fahrbahnträgergewicht zu erhöhen, und zwar:

für den Lastenzug mit 7 achsigen Lokomotiven zu je 25 t Achslast um 20 v. H.

für den Lastenzug mit 6 achsigen Lokomotiven zu je 20 t Achslast um 5 v. H.

c) Quer- und Windverband. Nach Entwurf oder überschlägig nach folgenden Angaben:

	Hauptträger-abstand m	bei der Stützweite l (Meter) kg pro m Stützweite
oben liegende Bahn	1,8—2,0	$60 + 2{,}5\,l$
	3,0	$100 + 2{,}5\,l$
	3,5	$120 + 2{,}5\,l$
unten liegende Bahn	4,8—5,0	$80 + 2{,}5\,l$
	8,0	$150 + 3{,}0\,l$
	9,0	$200 + 3{,}0\,l$

d) Hauptträger. Allgemeine Ermittlung (auch für Straßenbrücken giltig).

Bezeichnet G_f das Gesamtgewicht der Fahrbahn und der Querkonstruktionen einer Brücke,
S_f und S_p die Stabkräfte in den Hauptträgern für die Wirkung von G_f und für die Wirkung der Verkehrslast,
V_f und V_p die daraus mit der Inanspruchnahme s ermittelten Rauminhalte der Hauptträger,
so bestimmt sich bei n Hauptträgern ihr Gewicht aus

$$G_h = \frac{10{,}66\,(V_f + V_p) + 0{,}15\,n\,l}{1 - 10{,}66\,\dfrac{V_f}{G_f}}$$

Sämtliche Maße auf Tonnen und Meter bezogen.

Für Balkenfachwerksträger wird danach mit $s = 800$ kg/cm² und $n = 2$ die Näherungsformel erhalten:

$$g_h = \frac{(g_f + 1{,}25\,p)\,l + 105}{350 - l}$$

Hierin ist auf den Meter Brückenlänge bezogen:

g_f das Gewicht der Fahrbahn und Querkonstruktionen,
p die Verkehrslast,
g_h das Gewicht der Hauptträger in Tonnen.

Überschlägig kann g_h auch mit nachstehenden Hundertteilen von $(g_f + 1{,}25\,p)$ angenommen werden:

l = 15 20 25 30 35 40 45 50 60 70 80 90 100 m
g_h = 7,0 9,0 11,0 13,0 15,0 17,0 19,1 21,5 26,2 31,3 36,9 43,1 50,0% von $(g_f + 1{\cdot}25\,p)$.

Dabei ist normale Bauart, richtige Trägerhöhe, gerades Gleis vorausgesetzt.

e) Gesamtgewicht.

Gewichte eingleisiger Brücken der preußischen Staatsbahnen nach Dircksen

Mit Zugrundelegung des alten Verordnungslastenzuges und der Berechnungsvorschriften vom Jahre 1903

Bauart der Brücke	Stützweite in m	Hauptträgerabstand m	Eisengewicht Kilogramm für den Meter Brückenlänge: Hauptträger mit Querverband, Windverband und Lager	Eisengewicht: Fahrbahnrost	Fahrbahn: Schienen, Schwellen, Bedielung oder Bettung kg/m	Gesamtes Eigengewicht einschließlich Fahrbahn kg/m	$\frac{l}{h}$
	A. Brücken ohne Schotterbettung						
Blechträger, Bahn oben 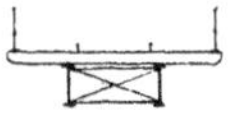	10 bis 25	1,8	240 + 54 l	—	640	880 + 54 l	$\frac{1}{10}$
		2,0	240 + 54 l	—	775	1015 + 54 l	
Blechbrücken, Bahn versenkt 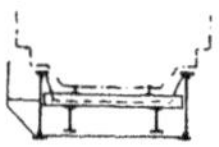	10 bis 25	3,0	270 + 44 l	380	595	1245 + 44 l	$\frac{1}{10}$
		3,3	270 + 44 l	430	630	1330 + 44 l	
		3,7	270 + 44 l	520	660	1450 + 44 l	
Fachwerksträger, Bahn oben 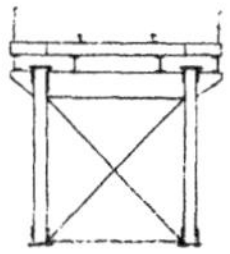	—	2,5	540 + 27 l	490	550	1580 + 27 l	$\frac{1}{8}$
	—	3,5	540 + 27 l	580	550	1670 + 27 l	

Bauart der Brücke	Stützweite in m	Hauptträgerabstand m	Eisengewicht Kilogramm für den Meter Brückenlänge: Hauptträger mit Querverband, Windverband und Lager (kg m)	Eisengewicht Kilogramm für den Meter Brückenlänge: Fahrbahnrost (kg m)	Fahrbahn: Schienen, Schwellen, Bedielung oder Bettung (kg m)	Gesamtes Eigengewicht einschließlich Fahrbahn (kg m)	$\frac{l}{h}$
Fachwerksträger, Bahn versenkt 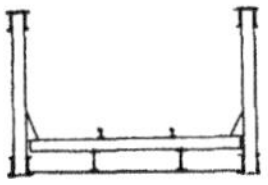	20	4,8	$540+27\,l$	600	680	$1820+27\,l$	
	bis	4,9	$540+27\,l$	625	680	$1845+27\,l$	
	40	5,0	$540+27\,l$	670	680	$1890+27\,l$	$\frac{1}{8}$
	40	4,8	$680+27\,l$	600	680	$1960+27\,l$	
	bis	4,9	$680+27\,l$	625	680	$1985+27\,l$	
	80	5,0	$680+27\,l$	670	680	$2030+27\,l$	
	B. Brücken mit Schotterbettung						
Blechträger mit Kiesbett in voller Breite 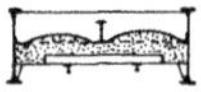	10	3,3	$270+49\,l$	670	2840	$3780+49\,l$	
	bis						$\frac{1}{10}$
	25	3,7	$270+49\,l$	840	3260	$4370+49\,l$	
Blechträger mit verschmälertem Kiesbett 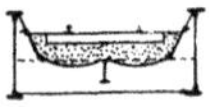	10	3,3	$270+49\,l$	770	2680	$3720+49\,l$	
	bis						$\frac{1}{10}$
	25	3,7	$270+49\,l$	940	2820	$4030+49\,l$	
Blechträger mit durchgehender Kiesbettung über den Hauptträgern 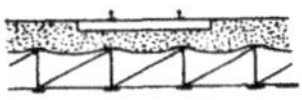			Eisengewicht für 1 m² Brücke		für 1 m² Brücke		
	10	—					
	bis		$160+24\,l$		920	$1080+24\,l$	$\frac{1}{10}$
	25	—					
Fachwerksbrücken 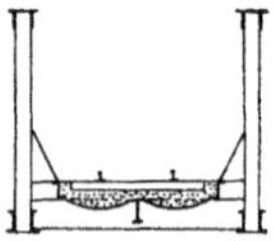							
Bettungshöhe 36 cm	20	4,7	$30+62\,l$	810	2740	$3580+62\,l$	
	bis	bis					$\frac{1}{8}$
Bettungshöhe 25 cm	80	5,0	$30+57\,l$	780	1720	$2530+57\,l$	

Die Angaben der Tabelle für das Eisengewicht sind zu erhöhen, wenn schwerere Lastenzüge als jene nach der alten Verordnung zugrundegelegt werden, und zwar:

für den Lastenzug N der deutschen Reichsbahnen (7 achsige Lokomotiven zu je 25 t Achslast)

Fahrbahnrost .... um $25^0/_0$
Hauptträger bis $l = 40$ m um $35^0/_0$
$l = 40$—80 m um $30^0/_0$

für den Lastenzug E der deutschen Reichsbahnen (6 achsige Lokomotiven zu je 20 t Achslast)

Hauptträger bis $l = 40$ m um $5^0/_0$
$l = 40$—80 m um $10^0/_0$

Eine Gewichtserhöhung tritt ferner ein: bei Brücken in Gleiskurven (bei $R < 300$ m in den Hauptträgern bis $10^0/_0$, im Fahrbahnrost bis $20^0/_0$), bei schiefen Brücken (Gewichtsvermehrung im Fahrbahnrost bis $15^0/_0$), bei beschränkter Bauhöhe (im Fahrbahnrost bis $20^0/_0$), bei niedrigen Hauptträgern (bei Blechträgern von $\frac{1}{14}$ statt $\frac{1}{10}\,l$ in den Hauptträgern um $20^0/_0$, bei Fachwerkträgern von $\frac{1}{12}$ statt $\frac{1}{8}\,l$ um $15^0/_0$).

Eisengewichte eingleisiger Bahnbrücken der österr. Bundesbahnen nach Jaußner

Unter Zugrundelegung der Brückenverordnung vom August 1904

Bauart der Brücke	$\frac{h}{l}$	Stützweite m	Hauptträgerabstand m	Eisengewicht des ganzen Tragwerkes ohne Lager und Geländer kg pro m Brücke	Lagergewicht Gußeisen und Stahlguß
Blechträger mit Bahn oben 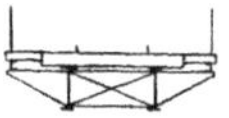	$\frac{1}{10}$	5 bis 20	1,80 bis 1,90	$350 + 43\,l$	$l =$ 3— 7 m... 300 kg 7—10 m... 400 kg 10—13 m... 450 kg 13—17 m... 800 kg 17—20 m... 1000 kg
Blechträger mit gering versenkter Bahn 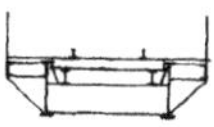	$\frac{1}{10}$	7 bis 20	2,60 bis 2,70	$540 + 45\,l$	

Bauart der Brücke	$\frac{h}{l}$	Stützweite m	Hauptträgerabstand m	Eisengewicht des ganzen Tragwerkes ohne Lager und Geländer kg pro m Brücke	Lagergewicht Gußeisen und Stahlguß
Blechträger mit tiefliegender Fahrbahn 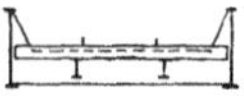	$\frac{1}{10}$	10 bis 20	4,55 bis 4,60	$740 + 49\,l$	$l =$ 3— 7 m... 300 kg 7—10 m... 400 kg 10—13 m... 450 kg 13—17 m... 800 kg 17—20 m... 1000 kg
Zwillingsträger 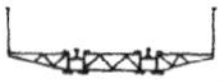	$\frac{1}{20}$	3 bis 6	1,52	$460 + 70\,l$	450 kg
Fachwerksträger mit Bahn oben 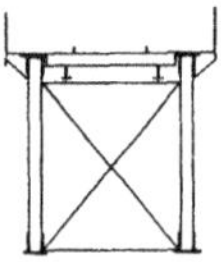	$\frac{1}{9}$	20 bis 100	2,70 bis 5,00	Parallelträger $300 + 58\,l$	$l =$ 20— 25 m... 1.800 kg 25— 30 m... 2.300 kg 30— 40 m... 3,300 kg 40— 50 m... 4.600 kg 50— 60 m... 5.400 kg 60— 70 m... 7.600 kg 70— 80 m... 9.400 kg 80— 90 m... 11.000 kg 90—100 m... 13.000 kg
	$\frac{1}{7}$	45 bis 100		Halbparabelträger $500 + 44\,l$	
Fachwerksträger mit Bahn unten, offene Brücke 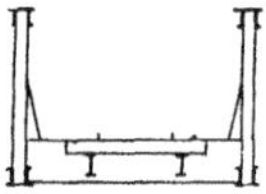	$\frac{1}{9}$	20 bis 45	4,70 bis 5,00	Parallelträger $680 + 52\,l$	
Fachwerksträger mit Bahn unten, geschlossene Brücke 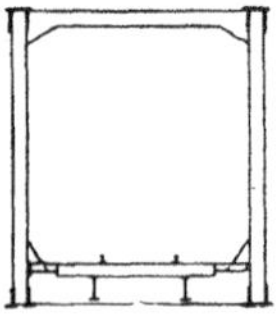	$\frac{1}{9}$	45 bis 100		Parallelträger $680 + 52\,l$	
	$\frac{1}{7}$			Halbparabelträger $680 + 40\,l$	

Für eingleisige Hauptbahnbrücken mit Fachwerkträgern von 50—100 m Stützweite kann durchschnittlich auch angenommen werden:

Eisengewicht in kg für den Meter Stützweite $720 + 40\,l$

Für zweigleisige Bahnbrücken bei 8,5 m Trägerabstand und für schwere Belastungszüge:

	Kilogramm für den Meter Stützweite
Oberbau und Bedielung	1400
Oberbau auf durchgehendem Schotterbett	5000
Eisengewicht für Brücken ohne Schotterbettung	$2950 + 83\,l$

Eigengewichte von Lokalbahnbrücken (nach Landsberg);

	Gesamtgewicht kg/m Bahn oben	Gesamtgewicht kg/m Bahn versenkt
Normalspur ohne Übergang der Hauptbahnlokomotiven	$292 + 31\,l$	$462 + 32\,l$
Schmalspur (1 m)	$305 + 26\,l$	$425 + 27\,l$

B. Straßenbrücken

a) Das Gewicht der Fahrbahndecke nach Entwurf zu ermitteln. Es beträgt in Kilogramm für den Quadratmeter:

das Gewicht eines Holzbelages von der Stärke d (cm) .... $9\,d$

das Gewicht eines Holzpflasters von der Stärke d (cm) .... $11\,d$, im Mittel 145 kg

das Gewicht eines Steinpflasters, 14—16 cm stark, auf 10 cm Sandbettung .... 550 bis 700 kg

das Gewicht einer Beschotterung .... $19\,d$, im Mittel 400 kg

das Gewicht der Fahrbahntafel bei dem größten Raddruck D (in Tonnen) und dem Abstand c (in Metern) der Fahrbahnlängsträger:

Belageisen .... $35 + (10 + 7{,}5\,D)\,c$ kg/m²

Buckelplatten oder Hängebleche $40 + 2\,D\,c$ kg/m²

Eisenbetonplatten .... $180\,\sqrt{D\,c}$

b) Das Gewicht des Fahrbahnrostes nach Entwurf zu ermitteln. Durchschnittsziffern sind:

für Straßenbrücken I. Kl. (Hauptträgerabstand 6—8 m) mit Eisenbelag .... 100—125 kg/m² Fahrbahnfläche

für Straßenbrücken I Kl. (Hauptträgerabstand 6—8 m) mit Betonplatten .... 130—160 kg/m² Fahrbahnfläche

für außenliegende Fußwege mit Bohlenbelag .... 45— 65 kg/m² Fußwegfläche

für Straßenbrücken II. und III. Kl. Verminderung um 10 bzw. 25%.

Nach Bertschinger wäre zu setzen:

Eisengewicht des Fahrbahnrostes einschließlich der eisernen Fahrbahntafel oder des etwa vorhandenen Bohlenbelages bei dem Hauptträgerabstande b:

für leichte Fahrbahn .... $70 + 14\,b$ kg pro m²

„ mittelschwere Fahrbahn .... $100 + 14\,b$ kg pro m²

„ schwere Fahrbahn .... $120 + 16\,b$ kg pro m²

Eisengewicht der außerhalb der Hauptträger liegenden Gehwege einschließlich Gehwegtafel, aber ohne Geländer bei der Gehwegbreite b .... $30 + 30\,b$, kg pro m²

c) Quer- und Windverband, ungefähr um 20—30% leichter als bei einer gleich breiten Eisenbahnbrücke; durchschnittlich

$$15 + 0{,}15\,l \text{ kg/m}^2$$

d) Hauptträger. Eisengewicht der Hauptträger samt Quer- und Windverband in Kilogramm für den Quadratmeter Gesamtgrundrißfläche. Nach Bertschinger:

Fachwerkbrücken mit hölzernem Bohlenbelag... $25 + 2\,l + 0{\cdot}008\,l^2$

Brücken mit massiver Fahrbahndecke:

1. Blechträgerbrücken ohne Fußwege........ $60 + 5\,l$
2. Blechträgerbrücken mit Fußwegen........ $20 + 5\,l$
3. Fachwerkbrücken mit Fußwegen innerhalb der Hauptträger:
   a) Parallelträger mit $l = 15$—40 m...... $50 + 3{,}7\,l$
   b) Krummgurtige Träger mit $l = 15$—40 m. $30 + 3{,}7\,l$
   c) „ „ „ $l = 40$—60 m (mit oberem Windverband)......... $60 + 3{,}7\,l$
4. Fachwerkbrücken mit Fußwegen außerhalb der Hauptträger:
   a) Parallelträger mit $l = 15$—40 m ...... $40 + 2{,}8\,l$
   b) Krummgurtige Träger mit $l = 15$—40 m. $20 + 2{,}8\,l$
   c) „ „ „ $l = 40$—200 m (mit oberem Windverband)......... $50 + 2\,l + 0{,}01\,l^2$
   d) Schlaffer Bogen mit Versteifungsbalken, $l = 30$—60 m...................... $40 + 2{,}8\,l$
   e) Bogenträger mit Zugband, $l = 30$—200 m. $100 + 2\,l + 0{,}01\,l^2$
   f) Bogenträger ohne Zugband, Pfeilhöhe f.. $(15 + 0{,}002\,l^2)\,\frac{l}{f}$.

Die Hauptträgergewichte lassen sich aber auch mit Anwendung der oben für Eisenbahnbrücken gegebenen Prozentziffern als Bruchteile von $(g_f + 1{\cdot}25\,p)$ berechnen. g_f ist das Gewicht der Fahrbahn und Querverbände pro Quadratmeter, p die gleichmäßig verteilt angenommene Verkehrslast; für Straßenbrücken I. Kl. $p = 460$, II. Kl. $p = 400$, III. Kl. $p = 340$ kg/m². Die Abweichungen von den Gewichten ausgeführter Brücken ergeben sich danach nicht größer als nach den Bertschingerschen Formeln.

e) Gesamtgewicht.

Gewichtsangaben für Straßenbrücken mit Balkenträgern
nach Engesser.

	Fahrbahndecke	Fahrbahntafel	Eisengewicht des Brückentragwerkes	Eisengewicht infolge außerhalb der Hauptträger liegender Fußwege
	Kilogramm pro Quadratmeter Grundfläche			
	der Fahrbahn			der Fußwege
Landstraßenbrücken mit doppeltem Bohlenbelag	110		$105 + 2{,}3\,l + 0{,}02\,l^2$	$60 + 2{,}3\,l$
Landstraßenbrücken mit Beschotterung	400	65	$125 + 2{,}8\,l + 0{,}025\,l^2$	$60 + 2{,}3\,l$
Stadtstraßenbrücken mit doppeltem Bohlenbelag	140		$155 + 2{,}7\,l + 0{,}021\,l^2$	$80 + 2{,}7\,l$
Stadtstraßenbrücken mit Beschotterung	480	80	$170 + 3{,}2\,l + 0{,}028\,l^2$	$80 + 2{,}7\,l$
Stadtstraßenbrücken mit Pflasterung	700	80	$180 + 3{,}7\,l + 0{,}029\,l^2$	$80 + 2{,}7\,l$

2. Verkehrslasten der Eisenbahnbrücken

Österreich. Verordnung vom 28. August 1904.

1. Vollspurige Hauptbahnen (Belastungsnorm I). Belastungszug, bestehend aus zwei fünfachsigen Lokomotiven von 80 t und dreiachsigen Tendern von 39 t Gewicht mit einseitig angehängten Wagen von 3·67 t/m nach Abb. 1

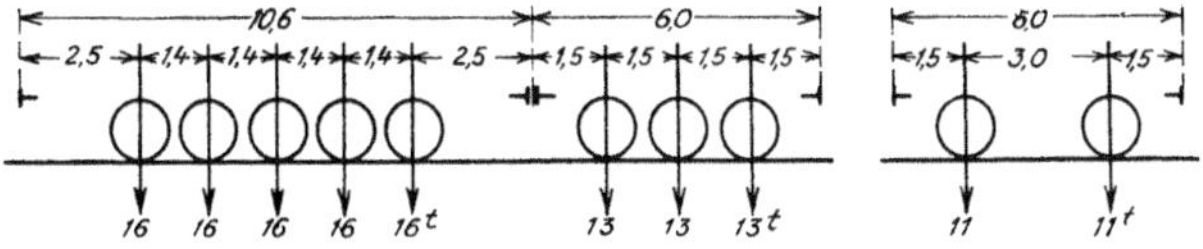

Abb. 1.

Für kleine Stützweiten, für die weniger als fünf Lokomotivachsen in Frage kommen, ist die an der ungünstigsten Stelle stehende Achse auf 20 t zu erhöhen.

2. Vollspurige Nebenbahnen (Belastungsnorm II). Belastungszug aus zwei dreiachsigen Lokomotiven von 42 t und dreiachsigen Tendern von 30 t oder zwei Tenderlokomotiven von 48 t mit einseitig angehängten Güterwagen der Belastungsnorm I, Abb. 2

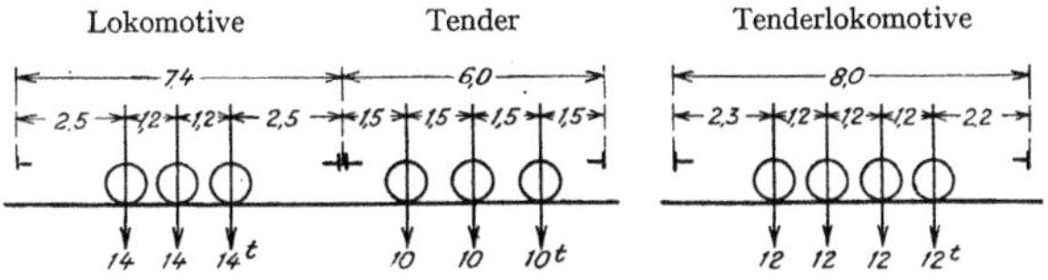

Abb. 2.

Bei weniger als drei in Frage kommenden Lokomotivachsen ist eine Achse auf 16 t zu erhöhen.

Für die unter 1. und 2. genannten Lastenzüge gelten die auf S. 462 bis 467 angeführten Momententafeln.

3. Schmalspurbahnen (Belastungsnorm III). Belastungszug aus zwei Tenderlokomotiven von $5 \times 9 = 45$ t mit einseitig angereihten Güterwagen nach Abb. 3 a) oder b).

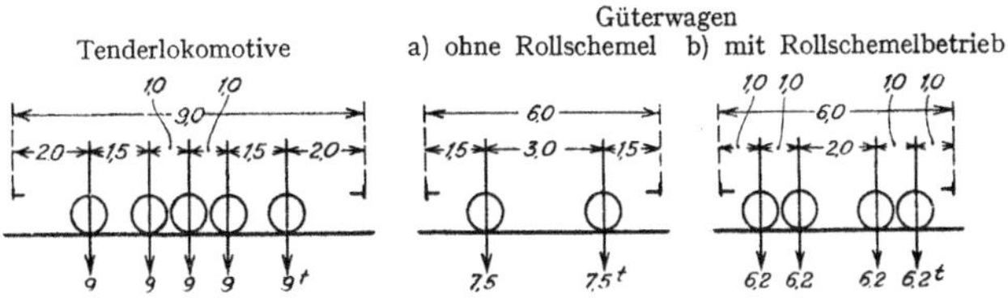

Abb. 3.

Bei über mehr als zwei Stützen durchlaufenden Trägern und bei Bogenträgern sind zur Ermittlung der größten Einwirkungen mehrere Belastungszüge in ungünstiger Stellung anzunehmen.

In Österreich wird derzeit ein Belastungszug, ähnlich dem Lastenzug N der deutschen Reichsbahn, für außergewöhnlich schweren Verkehr in Rechnung gezogen. Er besteht aus drei siebenachsigen Tenderlokomotiven von

7 × 25 = 175 t mit angehängten zweiachsigen Wagen von 2 × 20 t oder 6·67 t/m Abb. 4.

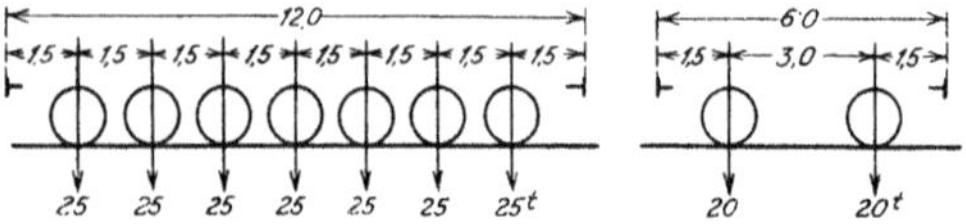

Abb. 4.

Tschechoslowakische Republik (Erlaß des Eisenbahnministeriums vom 9. April 1921).

Den neu zu erbauenden Hauptbahnbrücken wird jetzt ein schwerer Belastungszug zugrunde gelegt, bestehend aus zwei sechsachsigen Lokomotiven zu 6 × 20 t = 120 t, vierachsigen Tendern zu 4 × 16 = 64 t und einseitig angehängten Güterwagen von 5,33 t/m nach Abb. 5.

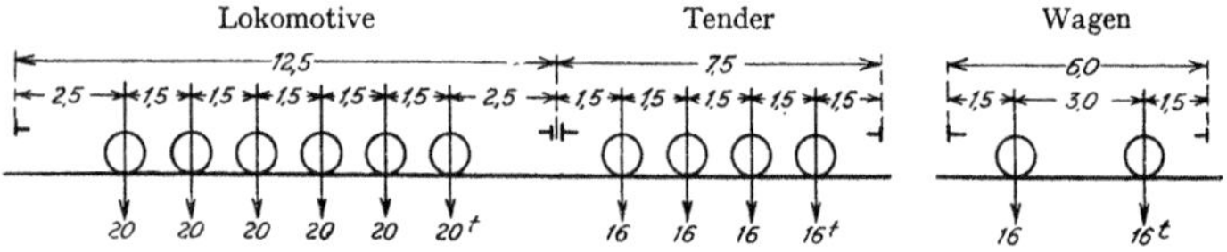

Abb. 5.

Für diesen Belastungszug gelten die auf S. 468 und 469 gegebenen Momententafeln.

Die Union international des chemins de fer hat in einer Konferenz zur Vereinheitlichung der Berechnungsgrundlagen für eiserne Brücken als Mindestlast für Hauptbahnbrücken einen Zug festgesetzt, bestehend aus zwei fünfachsigen Lokomotiven und dreiachsigen Tendern mit 22 t Achslast und angehängten Großgüterwagen von 4 × 20 t oder 8 t/m, Abb. 6.

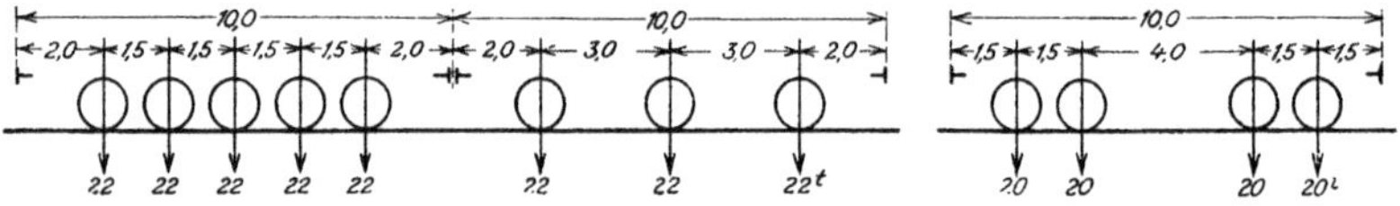

Abb. 6.

Deutschland. Vorschriften der deutschen Reichsbahn vom 12. Mai 1922. Als Verkehrslast kommen für Normalspurbahnen die Lastenzüge N, E und G in Frage. Welcher von diesen Lastenzügen für den einzelnen Fall angewendet werden muß und für welche Strecken schwächere Lastenzüge zugelassen sind, wird durch besondere Vorschriften geregelt.

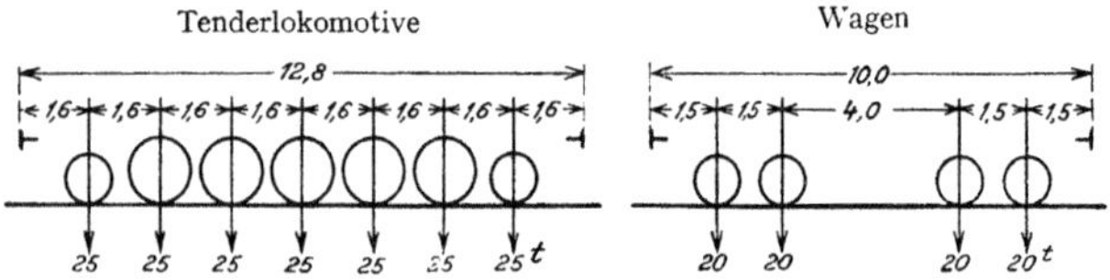

Abb. 7.

Lastenzug N. Zwei siebenachsige Tenderlokomotiven mit je 25 t Achslast und ein- oder zweiseitig angehängte Großgüterwagen von 4 × 20 t oder 8 t/m nach Abb. 7.

Lastenzug E. Zwei sechsachsige Tenderlokomotiven mit je 20 t Achslast, Abb. 8, und ein- oder beiderseitig angehängte Großgüterwagen von den gleichen Abmessungen wie oben.

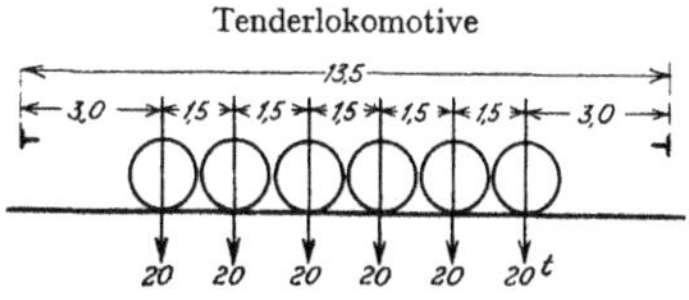

Abb. 8.

Lastenzug G. Zwei fünfachsige Tenderlokomotiven mit je 18 t Achslast und ein- oder zweiseitig angehängten Güterwagen von 2 × 12 t oder 4 t/m nach Abb. 9 oder zwei Großgüterwagen nach Abb. 7 mit angehängten zweiachsigen Güterwagen (4 t/m) oder eine Tenderlokomotive nach Abb. 9 mit zwei einseitig angehängten Großgüterwagen und daranschließenden zweiachsigen Güterwagen.

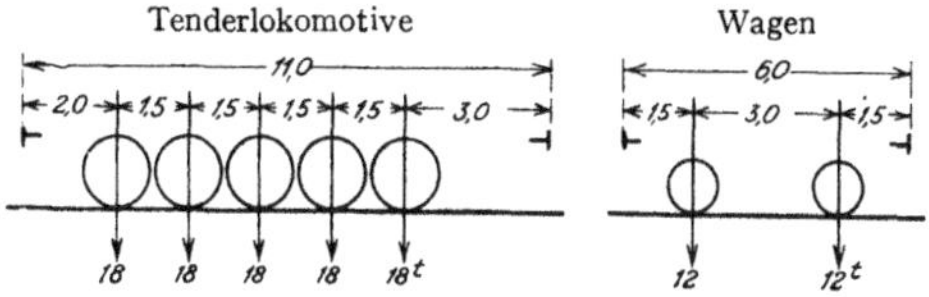

Abb. 9.

Schweiz. Für Hauptbahnen ein Zug aus zwei Tenderlokomotiven und einseitig angehängten Wagen nach Abb. 10. Zwei Achslasten sind fallweise auf 22 t zu erhöhen.

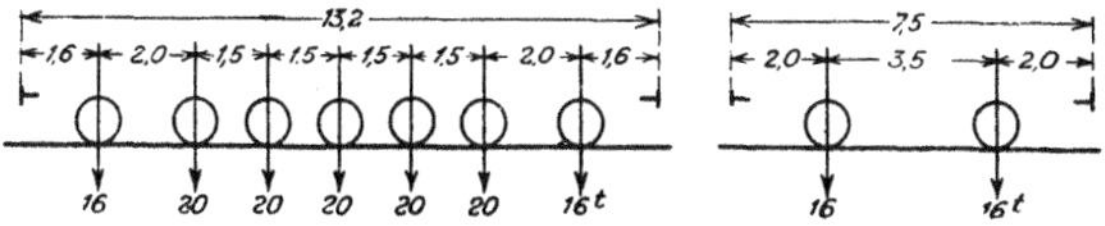

Abb. 10.

Für normalspurige Nebenbahnen ein aus zwei Tenderlokomotiven nach Abb. 11 und einseitig angehängten Wagen wie oben.

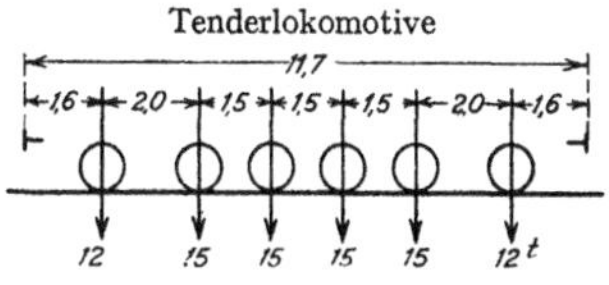

Abb. 11.

Hauptbahnen mit elektrischer Zugförderung. Zug, bestehend aus einer unbeschränkten Anzahl Lokomotiven nach Abb. 12.

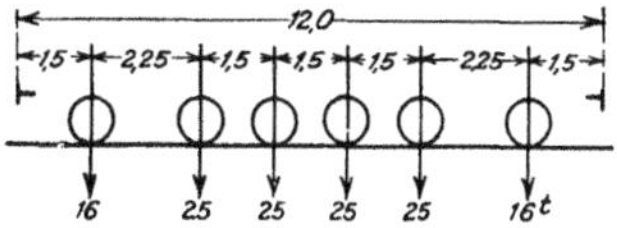

Abb. 12.

Momente der Verkehrslast für Eisenbahnbrücken

1. Größtes Biegungsmoment M_{max} bei frei aufliegenden Balkenträgern für Belastungsnorm I der österr. Brückenverordnung

Stützweite „l" m	Größtes Biegungsmoment „M max" für ein Gleis t/m	Wertunterschied für ein Meter t/m
0	0,00	
1	5,00	5,00
1,5	7,50	
2	10,00	
2,4	12,00	7,00
2,5	12,70	8,50
3	16,95	9,50
3,1	17,90	
3,5	23,10	
4	29,60	
4,5	36,10	13,0
5	42,60	
5,2	45,20	16,0
5,3	46,80	
5,5	50,16	
6	58,56	
6,5	66,96	16,8
7	75,36	
7,5	83,76	
7,8	88,8	
8	92,8	
9	112,8	
10	132,8	20,0
11	152,8	
12	172,8	
13	192,8	22,8
14	215,6	26,4
15	242,0	
16	268,4	29,2
17	297,6	
18	330,6	33,0
19	363,6	35,6
20	399,2	
21	438,7	39,5
22	478,2	
23	517,7	44,2
24	561,9	
25	611,5	
26	661,1	49,6
27	710,7	

Stützweite „l" m	Größtes Biegungsmoment „M max" für ein Gleis t/m	Wertunterschied für ein Meter t/m
28	760,3	49,6
29	809,9	51,8
30	861,7	52,5
31	914,2	
32	969,6	55,4
33	1 025	58
34	1 083	61
35	1 144	
36	1 206	
37	1 268	62
38	1 330	64
39	1 394	
40	1 459	
41	1 524	65
42	1 589	66
43	1 655	
44	1 723	
45	1 791	68
46	1 859	
47	1 927	69
48	1 996	
49	2 066	70
50	2 136	
51	2 207	71
52	2 278	72
53	2 350	
54	2 423	73
55	2 496	
56	2 570	74
57	2 644	75
58	2 719	
59	2 795	
60	2 871	76
61	2 947	77
62	3 024	78
63	3 102	
64	3 181	
65	3 260	79
66	3 339	

Stützweite „l" m	Größtes Biegungsmoment „M max" für ein Gleis t/m	Wertunterschied für ein Meter t/m
67	3 420	81
68	3 501	
69	3 583	82
70	3 665	
71	3 747	
72	3 831	
73	3 915	84
74	3 999	
75	4 084	85
76	4 169	86
77	4 255	
78	4 342	
79	4 429	87
80	4 516	
81	4 605	89
82	4 695	
83	4 785	90
84	4 875	
85	4 967	
86	5 059	92
87	5 151	
88	5 243	
89	5 337	94
90	5 431	
91	5 526	
92	5 621	95
93	5 716	96
94	5 812	
95	5 909	97
96	6 006	
97	6 104	98
98	6 202	
99	6 302	
100	6 402	100
101	6 502	
102	6 604	102
103	6 706	
104	6 809	103
105	6 912	

2. Stützenmomente „*St*" für Belastungsnorm I der österr. Brückenverordnung

Belastungslänge „λ" m	Größtes Stützenmoment „*St*" für ein Gleis t/m	Σ *P* Wertunterschied für ein Meter t
0	0,0	
1	20,0	20
1,4	28,0	
2	49,6	36
2,8	78,4	
3	88,8	
4	140,8	52
4,2	151,2	
5	205,6	
6	273,6	68
7	341,6	
7,47	373,6	
7,5	376,0	
8	416,0	80
9	496,0	
9,6	544,0	
10	581,2	
11	674,2	93
11,1	683,5	
12	778,9	106
12,6	842,5	
13	890,1	
14	1 009,1	119
15	1 128,1	
15,2	1 152,0	

Belastungslänge „λ" m	Größtes Stützenmoment „*St*" für ein Gleis t/m	Σ *P* Wertunterschied für ein Meter t
16	1 267	144
16,2	1 296	
17	1 424	
18	1 584	
19	1 744	160
20	1 904	
20,2	1 936	
21	2 074	173
21,7	2 196	
22	2 251	
23	2 437	186
23,2	2 475	
24	2 634	
25	2 833	
26	3 032	199
26,2	3 072	
27	3 240	
28	3 450	210
29	3 660	
29,2	3 702	
30	3 878	
31	4 099	221
31,62	4 236	
31,7	4 255	
32	4 327	238
32,2	4 374	

Belastungslänge „λ" m	Größtes Stützenmoment „*St*" für ein Gleis t/m	Σ *P* Wertunterschied für ein Meter t
33	4 574	
34	4 823	249
35	5 072	
35,2	5 121	
36	5 329	
37	5 589	260
38	5 849	
38,2	5 901	
39	6 118	
40	6 389	271
41	6 660	
41,2	6 714	
42	6 940	
43	7 222	282
44	7 504	
44,2	7 560	
45	7 795	
46	8 088	293
47	8 381	
47,2	8 439	
48	8 683	
49	8 987	304
50	9 291	
50,2	9 351	
51	9 603	
52	9 918	315
53	10 233	
53,2	10 296	

Belastungslänge „λ"	Größtes Stützenmoment „St" für ein Gleis	Wertunterschied für ein Meter ΣP	Belastungslänge „λ"	Größtes Stützenmoment „St" für ein Gleis	Wertunterschied für ein Meter ΣP	Belastungslänge „λ"	Größtes Stützenmoment „St" für ein Gleis	Wertunterschied für ein Meter ΣP
m	t/m	t	m	t/m	t	m	t/m	t
54	10 557	320	72	16 973	392	90	24 577	458
55	10 883		73	17 365		91	25 035	
56	11 209		74	17 757		92	25 493	
56,2	11 274		74,2	17 835		92,2	25 584	
57	11 544	337	75	18 158	403	93	25 960	469
58	11 881		76	18 561		94	26 429	
59	12 218		77	18 964		95	26 898	
59,2	12 285		77,2	19 044		95,2	26 991	
60	12 561	348	78	19 376	414	96	27 375	480
61	12 912		79	19 790		97	27 855	
62	13 260		80	20 204		98	28 335	
62,2	13 329		80,2	20 286		98,2	28 431	
63	13 617	359	81	20 626	425	99	28 824	491
64	13 976		82	21 051		100	29 315	
65	14 335		83	21 476		101	29 806	
65,2	14 406		83,2	21 561		101,2	29 904	
66	14 702	370	84	21 910	436	102	30 306	502
67	15 072		85	22 346		103	30 808	
68	15 442		86	22 782		104	31 310	
68,2	15 516		86,2	22 869		104,2	31 410	
69	15 821	381	87	23 227	447			
70	16 202		88	23 674				
71	16 583		89	24 121				
71,2	16 659		89,2	24 210				

3. Größtes Biegungsmoment M_{max} für Belastungsnorm II der österr. Brückenverordnung

Stützweite „l"	Größtes Biegungsmoment „M max" für ein Gleis	Wertunterschied für ein Meter
m	t/m	t/m
0	0,00	
1	4,00	4,00
1,5	6,00	
2	8,00	
2,1	8,47	4,70
2,5	11,31	7,10
3	14,86	8,90
3,1	15,75	
3,5	19,95	
4	25,20	
4,5	30,45	
5	35,70	
5,5	40,95	10,50
6	46,20	
6,5	51,45	
7	56,70	
7,6	63,00	
8	67,76	11,90
9	79,63	12,36
10	92,02	
		14,68
11	106,7	
12	121,5	14,8
13	136,3	18,1
14	154,4	21,3
15	175,7	23,0
16	199,3	25,7
17	225,0	
18	251,8	
19	278,6	26,8
20	305,4	
21	332,2	
22	361,6	29,4
23	391,0	
24	422,5	31,5
25	455,3	
26	488,1	32,8
27	520,9	
28	553,7	
29	590,9	37,2
30	629,6	38,7
31	668,3	
32	707,8	39,5
33	749,3	
34	790,8	41,5
35	832,3	
36	874,7	42,4
37	918,9	
38	963,1	44,2
39	1 007,3	
40	1 051,5	
41	1 098	46,5
42	1 145	
43	1 192	47
44	1 239	
45	1 286	
46	1 335	49
47	1 385	
48	1 435	50
49	1 485	
50	1 535	
51	1 587	52
52	1 639	
53	1 692	53
54	1 746	54
55	1 801	
56	1 856	55
57	1 911	
58	1 967	56
59	2 024	
60	2 081	57
61	2 139	58
62	2 197	59
63	2 256	61
64	2 317	
65	2 380	
66	2 443	63
67	2 507	64
68	2 572	65
69	2 638	
70	2 704	66
71	2 770	
72	2 838	68
73	2 907	
74	2 976	69
75	3 045	
76	3 114	
77	3 185	71
78	3 257	72
79	3 329	
80	3 403	
81	3 477	74
82	3 551	
83	3 625	
84	3 701	76
85	3 778	77
86	3 857	79
87	3 936	
88	4 016	80
89	4 096	
90	4 177	81
		83
91	4 260	
92	4 345	
93	4 430	85
94	4 515	
95	4 600	
96	4 688	88
97	4 776	
98	4 865	89
99	4 956	91
100	5 047	

4. Sützenmomente „St" für Belastungsnorm II der österr. Brückenverordnung

Belastungslänge „λ" m	Größtes Stützenmoment „St" für ein Gleis t/m	Wertunterschied für ein Meter ΣP t
0	0,0	
1	16,0	16
1,2	19,2	
2	43,2	
2,8	67,2	30
3	75,6	
4	117,6	
5	159,6	42
6	201,6	
6,88	243,84	48
7	250,2	
7,65	284,65	53
8	305,3	
8,9	358,4	59
9	364,6	
9,4	389,4	62
10	432,6	
10,3	454,2	72
10,4	462,0	78
11	512,4	84
12	602,4	
13	692,4	90
13,2	710,4	

Belastungslänge „λ" m	Größtes Stützenmoment „St" für ein Gleis t/m	Wertunterschied für ein Meter ΣP t
14	787,2	
15	883,2	96
15,3	912,0	
16	986,9	
17	1 093,9	
18	1 200,9	107
18,3	1 233,0	
19	1 315,6	
20	1 433,6	118
20,98	1 549,3	
21	1 551,9	
22	1 682,9	
23	1 813,9	131
23,7	1 905,6	
24	1 948,2	
25	2 090,2	
26	2 232,2	142
26,7	2 331,6	
27	2 377,5	
28	2 530,5	
29	2 683,5	153
29,7	2 790,6	
30	2 839,8	164
31	3 005,8	
31,8	3 138,6	166

Belastungslänge „λ" m	Größtes Stützenmoment „St" für ein Gleis t/m	Wertunterschied für ein Meter ΣP t
32	3 174,0	
33	3 351,0	
34	3 528,0	177
34,8	3 669,6	
35	3 707,2	
36	3 895,2	
37	4 083,2	188
37,8	4 233,6	
38	4 273,4	
39	4 472,4	
40	4 671,4	199
40,8	4 830,6	
40,8	4 830,6	
41	4 872,6	
42	5 082,6	210
43	5 292,6	
43,8	5 460,0	
44	5 504,8	
45	5 725,8	
46	5 946,8	221
46,8	6 123,6	
47	6 170,0	
48	6 402,0	
49	6 634,0	232
49,8	6 819,6	

Belastungslänge „λ“	Größtes Stützenmoment „St“ für ein Gleis	Wertunterschied für ein Meter ΣP	Belastungslänge „λ“	Größtes Stützenmoment „St“ für ein Gleis	Wertunterschied für ein Meter ΣP	Belastungslänge „λ“	Größtes Stützenmoment „St“ für ein Gleis	Wertunterschied für ein Meter ΣP
m	t/m	t	m	t/m	t	m	t/m	t
50	6 868,2		68	11 750,4		86	17 820,6	
51	7 111,2	243	69	12 059,4	309	87	18 195,6	375
52	7 354,2		70	12 368,4		88	18 570,6	
52,8	7 548,6		70,8	12 615,6		88,8	18 870,6	
53	7 599,4		71	12 679,6		89	18 947,8	
54	7 853,5	254	72	12 999,6	320	90	19 333,8	386
55	8 107,4		73	13 319,6		91	19 719,8	
55,8	8 310,6		73,8	13 575,6		91,8	20 028,6	
56	8 363,6		74	13 641,8		92	20 108,0	
57	8 628,6	265	75	13 972,8	331	93	20 505,0	397
58	8 893,6		76	14 303,8		94	20 902,0	
58,8	9 105,6		76,8	14 568,6		94,8	21 219,6	
59	9 160,8		77	14 637,0		95	21 301,2	
60	9 436,8	276	78	14 979,0	342	96	21 709,2	408
61	9 712,8		79	15 321,0		97	22 117,2	
61,8	9 933,6		79,8	15 594,6		97,8	22 443,6	
62	9 991,0		80	15 665,2		98	22 527,4	
63	10 278,0	287	81	16 018,2	353	99	22 946,4	419
64	10 565,0		82	16 371,2		100	23 365,4	
64,8	10 794,6		82,8	16 653,6				
65	10 854,2		83	16 726,4				
66	11 152,2	298	84	17 090,4	364			
67	11 450,2		85	17 454,4				
67,8	11 688,6		85,8	17 745,6				

5. Größtes Biegungsmoment M_{max} in Trägermitte für freiaufliegende Balkenträger für den neuen tschechoslowakischen Verordnungslastenzug, Abb. 5

Stützweite m	Größtes Biegungsmoment für ein Gleis t/m	Wertunterschied für ein Meter t/m	Stützweite m	Größtes Biegungsmoment für ein Gleis t/m	Wertunterschied für ein Meter t/m	Stützweite m	Größtes Biegungsmoment für ein Gleis t/m	Wertunterschied für ein Meter t/m
0	0		24	721,0		56	3 524	
1,0	5,00	5,00	25	779,0	58,0	57	3 632	108
2,0	10,00		26	838,0	59,0	58	3 740	
2,6	13,00		27	900,3	62,3	59	3 850	110
3,0	17,00	10,00	28	965,2	64,9	60	3 962	
3,4	21,00		29	1 037,0	71,8	61	4 074	112
4,0	30,00		30	1 108,8		62	4 186	
5,0	45,00	15,00	31	1 184,8		63	4 301	115
5,6	54,00		32	1 260,8	76,0	64	4 417	
6,0	61,88	19,70	33	1 336,8		65	4 533	116
6,35	68,75		34	1 412,8		66	4 649	
7,0	85,00	25,00	35	1 491,0	78,2	67	4 765	
8,0	110,00		36	1 571,0	80,0	68	4 885	
8,6	125,00		37	1 653,0	82	69	5 005	
9,0	137,00		38	1 737,0	84	70	5 125	120
10,0	167,00		39	1 825,0	88	71	5 245	
11,0	197,00		40	1 913		72	5 365	
12,0	227,00	30,00	41	2 004	91	73	5 485	
13,0	257,00		42	2 096	92	74	5 609	124
14,0	287,00		43	2 192	96	75	5 733	
14,3	296,00		44	2 288		76	5 860	127
15,0	319,10	33,00	45	2 386	98	77	5 988	
16,0	353,10	34,00	46	2 486	100	78	6 166	128
17,0	389,40	36,30	47	2 586		79	6 244	
18,0	429,00	39,60	48	2 686		80	6 372	
19,0	471,00	42,00	49	2 787	101	81	6 503	131
20,0	515,30	44,30	50	2 891		82	6 635	
21,0	563,0	47,70	51	2 995	104	83	6 767	
22,0	613,0	50,0	52	3 099		84	6 899	132
22,5	638,0		53	3 203		85	7 031	
23,0	665,0	54,0	54	3 308	105	86	7 163	
23,5	692,0		55	3 416	108	87	7 295	

Die Linie der größten Biegungsmomente der Verkehrslast eines Balkens von der Stützweite l kann annähernd durch zwei Parabeläste dargestellt werden, deren Scheitel je um $0{\cdot}05\, l$ aus der Mitte verschoben und deren

6. Stützenmomente *„St“* für den neuen tschechoslowakischen Verordnungslastenzug
Abb. 4

Belastungslänge	Größtes Stützenmoment für ein Gleis	Wertunterschied für ein Meter	Belastungslänge	Größtes Stützenmoment für ein Gleis	Wertunterschied für ein Meter	Belastungslänge	Größtes Stützenmoment für ein Gleis	Wertunterschied für ein Meter
m	t/m	t/m	m	t/m	t/m	m	t/m	t/m
0	0		30	5 040		64	19 484	
1	20	20	31	5 344	304	65	20 096	612
1,5	30		31,5	5 496		66	20 708	
2	50	40	32	5 656		67	21 336	
3	90		33	5 976		68	21 964	628
4	150	60	34	6 296	320	69	22 592	
4,5	180		34,5	6 456		70	23 236	
5	220	80	35	6 624		71	23 880	644
6	300		36	6 960	336	72	24 524	
7	400	100	37	7 296		73	25 184	660
7,5	450		37 5	7 464		74	25 844	
8	510		37,75	7 552	352	75	26 504	
9	630		38	7 644	368	76	27 180	
10	750	120	39	8 012		77	27 856	676
11	870		40	8 396		78	28 532	
11,5	930		41	8 780	384	79	29 224	
12	998	136	42	9 164		80	29 916	692
13	1 134		43	9 564		81	30 608	
14	1 286	152	44	9 964	400	82	31 316	
14,5	1 362		45	10 364		83	32 024	708
15	1 446	168	46	10 780	416	84	32 732	
16	1 614		47	11 196		85	33 456	
17	1 798		48	11 612		86	34 180	724
18	1 982	184	49	12 044	432	87	34 904	
18,61	2 094		50	12 476		88	35 644	
19	2 180	220	51	12 908		89	36 384	740
20	2 400		52	13 356		90	37 124	
21	2 640		53	13 804	448	91	37 880	
22	2 880	240	54	14 252		92	38 636	756
23	3 120		55	14 716		93	39 392	
24	3 360		56	15 180	464	94	40 164	
25	3 616	256	57	15 644		95	40 936	772
25,5	3 744		58	16 124		96	41 708	
26	3 880	272	59	16 604	480	97	42 496	788
27	4 152		60	17 084		98	43 284	
28	4 440	288	61	17 680		99	44 072	
28,5	4 584		62	18 276	596	100	44 876	804
29	4 736	304	63	18 872				

Pfeilhöhe gleich ist dem in der Tabelle angegebenen Biegungsmoment M_{max}. Die zweite Tabelle liefert mit Stützenmoment *„St“*: Stützweite die der Belastungslänge entsprechende Querkraft.

3. Verkehrslasten der Straßenbrücken

Österreich. Verordnung für die Eisenbahnzufahrtsbrücken vom Jahre 1904 und für die ärarischen Straßenbrücken vom Jahre 1905.

Die größten von der Verkehrslast herrührenden angreifenden Kräfte sind im allgemeinen unter Zugrundelegung der folgenden zufälligen Belastungen zu ermitteln, und zwar:

a) unter Annahme einer größtmöglichen Wagenansammlung auf der Fahrbahn und einer gleichzeitigen Menschenansammlung auf den Gehwegen sowie auf den übrigen Teilen der Fahrbahn;

b) unter Annahme einer Menschenansammlung sowohl auf den Gehwegen als auch auf der Fahrbahn;

c) bei den Straßenbrücken erster und zweiter Klasse, unter Annahme einer Dampfstraßenwalze, bei gleichzeitiger Belastung der übrigen Brückenfläche nach Absatz a).

Von diesen Belastungsarten ist in jedem Falle und für jeden Tragwerksteil die nachteiligere zu berücksichtigen.

Brücken erster Klasse. Vierrädrige Lastwagen von je 12 t Gesamtgewicht nach Abb. 13; eine Menschenlast von 460 kg/m²; eine Dampfstraßenwalze von 18 t Gesamtgewicht nach Abb. 14.

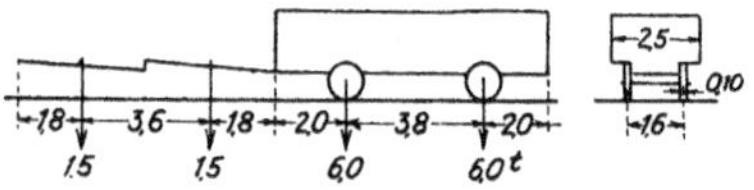

Abb. 13.

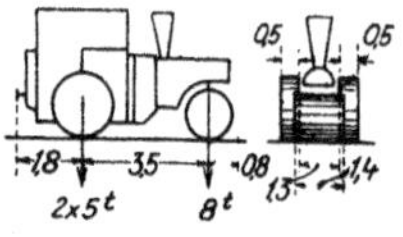

Abb. 14.

Brücken zweiter Klasse. Vierrädrige Lastwagen von je 8 t Gesamtgewicht nach Abb. 15; eine Menschenlast von 400 kg/m²; eine Dampfstraßenwalze von 14 t Gesamtgewicht nach Abb. 16.

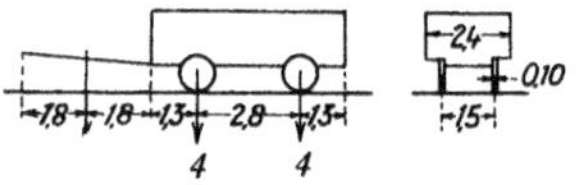

Abb. 15.

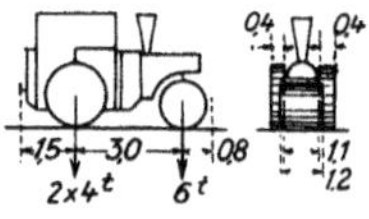

Abb. 16.

Brücken dritter Klasse. Vierrädrige Lastwagen von je 3 t Gesamtgewicht nach Abb. 17; eine Menschenlast von 340 kg/m².

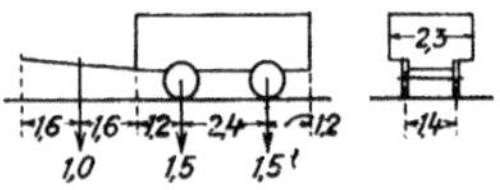

Abb. 17.

Die Geländer sind unter Annahme eines wagrechten, auf die Geländerholme wirkenden Seitendruckes von 40 kg für den Meter zu berechnen.

Verkehrsbelastung der Straßenbrücken nach der Aufstellung des österreichischen Normenausschusses (ÖNIG).

Die Verkehrsbelastung richtet sich nach den jeweils in Betracht kommenden Verkehrsverhältnissen und ist nach einer oder mehreren der in der nachstehenden Tafel dargestellten Normen I bis VIII zu bemessen.

Es sind folgende Belastungsfälle zu untersuchen:

a) Zusammenwirken der ständigen Last mit den Regellasten (Norm I bis III) und Wärmeschwankungen;

b) Zusammenwirken der ständigen Last mit Regellasten (Norm I bis III), Winddruck und Wärmeschwankungen;

c) Zusammenwirken der ständigen Last mit den außergewöhnlichen Verkehrslasten (Norm IV bis VIII) und Wärmeschwankungen.

Bei Regellasten ist jeder Fahrbahnstreifen von 2,5 m Breite mit den Fahrzeugen der betreffenden Norm zu besetzen; die übrigbleibenden schmäleren Streifen sind lastfrei zu halten. Bei außergewöhnlichen Verkehrslasten ist auf einem Streifen von 2,5 m Breite der Fahrbahn nur ein Fahrzeug von den betreffenden Abmessungen und Belastungen, auf den anderen Streifen sind die Regellasten der betreffenden Norm anzunehmen. Für größere Lasten werden wegen Verschiedenheit der jeweils maßgebenden Verhältnisse Normen nicht aufgestellt. Bei Norm I sind die tragenden Teile der Fußwege für eine gleichförmig verteilte Last von 500 kg/m² zu berechnen.

Regellasten		Außergewöhnliche Lasten
Fahrbahnbelastung auf je einem Streifen von 2,5 m Breite	Gleichförmig verteilte Belastung kg/m²	
Norm I. Lastkraftwagen mit je einem Anhänger in Zwischenräumen von 3 m 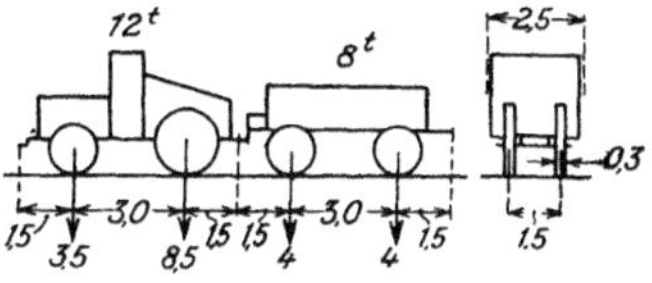	450	Norm IV. Eine Straßenwalze 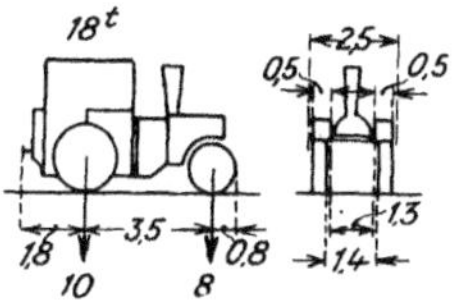 Norm V Ein Motorpflug 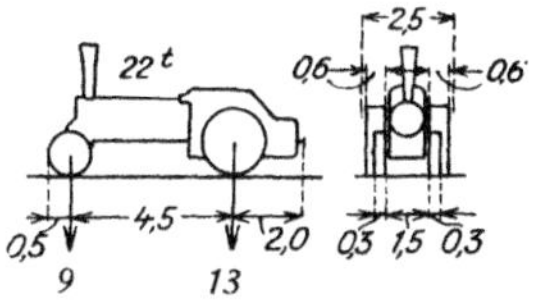
Norm II. Lastkraftwagen mit je einem Anhänger in Zwischenräumen von 3 m 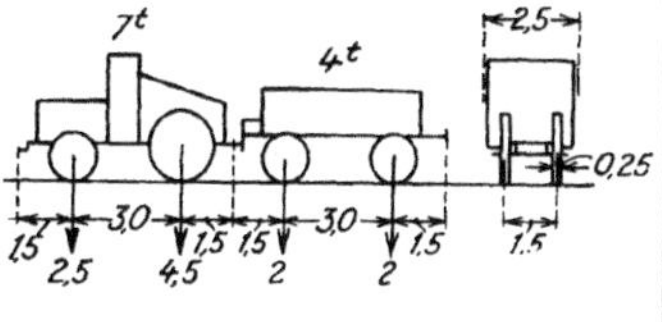	400	Norm VI. Ein Lastkraftwagen mit zwei Anhängern 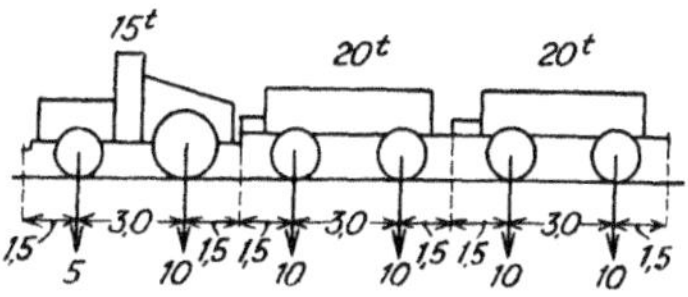 Norm VII. Eine Straßenwalze 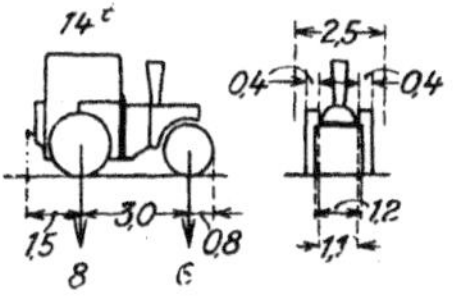

Regellasten		Außergewöhnliche Lasten
Fahrbahnbelastung auf je einem Streifen von 2,5 m Breite	Gleichförmig verteilte Belastung kg/m²	Norm VIII. Ein Lastkraftwagen 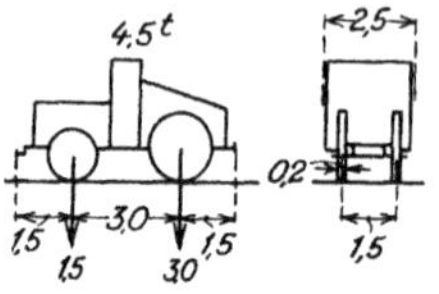
Norm III. Lastwagen mit zwei Pferden, ohne Zwischenräume 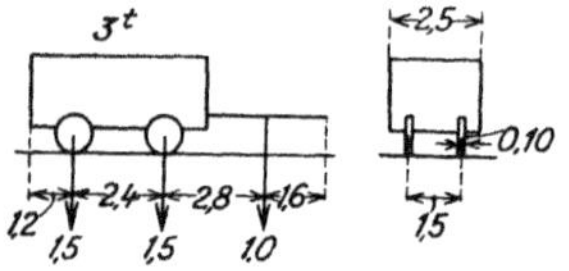	350	

Tschechoslowakische Republik. Der Entwurf der neuen Verordnung für die Straßenbrücken sieht folgende Verkehrslasten vor:

Brücken erster Klasse: a) Dampfpflug von 22 t (7 und 15 t Achslast, 4,5 m Radstand) oder b) Dampfstraßenwalze von 18 t (wie oben); oder c) zwei Reihen nebeneinander fahrender 10-t-Lastkraftwagen (Vorderachse 3 t, Hinterachse 7 t bei 3 m Radstand) mit je einem Anhängewagen von 8 t (zwei Achsen zu je 4 t in 3 m Abstand), die hintereinander folgenden Züge in Abständen von 20 m; oder d) ein Lastenzug aus einem 16-t-Triebwagen (Vorderachse 6 t, Hinterachse 10 t bei 3 m Radstand) und vier Anhängewagen von je 10 t (zwei Achsen zu je 5 t bei 3 m Radstand); oder e) Menschengedränge mit 500 kg/m².

Brücken zweiter Klasse: a) Dampfstraßenwalze von 14 t (wie oben); oder b) zwei Reihen nebeneinander fahrender 7-t-Lastkraftwagen (Vorderachse 2,5 t, Hinterachse 4,5 t bei 3 m Radstand), die hintereinander folgenden Züge in Abständen von 20 m; oder c) ein Lastenzug aus einem 8-t-Triebwagen (Vorderachse 3 t, Hinterachse 5 t) und drei Anhängewagen von je 6 t (zwei Achsen zu je 3 t); oder d) Menschengedränge mit 400 kg/m². Die Achslasten der Kraftwagenzüge werden durchwegs in Abständen von 3 m angenommen.

Brücken dritter Klasse: a) Zwei entweder hintereinander oder nebeneinander fahrende Wagen von je 4 t (zwei Achsen zu je 2 t in 2,4 m Abstand) mit einem Pferdegespann von 1 t Gewicht; oder b) Menschengedränge mit 340 kg/m².

Die gleichzeitige Belastung der Fahrbahn mit verschiedenen Lasten (z. B. gleichzeitige Belastung mit Fahrzeugen und mit Menschengedränge auf den noch freibleibenden Flächen der Fahrbahn) ist nur dann in Betracht zu ziehen, wenn dies besonders vorgeschrieben wird. Gehwege von mehr als 0,4 m Breite sind aber immer gleichzeitig mit der Fahrbahn zu belasten. Bei Belastung durch den Dampfpflug oder mit dem Triebwagen-Lastzug darf die zulässige Inanspruchnahme um 20 v. H. gesteigert werden.

Schweiz. Verordnung vom 7. Juni 1913.

1. Hauptstraßenbrücken: a) Lastwagen von 22 t (Achsdrücke 10 t und 12 t in 4 m Abstand); b) Straßenwalze von 18 t (Vorderachse 8 t, Hinterachse 2 × 5 t in 3 m Abstand); oder c) Menschengedränge von 500 kg/m².

2. Wichtige Nebenstraßenbrücken: a) Lastwagen von 14 t (6 t + 8 t in 3 m Abstand) oder b) eine Walze von 18 t.

3. Brücken in sonstigen Straßen: a) Lastwagen von 7 t (3 t + 4 t in 2,4 m Abstand) oder b) 300 kg/m².

4. Brücken in Feld- oder Gebirgswegen: a) Lastwagen von 3 t (1,5 t + 1,5 t in 2 m Abstand) oder b) 200 kg/m².

4. Winddruck und sonstige Zusatzbelastungen

Winddruck

Die österreichische Brückenverordnung von 1904 enthält folgende Bestimmungen:

Die Wirkung des Windes ist unter Annahme eines wagrechten Seitendruckes von 270 kg auf den Quadratmeter der unbelasteten und von 170 kg auf den Quadratmeter der belasteten Brücke zu ermitteln und mit dem nachteiligeren dieser beiden Einflüsse in Rechnung zu ziehen.

Die Bemessung der dem Windangriffe ausgesetzten Flächen hat nach folgenden Bestimmungen zu erfolgen:

a) Bei unbelasteten Brücken sind die vom Winde getroffenen Flächen einer Tragwand und der Fahrbahn sowie ein Teil der Flächen der zweiten Tragwand in Rechnung zu stellen. Der letztere Teil ist, wenn das Verhältnis der offenen Maschenflächen der ersten Tragwand zu ihrer Gesamtumrißfläche 0,4, 0,6, 0,8 beträgt, mit 0,2, 0,4, 1,0 der Flächen der zweiten Tragwand zu bemessen. Für zwischenliegende Werte ist geradlinig einzuschalten.

b) Bei belasteten Brücken ist von der nach den Bestimmungen des vorstehenden Absatzes a) erhobenen Fläche der Tragkonstruktion nur der durch die Verkehrslast nicht gedeckte Teil zu berücksichtigen und als Fläche der Verkehrslast, die dem Angriffe des Windes ausgesetzt ist, für Eisenbahnbrücken ein 0,5 m über der Schiene fortschreitendes volles Rechteck anzunehmen, welches bei Vollspurbahnen und Schmalspurbahnen mit Rollschemelbetrieb 3,0 m, bei den übrigen Schmalspurbahnen 2,0 m hoch ist; für Straßenbrücken und Gehstege hingegen ist das fortschreitende, 2,0 m hohe, volle Rechteck als unmittelbar über der Fahrbahn befindlich anzusehen.

Die Standsicherheit jeder Brücke gegen Winddruck ist sowohl für den belasteten als auch für den unbelasteten Zustand nachzuweisen.

Dieser Berechnung ist bei Vollspurbahnen und Schmalspurbahnen mit Rollschemelbetrieb ein Wagenzugsgewicht von 1,5 t für den Meter, bei Schmalspurbahnen von 1,0 t für den Meter, bei Straßenbrücken eine in der Brückenachse wirkende Verkehrslast von 200 kg für den Meter Brücke zugrunde zu legen.

Deutsche Reichsbahnvorschriften von 1922. Der Winddruck ist wagrecht, und zwar bei unbelasteter Brücke mit 250 kg/m², bei belasteter Brücke mit 150 kg/m² anzunehmen.

Die vom Wind getroffenen Flächen sind nach den wirklichen Abmessungen der Teile schätzungsweise zu bestimmen. Als vom Wind voll getroffene Flächen sind anzunehmen:

1. Bei unbelasteter Brücke: a) bei Überbauten mit vollwandigen Hauptträgern der vordere Hauptträger und das etwa darüber hinausragende Fahrbahnband; b) bei Überbauten mit gegliederten Hauptträgern die Flächen des vorderen und des dahinterliegenden Hauptträgers und das Fahrbahnband.

2. Bei belasteter Brücke: a) bei Überbauten mit vollwandigen Hauptträgern der vordere Hauptträger und das etwa darüber hinausragende Fahrbahn- und Verkehrsband; b) bei Deckbrücken mit gegliederten Hauptträgern die Flächen des vorderen und des dahinterliegenden Hauptträgers und das Fahrbahn- und Verkehrsband; c) bei Trogbrücken mit gegliederten Hauptträgern $^3/_4$ der unter 1 b) genannten Flächen und das Verkehrsband.

Das Verkehrsband ist als eine zusammenhängende Rechteckfläche von 3·5 m Höhe über Schienenoberkante anzunehmen.

Nach den Schweizer Vorschriften ist der Winddruck bei unbelasteter Brücke mit 150 kg/m², bei belasteter Brücke mit 100 kg/m² anzunehmen. Bei gegliederten Hauptträgern ist die vom Winde getroffene Fläche des vorderen Hauptträgers noch um einen Bruchteil der Fläche des dahinterliegenden Trägers zu vergrößern. Dieser Bruchteil ist durch das Verhältnis der Maschenfläche des Trägers zu seiner vollen Umrißfläche bestimmt. Als Fläche des Eisenbahnzuges ist ein fortschreitendes Rechteck von 3,0 m Höhe in 0,5 m Höhe über Schienenoberkante anzunehmen.

Seitendrücke der Fahrzeuge bei Eisenbahnbrücken

Österreichische Vorschrift. Die von den Seitenschwankungen oder den Seitenpressungen der Fahrbetriebsmittel auf Brücken in gerader oder gekrümmter Bahn erzeugten wagrechten Kräfte sind für ein Gleis mit $^1/_{20}$ der lotrechten Achslasten der Lokomotiven des Zuges der betreffenden Belastungsnorm anzunehmen. Die Angriffspunkte dieser wagrechten Kräfte liegen in Schienenhöhe.

Deutsche Reichsbahnvorschriften. Bei der Berechnung der Wind- und Schlingerverbände der Fahrbahn ist zur Berücksichtigung der von den Lokomotiven auf die Schienen ausgeübten Seitenstöße für jedes Gleis eine wagrechte und rechtwinklig zur Gleisachse wirkende Kraft von $^1/_5$ der größten Lokomotivachslast an der ungünstigsten Stelle anzunehmen. Bei Brücken in Krümmungen brauchen Seitenstöße und Fliehkräfte nicht gleichzeitig berücksichtigt zu werden.

Fliehkräfte

Bei Eisenbahnbrücken in Gleiskrümmungen ist die Fliehkraft zu berücksichtigen. Ist R der Krümmungshalbmesser in Metern, V die Zugsgeschwindigkeit in Sekundenmetern und $g = 9{,}81$ die Schwerebeschleunigung, so ist die von der Achslast G ausgeübte Fliehkraft

$$C = \frac{G\,V^2}{g\,R} = c \cdot G.$$

Die Geschwindigkeit V ist vom Kurvenhalbmesser R abhängig. Die österreichische Verordnung setzt für Vollspurbahnen

bei $R = 100$ m	....	$V = 10$ m/sec
„ $R = 200$ „ und darunter	....	$V = 15$ „
„ $R = 350$ „ „ „	....	$V = 20$ „
„ $R = 500$ „ „	....	$V = 25$ „
„ $R = 700$ „ und darüber	....	$V = 30$ „

Bei Brücken in Stationen und in Bahnneigungen von 20‰ und darüber ist die Geschwindigkeit nicht höher als mit 20 m/sec anzunehmen.

Es entspricht dies für	$R =$ 100	200	350	500	700	1000	2000 m
einer Fliehkraft	$C =$ 0,100	0,115	0,117	0,127	0,130	0,090	0,050 · G

Die deutsche Reichsbahnvorschrift nimmt als Fliehkräfte an:

bei $R =$	200	300	500	700	1000	2000 m
$C =$	0,098	0,111	0,101	0,091	0,087	0,057 · G

Die Fliehkraft ist im Schwerpunkt der Fahrzeuge in 2 m Höhe über den Schienen wirkend anzunehmen. (Nach der österreichischen Verordnung in 1,5 m Höhe.)

Bremskräfte

Das sind die nach der Längsachse der Brücke wirkenden Kräfte, die entstehen, wenn ein in Fahrt befindlicher Zug auf der Brücke gebremst wird.

Nach der österreichischen Vorschrift ist bei Brücken in Bremsstrecken mit mehr als 10‰ Neigung sowie bei Brücken, die in Stationen und Haltestellen oder in den anschließenden Bremsstrecken liegen, die Wirkung der Bremskräfte mit 0,1 des Zugsgewichtes in Rechnung zu stellen.

Die deutschen Reichsbahnvorschriften bestimmen: Die in der Fahrtrichtung wirkende Bremskraft ist zu $^1/_7$ des Gewichtes aller den Überbau belastenden Lokomotiv- und Tenderachsen und der Hälfte aller auf dem Überbau befindlichen Wagenachsen anzunehmen. Der entgegengesetzt der Fahrtrichtung wirkende Anfahrwiderstand ist mit $^1/_7$ des Gewichtes aller den Überbau belastenden Lokomotivachsen in die Rechnung einzuführen.

Wärmeschwankungen

Nach den österreichischen und deutschen Vorschriften ist für eiserne Brücken der Einfluß der Wärmeschwankungen für Temperaturgrenzen von — 25° und + 45° C zu berechnen. Die deutschen Reichsbahnvorschriften sehen überdies eine ungleiche Erwärmung einzelner Teile mit einem Temperaturunterschied von 15° C vor.

Bei Mauerwerks-, Beton- und Eisenbetontragwerken kann mit einer Wärmeschwankung von ± 12° C gegenüber dem spannungslosen Zustande gerechnet werden (tschechoslowakische Vorschriften); bei Konstruktionen, deren kleinste Abmessung 70 cm oder mehr beträgt, und bei Bauwerken, die durch Überschüttung oder anderweitig hinreichend geschützt sind, dürfen die Wärmeänderungen mit ± 8° C eingeführt werden. Der Einfluß des Schwindens des Betons ist der Wirkung einer Wärmeabnahme um 10° C (nach der Schweizer Vorschrift um 20° C) gleichzusetzen und zu jener der Wärmeschwankung zu addieren.

Der lineare Wärmeausdehnungskoeffizient ist bei Eisen und Beton mit 0·000012, bei Mauerwerk und Stein mit 0·000008 anzunehmen.

II. Zulässige Beanspruchung und Annahmen für die statische Berechnung

Bei Festsetzung der zulässigen Beanspruchung und der daraus folgenden Querschnittsermittlung der Teile eines Brückentragwerkes können drei verschiedene Verfahren zur Anwendung kommen.

1. Man führt für alle Teile des Tragwerkes die gleiche zulässige Beanspruchung ein, nimmt aber letztere bis zu einer gewissen Grenze mit der Stützweite wachsend an. (Österreichische Brückenverordnung sowie die Mehrzahl der Brückenvorschriften anderer Länder.)

2. Man berücksichtigt die dynamische Einwirkung der Verkehrslasten durch Multiplikation derselben mit einem Beiwert (Stoßkoeffizient $\varphi > 1$), der von der Spannweite bzw. Belastungslänge abhängig anzunehmen ist, und errechnet die Querschnittsabmessungen aus den so vergrößerten Spannungen unter Einführung einer konstanten Inanspruchnahme. Diese Berechnungsweise liegt den neuen deutschen Reichsbahnvorschriften (siehe unten) zu Grunde; sie wird auch von vielen amerikanischen Brückenbauingenieuren angewendet.

Für den Stoßkoeffizienten werden verschiedene Annahmen und Formeln gegeben, die sich teils auf theoretische Betrachtungen, teils auf Versuchsmessungen gründen, die in den letzten Jahren in größerem Umfange besonders auf amerikanischen, englischen und indischen Eisenbahnbrücken durchgeführt worden sind.

Nach Melans Formel für den Stoßkoeffizienten $\varphi = 1{,}2 + \frac{8}{10 + x}$, worin x die Belastungslänge bezeichnet, ergibt sich

für $x =$	10	15	20	30	40	50	60	80	100 m
$\varphi =$	1,60	1,52	1,47	1,40	1,36	1,33	1,31	1,29	1,27

Theoretische Untersuchungen von Bleich liefern:

für $x = l =$	10	15	20	30	40	50	60	80	100 m
$\varphi =$	1,48	1 44	1,41	1,36	1,34	1,32	1,31	1,29	1,26

3. Ein drittes Verfahren der Dimensionenberechnung eiserner Brücken, dessen Anwendung eine Zeitlang (1875—1890) namentlich in Deutschland sehr verbreitet war, setzt die zulässige Inanspruchnahme eines Konstruktionsteiles abhängig von seinem Spannungswechsel und wertet dafür die Ergebnisse der Wöhlerschen Dauerversuche aus.

Bezeichnet σ_β die Zerreißfestigkeit des Eisens, so ist bei einem Spannungswechsel zwischen S_{min} und S_{max} die Arbeitsfestigkeit des Materials nach der Launhardt-Weyrauchschen Formel $\sigma_\alpha = \frac{2}{3}\sigma_\beta\left(1 \pm \frac{1}{2}\frac{S_{min}}{S_{max}}\right)$, worin das Zeichen + für gleichgerichtete Spannungen, das Zeichen — für Wechsel von Zug und Druck gilt. Die zulässige Inanspruchnahme wäre als ein Bruchteil der Arbeitsfestigkeit, aber stets kleiner als die Streckgrenze, die ungefähr $= \frac{2}{3}\sigma_\beta$, anzunehmen. Demzufolge ist es gerechtfertigt, daß man heute die Anwendung dieser Formel auf die sogenannten Wechselstäbe, die abwechselnd Zug und Druck erfahren, beschränkt und für diese die zulässige Beanspruchung setzt $\bar{s} = s\left(1 - \frac{1}{2}\frac{S_{min}}{S_{max}}\right)$.

A. Hölzerne Brücken

Zulässige Inanspruchnahme für Eisenbahn-, Straßen- und Wegebrücken mit mehr als zweijähriger Benützungsdauer nach der österreichischen und tschechoslowakischen Brückenverordnung:

Art der Beanspruchung	Österr. Brückenvorschrift v. Jahre 1904		Entwurf der tschechoslowakischen Brückenvorschrift für Straßenbrücken 1924			
	Ständige und Verkehrsbelastung	Ständige, Verkehrsbelastung und Winddruck	Ständige und Verkehrsbelastung	Ständige, Verkehrsbelastung und Winddruck	Ständige und Verkehrsbelastung	Ständige, Verkehrsbelastung und Winddruck
			Hartholz (Eiche, Buche, Lärche)		Weichholz (Tanne, Kiefer)	
	kg/cm²					
Zug oder Druck in der Faserrichtung	80	90	90	100	80	90
Druck, senkrecht zur Faser	—	—	25	30	12	15
Abscheren ⊥ zur Faser	20	30	25	28	20	22
Abscheren // zur Faser	10	15	15	18	10	12

Bei provisorischen Tragwerken mit einer Verwendungsdauer bis zu zwei Jahren darf die Beanspruchung auf Zug oder Druck in der Faserrichtung oder auf Biegung auf 100 kg/cm² (nach der tschechoslowakischen Verordnung auf 110 kg/cm²), die Beanspruchung auf Abscheren senkrecht zur Faser auf 30 kg/cm², parallel zur Faser auf 18 kg/cm² erhöht werden. Hilfstragwerke, Gerüste und Brücken mit höchstens 6 Monate Benützungsdauer können auf Biegung mit 120 kg/cm² (nach der tschechoslowakischen Verordnung mit 130 kg/cm²), auf Abscheren senkrecht zur Faser mit 35, parallel zur Faser mit 18 kg/cm² beansprucht werden.

Bei verzahnten (verdübelten) Trägern darf nur mit dem Trägheitsmomente von 80 (70) % des ganzen Querschnittes gerechnet werden, wenn der zusammengesetzte Träger aus 2 Balken, und von 60 (50) % des ganzen Querschnittes, wenn er aus 3 Balken besteht.

Zulässige Beanspruchungen nach dem Entwurfe des österreichischen Normenausschusses (ÖNIG).

Art der Beanspruchung	Eiche und Buche	Lärche	Kiefer, Fichte, Tanne	Anmerkung
	kg/cm²			
Achsrechter Druck in der Faserrichtung ..	80	70	60	Knickung und nicht achsrechter Druck ist zu berücksichtigen
Zug in der Faserrichtung, Biegung, Druck in der Faserrichtung infolge Druck und Biegung............	90	80	70	Im Schwerpunkt des Querschnittes darf die zulässige Beanspruchung bei achsrechtem Druck nicht überschritten werden
Örtlicher Druck rechtwinklig zur Faserrichtung auf ganzer Breite (Schwellendruck)	40	30	20	Überstand der Schwellenenden in der Längsrichtung mindestens gleich der $1^1/_2$ fachen Schwellenhöhe
Örtlicher Druck rechtwinklig zur Faserrichtung auf einem Bruchteil der Breite (Stempeldruck)	50	35	25	Stempelfläche höchstens halb so groß wie das Quadrat aus der Schwellenhöhe. Überstand der Schwelle über dem Stempel in der Breitenrichtung mindestens 2 cm, Überstand über dem Stempel in der Längsrichtung mindestens gleich der $1^1/_2$ fachen Schwellenhöhe
Abscherung in der Faserrichtung.......	15	15	12	

Die vorstehenden Ziffern der zulässigen Inanspruchnahme beziehen sich auf lufttrockenes, fehlerfreies Holz; bei nicht lufttrockenem oder dauernd durchnäßtem Holze sind sie um $^1/_4$ dieser Werte zu ermäßigen.

Bei Bauhilfsgerüsten und hölzernen Brücken, die höchstens 6 Monate dem Verkehr dienen sollen, dürfen die obigen Beanspruchungen um $^1/_4$, bei einer Verkehrsdauer bis höchstens 2 Jahre um $^1/_6$ erhöht werden. Diese Erhöhungen gelten nicht für Lehrgerüste.

Die angeführten Beanspruchungen gelten für das Zusammenwirken der ständigen Last mit den Regellasten (siehe „Verkehrslasten der Straßenbrücken nach ÖNIG", S. 471); bei gleichzeitiger Berücksichtigung des Winddruckes und des Quellens und Schwindens des Holzes oder beim Zusammenwirken der ständigen Last mit außergewöhnlichen Lasten dürfen diese Beanspruchungen um $^1/_4$ ihrer Werte erhöht werden.

Bei Bogenbrücken ist das Maß des Quellens und Schwindens von lufttrockenem Nadelholz mit 0,0003 in Rechnung zu stellen.

Die rechnerisch (mit dem Elastizitätsmaß 110.000 kg/cm²) ermittelte Durchbiegung darf im ungünstigsten Falle bei Straßenbrücken $^1/_{500}$, bei Gehstegen $^1/_{300}$ der Stützweite nicht überschreiten.

B. Eiserne Brücken

Österreich. Zulässige Beanspruchung (kg/cm²) nach den Brückenverordnungen vom August 1904 und von 1905 und bei Zugrundelegung der darin festgesetzten Verkehrsbelastung.

l = Stützweite in Metern

Art der Beanspruchung	Eisenbahnbrücken		Straßenbrücken	
	Belastung durch Eigengewicht und Verkehrslast einschließlich Wärmewirkung	Bei Hinzurechnung des Winddruckes und sämtlicher Zusatzkräfte	Belastung durch Eigengewicht und Verkehrslast einschließlich Wärmewirkung	Bei Hinzurechnung des Winddruckes und sämtlicher Zusatzkräfte
Zug oder Druck				
bei Stützweiten von 0—10 m	$750 + 5\,l$			
10—20 m	$760 + 4\,l$			
20—40 m	$800 + 2\,l$	1200	$800 + 3\,l$	1200
über 40 m	$840 + l$			
bis höchstens	1000		1050	
Abscheren, ausgen. Niete......	600	700	600	700
Nieten auf Abscheren				
nur in einer Richtung......	700	800	700	800
in mehreren Richtungen ...	600		600	
Druck in der Nietlochleibung .	1600	1800	1600	1800

Zulässige Beanspruchungen eiserner Straßenbrücken nach Aufstellung des österreichischen Normenausschusses (ÖNIG.)

Baustoff	Verwendungsform	Art der Beanspruchung	Beim Zusammenwirken der ständigen Last mit (s. oben, S. 471)			Anmerkung
			Regellasten und Wärmeschwankung	Regellasten Wärmeschwankung und Winddruck	Außergew. Lasten und Wärmeschwankung	
			kg/cm²			
Flußeisen	Tragwerke bis 10 m Stützweite	Zug, Druck, oder Biegung	900	1050	—	Bei unmittelbarer Belastung sind diese Zahlen um 10 v. H. zu verringern
	über 10 m Stützweite		$860 + 4\,l$ höchstens 1100	$1000 + 5\,l$ höchstens 1250	1300	
		Abscherung	700	800	900	

Baustoffe	Verwendungsform	Art der Beanspruchung	Beim Zusammenwirken der ständigen Last mit (s. oben, S. 471)			Anmerkung
			Regellasten und Wärmeschwankung	Regellasten Wärmeschwankung und Winddruck	Außergew. Lasten und Wärmeschwankung	
			kg/cm²			
Flußeisen	Nieten und gedrehte Schraubenbolzen	Abscherung	800	900	1000	Nieten dürfen auf Zug nur mit 200 kg/cm² beansprucht werden oder sind durch Schrauben zu ersetzen
		Leibungsdruck	1800	2000	2200	
	Ankerschrauben	Zug	600	700	800	im Kern
Gußeisen	Säulen	Zug bei Biegung	300			
		Druck	800			
	Lagerkörper	Zug bei Biegung	350			
		Druck	1000			
Stahlguß	Lagerkörper	Zug, Druck oder Biegung	1200			Für geschmiedeten Stahl 1500

Es sind dabei folgende Festigkeitseigenschaften vorausgesetzt bei:

Flußeisen für Tragwerke:
Zugfestigkeit mindestens 3,6 t/cm², höchstens 4,5 t/cm²,
Dehnung in % mal Zugfestigkeit in der Walzrichtung mindestens 100, senkrecht zur Walzrichtung mindestens 90;

Niet- und Schraubeneisen:
Zugfestigkeit mindestens 3,5 t/cm², höchstens 4,0 t/cm²,
Dehnung in % mal Zugfestigkeit mindestens 110;

Gußeisen:
Zugfestigkeit mindestens 1,2 t/cm²,
Druckfestigkeit mindestens 5,0 t/cm²;

Stahlguß und geschmiedeter Stahl:
Zugfestigkeit mindestens 5,7 t/cm²;
Dehnung mindestens 10%.

Tschechoslowakische Republik. Nach dem Erlasse des Eisenbahnministeriums vom April 1921 und bis zum Erlasse einer neuen Verordnung für Staßenbrücken seitens des Ministeriums für öffentliche Arbeiten gelten für neu zu erbauende Brücken die nachstehenden Bestimmungen:

Art der Beanspruchung	Eisenbahnbrücken		Straßenbrücken	
	Belastung durch Eigengewicht und Verkehrslast einschließlich Wärmewirkung	Bei Hinzurechnung des Winddruckes und sämtlicher Zusatzkräfte	Belastung durch Eigengewicht und Verkehrslast einschließlich Wärmewirkung	Bei Hinzurechnung des Winddruckes und sämtlicher Zusatzkräfte
Zug oder Druck Fahrbahnträger	—	—	850	—
Hauptträger bis 10 m Spannw.	850	1300	900	1350
über 10 m „	$820 + 3\,l$ höchstens 1100		$870 + 3\,l$ höchstens 1150	
Abscheren ausgenom. Nieten.	650	750	700	800
Nieten auf Abscheren in einer Richtung	750	850	800	900
in mehreren Richtungen ...	650	750	700	800
Druck auf die Nietlochleibung	1800	2000	1900	2100
Gußeisen		—		
auf Druck	800	—	900	—
auf Biegung ..	300		350	—
Stahlguß		—		
auf Druck oder		—		—
Biegung	1300		1400	—

Deutschland. An Stelle der früheren Vorschriften für die Staatsbahnen in Preußen und den anderen Bundesstaaten sind seit 1922 die neuen „Vorschriften für Eisenbauwerke" der deutschen Reichsbahn getreten (mit Nachtrag vom Februar 1925). Hienach sind die von den senkrechten Teilkräften der Eisenbahnverkehrslast (siehe oben die Lastzüge N, E, G) hervorgerufenen Momente, Querkräfte und Stabkräfte mit einer von der Stützweite und Fahrbahnausbildung abhängigen Stoßzahl φ zu multiplizieren. Für letztere werden folgende Formeln gegeben:

Fahrbahnausbildung: Schienen unmittelbar oder mit Unterlagsplatten

auf den Trägern .... $\varphi = 1{,}20 + \frac{17}{l + 28}$

Gleis mit durchgehender Bettung ..... $\varphi = 1{,}11 + \frac{56}{l + 144}$

(giltig bis $l = 50$ m)

Querschwellen auf den Haupt- oder Längsträgern .... $\varphi = 1{,}19 + \frac{21}{l + 46}$

Bei Bogenträgern ohne Zugband ist die der halben Spannweite entsprechende Stoßzahl zu nehmen. Bei durchlaufenden Trägern ohne Gelenken richtet sich die Stoßzahl der Hauptträger in den einzelnen Öffnungen nach den betreffenden Stützweiten. Bei Auslegerträgern ist für die Schwebeträger deren Stützweite, für die Kragträger einschließlich der Kragarme die Stützweite der Kragträger maßgebend. Für die Fahrbahnträger ist die Stoßzahl für deren Stützweite zu bestimmen.

Eisensorte	Streckgrenze kg/cm²	Unter Anwendung der Stoßzahl φ zulässige Zug- und Biegungsspannung s der Haupt- und Fahrbahnträger bei Belastung durch die	
		Hauptkräfte (ständige Last, Verkehrslast, Fliehkraft, Wärmeschwankung)	Haupt-, Wind- und Zusatzkräfte; zu letzteren gehören: Brems- und Anfahrkräfte, Seitenstöße, Reibungswiderstände der Lager, Bewegungen der Widerlager und Pfeiler
Flußeisen ...	2400	1400 kg/cm²	1600 kg/cm²
Flußstahl ...	σ_s	$1400 \cdot \frac{\sigma}{2400}$	$1600 \cdot \frac{\sigma}{2400}$

Für die Wechselstäbe, d. s. solche Bauteile, in denen unter Berücksichtigung der Stoßzahl abwechselnd Zug- und Druckspannungen auftreten, wird die folgende Regel gegeben: Ist unter Berücksichtigung der Stoßzahl Z die größte Zugkraft, und D die größte Druckkraft, so muß ohne Rücksicht auf das Vorzeichen

$$Z + \tfrac{1}{2} D \leqq F_n \cdot s \text{ sein, wenn } Z > D,$$

und

$$D + \tfrac{1}{2} Z \leqq F_n \cdot s \text{ sein, wenn } D > Z.$$

Für s gilt die oben festgesetzte zulässige Inanspruchnahme; F_n ist der Nutzquerschnitt. Außerdem ist der Stab für D auf Knickung zu rechnen.

Die zulässige Scherspannung beträgt das 0,8fache der zulässigen Zuginanspruchnahme. Dies gilt auch für die Scherspannung der Nieten und eingepaßten Schrauben; ihr Lochleibungsdruck kann das Zweifache der zulässigen Zuginanspruchnahme erreichen.

Für die Wind- und Querverbände, für die kein Stoßzuschlag in Betracht kommt, ist die zulässige Zug- und Biegungsspannung für Flußeisen durchwegs mit 1000 kg/cm² anzunehmen.

Schweiz. Verordnung vom 7. Juli 1913. Zulässige Inanspruchnahme des Flußeisens durch Eigengewicht, Verkehrslast und Wärmewirkung

$$\text{bei Eisenbahnbrücken} \dots \; 900 + 200 \frac{A}{B} \text{ kg/cm}^2$$

$$\text{bei Straßenbrücken} \dots \; 1000 + 200 \frac{A}{B} \text{ kg/cm}^2.$$

Es bezeichnen A die kleinsten, B die größten Kräfte, Momente oder Spannungen in dem betreffenden Konstruktionsteil, wobei den Zugkräften das Zeichen +, den Druckkräften das Zeichen — vorzusetzen ist. Für die Füllungsstäbe der Wind- und Bremsverbände ist $\frac{A}{B} = -1$ anzunehmen.

Bei Berücksichtigung des Winddruckes kann die Beanspruchung in den Hauptträgern um 100 kg/cm² erhöht werden.

Berechnung gedrückter Stäbe mit Rücksicht auf Knickung. (Siehe auch S. 121 ff.)

Bezeichnet σ_k die Knickfestigkeit, σ die Zugfestigkeit, s_k die zulässige Knickspannung, s die zulässige Zug- oder Druckspannung, so setzen die in Österreich und den Nachfolgestaaten, in der Schweiz und anderwärts in Anwendung stehenden Berechnungsregeln $s_k = \frac{\sigma_k}{\sigma}\, s = \alpha \cdot s$, die neuen Vorschriften der deutschen Reichsbahnen $s_k = \frac{1}{n}\, \sigma_k = \frac{\sigma_k}{n\, s} \cdot s$; letztere nehmen den Sicherheitsgrad n nicht konstant gleich jenem der Zugstäbe $= \frac{\sigma}{s}$, sondern veränderlich an.

Die **österreichischen Vorschriften bestimmen** für Längenverhältnisse:

$$\frac{l}{i} < 105 \text{ nach der Tetmajer Formel } \frac{\sigma_k}{\sigma} = \alpha = 0{,}816 - 0{,}003\, \frac{l}{i}$$

$$\frac{l}{i} > 105 \text{ nach der Euler-Formel } \frac{\sigma_k}{\sigma} = \alpha = 5584 \left(\frac{i}{l}\right)^2.$$

Der Querschnitt eines Druckstabes mit der Stabkraft S hat der Bedingung zu entsprechen:

$$F \gtrless \frac{S}{\alpha\, s} \text{ oder } \gtrless \omega\, \frac{S}{s}.$$

Die Abminderungszahlen α oder ihre Reziprokwerte ω sind den Tabellen auf S. 123 ff. zu entnehmen.

Die deutsche Reichsbahnvorschrift setzt

$$\text{für } \frac{l}{i} \lesseqgtr 60\colon \sigma_k = 2400 = \text{der Quetschgrenze und } n = 2,$$

$$\text{,,} \quad \frac{l}{i} \gtrless 100\colon \sigma_k \text{ nach der Euler-Formel und } n = 4,$$

für zwischenliegende $\frac{l}{i}$ wird σ_k und n geradlinig eingeschaltet. Der Knickkoeffizient $\omega = \frac{n\, s}{\sigma_k}$ ist danach von der Annahme von s abhängig. Er wird in den deutschen Vorschriften für $s = 1400$ angegeben, wobei S mit der Stoßzahl gerechnet einzuführen ist.

Die freie Knicklänge l der Stäbe eines genieteten Fachwerksträgers wird zumeist wie folgt angenommen (siehe auch S. 496).

Bei den Ausfachungsstäben und Windstreben:

a) für das Ausknicken in der Tragwandebene mit 0,8 der zwischen den Nietanschlüssen an den Gurten gemessenen Länge; kreuzt der Druckstab andere Stäbe mit 0,8 der zwischen dem Kreuzungspunkt und der Mitte des Nietanschlusses oder zwischen zwei Kreuzungspunkten gelegenen Länge;

b) für das Ausknicken quer zur Tragwandebene mit der ganzen zwischen den Mitten der Nietanschlüsse an die Gurtungen gemessenen Länge; kreuzt der Stab einen anderen steifen Stab, so kann mit 0,7 seiner Länge gerechnet werden. Kreuzungen mit schlaffen Stäben sind für das Ausknicken quer zur Tragwand ohne Einfluß.

Bei den Gurtstäben:

a) für das Ausknicken in der Tragwandebene rechne man mit der Knotenweite als Knicklänge. Anschlüsse von Hilfsvertikalen sind als Knotenpunkte aufzufassen;

b) für das Ausknicken quer zur Tragwandebene ist als Knicklänge des Gurtes die Entfernung zwischen zwei, gegen seitliches Ausweichen gesicherten Punkten der Gurtung anzunehmen. Bei vorhandenem Querverbande in der Ebene der Gurtung entspricht dies seiner Knotenweite; bei fehlendem Querverbande (offenen Brücken) ist der Druckgurt auf mindestens die Haupttrågerknotenweite knicksteif auszubilden, überdies ist die Quersteifigkeit auch noch durch die Wandstäbe zu sichern (siehe S. 499).

Berechnung gegliederter Stäbe S. 498.

C. Stein- und Betonbrücken

Die größte zulässige Druckbeanspruchung (Kantenpressung) im Mauerwerk der Steinbrücken und anderer Ingenieurbauten kann mit $^1/_8$ bis $^1/_{10}$ der Druckfestigkeit angenommen werden. Für Stampfbeton wird mit Rücksicht auf dessen nachträgliche Festigkeitszunahme mit der Beanspruchung bis auf $^1/_5$ der Würfeldruckfestigkeit nach sechswöchentlicher Erhärtung gegangen. Dementsprechend können nachstehende durchschnittliche Werte der zulässigen Beanspruchung angesetzt werden.

	Zulässige Kantenpressung kg/cm²	Zulässiger Druck bei zentrischer Belastung kg/cm²
Quadermauerwerk aus hartem Stein von mindest 800 kg/cm² Würfelfestigkeit in Portlandzementmörtel (1 : 3)	50—60	40
Schichtmauerwerk in Portlandzementmörtel	30—40	20—25
Lagerhaftes Bruchsteinmauerwerk in Portlandzementmörtel	20—30	12—18
Mauerwerk in gewöhnlichen guten Ziegeln	10—15	8—10
Beton, Mischung 1 : 5 bis 1 : 3	25—40	20—30

Der Entwurf der **tschechoslowakischen** Verordnung für Straßenbrücken enthält folgende Angaben über die anzunehmende zulässige Beanspruchung:

		Kantenpressung bei exzentrischem Druck	zentrischer Druck	
Quadermauerwerk	Granit, Porphyr und ähnlichem	60	45	Bei nachgewiesener Würfelfestigkeit der Steine darf die Inanspruchnahme bei zentrischem Druck mit $^1/_{20}$, bei exzentrischem Druck mit $^1/_{15}$ dieser Festigkeit angenommen werden
	Kalkstein und ähnlichem ...	40	30	
	Sandstein	30	25	
Bruchsteinmauerwerk	Schichtmauerw.	25	20	Vorausgesetzt Mauerwerk in Portlandzementmörtel, der mindestens 400 kg Zement auf 1 m³ Sand enthält
	gewöhnliches Mauerwerk ..	15	12	

		Kantenpressung bei exzentrischem Druck	zentrischer Druck		
Ziegelmauerwerk	Ziegel von mindestens 600 kg Festigkeit...	25	20	Vorausgesetzt Mauerwerk in Portlandzementmörtel, der mindestens 400 kg Zement auf 1 m³ Sand enthält	
	Ziegel von mindestens 300 kg Festigkeit...	15	12		
Stampfbeton				Zug bei Biegung	Abscherung, Haft- und Hauptzugspannung
Würfelfestigkeit nach 6 Wochen kg/cm²	150—200	30	20	2	3
	150—200 f. Gewölbe	$30 + 0{,}2\,l$ höchstens 40			
	130—149	25	18	2	3
	130—149 f. Gewölbe	$24 + 0{,}2\,l$ höchstens 36			
	110—129..........	22	16	1,5	2
	90—109..........	18	13	1	1,5
	75—89..........	14	10	—	—
	50—74..........	10	7	—	—

l bedeutet die Stützweite in Metern.

Beträgt die Würfelfestigkeit des Betons nach sechswöchentlicher Erhärtung 300 kg/cm² oder mehr, so können die zulässigen Beanspruchungen des Betons für Druck und Zug um 50 v. H. gegenüber den für Beton von 150—200 kg/cm² Würfelfestigkeit angegebenen Werten erhöht werden. Liegt die Würfelfestigkeit nach sechswöchentlicher Erhärtung zwischen 200 und 300 kg/cm², so bestimmt man die zulässige Beanspruchung durch geradlinige Einschaltung.

Ist in Ausnahmsfällen die Betonfestigkeit nicht rechtzeitig nachgewiesen, so sind bei Maschinmischung und erdfeuchter oder plastischer Mischung folgende Betonfestigkeiten anzunehmen:

170 kg/cm² bei einer Zementmenge von	400 kg	auf 1 m³ Gemenge aus Sand und Schotter
150 ,, ,, ,, ,, ,,	300 ,,	
130 ,, ,, ,, ,, ,,	240 ,,	
110 ,, ,, ,, ,, ,,	200 ,,	
90 ,, ,, ,, ,, ,,	170 ,,	
75 ,, ,, ,, ,, ,,	140 ,,	
50 ,, ,, ,, ,, ,,	110 ,,	

Bei Handmischung erhöht sich die Zementmenge um 5 v. H., bei flüssiger Betonmischung, ob Maschin- oder Handmischung, um 10 v. H.

Die **österreichische** Verordnung für Straßenbrücken aus Stampfbeton oder Eisenbeton (vom Juni 1911 mit Nachtrag vom 15. September 1918) setzt für erstere die nachstehenden zulässigen Beanspruchungen in kg/cm² bei der Spannweite l in Metern fest:

Stampfbeton	Im Falle der Biegung und bei exzentrischem Druck		bei zentrischem Druck	Schub-, Scher- und Hauptzugspannung
	Druckspannung	Zugspannung	Druckspannung	
bei einer Würfeldruckfestigkeit von:				
170 kg/cm²	28 + 0,2 *l*	2	20	3
150 „	25 + 0,2 *l*	2	18	3
130 „	22 + 0,2 *l*	1,5	16	2
110 „	18 + 0,2 *l*	1,5	13	1,5
75 „	13	—	9	—
50 „	9	—	6	—

D. Eisenbetonbrücken

(Siehe auch den Abschnitt „Eisenbetonbau", S. 331 ff.)

Für die Berechnung der Spannungen im Tragwerk einer Eisenbetonbrücke gelten die nachstehenden Regeln:

1. Bei nur auf Biegung beanspruchten Tragkörpern rechne man die Spannungen (Betondruck und Eisenzug) nach Phase II, d. i. mit vollständiger Ausschaltung des Zugspannungen aufnehmenden Betonquerschnittsteiles.

2. Bei Druck- und exzentrischer Druckbelastung (Gewölbe, Stützen) kann nach Phase I, d. i. mit voll wirksamem Betonquerschnitt, gerechnet werden, so lange die Zugspannungen im Beton eine gewisse Grenze (bei Beton von 150 bis 200 kg/cm² Würfeldruckfestigkeit etwa 10 kg/cm², siehe Schweizer Verordnung) nicht überschreiten. Ergeben sich jedoch größere Betonzugspannungen, so ist der Spannungsberechnung Phase IIa zugrunde zu legen, d. i. der Zugteil des Betonquerschnittes ist mit einem entsprechend verringerten Elastizitätskoeffizienten einzuführen, wenn man nicht im Interesse höherer Sicherheit die Berechnung nach Phase II, d. i. mit gänzlicher Ausschaltung des Betonzuges, vorzieht.

3. Um ein Urteil über die Rißgefahr zu gewinnen, rechne man die Betonzugspannung auch im Falle 1 nach Phase IIa (oder etwas zu groß nach Phase II). Im allgemeinen wird die Rißgrenze dann nicht erreicht, wenn die Spannung der Eisenbewehrung nicht mehr als das $E_e : E_{bz} = 37^1/_2$ fache der Betonbiegungszugfestigkeit ist.

Für die Berechnung der Spannungen wird in den meisten Vorschriften das Verhältnis der Elastizitätskoeffizienten $E_e : E_{bd} = n = 15$ angenommen.

Für die Ermittlung der Formänderungen und der äußeren Kräfte statisch unbestimmter Tragwerke wird immer mit dem vollen Betonquerschnitt und gleicher Elastizität für Zug und Druck und mit $n = 15$ (österreichische Vorschriften) oder $n = 10$ (tschechoslowakische Vorschriften) gerechnet.

Österreich. Vorschrift über die Herstellung von Tragwerken aus Eisenbeton für Straßenbrücken vom 15. Juni 1911 mit Nachtrag vom 15. September 1918 (S. a. S. 355):

a) die Spannungen des Betons auf Druck und des Eisens auf Zug sind unter der Voraussetzung zu ermitteln, daß der Beton keine Normalzugspannungen aufnimmt. (Gilt in dieser Allgemeinheit wohl nur für Platten- und Balkentragwerke.) Das Verhältnis der Elastizitätszahlen Eisen zu Beton ist dabei mit $n = 15$ einzuführen;

b) bei den auf Biegung beanspruchten Tragwerken sind auch die größten Zugspannungen im Beton nachzuweisen, die sich unter Annahme des Verhältnisses $E_{bz} : E_{bd} = 0{,}4$ ergeben.

Unter Zugrundelegung dieser Rechnungsannahmen und der ungünstigsten Einwirkung von Eigengewicht, Verkehrslast und Wärmeschwankung (siehe oben) werden folgende Beanspruchungen zugelassen:

Eisenbeton	Im Falle der Biegung und bei exzentrischem Druck		Bei zentrischem Druck	Schub-, Scher- und Hauptzugspannung	Mittlere Haftspannung
	Druck	Zug			
Beton mit einer Würfeldruckfestigkeit von:					
170 kg/cm²	$33 + 0{,}2\,l$	$19 + 0{,}1\,l$ bis höchstens 22	25	4	5
150 „	$29 + 0{,}2\,l$	$18 + 0{,}1\,l$ bis höchstens 21	22	3,5	4,5
130 „	$25 + 0{,}2\,l$	$16 + 0{,}1\,l$ bis höchstens 19,5	19	3	4

Eisenbewehrung (Flußeisen): Zug oder Druck . . $800 + 3\,l$ bis höchstens 900
Abscheren 600

Tschechoslowakische Republik. Für Eisenbetontragwerke ist Beton mit einer Mindestwürfeldruckfestigkeit von 150 kg/cm² zu verwenden. Wird keine höhere Würfeldruckfestigkeit als eine solche von 150 bis 200 kg/cm² nachgewiesen, so gelten nach dem Entwurfe der neuen Verordnung für Straßenbrücken folgende Werte der zulässigen Beanspruchung:

Eisenbeton	Im Falle der Biegung oder bei exzentrischem Druck		Zentrischer Druck und Knickung	Schub- und Hauptzugspannung	Mittlere Haftspannung
	Druckspannung s	Zugspannung			
a) bei Belastung durch Eigengewicht und Verkehrslast ohne Einwirkung von Wind, Wärme und Schwinden.					
Für Hauptträger bis $l = 8$ m Spannweite und alle anderen Teile	32	4	22	3,2	4
Für Hauptträger mit $l > 8$ m	$32 + 0{,}2\,l$	$\frac{1}{8}s$	$22 + 0{,}2\,l$	$\frac{1}{10}s$	$\frac{1}{8}s$
bis höchstens ...	40	5	30	4	5
b) bei Berücksichtigung aller Einwirkungen.					
Für Hauptträger bis $l = 8$ m Spannweite und alle anderen Teile	38	5	26	4	5
Für Hauptträger mit $l > 8$ m	$38 + 0{,}2\,l$	$\frac{1}{8}s$	$26 + 0{,}2\,l$	$\frac{1}{10}s$	$\frac{1}{8}s$
bis höchstens ...	48	6	36	5	6

Beträgt die Würfelfestigkeit des Betons nach sechswöchentlicher Erhärtung 300 kg/cm² oder mehr, so können die Beanspruchungen auf Druck und Zug um 50 v. H. gegenüber den oben angegebenen Werten erhöht werden. Die anderen Inanspruchnahmen bleiben die gleichen. Liegt die Würfelfestigkeit des Betons nach sechswöchentlicher Erhärtung zwischen 200 und 300 kg/cm², so wird die Inanspruchnahme auf Druck und Zug durch geradlinige Einschaltung zwischen den Werten, die den Festigkeiten von 200 und 300 kg/cm² entsprechen, bestimmt.

Bei durchlaufenden oder eingespannten Plattenbalken, in deren Rippen über den Stützpunkten an der Unterseite Druck auftritt, kann die zulässige Druckbeanspruchung bei Biegung bis um 25 v. H. der oben unter a) und b) angegebenen Grenzwerte, höchstens bis auf 60 kg/cm² erhöht werden.

Bei Platten von geringerer Stärke als 8 cm darf die Druckspannung im Beton bei Biegung höchstens 40 kg/cm² betragen.

Für die Eisenbewehrung gelten die für Eisenbrücken angegebenen Spannungswerte (Tabelle, S. 480).

Die Berechnung der Spannungen hat nach diesem Vorschriften-Entwurfe unter Zugrundelegung des Verhältnisses der Elastizitätskoeffizienten $n = 15$ zu erfolgen und es ist bei exzentrisch gedrückten Bauteilen der volle Betonquerschnitt nur dann als wirksam anzunehmen, wenn die danach gerechneten Spannungen am Zugrande die oben angegebene Grenze ($\frac{1}{8}$ der Druckspannung) nicht übersteigen. Diese niedrige Festsetzung der Zugspannungsgrenze bewirkt aber für Eisenbetonbogen eine nicht unwesentliche Erschwernis und wird sich in den definitiven Vorschriften kaum festhalten lassen. In allen Fällen, in denen sich größere Zugspannungen (nach Phase I gerechnet) herausstellen, ist mit vollständiger Ausschaltung des Betonzuges (Phase II) zu rechnen. Dies gilt vor allem für reine Biegungsbeanspruchung, für die der Nachweis der Betonzugspannung nicht verlangt wird. — Für die Berechnung der elastischen Formänderungen und der statisch unbestimmten Systeme ist der volle Betonquerschnitt und die Verhältniszahl $n = 10$ anzunehmen.

Die für den Beton mit Ausschaltung der Betonzugzone gerechneten Schubspannungen dürfen, wenn die abgebogenen Eisen und Bügel unberücksichtigt bleiben, 14 kg/cm² nicht übersteigen.

Deutschland. Nach den deutschen Bestimmungen für die Ausführung von Bauwerken aus Eisenbeton 1916 wird Beton mit einer Würfeldruckfestigkeit von mindestens 150 kg/cm² nach 28 Tagen oder mindestens 180 kg/cm² nach 45 Tagen vorausgesetzt. Für Biegung und exzentrischen Druck ist unter Annahme von $n = 15$ zu rechnen:

a) für die Teile der Straßenbrücken, die unmittelbaren Erschütterungen ausgesetzt sind, bei einfacher Nutzlast Betondruckspannung 35, Eisenspannung 900 kg/cm²;

b) desgleichen bei $1^1/_2$facher Nutzlast Betondruckspannung 40, Eisenspannung 1200 kg/cm²;

c) für die übrigen Teile der Straßenbrücken bei einfacher Nutzlast Betondruckspannung 40, Eisenspannung 1000 kg/cm²;

d) desgleichen bei $1^1/_2$facher Nutzlast Betondruckspannung 40, Eisenspannung 1200 kg/cm²;

e) für Brücken unter Eisenbahngleisen bei einem Schotterbett von mindestens 30 cm Betondruckspannung 30, Eisenspannung 750 kg/cm²;

f) für Rahmenträger Betondruckspannung 40, Eisenspannung 1200 kg/cm²;

g) für Brückenstützen bei zentrischem Drucke 30, unter $1^1/_2$facher Nutzlast 40 kg/cm².

Bei Eisenbahnbrücken und Überbrückungen von Eisenbahngleisen wird verlangt, daß bei Inrechnungstellung der Betonzugzone (mit gleichem Elastizitätskoeffizienten wie für Druck) die rechnungsmäßige Betonzugspannung 24 kg/cm² nicht überschreitet.

Bei Verwendung von Beton mit einer höheren Würfelfestigkeit als 245 kg/cm² nach 45 Tagen darf die Druckspannung mit $^1/_6$ dieser Festigkeit, aber nicht höher als 50 kg/cm² angenommen werden.

Werden bei statisch unbestimmten Systemen auch Wärme- und Schwindungseinflüsse berücksichtigt, so können die obigen Spannungswerte um 30 v. H. überschritten werden, müssen aber im Beton unter 60, im Eisen unter 1200 kg/cm² bleiben.

Die neuen Bestimmungen des deutschen Ausschusses für Eisenbeton vom September 1925, siehe unter „Eisenbetonbau“, S. 360.

III. Bauliche Ausgestaltung der Brücken

Breitenabmessungen der Straßenbrücken.

Der **österreichische Normenausschuß** (ÖNIG) stellt dafür folgende Typen auf:

<table>
<tr><td>Norm I. Einspurige Brücken
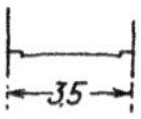
</td><td>Für Feldwege, unterhaltene Fahrwege und untergeordnete Straßen, wenn der Verkehr größerer landwirtschaftlicher Maschinen über sie nicht in Betracht kommt.</td></tr>
<tr><td>Norm II. Zweispurige Brücken
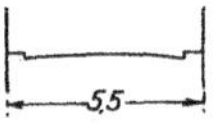
</td><td>Für Feldwege, unterhaltene Fahrwege und Straßen mit geringem Fußgängerverkehr; sonst einspurig mit Bezug auf den Übergang größerer landwirtschaftlicher Maschinen.</td></tr>
<tr><td>Norm III
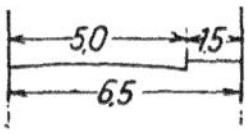
</td><td>Für Land- und Stadtstraßen mit erheblichem einseitigen Fußgängerverkehr.</td></tr>
<tr><td>Norm IV
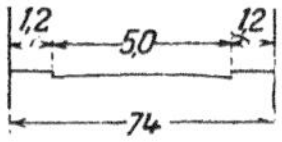
</td><td>Für Land- und Stadtstraßen mit erheblichem Fußgängerverkehr bei freier Bahn</td></tr>
<tr><td>Norm V
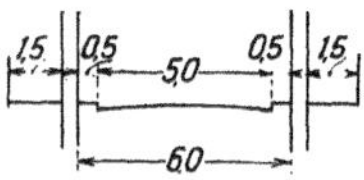
</td><td>Für Land- und Stadtstraßen mit erheblichem Fußgängerverkehr bei geteilter Bahn.</td></tr>
<tr><td>Norm VI. Dreispurige Brücken
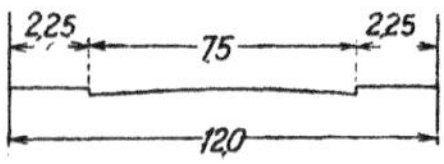
</td><td>Für städtische Brücken bei freier Bahn.</td></tr>
<tr><td>Norm VII
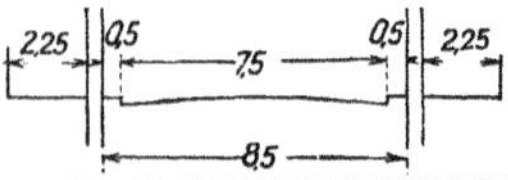
</td><td>Für städtische Brücken bei geteilter Bahn.</td></tr>
</table>

Für breitere Fahrbahnen als 7,5 m empfiehlt sich ein Vielfaches von 2,5 m. Die Breite der Schutzstreifen neben der Fahrbahn von 0,4 bis 0,5 m ist zu rechnen von den Tragwänden an, wenn die Gurte den lichten Raum über den Schutzstreifen bis zu einer Höhe von 3,5 m nicht einschränken, sonst von den Gurtkanten. An den Brückenenden ist eine Einschränkung auf 0,35 m Schutzstreifenbreite zulässig. Ebenso darf die Fußwegbreite bis zu einer Höhe von 2,5 m nicht oder nur an den Brückenenden auf $^1/_{20}$ der Stützweite um 0,15 m eingeschränkt werden.

Die lichte Höhe über der Fahrbahn soll in der Regel mindestens 4,5 m betragen; an den Seiten der Fahrbahn ist auf eine Breite von 0,5 m eine Einschränkung der lichten Höhe um höchstens 0,5 m zulässig. Die lichte Höhe über den Fußwegen soll mindestens 2,5 m betragen.

Die Brückenverordnung der **Tschechoslowakischen Republik** unterscheidet nach der Tragfähigkeit Straßenbrücken I., II. und III. Klasse. Brücken in Hauptstraßen sind immer als Brücken I. Klasse, Brücken in wichtigen Verbindungsstraßen als Brücken II. Klasse und Brücken in Nebenstraßen und -wegen mindestens als Brücken III. Klasse zu errichten. Die Fahrbahnbreite der Brücke hängt von der Straßenbreite ab, soll jedoch mindestens betragen:

bei Brücken in Hauptstraßen mit freier Bahn, Gesamtbreite 7,4 m, davon mindestens 5,0 m Fahrbahn (wie oben Norm IV),
mit unterteilter Bahn, lichter Abstand der Tragwände 6,0 m, mit 0,4 m breiten Schutzstreifen, außen liegenden Fußwegen von 1,5 m Breite (wie oben Norm V);

bei Brücken in wichtigen Verbindungsstraßen mit freier Bahn, Gesamtbreite 6,4 m, davon mindestens 4,4 m Fahrbahn.
mit unterteilter Bahn, lichter Abstand der Tragwände 5,6 m mit 0,4 m breiten Schutzstreifen, außen liegenden Fußwegen von 1,2 m Breite;

bei Brücken in Nebenstraßen, einspurig mindestens 3,6 m, doppelspurig mindestens 5,0 m lichte Breite.

A. Holzbrücken

Die Verbindung von zwei oder drei Balken zu einem zusammengesetzten Holzträger erfolgt durch Verzahnung, durch Längs- (Zahn-) Dübel oder Quer- (Keil-) Dübel aus Hartholz, durch Klötzeleinlagen, zuweilen auch bloß durch Eisenklammern. Verzahnte Träger oder solche mit Längsdübeln sind den Trägern mit Querdübeln vorzuziehen. Wenn h die Höhe eines Balkens bezeichnet, so macht man den Eingriff der Zähne oder Dübel 0,1 bis 0,2 h, den Eingriff der Klötzel bis 0,15 h, die Höhe der Klötzel bis $= h$.

Da das Tragvermögen eines zusammengesetzten Balkens geringer ist als das eines einzigen Balkens von gleichem Querschnitte, so hat man bei der Berechnung entweder das Widerstandsmoment oder die zulässige Beanspruchung in einem gewissen Grade vermindert anzunehmen. Bezeichnet z den Druck in den Zahn- oder Dübeleingriffen, s die zulässige Biegungsbeanspruchung der Brückenträger, so setze man den Abminderungsfaktor μ:

a) für verzahnte Träger oder solche mit Längsdübel

bei zwei Balken $\mu = 0{,}7$ bis $0{,}8$ ⎫ bei einem Zahndruck
bei drei Balken $\mu = 0{,}6$ bis $0{,}73$ ⎭ $z = 0{,}6\,s$ bis $0{,}4\,s$,

b) für Träger mit Querdübel

bei zwei Balken $\mu = 0{,}7$, bei drei Balken $\mu = 0{,}6$ } bei einem Zahndruck $z = 0{,}3\, s$,

c) für Klötzelträger

bei zwei Balken $\mu = 0{,}55$, bei drei Balken $\mu = 0{,}4$ } bei einem Eingriffsdruck $z = 0{,}6\, s$.

Ist M das größte Angriffsmoment, Q die größte Querkraft, die von m-Trägern mit der Höhe H und der nutzbaren Gesamtbreite B aufzunehmen sind, ferner $s_0 = \mu\, s$ die reduzierte Biegungsbeanspruchung, $\tau = 10$ kg/cm² die zulässige Scherspannung, so rechne man

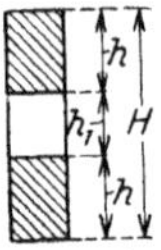

Abb. 18

$$\frac{M}{s_0} = W_0 \text{ und } \frac{Q}{\tau} = F_0.$$

Es folgen dann Höhe und Gesamtbreite der Träger aus

$$H = C_1 \frac{W_0}{F_0} \text{ und } B\, H = C_2\, F_0.$$

Die Koeffizienten C_1 und C_2 haben folgende Werte:

a) bei ohne Zwischenraum verbundenen Balken $C_1 = 4$, $C_2 = 1{,}5$;

b) bei zwei Balken mit einem Zwischenraum $h_1 = a_1\, H$,

wenn $a_1 =$	0	0,1	0,15	0,2	0,25	0,3	0,35	0,4
$C_1 =$	4	4,017	4,044	4,085	4,150	4,238	4,356	4,514
$C_2 =$	1,5	1,495	1,489	1,480	1,469	1,455	1,439	1,420;

c) bei drei Balken mit der Höhe des Einzelbalkens $h = a\, H$,

wenn $a =$	0,3	0,29	0,28	0,27	0,26	0,25	0,24	0,22	0,20
$C_1 =$	4,388	4,472	4,564	4,666	4,777	4,899	5,035	5,350	5,739
$C_2 =$	1,420	1,412	1,403	1,394	1,385	1,375	1,365	1,343	1,320.

Ergeben sich nach obigen Formeln keine praktisch passenden Balkenabmessungen, so lassen sich dafür geänderte Maße B', H' angeben. Will man die Balkenhöhe vergrößern, so setze man $B'\, H' = B\, H$; soll dagegen die Balkenbreite vergrößert werden, so ist $B'\, H'^2 = B\, H^2$ zu machen. Im ersten Falle vermindert sich die Biegungsspannung im Verhältnis $H : H'$, im letztern Falle die Scherspannung im Verhältnis $H' : H$.

Für Klötzelholzträger (Knüppelträger) aus Rundstämmen vom Durchmesser d und der Höhe h des beiderseitig behauenen Balkens gelten folgende Näherungswerte, wenn $h' = \frac{1}{2}\,(d + h)$ und der Balkenabstand $= 1{,}5\, d$ ist:

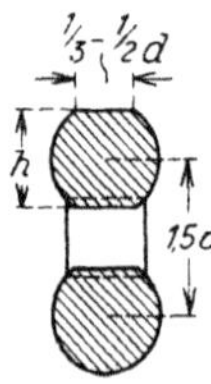

Abb. 19

für 1 Balken $W_0 = 0{,}1\, h'\, d^2$ $F_0 = 0{,}8\, h'\, d$

„ 2 „ $W_0 = 0{,}8\, h'\, d^2$ $F_0 = 1{,}6\, h'\, d$

„ 3 „ $W_0 = 1{,}8\, h'\, d^2$ $F_0 = 2{,}4\, h'\, d$.

Die Zahnlänge oder der Abstand der Dübel rechnet sich aus

$$\lambda = \frac{H}{C_2\, Q} \left[z\, b\, e + 200\, m\, \delta^2 \right],$$

worin H die Gesamthöhe, b die Breite eines Trägers, Q die auf ihn entfallende Querkraft, e den Zahn- oder Dübeleingriff, z den daselbst wirkenden Druck pro cm², m die Zahl der in der Länge λ vorhandenen Verbindungsschrauben vom Durchmesser δ und C_2 den oben angegebenen Beiwert bezeichnet. Alle Maße auf Kilogramm und Zentimeter bezogen.

Man gibt den zusammengesetzten Holzträgern eine Sprengung von etwa $^1/_{400}$ ihrer Spannweite.

Bei den hölzernen Sprengwerksbrücken wird ein aus einfachen oder zusammengesetzten Holzbalken bestehender Streckträger durch Dreiecks- oder Trapezsprengwerke gestützt oder bei versenkter Fahrbahn an sie angehängt.

Dreieckssprengwerk, gleichmäßig belastet mit q für die Längeneinheit, Stützweite $2\,l$. Druck im Stützpunkt $D = 1{,}25\,q\,l$, größtes Moment im Streckbalken $^1/_8\,q\,l^2$. Infolge elastischer Einsenkung vermindert sich D bis auf etwa $1{,}14\,q\,l$, M bis auf etwa $0{,}10\,q\,l^2$.

Trapezsprengwerk, Stützweite $3\,l$, gleichmäßig belastet. Druck im Stützpunkte $D = 1{,}10\,q\,l$, Moment im Streckträger $0{,}1\,q\,l^2$. Bei mobiler Belastung mit p für die Längeneinheit $\max M = 0{,}183\,p\,l^2$. Genauere Berechnung siehe „Baustatik", S. 207.

Die neueren Holzbauweisen, die unter weitgehender Verwendung von Schnittholz die tunlichste Ausnützung der Holzfestigkeit durch kräftige Ausbildung der Holzverbindungen unter Zuhilfenahme eiserner Verbindungsmittel, d. s. Schraubenbolzen, Laschen und Dübel anstreben, finden jetzt auch im Holzbrückenbau häufigere Anwendung. Sie erfordern aber Werkstattausführung und eignen sich für kleinere Träger leichter Straßenbrücken, für Versteifungsträger hölzerner Bohlenbogen oder Vieleck-sprengwerke. In den Verbindungen kommen Küblersche Dübel oder die Tuchscherer geschlitzten Ringdübel zur Verwendung. Letztere sind ringförmig gebogene Flacheisen, die in passend ausgefräste Nuten der zu verbindenden Hölzer eingelegt werden. Bei einem zulässigen Drucke von 60 kg/cm² auf die Holzfaser, dem Durchmesser D und der Breite b des Ringdübels ist die von ihm aufzunehmende Kraft $P = 60\,D \cdot b$ kg.

Man macht $D = 8$ bis 30 cm, $b = \frac{1}{5}D$ und die Flacheisenstärke $= \frac{1}{25}D$.

Hölzerne Bohlenbogen, aus zwei oder drei übereinanderliegenden Bohlen gebildet, bedürfen eines Versteifungsträgers, der entweder aus einfachen oder zusammengesetzten Balken oder aus einem leichten Fachwerksträger besteht. Steife Bogen werden durch eine größere Zahl übereinanderliegender Bohlen oder Bretter gebildet, die untereinander entweder nach der Hetzerschen Bauweise durch eine Klebmasse oder durch Schraubennägel, Hartholzdübel und Schraubenbolzen verbunden sind. Die Bauweise Stephan verwendet aus Bohlen hergestellte Gitterbogen. Die Gurtungen bestehen aus hochkantig gestellten Bohlen, die in Längen von 6 bis 8 m nach einem patentierten Verfahren über die hohe Kante gebogen werden. Jeder Gurt ist in zwei Hälften geteilt, zwischen welche die aus Bohlen bestehenden Gitterstäbe und ausfüllende Zwischenstücke eingesetzt werden.

B. Eiserne Brücken

Nietungen. Kraftnieten erhalten bei dem Bolzendurchmesser d einen Mindestabstand von $3\,d$, im Notfalle von $2^1/_2\,d$. Die zur Endbefestigung eines Stabes dienenden Kraftnieten werden in der Regel mit dem Abstande von 3 bis $4\,d$ ausgeteilt. Der Abstand vom Rande des Stabes soll in der Kraftrichtung nicht unter $2\,d$, senkrecht dazu nicht unter $1{,}5\,d$ betragen. Er soll aber, um dichten Randschluß zu erzielen, auch nicht größer als $3\,d$ sein. Die Nieten sind so zu gruppieren, daß ihr Schwerpunkt möglichst in die Stabachse fällt. In die erste Nietreihe sind möglichst wenig Nieten zu stellen. Der durch die erste Nietreihe geführte Schnitt gibt dann den meist geschwächten nutzbaren Querschnitt, wenn die Nietzahl in der folgenden Reihe nur um 1 zunimmt. Sie kann aber um 2 zunehmen, wenn bei der Gesamtzahl n der zur Festhaltung des Stabes notwendigen Nieten die Stabbreite $b > (n + 2)\,d$ ist. Den Nietdurchmesser wählt man bei der Stärke δ

der zu verbindenden Teile mit rund 2 δ, aber nicht größer als = 4 mal der Dicke des schwächsten, und nicht kleiner als = $1^1/_2$ mal der Dicke des stärksten Teiles. In den Hauptteilen eines Eisenbauwerkes sollen nicht zu viel verschiedene Nietdurchmesser, höchstens drei, vorkommen.

Heftnieten dienen zum Zusammenschluß der Bleche, Winkel- und Formeisen stabförmiger Bauteile; für sie genügt ein etwas kleinerer Durchmesser, für den man bei der Stärke δ cm des schwächsten Stabteiles etwa $d = \sqrt{3\,\delta}$ annehmen kann, bei der Gesamtstärke t der zu verbindenden Teile aber mindestens $d = \frac{t}{8} + 1{,}3$ cm. Sie erhalten in Druckgliedern einen Abstand von 6 bis 8 d, bei gezogenen Stäben von 10 bis 12 d; oder bei der Blechstärke δ in den Druckgliedern einen Abstand von 12 bis 15 δ, in den Zuggliedern von 20 δ, bei Profileisen auch mehr.

Die Schaftlänge der Nieten soll bei Maschinennietung $5^1/_2\,d$, bei Handnietung 4 d nicht übersteigen.

Die Tragkraft eines Nietes vom Durchmesser d rechnet sich bei zulässiger Scherbeanspruchung s_1 und dem auf die Blechstärke δ wirkenden Leibungsdrucke s_2

für einschnittige Nieten aus $P = \frac{\pi}{4} d^2 s_1$, wenn $d <$ rund $3\,\delta$

oder $P = d\,\delta\,s_2$, „ $d >$ „ $3\,\delta$

für doppelschnittige Nieten $P = \frac{\pi}{2} d^2 s_1$, „ $d <$ „ $1{,}5\,\delta$

oder $P = d\,\delta\,s_2$, „ $d >$ „ $1{,}5\,\delta$.

Hienach wurde die auf Seite 493 stehende Nietentabelle berechnet.

Bei Stoßdeckungen achte man darauf, daß die Schwerachsen des gestoßenen Stabes und der Stoßdecklaschen nicht zu sehr abweichen und daß auch die Schwerlinie der Stoßnieten in die Achse des gestoßenen Stabes fällt. Mittelbare Deckungen, bei denen die Decklasche nicht unmittelbar auf dem gestoßenen Teile liegt, erfordern eine Vergrößerung der Nietzahl. Eine gebräuchliche Regel ist: Man vermehre die Zahl der Stoßnieten auf jeder Seite des Stoßes um je $^1/_3$ für jede dazwischenliegende Platte.

Wirkt auf den Stoßquerschnitt ein Biegungsmoment M und verteilt man die Nieten auf jeder Seite des Stoßes in m-Reihen zu je n-Nieten in der Stabbreite, so ist das $6\,\frac{n-1}{n+1}$-fache Moment M, geteilt durch die von den Nieten eingenommene Stabbreite, als achsiale Kraft einzuführen und mit den übrigen auf den Stab einwirkenden Kräften zusammenzusetzen. Wirkt demnach im Stoße des Stegbleches eines Blechträgers eine Querkraft Q und ein auf das Stegblech entfallendes Biegungsmoment M', so bestimmt sich bei der Tragkraft P eines Nietes die Zahl der Nieten aus $m\,n = \frac{1}{P}\sqrt{Q^2 + \left(\frac{6\,M'}{h'}\right)^2}$. Hierin ist $h' = \frac{n+1}{n-1}\,h''$, wenn h'' der Abstand der äußersten Nieten. Ist M das auf den Blechträger mit dem Trägheitsmoment J im Stoßquerschnitt wirkende Biegungsmoment, so entfällt davon auf das Stegblech $M' = \frac{\delta\,h^3}{12\,J}\,M$.

Blechträger. Für das Gewicht günstigste Höhe $h = \sqrt{\frac{3\,M_v}{(\delta + 0{,}4)\,s}}$; darin bezeichnet M_v das mittlere Moment der Belastung, ausschließlich Eigengewicht des Trägers in Kilogrammzentimetern, δ die Stegblechstärke in Zentimetern, s die zulässige Beanspruchung in Kilogramm pro Quadratzentimeter.

Niet- Durchm. d mm	Niet- Querschn. F cm²	Tragfähigkeit eines Nietquerschnittes auf Abscheren bei einer Beanspruchung in kg/cm² 600	700	750	800	900	1000	Materialstärke δ mm	Tragfähigkeit eines Nietes auf Lochleibungsdruck bei einer Beanspruchung in kg/cm² 1400	1600	1800	1900	2000	2100
10	0,785	0,471	0,550	0,589	0,628	0,707	0,785	6	0,840	0,960	1,080	1,140	1,200	1,260
								7	0,980	1,120	1,260	1,330	1,400	1,470
								8	1,120	1,280	1,440	1,520	1,600	1,680
								9	1,260	1,440	1,620	1,710	1,800	1,890
								10	1,400	1,600	1,800	1,900	2,000	2,100
12	1,131	0,679	0,792	0,848	0,905	1,018	1,131	6	1,080	1,152	1,296	1,368	1,440	1,620
								7	1,176	1,344	1,512	1,596	1,680	1,764
								8	1,344	1,536	1,728	1,824	1,920	2,016
								9	1,512	1,728	1,944	2,052	2,160	2,268
								10	1,680	1,920	2,160	2,280	2,400	2,520
13	1,327	0,796	0,929	0,995	1,062	1,194	1,327	7	1,274	1,456	1,638	1,729	1,820	1,911
								8	1,456	1,664	1,872	1,976	2,080	2,180
								9	1,638	1,872	2,106	2,223	2,340	2,457
								10	1,820	2,080	2,340	2,470	2,600	2,730
								12	2,184	2,496	2,808	2,964	3,120	3,276
14	1,539	0,923	1,071	1,154	1,231	1,385	1,539	7	1,372	1,568	1,764	1,862	1,960	2,058
								8	1,568	1,792	2,016	2,128	2,240	2,352
								9	1,764	2,016	2,268	2,394	2,520	2,646
								10	1,960	2,240	2,520	2,660	2,800	2,940
								12	2,352	2,688	3,024	3,192	3,360	3,528
16	2,011	1,207	1,408	1,508	1,609	1,810	2,011	8	1,792	2,048	2,304	2,432	2,560	2,688
								9	2,016	2,304	2,592	2,736	2,880	3,024
								10	2,240	2,560	2,880	3,040	3,200	3,360
								12	2,688	3,072	3,456	3,648	3,840	4,032
								14	3,136	3,584	4,032	4,256	4,480	4,704
17	2,27	1,362	1,589	1,702	1,816	2,043	2,270	8	1,904	2,176	2,448	2,584	2,720	2,856
								9	2,142	2,448	2,754	2,907	3,060	3,213
								10	2,380	2,720	3,060	3,230	3,400	3,570
								12	2,856	3,264	3,672	3,876	4,080	4,284
								14	3,332	3,808	4,284	4,522	4,760	4,998
18	2,545	1,527	1,782	1,909	2,036	2,291	2,545	8	2,016	2,304	2,592	2,736	2,880	3,024
								9	2,268	2,592	2,916	3,078	3,240	3,402
								10	2,520	2,880	3,240	3,420	3,600	3,780
								12	3,024	3,456	3,888	4,104	4,320	4,536
								14	3,528	4,032	4,536	4,788	5,040	5,292
20	3,142	1,885	2,199	2,356	2,514	2,828	3,142	8	2,240	2,560	2,880	3,040	3,200	3,360
								9	2,520	2,880	3,240	3,420	3,600	3,780
								10	2,800	3,200	3,600	3,800	4,000	4,200
								12	3,360	3,840	4,320	4,560	4,800	5,040
								14	3,920	4,480	5,040	5,320	5,600	5,880
								16	4,480	5,120	5,760	6,080	6,400	6,720
22	3,801	2,281	2,661	2,851	3,041	3,421	3,801	8	2,464	2,816	3,168	3,344	3,520	3,696
								10	3,080	3,520	3,960	4,180	4,400	4,620
								12	3,696	4,224	4,752	5,016	5,280	5,544
								14	4,312	4,928	5,544	5,852	6,160	6,468
								16	4,928	4,632	6,336	6,688	7,040	7,392
								18	5,544	6,336	7,128	7,524	7,920	8,316
23	4,155	2,493	2,909	3,116	3,324	3,740	4,155	10	3,220	3,680	4,140	4,370	4,600	4,830
								12	3,864	4,416	4,968	5,244	5,520	5,796
								14	4,508	5,152	5,796	6,118	6,440	6,762
								16	5,152	5,888	6,624	6,992	7,360	7,732
								18	5,796	6,624	7,452	7,866	8,280	8,694
								20	6,440	7,360	8,280	8,740	9,200	9,660
24	4,524	2,714	3,167	3,393	3,619	4,072	4,524	10	3,360	3,840	4,320	4,560	4,800	5,040
								12	4,032	4,608	5,184	5,472	5,760	6,048
								14	4,704	5,376	6,048	6,384	6,720	7,056
								16	5,376	6,144	6,912	7,296	7,680	8,064
								18	6,048	6,912	7,776	8,208	8,640	9,072
								20	6,720	7,680	8,640	9,120	9,600	10,080
26	5,309	3,185	3,716	3,982	4,247	4,778	5,309	10	3,640	4,160	4,680	4,940	5,200	5,460
								12	4,368	4,992	5,616	5,928	6,240	6,552
								14	5,096	5,824	6,552	6,916	7,280	7,644
								16	5,824	6,656	7,488	7,904	8,320	8,736
								18	6,552	7,488	8,424	8,892	9,360	9,828
								20	7,280	8,320	9,360	9,880	10,400	10,920
								22	8,008	9,152	10,300	10,870	11,440	12,012

Hauptträger von Blechbrücken bei Einzelspannweiten womöglich nicht unter $h = \frac{1}{10}\,l$, bei durchgehenden Trägern womöglich nicht unter $h = \frac{1}{12}\,l$.

Die Durchbiegung unter voller Belastung bleibt dann unter $\frac{1}{1200}\,l$.

Fahrbahnträgern gibt man, wenn Bauhöhe nicht beschränkt ist, größere Höhen.

Stegblechstärke bei der Höhe h der Träger in m ...... δ mm $= 8 + 2\,h$,

für schwer belastete Träger .... δ mm $= 9 + 2{,}5\,h$;

Für Eisenbahnbrücken nehme man bei $l = 10$ bis 16 m .. $\delta = 12$ mm, bei $l = 17$ bis 20 m $\delta = 14$ bis 16 mm.

Bei der Querschnittsbemessung eines Blechträgers wird das Grundprofil aus Stegblech und Winkeleisen bestehend angenommen und es werden die nutzbaren Flächen der Gurtplatten gerechnet aus $f = \frac{M}{h\,s} - \frac{2\,J_0}{h^2}$; hierin ist J_0 das Trägheitsmoment des Grundquerschnittes. Die Gurtplatten sollen um nicht mehr als etwa 80 mm oder um die siebenfache Dicke der schwächsten Platte über die sie mit den Winkeln verbindende Nietreihe vorstehen und bei mehrfachen Platten soll die Stärke derselben gleich sein oder nach außen abnehmen.

Für die Nietteilung der Gurtungen gilt die Näherungsregel: Man setze am Trägerende in einer Länge gleich der Trägerhöhe in jedem Gurt so viel wagrechte Nieten, als zur Aufnahme der größten Auflagerkraft notwendig sind. Nietabstand aber durchwegs nicht größer als 6 bis höchstens $7\,d$.

Aussteifung der Blechwand. Beträgt die Höhe des Stegbleches zwischen den Gurtwinkeln mehr als die 60fache Stegblechdicke und der Auflagerdruck mehr als 20 t, so sind in der Nähe der Trägerenden lotrechte Steifen in Abständen ungefähr gleich der Trägerhöhe, bei sehr hohen und stark belasteten Trägern auch noch näherstehend anzuordnen. Gegen die Trägermitte können die Abstände vergrößert werden. Liegen bei Eisenbahnbrücken die Querschwellen unmittelbar auf den Hauptträgern, so sind bei Trägern von mehr als $40\,\delta$ Höhe Steifen durchwegs, wenn auch nicht unter jeder Schwelle, so doch in nicht größeren Abständen als etwa 1 m bis 1,4 m anzubringen. Bei zwischen den Hauptträgern versenkter Fahrbahn genügen die Anschlußwinkel der Querträger zur Aussteifung, wenn sie nicht mehr als etwa 2 m abstehen und die Trägerhöhe die 60 bis 100-fache Blechstärke nicht viel übersteigt. Sonst sind in den Endfeldern noch Zwischensteifen notwendig.

Eisenbahnbrücken in Gleiskurven. Die Gleisachse ist so zu legen, daß sie in der Brückenmitte gegen die Brückenlängsachse um e nach außen geschoben ist. Will man die mittleren Momente für beide Hauptträger annähernd gleich groß erhalten, so mache man

$$e = \frac{1}{5}\,f + \frac{u}{s}\,h - \frac{1}{2}\,C\,h_1.$$

Es bezeichnet darin f die Pfeilhöhe der Gleiskurve in der Brückenstützweite, u die Schienenüberhöhung, s die Spurweite, h die Höhe des Schwerpunktes der Fahrzeuge über den Schienen (1,5 m, nach neueren Annahmen 2 m), h_1 dessen Höhe über dem unter der Fahrbahn gelegenen Windverbande und $C = \frac{V^2}{g\,r}$;

für Hauptbahnen bei einem Kurvenradius $r = 200$ bis 900 m $C = 0{,}1$

$r > 900$ m .... $C = \frac{90}{r}$

für Nebenbahnen bei einem Kurvenradius $r = 100$ bis 300 m $C = 0{,}1$

$$r > 300 \ldots\ldots\ldots C = \frac{30}{r}$$

In der Ausführung wird e häufig etwas größer gemacht als nach obiger Formel, was darin begründet ist, daß die Maximalgeschwindigkeit, für welche die Überhöhung bestimmt wird, durch die schweren Belastungszüge nicht erreicht wird. Die größere Annahme von e gibt auch eine etwas geringere Brückenbreite b.

Für die Hauptträger kleinerer Brücken genügt es, die Momente der Verkehrslasten für eine gerade, in der Mitte liegende Gleisachse zu ermitteln und für jeden der beiden Träger um das $m = 1 + \left(C\, h_1 + \frac{f}{15}\right) \frac{1}{b}$ fache zu vergrößern.

Bei größeren, in Gleiskurven gelegenen Brücken sind aber die beiden Hauptträger gesondert zu berechnen, wobei die aus der Gleislage sich ergebende Lastverteilung und für den äußeren Träger auch die Wirkung der Fliehkraft zu berücksichtigen ist. Man bedient sich hiezu am besten der in ihren Ordinaten nach der Gleislage und Fliehkraftwirkung reduzierten Einflußlinien.

Fahrbahn. 1. Zorès-Eisenbelag für Straßenbrücken.

Unter Annahme einer 25 cm starken Schotterdecke mit dem Gewichte von 500 kg/m², eines Zwischenraumes von 2 cm zwischen den Belageisen, einer Aufstandsbreite der Radlast von 10 cm, einer trapezförmigen Druckverteilung auf eine Breite von 60 cm und einer Inanspruchnahme von 800 kg/cm² sind nachstehend für die österreichischen und deutschen Normalprofile der Belageisen die Grenzwerte der Stützweiten und Raddrücke berechnet.

Österreichische Belageisen-Profile[1])

Profil Nr.	Gewicht[2]) kg/m²	Zulässiger Raddruck in Tonnen bei einer Stützweite c in Metern				
		$c = 0{,}5$	0,75	1,00	1,25	1,5
10	35,0	3,10	1,41	0,86	—	—
16	47,0	6,97	3,20	2,01	1,45	1,08
18	54,4	9,70	4,46	2,84	2,05	1,57
21	65,5	—	6,45	4,12	3,05	2,31
24	76,2	—	8,98	5,75	4,20	3,25
26	84,2	—	10,95	7,05	5,25	4,02
26 a	87,5	—	—	9,75	7,22	5,59

Deutsche Belageisen-Profile

Profil Nr.	Gewicht[2]) kg/m²	Zulässiger Raddruck in Tonnen bei einer Stützweite c in Metern				
		$c = 0{,}5$	0,75	1,00	1,25	1,5
5	37,8	4,98	2,32	1,41	0,95	0,73
6	45,7	7,61	3,57	2,21	1,60	1,20
$7^1/_2$	54,5	—	5,52	3,34	2,52	1,92
9	63,9	—	7,94	4,97	3,65	2,82
11	73,1	—	11,30	7,09	5,25	4,04
$\frac{120}{140}$	75,8	—	13,42	8,44	6,26	4,82

[1]) Siehe die Tabelle auf S. 309. [2]) Ohne Befestigungsmittel

2. Eisenbetonplatte auf Fahrbahnlängsträgern. Die Verteilungsbreite des Raddruckes ist nach der üblichen Annahme bei der Aufstandsbreite a des Rades (oder der Breite eines Pflasterwürfels), der Plattenstärke d und der Höhe der Überdeckung z (Sand, Kies oder Beton)

$$b = a + 2\,(z + d).$$

Die Wirkungsbreite nach der Längsrichtung der Platte setze man bei der Stützweite c (Abstand der Längsträger) und der Aufstandsbreite a_1 der Last

$$b_1 = a_1 + \frac{2}{3}\,c$$

zumindest aber $b_1 = a_1 + 2\,z + d$.

Für die Bemessung der Platte und deren Bewehrung (siehe S. 337 ff.) sind die größten negativen Momente über der ersten Stütze und über einer mittleren Stütze, ferner die größten positiven Momente im ersten Felde und in einem mittleren Felde maßgebend. Die Stützenmomente der kontinuierlichen Platte sind ohne Senkung der Stützen zu berechnen, die Feldmomente aber unter Berücksichtigung der Stützensenkung, die infolge der Durchbiegung der Längsträger eintritt. Der letztere Einfluß wird nach den praktischen Ausführungen in der Regel so groß, daß die Feldmomente jenen eines Einzelträgers von der Stützweite c nahekommen oder sie sogar noch übertreffen.

3. Quer- und Fahrbahnlängsträger sind als frei aufliegende Balken für eine Stützweite gleich dem Abstande der Achsen jener Träger, auf denen sie aufliegen, zu berechnen. Im Anschlusse der zwischen die Querträger versenkten Längsträger ist die nach der Scherkraft im Auflager der Längsträger berechnete Nietzahl noch um mindestens 30 v. H. zu vergrößern oder es ist ein Einspannmoment von nahe der Größe derjenigen eines wagrecht eingespannten Trägers zu berücksichtigen. Für Eisenbahnbrücken empfiehlt es sich, zur Entlastung der Anschlußnieten die Obergurte der beiderseitig an einen Querträger angeschlossenen Längsträger durch eine Zuglasche zu verbinden.

Bei längeren Brückentragwerken ist es ratsam, den festen Längsträgeranschluß an einzelnen Stellen (in Abständen von 30 bis 60 m) zu unterbrechen und durch eine längsverschiebliche Auflagerung zu ersetzen. Bei Eisenbahnbrücken ist jeder zwischen zwei solchen Trennungsstellen gelegene Fahrbahnteil durch einen Bremsverband festzuhalten.

Fachwerksträger. Der nutzbare Querschnitt eines Zugstabes folgt aus $F_n = \frac{S_{\max}}{s}$, wo $S_{\max}$ die größte Stabkraft aus Eigengewicht, Verkehrslast und Wärmewirkung ist und bei Hinzurechnung aller anderen Einwirkungen (Winddruck, Bremskräfte) die erhöhte zulässige Spannung s' nicht überschritten werden darf. Die Zugstäbe sind nicht ausschließlich aus Flacheisen zu bilden, sondern durch Profileisen auszusteifen. Für den nutzbaren Querschnitt ist die größte Nietschwächung in jedem den Stab zusammensetzenden Teil in Abzug zu bringen und bei Profileisen (Winkel-, ⊔-, I-Eisen) sind die abstehenden Flanschen nicht voll, sondern nur zur Hälfte in den nutzbaren Querschnitt einzurechnen, sofern sie nicht durch Hilfswinkel angeschlossen werden.

Druckstäbe sind auf Knickung zu berechnen (siehe S. 121). Der Nietlochabzug braucht hier in der Fläche und im Trägheitsmoment nicht berücksichtigt zu werden, doch wird auch empfohlen, von der Fläche wenigstens die Hälfte der Nietschwächung in Abzug zu bringen.

Über die anzunehmende Knicklänge siehe S. 482. Der österreichische Normenentwurf (Önorm B 6203) macht dafür folgende etwas abweichende Annahmen:

Es bezeichnet l_0 die Systemlänge, d. i. die Länge des Stabes im Netze
l_k die in Rechnung zu stellende Knicklänge.

I. Fachwerksgurte

Wenn die Knotenpunkte räumlich festgehalten sind:

für Knicken in der Fachwerkebene sowie senkrecht dazu $l_k = l_0$;

wenn die Knotenpunkte seitlich federnd gestützt sind (offene Brücken):

in der Fachwerkebene $l_k = l_0$,

senkrecht dazu gelten die Regeln für offene Brücken (S. 499);

wenn in einer Stabhälfte die Druckkraft S_1, in der andern die Druckkraft S_2 herrscht, wobei $S_1 > S_2$ ist, so ist $l_k = \left(0{,}75 + 0{,}25 \frac{S_2}{S_1}\right) l_0$ und der Stab mit der größeren Druckkraft S_1 und mit der Knicklänge l_k zu rechnen.

II. Ausfachungsstäbe

1. Stäbe, die von anderen Stäben nicht gekreuzt werden:

a) für Knicken in der Fachwerkebene $l_k = 0{,}8\, l_0$;

b) für Knicken senkrecht zur Fachwerkebene:

wenn der Stab in der Ebene eines Querverbandes liegt und mit einem steifen Riegel desselben steif verbunden ist $l_k = 0{,}75\, l_0$,

wenn der Stab an beiden Enden mit steifen Querriegeln steif verbunden ist $l_k = 0{,}65\, l_0$,

bei fehlender steifer Verbindung mit steifen Querriegeln $l_k = l_0$;

c) bei Pfosten in K-Fachwerken, wenn S_1 die Druckkraft in der einen Stabhälfte, S_2 die Zug- oder kleinere Druckkraft in der anderen Stabhälfte bedeutet $l_k = \left(0{,}75 \mp 0{,}25 \frac{S_2}{S_1}\right) l_0$.

Das negative Zeichen gilt, wenn S_2 Zug, das positive, wenn S_2 Druck ist.

2. Stäbe, die von anderen Stäben in der Mitte gekreuzt werden:

a) für Knicken in der Fachwerkebene .... $l_k = 0{,}5\, l_0$;

b) für Knicken senkrecht zur Fachwerkebene .... $l_k = l_0 \sqrt{1 - \frac{3}{4} \frac{S_z}{S_d} \frac{l_d}{l_z}}$, wenn S_z die Stabkraft, l_z die Länge des Zugstabes und S_d die Stabkraft, l_d die Länge des Druckstabes sind; l_k ist aber mindestens $= 0{,}5\, l_3$ anzunehmen.

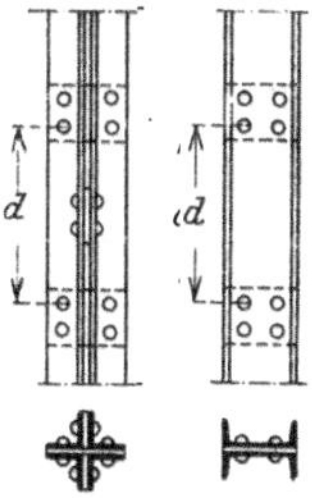

Abb. 20

Stäbe, die aus Teilstücken mittels laufender Nietung zusammengesetzt sind, gelten als Vollstäbe, wenn die Nietteilung $\lesseqgtr$ 12 Nietdurchmesser ist. Bei Stäben aus getrennten Winkel- oder ⊔-Eisen sollen die mit wenigstens zwei, in der Kraftrichtung hintereinanderstehenden Nieten angeschlossenen Bindebleche (Abb. 20) in einem Abstande $d \lesseqgtr 20\, i$ (nach den österreichischen Normen $d \lesseqgtr 40\, i$) liegen, wo i den kleineren Trägheitshalbmesser eines Formeisens in der Tragwandebene oder senkrecht dazu bezeichnet.

Plattenförmige Stabteile oder abstehende Flanschen müssen ein gewisses Verhältnis der Dicke zur Wand- oder Flanschenbreite haben, wenn die gleiche Sicherheit gegen Ausbeulen wie gegen Ausknicken des ganzen Stabes vorhanden sein soll. Hiefür gelten nach Bleich die nachstehenden Regeln:

Stabquerschnitt	Zulässige Wandbreite: Wanddicke
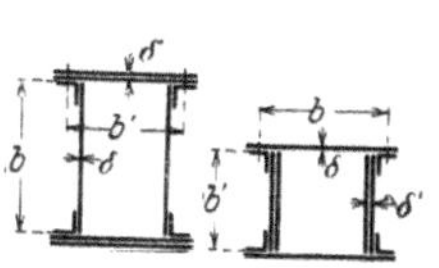	für $\frac{l}{i} = 10$ bis 105 erforderlich $\frac{b}{\delta} \leq \left(3{,}42 \sqrt{\frac{l}{i}} - 3{,}30\right) (2{,}64 - 0{,}64 \sqrt{\zeta})$ $\zeta = \frac{\delta^3\, b'}{\delta'^3\, b}$
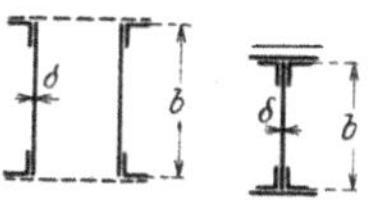	für $\frac{l}{i} = 10$ bis 105 erforderlich $\frac{b}{\delta} \leq 6{,}84 \sqrt{\frac{l}{i}} - 6{,}60$ für $\frac{l}{i} > 105$ erforderlich $\frac{b}{\delta} \leq 0{,}606 \frac{l}{i}$

Stabquerschnitt	Zulässige Wandbreite: Wanddicke
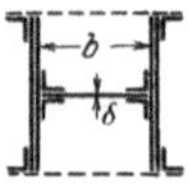	für $\frac{l}{i} = 10$ bis 105 erforderlich $\frac{b}{\delta} \leqq 9\sqrt{\frac{l}{i}} - 8{,}7$
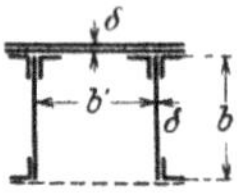	für $\frac{l}{i} = 10$ bis 105 erforderlich $\frac{b}{\delta} \leqq \left(3{,}42\sqrt{\frac{l}{i}} - 3{,}30\right)(2{,}32 - 0{,}32\,\zeta)$ $\zeta = \frac{\delta^3\, b'}{\delta'^3\, b}$
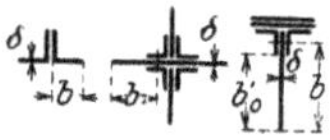 Übliche Regel auch $b_0' \lessgtr 12\,\delta$	für $\frac{l}{i} = 10$ bis 105 erforderlich $\frac{b_0}{\delta} \leqq 2{,}22\sqrt{\frac{l}{i}} - 2{,}15$ für $\frac{l}{i} > 105$ erforderlich $\frac{b_0}{\delta} \leqq 0{,}197\,\frac{l}{i}$ Werden die Bleche mit Winkeleisen gesäumt, so kann $\frac{b}{\delta}$ mit etwa der doppelten Größe angenommen werden
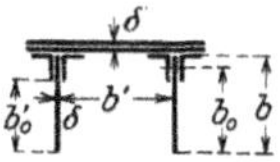 Übliche Regel auch $b_0' \lessgtr 15\,\delta$	für $\frac{l}{i} = 10$ bis 105 erforderlich $\frac{b_0}{\delta} \leqq \left(3{,}42\sqrt{\frac{l}{i}} - 3{,}30\right)(1{,}13 - 0{,}48\,\zeta)$ $\zeta = \frac{\delta^3\, b'}{\delta'^3\, b}$ Werden Querschotten im Abstande a angeordnet, so gilt $\frac{b_0}{\delta} \leqq \left(3{,}42\sqrt{\frac{l}{i}} - 3{,}30\right)\sqrt{\frac{b}{2a} + 0{,}425}$

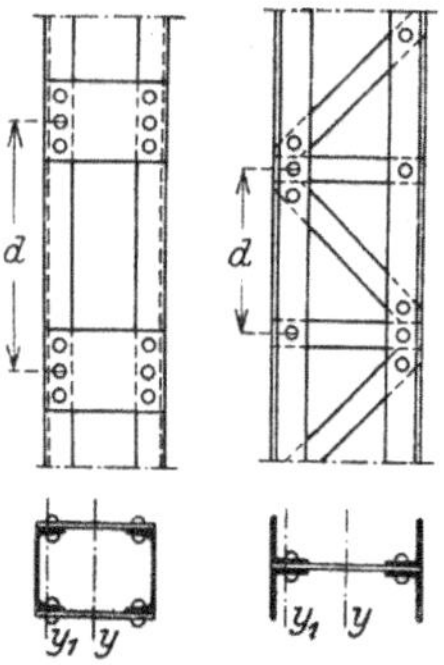

Abb. 21

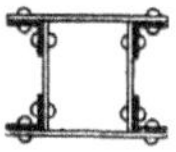
Abb. 22

In geteilten Druckstäben (Abb. 21), die aus Einzelstäben bestehen, welche durch Querbleche oder Gitterwerk verbunden sind, ist die zulässige Knickspannung auf $s_k = 1{,}226\,\eta\,\eta_1\,s$ herabzusetzen. Es bezeichnet η den Abminderungskoeffizienten des Gesamtstabes für seine Knicklänge l und η_1 jenen des Einzelstabes für die Knicklänge d = dem Abstande der Querverbindungen; die Trägheitshalbmesser i und i_1 dabei auf die Schwerachsen y und y_1 bezogen.

Druckstäbe, die aus vier nach zwei Richtungen durch Bindebleche oder Gitterwerk verbundenen Teilen bestehen (Abb. 22), sollen womöglich vermieden werden. Ihre Berechnung hat nach der gleichen Formel wie beim zweiteiligen Stabe zu erfolgen, nur ist dann die Abminderungszahl η_1 mit dem kleinsten Trägheitshalbmesser eines Viertelquerschnittes zu berechnen. (Österreichische Normen.)

Die Bindebleche oder Verstrebungen und deren Nietanschlüsse sind für eine größte Querkraft Q zu berechnen, die sich bei der Gesamtfläche F (cm²) des Stabes für den Zustand des Ausknickens näherungsweise mit $Q\,(\text{ton}) = \frac{1}{28} F$ bestimmt. Hiefür kann die Beanspruchung gleich der Streckgrenze (2400 kg/cm²) angenommen werden.

Bei Flacheisenvergitterung sollen die Gitterstäbe nicht viel unter 45° gegen die Längsachse geneigt sein. Breite der Flacheisen 0,10 bis 0,12 ihrer Länge, mindestens aber der dreifache Nietdurchmesser; Dicke bei einfachem Gitterwerk etwa $^1/_{40}$, bei gekreuzten Stäben $^1/_{60}$ ihrer Länge, mindestens 8 mm. Bei einfachem Gitterwerk sollen in jedem Knotenpunkt auch Querstäbe gegeben, die zulässige Knickspannung s_k aber noch um weitere 10 v. H. herabgesetzt werden. (Österreichische Normen.) An den Enden der Druckstäbe ist die Vergitterung zumindest auf die Länge des Stabanschlusses durch ein volles Blech zu ersetzen. Die Bindebleche sollen bei kräftigen Druckstäben an jeden Stabteil durch je drei Nieten angeschlossen werden.

Bei nicht achsrecht gedrückten Stäben ist zunächst die Knicksicherheit nachzuweisen durch $F \geqq \frac{S}{\alpha s}$; außerdem muß unter der doppelten Belastung die Biegungsspannung unter der Streckgrenze (2400) bleiben. Bezeichnet a die Außermittigkeit der Belastung, $R = \frac{\pi^2 E J}{l^2}$ die Eulersche Knicklast, W das kleinste Widerstandsmoment des Querschnittes, so muß zufolge dieser Bedingung $\frac{2S}{F}\left(1 + \frac{R}{R - 2S}\,\frac{F \cdot a}{W}\right) \leqq 2400$ sein.

Die Gurtquerschnitte sind so auszubilden, daß ihre Schwerachse durch Veränderung der Gurtflächen nicht allzusehr verschoben wird, so daß sich die Schwerachsen der in einem Knoten zusammentreffenden Stäbe möglichst in einem Punkte schneiden. Bei doppelstegigen Gurten wählt man den lichten Abstand der Stegbleche, bei der Stützweite l in Metern, etwa

$$b\,(\text{cm}) = 12 + 0{,}5\,l \quad \text{für } l < 65\text{ m},$$
$$b\,(\text{cm}) = 25 + 0{,}3\,l \quad ,, \quad l < 65\text{ m}.$$

Bei Fachwerken mit Zwischenknoten (Abb. 23) sind zur Verringerung der Nebenspannungen die Hilfsvertikalen genügend stark mit niedriger Beanspruchung auszubilden und für den an sie angeschlossenen Gurt empfiehlt sich eine gegen die wagrechte Schwerachse symmetrische Querschnittsform.

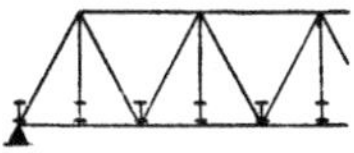

Abb. 23

Mehrteilige, statisch unbestimmte Ausfachungen sind nicht empfehlenswert.

Knicksicherheit der Gurte offener Brücken. Gedrückte Gurte, an denen kein wagrechterVerband gelegen ist, sind gegen seitliches Ausweichen durch Querrahmen zu sichern, für die zur Erzielung der verlangten Sicherheit ein gewisser Steifigkeitsgrad erforderlich ist. Dieser ist durch den Rahmenwiderstand A bestimmt, d. i. jene wagrechte Kraft, die, in der Höhe des Gurtschwerpunktes angreifend, ihre Angriffsstelle in wagrechter Richtung um 1 cm verschiebt.

Bezeichnet (alle Maße auf Tonnen und Zentimeter bezogen):

S das arithmetische Mittel aus den größten Stabkräften in den beiden neben einem Querrahmen gelegenen Gurtstäben,

a die Knotenweite, d. i. der Abstand zweier Querrahmen nach der Gurtlinie gemessen,
K die mittlere Knicklast der beiden Gurtstäbe für die Knicklänge a,
F ihre mittlere Querschnittsfläche,
J das mittlere Trägheitsmoment,
n der verlangte Sicherheitsgrad, der natürlich nur $< \frac{K}{S}$ sein kann;

so ist der erforderliche Rahmenwiderstand

nach Engesser: $A = \frac{n^2 S^2 a}{4 E J}$,

nach Bleich: $A = \frac{2 n S}{a} \Phi$, worin $\Phi = \left(3 - \left(\frac{\varphi}{\pi}\right)^2\right) \frac{\sqrt{\varphi} - \sqrt{\sin \varphi}}{\sqrt{\varphi} + \sqrt{\sin \varphi}}$

und $\frac{\varphi}{\pi} = \frac{3{,}1\, F - K}{3{,}1\, F - n\, S}$.

Der Wert Φ kann mit der Veränderlichen φ/π der nachstehenden Tafel entnommen werden:

$\frac{\varphi}{\pi}$	Φ	$\triangle \cdot 0{,}01$	$\frac{\varphi}{\pi}$	Φ	$\triangle \cdot 0{,}01$	$\frac{\varphi}{\pi}$	Φ	$\triangle \cdot 0{,}01$
0,30	0,111	7,5	0,58	0,417	15,0	0,86	0,976	30
0,32	0,126	8,0	0,60	0,447	15,5	0,88	1,036	33
0,34	0,142	9,0	0,62	0,478	16,0	0,90	1,102	36
0,36	0,160	9,5	0,64	0,510	17,0	0,91	1,138	39
0,38	0,179	9,5	0,66	0,544	17,0	0,92	1,177	42
0,40	0,198	10,0	0,68	0,578	18,0	0,93	1,219	45
0,42	0,218	10,5	0,70	0,614	19,0	0,94	1,264	52
0,44	0,239	11,0	0,72	0,652	20,0	0,95	1,316	59
0,46	0,261	12,0	0,74	0,692	21,0	0,96	1,375	69
0,48	0,285	12,5	0,76	0,734	21,5	0,97	1,444	86
0,50	0,309	13,0	0,78	0,777	22,5	0,98	1,530	122
0,52	0,335	13,0	0,80	0,822	24,0	0,99	1,652	348
0,54	0,361	13,5	0,82	0,870	25,5	1,00	2,000	
0,56	0,388	14,5	0,84	0,921	27,5			

Vorausgesetzt ist dabei ein Schlankheitsverhältnis des Gurtes $\frac{a}{i} < 105$.

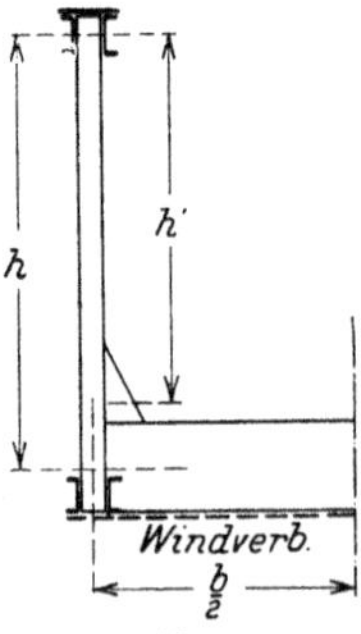

Abb. 24

Vorhandener Rahmenwiderstand A bei gegebenen Rahmenabmessungen.

a) Offener Halbrahmen (Abb. 24):

Es ist $\delta = \frac{h'^3}{3 E J_1} + \frac{h^2 b}{2 E J_2}$

und $A = \frac{1}{\delta}$,

J_1 Trägheitsmoment des Pfostens,
J_2 „ „ Querträgers,
bezogen auf die zur Brückenlängsachse parallele wagrechte Schwerachse;

b) Rahmen mit gelenkig angeschlossenem Querriegel (Abb. 25):

Es ist $\delta = \dfrac{h'^3}{3\,E J_1} + \dfrac{h^2\, b}{6\,E J_2}$ und $A = \dfrac{1}{\delta}$;

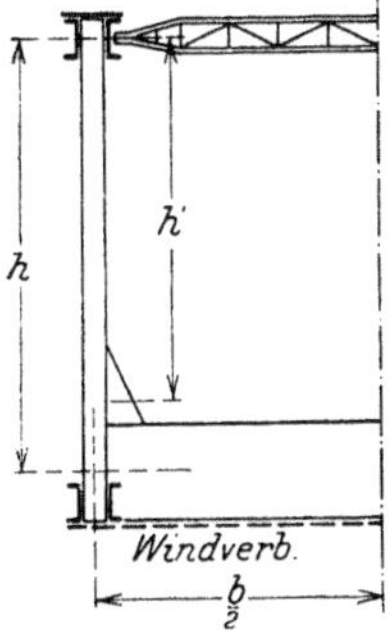

Abb. 25

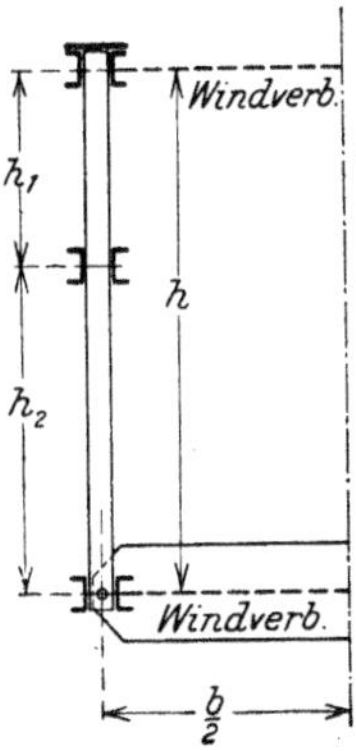

Abb. 26

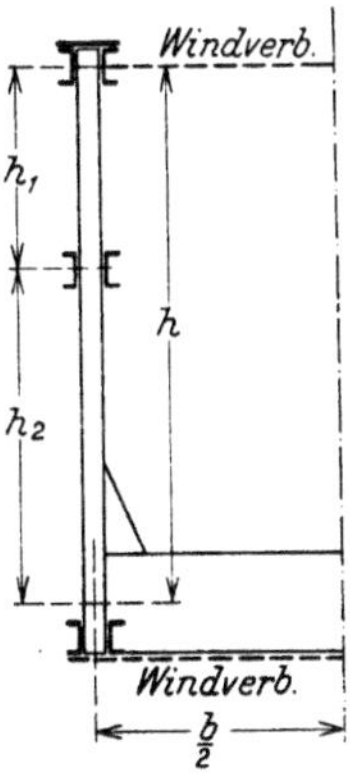

Abb. 27

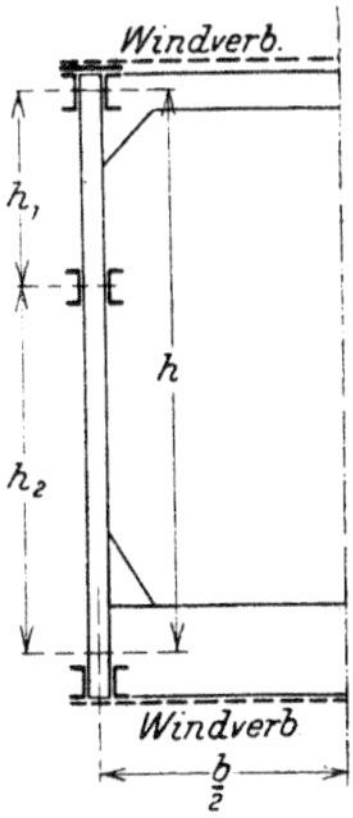

Abb. 28

c) Der elastisch gestützte Gurt liegt zwischen zwei Windverbänden,
1. Pfosten an beiden Enden gelenkig angeschlossen (Abb. 26):

Es ist $\delta = \dfrac{h_1^2\, h_2^2}{3\,E J_1\, h}$ und $A = \dfrac{1}{\delta}$;

2. Pfosten am Querträger biegungssteif angeschlossen (Abb. 27).

Man rechne $$X = \frac{h_2}{h} - \frac{h_1\,(h^2 - h_1^2)}{h^2\left(2\,h + 3\,b\,\dfrac{J_1}{J_2}\right)},$$

$$\delta_1 = \frac{h_2^3}{3\,E J_1} + \frac{h_2^2\, b}{2\,E J_2},$$

$$\delta_2 = X\left(\frac{h_2^2\,(2\,h_2 + 3\,h_1)}{6\,E\,J_1} + \frac{h\,h_2\,b}{2\,E\,J_2}\right),$$

womit $$A = \frac{1}{\delta_1 - \delta_2}.$$

3. Pfosten am Querträger und am oberen Querriegel biegungssteif angeschlossen (Abb. 28). J_1 Trägheitsmoment des Pfostens, J_2 des Querträgers, J_3 des oberen Querriegels.

Man rechne die Eckmomente

$$M_o = \frac{1}{3}\,\frac{h_1\,(h^2 - h_1^2) - \dfrac{h_2}{h}\,(h^2 - h_2^2)\left(2\,h + 3\,\dfrac{J_1}{J_2}\,b\right)}{h^2 + 2\left(\dfrac{J_1}{J_3} + \dfrac{J_1}{J_2}\right) h\,b + 3\,\dfrac{J_1\,J_1}{J_2\,J_3}\,b^2},$$

$$M_u = \frac{1}{3}\,\frac{h_2\,(h^2 - h_2^2) - \dfrac{h_1}{h}\,(h^2 - h_1^2)\left(2\,h + 3\,\dfrac{J_1}{J_3}\,b\right)}{h^2 + 2\left(\dfrac{J_1}{J_3} + \dfrac{J_1}{J_2}\right) h\,b + 3\,\dfrac{J_1\,J_1}{J_2\,J_3}\,b^2},$$

hieraus $\delta_1 = \dfrac{h_1^2\, h_2^2}{3\,E\,J_1\,h}$,

$$\delta_2 = \frac{h_1 h}{6 E J_1}\left[M_o\left(2 - 3\frac{h_1}{h} + \frac{h_1^2}{h^2}\right) + M_u\left(1 - \frac{h_1^2}{h^2}\right)\right],$$

womit $A = \frac{1}{\delta_1 + \delta_2}$.

Nach dem österreichischen Normenentwurfe (Önorm B. 6203) werden der Berechnung der Druckgurte offener Brücken die oben angegebenen Bleichschen Formeln für den erforderlichen Rahmenwiderstand zugrunde gelegt.

Häufig wird nach der Engesserschen Formel gerechnet. Diese ist aber nur eine Annäherungsformel und es ist der tatsächliche Sicherheitsgrad in den meisten Ausführungsfällen, bei denen infolge gedrungener Bauart der Gurte der Eintritt des labilen Gleichgewichtszustandes mit Überschreitung der Elastizitätsgrenze verbunden ist, beträchtlich, bis unter die Hälfte niedriger als dieser Formel entspricht. Rechnet man daher die erforderliche Rahmensteifigkeit nach Engesser, so setze man mindestens $n = 5$.

Der Entwurf der **tschechoslowakischen Verordnung** für Straßenbrücken gibt für die Berechnung der offenen Brücken die folgende, theoretisch allerdings nicht begründete Regel:

Man denke sich den Halbrahmen durch eine wagrechte, im Schwerpunkte des Druckgurtes angreifende Kraft 0,01 S beansprucht. Für S ist das Mittel der größten Kräfte der beiden an dem Rahmen zusammentreffenden Gurtstäbe einzuführen. Die von dieser wagrechten Kraft in dem Pfosten des Halbrahmens hervorgerufene Biegungsspannung darf unter Hinzurechnung der Systemspannung des Fachwerksgliedes die für das Tragwerk festgesetzte zulässige Beanspruchung nicht überschreiten.

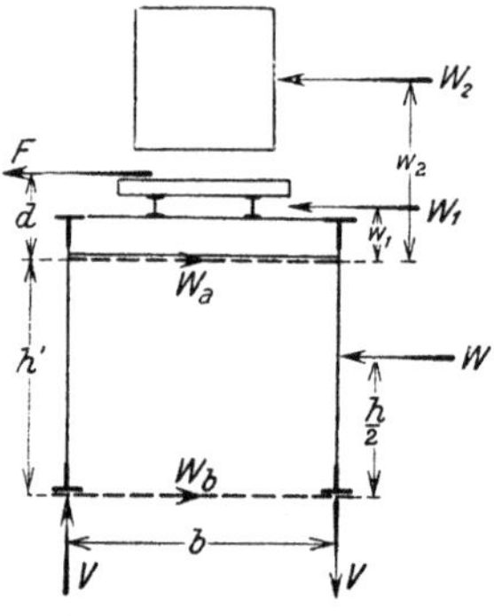

Abb. 29

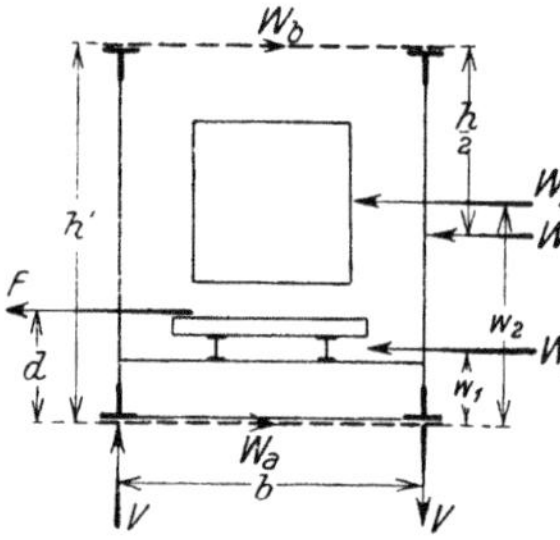

Abb. 30

Querverband. Derselbe besteht aus den in den Flächen der Hauptträgergurtungen liegenden Windstreben und aus den in den Ebenen der gedrückten Wandstäbe, meist aber in lotrechten Ebenen angeordneten Querverstrebungen. Es genügen aber auch bloß zwei Windverbände, je einer an jeder Gurtung, oder ein Windverband in Verbindung mit Querverstrebungen. Die Windverbände sind in wagrechter Richtung abzustützen, entweder unmittelbar gegen die Auflager der Hauptträger oder mittelbar dagegen durch stärkere Endquerverstrebungen. Die Querverstrebungen werden als Andreaskreuze oder Dreiecksausfachungen oder bei Freihaltung des Lichtraumes zwischen den Hauptträgern als Steifrahmen ausgebildet.

Durch die auf den Brückenüberbau wirkenden wagrechten Seitenkräfte ergeben sich auch lotrechte Zusatzkräfte auf die Hauptträger.

Bezeichnet W den Winddruck auf die Hauptträger,
W_1 „ „ „ „ vortretenden Teile der Fahrbahn,
W_2 „ „ „ „ Fahrzeuge,
F die Fliehkräfte oder Seitendrücke der Fahrzeuge,
w_1, w_2 und d die Abstände dieser Kräfte von dem unter der Fahrbahn gelegenen Windverbande, so entfällt

a) bei zwei Windverbänden und fehlenden Querverstrebungen (Abb. 29 und 30) auf den an der Fahrbahn gelegenen Windverband

$$W_a = W_1 + W_2 + F + W \frac{h}{2\,h'}$$

auf den anderen Windverband

$$W_b = W\left(1 - \frac{h}{2\,h'}\right)$$

und auf die beiden Hauptträger eine lotrechte Zusatzkraft

$$V = \pm \frac{W_1\,w_1 + W_2\,w_2 + F\,d}{b}$$

b) bei bloß einer Windverstrebung an der Fahrbahn und Querverstrebungen oder Steifrahmen in jeder Querträgerebene (Abb. 31 und 32) werden die lotrechten Kräfte in den Hauptträgern

$$V = \pm \frac{W_1 w_1 + W_2\,w_2 + F \cdot d - W\left(h' - \frac{h}{2}\right)}{b},$$

die wagrechten Kräfte gehen sämtlich in die Windverstrebung.

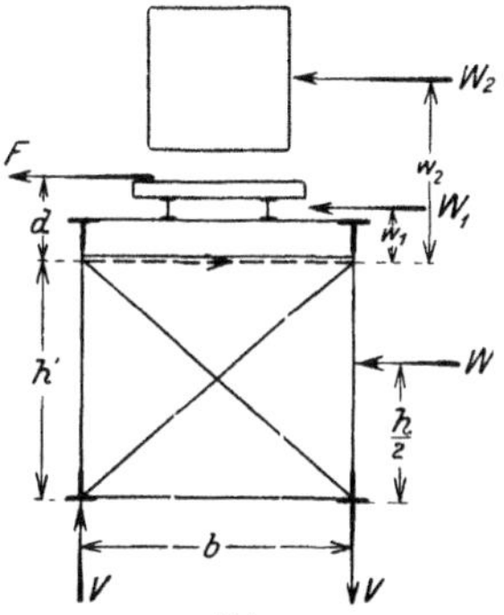

Abb. 31

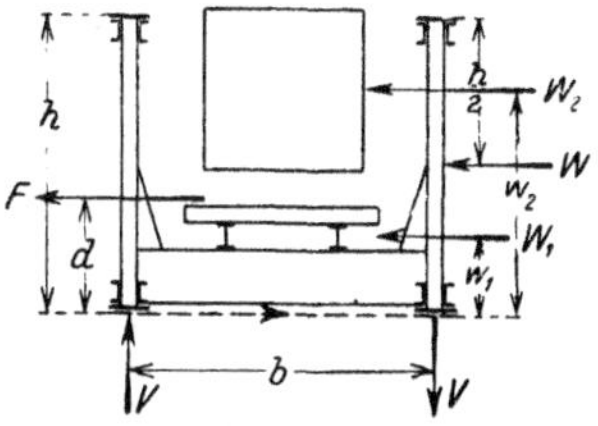

Abb. 32

Sind nebst zwei Windverbänden auch noch Querverstrebungen vorhanden, so werden durch letztere die auf die beiden Verbände einwirkenden Kräfte etwas ausgeglichen.

Auflager der Brückenträger

Diese sind entweder feste Lager, die den Stützpunkt unverschieblich festhalten, oder bewegliche Lager, die eine Verschiebung in der Regel nur nach einer Richtung gestatten. Eine Balkenbrücke sollte nur unter einem Hauptträger ein festes, im übrigen längsverschiebliche Lager erhalten und bei den Lagern der anderen Hauptträger sollte außerdem eine

Querverschiebung möglich gemacht sein. Bei nicht allzu großer Brückenbreite kann aber von der Querdilatation abgesehen und können alle Hauptträger gleich gelagert werden. Die Lager sind als Kipplager auszubilden; Flächenlager werden jetzt auch bei kleinen Spannweiten nicht mehr angewendet. Die Kipplager gestatten die Drehung des Trägers im Auflagerpunkte entweder nur in der Trägerebene (Linien- oder Tangentialkipplager, Zapfenlager) oder eine allseitige Drehung (Punktkipplager, Kugelzapfenlager).

Für kleine Brückenträger genügt als Kipplager eine Lagerplatte aus Gußeisen oder Stahlguß mit schwach gewölbter oberer Fläche. Größe der Lagerplatte so zu bestimmen, daß der zulässige Druck auf den Auflagsquader (30 kg/cm², nur bei großen Lagern höchstens 50 kg/cm²) nicht überschritten wird. Ist l (cm) die Länge der Platte, b (cm) ihre Breite quer zum Träger, so ist bei dem Auflagerdrucke A (ton) die erforderliche Stärke (cm) in der Plattenmitte

$$\text{für Gußeisen} \quad h = \sqrt{3\,A\,\frac{l}{b}},$$

$$\text{für Stahlguß} \quad h = \frac{1}{2}\sqrt{3\,A\,\frac{l}{b}}.$$

Den Krümmungshalbmesser der Fläche, auf der der Träger mit einer eben gehobelten Platte aufliegt, mache man etwa $r = 3\,l$.

Diese Lagerkonstruktion genügt für kleine Stützweiten und Auflagerdrucke bis zu etwa 20 t als Gleitlager auch für die beweglichen Auflager. Durch den Gleitwiderstand, der bis zu $0{\cdot}2\,A$ betragen kann, entsteht im Untergurt eine Zusatzkraft.

Für Träger mit größeren Auflagerdrücken kommen sowohl Linien-, wie auch Zapfenkipplager, und als verschiebliche Lager Walzen-, Stelzen- oder Pendellager zur Anwendung. Als Stützkörper dient ein in den Lagerbock eingesetztes oder angegossenes Stahlstück, das bei Zapfen- und Linienkipplagern die Form eines vollen Zylinders oder eines Zylinderabschnittes hat, bei Punkt- und Kugelzapfenlagern als Kugelkalotte ausgebildet ist. Der Träger lagert darauf mittels eines Gußstückes, des oberen Lagerkörpers, dessen Stützfläche bei den Zapfenlagern den gleichen Krümmungshalbmesser, bei Tangentiallagern einen etwas größeren Krümmungshalbmesser besitzt als der untere Stützkörper oder eben ist.

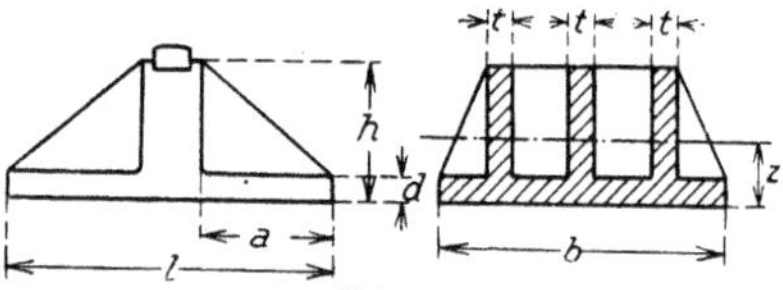

Abb. 33

Bei massiver Ausbildung des Lagerbockes bestimmt sich seine Höhe h in der Mitte nach den oben gegebenen Formeln. Gewöhnlich wird er aber bei größeren Abmessungen als Rippenkörper ausgeführt. (Abb. 33.) Für diesen bezeichnen

$\alpha = \frac{b_1}{b}$ das Verhältnis der Gesamtstärke $\Sigma\,t$ der Rippen zur Lagerbreite,

$\beta = \frac{d}{h}$ das Verhältnis der Stärke der Grundplatte zur Höhe des Lagerkörpers in dem neben der Mittelrippe geführten Schnitte. Die Schwerachse ist bestimmt durch $\frac{z}{h} = \zeta = \frac{1}{2}\,\frac{\alpha + \beta^2\,(1 - \alpha)}{\alpha + \beta\,(1 - \alpha)}$

und mit $\mu = 2 - 3\,\zeta - \frac{(1 - 2\,\zeta)\,(3\,\zeta - 2\,\beta)\,\beta}{2\,\zeta - \beta}$

folgen die Widerstandsmomente aus

$$W_o = \frac{1}{6} \frac{\alpha \mu}{1 - \zeta} b h^2 \quad \text{und} \quad W_u = \frac{1}{6} \frac{\alpha \mu}{\varsigma} b h^2.$$

Sie sind für einige Verhältnisse der nachstehenden Tafel zu entnehmen.

$\alpha = \frac{b_1}{b}$	$\beta = \frac{d}{h}$	z	W_o	W_u
$\frac{1}{5}$	0,15	0,341	0,0462	0,0894
	0,20	0,322	0,0463	0,0975
	0,25	0,313	0,0462	0,1017
	0,30	0,309	0,0461	0,1030
$\frac{1}{4}$	0,15	0,368	0,0555	0,0952
	0,20	0,350	0,0559	0,1038
	0,25	0,339	0,0558	0,1087
	0,30	0,334	0,0556	0,1107
$\frac{1}{3}$	0,15	0,402	0,0694	0,1032
	0,20	0,386	0,0708	0,1127
	0,25	0,375	0,0708	0,1181
	0,30	0,369	0,0706	0,1209
	—	h	$b h^2$	$b h^2$

Bei dem Auflagerdruck A in Tonnen und der Inanspruchnahme von 0,25 bzw. 1,00 t/cm² setze man für gußeiserne Lagerkörper

$$\frac{A a^2}{2 l} = 0{,}25\, W_u,$$

Stahlgußlagerkörper

$$\frac{A a^2}{2 l} = 1{,}00\, W_o.$$

Bei Berechnung des Lagerkörpers eines Punktkipplagers mit acht radial gestellten Rippen kann man näherungsweise so vorgehen, daß man sich die Grundfläche durch radiale Teilungslinien in acht gleiche Flächen geteilt denkt, in deren Schwerpunkt je $^1/_8\, A$ angreift.

Berechnung der Stützkörper. Allgemeine Formeln, siehe „Festigkeitslehre", S. 147.

Zulässige Beanspruchungen bei Benützung der Hertzschen Formeln:

Für Gußeisen ....4 t/cm²
„ Flußeisen ....5 „
„ Flußstahlguß ....6,5 „
„ Schmiedestahl ....7,5 „

Gebrauchsformeln für die Bemessung (t und cm).

Zylindrische Zapfen von der Länge b: $r = 0{,}7 \frac{A}{b}$ bis $2 \frac{A}{b}$.

Kugelzapfen $r = 0{,}8 \sqrt{A}$ bis $1{,}4 \sqrt{A}$.

Linienkipplager $r_1 = \alpha\, r_2$.

Gußeisen auf Stahl $r_1 = 15{,}4 \frac{A}{b} (1 - \alpha)$.

Stahlguß auf Stahl $r_1 = 11{,}0 \frac{A}{b} (1 - \alpha)$.

Wenn $a > 0{,}8$, gilt die Formel für zylindrische Zapfen.

Punktkipplager $r_1 = a\,r_2 \ldots\ldots r_1 = (1 - a)\sqrt{1000\,A}$.

Walzen- oder Stelzenlager. n Anzahl der Walzen, d deren Durchmesser, b ihre Länge.

Gußeisen auf Flußeisen oder Stahl ....$n\,d\,b = 30\,A$.
Stahlguß auf Stahl ....$n\,d\,b = 22\,A$.

Bei mehr als zwei Walzen rechne man mit dem $\frac{5\,n - 2}{4\,n}$fachen Werte von A. Den Durchmesser der Vollwalzen wähle man bei der Stützweite L in Metern mit d (cm) $= 10 + 0{,}15\,L$ bis $20 + 0{,}2\,L$, aber nicht größer als etwa 40 cm.

Für Auflagerdrucke bis zu etwa 40 bis 50 t genügen Einrollenlager, mit denen zugleich eine Kipplagerung verbunden ist.

Die Abb. 34 und 35 zeigen ein festes und ein bewegliches Linienkipplager für Auflagerdrucke von 125 bis 300 t nach der deutschen Normung (DIN 1039).

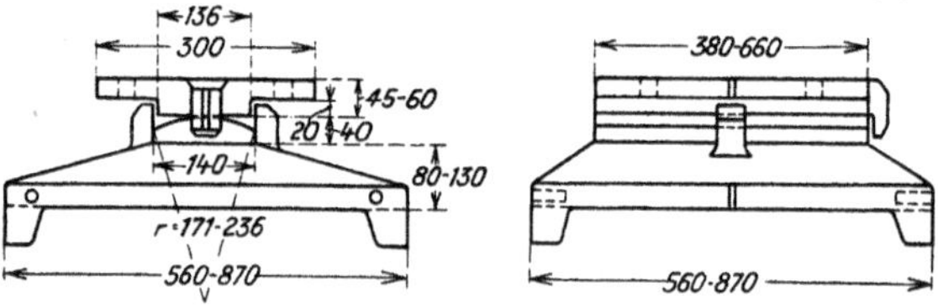

Abb. 34

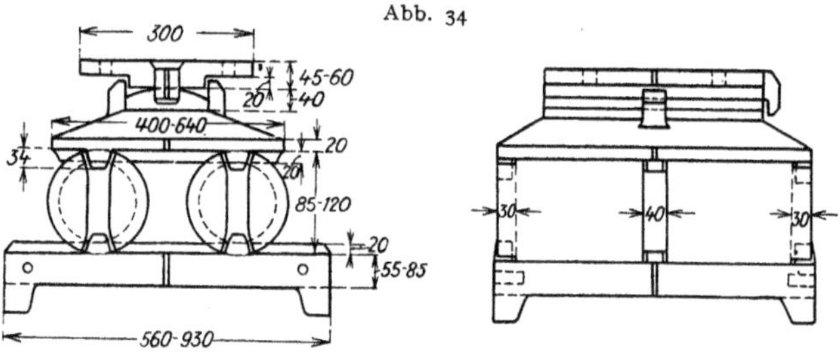

Abb. 35

C. Stein-, Beton- und Eisenbetonbrücken

Tschechoslowakische Verordnung für Straßenbrücken. Verteilungsbreite einer Einzellast durch eine Schotter-, Sand- oder Betonschicht. Der Druck der Last ist gleichmäßig verteilt anzunehmen auf die Aufstandsfläche, die zu vergrößern ist:

a) bei Betonplatten um die zweifache Höhe der Deckschicht und die einfache Plattenstärke;

b) bei Eisenbetonplatten mit kreuzweiser Bewehrung, wenn die Querschnittsfläche der Bewehrungseisen in beiden Richtungen um nicht mehr als um 30 v. H. verschieden ist, um die zweifache Höhe der Deckschichte mehr der doppelten Plattenstärke;

c) bei Eisenbetonplatten mit nur in einer Richtung angeordneter Bewehrung oder wenn bei kreuzweiser Bewehrung die Querschnittsflächen der Eiseneinlagen in der einen Richtung weniger als 30 v. H. von jenen in der anderen Richtung betragen, um die zweifache Höhe der Deckschicht und in der Richtung der stärkeren Eisen um die zweifache, in derRichtung der schwächeren Eisen um die einfache Plattenstärke.

Zweiseitig aufgelagerte Platte von der Stützweite l. Wirksame Plattenlänge. Ist a die um die doppelte Höhe der Deckschicht vergrößerte Aufstandsbreite einer Last nach Richtung der Plattenlänge L, so nehme man als wirkende Plattenlänge b_1,

$$\text{wenn } L \gtreqless 2\,l \qquad b_1 = a_1 + \tfrac{2}{3}\,l,$$

$$\text{wenn } L = l \qquad b_1 = a_1 + 0{,}4\,l.$$

Für Zwischenwerte ist geradlinig einzuschalten.

Vierseitig aufgelagerte Platten, mit Seitenlängen $l < l_1$, die, an allen vier Seiten frei aufliegend, eingespannt oder durchgehend sind, können bei kreuzweiser Bewehrung bezüglich der Biegungsmomente annähernd wie zwei gedachte Platten von der Stützweite l und l_1 und der gleichen Auflagerung wie die wirkliche Platte gerechnet werden. Von der gegebenen Gesamtbelastung Q entfällt auf die Platte von der Stützweite l ein Teil $\alpha\,Q$ und auf die Platte von der Stütze l_1 ein Teil $\beta\,Q$. Es ist

$$\alpha = \frac{1}{1 + 2{,}3\left(\frac{l}{l_1}\right)^3}, \qquad \beta = \frac{1}{1 + 2{,}3\left(\frac{l_1}{l}\right)^3}.$$

Voraussetzung ist dabei, daß $l_1 < 5\,l$ ist. Bei größerer Plattenlänge ist die Platte nur als zweiseitig gelagert zu berechnen.

Plattenförmige Überdeckungen in Eisenbeton werden in Stärken bis zu etwa 35 cm ausgeführt und reichen für nicht zu schwere Belastung in dieser Stärke noch für Spannweiten bis zu 5 m aus. Durch Verbindung mit den Widerlagern und entsprechende Einbindung der Bewehrungseisen entsteht eine Einspannung, die die Plattenmomente verringert. Berechnung der Plattenstärken siehe „Eisenbetonbau“, S. 337.

Zu den plattenförmigen Tragwerken gehören auch die für kleinere Eisenbahn- und Straßenbrücken in Anwendung gebrachten Überdeckungen mit Walzträgern, die, mit Beton umstampft, eine Platte liefern, in welcher dem Beton allerdings vornehmlich nur eine lastenverteilende Wirkung zukommt. Die Träger liegen in Abständen von 50 bis 70 cm; die Schalung wird an sie angehängt.

Balkenbrücken aus Eisenbeton

Bei obenliegender Fahrbahn besteht das Tragwerk aus oben durch eine Platte verbundenen Rechteckbalken, sogenannten Plattenbalken.

Die Platte ist bei gleichem Balkenabstande c für die ständige Belastung g für den Quadratmeter mit folgenden Momentenwerten zu berechnen:

Moment über dem ersten Balken $-\frac{1}{10}\,g\,c^2$,

„ über einen mittleren Balken $-\frac{1}{12}\,g\,c^2$,

„ in Mitte des ersten Feldes $+\frac{1}{12}\,g\,c^2$,

„ in Mitte eines mittleren Feldes $+\frac{1}{16}\,g\,c^2$.

Für die Verkehrslast rechne man die Stützenmomente für die durchgehende, frei aufliegende Platte mit ungesenkten Stützen, setze aber die positiven Feldmomente im Endfelde gleich jenen einer Einzelspannweite, in den mittleren Feldern etwa gleich 0,8 dieser Werte.

Den Balkenabstand wählt man zwischen 1,0 und 2,0 m, etwa nach $c = 0{,}8 + 0{,}07\,l$; bei Eisenbahnbrücken werden die Träger meist nach der Schienenlage so ausgeteilt, daß unter jedem Schienenstrange entweder ein Balkenpaar oder auch nur ein breiter Balken angeordnet wird.

Balkenhöhe h bei Straßenbrücken für einfache Träger $h = \frac{1}{10}\,l$ bis $\frac{1}{15}\,l$, für kontinuierliche und Auslegerträger $h = \frac{1}{11}\,l$ bis $\frac{1}{18}\,l$; bei beschränkter Bauhöhe bis $h = \frac{1}{20}\,l$; bei Eisenbahnbrücken $h = \frac{1}{8}\,l$ bis $\frac{1}{10}\,l$.

Die mitwirkende Plattenbreite bei Plattenbalken ist höchstens gleich dem Balkenabstande c, aber nicht größer als mit $^1/_4$ der Stützweite oder mit der 20fachen Plattenstärke anzunehmen.

Balkenbreite b so groß zu wählen, daß die Schubspannung $\tau = \frac{Q}{b\,r}$ den Wert von 14 kg/cm² nicht überschreitet. Q bezeichnet die größte Querkraft, r den Abstand des Mittelpunktes der Druckzone des Querschnittes von dem Schwerpunkt der Zugeisen. Man findet gewöhnlich die Breite von 30 cm eingehalten; hohe Balken mache man nicht unter 40 cm breit. Ungefähre Regel: Für Straßenbrücken $b = 0{,}2 + 0{,}15\,h$, für Eisenbahnbrücken $b = 0{,}25 + 0{,}2\,h$ (Meter). Die Randträger können schwächer gehalten werden, wenn sie nicht durch Auskragung der Fahrbahnplatte die gleiche Belastung wie die mittleren Balken erfahren.

Berechnung der Plattenbalken, siehe „Eisenbetonbau", S. 344.

Für Brücken mit mehreren Öffnungen können durchgehende Balken mit oder ohne Gelenken und mit freier Auflagerung oder in steifer Verbindung mit den Zwischenstützen ausgeführt werden. Im letzteren Falle entstehen Rahmenträger. Die freie Auflagerung verlangt die Ausbildung von Kipplagern und bei Spannweiten über 10 m oder bei Auflagerdrücken von etwa über 20 t die Anordnung beweglicher Lager entweder in Form von Rollenlagern oder von Pendelstützen. In durchgehenden und in Kragträgern entstehen über den Zwischenstützen negative Momente, zu deren Aufnahme es in der Regel notwendig wird, die Balkenhöhe durch Vouten zu vergrößern und daselbst eine Druckbewehrung zu geben, allenfalls auch den Balken zu verbreitern. Reichliche Anordnung von Bügeln, die im Verein mit dem schiefabgebogenen Eisen wenigstens 70 v. H. der Schubkräfte aufnehmen sollen. Größter zulässiger Bügelabstand 40 cm.

Liegen die Tragbalken in einem größeren Abstande als etwa 2 m, so unterstützt man die Platte auch durch Querträger und kann sie dann bei kreuzweiser Bewehrung als vierseitig aufgelagert berechnen, wenn das Verhältnis der Auflagerlängen nach beiden Seitenrichtungen das $1^1/_2$fache nicht überschreitet. Bei hohen Tragbalken empfiehlt sich aber die Anordnung von Querträgern oder Querriegeln in Abständen von 3 bis 5 m auch dann, wenn sie zum Tragen der Platte nicht notwendig sind.

Die Fahrbahnplatte und alle mit dem wasserdurchlässigen Fahrbahnkörper in Berührung stehenden Betonflächen erhalten eine wasserdichte Abdeckung, der ein kleines Längs- und Quergefälle zu geben ist. Gegen Beschädigung durch die darüber liegende Beschotterung ist die wasserdichte Abdeckungsschichte durch einen Mörtelüberzug zu schützen. Die Wölbung der Fahrbahn verlangt entweder eine Auflage von Magerbeton oder eine Wölbung der Fahrbahnplatte.

Gewölbte Brücken

Nach Festsetzung der Spannweite l und der Pfeilhöhe f des Bogens nehme man für den Vorentwurf die Scheitel-Gewölbstärke d nach einer der nachstehenden empirischen Formeln an:

Nach Heinzerling: für Haustein für harte Ziegel für Bruchstein

$d = 0{,}4 + 0{,}025\,r \quad 0{,}43 + 0{,}028\,r \quad 0{,}48 + 0{,}032\,r$

r = Scheitelkrümmungshalbmesser der Leibung;

Nach Sejourné: $d = a\,(1 + \sqrt{l})\,\mu$,

worin bei dem Stichverhältnis $n = \frac{f}{l}$

für flache elliptische Bogen $\mu = \frac{4}{3 + 2\,n}$,

für Segmentbogen $\mu = \frac{4}{3}\,(1 - n + n^2)$

und für Straßenbrücken $a = 0{,}15$,

für Eisenbahnbrücken $a = 0{,}19$.

Diese Gewölbstärken dürfen aber meist um 10 bis 15 v. H., für Eisenbetonbogen um 30 bis 50 v. H. vermindert werden. Die Kämpferstärke der gelenklosen Bogen wähle man etwa mit $d_1 = (1 + 15\,n^2)\,d$.

Auf Grund des Vorentwurfes ermittle man die ständige Belastung pro Quadratmeter g_0 im Scheitel und g_1 im Kämpfer.

Man führe dabei als spezifische Gewichte ein:

Bruchsteinmauerwerk	2,2	bis	2,5 t/m²,
Quadergewölbe aus mittelhartem Sandstein oder Kalkstein	2,2	„	2,4 „
Quadergewölbe aus dichtem Sandstein oder Kalkstein	2,5	„	2,6 „
Quadergewölbe aus Granit			2,7 „
Ziegelgewölbe			1,8 „
Betongewölbe	2,2	„	2,4 „
Eisenbetongewölbe	2,4	„	2,5 „
Erdüberschüttung			1,8 „

Günstigste Gewölbeform. Wir formen das Gewölbe nach der Stützlinie für Eigengewicht und halbe Verkehrslast $\frac{p}{2}$. Ist u die mittlere Höhe der Überschüttung oder Übermauerung über dem Gewölbe, so kann als gleichmäßig verteilte Verkehrsersatzlast p (t/m²) angenommen werden:

Straßenbrücken
- mit sehr schwerem Verkehr $p = \left(0{,}5 + \frac{20}{l}\right)\frac{1 + u}{0{,}2 + 3\,u}$,
- mit schwerem Verkehr $p = \left(0{,}5 + \frac{10}{l}\right)\frac{1 + u}{0{,}2 + 3\,u}$,
- mit leichtem Verkehr $p = \left(0{,}5 + \frac{4}{l}\right)\frac{1 + u}{0{,}2 + 3\,u}$,

Eisenbahnbrücken $p = \left(5 + \frac{30}{l}\right)\frac{1 + u}{2{,}5 + 4\,u}$.

Es ist sonach die Scheitelbelastung $g_0' = g_0 + \frac{1}{2}\,p$,

die Kämpferbelastung $g_1' = g_1 + \frac{1}{2}\,p$.

Bezeichnet γ_1 das spezifische Gewicht der Überschüttung oder Übermauerung $\mathfrak{g} = \frac{1}{6}\,(g_1 - g_0 - \gamma_1 f)$, so rechnet sich mit Einführung von

$$k' = \frac{1}{2}\left[\frac{g_0' + \mathfrak{g}}{g_0'} + \sqrt{\left(\frac{g_0' + \mathfrak{g}}{g_0'}\right)^2 + \frac{2}{3}\,\frac{\gamma_1 f}{g_0'}}\right]$$

die Ordinate der Bogenachse (Abb. 36)

$$y = \frac{1}{k'}\left(1 + (k' - 1)\,\frac{4\,x^2}{l^2}\right)\frac{4\,x^2}{l^2}\,f.$$

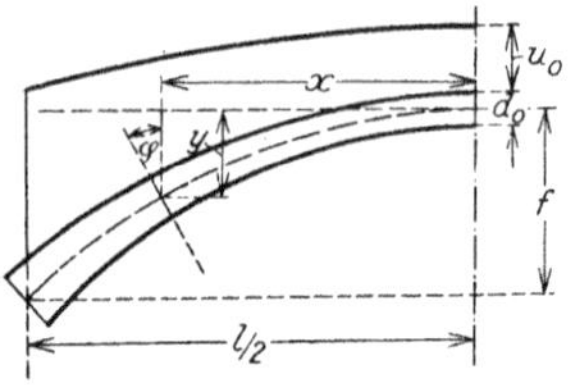

Abb. 36

Bei Ableitung dieser Formel wurde vorausgesetzt, daß die Bogenstärke vom Scheitel gegen die Kämpfer mit sec φ zunimmt. Ist dies nicht der Fall, wie beim Dreigelenkbogen, oder ist die Auflast nicht stetig verteilt, so wird die Bogenform dadurch nicht mehr ganz richtig erhalten. Man wird sie zu verbessern haben, indem man sie als Seilkurve der auf Grund des Vorentwurfes genauer bestimmten Belastung berechnet oder zeichnerisch ermittelt.

Gewölbestärke. 1. Gelenkloser, eingespannter Stein- oder Stampfbetonbogen.

Es bezeichnet: $k = \frac{1}{2}\left[\frac{g_0 + \mathfrak{g}}{g_0} + \sqrt{\left(\frac{g_0 + \mathfrak{g}}{g_0}\right)^2 + \frac{2}{3}\frac{\gamma_1 f}{g_0}}\right]$,

u_0 die Höhe der Überschüttung im Scheitel, $u_0\gamma_1$ ihr Gewicht,

p_1 die der halben Spannweite $\frac{l}{2}$ entsprechende Verkehrsersatzlast (t/m²),

$w = u_0\gamma_1 + \frac{p_1}{2\,k}$,

φ_m den Winkel des Querschnittes im Viertel der Spannweite, bestimmt durch $\operatorname{tg}\varphi_m = \frac{k+1}{k}\frac{f}{l}$.

$\varrho_0 = \frac{k\,l^2}{8\,f'}$, worin mit dem untenstehenden Beiwerte β

$$f' = f\left(1 + \beta\,\frac{d_0^2}{12\,f^2}\right),\ \text{annähernd} = f,$$

s die größte zulässige Randdruckspannung,

γ das spezifische Gewicht (t/m³) des Wölbmauerwerks.

Damit rechnet sich die Gewölbestärke im Scheitel

$$d_0 = \frac{1}{2}\,\frac{w\,\varrho_0}{s - \gamma\,\varrho_0} + \sqrt{\frac{1}{4}\left(\frac{w\,\varrho_0}{s - \gamma\,\varrho_0}\right)^2 + \frac{0{,}06\,p_1\,l^2\cos^2\varphi_m}{s - \gamma\,\varrho_0}}.$$

Sollen im Gewölbe durch die Belastung keine Zugspannungen auftreten, so muß auch sein:

$$d_0 \gtrless -\frac{w}{2\gamma} + \sqrt{\frac{1}{4}\,\frac{w^2}{\gamma^2} + \frac{p_1\,l^2}{16\,\varrho_0\,\gamma}\cos^2\varphi_m}.$$

Für die zulässige Druckbeanspruchung s kann gesetzt werden (siehe auch die Tabelle S. 483):

Bruchsteingewölbe in Portl.-Zementmörtel { gewöhnl. Mauerwerk	150—200 t/m²
Bruchsteingewölbe in Portl.-Zementmörtel { Schichtenmauerwerk	250—350 ,,
Quader aus hartem Sandstein oder Kalkstein	350—450 ,,
,, aus Granit oder ähnlich festen Steinen	500—600 ,,
Betongewölbe, je nach Würfelfestigkeit und Spannweite	250—400 ,,

Es ist zu beachten, daß die obigen Formeln für die Gewölbestärke unter der Voraussetzung einer der Mittellage der Stützlinie angepaßten Gewölbform und einer, zumindest mit der sec φ vom Scheitel gegen die Kämpfer, zunehmenden Gewölbestärke abgeleitet wurden. Gewölbe, bei denen diese Voraussetzung nicht erfüllt ist, z. B. Kreissegmentbogen, verlangen eine etwas vergrößerte Stärke.

Häufig reicht die danach berechnete Stärke, besonders in den Kämpfern, nicht aus, um die beim eingespannten Bogen durch Temperaturwirkung und durch Verkürzung der Bogenachse auftretenden Zusatzspannungen aufzunehmen. Es wird dann eine kräftigere Verstärkung im Kämpfer notwendig. Darüber kann vor Durchführung der genaueren statischen Untersuchung nachstehende Nährungsberechnung der Spannungen Aufschluß geben:

Die Größtspannungen am oberen und unteren Querschnittsrande werden:

im Scheitel
- durch Vollbelastung $\dfrac{(k\,g_0 + p)\,l^2}{8\,f'\,d_0}\left(1 \pm \dfrac{1+3\nu}{1+\nu}\,\dfrac{f'-f}{d_0}\right)$
- durch Temperaturwirkung .... $\beta\,\dfrac{E\,\omega\,t\,d_0^2}{12\,f\,f'}\left(1 \mp \dfrac{1+3\nu}{1+\nu}\,\dfrac{f}{d_0}\right)$,

im Kämpfer
- durch halbseitige Belastung ..... $\dfrac{(2\,k\,g_0 + p_1)\,l^2}{16\,f'\,d_1}\left(\sec\varphi_1 \mp \dfrac{5+3\nu}{1+\nu}\cdot\dfrac{f'-f}{d_0}\right) \mp \dfrac{3}{40}\cdot\dfrac{2+3\nu}{1+3\nu}\cdot\dfrac{p_1\,l^2}{d_1^2}$
- durch Temperaturwirkung .... $\beta\,\dfrac{E\,\omega\,t\,d_0^3}{12\,f\,f'\,d_1}\left(\cos\varphi_1 \pm \dfrac{5+3\nu}{1+\nu}\,\dfrac{f}{d_1}\right)$.

Es bezeichnet: g_0 die ständige Eigengewichtslast im Scheitel,
p und p_1 die Verkehrsersatzlast für l und $\dfrac{l}{2}$,
d_1 die Gewölbestärke im Kämpfer,
φ_1 den Neigungswinkel im Kämpfer, bestimmt durch

$$\operatorname{tg}\varphi_1 = \frac{2k-1}{k}\cdot\frac{4f}{l}, \qquad f' = f\left(1+\beta\,\frac{d_0^2}{12\,f^2}\right).$$

ν und β sind Koeffizienten, die nachstehenden Werten eingeschaltet werden können

für $\dfrac{f}{l} =$	0,1	0,125	0,15	0,175	0,20
$\nu =$	0,7	0,61	0,52	0,42	0,32
$\beta =$	14	15	17	19	22

Bezüglich der Wärmeschwankung und des Schwindmaßes siehe die Angaben der Brückenverordnungen (S. 475). Die Annahme $E\,\omega\,t = \pm 140\ \mathrm{t/m^2}$ für Mauerwerksgewölbe und $E\,\omega\,t = \begin{matrix}+200\\-350\end{matrix}$ für schwache, nicht überschüttete Betongewölbe, $E\,\omega\,t = \begin{matrix}+140\\-300\end{matrix}$ für überschüttete Betongewölbe dürfte im allgemeinen als ausreichend anzusehen sein. Bei Einrechnung der Temperatur- und Schwindwirkung können aber die zulässigen Spannungen um etwa 30 v. H. gesteigert werden. (Deutsche Betonvorschriften).

2. Dreigelenkbogen aus Mauerwerk oder Stampfbeton. Mit den gleichen Bezeichnungen, wie oben, und $f' = f$, folgt die Gewölbestärke im Viertel der Spannweite

$$d_m \cos\varphi_m = \frac{1}{2}\left(g_0 + \frac{p_1}{2k}\right)\frac{\varrho_0}{s} + \sqrt{\frac{1}{4}\left(g_0 + \frac{p_1}{2k}\right)^2 \frac{\varrho_0^2}{s^2} + \frac{3}{32}\frac{p_1 l^2}{s}\cos^2\varphi_m};$$

es muß aber auch, wenn keine Zugspannungen auftreten sollen,

$$d_m \cos\varphi_m \gtrless \frac{3}{2} \cdot \frac{p_1}{2\,k\,g_0 + p_1} f \cos^2\varphi_m$$

sein. Die Scheitelstärke d_0 wird gewöhnlich kleiner als $d_m \cos\varphi_m$ und auch die Kämpferstärke meist kleiner als d_m, so daß das Gewölbe dementsprechend seine größte Stärke in der Mitte des Gewölbschenkels erhält.

3. Gelenkloser Eisenbetonbogen. Ist F_e die Querschnittsfläche der symmetrisch zur Bogenachse an der oberen und unteren Leibung liegenden Eiseneinlagen im Scheitel in der Gewölbbreite 1 (m), sonach $\alpha = \frac{100 F_e}{d_0}$ die Bewehrungsziffer in $^0/_0$, $n = E_e : E_b = 15$, so folgt $d_0' = d_0 (1 + 0{\cdot}01\, n\,\alpha)$ aus der gleichen Formel, wie d_0 oben unter 1., wenn darin für γ gesetzt wird: $\gamma' = \frac{1}{1 + 0{,}01\, n\,\alpha} \cdot \gamma$.

Die Aufnahme der Zugspannungen erfordert bei der zulässigen Eisenspannung s_e eine Bewehrungsziffer

$$\alpha \gtrless 100 \left(\frac{1}{2} - \frac{k(\gamma d_0 + w)}{p_1}\frac{d_0'}{f}\sec^2\varphi_m\right)^2 \frac{0{,}12\, p_1 l^2}{d_0'^2 s_e}\cos^2\varphi_m.$$

Die Kämpferstärke wähle man $d_1 = 1{\cdot}3$ bis $1{,}4\, d_0 \sec\varphi_1$.

Zur Näherungsberechnung der Spannungen im Scheitel und im Kämpfer können dieselben Formeln dienen wie unter 1., in denen man d_0 durch $d_0' = d_0 (1 + 0{,}01\, n\alpha)$ und d_1 durch $d_1' = d_1 (1 + 0{,}01\, n\alpha_1)$ zu ersetzen hat.

4. Dreigelenkbogen in Eisenbeton. Die Formel unter 2. für den nicht bewehrten Dreigelenkbogen liefert die ideelle Bogenstärke $d_m' \cos\varphi_m = d_m (1 + 0{,}01\, n\alpha_m) \cos\varphi_m$. Die Mindeststärke der Bewehrung wird bestimmt durch

$$\alpha \gtrless 100 \left(\frac{1}{2} - \frac{1}{3}\frac{2 k g_0 + p_1}{p_1}\frac{d_m'}{f}\sec\varphi_m\right)^2 \frac{3}{16}\frac{p_1 l^2}{d_m'^2 s_e}$$

5. Steif bewehrte Bogen mit gänzlicher oder teilweiser Anhängung der Schalung. Ist die Anordnung des Lehrgerüstes derart, daß von diesem nur der $1/r$-te Teil des Gewichtes des Betonbogens, der restliche Teil durch Anhängung der Schalung von den Eisenbogen getragen wird, so gelten die Formeln für die bewehrten Betonbogen, wenn darin γ' durch $\frac{r}{1 + 0{,}01\, n\,\alpha}\gamma$, bzw. g_0 durch $g_0' = r\gamma d_0 + u_0 \gamma_1$, oder im allgemeinen das spezifische Gewicht γ des Betons durch $r\gamma$ ersetzt wird.

Gewölb- und Widerlagerstärken für Durchlässe und kleine Brücken nach den Normalien der österreichischen Direktion für Staatseisenbahnbauten. Ausführung in lagerhaftem Bruchstein oder guten Ziegeln. Siehe die Tabellen auf S. 513 und 514.

1. Stichbogengewölbe mit $^1/_4\ L$ als Pfeilhöhe

Dimensionen	Lichtweite L in Metern											
	1	2	3	4	5	6	7	8	9	10	11	12
r	0,63	1,25	1,88	2,50	3,13	3,75	4,38	5,00	5,63	6,25	6,88	7,50
d	0,45	0,50	0,55	0,60	0,65	0,70	0,75	0,80	0,85	0,90	0,95	1,00
d_1	0,50	0,57	0,63	0,69	0,75	0,82	0,89	0,95	1,02	1,09	1,16	1,23
w	1,00	1,20	1,40	1,60	1,80	2,00	2,20	2,40	2,60	2,80	3,00	3,20

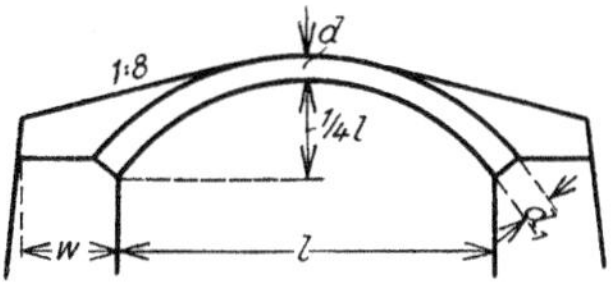

Abb. 37

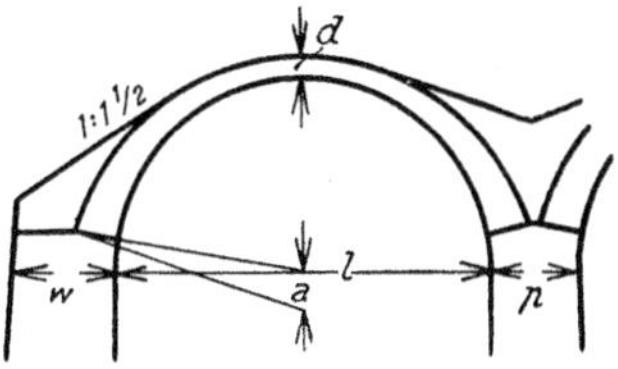

Abb. 38

2. Halbkreisgewölbe

Überschüttungshöhe in Metern	Dimensionen	Lichtweite L in Metern											
		1	2	3	4	5	6	7	8	9	10	11	12
bis 2 m	d	0,45	0,49	0,53	0,58	0,62	0,66	0,70	0,74	0,78	0,82	0,86	0,90
	w	0,90	1,03	1,16	1,29	1,41	1,54	1,67	1,79	1,92	2,05	2,17	2,30
	a	0,09	0,10	0,12	0,13	0,15	0,17	0,18	0,20	0,22	0,24	0,26	0,28
	p	1,20	1,20	1,20	1,20	1,20	1,30	1,40	1,60	1,80	2,00	2,20	2,40
4 m	d	0,45	0,50	0,56	0,61	0,66	0,71	0,76	0,81	0,87	0,92	0,97	1,02
	w	0,90	1,04	1,18	1,32	1,46	1,59	1,73	1,87	2,01	2,14	2,28	2,42
	a	0,09	0,11	0,13	0,15	0,17	0,18	0,21	0,23	0,25	0,28	0,30	0,33
6 m	d	0,45	0,51	0,58	0,64	0,70	0,76	0,82	0,88	0,95	1,01	1,07	1,13
	w	0,90	1,05	1,20	1,35	1,50	1,64	1,79	1,94	2,09	2,23	2,39	2,54
	a	0,10	0,12	0,14	0,16	0,18	0,21	0,23	0,26	0,29	0,31	0,34	0,37
8 m	d	0,45	0,52	0,60	0,67	0,74	0,81	0,88	0,95	1,02	1,09	1,17	1,24
	w	0,90	1,06	1,22	1,38	1,53	1,69	1,85	2,01	2,16	2,32	2,48	2,64
	a	0,10	0,12	0,15	0,17	0,20	0,23	0,26	0,29	0,32	0,35	0,39	0,42
10 m	d	0,45	0,53	0,62	0,70	0,77	0,85	0,93	1,01	1,09	1,17	1,25	1,33
	w	0,90	1,07	1,24	1,40	1,57	1,74	1,90	2,07	2,23	2,40	2,57	2,73
	a	0,11	0,13	0,16	0,19	0,22	0,25	0,28	0,31	0,35	0,39	0,43	0,47
12 m	d	0,45	0,54	0,63	0,72	0,80	0,89	0,98	1,07	1,16	1,24	1,33	1,42
	w	0,90	1,08	1,26	1,43	1,60	1,78	1,95	2,12	2,30	2,47	2,65	2,82
	a	0,11	0,14	0,17	0,20	0,23	0,27	0,30	0,34	0,38	0,42	0,47	0,51
14 m	d	0,45	0,55	0,64	0,74	0,83	0,93	1,02	1,12	1,22	1,31	1,41	1,50
	w	0,90	1,08	1,27	1,45	1,63	1,81	1,99	2,18	2,36	2,54	2,72	2,90
	a	0,11	0,15	0,18	0,21	0,25	0,29	0,33	0,37	0,41	0,46	0,51	0,56
16 m	d	0,45	0,55	0,66	0,76	0,86	0,96	1,06	1,17	1,27	1,37	1,47	1,58
	w	0,90	1,09	1,28	1,47	1,66	1,84	2,03	2,22	2,41	2,59	2,78	2,97
	a	0,12	0,15	0,19	0,23	0,27	0,31	0,35	0,40	0,44	0,49	0,54	0,60

Überschüttungshöhe in Metern	Dimensionen	Lichtweite L in Metern											
		1	2	3	4	5	6	7	8	9	10	11	12
20 m	*d*	0,45	0,56	0,68	0,79	0,90	1,02	1,13	1,24	1,35	1,47	1,58	1,69
	w	0,90	1,10	1,30	1,50	1,70	1,90	2,10	2,30	2,50	2,70	2,90	3,10
	a	0,13	0,17	0,21	0,25	0,30	0,35	0,40	0,45	0,50	0,56	0,62	0,68
24 m	*d*	0,45	0,57	0,69	0,81	0,94	1,06	1,18	1,30	1,42	1,54	1,66	1,78
	w	0,90	1,11	1,32	1,52	1,73	1,94	2,14	2,35	2,56	2,77	2,98	3,18
	a	0,14	0,18	0,22	0,27	0,33	0,38	0,44	0,49	0,55	0,62	0,68	0,75

Überschüttungshöhe in Metern	Dimensionen	Lichtweite L =											
		13	14	15	16	17	18	19	20	21	22	23	24
bis 2 m	*d*	0,94	0,98	1,02	1,06	1,10	1,14	1,18	1,22	1,26	1,30	1,34	1,38
	p	2,60	2,80	3,00	3,20	3,40	3,60	3,80	4,00	4,20	4,40	4,60	4,80
	a	0,31	0,38	0,46	0,55	0,65	0,77	0,91	1,08	1,28	1,53	1,84	2,20

Ein nach den oben gegebenen Formeln oder sonstwie nach empirischen Regeln dimensioniertes größeres Mauerwerks- oder Eisenbetongewölbe ist dann noch einer genaueren Spannungsberechnung nach der Theorie der Bogenträger zu unterziehen, um den Nachweis der Einhaltung der zulässigen Spannungsgrenzen zu erbringen, oder andernfalls die notwendigen Verstärkungen daraus abzuleiten. Bei kleineren Spannweiten und einer weniger sorgfältigen Berechnung begnügt man sich häufig damit, bloß zwei Belastungsfälle in Betracht zu ziehen: Vollbelastung und Belastung einer Gewölbshälfte, womit man die größten Beanspruchungen im Bogenscheitel und annähernd in den Gewölbsschenkeln und in den Kämpfern erhält. Bei eingehenderer Untersuchung ist die Spannungsermittlung für eine Reihe von Querschnitten unter Zugrundelegung der für sie ungünstigsten Belastungsweise durchzuführen. Man bedient sich hiezu der Methode der Einflußlinien und rechnet die Randspannungen entweder aus den Kernpunktsmomenten oder aus dem auf die Bogenachse bezogenen Momente und der dazugehörigen Achsialkraft. Bei der aus Raddrücken bestehenden Verkehrslast kommt die Verteilungsbreite nach der Querachse des Gewölbes in Frage. Ist a die Aufstandsbreite eines Rades, u die Höhe der Überschüttung oder Übermauerung in der Scheitelpartie des Gewölbes, d die Gewölbstärke, so kann für die Verteilungsbreite des Raddruckes G angenommen werden $b = a + 2u + d$, höchstens aber b gleich der Spurweite des Wagens oder bei normalspurigen Eisenbahnen mit mindestens 0,7 m Überschüttungshöhe im Scheitel $b = 2,5$ m. Für einen 1 m breiten Gewölbstreifen sind sonach die Radlasten als Einzellasten von der Größe $\frac{G}{b}$ einzuführen.

Über die Berechnung der Spannungen in Eisenbetongewölben siehe S. 485 unter D, Absatz 2.

Die **Ausführung** der Gewölbe hat derart zu erfolgen, daß Senkungen des Lehrgerüstes während des Wölbens tunlichst hintangehalten oder unschädlich gemacht werden. Dies läßt sich erzielen: 1. durch ein möglichst festes, unnachgiebiges Lehrgerüst; 2. durch möglich gleichmäßige Belastung desselben während der Ausführung der Gewölbmauerung; 3. durch Aussparren von Lücken und gleichzeitiges Schließen des Gewölbes an mehreren Stellen. Beim Ausrüsten soll das Gewölbe allmählich und gleichmäßig in Spannung gebracht werden. Man vermeide zu frühes Ausrüsten. Das Ablassen des Gerüstes soll von der Mitte, unter dem Scheitel, ausgehen und gegen die Kämpfer in vermindertem Maße fortgesetzt werden. In Fällen, wo bei nachgiebigem Baugrund und unzureichend fester Gründung stärkere Senkungen beim Ausrüsten eingetreten oder zu erwarten sind, leistet das Gewölbe-Expansionsverfahren, System Buchheim u. Heister, gute Dienste. Hienach wird das Gewölbe nicht durch Absenken des Lehrgerüstes in Spannung gesetzt, sondern dadurch, daß die Scheitelkraft durch Wasserdruckpressen, die in offen gelassene Lücken im Scheitel eingesetzt werden, erzeugt wird. Die Gewölbschenkel werden so von einander weggedrückt und gehoben. Nach erlangter Stabilisierung werden die Lücken nach Wegnahme der Pressen mit Baustoff ausgefüllt.

Die gleichmäßige Belastung des Lehrgerüstes von Anfang an ist eine Regel, die bei Ausführung größerer Gewölbe immer beobachtet werden muß. Durch Aufbringung der Baustoffe auf das Lehrgerüst und Vorbelastung des Bogenscheitels wird man verhindern, daß stärkere Senkungen erst während der Ausführung der Gewölbmauerung eintreten. Kleine und wenig starke Gewölbe werden in ganzer Stärke vom Kämpfer aus gewölbt und im Scheitel geschlossen. Bei größeren Brückenbogen wird aber mit der Mauerung nicht bloß von den Kämpfern aus, sondern gleichzeitig auch von mehreren Stellen der Gewölbschenkel begonnen und dadurch das Gewölbe in kürzere Segmente zerlegt, die leichter den allfälligen Formänderungen des Lehrgerüstes folgen können. Die dazu erforderlichen zeitweiligen Widerlager sind durch Abpölzen gegen das Lehrgerüst oder gegen festes Terrain zu schaffen. Der Gewölbschluß erfolgt dann gleichzeitig an mehreren Stellen. Am vollkommensten erreicht man die Unabhängigkeit von den Bewegungen des Lehrgerüstes bei Hausteingewölben durch trockenes Versetzen der Wölbsteine und nachträgliches sorgfältiges Ausfüllen der Fugen mit Stampfmörtel. Man hat auf diese Art bei großen Hausteingewölben sämtliche, den inneren Leibungsring bildenden Wölbsteine trocken auf dem Lehrgerüste versetzt, wobei zwischen den Lagerflächen der Steine Holzleisten von der Stärke der Mörtelfugen eingelegt oder die Steine durch eiserne Trennungskeile auseinandergehalten werden. Das satte Ausstampfen der Fugen mit Mörtel erfolgt erst, nachdem sämtliche Steine des Ringes versetzt sind. Die Fugenweite ist nicht unter 15—20 mm zu machen, da sonst eine gute Fugenausfüllung schwer zu erreichen ist. Die weiteren Ringschichten werden dann in gewöhnlicher Weise in Mörtel gelegt, wobei wieder von möglichst gleichmäßig über den Bogen verteilten Arbeitsstellen vorzugehen ist. Diese Ausführungsweise bietet wohl den Vorteil, daß der innere Ring, wenn ihm hinreichend Zeit zum Erhärten gelassen wird (was aber selten der Fall sein wird), sich an dem Tragen der darüber aufzubringenden Wölbsteine beteiligt, so daß das Lehrgerüst nicht für das ganze Gewölbegewicht berechnet zu werden braucht. Mit Rücksicht auf die Möglichkeit weiterer Lehrgerüstsenkungen kann aber das selbständige Schließen des ersten Ringes doch nicht als besonders empfehlenswert bezeichnet werden und man hat es daher bei den neueren großen Quaderbogenbrücken vorgezogen, den Schluß des Gewölbes in der ganzen Gewölbstärke durchzuführen. Es werden hienach die Steine des ersten Ringes auch wieder trocken versetzt, an mehreren Stellen aber offene Lücken gelassen. Nach Ausstampfen der Fugen und Aufbringen der weiteren Ringschichten erfolgt dann das Ausmauern der Lücken und dadurch der Schluß des Gewölbes.

In gleicher Weise können größere Gewölbe aus Bruchstein unter Verwendung künstlicher gemauerter Blöcke hergestellt werden. Dieselben sollen aber mindestens 0,7 m^3 Inhalt haben und zur Zeit der Aufbringung bereits entsprechend erhärtet sein. Die 2 cm weiten Fugen sind mit Stampfmörtel auszufüllen.

Betongewölbe werden auf der Schalung gestampft, die zu diesem Zwecke genügend fest und unnachgiebig sein muß. Die Stampfung der Betonschichten, die nicht viel über 15—20 cm Höhe erhalten sollen, erfolgt senkrecht zur Bogenleibung, nur wo die Leibung gegen die Kämpfer steiler als 35—40° wird, ist man genötigt, eine pfostenweise zu verlängernde äußere Schalung anzubringen und in der Richtung der Leibung zu stampfen. Man führt das Gewölbe in Stücken aus, die einer Tagesleistung entsprechen, und begrenzt dieselbe durch radiale, gegen das Lehrgerüst abgestrebte Schalung. Die Arbeitsstellen sind dabei auch wieder über das Lehrgerüst zu verteilen, so daß kurze Segmente entstehen, die erst zum Schlusse durch Ausstampfen der zwischen ihnen verbliebenen Lücken zum Gewölbe geschlossen werden.

Um auch die Senkungen in einem fertigen Gewölbe, die beim Ausrüsten, durch Austrocknen und Schwinden des Mörtels und Betons, durch Temperaturwirkung oder allfällige kleine Widerlagerverschiebungen hervorgerufen werden, möglichst unschädlich zu machen, werden Gelenke angeordnet. Für weitgespannte Flachbogen werden heutzutage Gelenke im Interesse einer tadellosen Ausführung für unentbehrlich gehalten. Die Kämpfergelenke setzt man zweckmäßig gegen die Widerlager etwas vor, kragt sonach die Widerlager aus. Nach der Art der Ausführung, die eine mehr oder minder vollkommene Gelenkwirkung zur Folge hat, unterscheidet man:

a) Bleigelenke, d. s. Einlagen von 15—20 mm dicken Bleiplatten in offenen, ebenen Fugen. Breite kleiner als $^1/_3$ Fugenbreite, nach dem Drucke zu bemessen, der 100—120 kg/cm² betragen kann. Sie wirken in der Regel nur als zeitweilige Gelenke, d. i. über die Zeit des Ausrüstens des Gewölbes, da nachher die Gelenkfugen mit Zement vergossen werden.

b) Steingelenke (Köpckesche Gelenke). Es berühren sich zwei Quader in zylindrischen Flächen von konkaver und konvexer Krümmung, u. zw. besitzt die konkave Fläche einen etwas größeren Krümmungshalbmesser als die konvexe, so daß ein Abwälzen stattfinden kann. Ist P der Gelenkdruck für die Längeneinheit, E der Elastizitätskoeffizient des Steinmaterials, r_1 und r_2 die Krümmungshalbmesser der Gelenksteine, so rechnet sich der größte spezifische Druck an der Berührungsstelle

$$\sigma = 0{,}423 \sqrt{P E \left(\frac{1}{r_1} - \frac{1}{r_2}\right)}.$$

Infolge der Querdehnung treten aber auch Zugspannungen quer zur Druckrichtung auf, deren Größtwert bei der Länge t des Gelenksteines aus Versuchen mit

$$\sigma_z = 0{,}42 \frac{P}{t}$$

bestimmt wurde. Bei etwa vier- bis fünffacher Sicherheit kann die zulässige Druckbeanspruchung σ mit etwa 200 kg/cm², die Zugspannung σ_z mit 7 bis 8 kg/cm² angenommen werden, vorausgesetzt, daß der verwendete Stein oder Beton (nach einem Alter von drei Monaten) eine Würfeldruckfestigkeit von mindestens 400 kg/cm² nachweist. Man wähle das Verhältnis der Krümmungshalbmesser $\frac{r_2}{r_1} = 1 + \frac{1}{10}\frac{r_2}{d}$ bis $1 + \frac{1}{20}\frac{r_2}{d}$ und für Betongelenksteine $r_2 = 3\,d$ bis $5\,d$. Letztere erhalten in der Regel eine Bewehrung in Form ringförmiger Bügel oder Spiralumschnürung oder auch nur durch Einlage von Eisen quer zur Druckrichtung, um durch Behinderung der Querdehnung ihre Druckfestigkeit zu erhöhen.

c) Federnde Gelenke beruhen auf der Biegsamkeit von einbetonierten, den Gelenkdruck übertragenden und sich in der Gelenkachse kreuzenden Rund- oder Vierkanteisen, die beiderseits auf eine solche Länge einzubetonieren sind, daß die zulässige Haftspannung nicht überschritten wird. Die Möglichkeit der Ablösung der die Eisen an der Gelenkstelle umhüllenden schwachen Betonschale rechtfertigt wohl ein gewisses Bedenken gegen diese Gelenkausbildung.

d) Stahlgelenke sind entweder als Wälzgelenke oder als Zapfengelenke ausgeführt. Sie bestehen aus Stahlgußlagerkörpern, die entweder so breit zu halten sind, daß sie den Druck auf eine genügend große Fläche der Anlagsquader verteilen, oder die an kastenförmig zusammengenieteten, über die ganze Gewölbstärke reichenden Walzträgern anliegen.

Eisenbeton-Bogenbrücken werden ausgeführt: a) mit schlaffer Bewehrung (Rundeisen), b) mit steifer Bewehrung (gewalzte oder genietete gitterförmige Bogenträger, Melan-Bauweise), c) aus umschnürtem Gußeisen (Emperger-Bauweise).

Nach der Querschnittsanordnung dieser Brücken kann man unterscheiden:

1. Vollgewölbe mit rechteckigem, über die ganze oder über einen Teil der Brückenbreite reichendem Querschnitt. Die Fahrbahn liegt auf einer Überschüttung des Gewölbes oder häufiger auf Sparbogen oder auf einer von Einzelstützen und Längsbalken getragenen Eisenbetonplatte.
2. Rippenförmige Bogenträger mit einer sie verbindenden Platte oder in Verbindung mit einer geraden durchgehenden Platte, welche unmittelbar die Fahrbahn trägt.
3. Einzelbogen mit darauf gestützter Fahrbahn.
4. Einzelbogen mit angehängter Fahrbahn.

Der Vorteil der steifen Bewehrung in technischer und wirtschaftlicher Hinsicht tritt insbesondere dann hervor, wenn damit eine Anhängung des Schalgerüstes und dadurch eine teilweise oder gänzliche Übertragung der Gewölbslast auf die Eisenbogen verbunden wird. Über den hiebei zu beachtenden Ausführungsvorgang und die schärfere Berechnung der dabei eintretenden Lastverteilung siehe Dr. Fritsche in „Bauingenieur", 1925, Nr. 20 und 21.

Widerlager und Zwischenpfeiler sind in der Form und Stärke so zu bemessen, daß bei dem ungünstigsten Zusammenwirken aller angreifenden Kräfte die größte Kantenpressung den für das Mauerwerk der Widerlager oder Pfeiler zulässigen Druck nicht überschreitet und daß in den Fundamentflächen der zulässige Bodendruck eingehalten wird. Um kleine Widerlagerkörper zu erhalten, ist das Gewölbe selbst möglichst weit bis zum Baugrunde fortzusetzen bzw. die Form des Widerlagers der fortgesetzten Stützlinie des Bogens anzupassen. Das eigentliche Widerlager kann dann auf einen kleinen Mauerkörper reduziert werden, der nur den Zweck hat, den Druck auf eine so große Grundfläche zu ver-

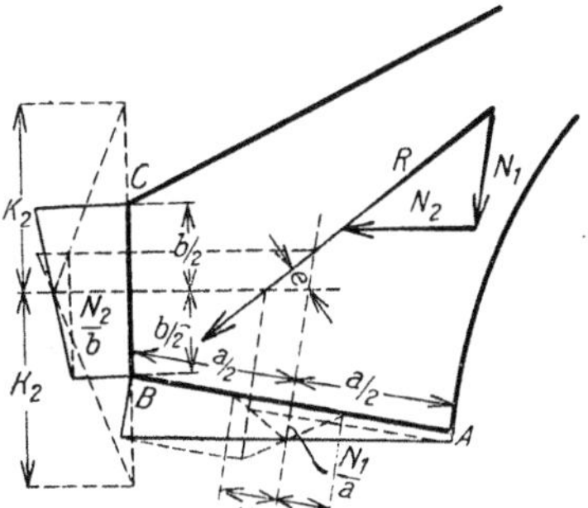

Abb. 39

teilen, als es die Beschaffenheit des Baugrundes erfordert. Man nennt solche Widerlager Druckwiderlager oder auch verlorene Widerlager zum Unterschiede von den höher geführten, mehr oder weniger auf Umsturz beanspruchten Standwiderlagern. Die Widerlager großer Gewölbebogen werden wohl immer als Druckwiderlager ausgebildet. Ihre Fundamentfläche soll von der Normalen zur Druckrichtung um nicht mehr als 20 bis 25° abweichen, wenn nicht auf den Widerstand gerechnet werden kann, den bei einer Verschiebung die Rückenfläche des Widerlagers durch den Anschluß an den gewachsenen Boden findet. (Abb. 39.) Wird dabei die Reibung außer Betracht gelassen und werden nur die normal gerichteten Bodenwiderstände berücksichtigt, die bei einer Verdrehung des Widerlagers auftreten, so berechnen sich die Randdrücke in den Flächen $A\,B = a$ und $B\,C = b$ aus

$$\sigma_a = \frac{N_1}{a} \pm \frac{6\,M}{a^3 + b^3}\,a \text{ und } \sigma_b = \frac{N_2}{b} \pm \frac{6\,M}{a^3 + b^3}\,b.$$

Es sind N_1 und N_2 die normal zu den Fundamentflächen wirkenden Seitenkräfte der Resultierenden R und M das Moment von R, bezogen auf den Schnittpunkt der diese Flächen halbierenden normalen Richtungen. Dies führt mit den Kernpunktabständen $k_1 = \frac{a^3 + b^3}{6\,a^2}$ und $k_2 = \frac{a^3 + b^3}{6\,b^2}$ zu der in der Abbildung angegebenen graphischen Ermittlung der Druckverteilung in den Fundamentflächen.

Kronenstärke b der Zwischenpfeiler von Strombrücken.

l = Spannweite in m; h = Höhe des Hochwasserstandes über Flußsohle in m; v = größte Hochwassergeschwindigkeit in m.

Nach Winkler $b = 0{,}2 + 0{,}04\,l + 0{,}06\,h$,

nach Fränkel $b = 0{,}26 + 0{,}061\,l - 0{,}00058\,l^2 + 0{,}00069\,v\,h\,l$,

nach G. Meyer für kleine Spannweiten $b = 1{,}5 + 0{,}0005\,l^2$,

oder $b = 1{,}0 + 0{,}03\,l$,

nach Bühler für Bahnbrücken, einfache Träger $b = 0{,}44\sqrt{l}$

kontinuierliche Träger $b = 0{,}33\sqrt{l}$

Bogenträger $b = 0{,}55\sqrt{l}$.

Wasserbau

bearbeitet von

Hofrat Prof. Dipl.-Ing. Dr. **P. Kresnik**, Brünn

A. Geschwindigkeitsmessung

I. Messung der Stromstrichgeschwindigkeit mittels Oberflächenschwimmer

Dazu dient am einfachsten ein des stärkeren Eintauchens wegen etwas beschwertes Holzstück. Sonst ist hiezu ein Brettchenkreuz zweckmäßig, welches mit den großen Flächen vom Wasser besser erfaßt wird und gleichmäßig mitschwimmt. Wird eine Strecke l in der Zeit τ durchschwommen, so ist die Stromstrichgeschwindigkeit $v_s = l : \tau$. Hieraus läßt sich die mittlere Geschwindigkeit v des Wasserquerschnittes angenähert berechnen mit der Abminderungszahl x aus:

$$v = x v_s. \quad \text{Nach Bazin ist} \;\ldots . x = \frac{1}{1 + 14\sqrt{\alpha + \frac{\beta}{R}}} \qquad (1)$$

α und β sind Rauhigkeitszahlen, R = Profilradius, siehe Tafel auf S. 528.

Nachstehend Werte von x für verschiedene Beschaffenheit des Gerinnes:

R	Sehr glatt. Gehobelte Bretter, Zementverputz	Glatt. Nicht gehobelte Bretter, Mauerung	Rauh. In Erde	Sehr rauh. Mit Geschiebe oder Pflanzen
0,1	0,84	0,76	0,54	0,44
0,2	0,84	0,79	0,61	0,53
0,5	0,85	0,81	0,70	0,63
1,0	0,85	0,82	0,74	0,68
1,5	0,85	0,82	0,76	0,71
2,0	0,85	0,82	0,77	0,72
4,0	0,86	0,83	0,79	0,75

II. Geschwindigkeitsmessung in einem beliebigen Punkte des Wasserquerschnittes

1. Der **hydrometrische Flügel**, d. i. ein vervollkommneter Woltmannscher Flügel. Ein eingeschaltetes elektrisches Läutewerk klingelt nach einer bekannten Anzahl N von Umdrehungen der Flügelwelle und man beobachtet nun die Zeitdauer τ von einem Läuten zum nächsten oder, besser, die Zeit $\mu\,\tau$ für μ mal N Umdrehungen. Oder es werden N und τ von einer selbstaufschreibenden Vorrichtung verzeichnet. Mit der Anzahl $n = \mu N : \mu\,\tau$ der Umdrehungen in einer Sekunde folgt die Strömungsgeschwindigkeit v im Meßpunkte aus $v = a + bn$. Hiezu sind aus m (wenigstens sechs) Beobachtungen von τ bzw. n zu verschiedenen bekannten v (in hydrometrischer

Versuchsanstalt) nach der Methode der kleinsten Quadrate die dem Instrumente eigenen Beiwerte:

$$a = \frac{[n^2] \cdot [v] - [n][nv]}{m[n^2] - [n]^2} \text{ und } b = \frac{m[nv] - [n] \cdot [v]}{m[n^2] - [n]^2}.$$

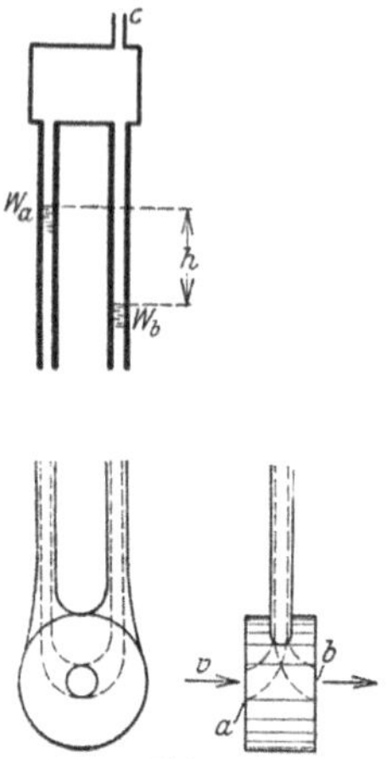

Abb. 1

2. Die **hydrometrische Röhre** als vervollkommnete Pitot-Darcysche Röhre. Die von Ellon angegebene und ausprobierte Form hat sich als recht gut erwiesen: siehe „Zeitschrift des Vereines deutscher Ingenieure", 1909, 1. Bd., S. 989, wo neben anderen Düsenformen auch die Stauscheibe von Fueß, Abb. 1, angeführt ist.

Die Geschwindigkeit v wirkt in die ihr entgegengerichtete Öffnung a der Stauscheibe drückend, stoßend, und erzeugt in der mit a verbundenen Röhre, der hydraulischen Röhre, einen höheren Wasserspiegel W_a. Auf die wasserabwärts gerichtete Öffnung b wirkt eine Saugung und es ergibt sich in der damit verbundenen Röhre ein tieferer Wasserspiegel W_b. Ist der Höhenunterschied zwischen W_a und W_b gleich h, so entspricht dem die Geschwindigkeit $v = k\sqrt{2gh} = k'\sqrt{h}$. Der Beiwert k' muß durch Versuche, Eichung, bestimmt werden.

Die Wasserspiegel W_a und W_b werden durch gemeinschaftliche Luftabsaugung in c zur bequemen Ablesung in die Höhe gehoben. Vermittels eines sogenannten Ölhebers kann der Unterschied h bis nahe auf das Zehnfache vergrößert werden, wodurch man h viel genauer erhält; siehe „Zentralblatt der Bauverwaltung", 1909, S. 88.

3. Der **elektrisch-hydrometrische Flügel**, System DBF, Dynamoflügel. Die Welle des der Strömung entgegengehaltenen kräftigen Flügels setzt ein kleines Dynamo in Tätigkeit, welches rückwärts im wasserdichten länglich-ovalen Flügelgehäuse untergebracht ist. Der erzeugte elektrische Strom, Gleichstrom, wird mittels eines doppeladerigen Kabels einem Drehspulgalvanometer zugeführt, der unmittelbar die Fließgeschwindigkeit anzeigt. „Schweizerische Bauzeitung", 1923, 81. Bd., S. 149.

Hervorzuheben sind noch die anstatt einfacher Düsen verwendeten Düsengeräte oder Staugeräte, u. zw. das Staurohr von Prandtl, das Staurohr von Budau und das Doppelstaurohr von Pollak. Letzteres soll sich gut bewährt haben. Siehe „Zeitschrift des österreichischen Ingenieur- und Architekten-Vereines", 1917, S. 104.

B. Wassermengenbestimmung

1. Für kleinere Ausflußmengen kann die unmittelbare Messung mittels

1 a) **Eichung** erfolgen. Erfordert das Vollfließen eines Inhaltes V die Zeit τ Sek., so ist Q m³/sek $= V$m³ : τ sek.

1 b) Mittels des **Wasserzollgefäßes**. Dieses besitzt in wagrechter Reihe mehrere kreisrunde Ausflußöffnungen in dünner Wand. Z. B. beim französischen Wasserzoll ist der Durchmesser = 20 mm und der Wasserspiegel muß im Beharrungszustande 30 mm oberhalb des oberen Kreisrandes stehen bleiben, dann liefert eine solche Öffnung 20 m³ in 24 Stunden = 0·232 l/sek.

1 c) Zur dauernden Ausflußmessung dient der **Doppelwipptrog** oder ein **Doppeleichkasten**.

2. Für größere Wassermengen sind nachstehende Verfahren dienlich:

2 a) Die **Wasserteilung.** In einer das Gerinne absperrenden Wand werden in einer Wagrechten mehrere gleiche oder auch verschieden große Kreisöffnungen mit kurzen Düsen angebracht. Es können solche Öffnungen auch im wagrechten Gerinneboden angeordnet sein. Im Beharrungszustande, wenn der Zuflußspiegel in gleicher Höhenlage verbleibt sei h der Abstand der vertikalen Kreismittelpunkte bzw. der Boden-Düsenmündungen vom Wasserspiegel, so ist der Ausfluß aus einer Öffnung

$$q_n = \mu \pi/_4 \, d_n^2 \sqrt{2gh}$$

und man braucht nur den Ausfluß $= q_1$ aus einer Öffnung vom Durchmesser d_1 tatsächlich zu messen; jeder andere Ausfluß q_n ist dann bei gleichem μ und gleichem h aus $q_n = q_1 \cdot d_n^2 : d_1^2$ zu rechnen. Also

$$\Sigma q = q_1 [1 + (d_2^2 + d_3^2 +) : d_1^2]. \qquad (2)$$

2 b) Der **Ausfluß ins Freie** durch Öffnungen in lotrechter Wand oder durch Überfälle, siehe S. 97, „Hydromechanik“ und Gl. (4) und (5), S. 523, sowie Frese: „Zeitschrift des Vereines deutscher Ingenieure“, 1890, S. 1309.

2 c) Der **dreieckige Überfall von Thompson,** der auch für kleine Überfallhöhen und -mengen noch genaue Werte ergibt, Abb. 2.

Es ist $$Q = {}^8/_{15} \cdot \mu \operatorname{cotg} \varphi \sqrt{2g} \cdot h^2 \sqrt{h}, \qquad (3)$$

für $\varphi = 45^0$ und $\mu = 0{,}6$ erscheint Q l/sek $=$

$$= 0{,}014 \, (h \text{ cm})^2 \sqrt{h} \text{ cm}.$$

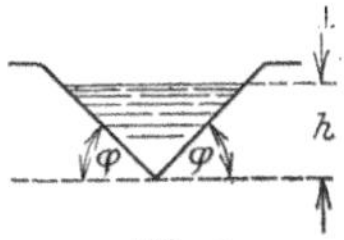

Abb. 2

2 d) Für eine angenäherte Wassermengenbestimmung genügt die Messung der Stromstrichgeschwindigkeit v_s und die Kenntnis der Wasserquerschnittsfläche F. Mit Gl. (1) erhält man dann $Q = F \cdot v$.

2 e) Zur möglichst genauen Bestimmung der Wassermengen, z. B. eines Flusses, ist die genaue Aufnahme des Wasserbettes durch **Peilung** und die Ausführung vieler Geschwindigkeitsmessungen nötig.

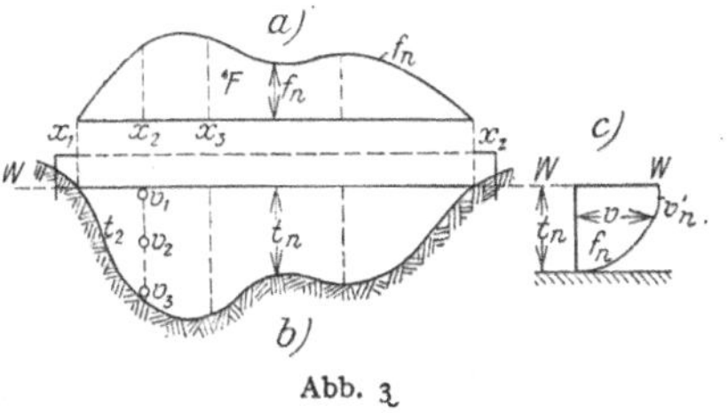

Abb. 3

Zur Messung in der Breitenrichtung des Querschnittes wird, wo nötig, eine mit Meterteilung versehene Peilleine oder ein Peilseil gespannt, Abb. 3 a). Die Stange des Geschwindigkeitsmessers, mit Fußscheibe und Teilung, dient zugleich als Peilstange zur Wassertiefenmessung. — Zuerst wird der Uferpunkt mit der Ablesung x_1 an der Peilleine bestimmt. Dann in der nächsten Lotrechten x_2 die Geschwindigkeitsstange aufgestellt, dazu Ablesung der Wassertiefe t_2, ferner Geschwindigkeitsmessung v_{21}, nämlich Beobachtung der Umlaufzeit τ_{21} (siehe Abb. 3 b), möglichst nahe unter dem Wasserspiegel, weiters, wenn t_2 nicht zu klein ist, wenigstens eine Bestimmung von v_{22} inzwischen, und noch von v_{23} möglichst nahe zur Sohle. Die nämlichen Messungen sind in den Lotrechten $x_3 \cdot x_4 \ldots$ bis zum anderen Uferpunkt x_z vorzunehmen. Die Entfernung der Lotrechten voneinander betrage ungefähr 0,4 m bis 20 m, jene der Geschwindigkeitspunkte in den Lotrechten etwa von 0,2 m bis 1,5 m, je zunehmend vom kleinen Gerinne bis zum großen Flusse, Strome. Nach diesen Aufnahmen in der Natur folgt zur Ausarbeitung: 1. das Auftragen des Querschnittes b, 2. Ausrechnen und Auftragen der Geschwindigkeiten als wagrechte Strecken in den Meßpunkten von t_n, Abb. 3 c), sowie Zeichnen der ausgleichenden Lotrechtsgeschwindigkeitslinien $v_n' \; v_n'$ für sämtliche Lotrechten und Ermittlung der Lotrechtgeschwindigkeitsflächen f_n zwischen t_n und $v_n' \; v_n'$; 3. Auftragen der Flächenzahlen f_n als Ordinaten in den einzelnen x-Punkten über einer Wasserspiegel-Wagrechten $x_1 \, x_z$ und Ziehen der Wassermengenlinie $f_n' \; f_n'$, dann Messung der Wassermengenfläche F zwischen $x_1 \, x_z$ und $f_n' \; f_n'$. — Die Flächen f_n und F seien auf der Zeichnung in Quadratzentimetern gemessen, ferner seien in der Zeichnung, Abb. 3 c): 1 cm von t_n gleich α Meter in der Natur, 1 cm von v_{xn} gleich β m/sek; dann zu F sei 1 cm der Breite $x_1 \, x_z$ gleich γ m in der Natur, und 1 cm der f_n — Ordinaten gleich δ cm². Schließlich ist die Abflußmenge Q m³/sek $= F$ cm² $\cdot \alpha \beta \gamma \delta$.

2 f) Einfach, schnell ausführbar und sehr genau ist die von Anderson erfundene sogenannte Schirmmessung. Nur erfordert sie eine kostspielige Anlage und ist besonders für einige Turbinen-Versuchsanstalten ausgeführt. Siehe „Schweizerische Bauzeitung", 1913, Bd., 62, S. 57, und „Zeitschrift des Vereines deutscher Ingenieure", 1907, 1. Bd., S. 627. Das zu messende Wasser wird in einem etwa 20 m langen geraden Kanal von genau gleichbleibendem rechteckigen Querschnitt abgeleitet. In diesen paßt eine bewegliche Querwand, Schirm genannt, welche den Kanal bis auf einen kleinen Spielraum an der Sohle und an den lotrechten Wänden abschließen kann. Dieser Schirm, selbst möglichst leicht (aus wasserdichtem Stoff) hergestellt, an einem leichten Fahrgestell aufklappbar hängend, ist auf Schienen an den Uferwänden leicht fahrbar eingerichtet, damit der Bewegungswiderstand sehr gering sei. Zur Wassermessung wird der Schirm schon genügend oberhalb der Meßstrecke ins Wasser gelassen. Indem er den Wasserquerschnitt gleichsam absperrt, wird er von der Strömung mitgetrieben und fährt im Beharrungszustand in der eigentlichen Meßstrecke (etwa 10 m lang) mit der mittleren Geschwindigkeit v des Wassers nach abwärts. Diese mit dem Wasserquerschnitt multipliziert, gibt die gesuchte Wassermenge.

2 g) Die sogenannte chemische Wassermengenbestimmung besteht darin, daß man eine gewisse Zeit lang (etwa 15 Minuten) sekundlich eine reichhaltige Salzlösungsmenge q mit dem Salzgehalte S in einer Raumeinheit (z. B. in einem Liter) in den zu messenden Wasserlauf von sekundlicher Menge Q möglichst gleichmäßig verteilt zufließen läßt. Hernach soll bei recht wirbelnder Wasserbewegung eine möglichst gleichförmige Vermischung der zugesetzten Lösung in dem ganzen sekundlichen Abfluß $Q + q$ eintreten. Von diesem werden mehrere Proben entnommen und deren mittlerer Salzgehalt s in derselben Raumeinheit (mittels Titration) bestimmt. Aus $q\,S = (Q + q)\,s$ folgt schließlich $Q = q\left(\frac{S}{s} - 1\right)$. Siehe „Schweizerische Bauzeitung", 1913, Bd. 62, S. 49; 1915, Bd. 65, S. 33; Bd. 56, S. 97, 130, 209.

2 h) Bei Wasserkraftanlagen, wo gemauerte oder betonierte rechteckige Querschnitte vorkommen und die Geschwindigkeit $v > 0{,}5$ m/sek ist, wird die sogenannte **Fahrtmessung** nach **Treviranus-Greiner** und besonders die **abgekürzte Fahrtmessung** bei gleichzeitiger Verwendung zweier oder mehrerer hydrometrischer Flügel oft zweckmäßig.

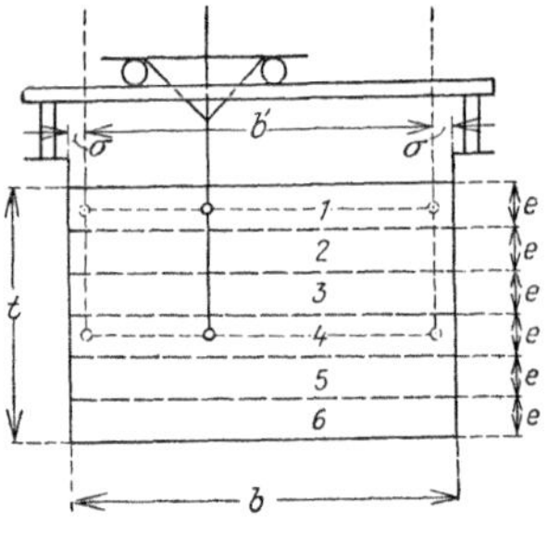

Abb. 4

Den Querschnitt von der Breite b und der Tiefe t denke man sich, wie z. B. in Abb. 4, in sechs wagrechte gleiche Schichten e von 0,2 bis 0,3 m Höhe eingeteilt. An der in der Höhe fahrbar angeordneten Flügelstange seien z. B. 2 Flügel so angebracht, daß sich I in der Mittellinie der 1. Schichte, II in jener der 4. Schichte befindet. Die Stange mit den Flügeln werde zu Anfang knapp an die eine Kanalwand gerückt. Dann bewegt man die Flügelstange mit einer mäßigen, unveränderlichen Geschwindigkeit v, etwa 0,2 bis 0,3 m/sek knapp bis an die gegenüberliegende Kanalwand, dabei in der Zeit τ_1 den Weg $b' = b - 2\,\sigma$ zurücklegend, wo σ = Spielraum zwischen der Flügelstange und der Kanalwand und $b' = v \cdot \tau_1$. Die Umlaufzahl der Flügel wird hiebei mittels je eines elektrisch betätigten Zählwerkes bestimmt und es sei N_{I_1} die Umlaufzahl vom Flügel I. Dazu ist die durchschnittliche sekundliche Umlaufzahl $n_1 = N_{I_1} : \tau_1 = N_{I_1}\, v : b'$, die mittlere Geschwindigkeit v_{1m} in der 1. Schichte, also nach der Flügelformel $v_{1m} = \alpha + \beta\, n_1$, und die Fließmenge in der 1. Schichte, wenn $\alpha = 0$, $q_1 \backsimeq b'\, e\, v_{1m} = \beta\, v\, e\, N_1$. Der 2. Flügel habe bei derselben Fahrt N_{II_1} Umläufe gemacht, wozu die gleiche Rechnung wie oben.

Für die zweite Fahrt, jetzt Rückfahrt, werde die Flügelstange um eine Schichtenhöhe e tiefer eingestellt, so daß der Flügel I in der Mittellinie der 2., und II in der Mittellinie der 5. Schichte fährt. Die Umlaufzahlen seien nun N_{I_2} und N_{II_2}. Für die 3. Fahrt, jetzt wieder Hinfahrt, erhielte man die Umlaufzahlen N_{I_3} und N_{II_3}, wobei schließlich alle sechs Schichten befahren wurden. Ist die Fahrtgeschwindigkeit v immer die gleiche, so genügen die Summen N_{Is} und N_{IIs} aller bezüglichen Umlaufzahlen für das Befahren sämtlicher Querschnittsschichten. Wenn v sich immer gleich bleibt, alle Flügel gleich sind, und fast keinen Reibungswiderstand erfahren, so daß für alle $v_m = \beta\, n$ und, wenn vorderhand σ nicht berücksichtigt wird, so erscheint die ganze Kanalabflußmenge 3) $Q = \beta\, v\, e\,(N_{Is} + N_{IIs})$. Dazu käme noch die Fließmenge in den Wandschichten $Q_{wa} = 2\,\sigma\, t\, v_{m\,wa}$, wenn allda die mittlere Vertikalgeschwindigkeit $v_{m\,wa}$ in vertikaler Fahrt mit einem besonders kleinen Flügel gemessen würde.

2 i) Einfacher erscheint die Messung, wenn man die für eine Schichtenbreite b, Abb. 4, genügende Anzahl von Geschwindigkeitsmessern in einer Wagrechten anordnet; dann ist nur eine lotrechte Verschiebung in die einzelnen Wagrechtschichten nötig; „Zeitschrift des Vereines deutscher Ingenieure", 1924, S. 373.

Noch wenig angewendet sind die Verfahren von Poebing: mittels eines um den unteren Rand drehbaren, pendelnden, schirmartigen Meßgitters (siehe „Zur Bestimmung strömender Flüssigkeitsmengen im offenen Gerinne". Berlin, Jul. Springer, 1922); und dann von Gibson: mittels Aufzeichnung der Druckänderungen bei Verzögerung der Bewegung in einer Rohrleitung (siehe „Zeitschrift des Vereines deutscher Ingenieure", 1924, S. 366).

C. Stauanlagen

1. Bei einem **vollkommenen Wehre** oder **Überfallwehre**, Abb. 5a), dessen Krone höher liegt als der ursprüngliche Wasserspiegel W, ist h die Überfallshöhe, S die Stauhöhe = Höhenunterschied zwischen dem früheren W, dem Unterwasser UW, und dem gestauten Wasserspiegel W', dem Oberwasser OW; c = Zuflußgeschwindigkeit vor dem Wehre, $c = Q : b\,(t + S)$, und $c^2 : 2g = k$ gesetzt. Bei $c < 0{\cdot}3$ m/sek ist $k \cong 0$.

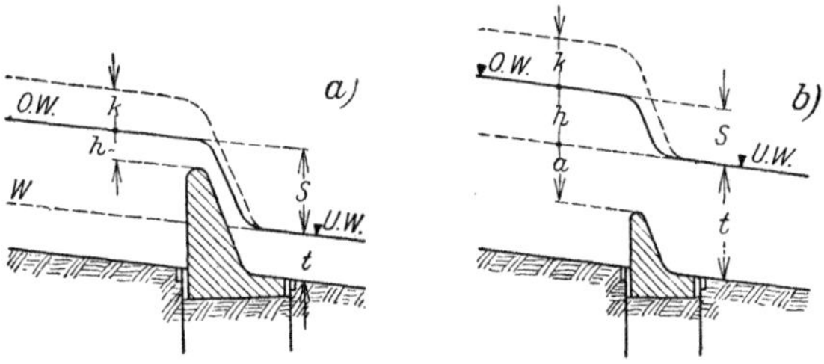

Abb. 5

Die Überfallsmenge Q über das Wehr von der Länge (Flußbreite) b ist

$$Q_{voll} = 2/3 \cdot \mu\, b \sqrt{2\,g}\ \{(h + k)^{3/2} - k^{3/2}\},\ \text{wobei}\ \sqrt{2\,g} = 4{,}43\ \text{m}^{1/2}/\text{sek}, \qquad (4)$$

μ = Ausflußziffer. Für den theoretischen Fall: Zuflußbreite = b, also keine seitliche Einschnürung, scharfe Überfallskante, belüfteter Strahl, genügend hoch über UW, ist nach Rehbock und Schaffernak

$$\mu = 0{,}605 + \frac{1}{1000\,h\,\text{m}} + 0{,}08\,\frac{h}{w};\ w = \text{Wehrhöhe.} \qquad (5)$$

Wenn die Überfallskrone die Dicke $d > 0{,}7\,h$ hat, ist nach Bazin $\mu_{br} = \mu\,(0{,}70 + 0{,}18\,\frac{h}{d})$. Bei sehr breiter Überfallskrone, Abb. 6b), ist bei einem Größtwert von Q die Überfalls-Schichtenhöhe $e = 2/3\,(h + k)$ und

$$Q = \mu_1 b e \sqrt{2\,g\,(h + k - e)} = 0{,}36\,b \sqrt{2\,g}\,(h + k)^{3/2};\ \text{für}\ \mu_1 = 0{,}93. \qquad (6)$$

2. Liegt die Wehrkrone tiefer als der Unterwasserspiegel, so ist dies ein **unvollkommenes Wehr**, Grundwehr, eine Grundschwelle, Abb. 5b). Dabei entspricht der Abflußschichte über dem Unterwasserspiegel eine Überfallshöhe h, welche gleich der Stauhöhe S ist. Die Wasserschichte a, zwischen Wehrkrone und Unterwasserspiegel, ist ein Abfluß unter Wasser mit gleichbleibender Geschwindigkeit $v_a = \sqrt{2\,g\,(h + k)}$ in allen Wasserfäden; k wie oben. Hier ist die Abflußmenge

$$Q_{unv} = 2/3 \cdot \mu \sqrt{2\,g} \cdot b\,[(h + k)^{3/2} - k^{3/2}] + \mu' a b \sqrt{2\,g\,(h + k)},\ \mu = 0{,}62, \qquad (7)$$

μ' = Abflußziffer für den Ausfluß unter Wasser. Allgemein ist nach Heyne $\mu' = 0{,}62 + 0{,}38\,a/t$, wo t = ursprüngliche Wassertiefe; wird beim Verschwinden des Wehres $a = t$, somit $h = 0$ und $\mu' = 1$, so stimmt das Q mit der gewöhnlichen Abflußmenge, ohne Stau, als $Q = a\,t \sqrt{2\,g\,k}$ mit $Q = a \cdot t \cdot c$ vollständig überein. Für den alleinigen Ausfluß unter Wasser fand Siedek $\mu' = 0{,}78$ bis $0{,}82$.

Andere angenäherte Abflußziffern beim unvollkommenen Wehr: Für abgerundete Wehrkrone $\mu = 0{,}83$, $\mu' = 0{,}65$; für eckige Wehrkrone $\mu = 0{,}68$, $\mu' = 0{,}62$. Neben einem festen Wehr ist für den Abfluß aus offener Schleuse, ohne Sohlschwelle, $\mu = \mu' = 0{,}80$.

Noch einige μ siehe unter „Mechanik", S. 70 des österreichischen Ingenieurkalenders, 1923.

3. Bei gegebenen: Q, b, t und einem verlangten Aufstau S läßt sich die nötige Wehrhöhe bestimmen, wenn man für den Grenzfall, nämlich Wehrkrone gerade im Unterwasserspiegel, also $h = S$, die mögliche Abflußmenge $Q' = \frac{2}{3}\,\mu\sqrt{2g}\,b\,[(h+k)^{3/2} - k^{3/2}]$ berechnet; zuerst angenähert $k = 0$ gesetzt. Ist das vorhandene $Q > Q'$, so muß die Wehrkrone herunter, also ist es ein unvollkommenes Wehr, und dann aus Q_{unv} hiezu das a berechnet. Ist aber $Q < Q'$, so vollkommenes Wehr, und aus Q_{voll} errechnet sich das h.

4. **Aufstau infolge Pfeilereinbauten.** Zur Abb. 6, Zuflußgeschwindigkeit: $c = Q : (F + B \cdot h)$; $k = c^2 : 2\,g$.

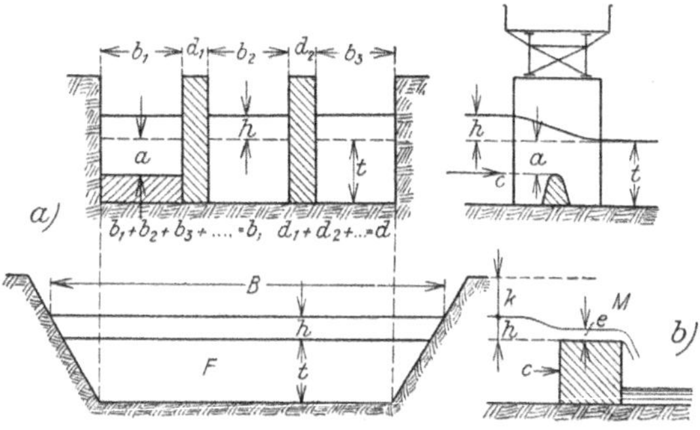

Abb. 6

Es ist:

(7 a) $Q = 2/3\,\mu b\sqrt{2\,g}\,[(h + k\,—)^{3/2} k^{3/2}] +$

$$+ \mu' a b_1 \sqrt{2g\,(h+k)} + \mu'' t\,(b_2 + b_3)\sqrt{2g\,(h+k)},$$

wobei $b = b_1 + b_2 + b_3$ und μ'' wegen Einschnürung an den Pfeilern < 1, ungefähr $= 0{,}9$. Aus dieser Gleichung folgt h.

Der einfache Aufstau, wenn keine Grundschwellen vorkommen, ist nach Rehbock

(7 b) $$h = (F_{vb} : F) \cdot k;$$

bei spitzwinkligen Pfeilervorköpfen, bei stumpfen Vorköpfen etwa das 2,1fache; bei starkem, schießendem Fließen zwischen den Pfeilern bis das 5,6fache; F_{vb} = verbaute Fläche des sonstigen benetzten Querschnittes F.

D. Aufstau und Absenkung von Wasserspiegeln in offenen Gerinnen

1. Hiefür gelten zur ungleichförmigen Bewegung die Grundgleichungen siehe Abb. 7 a) und 7 b):

(8) $$J = \frac{dy}{dx} = \beta - \frac{dt}{dx} = \frac{v^2 u}{c_v^2 F} + \frac{\alpha v}{g}\,\frac{dv}{dx}$$

oder umgerechnet

(8 a) $$\varDelta x = \left[t_u - t_o + 1{,}11\,\frac{Q^2}{2g}\left(\frac{1}{F_u^2} - \frac{1}{F_o^2}\right)\right] : \left(\beta - \frac{Q^2}{c_v^2 F_m^2 R_m}\right).$$

Diese besagen: Der Druckhöhenverlust oder das Spiegelgefälle J ist gleich der Reibungshöhe, d. i. dem Spiegelgefälle J' bei einer gleichförmigen

Bewegung, mehr dem Unterschiede der Geschwindigkeitshöhen von unten und oben, d. i. bei den Tiefen t_u und t_o, auf der Weglänge 1 bzw. Δx. Dieser Unterschied ist beim Aufstau negativ, bei der Absenkung positiv. $\alpha =$ Vénantscher Beiwert $= 1{,}11$, $g = 9{,}81$ m/sek², $Q =$ Wassermenge, $F =$ Querschnittsfläche, $v =$ Geschwindigkeit, $u =$ benetzter Umfang, $R =$ hydraulischer Radius $= F : u$, $c_v =$ Chézysche Ziffer aus der Formel (11), (11 a), nach Kutter $c_v = 100 : (1 + m : \sqrt{R})$.

2. Ist an einer Stelle die Wassertiefe T, in einer Entfernung l oberhalb die Wassertiefe t, bedeutet a die ursprüngliche, ungestaute Wassertiefe,

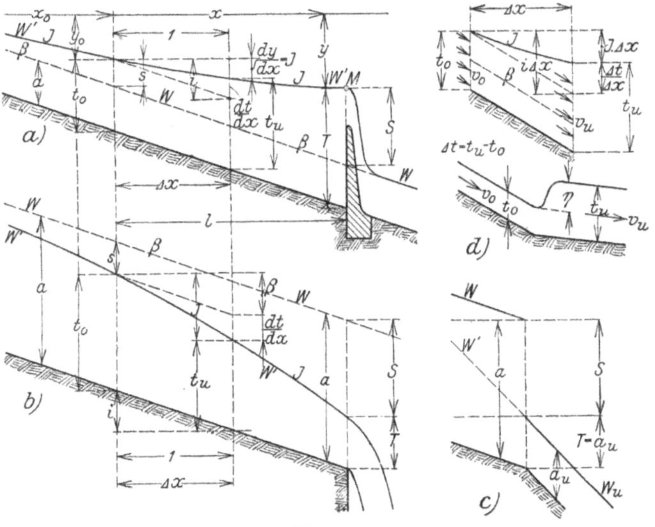

Abb. 7

β das ursprüngliche, ungestaute Gefälle (in Abb. 7 ist i durch β zu ersetzen) und c_v einen Mittelwert auf der Strecke l, so gilt bei der Berücksichtigung der lebendigen Kraft der Strömung für breite Gerinne, wo $R \cong t$, die Stauformel:

$$\beta l = T - t + a\left(1 - \frac{\alpha\, c_v^2\, \beta}{g}\right)\left[\varphi\left(\frac{T}{a}\right) - \varphi\left(\frac{t}{a}\right)\right]. \qquad (9)$$

Bedeuten s und S den Wasserspiegelunterschied, den Stau bzw. die Absenkung, in den Querschnitten mit t bzw. T, so ist beim Aufstau $t = a + s$, $T = a + S$, bei der Absenkung $t = a - s$, $T = a - S$.

Zur bequemen Rechnung diene die nachstehende, aus Bubendey, „Gewässerkunde", 4. Aufl., entnommene Tafel; siehe nächste Seite.

Das Ende des Staues oder der Absenkung kann schon bei $s = 0{,}03$ bis $0{,}05$ m angenommen werden. Das zugehörige l, nämlich L, ist dann die Stauweite bzw. Absenkungsweite. Angenähert ist, die Staulinie als eine Parabel mit dem Scheitel in M, Abb. 7a) betrachtet, für den Stau

$$L_{st} = \frac{2\,S}{\beta}. \qquad (9\text{ a})$$

Dagegen setzt man die größte Absenkung angenähert gleich

$$L_{ab} = \frac{a}{\beta}. \qquad (9\text{ b})$$

$\left(\frac{t}{a}\right)$	$\varphi\left(\frac{t}{a}\right)$	$\left(\frac{t}{a}\right)$	$\varphi\left(\frac{t}{a}\right)$	$\left(\frac{t}{a}\right)$	$\varphi\left(\frac{t}{a}\right)$	$\left(\frac{t}{a}\right)$	$\varphi\left(\frac{t}{a}\right)$
Absenkung		0,82	— 1,294	Aufstau		1,20	— 1,386
0,10	— 0,402	0,83	— 1,318	1,01	— 2,323	1,22	— 1,361
0,20	— 0,503	0,84	— 1,342	1,02	— 2,098	1,25	— 1,327
0,30	— 0,605	0,85	— 1,367	1,03	— 1,967	1,30	— 1,280
0,40	— 0,709	0,86	— 1,394	1,04	— 1,877	1,35	— 1,242
0,45	— 0,763	0,87	— 1,423	1,05	— 1,802	1,40	— 1,211
0,50	— 0,819	0,88	— 1,453	1,06	— 1,745	1,45	— 1,184
0,55	— 0,878	0,89	— 1,485	1,07	— 1,690	1,50	— 1,164
0,60	— 0,939	0,90	— 1,521	1,08	— 1,656	1,60	— 1,125
0,65	— 1,006	0,91	— 1,559	1,09	— 1,619	1,70	— 1,097
0,70	— 1,078	0,92	— 1,602	1,10	— 1,583	1,80	— 1,073
0,72	— 1,109	0,93	— 1,650	1,11	— 1,558	1,90	— 1,053
0,74	— 1,142	0,94	— 1,705	1,12	— 1,533	2,00	— 1,039
0,75	— 1,159	0,95	— 1,769	1,13	— 1,509	2,25	— 1,009
0,76	— 1,177	0,96	— 1,847	1,14	— 1,487	2,50	— 0,989
0,77	— 1,195	0,97	— 1,947	1,15	— 1,468	3,00	— 0,962
0,78	— 1,213	0,98	— 2,085	1,16	— 1,448	3,50	— 0,948
0,79	— 1,233	0,99	— 2,319	1,17	— 1,432	5,00	— 0,927
0,80	— 1,253	1,00	— ∞	1,18	— 1,416		
0,81	— 1,274			1,19	— 1,400		

Es ist zu beachten, daß bei Geschiebe führenden Flüssen durch den Aufstau eine Sohlenerhöhung eintritt, wodurch auch der Stauspiegel weiter gehoben wird.

Will man zu einem gegebenen l_0 das t_0 (oder T) berechnen, so nehme man einen wahrscheinlichen Wert t_0 an, so daß mit dem Verhältnisse $\frac{t_0}{a}$ aus der Tafel, mit der Stauformel 9 das l_0 berechnet werden kann, welches mit dem gegebenen l_0 übereinstimmen soll; sonst Wiederholung.

3. Das T bei der Absenkung ist dann schon bekannt, wenn in der anschließenden unteren Strecke die normale Wassertiefe a_u vorkommt, welche dann durch die Absenkungslinie in die größere Tiefe a_0 der oberen Strecke übergeht, Abb. 7c); es ist an der Bruchstelle $T = a_u$.

Bei einem plötzlichen Wasserabsturz wäre nach Forchheimer („Die Wasserkraft", 1923, S. 262), wenn $\beta < g/c_v^2$, $g = 9{,}81$, $c_v =$ Chézysche Geschwindigkeitsziffer, das

(10) $$T = a\sqrt[3]{\frac{c^2{}_v\,\beta}{g}} = 0{,}47\sqrt[3]{\left(\frac{Q}{b}\right)^2},$$

wo $Q/b =$ Abflußmenge auf der Breite 1.

4. Stößt eine größere Geschwindigkeit v_0 bei einer kleinen Wassertiefe $t_0 < 1{,}11\ v_0^2/g$; $g = 9{,}81$, plötzlich auf eine kleinere Geschwindigkeit v_u, Abb. 7 d), so entsteht ein plötzlicher Aufstau, ein Wassersprung, Freistau, eine Wasserschwelle, von der Sprunghöhe η; wenn $1 \cdot 11\ v^2 : 2\ g = k$ gesetzt, ist:

(10 a) $$\eta = \frac{k}{2} - t_0 - \sqrt{k\left(\frac{k}{4} + t_0\right)}.$$

5. Zur streckenweisen Berechnung der Stau- bzw. Absenkungslinie dient besonders die Formel 8a). Dabei ist ein erstes t, z. B. $t_u = T$ mit dem zugehörigen F bekannt; zu einem

angenommenen, von t_u nur wenig verschiedenen t_0 bestimme man aus den bekannten Querschnitten F_0 und zu einem Mittel von F und F_0 die Werte F_m, c_m, R_m; dann folgt F_0 aus Gl. (8 a) das zugehörige Δx.

Bei einer ebenfalls stückweisen Berechnung wie oben, kann man sich die Wasserlaufstrecke in gewisse Längen $\lambda_1, \lambda_2 \ldots$ eingeteilt denken. Für die Mitte eines anfänglichen λ_1 ist die Wassertiefe t_1 schon bekannt und dazu samt der Wassermenge auch der Wasserquerschnitt, so daß man aus irgend einer Geschwindigkeitsformel das J_1, z. B. $J_1 = v^2 : (c_v^2 R)$ berechnen und auftragen kann. An den Endpunkt von λ_1 schließt man mit der entsprechend geringen Abweichung von J_1 ein Gefälle J'_2 zur Länge λ_2 an; für die ungefähre Mitte von λ_2 wird das t'_2 aus der Zeichnung abgegriffen oder berechnet und dazu dann wie oben zu λ_1 aus der Geschwindigkeitsformel das J_2 berechnet; wenn dieses mit dem früheren J'_2 nicht genügend übereinstimmt, so ändert man das t'_2 entsprechend ab und wiederholt die Rechnung. (Siehe „Österreichische Wochenschrift für den öffentlichen Baudienst", 1912, Seite 57.)

Zeichnerische Verfahren für die Staulinie noch in der „Österreichischen Wochenschrift für den öffentlichen Baudienst", 1912, Seite 339, 453, und 1917.

E. Bewegung des Wassers in Kanälen und Flüssen

Es bedeute: $J = h/l$ das relative Gefälle, wenn h die Fallhöhe auf die Länge l ist; R = Profilradius, hydraulischer Radius, hydraulische Wassertiefe $R = F/u$, wo F = Wasserquerschnittsfläche, u = benetzter Umfang. Die allgemeine Form für die mittlere Geschwindigkeit ist:

$$v = c_v \sqrt{R J} \tag{11}$$

dessen Beiwert c_v auch als Chézysche Zahl bezeichnet wird. Die derzeit passendsten Formeln für die mittlere Geschwindigkeit v im benetzten Querschnitte F sind:

I. Ganguillet und Kutter

$$v = \left\{\left(23 + \frac{1}{n} + \frac{0{,}00155}{J}\right) : \left[1 + \left(23 + \frac{0{,}00155}{J}\right) \cdot \frac{n}{\sqrt{R}}\right]\right\} \cdot \sqrt{R J},$$

besonders für größere Flüsse mit kleinem J geeignet.

II. Die vereinfachte Kuttersche Formel:

$$v = \left[100 : \left(1 + \frac{m}{\sqrt{R}}\right)\right] \cdot \sqrt{R J}.$$

III. Darcy-Bazin:

$$v = \left(1 : \sqrt{\alpha + \frac{\beta}{R}}\right) \cdot \sqrt{R J}. \tag{11 a}$$

IV. Die neue Formel von Bazin:

$$v = \left[87 : \left(1 + \frac{\gamma}{\sqrt{R}}\right)\right] \cdot \sqrt{R J}.$$

V. Forchheimer:

$$v = \frac{1}{n} \cdot R^{0{,}7}, J^{0{,}5},$$

wo n die Rauhigkeitszahl nach Ganguillet und Kutter ist.

Die in den obigen Formeln vorkommenden Rauhigkeitszahlen: n, m, α, β, γ sind in der nachstehenden Tafel angeführt, in welcher die Beschaffenheit des Wasserbettes in fünf Rauhigkeitsgraden ausgedrückt erscheint.

Für Flüsse von gewöhnlicher Beschaffenheit wurden auch sogenannte fixe Formeln aufgestellt, in welchen man dieRauhigkeit nicht erst besonders einsetzen muß.

Von Matakiewicz:

$$v = 116 J^{(0{,}493 + 10 J)} : [2{,}2 + T^{(0{,}67 + 0{,}15/T^2)}], \tag{12}$$

wo T = mittlere Wassertiefe.

Tafel der Rauhigkeitszahlen

Rauhigkeit des Wasserbettes	n	m	α	β	γ	$\frac{1}{n}$
1. Sehr glatt. Glatter Zement, gehobelte Bretter	0,010 bis 0,014	0,12 bis 0,15	0,000 15	0,000 0045	0,06	100 bis 70
2. Glatt. Guter Mauerwerksverputz, nicht gehobelte Bretter	0,016 bis 0,018	0,20 bis 0,25	0,000 19	0,000 0133	0,16	60 bis 55
3. Wenig rauh. Quadern, Ziegel, gepflasterte Böschungen	0,020 bis 0,023	0,35 bis 1,00	0,000 24	0,000 060	0,46	50 bis 45
4. Rauh. Regelmäßig ausgegrabene Kanäle in Erde	0,025 bis 0,028	1,50 bis 1,80	0,000 28	0,000 30	0,85	40 bis 35
5. Sehr rauh. Flüsse mit Geschiebe, Kanäle mit etwas Wasserpflanzen	0,030 bis 0,040	1,00 bis 2,50	0,000 40	0,000 7	1,3 bis 1,75	33 bis 25

Von Siedek sind viele fixe Formeln für verschiedene J, T und Wasserspiegelbreiten B aufgestellt; dazu Tafeln. Siehe „Zeitschrift des österreichischen Ingenieur- und Architektenvereines“, 1903, S. 98.

Ebenso von Lindboe, mit Beiwerttafeln. Siehe „Zeitschrift für Gewässerkunde“, 1911, S. 1.

Für die Berechnung der mittleren Geschwindigkeit v aus der gemessenen Stromstrichgeschwindigkeit v_s siehe Gl. (1).

Für die Chézy-Zahl:

(13) $$c_v = 1 : \sqrt{\alpha + \frac{\beta}{\sqrt{R}}}$$

der Darcy-Bazinschen Formel $v = c_v \sqrt{R\,J}$, diene die folgende Tafel:

Tafel der Chézy-Zahlen

Beschaffenheit	R^m = 0,05	0,10	0,30	0,50	0,80	1,00	1,40	1,80	2,50	4,00	6,00
Sehr glatt	c_v = 64	72	78	79	80	80	81	81	81	81	81
Glatt	c_v = 47	56	65	68	70	70	71	71	72	72	72
Wenig rauh	c_v = 26	35	48	53	56	58	60	61	62	63	63
Rauh	c_v = 12	16	26	32	37	40	43	46	49	52	54
Sehr rauh	c_v = 8	12	19	24	28	30	33	36	38	42	44

Über Berechnung von verschiedenen Gerinnequerschnitten und Gefällen s. Gl. (24) bis (26) u. (48) bis (53). S. 534, 535 und S. 544.

F. Rohrleitungen

1. Eine allgemeine Grundlage für alle Verhältnisse des Fließens in Leitungen und auch in offenen Gerinnen bietet das Bernoulli-Theorem, Abb. 8. Aus der Abb. 8 ist zu ersehen, daß die Lotrechten zwischen einem unteren Horizont *U U* und dem oberen Horizont *OO*, d. i. dem Gesamtenergie-Niveau, piezometrischen Niveau, alle gleich groß sind und so die Konstanz der Energie ausdrücken, in dem Falle, daß die Verlusthöhen infolge Bewegungswiderständen zu den Energien gezählt werden. In jedem Querschnitte der Leitung sind: p der innere Druck, p/γ die Wassersäulenhöhe dazu, a der Ansteigpunkt = Wasserspiegel des im Piezometerrohre emporgedrückten Wassers, π bzw. π/γ = Luftdruckwassersäule auf a, $v^2/2g$ = die Geschwindigkeitshöhe, w_{12} z. B. die Widerstandshöhe für das Fließen vom Querschnitte 1 zum Querschnitte 2. γ = Einheitsgewicht des Wassers, $g = 9{,}81$.

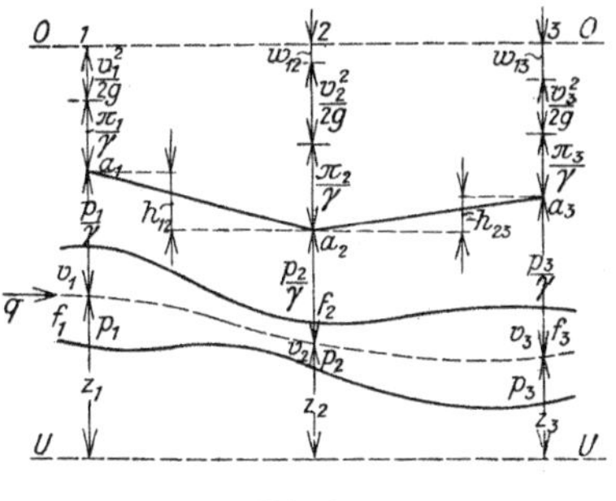

Abb. 8

Der Höhenunterschied h zweier Ansteigpunkte, d. i. der Druckhöhenverlust, z. B. von a_1 und a_2, ist auf der oberen Seite:

$$h_{12} = \frac{(v_2^2 - v_1^2)}{2g} + \frac{(\pi_2 - \pi_1)}{\gamma} + w_{12}$$

und auf der unteren Seite:

$$h_{12} = z_1 - z_2 + (p_1 - p_2):\gamma. \tag{14a}$$

In den Lotrechten 1 und 2 ist:

$$z_1 + \frac{p_1}{\gamma} + \frac{\pi}{\gamma} + \frac{v_1^2}{2g} = z_2 + \frac{p_2}{\gamma} + \frac{\pi_2}{\gamma} + \frac{v_2^2}{2g} + w_{12}; \tag{14b}$$

hieraus folgt, wenn (14 a) mitbenützt wird:

$$v_2 = \sqrt{v_1^2 + 2g\left[h_{12} - \left(\frac{\pi_2 - \pi_1}{\gamma}\right) - w_{12}\right]}. \tag{15}$$

Die Gesamtwiderstandshöhe w_{12}, als für die Bewegung aufgebrauchte Wassersäulenhöhe, besteht gewöhnlich, wenn die Rohrleitung aus einem Behälter abzweigt, aus folgenden Teilen:

a) dem Eintrittswiderstand aus dem großen Behälter in den engen Rohrquerschnitt, namentlich infolge Einschnürung:

$$w_e = \xi \frac{v^2}{2g}, \tag{16a}$$

ξ = Eintrittwiderstandszahl = 0,5 bis, bei Abrundung, 0,2, 0,1; $2g$ = 19,62 m/sek²; v m/sek = Geschwindigkeit in der regelmäßigen, d m weiten und l m langen Rohrleitung;

b) dem Widerstand bei Unregelmäßigkeiten, wie bei plötzlichen Verengungen und Erweiterungen:

$$w_{unr} = \Sigma\,\eta \cdot \frac{v^2}{2g}, \tag{16b}$$

wo η = die betreffende Widerstandsziffer;

c) dem Widerstand in Krümmungen:

(16 c) $w_{kr} = \Sigma \left\{ \frac{\alpha^0}{90} \left[0{,}13 + 0{,}16 \left(\frac{d}{\varrho} \right)^{3,5} \right] \right\} \cdot \left(\frac{v^2}{2g} \right)$, kurz $w_{kr} = \left(\frac{v^2}{2g} \right) \Sigma x$;

wo α = Ablenkungswinkel = Zentriwinkel, ϱ = Krümmungsradius, s. Abb. 9;

d) dem Reibungswiderstand:

$$(16\,d) \qquad w_{reib} = \lambda \left(\frac{l}{d} \right) \frac{v^2}{2g}$$

für einen Kreisquerschnitt; für einen anderen Querschnitt von der Fläche F und dem Umfange u ist:

$$(16\,e) \qquad w_{reib} = \lambda\, l \frac{u}{4F} \frac{v^2}{2g}.$$

Zu b) Der Druckhöhenverlust $\eta \cdot v^2/2g$ entsteht hauptsächlich durch den Stoß einer größeren Geschwindigkeit auf eine rasch nachfolgende kleinere. Beim Eintritte aus F_1 in die plötzliche zentrale Verengung F_2 entsteht eine Einschnürung ψF_2 mit der größeren Geschwindigkeit (v_2/ψ), wenn der nachfolgende Rohrquerschnitt F_2 mit der Geschwindigkeit v_2 ist. Dazu wird nach dem Carnotschen Satze der Stoßverlust:

$$\left(\frac{v_2}{\psi} - v_2 \right)^2 : 2g = \eta_{2ve} \cdot \left(\frac{v_2^2}{2g} \right),$$

also der Wert:

$$(17\,a) \qquad \eta_{2ve} = \left(\frac{1}{\psi} - 1 \right)^2 \text{ bei etwas stumpfer Durchflußkante.}$$

Mit dem Verhältnisse $(F_2 : F_1)$ wächst auch die Einschnürungsziffer ψ von 0,62 bis schließlich 1 bei $F_2 = F_1$.

Für $(F_2 : F_1)$ =	0,01	0,2	0,4	0,8	1,0
ist η_{2ve} =	0,50	0,46	0,33	0,13	0

Eine allmähliche Verengung, eine Düse, soll zur Verringerung der Reibungslänge möglichst kurz sein.

Bei einer plötzlichen zentralen Erweiterung vom Querschnitte F_1 zum größeren Querschnitte F_2 ist ähnlich wie oben:

$$\left(\frac{v_1 - v_2}{2g} \right)^2 = \eta_{1ew} \left(\frac{v_1^2}{2g} \right), \quad \text{wo } v_2 = v_1 \cdot \frac{F_1}{F_2},$$

also

$$(17\,b) \qquad \eta_{1ew} = \left(1 - \frac{F_1}{F_2} \right)^2.$$

2. Für die aus einem Behälter mit der Wasserspiegelfläche O, als Anfangsquerschnitt mit der Geschwindigkeit v_o, abzweigende l m lange Rohrleitung (Abb. 9), in welcher bei der regelmäßigen Lichtweite d, bzw. der Querschnittsfläche F, die Geschwindigkeit v vorkommt, sei infolge Verengung oder teilweiser Absperrung die Ausflußöffnung Ω, und der allfällig infolge Einschnürung verengte Wasserstrahlquerschnitt $\psi \cdot \Omega$;

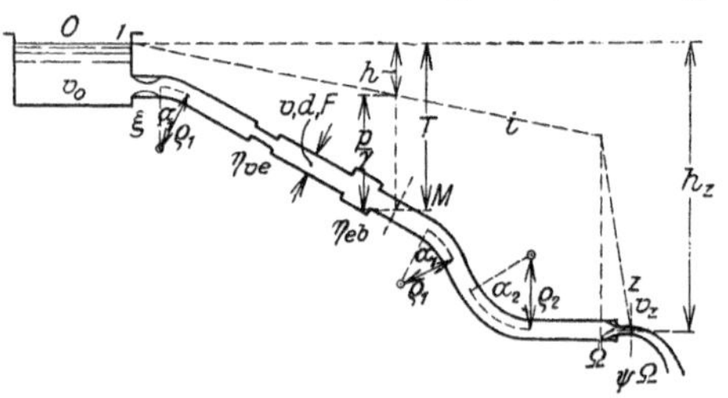

Abb. 9

dieser gelte als zweiter oder Endquerschnitt z mit der Geschwindigkeit v_z. Dann ist nach der obigen Gl. (14 b), da hier wegen des freien Wassers $p_1 = 0$, $p_2 = 0$, $z_1 = h_z$, $z_2 = 0$,

$$h_z + \frac{\pi_o}{\gamma} + \frac{v_o^2}{2g} = \frac{\pi_z}{\gamma} + \frac{v_z^2}{2g} + w_{oz},$$

also

$$h_z = \left(\frac{v_z^2 - v_o^2}{2g} \right) + \left(\frac{\pi_z - \pi_o}{\gamma} \right) + w_{oz}.$$

Für w_{0z} die einzelnen Widerstandshöhen Gl. (16 a) bis (16 d) von oben eingesetzt und alle Geschwindigkeiten gemäß der Fließmenge $q = O \cdot v_0 = F \cdot v = \psi \Omega \, v_z$ durch v ausgedrückt, so ist allgemein

$$h_z = \left(\frac{\pi_z - \pi_o}{\gamma}\right) + \frac{v^2}{2g}\left[\left(\frac{F}{\psi \Omega}\right)^2 - \left(\frac{F}{O}\right)^2 + \xi + \Sigma \eta + \Sigma x + \lambda \cdot \frac{l}{d}\right) \qquad (18\,a)$$

und

$$v = \sqrt{\left[2g\left(h_z - \frac{\pi_z - \pi_o}{\gamma}\right)\right] : \left[\left(\frac{F}{\psi \Omega}\right)^2 - \left(\frac{F}{O}\right)^2 + \xi + \Sigma \eta + \Sigma x + \lambda \cdot \frac{l}{d}\right]}. \qquad (18\,b)$$

Ist der Behälterspiegel O sehr groß gegenüber dem Rohrquerschnitte F, also $F/O \cong 0$, und die Ausmündung gleich dem Rohrquerschnitte, also $\psi \Omega = F$ und sind ferner die Luftdrücke oben und unten fast gleich, also $\pi_0 = \pi_z$, so ist einfach

$$h_z = \frac{v^2}{2g}\left(1 + \xi + \Sigma \eta + \Sigma x + \lambda \cdot \frac{l}{d}\right), \qquad (19)$$

ebenso v daraus.

In einem Zwischenquerschnitte M, Abb. 9, allgemein von der Querschnittsfläche F', bei der Länge l' vom Behälter weg, in der Tiefe T unter dem Behälterspiegel, einer fortgesetzten Rohrleitung ist bei den sonstigen Vereinfachungen, wie zu Gl. (19) der Druckhöhenverlust,

$$h = \frac{v^2}{2g}\left[\left(\frac{F}{F'}\right)^2 + \xi + \Sigma \eta' + \Sigma x' + \lambda \cdot \frac{l'}{d}\right], \qquad (20)$$

und die Betriebsdruckhöhe y in M ist $= \frac{p}{\gamma} = T - h$.

3. Für gewöhnliche, lange Wasserleitungsstränge mit den üblichen Abzweigungen u. dgl. pflegt man nur den Ausdruck des überwiegenden Reibungswiderstandes beizubehalten, so daß hier der Druckhöhenverlust kurz

$$h = \lambda \cdot \frac{l}{d} \cdot \left(\frac{v^2}{2g}\right) \qquad (21\,a)$$

erscheint. Wird v aus $q = \frac{\pi}{4} \cdot d^2 v$ ersetzt, wenn

$$\frac{16\,\lambda}{2g\,\pi^2} = \frac{\lambda}{12{,}1} = c, \quad \text{so ist}$$

$$h = c\, l\, q^2\, d^{-5} \qquad (21\,b)$$

und das Druckgefälle

$$i = \frac{h}{l} = \frac{c\, q^2}{d^5}. \qquad (21\,c)$$

Die für eiserne Rohre gültigen Werte der Widerstandsziffer λ seien hier unterschieden für neue (noch reine, glatte) Leitungen und für alte (schon rauhere). Rechnung in Metern und Sekunden.

Die folgenden Formeln sind von 2 bis 11 so geordnete, daß der Wert λ, bei $d = 1000$ mm, von oben nach unten immer kleiner erscheint.

1. Nach Dupuit, alt, $\lambda = 1 : 33$, $c = 1 : 400$, nur bei $d = 100$ bis 400 mm brauchbar.
2. „ Weisbach, neu, $\lambda = 0{,}0144 + 0{,}0095 : \sqrt{v}$.
3. „ Frank, alt, $\lambda = 0{,}0097 + 0{,}013 : \sqrt{d}$.
4. „ Lang, neu, $\lambda = 0{,}02 + 0{,}0018 : \sqrt{d \cdot v}$.
5. „ Fanning, alt, $\lambda = 0{,}0079 + 0{,}0145 : \sqrt{d}$.

(22) 6. Nach Biel, V rauh, neu, $\lambda = 0{,}0094 + 0{,}0113 : \sqrt{d}$.

7. „ Flamant, alt, $\lambda = 0{,}018 : \sqrt[4]{d\,v}$.

8. „ Darcy, neu, $\lambda = 0{,}02 + 0{,}00051 : d$.

9. „ Biel, IV rauh, neu, $\lambda = 0{,}0094 + 0{,}0085 : \sqrt{d}$.

10. „ Biel, III rauh, neu, $\lambda = 0{,}0094 + 0{\cdot}0056 : \sqrt{d}$.

11. „ Brabbée, neu, (14 ÷ 50 mm weite Rohre), $\lambda = 0{,}0088 : (d^{0{,}30} \cdot v^{0{,}22})$.

Es empfiehlt sich, neue Leitungen mit dem λ für alte Leitungen zu berechnen.

Bei inkrustrierten Leitungen wird λ noch größer, also die gelieferte Wassermenge kleiner; in diesem Falle wird eine Reinigung der Rohre durch Streifung mittels Drahtbürsten, manchmal auch durch Zusatz von chemischen Mitteln behufs Auflösung notwendig.

G. Meteorologische Daten

Seehöhe, Luftdruck- und Temperaturmittel und Niederschlagshöhe einiger größerer Stationen

Stationen	Seehöhe in m	Jahresmittel des Luftdruckes in mm	Temperaturmittel in Graden Celsius			Mittl. Jahres-Regenhöhe in cm
			Jahr	Jänner	Juli	
Linz Stadt	270	737,7	8,6	— 2,9	19,1	75
Salzburg	424	724,0	8,0	— 2,3	17,8	116
Gastein (Bad)	1023	673,1	5,5	— 4,6	14,7	107
Wien	202,5	743,7	9,4	— 2,1	20,0	59
Brünn	232	741,7	8,9	— 2,5	19,8	52
Olmütz	242	741,7	8,8	— 2,6	20,2	68
Prag	201	743,1	9,3	— 1,3	20,0	47
Eger	455	720,0	7,3	— 2,8	17,9	59
Pilsen	319	732,4	8,6	— 2,4	19,4	50
Troppau	278	735,7	8,8	— 2,2	19,7	60
Teschen	302	731,1	8,1	— 3,5	18,5	71
Lemberg	298	734,7	7,8	— 3,6	19,3	68
Krakau	220	741,5	7,8	— 3,7	18,7	63
Czernowitz	257	739,5	8,3	— 4,6	20,0	62
Budapest	153	747,8	10,9	— 1,4	22,2	53
Kaschau	212	—	10,0	— 2,5	21,4	80
Szegedin	88	754,1	11,3	— 1,1	22,8	52
Preßburg	153	747,6	10,0	— 1,8	20,9	58
Agram	157	747,5	11,2	— 0,5	21,8	90
Hermannstadt	414	724,9	8,6	— 3,9	19,3	67
Kronstadt	573	711,5	7,5	— 4,9	18,2	76
Laibach	287	735,3	9,3	— 2,4	19,9	142
Graz	344	731,2	9,3	— 2,3	19,9	79
Pettau	211	741,5	10,1	— 1,1	20,7	120
Klagenfurt	438	722,6	7,3	— 6,3	19,0	96
Hochobir	2043	587,3	0,9	— 6,4	9,4	—
Raibl	981	—	6,7	— 3,3	16,9	218
Pontafel	570	—	7,5	— 2,3	20,3	187
Heiligenblut	1301	651,4	5,0	— 5,2	13,1	64
Görz	94	753,3	12,6	+ 2,5	22,7	164
Triest	26	758,9	14,1	+ 4,4	24,3	111
Pola	32	757,8	13,8	+ 4,6	23,6	99
Ragusa	15	760,6	16,7	+ 8,5	25,1	162

Die **Wärmeabnahme mit der Höhe** beträgt nach der Theorie in der freien Atmosphäre (in trockener Luft) für je 100 m 1° Celsius; in der Wirklichkeit beträgt sie in den Tropen wie bei uns im Jahresmittel nur 0,5° bis 0,6° Celsius für je 100 m. Die **Schneegrenze** liegt in den Westalpen in 2715 m Seehöhe, in den Zentral- und Ostalpen um 100 bis 150 m höher.

Die **Temperaturzunahme mit der Tiefe** in der Erdrinde beträgt zirka 1^0 Celsius für je 30 m Teufe; sie ist jedoch, wie neuere Beobachtungen zeigen, durchaus nicht konstant, sondern mit wachsender Tiefe wird die Temperaturzunahme geringer. Im Gotthardtunnel wurde die größte Gesteinstemperatur im achten Kilometer vom Portal bei einer Höhe des überlagernden Gebirges von 1650 bis 1700 m mit $30^1/_2{}^0$ Celsius gemessen. Nach den Temperaturmessungen in Bohrlöchern liegt die geothermische Tiefenstufe zwischen 32 und 37 m.

Unter **Regenhöhe** versteht man diejenige Wasserhöhe, bis zu welcher der Niederschlag auf der Bodenfläche sich ansammeln würde, wenn kein Abfließen, kein Verdunsten und kein Einsickern in den Boden stattfände. Für Wien beträgt die jährliche Regenhöhe (aus einem Durchschnitt von 34 Jahren) **595** mm.

Mittelwerte der jährlichen Regenhöhen für einige Gebiete.

Adriatischer Bezirk . . . h =	1,156 m	Nördl. Vorland der Alpen . . . h =	0,640 m
Südalpen	0,873 „	Östliches Vorland	0,678 „
Böhmerwald	0,568 „	Karpathen	0,726 „
Nördliches Randgebirge . .	0,600 „	Ungarische Tiefebene	0,538 „
Böhmisches Binnenbecken .	0,389 „	Siebenbürg. Binnenland . . .	0,656 „
Österr. Zentral- und Nordkette der Alpen	1,192 „	Sarmatischer Bezirk	0,684 „
		Im Mittel für Süddeutschl.	0,825 „

Die jährliche Niederschlagsmenge nimmt mit der absoluten Höhenlage der Gegend zu, u. zw. beträgt nach Studnicka für Böhmen die Zunahme der Regenhöhe durchschnittlich 69 mm für je 100 m absolute Bodenerhebung. Es ergab sich nämlich aus den Beobachtungen auf 700 Regenmesserstationen bei einer

durchschnittlichen Meereshöhe von . .	203,	329,	468,	611,	755,	985 m
die durchschnittliche Niederschlagsmenge von	551,	597,	643,	756,	914,	1090 mm.

Ferner zeigt sich, daß innerhalb großer zusammenhängender Waldgebiete die Niederschlagsmenge um 20 bis $30^0/_0$ größer ist, als in waldarmen Gegenden von der gleichen Höhenlage.

Als **Tagesmaximum** des Niederschlages soll nach Dr. Hermann Ziemer für Deutschland **100** mm = 11,6 l pro Hektar und Sekunde gerechnet werden können. Es wurden aber an einzelnen Punkten weit höhere Tagesmaxima beobachtet. So im Wienflußgebiet bis zu 220 mm pro 24 Stunden = 25,4 l pro Hektar und Sekunde, in den Südostalpen während der Regenfälle im Oktober 1882 (in Raibl) 240 mm pro 24 Stunden = 27,8 l pro Hektar und Sekunde, an der Loire im Oktober 1872 sogar ein tägliches Maximum von 270 mm = 31,3 l pro Hektar und Sekunde.

Sehr starke Niederschläge (Wolkenbrüche) dauern selten über eine Stunde. Man hat solche Stundenmaxima in Wien mit 18 mm, bei München mit 40 mm, an anderen Orten sogar mit 75 mm beobachtet, das sind 50 bzw. 111, 209 l pro Hektar und Sekunde. Man wird im Durchschnitte in Landstrichen, wo nicht abnorme Niederschlagsverhältnisse vorkommen, mit einer größten stündlichen Regenmenge von etwa 50 mm = 140 l/sek pro Hektar und mit einem Tagesmaximum von 100 mm = 11,6 l/sek pro Hektar rechnen müssen.

H. Wassermengen der Flüsse

Nach Honsel kann die mittlere Hochwassermenge von Flüssen, deren Niederschlagsgebiet einem teilweise bewaldeten Mittelgebirge angehört, auf 9 bis 20 l pro Hektar (0,9 bis 2 m^3 pro 1 km^2) und Sekunde geschätzt werden. Für Wildbäche rechnet man gewöhnlich 6 m^3 pro 1 km^2,

ferner für Bäche, deren Tallänge 4 bis 8 km ist, 4 m^3 pro 1 km^2
„ „ „ „ „ 8 „ 12 „ „ 3 „ „ 1 „
„ „ „ „ „ 12 „ 16 „ „ 2 „ „ 1 „

Bei einem außergewöhnlichen Hochwasser in der Oberlausitz im Mai 1887 hat man nach der „Deutschen Bauzeitung" noch größere Abflußmengen beobachtet, u. zw.:

bei einer Tallänge bis 4 km gegen 12 m^3 pro 1 km^2 und Sekunde
„ „ „ „ 16 „ „ 4 „ „ 1 „ „ „
„ „ „ „ 30 „ „ 2,3 „ „ 1 „ „ „

Für das größte Hochwasser Q_{gh} aus einem Niederschlagsgebiete A in km^2 liefert gut entsprechende Werte, die von Kresnik aufgestellte Formel

$$Q_{gh}\ m^3/\text{sek} = a\,\frac{30}{0{,}5 + \sqrt{A}} \cdot A\ km^2; \tag{23}$$

der Koeffizient a ist für Katastrophenhochwasser gleich 1 und sinkt nur bei besonders abflußverzögernden Verhältnissen bis auf etwa 0,6 herunter. Nicht selten ist für das Höchstwasser $a = 1{,}5$, und im Hochgebirge ausnahmsweise noch auf 2, ferner in besonders regenbegünstigter Lage im südlichen Teil Europas selbst auf 4 ansteigend (siehe Forchheimer, „Österr. Wochenschrift f. d. öffentl. Baudienst", 1916, S. 2); für gewöhnliches Hochwasser ist $a = 0{,}2$ bis $0{,}3$, für das A unter der Wurzel ist nicht weniger als 1 km^2 einzusetzen. Diese Formel stimmt auch sehr gut mit der Hochwassertabelle von Pascher („Zeitschrift des österr. Ingenieur- und Architektenvereines" 1892, S. 327) überein.

J. Flußbau

1. Einfacher Trapezquerschnitt. Abb. 10 a, der untere Teil von Abb. 10, mit der Breite B. Zu sämtlichen diesbezüglichen Rechnungen genügen die fünf Gleichungen, u. zw.:

(24) 1. $Q = F \cdot v$.

2. Z. B. Forchheimer-Geschwindigkeitsformel: $v = \frac{1}{n} R^{0,7} \cdot J^{0,5}$.

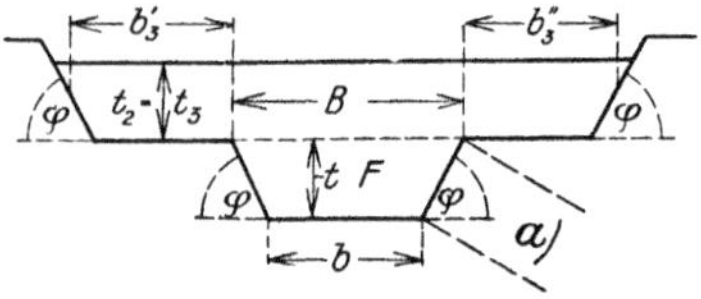

Abb. 10

n = Rauhigkeitsziffer der Ganguillet-Kutter-Formel, siehe Tafel S. 528, z. B. für Erdkanäle $n = 0{,}025$, für Flüsse $n = 0{,}030$.

3. $R = \frac{F}{u}$. 4. $F = (b + t \operatorname{ctg} \varphi)\, t$. 5. $u = b + \frac{2\,t}{\sin \varphi}$.

Zu diesen 5 Gleichungen können von den acht darin vorkommenden Größen, drei Größen im allgemeinen beliebig angenommen werden, alle übrigen Werte folgen aus den obigen Formeln. Wenn z. B. Q, J und v gegeben sind, so erhält man:

$$\text{I)}\ R = \left(\frac{n\,v}{J^{0,5}}\right)^{1/0,7}, \qquad \text{II)}\ u = \frac{F}{R} = \frac{Q}{v\,R}, \tag{25}$$

(aus 4. und 5.), wenn $\sin \varphi : (2 - \cos \varphi) = c^2_{\varphi}$ und $\frac{c^2_{\varphi}\, u}{2} = \varepsilon$ gesetzt, so:

III) $t = \varepsilon\left[1 - \sqrt{1 - \frac{2R}{\varepsilon}}\right]$. Zuletzt folgt b aus 5. oben.

Die Differenz unter der Wurzel zeigt an, daß die Annahmewerte doch etwas beschränkt bleiben, damit t nicht imaginär werde.

Wenn in III $2R = \varepsilon$ erscheint, so wird $R = (c:2)\sqrt{F}$ und $t = \varepsilon$ ein Größtwert. Hiezu entspricht der vorteilhafte Querschnitt gemäß Gl. (48) bis (49). Dieser Querschnitt ist auch anzuwenden z. B. in dem Falle, daß bei kleineren Q und J ein größtmögliches v erzielt werden soll.

Wird $b = \mu t$, und μ beliebig angenommen, so dienen zur Berechnung außer Gl. (24) noch besonders Gl. (50) bis (53) auf S. 544.

2. Doppelquerschnitt. Abb. 10. Werte für das größte Hochwasser Q_{gh}, das im Doppelquerschnitte abfließen soll, siehe Gl. (23). Für das Grundbett oder Mittelbett ist ein mäßiges Hochwasser Q_{mh} anzunehmen, etwa $= 1/4$ bis $1/6\ Q_{gh}$. Dazu sind b, t, u, F für das Mittelbett wie oben zu berechnen; die Wasserspiegelbreite ist $B = b + 2t \operatorname{ctg} \varphi$. Für das überhöhte Mittelbett, bis lotrecht über den Uferlinien zum Hochwasserspiegel hinauf, ist der Reibungsumfang u_2 gleich jenem u des Mittelbettes, und die Geschwindigkeit v_2 ($> v$) darin wird passend angenommen. Also:

$$R_2 = \left(\frac{n\, v_2}{J^{0,5}}\right)^{\frac{1}{0,7}};\ \text{dann}\ F_2 = u\, R_2 = F + B\, t_2;\ \text{und}\ t_2 = (u\, R_2 - F) : B. \qquad (26)$$

Die im überhöhten Mittelbette abfließende Wassermenge Q_2 ist: $Q_2 = (F + B\, t_2)\, v_2$. Die beiderseitigen Vorländer denke man sich zusammengeschoben zu einem Trapezquerschnitte von der mittleren Breite $b'_3 + b''_3 = b_3$ mit der Wassertiefe $t_3 = t_2$. Auf den Vorländern mit dem Profilradius R_3 muß die restliche Wassermenge $Q_3 = Q_{gh} - Q_2$ abfließen; dabei kann man wegen des gewöhnlich sehr flachen Vorlandquerschnittes das $R_3 \backsimeq t_3 \backsimeq t_2$ annehmen und somit ist die mittlere Geschwindigkeit auf dem Vorlande $v_3 = (1 : n_3)\, R_3^{0,7}\, J^{0,5}$, wobei die Rauhigkeit n_3 verschieden von dem n des Mittelbettes sein kann. Schließlich ist die ganze mittlere Vorlandsbreite $b_3 = Q_3 : t_3\, v_3$.

Wenn die zuerst errechneten Werte von t_3, b_3 im Verhältnisse nicht gut entsprechen, so ist die Annahme von v_2, allenfalls auch von Q_{mk} entsprechend abzuändern.

3. Bei Flüssen mit Geschiebe und Sinkstoffen ist die sog. Schleppkraft S nach Du Boys, besser Schiebekraft zu nennen, von Wichtigkeit. Dieselbe ist die, zur geneigten Sohle, gleich einer schiefen Ebene, parallele Seitenkraft des Gewichtes des Wasserkörpers auf 1 m² der Sohle bei tm Wassertiefe. Wenn J = Gefälle der Sohle sowie des Wasserspiegels und γ = Einheitsgewicht des Wassers = 1000 kg/m³, so erscheint:

$$S = \gamma\, J\, t. \qquad (27)$$

Wenn $R \backsimeq t$, so ist mit 11 a V) $S = (\gamma\, n^2\, v^2) : t^{0.4}$, also S nahe dem v^2 verhältnisgleich.

4. **Flußregulierungsbauten** sind: a) Uferschutzwerke.

b) Einbauten zur Beschränkung der übermäßigen Breiten ausgearteter Flüsse auf eine normale Breite. Die Einbauten in der Linie der gewünschten neuen Ufer heißen Parallel-, Leit- oder Streichwerke; Einbauten quer zum Ufer, meist etwas flußaufwärts gerichtet, sind die Buhnen, Sporne, Querwerke. Außer den dammartigen Einbauten, wozu auch die Gumppenbergschen Sinkwalzen als Leitwerke gehören, sind eine Besonderheit die Wasser und Geschiebe durchlassenden Wolfschen Faschinengehänge als Leit-, manchmal auch als Querwerke.

c) Durchstiche zur Geradlegung eines zu stark gekrümmten Wasserlaufes, zum Abschneiden von Flußwindungen, Serpentinen. Dieselben ergeben eine Vergrößerung des relativen Gefälles, damit eine Erhöhung der Flußgeschwindigkeit und zumeist auch eine Vertiefung des Wasserbettes infolge Abschwemmens von der Flußsohle durch die stärkere Strömung bei Hochwasser.

d) Flußdämme oder Deiche. Diese sind ein Übel, aber manchenorts ein unvermeidliches Übel, wo es behufs Erhaltung des Kulturbodens gar nicht möglich ist, eine Tieferlegung des Hochwasserstandes durch Regulierung zu bewirken, oder eine hinreichende Verminderung des Hochwassers durch teilweise Zurückhaltung desselben in Hochwasserbecken, oder eine Erhöhung des

Uferbodens, Aufschwemmung oder Kolmation zu erzielen. Diese Deiche sind künstliche, durch Aufschüttung auf den Talboden erhöhte Ufer, zwischen welchen das Hochwasser zusammengehalten wird, das sonst eine Überschwemmung des Tales, der Niederung, verursachen würde.

e) Hochwasserspitzen-Zurückhaltungsbecken, im Gebirgslande durch Talsperrenbauten gebildet, sind in hinreichender Größe oder Anzahl von Vorteil und lassen auch andere Wassernutzungen zu.

K. Zusammengesetzte Wehranlage

Für das Niederwasser, wovon Q'_n über das Wehr weiter fließe, sei eine Stauhöhe s bewilligt, Abb. 11. Das Hochwasser dürfe sich aber infolge des Wehrbaues nur um σ über das gestaute Niederwasser, das Oberniederwasser (*O.N.W.*) erheben. Dann ist die Kombination eines festen mit einem beweglichen Wehre nötig. Bei Niederwasser sei das bewegliche Wehr (Schleusenwehr) von der Gesamtlichtweite y gänzlich geschlossen, so daß Q'_n nur über das feste Wehr in einer Schichtenhöhe x überfalle. Bei Hochwasser, wovon Q'_h weiterfließen, werde aber ersteres vollständig geöffnet, so daß dasselbe zum Teil mit einer Höhe $x + \sigma$ über das feste Wehr, zum Teil mit einer Höhe $S + a$ durch das bewegliche Wehr gehe, wobei $S = s + \sigma - h$ und $h =$ Erhebung des *U.H.W.* über *U.N.W.* Ferner sei angenommen, daß die Krone des festen Wehres noch über die Krone des Grundbaues des beweglichen Wehres aber um a unter dem Unterhochwasser (*U. H. W.*) liege. Ist d die Gesamtbreite sämtlicher fester Einbauten (Griessäulen, Griespfeiler) beim beweglichen Wehre und L die Totallänge des ganzen Wehres (die Flußbreite), so erscheint $L—y—d$ als Länge des festen Überfallwehres.

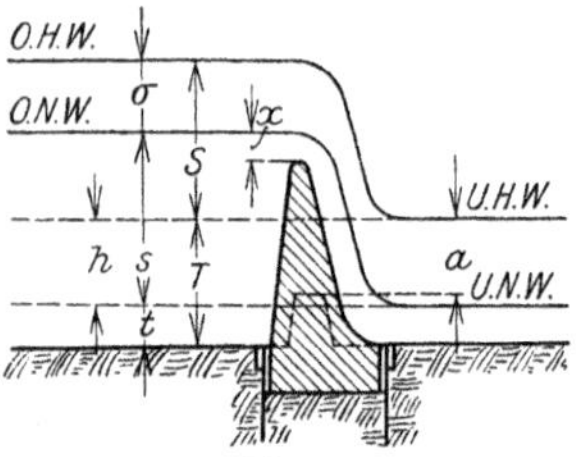

Abb. 11

Aus der Gl. (4) für den Überfall des Niederwassers, aber für $\frac{2}{3}\mu = 0{,}44$, somit $\frac{2}{3}\mu\sqrt{2g} = 1{,}95$, erhält man:

$$y = L - d - \frac{Q'_n}{[1{,}95\,(x+k)^{3/2} - k^{3/2}]} \tag{28}$$

und für das Hochwasser hat man:

$$Q'_h = 1{,}95\,(L - d - y)\,[(x + \sigma + k')^{3/2}] + 1{,}95\,[(S + k')^{3/2} - k'^{3/2}] + \left(2{,}75 + 1{,}68\frac{a}{T}\right) a\,y\,(S + k')^{3/2} \tag{29}$$

indem die Ausflußziffer, Gl. (7), nämlich $\mu' = 0{,}62 + 0{,}38\frac{a}{T}$ gesetzt wurde; hiebei ist

$$k' = \frac{v'^2}{2g} = \frac{1}{2g}[Q_h : L\,(S + T)]^2$$

die Geschwindigkeitshöhe für den Zufluß des Hochwassers oberhalb des Wehres. Durch probeweise Annahme von x berechne man aus Gl. (28) y, und beide in Gl. (29) eingesetzt, sollen einen Wert Q'_h liefern, welcher mit dem gegebenen Q'_h hinreichend übereinstimmt.

Ähnlich ist die Rechnung aufzustellen, wenn z. B. das *U. H. W.* höher liegt, als die feste Wehrkrone.

L. Wasserkraftanlagen

I. Die vorhandenen Wasserverhältnisse

1. Angenähert erhält man aus dem Niederschlagsgebiete A, der mittleren jährlichen Regenhöhe h_{mj} und einer mittleren Jahres-Abflußziffer ψ die Jahresabflußmenge bzw. Zuflußmenge $W_j = \psi\, A\, h_{mj}$. Hieraus folgt z. B. im Hügellande mit $\psi = 0{,}5$, für $A = 100$ km² und $h_{mj} = 700$ mm die mittlere sekundliche Abflußmenge, wenn $T_j^s = 365 \cdot 24 \cdot 60 \cdot 60 = 31{,}536.000$ die Anzahl der Sekunden eines Jahres vorstellt, zu

$$Q_m \text{ m}^3/\text{sek} = W_j \text{ m}^3 : T_j^s = 0{,}5 \cdot 100 \cdot 10^6 \cdot \frac{700}{1000} : T_j^s = 1{,}11 \text{ m}^3/\text{sek}. \quad (30)$$

2. Möglichst genau ergibt sich die ganze Zuflußmengen-Verteilung $Z\,Z$ (Absz. Zeit t, Ord. Q_z), aus der Wasserstandslinie (Pegellinie) $P\,P$ (Absz. t, Ord. p) und der zugehörigen Wassermengenlinie $W'\,W'$ (Absz. Q_z, Ord. p). Abb. 12. Hieraus erhält man die Abflußdauerlinie $D\,D$ (Absz. $d = \sum_0^t t$ Tage, Ord. Q_z); z. B. ist für $m\,n = Q_z$, wenn $ab = 365$ Tage, die Dauer $d = am = a\beta + a_1\beta_1$ Tage, während welchen dieses Q_z eben vorhanden oder überschritten ist.

3. Gewöhnliche **Flußkraftwerke**, die nur das zulaufende Flußwasser, ohne Ansammlung, benützen, d. s. sogenannte **Laufwerke**, werden meist nur für die acht- bis neunmonatliche Dauermenge, z. B. Q_{a8}, Abb. 12, angelegt.

II. Speicherungen

Für eine vorteilhafte Wasserwirtschaft ist es notwendig, für gewöhnlich kein Wasser unbenützt ablaufen zu lassen. Zu diesem Behufe muß der zeitweilige überschüssige Zufluß angesammelt, aufgespeichert werden für eine spätere Verwendung. Bei einem Zuflusse im Gefälle ist dies eine **natürliche Speicherung**; muß das Wasser aber erst gehoben werden, so ist es eine **künstliche oder Pump-Speicherung**.

1. Als **Jahresspeicher** sind vorzüglich geeignet, die durch hohe Talsperren gebildeten Stauseen. Dabei ist als Ideal gedacht, daß der ganze natürliche, unregelmäßige Jahreszufluß in den Stausee, nur etwa mit Ausschaltung außergewöhnlicher Hochwasserspitzen, auf das ganze Jahr, etwa als Jahresmittel Q_{amj}, gleichmäßig oder entsprechend verteilt, abgeleitet werde.

Dieses Q_{amj} findet man für das Einzugsgebiet zur Talsperre aus einer zum Stausee gegebenen Jahreszuflußlinie, wie $Z\,Z$ in Abb. 12 und zur Gl. (30):

$$Q_{amj} \text{ m}^3/\text{sek} = F_{zj} \text{ cm}^2 \alpha' \beta' : T \text{ sek} \quad (31)$$

wobei F_{zj} = doppelt umrahmte Jahreszuflußfläche; α' = wagrechter Maßstab, d. i. 1 cm der Zeichnung = α' sek; β' = lotrechter Maßstab, 1 cm der Zeichnung = β' m³/sek.

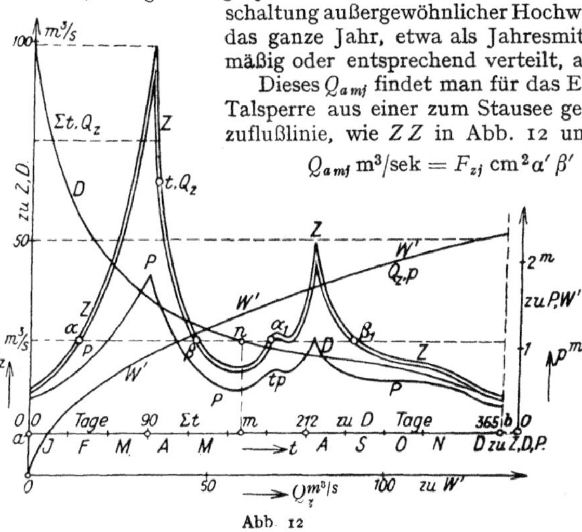

Abb. 12

Der für eine Jahresperiode oder selbst für etwa zwei aufeinander folgenden ungünstigen Jahresperioden notwendige Mindestfassungsraum $V_{\min}$ eines solchen Stauweihers, Talsperrensees als **Ausgleichs-Jahresspeicher** läßt sich allgemein wie in der Abb. 46, S. 586, bestimmen. Derselbe ergibt sich auch in gleicher Weise, wie dies im besonderen hier unten für einen Tagesspeicher, Abb. 13, dargestellt ist. Sonst ist hinreichend angenähert

$$(32) \qquad V_{\min}\ \mathrm{m^3/sek} = (Q_{amj} - Q_{mz})\, T_{tr},$$

wo Q_{amj} das obige Jahresabflußmittel und Q_{mz} den etwa noch vorkommenden geringen mittleren Zufluß, am besten = Null gesetzt (beide in m^3 für einen Tag), in den Stausee während der größten Trockenperiode T_{tr} in Tagen bedeutet. Die Trockenperiode ist so lange vorhanden, als $Q_{mz} < Q_{amj}$. In Mitteleuropa kann man für $T_{tr} = 90$ bis 120 Tage annehmen.

Über den Stausee als **Vorratsspeicher** zur Vergrößerung des Aufschlagwassers siehe Gl. (139) und Abb. 46, S. 586.

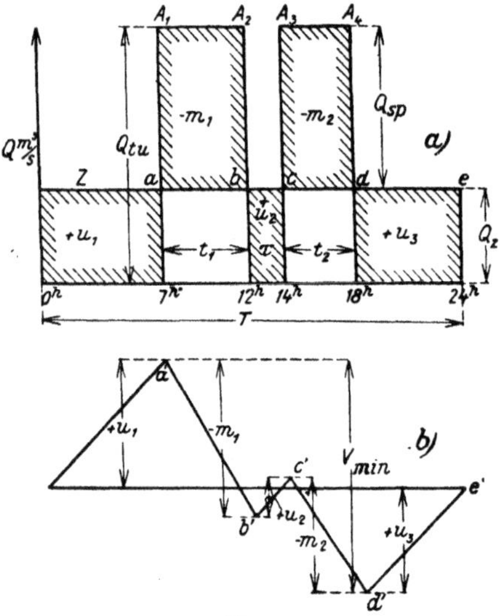

Abb. 13

2. Der **Tagesspeicher** behufs Ausnützung des ganzen Tageszuflusses, wenn der Betrieb ein unterbrochener ist. In Abb. 13 a, b sei ZZ die Zuflußlinie für $T = 24$ Stunden und $A_1\,A_2$ während der Zeit t_1 sowie $A_3\,A_4$ während t_2 die Abflußlinie zum Wassermotor, so daß zwischen beiden letzteren noch eine Arbeitspause τ vorkomme. Für den vollständigen Ausgleich zwischen Zu- und Abfluß ist die Summe der (—) Mangelflächen gleich der Summe der (+) Überschußflächen, und der notwendige Mindestinhalt des Tages-Ausgleichspeichers, allgemein $V_{\min}$ = entweder der größten einfachen (—) Fläche oder der Summe der größeren benachbarten, nur durch kleinere (+) Flächen unterbrochenen (—) Flächen, von welcher (—) Summe die inzwischen liegenden kleineren (+) Flächen noch abzuziehen sind; um die zugehörigen Rauminhalte zu bekommen, sind die Flächenzahlen (in cm^2) noch mit den Maßstabwerten α' und β', wie zur Gl. (31) zu multiplizieren. Aus der Auftragung der Summen-Unterschiedslinien, wie in Abb. 13 b, wo z. B. die Höhe $+ u_1$ gleich der Fläche $+ u_1$, die Höhe m_1 gleich der Fläche $m_1 \ldots$ ist, erkennt man am deutlichsten das $V_{\min}$ = Höhe $a'\,d' = -m_1 + u_2 - m_3$, wo $a'\,d'$ die größte vorkommende einfache oder wenig unterbrochene (—) Mangellinie ist. Für den vollkommenen Ausgleich fällt der Endpunkt e' in die wagrechte Abszissenachse.

Die Aufschlagwassermenge, z. B. als Turbinenwassermenge Q_{tu}, folgt beim vollständigen Ausgleich zur Abb. 13 a aus:

$$(33) \qquad Q_z\, T = Q_{tu}\,(t_1 + t_2) \quad \text{zu} \quad Q_{tu} = Q_z\,\frac{T}{t},$$

wobei die reine Arbeitszeit $t_1 + t_2 = t$ gesetzt wurde. Die Mindest-Speichergröße ist

$$V_{T\min} = (Q_{tu} - Q_z)\,t - Q_z\,\tau = Q_z\,(T - t - \tau). \tag{34}$$

3. Der **Wochenspeicher** muß einen Mindestfassungsraum haben, der um die ganze 24stündige, über den Sonntag sonst unbenützte Zuflußmenge größer ist, als der Tagesausgleichsspeicher, also

$$V_{W\min} = Q_z\,(2\,T - t - \tau). \tag{35}$$

Und die ganze Zuflußmenge von 7 Tagen in 6 Tagen zu je t Arbeitsstunden gleichmäßig aufgebraucht, ergibt eine Aufschlagmenge $Q_{tuw} = Q_z \dfrac{7\,T}{6\,t}$.

4. Die **künstliche Hochspeicherung**, Pumpspeicherung, kommt namentlich bei Wasserkraft-Elektrizitätswerken mit sehr veränderlicher Belastung zum Vorschein, wenn besonders in der Nähe befindliche Berghänge mit recht hoch gelegenen größeren Plattflächen zur Anlage von Pumpweihern, Spitzenweihern sich günstig darbieten. In Abb. 14 sei $b\,b$ die stark schwankende Tagesbelastungslinie, namentlich mit der hohen Belastungsspitze. Die größte Leistungsfähigkeit des Werkes sei durch die Linie $l\,l$ gegeben. Die unausgenützte überschüssige elektrische Leistung der doppelt umrandeten, schraffierten Fläche kann dann mehr oder weniger, wie es die kreuzweise schraffierte (Pump-) Fläche $p\,p$ anzeigt, zum Pumpenbetrieb und Hochheben eines Teiles des Zuflusses vom Oberkanal oder aus einer anderen Wasserstelle in den Spitzenweiher verwendet werden: aus dem Spitzenweiher treibt zur Zeit der großen Belastung das herabfließende Wasser die Hochdruckturbine samt Stromerzeuger zur Ergänzung des Hochbedarfes. Wegen zweimaliger Umsetzung der Arbeitsleistungen ist der Wirkungsgrad nur 0,45 bis 0,6, so daß die aus $p\,p$ entnommene Arbeit das 1 : 0,45 (= 2,2) bis 1 : 0,6 (= 1,7) fache der nutzbaren Spitzenarbeitsfläche $s\,s$ beträgt. Eine zweckmäßige Anordnung für Pumpspeicherung zeigt Abb. 15. OW = Oberwasser, T_h = Turbine, G_h = = Stromerzeuger und P_h = Pumpe im Hauptwerke an einer gemeinschaftlichen, gekuppelten Welle; dann G_s = Stromerzeuger, T_s = Turbine des Spitzenwerkes an einer Welle und Sp = Spitzenweiher.

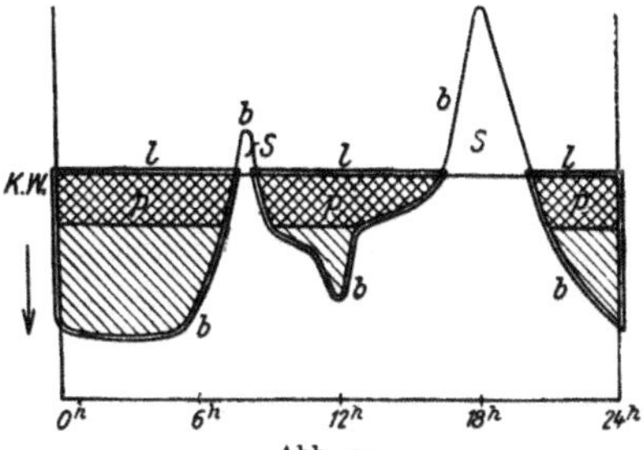

Abb. 14

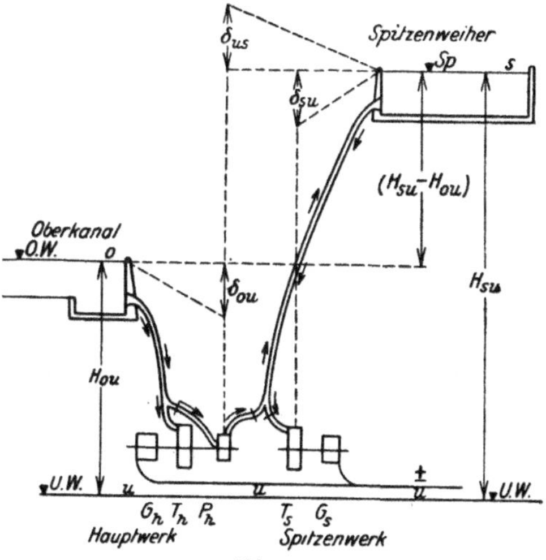

Abb. 15

Soll eine Wassermenge W_p m³, z. B. vom Oberwasser OW in t_p Pumpstunden, also in einer Sekunde Q_p m³/sek $= W_p/t_p \cdot 60^{mi} \cdot 60^{s}$, zur Pumpe geleitet, abgearbeitet, um von dieser in den Spitzenspeicher Sp gefördert zu werden, so sind für diese Leistung an Kilowattstunden nötig:

$$(36)\qquad \overline{KWSt_p} = \frac{1}{\eta_p}\cdot g\, Q_p\, \text{m}^3/\text{sek}\,(H_{su}-H_{ou}+\delta_{ou}+\delta_{us})\, t_p =$$

$$= \left(\frac{g}{\eta_p 60\cdot 60}\right)\cdot W_p\,\text{m}^3\,(H_{su}-H_{ou}+\delta_{ou}+\delta_{us}) =$$

$$= \frac{1}{\eta_p 367}\cdot W_p\,\text{m}^3\,(H_{su}-H_{ou}+\delta_{ou}+\delta_{us});$$

$g = 9{,}81$ m/sek², η_p = Wirkungsgrad der Pumpe, δ_{ou} = Druckhöhenverlust in der Falleitung vom OW zur Pumpe, δ_{us} = Druckhöhenverlust für Q_p in der Steigleitung zum Sp. Ähnlich sind zur nämlichen Leistung die Pferdestärkestunden:

$$(36\text{a})\qquad \overline{PSSt_p} = \frac{1}{\eta_p 270}\cdot W_p\,\text{m}^3\,(H_{su}-H_{ou}+\delta_{ou}+\delta_{us}).$$

Bemerkt sei, zu Gl. (36), daß die Kilowattstunden (sowie $PSSt$) bei gegebener Wassermenge W m³ von der Stundenzahl t_p unabhängig sind.

Durch das Herunterfließen oder Abarbeiten einer Wassermenge Q_a m³/sek vom Spitzenweiher zur Turbine T_s erzielt man unten zur Deckung des Spitzenbedarfes, der Spitzenfläche S, Abb. 14, die Kilowattstunden

$$(37)\qquad \overline{KWSt_a} = S = \frac{\eta_a}{367}\, W_a\,\text{m}^3\,(H_{su}-\delta_{su});$$

η_a = Wirkungsgrad der Spitzenturbine samt Stromerzeuger, δ_{su} = Druckhöhenverlust in der Leitung von Sp bis zu T_s.

In t_a Abarbeitungsstunden ist Q_a m³/sek $= W_a$ m³ : $t_a\cdot 60\cdot 60$. Für die Geschwindigkeiten v_p und v_a zu Q_p und Q_a in der nämlichen Spitzenleitung, wenn $W_p = W_a$, gilt: $\frac{v_p}{v_a} = \frac{t_a}{t_p}$.

Vielfach wird vorteilhaft $t_p > t_a$ sein können; es sei $t_p = p'\cdot t_a$, wo p' ein Beiwert. Dann ist, entsprechend Gl. (62), S. 547: $\frac{\delta_{us}}{\delta_{su}} = \frac{v_p^2}{v_a^2} = \frac{1}{p'^2}$.

Für die Deckung des aufgepumpten Spitzenbedarfes, der Spitzenfläche S in Kilowattstunden der Abb. 14, müssen demnach Gl. (36) und (37) zusammen aufgewendet werden, d. i. rund das Doppelte des Spitzenbedarfes. δ_{ou}, δ_{us} und δ_{su} sind nach Gl. (62) oder (81a), S. 555, zu berechnen.

Wird das Wasser von einer unteren, tieferen Stelle, nicht aus OW, geschöpft, so ist in Gl. (36) zu setzen: das entsprechende H_{su}, dann $H_{ou} = 0$ und $\delta_{ou} = 0$. Aus Gl. (37) folgt die notwendige zu pumpende Wassermenge $W_a = W_p$ also der Mindestinhalt des Spitzenweihers zu

$$(38)\qquad W_a = \frac{367\, S}{\eta_a\,(H_{su}-\delta_{su})}.$$

5. Eine weitere Art der Speicherung der unausgenützten Arbeitsleistung des Werkes ist die elektrische oder Akkumulatorenspeicherung, welche derzeit aber wohl nur bei Gleichstromwerken praktisch erscheint; sie geben einen Wirkungsgrad von rund 75%.

6. Ein Leistungsausgleich betreffs Spitzendeckung läßt sich auch durch Zusammenschluß passender Wasserkraftwerke erreichen, wenn z. B. zur Zeit des Niederwassers bei einem Werke das andere Hochwasser bzw. großes Wasser zur Verfügung hat, wie etwa aus einem Gletscherbache im Sommer oder aus einem Talsperrensee.

7. Ist die Speicherung nicht gut möglich, so hilft vielfach eine Wärmekraftanlage über die Not der Spitzendeckung vorteilhaft hinweg.

III. Das Wasserkraftwerk

1. Der allgemeineren Anordnung nach, mit einer oder mehreren Fallleitungen vom Wasserschlosse herunter, unterscheidet man: Hochdruckwerke mit einem Gefälle von etwa 100 m bis über 1000 m und darüber; Mitteldruckwerke von etwa 15 m bis 100 m Gefälle, dann Niederdruckwerke mit Turbinen im offenen Wasserschachte mit einem Gefälle von etwa 0,6 m bis etwa 10, 15 m.

An der Abzweigungsstelle A, Abb. 16, des Oberkanales, sei durch das Wehr ein Aufstau s im vorhandenen Wasserlaufe bewirkt. Nach einer Eintrittsverlusthöhe e verlaufe der Oberwasserspiegel mit einem relativen Gefälle J_0 bis zum Wasserschlosse mit dem Wasserspiegel OW = Oberwasser; aus diesem führt eine oder zumeist führen mehrere Rohrleitungen abwärts zu dem einen oder zu mehreren Wassermotoren. Aus diesen findet der Wasserabfluß bei den Turbinen mit Saugrohr unter dem Unterwasserspiegel UW statt; bei den Freistrahlturbinen (Peltonrad, Schwamkrugrad) aber gewöhnlich, wenn nicht im seltenen Falle eine Saugeinrichtung getroffen ist, ins Freie, um das Freihängen f über dem Unterwasser- oder Ablaufspiegel. Aus dem Gesamtgefälle H_g des Wasserlaufspiegels vom Ableitungspunkte A bis zum Zurückleitungspunkte B des Unterkanalspiegels in den Flußspiegel erhält man den Höhenunterschied H_{ou} vom Oberwasserspiegel OW bis zum Unterwasserspiegel gleich:

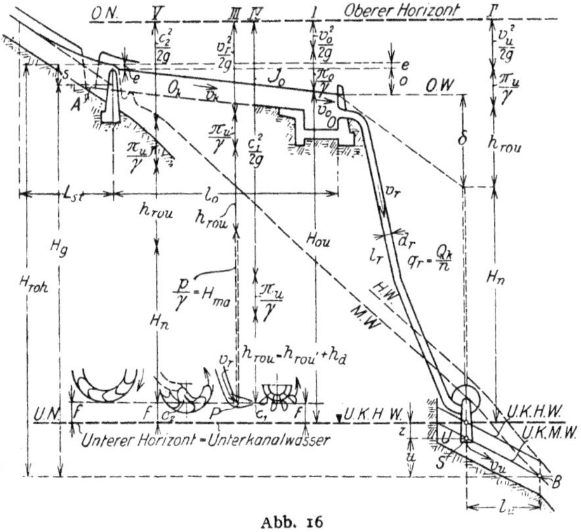

Abb. 16

$$H_{ou} = H_g + s - e - o - u - z; \tag{39}$$

dazu: $o = J_0 l_0$ = Gesamtgefälle des Oberkanalspiegels; u = Gesamtgefälle des Unterkanalspiegels bei Mittelwasser MW; z = allfälliger Rückstau des Bachhochwassers HW an der Saugrohrstelle S. Vielfach wird die letztere hochwasserfrei gelegt, dann ist $u + z = u_g$ = Gesamthöhenunterschied zwischen S und B.

Nach dem Bernoullischen Satze, Abb. 8, sind mit Einrechnung der Verlust- (Reibungs-, Widerstands-) Höhen an allen Leitungsstellen vom Ober- zum Unterwasser die Gesamtenergiehöhen, so die Energiesäulen I bis V, d. i. zwischen einem unteren Niveau und dem obersten Energieniveau UN und ON, gleich groß. Für das Oberwasser vor dem Auslaufe aus dem Wasserschlosse ist: $I = H_{ou} + \frac{\pi_0}{\gamma} + \frac{v_0^2}{2g}$, wo π_0 der Luftdruck auf dem Oberwasserspiegel, v_0 = Zuflußgeschwindigkeit des Oberwassers zum

Auslaufe. Für das Unterwasser an der Saugrohrmündung ist $II = H_n + h_{rou} + \frac{\pi_u}{\gamma} + \frac{v_u^2}{2g}$, wo H_n = Nutzgefälle für den Wassermotor (Turbine), h_{rou} = Gesamtwiderstandshöhe in einer Rohrleitung von oben o bis unten u, in welcher die Wassermenge $q_r = Q_k/n$ herunterfließt; n = Anzahl der Rohrleitungen für die ganze Kanalwassermenge Q_k; v_u = Ausmündungsgeschwindigkeit aus dem Saugrohre, π_u = Luftdruck auf dem Unterwasserspiegel.

Im Rohre P vor der Düse zum **Peltonrad** ist:

$$\text{III} = f + H_{ma} + h_{rou}' + \frac{\pi_u'}{\gamma} + \frac{v_r^2}{2g},$$

dabei f = Freihängen der Düse, d. i. die Höhenlage der Mündung über dem UN (Unterwasser). H_{ma} = manometrische Druckhöhe, Wassersäule, Nutzgefälle, vor der Düse in P; π_u' = Luftdruck auf dem Piezometerspiegel über P; v_r = Geschwindigkeit in P. Für den Ausfluß mit der Geschwindigkeit c_1 aus der Düse ist

$$\text{IV} = f + h_{rou}' + h_d + \frac{\pi_u}{\gamma} + \frac{c_1^2}{2g};$$

dazu h_d = Ausmündungs-Widerstandshöhe der Düse.

Für den Austritt mit der Geschwindigkeit c_2 aus dem **Schwamkrugrade** erscheint

$$\text{V} = f + H_n + h_{rou} + \frac{\pi_u}{\gamma} + \frac{c_2^2}{2g};$$

dazu noch: f = Freihängen der Schaufelmitte.

Aus I = II folgt für Turbinen mit Saugrohr das Nutzgefälle:

(40) $$H_n = H_{ou} - h_{rou} - \frac{\pi_u - \pi_o}{\gamma} - \frac{v_u^2 - v_o^2}{2g} = H_{ou} - \delta,$$

wo der Gesamtdruckverlust der Leitung

(40 a) $$\delta = h_{rou} + \frac{(\pi_u - \pi_o)}{\gamma} + \frac{(v_u^2 - v_o^2)}{2g}$$

ist. Aus I = V erhält man für die Freistrahlräder

(41) $$H_n = H_{ou} - f - h_{rou} - \frac{(\pi_u - \pi_o)}{\gamma} - \frac{(c_1^2 - v_o^2)}{2g}.$$

I = III ergibt:

(42) $$H_{ma} = H_{ou} - f - h_{rou}' - \frac{(\pi'_u - \pi_o)}{\gamma} - \frac{(v_r^2 - v_o^2)}{2g}.$$

Aus III = IV wird für Freistrahl mit $\pi_u = \pi_u'$

(43) $$c_1 = \sqrt{v_r^2 + 2g\,(H_{ma} - h_d)}$$

oder mit Gl. (42):

(43 a) $$c_1 = \sqrt{v_o^2 + 2g\left[H_{ou} - f - (h_{rou}' + h_d) - \frac{(\pi_u - \pi_o)}{\gamma}\right]},$$

wo $(h_{rou}' + h_d) = h_{rou}$.

Ist H_{roh} = Rohgefälle = Höhenunterschied des Stauspiegels am Ableitungspunkte vor dem Wehr bis zum Zurückleitungsspiegel aus dem Unterkanal in den Fluß, H_{ou} = Höhenunterschied vom Wasserspiegel im Wasserschlosse bis zum Ausmündungspunkte des Saugrohres in den Unterkanal, gleichsam Fallhöhe von OW zur Turbine = Bruttogefälle, verfügbares Gefälle, Stationsgefälle, so ist:

$H_{ou} : H_{roh} = \eta_a$ äußerer Wirkungsgrad = Güteverhältnis der Wasserfernleitung, wasserbaulicher Wirkungsgrad der Wasserkraftanlage.

Das Manometer an der Turbine samt dem Vakuummeter am Saugrohre geben zusammen das H_n = Nutzgefälle, Nettogefälle, Turbinengefälle an. $H_n : H_{ou} = \eta_i$ innerer Wirkungsgrad der Wasserkraftanlage.

Die **gesamte Widerstandshöhe** h_{rou} samt Krümmungsverlusthöhen einer Rohrfalleitung von oben bis unten mit den in der Abb. 16 eingeschriebenen Bezeichnungen ist gemäß Gl. (16a) bis (16 d), wenn die Reibungsziffer $\lambda = 0{,}0095 + \frac{0{,}0085}{\sqrt{d_r}}$ wegen größerer Reinheit der Fallrohre schon entsprechend kleiner als für gewöhnliche Wasserleitungen, u. zw. nach Biel, IV. Kategorie, eingeführt wird:

$$h_{rou} = \frac{v_r^2 - v_o^2}{2g} + \frac{v_r^2}{2g}\left\{0{,}2 + \left(0{,}0095 + \frac{0{,}0085}{\sqrt{d_r}}\right)\frac{l_r}{d_r} + \right.$$
$$\left. + \Sigma \frac{\alpha^0}{90}\left[0{,}13 + 0{,}16\left(\frac{d_r}{r_k}\right)^{3{,}5}\right]\right\}; \quad r_k = \text{Krümmungsradius, hiezu} \qquad (44)$$

$$d_r = \sqrt{\frac{4q}{\pi v_r}} = 1{,}128\sqrt{\frac{q}{v_r}} \text{ und } q = Q : n; \qquad (44\text{ a})$$

für je 100 m Höhenunterschied ist

$$(\pi_u - \pi_o) : \gamma = 0{,}12 \text{ m Wassersäule.} \qquad (44\text{ b})$$

Die **Nutzarbeitsleistung** beträgt:

$$\text{Anzahl von Pferdestärken } \overline{PS} = \eta \cdot Q \text{ m}^3/\text{sek} \cdot \frac{1000\, H_n \text{ m}}{75} =$$
$$= \eta \frac{40}{3} Q \text{ m}^3/\text{sek } H_n \text{ m}; \qquad (45\text{ a})$$

$$\text{Anzahl von Kilowatt } \overline{KW} = 0{,}736\, \overline{PS} \text{ oder } \eta\, g \cdot Q \text{ m}^3/\text{sek} \cdot H_n \text{ m}; \qquad (45\text{ b})$$

$g = 9{,}81$ m/sek², η = Gesamtwirkungsgrad des Motors = rund 0,75 ÷ 0,85.

2. Bei vollständigen Gefällsverlustberechnungen sind noch die Druckhöhenverluste h_v besonders in Ansatz zu bringen für alle Stellen, wo die kleinere Geschwindigkeit v_o in eine größere v_1 übergeht, nämlich $h_v = (v_1^2 - v_o^2) : 2g$. Dies kommt namentlich vor: beim Übergang des Wassers in einen Kanal, hinter den Rechen, hinter Schleusen, beim Stollen- oder Tunneleingang.

Den Druckhöhengewinn infolge Überganges einer größeren Geschwindigkeit in eine kleinere pflegt man sicherheitshalber nicht zu berücksichtigen.

Nach Rümelin kann man angenähert ansetzen: den Druckhöhenverlust h_{rech} beim Rechen = 0,01 bis 0,025 v_d^2, v_d = Durchtrittsgeschwindigkeit; bei sämtlichen Krümmern h_{kr} m = Summe aller Ablenkungs- oder Zentriwinkel geteilt durch 1000; bei Absperrvorrichtungen (Drosselklappen, Schieber): $h_{absp} = 0{,}7$ bis $0{,}9\, \frac{(v_d^2 - v_r^2)}{2g}$, v_d = Durchtrittsgeschwindigkeit, bei Drosselklappen bis 3 m/sek, bei Schiebern bis 7 m/sek.

3. Oberkanal

a) Allgemein ist zu Gl. (39) die Eintrittswiderstandshöhe

$$e = \frac{(v_e^2 - v_s^2)}{2g}, \quad v_e = \frac{v_k}{\psi}, \qquad (46)$$

wo v_k = Geschwindigkeit im Kanale, ψ = Einschnürungsziffer am Eintritte in den Kanal; v_s = Geschwindigkeit im Stauraume vor dem Kanale. Bei guter Abrundung des Kanaleinlaufes sei $\psi = 0{,}9$; v_s meist klein, $\doteq$ 0 gesetzt, so $e = v_k^2 : 15$; z. B. bei $v_k \doteq 0{,}5$ m, 1,0 m, 1,5 m ist $e = 1{,}7$, 6,6, 15,0 cm, also bei $v < 1$ m nahe verschwindend klein.

b) Zum Gesamtgefälle $o = J.l$, sowie zur allgemeinen Berechnung des Kanals, bei drei gegebenen Größen, dienen die Formeln zu Gl. (24) und (25). Dabei ist es oftmals ausreichend, nur die Geschwindigkeit v_k im Kanale anzunehmen, u. zw. mit etwa $v_k = 0{,}4$ bei leicht abschwemmbarem, bis 0,8, 1,5 m/sek bei festem Boden.

Soll der Kanal bei gegebenem Q ein kleinstmögliches F und hiemit ein größtmögliches v sowie ein kleinstmögliches J erhalten, so ist ein sogenannter vorteilhafter Querschnitt anzuwenden. Für einen solchen, aus dem Differentialquotienten $du : dt = o$ folgenden, einem Halbkreise vom Radius t (t = Wassertiefe) umschriebenen Trapezquerschnitt Abb. 17, mit Böschungswinkeln φ oder einem Böschungsfuße β (wagrechte Ausladung zur Höhe 1), also $\beta = \operatorname{ctg} \varphi$, wenn

(47) $$\sqrt{\frac{\sin \varphi}{2 - \cos \varphi}} = \frac{1}{\sqrt{2\sqrt{1 + \beta^2} - \beta}} = c_\varphi \text{ gesetzt wird, ist}$$

(48) $$t = c_\varphi \sqrt{F}, \text{ die Sohlenbreite}$$

(48 a) $$b = 2\, t \operatorname{tg} \varphi/2 = 2\left(\sqrt{1 + \beta^2} - \beta\right) \cdot t, \text{ der Profilradius}$$

(49) $$R = \frac{t}{2} = \nu \sqrt{F}; \text{ also } \nu = c_\varphi/2.$$

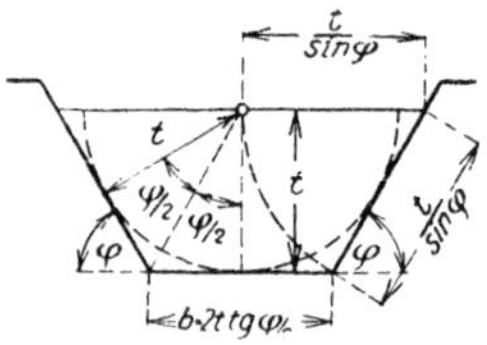

Abb. 17

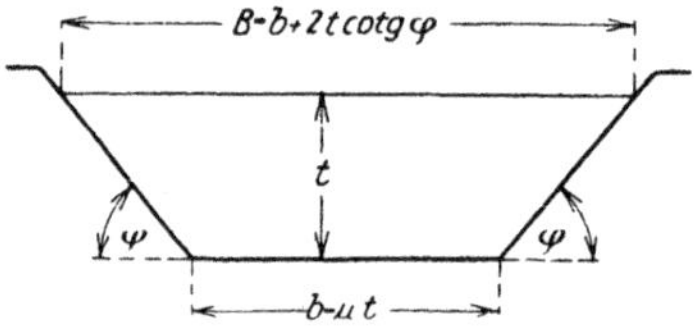

Abb. 18

Für einen vorteilhaften rechteckigen Querschnitt ist $b = 2\,t$. Zu jeder Berechnung mit dem vorteilhaften Querschnitte dienen (außer den besonderen Werten, Gl. (48), (48 a) und (49) noch die allgemeinen Formeln 1 und 2 der Gl. (24), woraus z. B.

(49 a) $$J = \left(\frac{n\, v}{R^{0,7}}\right)^2.$$ Von den in diesen fünf Gleichungen (außer n und φ) vorkommenden sieben Größen sind also nur zwei frei wählbar.

Für einen flacheren, für große Q passenderen Querschnitt, Abb. 18, mit der Sohlenbreite

(50) $$b = \mu\, t \ (\mu \text{ angenommen}), \text{ ist}$$

(51) $$F = t^2 (\beta + \mu);$$

(51 a) $$R = \nu \sqrt{F} = \nu\, t \sqrt{\beta + \mu}, \text{ wo } \nu = \frac{\sqrt{(\beta + \mu)}}{[\mu + 2\sqrt{\beta^2 + 1}]},$$

dann bei bekanntem v ist:

(52) $$t = \sqrt{\frac{Q}{(\beta + \mu)\, v}} \text{ und } J \text{ folgt aus Gl. (49 a) mit Gl. (51 a).}$$

Wenn aber J bekannt, dann wird

(53) $$t = \left\{\frac{n\, Q}{(\beta + \mu)^{1,35}\, \nu^{0,7}\, J^{0,5}}\right\}^{0,37} \text{ und hiezu } v = \frac{Q}{t^2 (\beta + \mu)}.$$

Hiezu die Hilfstafel:

Böschungswinkel	1 : ctg φ	Vorteilhafter Querschnitt $^1/_2\, C\,\varphi = \nu$		Flaches Trapezprofil $\frac{\sqrt{\beta+\mu}}{\mu + 2\sqrt{\beta^2+1}} = \nu$ zu $R = \nu\sqrt{F}$			
φ	1 : β	C φ	$2\,\mathrm{tg}\,\frac{\varphi}{2}$	μ = 1	μ = 2	μ = 3	μ = 4
90^0	1:0	0,707	2,000	0,333	0,354	0,346	0,333
45^0	1:1	0,740	0,828	0,369	0,359	0,343	0,327
$36^0\,52'$	$1:1\,^1/_3$	0,707	0,667	0,353	0,342	0,329	0,315
$33^0\,41'$	$1:1\,^1/_2$	0,689	0,606	0,343	0,334	0,321	0,308
$26^0\,34'$	1:2	0,636	0,472	0,317	0,309	0,299	0,289

Am günstigsten erscheint der, Größtwerte R_{gr}, v_{gr}, Q aufweisende, von Pernt (siehe „Die Wasserkraft", 1925, S. 83) als Kanaltrogprofil benannte Kanalquerschnitt von der Breite $2r$ (Abb. 18a); dabei sind die Ecken mit einem Halbmesser r_a ausgerundet.

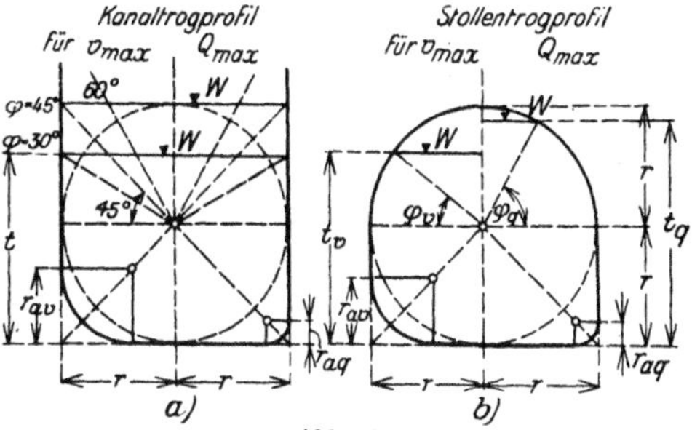

Abb. 18

Für Stollen, wenn nicht der Druckstollen mit kreisförmigem Querschnitt nötig wird, ist auch das sogenannte Stollentrogprofil mit Freispiegel nach Pernt (Abb. 18 b) am günstigsten. Die wichtigsten Werte für beide Trogprofile sind in der nachstehenden Tafel zusammengestellt; hiezu folgt dann v aus Gl. (11a) und $Q = Fv$.

	φ, tg φ	Wassertiefe t	für	r_a	Benetzt. Fläche F	Benetzt. Umfang U	R
				$r\times$	$r^2\times$	$r\times$	$r\times$
Kanal-Trogprofil	0^0 0,000	$r\times$ 1,000	v_{gr} Q_{gr}	0,530 0,172	1,879 1,987	3,545 3,852	**0,530** 0,516
Kanal-Trogprofil	30^0 0,577	1,577	v_{gr} Q_{gr}	0,647 0,210	2,975 3,136	4,599 4,974	**0,643** 0,630
Kanal-Trogprofil	45^0 1,000	2,000	v_{gr} Q_{gr}	0,702 0,228	3,789 3,978	5,397 5,804	**0,702** 0,685
Kanal-Trogprofil	60^0 1,732	2,732	v_{gr} Q_{gr}	0,766 0,250	5,212 5,437	6,807 7,249	**0,766** 0,750
Stollen-Trogprofil	$37^0 55' 18$ 0,779	1,615	v_{gr}	0,622	2,980	4,790	**0,622**
Stollen-Trogprofil	$64^0 0' 57$ 2,052	1,899	Q_{gr}	0,192	3,495	6,070	0,576

So gut wie gleichwertig ist es mit dem Trogprofil, wenn die Eckenausrundung durch eine geradlinige Abschrägung, oder wenn, wie beim sogenannten Korbprofil die geraden Sohlen- und Wandteile durch wenig gekrümmte Bögen flächenausgleichend ersetzt werden.

c) Ein **günstigstes Gefälle des Oberkanals** oder eine **günstigste Geschwindigkeit** in demselben läßt sich für ein Größtes der Reineinnahmen, z. B. aus der Abgabe der elektrischen Energie, berechnen.

α) Ist $\overline{KW}$ die Gesamtanzahl der Kilowatt am Schaltbrette, $\eta_e =$ Wirkungsgrad bis zur Abgabestelle, $s =$ Anzahl der jährlichen Abgabestunden, $a =$ Abgabepreis für eine Kilowattstunde, so ist die jährliche Roheinnahme

$$E_{roj} = \eta_e a s \cdot \overline{KW}. \tag{54}$$

β) Für den Oberkanal OK von gegebener Länge l sei ωF der vergrößerte Wasserquerschnitt bis zur Bodenlinie oder bis zur Dammkrone, $\omega > 1$ vorderhand angenähert eingeschätzt; $k =$ durchschnittliche Gesamtkanalbaukosten, bezogen auf 1 m³ des Kanalraumes von der Länge 1 m zum Querschnitte ωF; $p =$ Zinsziffer, z. B. bei 6 v. H., $p = 0{,}06$, für Verzinsung und Erhaltung, so sind die Gesamtjahreskosten des Kanales:

$$K_{kj} = p\,\omega k l F. \tag{55}$$

Bedeutet K_j noch alle übrigen, vom OK unabhängigen Jahreskosten, dann ist die jährliche Reineinnahme

$$E_{rej} = E_{roj} - K_{kj} - K_j = (54) - (55) - K_j. \tag{56}$$

Dazu: nach Gl. (45b) $\overline{KW} = \eta g Q$ m³/sek $\cdot H_n$ m; H_n aus Gl. (40), worin zuerst mit H_{ou} aus Gl. (39) durch $o = Jl$ die hier in Betracht kommende Veränderliche J in Rechnung kommt.

Zu Gl. (55) erhält man aus $F = Q : v$ mit Gl. (11aV.), wenn

$$\left(\frac{n}{v^{0,7}}\right)^{0,74} = A \tag{57}$$

gesetzt wird, den Wert

$$F = A Q^{0,74} \cdot J^{-\frac{1}{2,7}} = \frac{A Q^{0,74}}{J^{0,37}}. \tag{58}$$

Nun Gl. (56) nach J differenziert, gibt, wenn

$$B = \eta_e \eta g a s, \quad \text{dabei } g = 9{,}81 \text{ m/sek}^2; \quad C = p\omega k \tag{59}$$

für das wirtschaftlich günstige Gefälle:

$$J_{gün} = \frac{1}{Q^{0,19}} \cdot \left(\frac{AC}{2{,}7\,B}\right)^{0,73}. \tag{60}$$

Werden aber in Gl. (56) die Veränderlichen J und F durch v ausgedrückt, so erhält man durch Differentiation unmittelbar die wirtschaftlich günstigste Geschwindigkeit:

$$v_{gün} = Q^{0,19}\left(\frac{C}{2{,}7\,A^{2,7}\,B}\right)^{0,27}. \tag{61}$$

In die Formeln (60) und (61), und zwar in A aus Gl. (57) ist zum vorteilhaften Querschnitt, Abb. 17, das $\nu = c_\varphi : 2$, wo c_φ aus Gl. (47).

Für einen flachen Querschnitt, Abb. 18, aber ist ν aus Gl. (51a) zu rechnen. Für verschiedene Wassermengen Q ergeben sich beispielsweise mit:

$$\eta_l = 0{,}80, \quad \eta = 0{,}80, \quad g = 9{,}81 \text{ m/sek}^2, \quad a = 0{,}80\ K/KWSt,$$
$$s = 3500 \text{ Stunden}, \quad p = 0{,}07, \quad \omega = 1{,}5, \quad k = 40^{K}/\text{m}^3, \quad n = 0{,}017$$
$$\text{und } \beta = 1^1/_2$$

die in der nachstehenden Tabelle zusammengestellten Werte:

Bezeichnung	$B = 17{,}580$; $C = 4{,}2$								Maß
	Vorteilhafter Querschnitt				Flaches Trapezprofil: $\mu = b : t = 2{,}62$				
v	nach Gl. (49): $v = c_{\varphi}/2 = 0{,}345$				nach Gl. (51 a): $v = 0{,}327$				.
A	0,1076				0,1119				.
Q	2	10	20	150	2	10	20	150	m³/sek
$J_{gün}$	0,190	0,140	0,123	0,084	0,196	0,144	0,126	0,086	⁰/₀₀
$v_{gün}$	0,47	0,63	0,72	1,05	0,45	0,61	0,70	1,02	m/sek
F	4,30	15,85	27,79	142,37	4,42	16,30	28,59	146,47	m²
t	1,43	2,74	3,63	8,22	1,04	1,99	2,63	5,97	m
b	0,86	1,66	2,20	4,98	2,71	5,21	6,90	15,62	m

d) Für die **Fallrohre** vom Wasserschlosse herunter ist im allgemeinen die passende Geschwindigkeit bei mäßiger Fallhöhe H_{ou}, Abb. 16 und 19, und bei kleinen bis größeren Wassermengen etwa von $v_r = 0{,}6$ bis 1,6 m/sek; bei größeren Werten von H_{ou}, mehrere 100 m, und größeren $q_r = Q_k : n$ wächst v_r auf 2,5 bis 4,0 m/sek.

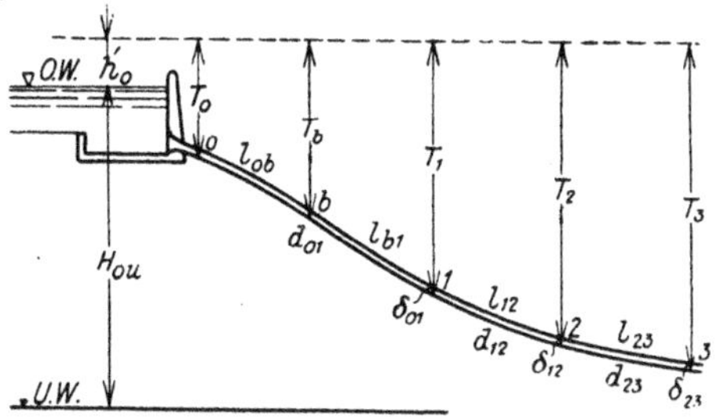

Abb. 19

Gleichwie in c) kann auch die günstigste Rohrlichtweite d_r oder die zugehörige Geschwindigkeit v_r für ein G r ö ß t e s an Reineinnahmen E_{rej} wie Gl. (56) berechnet werden. Für die KW der Roheinnahmen Gl. (54) ist hier aus Gl. (45 b) und (40) nur h_{rou} bzw. mit Gl. (44) und (44 a) nur v_r als V e r ä n d e r l i c h e maßgebend. Dabei sind, wo es sich um die K o s t e n handelt, nur die Widerstände in der Rohrleitung zu berücksichtigen; so wird aus Gl. (44) mit (44 a) jetzt:

$$h_{rou} = \left(\frac{v_r^2}{2\,g}\right) \cdot \left(0{,}2 + \frac{\lambda l}{d}\right) = 0{,}0825 \left(\frac{Q}{n}\right)^2 \cdot \left(\frac{1}{d^4}\right) \cdot \left[0{,}2 + \frac{\lambda l}{d}\right], \tag{62}$$

wo in der Reibungsziffer

$$\lambda = 0{,}0095 + \frac{0{,}0085}{\sqrt{d_r}} \tag{62 a}$$

alle übrigen Widerstände schon berücksichtigt erscheinen und λ mit einem vorläufig eingeschätzten d als f e s t betrachtet werden kann. Demnach ist mittels Gl. (62) der nur die Veränderliche d enthaltende Teil von $\overline{KW}$:

$$E'_{roj} = -\eta_e\, a\, s\, \eta\, g\, Q\, h_{rou} = -0{,}81\, \eta_e\, \eta\, a\, s \left(\frac{Q^3}{n^2}\right) \cdot \left(\frac{1}{d^4}\right) \cdot \left[0{,}2 + \frac{\lambda l}{d}\right]. \tag{63}$$

Für e i n e Rohrleitung mit d = Lichtweite, δ = Rohrwanddicke, p_d = inneren Überdruck auf die Flächeneinheit, σ = Zugbeanspruchung/

Flächeneinheit und einem Sicherheitszuschlag z für etwaige Schwächung durch Rost ist:

$$\delta = \left(\frac{d\,p_d}{2\,\sigma}\right) + z. \tag{64}$$

Diese Formel ist nur für $d > 6\,\delta$ brauchbar. Ist der hydrostatische Wasserdruck in einer Tiefe T unter dem Wasserspiegel p_d kg/cm² $= T$ m/10, so wird zur größtzulässigen Beanspruchung σ_g die geringste Dicke δ aus

$$\delta\,\mathrm{mm} - z\,\mathrm{mm} = \delta' = \frac{50\,d\,\mathrm{m}\;T\,\mathrm{m}}{\sigma_g\,\mathrm{kg/cm^2}}, \tag{65}$$

hieraus

$$T\,\mathrm{m} = \frac{\sigma_g\,\mathrm{kg/cm^2}\;\delta'\,\mathrm{mm}}{50\,d\,\mathrm{m}}. \tag{66}$$

Der Wert σ_g für genietete Rohre = 600 bis 700 kg/cm², für geschweißte = 800 kg/cm², in Krümmern und Formstücken nur etwa 400 kg/cm². Die Rohrprobe wird gewöhnlich mit dem 1,5fachen des hydrostatischen Druckes durchgeführt.

Für p_d muß man einen größten Druck einsetzen, so daß hiebei der Wasserspiegel um h'_s höher anzunehmen ist infolge Rückschlages beim plötzlichen Absperren am Ende der Leitung, wenn nicht für einen freien Austritt des Wassers, so wie in der Höhe des Wasserspiegels, vorgesorgt ist; siehe Gl. (90) bis (91a), S. 557. Z. B. beim Rjukanfosswerk (in Norwegen) wurde die Bedingung gestellt, daß beim plötzlichen Absperren (bei sonstiger Wirksamkeit der Druckregler) der Druck um höchstens 15% über den hydrostatischen Druck ansteigen dürfe und äußerstenfalls, beim Versagen des Druckreglers, um 50%.

Die Rohrleitungskosten sind:

$$K_r = \pi\,d\,\delta\,l\,s_e\,k_e = 24{,}5\;k_e\,d\,\mathrm{m}\;l\,\mathrm{m}\;\delta\,\mathrm{mm}; \tag{67}$$

l = Rohrstranglänge, s_e = Einheitsgewicht des Eisens = 7800 kg/m³, k_e = Einheitspreis bis zur vollständigen Fertigstellung für 1 kg des Rohrgewichtes.

Mit δ aus Gl. (65) sind die Rohrkosten bei l und d bis zu einer Endtiefe T:

$$K_r = 24{,}5\;l\,\mathrm{m}\;k_e\left[\frac{50\;T\,\mathrm{m}}{\sigma_g\,\mathrm{kg/cm^2}}\,(d\,\mathrm{m})^2 + z\,d\,\mathrm{m}\right]. \tag{68}$$

Die Falleitung, Abb. 19, sei in die Strecken l_{ob}, l_{b1}, l_{12}, ... mit den Lichtweiten d_{ob} bzw. d_{b1}, d_{12}, ... eingeteilt, in welchen die Druckhöhenverluste h_{ob}, h_{b1}, h_{12}, ... auftreten. Der erste Teil *ob* von angenommener geringer Länge l_{ob}, etwa 6 bis 15 m, muß auch den Eintrittswiderstand aufnehmen; es ist also $h_{ob} = \frac{v_{ob}^2}{2\,g}\left(0{,}2 + \lambda\frac{l_{ob}}{d_{ob}}\right)$. Für den zweiten und die folgenden Teile ist die Form: $h_{b1} = \frac{v_{b1}^2}{2\,g}\,\lambda\,\frac{l_{b1}}{d_{b1}}$. Demgemäß ist wie bei Gl. (62) und (63) nun:

$$E'_{rot} = -\,0{,}81\,\eta_e\eta\,a\,s\,\frac{Q^3}{n^2}\left\{\frac{1}{d_{ob}^4}\left(0{,}2 + \lambda\frac{l_{ob}}{d_{ob}}\right) + \frac{1}{d_{b1}^4}\,\lambda\,\frac{l_{b1}}{d_{b1}} + \right. \tag{69}$$

$$\left. + \frac{1}{d_{12}^4}\,\lambda\,\frac{l_{12}}{d_{12}} + \ldots\right\}.$$

Die anfängliche, als mindeste Blechdicke angenommene Rohrwanddicke von o bis 1, nämlich $\delta_{ob} = \delta_{b1} = \delta_{o1}$, etwa 8 mm, genügt bei voller Beanspruchung bis zu einer Tiefe:

$$T_1 = \frac{\sigma_g}{50}\cdot\frac{\delta'_{o1}}{d_{b1}}, \tag{70}$$

wo $\delta' = \delta - z$ ist.

Es sind also gemäß Gl. (67) die Rohrleitungs-Ausführungskosten

$$\begin{cases} \text{von } l_{ob}: & K_{rob} = 24{,}5\, k_e\, d_{ob}\, \text{m}\, l_{ob}\, \text{m}\, \delta_{o1}\, \text{mm}; \\ \text{von } l_{b1}: & K_{rb1} = 24{,}5\, k_e\, d_{b1}.\quad l_{b1} \cdot \delta_{o1}. \end{cases} \tag{71}$$

In den Strecken l_{12}, l_{23}, ... sollen die Rohrwanddicken nach einer gewissen Länge λ_ν je um 1 mm, allgemein um ξ, νmal zunehmen, so daß z. B.

$$l_{12} = \nu_{12}\lambda_\nu \text{ und im Tiefenpunkte } T_2 \text{ das } \delta_2 = \delta_1 + \nu\xi. \tag{71a}$$

Der Dickenzunahme um ξ entspricht bezüglich T nach Gl. (66) bei voller Beanspruchung eine Tiefenzunahme: $\tau = \left(\frac{\sigma_g}{50}\right)\frac{\xi}{d}$.

Danach hat der erste Teil z. B. von l_{12} zufolge Gl. (65) die Dicke:

$$\delta_1 - z = \delta'_1 = \left(\frac{50}{\sigma_g}\right) d_{12}\,(T_1 + \tau);$$

der zweite Teil:

$$\delta'_2 = \left(\frac{50}{\sigma_g}\right) d_{12}\,(T_1 + 2\,\tau)$$

usf. bis zum letzten Teil:

$$\delta'_\nu = \left(\frac{50}{\sigma_g}\right) d_{12}\,(T_1 + \nu\tau).$$

Dann sind gemäß Gl. (67) die Ausführungskosten für l_{12} mit d_{12}:

$$K_{r12} = 24{,}5\, k_e d_{12} l_{12} \left[\frac{50}{\sigma_g} d_{12}\, T_1 + (1 + \nu_{12})\left(\frac{\xi}{2}\right) + z\right] \tag{72}$$

und am Ende von l_{12} ist die Tiefe

$$T_2 = T_1 + \nu_{12}\tau = T_1 + \nu_{12}\,\frac{\sigma_g}{50}\,\frac{\xi}{d_{12}}. \tag{73}$$

Ebenso werden für l_{23} mit d_{23} usf. die Kosten K_{r23} usf., wo z. B. am Ende von l_{23} die Tiefe

$$T_3 = T_2 + \nu_{23}\tau = T_2 + \nu_{23}\,\frac{\sigma_g}{50}\,\frac{\xi}{d_{23}}.$$

Die jährlichen Gesamtkosten K_{rj} der n Falleitungen bei der Zinsziffer $p =$ z. B. 0,07, wenn $7^0/_0$ für Verzinsung, Erhaltung und Tilgung, sind:

$$K_{rj} = np\,(K_{rob} + K_{rb1} + K_{r12} + K_{r23} + \ldots). \tag{74}$$

Wie zu Gl. (56) ist die nur auf die Falleitung bezogene jährliche Reineinnahme: $E'_{rej} = E'_{roj}$ aus Gl. (69) — K_{rj} aus Gl. (74).

Dies nach d_{ob}, d_{b1}, d_{12}, ... partiell differenziert, gleich Null, ergibt die wirtschaftlich günstigsten Rohrlichtweiten; wenn kurz

$$\left.\begin{array}{l} \eta_e\eta as = A \text{ und } 6{,}05\, pk_e = B, \text{ das Verhältnis der Einheits-} \\ \qquad \text{kosten } \dfrac{A}{B} = M \text{ und } M\left(\dfrac{Q}{n}\right)^3 = N \end{array}\right\} \tag{75}$$

gesetzt, ferner $\lambda = 0{,}0095 + 0{,}0085 : \sqrt{d}$ ist, wird:

$$\left.\begin{array}{l} 1.\ d^6_{ob} = N\left(\dfrac{0{,}16\, d_{ob}}{l_{ob}} + \lambda\right) : \delta_{o1}, \\ 2.\ d^6_{b1} = N\lambda : \delta_{o1}, \\ 3.\ d^6_{12} = N\lambda : \left[\left(\dfrac{100}{\sigma_g}\right) d_{12}\, T_1 + (1 + \nu_{12})\left(\dfrac{\xi}{2}\right) + z\right], \\ 4.\ d^6_{23} = N\lambda : \left[\left(\dfrac{100}{\sigma_g}\right) d_{23}\, T_2 + (1 + \nu_{23})\left(\dfrac{\xi}{2}\right) + z\right]. \end{array}\right\} \tag{75a}$$

....

Für die Strecken 12, 23, ... Abb. 19, könnte man die Kosten angenähert einfacher berechnen für ein Mittel, wie z. B. für $\frac{1}{2}\,(\delta_1 + \delta_2)$ der

Rohrwanddicken δ_1 und δ_2 am Anfange bzw. am Ende von l_{12}, durchwegs mit der Lichtweite d_{12}, d. i. in den Tiefenpunkten T_1 bzw. T_2. Dazu ist nach Gl. (65):

$$\frac{1}{2}(\delta_1 + \delta_2) = \left(\frac{25}{\sigma_g}\right) d_{12} (T_1 + T_2) + z, \text{ und es wird gemäß Gl. (67):}$$

(76) $$K_{r12} = 24{,}5 \cdot k_e d_{12} l_{12} \left[\left(\frac{25}{\sigma_g}\right) d_{12} (T_1 + T_2) + z\right].$$

Dies in Gl. (74) u. d. f. eingeführt, so bleiben in Gl. (75) die Formeln für $d^6{}_{ob}$ und $d^6{}_{b1}$ bestehen, die anderen aber werden:

(76a) $$\begin{cases} d^6{}_{12} = N\lambda : \left[\left(\frac{50}{\sigma_g}\right) d_{12} (T_1 + T_2) + z, \right], \\ d^6{}_{23} = N\lambda : \left[\left(\frac{50}{\sigma_g}\right) d_{23} (T_2 + T_3) + z. \right]. \end{cases}$$

. . . .

Zu T_1 ist noch die anfängliche Mindestdicke δ_{01}, zu den Tiefenpunkten T_2, T_3, ... folgen die Dicken δ_2, δ_3, ... aus Gl. (65).

Beispiel: $Q : n = 3{,}3$ m³/sek. Zu Gl. (75): $0{,}8 \cdot 0{,}8 \cdot 0{,}8 \cdot 3000 = A = 1536$; $6{,}05 \cdot 0{,}07 \cdot 30$ Kč $= B = 12{,}71$; $M = \frac{A}{B} = 120{,}8$ und $N = 120{,}8 \cdot 3{,}3^3 = 4350$. Zu Gl. (75 a): $d^6{}_{ob} = 4350\,[0{,}16 \cdot 1{,}4 : 10 + (0{,}0095 + 0{,}0085 : \sqrt{1{,}4}] : 8 = 21{,}25$, darin sind 1,4 und 10 angenommen; $d_{ob} = 1{,}66$ m. In Gl. (75 a) zuerst $d_{b1} = 1{,}4$ angenommen, also $\lambda = 0{,}0167$, dann $d^6{}_{b1} = N\lambda : 8 = 4350 \cdot 0{,}0167 : 8 = 9{,}09$, $d_{b1} = \sqrt[6]{9{,}09} = 1{,}44$ m. Hiezu nach Gl. (70): $T_1 = \frac{600}{50}(8 - 1) : 1{,}44 = 58{,}2$ m, $\delta_1 = 8$ mm. Dann d_{12} angenommen $= 1{,}3$ m, $d^6{}_{12} = 4350 \cdot 0{,}0170 : [(100 : 600)\ 1{,}3 \cdot 58{,}2 + (1 + 7)\ (1 : 2) + 1] = 4{,}20$, wobei $\nu = 7$, $\xi = 1$ und $z = 1$ angenommen; $d_{12} = \sqrt[6]{4{,}20} = 1{,}27$ m, dazu nach Gl. (73): $T_2 = 58{,}2 + 7\,(600 : 50) : 1{,}27 = 124{,}2$, nach Gl. (71 a): $\delta_2 = 8 + 7{,}1 = 15$. Probe nach Gl. (65): $\delta'_2 = \frac{50}{600} \cdot 1{,}27 \cdot 124{,}2 = 13$, also $\delta_2 = 13{,}0 + 1 = 14$.

Gemäß Gl. (76 a) bei d_{12} angenommen $= 1{,}3$, so $d^6{}_{12} = 4350 \cdot 0{,}0169 : [(50 : 600) \cdot 1{,}3\,(58{,}2 + 124{,}2) + 1] = 3{,}55$; $d_{12} = 1{,}235$.

Zum Vergleiche seien die bezüglichen Ausführungswerte der elektrischen Wasserkraftanlagen von Rjukanfoss (Norwegen) und Löntsch (Schweiz) angeführt T vom Schloßwasserspiegel abwärts gemessen.

Kraftwerk		T_0	T_b	T_1	T_2	T_3	T_4	T_5
Rjukanfoss $Q = 50$ m³/sek, n = 10 (Zeitschrift des Vereines deutscher Ingenieure 1914, S. 1513)	T m	9	12	33	175	260	297	—
	d mm	2000	1550	1450	1350	1250	—	
	l m	7	120	255	183	130	—	
	δ mm	8		8—15	15—21	21—25	—	
	v m/sek	1,58	2,64	3,00	3,50	4,00	—	
Löntsch $Q = 10$ m³/sek, n = 3 (Schweizerische Bauzeitung 1910, S. 317)	T m	52	—	107	194	274	298	325
	d mm	1350[1]		1275	1200	1125	1050	
	l m	195		138	127	213	252	
	δ mm	8—14		14—21	21—26	25—27	26—28	
	v m/sek	2,30		2,56	2,82	3,31	3,80	

[1]) Sollte in der obigen Beispielsrechnung sich für d_{b1} anstatt $= 1{,}44$ m der obige Wert[1]), nämlich 1,35 m ergeben, so müßte oben $M = 81$ sein anstatt 120,8.

e) Aus einem Wasserlaufe mit dem Gefälle J soll mittels eines offenen Kanales bei einer Wassermenge Q nur eine bestimmte Leistung PS, also mit einer bestimmten Fallhöhe H bis zum Flußspiegel JJ herunter, erzielt werden, Abb. 20. Dabei kann man von den vielen möglichen Längen l und Gefällen i eines Kanales jenes i_m mit dem zugehörigen l_m bestimmen, für welches die Kanalherstellungskosten K ein Kleinstes werden.

Zunächst: $l\ (J - i) = H - S$; $S =$ allfälliger Aufstau. Wenn die Kanallänge angenähert der wagrechten Länge l gleichgesetzt wird, so: $K = \omega F l k$, wo $F =$ benetzter Querschnitt, $\omega F =$ Kanalaushubquerschnitt, $k =$ Gesamteinheitskosten für je 1 m³ Aushub. Aus $Q = F \cdot v$ zum vorteilhaften Querschnitte mit Gl. (47) und (48) folgt:

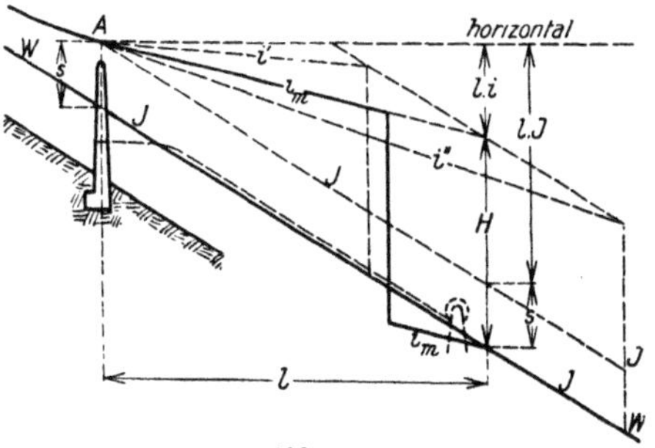

Abb. 20

$$F = \left(\frac{2^{0,7}\, n\, Q}{c \varphi^{\,0,7}}\right)^{0,741} : i^{0,37} = \frac{A}{i^{0,37}};$$

$$\text{eingesetzt:}\quad K = \frac{\omega\, k\, A\,(H - S)}{(J - i)\, i^{0,37}};$$

der Nenner nach i differenziert, gibt als vorteilhaftes Gefälle:

$$i_m = 0{,}27\, J \tag{77}$$

mit der vorteilhaften Länge

$$l_m = \frac{(H - S)}{0{,}73\, J} \text{ und } F_m = \frac{A}{(0{,}27\, J)^{0,37}}. \tag{77a}$$

f) Wenn anstatt eines Kanales eine in Abb. 20 dick gestrichelte Rohrleitung von einer Lichtweite d von einer etwa aufgestauten Flußlaufstelle A aus auf dem Gelände angelegt werden soll, um wie unter e) nur eine bestimmte Nutzfallhöhe H bis zu J herunter zu erzielen, wobei in der Abb. 20 die Linien i jetzt die Druckgefällslinien für die Rohrleitung vorstellen würden, so ist dann nach Gl. (21c) $i = c\, Q^2/d^5$ das Druckgefälle, $l\, i$ der ganze Druckhöhenverlust in der Rohrleitung von der angenäherten Länge l.

Für eine Leitung aus gußeisernen Röhren mit normaler, unveränderlicher Wanddicke, welche noch einen Überdruck von 10 Atmosphären (von je 10 m Wassersäule) mit Sicherheit aushalten können, ist der Einheitspreis k_e für die vollständige Ausführung nahezu: $k_e = x\, d^{5/4}$, wobei $x =$ Beiwert. Die ganzen Kosten sind dann: $K = x\, d^{5/4} \cdot l$, wo, wie unter e): $l = (H - S) : (J - i)$; dann ist nach Gl. (21c) die Rohrlichtweite $d = \dfrac{c^{1/5}\, Q^{2/5}}{i^{1/5}}$.

Aus $\delta K / \delta i = 0$ folgt nun wie oben das billigste Druckgefälle

$$i_m = 0{,}2\, J; \tag{78}$$

dazu ist $l_m = (H - S)/0{,}8\, J$, und $d_m = (c\, Q^2/0{,}2\, J)^{1/5}$, wobei $c = \lambda/12{,}1$ aus Gl. (62a).

g) Ein auf einem Talboden am Mittellaufe eines Flusses geführter Werkskanal von der Gesamtlänge L, der mit n Gefällsstufen bzw. Kraftwerken versehen ist, d. i. ein sogenannter **Staffelkanal**, habe von seinem Abzweigungspunkte aus dem gestauten Flußlaufe bis zur Einmündung in die untere

Flußstrecke eine Gesamtfallhöhe H. Dann ist, wenn die Kanalspiegel durchwegs das nämliche relative Gefälle i besitzen, das Nutzgefälle eines Kraftwerkes gleich $h = (H - i\,L) : n$.

Da der letzte Unterkanal in der Regel sehr kurz sein wird, so könnte jede der übrigen n Kanalhaltungen angenähert die Länge $l = L : n$ haben. Bei größerer Anzahl n werden die Kraftwerksstationskosten größer, dagegen bei kleineren l und hiemit bei geringeren Erdarbeiten die Kanalkosten kleiner; somit muß es eine günstigste Anzahl $n_{gün}$ geben, bei welcher die Summe beider Kostenbeträge am kleinsten wird; dabei wäre für i schon ein günstigstes Gefälle wie nach e) einzuführen. Im allgemeinen aber könnte man zugleich n und i so ermitteln, daß die Reineinnahme aus allen Kraftwerken, ähnlich wie bei c), am größten werde.

h) Anstatt der offenen Kanäle und eisernen Rohrleitungen werden bei entsprechendem Gelände **Stollen oder Tunnels** bzw. anstatt der Falleitungen, Schächte hergestellt; s. Abb. 18. — Bürner: „Das Walchenseewerk", „Die Wasserkraft", 1924, Heft 10. — Kuhn: Druckschächte, „Zeitschrift des österreichischen Ingenieur- und Architektenvereines", 1922, S. 8. — Feller: „Über den Bau von Druckwasser-Leitungsstollen", Schweiz. Wasserwirtschaft, 1926, S. 4.

IV. Für die volle Ausnützung der Wassermenge, besonders eines Talflusses, ohne einen Seitenkanal nötig zu haben und somit auch ohne Wasserverminderung im Unterlaufe, ist das **Umformerwehr von Lawaczek** hervorragend geeignet, welches von Budau zutreffend als **Gefällserhöhungsstauwerk** bezeichnet wird, Abb. 21.

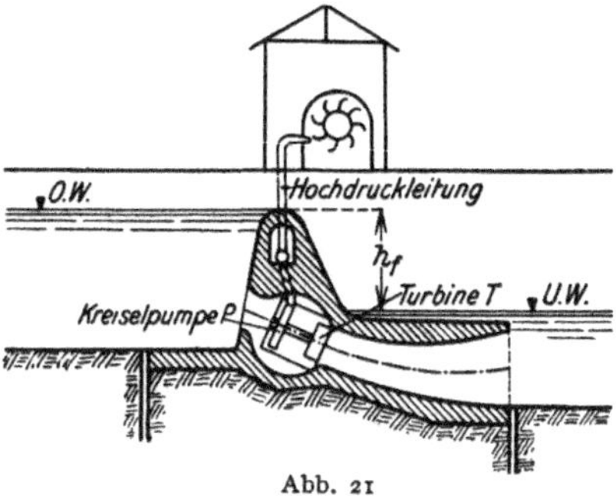

Abb. 21

In einem Wehre seien m Durchlässe hergestellt, in welchen je eine Kreiselpumpe P und eine Turbine T auf gemeinschaftlicher Welle eingebaut sind. Ist Q die ganze benützte Flußwassermenge, h_f die Fallhöhe (= Stauhöhe) am Wehre, so empfängt jede Turbine mit der Aufschlagwassermenge $q_a = Q : m$ eine Arbeitsleistung $L_1 = \gamma\, q_a\, h_f$; γ = Einheitsgewicht des Wassers. Hiemit kann theoretisch, ohne Rücksicht auf Verluste, wieder eine Pumpmenge $q_p = q_a/n$ auf die Höhe $d_1 = n\, h_f$ gedrückt werden. In gleicher Weise vermag die zweite Pumpe die nämliche, von der ersten Pumpe empfangene Druckwassermenge q_p um eine weitere Druckhöhe d_1 zu heben, also, vom Flußstauspiegel weg gezählt, im ganzen auf die Druckhöhe $2\, d_1$ zu bringen, so daß schließlich die letzte, $m$te Turbine mit Pumpe die Wassermenge q_p auf die Druckhöhe $m\, d_1 = m\, n\, h_f$ gebracht hat, welche z. B., aus einer Düse ausfließend, eine Peltonturbine zu treiben vermag. Die theoretische Schluß-Arbeitsleistung ist:

$$L_m = \gamma\, q_p \cdot m\, d_1 = \gamma\, q_p\, m\, n\, h_f \ldots = \gamma\, Q\, h_f, \tag{79}$$

d. i. die ganze im Flusse beim Aufstau h_f enthaltene Arbeitsgröße ergebend. Wegen der in Wirklichkeit auftretenden mehrfachen Verluste beträgt der Gesamtwirkungsgrad η etwa = 0,5 bis 0,6.

Eine hervorragende Ausführung des Umformerwehres ist das Muffat-Werk an der Isar in München, Abb. 22. Die Anordnung ist ähnlich wie bei einer Schachtturbine mit lotrechter Welle. Die von der Kreiselpumpe P_1

des ersten Maschinenpaares I aufgenommene Wassermenge q_p wird durch das Druckrohr D_1 dem zweiten Paare zugeführt, u. s. f. Das letzte Druckrohr D_z führt zur Hochdruckturbine T_z. Aus der letzteren wird das Ablaufwasser vermittels einer Leitung l_z wieder der ersten Turbinenpumpe T_1 P_1 zugeführt; so wird das nur anfänglich einmal dem Flusse entnommene oder sonstwie im gereinigten Zustande einmal herbeigeschaffte Wasser q_p im Kreislaufe immer wieder benützt. Der Wirkungsgrad dieses Umformerwerkes ist rund 0,50.

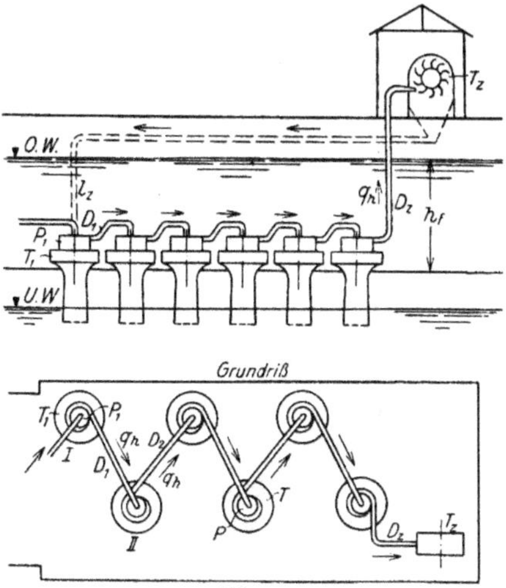

Abb. 22

V. 1. Bei den Wasserkraftwerken mit Speicherbecken, den **Speicherwerken**, wird zur Zeit der Zurückhaltung und Speicherung des Wassers der Wasserabfluß meist ganz unterbrochen, wodurch die Unterlieger am Flusse, in welchen das Kanalwasser zurückkehren soll, geschädigt würden. Für die unteren Werke an einem Staffelkanal fällt ein solcher Nachteil aus der Speicherung, welche das erste, oberste Werk vornimmt, in dem Falle weg, wenn deren Betriebszeiten in richtige Übereinstimmung mit der Betriebszeit des obersten gebracht werden. Um den erwähnten Nachteil zu beheben, muß entsprechend vor der Einmündung in den ursprünglichen Wasserlauf ein Ausgleichsweiher oder Gegenbecken hergestellt werden. Dieses muß den unregelmäßigen Abfluß von obenher aufnehmen und zum Teil derart zurückhalten, daß hiedurch ein gleichmäßiger, ununterbrochener Abfluß in den natürlichen Lauf bewirkt werden kann. Der hiezu nötige Mindestfassungsraum des Ausgleichsweihers findet sich so wie in der Abb. 13 b.

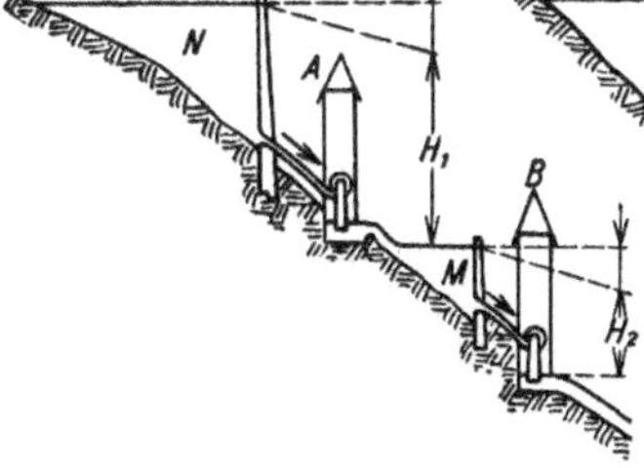

Abb. 23

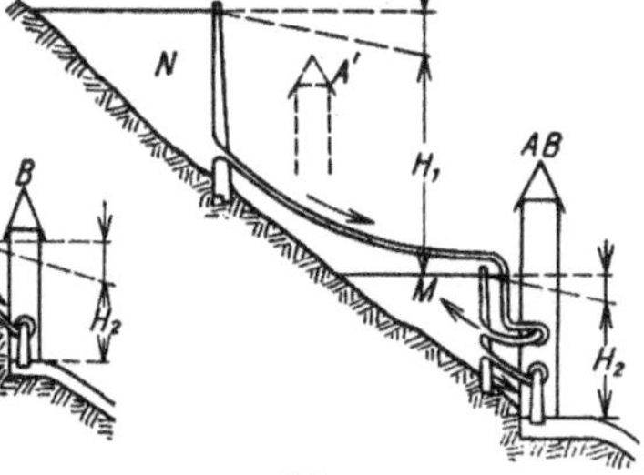

Abb. 24

Hat der Ausgleichsweiher M, Abb. 23, noch eine gewisse ausnützenswerte höhere Lage über dem Flusse, so kann hier durch Niederdruckturbinen eines Nebenwerkes B mit dem gleichmäßigen Weiherauslaufe, aber bei veränderlichem Gefälle und bei nicht unterbrochenem oder sonst bei zeitweilig einen Leerlauf freigebendem Betriebe, noch die letzte Wasserkraft gewonnen werden.

Manchmal wird es vorteilhaft sein, das oberhalb gedachte, sonst etwa von einem Hochspeicher N gespeiste Hauptwerk A', Abb. 24, gemeinsam mit dem vorerwähnten Nebenwerk in einem Gebäude AB auszuführen; dabei wird das Wasser aus N zu den Hochdruckturbinen in AB geleitet, aus welchen es nach aufwärts in den Ausgleichsweiher M abfließt; so wird das ganze jeweilige Gefälle H_1 von N zu M ausgenützt. Und die Niederdruckturbinen des sonstigen Nebenwerkes B können noch mit dem Restgefälle H_2 aus M ohne Unterbrechung gleichmäßig arbeiten.

2. Wenn infolge ungünstiger örtlicher Verhältnisse es nicht möglich ist, unterhalb eines etwa aus einem kleineren Staubecken M, Abb. 25, gespeisten Kraftwerkes A einen Ausgleichsweiher anzuordnen, so kann man darangehen, dieses M selbst als Ausgleichsweiher zu behandeln. Zu diesem Behufe muß noch höher oben ein Stausee N etwa als Jahres- und Hochspeicher errichtet werden. In A erstellt man nun auch die Hochdruckturbinen für N, welche dann vorzüglich die Spitzenleistung zu besorgen und ihren Ablauf nach aufwärts in das untere Staubecken M haben. Worauf die Niederdruckturbinen in A, aus M gespeist, die dauernde Grundlast übernehmen und so den gleichmäßigen Ausfluß aus M bzw. gleichmäßigen Abfluß in den Hauptwasserlauf bewirken. Außerdem könnte ein allfälliger Wasserüberschuß in M vom gleichen Krafthause A aus zur Spitzenspeicherung nach N aufgepumpt werden.

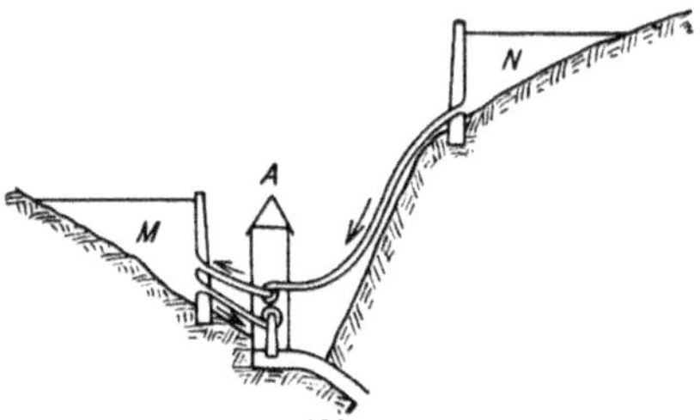

Abb. 25

VI. Der Verbrauch, die Abarbeitung, einer aufgespeicherten Wassermenge W_{sp} in irgendwelchem Stauraum (z. B. Aufstau im Oberkanale, Tagesspeicher, Jahresspeicher), wenn noch stets ein gewisser sekundlicher Zufluß Q_z vorkommt, gestaltet sich folgendermaßen:

1. Bei einem **Tagesausgleichspeicher** zur Abb. 13a), b), ist der angesammelte Wasservorrat W_{sp} gleich dem nötigen Mindestinhalt desselben nach Gl. (34), $W_{sp} = V_{T\min} = Q_z(T - t - \tau)$. In der reinen Arbeitszeit t, also die allfällige Pausezeit τ nicht eingerechnet, wird nun dieser Vorrat W_{sp} samt der während der Arbeitszeit t und der kurzen zwischenliegenden Pausezeit τ noch zufließenden Wassermenge $W_{z\tau} = Q_z(t + \tau)$ als Aufschlag- oder Turbinenwasser W_{tu} verbraucht. Bei gleichmäßiger Wasserentnahme ist also das sekundliche Turbinenwasser

$$Q_{tu} = \frac{(W_{sp} + W_{z\tau})}{t} = \frac{Q_z T}{t} \tag{80}$$

Dabei sinkt der höchste Weiherspiegel, Abb. 26 und 27, von T_1 um die **Absenkungs- oder Abarbeitungstiefe** δ herunter bis T_2. Beträgt in der allfälligen Rohrleitung der Druckhöhenverlust nach Gl. (44) h_{rou}, so ist das mittlere Nutzgefälle H_n für die Turbine:

$$H_n = T_1 - \frac{\delta}{2} - h_{rou} \tag{81}$$

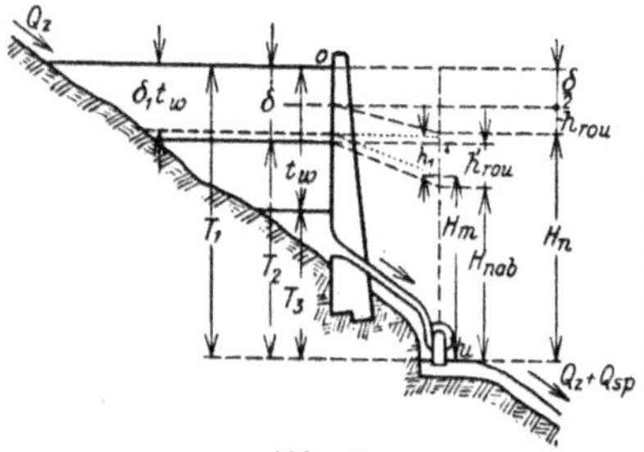

Abb. 26

und die mittlere Anzahl der geleisteten Kilowatt ist nach Gl. (45b)

$$\overline{KW}_m = \eta\, g\, Q_{tu}\, H_n\,.$$

Setzt man für diesen Fall, wo es sich um Arbeitsleistungen handelt, bei Berücksichtigung der Krümmungswiderstände in den Reibungswiderständen in Gl. (44) hinreichend genau:

$$\left.\begin{aligned} h_{rou} &= \left(\frac{v_r^2}{2g}\right)\left[1{,}2 + \left(0{,}0095 + \frac{0{,}0085}{\sqrt{d}}\right)\frac{l}{d}\right] = k_h Q^2, \\ \text{wobei } k_h &= 0{,}0825\left[1{,}2 + \left(0{,}0095 + \frac{0{,}0085}{\sqrt{d}}\right)\frac{l}{d}\right] : d^4 \end{aligned}\right\} \quad (81\,\mathrm{a})$$

für die betrachtete Rohrleitung ein Festwert und Q die jeweilige Fließmenge, d = Lichtweite und l = Rohrlänge ist.

Zur Berechnung des Speicherraumes W_{sp}, wenn die Speicherung im Oberkanal vom Gefälle i durch Aufstau um δ, Abb. 27, vom Wasserspiegel B aufwärts erfolgt, sei angenähert als mittlere gerade Staulänge

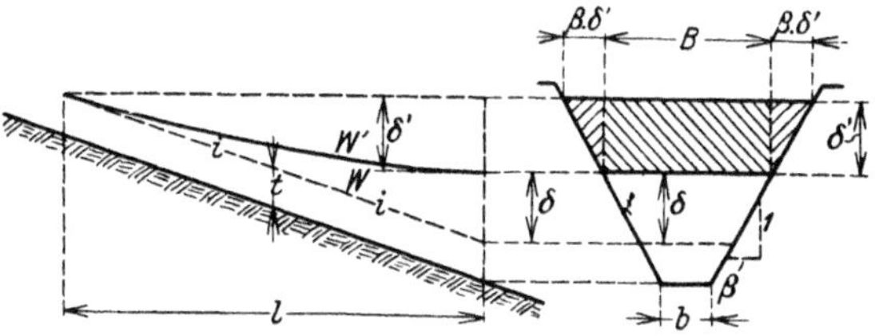

Abb. 27

0,7 von Gl. (9a), d. i. $l = 0{,}7 \cdot 2\,\frac{\delta}{i} = 1{,}4\,\frac{\delta}{i}$ eingeführt; es ist hiezu der Aufstauinhalt:

$$W_{sp} = {}^1/_2\, B\,\delta\, l + 2\,({}^1/_2)\,\beta\,\delta \cdot \delta\,({}^1/_3)\, l = ({}^1/_2\, B + {}^1/_3\,\beta\,\delta)\; 1{,}4\,(\delta^2 : i).$$

Demnach, wenn das δ in der Klammer zuerst versuchsweise angenommen:

$$\delta = \sqrt{i\, W_{sp} : 1{,}4\left(\frac{B}{2} + \beta\,\frac{\delta}{3}\right)}. \quad (82)$$

Bei einer mittleren Wasserfläche F zur Schichtenhöhe δ eines Speicherbeckens ist:

$$\delta = \frac{W_{sp}}{F}. \quad (82\,\mathrm{a})$$

Bei einem Tagesausgleichspeicher wird am Ende der Arbeitszeit t ordnungsmäßig der ganze Vorrat W_{sp} aufgebraucht, also dann die Aufspeicherungshöhe $\delta = 0$ sein.

2. Bei einem **Vorratsweiher**, ohne Rücksicht auf einen Ausgleich, der noch einen Zufluß Q_z erhält, wie es bei den Stauseen im allgemeinen vorkommt, kann man nach einer günstigsten Abarbeitungstiefe δ fragen.

Wird aus dem vollen Vorratsbehälter, beim höchsten Wasserstande desselben, nur die Zuflußmenge Q_z allein, mit der Nutzfallhöhe $H_{ngr} = T_1 - h_{rou}$, Abb. 26, abgeleitet, so erhält man eine Leistung

$$\overline{K\,W_{zu}} = \eta\, g\, Q_z\,(T_1 - h_{rou}). \quad (83)$$

Nimmt man aber zu Q_z aus dem Speichervorrate noch Q_{sp} hinzu, so daß die Abfluß- bzw. Aufschlagmenge nach Abb. 13a $Q_{tu} = Q_z + Q_{sp}$ beträgt, welches Q_{tu} nur bis zur größten Schluckfähigkeit der Turbine anwachsen kann, dann ergibt sich zu Ende der δ betragenden Wasserspiegelabsenkung, da jetzt die Nutzfallhöhe $H_{nab} = T_1 - \delta - h'_{rou}$, wo $h'_{rou} > h_{rou}$ in Gl. (81), die Leistung:

(84) $$\overline{KW_{ab}} = \eta\, g\, (Q_z + Q_{sp})\, (T_1 - h'_{rou} - \delta).$$

Bei einer gewissen größten Absenkungstiefe δ_{gr} wird nun Gl. (84) = (83) werden. Daraus

(85) $$\delta_{gr} = T_1 - h'_{rou} - \frac{(T_1 - h_{rou})\, Q_z}{(Q_z + Q_{sp})},$$

wozu h'_{rou} bzw. h_{rou} aus Gl. (81 a) mit dem Q für ein Fallrohr zu nehmen ist. In dieser Grenztiefe δ_{gr} erhält man trotz der aus dem Speicher entnommenen Zuschußwassermenge Q_{sp} wegen der um δ_{gr} verringerten Fallhöhe nicht mehr einen Arbeitsgewinn, sondern nur die nämliche Leistung wie in Gl. (83) mit Q_z allein, dieses aber in der anfänglichen Höhe T_1.

Die Abarbeitung von oben bis δ_{gr} ergibt, wie weiter unten gezeigt, auch einen Größtwert an Kilowattstunden.

3. Bei der Abarbeitung bis zur Tiefe δ_{gr} hat man in allen Höhenlagen immer noch einen Leistungsgewinn gegenüber dem bloßen Zuflusse Q_z, vom Wasserzuschusse aus dem Vorrate bis ganz zuletzt dieser Gewinn eben gleich Null ist. Dabei ist während der Arbeitsdauer t in Stunden eine Speichermenge

(86) $$W_{sp} = Q_{sp} \cdot t^h \cdot 3600^s$$

aufgebraucht worden, die an der Ausflußstelle die Schichtenhöhe δ_{gr} besaß. Da die mittlere Anzahl der Kilowatt aus Gl. (84) der mittleren Nutzfallhöhe $(T_1 - h'_{rou} - \delta_{gr}/2)$, Abb. 26, entspricht, so erreicht man in t^h durch Abarbeitung die größte Arbeitsmenge in Kilowattstunden

(87) $$\overline{KWSt_{zsp}} = \eta\, g\, (Q_z + Q_{sp}) \left(T_1 - h'_{rou} - \frac{\delta_{gr}}{2}\right) \cdot t^h = \\ = \eta\, g \left(Q_z\, t^h + \frac{W_{sp}}{3600}\right) \left(T_1 - h'_{rou} - \frac{\delta_{gr}}{2}\right).$$

Vom Zuflusse Q_z allein von der obersten Höhe wie zu Gl. (83) hat man in der gleichen Zeit t^h an Kilowattstunden:

(88) $$\overline{KWSt_{zu}} = \eta\, g\, Q_z\, (T_1 - h_{rou})\, t^h.$$

Der Unterschied von Gl. (87)—(88) stellt den Arbeitsgewinn $\overline{KWSt}_{Gewinn}$ vor, welcher durch die Hinzunahme von Q_{sp} aus dem Speicher zum vorhandenen Q erzielt wird; es ist

(89) $$\overline{KWSt}_{Gewinn} = \eta g \left[W_{sp}\left(T_1 - h'_{rou} - \frac{\delta}{2}\right) : 3600 - Q_z\, t^h \left(h'_{rou} - h_{rou} + \\ + \frac{\delta}{2}\right)\right] = \eta\, g\, t^h \left[Q_{sp}\, T_1 + Q_z\, h_{rou} - (Q_z + Q_{sp}) \left(h'_{rou} + \frac{\delta}{2}\right)\right].$$

Für ein Differenzieren von Gl. (89), um eine günstigste Absenkung $\delta_{gün}$ zu finden, wofür der Arbeitsgewinn bei der Abarbeitung aus dem Vorratsbecken ein Größtes werden soll, ist zu beachten, daß mit δ sowohl W_{sp} als auch zufolge Gl. (86) die Stunden t^h zusammenhängen. Bedeutet F die bekannte mittlere Fläche des Speichers, so ist $W_{sp} = F\,\delta$ und $= Q_{sp} \,.\, t^h\, 3600^s$, also $t^h = F\,\delta : 3600\, Q_{sp}$. Dies in den zweiten Teil von Gl. (89) gesetzt und nach δ differenziert, so erhält man $\delta_{gün}$, welches vollständig mit dem δ_{gr} nach Gl. (85) übereinstimmt.

Die an manchen Stellen vorkommende Formel für $\delta_{gün} = T_1 - h_{rou} - 1800\, Q_z\, t : F$, worin t als beliebige Größe vorkommt, ist also eine irrtümliche.

VII. 1. Beim raschen, in einer Zeit τ Sekunden vollendeten Absperren einer Falleitung in A vom Querschnitte F und einer Länge l, in welcher die Geschwindigkeit $= v$ ist, entsteht ein beträchtlicher Rückstoß, ein Wasserschlag, Widderstoß, welcher in einem Standrohre oder Wasserschlosse vom Querschnitte F_{st} ein Emporsteigen des Wassers, z. B. um h', Abb. 28, über das Niveau des Behälterspiegels OW hervorbringt. Aus dem Grundsatze: Antrieb der Kraft gleich der Zunahme an Bewegungsgröße, erhält man:

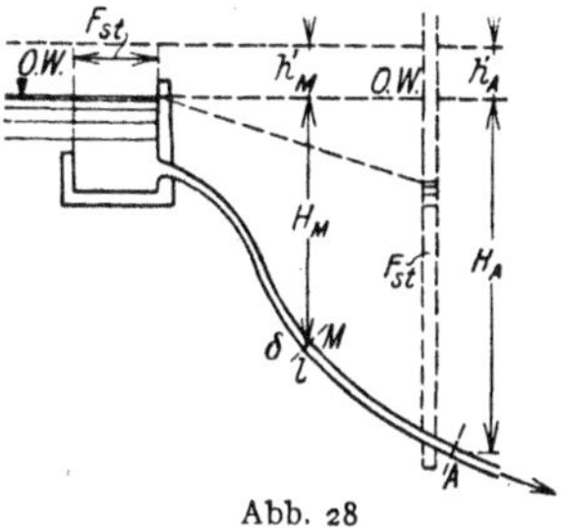

Abb. 28

$$h' = \frac{3\,l v}{2\,g\tau}, \text{ wobei } g = 9{,}81 \text{ m/sek}^2, \qquad (90)$$

um welchen Betrag an allen Leitungsstellen der hydrostatische Druck, d. i. der Druck von der Wagrechten des OW herab, erhöht wird; z. B. an der Rohrstelle M beträgt der erhöhte Druck $H + h' = T$, für welchen die zugehörige Rohrstärke δ zu berechnen ist.

Ein langsames Absperren oder, zuverlässiger, eine, das frühere Überlaufen des Wassers gestattende, weniger als h' betragende Höhe des oberen Randes des Standrohres über $O\,W$ ist daher nötig, um die Drucksteigerung möglichst klein zu erhalten.

2. Berechnet man die Erhebung des Standrohr- oder Wasserschloßspiegels bei einem plötzlichen Absperren aus dem Grundsatze: Die lebendige Kraft der Wasserströmung in der abzusperrenden Rohrleitung, wie oben, sei gleich der Arbeit für die Erhebung über $O\,W$ der h' hohen Wassersäule, so wird

$$h' = v\sqrt{(F : F_{st})\cdot\left(\frac{l}{g}\right)} - 0{,}6\,h_{reib}, \text{ wobei } v = v_a\left(\frac{F_a}{F}\right). \qquad (91)$$

v_a = Ausflußgeschwindigkeit und F_a = Mündungsquerschnitt der Leitung, und h_{reib} = Reibungsdruckhöhenverlust in der Leitung = Gl. (62).

Führt man aber anstatt des obigen für die Erhebung, das Gewicht der Wassermenge von $(H + h')$ ein, so wird:

$$h' = \sqrt{H^2 + \left(\frac{F}{F_{st}}\right)\cdot\left(\frac{v^2\,l}{g}\right)} - H. \qquad (91\text{ a})$$

Beispiel: $l = 200$ m, $v = 3$ m/sek, $\tau = 10$ Sekunden, so aus Gl. (90): $h' = 9{,}2$ m. Ferner $F = 0{,}8$ m², für das Wasserschloß $F_{st} = 5$ m²; aus Gl. (91): $h' = 5{,}4$ m. Aus Gl. (91 a): Für das Wasserschloß bei $H = 0$ ist h' wie aus Gl. (91); für ein unmögliches Standrohr wäre bei $H = 130$ m und $F_{st} = 0{,}2$ m² aus Gl. (91 a): $h' = 2{,}8$ m. (Siehe „Der Höchstschwall in Schachtwasserschlössern"; Die Wasserwirtschaft 1925.)

M. Wasserversorgung

I. Wasserbedarf

Wenn alle Wasserbedürfnisse einer Ortschaft bekannt sind oder einzeln eingeschätzt werden, so kann man den ganzen Bedarf durch Summierung der nachstehenden Werte bilden:

a) Hausgebrauch bei Bezahlung des Wassers auf Grund von Messungen:

1.	Gebrauchswasser in Wohnhäusern, zum Trinken, Reinigen, Kochen und zur Wäsche, für den Kopf der Bewohner im Tag	20—30 l
2.	Abortspülung, einmalige	5—6 l
	Pissoirspülung, aussetzend, pro Stand in der Stunde	30 l
	Pissoirspülung, fortwährend, für den laufenden Meter Spülrohr in der Stunde	200 l
3.	Bäder, ein Wannenbad 350 *l*, Brause	20—30 l
4.	Garten- oder Hofbegießung an einem trockenen Tage, für den Quadratmeter	1,5 l
5.	Ein Pferd tränken und reinigen, ohne Stallreinigung, im Tag	50 l
6.	Desgleichen ein Stück Großvieh	50 l
7.	Desgleichen ein Stück Kleinvieh	10 l
8.	Einen Wagen reinigen	200 l

Wird das abgegebene Wasser nicht durch Wassermesser kontrolliert, so steigt der Verbrauch auf das Doppelte und höher.

b) Öffentliche Anstalten:

1.	Schulen, für den Schüler und Schultag	2 l
2.	Kasernen, für den Mann und Verpflegstag	20 l
	für ein Pferd	40 l
3.	Kranken- und Versorgungshäuser, für den Kopf und Verpflegstag	100—150 l
4.	Gasthöfe, für den Kopf und Verpflegstag (ohne Aufzüge oder Wassermotoren)	100 l
5.	Badeanstalten, für das abgegebene Bad	500 l
6.	Waschanstalten, für 100 kg Wäsche	400 l
7.	Schlachthäuser, Gesamtverbrauch im Jahr für das Stück geschlachteten Viehes	300—400 l
8.	Markthallen, für den Quadratmeter und den Markttag	5 l
9.	Eichamt, Gesamtverbrauch für 1 m³ geeichten Hohlgefäßes	1100 l
10.	Bahnhöfe, Speisewasser für eine Lokomotive pro Tag	6000—8000 l

c) Gemeindezwecke:

1.	Straßenbespritzung, für den Quadratmeter, einmalige Bespritzung	1—1,5 l
2.	Öffentliche Gartenanlagen, für den Quadratmeter, einmalige Bespritzung	1,5 l
3.	Öffentliche Ventilbrunnen, im Tag	3000 l
4.	Öffentliche Pissoirs, bei intermittierender Spülung, für den Stand in der Stunde 60 *l*; bei fortwährender Spülung, für den laufenden Meter Spülrohr in der Stunde	200 l

d) Gewerbe und Industrie:

1.	Brauereien, Gesamtverbrauch im Jahr für den Hektoliter gebrauten Bieres, ohne Eisbereitung	500 l
2.	Zur Verwandlung von 1 kg Wolle in Tuch (Dampfmaschine, Wollwäsche, Walkerei, Rauherei, Spülen der farbigen Ware), nach Beissel	1000 l
3.	Dampfmaschine, für die Pferdekraft in der Stunde	30 l

Für gewöhnliche Verhältnisse in den Städten genügen pro Kopf und Tag, je 24 Stunden, im Jahresdurchschnitte 100 Liter Wasser. Das sind für 1000 Einwohner:

$$(92) \qquad 1000 \cdot 100 : 24\,\mathrm{st}\ 60\,\mathrm{min}\ 60\,\mathrm{sek} = 1{,}16\,\mathrm{l/sek} = Q_{jm}\,\mathrm{l/sek}.$$

Der ungleichmäßige Wasserverbrauch im Verlaufe eines Tages ist aus der ungefähren Verbrauchslinie *VV* der Abb. 29 zu ersehen. An einem Sommertage ist der größte Tagesverbrauch, das Tagesmaximum, rund das $1^1/_2$fache des Tagesmittels; also für 1000 Einwohner:

$$(92\,a) \qquad 1{,}16 \cdot 1{,}5 = 1{,}74\,\mathrm{l/sek} = Q_{grT}\ \mathrm{l/sek},$$

wofür die größte Wasserbeschaffung einzurichten ist.

Nahe um die Mittagszeit des größten Tagesverbrauches tritt aber der größte Stundenverbrauch, das Stundenmaximum, ein, das rund das $1^1/_2$fache des Tagesmaximums beträgt, das sind für 1000 Einwohner:

$$(92\,b) \qquad 1{,}74 \cdot 1{,}5 = 2{,}61\ \mathrm{l/sek} = Q_{gr\,St}, \ldots.$$

und zu dieser Einheitsmenge 2,61 l/sek 1000 E müssen die Wasserleitungsröhren bei der Anordnung der unbeschränkten Wasserentnahme berechnet werden, wobei ein Zapfhahn sogleich $^1/_3$ bis $^1/_2$ l/sek Ausfluß ergeben soll.

Für die wirtschaftlich billigste Anlage einer Wasserleitung muß diese anfangs schon infolge Bevölkerungszunahme, wenn es eine Pumpwerksleitung mit Wasserhebung ist, etwa für einen nach $n = 25$ bis 30 Jahren, bei einer Schwerkrafts- oder Gravitationsleitung, d. i. ohne Wasserhebung, für einen nach etwa $n = 40$ Jahren eintretenden Wasserverbrauch berechnet werden. Ist E = jetzige Einwohnerzahl, p = z. B. 0,02, wenn der Zuwachs für Hundert = 2%, E_n = die Bevölkerungszahl nach n Jahren, so ist: $E_n = E\,(1 + p)^n$;

für $n =$	30				40			
$p =$	½%	1	2	3	½	1	2	3%
$E_n = E \times$	1,16	1,35	1,81	2,43	1,22	1,49	2,20	3,26

Soll unmittelbar aus den Wasserleitungssträngen das Feuerlöschen aus Hydranten, Wasserpfosten, mit einem Ausflusse von 5 l/sek stattfinden können, so müssen die sonst dem größeren $Q_{gr\,st}$ entsprechenden Leitungen für wenigstens $2 \times 5 = 10$ l/sek, samt einem auf Q_{jm}, Gl. (92), verminderten Hausverbrauch berechnet sein.

Für ländliche Wasserversorgung genügt es, im Jahresdurchschnitte als Gebrauchswasser im Wohnhause bloß 30 bis 50 l/Kopf und Tag (bei Wasserknappheit selbst nur 30 l) zu rechnen und für je ein Stück und Tag Großvieh 50 l, für Kleinvieh 10 l dazuzuzählen; zugleich genügt es hier, für den höchsten Stundenverbrauch nur das 1,5fache des jahresdurchschnittlichen anzusetzen und eine mäßige Bevölkerungs- und Bestandeszunahme zu berücksichtigen.

Für den Ausgleich zwischen dem während einer gewissen Zeit gleichmäßigen Wasserzuflusse und dem unregelmäßigen Verbrauche im Tage müssen Behälter angebracht sein, die zur Zeit, wenn der Zufluß größer als der Verbrauch, den Überschuß entsprechend der schraffierten Fläche ($+u$), Abb. 29, aufnehmen und diesen Überschuß dann zur Zeit des größeren Verbrauches, entsprechend der Mangelfläche ($-m$), abgeben. Über die notwendige Behältergröße siehe unter: „Dienst- oder Hochbehälter".

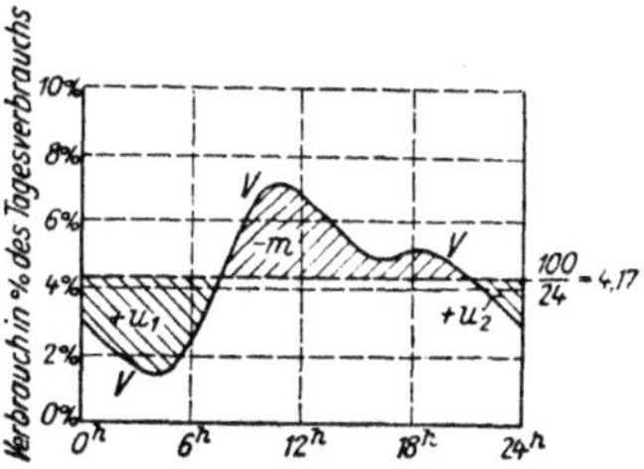

Abb. 29

II. Beschaffenheit des Wassers

Ein Trinkwasser darf an Ammoniak und salpetriger Säure nichts enthalten, sonst nur wenige organische und aufgelöste Stoffe.

Die Anzahl der cg von $CaO + 1{,}4\,MgO$, des Gesamtkalkes, in einem Liter Wasser sind die deutschen Härtegrade d^0 des Wassers. d^0 von 0 bis 10° zeigen ein weiches, 10° bis 20° ein mittelhartes, über 20° ein sehr hartes Wasser an. Einem deutschen Härtegrad entsprechen 1,79 französische oder 1,25 englische Härtegrade.

An krankheitserregenden Keimen darf im Trinkwasser gar nichts, an sonstigen Keimen höchstens 100 in 1 cm³ Trinkwasser vorkommen.

III. Wasserleitungsanordnung

Befindet sich die Gewinnungsstelle, in diesem Falle die Quelle, genügend hoch über dem Verbrauchsorte, so kann das Wasser stets mit natürlichem Gefälle zufließen: dies ist eine Schwerkrafts- oder Gravitationsleitung. Ist die Wassergewinnungsstelle nicht hinreichend hoch über, oder sogar tiefer, wie bei Grundwasser- oder Flußwasserversorgung, als der Verbrauchsort, so daß das Wasser in die Höhe gehoben, gepumpt, werden muß, so ist dies eine Pumpwerksleitung. Ein besonderer Fall der Pumpwerksleitung ist das Delphinpumpwerk von Borsig-Scheven, wobei ein gewöhnlicher Ausgleichsbehälter nicht nötig ist. Es sind mehrere elektromotorisch anzutreibende Pumpen aufgestellt. Bei geringem Wasserverbrauche arbeitet nur eine oder arbeiten nur wenige der Pumpen in einen oder mehrere Windkessel. Tritt ein größerer Verbrauch ein, so sinkt der Wasserspiegel im Windkessel und dadurch werden mittels entsprechender elektrischer Einrichtung selbsttätig noch mehrere Pumpen eingeschaltet. Das Steigen des Windkesselspiegels bei Abnahme des Wasserverbrauches bewirkt in gleicher Weise ein selbsttätiges Ausschalten von Pumpen. Durch den Luftdruck im Windkessel wird das Wasser so wie aus einem Hochbehälter in die Verteilungsleitung getrieben.

IV. Wassergewinnung

1. **Quellwasser.** Dazu gehören chemische und bakteriologische Untersuchungen, Beobachtungen der Ergiebigkeit und Temperatur während längerer Zeit. Schließlich ist die Erscheinung zu berücksichtigen, daß nach mehrjähriger Quellenableitung die Ergiebigkeit herabsinkt bis auf das Maß der jeweiligen Quellenspeisung durch die einsickernden Tagwässer.

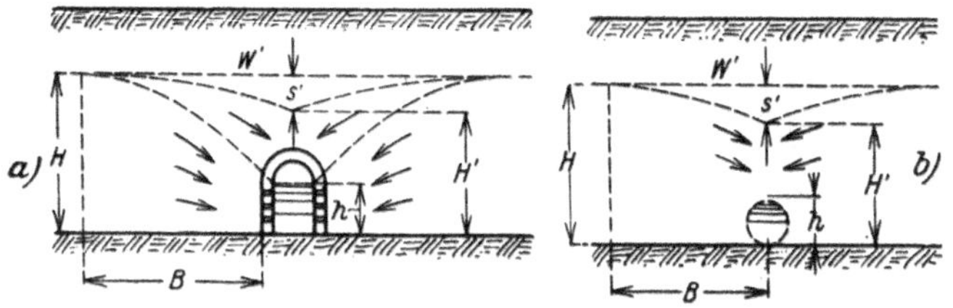

Abb. 30

2. Künstlich erschlossenes **Grundwasser**. Gewinnung mittels

a) **Sickerkanal**, Abb. 30a. Die Ergiebigkeit auf einer l m langen Seite ist:

$$Q_1 = \frac{k l}{2 B} (H^2 - h^2), \tag{93}$$

wo B die Wirkungsbreite ist, d. h. jene Entfernung, in welcher die Absenkung des normalen Grundwasserspiegels nahe gleich Null ist. k = Durchlässigkeitsziffer des Bodens zur Darcy'schen Formel: Filtriergeschwindigkeit $v = k\,i$, wo i = rel. Gefälle des Grundwasserspiegels, siehe Gl. (95). Wenn bei der Absenkung s bis auf h auf beiden Längsseiten der Wassereintritt erfolgt, dann ist die Ergiebigkeit $Q_2 = 2\,Q_1$. Bei kiesigem Grundwasserträger entspricht die Formel von Smreker: $v = k_{sm} i^{2/3}$ besser; hiemit errechnet sich z. B. die Ergiebigkeit eines Sickerkanals, Abb. 30a), zu: $Q_1 = k_{sm} l \; [(H^{5/2} - h^{5/2}) : 2{,}5\,B]^{2/3}$. Ist aber beim Sickerkanal, so wie bei einer

b) **Sickerrohrleitung**, Abb. 30b), die Absenkung s' des ursprünglichen Grundwasserspiegels W' geringer, so daß schließlich über der Sickerleitung die verminderte Grundwassertiefe H' verbleibt, so ist deren ganze Ergiebigkeit

$$Q_2 = \frac{k\,l}{B}(H^2 - H'^2). \qquad (94)$$

c) Wasserführende Schichten, welche in größere Tiefen einfallen und mit undurchlässigen Schichten wechselnd auftreten, können mit einem Stollen angeschlagen werden, welcher senkrecht auf die Streichrichtung (mit zirka 1,8 m Lichthöhe, 0,8 bis 1,0 m Weite) getrieben wird. Der Stollen kann als natürlicher Behälter benützt werden, indem man ihn abdämmt und den Abfluß durch ein Gußeisenrohr mit Schieber bewerkstelligt.

d) **Brunnen.** Dieselben finden zumeist da Anwendung, wo es sich um Wassergewinnung aus einem zusammenhängenden Grundwasserstrome handelt und wo der größeren Tiefenlage wegen Sammelkanäle nicht mehr angezeigt sind. Um im voraus über die Ergiebigkeit einer Brunnenanlage ein Urteil zu gewinnen, sind eingehende Erhebungen über die Grundwasserverhältnisse erforderlich. Man wird womöglich mit Hilfe von Bohrungen und durch Messungen an vorhandenen Brunnen einen Höhenschichtenplan des Grundwasserspiegels anzufertigen trachten und die Geschwindigkeit der Strömung messen; letzteres kann in der Weise geschehen, daß man in der Strömungsrichtung zwei l_m voneinander entfernte Bohrlöcher stößt, in das obere eine konzentrierte Salzlösung (etwa 100 bis 200 kg Kochsalz) einbringt und aus dem unteren Bohrloch in kleinen Zeitintervallen Proben entnimmt, um den Zeitpunkt zu bestimmen, wo daselbst der größte Salzgehalt auftritt, d. i. die Zeit τ, welche das Wasser gebraucht hat, um von dem oberen Bohrloch zu dem unteren zu gelangen. So wäre $l : \tau = v_w$ die wirkliche Grundwassergeschwindigkeit in den Hohlgängen. Bei ungleichartigem Boden ist aber dieses errechnete v_w oft zu groß. Wenn $F_g =$ = abgefangene Querschnittsfläche des Grundwasserträgers, p_h dessen Hohlraumziffer, d. i. das Verhältnis der Hohlraumquerschnitte zum Gesamtbodenquerschnitt = 0,2 bis 0,4, dann ist der zugehörige Grundwasserzufluß

$$Q = p_h F_g v_w = F \cdot v, \text{ wobei } p_h v_w = v = ki \cdots, \qquad (95)$$

die nach Gl. (93) erwähnte Filtriergeschwindigkeit bedeutet. Die Ergiebigkeit wächst nicht im gleichen Verhältnis mit dem Durchmesser eines Brunnens, vielmehr sind mehrere enge Röhrenbrunnen in dieser Beziehung günstiger als ein einziger Brunnen mit weitem Schachte. Nach Forchheimer (Ergiebigkeit von Brunnenanlagen, Hannover 1886) wird bei der gleichen Gesamtentnahme die gleiche Spiegelsenkung bewirkt:

von	1	Brunnen	vom Halbmesser	r	in einem Kreise vom Halbmesser $5\,r$ stehend.
„	2	„	„	$0{,}1\,r$	
„	3	„	„	$0{,}013\,r$	
„	4	„	„	$0{,}002\,r$	

Vermittels einiger solcher billig zu erstellenden Rohrbrunnen kann man also weite, teuere Schachtbrunnen ersetzen. Bei der Bemessung der Brunnendurchmesser ist jedoch nicht bloß die Wasserspiegelsenkung und deren Einfluß auf die Erhöhung der Hebungskosten, sondern, um das Mitschwemmen von Bodenmaterial in den Brunnen zu vermeiden, noch die zulässige Sickergeschwindigkeit v_{wz} in der Nähe der Eintrittshöhe h zu berücksichtigen, wo die Hohlraumziffer $= p_{ha}$, und in den Sickerlöchern des Brunnenmantels, mit einer Sickerlochziffer etwas größer als p_{ha}, u. zw. zur Formel $Q = p_{ha} \cdot 2 \cdot r_a \pi \cdot h \cdot v_{wz}$, worin r_a = äußerer Brunnenhalbmesser. Bei den Korngrößen 0,25, 0,5, 1, 2, 3, 10, 20 mm kann der Reihe nach v_{wz} mm/sek = 10, 20, 40, 60, 80, 120, 200 angenommen werden; $p_{ha} = 0{,}3$ bis 0,4.

α) In der Abb. 31 reiche der oben dichte, unten mit durchlässigem Mantel versehene Brunnen vom Radius r vom Terrain TT durch den Grundwasserträger bis zur (horizontal gedachten) undurchlässigen Schichte, zur Grundwasserbasis BB. Beim Schöpfen aus dem Brunnen erfährt der Grundwasserspiegel W′ W′ rings um den Brunnen herum die Absenkung W″ W″. Ist: H die ursprüngliche Grundwassertiefe, h die geringere Einströmungstiefe um den Brunnen herum (nämlich $h = H$ — Brunnenspiegelabsenkung s), ferner R = Wirkungsradius des Brunnens, ähnlich wie B, dann $v = k \cdot i$ wie zu Gl. (93), so erscheint die Ergiebigkeit Q des Brunnens:

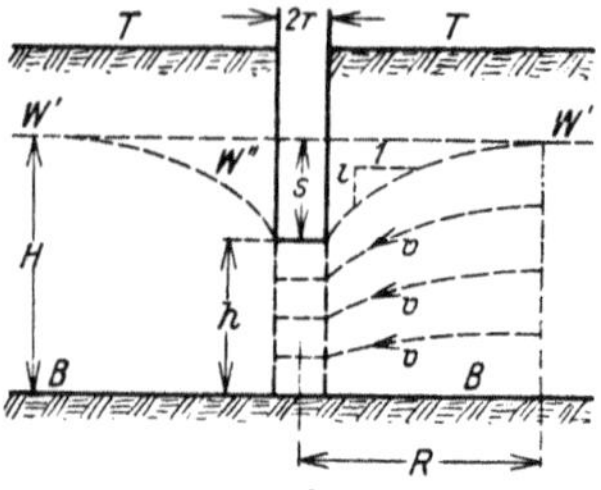

Abb. 31

(96) $$Q = k\pi\,(H^2 - h^2) : \ln\frac{R}{r}.$$

Dabei hat man (siehe „Österr. Wochenschr. f. d. öffentl. Baudienst", 1906, S. 137) für die Filtriergeschwindigkeit v in Metern pro 24 Stunden (wobei v m/24 St. $= 86{\cdot}4\,v$ mm/sek) und für den wirksamen mittleren Korndurchmesser d_w in Millimetern des sandigen, kiesigen Grundwasserträgers den Wert $k = 75\,d_w + 90\,d_w^2$ (für die Wassertemperatur von 10^0 C). Nach Hazen ist $k = 1000\,d_w^2$ bei reinem Sand. Hiebei ist d_w jene Sieblochweite, bei welcher 12 $^0/_0$ des Sandmaterials hindurchfällt.

Der Wirkungsradius R bei Brunnen, ebenso die Wirkungsbreite B bei Sickerleitungen (siehe vorne) kann angenommen werden: bei grobkiesigem Grundwasserträger gleich 100 bis 150 m; bei mittlerem Sand gleich 50 m; bei feinem Sand (Dünensand) gleich 10 bis 5 m.

β) Reicht ein Brunnen nicht bis zur undurchlässigen Grundwasserbasis hinunter, Abb. 32, so ist nach Forchheimer („Zeitschrift des österr. Ing.- und Architektenvereines", 1898, S. 629) dessen Ergiebigkeit Q_k, wenn das Wasser sowohl durch den offenen, geschlitzten Mantel, als auch durch die offene Sohle eintreten kann und Q die Ergiebigkeit des oben dargestellten, bis zur Grundwasserbasis reichenden Brunnen bedeutet, angenähert:

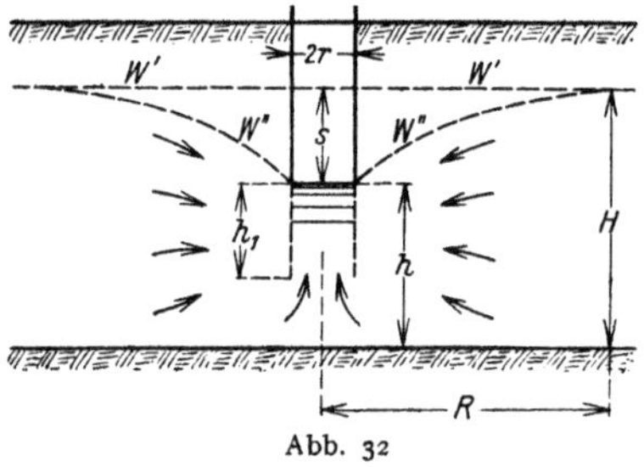

Abb. 32

(96a) $$Q_k = Q\sqrt{\frac{(h_1 + 0{,}5\,r)}{h}} \cdot \sqrt[4]{2 - \frac{h_1}{h}}$$

γ) Reicht ein dichtwandiger Brunnen mit offener Sohle, durch welche die Einströmung des Grundwassers erfolgt, nur wenig unter den Grundwasserspiegel (wie dies bei Baugruben vielfach zutrifft), so berechnet sich bei den obigen Bezeichnungen die Ergiebigkeit: $Q = 2\pi k r s$ bei nach unten halbkugelförmiger Brunnensohle, ferner $Q = 4 k r s$ bei ebener Brunnensohle, also im Mittel etwa $Q = 5 k r s$. („Zeitschrift des österr. Ing.- und Architektenvereines", 1905, Nr. 43, und 1898, S. 629.)

3. **Tagwasser.** a) **Flußwasser.** Manchmal kann das Flußwasser, als Seihwasser, wenn der natürliche sandige Boden eine genügende Filtration bewirkt, mittels Sickerleitung oder Brunnen unmittelbar zur Benützung gewonnen werden. Dieselben sind dann am besten am äußeren (kon-

kaven) Ufer der Flußkrümmungen anzuordnen, wo die stärkere Strömung die sonstige Verschlammung des Ufers verhindert. Dagegen sollen die Brunnen, welche man in der Nähe eines Flusses für echtes Grundwasser erstellt, am inneren, dem Krümmungsmittelpunkte näher gelegenen Ufer abgeteuft werden.

b) Wasserentnahme aus **natürlichen Seen** und die Ansammlung des Tagwassers in großen Stauseen ist vielfach vorteilhaft und liefert ein gut geklärtes Wasser, welches zumeist aber noch einer Filtration und vielfach auch einer Entkeimung unterzogen wird.

c) **Zisternen** zur Aufspeicherung des Regenwassers.

V. Wasserreinigung

In der Regel wird das zu reinigende Flußwasser zuerst in

1. **Klärbecken** aufgepumpt oder, wenn der Fluß entsprechend hoch aufgestaut, mit natürlichem Gefälle in dasselbe geleitet. Bei der ununterbrochenen Klärung, beim Dauerbetrieb, soll das Wasser von der Eintrittsseite bis zur gegenüberliegenden Austrittsseite des Klärbeckens sich nur mit einer kleinen Klärgeschwindigkeit $v_k = 1$ bis 2 mm/sek bewegen. Wenn Q = die sekundlich zu klärende Wassermenge, so ist die notwendige Querschnittsfläche des Beckens:

$$F \text{ m}^2 = Q \text{ m}^3/\text{sek} : v_k \text{ m/sek}. \tag{97}$$

Und diese langsame Bewegung soll mindestens während $\tau = 24$ bis 12 Stunden andauern; daraus folgt die Klärbeckenlänge:

$$l \text{ m} = v_k \text{ m/sek} \cdot \tau \text{ sek}. \tag{97a}$$

Die Wassertiefe im Klärbecken soll 2 bis 4 m betragen.

2. Zum **Filtrieren** des geklärten Wassers ordnet man zweckmäßig zuerst ein oder eine Reihe von

a) Grobfiltern an, wie dies letztere bei den Stufenfiltern von Chabal-Puech vorkommt, je mit Kies bis zum feineren Sande, in einer Schichtenhöhe von 0,5 bis 0,8 m gefüllt. Die Filtriergeschwindigkeit v_g, d. i. die Geschwindigkeit, mit welcher der über dem Filtersande befindliche Wasserspiegel bei Unterbrechung des Zuflusses tiefer sinken würde, kann, vom gröberen zum feineren, 5 m bis 1 m in der Stunde betragen. Das so vorfiltrierte Wasser wird dann zur vollständigen Reinigung auf die

b) Feinsandfilter geleitet, wobei die Korngröße 1 bis $^1/_2$ mm. Auf diesen soll die Filtriergeschwindigkeit $v_f = 0{,}1$ m/Stunde nicht überschreiten; hiebei erhält man pro Quadratmeter Filteroberfläche in 24 Stunden 2,4 m³ filtriertes Wasser. Die nötige nutzbare Gesamtfilterfläche

$$O = W : v, \tag{98}$$

wo W = größter Tagesbedarf, Gl. (92a). Bei zusammenhängender Filteranlage, Abb. 33, sei dieselbe in n Filterbecken zerlegt, wovon m Becken als Reserve (in Reinigung usw. befindlich) gelten sollen. Es ist dann

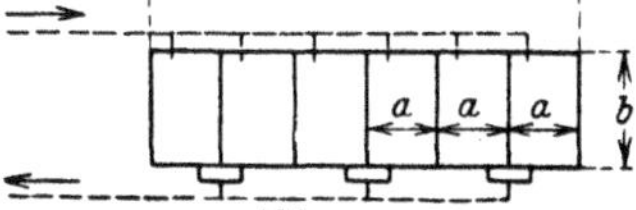

Abb. 33

$$l = n\,a, \quad O = (n - m)\,a\,b;$$

für die vorteilhafteste Flächenausteilung soll $a/b = (n + 1)/2\,n$ und somit

$$b = \sqrt{\frac{2\,O\,n}{(n - m)\,(n + 1)}}.$$

Sind die durchschnittlichen Kosten, u. zw.: k_m je laufender Meter der Umfassungs- und Abteilungsmauern; k_f je Quadratmeter für Grundeinlösung, Erdaushub, Bodenbefestigung, Filtereinbau, eventuell noch für Pfeiler, Überwölbung und Überschüttung; k_{st} = Stückkosten, für Regulierkammer, Absperrschieber usw. je Filterbecken, so ergibt sich mit Rücksicht auf das obige Verhältnis $a:b$ und das Kleinste der Kosten $K = [(n+1):2]\, b\,(4\,k_m + b\,k_f) + n\,k_{st}$, die vorteilhafteste Anzahl n der Abteilungen, wenn m vorgeschrieben, aus der Bedingungsgleichung:

$$(99)\qquad n^2 - 2\,m\,n - m - \sqrt{\frac{O}{2}} \cdot \sqrt{\frac{n\,(n+1)}{(n-m)}} \cdot \left[\frac{m\,k_f}{k_m} - \frac{(n-m)^2\,k_{st}}{O\,k_m}\right] = 0,$$

woraus n durch Probieren leicht aufzufinden, dann abzurunden und in die vorhergehenden Formeln einzusetzen ist.

Zur vollständigen Wasserabführung vom zum Mittelkanale geneigten Filterboden sind zweckmäßig ein Ziegelrost oder Drainröhren mit offenen Fugen, darauf Stützschichten aus Kies und Sand, nicht über 0,3 m, hernach die 0,8 bis 1 m hohe Filterschichte von $^1/_2$ bis 1 mm Korngröße, welche durch, nach Bedarf wiederholtes Abschälen der obersten schmutzigen Schichte von zirka 10 bis 15 mm Stärke nicht unter 0,3 m verringert werden darf. Auf zirka je 100 m³ gereinigtes Wasser kommt etwa 0,03 m³ Filtersand zu erneuern. Zur Regulierung und Kontrolle der Filtertätigkeit ist für jedes Filterbecken eine Regulierkammer angezeigt, worin der Spiegel des unmittelbar aus dem Filter austretenden Reinwassers bei wachsender Benützungsdauer desselben Filters nur etwa höchstens bis 0,6 m unter jenen des Rohwassers im Becken sinken darf; diese Spiegeldifferenz ist die Filterdruckhöhe. Daraufhin muß eine Reinigung des Filters durch Abschälen der obersten, verschlickten Sandschichte erfolgen.

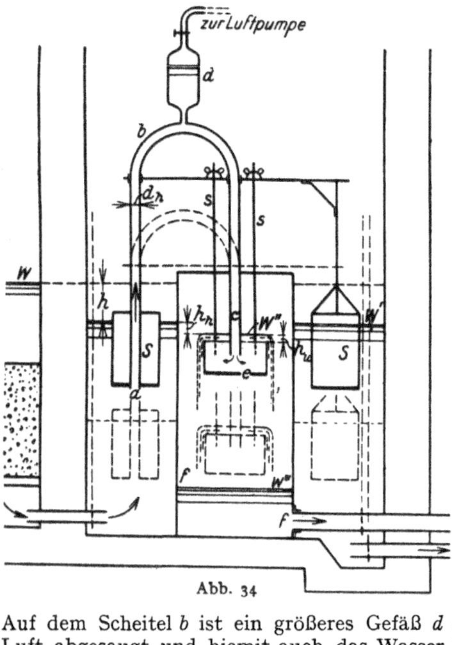

Abb. 34

c) Zur **Regelung des Filterbetriebes** ist der Schwimmheber zu empfehlen, Abb. 34, welcher bei jedem Filterzustande eine gleich bleibende Filtratmenge selbsttätig liefert. Die Wirksamkeit desselben ist eine sehr genaue, da hiebei alle sonstigen Reibungswiderstände vermieden sind.

Vom Boden des Filters mit dem Rohwasserspiegel W geht das Filtrat durch einen Rohrstutzen, der auch für allfälliges Absperren mit einem sonst offenen Schieber versehen ist, in die Regulierkammer, in welcher der Wasserspiegel W' um den Druckhöhenverlust h, den Filterdruck h, welcher nur bis höchstens 0,6 m ansteigen soll, tiefer als W liegt. Auf W' befindet sich ein größerer Schwimmer SS, der den Heber $a\,b\,c$ trägt. Auf dem Scheitel b ist ein größeres Gefäß d aufgesetzt, aus welchem die Luft abgesaugt und hiemit auch das Wasser hochgezogen und der Heber in Wirksamkeit gesetzt wird. Das Luftabsaugen müßte erst dann wiederholt werden, wenn der Wasserspiegel in d bis zur Oberkante des Hebers herabgesunken ist. Der abfallende Schenkel c des Hebers mündet in ein Überlaufgefäß e, welches am Heber hängt und das Filtrat als Überlauf mit dem Wasserspiegel W'' in einen allseits abgeschlossenen Ausflußteil f der Regulierkammer fallen läßt, so daß der Überlaufgefäßboden bei der im Laufe des Betriebes um den größten Betrag von h herabgesunkenen Heberstellung, den Ausflußspiegel W''' noch nicht berührt.

Der Höhenunterschied h_h zwischen W' und W'' ist als Heberdruckhöhenverlust gleich dem h der Gl. (19, 44). Hiebei fließt die verlangte Filterergiebigkeit $Q_{h1} = O_{h1} \cdot v_f$ durch den Heber; O_{h1} = Sandoberfläche des zum Heber gehörigen Filterbeckens, v_f = Filtriergeschwindigkeit = 0,07 bis 0,1 m in der Stunde. Im Heberrohre von der Lichtweite d_h kann die Geschwindigkeit $v_h = 0{,}7$ m/sek angenommen werden. Der berechnete Wert von h_h ist aber wegen der Unsicherheit der Widerstandsziffern nur ein angenäherter. Es muß daher anfangs die tatsächliche Überlaufmenge durch Eichung gemessen und die Höhenlage des Überlaufgefäßes mit Hilfe der Aufhängeschrauben ss so eingestellt werden, bis der Überlauf dem verlangten obigen Q_{h1} gleich ist.

d) Den Schnellfilter von Jewell, aus eisernen Filtersandbottichen von etwa 4 m Durchmesser mit einem Sandrührwerk bestehend, läßt man mit etwa 5 m Filtriergeschwindigkeit in der Stunde, d. i. rund 50mal so schnell arbeiten als die gewöhnlichen Feinsandfilter; dabei also ein Sandflächenersparnis. Nach einem oder wenigen Tagen schon findet eine Reinigung des aufgerührten Sandes durch Rück- (Aufwärts-) Spülung mit filtriertem Wasser statt.

e) Der Eisengehalt des Grundwassers wird durch Oxydation mittels längerer Durchlüftung auf Rieselern von Piefke, bei langsamem Heruntertropfen über Hinderniskörper, genügend beseitigt.

Der unangenehme Mangangehalt des Wassers läßt sich auch mittels Durchlüftung eher beseitigen, besonders wenn zu den Rieselfiltern braunsteinhältiges Material verwendet wird.

Das Abtöten der im Wasser vorkommenden Keime, das Sterilisieren des Wassers, wird jetzt im großen, außer durch Behandlung mit Ätzkalk, Chlorkalk oder Chlorgas, zumeist mittels Ozon in sogenannten Ozonwerken, besonders von Siemens & Halske, bewirkt.

VI. Die Dienst- oder Hochbehälter

Diese müßten für den bloßen Ausgleich bei 22- bis 24stündigem Zufluß einen Mindestfassungsraum gleich einem Drittel, bei 10- bis 12stündigem Zufluß aber gleich der Hälfte des jahresdurchschnittlichen Tagesverbrauches haben. Bei diesem letzteren halbtägigen Zufluß ist die Zuflußmenge in einer Stunde rund 10% des Tagesverbrauches. Wegen eines notwendigen Wasservorrates, „eisernen Bestandes", für das Feuerlöschen, z. B. für einen zweistündigen Hydrantenausfluß zu 5 l/sek, braucht man schon 36 m³ Wasser, sowie wegen allenfalls eintretender Unterbrechung des Zuflusses, wird der Fassungsraum des Behälters, wenn die Gewinnungsstelle, Schöpfstelle, des Wassers nicht weit entfernt ist, gewöhnlich gleich einem ganzen größten Tagesverbrauche angenommen. Wird das Wasser aus großer Entfernung zugeleitet, so werden meist mehrere Vorratsbehälter für mehrtägigen, selbst für eine Woche hinreichenden Wasserbedarf angeordnet.

a) **Gemauerte Behälter** mit 2 Kammern, also mit einer Mittelmauer, sind günstig mit einer Länge $L = 1{,}5$ der Breite B anzulegen. Für den gewünschten Gesamtfassungsraum V wird, wenn T = Wassertiefe, die Breite

$$B = 0{,}82 \sqrt{V : T}. \tag{100}$$

Für T nehme man den günstigsten, den geringsten Ausführungskosten entsprechenden Wert $T_{gün}$ aus:

(101) $$T_{gün} = \sqrt[5]{V k_f^2 : 54\, k^2_{am}},$$

wo: k_f = Gesamtflächenkosten für 1 m² des Grundrisses, d. i. für Grundeinlösung, Bodenherstellung, Decke, Überschüttung usw. und k_{am} = $= k_{1m} \cdot (d_m : T)$; dazu k_{1m} = Einheitspreis für 1 m³ Mauerwerk und $(d_m : T)$ das Verhältnis der mittleren Dicke der aufgehenden Mauern zur Tiefe (Höhe) T, z. B. = 0,34.

b) **Eiserne Behälter.** α) Betreffs der günstigsten Abmessungen eiserner Behälter sei der allgemeine Fall eines Wasserturmes betrachtet, Abb. 35a, k_m = Ausführungskosten für 1 m² Behälter-Mantelfläche; k_b und k_d desgleichen für 1 m² der Horizontalprojektion der Boden- bzw. Deckenoder Dachfläche; k_{tu} desgleichen für 1 m² der Turmmantelfläche bzw. der gedachten äußeren Umfangsfläche; h = mittlere Behälterhöhe, H = Höhe des Turmmauerwerkes oder -gerüstes. Der gewünschte Fassungsraum $V = \frac{\pi}{4}(1 + 2\nu)^2 d^2 h$; in mehreren Fällen ist $V = {}^1/_6$ des Tagesverbrauches. Die Summe der Ausführungskosten ist dann: $S = \pi d (1 + 2\nu) h k_m + (\pi/4) d^2 (1 + 2\nu)^2 (k_b + k_d) + \pi d H k_{tu}$, wobei $h = 4V : \pi (1 + 2\nu)^2 d^2$.

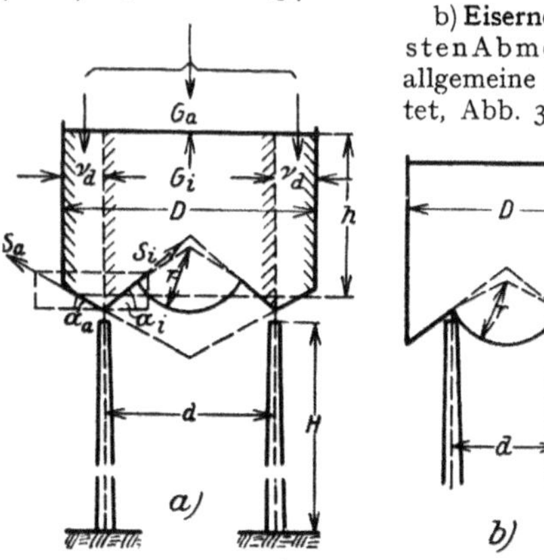

Abb. 35

Aus $\frac{\partial S}{\partial d} = 0$ ergibt sich der günstigste Durchmesser $d_{gün}$ am einfachsten durch versuchsweise Auflösung der Gl.:

(102) . . . $2 H k_{tu} + (1 + 2\nu)^2 (k_b + k_d) d_{gün} - 8 V k_m : \pi (1 + 2\nu) d^2_{gün} = 0.$

Wenn kein Turm, also $k_{tu} = 0$ und ein einfacher Behälter mit $\nu = 0$ in Frage kommt, so gibt die obige Gl. (102) das günstigste Verhältnis:

$$(d : h)_{gün} = 2 k_m : (k_b + k_d); \text{ für } k_m = k_b = k_d \text{ ist } d = h.$$

β) Die notwendige Blechdicke δ mm des Zylindermantels vom Durchmesser D_z m in einer Tiefe tm unter dem oberen Rande ist nach Gl. (65):

(103) $$\delta \text{ mm} = (50\, D_z \text{ m} \cdot t \text{ m}) : \sigma \text{ kg/cm}^2 + z \text{ mm}.$$

Die größte Dicke δ wird am untersten Rande des Mantels nötig. Zuschlag z = 1 bis 3 mm.

Für einen Kugelabschnittboden vom Durchmesser D_{ku}, unter der größten Wassertiefe t_g ist die nötige Blechdicke

(103 a) $$\delta_{ku} = (25\, D_{ku} \text{ m} \cdot t_g \text{ m}) : \sigma \text{ kg/cm}^2 + z \text{ mm}.$$

Ist in irgend einem Punkte der Rotationsfläche, wie diese beim eisernen Behälter vorkommen: r = Krümmungshalbmesser des Meridianschnittes, S = Normal- (Meridian-) Spannung je Längeneinheit darin, dann n = Krümmungsradiuslänge der Normalen im Tangentialschnitte (senkrecht zum Meridianschnitte), T = die Spannung, Tangentialspannung, darin, ferner der Normaldruck auf die Flächeneinheit = p_d, so erscheint nach Forchheimer (Zeitschr. f. Bauwesen 1894):

(104) $$\frac{S}{r} + \frac{T}{n} = p_d.$$

Z. B. für eine Zylinder- oder Kegel-Umdrehungsfläche ist $r = \infty$ und $T = n\,p$, für den Zylindermantel: $n = D_z : 2$, also dazu $T_z = p\,D_z : 2$.

Vorteilhafte Formen für eiserne Wasserbehälter zu Wassertürmen sind die nach Intze, Abb. 35a, und nach Smreker, Abb. 35b. Bei beiden Konstruktionen ist der Boden aus Kegel- und Kugelflächen zusammengesetzt. Die Unterstützung, der Auflagerring, liegt innerhalb des äußeren Zylindermantels, u. zw. so, daß die Horizontalkomponenten vom Außen- und Innenboden sich gegenseitig aufheben.

Beim Behälter nach Intze wird der vom Auflager aufsteigende Bodenteil, der Stützboden, im allgemeinen auf Druck (Knickung), bei jenem nach Smreker aber der abfallende Boden, der Hängeboden, auf Zug beansprucht.

Da die lotrechten Seitenkräfte von S das ganze zugehörige Gewicht (Wasser- und Eigengewicht) tragen müssen, so ergibt sich: $S_i = G_i : \pi d \cdot \sin \alpha_i$ für den Innenboden und $S_a = G_a : \pi d \sin \alpha_a$ für den Außenboden, wobei G_i und G_a = Gewicht der innerhalb bzw. außerhalb des Vertikalzylinders vom Durchmesser d befindlichen Wassermenge und das Eigengewicht dazu. Damit im Auflagerringe die horizontalen Seitenkräfte sich gegenseitig aufheben, muß: $S_i \cos \alpha_i = S_a \cos \alpha_a$ sein.

VII. Höhenlage des Dienst- oder Hochbehälters

Vom Behälterspiegel aus soll sich beim größten Wasserverbrauche an jedem Versorgungspunkte wenigstens noch die gewünschte Mindestdruckhöhe $y_{\min}$ ergeben, Abb. 36. Für das Feuerlöschen von einem Wasserpfosten, Hydranten aus, sei $l + H$ = Schlauchlänge, l = 50 m, bei 5 cm Lichtweite und rund 10% Verlusthöhe; H = Höhe des Dachrandes über dem Boden, z. B. für dreistöckige Gebäude ∽ 15 m; h' = Wasserstrahlhöhe, etwa = 7 m, dazu eine Verlusthöhe ∽ 1 m. Dann ist Abb. 36

$$y_{\min} = H + 0{,}1\,(l + H) + h' + 1\text{ m} \doteq 30\text{ m}. \qquad (105)$$

Ausnahmsweise wird man sich an einzelnen besonders ungünstig, weil entfernt oder hoch gelegenen Versorgungsstellen mit einer Druckhöhe $y'_{\min}$ für den bloßen ordentlichen Ausfluß des Wassers im obersten Geschosse oder selbst nur im Erdgeschosse, d. i. allgemein in einer Höhe H' über der Abzweigstelle der l' m langen und 30 mm weiten Hausleitung begnügen, wozu

$$y'_{\min} \doteq H' + 0{,}04\,l'.$$

Vom obersten Punkte, dem Ansteigpunkte a von $y'_{\min}$, werde im Längenschnitte des ganzen Leitungsweges L, vom Hochbehälter bis a, die Druckgefällslinie mit dem relativen Gefälle i nach aufwärts zum Behälter hin gezogen; der Schnittpunkt dieser Linie $i\,i$ mit dem Berghange gibt die Höhe des mittleren Wasserspiegels im Hochbehälter an.

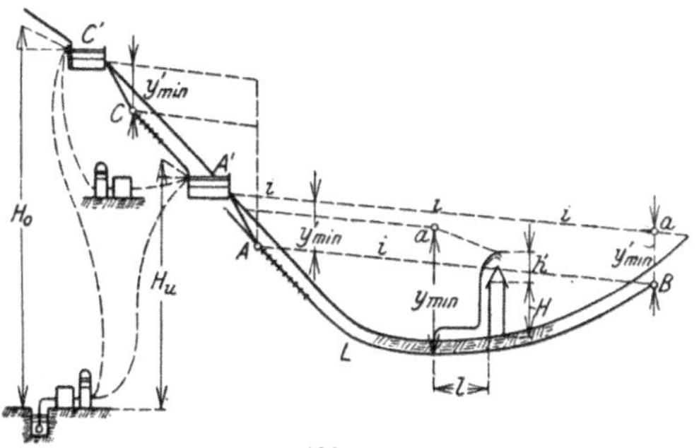

Abb. 36

Für Pumpwerks-Wasserleitungen beträgt dieses Gefälle i rund: bei großen Städten 1‰, bei mittleren Städten 3‰, bei kleinen Ortschaften 6‰ (6 auf Tausend).

Für Schwerkrafts- oder Gefällsleitungen wird man den Vorteil der hohen Lage der Wassergewinnungsstelle (der Quelle) so weit als möglich durch eine derart höhere Lage des Dienstbehälters ausnützen, daß bei dem entstehenden größeren Gefälle i die Fließgeschwindigkeit in den Leitungen bis zu 3 m/sek betrage, woraus sich geringere Lichtweiten und geringere Ausführungskosten ergeben.

1. **Druckleitungen als Pumpleitungen.** Ist der schon mit Rücksicht auf die zukünftige Bevölkerungszunahme berechnete jahresdurchschnittliche Wasserverbrauch Q_v m³/sek, und arbeitet die Pumpe täglich während s Stunden bei Vorhandensein eines Ausgleichsbehälters, so wird die gleichmäßige Pumpmenge $Q_p = Q_v\,(24/s)$ sein. Für das Tagesmaximum $= 1{,}5\,Q_v$ muß bei gleicher sekundlicher Leistung die Pumpe $s_{\max} = 1{,}5\,s$ Stunden lang fördern. Im äußersten Falle, bei $s_{\max} = 24$, kann $s = 24 : 1{,}5 = 16$ Stunden sein; wenn aber wegen Unterbrechung $s_{\max} = 22$, so ist für Durchschnittstage $s = 22 : 1{,}5 = 14{,}7$ Stunden.

Der Einfachheit wegen sei zuerst vorausgesetzt, daß die Pumpe durch die Pumpleitung (in der Abb. 37 gestrichelt) von der Länge l, der Lichtweite d, bei der Geschwindigkeit v, unmittelbar in den Hochbehälter B fördere.

Die Pumpleitungsanlage wird am billigsten sein, wenn die Summe K_p aus den Anlagekosten und den kapitalisierten Betriebskosten ein Kleinstes wird. Wenn k = Einheitskosten für eine Rohrleitung von $l = 1$ m und $d = 1$ m, p = der Hundertsatz, z. B. $= 5$, für Verzinsung, a = Anlagekosten für eine Pferdekraft, b = Betriebskosten für eine Pferdekraftstunde, N = Anzahl der Pferdekräfte, T = Anzahl der Betriebstage des Wasserwerkes $= 365$ (für eine Fabrikspumpenanlage wären etwa nur 300 Tage einzusetzen), und s = Anzahl der jahresdurchschnittlichen Betriebsstunden an einem Tage, so ist $K_p = k\,d\,l + a\,N + (100 : p)\,b\,N\,s \cdot 365$, wozu $N = (1 : \eta) \cdot (40/3) \cdot Q_p$ m³/sek $(S + H + h)$ und $h = c\,l\,Q_p^2 : d^5$. Abb. 37. Aus $\delta K_p : \delta d$ = Null, folgt die günstigste Pumpleitungslichtweite:

(106) $$d_{gün} = \sqrt{Q_p} \cdot \sqrt[6]{200\,c\left[a + \left(\frac{100}{p}\right) b\,s \cdot 365\right] : 3\,\eta\,k}$$

oder mit $Q_p = (\pi/4)\,d^2\,v$, die günstigste Geschwindigkeit in einer Pumpleitung:

(106a) $$v_{gün} = \left(\frac{4}{\pi}\right) \sqrt[3]{\frac{3\eta k}{200\,c} : \left[a + \left(\frac{100}{p}\right) b\,s \cdot 365\right]};$$

für $\eta = 0{,}75$, $c = 1 : 400$ (Dupuitsche Widerstandszahl), $p = 5$, erscheint:

(106b) $$v_{gün} = 2{,}1\,\sqrt[3]{k : (a + 7300\,b\,s)};$$

zu $v_{gün}$ ist dann der Durchmesser:

$$d_{gün} = \sqrt{\frac{4\,Q_p}{\pi\,v_{gün}}}.$$

Die Kosten a und b gehen nun aus einer, wegen der Reibungshöhe h geringen Vergrößerung der Pferdezahl hervor, welche über die schon für die geodätische Gesamtförderhöhe $(S + H)$ nötige Hauptleistung hinausgeht. Für mittlere Preise findet man: Bei ganzem Tagesbetriebe, $s = 22$ bis 24 Stunden, $v_{gün} \backsimeq 0{,}4$ m/sek, bei kurzem Betriebe von $s = 12$, 10 oder 8 Stunden, $v_{gün} \backsimeq 0{,}8$ bis 1,0 m/sek.

Ist die Fördermenge Q_p nicht unveränderlich, sondern im Laufe eines Jahres während der Zeit t_1 gleich Q_{p1}, während $t_2 \ldots$, $Q_{p2} \ldots$, so ist in die obigen Formeln für d statt Q_p ein mittlerer Wert $Q_{pm} = \sqrt[3]{[Q_{p1}^3 \cdot t_1 + Q_{p2}^3 t_2 + \ldots] : t}$, wobei $t = t_1 + t_2 + \ldots. = $ ganze Pumparbeitszeit im Jahre.

Im Falle des Durchgangsbehälters, Abb. 37, gestrichelte Linie, ist der Ansteigpunkt a, d. i. der Spiegel der gedachten Druckwassersäule über der Pumpe oder über dem Windkessel um die Widerstandshöhe h höher gelegen als der Behälterspiegel.

Wo die örtlichen Verhältnisse es zulassen, ist es vorteilhafter, den Hochbehälter B vermittels einer Verbindungsleitung, eines Rücklaufstranges BK, unmittelbar an den von der Pumpstation in das Versorgungsgebiet G führenden Hauptstrang anzuschließen. Der Hauptstrang PK ist als Pumpwerksleitung mit dem früheren $v_{gün}$ zu bestimmen, und KB erhält gewöhnlich die gleiche Lichtweite wie PK, manchmal um eine Nummer größer, weil bei Unterbrechung des Pumpwerkes der ganze Wasserbedarf vom Behälter herunterfließen muß.

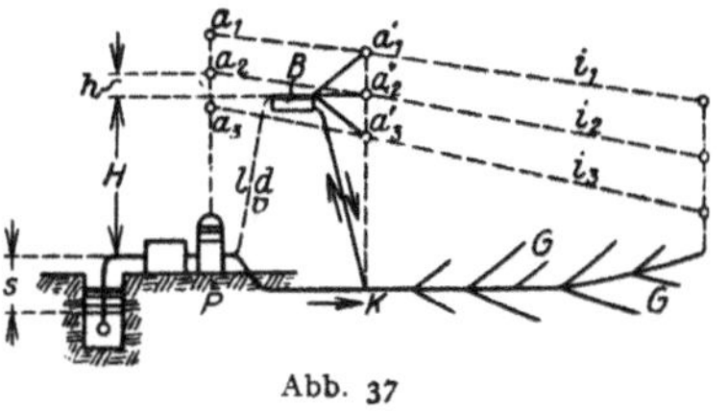

Abb. 37

Ist der Verbrauch $Q_v < Q_p$, so fließt der Unterschied $(Q_p - Q_v)$ in den Behälter hinauf und der Ansteigpunkt a_1 über der Pumpe hat die höchste Lage; wenn $Q_v = Q_p$, so ist a'_2 in gleicher Höhe mit dem Behälterspiegel; bei $Q_v > Q_p$ ist der Druck in der Pumpe bzw. im Windkessel am geringsten mit dem Ansteigpunkte a_3 und es fließt zur Ergänzung von Q_p noch Wasser aus dem Behälter herunter. Zu den letzteren Fällen a_1, a_2, a_3 sind i_1, i_2, i_3 die Hauptdruckgefällslinien in den Verbrauchsort. Beim größten Wasserverbrauche ist also i_3 beträchtlich heruntergesunken.

2. **Druckzonen.** Wenn von einer Ortschaft auf dem Talboden ein Teil sich auf eine Anhöhe erstreckt, so wird oft die Anordnung einer oder mehrerer Höhenzonen, Druckzonen, für die Wasserversorgung vorteilhaft.

Bei Pumpwerksversorgungen wird der erste Hauptbehälter gewöhnlich in einer Höhe von 30 bis 50 m, Abb. 36, über dem Talboden angelegt, wobei das Wasser in der Höhengrenze bei A und B noch einen verlangten mindesten Betriebsdruck oder eine mindeste Ansteighöhe $y'_{\min}$ besitzt. Soll nun die Versorgung bis zu einer Höhenlage C hinauf stattfinden, so könnte dies erstens geschehen, daß man dann schon den einen Behälter in der zu C erforderlichen Höhe, d. i. um den geringsten Betriebsdruck $y'_{\min}$ höher als C, also in C' anbringt, oder zweitens, daß man einen zweiten Hochbehälter in C' anordnet, welcher nur die obere Druckzone zwischen A und C zu versorgen hätte. Es sei Q_u m³/sek die mittlere Fördermenge für die Unterzone, Q_o desgleichen für die Oberzone. Hätte man nur einen Behälter auf C' für beide Zonen, dazu die Druck-Förderhöhe H_o, so wäre hiezu die Anzahl der Pferdestärken $N_1 = (1 : \eta) \cdot (40/3)\ (Q_u + Q_o)\ H_o$. Beim Vorhandensein des Oberzonenbehälters könnte man die ganze Menge $(Q_u + Q_o)$ zuerst in den unteren Behälter schöpfen und dann mittels einer kleinen Pumpwerksanlage beim Unterbehälter die Menge Q_o aus dem Unter- in den Oberbehälter fördern. Dazu wäre die ganze Leistung in Pferdestärken: $N_2 = (1 : \eta)\ (40/3)\ [(Q_u + Q_o) \cdot H_u + Q_o\ (H_o - H_u)]$. Der Unterschied $N_1 - N_2 = (1 : \eta)\ (40/3)\ Q_u\ (H_o - H_u)$ stellt ein Ersparnis vor; ist der Kapitalswert dieser Ersparnis größer als die Mehranlagekosten, dann ist die Zoneneinteilung vorteilhaft.

3. **Gruppenwasserversorgung.** Für Ortschaften auf wasserarmen, höheren Bodenlagen erscheint es vielfach zweckmäßig, dieselben aus einer einzigen,

gemeinsamen Pumpleitung zu versorgen. Für jede Ortschaft führt dann ein Abzweigstrang zu dem Orts-Hochbehälter. Die Speisung dieser Ortsbehälter erfolgt nacheinander derart selbsttätig mittels eines Doppel-Schwimmerventils (Abb. 38). Dieses letztere entfällt beim höchstgelegenen Behälter.

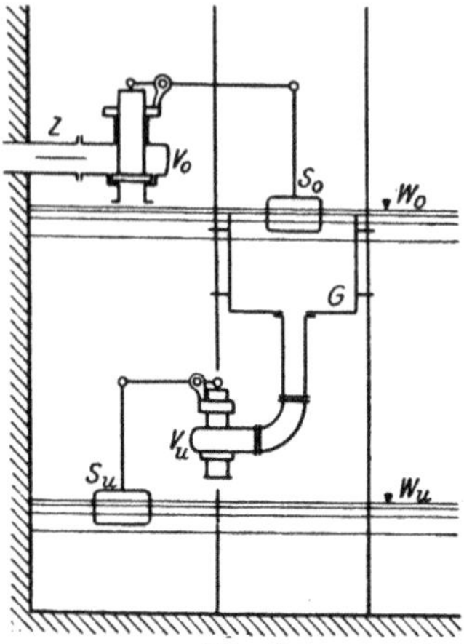

Abb. 38

Beim tiefsten, einer gewissen Entleerung entsprechenden Wasserstande W_u im Hochbehälter ist der untere Schwimmer S_u so tief herabgesunken, daß sich das Ventil V_u öffnet und hiedurch ein Ausfließen aus dem Schwimmergefäße G, hiemit ein Sinken des oberen Schwimmers S_o und ein Öffnen des Zuflußrohres Z eintritt. So füllt sich der Behälter an und S_u sperrt das Ventil V_u. Ist der Wasserspiegel so hoch gestiegen, daß am oberen Gefäßrande Wasser in G eintritt, so hebt sich der obere Schwimmer S_o und sperrt so den Zufluß Z. Von da an bleibt der Zufluß gesperrt, bis der ganze Wasservorrat bis zu W_u hinunter verbraucht ist; erst dann tritt wieder selbsttätig ein neuerliches Füllen des Behälters ein.

(S. Journal f. Gasb. u. Wasservers. 1910, S. 289 u. 738; Boehmer: Die Wasserversorgung des Seebach-Gebietes, 1906.)

VIII. Verteilungsleitungen

Für lange Wasserleitungsstränge dienen die einfacheren Formeln (21 a) und (21 b) bzw. (21 c) für den Druckhöhenverlust h, nämlich

(107) $$h = \lambda \left(\frac{l}{d}\right) \cdot \left(\frac{v^2}{2g}\right) = c\, l\, q^2\, d^{-5},$$

wobei die Wassermenge q die ganze Länge l durchfließt. In Gl. (22) sind die verschiedenen λ angeführt, wozu noch $c = \lambda : 12{,}1$.

1. Wenn ein Strang von gleichbleibender Lichtweite d am Anfange eine Wassermenge $p + Q$ führt, auf seiner Länge aber Q als **Wasserabgabe** gleichförmig verteilt austreten läßt, so daß an seinem Ende noch p als durchlaufende Wassermenge weiterfließen kann, dann ist der ganze Druckhöhenverlust

$$h = c\, l\, (p^2 + p\,Q + Q^2 : 3) : d^5$$

oder

(108) $$h = c\, l\, (p + a\,Q)^2 : d^5, \text{ wo } a = -\frac{p}{Q} + \sqrt{\left(\frac{p}{Q}\right)^2 + \left(\frac{p}{Q}\right) + \frac{1}{3}};$$

$p + a\,Q = q$ bedeutet eine mittlere, unverändert durch ganz l fließende Wassermenge.

Für $p : Q =$	0	0,5	1,0	2,0	20,0	∞
ist	$a = \sqrt{1:3} = 0{,}577$	0,541	0,528	0,517	0,502	$^1/_2 = 0{,}500.$

Weil a nur wenig veränderlich, so kann man mit einem Mittelwerte $a = 0{,}53$ schon gut entsprechend Rechnungen durchführen.

2. **Rohrverzweigungen.** Ein oder mehrere Stränge 3, 3′,... führen einem Knotenpunkte, z. B. III in Abb. 39, Wasser zu, von welchem es dann in 4, 5, 6,... abfließen soll. Am Anfange von 3 (am Ende von 2) wäre die Betriebsdruckhöhe y_2 mit dem Ansteigpunkte a_2 vorhanden; an den Endpunkten von 4, 5,... sollen bis zur Horizontalen von a_2 hinauf die Gesamtdruckhöhenverluste δ'_4, δ'_5,... betragen. Dabei ist der Druckhöhenverlust δ'_3

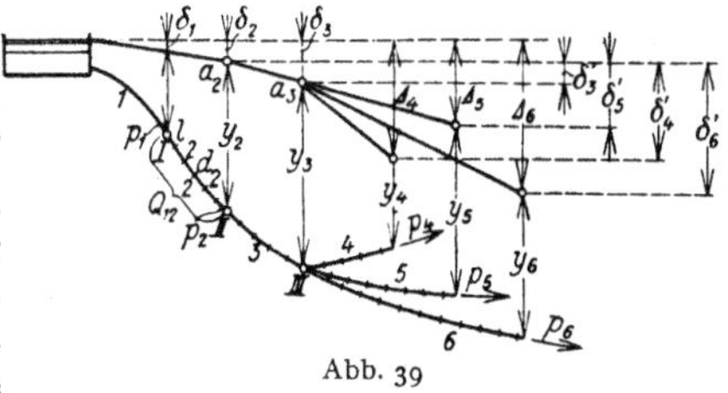

Abb. 39

über dem Knoten noch unbestimmt, und es soll δ'_3 so berechnet werden, daß die Summe S der Ausführungskosten dieser Rohrverzweigung ein Kleinstes wird. Es ist: $S = k\,(l_3\,d_3 + l_4\,d_4 + l_5\,d_5 + \ldots)$; aus der Stranggleichung (108) folgt: $d_n = c^{1/5}\,l_n^{1/5}\,q_n^{2/5}\,h_n^{-1/5}$; gemäß der Abb. 39 ist hier für den Strang 3 der Druckhöhenverlust $h_3 = \delta'_3$, für die abzweigenden Stränge: $h_4 = \delta'_4 - \delta'_3$, $h_5 = \delta'_5 - \delta'_3$ usf., so daß in S nur δ'_3 als unabhängig Veränderliche erscheint; dann wird aus

$$\frac{\partial S}{\partial \delta'_3} = 0, \text{ das günstigste } \delta'_3 \text{ berechnet.}$$

Wenn man den Bruch von der Form: $l_n^{6/5}\,q_n^{2/5} : h_n^{6/5} =$ kurz D_n, besonders den Druckhöhenverlust enthaltend, als Druckwert des Stranges n bezeichnet, so ist:

$$D_3 + \ldots = D_4 + D_5 + D_6 + \ldots\,; \qquad (109)$$

diese Bedingungsgleichung für die billigste Rohrverzweigung sei als Knotendruckgleichung benannt und sie besagt, daß die Summe der Druckwerte der zum Knoten zuführenden Stränge gleich sein muß der Summe der Druckwerte der vom Knoten ableitenden Stränge; dabei kann q entweder eine unvermindert durch den Strang fließende Wassermenge oder, im Falle einer Wasserabgabe, gleichsam die mittlere Durchflußmenge $q = p + a\,Q$ vorstellen.

Für einen Knoten, wie z. B. III, muß aber auch die Knoten-Wassersummengleichung bestehen, d. h. die gesamte Zuflußmenge gleich der gesamten Abflußmenge, nämlich (allgemein):

$$p_3 + p'_3 + \ldots = p_4 + Q_4 + p_5 + Q_5 + \ldots\ldots \qquad (110)$$

3. **Zusammengesetzte Leitung.** Eine Verteilungsanlage, deren Stränge an ihren Endpunkten tot auslaufen, d. h. keine offene Verbindung miteinander haben, nennt man eine Verästelungsleitung; dabei ist für jeden Punkt nur von der Anfangsseite her ein Zufluß möglich.

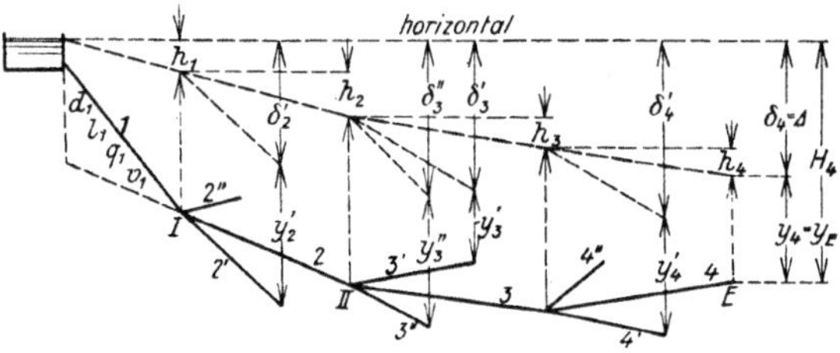

Abb. 40

Am Ende E, der aus mehreren Hauptsträngen 1, 2, ..., je mit l_n, d_n, q_n und h_n, zusammengesetzten Leitung, Abb. 40, sei, dem am Endpunkte noch verlangten Betriebsdrucke, Ansteighöhe, y_E entsprechend, der Gesamtdruckhöhenverlust Δ gegeben oder zu suchen.

An den einzelnen Knoten I, II, ... seien noch Seitenstränge vorhanden.

Aus den Knotendruckgleichungen lassen sich die günstigsten Druckhöhenverluste h_1, h_2, ... über den Knoten I, II, ... berechnen, welche h den geringsten Ausführungskosten entsprechen.

Für den Knoten I ist nach dem obigen: $D_1 = D_2 + D'_2 + D''_2 + \ldots$, wobei D'_2, D''_2, ... die Druckwerte der zum Hauptstrange 2 gehörigen Seitenstränge 2′, 2″, ... bedeuten. Ebenso ist allgemein für einen Knoten (n) die Gleichung: $D_n = D_{(n+1)} + D'_{(n+1)} + D''_{(n+1)} + \ldots$. Um hieraus h_n berechnen zu können, setze man näherungsweise $D_n = \mu_{(n+1)} \cdot D_{(n+1)}$, wo $\mu_{(n+1)}$ einen vorläufig eingeschätzten Beiwert vorstellt, der dem Ausdrucke:

$$\mu_{(n+1)} = 1 + \frac{1}{D_{(n+1)}} (D'_{(n+1)} + D''_{(n+1)} + \ldots)$$

entspricht, und also im allgemeinen > 1 ist; sind aber die Seitenstränge klein, mit dem kleinst üblichen Durchmesser, der beim Differenzieren hinausfällt, so erscheint $\mu_{(n+1)} = 1$.

So die Knotengleichungen für die Knoten I, II, III, ... aufgestellt, alle Exponenten mit $^5/_6$ multipliziert, reziprok genommen und zusammengezogen, erhält man:

$$\frac{h_1}{l_1 q_1^{1/3}} = \frac{1}{\mu_2^{5/6}} \cdot \frac{h_2}{l_2 q_2^{1/3}} = \frac{1}{(\mu_2 \mu_3)^{5/6}} \cdot \frac{h_3}{l_3 q_3^{1/3}} = \ldots = \frac{1}{(\mu_2 \mu_3 \ldots \mu_n)^{5/6}} \cdot \frac{h_n}{l_n q_n^{1/3}}.$$

Hieraus die Werte h_2, h_3, ... in die aus der Abb. 40 ersichtliche Summe: $h_1 + h_2 + \ldots +$ am Ende $h_z = \Delta$ eingesetzt, bekommt man das günstigste h_n, wenn kurz:

$$l_1 q_1^{1/3} + \mu_2^{5/6} l_2 q_2^{1/3} + (\mu_2 \mu_3)^{5/6} l_3 q_3^{1/3} + \ldots + (\mu_2 \mu_3 \ldots \mu_z)^{5/6} l_z q_z^{1/3} = M$$

gesetzt,

$$h_n = \frac{\Delta}{M} (\mu_2 \mu_3 \ldots \mu_n)^{5/6} l_n q_n^{1/3}. \tag{111}$$

Dies in die Stranggleichung eingesetzt, erscheint der günstigste Durchmesser:

$$d_n = \left(\frac{c M}{\Delta}\right)^{1/6} \cdot \frac{q_n^{1/3}}{(\mu_2 \mu_3 \ldots \mu_n)^{1/6}} \tag{112}$$

und die günstigste Geschwindigkeit hierin ist:

$$v_n = \frac{4}{\pi} \left(\frac{\Delta}{c M}\right)^{1/3} \cdot (\mu_2 \mu_3 \ldots \mu_n)^{1/3} q_n^{1/3}. \tag{112a}$$

Es wird also in der günstigst ausgeführten, zusammengesetzten Leitung die Geschwindigkeit vom Anfangs- zum Endstrange hin immer kleiner, entsprechend dem $q_n^{1/3}$.

Nach der Frank-Formel:

$$c = \lambda : 12{,}1 = 0{,}0008 + \frac{0{,}001}{\sqrt{d^m}},$$

ist für

$d =$	100	400	800 mm
$c^{1/6} =$	0,33	0,30	0,29
$\frac{4}{\pi} \cdot \frac{1}{c^{2/6}} =$	11,65	14,36	15,55

Beispiel: Abb. 39. Die Stränge 2, 3, ... 6 sollen durch ihre kleinen Seitenstränge die gleichförmig verteilt angenommenen Wasserabgaben Q_2, Q_3, ... Q_6 leisten, und an den äußersten Endpunkten sollen die Ausflüsse p_4, p_5 und p_6 noch unter den Druckhöhen y_4, y_5 und y_6 erfolgen, so daß bei gegebener Behälterhöhe die Enddruckhöhenverluste Δ_4, Δ_5 und Δ_6 bekannt sind. Es seien die wirtschaftlich günstigsten Rohrweiten zu berechnen.

Gemäß den Wassersummengleichungen (110) ist:

$$p_1 = Q_2 + p_2;\ p_2 = Q_3 + p_3;\ p_3 = Q_4 + Q_5 + Q_6 + p_4 + p_5 + p_6.$$

Die Knotendruckgleichungen (109):

für I: $D_1 = D_2$ oder $l_1^{6/5} q_1^{2/5} \cdot \delta_1^{-6/5} = l_2^{6/5} q_2^{2/5} \cdot (\delta_2 - \delta_1)^{-6/5}$,
wobei $q_1 = p_1 + \alpha Q_1$ usf.

für II: $l_2^{6/5} q_2^{2/5} (\delta_2 - \delta_1)^{-6/5} = l_3^{6/5} q_3^{2/5} (\delta_3 - \delta_2)^{-6/5}$;

für III: $l_3^{6/5} q_3^{2/5} (\delta_3 - \delta_2)^{-6/5} = l_4^{6/5} q_4^{2/5} (\Delta_4 - \delta_3)^{-6/5} + l_5^{6/5} q_5^{2/5} (\Delta_5 - \delta_3)^{-6/5} + l_6^{6/5} q_6^{2/5} (\Delta_6 - \delta_3)^{-6/5}$.

Um die Gleichung für III auflösen zu können, werde vorerst aus den Gleichungen für I bzw. II nach Potenzieren mit dem Exponenten $^5/_6$

$$\delta_1 = \nu_2\, \delta_2,\ \text{wobei}\ \nu_2 = 1 : \left[1 + \frac{l_2\, q_2^{1/3}}{l_1\, q_1^{1/3}}\right]$$

bzw.

$$\delta_2 = \nu_3\, \delta_3,\ \text{wobei}\ \nu_3 = 1 : \left[1 + (1 - \nu_2) \frac{l_3\, q_3^{1/3}}{l_2\, q_2^{1/3}}\right]$$

berechnet und der Wert von δ_2 in die Gl. III eingesetzt, so daß:

$$l_3^{6/5} q_3^{2/5} \cdot \delta_3^{-6/5} = (1 - \nu_3)^{6/5} [l_4^{6/5} q_4^{2/5} (\Delta_4 - \delta_3)^{-6/5} + l_5^{6/5} q_5^{2/5} (\Delta_5 - \delta_3)^{-6/5} + l_6^{6/5} q_6^{2/5} (\Delta_6 - \delta_3)^{-6/5}].$$

In dieser Gleichung kommt als einzige Unbekannte δ_3 vor und diese kann durch näherungsweise Annahmen bis zur Erfüllung der Gleichung gefunden werden. Mit δ_3 ergeben sich nach dem Obigen auch δ_2 und δ_1 und hiemit aus Gl. (108) die günstigsten Lichtweiten d.

4. Das **Ringsystem oder Rundlaufsystem** ist dadurch gegenüber dem Verästelungssystem gekennzeichnet, daß alle Verzweigungsstränge mit den Anschlußsträngen in offener Verbindung sind, so daß zu jedem Punkte eines Stranges das Verbrauchswasser entweder von der einen oder von der anderen Seite zufließen kann, je nach den Druckhöhen an den beiden Anschlußenden des Stranges; Abb. 41.

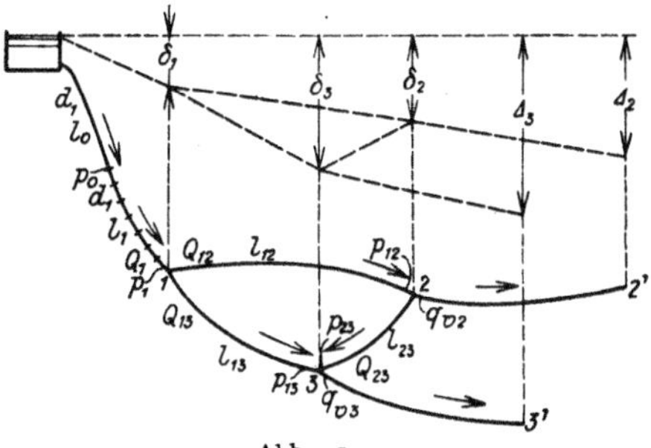

Abb. 41

Der Hauptstrang vom Behälter herunter, der Behälterstrang, der auf seiner ganzen Länge $(l_0 + l_1)$ den nämlichen Durchmesser d_1 besitze, habe nur in dem unteren Teile 01 von der Länge l_1 auch Verteilungsstränge, also eine Wasserabgabe Q_1. Die durchlaufende Menge p_1 wird sich nun vom Ringknoten 1 weiter, entsprechend den d und den relativen Druckgefällen $i = h : l$, auf die verschiedenen Ableitungsstränge verteilen. Ein Ringstrang 1, 2 habe: Wasserabgabe Q_{12}, durchlaufende Menge p_{12}, Länge l_{12}, Lichtweite d_{12}, Druckhöhenverlust h_{12}, usf. Von den Ringknoten 2, 3 gehen noch Verästelungsstränge 22^1, 33^1, ... nach auswärts, die einen Wasserverbrauch von q_{v2}, q_{v3} haben.

Die Gesamtdruckhöhenverluste Δ_2, Δ_3, ... an den Enden der auslaufenden Verästelungsleitungen seien gegeben oder zu bestimmen.

Für die billigste Neuanlage eines solchen Ringnetzes müssen die Druckhöhenverluste über den Ringknoten 1, 2, 3, ..., nämlich $\delta_1, \delta_2, \delta_3, \ldots$, einem Kleinsten der Gesamtausführungskosten S entsprechen. Zur Abb. 41 ist, wenn k wie früher der Einheitspreis für ein Rohrstück von der Länge 1 und dem Durchmesser 1:

$S = k d_1 (l_0 + l_1) + k d_{12} l_{12} + k d_{13} l_{13} + k d_{23} l_{23} +$ für die Verästelungsleitungen $k \Sigma d_{2n} l_{2n} + k \Sigma d_{3n} l_{3n}$. Dazu ist gemäß den Stranggleichungen, wenn allgemein $p + \alpha Q =$ kurz q benannt wird:

$$\delta_1 = c d_1^{-5} [l_0 (p_1 + Q_1)^2 + l_1 q_1^2]; \; h_{12} = \delta_2 - \delta_1 = c d_{12}^{-5} l_{12} q_{12}^2;$$
$$h_{13} = \delta_3 - \delta_1 = c d_{13}^{-5} l_{13} q_{13}^2; \; h_{23} = \delta_3 - \delta_2 = c d_{23}^{-5} l_{23} q_{23}^2.$$

Für die Verästelungsleitung 2, deren ganze anfängliche Wassermenge q_{v2} sei, ist nach der früheren Gl. (112), z. B. für d_{2n}, wozu das frühere Δ der Abb. 40, jetzt $= \Delta_2 - \delta_2$ ist, die günstigste Strangteil-Lichtweite:

(113) $$d_{2n} = (c M)^{1/6} (\Delta_2 - \delta_2)^{-1/6} q_{2n}^{1/3} (\mu_2 \mu_3 \ldots \mu_n)^{-1/6}.$$

In dem obigen S erscheinen sonach $\delta_1, \delta_2, \delta_3 \ldots$ als unabhängig Veränderliche. Aus den teilweisen Ableitungen: $\frac{\partial S}{\partial \delta_1} = 0$, $\frac{\partial S}{\partial \delta_2} = 0$ usf. ergeben sich die Bedingungsgleichungen für die billigste Anlage:

Gruppe I. 1. Wenn für die Falleitung vom Behälter bis zum Ringe als Behälterstrang:

(114a) $$\delta_1^{-6/5} (l_0 + l_1) [l_1 (p_1 + Q_1)^2 + l_1 q_1^2]^{1/5} = D_{b1},$$

als Druckwert des Behälterstranges, und für jeden Ringstrangteil, wie z. B. für 1, 2, der Ausdruck

(114b) $$(\delta_2 - \delta_1)^{-6/5} \cdot l_{12}^{6/5} q_{12}^{2/5} = D_{12},$$

als Druckwert eines Ringstrangteiles, gesetzt wird, so ist die Knotendruckgleichung für den Knoten 1, als Behälterringknoten:

(114) $$D_{b1} = D_{12} + D_{13}.$$

2. Die Knotendruckgleichung für die übrigen Ringknoten mit auswärtslaufenden Verästelungsleitungen: Hiebei muß vor allem bei der Neuanlage eine passende Fließrichtung im Ringstrange angenommen werden zu dem Satze: Summe der Druckwerte der zuleitenden Stränge gleich der Summe der Druckwerte der ableitenden Stränge.

Bezeichnet D_{v2} den Druckwert des ableitenden Verästelungsstranges 2, nämlich:

(115 a) $$D_{v2} = (\Delta_2 - \delta_2)^{-6/5} \cdot M_{v2}^{1/5} N_{v2}, \text{ wozu}$$

(115 b) $$N_{v2} = l_{21} q_{21}^{1/3} + l_{22} q_{22}^{1/3} \mu_{22}^{-1/6} + \ldots + l_{2z} q_{2z}^{1/3} (\mu_{22} \mu_{23} \ldots \mu_{2z})^{-1/6}.$$

Der Vollständigkeit wegen noch das frühere M nach Gl. (111) hergesetzt:

(115 c) $$M_{v2} = l_{21} q_{21}^{1/3} + l_{22} q_{22}^{1/3} \mu_{22}^{5/6} + l_{23} q_{23}^{1/3} (\mu_{22} \mu_{23})^{5/6} + \\ + \ldots + l_{2z} q_{2z}^{1/3} (\mu_{22} \mu_{23} \ldots \mu_{2z})^{5/6}.$$

Dann ist hiezu die Knotendruckgleichung:

(116) für den Knoten 2 .... $D_{12} = D_{23} + D_{v2}$ und
für den Knoten 3 .... $D_{23} + D_{12} = D_{v3}$

Ebenso noch weitere Ringknotendruckgleichungen für alle Ringknoten, über welchen der Ansteigpunkt, die Druckhöhe, also auch das zugehörige δ, noch unbekannt ist.

Gruppe II. Zu den Knotendruckgleichungen als I. Gleichungsgruppe kommen als II. Gleichungsgruppe die Knoten-Wassersummengleichungen:

für den Knoten 1 ... $p_1 = p_{12} + Q_{12} + p_{13} + Q_{13}$,

für den Knoten 2 ... $p_{12} = q_{v2} + p_{23} + Q_{23}$, (117)

für den Knoten 3 ... $p_{23} + p_{13} = q_{v3}$, wo q_{v3} = die ganze anfangs des Verästelungsstranges 3 hinausfließende Wassermenge.

Bei einer Neuanlage muß man die Wassersummengleichungen im vorhinein identisch erfüllen. Bei einer fertigen Anlage, also alle d bekannt, können hieraus die p, also die Wasserverteilung, berechnet werden.

Für die Wasserverteilung im Ringnetze, für die p, kann man mit den Knoten-Wassersummengleichungen durch Differentiation keine günstigen, den kleinsten Kosten entsprechende p ausrechnen, wie dies in einem hervorragenden Werke über Wasserversorgung irrtümlich vorkommt. Denn die Differentiation führt hier zu den bezüglich größten Kosten. Es ist die Verteilung bzw. es sind die p im vorhinein möglichst nach dem Grundsatze anzunehmen, daß die Weiterleitung einer nach außen zu führenden Wassermenge nur in einem Strange stattfinden soll, wobei jener eine Strang zu wählen ist, welcher den kürzesten Weg vorstellt und allenfalls schon für sich einen größeren Durchmesser braucht.

Als letzte, III. Gleichungsgruppe hat man die Stranggleichungen für jeden Strang von der Gestalt:

$$h = c\, l\, q^2\, d^{-5},$$

woraus sich schließlich die günstigsten Lichtweiten bei der Neuanlage ergeben.

Zur Ausrechnung von δ_1, δ_2 und δ_3 aus den Knotendruckgleichungen (114) und (116) seien zunächst in den D für die bekannten Werte die kurzen Bezeichnungen eingeführt:

$$(l_0 + l_1)\,[l_0\,(p_1 + Q_1)^2 + l_1\, q_1^{\,2}] = Z_{b1};$$
$$l_{12}^{\,6/5}\, q_{12}^{\,2/5} = Z_{12}; \quad l_{13}^{\,6/5} \cdot q_{13}^{\,2/5} = Z_{13}; \quad l_{23}^{\,6/5}\, q_{23}^{\,2/5} = Z_{23};$$
$$M_{v2}^{\,1/5}\, N_{v2} = Z_{v2}; \quad M_{v3}^{\,1/5}\, N_{v3} = Z_{v3}.$$

Zur Auflösung muß ein Näherungsverfahren eingeschlagen werden, so daß auf jeder Gleichungsseite nur ein Glied erscheint. Man setze: $\delta_3 - \delta_1 = \varrho_{31}\,(\delta_2 - \delta_1)$, wobei ϱ_{31} als ein Beiwert angenommen wird, den man angenähert aus den gezeichneten Druckgefällslinien ermitteln kann. Aus dem Obigen ist auch: $\delta_3 - \delta_2 = (\varrho_{31} - 1)\;(\delta_2 - \delta_1)$; diese Annahmen in die Knotengleichungen (114) und (116_2) gesetzt, und wenn kurz:

$$\left[\left(Z_{12} + \frac{Z_{13}}{\varrho_{31}^{\,6/5}}\right) : Z_{b1}\right]^{5/6} = \lambda,$$

und

$$1 : \left[Z_{12} - \frac{Z_{23}}{(\varrho_{31} - 1)^{6/5}}\right]^{5/6} = \mu,$$

so erhält man δ_1 aus der Gleichung:

$$\delta_1 \left[\lambda\,\mu + \frac{1 + \lambda}{Z_{v2}^{\,5/6}}\right] = \frac{\Delta_2}{Z_{v2}^{\,5/6}};$$

dann ist:

$$\delta_2 = \left(\mu\,\delta_1 + \frac{\Delta_2}{Z_{v2}^{\,5/6}}\right) : \left(\mu + \frac{1}{Z_{v2}^{\,5/6}}\right);$$

ferner aus der gemachten Annäherung oben wird:

$$\delta_3 = \delta_1 + \varrho_{31}\,(\delta_2 - \delta_1).$$

Diese Werte δ_1, δ_2, δ_3, in die 3. Knotengleichung (116_3) eingesetzt, müssen dieselbe erfüllen; geschieht dies nicht hinreichend, so ist mit einer verbesserten Annahme von ϱ_{31} die Rechnung zu wiederholen. Eine zeichnerische Auftragung der für etwa drei Annahmen von ϱ_{31} gefundenen Werte führt nach Art der regula falsi bald zum Ziele.

Zu dem errechneten δ bekommt man schließlich aus den Stranggleichungen die günstigsten Durchmesser d.

N. Schiffahrtskanäle

1. Durchschnittliches Verhältnis der größten **Schiffsabmessungen:** Tauchtiefe t: Breite b: Länge $l = 1 : 4{,}5 : 36 = 1 : m : n$, die Wasserverdrängung V des voll beladenen Schiffes: $V = \alpha t b l$, wo α = Völligkeitsgrad; bei schärfer (Keilform, Stevenform) und abgerundet (Löffelform) gebauten Schiffen $\alpha = 0{,}90$ bis $0{,}75$. Das Eigengewicht G des Kahnes ist angenähert:

$$G = (1 : 4) \text{ bis } (1 : 6)\ V = (1 : \beta)\ V; \text{ also die Nutzlast,}$$

$$\text{Tragfähigkeit } Q = V - G = V \frac{(\beta - 1)}{\beta}.$$

Hieraus folgt mit dem obigen Verhältnis:

$$(118) \qquad t = \sqrt[3]{\frac{Q\beta}{\alpha m n (\beta - 1)}}; \text{ dazu } b = mt,\ l = nt.$$

Auf dem Dortmund-Ems-Kanal haben die gewöhnlichen Kähne: $t = 1{,}75$ m, $b = 8{,}0$ m, $l = 65$ m, $Q = 600$ t, deren größte Fahrgeschwindigkeit $v = 5$ km je Stunde $= 1{,}4$ m/sek erreichen darf; ausnahmsweise ist hier auch: $t = 2{,}0$ m, $b = 8{,}2$ m, $l = 67$ m, $Q = 800$ t gestattet bei der geringeren Geschwindigkeit v von höchstens 4 km je Stunde $= 1{,}1$ m/sek; Schleusen 8,6 m breit, 67 m lang.

Für den Rhein-Herne-Kanal sind die Größtwerte: $t = 2{,}3$ m, $b = 9{,}2$ m, $l = 80$ m, $Q = 1000$ t, Schleusenbreite 10 m.

2. **Kanalquerschnitt** am besten muldenförmig, mit größter Wassertiefe in der Mitte und möglichst geringer Wasserspiegelbreite B, Abb. 42 a), b). Für Schiffe mit $t = 1{,}75$ m, $b = 8{,}0$ m, Dortmund-Ems-Kanal, größte, eingetauchte Schiffsquerschnittsfläche (Hauptspant) $F = 14{,}0\ \text{m}^2$, Kanalwasserquerschnitt $A = 70{,}2\ \text{m}^2$; Verhältnis $A : F = n = 5$. Für den Ems-Weser-Hannover-Kanal Abb. 42 b), $A = 65{,}5$, $n = 4{,}7$.

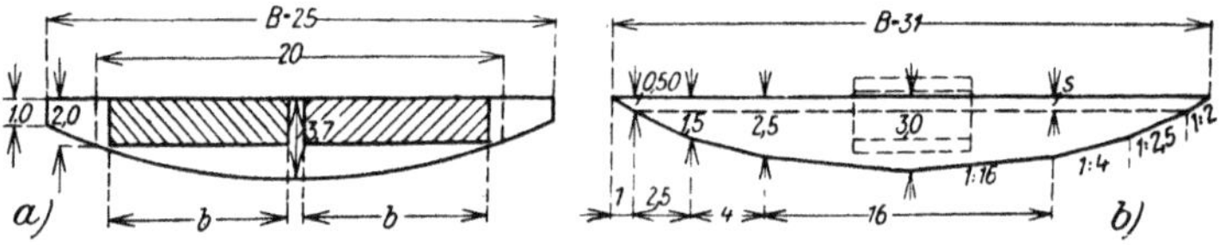

Abb. 42

3. **Schiffswiderstand** W, gleich der notwendigen Zugkraft. Die neuere, allgemeinste Formel von Gebers ist:

$$(119) \qquad W = (k F + \lambda O_s + \lambda_B O_B)\, v_{rw}^{\ 2{,}25}$$

in Kilogramm, Metern und Sekunden, wo F wie oben, k = Stoßziffer $= 1{,}7$ (scharfe) bis $3{,}5$ (stumpfe Schiffe), $\lambda = 0{,}14$ (glatt) bis $0{,}28$ (rauh), O_s = benetzten Seitenflächen, O_B = Bodenfläche, v_{rw} = relative Geschwindigkeit des Schiffes gegen Wasser an den Seiten.

Bei Flottwassertiefen $t_f = 0{,}25$, $0{,}50$, $0{,}75$, $1{,}00$ m

ist $\lambda_B = 0{,}35$, $0{,}25$, $0{,}19$, $0{,}14$

$v_{ro} = v_u F : (A - F) = v_u : (n - 1)$, wo v_u = Schiffs-Fahrgeschwindigkeit gegen Ufer. Kanalspiegelabsenkung $s = [(v_u + v_{ro})^2 - v_u^2] : 2\,g$; Rückströmungsgeschwindigkeit bei der Absenkung s ist $v_{rs} = v_u\,(F + Bs) : (A - F - Bs)$; $v_{rw} = v_u + v_u\,(F + Bs) : (A - F - Bs)$. Kommt im Kanale noch sowie in einem Fluße eine Fließgeschwindigkeit v_{kf} (gegen Ufer) vor, so ist oben anstatt v_u der Wert $(v_u \pm v_{kf})$ einzusetzen; + für Fahrt zu Berg, — für Fahrt zu Tal. Wenn $t_f > 1$ m so nehme man in Gl. (119) anstatt $(\lambda\,O_s + \lambda_B\,O_B)$ nur $\lambda\,O_g$, wo O_g = ganze benetzte Schiffsoberfläche.

Angenähert ist: $F = 0{,}98\,tb$; $O_g = 0{,}85\,l\,(b + 2\,t)$; O_B = für scharfe Schiffe $0{,}7\,bl$, $O_s = O_g - O_B$.

Zur einfachen Näherungsformel für den Schiffswiderstand

$$W = k_e\,F\,v^2 \left(\frac{9}{n}\right) \text{ in kg, m, sek, wo} \left(\frac{9}{n}\right) \qquad (120)$$

die Kanalziffer, ist nach Versuchen von De Mas (siehe Luegers Lexikon der gesamten Technik, unter „Kanalschiffahrt"), wenn $n = A : F$ von 3 bis 9, die Widerstandsziffer $k_e = 18$ bis 24; der größere Wert gilt bei kleinem n und großen Tauchtiefen t. Für stumpfe Schiffe ist $k_e = 35$ bis 45.

Für vom Ufer aus gezogene Schleppzüge sind die Widerstände W der einzelnen Kähne zu summieren. Wenn von einem Dampfer gezogen, so ist für den ersten, etwa 50 m entfernten Schleppkahn, das sonstige W um 10 bis 20% größer zu nehmen; bei geringerer Entfernung noch mehr.

4. **Wasserverbrauch.** a) An Verlustwasser für Versickerung und Verdunstung bei sonst ordentlicher Dichtung des Kanals: 10 bis 30 mm, im Mittel 20 mm Verlusthöhe in 24 Stunden vom Wasserspiegel weg. Für Undichtheit der Schleusentore, Verlustmenge: 3 bis 5 l/sek je 1 m Schleusengefälle; dieser Torverlust ist aber nur einmal, für die oberste Schleuse, in Rechnung zu setzen.

b) **Schleusenwasser** für das Füllen der Kammerschleusen. Es seien: t und b die Anzahl der in einem Schiffahrtsjahre zu Tal bzw. zu Berg fahrenden Schiffe, $n = b + t$ deren Gesamtzahl in beiden Richtungen; x die Anzahl der Kreuzungen (zu einer Kreuzung zwei Schiffe gehörend), wobei ein talabfahrendes Schiff die bereits gefüllte Kammerschleuse nach einem kurz vorher bergauf gefahrenen Schiffe benützt; $M = L\,B\,H$ (Länge × Breite der Schleusenkammer × Gefälle der Schleuse) das zum einmaligen Füllen der Schleuse nötige Wasservolumen; wenn V_t die (durchschnittliche) Wasserverdrängung der zu Tal, V_b jene der zu Berg fahrenden Schiffe — dann erscheint der Gesamt-Schleusenwasserverbrauch W_s einer Kanaltreppe während der ganzen Schiffahrtszeit, also auch auf jeder Seite von einer Scheitelhaltung weg, unabhängig von der Anzahl der Kammerschleusen:

$$W_s = (n - x)\,M + b\,V_b - t\,V_t. \qquad (121)$$

Wenn z. B. $b\,V_b = t\,V_t$ und die halbe Anzahl sämtlicher Fahrten zur Kreuzung (Wechselschleusung) gelangt, also $x = n : 4$, so $W_s = (3/4)\,n\,M$.

Kommt eine Schleuse mit einer größten Füllung M_g vor, so ist für dieses das W_s zu berechnen.

Bei vollständiger Überfahrt von der ansteigenden Kanaltreppe durch die Scheitelhaltung in die absteigende Kanaltreppe ist die Summe des Schleusenwassers beider Treppen $W_{ss} = 2\,(n - x)\,M$; die beiderseitigen Tauchungsmengen heben sich auf.

Das ganze Schleusenwasser muß im allgemeinen in die oberste Kanalhaltung geliefert werden. Nur das Mehr zu $(M_g - M)$ nach Gl. (121), brauchte man unmittelbar in die obere Haltung von M_g zu schaffen.

Abb. 43: Vertikalschnitt durch Kammerschleuse und Sparbecken. K und S = mittlere Horizontalschnittflächen durch die Wasserfüllung der Kammerschleuse bzw. des Sparbeckens.

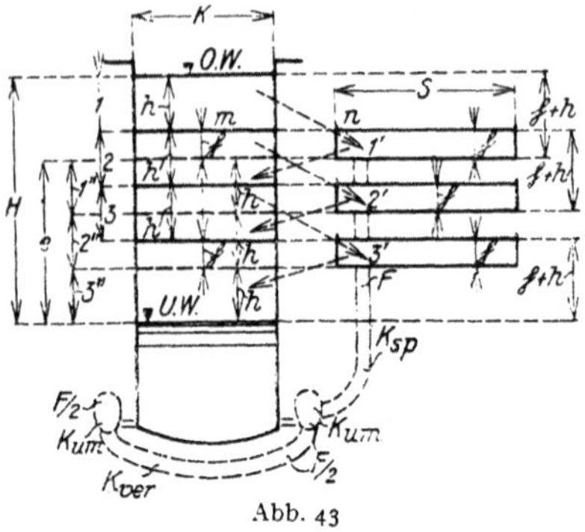

Abb. 43

Das eine Schichtenvolumen $K\,h$ der Kammerschleuse füllt das Sparbeckenvolumen $S\,\mathfrak{h}$ und umgekehrt, also $\mathfrak{h} = h\,K : S = \beta\,h$, wenn kurz $K : S = \beta$ gesetzt. Die Wasserspiegel in den Linien $m\,n$, $m'\,n'$, $m''\,n''$... liegen in einer Horizontalen. Beim Entleeren der gefüllten Kammerschleuse werden die Schichten 1, 2, 3 der Kammerschleuse auf dem Wege der Stich-, Umlauf- (K_{um}) und Verbindungskanäle (K_{ver}) nacheinander in die Sparbeckenschichten 1′, 2′, 3′ ohne Gefällsverlust (bis zur Ausspiegelung) aufgefangen, so daß dann nur der untere Rest von der Höhe $\mathfrak{h} + h$ in die Unterhaltung als verloren ausgelassen werden muß.

Beim Füllen der leeren Kammerschleuse (mit dem Unterwasserspiegel) werden nacheinander die Sparbeckenschichten 3′, 2′, 1′ in die Kammerschleusenschichten 3″, 2″, 1″ bis zur jedesmaligen Ausspiegelung ausfließen und man muß dann nur den oberen Rest in der Kammerschleuse von der Schichtenhöhe $\mathfrak{h} + h$ aus der Oberhaltung einfließen lassen.

Der einmalige Schleusenwasserverbrauch aus der oberen Haltung bei Benützung von n Sparbecken ist also nur gleich der Schichthöhe $(\mathfrak{h} + h)$ bzw. gleich der Wassermenge $M_{ns} = K\,H\,(1 + \beta) : (n + 1 + \beta)$, und die verhältnismäßige Wasserersparnis beträgt:

$$\frac{e}{H} = \frac{n}{n + 1 + \beta}; \tag{122}$$

z. B. für $n = 3$, $\beta = 1$, wird $e : H = 0{,}6$ oder die Ersparnis 60%

5. Bezüglich der Zeit zum Füllen oder Entleeren der Kammerschleuse oder der Sparbecken gilt die Grundformel: Ist $\mathfrak{B}$ die, bei dem anfänglichen Höhenunterschiede k der beiden Wasserspiegel bis zu deren Ausspiegelung in Räumen mit konstanter Horizontalschnittfläche ausfließende Wassermenge, wobei diese Bewegung durch einen Gesamtkanalquerschnitt F mit einem Ausflußkoeffizienten μ (= 0,85 bis 0,5) erfolgt, so erscheint die Ausflußdauer T doppelt so groß, als wenn das Ausfließen mit konstanter, dem anfänglichen Höhenunterschiede k beider Wasserspiegel entsprechender Geschwindigkeit $(= \sqrt{2\,g\,k})$ erfolgen würde. Danach ist die Füll- oder Entleerungsdauer T_0 für die Kammerschleuse mit dem Volumen $\mathfrak{B} = L\,B\,H = K\,H = M$ (siehe Abb. 43) und mit $k = H$ ohne Benützung von Sparbecken:

$$T_0 = \frac{2\,M}{\mu\,F\sqrt{2\,g\,H}} \tag{123}$$

Mit Benützung von n Sparbecken, entsprechend der Abb. 43, ist für die Wasserbewegung: 1. in die oder aus den Sparbecken: $\mathfrak{B} = K\,h$, wobei $h = \dfrac{H}{n + 1 + \beta}$ und $k = \mathfrak{h} + h = h\,(1 + \beta)$; 2. in die untere oder aus der oberen Kanalhaltung: $\mathfrak{B} = K\,(\mathfrak{h} + h) = K\,h\,(1 + \beta)$; somit wird hiebei die eigentliche Füll- oder Entleerzeit zusammen, vereinfacht:

$$T_s = T_0 \sqrt{1 + \frac{n}{1+\beta}} \tag{124}$$

In dem Beispiele der Abb. 43, mit Sparbecken nur auf einer Seite, bekommt der Kanal K_{sp} vom Sparbecken den ganzen Querschnitt F, weil die ganze Wassermenge $\mathfrak{W}$ darin fließt. Im Anschlußknoten von K_{sp} mit dem Umlaufkanal K_{um} geht auch der Verbindungskanal K_{ver} mit dem anderseitigen Umlaufkanal ab. Demnach fließt in K_{ver} sowie in beiden K_{um} nur je $\mathfrak{W} : 2$, diese erhalten demnach je den Querschnitt $F : 2$.

Über die Ausflußzeiten, wenn die Ausspiegelung behufs Zeitersparnis nicht abgewartet, sondern früher gesperrt wird: siehe „Zeitschrift des österr. Ingenieur- und Architektenvereines", 1906, S. 84, und 1911, S. 276.

Fast gar kein Wasser verbrauchend und auf einmal leicht große Gefälle überwindend, sind im Gegensatze zu den Kammerschleusen die mechanischen Schiffshebevorrichtungen, zumeist mit beweglichen Kammern oder Schiffströgen. Es gibt diesbezüglich: vertikale Schiffsaufzüge, schiefe Ebenen und Schiffseisenbahnen, hydraulische Schleusen mit Preßkolben (Aszenseur) zu Anderton (England), Fontinettes (Frankreich), La Louvière (Belgien), und Schwimmhebewerke von Prüsmann zu Henrichenburg („Zeitschrift d. Ver. deutsch. Ing.", 1896, S. 57). Nur das Schwimmhebewerk ist mit einem einzigen Troge in einfacher Konstruktion praktisch herstellbar, während alle anderen Vorrichtungen doppelt, mit zwei Trögen, Wagen, oder der zweite Wagen durch Gegengewicht ersetzt, ausgeführt werden müssen, damit das Abwärtsfahrende das Aufwärtsfahrende mehr oder minder hinaufziehe.

Eine bedeutende Schiffshebeanlage ist die kurze Schleusentreppe, aus vier Sparschleusen bestehend, zu Niederfinow, an der Alt-Oder, Berlin-Stettiner-Kanal; „Zeitschrift f. Bauwesen", 1913 und 1914.

Den Hubzylinder sowie die preisgekrönten Hebewerke im internationalen Wettbewerbe für Kanalschiffshebewerke siehe: „Österr. Wochenschrift f. d. öffentl. Baudienst", 1905.

O. Städtekanalisation

Abzugskanäle. Kleinere Kanäle kreisförmigen Querschnitts werden bis etwa 0,6 m Weite hergestellt. Siehe a. S. 279. Darüber hinaus ist das Eiprofil, Abb. 44, mit Breite : Höhe = 2 : 3 üblich. Für ganze Füllung ist Querschnittsfläche $F = 0{,}51\, h^2$, benetzter Umfang $u = 2{,}64\, h$ und Profilradius $R = \frac{F}{u} = 0{,}194\, h$. Man berechnet dieselben für vollständige Füllung mit einer größten Regenabflußmenge

$$Q \text{ m}^3/\text{sek} = 0{,}20 \text{ bis } 0{,}25 \frac{30}{0{,}5 + \sqrt{A}} \cdot A \text{ km}^2. \tag{125}$$

Hierin ist die sog. Verzögerung schon enthalten. A in km² = Einzugsgebiet; für das A unter der Wurzel nicht weniger als 1 einsetzen. Das kleinste Kanalgefälle J soll schon bei bloßem Hauswasser- oder Trockenabfluß von 0,4 l/sek im Stundenmaximum von je 100 Einwohnern eine Geschwindigkeit v von wenigstens 0,6 bis 0,7 m/sek ergeben. In diesem Falle ist bei ganzer Regenfüllung mit einer 10-, 20- bis 30 mal so großen Wassermenge die Geschwindigkeit im Eiprofil mit wenigstens 0,9 bzw. 1,1, 2,2 m/sek, und beim Kreisquerschnitt mit wenigstens 1,0, 1,3, 1,5 m/sek einzuführen; die größte Geschwindigkeit soll 2,3 m/sek nicht überschreiten. Danach ist das Gefälle zu berechnen. Die zugehörigen Formeln sind z. B. nach Kutter,

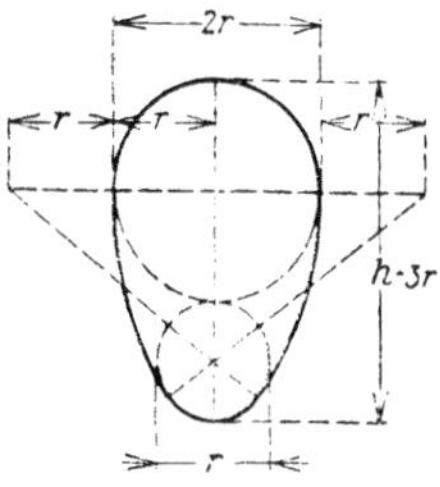

Abb. 44

(126) $$v = \frac{100\sqrt{R}}{m+\sqrt{R}}\sqrt{RJ};$$

m = Rauhigkeitskoeffizient, für glatte Betonkanäle $m = 0{,}25$, für ältere gemauerte Kanäle oder Tonrohrleitungen $m = 0{,}4$, für mittelgute Verhältnisse $m = 0{,}3$. In Verbindung mit der Formel $Q = F \cdot v$ erhält man bei ganzer Füllung für das gezeichnete Eiprofil:

$$v = \frac{1{,}39\, h \sqrt{1000\, J}}{2{,}27\, m + \sqrt{h}}; \qquad Q = \frac{0{,}71\, h^3 \sqrt{1000\, J}}{2{,}27\, m + \sqrt{h}}; \qquad h = 1{,}12 \sqrt[3]{Q\, \frac{2{,}27\, m + \sqrt{h}}{\sqrt{1000\, J}}};$$

dann ebenso für das volle Kreisprofil von der Lichtweite d:

$$v = \frac{1{,}58\, d \sqrt{1000\, J}}{2\, m + \sqrt{d}}; \qquad Q = \frac{1{,}24\, d^3 \sqrt{1000\, J}}{2\, m + \sqrt{d}}; \qquad d = 0{,}93 \sqrt[3]{Q\, \frac{2\, m + \sqrt{d}}{\sqrt{1000\, J}}}.$$

Die nämliche Geschwindigkeit v wie bei vollaufendem Querschnitt F (nach den vorstehenden Formeln) tritt beim Kreisprofile auch schon bei einem Wasserquerschnitte von $0{,}5\, F$ und beim Eiprofile bei einem solchen von $0{,}53\, F$ ein. Bei einer Füllhöhe von $0{,}91\, d$ bzw. $0{,}94\, h$ erscheint die Maximalabflußfähigkeit des Kreis- bzw. Eiprofils, und es ist dieselbe um 8% bzw. 6% größer als bei ganzer Füllung.

Für die städtischen Kanäle in Wien wird als abzuführende Wassermenge gerechnet: a) ein Brauchwasserquantum von 4,5 l pro Kopf und Stunde (d. i. $^1/_{20}$ des täglichen Wasserverbrauches von 90 l), und zwar bei einer Bevölkerungsziffer von 520 pro *ha*, *b*) pro Stunde $^1/_3$ des maximalen Stundenniederschlages von 19.7 mm. Dies gibt pro *ha* und Sekunde a) Brauchwasser 0,65 l, b) Regenwasser 18,29 l, zusammen rund 19 l. In Linz sowie Mainz beträgt die in Rechnung gezogene Regenabflußmenge 55, in Köln (Altstadt) für die Nebenkanäle 55, für die Sammelkanäle 42, in Hamburg 39 l/sek, ha. Richtiger ist es, für größere Sammelflächen weniger, für kleinere hingegen mehr für den Regenabfluß per ha einzusetzen, wie dies die obige Formel für Q m³/sek schon entsprechend ergibt.

Bei einem größten Hauswasserverbrauch von 14 l je Kopf und Stunde beträgt der Schmutzwasser- oder Trockenwetterabfluß von je 100 Einwohner auf 1 ha rund 0,4 l/sek, ha.

P. Entwässerung

Versumpfte Ländereien werden durch Abhaltung des zufließenden Wassers, durch Ableitung der atmosphärischen Niederschläge, durch Senkung des Grundwasserspiegels oder durch Erhöhung des Sumpfbodens mittels Sinkstoffen entwässert. Die Senkung des Grundwasserstandes in landwirtschaftlich benutztem Boden darf nur soweit vorgenommen werden, als dies den Pflanzen zuträglich ist, d. i. bei Ackerland etwa 1,0 m, bei Weiden 0,7 m, bei Wiesen 0,5 m. Nassen, schweren Boden, insbesondere den Ackerboden, entwässert man am besten durch Drains, durch welche nicht nur das überschüssige Wasser entfernt, sondern auch infolge des Durchstreichens der Luft der Boden aufgelockert und erwärmt wird.

Ist A (in km²) das zu einer Stelle des offenen Entwässerungskanales oder Grabens gehörige Niederschlagsgebiet, so ergibt sich die größte Entwässerungsmenge Q (in m³/sek), für welche der Kanal oder Graben zu berechnen ist, aus der Formel: $Q = \alpha \cdot 30\, A : (0{,}5 + \sqrt{A})$, siehe Gl. (23), S. 534; hierin ist, vielfachen Ausführungen entsprechend, je nachdem geringere oder größere Niederschläge, eine langsamere oder raschere Abwässerung (Talboden oder Berglehne) zu berücksichtigen sind, $\alpha = 0{,}03$ bis $0{,}10$ zu setzen.

Für Entwässerungen mit künstlicher Vorflut, d. i. bei Wasserhebung aus Poldern mittels Schöpfwerken rechnet man als Fördermenge 0,6 bis 1 l/sek pro Hektar, d. i. im allgemeinen die Zahl der Jahresregenhöhe in m.

Drainage

Man versteht darunter gewöhnlich die Entwässerung mittels in den Boden eingelegter Tonröhren von 30 cm Länge und 40 bis 80 bis 150 mm Weite. Es können aber auch dort, wo größere Wassermengen abzuführen oder wo lagerhafte Steine billig erhältlich sind, anstatt der Tonröhren Steindöhlchen oder (in schwimmendem Boden) Faschinen Anwendung finden. Sammeldrains und Saugdrains; erstere werden zumeist in die Richtung der Mulden oder auch des größten Gefälles gelegt, jedoch sollen stärkere Gefälle als 10% vermieden werden, insbesondere in leicht abschwemmbarem Boden. Als Minimalgefälle sind anzunehmen bei Röhren von 4 cm Weite 0,5%, bei 5 cm 0,3%, bei 10 cm 0,1%, damit wenigstens noch eine Geschwindigkeit von 0,2 m pro Sekunde in den halb- oder ganzvoll laufenden Drainsträngen erscheint. Tiefe der Saugdrains in der Regel 1,25 m, weil damit ihre Wirksamkeit eine weitreichende ist und ein guter Schutz der Drains gegen Frost und Verstopfen erzielt wird. Bei Lehmboden zuweilen bis 1,6 m tief. Die Entfernung der Drainstränge, die scharenweise ziemlich parallel angeordnet werden, richtet sich nach ihrer Tiefenlage und nach der Durchlässigkeit des Bodens.

Man kann etwa für groben Sand 25 bis 30 m, für feinen und lehmigen Sand 16 bis 20 m, für fetten Lehmboden 12 bis 15 m, für Tonboden 7 bis 12 m Entfernung annehmen. Den Durchmesser soll man so bestimmen, daß pro Hektar eine sekundliche Wassermenge von 0,7 bis 1,0 l abgeführt wird. Bedeutet A die Bodenfläche (das Sammelgebiet) in Hektar, welche an dem zugehörigen Sammelpunkte eines Drainstranges mit der Lichtweite d und dem relativen Gefälle J eben noch (also im Maximum) entwässert werden kann, so ist: $A = k\sqrt{J}$; hiebei ist der Strang eben gänzlich gefüllt gedacht. Wenn von 1 ha 0,756 l/sek Abfluß gerechnet wird, so hat man für die einzelnen Drainlichtweiten d (in m):

für $d =$	0,04	0,05	0,08	0,10	0,13	0,15
$k =$	4,8	9,6	38,9	75,4	160	241

Zu gegebenen Werten A' und J nehme man jenes d zur Ausführung, wofür das rechnungsmäßige A eben gleich oder etwas größer als A' ist (aber, um nicht überflüssig weite Röhren zu verwenden, höchstens um so viel größer, daß für das vorhandene nächstkleinere Kaliber d der zugehörige Wert A noch kleiner als A' würde). Einen vollkommenen, bequemen Ersatz für diesbezügliche Rechnungen bietet „Die Hilfstafel zur Verfassung von Drainageplänen" (Spielhagen & Schurich, Wien; Zeitschrift des österr. Ingenieur- und Architektenvereines, 1893). Bei Vorkommen von wasserführenden Schichten, in welchen Grundwasser zufließt, ist dieses durch Kopfdrains abzuhalten.

Bei der Petersenschen Drainierungsmethode erhalten die Saugdrains nahezu die Richtung der Horizontalkurven und an der Einmündung in den Hauptstrang verschließbare Klappen, sogenannte Stauventile, um eventuell den Abfluß des Drainwassers beliebig hemmen zu können.

Bei der Querdrainage (auch Kopfdrainage) sind die Drains nicht in der Richtung des größten Bodengefälles, sondern schräg (quer) zu den Horizontalschichtenkurven gelegt. Die größte zulässige Abweichung derselben von der Normalen zu den Schichtenkurven ergibt sich daraus, daß hiebei noch eine Geschwindigkeit von 0,3 m pro Sekunde im Rohrstrange auftrete, unter der Voraussetzung, daß der Strang mit natürlichem Gefälle,

d. i. gleichmäßig tief unter der Bodenoberfläche gelegt sei. Danach muß die schräge Richtung auf dem Schichtenplane für die Geschwindigkeit von 0,3 m pro Sekunde noch mindestens an Gefälle besitzen: bei 4 cm Rohrweite 1%, bei 5 cm 0,7%, bei 8 cm 0,3%. Auf stärker geneigtem und insbesondere auf einem von Quelladern, die mehr oder minder in der Gefällslinie liegen, durchzogenen Boden gebührt der Querdrainage der Vorzug vor der gewöhnlichen Methode der Längs- oder Vertikaldrainage, wobei die Saugdrains in der Richtung des größten Bodengefälles angelegt sind. Bei der Querdrainage darf auch die Entfernung der schrägen Saugdrains etwas größer genommen werden als sonst. Das Legen von 1000 Stück Röhren kostet etwa 2,5 *t*, das Ausheben von 1,2 m tiefen Gräben und das nachherige Wiederzufüllen in mittlerem Lehmboden kostet pro laufenden Meter 0,07 bis 0,10 *t* (*t* = Taglohn).

Q. Bewässerung

Man rechnet pro Hektar und Sekunde 1 l als das während 6 Monaten kontinuierlich zufließend gedachte, minimale, zur sogenannten anfeuchtenden Bewässerung erforderliche Wasserquantum; bei düngender Berieselung braucht man jedoch wesentlich mehr, 20 bis 50 l kontinuierlichen Zufluß pro Hektar und Sekunde. Bei Rieselanlagen mit städtischem Kanalwasser sind pro 1000 Einwohner 2 bis 4 ha als Rieselfläche erforderlich; dies entspricht bei einer Abwassermenge von 150 l pro Kopf und Tag einer im ganzen Jahre auf das Rieselfeld aufgeleiteten 1,4 bis 2,7 m hohen Wasserschichte.

Gewöhnlich wird in der Zeit von Mai bis Mitte Juni und von Juli bis September gewässert. Bei mittleren Bodenarten, welche einen bündigen Untergrund besitzen, hat sich eine Rieselhöhe von 0,16 bis 0,20 m als genügend zur einmaligen Anfeuchtung erwiesen. Im allgemeinen kann man nach Heuschmid annehmen, daß bei sehr trockener Zeit beim schweren Lehmboden etwa $^1/_4$, beim milden Lehmboden etwa $^1/_3$ und bei sandigem Lehmboden etwa $^1/_3$ bis $^1/_2$, beim leichten Sandboden über die Hälfte der gegebenen Rieselhöhe nicht mehr in den Wasserlauf zurückgelangt.

Die Bewässerung erfolgt:

a) Durch Stau. Entweder durch **Einstauung** in den Boden von den Gräben (zumeist Entwässerungsgräben) aus, in welchen das Wasser hochgespannt wird; Wirkung mangelhaft. Oder durch Überstauung; hiebei werden die Stauwiesen mit niederen Erddämmen umschlossen; durch eine im oberen Damm angebrachte Schütze wird das Wasser eingelassen und nach erfolgter Klärung durch eine Öffnung im unteren Damme wieder abgelassen. Diese Bewässerungsmethode ist nur für drainiertes oder gutdurchlässiges Terrain anzuwenden.

Günstigere Resultate werden erzielt:

b) Durch **Berieselung.** Hat der Wiesenboden nicht weniger als 2% Gefälle, so können nach dem Systeme des Hangbaues die Bewässerungsgräben an den höchsten, die Hauptentwässerungsgräben an den tiefsten Stellen des Terrains geführt werden. Die Wasserverteilung über die Fläche erfolgt durch Rieselrinnen, welche nach den Horizontalen des natürlichen Terrains verlaufen und ihr Wasser teils durch Verteilungsgräben, teils durch Abrieseln über die oberhalb liegende Fläche erhalten. Bei kleinerem Terraingefälle als 2% wird der Rückenbau ausgeführt, indem man zwischen zwei, höchstens 30 m entfernten Entwässerungsrinnen eine Bewässerungsrinne mit horizontaler Krone aufdämmt und das Wasser aus den letzteren, den Rieselrinnen, über deren Ränder nach beiden Seiten gleichmäßig überlaufend, auf die dachförmigen Böschungen leitet. Bei dem ausgebildeten Rückenbau wird das Terrain zu vollständig regelmäßig geformten, ebenen Hangtafeln oder Rücken mit, im allgemeinen sich rechtwinklig kreuzendem Grabensystem umgestaltet.

In Oberitalien erhalten die aus einer Mittelrinne überrieselten Seitenflächen eines Rückens bei je 6 bis 7 m Breite 4 bis 5% Gefälle und bis 50 m Länge.

Die Hauptzuleitungsgräben erhalten ein, der zu führenden Wassermenge und dem Gefälle entsprechendes Profil. Rieselrinnen werden mit abnehmendem Profil 15 bis 12 cm breit und 15 bis 20 cm tief mit senkrechten Wänden ausgehoben; ihre Entfernung voneinander beträgt bei schwachen Terraingefällen 10 bis 15 m, bei stärkeren 20 m. 1 Mann kann stündlich etwa 10 bis 12 m Rieselgräben ausheben. Zur Kultivierung von 1 ha (Erdarbeit ohne Schleusenbau) nach dem Rückenbau sind etwa 260 Arbeiterschichten erforderlich. Dort, wo das Gefälle des Flusses oder Baches, dem das Wasser entnommen wird, für eine Stauanlage zu gering ist, hat man früher häufig hölzerne Schöpfräder angeordnet, welche pro Sekunde 30 bis 35 l bis $4^1/_2$ m hoch heben.

c) Durch **Stauberieselung.** Es ist dies eine Kombination der Überstauung mit Berieselung, welche insbesondere auf flachem, wenig geneigtem Boden mit Vorteil angewendet wird. Eine entsprechende, möglichst geringe, von kleinen Staudämmen gehaltene Wasserschichte wird durch reichlichen Wasserzufluß in möglichst lebhafter Bewegung erhalten. Bodenplanierungsarbeiten werden hiedurch gänzlich vermieden oder auf das kleinste Maß beschränkt. Entwässerungsgräben zur sorgfältigen Trockenlegung nach eingestellter Bewässerung sind sehr wichtig; dieselben dienen auch zur Verteilung des Wassers beim Beginne der Wässerung.

Eine verbesserte Art der Stauberieselung ist der Staugrabenbau, wobei der Bewässerungsgraben durch in Entfernungen von etwa 30 bis 80 m angebrachte Stauschützen in einzelne Haltungen zerlegt erscheint, deren Rieselränder, horizontal angelegt, im Verlaufe desselben Grabens immer um eine gewisse Stufenhöhe tiefer liegen. Siehe „Österreichische Wochenschrift für den öffentlichen Baudienst", 1903, S. 493.

Berechnung der Wasser- und Zeitverteilung. Es seien: h_b (etwa 100 bis 200 mm) die Bewässerungshöhe, d. i. eine auf den Boden aufzuleitende Wasserschichtenhöhe, welche für eine einmalige Bewässerung innerhalb der Bewässerungs-Wiederholungszeit T_w (Rotation, Turnus) (etwa 1 bis 2 Wochen) ausreicht; die Wasserzuleitung im Hauptkanale oder -graben erfolge im allgemeinen während der wirklichen einmaligen Gesamtwässerungsdauer $T_b \leq T_w$; $h_\mathfrak{v}$ = Versickerungshöhe, d. i. die tatsächlich in den Boden einzubringende, für die Wiederholungszeit T_w ausreichende Wasserschichtenhöhe (bei reichlichem Pflanzenwachstum etwa 5 bis 10 mm für einen Tag); $h_b < h_\mathfrak{v}$; $\mathfrak{v}$ = Versickerungsgeschwindigkeit, ungefähr 0,001 bis 0,01 mm/sek, d. i. die während der Rieselung durchschnittlich in einer Sekunde in den Boden einsickernde Wasserschichte:

Es ist die Versickerungsdauer, Rieseldauer, Aufleitungsdauer,

$$t_\mathfrak{v} = \frac{h_\mathfrak{v}}{\mathfrak{v}}. \qquad (127)$$

Der Unterschied $h_b - h_\mathfrak{v}$ fließt als Überschuß unverwendet in den Entwässerungsgraben ab. Denkt man sich die Bewässerungsmenge während der ganzen Wässerungsjahreszeit gleichmäßig und beständig auf den Boden aufgeleitet, so wäre hiezu aus $h_b = w\,T_w$ der beständige Zufluß w in Litern je Sekunde für die Flächeneinheit $w = h_b : T_w$.

Für nur anfeuchtende Bewässerung ist w in Litern je Sekunde und ha etwa gleich 1 bis 2, u. zw. ist

$$w \text{ l/sek, ha} = 10^4\, h_b \text{ mm} : T_w \text{ sek}. \qquad (128)$$

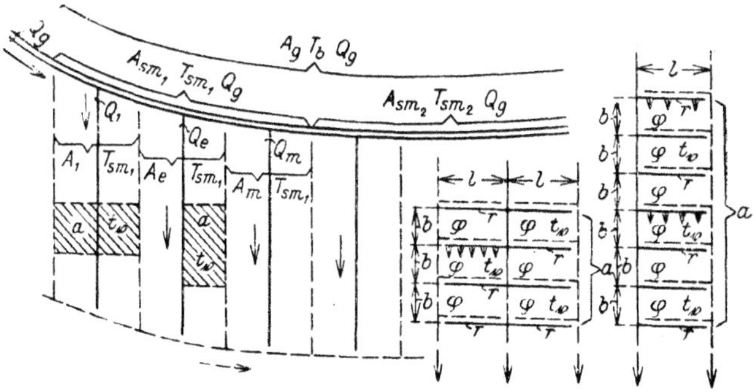

Abb. 45

Für ein aus den Teilgebieten A_1 bis A_z bestehendes Gesamtbewässerungsgebiet, Abb. 45: $A_g = A_1 + A_2 + \ldots + A_e + \ldots A_z$ ist die im Hauptgraben während T_b zufließende sekundliche Gesamtwassermenge Q_g aus: $Q_g \cdot T_b = A_g h_b$, gleich:

$$Q_g = \frac{A_g h_b}{T_b}. \tag{129}$$

Wird Q_g zugleich auf alle zu A_1, A_2...bis A_z gehörende Seitengräben verteilt, so ist für ein solch beliebiges Teilgebiet A_e die zugehörige Seitengraben-Wassermenge Q_e während T_b gleich:

$$Q_e = \frac{A_e h_b}{T_b}. \tag{129a}$$

Führt man aber das ganze Q_g zuerst nur einem Summenteilgebiete $A_{sm} = A_1 + A_2 + .. + A_{se} + ... A_m < A_g$ zu, so ist die zugehörige Summenzuflußdauer oder Wässerungsdauer T_{sm} aus: $Q_g\, T_{sm} = A_{sm}\, h_b$, gleich:

$$T_{sm} = \frac{A_{sm} h_b}{Q_g} \tag{130}$$

und für ein beliebiges A_{se} wird während T_{sm} die Seitengraben-Wassermenge:

$$Q_{se} = \frac{A_{se} h_b}{T_{sm}}. \tag{130a}$$

Nach Ablauf von T_{sm} kommen die restlichen Summenteilgebiete, z. B. $A_{sm2} = A_{m+1} + A_{m+2} + .. + A_{se2} + .. + A_p$ mit der Summenzuflußdauer T_{sm2} usf., an die Reihe.

Um auf einer Teilfläche a ($\leq A_a$) von A_e oder A_{se}, im allgemeinen A_a, durch Aufleitung und Verteilung von Q_e bzw. Q_{se}, im allgemeinen von Q_a, während $t_\mathfrak{v}$ die Bewässerungshöhe h_b zu erzielen, muß aus: $Q_a\, t_\mathfrak{v} = a\, h_b$, die Teilfläche

$$a = \frac{Q_a t_\mathfrak{v}}{h_b} = \frac{Q_a h_\mathfrak{v}}{\mathfrak{v}\, h_b} \tag{131}$$

sein. Damit Unregelmäßigkeiten vermieden, also alle a von A_a gleich groß werden, soll

$$\frac{A_a}{a} = \frac{T_a \mathfrak{v}}{h_\mathfrak{v}} = v \tag{132}$$

eine ganze Zahl sein, wobei T_a je nach der Gl. (129a) oder (130a) T_b oder T_{sm} bedeutet. Zu diesem Behufe wird man meist $h_\mathfrak{v}$ in der Nähe des gewünschten $h'_\mathfrak{v}$ entsprechend wählen bzw. errechnen; dabei wird zugleich auch $\frac{T_b}{t_\mathfrak{v}}$ bzw. $\frac{T_{sm}}{t_\mathfrak{v}} = v$. Dehnt sich a zu beiden Seiten des zugehörigen, Q_a führenden Grabens aus, so empfiehlt es sich, der Einfachheit wegen dies so anzuordnen, daß die beiderseitigen Flächenteile a_{er} (rechts) und a_{el} (links), wenn sie zu gleicher Zeit von Teil zu Teil, im ganzen während T_{sm} bewässert werden sollen, gleich groß werden; auf jede Seite kommt dann die Hälfte von Q_a.

Für jede beliebige Rieseleinheitsfläche φ, etwa $= b \cdot l$, wo b = Hangbreite (Riesellänge), l = Rieselgraben-(Überlaufskanten-)Länge ist, während $t_\mathfrak{v}$ für eine Überlaufskante die anfängliche Rieselgrabenmenge

$$q_r = \varphi \frac{h_b}{t_\mathfrak{v}}. \tag{133}$$

Bei Austeilung von a in ξ gleich große φ ist $q_r = \frac{Q_a}{\xi}$; dabei wählt man, wenn z. B. alle l gleich sind, $b \left(= \frac{a}{\xi\, l}\right)$, so in der Nähe des gewünschten b', daß $\frac{a}{b\, l} = \xi$ eine ganze Zahl wird. — Maße zur bequemen Rechnung mit obigen Formeln: Längen in m, Flächen in m², Wasserschichtenhöhen in mm, Wassermengen in l (l/sek), Zeit in Sekunden.

Kanal- oder Grabenberechnung. Grundlagen: 1. $Q = F.v$. 2. Die mittlere Geschwindigkeit

$$v = \frac{k\sqrt{R}}{m + \sqrt{R}} \cdot \sqrt{RJ}; \tag{134}$$

nach Kutter $k = 100$, nach Bazin $k = 87$; die Rauhigkeitszahl m für rauhen Kanal oder Graben in Erde nach Kutter rund $= 1{,}5$, nach Bazin rund $= 1{,}4$, 3. Vorteilhaftes Querprofil, entweder ein Rechteck mit der Wassertiefe t und der Wasserbreite $b = 2\,t$ oder ein gleichflächiges Trapez mit der gleichen Wassertiefe t, aber der mittleren Wasserbreite $2\,t$, wobei in $R = t/2$ die geringe Abweichung vom Theoretischen gut zulässig ist.

I. Fall. Gegeben: Q und v. So ist

$$t \text{ cm} = 22{,}36 \sqrt{\frac{Q \text{ l/sek}}{v \text{ cm/sek}}}, \tag{135}$$

dann

$$1 + 0{,}05 \sqrt{t \text{ cm}} = p \tag{136}$$

setzen, hernach

$$J^0/_{00} \text{ (auf Tausend)} = \left[p \, \frac{v \text{ cm/sek}}{t \text{ cm}} \right]^2. \tag{137}$$

II. Fall. Gegeben: Q und J. Dazu wird

$$t \text{ cm} = 7{,}94 \sqrt[3]{\frac{p}{\sqrt{J^0/_{00}}} \cdot Q \text{ l/sek}}, \tag{138}$$

wobei das t in Gl. (136) vorerst angenähert anzunehmen und allfällig mit dem berechneten t die Rechnung in Gl. (136) und (138) zu wiederholen ist; ferner ist

$$v \text{ cm/sek} = t \text{ cm} : \frac{p}{\sqrt{J^0/_{00}}}. \tag{138 a}$$

Siehe auch: Zeitschrift für die gesamte Wasserwirtschaft 1918 über: Wasser-, Zeit- und Flächenausteilung bei Bewässerungsanlagen.

Bei den meist von Genossenschaften hergestellten Kulturanlagen in Oberfranken sind folgende Mittelwerte (Friedenspreise) ausgewiesen (nach A. Friedrich, „Bodenmeliorationen in Bayern und Hannover"):

Baukosten pro Hektar (Friedenspreise): a) Bewässerungsanlagen im Minimum 110 Mark, im Maximum 860 Mark, im Mittel 400 Mark; b) Entwässerungsanlagen mit offenen Gräben 60 bis 370 Mark, im Mittel 200 Mark; c) Drainagen 130 bis 330 Mark, im Mittel 250 Mark.

Erhaltungskosten pro Jahr und Hektar: a) Bewässerungen 2 bis 60 Mark, im Mittel 16 Mark; b) Entwässerungen im Mittel 2 Mark.

R. Der Stausee (Talsperrensee) als Jahresvorratsspeicher

1. In der Abb. 46 a) ist ZZ die Jahreszuflußlinie, AA die den Wasserbedürfnissen entsprechende Jahresabflußlinie. Die mit + bezeichneten Bergflächen als Überschußflächen geben für die zugehörige Zeitdauer das Mehr des Zuflusses über den Verbrauch an; die mit — bezeichneten Talflächen sind Mangelflächen, zu deren Zeit der Zufluß kleiner als der Wasserbedarf ist. Eine übersichtliche Vorstellung über die Wassermengen bietet die Summenunterschiedslinie, Abb. 46b), SU, für die näm-

liche Zeitdauer; diese besitzt lotrecht unterhalb der Schnittpunkte 1, 2, 3, ... der Z- und A-Linie ihre Tief- und Hochpunkte 1, 2, 3, ... Der Höhenunterschied von 0 bis 1 ist gleich der —-Fläche bzw. der entsprechenden Wassermenge zwischen den Schnittpunkten 0 und 1 in Abb. 46a); die +-Fläche zwischen den Schnittpunkten 1 und 2 wird als Höhenunterschied in b) von 1 aufwärts nach 2 aufgetragen; dann die —-Fläche zwischen 2 und 3 in a), unten in b) als Höhenunterschied von 2 abwärts nach 3, usf.

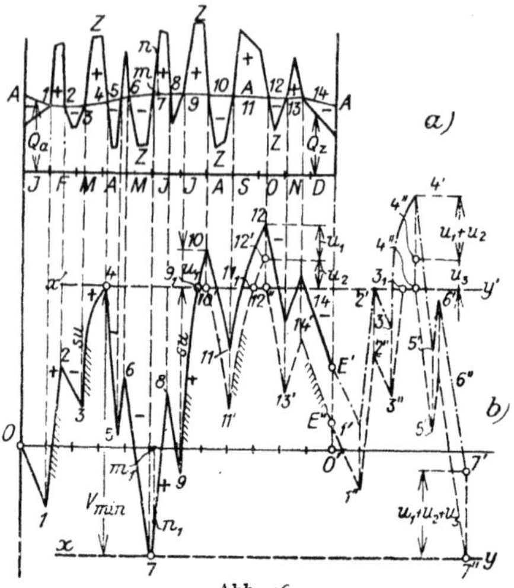

Abb. 46

Die in Abb. 46 b) mit + bezeichneten, aufsteigenden Strecken sind Überschußstrecken, die mit — bezeichneten, abfallenden aber Mangelstrecken.

Der Mindestinhalt des Stausees, wodurch der Ausgleich zwischen dem ungleichmäßigen Zuflusse und dem weniger veränderlichen Verbrauche erzielt werden soll, muß gleich dem größten Mangel, d. i. dem Höhenunterschiede der größten Mangelstrecke, innerhalb eines oder selbst zweier (dreier) aufeinanderfolgender ungünstiger Jahre sein. In Abb. 46b) stellt so die Tiefe von 4 nach 7 den Mindestinhalt $V_{\min}$ vor. Hier ist z. B. der Mangel in der Zeit von 4 bis 7 kein andauernder, sondern er ist durch einen inzwischen vorkommenden kleineren Überschuß von 5 nach 6 unterbrochen. Zur richtigen Beurteilung des $V_{\min}$ muß die Summenunterschiedlinie noch in das nachfolgende Jahr fortgesetzt werden, so daß Mangelstrecken vom Ende des Jahres allenfalls noch durch Mangelstrecken des nächsten Jahres ergänzt erscheinen.

Der Tiefenpunkt 7 entspricht dem leeren Zustande des Stausees, der Höhenpunkt 4 aber dem vollen Zustande. Die Überschußstrecke 9—10 wird von der Wagrechten $x'\,y'$ aus 4, d. i. vom Vollspiegel des Beckens, im Punkt 9_1 getroffen; der Überschuß 9_1—10 $= u_1$ fließt am Überlauf oder Übereich des Beckens ab, so daß zur Zeit des Punktes 10 der Stausee eben nur noch voll ist. Der folgende Mangel 10—11, aus dem Vollen ausfließend, ergibt nur die lotrecht um u_1 nach unten verschobene Ausfluß-Mangelstrecke 10′ 11′, an welche sich dann die ebenfalls lotrecht nach unten verschobene Überschußstrecke 11′—12′ anschließt. Die Wagrechte, die Vollinie, $x'\,y'$ trifft nun 11′—12′ im Punkte 11_1, so daß nun der Überschuß 11_1—12′ = 12′ — 12″ $= u_2$ überläuft und die nachfolgende Mangelstrecke 12″ — 13′ von 12″ aus beginnt, um $(u_1 + u_2)$ lotrecht von 12—13... herunter verschoben; usf.

Der frühere Endpunkt E' am Jahresschluß ist dabei auch um $(u_1 + u_2)$ nach E'' herabgesunken. Zur Fortsetzung ins nächste Jahr ist hier der gleiche Zustand wie am Anfange des betrachteten Jahres angenommen, so daß die ganze Summenunterschiedslinie O 123.... derart parallel zu sich selbst verschoben erscheint, daß der Punkt O auf den Endpunkt E'' fällt. In dieser Fortsetzung kommt noch einmal in $3_1\,4''$ ein Überlauf

$4'' \, 4''' = u_3$ zum Vorschein, worauf der Tiefenpunkt $7''$ in die Wagrechte, in die Leerlinie xy, aus 7 zu liegen kommt.

Die Ordinaten der teilweise schraffierten SU-Linie über der Leerlinie xy geben die im Stausee zum betreffenden Zeitpunkte eben vorhandenen Wassermengen und hiemit die entsprechenden Wasserstände an.

2. Zur Wasserbeschaffung mittels eines Stauweihers für irgend einen Zweck: Wasserversorgung, Bewässerung, Kraftwasser, für die Schifffahrt, Erhöhung des Flußniederwassers u. dgl., sei in Kubikmetern, je Tag zu 24 Stunden

Q_n = Nutzwasser, für welches eben der Bau vorgenommen wird;

Q_e = Entschädigungswasser, welches in den Wasserlauf abgelassen werden muß für die unteren Wasserberechtigten;

Q_v = Verlustwasser infolge Verdunstung und allfälliger Versickerung, dazu etwa durchschnittlich 3 mm Verdunstungshöhe und 2 mm Versickerungshöhe vom Wasserspiegel weg, je Tag;

Q_z = Zuflußwasser, welches etwa in der Trockenzeit im Mittel noch in den Stauweiher fließt;

T = Trockenperiode, größte Anzahl von Tagen, 90 bis 120 Tage, auch darüber, während welcher die Wasserlieferung im Bache oder durch die Niederschläge kleiner ist als der Wasserverbrauch $Q_n + Q_e + Q_v$, also außerhalb der Trockenperiode hinreichender Zufluß vorausgesetzt; dann ist der notwendige Mindestfassungsraum des Stausees:

$$V_{\min} = T\,(Q_n + Q_e + Q_v - Q_z). \tag{139}$$

Um diese Wassermengen zu erhalten, muß bei der kleinsten Jahresregenhöhe h_{rk}, mit der Abflußziffer φ, das in den Stausee abwässernde Niederschlagsgebiet A wenigstens sein:

$$A \gtrless 365 \text{ Tage} \times (Q_n' + Q_e' + Q_v') : \varphi\, h_{rk}, \tag{140}$$

wo Q_n', Q_e' größer sein können, als allfällig die Mindestwerte Q_n, Q_e für die Trockenzeit.

Wäre an einer Baustelle das nötige $V_{\min}$ oder A nicht zu erreichen, so müßten noch an anderen Stellen Stauweiher geschaffen werden.

3. Will man den Stausee zur Wasserkraftgewinnung für N Pferdestärken beim Wirkungsgrade η benützen, so daß die Wassertiefe in demselben durch eine geschlossene Rohrleitung zur Nutzfallhöhe H mitwirke, dann wird bei der Ableitung einer Wassermenge Q der Stauseespiegel sinken und die Fallhöhe H immer kleiner. Dabei muß für das gleiche N das Produkt

$$Q\,H = 3\,N : 40\eta = k \tag{141}$$

unverändert bleiben. Für den Mindestinhalt eines solchen Wasserkraft-Stauweihers ist dann für Q_n in Gl. (139) ein gewisser mittlerer Wert Q_{nm} des Aufschlagswassers bei einem um $\delta_1\, t_w$ herabgesunkenen Stausee-Höchstspiegel aus: $Q_{nm} \cdot H_m = k$, nämlich $Q_{nm} = k : H_m$, einzusetzen; t_w = größte nutzbare Wassertiefe. Dabei erscheint (Abb. 26) $H_m = T_3 + t_w - \delta_1\, t_w - h_1$, wo δ_1 angenähert, wenn die Talbodenfläche schmal 0,3, wenn breit bis 0,4, im Mittel 0,35 beträgt. Siehe: „Österreichische Wochenschrift für den öffentlichen Baudienst“, 1908, S. 535, und 1915, S. 410.

Straßen- und Wegebau

von

Ministerialrat, a. o. Prof. Dr. Ing. **Fritz Steiner**, Wien

I. Allgemeines

A. Einteilung der Straßen

Die Einteilung der Straßen erfolgt etwa gemäß ihrer Ausgestaltung und Breite in dem öffentlichen Verkehr dienende Haupt- oder Staatsstraßen (durchgehende, aber auch Eisenbahnzufahrtsstraßen) und solche, deren Erbauung und Erhaltung einzelnen Ländern, Gemeindeverbänden oder Ortschaften unter Berücksichtigung größerer Sparsamkeit zufällt, wie die vornehmlich den Verkehr einzelner Ortschaften untereinander ermöglichenden Verbindungs- (Vizinal-) Straßen. Beide dienen sowohl dem Personen-, als auch dem Frachtenverkehr. Von einzelnen Besitzern erbaute und erhaltene Privatstraßen und -wege führen von den öffentlichen Verkehrswegen zu Fabriken, Gütern u. dgl. Feld-, Wald- und Güterwege (auch Alp- oder Weidewege) sind zumeist Wirtschaftsstraßen einfachster Herstellung. Man unterscheidet auch zwischen Land- und städtischen Straßen und nach ihrer Lage und Linienführung zwischen Hochstraßen, die mit wechselnden Steigungen und Gefällen zumeist längs der Wasserscheiden oder wenigstens am möglichst trockenen, d. i. dem von Nord nach Süd oder West nach Ost abfallenden Hang des Bergrückens (sogenannte Sommerseite) angelegt werden und die sich hauptsächlich im Tief- oder flachen Hügellande vorfinden, Talstraßen, die dem Tallaufe folgen und daher zumeist mit gleichmäßiger Steigung im Hügel- und Gebirgsland vorkommend, stets auf der Sommerseite, vor Hochwasser geschützt, zu führen sind und endlich Steigen, die unter Vermeidung von Gegengefällen vielfach in Windungen, Serpentinen und Kehren (Wendeplatten mit kleinstzulässigem Halbmesser) zur Überführung von Tal- in Hochstraßen dienen oder die Verbindung zweier Täler über die Wasserscheiden ermöglichen (sogenannte Joch- oder Paßstraßen).

Nach Untersuchung der Bauwürdigkeit und Wahl der Straßenart sind die günstigste Richtung und Linienführung unter besonderer Berücksichtigung ortsüblicher Abmessungen und Gewichte der Lastfuhrwerke festzustellen, der Ober- und Unterbau nebst den Entwässerungsmöglichkeiten, sowie die Fahrbahnbefestigung zu erwägen, die Baustoffe für die Straße und ihre Dauerhaftigkeit mit Rücksicht auf die Größe des zu erwartenden Verkehres zu bestimmen und schließlich die Straßenunterhaltung und -reinigung hinsichtlich Verwaltung und Straßenpolizei sowie bezüglich der Ausführung zu regeln.

B. Straßenfuhrwerke

Neben Schlitten kommen hauptsächlich zwei- und vierrädrige Fahrzeuge, seit kurzem auch sechsrädrige (Kraftwagen) zur Verwendung; Straßenfuhrwerke bestehen aus Vorder- und Hintergestell (-wagen), die miteinander durch den Langbaum (Achsstand etwa 2,4 bis 3,4 m) verbunden sind. Der Langbaum ist im Vorderwagen je nach Bauart des Wagens um 19^0 bis 30^0 drehbar (im Mittel 24^0; bei Langholzwagen bis etwa 45^0, wobei auch das Hintergestell mit der Schwicke abdrehbar ist; bei Personenwagen bis 90^0 möglich). Die Spurweite der Wagen, gemessen zwischen den inneren Radreifenkanten der Räder einer Achse, schwankt zwischen 1,1 und 1,5 m; häufige Spur 1,35 m. Der Raddurchmesser liegt zwischen 75 und 140 cm; bei Schwerfuhrwerk etwa 90 cm. Die Breite der Wagen samt Ladung beträgt 1,6 bis 3,5 m, die Länge des Wagens ohne Deichsel 2,4 bis 6,0 m, die der Deichsel 4 bis 5 m (für jedes weitere Zugtierpaar rund 4 m Zuschlag). Höhe der beladenen Wagen 1,6 bis 4 m.

Das Eigengewicht (bzw. die Nutzlast N) kann allgemein für Personenwagen mit 300 bis 400 kg bei einem, und mit 600 bis 700 kg bei zwei Zugtieren, für Langholzfuhrwerke mit 800 bis 1200 kg (N bis 4000 kg), für gewöhnliche Landfuhrwerke mit 600 bis 1000 kg (N = 2000 bis 2500 kg, Heuwagen bis 3500 kg), für schweres Lastfuhrwerk mit 2500 bis 5000 kg (N = 6000 bis 7000 kg), für Möbelwagen mit 2200 kg (N = 5000 bis 6000 kg) angenommen werden. Bei Lastkraftwagen rechnet man bis 4000 kg Eigengewicht (N bis 6000 kg, unter Umständen sogar bis 6000 kg für eine Achse). Besondere Ausnahmen bei Straßenwalzen und Straßenlokomotiven (siehe Brückenbauvorschriften).

Die Felgenbreite der Wagen ist so zu bemessen, daß auf 1 cm Felgenbreite 160 bis 200 kg Druck (P) entfallen. Bei Rädern mit einem Durchmesser d (in m) $P = 150\sqrt{d}$ in kg empfohlen. Kleinstwert der Felgenbreite für Schwerfuhrwerke über 2 t Nutzlast etwa 10 cm, bei 7,5 t etwa 15 cm; selbst bei leichterem Fuhrwerk unter 4 cm nicht üblich.

C. Zugkraft und Arbeitsleistung

Die Arbeitsleistung eines Pferdes ist bei einer ausgeübten Zugkraft Z, der Geschwindigkeit v und Zeit T gleich $Z \cdot v \cdot T$. Die günstigste Arbeitsleistung ist nur bei Einhaltung einer bestimmten vorteilhaften Geschwindigkeit (c) und zweckmäßigen Arbeitszeit (t) zu erreichen. Nach Maschek ist bei Abweichung von den günstigsten Verhältnissen die zu erwartende Zugkraft $Z = Z_0 \left(3 - \frac{v}{c} - \frac{T}{t}\right)$, wobei Z_0 die mittlere Zugkraft bedeutet, die mit $^1/_5$ des Eigengewichtes des Pferdes angenommen werden kann. Bei mittelstarken Pferden von 375 kg Eigengewicht, $Z_0 = 75$ kg. Zugkraft eines Ochsen 60 bis 100 kg, eines Maultieres 50 bis 70 kg, eines Esels 30 bis 40 kg. Auf kurze Strecken bis etwa 600 m kann mit der doppelten Zugkraft ohne Schaden des Tieres gerechnet werden, beim Anziehen mit noch mehr. Die Zugkraft mehrerer einem Fuhrwerk vorgespannter Zugtiere berechnet sich nach der Formel

$$Z = a\,[1 - 0{,}07\,(a - 1)]\,Z_0,$$

wenn a die Anzahl der Zugtiere bedeutet. Die Rückhaltekraft in Gefällstrecken beträgt bei Pferden 30 bis 60 % der Zugkraft. Unter Voraussetzung der vorteilhaftesten Geschwindigkeit c von etwa 1,1 m/sek und einer günstigsten Arbeitszeit von acht Stunden beträgt die tägliche Arbeitsleistung eines Pferdes A = 2,376.000 mkg. v eines Pferdes: Schritt 0,6 bis 1,6 m/sek, Trab 3 bis 6 m/sek, Galopp 7 bis 12 m/sek, natürliche Gangart 1,5 m/sek, mit schweren Lasten 0,8 m/sek; Lastkraftwagen von 6, 8 und 10 t Gewicht v = 5,5, 4,4 und 3,3 m/sek, Kraftomnibus etwa v = 25 km/Std.

Die Zugkraft in kg auf geneigter Bahn von m $^0/_{00}$ Steigung (siehe Abb. 1) ist

$$Z = w_0 Q \cos \alpha + Q \sin \alpha + G \sin \alpha$$

oder hinreichend genau $Z = w_0 Q + (Q + G) \operatorname{tg} \alpha$

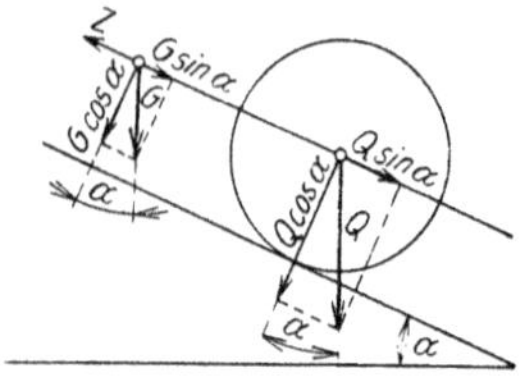

Abb. 1

$$Q = \frac{Z - G \cdot m}{w_0 + m}$$

wenn $\operatorname{tg} \alpha = m$ (z. B.: $3^0/_0 = 0{,}030$) gesetzt wird, w_0 die Widerstandsziffer auf wagrechter Fahrbahn, Q das Gewicht der beförderbaren Last in kg und G das Gewicht des Zugtieres in kg bedeuten. w_0 für: Erdbahn 0,15 (schlecht; loser Sand) bis 0,05 (trocken, fest); Schotterfahrbahn 0,120 (frisch, nicht gewalzt) bis 0,02 (sehr gut, Pechmakadam); Pflasterbahn 0,04 (Kopfstein) bis 0,013 (Hartholz); Asphaltbahn 0,01; eisernes Gleis in Straßen 0,005.

In m $^0/_{00}$ Gefälle wird

$$Z = w_0 Q - (Q + G)\, m;$$

ein negativer Wert von Z erfordert eine Aufhaltekraft (Bremsen).

Bei mechanischer Zugkraft ist Z etwa 0,33 des Adhäsionsgewichtes gleich dem Widerstande. Der Luftwiderstand $W_1 = 0{,}005\, F\, v^2$ kommt erst bei großer Fahrgeschwindigkeit (v in km in der Stunde, F Wagenquerschnitt in m²) in Betracht. Die Leistung des Motors

$$N = \frac{Z \cdot v}{75 \cdot 3600}$$

in PS.

II. Anlage der Straßen

A. Landstraßen

Bei Anlage einer Straße sind für die Wahl der Linie wirtschaftliche und technische Gesichtspunkte maßgebend. Die Betriebskosten auf einer Straße von der Länge L und einer jährlich in beiden Richtungen zu befördernden Last Q sollen bei Wahrung der Betriebssicherheit und Erfüllung der Aufgaben des Weges möglichst gering werden. Die Förderkosten K betragen ungefähr $K = \frac{Q \cdot L \cdot k}{q \cdot l}$, wenn q die Ladung, k die täglichen Kosten und l die tägliche Wegleistung eines ortsüblichen Fuhrwerkes bedeuten.

Als technische Gesichtspunkte kommen in Betracht: möglichst kürzeste Verbindung, günstigste Krümmungs- und Steigungsverhältnisse (Linie gleichen Widerstandes!), günstiger Ausgleich der zu lösenden und zu schüttenden Bodenmengen, Vermeidung größerer und zahlreicher Kunstbauten, Schutz des Unterbaues gegen Rutschungen und Wasserangriff, gute Entwässerung der Straße, günstige Lage gegen Wind und Sonne.

In **Krümmungen** ist die kleinste Versteinungsbreite B unter Benützung der Abmessungen ortsüblicher Fuhrwerke auf rechnerischem oder dem vielfach vorzuziehenden zeichnerischen Wege zu ermitteln. Unter Zugrundelegung der Abb. 2 gelten für das innere Fuhrwerk, wenn l den Radstand, d die Deichsellänge, $2\,a$ die Spurweite und $2\,p$ die Bespannungsbreite (1,2 bis 2,0 m) bedeuten, nachstehende Beziehungen:

$$R_i + a = l \operatorname{cotg} \alpha_1;$$

R_i ist der Halbmesser-Kleinstwert des inneren Hinterradweges für den Größtwert des Abdrehwinkels α_1 des Vorderwagens (etwa 30° für Lastfuhrwerk).

$$\overline{D_1 O} = r''_a = \sqrt{d^2 + \frac{l^2}{\sin^2 \alpha_1}};$$

angenähert ist

$$r_a = r''_a + p;$$
$$B_1 = r_a - R_i.$$

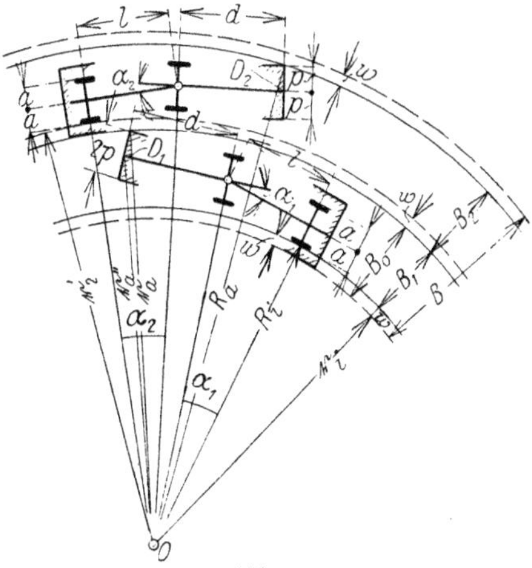

Abb. 2

Um ein Angreifen der Fußwege beim geringsten Abweichen von der so beschriebenen Bahn zu vermeiden, wird die erforderliche kleinste Versteinungsbreite nach innen, bei einspurigen Straßen beiderseits um mindestens je $w = 20$ cm verbreitert. Soll der Wagenkasten nicht über die Fahrbahn reichen, so wird die geringste Breite $B_0 = B_1 + w$; bei einspuriger Fahrbahn $B'_0 = B_1 + 2w$. Der mittlere Krümmungshalbmesser des vom Fahrzeug durchfahrenen Bogens ist

$$R = \frac{1}{2} \cdot (r_a + R_i).$$

Bei einer Breite von B_1 bzw. B_0 oder B'_0 ist ein Ausweichen von Fahrzeugen nicht möglich. Für das ausweichende (äußere) Fuhrwerk gelten folgende Gleichungen: innerer Hinterradweg mindestens

$$r'_2 + a = l \operatorname{cotg} \alpha_2;$$

$$B_2 = R_a - r'_2 + w; \qquad \text{angenähert} \qquad R_a = \overline{D_2 O} + p;$$

$$\overline{D_2 O} = \sqrt{d^2 + \frac{l^2}{\sin^2 \alpha_2}}.$$

Es wird $\alpha_2 < \alpha_1$ und $B_2 < B_0$ sein. Bei zweispuriger Fahrbahn wird somit die gesamte Breite $B = B_1 + B_2 + 2w$. Den üblichen Ausmaßen der Landfuhrwerke entsprechend, wird der kleinste Halbmesser des inneren Fahrstraßenrandes r_i zumeist nicht < 5 m. Bei gegebener Wagenlänge muß, je schmäler die Fahrbahn und je kleiner der Halbmesser, umso größer die Verbreiterung sein, was besonders bei Wendestellen im Gebirge zu berücksichtigen ist. Es empfiehlt sich für Hauptstraßen mit lebhaftem Verkehr den kleinsten mittleren Halbmesser R mit 30 bis 50 m (bei Kraftwagenverkehr besser $R > 100$ m), für Verbindungsstraßen mit 20 m, für Wirtschaftswege nicht unter 10 m anzuordnen. Schnellfahrende Kraftwagen drängen nach Einlegung von Übergangsbögen bei schärferen ($R > 75$ m) Bogen (siehe „Eisenbahnbau“).

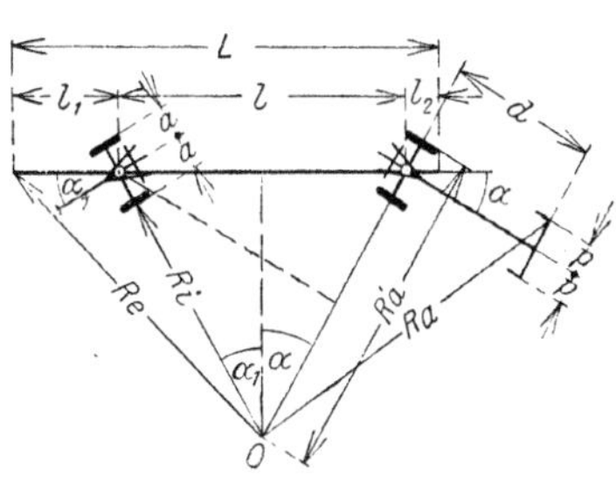

Abb. 3

Bei Langholzverkehr kann auch die Hinterachse mittels der Schwicke abgedreht werden. Unter Zugrundelegung der Abb. 3 gelten folgende Beziehungen: Halbmesser des inneren Hinterradweges

$$R_i = \frac{l \cos a}{\sin(a + a_1)} - a,$$

jener des Stammendweges

$$R_e = \sqrt{(R_i + a)^2 + l_1^2 + 2\, l_1 (R_i + a) \sin a_1}$$

und jener des äußeren Vorderradweges

$$R'_a = l \frac{\cos a_1}{\sin(a + a_1)} + a;$$

angenähert

$$R_a = \sqrt{(R'_a - a)^2 + d^2} + p;$$

zumeist $a = a_1 = 30^0$; $l = 0{,}67\, L$; $l_1 = 0{,}25\, L$; $l_2 = 0{,}08\, L$; L Stammlänge bis 30 m. Kleinster mittlerer Halbmesser etwa 25 bis 30 m. Zeichnerische Ermittlung empfehlenswert.

Zwischen Bogen entgegengesetzter Richtung sind Zwischengrade von mindestens 10 m (bei Kraftwagenverkehr von mehr als 30 m), zwischen gleichgerichteten Krümmungen besser ein flacher Bogen anzuordnen.

Steigungen sind abhängig vom Gelände, der Art und Größe des Verkehres, der verfügbaren Zugkraft unter Berücksichtigung der in Betracht kommenden Ladung, der Beschaffenheit der Straßendecke und von etwaigen gesetzlichen Bestimmungen. Die Steigung muß unter sonst gleichen Verhältnissen umso kleiner werden, je größer das Eigengewicht im Verhältnis zur Nutzlast ist. Im allgemeinen ist das schwere Lastfuhrwerk für die Bestimmung der größten Steigung maßgebend. Die Beförderungskosten sind auf einheitlicher Neigung geringer als auf gebrochener. Zweckmäßige und übliche Neigungen sind:

in wichtigen Straßen d. Flachlandes	20— 25‰	(Größtwert etwa 25—35‰)
,, ,, ,, ,, Hügellandes	25— 35‰	(,, ,, 35—50‰)
,, ,, ,, ,, Gebirgslandes	35— 50‰	(,, ,, 50—65‰)
,, Alpenstraßen	70— 80‰	(,, ,, 100‰)
,, Verbindungsstraßen	60— 70‰	
,, Feld- und Waldwegen	100—120‰	(,, ,, 150‰)
,, Güterwegen (Alp- oder Weidewegen)	130—160‰	(,, ,, 250‰)
,, Schleif- oder Schlittwegen zur Talförderung von Langholz	170—250‰	

An Stelle wagrechter Strecken wegen schlechter Entwässerung besser Anwendung von schwächeren Neigungen, jedoch > 4‰. Die durchschnittliche Steigung einer Straße soll

$$m_d = \frac{Z - w_o Q}{Q + G}$$

betragen und kann auf kurze Strecken (bis ungefähr 600 m) auf den Wert

$$m'_d = \frac{2\, Z - w_o Q}{Q + G}$$

erhöht werden. Die größte, in einer Straße vorkommende Steigung ist, soferne sie nicht als m'_d (Anlaufstrecke) anzusehen ist, für die Förderung auf der gesamten Straße maßgebend (m_m), wenn Vorspann oder Umladung der Nutzlast nicht in Frage kommt. Ermäßigung der maßgebenden Straßenneigung in Krümmungen $R < 50$ bis 100 m vorteilhaft. In Wendepunkten oder Kehren, die vielfach sogar wagrecht angeordnet werden, ist mehr als 25‰ nicht erwünscht (Größtwert etwa 40‰ bei 100‰ Straßenneigung).

Jähe Neigungswechsel sind zu vermeiden. Ausrundungsbögen erhalten Halbmesser $R = 10\,V$, worin V in km/Std. übliche größte Fahrgeschwindigkeit. Für Talfahrt ist bei $m_m = w_o$ die Zugkraft $= o$, Bremsung erst bei $m_m > w_o$ erforderlich.

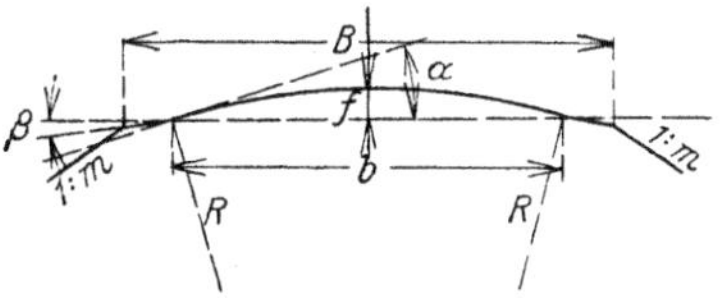

Abb. 4

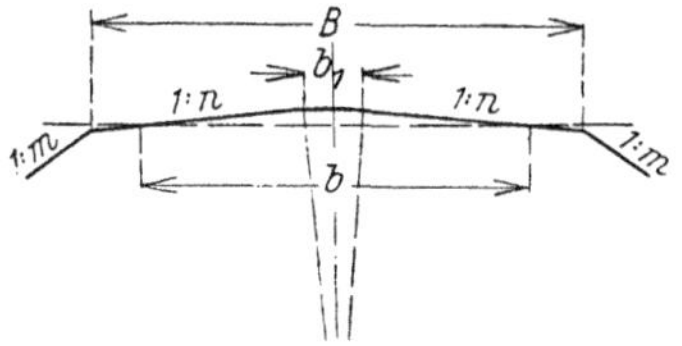

Abb. 5

Der **Querschnitt** der Landstraßen (siehe Abb. 4 und 5) wird zwecks rascher Oberflächenentwässerung entweder gewölbt ($R = 4$- bis 5faches der Fahrbahn- (Versteinungs-) Breite b) oder häufiger dachförmig mit Ausrundung der Dachflächen auf eine Breite b_1 von ungefähr 1 m ausgeführt. Dachflächen erhalten Neigungen von 1 : 25 bis 1 : 18, werden also nicht tangentiell an die Ausrundung gelegt (bei Pflasterung genügt 1 : 40 bis 1 : 33). Die Mittenüberhöhung f nimmt mit zunehmender Härte des Oberbaues und größer werdendem Längsgefälle ab. $f = \frac{1}{32}\,b$ bis $\frac{1}{50}\,b$; $\operatorname{tg}\alpha = 1 : 8$ bis 1 : 12,5 bei Schotterstraßen.

Die Querneigung ist umso größer, je weicher das Straßenmaterial und je kleiner das Straßengefälle ist. Im Gebirge aus Sicherheitsgründen Querneigung öfters einseitig gegen die Lehne. In Krümmungen möglichst einseitige Abdachung gegen den inneren Halbmesser (Fliehkräfte!).

Bei einfachen Verkehrsverhältnissen genügt eine befestigte Fahrbahn mit beiderseitigen Banketten von 0,4 bis 0,5 m Breite (bei dichterem Verkehr bis 1,5 m), die einerseits für die Ablagerung von Material, anderseits dem Fußgängerverkehr dienen (siehe Abb. 4 $\sphericalangle\beta < \sphericalangle\alpha$). Bei starkem Verkehr leichten Fuhrwerkes, Viehtrieb usw. empfiehlt sich die Anlage eines unbefestigten, etwa leicht besandeten Wegstreifens (Sommerweg 2,5 bis 4,8 m breit), allenfalls noch weitere Unterteilung des Querschnittes in Radfahrbahnen (0,4 bis 1,2 m) und Reitweg (2,5 bis 3,5 m); für Straßenbahnen 2,1 bis 2,5 m breite Streifen für jedes Gleis erforderlich. Doppelspurige Fahrbahn verlangt mindestens 4,0 bis 4,5 m Breite für Landfuhrwerke, 5,0 m für Kraftwagen, sonst Ausweichstellen nötig. Gesamtbreite der Landstraßen zwischen 4,8 bis 12 m, davon 3,6 bis 7 m Fahrbahn. Bei Schleif- und Schlittwegen für Langholzabschleifung etwa 1,0 bis 2,0 m hinreichend.

Für rasche und gute Entwässerung ist vorzusorgen. Gräben 0,3 bis 0,6 m breit und ebenso tief, 1 : 1 bis 1 : 1,5 geböscht, werden im Damm bergseitig, im Einschnitt beiderseitig angeordnet. Grabensohle zweckentsprechend etwas unter dem tiefsten Punkt des Fahrbahnkörpers. Empfehlenswertes Grabengefälle größer als 10‰, bei mehr als 40‰ sind Sohle und Böschungen gegen Wasserangriff durch Pflasterung (Rasenziegel, Stein, Abtreppung der Sohle) zu sichern. Kurzfristige Überflutungen der Landstraßen sind zulässig, besser liegt jedoch die Dammkrone 60 cm über Hochwasser. Gepflasterte Überströmungsmulden auch „Murgänge“ nicht selten.

B. Städtische Straßen

Die Anlage der Straßen im Stadtgebiet erfolgt zumeist nach dem Dreiecks-, Rechtecks- oder Radialsystem, ihre Linienführung meist in der Geraden, doch bieten gekrümmte Straßen ein besseres Straßenbild. Besonnung erwünscht, daher die Richtung von Nordost nach Südwest oder senkrecht auf diese. Der Krümmunghalbmesser richtet sich vornehmlich nach der Straßenbreite. Gefällsbrüche sind auszurunden, die Neigungen in der Krümmung zu ermäßigen. Die Straßenneigung beeinflussen die Geländeverhältnisse und die Entwässerungsmöglichkeiten und mit Rücksicht auf die Verkehrssicherheit die Befestigungsarten. Grenzwerte 25 bis 50‰, doch sind bis 120‰ oft unvermeidlich. Gesamtbreite sollte nicht geringer sein als die Höhe des Dachgesimses der Häuser über der Straßenoberfläche, u. zw. für Verkehrsstraßen etwa 20 bis 25 m, für Wohnstraßen 10 bis 15 m. Unterteilung des Querschnittes gewöhnlich in Fahrbahn von etwa 0,6 und beiderseits dieser erhöht (5 bis 20 cm) liegende, durch Randsteine abgegrenzte Gehwege von etwa je 0,2 der Gesamtstraßenbreite. Gehwegbreite möglichst nicht $<$ 1,5 m, besser $>$ 2,0 m. Als Fahrbahnbreite empfiehlt sich ein Vielfaches von 2,5 bis 3 m, entsprechend den üblichen Wagenbreiten. Der Straßenquerschnitt ist zumeist kreisförmig gewölbt mit kleinerer Überhöhung als bei Landstraßen. Gehwege erhalten 15 bis 30‰ Quergefälle gegen die Gossen, die nicht unter 10‰ Gefälle haben sollen. Vorgärten und Bäume erfordern größere Straßenbreiten.

Unterbau der Straßen und Wege siehe „Erdbau“.

III. Oberflächenbefestigung der Straßen

Die Befestigung hängt von der Art und Größe des Verkehres, dem Untergrund, sowie dem verfügbaren Baustoff ab. Letzterer soll genügend Widerstandsfähigkeit gegen den Angriff der Zugtiere und Fahrzeuge bei möglichster Schonung dieser aufweisen, rauh, elastisch, geräusch- und staubfrei (insbesondere für städtische Straßen), allenfalls wasserundurchlässig und leicht ausbesserungsfähig sein. Aufschluß über die Eignung des Baustoffes liefern die Prüfungsanstalten. Zur Aufnahme der Oberflächenbefestigung ist die Herstellung eines Erdkastens („Koffers“) in Einschnitten und auf Dämmen der Straße nötig.

Erdwege kommen bei befestigter Fahrbahn als Sommerwege, sonst nur für Wege einfachster Art zur Ausführung.

Knüppelwege finden sich als Befestigung für Feld- und Waldwege in feuchtem oder Sumpfgebiet. Sie bestehen aus senkrecht zur Straßenachse, zumeist auf 2 etwa 15 bis 20 cm starken Langhölzern, Mann an Mann verlegten Rundhölzern (Knüppel) von 10 bis 12 cm Durchmesser und einer der Fahrbahnbreite entsprechenden Länge; sie werden zumeist mit Kies überdeckt. Kurze Dauer und Gefahr für die Zugtiere bei Durchbrechen verfaulter Knüppel.

Schotter- oder Steinschlagbahnen, Kiesbahnen

Schotter- oder Steinschlagbahn ist für leichtes und schnelles Fuhrwerk infolge ihrer großen Rauhigkeit und geringen Herstellungskosten insbesondere für Landstraßen sehr gebräuchlich, erfordert aber ständige gewissenhafte Unterhaltung mit bedeutenden Kosten bei starkem oder schwerem Verkehr und weist große Staubentwicklung (Schmutzbildung) auf, die nur durch häufiges Besprengen mit Wasser oder Verwendung von Öl oder Laugenpräparaten (Verbrauch 1 bis 2 kg/m^2 im Jahre) mit Erfolg herabgemindert werden kann. Schotterfahrbahnen werden aus mehreren Schichten mit und ohne Grundbau im Koffer hergestellt. Der Grundbau (Packlage) besteht aus pyramidenförmigen 15 bis 20 cm starken, etwa bis 20 cm hohen, miteinander durch kleinere Brocken verspannten Steinen, die mit der Grundfläche nach Abschlagen der Spitzen auf den Unterbau dicht verlegt werden. Bei festem lehmigen Untergrund genügt als Packlage eine 12 bis 15 cm hohe Schichte groben Steinschlages von 6 bis 8 cm Korngröße, die abzuwalzen ist. Bei felsigem Untergrund keine Packlage, da die Straße sonst zu hart wird. (Siehe Abb. 6 und 7.)

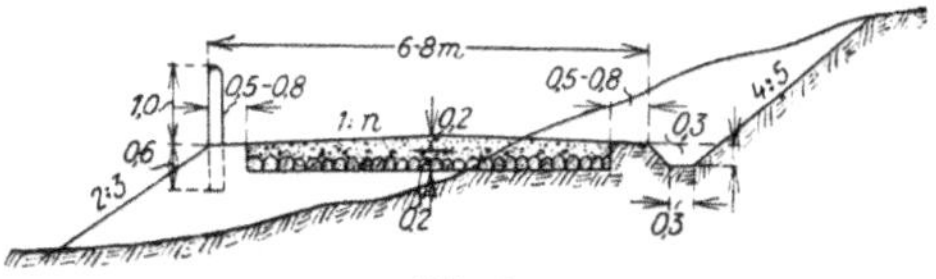

Abb. 6

Auf die Packlage ist eine 8 bis 20 cm hohe Decklage aufzubringen, die abzuwalzen ist. Durchmesser des hiefür verwendeten Geschläges 3 bis 4 cm für harten, 4 bis 5 cm für weichen Baustoff. Bei größerer Stärke (12 bis 20 cm) Decklage aus zwei getrennt abzuwalzenden Schichten.

Auf die Decklage kann noch eine 1,5 bis 3 cm starke, gleichfalls abzuwalzende Sand- oder Steinschlagabfallschicht aufgebracht werden. Bisweilen statt einer Packlage eine 15 bis 20 cm starke Kiesschichte und darüber 10 bis 12 cm Steinschlag mit 12% Lehmgehalt als Decklage (beide Schichten abwalzen).

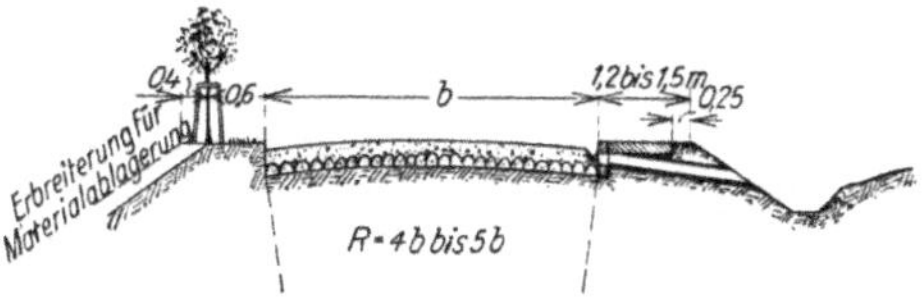

Abb. 7

Makadamisierte Schotterstraßen haben keinen Grundbau, bestehen dafür zumeist aus mehreren getrennt aufzubringenden und abzuwalzenden Schotterschichten von verschiedener Korngröße und insgesamt 25 bis 40 cm Höhe. Besonders verwendbar sind Urgesteine wie Basalt, Granit, Syenit, Quarzporphyr, glimmerfreier Gneis; weniger tauglich Sandstein und Kalk.

Die Herstellung des Steinschlages erfolgt von Hand aus mit 3 bis 4 kg schweren Handschlägeln oder mittels Brechmaschinen.

Durch Innen- oder Oberflächenteerung kann bei Schotterstraßen eine fast völlige Staubbindung erzielt werden (Teerschotter-, Teermakadam-, Bitumen- oder Teerasphaltstraßen).

Beim Mischverfahren mit einlagiger Decke (Topekaverfahren) kommen 50% Grob-, 20% Feinschotter oder gut ausgebrannte Schlacke, 12% Sand und 10% Zement oder Kalksteinmehl (sog. Filler) und 8% Mexphalt (Bitumen, besonders aus mexikanischem Erdöl gewonnen) als Bindemittel und Zusatz für die Decklage zur Verwendung. Die Mischung des Baustoffes mit Mexphalt erfolgt in eigenen Maschinen bei 180° C durch 2 bis 3 Minuten. Das Gemisch wird auf trockenen Makadamstraßen in heißem Zustande etwa 8 cm stark aufgebracht und auf 5 cm festgewalzt. Beim Mischverfahren mit doppellagiger Decke wird auf eine nach vorstehender Zusammensetzung ausgeführte fertiggewalzte Unterdecke eine annähernd gleich starke obere Decke aus etwa 78% Sand, 10% Filler und 12% Mexphalt aufgebracht und auf etwa 4 cm festgewalzt. Sofortiger Inbetriebsnahme der so behandelten Straße steht nichts im Wege.

Bei Anwendung des Penetrationsverfahrens werden die mit 20 cm starker Packlage und je 8 cm starker Mittel- und Decklage versehenen Straßen unter Verwendung von Gießkannen oder maschinell mit heißem Mexphalt übergossen, mit Splitt abgedeckt und abgewalzt. Zur Erreichung vollständiger Wasserundurchlässigkeit kann nach dem Walzen noch ein mit Sand abzudeckender Spramexanstrich aufgebracht werden. Verbrauch von Mexphalt einschließlich Spramex etwa 18 kg/m². Sand-(Sheet-)asphalt besteht aus einer 5 cm starken, 12% Mexphalt, 10% Filler, 78% Sand enthaltenden Befestigung.

Das Kaltasphalt-(Colas-)Verfahren besteht in der Bindung von Steinschlag mittels Mexphaltemulsion auf kaltem Wege. Mexphaltemulsion ist ein mit Wasser emulgierter Mexphalt, aus dem nach Aufbringung auf die gut gereinigte Straßendecke das Wasser entweicht und Bitumen allein als Bindemittel zurückbleibt, das mit einer dünnen Splittschichte (Korngröße 3 bis 8 mm) abgedeckt wird. Abwalzung vorteilhaft. Verfahren eignet sich besonders für Ausbesserungszwecke, zumal nach erfolgter Splittabdeckung die Fahrbahn den Verkehr sogleich übernehmen kann.

Ölung der vorerst gründlich gewaschenen guten Oberflächen, die mit auf etwa 120° C erhitztem Rohpetroleum oder Steinkohlenteer, am besten maschinell fein verteilt, begossen, mit warmem Sand, Steinsplittern und Kalk bestreut und sodann überwalzt werden, erfolgt bei trockenem, warmem Wetter. Eindringungstiefe des Teeres etwa 6 cm. Bedarf an Teer erstmalig 2 bis 3 kg/m², bei alter Decke 1,5 bis 2 kg/m², Nachteerung nur 0,5 bis 1 kg/m². Benützung erst nach mehr als 6 Stunden empfehlenswert.

Bei der Oberflächenbehandlung mit Spramex wird dieses auf etwa 180° C erhitzt, auf der gut gereinigten Straße mittels Gießkannen oder Teermaschinen aufgebracht, gleichmäßig verteilt, mit Sand oder Splitt überworfen und abgewalzt. Verbrauch 2 bis 3 kg/m² im Jahr. Spramex ist ein Mexphalt weicherer Konsistenz.

Für die Zubereitung des Baustoffes der Decken werden Trockner, Mischer, Antriebsmaschinen und Bitumen-Schmelzkessel in beweglichen Sätzen vereint verwendet.

Kiesbahnen, von namentlich bei nassem Wetter geringerer Tragfähigkeit, werden aus Grubenkies oder Geschiebe aus Wasserläufen ähnlich wie Steinschlagstraßen hergestellt. Größere Steine (15 bis 20 cm Durchmesser) bilden die Unterlage, auf die eine 10 bis 15 cm starke Kieslage (Korngröße 1,5 bis 4 cm), unter Beigabe, wenn möglich reinen Sandes, aufgebracht wird. Der ganze Oberbau kann auch aus Kies gleicher Korngröße in 25 bis 50 cm Stärke, am besten in zwei Lagen, gewalzt hergestellt werden. Gute Entwässerung nötig!

Walzen der Wege und Straßen. Das Walzen der Fuß- und Sommerwege kann mit leichten Handwalzen (200 bis 600 kg, Durchmesser D und Breite etwa je 0,6 m), das der befestigten Fahrbahn mit Pferde- oder Motorwalzen (Dampf, Benzin, Petroleum) erfolgen. Pferdewalzen, als gußeiserne Hohlwalzen ($D = 1{,}2$ bis 1,8 m, Breite 1,1 bis 1,3 m, Wandstärke 50 bis 75 mm) ausgebildet, gestatten zur Erreichung größerer Walzgewichte bei fortschreitender Dichtung eine Gewichtsvergrößerung. Ihr Leergewicht beträgt 2,5 bis 5 t, mit Ballastwasser gefüllt oder infolge Beigabe von Ballast in angehängten Körben oder Kasten 6 bis 8 t. Für die Bespannung ist für 1 t Walzgewicht 1 Pferd zu rechnen. Unter den Motorwalzen verschiedene Anordnungen. Französische Walzen besitzen zwei gleichbreite (1,4 bis 1,6 m) Walzen ($D = 1{,}2$ bis 1,5 m) von zumeist verschiedenem Durchmesser (siehe Abb. 8), die häufiger angewendeten englischen Walzen zwei hintere feste, etwa 40 bis 50 cm breite Triebwalzen von 1,5 bis 1,7 m Durchmesser und zumeist zwei eng nebeneinanderliegende, je 50 bis 70 cm breite, in beweglichem Rahmen liegende vordere Lenkwalzen von 1,1 bis 1,2 m Durchmesser (siehe Abb. 9).

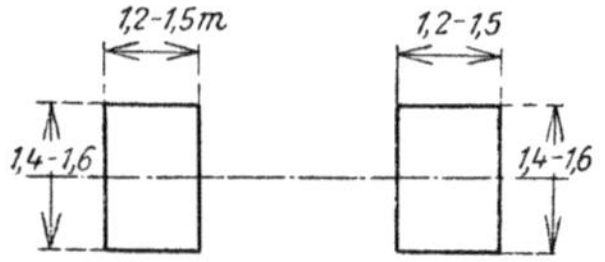

Abb. 8

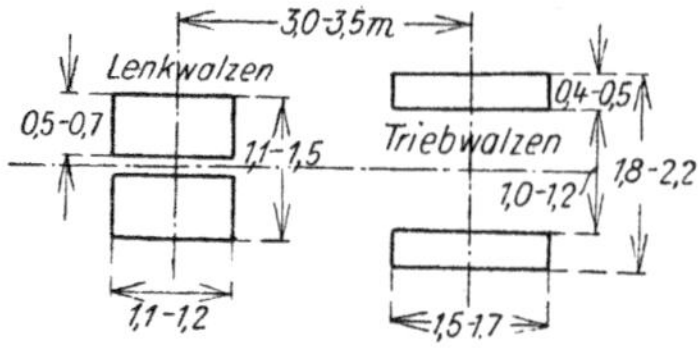

Abb. 9

Erhöhung des Gewichtes (12 bis 30 t) ist zumeist nicht vorgesehen. Mit Motorwalzen können Steigungen bis $100^0/_{00}$ noch gewalzt werden. Beim Walzen wird auf einer Seite der befestigten Straßendecke begonnen, bei der Rückfahrt wird der gegenüberliegende Rand dieser und auf solche Art gegen die Straßenmitte zu gewalzt, wobei die einzelnen Walzstreifen um etwa 20 cm einander übergreifen sollen. Während des Walzens ist die Decke zu befeuchten. Walzweg bei Pferdewalzen rund 500 bis 700 m, bei Motorwalzen beliebig lang. Gewöhnlich 30 bis 50, mitunter aber mehr als doppelt soviel Gänge erforderlich. Das Walzen ist als vollendet anzusehen, wenn ein vor die Walze geworfener Stein nicht mehr in die Fahrbahn eingedrückt, sondern zerdrückt wird. Geschwindigkeit bei Beginn des Walzens 0,5 m/sek, später, insbesondere bei motorischem Betrieb, bis etwa 1,0 m/sek. Durchschnittliche Leistung der Pferdewalzen bis 25 m^3, der Motorwalzen bis 70 m^3 im Tage. Nach Fertigstellung der Fahrbahn ist bei Übergabe an den Verkehr auf höchstens 1,5 km Länge zwecks Vermeidung der Gleisbildung mit „Sperrsteinen" die Kreuz- (Schlangen-) sperre durchzuführen.

Die **Erhaltung der Steinschlag- und Kiesstraßen** hat die Behebung aller auftretenden Schäden der Fahrbahn (Schlaglöcher) und ihre Wiederherstellung nach erfolgter Abnützung zur Aufgabe. Bei gleichmäßiger Abnützung ist das „Flick-" oder das „Deckverfahren" in Anwendung; es wird entweder die Fahrbahndecke ständig erneuert, indem man sie wechselnd auf 2 bis 4 m^2 mit einer etwa 8 cm starken Steinschlagschichte, deren Dichtung dem Verkehr überlassen wird, versieht (Flickverfahren) oder indem man nach größerer, noch zulässiger Abnützung der Fahrbahn eine völlig neue, abzuwalzende Straßendecke herstellt (Deckverfahren). Auf verkehrsstarken Straßen ist so gegenüber dem Flickverfahren eine $30^0/_0$ige Baustoffersparnis erzielbar. Der feuchte Spätherbst oder das Frühjahr günstigste Jahreszeiten für solche Arbeiten.

Pflasterbahnen

Pflasterbahnen aus Naturstein (Granit, Diorit, Porphyr, Syenit, Trachyt, Basalt, Gabbro, harter Sandstein und härterer Kalkstein) oder Kunststein haben den Vorteil geringer Staubentwicklung, Frostbeständigkeit und geringer Wasseraufnahme; sie sind leicht auszubessern und besitzen gute Haltbarkeit. Pflasterfahrbahn benötigt eine Unterbettung aus 10 bis 40 cm Sand bei weichem, 5 bis 6 cm bei hartem Untergrund, oder aus einer 12 bis 20 cm starken Kies- oder Schotterschichte mit etwa 5 cm Sandbettung. Bei sehr nachgiebigem Boden kann auch eine 25 bis 30 cm starke Betondecke mit 5 bis 10 cm starker, darüberliegender Sandschichte als Unterbau zur Anwendung gelangen, doch sind dann die Pflasterfugen wasserdicht zu schließen. Pflastersteine müssen hinreichend druckfest, zäh und leicht bearbeitungsfähig sein und dürfen nicht splittern. Zu harter Stein rundet sich an den Ecken ab und gibt bald ein holperig-glattes Pflaster. Abmessungen der Pflastersteine sehr verschieden. Als Normalmaß gilt (Pariser Maß) 10 cm Breite, 16 cm Länge und Höhe. Für starkes Gefälle erhalten die Pflastersteine Rillen.

Klein- oder Steinschlagpflaster aus am besten würfelförmigen Natursteinen von 6 bis 8 cm, bei vorwiegendem Kraftwagenverkehr 9 bis 10 cm Seitenlänge in 1 bis 2 cm hoher Sandschicht oder 3 bis 4 cm starker Kiesschichte, auf sorgfältig abgeglichener Unterbettung (alter Schotterdecke) mosaikartig verlegt, eignet sich für Landstraßen mit mittelstarkem Verkehr und bis etwa 70‰ Neigung. Das fertige, mit Kies überdeckte Pflaster ist abzurammen oder abzuwalzen. Nachstehende Zusammenfassung, unter Annahme einer 8%igen Verzinsung des Anlagekapitals aufgestellt, zeigt, daß bei einer Lebensdauer von 20 bis 25 Jahren und Kosten für 1 m² Kleinpflaster gleich 1 eine andere Befestigungsart, deren Kosten z. B. (Spalte 3) 0,2 dieser Kosten betragen, noch wirtschaftlich ist, wenn ihre Lebensdauer größer als 2,22 bzw. 2,43 Jahre ist[1]).

Nr.	Straßenbefestigungsart	Kosten	Lebensdauer in Jahren	
1	Kleinpflaster	1,0	20	25
2	andere Befestigungsart . .	0,1	1,06	1,13
3	,, ,, . .	0,2	2,22	2,43
4	,, ,, . .	0,3	3,50	3,85
5	,, ,, . .	0,4	4,90	5,40

Polygonalpflaster für untergeordnete Zwecke aus tunlichst gleich großen, roh zugerichteten Natursteinen von 100 bis 500 cm² Grundfläche, 10—20 cm Höhe, mit unregelmäßigen Fugen in Sand versetzt und abgerammt.

Reihenpflaster aus regelmäßig bearbeiteten Natursteinen (prismatisch oder Würfel), deren Höhe um so größer zu wählen ist, je größer die Radlasten und je geringer die Widerstandsfähigkeit des Steines, meist in Sand versetzt, für schweren Verkehr gut geeignet. Die Pflasterreihen (voll auf Fug) werden entweder senkrecht oder unter 45° zur Straßenachse (Diagonalpflaster) über die ganze Straßenbreite oder von beiden Seiten unter 45° gegen die Straßenmitte angeordnet. Die Fugen (möglichst klein, 6 bis 12mm) sind mit Sand, Kies, bei Unterbettung aus Beton mit Asphalt auszufüllen.

Pflaster aus Kunststeinen, bei Mangel an geeigneten Natursteinen verwendbar, besitzt jedoch kürzere Lebensdauer als dieses. In Verwendung stehen unter anderem insbesondere Schlackensteine, die mit engen Fugen verlegt, geringes Geräusch verursachen; Nachteil leichteres Glattwerden. In Verband hochkantig gelegte Klinker erfordern eine gute Unterbettung (zumeist 30 bis 40 cm Sand) und sind nur für leichtes Fuhrwerk und für Fußwege empfehlenswert.

Holzpflasterfahrbahn — vornehmlich in Städten — ist geräuschlos, verursacht bei schwerem Verkehr keine Erschütterungen in den angrenzenden Häusern und findet in Steigungen bis 25‰, aber sogar bis 50‰, Anwendung. Es erfordert einen genau geformten (profilierten) Betonunterbau (1:6 bis 1:9) von 18 bis 20 cm Stärke. Das verwendete Holz muß ast-,

[1]) Nach Becker: Verkehrstechnik 1925, Heft 8.

splint- und rißfrei sein. Am besten geeignet sind weiche, harzreiche Hölzer (Fichte, Kiefer, auch Pitchepine, Yellowpine).

Die Holzwürfel von 15 bis 30 cm Länge, 8 bis 10 cm Breite und 8 bis 18 cm Höhe werden bei lotrechter Faserstellung, in Teeröl getränkt, dicht aneinander verlegt, wobei die Unterseite in heißen Teer oder Asphalt (Bitumen, Erdpech) getaucht wird. Die Querreihen werden durch 5 mm starke Fugenleisten getrennt, die aber nach neueren Ausführungen auch entfallen können. Gedichtet wird mit Zementmörtel, geteerter Dachpappe oder Filzstreifen, am besten mit Asphaltmasse. Der Ausdehnungsmöglichkeit in der Richtung der Querreihen Rechnung tragend, werden nächst den Bordsteinen 5 cm breite Fugen angeordnet, die mit Lehm ausgestampft werden oder in die in Teer getränkte und mit Asphalt gefüllte Pappschachteln gelegt werden. Das fertige Holzpflaster erhält eine nach Nässe zu erneuernde Behandlung mit Splitt, mitunter einen Asphaltüberzug mit 1 cm hoher Rieselschichte. Lebensdauer 15 bis 20 Jahre.

Asphaltbahnen auf entsprechend dem künftigen Straßenquerschnitt genau geformtem, tragendem Unterbau aus Beton von 15 bis 25 cm Stärke mit darüber liegender Asphaltschichte haben den Vorteil glatter, lärmdämpfender Fahrbahnen, die für leichteren Verkehr und Fußwege in Städten gut geeignet sind. Straßengefälle etwa bis 15‰ zulässig. Asphaltpulver auf 110 bis 150° C erhitzt, auf die trockene Betonunterlage in 7 bis 8 cm Stärke in 4 bis 6 m breiten Querstreifen aufgebracht, wird mit erwärmten Walzen von etwa 300 kg Gewicht oder eisernen Stampfern (25 kg) und heißem Glätteisen (25 kg) behandelt (Stampfasphalt). Ein Teil Goudron mit 15 bis 25 Teilen Asphaltmastix und 50% 4 bis 6 mm großem Kies in Kesseln auf 150 bis 170° C erhitzt, auf den Unterbau 6 bis 10 cm (Fußwege 1,5 bis 3 cm) stark aufgebracht und unter Bestreuung mit Sand von 1 mm Korngröße mit Bügelbrettern eingeebnet, wird als der temperaturempfindliche Gußasphalt bezeichnet, der zufolge größerer Rauhigkeit 40 bis 60‰ Straßenneigung zuläßt. Asphaltplatten von 15×15 cm bis 25×25 cm Fläche und 2 bis 5 cm Stärke werden auf die Betonunterlage, häufig erwärmt, unter Einstreuen von Asphaltsteinpulver, seltener in Zementmörtel im Verband aufgebracht; die Fugen werden mit Asphaltmastix oder Zement gedichtet. Asphaltbahnen sollen täglich gewaschen, bei feuchtem Wetter besandet werden. Schadhafte Stellen werden aufgebrochen, ihre Ränder lotrecht abgemeißelt und nach Erwärmung bei trockenem Wetter Asphaltmasse wie bei der Neuherstellung eingebracht; diese soll die Ränder etwas überragen.

Reine Betonstraßen, besonders in England und Amerika für Kraftwagenstraßen häufig, erhalten meist einen 12,5 cm starken Unterbau (1:2:4) und eine 7,5 cm starke Oberschichte (1:1½:3). Straßenrand stärker (23 bis 26 cm) als Straßenmitte. Die Güte der Ausführung in zwei Schichten wird angefochten, da zufolge des verschiedenen Mischungsverhältnisses die beiden Schichten verschieden schwinden, wodurch innere Spannungen entstehen. Der Ausdehnung ist durch Anordnung von Längsfugen (in der Mitte bei Straßen über 6 m Breite) und Querfugen (in 7 bis 10 m, bei Eiseneinlagen 12 bis 15 m Abstand, senkrecht zur Längsachse) Rechnung zu tragen. Fugenstärke 7 bis 10 mm; Füllmaterial Teerpappe, Filzstreifen oder Asphaltmasse. Bei schlechtem Untergrund eine Lage grobkörnigen Schotters unter dem Beton und Ausdehnungsfuge in der Straßenmitte, sowie Armierung empfehlenswert. Fertiggestellte Betonstraßen erfordern eine Nachbehandlung durch Besprengen mit Wasser oder Aufbringen von feuchtem Sand oder auch eine solche mit $CaCl_2$, was eine größere Widerstandsfähigkeit gegen Abnützung herbeiführt. Besondere Dichtung und Härtung der Oberfläche erzielt man durch Erschütterung der Decke

(Vibrationsverfahren) und Verwendung besonderen Hartgesteins auf dieser. Während des Abbindens, mindestens durch 14 Tage, muß die Betonbahn abgedeckt werden. Betonstraßen haben sich besonders dort bewährt, wo fast ausschließlich gummibereiftes Fuhrwerk verkehrt.

Fuhrwerkgleise in Straßen bieten weniger Widerstand als die übrige Fahrbahn. In südlichen Ländern häufig noch Gleisstreifen aus Steinplatten. Eisenschienen (kastenförmig, I-Form) mit 120 bis 170 mm breiter Lauffläche, 8 bis 10 cm Höhe und 1 cm hoher Führungsrippe. Fuhrwerkgleise bieten nur im Flachland wesentliche Vorteile (siehe Abb. 10).

Fußwege städtischer Straßen sollen angenehm und sicher begehbar sein, eine gute, dauerhafte Befestigung besitzen, die durch Abnützung nicht glatt werden darf. Arbeiten, Verlegung und Änderungen an den unter der Befestigung liegenden Leitungen (Licht-, Fernsprechkabel, Gasleitungen) sollen nicht erschwert sein. Als Baustoffe kommen die der Straßenbefestigungen, dann Ziegelpflaster, Tonplatten und Mosaiksteine in Betracht. Fußwege werden zur Sicherung der Fußgänger gegen die Fuhrwerke und zur besseren Ableitung des Wassers höher gelegt als die Fahrbahn und gegen diese durch Bordsteine (Randsteine) abgesäumt.

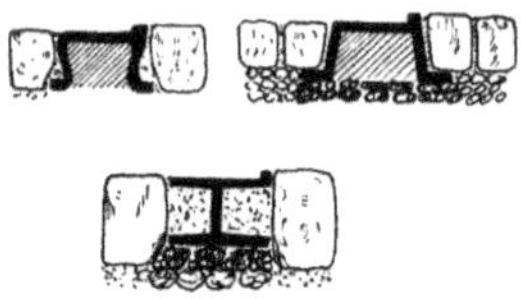

Abb. 10

IV. Neben- und Betriebsanlagen

Abteilungszeichen aus Natursteinen oder Beton (Kilometer-, Hektometersteine) vom Anfangspunkt der Straße ausgehend, beziffert oder beschrieben, werden am Straßenrande gesetzt. **Grenzsteine** aus Beton oder Naturstein sind 0,3 m über der Erdoberfläche hervorstehend zu versetzen und in jeder Katastralgemeinde fortlaufend zu numerieren. **Wegweiser** und beleuchtbare Wegweisersignale (mit und ohne Blinklichtkopf) sind bei den einzelnen Straßenkreuzungen und Abzweigungen aufzustellen. Hölzerne oder eiserne **Ortstafeln** am Ortsbeginn und -ende werden an Straßenrändern oder an Häusern angebracht. Unter den **Einfriedungen** und Geländern auf Stützmauern und höheren Dämmen zum Schutz der Menschen und Fuhrwerke sind zu nennen: Lebende Zäune, hölzerne Geländer (in 2 bis 5 m Abstand rechteckige, 15/20 bzw. 20/30 cm starke, 0,7 bis 1,2 m über den Boden ragende Pfosten, die gegen Fäulnis angekohlt oder geteert werden und auf die Holme von 15×20 cm Querschnitt aufgezapft werden), ferner solche aus Stein, Eisenbeton, Eisen (alte Kessel- und Gasrohre, Walzeisen) usw. Häufig genügen Prellsteine in 2 bis 4 m Abstand, deren Höhe so zu bemessen ist, daß die Wagenachsen darüber hinwegfahren können. **Baumpflanzungen** geben bei Nacht und Schnee die Straßenrichtung an oder dienen als Schattenspender. Zur Verwendung kommen nach Klima und Lage Linde, Birke, Eiche, Ulme, Ahorn, Esche, Vogelbeerbaum, Walnuß, Akazie, Buche, Pappel, Kirsche, Apfel und Birne. Bei genügend breiter Berme können die Bäume (Mindeststammhöhe 2,5 m) innerhalb der Straße, sonst jenseits des Straßengrabens in 5 bis 17 m (Obstbäume 5 bis 8 m) Entfernung voneinander, 0,3 m von der äußersten Straßenkante, in auszuhebende Baumlöcher von etwa 0,3 m Tiefe und 1,0 m Durchmesser gesetzt werden. Zu vermeiden sind Pflanzungen in Einschnitten und vor Gebäuden. **Ständer, Leitungsmaste** und **Laternenpfähle** sind 0,5 bis 0,6 m von der Kante der Bordsteine entfernt zu versetzen. In städtischen Straßen sind Baumpflanzungen in mindestens 5 bis 6 m Abstand von den Häusern und etwa 1,0 m vom Rand der Bürgersteige (Bankette),

7 bis 8 m voneinander entfernt und mindestens 3,0 m abseits der Gasröhren bei Straßenbreiten größer als 25 m empfehlenswert. Erhöhte **Bankette** und **Inseln** schützen die Fußgänger und regeln den Verkehr.

An **Baulichkeiten,** Betriebs- und sonstigen Einrichtungen kommen vornehmlich in Betracht: Straßenaufseher- und Arbeiterunterkünfte, Gebäude für Zwecke der Mauteinhebung, ferner Schlagbäume und Signale zur Kenntlichmachung von Gefahrstellen (Wegschrankensignale, Überwegwarnungssignale mit und ohne Blinklicht, Warnungskreuze, -tafeln und -pflöcke), Verbot- und Gebührentafeln, Bänke und Brunnen; in größeren Städten Anlagen und Einrichtungen zur Regelung des Straßenverkehrs (Verkehrstürme, Verkehrssignale), Aborte, Verkaufshütten, Kioske, Reklamesäulen, Hydranten, Feuermelder, Abfallkörbe, Haltestellentafeln der öffentlichen Verkehrsmittel, Straßentafeln usw.

V. Anhaltspunkte für Kostenvoranschläge

Wenn *t* eine Tagschichte bedeutet, kann nach Birk veranschlagt werden:

Erzeugung von kleinerem Kies aus festgelagerten Schichten einschließlich Zerschlagen der großen Steine und seitliche Ablagerung des Abraumes

für 1 m³....0,6 bis 0,8 t;

für Durchwerfen und Beseitigung des Abfalles 30 bis 40% Zuschlag zum Arbeitslohn.

Erzeugung von Steinschlag aus Bruchstein einschließlich Schlägelung und Schichtung oder Aufladen 0,8 bis 1,75 t.

1 m³ gedichtete Steinschlagbahn erfordert 2,5—3,5 m³ Steinschlag,
bzw. 2,0—2,5 m³ Bruchstein,
„ 1,4—1,8 m³ gewachsenen Fels;

1 m³ Steinschlag oder Sand in Figuren aufrichten	0,08 t
1 m³ Bruchstein in Figuren aufschlichten	0,16 t
Aufreißen der Straßen mit der Spitzhaue bis 5 cm Tiefe, Zusammenrechen, Durchsieben und Schlichten des Steinschlags für 1 m²	0,05 t
1 m² Grundbau ohne Beigabe der Steine, jedoch samt Zufuhr von den Steinfiguren bei 0,24 m Höhe	0,35 t
dgl. bei 0,32 m Höhe	0,45 t
1 m³ Steinschlag oder Sand in vorgeschriebener Höhe einebnen	0,13 t
1 m³ Steinschlag oder Sand von den Figuren auf 50 m Weite verführen und in vorgeschriebener Höhe einebnen	0,22 t
Zuschlag für je 20 m größere Förderweite	0,01 t

Gliederung der Kostenanschläge für den Bau von Landstraßen: I. Erdarbeiten. II. Befestigung der Böschungen und Erdbauten einschließlich der Nachregulierung des Sommerweges, der Bankette, Gräben usw. nach Vollendung des Oberbaues. III. Brücken, Durchlässe, Tunnels, Galerien. IV. Herstellung des Oberbaues: *a)* Baustoff; *b)* Arbeitslohn. V. Nebenanlagen, insbesondere Abteilungszeichen, Grenzsteine, Einfriedungen, Baumpflanzungen, Schutzanlagen. VI. Baulichkeiten (Hochbauten nebst den dazugehörigen Anlagen). VII. Gerätschaften, und zwar für kleinere Pauschalsätze, für größere (Straßenwalzen, Wasserwagen, maschinelle Einrichtungen für die Baustoffzubereitung usw.) einzeln angeführt. VIII. Grund-, Nutzungs- und Gebäudeentschädigungen. IX. Hilfsanlagen, wie Zufuhrwege, Hilfsbrücken, Material- und Lagerhütten, Krankenhäuser u. dgl., für die Dauer des Baues. X. Unvorhergesehene Ausgaben durch Naturereignisse, Unglücksfälle u. dgl.; Bauleitung und Aufsicht; Kommissionskosten; allenfalls auch Kosten für Entwurfsbearbeitung.

Eisenbahnbau

bearbeitet von

Ministerialrat, a. o. Prof. Dr. Ing. **Fritz Steiner**, Wien

I. Vorarbeiten

A. Vorarbeiten wirtschaftlicher Art

Vorarbeiten wirtschaftlicher Art betreffen Untersuchungen über die Bauwürdigkeit einer Bahn; Ermittlung des örtlichen und durchgehenden Verkehrs; voraussichtliche Einnahmen (Bedachtnahme auf Durchzugsverkehr und allfälligen Ortsverkehr wichtig) und Betriebsausgaben; Höhe des Kapitals für Bau und Betrieb und endlich Ermittlung der wirtschaftlich günstigsten Linie (Methode von Launhardt).

Die Baukosten gliedern sich etwa in Ausgaben für: Trassierung und Verfassung des Detailentwurfes; Grunderwerb; Erd- und Felsarbeiten; Fluß- und Uferschutzbauten, Entwässerungsanlagen und Sicherung der Erdbauwerke; Kunstbauten, wie Brücken, Durchlässe, Wegüber- und -unterführungen, Viadukte, überwölbte Einschnitte, Schneeschutzanlagen (Galerien u. a.), Bachüberführungen (Aquädukte) usw.; Tunnels; Einfriedungen und Wegschranken; Oberbau (Bettung, Schienen, Schwellen, Kleineisenzeug samt Verlegung) einschließlich der Weichen, Drehscheiben und Schiebebühnen; Wächterhäuser, Hochbauten im Bahnhofbereiche; Signale, Eisenbahnsicherungsanlagen und Einrichtungen; Zugförderungsanlagen und Werkstätten; Betriebsmittel; Bauaufsicht samt Interkalarzinsen des Baukapitals.

Es ist darauf zu sehen, daß die alljährlich aufzuwendende Summe den Kleinstwert erreiche. Die in Betracht kommenden Kosten setzen sich zusammen aus jenen der allgemeinen Verwaltung (bei Bahnanlagen gleichen Umfanges für 1 km Bahn ungefähr gleich), der Aufsicht und Unterhaltung der Bahn (vom Verkehr und Linienführung zwar wenig abhängig, besser aber auf Tonnenkilometer bezogen), des eigentlichen Verkehrsdienstes (Bahnhof- oder Fahrdienst), des Zugförderungs- und Werkstättendienstes, schließlich den Kosten der Betriebshilfsanstalten, Beleuchtungs- und Kraftübertragungsanstalten, den Steuern und Umlagen und etwaigen sonstigen Betriebsausgaben einschließlich der Maßnahmen zur Besserung der Lage der Bediensteten (sogenannte Betriebs- und Unterhaltungskosten), und jenen der Verzinsung des Anlagekapitals. Rückschluß auf die für Bahnen ähnlicher Art aufgewendeten Kosten unter Heranziehung der amtlichen Eisenbahnstatistiken empfehlenswert. Die Betriebskosten erhöhen sich mit den ungünstiger werdenden Steigungs- und Krümmungsverhältnissen. Linien gleichen Widerstandes ermöglichen günstige Lokomotivleistungen. Zur Schätzung der Betriebskosten Heranziehung der virtuellen Längen der untereinander zu vergleichenden Linien. Die virtuelle ist jene gedachte, wagrechte, gerade Bahnlänge, auf der die zur Beförderung einer Tonne Last mit den gleichen Lokomotiven erwachsenden Zugkraftkosten dieselbe Höhe erreichen würden, wie auf der Strecke von gegebener Neigung und Krümmung. Für die Betriebskostenermittlung ist die Feststellung der maßgebenden Steigung nötig.

Zur Vergleichung verschiedener Linien mittels der Betriebslängen hat Dr. Ing. C. Mutzner ein neues Verfahren entwickelt. (Dr .Ing. C. Mutzner, „Die virtuellen Längen der Eisenbahnen", Zürich und Leipzig; Schweizerischer Ingenieurkalender 1917. Organ für die Fortschritte des Eisenbahnwesens, 1916.)

Prof. Dr. Kummer, Zürich, hat Werte für die Betriebslängen von Bahnen aufgestellt, die den Vergleich des wirtschaftlichen Wertes verschiedener Linien mit verschiedenen maßgebenden Neigungen auch dann ermöglichen, wenn Dampf- und elektrische Betriebe zu berücksichtigen sind. (Organ für die Fortschritte des Eisenbahnwesens, 1917.)

Der Betriebskoeffizient (Betriebszahl), d. i. das Verhältnis der Betriebsausgaben zu den gesamten Einnahmen des Betriebes, wird als noch günstig bezeichnet, wenn die Ausgaben weniger als 60% der Einnahmen betragen. Gilt es mehrere Linien in Vergleich zu stellen, so müssen in erster Linie die Verkehrskosten miteinander verglichen werden.

B. Technische Vorarbeiten

Die Feststellung der Gestaltung der berührten Geländeoberfläche, der geologische Aufbau, die Lagerungs- und Wasserverhältnisse des Bodens, die angetroffenen Kulturarten und der in Betracht kommende Grunderwerb, die Möglichkeit der Beschaffung von Baustoffen, die vorhandenen Wege und Zufahrtsmöglichkeiten, die Unterbringung der beim Bau Beschäftigten, das Erfordernis nach Aufrechterhaltung des Verkehrs auf den zu kreuzenden Wegen, Wasserstraßen und Eisenbahnen, die Lage der künftigen Bahnhöfe und sonstigen Verkehrsstellen müssen vielfach schon wirtschaftlichen Erwägungen zugrunde gelegt werden.

Nach Wahl der Gleiszahl, Spurweite, Umgrenzung des lichten Raumes (Lichtraumprofil), maßgebenden Neigungs- und Krümmungsverhältnisse, des Raddruckes, Zuggewichtes und der Geschwindigkeit allgemeine Linienentwürfe in Übersichtskarten (mindestens 1:50000, im Gebirge nicht unter 1:25000). Nach Auswahl der Linie (Trasse) unter Berücksichtigung des aufzustellenden Längenschnittes angenäherte Kostenberechnung. Erst dann Aufnahmen im Gelände und deren zeichnerische Darstellung (etwa 1:1000 oder 1:2880); hierauf neuerliches Einzeichnen der Bahnlinie. Jetzt Absteckung im Felde, Stationierung, genaue Längen- und Querschnittsaufnahme. Gleichzeitig Verhandlungen über Grunderwerb unter Heranziehung von Grunderwerbsplänen und Vermessungsregistern, Bodenuntersuchungen und Ermittlung örtlicher Baupreise. Dann Ausführungsentwürfe für den Bahnkörper und Bauwerke aller Art; Aufstellung des Bauplanes, Herstellung aller für die vorgeschriebenen Vorlagen notwendigen Pläne, Zeichnungen, Berichte und Kostenanschläge.

II. Allgemeine Anhaltspunkte für Eisenbahnentwürfe[1])

Im allgemeinen unterscheidet man: Hauptbahnen (H. B.), vollspurige Linien zur Verbindung wichtiger Knotenpunkte des Verkehrs, der sich zumeist über die Landesgrenze hinaus erstreckt; Nebenbahnen (N. B.), die, vollspurig, geringere Mengen des öffentlichen Verkehrs auf meist beschränkten Verkehrslängen zu bewältigen haben. Sie ermöglichen den Übergang der Betriebsmittel der Hauptbahnen, gestatten aber nur kleinere Zuggeschwindigkeiten (etwa bis zu 50 km i. d. St.) und vermitteln vielfach den Anschluß abseits der H. B. liegender Orte. Kleinbahnen, vielfach schmalspurig, haben nur örtliche Bedeutung und einfachste Art der Verkehrsabwicklung (wie einfachste Lokalbahnen). Neu hergestellte Bahnen, die auf Straßen ohne Schienen mittels elektrischer Oberleitung betrieben werden, sogenannte gleislose Bahnen, werden, soferne sie dem öffentlichen Verkehr dienen, als Kleinbahnen behandelt. Mitunter noch andere Benennungen: Lokalbahnen (L. B.), in Deutschland auch als Sekundärbahnen bezeichnet, dienen dem örtlichen Personen- und Güterverkehre. Je nach der vollkommeneren oder einfacheren Ausstattung, mit welcher auch die zulässige Fahrgeschwindigkeit (in der Regel kleiner als 35 km i. d. St.) im Zusammenhange steht, nähern sie sich entweder mehr dem Charakter der Vollbahnen oder sie werden bei bloß örtlicher Güterbeförderung „Schleppbahnen", bei bloßer Personenbeförderung „Straßen-

[1]) Die bindenden Bestimmungen für Hauptbahnen nach den technischen Vereinbarungen (T. V.) des Vereines Deutscher Eisenbahnverwaltungen (V. D. E. V.) sind durch ein * hervorgehoben Allgemeine Angaben gelten für Hauptbahnen (H. B.) und Nebenbahnen (N. B.); solche für normalspurige Lokalbahnen (L. B.) und Schmalspurbahnen mit Spurweiten $s = 1{,}0$, 0,75 und 0,6 m (S. B. 100, S. B. 75, S. B. 60) werden besonders kenntlich gemacht.

Die Abb. 5, 10a, 11, 14, 17 bis 21, 24, 29—31 sind aus Foerster, Taschenbuch für Bauingenieure, Abschnitt „Eisenbahnwesen" von Geh. Hofrat Prof. G. Lucas entnommen.

bahnen“, welch’ letztere meist ohne eigenen Unterbau, mit Benützung von Straßen erbaut werden. Sie sind entweder voll- oder schmalspurig. (Näheres siehe Unterbau.)

Die **gesetzlichen** oder im Verordnungswege erlassenen **Bestimmungen** der Behörden betreffen vornehmlich die Vorarbeiten und die Bedingungen für die endgültige Bauherstellung, sowie insbesondere auch die Zulässigkeit der Enteignung von Grund und Boden für Zwecke des Bahnbaues. Bahnseitige, allgemeine Bedingungen für Schleppbahnanschlüsse und Vertragsgrundlagen für den Bau und Betrieb von Schleppbahnen enthalten unter anderem Richtlinien für die Verfassung der Bauentwürfe, einschließlich allfälliger Sicherungsanlagen, und weisen auf den Vorgang bei Einholung der erforderlichen Bau- und Benützungsbewilligung und bei einer allfälligen Ausgestaltung der Anlage. Der Bau von Schleppbahnen, die nur in Bahnhofnebengleise und nur ausnahmsweise zwischen Einfahrsignal und Einfahrweiche oder gar auf freier Strecke einmünden sollen, wird allgemein gefördert.

Die **Gleiszahl** hängt von Erwägungen betriebstechnischer Natur ab. Hauptbahnen werden häufig zunächst eingleisig ausgebaut, doch wird die Möglichkeit der rechtzeitigen Anlage des zweiten Gleises vom Beginne an ins Auge gefaßt (Grunderwerb und doppelgleisiger Unterbau mit Ausnahme der Brücken). Dort, wo mehrgleisige Anlagen sich als notwendig erweisen (drei- bis viergleisige Linien), ist die Trennung des Güterverkehrs vom Personenverkehre anzustreben.

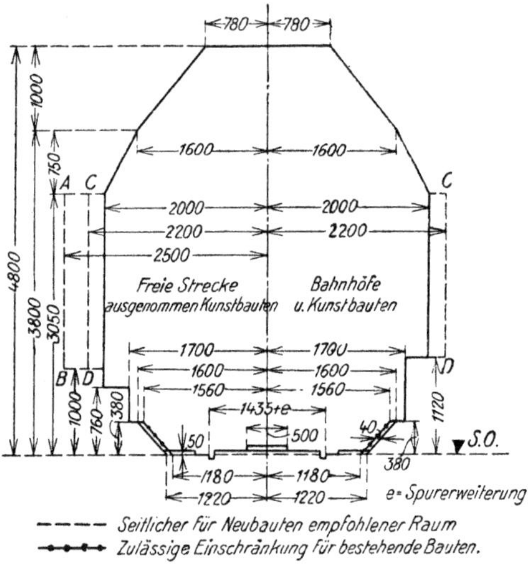

Abb. 1

Die **Spurweite** richtet sich nach der verlangten Leistungsfähigkeit und den örtlichen und sonstigen Verhältnissen (Anschlußbahnen). Als „Spurweite“ wird die Entfernung der Laufkanten der Schienenköpfe im geraden Gleisstrange bezeichnet. Die Voll- oder Regelspur $s = 1{,}435$ m (Frankreich Schienenkopfmittelentfernung 1,500 m), die russische Breitspur $s = 1{,}524$ m, die spanisch-indische $s = 1{,}676$ m, die irische $s = 1{,}600$ m. Die schmale Spur (zumeist $s = 1{,}0$, $0{,}75$ oder $0{,}76$, $0{,}6$ m) ist schmiegsamer und erfordert geringeren Aufwand für Bau und Fahrbetriebsmittel.

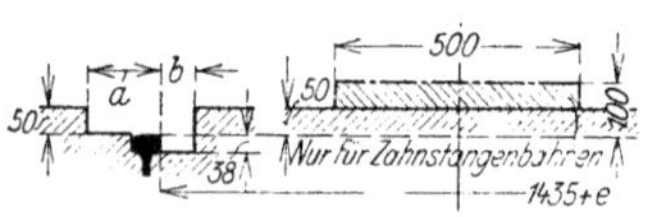

Abb. 2

Die Umgrenzung **des lichten Raumes für H. B. und N. B.** siehe beistehende * Abb. 1 und 2, gültig für die gerade Strecke und für Bogen mit 250 m und größeren Halbmessern. (Maße in mm; *AB* für die freie Strecke mit Ausnahme der Kunstbauten, *CD* für die Bahnhöfe und die Kunstbauten der freien Strecke.)

* Auf freier Strecke ist für Hauptgleise in Geraden und in Bogen mit $R \geqq 250$ m mindestens der voll ausgezogene Raum offen zu halten. Breitenmaße sind gleichlaufend mit der Schienenkopfebene zu messen, wobei die Achse der Umgrenzungslinie senkrecht zur Schienenkopfebene und stets in der Mitte zwischen beiden Schienen stehend anzunehmen ist.* In Bogen und in Überhöhungsrampen ist auf die durch die Überhöhung geänderte Lage der Umgrenzungslinie Rücksicht zu nehmen. Die für die freie Strecke vorgeschriebene Umgrenzung des lichten Raumes wird auch für die durchgehenden Hauptgleise und die sonstigen Ein- und Ausfahrgleise der Personenzüge empfohlen.

Erfordern Betriebsrücksichten in Geraden und Bogen von $R > 250$ m besonders knappe Breitenmaße, so können Einschränkungen dieser (an der Bogeninnenseite 0 bis 40 mm, an der Außenseite 0 bis 25 mm) auf die unumgängliche Gleislänge zugelassen werden (§ 30 d. T. V. Zusammenstellung 1).

Zusammenstellung 1

Bogenhalbmesser in m	Einschränkung an der			
	Bogeninnenseite		Bogenaußenseite	
	unter	über	unter	über
	430 mm über Schienenoberkante in mm			
∞—1500	15	40	0	25
1499— 700	10	30	0	20
699— 600	5	25	0	15
599— 500	5	20	0	10
499— 400	5	15	0	10
399— 350	0	10	0	5
349— 251	0	0	0	0

* In Bogen von $R < 250$ m sind die halben Lichtraumbreiten wie folgt zu vergrößern (§ 30 d. T. V. Zusammenstellung 2):

Zusammenstellung 2

Bogenhalbmesser in m	Erbreiterung an der	
	Bogeninnenseite	Bogenaußenseite
	in mm	
250	0	0
225	20	30
200	50	60
180	80	90
150	130	160
120	330	350
100	530	550

* Verschieden große Lichtraumbreiten zweier Gleisbereiche, von denen mindestens der eine einen Bogenhalbmesser von weniger als 250 m aufweist, sind nach folgenden Gesichtspunkten allmählich ineinander überzuführen: Sind Übergangsbogen vorhanden, so ist die größere Lichtraumbreite der schärferen Krümmung an der Bogeninnenseite bis zum Berührungspunkte des Übergangsbogens und des schärfer gekrümmten Bogens, an der Bogenaußenseite 6,5 m darüber hinaus einzuhalten und von dort auf die kleinere Lichtraumbreite im geraden Verhältnisse zur Länge bis zu einem Punkte auslaufen zu lassen, dessen Abstand von der Berührungsstelle beider Bereiche sich errechnet:

a) beim Zusammentreffen einer Geraden und eines Bogens mit der Länge des Übergangsbogens;

b) beim Zusammentreffen zweier Bogen mit $R_1 \geq 250$ m und $R_2 < 250$ m nach der Formel $30 - 0{,}12\, R_2 \frac{R_1 - 250}{R_1 - R_2}$ in m, jedoch mindestens mit der Übergangsbogenlänge, und

c) beim Zusammentreffen zweier Bogen, wovon jeder mit $R < 250$ m gekrümmt ist, mit 30 m, jedoch mindestens mit der Übergangsbogenlänge.

* Fehlen Übergangsbogen, so ist die größere Lichtraumbreite der schärferen Krümmung an der Bogeninnenseite bis zur Berührungsstelle beider Bereiche, an der Bogenaußenseite 6,5 m darüber hinaus in die flachere Krümmung einzuhalten und von dort auf die kleinere Lichtraumbreite im geraden Verhältnisse zur Länge bis zu einem Punkte auslaufen zu lassen, dessen Abstand von der Berührungsstelle beider Bereiche für den Fall a) und

$R =$	250,	225,	200,	180,	150,	120,	100 m
	0,	3,0	6,0	8,4	12,0	15,6	18,4 m ist, sich

für b) nach der Formel $30 - 0{,}12\, R_2 \frac{R_1 - 250}{R_1 - R_2}$ errechnet und für c) 30 m beträgt. Ist der ermittelte Abstand an der Bogenaußenseite $\leq 6{,}5$ m, so darf die größere Lichtraumbreite unvermittelt, also stufenförmig in die kleinere übergehen.

* Von den vorstehenden Festsetzungen sind die Maße a und b (siehe Abb. 2), die den Durchgang der Radreifen sichern, ausgenommen; sie sind im Bogen nur soweit zu vergrößern, als es der Durchgang der Radreifen verlangt (vergleiche „Spurrinne", S. 617).

$a =$ 135 mm für unbewegliche, mit der Fahrschiene fest verbundene Gegenstände,
150 mm für alle übrigen unbeweglichen Gegenstände;
$b =$ 41 „ „ Zwangsschienen der Weichen und Kreuzungen,
45 „ „ Leitschienen,
67 „ „ alle übrigen unbeweglichen Gegenstände.

Im Falle besonderer Unterhaltungsaufsicht können die halben Lichtraumbreiten gleichlaufend zur Schienenkopfebene in den mehr als 760 mm über der Schienenoberkante liegenden Teilen um 40 mm, in den darunter liegenden um 20 mm gekürzt werden.

* Für die in der Geraden oder in Bögen $R \geq 250$ m liegenden Stationsgleise, auf denen Züge bewegt werden, siehe gleichfalls Lichtraumumgrenzung, Abb. 1. Bezüglich der überhöhten Gleise, der zulässigen Einschränkung der Breitenmaße, sowie der erforderlichen Erbreiterung in Bogen $R < 250$ m und der notwendigen Übergänge gelten sinngemäß die Bestimmungen für die freie Strecke. Für Ladegleise zeitweise Lichtraumeinschränkung durch bewegliche Ladeklappen zulässig.

* Auf freier Strecke muß der Gleisabstand von Doppelgleisen in Geraden mindestens 3500 mm, zwischen Gleispaaren oder einem Gleispaar und einem dritten Gleis mindestens 4000 mm von Gleismitte zu Gleismitte betragen (§ 31 d. T. V.). Für Neubauten in Geraden mindestens 4000 mm empfohlen. * In gekrümmten Strecken sind bei $R < 350$ m obige Gleisabstände nach R zu vergrößern, u. zw. bei

$R < 350$ bis 250, 225, 200, 180, 150, 120, 100 m um
20, 50, 130, 190, 310, 700, 1100 mm,

wobei zwischenliegende Werte geradlinig einzuschalten sind.

Gleisabstände in Gleisen unter besonderer Unterhaltungsaufsicht können noch um 90 mm vermindert werden, * doch dürfen weniger als 3500 mm für Neu- und Umbauten nicht ausgeführt werden.

* Bei Bemessung des für den anstandslosen Durchlauf der Fahrzeuge erforderlichen kleinsten Gleisabstandes von Parallelgleisen ist — auch wenn sie in der Geraden liegen — auf die Lichtraumerbreiterungen Rücksicht zu nehmen, die an der Außenseite von Weichenbogen einzuhalten sind, wenn diese Weichen in den Parallelgleisen derart gelegen sind, daß die Überhänge der Fahrzeuge bei der Fahrt durch den Weichenbogen in den Raum zwischen den beiden Parallelgleisen hineinragen. In diesem Falle ist der kleinste Gleisabstand mit $(3495 + e)$ mm oder mit $(3520 + e_1 + e_2)$ mm zu bemessen, je nachdem die Wirkung der Überhänge nur von einer Seite oder von beiden Seiten möglich ist. Hiebei bedeuten e, e_1 und e_2 in mm die dem Halbmesser des Weichenbogens nach der Zusammenstellung 2 entsprechende Erbreiterung des lichten Raumes an der Bogenaußenseite. Bei besonderer Unterhaltungsaufsicht Verminderung der so errechneten Maße um 90 mm zulässig. * Wo Gleisbereiche zusammenstoßen, für die verschiedene Gleisabstände einzuhalten sind, ist der Übergang in den Bereich des kleineren Abstandes zu legen und im Sinne vorstehender Ausführungen (§ 30 d. T. V.) durchzuführen.

Von Überladegleisen abgesehen, soll gemäß § 38 d. T. V. der Abstand der in der Geraden liegenden Bahnhofgleise auf H. B. 4750 mm, auf N. B. 4500 mm, mindestens aber auf H. B. 4500 mm, auf N. B. 4000 mm betragen. Für durchgehende Hauptgleise in kleineren Bahnhöfen geringerer

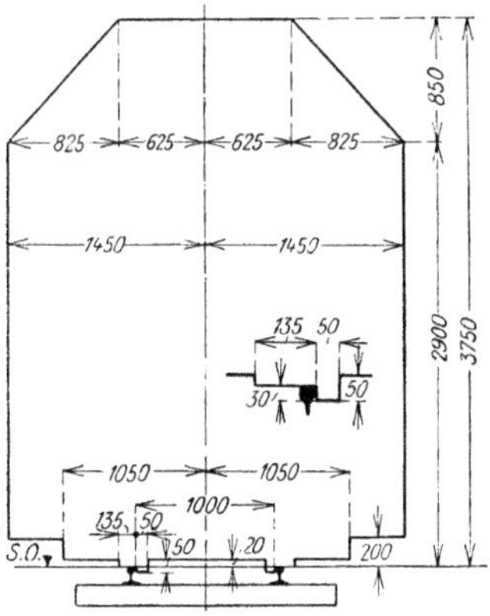

Abb. 3

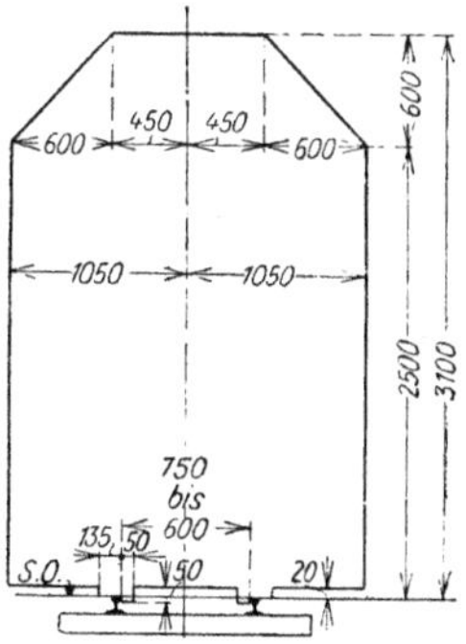

Abb. 3a

Abstand zulässig. Hauptgleisabstände bei zwischenliegenden Bahnsteigen in der Geraden > 6000 mm auf H. B. und 4500 mm auf N. B. Einschränkung bei geringem Personenverkehr möglich. In gekrümmten Streckenteilen

Vergrößerung der Gleisabstände gemäß dem Halbmesser wie auf freier Strecke, * keinesfalls aber in Bahnhöfen kleiner als die für die freie Strecke festgesetzten.

Merkzeichen zur Kennzeichnung der Stelle zwischen zusammenlaufenden Gleisen, bis wohin Gleisbesetzung ohne Fahrthinderung auf dem anderen Gleis zulässig ist, werden dort angebracht, wo der Gleisabstand 3500 mm, $(3480 + e)$ mm oder $(3520 + e_1 + e_2)$ mm beträgt, je nachdem von den zusammenlaufenden Gleisen beide gerade, eines gerade und das andere gekrümmt oder beide gekrümmt sind. Hiebei bedeuten e, e_1 und e_2 in mm die dem Bogenhalbmesser und der Bogenseite nach Zusammenstellung 2 entsprechende Erbreiterung des lichten Raumes. Unter besonderer Unterhaltungsaufsicht Verminderung der Gleisabstände an der Stelle des Merkzeichens um 90 mm möglich, doch bei * Neu- und Umbauten nicht unter 3500 mm (§ 42 d. T. V.).

Umgrenzung des lichten Raumes für S. B., siehe Abb. 3 (S. B. 100) und Abb. 3a (S. B. 75 bis 60). Jene für S. B. 100 ist auch für S. B. 75 erwünscht. Für S. B. mit Rollschemelbetrieb für H. B.-Wagen Umgrenzung des lichten Raumes von der Unterkante der Radlaufkreise des auf dem Schemel stehenden H. B.-Wagens.

Umgrenzung des lichten Raumes bei Brücken siehe Abb. 4a, b, c (Umgrenzung gemäß der österreichischen Verordnung d. ehem. Eisenbahn-

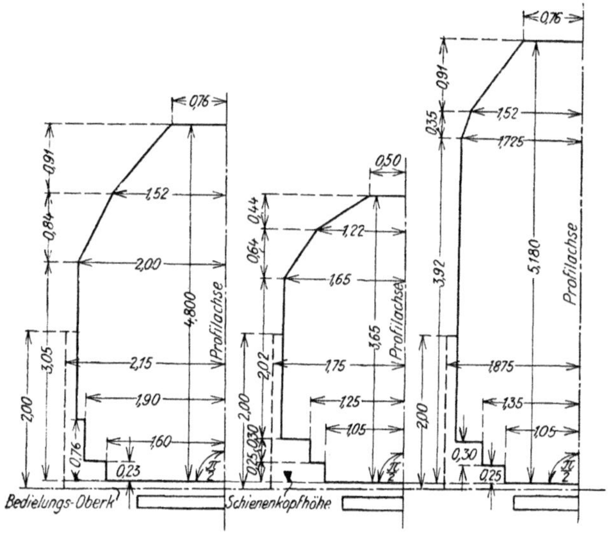

Zeichenerklärung

—— Umgrenzung des lichten Raumes. - - - - Grenze für horizontal oder schräg in der Längsrichtung der Brücke durchlaufende Kanten der Gurtungen, Diagonalen und Geländerstäbe

Abb. 4a. Vollspurbahnen

Abb. 4b. Bahnen mit 760 mm Spurweite, ohne Rollschemelbetrieb

Abb. 4c. Bahnen mit 760 mm Spurweite, mit Rollschemelbetrieb

ministeriums vom Jahre 1904; Maße in Meter). Die Vergrößerung der halben Lichtraumbreiten bei vollspurigen Bahnen auf 2,25 m wird empfohlen. Im Tunnel bei H. B. 400 mm Spielraum bei eingleisiger, 300 mm bei zweigleisiger Anlage, bei L. B. mindestens 200 mm; Anlage von Stromleitungen innerhalb dieses zulässig. Im Tunnel gegenüberstehende Nischen mindestens alle 50 m empfohlen.

Die Freihaltung der Umgrenzung des lichten Raumes sichert die gefahrlose Bewegung der **Fahrzeuge,** deren **Umgrenzung** und **Lademaße** streng einzuhalten sind (im Bereiche des V. D. E. V. zwei Lademaße I und II, im internationalen Verkehr größere Anzahl. Siehe Abb. 5). Neue Breiten- und Höhenmaße der Lokomotiven und Tender sowie die der Wagen siehe T. V. V. Nachtrag aus 1924, §§ 86, 116 und 117.

Sicherheitsstreifen (etwa 1,5 m breit) werden bei Dampfbetrieb als Brandschutz in Wäldern, Heiden und trockenen Mooren wundgehalten, oder statt solcher Gräben angeordnet. Umbruchgefährliche Holzbestände sind zu entfernen. Auch von brennbaren Gegenständen freizuhaltende Schutzgräben oder 12 bis 15 m breite Waldschutzstreifen mit beiderseitigen Wundstreifen von 1 bis 1,5 m Breite und Querstreifen in 20 bis 40 m Entfernung wirken brandschützend.

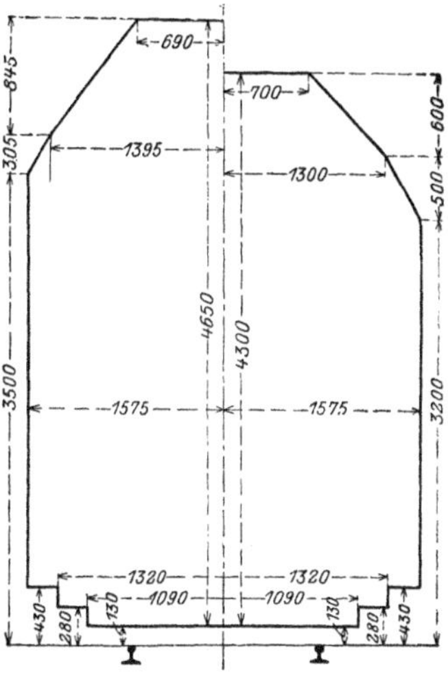

Lademaß I Abb. 5 Lademaß II

Der sogenannte Feuerbereich, innerhalb dessen die freie Lagerung von leicht feuerfangenden Stoffen verboten und in der Regel unverputzte Bretter- und Blockwände und an Gebäuden feuergefährliche Eindeckungen (Holz-, Strohdächer u. dgl.) unzulässig sind, wird durch behördliche Bestimmungen geregelt. Für Österreich gilt z. B. die Bestimmung, daß in der Umgebung von Bahnen, die, wenn auch nur zeitweise, mit Dampflokomotiven betrieben werden, Bauten innerhalb einer Entfernung von 60 m auf jeder der beiden Bahnseiten, von der Mitte des äußeren Gleises gemessen, feuersicher herzustellen sind.

Ebenso ist der Bauverbotsbereich bei Bahnen mit Dampfbetrieb geregelt. In Österreich z. B. sind Ausführungen in einer Entfernung von 12 m von der Mitte des äußeren Gleises, bei Bahnhöfen von der Bahnhofgrenze in der Regel verboten.

Üblich sind ferner Schutzstreifen von 0,5 bis 1,0 m Breite an Dammfüßen, Einschnitts- oder Grabenkanten.

Einfriedungen zwischen der Bahn und ihrer Umgebung sind anzulegen, wo die Gestaltung der Bahn oder die gewöhnliche Bahnbewachung nicht hinreichend erscheint, vom Betreten der Bahn abzuhalten. Bei N. B. können sie auf gefährdete Stellen der Bahn beschränkt werden. Schutzwehren werden an Wegen, die unmittelbar neben der Bahn und gleich hoch wie diese oder höher liegen, angeordnet. (Siehe auch S. 618.)

Über Schneeschutzvorkehrungen siehe „Unterbau", S. 618.

Die **Kronenbreite des Bahnkörpers** ist so zu bemessen, daß die Entfernung a des Schnittpunktes einer durch die Unterkante der nicht überhöhten Schienen gelegten Wagrechten mit der verlängerten Böschungslinie von der Mitte des nächsten Gleises bei Hauptbahnen nicht unter 2 m, bei Nebenbahnen nicht unter 1,75 m beträgt. (Bei L. B. a mindestens 1,5 m, bei S. B. mindestens $= s$ der Spurweite.) Auf hohen Dämmen und in scharfen Krümmungen soll eine Verbreiterung stattfinden. Bei doppelgleisigen H. B., eingleisigen H. B. und N. B. ist die Dammkrone mit etwa 9, 5,5 und 4,5 m und die Einschnittssohle, unter Berücksichtigung der Gräben, mit 12,4, 8,9 und 6,9 m anzunehmen. (Siehe auch Unterbau, Abb. 8 und 9, S. 616.)

Das **Längengefälle**, welches in der Regel (Ausnahmen Gotthardbahn 27‰, Arlbergbahn Westrampe 30‰) nicht überschritten werden soll, beträgt bei H. B. 25‰ (1 : 40), bei Nebenbahnen 40‰ (1 : 25). Bei L. B. unter Umständen bis 45‰. Lange Tunnels bei Dampfbetrieb nur ausnahmsweise über 10‰. Elektrisch betriebene Straßen- und Kleinbahnen bis 100‰ (Pöstlingberg, Linz, 106‰). Reine Zahnradbahnen 250‰ am häufigsten; bei größeren Steigungen wagrecht eingreifende Zahnräder (Pilatusbahn 480‰). Bei gemischten Bahnen mit normalen Fahrbetriebsmitteln Zahnstrecken mit 55‰ bis 125‰. Seilstandbahnen (Vergnügungsbahnen mit reinem Personenverkehr) bis etwa 620‰. Das Zusammentreffen eines stärkeren Neigungswechsels mit einem Krümmungsbeginne ist unbedingt zu vermeiden. (Neigung der Bahnhöfe siehe S. 619.)

Die Zugkraft Z (in kg) einer Lokomotive (Motors) wird bestimmt:

a) durch den Triebräderdruck;

$Z = 1000\, f\, a\, L$, wobei f den Beiwert der Reibung zwischen Rad und Schiene, u. zw. bei regelmäßiger Fahrt und trockenen Schienen 0,2 bis 0,166, bei nassen Schienen 0,1 bis 0,083, bei Glatteis bis 0,05, im Durchschnitt 0,14 und $a\, L$ den auf die Triebräder entfallenden Anteil des gesamten Gewichtes der Lokomotive (Motors) L in t bedeuten. Bei Sandstreuung kann Z etwa um 40% erhöht werden. Oder

b) durch die Verhältnisse der Maschine; für Dampflokomotiven

$Z = g \cdot p \cdot d^2 \frac{h}{D}$, worin p den mittleren nutzbaren Dampfdruck im Zylinder (kg/cm²), d. i. etwa 0,5 bis 0,75 des Kesseldampfdruckes p_0 der Schnell-, Personen-, Güterzugs- und Gebirgslokomotiven, g das Güteverhältnis 0,74 bis 0,80, d. i. der Teil des nutzbaren Dampfdruckes, der für die Zugkraft in Betracht kommt, schließlich d den Kolbendurchmesser, h den Kolbenhub und D den Triebraddurchmesser, alle drei in cm, bedeuten. Oder

c) durch die Leistungsfähigkeit des Dampfkessels;

$Z = 1000 \cdot H \left(\frac{0,5}{V} + \frac{1}{50\, D}\right)$, worin H die Heizfläche des Kessels in m² (auf 1 m² rund 3 bis 5 PS), V die Fahrgeschwindigkeit in km/Std. und D den Triebraddurchmesser in m bedeuten.

Die Lokomotivleistung N in $PS = \frac{Z\, v}{75}$, worin v die Fahrgeschwindigkeit in m/sek oder daraus Z in kg $= \frac{270 \cdot N}{V}$, worin V in km/Std.

Die größte Zugkraft an der Spitze des Zuges soll 15000 kg im Beharrungszustande der Fahrt mit Rücksicht auf die Zugvorrichtungen nicht überschreiten (Zugstangendurchmesser häufig nur 42 bis 50 mm im runden Querschnitt).

Der Gesamtwiderstand der bewegten Eisenbahnfahrzeuge ist mit Rücksicht auf Krümmungen und Neigungen der Bahn für Wagen und Tender

$$w = w_g + w_r \pm w_s = w_g + w_r \pm m \text{ in kg/t},$$

für Lokomotiven

$$w_1 = w_l + w_r \pm w_s = w_l + w_r \pm m \text{ in kg/t},$$

und muß für den ganzen Zug sein:

$$W = w\,(Q + T) + w_1\, L \leq Z \text{ (in kg)},$$

worin L das Gewicht der dienstfertigen Lokomotive, T das des Tenders, Q jenes des ganzen übrigen Zuges (ohne Tender und Lokomotive), sämtlich in t bedeuten. Bei gegebener Lokomotive und ihrer Zugkraft ist hieraus die beförderbare Last Q bei bestimmter Fahrgeschwindigkeit errechenbar:

$$Q \leq \frac{Z - w_1 L}{w} - T \leq \frac{L}{w} (1000 f a - w_1) - T.$$

Der gesamte Bewegungswiderstand für 1 t bewegtes Gewicht auf gerader wagrechter Bahn:

a) für Wagen und Tender (w_g) ist bedingt durch die Zapfenreibung der Räder (gleitende Reibung), die rollende Reibung zwischen Rad und Schiene, durch Widerstände zufolge der Schienenstöße, der Unvollkommenheiten der Bahn und der Luftwiderstände (hauptsächlich Druck auf die Stirnfläche und Saugwirkung auf die Schlußfläche des Zuges etwa $0{,}0052\ V^2$ kg/m²);

b) für Lokomotiven (w_l) kommen zu den bei den gezogenen Fahrzeugen zu berücksichtigenden Widerständen noch die Widerstände der Reibung im Triebwerke der Maschine, sowie die Widerstände, die durch die Gegengewichte der Triebräder ausgelöst werden, hinzu. Die Widerstände w_l stehen hauptsächlich mit der Anzahl der gekuppelten Achsen n (Triebachsen) in Beziehung.

Die Widerstände (w_r) in Krümmungen vom Halbmesser R sind vornehmlich auf Reibungswiderstände zufolge der ungleichen Wege, die die Räder einer Achse im Bogen zurücklegen, die erhöhte Reibung der Spurkränze an den Außenschienen infolge der Fliehkräfte und auf die Klemmwirkungen infolge der festen Radstände zurückzuführen. Allgemein ist $w_r = \frac{K}{R - R_0}$, worin K und R_0 Erfahrungsfestwerte sind.

Die Widerstände in Steigungsstrecken (w_s) sind genau genug $\pm m$ kg/t, wenn m das Steigungsverhältnis auf die Einheit 1000 bezogen ist (‰, z. B. $m = 5$‰, $w_s = 5$ kg/t). Nur bei besonders großen Steigungen, z. B. Seil- und Zahnradstrecken, müssen w_g und w_s diesen angepaßt werden:

$$w_g' = \frac{1}{\sqrt{1 + \left(\frac{m}{1000}\right)^2}} \cdot w_g \quad \text{und} \quad w_s' = \pm \frac{m}{\sqrt{1 + m^2}}.$$

Für mittlere Zuggeschwindigkeiten und mittlere Verhältnisse ergibt sich nach Frank folgende Zusammenstellung 3:

Spurweite in m	w_g in kg/t	w_l in kg/t	w_r in kg/t
1,435	$2{,}5 + \gamma V^2$	$2{,}6 \sqrt{n} + \gamma_1 V^2$	$\frac{650}{R - 55}$
1,000	$2{,}6 + 0{,}0003\ V^2$	$2{,}7 \sqrt{n} + 0{,}0015\ V^2$	$\frac{400}{R - 20}$
0,760	$2{,}7 + 0{,}0002\ V^2$	$2{,}8 \sqrt{n} + 0{,}001\ V^2$	$\frac{350}{R - 10}$
0,600	$2{,}8 + 0{,}0002\ V^2$	$2{,}9 \sqrt{n} + 0{,}0008\ V^2$	$\frac{200}{R - 5}$

In dieser Zusammenstellung bedeuten: V die Zuggeschwindigkeit in km/Std., ferner $\gamma = 0{,}00026$ bis $0{,}00052$ für Güterzüge mit beladenen offenen oder z. T. bedeckten, z. T offenen (letztere teils leer, teils beladen) Wagen und etwa 0,0004 für Personen- und Schnellzüge mit leichten und 0,00014 für Schnellzüge mit schweren Wagen und Faltenbälgen, endlich $\gamma_1 = 0{,}00075\,n$ für $L = 40$ t für Güter- und 50 t für Schnellzugslokomotiven; n die Anzahl der gekuppelten Achsen.

Als wichtigste Regel für die Führung einer Bahnlinie gilt das Aufsuchen einer Linie tunlichst gleichbleibenden Widerstandes. Den größten auf der gewählten Linie sich ergebenden Widerstandswert nennt man den maßgebenden, weil er für das auf der Betriebsstrecke mit einer gegebenen Zugkraft zu fördernde Zuggewicht bzw. für die zur Beförderung einer gegebenen Last aufzuwendende Zugkraft maßgebend ist.

Zwecks Erreichung eines möglichst gleichbleibenden Zugwiderstandes wird somit in längeren Bögen und solchen von kleinem Halbmesser eine Verminderung der in den Geraden zulässigen größten Steigung (m_m) um den Bogenwiderstand w_r nötig. Es bleibt dann $m_m \geq m + w_r$. Die für die Zuglänge (Ladungsgröße) und die vorhandene Zugkraft, bzw. für die Berechnung der Zugkraft zur Beförderung einer bestimmten Last (Achszahl) mit gegebener Fahrgeschwindigkeit in Betracht kommende Steigung nennt man maßgebende Steigung (m_m). Verkehren verschiedene Zuggattungen, so ist m_m zumeist durch die Güterzüge bestimmt. Kennt man die jährlich zu fördernde Last, so sind unter Zugrundelegung einer gegebenen Zugkraft Z die Anzahl der Achsen und die Anzahl der täglich zu fahrenden Züge bestimmbar. Verhältnis der Rohlast zur Nutzlast etwa 2.

Sind zwischen zwei Punkten Linien verschiedener Länge ausführbar, so ist zwischen diesen Punkten jene die zweckmäßige Steigung, mittels welcher auf einem bestimmten Wege der Höhenunterschied überwunden wurde und dabei sich das Verhältnis, Zuggewicht: Weglänge, als Höchstwert ergab. Die Kosten der Hebung werden dann den Mindestwert erreichen. Die zweckmäßige Steigung soll sich der maßgebenden tunlichst nähern.

Bremsgefälle m_b heißt jenes, auf welchem die Zugkraft $Z = 0$, also $m_b = w_g + w_r$ wird. Dieses ist unschädlich, wenn $m_b < (w_g + w_r)$ ist, wobei die jährlich in beiden Richtungen zu befördernden Bruttogewichte keinen großen Unterschied zeigen dürfen. Die Steigung bleibt ohne Einfluß auf die Zugkraft und auf deren Kosten. Es ist bei der Bergfahrt

$$Z_b = Q\,(w_g + w_r + m),$$

bei der Talfahrt $Z_t = Q\,(w_g + w_r - m)$, der Mittelwert $Z_m = Q\,(w_g + w_r)$.

Ist $m_m > m_b$, so herrscht Gebirgsbahncharakter (Bremsung ist dann erforderlich, da sonst Beschleunigung des Zuges unvermeidlich), der Betrieb wird teuerer als auf wagrechter Bahn. Es wird: $Z_b = Q\,(w_g + w_r + m)$ und $Z_t = -Q\,(w_g + w_r - m)$ als Bremskraft; $Z_b + Z_t = Q \cdot 2\,m$ oder $m > w_g + w_r$, $Z_m = \dfrac{Z_b + Z_t}{2} > Q\,(w_g + w_r)$. Bei der Talfahrt kann im Bogen die Neigung um w_r steiler sein, ohne schädlich zu werden. Im Gebirge sind „verlorene Gefälle“ zu vermeiden, zahlreiche Bogen dagegen zulässig und unter Umständen wegen Verlängerung der Linie günstig. Im Flachlande, bei $m_m \leq m_b$, sind die Nachteile bei verlorenem Gefälle geringer.

Je gleichmäßiger sich der Gesamtwiderstand einer Bahn ergibt, desto größer muß ihre Leistungsfähigkeit werden. Man sucht Linien möglichst gleichbleibenden Widerstandes zu erhalten, was durch Steigungsverminderung in den Bögen erzielt werden kann. In einem Bogen von l_r Länge findet sich die ermäßigte Steigung $m_r = m - w_r$ und der Höhenverlust, der hiedurch bedingt ist, $h_r = l_r\,(m - m_r) = l_r\,w_r$, für mehrere

Bögen $\Sigma h_r = \Sigma l_r w_r$. Hätte eine Bahn mit einer Durchschnittssteigung m_d auf der Länge L die Höhe $H = L m_d$ zu ersteigen und sind die Bogenlängen l_r, die zugehörigen Bogenwiderstände w_r, so ermittelt sich $m_m = \frac{H + \Sigma (l_r \cdot w_r)}{L}$ als die in geraden Strecken größtzulässige Steigung (Werte von w_r siehe Zusammenstellung 3, S. 611). Der durch die Steigungsverminderung im Bogen hervorgerufene Verlust kann durch Überschreiten der durchschnittlichen größten Steigungen in den Geraden eingebracht werden (siehe Abb. 6). In längeren nassen Tunnels wird, der feuchten Schienen wegen, die Steigung auf etwa 0,7 der auf der offenen Strecke zugelassenen größten Steigung vermindert.

Kurze Anlauframpen, deren Anlage sich übrigens nur vor Haltepunkten empfiehlt, können durch Ausnützung der lebendigen Kraft erstiegen werden. Ist m_1 die Steigung (maßgebende) vor der Rampe, m_2 jene der l Meter langen Rampe selbst, v_1 die Geschwindigkeit vor, v_2 jene am Ende der Rampe in m/sek, g die Beschleunigung der Schwere, so wird die ersteigbare Höhe $h = m_2\, l = \frac{v_1^2 - v_2^2}{2\,g} \cdot \frac{m_2}{m_2 - m_1}$. Z. B. $v_1 = 15$ m/sek, $v_2 = 5$ m/sek, $m_1 = 2^0/_{00}$, $m_2 = 14^0/_{00}$; Rampenlänge ohne Einfluß auf die Zugbelastung $l = \frac{225 - 25}{19{,}6\,(14 - 2)}\, 1000 =$ rd. 850 m.

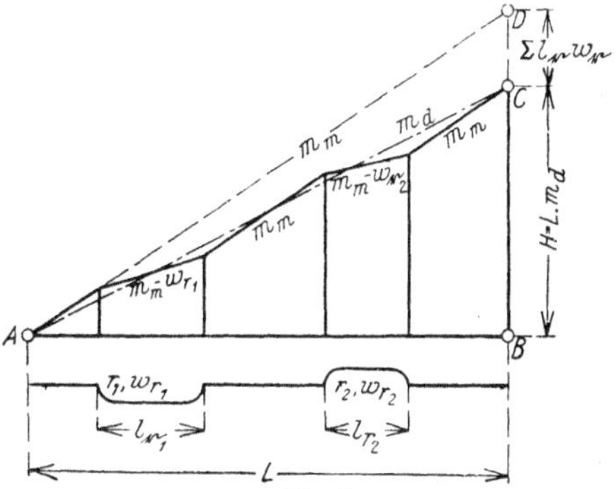

Abb. 6

Die Neigungswechsel sind bei H. B. nach einem Kreisbogen von mindestens 5000 m Halbmesser (Ermäßigung auf 2000 m in geraden Strecken, allenfalls vor und in Bahnhöfen zulässig), bei Nebenbahnen und vor Stationen nach einem solchen von mindestens 2000 m abzurunden. Bei Lokalbahnen genügen 1000 m bis 500 m. Zwischen Strecken mit Gegenneigungen von mehr als $5^0/_{00}$ soll, soferne eine mehr als 10 m ansteigt, eine $\leq 3^0/_{00}$ geneigte Strecke von mindestens 500 m (L. B. 50 m) eingelegt werden, in welche die Tangenten der Ausrundungsbogen eingerechnet werden dürfen. In Gegenneigungen von mehr als $10^0/_{00}$ sind wagrechte Zwischenstrecken erwünscht. In scharfen Bögen sind Gefällwechsel zu vermeiden.

Die Tangentenlänge l des Ausrundungsbogens R beim Übergange aus einer Wagrechten in

$m^0/_{00}$ beträgt $l = Rm : 2000$ in Metern;

beim Übergange im gleichen Sinne aus

$m^0/_{00}$ in $n^0/_{00}$ wird $l = R\,(n - m) : 2000$;

beim Übergange im entgegengesetzten Sinne aus

$m^0/_{00}$ in $n^0/_{00}$ ist $l = R\,(n + m) : 2000$.

Krümmungsverhältnisse. Bei Hauptbahnen im flachen Lande Bogenhalbmesser in der Regel nicht unter 1000 m, im Hügellande nicht unter 400 m, im Gebirge nicht unter 250 m. In Schnellzugstrecken empfiehlt es sich, Gegenkrümmungen von Halbmessern < 500 zu vermeiden. * Halbmesser unter 180 m sind für Hauptbahnen unzulässig. In Hauptgleisen liegen sie in der Regel nicht unter 300 m (N. B. 180 m). Für L. B. und Schleppbahnanlagen auf freier Strecke unter Umständen 180 bis 100 m, mit behördlicher Bewilligung und unter Beachtung besonderer Vorsichtsmaßregeln und entsprechender Ausgestaltung des Oberbaues (Auflauf- und Zwangschienen), bei Anschlüssen gewerblicher Anlagen usw. sogar bis 30 m. Für S. B. 100, S. B. 75 und S. B. 60 cm sind die Kleinsthalbmesser 50 m, 40 m und 25 m (besser 75, 50 und 30 m). Die Bauart der Betriebsmittel erlaubt sogar noch ein Unterschreiten dieser Werte (z. B. bei Straßenbahnen, Hoch- und Untergrundbahnen).

Überhöhung des äußeren Schienenstranges siehe „Oberbau", S. 633.

Übergangsbögen vermitteln einen allmählichen Übergang von der Krümmung in die Gerade zwecks Erzielung stoßfreier, ruhiger Fahrt. Übergangsbögen sollen im Aufriß des Gleises gleichzeitig den Übergang von der Überhöhung $h = 0$ in der Geraden bis zur erforderlichen Überhöhung der äußeren Schiene am Beginne des wirklichen Kreisbogens h herstellen. * Sie sind anzuordnen, sobald die Fahrgeschwindigkeit 15 km in der Stunde übersteigt. Bei Neubauten sind sie in Hauptgleisen zwischen geraden und gekrümmten Strecken stets einzulegen, und beim Entwurfe ist darauf zu sehen, daß aneinanderstoßende gleichgerichtete Krümmungen unter Anwendung stetig wachsender oder abnehmender Halbmesser ineinander überführt werden. Der Übergansbogen wird zumeist nach einer kubischen Parabelgleichung $y = \frac{x^3}{6c}$ eingelegt. Wenn $1 : n$ die Neigung der Überhöhungsrampe und R den Bogenhalbmesser, l die Übergangsbogenlänge, h die Überhöhung (sämtlich in m) bedeuten, sind hinreichend genau nach Abb. 7, da $c = n \cdot R \cdot h = l \cdot R$, der jeweilige Krümmungshalbmesser des

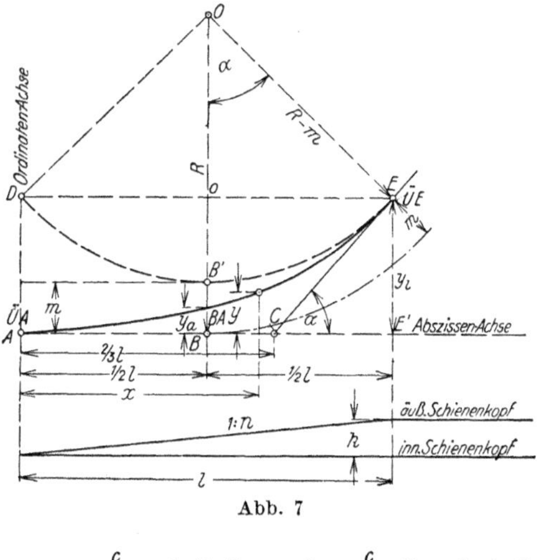

Abb. 7

Übergangsbogens $\varrho = \frac{c}{x}$ und die Länge $l = \frac{c}{R}$, die erforderliche Verschiebung zwischen der Geraden und dem Kreisbogen $m = \frac{l^2}{24\,R}$, die Endpunktordinate $y_l = \frac{l^2}{6\,R} = 4$ m. Der Übergangsbogen liegt zur Hälfte vor, zur

Hälfte hinter dem ursprünglichen Anfang des Kreisbogens der Linie; die Ordinate am ursprünglichen Bogenanfangspunkte für $x = \frac{l}{2}$ wird, $y_a = \frac{l^2}{48 R} = \frac{m}{2}$ und schließlich jedes $y = 4\,\text{m} \left(\frac{x}{l}\right)^3$. Der Festwert c ist für H. B. etwa 12000, für N. B. 6000 für S. B. 100 und $V = 35$, 25 und 20 km i. d. Std., $c = 4500$, 3000, 1500; für S. B. 75 und $V = 30$, 20 und 15 km i. d. Std., $c = 3000$, 1500 und 750. Die Länge l liegt für H. B. zwischen 12 und 48 m, für N. B. zwischen 12 und 40 m (zumeist $<$ 40 bis 30 m); m selten $>$ 300 bis 350 mm.

Ist die Zwischengerade zwischen gleichgerichteten Krümmungen $< l$, besser Ersatz durch einen flachen Bogen oder auch Führung geringer Überhöhung über diese Gerade.

Zwischen entgegengesetzten Krümmungen einer Bahnlinie ist ein gerades Stück von solcher Länge einzulegen, daß die Fahrzeuge sanft und stetig in die anderen Krümmungen einlaufen. * Bei Neubauten sind entgegengesetzte Krümmungen in den Hauptgleisen durch eine Gerade zu verbinden, die zwischen den Überhöhungsrampen bei H. B. mindestens 30 m (N. B. 10 m) lang sein muß. (Das entspricht etwa 80 bis 100 m zwischen den Bogenanfangspunkten bei H. B.)

Über **Raddruck** siehe „Oberbau", S. 625.

Die von verschiedenen Umständen abhängige, **zulässige Achsenzahl** beträgt bei H. B. etwa höchstens 150 für Güter-, 80 für Personen- und 110 für Militär- und Güterzüge mit Personenbeförderung. Die Länge und die Belastung des Zuges sind nach den Neigungsverhältnissen, den Gleisanlagen und den sonstigen Bahnhofseinrichtungen, sowie der Bauart der Fahrzeuge zu bemessen. Die T. V. empfehlen Länge und Belastung der Züge unter Berücksichtigung der Neigung und Zuggeschwindigkeiten so zu wählen, daß bei der Fahrt im Beharrungszustande die Zuglast an der Spitze des Zuges 15 t in der Regel nicht überschreitet.

Die **Fahrgeschwindigkeit** zu erhöhen wird allgemein angestrebt. Ungefähre Grenzen wären in km/St. auf H. B. 100 (Güterzüge nur etwa 45 bis 60), N. B. 30, jedoch auch bis 50. Für S. B. 30 bis 20, doch mitunter auch höher. Straßenbahnen 15 bis 30, Zahnradbahnen etwa 15. Die für die einzelnen Zuggattungen und Strecken festgesetzten größten zulässigen Fahrgeschwindigkeiten sollen nicht überschritten werden (Geschwindigkeitsanzeiger an den Lokomotiven [Motoren] sind zu empfehlen). Langsamer soll gefahren werden bei der Fahrt durch den krummen Strang einer Weiche, gegen die Spitze einer weder verriegelten noch verläßlich verschlossenen Weiche, durch scharfe Gegenkrümmungen und über bewegliche Brücken; ferner bei unübersichtlichen, nicht abgeschrankten Wegübergängen, Bahnkreuzungen in Schienenhöhe, durch Ortschaften und bei der Einfahrt in Zahnstangen der Zahnradbahnen.

III. Unterbau, Neben- und sonstige Bahnanlagen

A. Unterbau

Die **Breite** B **der Unterbaukrone** (Planum) (siehe auch S. 609 und Abb. 8 und 9) wird für eingleisige Hauptbahnen mit 5,2 bis 5,5 m gewählt; zweigleisig 8,7 bis 9,0 m, Neuanlagen heute bis 9,5 m; Nebenbahnen 4,0 bis 4,5 m. Für S. B. 100 bzw. S. B. 75 nimmt man 3,0 bis 3,9 m bzw. 2,4 bis 3,4 m. Beiderseitige Abdachung mit 1:25 oder 1:30 des Wasserabflusses wegen erwünscht. Im Bogen häufig nur einseitig abgedacht, gemäß der Gleisüberhöhung. Die Schienenunterkante soll, außer bei Bahnstrecken im eingedeichten Lande, in der Regel nicht unter 60 cm über dem bekannten höchsten Wasserstande liegen. Die Sohle der Bahnbettung soll vollständig entwässert sein und keine undurchlässige Einfassung erhalten. Im Einschnitte soll das Grundwasser die Bahnkrone nicht gefährden (Frostgefahr).

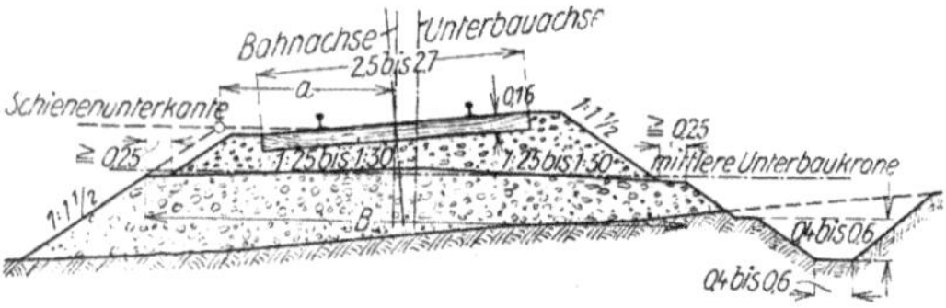

Abb. 8

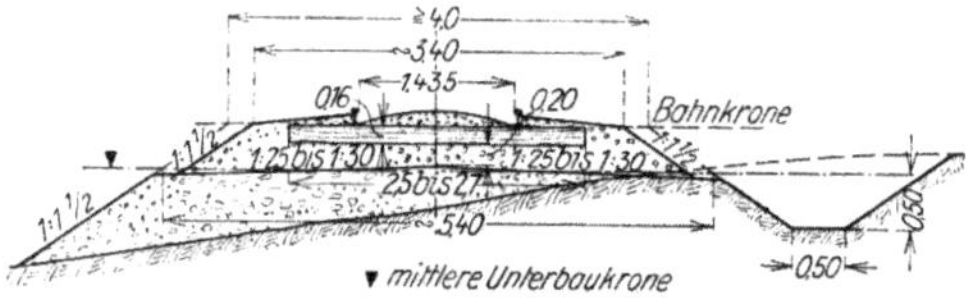

Abb. 9

Böschungen der Erddämme werden in der Regel 2:3, niedrige Dämme auch 4:5 geböscht. Graben bergseitig in 0,5 m Abstand vom Dammfuß. Sohlenbreite 0,4 bis 0,6 m und ebensolche Tiefe. Grabengefälle mindestens 1:300. Bei stärkerem Gefälle (1: 30 bis 1:50) Abpflasterung der Sohle gegen Wasserangriff. Einlösung eines Streifens von mindestens 0,5 bis 1,0 m ab Grabenrand erwünscht. (Siehe Abschnitt „Erd- und Felsarbeiten".)

Die Herstellung der Dämme erfolgt zumeist durch Lagenschüttung, bei größerer Höhe durch Kopfschüttung; letztere häufig unter Anwendung von Schüttgerüsten. Alle Aufdämmungen sind mit Rücksicht auf eintretende Setzungen mit einer der Dammhöhe und der Beschaffenheit des Schüttungsstoffes angemessenen Überhöhung von 5 bis 10%, und einer Erbreiterung der Dammkrone herzustellen. Außerdem haben alle Bahnstrecken in Krümmungen, sowohl im Damm wie im Einschnitt, entsprechend der Überhöhung des äußeren Schienenstranges, eine Erbreiterung der Unterbaukrone zu erhalten, die etwa bei einer Überhöhung $\ddot{U} = 30$ bis 60 mm, 10 cm, $\ddot{U} = 60$ bis 120 mm, 20 cm und bei $\ddot{U} > 120$ mm, 30 cm beträgt. Bei sehr hohen Dämmen (18 bis 23 m) empfiehlt sich an beiden Seiten zunächst die Herstellung 2 bis 3 m hoher Fußdämme und, wenn erforderlich, die Anordnung von Bermen.

An steileren Lehnen, und wenn taugliches Material aus den Einschnitten dazu vorhanden ist, werden Steinsätze, d. s. von Hand geschlichtete, ungefähr 1:1 geböschte Steinkörper verwendet; sie dienen mitunter auch als Uferschutz. Sonst Trockenmauern mit Böschung 3:2 und in Mörtel gelegte Stütz- und Futtermauern. Bei den neueren Ausführungen vermeidet man sehr hohe Trocken- und Stützmauern, besonders an etwas unsicheren Lehnen und ordnet besser einen Viadukt an oder rückt die Linie unter Anwendung von Futtermauern mehr in den Berg.

Einschnittsböschungen werden meist 4:5 angelegt, bei ungünstigem Materiale 1:1,5 bis 1:2, bei festerem Material auch 1:1. Letztere sind durch Berasung, Bepflanzung oder durch Flechtzäune zu befestigen. (Kosten für Gewinnung und Förderung siehe Abschnitt „Erd- und Felsarbeiten".)

Einschnitte in Fels werden, wenn es die Schichtung zuläßt, 6:1 oder auch lotrecht ausgeführt. Die Gräben in Felseinschnitten von der Höhe *h* erhalten als Sohlenbreite 0,4 + ($^1/_{20}$ bis $^1/_{30}$) *h*. Einschnittsgräben sind stets beiderseitig anzubringen. Grabenböschung 1:1,5; bei steilerer Böschung 1:1 bis 1:0,5 gepflastert. Saumgräben in 0,5 m Abstand vom bergseitigen Böschungsrande anzuempfehlen. Tiefe der Gräben 0,4 bis 0,6 m unter der Unterbaukrone. Bei Steinpackungen (Steinbanketten), die gleichzeitig als Grabenmauern dienen, hat die Entfernung der Außenkante der Packung von der Gleismitte mindestens 2,0 m zu betragen (bei S. B. etwa 1,4 m). Der Abstand der Schienenunterkante bis zur Grabensohle ist mit mindestens 0,75 m (S. B. 0,5 m) zu bemessen. Das Grabengefälle soll mindestens $3^0/_{00}$ betragen, bei starker Wasserführung mehr. In losem Boden ist der Graben zu sichern.

Bei Herstellung der Einschnitte ist tunlichst steigend, bei größeren Einschnittstiefen im Stufenbau vorzugehen. Englische Baumethode (Stollenbau) ist schon bei 7 bis 8 m Tiefe bei leichterem, bei 8 bis 12 m bei rolligem und leicht schießbarem und bei 12 bis 15 m bei schwer schießbarem Boden empfehlenswert. Auf eine richtige, noch vor Inangriffnahme des Baues durchzuführende Trockenlegung oder Entwässerung der Wasseradern oder Wasser führenden Schichten durch Drainage (Sickergräben) ist zu achten.

Übergänge in Schienenhöhe sind niemals unter einem Kreuzungswinkel von weniger als 30^0 anzulegen und bei Hauptbahnen nach Möglichkeit zu vermeiden; nach Tunnels und Bahnhöfen nur ausnahmsweise gestattet. Der Wechselpunkt von Damm und Einschnitt eignet sich, wenn er überdies eine möglichst weite Übersicht gestattet, für Wegübergänge in Schienenhöhe noch am besten. Bei Vollspur* Spurrinne mindestens 67 mm breit und 38 mm tief. (L. B. etwa 45 mm breit, 35 mm tief.) Bei starkem Verkehr und spitzem Kreuzungswinkel werden Zwangschienen oder Schwellen eingelegt, um die Rinne zu erhalten. Verringerung dieser auf 45 mm dann zulässig. (Spurrinne siehe auch S. 633.) S c h r a n k e n müssen in jeder Stellung 0,5 m von der Umgrenzung des lichten Raumes abstehen. Sie müssen vom Standorte des sie bedienenden Wächters aus übersehen werden; bei größerer Entfernung vom Wächter (50 m) sollen Vorläutewerke angebracht werden. Zugschranken sollen womöglich nur an Wegübergängen angeordnet werden, die der Wärter zu übersehen vermag, andernfalls sind sie nur bei nicht zu stark benützten Übergängen zulässig Vor Schranken sind Warnungstafeln und vor unabgeschrankten Übergängen Warnkreuze (einfache für eingleisige, Doppelkreuze für mehrgleisige Strecken) aufzustellen. Bei N. B. Schranken im allgemeinen nur dort vorzusehen, wo Straßenverkehr besonders lebhaft, die Übersichtlichkeit der Bahn vom Wege aus mangelhaft und die Annäherung der Züge nicht durch eigene Signale angezeigt wird. Bei N. B. genügen u. a. Warnungstafeln, doch ist anderseits für den Lokomotivführer bei Unübersichtlichkeit oder, wenn der Wegübergang nicht durch eigene Signale gesichert ist, in geeignetem Abstand ein Kennzeichen anzubringen. Bei Wegen, auf denen ein häufigerer Verkehr von Schnellfuhrwerken, Schwerfuhrwerken oder häufigerer Viehtrieb stattfindet, sind außerdem beiderseits der Bahn in einer Entfernung von etwa 250 m von der nächsten Gleismitte Vorkreuze aufzustellen. Außerdem sind Vorkreuze dort aufzustellen, wo die Warnkreuze nicht auf ausreichende Entfernung sichtbar sind. Seit einigen Jahren, aus wirtschaftlichen Gründen, Bestrebungen zur Auflassung von Wegschranken auch bei Übergängen auf H. B. In Österreich werden an unübersichtlichen Stellen nebst Vorkreuzen noch Warnpfähle angeordnet. Im übrigen bewähren sich an Schranken zwei kleine Scheinwerfer mit roten Glaslinsen von 7 bis 9 cm Durchmesser.

die bei geschlossenem Schranken das Licht herannahender Kraftwagenlaternen zurückwerfen und so die teure Schrankenbeleuchtung ersparen; in besonderen Fällen Überweg-Warnungssignale, wie Wegschrankenbeleuchtung mit Blinklicht (auch selbsttätige Auslösung durch den herannahenden Zug, Bauart J. Pintsch A. G., Berlin) erwägenswert (siehe auch Abschnitt „Straßen- und Wegebau", S. 601).

Die Rampe erhält die Breite der Straße und wird nur, wenn sie im Bogen gelegen ist (bis 1 m), erbreitert. Der Übergang selbst kann um 1,0 m schmäler gehalten werden, als der zu überführende Weg breit ist; Fuhrwerke sollen fast wagrecht stehen, bevor die Zugtiere die Schranken erreichen, daher beiderseits der Schranken, wenn tunlich, 12 bis 15 m wagrecht. *Bei Bahnen mit elektrischem Betrieb und dritter Schiene ist stets beiderseits der Bahn auffallend vor Berührung dieser zu warnen, (rote Schrift, Blitzpfeil). *Wegübergänge selbst sind in voller Breite von der dritten Schiene freizuhalten und unbeabsichtigte Berührung innerhalb und neben dem Gleis beiderseits der Wegübergänge durch Einrichtungen unmöglich zu machen. Man beachte schon während des Baues, ob und wo Straßensenkungen (Unterführungen) notwendig werden könnten und wie diese dann zu entwässern wären.

* Die Bahn ist in Abschnitten von 100 m mit **Abteilungszeichen** zu versehen (N. B. mindestens alle 1000 m), und das Verhältnis und die Länge der Neigungen an den Neigungswechseln mit **Neigungszeigern** ersichtlich zu machen. Bei N. B. nur dann, wenn die Neigung bei 500 m Länge 6,67‰ (L. B. 10‰) überschreitet. Die Bogenanfangs- und Endpunkte werden besonders kenntlich gemacht, Halbmesser, Bogenlänge, Überhöhung, Spurerweiterung und Übergangsbogen angegeben.

Über **Einfriedungen,** wie Zäune und Geländer (1,0 bis 1,2 m hoch), Hecken, Erdwälle usw. siehe auch S. 609 und Abschnitt „Straßen- und Wegebau", Nebenanlagen, S. 600.

Schneeschutzanlagen werden zumeist notwendig, wenn die durch offenes, nicht mit Bäumen oder Sträuchern bewachsenes Gelände führende Bahn in Geländehöhe oder nur etwas unter dem Gelände liegt. Schneeverwehungen kommen aber auch im Anschnitt und in Einschnitten geringerer Tiefe vor, die nicht genügend Raum zur Ablagerung der in Betracht kommenden Schneemenge zwischen dem Böschungsrande und dem diesem zugekehrten Schienenstrange gewähren. Endlich wird das auf hohen Dämmen liegende Gleis nicht selten verweht. Bei dichtem, festem Schnee genügen 15 cm, bei lockerem 30 cm Schneehöhe, um den Durchbruch mit der Lokomotive zu verhindern. Zur Ablagerung vor dem Bahnkörper wird der Schnee gezwungen: durch Waldstreifen (4 bis 6 m Nadelholz, 15 m Laubholz); Zäune (alte Schwellen zwischen ebensolchen, die senkrecht in entsprechender Entfernung, etwa 0,8 m tief eingegraben werden, oder Brettertafeln, 3,0 m lang, 1,7 m hoch, aushebbar, zwischen senkrecht eingerammten Schwellen), Weiden- und Flechtzäune, Stangengitter, Draht- und Kokosfasergeflechte, sämtliche im Sommer abnehmbar; lebende Hecken; endlich feste dauernde Mauern in Trocken- und Mörtelmauerwerk und Erdwälle, deren Entfernung vom Böschungsrande das etwa Fünffache ihrer Höhe beträgt. Bei stark abgeflachten Einschnittsböschungen (etwa 1:10) wird der Schnee über den Bahnkörper hinweggefegt. Dasselbe erzielt man mit 5 bis 6 m hohen Mauern oder Zäunen. Bei einem Vorlande bis zu 1 km sind in der Windrichtung auf je 100 m Vorland 3 bis 5 m² Querschnittsfläche des sich ablagernden Schnees, als mittlerer Wert, zu nehmen. Nach Schubert böscht sich der in Einschnitten zur Ablagerung kommende Schnee in der Windrichtung etwa 1:8 und in der entgegengesetzten Richtung etwa 1:6 vom Böschungsrande aus. Lagert sich der Schnee vor und hinter senkrechten Hindernissen ab (wie Zäune, Mauern u. dgl. bis etwa 2 m Höhe), so geschieht dies zumeist mit Böschungen von 1:8.

Gegen **Lawinengefahr,** wenn bei Linienführung unvermeidlich (Führung der Linie im Tunnel mitunter empfehlenswert), Schneeschutzgalerien aus Stein und Holz, Leitwerke (Mauern oder Bohlenwände), Abbau des Abbruchgeländes mittels Zäunen oder Pfählen. Gegen **Steinschlag** ähnliche **Schutzbauten.**

Wächterhäuser werden an guten Überblick gewährenden Stellen in den verschiedensten Ausführungen hergestellt (einfache und doppelte Wächterhäuser, Holz- und Wellblechbuden).

B. Bahnhöfe

Bahnhöfe sind in der Nähe der berührten größeren Orte und an deren Verkehrswege zu legen. Betriebstechnisch unterscheidet man End-, Zwischen-, Trennungs- und Anschlußbahnhöfe, dann Kreuzungsbahnhöfe, Knotenpunkte (mit mehreren Linienanschlüssen) und Berührungsbahnhöfe (ohne unmittelbaren Zugübergang der Linien). Der Anlage nach unterscheidet man Kopfbahnhöfe, zumeist Endbahnhöfe mit stumpf endigenden Hauptgleisen und notwendigem Umsetzen der Züge, was bei Schleifenanlagen vermieden werden kann (Schleifen bei rascher Zugfolge zumeist bei Straßen-, Stadt- und Vorortebahnen); Bahnhofgebäude, das Ende abschließend mit vorgelagerten Bahnsteigen. Durchgangsbahnhöfe (Hauptgleise durchgehend, Gebäude und Bahnsteige seitlich) sind zumeist Zwischenbahnhöfe mit Kreuzungsmöglichkeit. Keilbahnhöfe (Zusammenführung zweier oder mehrerer Bahnlinien, zwischen welchen Gebäude und Bahnsteige eingebaut liegen), zumeist Kreuzungsbahnhöfe, und Inselbahnhöfe (Gebäude und Bahnsteige zwischen den dort einmündenden Linien) für Kreuzungsbahnhöfe, wobei bei Linienbetrieb auf jeder Seite der Inselbahnsteige Züge beider Verkehrsrichtungen, bei Richtungsbetrieb gleichgerichtete Züge auf einer Seite geführt werden.

Bei der Festlegung des Bahnhofes ist auf die Querneigung des Geländes schon beim Entwurfe besonders Bedacht zu nehmen. Bahnhöfe sollen womöglich in der Wagrechten angelegt werden. Größere Steigungen als $2{,}5\,^0/_{00}$ sollen auf Bahnhöfen nicht vorkommen; nur die Endweichen können, wenn unumgänglich notwendig, in etwas größeren Neigungen liegen. Vor und hinter den Bahnhöfen sind die Steigungen, wenn tunlich, zu ermäßigen. Bahnhöfe, auf welchen sich Ausweichgleise für das Kreuzen und Überholen von Zügen befinden, sollen womöglich in gerader Linie oder wenigstens so angelegt werden, daß an beiden Enden eine genügend lange, gerade Linie oder ein flacherer Bogen zur Entwicklung der Ein- und Ausfahrtsweichen vorhanden ist. Die Züge sollen möglichst wenig Ausweichkrümmungen und möglichst wenig Weichen gegen die Spitze befahren. Weichen in Krümmungen sind tunlichst zu vermeiden. Folgt auf eine Krümmung eine gegen die Spitze befahrene Weiche, so sind vor ihr die Überhöhungsrampe und die Übergangsbögen und, wenn irgend möglich, eine 10 m lange Gerade einzulegen. Krümmungen der mit unverminderter Geschwindigkeit durchfahrenen Gleise wie auf offener Strecke. Nebengleise mit H. B.-Lokomotivverkehr Kleinsthalbmesser $\geq$ 180 m; Zwischengerade in Gegenkrümmungen wenigstens 6 m. Außerhalb der Einfahrtsignale sollen Kreuzungen von H. B. mit anderen Bahnen in Schienenhöhe nicht stattfinden. Straßenkreuzungen in Schienenhöhe sind in der Nähe der Bahnhöfe unbedingt zu vermeiden. Über Entfernung der Gleisachsen siehe § 38 der T. V., S. 607. Die Vergrößerung des Gleisabstandes ist tunlichst mit Halbmessern $\geq$ 360 m durchzuführen. (Für Schnellzugsgleise 500 bis 1000 m.)

In durchgehenden Hauptgleisen sind Drehscheiben und Schiebebühnen mit versenkten Gleisen unzulässig, Gleiskreuzungen (Durchschneidungen) nur ausnahmsweise gestattet. Bahnsteige sind vor dem Stationsgebäude in Hauptbahnhöfen nicht unter 7,5 m breit anzulegen. Zwischenbahnsteige mindestens 4,5 m breit; vorteilhafter bei einseitigem Verkehr $\geq$ 6 m, bei doppelseitigem Verkehr $\geq$ 9 m. Die Länge der Bahnsteige richtet sich nach den längsten gemischten Zügen. Man rechnet im Durchschnitt für eine Lokomotive nebst Tender 15 bis 22 m, für eine Wagenachse 4,5 bis 5 m (Personen-) und 4 bis 4,5 m (Güterwagen). H. B. haben zumeist Bahnsteige von 150 bis 300 m Länge; Haltestellen bis 100 m. Bahnhöfe für Rohgüter zumeist Gruppen von je zwei Gleisen in 4,5 m Abstand, dazwischen für das Laden nach beiden Seiten 15 bis 20 m Straße in Schwellenhöhe oder höchstens 15 cm über Schienenoberkante.

Wenn auch Gleise in Schienenhöhe von Reisenden überschritten werden können, so empfehlen sich auf H. B. mit lebhaftem Personenverkehr Anlagen und Vorkehrungen, die ein Überschreiten der Gleise in Schienenhöhe nicht erforderlich machen. Untersuchungs- (Putz-) Gruben dürfen an Gleisüberschreitungsstellen für Reisende nicht vorhanden sein.

* Bei elektrisch betriebenen Bahnen mit Stromzuführung durch die dritte Schiene sind Vorkehrungen gegen Verletzung durch den elektrischen Strom zu treffen.

Die nutzbare Länge einer Bahnhofanlage wird zwischen den Merkzeichen der äußersten Hauptgleisweichen gerechnet und mit Rücksicht auf die größte in Betracht kommende Zuglänge (für H. B. etwa 550 m) bestimmt.

Auf lehmigen, wasserundurchlässigen Dämmen und ebensolchen Einschnitten wird für eine gute Entwässerung durch längs- und querlaufende Sickergräben oder Drainagen zu sorgen sein. Sickergräben, 0,5 m breit und mindestens ebenso tief, erhalten ein Gefälle von $1^0/_0$; Ausmündung wenigstens 10 cm über Grabensohle. Die Bahnhofsfläche kann mit Ausnahme der Gleisbettung mit minderem Material beschottert werden.

Prellböcke (Holz, Eisen, Beton und Eisenbeton, allenfalls auch Erdpyramiden) als Abschluß stumpf endigender Gleise, die am besten auf 15 bis 20 m Länge, 5 bis 10 cm hoch mit Sand überschüttet werden, notwendig. Neuestens werden als Abschluß von Gleisen für personenführende Züge Prellböcke mit Feder-, Wasser- oder Luftdruckbremsung ausgeführt. Stark ansteigende Rettungsgleise (Sandweichen) werden hinter Gefällen, talseitig des Bahnhofes angeordnet. Liegt der Bahnhof im Gefälle oder folgen Gefällsstrecken, so sind Ablenkungsweichen empfehlenswert und in den Nebengleisen, mit den Weichen in Abhängigkeit stehende und etwa 3 m vor dem Merkzeichen angebrachte Gleissperrschuhe (sogenannte Entgleisungsschuhe) oder Sperrbäume erwünscht bzw. erforderlich.

Bahnhöfe sind in der Regel einzufrieden (auf N. B. nur nach Bedarf). Zu- und Abgänge für die Reisenden sollen überwacht werden können. Auf größeren Bahnhöfen sind die Anlagen für den Personenverkehr von jenen für den Güterverkehr, einschließlich der Zu- und Abfahrten, zu trennen.

Für Trinkbrunnen in der Nähe des Bahnsteiges und von diesem und den Warteräumen zugängliche Aborte ist Vorsorge zu treffen.

C. Wasserstationen und Werkstätten

Wasserstationen sind entsprechend den zu überwindenden Widerständen und dem Fassungsraume der Tender (in Tenderlokomotiven 3,5 bis 20 m³, in Schlepptendern 8 bis 32 m³) im Flachland etwa alle 40 km, im Hügellande alle 25 km, im Gebirge alle 10 km anzulegen. Fassungsraum je nach Verkehr 15 bis 80 m³, soll für die Zeit, in welcher kein Wasserzufluß stattfindet, besser für den Tagesbedarf ausreichen. Schnellzüge fahren heute 80 bis 360 km ohne Anhalten durch. Wasser darf keine Kesselstein bildenden Bestandteile enthalten (nicht über 0,35 g feste Verdampfungsrückstände auf 1 Liter) und muß chlor- und säurefrei sein. Höhe des Behälters über der Schienenoberkante mindestens 5,0 m, besser Druckhöhe von 10 m und mehr. Leitungsrohre erhalten mindestens 200 mm Durchmesser; Wasserkrane sind zwischen die Hauptgleise zu legen. * Ihr Ausguß muß mindestens 2,85 m, bei Neu- oder Umbauten 3,0 m über Schienenoberkante liegen, in der Grundstellung die Gleise freilassen und feststellbar sein. Bei solchen für Schnellzüge sind 3,4 m Ausgußhöhe und 5 m^3 Minutenleistung empfohlen, sonst Minutenleistung $\geq 1\ m^3$. Maßgebend ist zumeist auch die behördlicherseits geforderte Wassermenge. Ist Q der durchschnittliche Wasservorrat in kg (durchschnittlich 8000 bis 15.000), K der Kohlenvorrat der benützten Lokomotiven in kg (Tenderlokomotiven 1000 bis 4000, Schlepptender 3500 bis 12.000), B die Entfernung der Bekohlungsstationen in km, so ist (nach Brosius und Koch) die theoretische Entfernung T der Wasserstationen in km $T = \frac{Q \cdot B}{8\,K}$ und wenn R das Reibungsgewicht der Lokomotive in kg, w der Zugwiderstand in wagrechter gerader Strecke in kg/t Zuggewicht, m_m die größte in der Strecke liegende Steigung und m_d die mittlere Bahnneigung zwischen den Bekohlungsstationen in $^0/_{00}$ bedeuten, $B = \frac{1000 \cdot K \cdot (w + m_m)}{R \cdot (w + m_d)}$, wobei man jedoch vorsichtshalber eine um $100^0/_0$ größere Anzahl von Bekohlungsstationen wählt. Der durchschnittliche Kohlenbedarf einer Lokomotive beträgt 5 bis 6 t im Tage.

Werkstätten sind an den wichtigsten Verkehrspunkten anzulegen. Größe der Arbeitsfläche unter Dach zweckmäßig so, daß $25^0/_0$ der zur Unterhaltung zugewiesenen Lokomotiven, $10^0/_0$ der Personenwagen und mindestens $3^0/_0$ der Güterwagen gleichzeitig ausgebessert werden können. Außerdem sollen noch $5^0/_0$ sämtlicher Wagen im eingefriedeten Werkstättengebiete Platz finden.

IV. Oberbau

In neuerer Zeit gelangen nur **Flußstahlschienen** zur Verwendung, die nach dem Bessemer-, Thomas- oder Martin-Siemensverfahren hergestellt werden können. Die Forderungen, die an das Material gestellt werden, sind nicht immer die gleichen. Es soll die Zugfestigkeit zwischen 6000 bis 7000 kg/cm^2 (für Herzstück- und Weichenschienen mitunter 7000 bis 8000 kg/cm^2) liegen, die Längendehnung 10 bis $15^0/_0$ und die Einschnürung 20 bis $25^0/_0$ betragen. Zur Prüfung der Zähigkeit und Festigkeit des Materials werden zumeist Belastungs-, (Biege-), Schlag- und Zerreißproben, die Kugeldruckproben und chemische Analysen vorgenommen. Nach den Bedingnissen für die Lieferung von Eisenbahnschienen werden zumeist aus 200 Stück fertiger Schienen je eine ausgewählt und von dieser 2 Stück mit je 1,3 m Länge für die Belastungs- und Schlagprobe, ein Stück von 0,45 m für die Zerreißprobe und ein solches von 0,15 m Länge (wenn das Schienengewicht > 30 kg/m ist) für die Kugeldruckprobe abgesägt. Lieferungsbedingungen enthalten mitunter für Stahlschienen auch Forderungen bezüglich ihrer chemischen Zusammensetzung.

Belastungsprobe: mit dem Fuße frei auf 1,0 m entfernten Stützen aufgelagert, in der Mitte zwischen diesen mit ruhend, langsam gesteigerter Last $P = 120 \frac{J}{e}$ in kg belastet, darf sich nach Entlastung keine bleibende Durchbiegung zeigen. J (in cm^4) Trägheitsmoment der Schienen auf die

Schwerpunktachse, e (in cm) Abstand der meistbeanspruchten Faser von dieser. Versuch wird mit vermehrter Last wiederholt und ist erst bei einer Belastung abzubrechen, welche um 25 bis 30% größer ist als jene, bei welcher die Streckgrenze erreicht wurde. Durchbiegungen sind zu messen und die Biegepfeile auf die Sehne von 1 m zu beziehen.

Schlagprobe: Schienenstück mit dem Fuß auf 1,0 m entfernten Stützen, die auf einem gemeinsamen, eisernen, massiv untermauerten Rahmen von mindestens 10.000 kg Gewicht angebracht sind, gelagert, muß einen Schlag von der Arbeitsleistung $A = 100 \frac{J}{e^2}$ (in kgm) und weitere Schläge bis zu einer Durchbiegung von 100 mm bei Schienen bis $h = 129$ mm, und von 90 mm bei Schienen mit größerer Höhe, mit 0,4 A aushalten, ohne zu brechen oder sonstige Mängel zu zeigen. Fallgewicht von 500 kg muß in der Mitte zwischen den Stützen das Schienenstück rechtwinklig zu einer Längenachse treffen.

Bei 33% der Probestücke ist die Schlagprobe bis zum Bruch fortzusetzen und nach jedem Schlage die Durchbiegung (stets an der Lauffläche in Bezug auf die ursprüngliche Entfernung der Auflagerpunkte) zu messen.

Zerreißprobe: Kalte Ausarbeitung der Probestäbe aus dem Kopfe; 400 mm langer, 20 bis 25 mm starker Rundstab, Zugfestigkeit mindestens 6500 kg/cm². Gleichzeitig Bestimmung der Querschnittsverminderung an der Bruchstelle und der Längendehnung bei einer Meßlänge von $L = 200$ mm in % der ursprünglichen Abmessungen.

Kugeldruckprobe: Feststellung der Eindrucktiefe einer Stahlkugel von $d = 19$ mm in den Schienenkopf bei 50.000 kg Druck und des Durchmessers der eingepreßten Kalotte bei einem Druck von 10.000 kg. Über die chemischen Analysen einzelner Schmelzungen ist Aufschluß zu geben, falls ein solcher verlangt wird.

Ätzproben mit 30% Salzsäure und mikroskopische Untersuchungen zur Feststellung des inneren Gefüges werden vorgeschlagen.

Kleineisenzeug wird durch Kaltbiege-, Warmschmiede-, Zerreiß-, Schlag- und Lochungsproben geprüft, für eiserne Schwellen sind Kaltbiege- und Zerreiß- sowie Lochungsproben üblich. Schienenstühle für Stuhlschienen werden auf Bruch mittels Fallhammer geprüft.

Die **Abnützung** der Flußstahlschienen ist von verschiedenen Umständen abhängig. Nach Rosche kann als Durchschnittswert aus 486 Versuchsstrecken für eine Million Tonnen Betriebslast eine Höhenabnützung von 0,091 mm und eine Schienenquerschnittsabnützung von 4,49 mm² berechnet werden. Eine Höhenabnützung von 6 bis 10 mm ist meistens noch zulässig. Die Dauer der Schienen kann zwischen 16 bis 22 Jahren angenommen werden.

Neuestens werden Köpfe der Straßenbahnschienen gehärtet. (Erwärmung mit Sauerstoffazetylenflamme und Wasserstrahlabkühlung.) Zur Verbesserung abgenützter Straßenbahnschienenstöße vielfach Porcksche Stahlstifte (verzinkte oder verkupferte Dollen), die in lotrechte, in den Kopf der Rillenschienen gebohrte und in die Laschen eingreifende Löcher eingetrieben werden. Bündig mit der Fahrfläche abgefräßt, werden die durch die Stifte auf die Laschen übertragenen Lasten von der so entstehenden Laschenbrücke getragen.

Als **Querschnittsform** ist heute fast allgemein die der Breitfußschienen gebräuchlich, doch wird am Festlande die Doppelkopfform (Stuhlschiene) wieder herangezogen (in Österreich insbesondere auch in den großen neuen Alpentunnels verlegt). Ihre günstigere Walzform erlaubt die Herstellung aus härterem Stahl. Für Straßenbahnen kommt vornehmlich die Rillenschiene in Betracht. Die Form der Schienen steht in engster Beziehung zur Radkranzform. Nach Feststellung, daß keinerlei Walzfehler vorhanden, Nachprüfung der vorgeschriebenen Abmessungen mit Lehren und Stahlmeßband.

Die zulässigen Maßabweichungen betragen in der Höhe und Kopfbreite ± 0,5 mm, in der Fußbreite bis zu + 1,0 mm. Bei Schienenlängen bis 9 m sind ± 2 mm über 9 m dagegen ± 3 mm Abweichung gestattet. Gewichtsermittlung an 5% der Lieferung, wobei Abweichungen von — 2% und + 3% gestattet.

Für vollspurige Bahnen gilt:

* Der Kopf der Schienen soll nicht weniger als 57 mm breit sein, und muß die innere seitliche Abrundung mit einem Halbmesser r_2 von 14 mm erfolgen. Größere Kopfbreiten bis 70 mm werden für Hauptbahnen empfohlen. Eine Abrundung der Fahrfläche (die auch eben sein kann), erfolgt nach einem Halbmesser r_1 von mindestens 200 mm. (Siehe Abb. 10.) Die Halbmesser der Ausrundungsbogen sind $r_3 = 3$ bis 4, $r_4 = r_7 = 6$ bis 10, $r_5 = r_6 = 100$ bis 400 und $r_8 = 2$ bis 8 mm. Die Neigung der Laschenanlageflächen $1 : n = 1 : 2$ bis $1 : 4$, jene des Fußes $1 : p = 1 : 7$ bis $1 : 10$.

Die gebräuchlichsten Abmessungen der Breitfußschienen für Hauptbahnen wären: Höhe $H = 125$ bis 148 mm; Kopfbreite $b = 60$ bis 72 mm; Stärke des Steges $s = 11$ bis 15 mm; Dicke des Fußes 23 bis 25 mm in der Mitte, Rand 8 bis 11 mm; Breite des Fußes $B = 105$ bis 130 mm; Gewicht $g = 33$ bis 46 kg für den m. Zweckmäßiges Verhältnis der Fußbreite zur Schienenhöhe etwa 0,9 (siehe Abb. 10 und 10 a). Annähernd ist bei der Schienenhöhe H das Trägheitsmoment $J = 0{,}036\,H^4$; die Querschnittsfläche $F = 0{,}24$ bis $0{,}27\,H^2$; das Widerstandsmoment $W = J : e = 0{,}07\,H^3$; das Gewicht $g = 0{,}22\,H^2$ kg für den m; J zwischen 1000 bis 1800 cm^4; W zwischen 150 bis 230 cm^3. Österreichische Bundesbahnen, System A: Kopfbreite 68 mm; Höhe 140 mm; Steg 14 mm; $g = 44{,}35$ kg; $J = 1441{,}5$ cm^4; $W = 205{,}3$ cm^3 (siehe Abb. 10 a); System Xa: Kopfbreite 58 mm; Höhe 125 mm; Steg 12 mm; $g = 35{,}6$ kg; $J = 925$ cm^4; $W = 144{,}6$ cm^3.

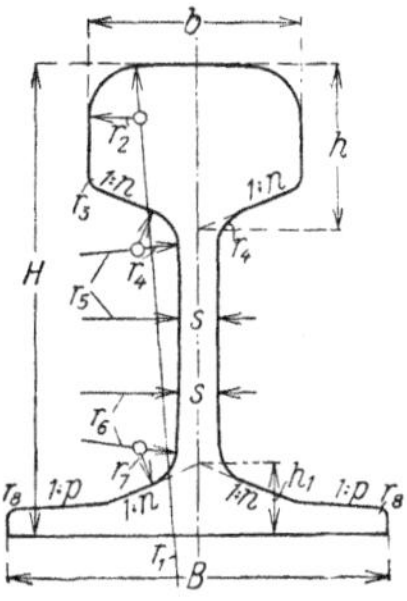

Abb. 10

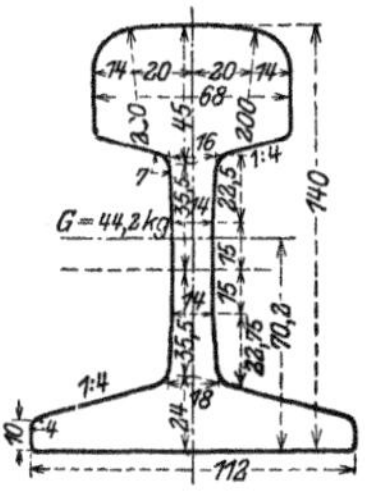

Abb. 10a

Einheitsoberbau der deutschen Reichsbahnen für Achslasten bis 25 t, siehe Organ für die Fortschritte des Eisenbahnwesens 1923, S. 38. Für Raddrücke von 10 und 12,5 t, $J = 1500$ und 1800 cm^4, $g = 45{,}3$ und 48,9 kg/m, $H = 142$ und 148 mm, Kopfbreite $b = 67$ oben, 70 mm unten, Fußbreite $B = 125$ mm, Stegstärke $s = 14$ mm. Forderung, daß nach 12 mm Abnutzung noch tragfähig, wobei zulässige Inanspruchnahme in Strecken mit Schnellzügen noch 1100 kg/cm^2, ohne solchen 1300 kg/cm^2.

Amerikanische Schwerschienen von $g = 67{,}5$, 67 bzw. 62 kg besitzen Kopfbreiten von 74, 80 bzw. 76 mm; Höhe 178 bis 165 mm; Steg 19 bis 17 mm; $J = 3603$ bis 2855 cm^4; $W = 463$ bis 378 cm^3.

Breitfußschienen der L. B. bzw. S. B.: Höhe 100 bis 130 mm bzw. 85 bis 110 mm; Kopfbreite 45 bis 60 mm bzw. 40 bis 50 mm; Fußbreite 90 bis 105 mm bzw. 70 bis 90 mm; Gewicht 22 bis 32 kg bzw. 16 bis 23 kg für den m; Stegstärke 7 bis 10 mm.

Stuhlschienen für Hauptbahnen haben ein Gewicht von 40 bis 49 kg für den m; $H = 140$ bis 152 mm; obere Kopfbreite $b = 60$ bis 72 mm, untere $b_1 = 60$ bis 90 mm; $s = 15$ bis 20 mm. Neigung der Laschenanlageflächen $1:n$, zumeist 1:2 bis 1:2,5; angenähert $W = 0{,}215$ F. H., $J = 0{,}11$ F. H². Österreichische Bundesbahnen, System I a: Kopfbreite 67 mm; Höhe 140 mm, Steg 18 mm; $g = 42{,}04$ kg für den m. (Siehe Abb. 11, 14, 14a und 20.)

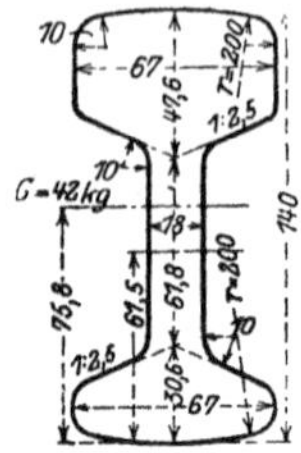

Abb. 11

Für Straßen- und sonstige in gepflastertem Untergrunde verlegte Schienen wird die Ausbildung einer Rille notwendig. Rillenschienen (häufig Phönixschienen genannt) haben Kopfbreiten an der Fahrschiene von 35 bis 60 mm, an der Leitschiene von 15 bis 20 mm, Stegdicke 8 bis 12 mm und eine den Pflastersteinen entsprechende Höhe (150 bis 180, doch auch 200 bis 210 mm). Schienenfußbreite 140 bis 180 mm. Gewicht für den m bei Betrieb mit Motoren (Lokomotiven) 40 bis 60 kg, bei Pferdebahnen geringer. Rille gewöhnlich 30 bis 35 mm breit und mindestens ebenso tief, häufig 40 mm tief (siehe Abb. 12). Bei Rillenschienen, welche mit Fahrbetriebsmitteln der H. B. befahren werden, Rille 60 bis 65 mm breit. Deutsche Normung der Rillenschienen wird empfohlen. Als Ersatz der Rillenschiene die Haarmann-Wechselsteg- oder mehrteiligen Rillenschienen, welche aus getrennten Fahr- und Leitschienen bestehen und Höhen bis 180 mm erhalten.

Bei Seilstandbahnen verwendet man zumeist Schienen mit birnförmigem Kopfe, um den Zangenbremsen besseres Eingreifen zu ermöglichen. Bei Zahnradbahnen neben den tragenden Schienen Zahnstangen von 3,5 bis 4,5 m Länge, wie: Abts Stufenzahnstange aus gezahnten Flacheisenplatten, die zu zweit oder dritt nebeneinander so angeordnet werden, daß die Zahnteilung um die Hälfte oder ein Drittel der Teilung versetzt ist; Riggenbachs Leiterzahnstange mit trapezförmigen Sprossen zwischen Winkeleisen; Strubs aus Breitfußschienen mit hohem Kopfe und aus diesem gefrästen Zähnen bestehende Leiterzahnstange; Lochers liegende Doppelleiterzahnstange für wagrechten Eingriff liegender Zahnräder, die das sonst leichter mögliche Aufsteigen stehender Zahnräder vermeiden; schließlich Peters Kletterzahnstange (bei steilster Bahn, gleich System Locher anwendbar), für wagrechten Eingriff, aus 190 bis 205 mm hohen Breitfußschienen, deren Kopf durch seitliche Ausnehmungen einander gegenüberstehende Zähne erhält (Kopfbreite 100 mm, Fußbreite 100 bis 120 mm, Gewicht 47 bis 57 kg/m; Karlsbad—Dreikreuzberg).

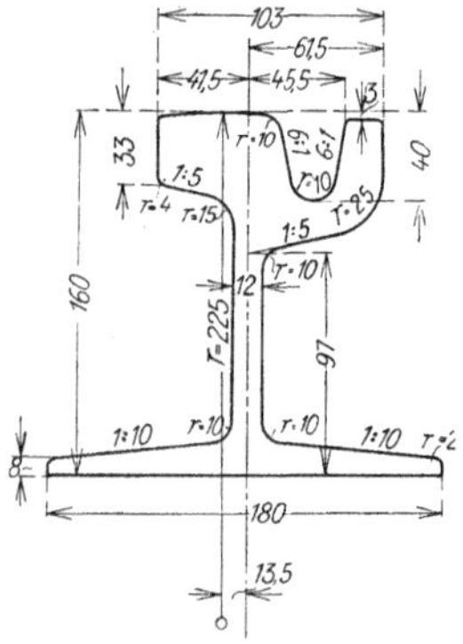

Abb. 12

Federnde kurze Zahnstangenstücke (Einläufe) an den Übergangsstellen von der Reibungs- auf die Zahnstangenstrecke zwecks stoßfreier Einführung des Zahngetriebes der Lokomotive sind nötig.

Für Waldbahnen werden in holzreicher Gegend seit kurzem auch hölzerne Schienen verwendet; rohbehauene Baumstämme auf Holzschwellen oder Böcken. Lokomotiven und Wagen haben breite, walzenförmige Räder ohne Flansche und werden durch eine Steuervorrichtung auf den Schienen gehalten, deren Steuerrollen auf einer deshalb gut behauenen Seite einer Schiene laufen. Abnützung gering; größere Widerstände ohne besonderen Einfluß; $V = 20$ km in der Stunde; Fahrbetriebsmittel erhalten mit Erfolg Vollgummibereifung.

Schienenlänge früher 9,0 m und weniger, heute 12 und 12,5 m, aber auch schon 15 bis 24 m (namentlich dort, wo die Temperaturunterschiede gering sind), z. B. in Tunnelstrecken, wo übrigens der starken Rostung wegen auch stärkere Querschnitte erwünscht sind und auf Brücken sowie in Wegübergängen. In den Bögen benützt man im inneren Strange gekürzte Ausgleichschienen. Für die Länge der einer gewöhnlichen Schiene von l m entsprechenden Ausgleichschiene kann $\lambda = (R - 1{,}5)\, l : R$ gesetzt werden.

Die **Berechnung des Oberbaues** bzw. die Spannungsermittlung erfolgt für Fahrschienen und Weichenzungen aus Stahl nach Winkler unter Zugrundelegung der größten vorkommenden Schwellenentfernungen (a in cm). Bei Weichenzungen wird der unbehobelte, volle Querschnitt in Betracht gezogen. Bei abgenützten Schienen Trägheits- und Widerstandsmoment auf Grund der Abnützung zu ermitteln. Es ist für die Beanspruchung in kg/cm² zu setzen: bei ruhender Last $s_0 = \frac{0.1888 . G . a}{W}$, bei bewegter Last $s_v = s_0 : \left(1 - \frac{0.00000007 . G . a . V^2}{J}\right)$, wobei W Widerstandsmoment in cm³, J Trägheitsmoment in cm⁴, V größte Fahrgeschwindigkeit in km/Stunde, G größter Raddruck in kg bedeuten (Elastizitätsmodul $E = 2{,}120.000$ kg/cm²).

Die zulässige Höchstbeanspruchung in km/cm² ist dann bei Fahrschienen, neu $s_0 = 1000$; abgenützt α) in von geschlossenen Zügen befahrenen Gleisen:

$s_0 = 1200$, $s_v = 1300$;

β) = in Verschub-, Zugförderungs-, Wagenaufstell- u. dgl. sowie in Schleppgleisen:

$s_0 = 1300$, $s_v = 1300$; bei

Blockschienen von Weichenformen, welche neu eingeführt werden oder bereits verlegt sind, bei $V > 60$ km/Stunde:

α) $s_0 = 1350$, $s_v = 1460$,

β) $s_0 = 1460$, $s_v = 1460$;

bei bereits verlegten, mit $V \leqq 60$ befahrenen, älteren Formen $s_v = 1625$ und sofern nur Güterwagen in Betracht kommen 5% mehr. Eisenschienen dürfen nur mit höchstens 80% der ausgewiesenen Werte beansprucht werden.

Bei besonders starkem Verkehre empfiehlt es sich $G = 9$ t zu setzen. Für N. B. genügen 7 t, reine L. B. 6 t, S. B. 100, 75 und 60 cm, dagegen 4,5, 4,0 und 3,5 t. * Die Schienen der von Lokomotiven befahrenen H. B.-Gleise müssen, gemäß § 6 der T. V., Fahrzeuge seit 1. Jänner 1920 mit 7,5 t Raddruck im Stillstand gemessen, auch bei größter Fahrgeschwindigkeit mit Sicherheit aufnehmen können. * Beim Bau neuer Bahnen und zweiter Gleise gilt voriges bei 8 t Raddruck. (In Amerika Raddrücke bis 15 t.)

Nach Zimmermann kann mit Rücksicht auf die Eindrückung der Querschwellen in die Bettung das auf die Schiene entfallende größte Biegungsmoment für ruhende Last berechnet werden aus

$$M = \frac{8\gamma + 7}{4\gamma + 10} \cdot \frac{G . a}{4},$$

worin $\gamma = \frac{B}{D} = \frac{6EJ}{a^3 D}$ bezeichnet, E und J sich auf die Schiene beziehen, B den Schienensenkungsdruck und D jene Kraft darstellt, welche am Schienenauflager wirkend die Querschwelle um 1 cm in die Bettung eindrücken würde. Diese Kraft D (Schwellensenkungsdruck) ist abhängig von den Ausmaßen und dem Material der Querschwellen und von dem sogenannten Bettungskoeffizienten C, der auf kg und cm² bezogen, zwischen 3 (Kiesbettung ohne Packlage auf leichtem Lehmboden) und 15 (Kiesbettung mit Packlage auf festgefahrenem Lehmboden) schwankt, gewöhnlich mit 3 (stark nachgiebige Bettung) und 8 (wenig nachgiebige Bettung) in Rechnung gestellt wird. Für eine eiserne Querschwelle ergibt sich D zwischen 8,5 und 20,7 t, für Holzschwellen nach Loewe zwischen 6,1 und 12,5 t. Der Wert von γ liegt für Vollspurbahnen mit Holzquerschwellen zwischen 0,5 und 4 (meist 1 bis 3), mit Eisenquerschwellen zwischen 0,5 und 3; die kleineren Werte gelten für $C = 8$, die größeren für $C = 3$. Bei Schmalspurbahnen γ in der Regel kleiner wie bei Vollspurbahnen und kann bei sehr schwachem Schienenquerschnitt bis 0,2 (ausnahmsweise selbst darunter) sinken. Siehe Zimmermann, „Berechnung des Eisenbahnoberbaues", Berlin, 1888 und „Zentralblatt der Bauverwaltung" 1885.

Die Zimmermannsche Berechnungsweise gibt für die Inanspruchnahme der bestehenden Oberbaukonstruktionen wesentlich größere Werte als die Winklersche Formel, was ganz natürlich ist, da letzterer die Annahme $C = \infty$ (ganz unnachgiebige Bettung) zugrunde liegt. Es ist daher die Zimmermannsche Berechnung unstreitig die richtigere, und wenn sich hienach für viele der bestehenden Oberbaukonstruktionen der Hauptbahnen schon bei 7 t Raddruck Schienenbeanspruchungen bis zu 1500 kg/cm² ergeben, so zeigt dies nur, daß diese Oberbausysteme einer Verstärkung bedürfen, eine Erkenntnis, die in den Fachkreisen sich jetzt wohl so ziemlich allgemein Geltung verschafft hat. Es ist übrigens dabei nicht zu übersehen, daß, weil die Zimmermannsche Berechnung eben die genauere ist und ihre Ergebnisse den wirklichen Werten der Inanspruchnahme ziemlich nahe kommen werden, die zulässige Inanspruchnahme auch entsprechend höher gewählt werden kann.

Die gebräuchlichste **Stoßanordnung** ist die schwebende (siehe Abb. 13 und [österr. Bundesbahnen, System I] Abb. 14, 14a), wobei ein Näherrücken der Stoßschwellen von 0,5 m bis auf 0,35 m versucht wird. Weitere,

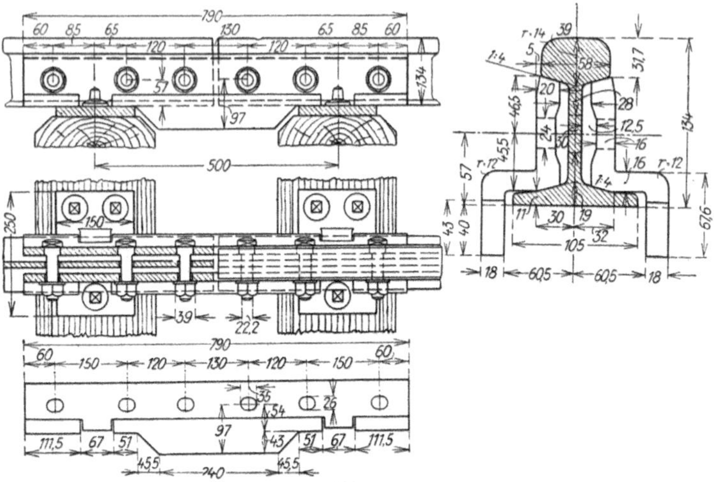

Abb. 13

bereits vielfach eingeführte Anordnungen wären: die Unterstützung der freischwebenden Schienenenden durch eine auf den Stoßschwellen aufliegende, zumeist gußstählerne Platte oder Brücke, z. B. Haarmanns Starkstoß (Brücke aus einem starken, I-förmigen Stahlgußstück; Blattstoß); die

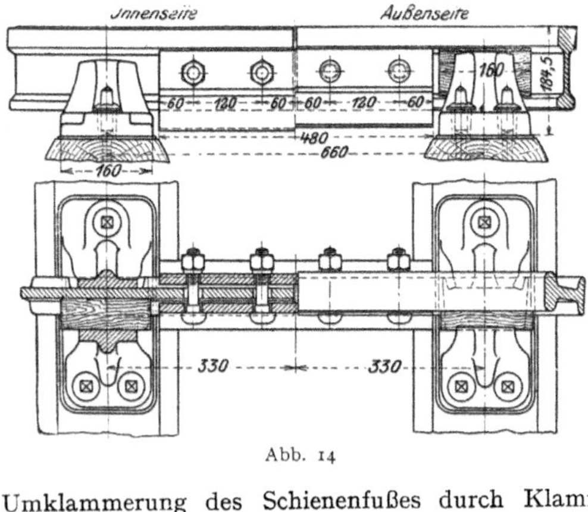

Abb. 14

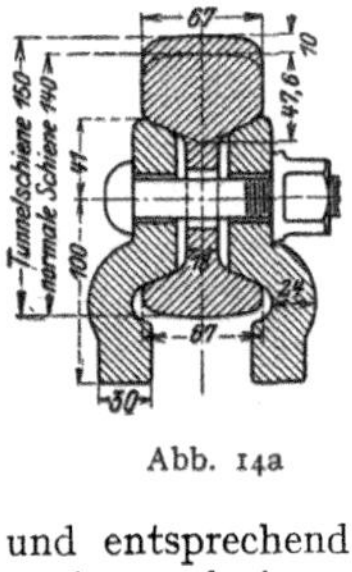

Abb. 14a

Umklammerung des Schienenfußes durch Klammern und entsprechend geformte Laschen: Keilstöße, bei welchen die Schienenenden auf einem von Laschen getragenen Keile aufruhen; seit kurzem Hochs schraubenloser Keilstoß und Kris (Südbahn)-Keilbolzenverbindung mit gabelförmigem Keil in doppelter Keilnut des Laschenbolzens; die Stoßfangschiene und Auflauflasche, die das Rad über die Lücke trägt. Das Bestreben nach Vereinigung des festen Stoßes mit dem schwebenden tritt immer mehr hervor. Versuche führten zur Anordnung von Doppelschwellen, dem dichten Aneinanderlegen der beiden (hölzernen) Stoßschwellen bzw. zur Vereinigung zweier (eiserner) Schwellen in der gekuppelten bzw.

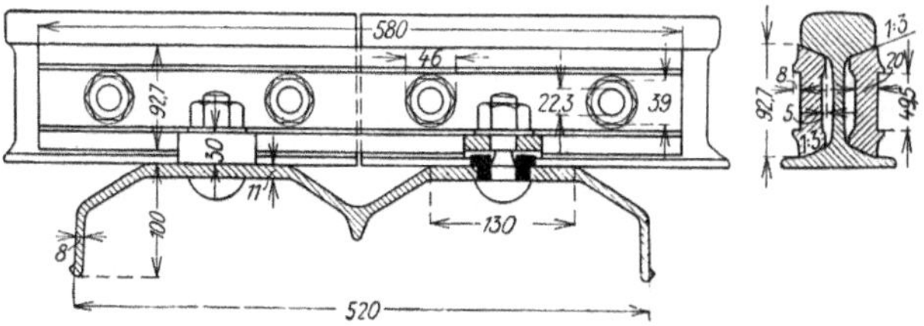

Abb. 15

Zwillingsschwelle (siehe Abb. 15, neuer Schienenstoß der deutschen Reichsbahnen) und der Anlage von Schwebestößen auf einer entsprechend breiten Schwelle (35 bis 40 cm), auf welcher dann die Schienenenden entweder auf getrennten Unterlagsplatten oder auf einer unter den Schienenenden entsprechend ausgenommenen, ein gewisses freies Spiel dieser aber noch gestattenden, gemeinsamen Unterlagsplatte ruhen. Neben dem stumpfen Aneinanderstoßen der Schienen werden Verblattungen der Schienenenden immer zahlreicher angeordnet (gerades und schräges Blatt, Wechselstegverblattung). Bei Straßenbahngleisen, welche in die Decke der Straße eingebettet sind, neben dem Schienenschuh (Scheinig - Hofmannsche Umklammerung des Schienenfußes) auch bereits immer häufiger umgossene und verschweißte Schienenenden. Elektrische Lichtbogenschweißung (neuestens Spezial-Stahlelektroden statt Kohlelichtbogen) auch für Reparaturen am Oberbaumaterial (Auftragschweißung) gut verwendbar. Am häufigsten aluminothermisches Thermit-Schweißverfahren. In letzter Zeit Versuche zur teilweisen Verschweißung der Laschen mit den Schienen, wobei die Wärmeausdehnung der Schienen nicht beschränkt wird. Neuerdings vielfach der Melaunstoß (Ausfräsung der Schienenköpfe am Stoße und Ersatz durch eine Lasche).

Die Stoßlücke (nicht über 20 mm) berechnet sich bei einer Schienenlänge von l Metern mit $\delta = 0{,}011\, l\, (t_{\max} - t_{\min})$ in mm. $t_{\max}$ etwa $+ 60$ bis 70^0 C. $t_{\min}$ $- 25^0$ C. Angenähert im Freien daher $\delta_{(mm)} = l_{(m)}$, im Tunnel $\delta_{mm)} = 0{,}4\, l_{(m)}$.

Stoßlücken sind im allgemeinen wegen der Schienenausdehnung bei Temperaturschwankungen erforderlich. Der Anordnung stoßloser Gleise (Schweißen oder Umgießen der Stöße) wird ein immer größeres Augenmerk zugewendet (Berechnung des stoßlosen Gleises von H. Kayser, Organ für die Fortschritte des Eisenbahnwesens, 1916). Längenänderungen an größeren eisernen Brücken werden durch Einsatz- oder Auflauflaschen oder eigene Schienenauszüge (Dilatationsvorrichtungen, Weichenzungen in beiden Schienensträngen) ausgeglichen.

Schienenbefestigungsmittel. Es empfiehlt sich bei Anwendung freischwebender Stöße kräftige Laschenkonstruktionen zu wählen. Flachlaschen seltener; Winkellasche aus weicherem Stahl, mit etwa 4 bis 5000 kg/cm² Zugfestigkeit, sowohl als einfache als auch als doppelte Winkellasche gebräuchlich. Die Laschenlänge liegt zwischen 600 bis 900 mm und soll die Lasche auf beiden Stoßwellen aufliegen bzw. über diese reichen; sie kann dann zur Verhinderung der Schienenwanderung benützt werden. (Zulässige Abweichungen in der Länge ± 3 mm, in der Dicke ± 0,5 mm, in der Länge und Größe der Laschenlöcher ± 0,5 mm.) An Stellen, wo ein Wechsel in der Oberbauanordnung erforderlich ist, werden besonders bearbeitete Übergangslaschen (Flach-, seltener Winkellaschen) angeordnet. (Laschenformen siehe Abb. 13, 14, 15.)

Das Widerstandsmoment der beiden Laschen soll bei Hauptbahnen womöglich gleich jenem der Schiene sein; es erreicht zumeist jedoch nur 80%, vielfach sogar nur 33% dieses. Laschen sind 4-, aber auch 6- und 8-schraubig; die Löcher im Abstand von 10 bis 12 cm gestatten bis 2 mm Spiel. Die runden oder ovalen Lochungen der Schienenenden erhalten einen Durchmesser (Länge des Loches) = Schraubendurchmesser $d + \frac{\delta}{2}$ (d. i halbe Stoßlücke) + 2 mm. d soll mindestens 22 mm betragen. Gegen das Lockern der Schrauben werden Federringe, Vorsteckstifte, Hoheneggersche Plättchen und Bundmuttern verwendet. (Bezüglich der Laschenberechnung siehe Zimmermann, „Berechnung des Eisenbahnoberbaues", Berlin, 1888.)

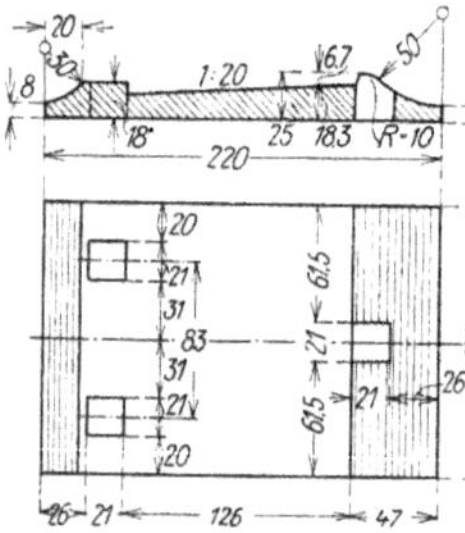

Abb. 16

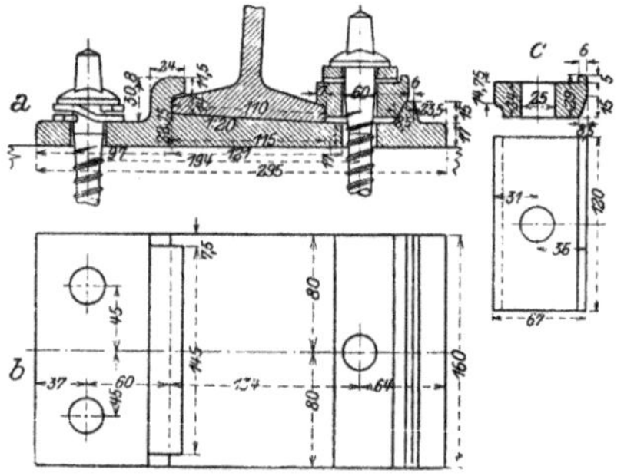

Abb. 17

* An der Innenseite der Schiene müssen in der Breite des Raumes für den Spurkranz die Befestigungsmittel auch bei größter Abnützung der Schiene mindestens 38 mm unter der Schienenoberkante liegen.

Die Schiene ruht heute nur bei Bahnen niederer Ordnung oder bei großem Holzreichtum unmittelbar auf der Holzschwelle, zumeist aber auf eisernen, unter Umständen an der Grundfläche gerippten oder gezahnten Unterlagsplatten (Plan-, Keil- und Hakenplatten sowie Spann- und Stuhlplatten). (Siehe Abb. 16, Keilplatte; Abb. 17, Hakenplatte der deutschen Reichsbahnen; Abb. 18, Stuhlplatte der österr. Bundesbahnen.) Sie bestehen aus Flußeisen mit einer Zugfestigkeit von etwa 3800 bis 5000 kg/cm^2. Produkt aus Festigkeit mal Dehnung (in % der Meßlänge) mindestens Zahl 90; eine Abbiegung im kalten Zustande bis zu

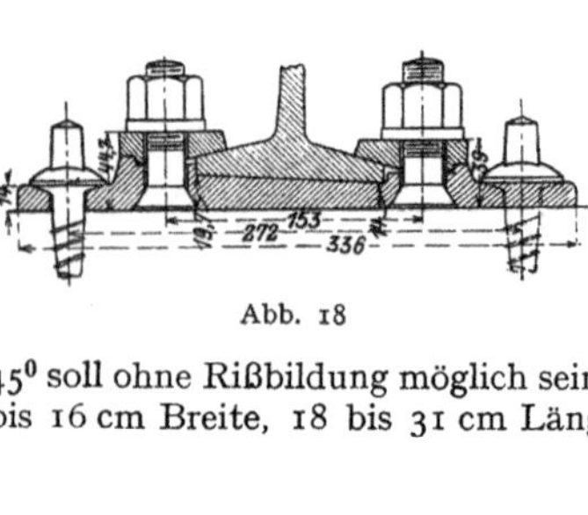

Abb. 18

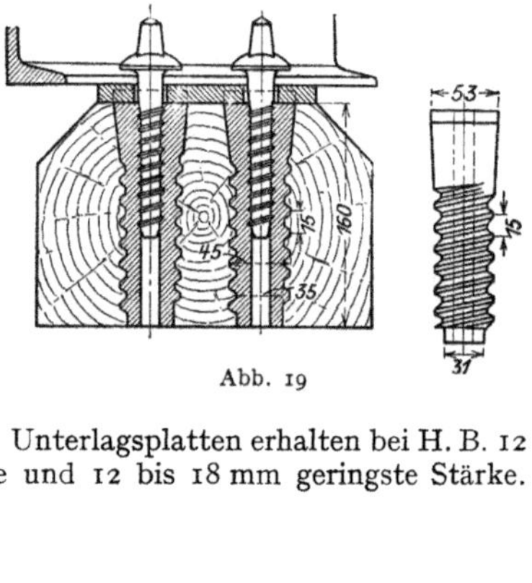

Abb. 19

45^0 soll ohne Rißbildung möglich sein. Unterlagsplatten erhalten bei H. B. 12 bis 16 cm Breite, 18 bis 31 cm Länge und 12 bis 18 mm geringste Stärke.

Sie bekommen zumeist einen Anzug von 1:16 oder 1:20. Fehlt der Anzug, so wird die Schwelle, um diese Neigung der Schiene zu erzielen, gedechselt.

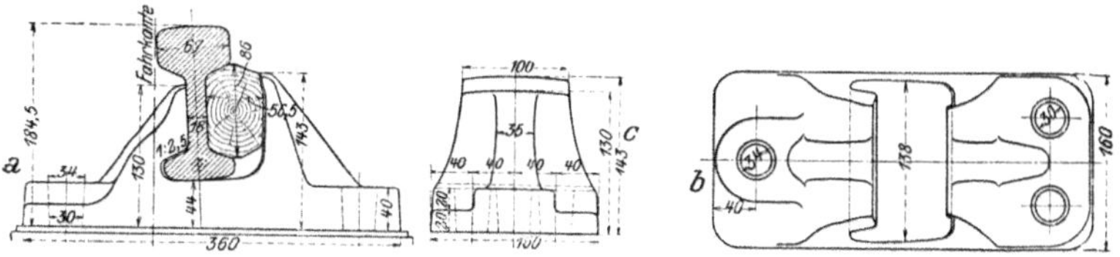

Abb. 20

Dechselflächen und für Befestigungsmittel (Nägel und Schrauben) vorgebohrte Löcher sind gut mit Kreosot zu streichen. Getränkte Weichholzplättchen auf Hartholzschwellen als elastische Zwischenlage werden empfohlen. Anstatt Dechselung neuestens Anbringung geneigter Pappelholzplättchen oder Scheiben aus Eichen- oder getränktem Birkenholz (Schweden). In weichen Schwellen sind Schrauben und Nägel in Hartholzdübeln empfehlenswert. (Abb. 19.) Die Neuverdübelung (neu einzubauender Schwellen) und die Altverdübelung (abgenützter Schwellen) vermögen die Lebensdauer der Schwellen um etwa 25% zu erhöhen und gestatten es, die Schwelle niedriger zu halten (14 statt 16 cm). Stuhlschienen (neuestens auch Breitfußschienen) werden in gußeisernen Stühlen verlegt und mit Keilen in diesen befestigt. (Siehe Abb. 20 und 14 [österr. Bundes-

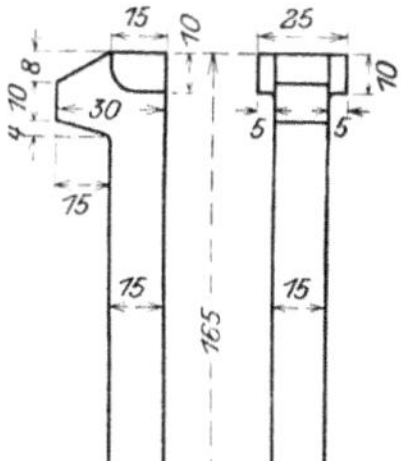

Abb. 21a

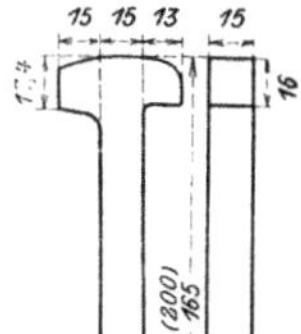

Abb. 21b

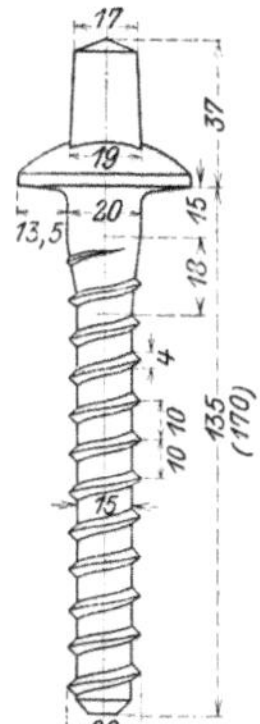

Abb. 21c

bahnen]). Bestrebungen nach Trennung der Befestigung zwischen Schiene und Unterlagsplatte von jener der Unterlagsplatte auf der Schwelle sowie möglichst weitgehende Umfassung des Schienenfußes durch Befestigungsmittel stehen im Vordergrunde (siehe Abb. 18).

Schienennägel erhalten etwa 15 mm Stärke und 165 mm Länge (siehe Abb. 21a Hundskopf- oder Ohrennagel, Abb. 21b Doppelkopfnagel), Schwellenschrauben 13 bis 15 mm Stärke und 150 bis 170 mm Länge bei 3 bis 5 mm breitem Gewinde von 6 bis 14 mm Ganghöhe für Vollspurmaterial (siehe Abb. 21c).

Querschwellen, die heute, da Längsschwellen nur mehr für besondere Zwecke oder für Straßenbahnen in Betracht kommen, fast ausnahmslos verwendet werden, erhalten, wenn aus Holz, eine Länge von

2,4 bis 2,7 m, im Mittel 0,16 m Höhe und 0,25 bis 0,30 m Breite, bei trapezförmigem oder rechteckigem Querschnitt. (Für L. B. Länge 2,20 m, für S. B. 100, 75 und 60 cm, 1,75, 1,50 und 1,30 m. Höhe zwischen 0,13 und 0,15 m, Breite etwa 0,20 m, für S. B. 0,15 bis 0,18 m.) Nicht imprägnierte Schwellen aus Eichenholz dauern 12 bis 15 Jahre, aus Kiefernholz 6 bis 8 Jahre, aus Fichten- und Tannenholz 4 bis 5 Jahre, aus Buchenholz 3 bis 4 Jahre, aus Lärchenholz 8 bis 10 Jahre; sie sollen mindestens 15 cm Kern besitzen. Durch gute Tränkung (mit karbolsäurehältigem Teeröl oder seltener Zinkchlorid, neuestens auch Kreosolkalzium, Natriumphenolate und Fluornatrium wie Triolith, Basalit [Holland] aus wirtschaftlichen Gründen) wird die Dauer auf 15 bis 25, 10 bis 20, 9 bis 15, 9 bis 17 bzw. 10 bis 15 Jahre erhöht. Als mittlere Liegedauer getränkter Schwellen kann man (nach Biedermann) 10 Jahre, für ungetränkte rund 6 bis 4 Jahre annehmen.

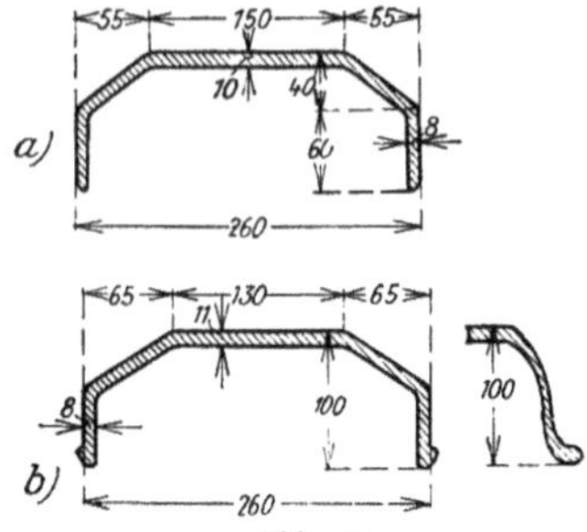

Abb. 22

Für eiserne Querschwellen, Flußeisen, seltener Flußstahl mit 4200 bis 4800 bzw. 5000 bis 6000 kg/cm² Zugfestigkeit (siehe Abb. 22a [österr. Bundesbahnen] und 22b [deutsche Reichsbahnen] sowie Abb. 23) sind Längen von 2,50 bis 2,70 m, bei trogförmigem Querschnitt von etwa 0,075, besser 0,10 m Höhe und 0,26 m mittlerer Breite sowie 10 bis 11 mm Deckenstärke anzuwenden. Obere Plattenbreite mindestens 0,12 bis 0,15 m. Gewicht der Schwelle 60 bis 78 kg. (S. B. 100, rund 40 kg.) Neben den Trogschwellen nunmehr vielversprechende Versuche mit eisernen, schottergefüllten Hohlschwellen (Bauart Scheibe, Dresden), die gegen angreifende Kräfte in jeder Richtung große elastische Nachgiebigkeit aufweisen und Stoßdrücke innerlich verarbeiten. (Breite 0,26 m, Höhe 0,16 m, Länge 2,70 m, $J = 1534$ cm⁴, $W = 178$ cm³, Eisengewicht 95 kg, Steinfüllung 130 kg, Eisenquerschnitt 45 cm²). In Amerika für schwere, langsam fahrende Züge die Carnegie-Schwelle mit ⌶-Querschnitt. Vorteil der Eisenschwellen liegt insbesondere in dauernd guter und leichter Spurhaltung. Befestigung der Schiene entweder unmittelbar auf der Schwellendecke (siehe Abb. 23,

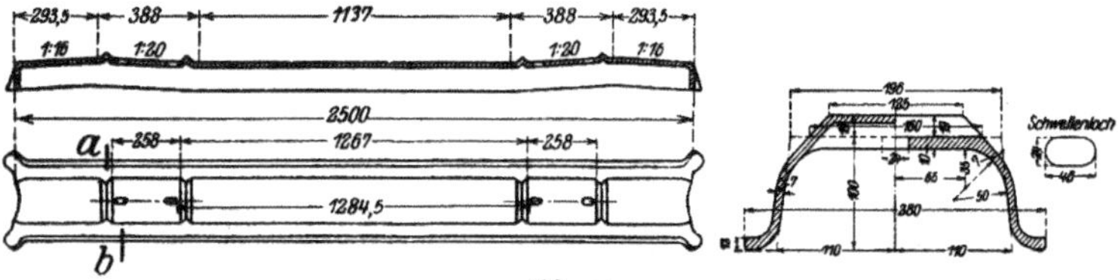

Abb. 23

Querrippenschwelle) oder auf keilförmigen Unterlagsplatten mittels Klemmplättchen und Hakenschrauben. (Spurplättchen und Beilagen wegen Spurerweiterung, Einlagestücke nach Heindl, siehe Abb. 24, oder Roth-Schüler.) Nachteil dieser Befestigungsart liegt in der großen Zahl kleiner, dem Verschleiß ausgesetzter Berührungsflächen und Anordnung von Schrauben auf der Schienenaußenseite (schwierigere Überwachung). Nunmehr auch an Stelle der Unterlagsplatten 5 mm starke, getränkte und gepreßte Holzplättchen zwischen Schiene und Schwelle (Schrägstellung der Schiene durch Knicken der Schwellendecke), aber auch Hakenplatten, Hakenzapfenplatten und

Ankerplatten nach Haarmann. In Verwendung stehen auch Schwellen mit aufgewalzten Rippen, die die Unterlagsplatten fassen, wodurch eine Entlastung der Lochwandungen bewirkt wird, von welchen die auf die eisernen Schwellen zerstörend wirkenden Risse ausgehen, jedoch wieder die Verrostung gefördert wird.

Nach fehlgeschlagenen Versuchen wird wiederum die Befestigung des Schienenfußes mittels zweier, diesen umgebenden Krampen und einem Schlußstück sowie einem Keil erprobt (Schulerscher-Stoß).

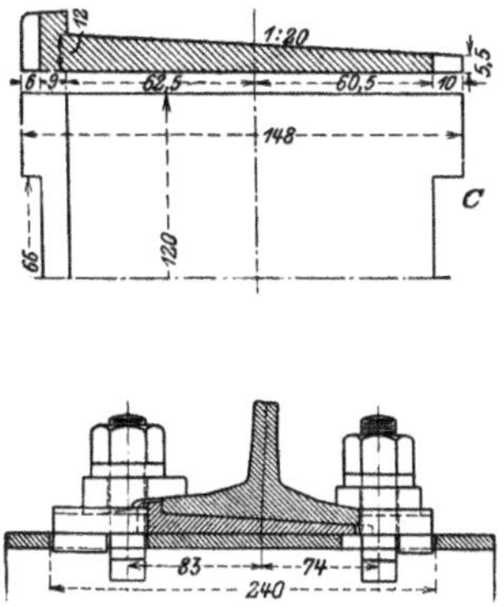

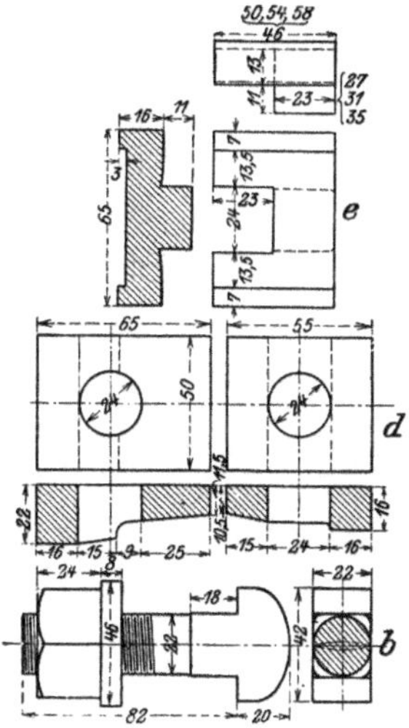

Abb. 24

Nach Diehl beträgt die mittlere Lebensdauer eiserner Schwellen 19 Jahre bei ungünstigen, 20 bis 25 bei günstigen Anlageverhältnissen, soferne nicht Rauchgase schädlich wirken. Daher Tunnels und Voreinschnitte ungeeignet, Industriegebiete nicht empfehlenswert. Voraussetzung für längere Erhaltung gute Wasserabführung und gute Unterstopfung mit möglichst hartem Klarschlag.

In jüngster Zeit finden immer häufiger auch Querschwellen aus Eisenbeton Verwendung (Mischung 1:4). Sie haben ziemlich gleiche Längen- und Breitenmaße wie Holzschwellen, aber die verschiedentlichsten Querschnittsformen. Gewicht etwa 130 bis 200 kg. Schwierigkeit bietet die Anbringung der Befestigungsmittel. Am häufigsten Einbetonierung von Hartholzdübeln mit Seitenlängen von 40 bis 60 mm, oder von entsprechend gelochten Stücken eiserner Schwellen an den Auflagerflächen der Schienen. Unter die Unterlagsplatten werden häufig Hartpapierplättchen gelegt, die auch auf Brücken für Holz- und Eisenschwellen empfohlen werden. Betonschwellen werden mit Vorteil in nicht zu groben Kies oder Sand verlegt.

Die Asbeston-Schwelle (Beton aus Asbest und Zement, der gleichzeitig mit dem Kiesbeton in die mit der Eisenbewehrung versehene Schwellenform zwischen Eisenblechplatten eingestampft wird und sich mit dem Kiesbeton gut verbindet) ist erhärtet bohrfähig und gestattet die Befestigung der Schienen wie auf der Holzschwelle.

Die Anzahl der Schwellen schwankt je nach den Anforderungen, die an das Gleis gestellt werden, und der Güte der Anlage: für 9 m lange Schienen zwischen 11 und 13, für 12,0 m lange zwischen 16 und 19, für 15,0 m lange zwischen 19 und 26 Stück. Größter Abstand der Mittelschwellen etwa 800 mm für leichten, 650 mm für schweren Oberbau, gegen den Stoß symmetrisch näherrückend.

Bei Straßenbahnen Langschwellen aus Eisenbeton; auch wird die Schiene als Eisenbetonbalken ausgebildet. Neuestens wird jedoch tunlichste Einschränkung des Unterbaues in Zementbeton und Beseitigung jeder Zementbeimengung zum Stopfmaterial und des Schwellenunterbaues überhaupt empfohlen. Am besten erscheint, auch in geräuschlosen (Asphalt- und Holzstöckel-) Straßen, Packlage (Steinschlag) unter der Rillenschiene mit Spurhaltern und Steinpflasteranschluß, was rasche Gleisauswechslung ermöglicht (siehe Abb. 25).

Verhinderung des Wanderns der Schienen: Enge Schwellenlage am Stoß und Einklinkungen der Laschen, welche die Befestigungsmittel umfassen; Erhöhung der Reibung zwischen Schiene und Unterlage (Stuhlplattenbefestigung, Stuhlschienenoberbau); getrennte Befestigung zwischen Schiene und Unterlagsplatte und zwischen dieser und der Schwelle; Haarmannsche Stemmstühle; Wanderschrauben; an den Schienen befestigte, eigene Stemmlaschen und Winkel (Gleisklemmen, Wanderstützen oder Stützklemmen), welche sich an die Schwelle oder Unterlagsplatten anlegen. Verbindung mehrerer Schwellen untereinander mittels gekreuzter Eisenbänder oder Holzkreuze u. a. m. Da der Temperatureinfluß besonders maßgebend ist, wird neuestens auch Einschotterung bis zum Schienenkopf empfohlen.

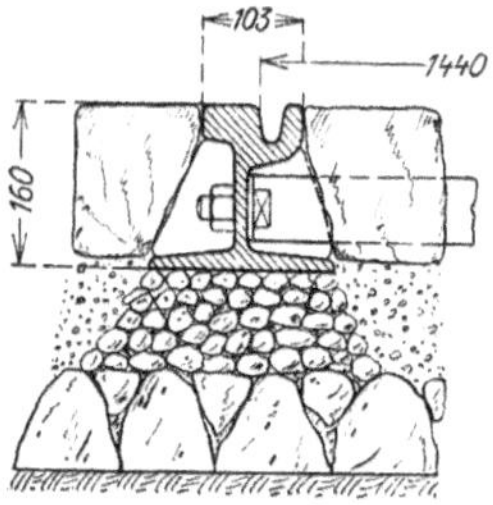

Abb. 25

Die **Bettung** soll die Erhaltung des Gleises in seiner Lage, eine gute Druckverteilung auf die Unterbaukrone, die Trockenhaltung der Oberbauteile sowie Schutz gegen Formänderungen des Gleises durch Frostwirkung im Unterbau gewährleisten.

Die Tiefe der Bettung unter der Schwellenunterkante richtet sich nach den örtlichen Verhältnissen und soll bei Hauptbahnen mindestens 200 mm, bei Nebenbahnen mindestens 150 mm betragen (Maße bis 300 mm empfohlen). L. B. 130 mm, S. B. mindestens 100 mm. Auf Zahnstangenstrecken niemals unter 200 mm. Als Breite der Bettung ist Schwellenlänge + beiderseits 0,5 m anzuempfehlen (0,25 bis 0,35 m gebräuchlich).

Bestes **Bettungsmaterial** frostbeständiger, von erdigen, bei Eisenschwellen insbesondere von schwefelhältigen Bestandteilen freier, widerstandsfähiger Kleinschlag (Hartgestein, Basalt, Porphyr, Diorit, Grauwacke u. a.) von 4 bis 6 cm Steingröße, dann Fluß- und Grubenschotter, Sand und Schlacke. Bei einer mittleren Bettungsstärke von 400 mm rechnet man etwa 1,75 m^3 für H. und N. B., für S. B. 100, 75 und 60 cm 1,0, 0,96 und 0,90 m^3 für das lfd. m. Entwässerung des Schotterbettes insbesondere bei Eisenschwellen wichtig; allenfalls Sickerschlitze. Auf ungünstigem Untergrund Packlage von 15 bis 30 cm Stärke, allenfalls bei erdigem Boden Schotterbett auf Sand oder feiner Kiesbettung oder 12 bis 20 cm Kohlenlösche. Bei nassem Untergrund statt Packlage 20 bis 40 cm Kohlenlösche wegen Auftriebs- und Verdrückungsgefahr üblich (siehe Abb. 8 und 9).

* **Spurerweiterung** in Bögen mit Halbmessern unter 500 m nötig und darf dieselbe das Maß von 30 mm bei Halbmessern bis 300 m und von 35 mm bei kleineren Halbmessern nicht überschreiten. Sie wird zumeist durch Hinausrücken des inneren Schienenstranges erzielt. * Unterschiede von + 10 mm und — 3 mm als Folge des Betriebes in der vorgeschriebenen Spurweite sind noch zulässig; niemals aber darf die Spurweite 1465 mm bei einem Halbmesser bis 300 m und 1470 mm bei kleineren Halbmessern überschreiten. Die Spurerweiterung e kann allgemein gesetzt werden $e = (1000 - R)^2 : 30.000$ in mm. Die Bahnverwaltungen setzen

dieselbe für jeden Bogenhalbmesser R fest. In Österreich üblich im regelspurigen Gleise 14 mm, bei S. B.- oder Gleisen mit Rillenschienen 10 mm unter der Schienenoberkante gemessen, für

$R =$ 100,	300,	400,	500,	600,	700,	800,	900,	1000,	1500,	> 1500 m,
$e =$ 30	30	25	20	15	15	10	10	8	5	0 mm.

Für S. B. 100, 75 und 60 cm in Bögen unter $R = 250$ m, 150 m und 100 m, kann man setzen $e = 240 : \sqrt{R}$, höchstens 28 mm, $e = 140 : \sqrt{R}$, höchstens 22 mm und $e = 100 : \sqrt{R}$, höchstens 18 mm, aber für S. B. 100 und 75 cm, auch $e = (600 - R)^2 : 16.000$ und $(400 - R)^2 : 8000$ in mm, was kleinere Werte ergibt, zulässig. Bei Straßenbahnen im allgemeinen keine Spurerweiterung, bei Zahnstangenbahnen nur am inneren Strang bis höchstens 14 mm.

In Bögen mit kleineren Halbmessern werden zwecks Verminderung des Verschleißes der Außenschienenköpfe neben dem inneren Strang Leitschienen angebracht; gleichzeitig wird sichere Befahrung erzielt.

In Straßenbahngleisen werden auch zur Verminderung des Wagenwiderstandes Abpinseln der Schienenköpfe mit Graphitwasser und neuestens Schmieren der Spurkränze der Räder in scharfen Bögen empfohlen (Ölschmierer).

Die **Überhöhung** des äußeren Schienenstranges als Vorbeugung gegen Entgleisung und stärkeren Verschleiß des äußeren Schienenstranges zu Folge der Fliehkräfte soll in Bögen für H. B. (in m) $h = 40 : R$ bis $45 : R$ betragen, Höchstwert etwa 150 mm; für Nebenbahnen und Bahnen mit geringerer Geschwindigkeit $h = 25 : R$ bis $30 : R$, Höchstwert 125 bis 150 mm. Bei S. B. 100, S. B. 75, S. B. 60 cm sind die Höchstwerte 80, 50 und 35 mm. Allgemein theoretisch $h = \frac{s\,v^2}{g\,R}$ (s Schienenmittelabstand in m, v Geschwindigkeit in m/sek, $g = 9{,}81$). Angenähert in mm $h = 11{,}8\,\frac{V^2}{R}$ für Geschwindigkeiten in km/Stunde $V = 0$ bis $V = 1{,}971\sqrt{R}$ und $h = 46{,}514\,\frac{V}{\sqrt{R}} - 45{,}834$ für größere Geschwindigkeiten, wobei R in m (Formel der österreichischen Bundesbahnen). Als Folge des Betriebes sind Abweichungen bis $\pm$ 5 mm gegenüber der vorgeschriebenen Überhöhung zulässig. Die Geschwindigkeit soll im Bogen ermäßigt werden auf rund $V = 4\sqrt{R - 50}$; höchstens etwa 80 km pro Stunde. * Die Überhöhung muß auf eine jeweilig nach der größten Fahrgeschwindigkeit zu bemessende Länge auslaufen, welche mindestens das 300fache der Überhöhung beträgt; sie soll im Anfangspunkte des Kreisbogens voll vorhanden sein. Die Überhöhung ist auch in der Geraden durchzuführen, wenn zwischen zwei im gleichen Sinne gekrümmten Bogen zwischen den Überhöhungsrampen nicht mindestens 30 m ohne Überhöhung bleiben würden. * Die gegenüberliegenden Oberkanten der beiden Schienen eines Gleises müssen in geraden Strecken, Überhöhungsrampen ausgenommen, in gleicher Höhe liegen.

Tragbare, leicht handliche oder fahrbare Spurlehren dienen zur Überprüfung der Spurweite und zumeist auch der Überhöhung (Bauart Pollak-Charvat mit selbsttätiger Aufzeichnung).

Die **Spurrinne** bei Wegübergängen, siehe S. 617.

Die Möglichkeit eines Festklemmens der Hufe der Zugtiere muß vermieden werden. In gekrümmten Gleisen ist die Spurerweiterung durch Vergrößerung der Rinnenbreite zu berücksichtigen, soweit es das ungehinderte Durchlaufen der Spurkränze erfordert (T. V. § 18). Bei Pflasterung des schienengleichen Überganges sind auf den jetzt tiefliegenden Holzschwellen eine Langschwelle, auf eisernen Schwellen Gußstahlplatten oder schließlich höhere Schienen erforderlich. Schienenstöße sind im Übergang zu vermeiden, daher besonders lange Schienen anzuordnen.

Weichen und Kreuzungen

Von den bemerkenswertesten Weichen wären zu nennen: die einfache oder normale Weiche, die Abzweigung aus der Geraden nach rechts oder links (siehe Abb. 32, S. 638); die doppelte (verschränkte) Weiche, welche entsteht, wenn eine Rechts- und eine Linksweiche hart aufeinanderfolgen und so nahezu zusammenfallen, u. zw. zweiseitige Doppelweiche zumeist aus geraden Stammgleis nach beiden Seiten dieses abzweigend (symmetrisch, dreiteilig oder dreischlägig oder unsymmetrisch,

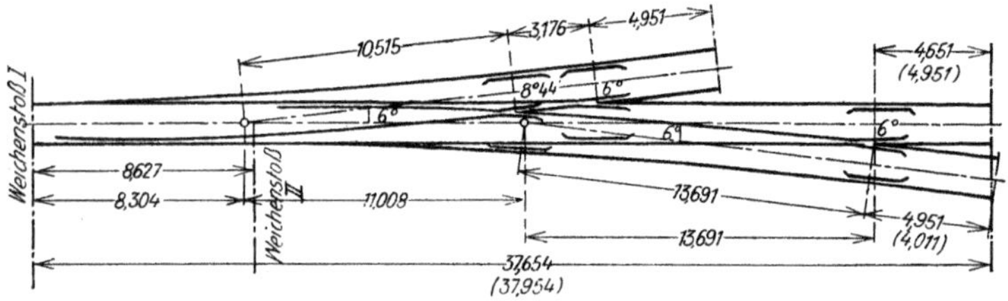

Abb. 26

zweiseitig verschränkt; siehe Abb. 26, zweiseitig verschränkte Doppelweiche der österr. Bundesbahnen: Kreuzungswinkel 6^0 und $8^0\,44'$, Schienenform *Xa*, 5,10 m lange, gebogene Zungen, Eisenschwellen, Gleisentfernung 4,75 [Klammerwerte 4,50] m) und einseitige Doppelweichen mit nach derselben Seite des Stammgleises abzweigenden Weichen, wobei entweder beide Ablenkungen nacheinander aus diesem abzweigen oder das zweite Gleis aus dem Bogengleis der ersten aus dem Stammgleis abgezweigten Weiche ausgeht (einseitig verschränkt); die Bogenweiche mit gleicher oder entgegengesetzter Krümmung, die sich ergibt, wenn das Stammgleis im Punkte der Abzweigung im Bogen liegt. Bei entgegengesetzt gekrümmten Gleisen wird die zweiseitige Bogenweiche symmetrisch, d. h. mit gleichen, oder unsymmetrisch, d. h. mit verschieden großen Halbmessern ausgeführt. Bei einseitigen Bogenweichen werden Zungen und Herzstücke der einfachen Weiche gerne beibehalten. An die sich so ergebenden kurzen geraden

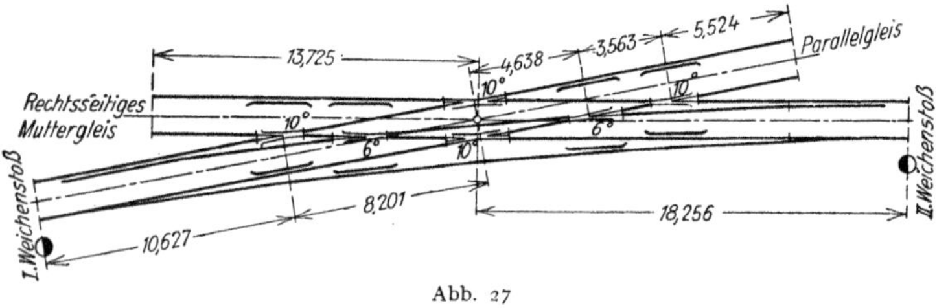

Abb. 27

Strecken schließen Teile mit verschieden gekrümmten Halbmessern an das Stammgleis an. Die Kreuzungsweichen ermöglichen als Weichenanlagen die Verbindung von sich kreuzenden Gleisen. Sie sind entweder einfach (bei nur einem Weichenbogen, halbe Kreuzungs- oder englische Weiche; siehe Abb. 27, halbe Kreuzungsweiche der österr. Bundesbahnen:

Kreuzungswinkel 6^0 und 10^0, Schienenform *X* und *XI*, 4,70 m lange, gebogene Zungen, Gleisentfernung 4,75 und 4,50 m) oder doppelt (bei zwei Bogen, ganze Kreuzungs- oder englische Weiche). Siehe Abb. 28, doppelte Kreuzungsweiche der österr. Bundesbahnen: Kreuzungswinkel 6^0, Schienenform *Xa*, 5,10 m lange, gebogene Zungen, Eisenschwellen.

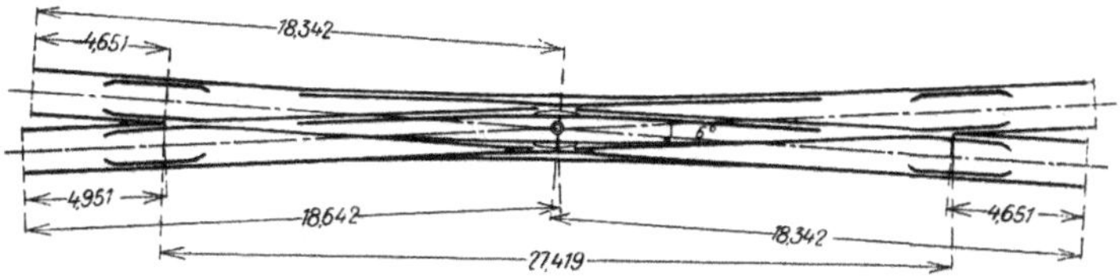

Abb. 28

Kletterweichen für Bahnen untergeordneter Bedeutung (Feldbahnen, allenfalls Straßenbahnen) oder Abzweigungen von Anschlußgleisen (Schleppbahnen) auf freier Strecke ermöglichen eine Ablenkung ohne Unterbrechung des Stammgleises. Das Fahrzeug wird auf den Zungen, die auf das durchgehende Stammgleis aufgelegt werden, in die Ausweiche geführt oder es werden eine innere und eine äußere Zunge der Ablenkvorrichtung angeordnet, die dann eine Hebung des Spurkranzes des inneren Rades der abzulenkenden Achse über die Fahrschiene des Stammgleises ermöglichen. Beide Zungen steigen daher über die Fahrschiene des Stammgleises hinauf. Erforderlich sind eigene Überlaufherzstücke.

Weichen sollen in Hauptgleisen mit mindestens 180 m Halbmesser angelegt werden. In Nebengleisen bis 140 m und in solchen, die von Lokomotiven nicht befahren werden, ausnahmsweise bis 100 m. Für Weichen im Hauptgleise für durchgehende Züge, besser 250 bis 500 m. Bei Lokal- und Schmalspurbahnen wenigstens die erlaubten Mindesthalbmesser; Straßenbahnen womöglich über 30 m. Spurerweiterung bei $R < 500$ m in der Weiche bis 15 mm, an der Zungenspitze mindestens 10 mm; größere Erweiterungen bis 30 mm sind im Betriebe oft nicht zu verhindern; Schienenneigung kann entfallen; Überhöhung nur in den Bogenweichen.

Zahnstangenweichen werden im gemischten Betriebe tunlichst vermieden. Bei Seilstandbahnen selbsttätige Ausweichen mit großen Krümmungshalbmesser (200 bis 400 m). Weichen werden auf Holz oder Eisenschwellen von 2,5 bis 6 m Länge und zumeist größerem Querschnitt (etwa 30×18 cm) verlegt.

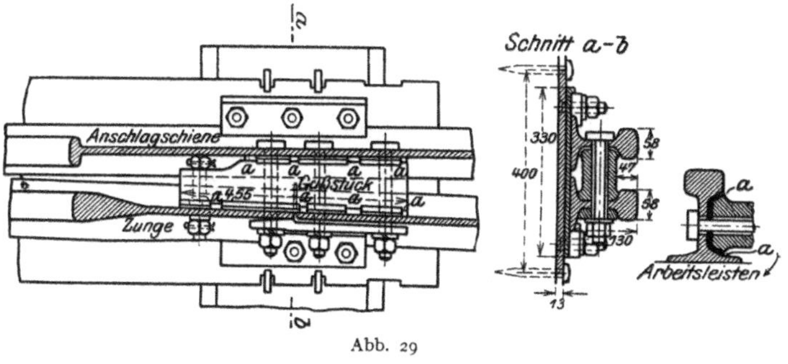

Abb. 29

Zunge unterschlagend oder mit scharfem Ansatz. (Siehe Abb. 31 a.) Gerade Zungen 4,5 m bis 5,0 m lang; Anfallwinkel $1^0\,25'$ bis $1^0\,35'$. Gebogene Zungen nach dem Weichenhalbmesser gekrümmt, haben einen Anfallwinkel von 30′ bis 40′ an der Spitze. Länge gekrümmter Zungen 4,7 m bis 6,0 m. Spurrinne an der Zungenwurzel 51 bis 65 mm. An der Zungenspitze soll der Ausschlag mindestens 100 mm betragen, besser jedoch 120 bis 140 mm. Schmalspurbahnen haben Zungen von etwa 3,5 m Länge; bei Straßenbahnen geht man bis 1,8 m. Einfachste Drehpunktausbildung ist die noch vielgebrauchte Laschenverbindung (siehe Abb. 29); heute überwiegt Drehzapfenverbindung (lose eingelegter oder aus der Zungenwurzel ausgearbeiteter Zapfen). Der Zungendrehpunkt liegt in einem, zumeist unmittelbar durch eine Schwelle gestützten Drehstuhl (siehe Abb. 30, österr. Bundesbahnen). Neuestens auch Brückendrehstühle, eine Art Überbrückung der Stoßstelle zwischen Zunge und anschließender Fahrschiene, die gleichzeitig die Stoßverbindung darstellt.

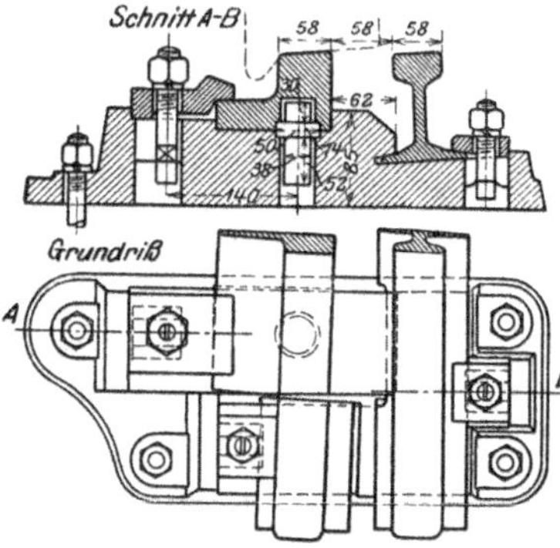

Abb. 30

Weichen mit federnden Zungen von etwa 10 m Länge (Federweichen), insbesondere in Hauptgleisen, die von schnellfahrenden Zügen mit unverminderter Geschwindigkeit befahren werden. Es entfällt hier der an der Zungenwurzel notwendige Drehstuhl, da die Abbiegung der Zunge in einem durch seitliche Abhobelung (etwa 1,5 m lang) geschwächten Teile des Blockquerschnittes erfolgt, während das an die Fahrschiene anschließende Zungenende festliegt.

Backenschienen werden aus Schienen gewöhnlichen Querschnittes gebildet und mit Vorteil auf die Länge des Zungenanschlages etwas unterhobelt, damit die Zungenspitze kräftiger ausgebildet werden kann. (Siehe Abb. 31 a.) Sie endigen bei gewöhnlichen Zungen etwa 0,5 bis 1,5 m vor der Zungenspitze und 1 bis 1,5 m hinter der Wurzel. Für den Zungenquerschnitt wählt man zumeist die Blockform mit verbreiteter Basis (Gewicht der Zungen größer als das der Fahrschienen), ferner unsymmetrische Winkelform (siehe Abb. 31 b, ehemalige österr. Nordwest- und Badische St. Bahn) oder eine der Stuhlschiene ähnliche Form (siehe Abb. 31 c, Orleans- und Midi-Bahn); seltener behält man die gewöhnlichen Breitfußschienen bei, da diese zufolge der Bearbeitung zur Zungenspitze eine bedeutende Schwächung des Querschnittes erfahren müssen. Die Höhe der Zungen ist zumeist geringer als jene der Fahrschienen, damit sie auf Gleitstühlen bis an den Steg der Backenschiene gebracht werden können. Backenschiene und Gleit-

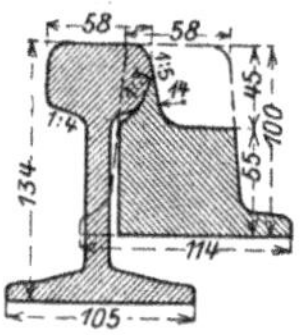

Abb. 31 a

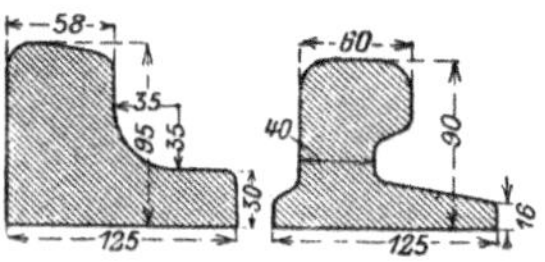

Abb. 31 b

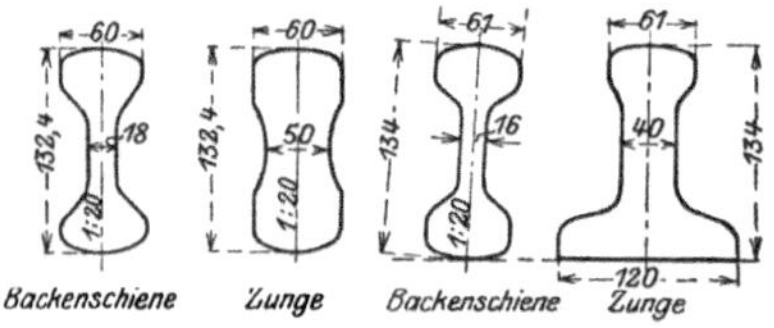

Abb. 31 c

stühle liegen nicht immer unmittelbar auf den Schwellen, sondern hin und wieder auf einer gemeinsamen, über die letzteren geführten 10 bis 15 mm starken eisernen Grundplatte.

Der Kreuzungswinkel des Herzstückes für Hauptbahnen zumeist 1 : 8, 1 : 9 und 1 : 10 (üblich 1 : 7 bis etwa 1 : 13, das sind $8^0 7' 48''$ bis $4^0 23' 55''$). Bei Schmalspurbahnen 1 : 7 und weniger. Herzstücke (Herzstücklänge etwa 800 bis 1500 mm für H. B.) werden gegossen (Hartguß oder Flußstahl) oder aus Schienen mit gegossener oder geschmiedeter Flußstahlspitze hergestellt. Länge des Herzstückes vor dem Knie mindestens gleich der halben Laschenlänge, hinter der Spitze so lange, daß die beiden anschließenden Schienen ohne besondere Bearbeitung der Füße nebeneinander gestellt werden können. Umwendbare Herzstücke noch häufig in Verwendung. Die Tiefe der Fahrrinne beträgt 38 mm + der größten zulässigen Abnützung. Die Spitze steigt allmählich an, Flügel-(Knie-) Schienen tragen das Rad ohne Spurkranzauflauf längs der Lücke. Gegenüber dem Herzstück Zwangschienen von 3,5 bis 4,0 m Länge bei 41 mm Spurrinne. Sie werden an den Enden auf 0,25 bis 0,4 m abgebogen und müssen am Einlauf des Rades eine Spurrinne von 100 mm aufweisen.

Die Herzstückgerade wird bei gleichbleibendem Weichenbogen mit größerem Kreuzungswinkel im allgemeinen kleiner (selten unter 0,35 m), meistens größer als 1 m, häufig 2,0 bis 2,5 m lang.

Gleiskreuzungen erfordern zwei Herz- und zwei Kreuzungs- oder Doppelherzstücke mit zwei Spitzen (mitunter bei kleinen Kreuzungswinkeln beweglich) und an der Innenseite einen überhöhten, geknickten Radlenker, um die führungsfreie Stelle tunlichst kurz zu machen (siehe z. B. auch Abb. 34, S. 640).

* Ein Spurkranzauflauf ist in den von Zügen befahrenen Gleisen nur zulässig, wenn die Rinnentiefe mindestens 20 mm beträgt und auf der vollen Länge des Auflaufes eine Zwangschiene, welche zweckmäßig überhöht wird, angebracht ist. * Die Leitkante der Zwangschiene darf auch bei Abnützung der Zwangschiene nicht weniger als 1392 mm von der gegenüberliegenden Herzstückspitze abstehen.

Weichenböcke mit und ohne Signalvorrichtung (zur Kennzeichnung der Weichen- bzw. Zungenstellung; Form- und Farbensignale) dienen zur Umstellung der zumeist durch zwei Verbindungsstangen miteinander gekuppelten Zungen. Einen guten Anschluß der Zungen an die Backenschienen gewährleisten Spitzenverschlüsse und Weichenriegel, allenfalls Weichenschlösser. Ähnliches bewirken die das vorzeitige Umstellen der Zungen während des Befahrens der Weichen verhindernden Druck- und Fühlschienen.

Für eine gute Entwässerung der Weichen ist ganz besonders zu sorgen.

Die Berechnung der Weichen und der Weichenanordnungen (Weichenstraßen, Gleisverbindungen) überhaupt wird am besten mittels Projektionsgleichungen geschlossener Linienzüge auf den geraden Strang als Abszissen- und eine auf diesen senkrechte Gerade als Ordinatenachse vorgenommen. Dabei muß man stets von den Fahrkanten als maßgebenden Linien ausgehen.

Für die einfache Rechts- oder Linksweiche finden sich dann unter Zugrundelegung nachstehender Größen leicht die gesuchten Werte.

Es bedeute (siehe Abb. 32, S. 638):

s die Spurweite des Gleises;

$w_1 = w + e$ den Abstand der Fahrkanten an der Zungenwurzel, wobei w die Spurrinne dortselbst, e die Breite des Zungenkopfes vorstellt;

l die Länge der Zunge;

α den an der Zungenwurzel vorhandenen Winkel (Anfallwinkel der geraden Zunge, Winkel der Tangente an der Wurzel der gekrümmten Zunge, die an der Spitze unter einem Winkel von etwa 35′ anschlägt);

k den Kreuzungswinkel des Herzstückes (1 : n);

δ den Zentriwinkel des Weichenbogens, der zumeist hinter der Wurzel beginnt;

g die an den Weichenbogen anschließende Herzstückgerade;

R den Krümmungshalbmesser der Weiche;

o = das gerade Stück vor der Zungenspitze bis zum normalen Schienenstoß;

p das gerade Stück hinter der mathematischen Herzstückspitze bis zum normalen Schienenstoß.

Mit Hilfe der Projektionsgleichungen findet sich

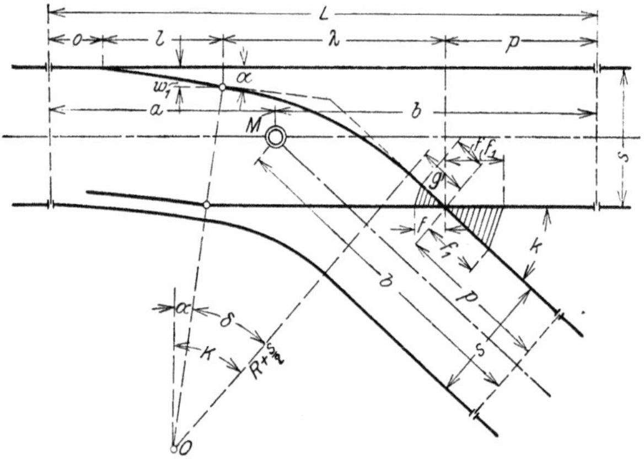

Abb. 32

$$\lambda = \left(R + \frac{s}{2}\right)(\sin k - \sin \alpha) + g \cos k$$

$$s = w_1 + \left(R + \frac{s}{2}\right)(\cos \alpha - \cos k) + g \sin k$$

und daraus $\lambda = g \cos k + (s - w_1 - g \sin k)\left(\frac{\sin k - \sin \alpha}{\cos \alpha - \cos k}\right)$

$$R = \frac{s - w_1 - g \sin k}{\cos \alpha - \cos k} - \frac{s}{2}.$$

Gewöhnlich ist: λ und g gesucht, R und k gegeben;
R und g gesucht, λ und k gegeben;
R und λ gesucht, g und k gegeben;

f die Länge der Herzstückschienen vom mathematischen Kreuzungspunkt bis zum Stoß muß bei gegossenem und aus Schienen zusammengesetztem Herzstücke $f \gtrless \frac{w}{\sin k} + \frac{1}{2}$ Laschenlänge sein;

f_1 die gerade Länge von der mathematischen Herzstückspitze bis zum Herzstückende muß, wenn die anschließenden Schienen nicht bearbeitet werden sollen,

$$f_1 = (e_1 + \beta) \operatorname{cotg} k$$

sein, worin e_1 die Schienenkopf- und β die Schienenfußbreite bedeuten.

Für die Aufstellung einer Weichenübersicht, die sich insbesondere für die zeichnerische Darstellung der Weichen im Plane eignet, werden die Größen a und b angegeben. (Siehe Abb. 32 und 33.) Die Gesamtweichenlänge, zumeist eine bestimmte Anzahl von Schienenlängen, wird:

$$L = o + l + \lambda + p = a + b; \text{ dabei ist } b = \frac{s}{2} \operatorname{cotg} \frac{k}{2} + p.$$

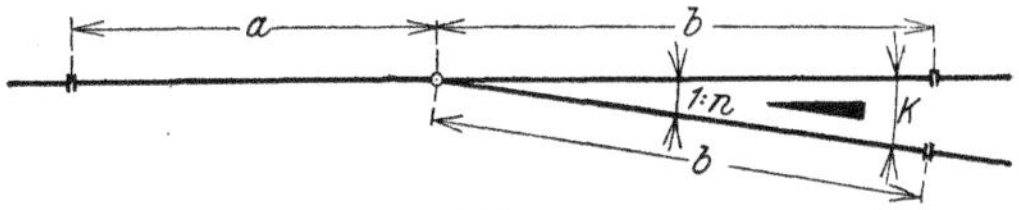

Abb. 33

Das Maß b soll stets frei von Weichen gehalten werden. (Ausnahme bei der Doppelweiche.) Die neue Weiche beginnt am Ende des Paßstückes $(p - f_1)$ oder in besonderen Fällen am Ende von f_1.

Anhaltspunkte für die Ausmaße einfacher Rechts- oder Linksweichen mit verschiedenen Herzstückverhältnissen, geraden Zungen von l m Länge und einem mittleren Anfallwinkel von $\alpha = 1^0\ 28'\ 36''$ geben die abgerundeten Werte (in m) der Zusammenstellungen 4 und 5 für Voll- und Schmalspur.

Zusammenstellung 4 (Vollspur)

$s = 1{,}435$ m, $w_1 = 0{,}116$ m, $l = 4{,}5$ m

	1:7	1:8	1:9	1:10	1:11	1:12
k	$8^0\ 7'\ 48''$	$7^0\ 7'\ 30''$	$6^0\ 20'\ 25''$	$5^0\ 42'\ 38''$	$5^0\ 11'\ 40''$	$4^0\ 45'\ 49''$
R	130	165	190	240	300	400
g	0,36	0,74	2,00	2,00	2,10	1,40
λ	15,50	17,00	18,10	19,80	21,60	24,30
p	3,80	2,20	1,20	5,50	3,70	1,00
a	10,10	10,30	9,90	10,20	10,50	11,80
b	13,90	13,70	14,10	19,80	19,50	18,20

Zusammenstellung 5 (Schmalspur)

$s = 1{,}00$ m, $w_1 = 0{,}095$ m, $l = 3{,}5$ m

	1:6	1:7	1:8	1:9	1:10	1:11
k	$9^0\ 27'\ 44''$	$8^0\ 7'\ 48''$	$7^0\ 7'\ 30''$	$6^0\ 20'\ 25''$	$5^0\ 42'\ 38''$	$5^0\ 11'\ 40''$
R	50	70	100	140	170	200
g	1,45	1,57	1,38	1,0	1,20	1,80
λ	8,4	9,70	11,20	12,90	13,80	14,80
p	3,7	2,40	0,91	3,30	2,40	1,40
a	6,20	6,50	7,00	7,70	7,60	7,60
b	9,80	9,50	9,00	12,30	12,40	12,40

$s = 0{,}75$ m, $w_1 = 0{,}095$ m, $l = 3{,}5$ m

R	40	60	70	90	110	150
g	0,75	0,50	1,10	1,30	1,50	1,10
λ	6,30	7,50	8,00	8,90	9,60	10,80
p	5,80	4,70	4,20	3,20	2,50	1,30
a	5,60	6,00	5,80	6,00	6,00	6,40
b	10,40	10,00	10,20	10,00	10,00	9,60

$s = 0{,}60$ m, $w_1 = 0{,}095$ m, $l = 3{,}5$ m

R	25	40	60	80	100	120
g	1,00	0,80	0,50	0,40	0,40	0,60
λ	4,50	5,50	6,40	7,20	7,80	8,40
p	3,60	2,70	1,80	1,00	4,30	3,80
a	4,70	5,10	5,40	5,60	5,70	5,60
b	7,30	6,90	6,60	6,40	10,30	10,40

Die Polizeihölzer oder Merkzeichen werden in der von der Weichenmitte M zu messenden Entfernung von $P = \frac{m}{2} \operatorname{cotg} \frac{k}{2}$ angelegt; dabei ist m der zulässige Abstand der Gleisachsen $m = 3{,}5$ bis $4{,}0$ m.

Weichen dienen zur Herstellung von Verbindungen gleichgerichteter Gleise (einfache oder doppelte Gleisverbindung; siehe Abb. 34,

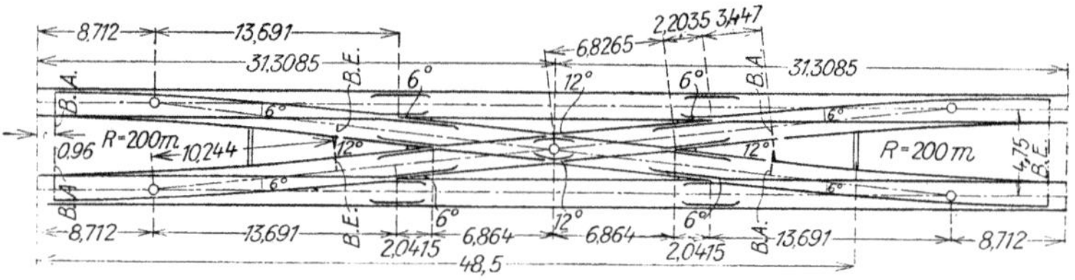

Abb. 34

doppelte Gleisverbindung der österr. Bundesbahnen: Kreuzungswinkel 12°, Schienenform A, Eisenschwellen, Gleisentfernung 4,75 m) und der Aneinanderreihung von gleichgerichteten Gleisen in Weichenstraßen (gerade oder gekrümmte Straßen). Die Verwendung einfacher gerader Weichen für Weichenstraßen ergibt geringe nutzbare Längen, weshalb häufig steilere Neigungen des Muttergleises zu den Straßengleisen angeordnet werden (Einschaltung eines Bogens hinter der ersten Weiche). Weichenbüschel entstehen, wenn aus einzelnen Gleisen einer Straße neuerlich Straßen entwickelt werden.

Zwischen den Gegenkrümmungen eines Verbindungsgleises soll eine 6 m lange Gerade liegen.

Drehscheiben und Schiebebühnen

Drehscheiben (Vollscheiben zumeist in gedeckten Räumen, Kreuz- oder Sternscheiben mit zwei oder drei sich unter 90 bzw. 60° schneidenden Gleisen, Teilscheiben mit nur einem Gleis) in Hauptbahnen für Lokomotiven mit Tender erhalten Durchmesser von 16 bis 23 m; in Nebenbahnen mindestens 12 m. Für Personenwagen sind 5 bis 10 m, für Güterwagen 3,5 bis 5 m gebräuchlich. Sie erhalten entweder eine Strahlengleisanlage oder vor der Drehscheibe zusammenlaufende mehr weniger parallele Gleise. Die Geschwindigkeit des Umfanges beträgt rund 0,035 D m in der Sekunde (D in m = Durchmesser der Drehscheibe). Schiebebühnen (versenkte und unversenkte) werden bis 20 m Länge gebaut. Mindestmaß Achsabstand + 0,5 m. Tiefe der Grube nicht unter 0,5 m. Fahrgeschwindigkeit 0,5 bis 1,0 m in der Sekunde.

* In Hauptgleisen sind Drehscheiben und Schiebebühnen nur an den Enden von Kopfstationen (Ausnahmen nur bei Zahnstangenbahnen) zulässig.

Bewegung kleinerer Drehscheiben von Hand aus (Drehbäume etwa 2,5 m lang); bei größeren Handkurbelvorgelege oder motorischer Antrieb, wobei immer häufiger elektrische Kraft mit ober Tag liegender Stromzuführung und Kontaktvorrichtung über der Scheibenmitte. Ähnliche Einrichtungen bei Schiebebühnen. Schubriegel oder Klinken dienen der nötigen Festlegung vor ihrer Befahrung. Zum Ziehen der Fahrzeuge auf der Schiebebühne häufig Seilzugvorrichtungen.

V. Bau und Unterhaltung des Oberbaues

Auf den zur Ruhe gekommenen fertigen Unterbau wird zunächst der Bettungsstoff, etwa bis zu 5 cm unter Schwellenunterkante aufgebracht. Hierauf genaue Absteckung der Oberbauachse mit Pfählen (in Geraden 100 bis 300 m, in Bögen bis 30 m Abstand) bei zweigleisiger Anlage in der Mittelachse, bei eingleisiger in einer von dieser etwa 2 m entfernten Parallelen. An Pfahlköpfen werden die Höhen der Schienenoberkante vermerkt, die auf Dämmen nachzuprüfen sind. Festpunkte sind anzulegen. Übergangspunkte, Bogenanfangs- und Endpunkte sowie Neigungsausrundungen sind besonders zu verpfählen. Sodann Heranbringen des fehlenden Bettungsstoffes und Oberbaumaterials längs der Strecken unter möglichster Schonung des Unterbaues, Vorbohren der allenfalls schon gedechselt gelieferten Holzschwellen. Vorstrecken des Oberbaues bei Neubauten auf dem vorgestreckten Gleis selbst mittels eines, von der Baulokomotive gedrückten Arbeitszuges, bestehend aus ein bis zwei Wagen mit Schienen und Kleineisenzeug, denen Schwellen- und Bettungsstoffwagen folgen. Entladung zumeist vor Kopf, wobei Schienen und Eisenschwellen nicht abgeworfen werden dürfen. Auf die Auslegung der Schwellen nach Stichmaß (Bandmaß) folgen Verteilung der Unterlagsplatten (wenn nicht schon vorher lose auf diesen befestigt) und des sonstigen Kleineisenzeugs, Auflegen der Schienen auf denen die Schwellenmitten angezeichnet werden, Anschieben der Schienen unter Berücksichtigung der Stoßlücken, Einbringen der zunächst nur mit je einem Bolzen zu sichernden Laschen und sodann Befestigung der Schienen an Platten und Schwellen, vom Stoße ausgehend, unter genauer Einhaltung der Spurweiten (bei eisernen Schwellen zunächst nur loses Anziehen der Befestigungsmittel). Erst jetzt vorläufiges Unterstopfen der Stoß-, dann der Mittelschwellen, Heben und Ausrichten des Gestänges, Ergänzung der Laschenbolzen, Nachziehen der sonstigen Befestigungsmittel und Nachstopfen. Nochmaliges Nachrichten und Gleisverfüllung erst nach längerer Befahrung (2 bis 3 Monate) des neuen Gleises.

Weitgehende Verwendung erprobter Oberbaugeräte, wie Schienenzange, Bohrer, Schwellenlehre, Wuchtbaum, Richteisen, Nagel- und Setzhammer, Nagelzange (Geißfuß, Richtscheit, Wasserwage, Überhöhungslehre, Band- und Winkelmaße, Fluchttafel, Schraubenschlüssel, Lückeneisen, Schienenrücker, verschiedene Stopfhacken usw.) auch für Bahnerhaltungszwecke von Wichtigkeit. Maschinen zum Schneiden, Bohren und Biegen der Schienen, der Schwellenbearbeitung (Sägen, Bohrer), zum Ein- und Ausdrehen von Schrauben, Lade- und Entladevorrichtungen (Kräne), endlich Gleisstopfmaschinen werden immer häufiger verwendet.

Nach Rosche Kosten der Holzschwellen-Oberbaulegung, einschließlich Vor- und Nacharbeiten in der Geraden 0,8 bis 1,0 T für 1 m, wenn der Taglohn eines Arbeiters T (Lohn eines Vorarbeiters 1,4 bis 1,9 T, eines Zimmermanns 1,9 bis 2,0 T und eines Visierers 2,1 bis 2,5 T). In Krümmungen 10% Aufschlag. Eine Arbeitsgruppe (etwa 46 Mann) verlegt im Neubau von Hand aus 90 bis 100 m/Tag Holzschwellenoberbau (eiserner mehr). In zweistündiger Zugpause bei Umbauten, wenn das neue Gleis neben dem alten bereitgestellt und nach Abbruch des letzteren eingeschoben wird, etwa 100 m/Tag. Mit Arbeitszügen und maschinellen Hilfsmitteln 2 bis 3 km im Tage bei Neulegung erreichbar.

Ständige Oberbauunterhaltung umfaßt Beobachtung des Oberbaues (Streckenbegehung und Befahrung), Beseitigung der Mängel an Schienenbefestigungen und Stößen (Nachziehen der Laschen- und Schwellenschrauben, Nachtreiben der Schienennägel, Auswechseln schadhaften Kleineisenzeuges, Offenhalten der Spurrinne usw.), Besserung der Schwellenlage, Regulierung des Bettungskörpers, Nachstopfen, Zurücktreiben gewanderten Oberbaues, Graswuchsentfernung, endlich zeitgerechte Erneuerung auswechslungsreifer Teile, einschließlich Bettung und Aufrechterhaltung guter Entwässerung des Oberbaues. Mindestens alle zwei Monate Nachprüfung der Spurweiten, Höhenlage der Schienen (Überhöhung) und Gleisrichten vornehmlich in Krümmungen. 1 bis 2mal im Jahre Überprüfung des lichten Raumes (Befahrung mit Lehre) und der Gleisabnützung. Größere Unterhaltungsarbeiten im Frühjahr (März bis Mai) und im Spätherbst (Oktober und November). Im Winter vornehmlich Beseitigung von Frostaufzügen. Bei Feststellung eines zumeist bei den Laschenbolzenlöchern auftretenden Schienenbruches, Heranrücken der Nachbarschwellen oder Unterschiebung eines Schwellenstückes und Befestigung der Schienenenden darauf oder Anbringen vorbereiteter Notverbände (Fußklammern). Gleisverstärkungen erfolgen am einfachsten durch Schwellenvermehrung. Eine wirtschaftliche Gleispflege ist nur durch planmäßige, in allen Teilen gründliche, in bestimmten Zeiträumen zusammenhängend vorzunehmende Durcharbeitung und Instandsetzung des Oberbaues erreichbar. Gründliche Nachschau an Schrauben (Nägeln), hierauf Neuverpflockung oder Nachbohrung und Verdübelung oder Aufsattelung der Holzschwellen an den Auflagerstellen.

Gerissene oder am Auflager stark abgenützte Eisenschwellen sind auszuwechseln, wenn Verschweißen oder Anschweißung neuer Teile nicht möglich. Unterlags- und Klemmplatten, die keinen innigen Anschluß mehr bewirken, sind durch neue oder entsprechend aufgearbeitete und verbreiterte, altbrauchbare Stücke zu ersetzen; Verschleißlücken sind voll und ganz zu beseitigen. Abgenützte Laschen werden vielfach durch aufgepreßte, den ausgeschlagenen Kammern angepaßte, altbrauchbare Laschen ersetzt; im Gewinde abgenützte Schrauben erfordern Ersatz. Das dann neu gerichtete und unterstopfte Gleis kann 1 bis 4 Jahre ohne größere Arbeit entsprechen.

Über Erhaltungsarbeiten und auflaufende Kosten ist genau Buch zu führen; zeichnerische Darstellung des Baustoffaufwandes und der Tagwerke ist empfehlenswert.

Maschinenbau

bearbeitet von

Prof. Ing. Dr. **Hans Baudisch**, Wien

A. Nieten

Festnietung für Brücken und Eisenhochbauten, siehe S. 493.

Dicht- und Festnietung für Dampfkessel: Nietdurchmesser $d = \sqrt{5\,\delta} - 0{,}4$ cm, wobei δ die Blechstärke in cm.

Für $\delta =$ 0,8, 1,0, 1,2, 1,4, 1,6, 1,8, 2,0, 2,2, 2,4, 2,6, 2,8, 3,0 cm
ist $d =$ 1,6, 1,8, 2,0, 2,2, 2,4, 2,6, 2,8, 2,9, 3,0, 3,2, 3,3, 3,5 cm.

Man verwendet ein- und mehrreihige Überlappungs- und Laschennietung.

Dichtnietung für Flüssigkeits- und Gasbehälter: Nietdurchmesser d wie vor. Nietteilung $t = 3\,d + 0{,}5$ cm. Entfernung des Nietmittels von der Blechkante $= 0{,}5$ t.

Man verwendet meist einreihige Überlappungsnietung. Bleche unter 0,5 cm Stärke lassen sich nicht mehr verstemmen; hiebei wird zur Dichtung ein mit Mennige getränkter Leinwand- oder Papierstreifen von der Breite der Überlappung eingelegt.

B. Schrauben

Kerndurchmesser d aus der Beziehung $P = \frac{d^2 \pi}{4} k_z$ gegeben, wobei P die Belastung der Schraube und k_z die Zugbeanspruchung des Materiales ist. $k_z =$ 600 bis 800 kg/cm^2.

Whitworthsches Gewinde, siehe die folgende Tabelle:

Witworthsches Gewinde

Durchmesser der Schraube d in engl. Zoll	Durchmesser der Schraube d in mm	d_1 Kerndurchm. mm	Kernquerschnitt $= d_1^2 \cdot \frac{\pi}{4}$ qcm	Anzahl der Gewindegänge auf einen engl. Zoll	Anzahl der Gewindegänge auf die Länge d	Kopf und Mutter: h_1 = Höhe d. Mutter, = Durchm. d des Bolzens (abgerund.) mm	Kopf und Mutter: h_0 = Höhe d. Kopfes $= 0{,}7 \cdot h_1$ mm	Kopf und Mutter: D_0 = Schlüsselweite, Seite des quadr. o. Durchm. d. rund. o. sechseckigen Kopfes mm	Unterlagsscheibe: Durchm. der Scheibe in mm D_u	Unterlagsscheibe: Dicke der Scheibe in mm δ_u	Gewichte der sechseckigen Mutter u. des sechseckigen Kopfes kg	Gewichte der sechseckigen Mutter u. des quadratischen Kopfes kg
$^1/_4$	6,35	4,72	**0,175**	20	5	6	4	13	20	1,5	0,013	0,014
$^5/_{16}$	7,94	6,13	**0,295**	18	$5^5/_8$	8	6	16	21	1,5	0,022	0,023
$^3/_8$	9,52	7,49	**0,44**	16	6	10	7	17	22	3	0,033	0,035
$^7/_{16}$	11,11	8,79	**0,71**	14	$6^1/_8$	11	8	21	29	2	0,048	0,051
$^1/_2$	12,70	9,99	**0,785**	12	6	13	9	22	28	4	0,067	0,072
$^5/_8$	15,87	12,92	**1,31**	11	$6^7/_8$	16	12	28	36	4	0,120	0,13
$^3/_4$	19,05	15,80	**1,96**	10	$7^1/_2$	20	14	33	44	5	0,198	0,21
$^7/_8$	22,22	18,61	**2,72**	9	$7^7/_8$	23	16	39	50	5	0,287	0,31

Durchmesser der Schraube d in engl. Zoll	Durchmesser der Schraube d in mm	Durchmesser der Schraube d_1 Kerndurchm. mm	Kernquerschnitt $= d_1^2 \cdot \frac{\pi}{4}$ qcm	Anzahl der Gewindegänge auf einen engl. Zoll	Anzahl der Gewindegänge auf die Länge d	Kopf und Mutter: h_1 = Höhe d. Mutter, = Durchm. d des Bolzens (abgerund.) mm	Kopf und Mutter: h_0 = Höhe d. Kopfes $= 0{,}7 \cdot h_1$ mm	Kopf und Mutter: D_0 = Schlüsselweite, Seite des quadr. o. Durchm. d. rund. o. sechseckigen Kopfes mm	Unterlagsscheibe: Durchm. der Scheibe in mm D_u	Unterlagsscheibe: Dicke der Scheibe in mm δ_u	Gewichte der sechseckigen Mutter u. des sechseckigen Kopfes kg	Gewichte der sechseckigen Mutter u. des quadratischen Kopfes kg
1	25,40	21,33	**3,57**	8	8	26	18	44	56	6	0,415	0,445
$1\frac{1}{8}$	28,57	23,93	**4,50**	7	$7\frac{7}{8}$	30	20	50	62	6	0,574	0,615
$1\frac{1}{4}$	31,75	27,10	**5,77**	7	$8\frac{3}{4}$	33	22	55	68	7	0,755	0,815
$1\frac{3}{8}$	34,92	29,50	**6,835**	6	$8\frac{1}{4}$	36	24	61	74	7	0,988	1,06
$1\frac{1}{2}$	38,10	32,68	**8,39**	6	9	40	26	66	80	8	1,26	1,36
$1\frac{5}{8}$	41,27	34,77	**9,495**	5	$8\frac{1}{8}$	43	29	72	86	8	1,57	1,70
$1\frac{3}{4}$	44,45	37,94	**11,31**	5	$8\frac{3}{4}$	46	31	77	92	9	1,94	2,10
$1\frac{7}{8}$	47,62	40,40	**12,82**	$4\frac{1}{2}$	$8\frac{7}{16}$	50	34	83	100	9	2,36	2,55
2	50,80	43,57	**14,91**	$4\frac{1}{2}$	9	51	36	76	98	8	2,83	3,10
$2\frac{1}{4}$	57,15	49,02	**18,87**	4	9	57	40	85	110	9	3,96	4,26
$2\frac{1}{2}$	63,50	55,37	**24,08**	4	10	64	45	94	121	9	5,40	5,78
$2\frac{3}{4}$	69,85	60,55	**28,80**	$3\frac{1}{2}$	$9\frac{5}{8}$	70	49	103	134	10	7,10	7,62
3	76,20	66,90	**35,15**	$3\frac{1}{2}$	$10\frac{1}{2}$	76	53	112	145	12	9,10	9,78

Metrisches Gewinde mit folgenden Maßen in mm:

Metrisches Gewinde

Bolzen: Gewindedurchmesser	Bolzen: Kerndurchmesser	Mutter: Gewindedurchmesser	Mutter: Kerndurchmesser	Steigung
6	4,60	6,100	4,700	1
8	6,25	8,126	6,376	1,25
10	7,90	10,150	8,050	1,5
12	9,55	12,176	9,726	1,75
14	11,20	14,200	11,400	2
16	13,20	16,200	13,400	2
18	14,50	18,250	14,750	2,5
20	16,50	20,250	16,750	2,5
22	18,50	22,250	18,750	2,5
24	19,80	24,300	20,100	3
27	22,80	27,300	23,100	3
30	25,10	30,350	25,450	3,5
33	28,10	33,350	28,450	3,5
36	30,40	36,400	30,800	4
39	33,40	39,400	33,800	4
42	35,70	42,450	36,150	4,5
45	38,70	45,450	39,150	4,5
48	41,00	48,500	41,500	5
52	45,00	52,500	45,500	5
56	48,30	56,550	48,850	5,5
60	52,30	60,550	52,850	5,5

Gewinde für Gasrohre nach folgender Zahlentafel.

Gewinde für Gasrohre

Lichter Rohrdurchm. engl. Zoll	Lichter Rohrdurchm. mm	Äußerer Gewindedurchm. mm	Kerndurchmesser mm	Anzahl der Gänge auf 1 Zoll engl.	Lichter Rohrdurchm. engl. Zoll	Lichter Rohrdurchm. mm	Äußerer Gewindedurchm. mm	Kerndurchmesser mm	Anzahl der Gänge auf 1 Zoll engl.
$^1/_4$	6,35	13	11,3	19	$1^1/_2$	38,10	48	45	11
$^3/_8$	9,52	16,5	14,8	19	$1^3/_4$	44,45	52	49	11
$^1/_2$	12,70	20,5	18,2	14	2	50,80	59,70	56	11
$^5/_8$	15,87	23	20,7	14	$2^1/_2$	63,50	76	73	11
$^3/_4$	19,05	26,5	24,2	14	3	76,20	89	86	11
1	25,40	33	30	11	$3^1/_2$	88,90	101,5	98,5	11
$1^1/_4$	31,75	42	39	11	4	101,60	114	111	11

C. Seile

Hanfseile für Bauwinden und kleinere Aufzüge in Verwendung. Seildurchmesser d vom kleinsten Rollendurchmesser D abhängig. Für $D \geqq 10\,d$ ist bei Winden und Flaschenzügen die Seilbelastung $P \lesseqgtr 80\,d^2$, daher $d \geqq \frac{\sqrt{P}}{9}$.

Seilgewicht und zulässige Belastung für Hanfseile

Seilstärke d mm	Seilgewicht per lfd. Meter	Zulässige Belastung in kg bei 8facher Sicherheit: Russischer Reinhanf	Reiner Schleißhanf	Badischer Schleißhanf
20	0,31	314	350	393
23	0,39	416	470	519
26	0,51	531	600	663
29	0,67	660	740	825
33	0,80	855	960	1067
36	0,96	1017	1145	1271
39	1,15	1194	1340	1492
46	1,50	1661	1870	2055
52	1,93	2122	2390	2599
55	2,25	2226	2493	2783
60	2,55	2473	2755	3180
65	2,90	2694	2984	3563
70	3,50	2885	3221	3846

Geteerte Seile erfahren eine Gewichtsvermehrung von 12 v. H.

Drahtseile für Krane, Aufzüge, insbesondere bei maschinellem Betriebe, in Verwendung. Ist k_z die zulässige Belastung des Seiles, i die Drahtzahl, δ der Drahtdurchmesser, so ist dessen Tragkraft $P = i\,\frac{\delta^2\pi}{4}\,k_z$, wobei bei Materialförderung $k_z = 2000\,\text{kg/cm}^2$, bei Menschenförderung $k_z = 1700\,\text{kg/cm}^2$ angenommen werden kann. Hiebei der Rollendurchmesser $D \geqq 1300\,\delta$. Kleinere Rollendurchmesser erfordern Verkleinerung der Tragkraft.

Tabelle für Kranseile

Seil-durch-messer	108 drähtig (6×18 Drähte und 1 Hanfseele)					162 drähtig (6×27 Drähte und 1 Hanfseele)					216 drähtig (6×36 Drähte und 1 Hanfseele)				
	Draht-stärke	Tragender Draht-querschn.	Rechnungs-mäß. Bruch-festigkeit des Seils	Ungefäh. Meter-gewicht	Kl. zuläss. Biegungs-durch-messer	Draht-stärke	Tragender Draht-querschn.	Rechnungs-mäß. Bruch-festigkeit des Seils	Ungefäh. Meter-gewicht	Kl. zuläss. Biegungs-durch-messer	Draht-stärke	Tragender Draht-querschn.	Rechnungs-mäß. Bruch-festigkeit des Seils	Ungefäh. Meter-gewicht	Kl. zuläss. Biegungs-durch-messer
mm	mm	mm²	kg	kg	mm	mm	mm²	kg	kg	mm	mm	mm²	kg	kg	mm
6½	0,4	13,58	2440	0,135	200	—	—	—	—	—	—	—	—	—	—
7	0,45	17,39	3130	0,173	225	—	—	—	—	—	—	—	—	—	—
8	0,5	21,6	3880	0,213	250	0,4	20,36	3660	0,194	200	—	—	—	—	—
9	0,55	26,06	4690	0,260	275	0,45	26,08	4290	0,246	225	—	—	—	—	—
10	0,6	30,53	5490	0,307	300	0,5	32,40	5830	0,303	250	0,4	27,15	4880	0,266	200
10½	0,65	36,04	6480	0,362	325	—	—	—	—	—	0,45	34,78	6260	0,337	225
11	0,7	41,56	7480	0,418	350	0,55	39,09	7030	0,370	275	—	—	—	—	—
12	0,75	47,92	8620	0,482	375	0,6	45,8	8700	0,436	300	0,5	43,20	7770	0,416	250
13	0,8	54,28	9770	0,546	400	0,65	54,74	9850	0,516	325	0,55	52,12	9380	0,507	275
13½	0,85	61,70	11100	0,62	425	—	—	—	—	—	0,6	61,06	10990	0,60	300
14	0,9	69,12	12440	0,70	450	0,7	62,34	11200	0,60	350	—	—	—	—	—
15	0,95	77,22	13900	0,78	475	0,75	71,88	12930	0,69	375	0,65	72,08	12970	0,71	325
16	1,0	85,32	15350	0,86	500	0,8	81,42	14650	0,78	400	—	—	—	—	—
17	1,05	93,96	16910	0,95	550	0,85	92,55	16650	0,88	425	0,7	83,11	14950	0,82	350
18	1,1	102,60	18460	1,04	600	0,9	103,68	18660	0,99	450	0,75	95,84	17250	0,94	375
19	1,2	122,04	21960	1,22	700	0,95	114,83	21660	1,10	475	0,8	108,56	19540	1,06	400
20	—	—	—	—	—	1,0	127,98	23430	1,22	500	0,85	123,40	22210	1,21	425
21	1,3	143,64	26050	1,44	800	1,05	140,94	25360	1,34	550	0,9	138,24	24880	1,35	450
22	1,4	166,32	29930	1,68	900	1,1	153,90	27700	1,48	600	0,95	154,44	27800	1,51	475
23	—	—	—	—	—	—	—	—	—	—	1,0	170,64	30710	1,66	500
24	1,5	191,16	34400	1,92	1100	1,2	183,06	32950	1,74	700	—	—	—	—	—
25	—	—	—	—	—	1,3	215,46	39780	2,04	800	1,1	205,20	36930	2,02	600
26	1,6	217,08	39070	2,19	1250	—	—	—	—	—	—	—	—	—	—
27	—	—	—	—	—	1,4	249,48	44900	2,39	900	1,2	244,08	43930	2,38	700
29	—	—	—	—	—	1,5	286,74	51610	2,73	1100	1,3	287,28	51710	2,80	800
31	—	—	—	—	—	1,6	325,62	58610	3,11	1250	1,4	332,64	59870	3,27	900

D. Ketten

Ist d die Ketteneisenstärke, so rechnet sich die zulässige Belastung der Kette mit $P = 1000\, d^2$, für Dampfkrane mit $P = 500\, d^2$, soferne der Trommeldurchmesser $D \geq 20\, d$ ist: Kalibrierte Ketten (für verzahnte Kettenräder) sind nur mit $P = 600\, d^2$ bzw. $P = 300\, d^2$ zu belasten.

Kranketten

Ketten-eisen-stärke in mm	Ungefähres Gewicht für 1 m in kg	Höchste zulässige Belastung in kg	Probebelastung in kg	Ketten-eisen-stärke in mm	Ungefähres Gewicht für 1 m in kg	Höchste zulässige Belastung in kg	Probebelastung in kg
5	0,60	250	500	23	13,00	5500	11000
6	0,80	400	800	24	14,50	6250	12500
6,5	0,95	450	900	25	15,00	6500	13000
7	1,10	600	1200	26	16,00	7000	14000
8	1,60	750	1500	28	19,00	8250	16500
9	1,85	900	1800	30	22,00	9500	19000
10	2,25	1000	2000	33	25,00	11500	23000
11	3,00	1250	2500	36	30,00	13000	26000
12	3,50	1500	3000	40	36,00	15000	30000
13	4,00	1800	3600	42	40,00	18500	37000
14	4,50	2100	4200	45	48,00	21000	42000
15	5,00	2400	4800	48	52,00	24000	48000
16	6,00	2750	5500	51	58,00	27500	55000
18	7,00	3500	7000	54	64,00	30000	60000
20	9,50	4250	8500	57	72,00	34000	68000
22	11,00	5000	10000	60	80,00	38000	76000

Für große Lasten statt dieser Gliederketten Gelenk- oder Laschenketten für Zahnradeingriff.

Gelenkketten

Zulässige Belastung in kg ..	1000,	2000,	3000,	4000,	5000,	6000,	7500,	10000,	12500,	15000
Kettengewicht kg/m	3,8,	7,1,	11,1,	16,5,	19,0,	24,0,	31,5,	34,0,	44,8,	51,1
Gliedlänge mm	35,	45,	50,	55,	60,	65,	70,	80,	85,	90
Zahnbreite mm	22,	30,	35,	40,	45,	45,	50,	60,	65,	70
Kettenbreite mm	50,	67,	90,	110,	118,	125,	150,	165,	180,	195

E. Rohre

Ist D der Rohrdurchmesser in cm, p der Flüssigkeitsdruck im Rohrinneren in kg/cm², ist k_z die zulässige Zugbeanspruchung des Rohrmateriales, r ein Rostzuschlag von 0,3 bis 0,5 cm, so rechnet sich bei kleinem p die Wandstärke $\delta = \frac{D\,p}{2\,k_z} + r$, wobei bei genieteten Blechrohren $k_z = 600$ kg/cm², bei nahtlosen Rohren $k_z = 800$ kg/cm² angenommen werden kann. Bei Gußrohren mit kleinem Innendruck ist aus Gußrücksichten $\delta = \frac{D}{50} + 0{,}9$ cm; bei großem Innendruck ist mit r_a als äußerem, r_i als innerem Rohrhalbmesser $r_a = r_i \sqrt{\frac{k_z + 0{,}4\,p}{k_z - 1{,}3\,p}}$, wobei $k_z = 200$ bis 300 kg/cm² für Gußrohre, 500 kg/cm² für Stahlguß zu setzen ist.

Gußrohre als Flanschen- und Muffenrohre laut beigegebenen Tafeln und zugehörigen Abb. 1 und 2. Die darin angegebenen Wandstärken gelten für Rohre, die einem Betriebsdrucke von 10 Atm. ausgesetzt sind. Für kleinere Drucke ist eine Verminderung der Wandstärke zulässig, doch ist hiebei ebenso wie bei eventueller Vergrößerung der Wandstärke, zu beachten, daß der äußere Rohrdurchmesser D feststehend ist, sodaß Änderungen der Wandstärke auch Änderungen der Lichtweite des Rohres zur Folge haben. Bei Flanschenrohren soll in der lotrechten Ebene durch die Rohrachse kein Schraubenloch liegen, soferne die Rohrachse nicht selbst lotrecht steht. Von der Baulänge L des Flanschenrohres, der Nutzlänge L des Muffenrohres wird mitunter abgewichen. Die Tafel enthält auch die Hauptabmessungen der Absperrorgane.

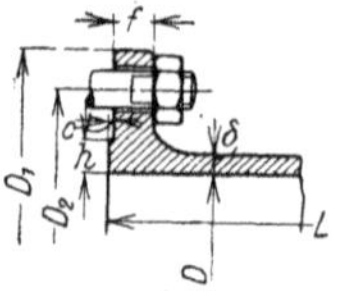

Abb. 1

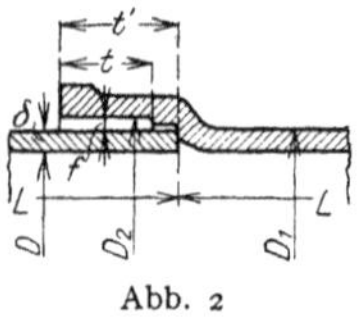

Abb. 2

Normale Flanschenrohre

Lichter Durchmesser D	Normalwandstärke δ für 6 bis 7 Atmosphären	Flanschenrohre												
		Flanschendurchmesser D_1	Flanschendicke f	Schraubenlochkreisdurchmesser D_2	Schrauben			Baulänge L	Gewicht eines Rohres bei vorstehender Baulänge	Gewicht einer Flansche nebst Anschluß	Gewicht für das laufende m Rohr bei vorstehender Baulänge	Schenkellänge der Krümmungs- und **T**-Stücke $L = D + 100$	Dichtungsleiste, falls beliebt	
					Anzahl	Stärke	Durchmesser der Schraubenlöcher						Breite h	Höhe c
mm	mm	mm	mm	mm		mm	mm	m	kg	kg	kg	mm	mm	
40	8	140	18	110	4	13	15	2	21,28	1,89	10,64	140	25	3
50	8	150	18	125	4	15,5	17	2	25,96	2,41	12,98	150	25	3
60	8,5	175	19	135	4	15,5	17	2	32,44	2,96	16,22	160	25	3
70	8,5	185	19	145	4	15,5	17	3	52,02	3,21	17,34	170	25	3
80	9	200	20	160	4	15,5	17	3	62,40	3,84	20,80	180	25	3
90	9	215	20	170	4	15,5	17	3	69,61	4,37	23,20	190	25	3
100	9	230	20	180	4	19	21	3	76,94	4,96	25,65	200	28	3
125	10	260	21	210	4	19	21	3	99,82	6,26	33,27	225	28	3
150	10	290	22	240	6	19	21	3	124,70	7,69	41,57	250	28	3
175	10,5	320	22	270	6	19	21	3	151,00	8,98	50,33	275	30	3
200	11	350	23	300	6	19	21	3	180,00	10,71	60,00	300	30	3
225	11,5	370	23	320	6	19	21	3	207,89	11,02	69,30	325	30	3
250	12	400	24	350	8	19	21	3	240,79	12,98	80,26	350	30	3
275	12,5	425	25	375	8	19	21	3	274,37	14,41	91,46	375	30	3
300	13	450	25	400	8	19	21	3	308,68	15,32	102,89	400	30	3
325	13,5	490	26	435	10	22,5	25	3	351,20	19,48	117,07	425	35	4
350	14	520	26	465	10	22,5	25	3	390,79	21,29	130,26	450	35	4
375	14	550	27	495	10	22,5	25	3	420,70	24,29	140,23	475	35	4
400	14,5	575	27	520	10	22,5	25	3	461,55	25,44	153,85	500	35	4
425	14,5	600	28	545	12	22,5	25	3	490,73	27,64	163,58	525	35	4
450	15	630	28	570	12	22,5	25	3	536,39	29,89	178,80	550	35	4
475	15,5	655	29	600	12	22,5	25	3	584,33	32,41	194,78	575	40	4
500	16	680	30	625	12	22,5	25	3	633,00	34,69	211,17	600	40	4
550	16,5	740	33	675	14	26	28,5	3	727,26	44,28	242,42	—	40	5
600	17	790	33	725	16	26	28,5	3	811,52	47,41	270,51	—	40	5
650	18	840	33	775	18	26	28,5	3	921,84	50,13	307,28	—	40	5
700	19	900	33	830	18	26	28,5	3	1046,45	56,50	348,82	—	40	5
750	20	950	33	880	20	26	28,5	3	1171,90	59,18	390,63	—	40	5

Normale Muffenrohre und Baulängen von Schiebern, Hähnen und Ventilen

Lichter Durchmesser D	Normale Wandstärke δ	Muffenrohre: Stärke der Dichtungsfuge f	Innere Muffenweite D_2	Innere Muffentiefe t'	Dichtungstiefe t	Gewicht einer Muffe	Nutzlänge eines Rohres L	Gewicht für den laufenden m Rohr bei vorstehender Nutzlänge	Schieber, Hähne und Ventile: Schieberlänge von Flansch zu Flansch $D + 200$	Durchgangsventile und gußeiserne Hähne; Länge von Flansch zu Flansch $D + 100$	Eckventile; Länge der Schenkel von Mitte bis Flansche $D + 50$
mm	mm	mm	mm	mm	mm	kg	m	kg	mm	mm	mm
40	8	7	80	74	62	2,68	2	10,09	240	180	90
50	8	7,5	81	77	65	3,14	2	12,14	250	200	100
60	8,5	7,5	92	80	67	3,89	2	15,21	260	220	110
70	8,5	7,5	102	82	69	4,35	3	16,65	270	240	120
80	9	7,5	113	84	70	5,09	3	19,94	280	260	130
90	9	7,5	123	86	72	5,70	3	22,19	290	280	140
100	9	7,5	133	88	74	6,20	3	24,41	300	300	150
125	9,5	7,5	159	91	77	7,64	3	31,65	325	350	175
150	10	7,5	185	94	79	9,89	3	39,74	350	400	200
175	10,5	7,5	211	97	81	12,00	3	48,36	375	450	225
200	11	8	238	100	83	14,41	3	57,66	400	500	250
225	11,5	8	264	100	83	16,89	3	67,57	425	550	275
250	12	8,5	291	103	84	19,61	4	76,51	450	600	300
275	12,5	8,5	317	103	84	22,51	4	87,48	475	650	325
300	13,	8,5	343	105	85	25,78	4	99,13	500	700	350
325	13,5	8,5	369	105	85	28,83	4	111,29	525	750	375
350	14	8,5	395	107	86	32,23	4	124,13	550	800	400
375	14	9	421	107	86	34,27	4	132,61	575	850	425
400	14,5	9,5	448	110	88	39,15	4	146,68	600	900	450
425	14,5	9,5	473	110	88	41,26	4	155,46	625	950	475
450	15	9,5	499	112	89	44,90	4	170,10	650	1000	500
475	15,5	9,5	525	112	89	48,97	4	185,41	675	1050	525
500	16	10	552	115	91	54,48	4	201,66	700	1100	550
550	16,5	10	603	117	92	62,34	4	228,49	750	—	—
600	17	10,5	655	120	94	71,15	4	256,69	800	—	—
650	18	10,5	707	122	95	83,10	4	294,64	850	—	—
700	19	11	760	125	96	98,04	4	335,66	900	—	—
750	20	11	812	127	97	111,29	4	378,58	950	—	—
800	21	12	866	130	98	129,27	4	425,01	1000	—	—
900	22,5	12,5	970	135	101	160,17	4	512,80	1100	—	—
1000	24	13	1074	140	104	195,99	4	608,76	1200	—	—
1100	26	13	1178	145	106	243,76	4	727,75	—	—	—
1200	28	13	1282	150	108	294,50	4	856,78	—	—	—

Bei Gußrohren sind normale Formstücke üblich, so z. B.:

Abzweigstücke, bei denen von einem Muffenrohr rechtwinklig ein Flanschen- oder Muffenrohr abzweigt. Hiebei die Entfernung a des Schnittpunktes beider Rohrachsen von der Muffeninnenkante des Hauptrohres: $a = 0{,}2\,D + 0{,}5\,d + 100$ mm, wobei D und d die Lichtweiten von Rohr und Abzweigstutzen sind. Die Baulänge L_1 des Abzweigstutzens von Außenkante Hauptrohr an gemessen: $L_1 = 0{,}1\,d + 100$ mm bei abzweigendem

Flanschenrohr, $L_1 = 2\,t'$ bei abzweigendem Muffenrohr, wobei t' die Muffentiefe der Abzweigung ist.

Abzweigstücke für Muffenrohre mit unter 45^0 geneigter Muffenabzweigung, mit $a = 0{,}1\,D + 0{,}7\,d + 80$ mm, $L_1 = 0{,}75\,a$.

Krümmer mit $R = 10\,D$ als Krümmungshalbmesser der Rohrachse des Muffenrohres, mit Umlenkungswinkeln α von 45, 30, 22,5 und 15^0.

T-Stücke und Kreuzstücke für Flanschenrohre mit Baulängen L (vom Kreuzungspunkte der Rohrachsen aus gemessen) $L = D + 100$ mm.

90^0 Krümmer für Flanschenrohre mit Baulängen L der Rohrschenkel (vom Kreuzungspunkte der Rohrachsen aus gemessen) $L = D + 100$ mm. Die Krümmung beginnt unmittelbar hinter den Flanschen.

Gewichte der Abzweigstücke mit rechtwinkliger Abzweigung

d mm	D = 80	90	100	125	150	175	200	225	250	275	300	350	400	450	550	600 mm
	kg															
80	30	32	35	49	59	79	88	95	111	126	146	174	210	240	284	327
100	—	—	37	51	63	81	90	97	113	128	148	178	212	243	288	330
150	—	—	—	—	68	84	91	100	116	131	152	182	216	248	293	307
200	—	—	—	—	—	—	97	104	121	136	155	187	222	255	300	346
300	—	—	—	—	—	—	—	—	—	—	162	199	234	268	312	426
400	—	—	—	—	—	—	—	—	—	—	—	—	299	340	388	452

Gewichte der Abzweigstücke mit 45 gradiger Abzweigung

d mm	D = 80	90	100	125	150	175	200	225	250	275	300	350	400	450	500 mm
	kg														
80	37	39	42	57	69	88	95	102	115	133	149	179	213	250	294
100	—	—	48	60	72	91	98	105	118	136	152	182	221	253	297
150	—	—	—	—	82	101	108	115	128	146	162	192	231	263	307
200	—	—	—	—	—	—	119	126	139	157	173	203	242	267	320
300	—	—	—	—	—	—	—	—	—	—	229	261	309	355	410

Gewichte von Krümmern

α^0	D = 40	50	60	70	80	90	100	125	150	175	200	225	250	275	300	350	400	450	500 mm
45	7	9	13	16	21	25	30	45	66	94	—	—	—	—	—	—	—	—	—
30	6	7	9	13	16	18	22	33	48	66	87	112	142	176	215	—	—	—	—
22,5	—	—	—	—	14	16	18	28	39	53	70	99	113	140	170	240	—	407	—
15	—	—	—	—	—	—	—	—	—	—	—	—	83	—	123	173	230	290	376

Gewichte von Flanschenformstücken

Formstück...	D = 40	50	60	70	80	90	100	125	150	175	200	225	250	275	300	325	350	375	400 mm
T-Stück ...	10	13	15	19	21	25	29	40	52	64	76	88	110	135	165	190	220	255	290
Kreuzstück ..	13	17	20	25	28	33	39	53	69	85	102	117	147	180	205	255	295	340	390
90^0 Krümmer	7	8	10	13	15	18	20	26	35	45	55	65	80	95	110	130	150	175	200

Schmiedeiserne Rohre mit stumpfer Schweißnaht für Gas- und Wasserleitungen. Übliche Abmessungen aus folgender Tafel, worin D in engl. Zoll die Lichtweite, s die Wandstärke in mm, G das Rohrgewicht in kg/m.

Gasrohre

D =	1/8	1/4	3/8	1/2	5/8	3/4	7/8	1	1 1/4	1 1/2	1 3/4	2	2 1/4	2 1/2	2 3/4	3	3 1/2	4
s =	1,9	2,1	2,3	2,7	3	3	3,3	3,3	3,7	3,9	4	4,3	4,5	4,7	4,8	5	5,3	5,3
G =	0,4	0,57	0,87	1,15	1,50	1,72	2,25	2,44	3,4	4,2	4,6	5,8	6,8	7,7	8,9	10	11,5	13,5

Überlappt geschweißte Rohre als Siederohre mit 15 at zulässigen Betriebsüberdruck nach folgender Tafel, worin D den Außendurchmesser, d den Innendurchmesser, G das Rohrgewicht in kg/m darstellt.

Siederohre

D engl. Zoll	1 1/2	1 5/8	1 3/4	1 7/8	2	2 1/8	2 1/4	2 3/8	2 1/2
D mm	38	41	44	47	51	54	57	60	63
d mm	34	37	40	43	46	49	52	54	57
G kg/m	2,0	2,2	2,3	2,5	3,0	3,2	3,6	4,1	4,5
D engl. Zoll	2 3/4	3	3 1/4	3 1/2	3 3/4	4	4 1/4	4 1/2	4 3/4
D mm	70	76	83	89	95	102	108	114	121
d mm	64	70	77	83	89	95	100	106	113
G kg/m	4,9	5,3	6,3	6,8	7,3	9,0	9,5	10,1	11,4
D engl. Zoll	5	5 1/4	5 1/2	5 3/4	6	6 1/4	6 1/2	6 3/4	7
D mm	127	133	140	146	152	159	165	171	178
d mm	119	125	131	137	143	150	156	162	169
G kg/m	12,0	12,7	14,8	15,5	16,2	17,0	17,6	18,3	19
D engl. Zoll	7 1/2	8	8 1/2	9	9 1/2	10	10 1/2	11	
D mm	190	203	216	229	241	254	267	279	
d mm	180	192	203	216	228	241	253	264	
G kg/m	25	27	33	35	37	39	44	49	

F. Transmissionen

1. Achsen und Wellen

Auf Biegung beanspruchte **Achsen**, Berechnung nach $M_b = 0{,}1\, d^3\, k_b$, wobei M_b das Biegungsmoment der Achse in kg/cm, d die Achsenstärke in cm, k_b die Biegungsbeanspruchung der Achse in kg/cm². Man wählt $k_b = 600$ bis 800 kg/cm².

Auf Drehung beanspruchte **Wellen**, Berechnung nach

$$M_d = 71620\,\frac{N}{n} = 0{,}2\, d^3\, k_d,$$

wobei M_d das Drehungsmoment der Welle in kg/cm, N die von der Welle zu übertragende Leistung in PS, n die minutliche Umdrehungszahl der Welle, d die Wellenstärke in cm und k_d die Drehungsbeanspruchung des Wellenmateriales in kg/cm². Man wählt $k_d = 200$ bis 400 kg/cm².

Auf Biegung und Drehung beanspruchte Wellen, Berechnung nach $d = 14{,}4\,\sqrt[4]{\frac{N}{n}}$. Man erhält die Werte:

$d =$	3,	4,	5,	6,	7,	8,	9,	10,	11 cm
$\frac{N}{n} =$	0,009,	0,021,	0,042,	0,072,	0,114,	0,171,	0,243,	0,333,	0,444
	12,	13,	14,	15 cm.					
	0,576,	0,732,	0,915,	1,125.					

Genaue Berechnung derartiger Wellen nach $M_i = 0{,}1\, d^3\, k_b$, wobei $M_i = {}^3/_8\, M_b + {}^5/_8 \sqrt{M_b^2 + M_d^2}$.

2. Lager

Berechnung auf Biegung, Flächenpressung und Reibungsarbeit. Auf Biegung nach $\frac{P\,l}{2} = 0{,}1\, d^3\, k_b$, wobei P die Lagerbelastung in kg, l die Schalenlänge des Lagers in cm, d die Wellenstärke im Lager in cm, k_b die Biegungsbeanspruchung in kg/cm². Man wählt $k_b = 600$ bis 800 kg/cm² und macht $l = 2\,d$ bis $3\,d$. Auf Flächenpressung nach $P = k\,l\,d$, wobei der zulässige Flächendruck $k = 30$ bis 40 kg/cm² für Bronzeschalen, $k = 15$ bis 20 kg/cm² für Weißmetallschalen. Auf Reibungsarbeit nach $k v = 20$ bis 60, wobei v die Gleitgeschwindigkeit im Lager. Ersterer Wert soll bei nicht gekühltem Lager, letzterer bei gekühltem Lager nicht überschritten werden.

Gewichte von Lagern

Bohrung mm	30,	40,	50,	60,	70,	90,	100,	120,	150,	170,	200,	250,	275
Lagergewicht kg	7,	11,	19,	27,	38,	65,	93,	145,	230,	365,	540,	800,	1220

3. Kupplungen

Feste und lösbare Kupplungen. Feste z. B. die Schalen- und Scheibenkupplung; lösbar die Klauenkupplung; nachgiebig die Lederbandkupplung; während des Betriebes ein- und ausrückbar die Reibungskupplung.

Gewichte von Kupplungen

Wellenstärke mm	30	40	50	60	70	80	90	100	110	120	130	140	150
Schalenkupplung	8	13	20	31	44	59	79	96	124	150	—	—	—
Scheibenkupplung	—	—	—	30	42	55	76	92	112	138	158	180	215
Klauenkupplung	—	19	25	35	47	61	80	110	140	170	200	244	304
Lederbandkupplung	13	28	55	85	—	—	170	—	—	345	—	640	—
Reibungskupplung	—	40	70	150	210	320	490	—	740	1050	—	1600	—

4. Riemen- und Seiltrieb

Umfangskraft P in kg, wenn N PS bei v m/sek Umfangsgeschwindigkeit zu übertragen sind, aus $P = \frac{75\,N}{v}$. Daraus bei Riementrieb Riemenbreite b in cm nach $b = \frac{P}{p}$, wobei für Überschlagsrechnungen $p = 10$, genauer nach folgender Zahlentafel, wobei die fettgedruckten Werte für Doppelriemen, die übrigen für einfache Riemen gültig.

Umfangskraft p pro cm Riemenbreite

Scheiben-durchmesser mm	Riemengeschwindigkeit v m/sek									
	3		5		10		20		30	
200	3	—	4	—	5	—	6	—	6,5	—
300	4	**5**	5	**6**	6	**7**	7,5	**9,5**	8,5	**10**
400	5	**6,5**	6	**8**	7	**9**	9	**11**	10	**12**
500	6	**8**	7	**9,5**	8	**11**	10	**13**	11	**13,5**
750	8	**11**	9	**12,5**	10	**14**	12	**17,5**	13	**18,5**
1000	9	**13**	10	**15**	11	**17**	13	**21**	14	**22**
1500	10	**15**	11	**17**	12	**19**	13,5	**23**	14,5	**26**

Achsbelastung $= 5\,P$ mit Rücksicht auf die Montierungsspannung des Riemens.

Gewichtstafel von Riemenscheiben

(die obere Zahl gibt für die ungeteilte, die untere für die geteilte Scheibe das Gewicht in kg)

Scheiben-durch-messer mm	Scheibenbreite in mm										
	75	100	125	150	200	250	300	350	400	450	500
200	6	7	8	10	12	14	18	25	30	—	—
	7	8	10	11	14	16	21	28	33	—	—
300	10	11	13	15	17	22	27	33	43	—	—
	11	12	14	16	19	26	31	43	53	—	—
400	15	16	18	20	23	32	37	52	58	—	—
	16	18	19	21	28	36	44	61	73	—	—
500	20	21	23	28	33	42	49	67	74	86	98
	21	23	25	31	38	47	59	81	95	96	108
600	24	25	27	35	42	50	61	83	92	106	122
	26	28	30	39	48	59	71	99	117	120	136
700	28	31	34	43	52	62	75	100	112	130	146
	31	34	38	48	59	71	85	121	141	148	164
800	—	39	42	51	62	76	89	120	132	154	174
	—	43	47	58	71	85	101	145	165	178	192
900	—	47	50	59	72	90	105	141	154	182	204
	—	52	56	68	84	99	119	171	191	210	224
1000	—	55	58	69	84	104	123	165	178	212	236
	—	61	65	79	98	115	137	199	217	244	260
1100	—	64	68	79	96	122	142	189	202	244	268
	—	71	76	91	113	131	157	229	247	280	298
1200	—	74	80	91	110	140	162	217	230	280	304
	—	82	89	103	129	149	177	261	279	318	338
1300	—	84	92	105	126	160	184	245	260	316	344
	—	93	102	117	146	169	198	295	313	358	382
1400	—	—	—	119	142	182	207	277	292	354	388
	—	—	—	133	164	191	222	331	349	400	428
1500	—	—	—	135	162	204	231	310	326	394	432
	—	—	—	151	183	215	248	369	387	444	478

Bei Seiltrieb ist die Umfangskraft $P = 3\,d^2$ bis $4\,d^2$, soferne d den Seildurchmesser bedeutet. Hiebei der Seilscheibendurchmesser $D > 30\,d$. Für $D > 50\,d$ kann $P = 5\,d^2$ bis $6\,d^2$ angenommen werden. Seilgeschwindigkeit 20 bis 25 m/sek.

Achsbelastung = 8 P mit Rücksicht auf Montierungsspannung des Seiles und Luftfeuchtigkeit.

Gewichtstafel von Seilscheiben für 45 mm Hanfseil

(Die obere Zahl gibt für die ungeteilte, die untere für die geteilte Scheibe das Gewicht in kg)

Scheiben-durchmesser mm	Rillenzahl									
	1	2	3	4	5	6	7	8	9	10
1100	140 160	200 230	270 315	330 390	390 460	460 545	545 630	620 715	695 795	765 875
1200	155 175	220 250	290 335	360 420	430 500	500 585	605 690	680 775	755 855	835 945
1300	170 195	245 280	315 365	390 455	470 545	545 640	665 760	745 850	825 935	910 1030
1400	190 215	270 305	345 395	425 490	510 585	590 685	730 825	810 915	900 1010	985 1105
1500	205 230	295 335	375 430	460 530	550 635	635 740	790 895	880 995	970 1090	1065 1200
2000	305 335	420 470	535 605	655 740	770 870	885 1010	1125 1250	1255 1395	1370 1515	1495 1655
2500	420 460	575 640	730 820	885 995	1048 1170	1200 1355	1545 1700	1705 1875	1865 2045	2015 2215
3000	— —	770 845	970 1070	1175 1300	1380 1530	1585 1760	2055 2230	2260 2450	2465 2670	2670 2895

G. Windkraftmaschinen

Durchschnittliche Dauer ausnützbarer Winde in Stunden/Jahr:	831	1350	1661	1722	1287	868	720
Windgeschwindigkeit in m/sek:	2—3	3—4	4—5	5—6	6—7	7—8	8—12

Ideelle Leistung des Windes bei F m² Nutzfläche und c m/sek Windgeschwindigkeit $N_i = 0{,}00085\ Fc^3$ PS, Wirkungsgrad des Windrades 0,6 bis 0,7.

Leistungstafel von Windrädern in *PS*

Windrad-durchmesser in m		3,5	4	4,5	5	5,5	6	6,5	7	7,5	8	8,5	9	10	11	12
Wind-geschwindigkeit in m/s	4—5	0,3	0,5	0,75	1	1,25	1,5	1,75	2	2,25	2,5	2,75	3	4	5	6
	6—7	1	1,5	2	2,5	3	4	4,5	5	5,5	6	6,5	7	8	10	14
	8	1,5	2	3	4	5	6	7	8	9	10	11	12	14	15	20

H. Wasserkraftmaschinen

Ist Q die sekundliche Wassermenge in m³, H das effektive Gefälle in m, η der Wirkungsgrad der Wasserkraftmaschine, so ist deren Nutzleistung $N = \frac{1000\,Q\,H}{75}\,\eta$. Für erste Rechnung $\eta = 0{,}75$, dann $N = 10\,Q\,H$. Erreichte Wirkungsgrade $\eta = 0{,}8$ bis $0{,}87$.

Geläufige Turbinensysteme: Freistrahlturbinen für Hochgefällsanlagen, Francisturbinen für Mittel- und Niederdruckanlagen, Propellerturbinen für Niederdruckanlagen und Stromkraftwerke. Wahl der Turbinenart nach der spezifischen Umlaufszahl $n_s = \frac{n}{H}\sqrt{\frac{N}{\sqrt{H}}}$, wobei n die Drehzahl der Turbine. Es ist $n_s = 10 - 20$ bei eindüsigen Freistrahlturbinen, 20 bis 35 bei zweidüsigen Freistrahlturbinen, 35 bis 50 bei drei- und vierdüsigen Freistrahlturbinen, 50 bis 100 bei Francislangsamläufern, 100 bis 200 bei Francisnormalläufern, 200 bis 300 bei Francisschnelläufern, 300 bis 400 bei Francisoberschnelläufern, 400 bis 500 bei Expreßturbinen, 500 bis 700 bei langsamlaufenden Propellerrädern, 700 bis 1000 bei raschlaufenden Propellerrädern.

Bei Zwillingsturbinen erhöht sich n_s auf das $\sqrt{2}$-fache, bei Drillingsturbinen auf das $\sqrt{3}$-fache, bei Vierlingsturbinen auf das $\sqrt{4}$-fache.

Bis 12 m Gefälle offener Einbau der Turbinen, darüber geschlossener Einbau (Kessel-, Frontal- und Spiralturbine).

Wasserkraftanlagen siehe S. 541.

J. Dampfkessel

Ist G die für den Kessel erforderliche Grundfläche in m², D die stündlich mit dem Kessel erzeugte Dampfmenge in kg, ist H die Heizfläche des Kessels in m², so ergibt sich für die verschiedenen Kesselsysteme folgende Zusammenstellung. Bei neueren Hochleitungskesseln $\frac{D}{H}$ bis zu 40 kg/m².

Kesselsysteme

Bauart des Kessels	H_{max}	$\frac{G}{H}$	$\frac{D}{H}$
Walzenkessel	30	0,5 —0,7	20—25
Batteriekessel (Walzenkessel mit Unterkessel)	80	0,3 —0,6	20—25
Einflammrohrkessel	30—50	0,5 —0,7	20—25
Zweiflammrohrkessel	100—120	0,45—0,5	22—28
Flammrohr-Doppelkessel	150	0,25—0,4	20—22
Feuerrohrkessel mit Unterfeuerung	150	0,2 —0,3	15—18
Feuerrohrkessel mit Feuerbüchse	200	0,2 —0,3	17—22
Flammrohr-Heizrohr-Doppelkessel	250	0,15—0,2	18—20
Wasserrohrkessel mit zwei Wasserkammern	500	0,13—0,15	20—22
Wasserrohr-Steilrohrkessel	1000	0,07—0,1	12—14
Kleinkessel stehender Bauart mit Feuerbüchse und Quersiedern	10	0,15—0,3	15
Kleinkessel stehender Bauart mit Heizrohren	20	0,06—0,1	12

Die stündlich für den Betrieb des Kessels erforderliche Brennstoffmenge B in kg bzw. in m³ ergibt sich aus folgender Zusammenstellung, wobei wieder D die stündlich mit dem Kessel erzeugte Dampfmenge in kg bedeutet.

Verdampfungsfähigkeit einzelner Brennstoffe

Brennstoff	Heizwert	$\frac{D}{B}$
Oberschlesische Steinkohle	6500 WE	7,3—7,7
Westphälische Steinkohle	7800 WE	8,5—9,0
Gaskoks	6800 WE	7,6—7,8
Böhmische Braunkohle	4600 WE	5,4—5,5
Lausitzer Braunkohle	2300 WE	2,1—2,3
Torf	1800 WE	1,8—2,0
Holz	3000 WE	3,2—3,4
Stroh	1500 WE	1,7—1,8
Lohe	1000 WE	1,1—1,2
Rohöl, Teeröl	10000 WE	9—12
Gichtgas	850 WE/m³	0,8—0,9
Koksofengas	4500 WE/m³	4,1—4,5
Kraftgas	1230 WE/m³	1,2—1,4

Die mittlere Zusammensetzung von festen und gasförmigen Brennstoffen ist aus folgenden Zahlentafeln zu entnehmen.

Zusammensetzung von Kohlen und Koks

Art der Kohle	C	H	$O+N$	S	H_2O	Asche	Flüchtige Bestandteile
Braunkohle	30—45	2,5—4	10—13	1—4	28—50	2—10	28—36
Magerkohle	85—93	3—4	2,2—3,5	0,7—2	0—0,8	1—4	5—10
Fettkohle	80—83	4—5	3—7	1—1,7	1—1,5	1—8	16—23
Gaskohle	80—82	0—5	6—10	0,5—1,9	1,5—2	2,5—6,5	25—28
Briketts	82—83	1	3	1	1	7—8	13
Koks	83	1	2	1	1	10	2

Zusammensetzung von gasförmigen Brennstoffen

Art des Gases	CH_4	H	CO	CO_2	N	H_2O	$C_m H_m$
Leuchtgas	35	48	7	2,75	2,75	—	4,5
Kraftgas aus Koks	2	7	27,6	4,8	58,6	—	—
Kraftgas aus Anthrazit	2	24	16,6	11,4	46	—	—
Gichtgas	0,5	3	26	9,5	56	5	—
Koksofengas	32	55	7	1	1	1	—

Die theoretische Luftmenge L, welche zur Verbrennung von 1 kg Brennstoff erforderlich ist, bestimmt sich zu

$$L = \frac{{}^8/_3\, C + 8\, H + S - O}{0{,}23} \text{ kg oder } L = \frac{{}^8/_3\, C + 8\, H + S - O}{0{,}3} \text{ m}^3,$$

letzteres bezogen auf 0° C und 760 mm Quecksilbersäule.

Die wirklich erforderliche Luftmenge stellt sich auf 1,5 bis 2 L und mehr. Im Mittel ist $L = 15$ bis 24 kg Luft für 1 kg Kohle.

Der **lichte Querschnitt** F **der oberen Schornsteinmündung** in m² bestimmt sich aus der Gleichung $F = \frac{B\, L\, (1 + a\, t)}{3600\, \gamma\, \delta\, v}$, wobei B die stündlich von der Kesselanlage verzehrte Brennstoffmenge in kg, L wie oben die

Luftmenge in kg, $\alpha = \frac{1}{273}$ die Wärmeausdehnungszahl der Gase, t die Temperatur der Rauchgase an der Schornsteinmündung, γ das spezifische Gewicht von 1 m³ Luft von 0° C und 760 mm Quecksilbersäule, δ die Dichte der Rauchgase, bezogen auf Luft von 0° C und v die Ausströmgeschwindigkeit der Rauchgase an der Schornsteinmündung in m/sek ist. Für mittlere Verhältnisse ist $L = 19$ kg, $t = 235^0$ C, $\gamma = 1{,}29$, $\delta = 1$, $v = 4$ m/sek, daher $F = 0{,}0019\, B$. Ist d die Lichtweite der oberen Schornsteinmündung, so ist die Höhe H dieser Mündung über dem Roste $H = 15\, d + 10$ m. Bauliche Ausführung des Schornsteines, siehe S. 409.

K. Dampfmaschinen

Je nach Leistung und Ausführung der Kolbendampfmaschinen erzielt man pro PS-Stunde bei Verwendung gesättigten Dampfes den in folgender Zahlentafel angegebenen Dampfverbrauch. Bei Verwendung mäßig (bis 250° C) überhitzten Dampfes erzielt die Einzylindermaschine eine Ersparnis von 20, die Mehrzylindermaschine eine Ersparnis von 10 v. H. Bei hoher Überhitzung sind weitere Ermäßigungen zu erreichen, ebenso bei Verwendung sehr hochgespannten Dampfes.

Dampfverbrauch von Kolbendampfmaschinen

Maschinenart	Leistung PS	Dampfverbrauch kg/PS-St
Einzylinderauspuffmaschine	unter 100	20—12
Einzylinderkondensationsmaschine	unter 100	13—9
Verbundmaschine mit Kondensation	100 bis 500	8—7
Dreifachexpansionsmaschine mit Kondensation	über 500	7—6

Kondensationsmaschinen benötigen bei Mischkondensation 25 bis 30, bei Oberflächenkondensation 40 bis 50 l Wasser pro kg niederzuschlagenden Dampfes.

Bei Rückkühlung des Kühlwassers benötigen Kühlteiche 3 bis 4 m²/PS, offene Gradierwerke 0,3 bis 0,1 m² Grundfläche/PS, geschlossene Gradierwerke 1 m² für je 400 kg Abdampf pro Stunde, Kaminkühler 1,25 m² für 100 kg Abdampf pro Stunde + 5 m² Zuschlag.

L. Dampfturbinen

Dampfturbinen sind nur ökonomisch in größeren Leistungen. Man rechnet mit einem Dampfverbrauch nach folgender Zusammenstellung, in welcher auch der Platzbedarf der Dampfturbine zum Ausdruck kommt.

Turbinenleistung in KW	Dampfverbrauch in kg pro K W—St	Krafterzeugnis in K W pro m² Grundfläche
5000	5,75	130
10000	5,50	190
15000	5,40	230
20000	5,30	260
25000	5,20	275

M. Verbrennungsmotoren

Die flüssigen Brennstoffe mit einer Zusammensetzung von 80 bis 87 v. H. C, 10 bis 15 v. H. H und 1 bis 1,5 v. H. Verunreinigungen sind durch folgende Zusammenstellung gegeben:

Flüssige Brennstoffe

Brennstoff	Spezifisches Gewicht	Flamm-punkt	Siede-punkt	Heizwert in W E/kg	Luftbedarf in m³/kg
Benzin.....	0,67—0,7	unter 20°	65°—90°	11000	17
Ligroin	0,7 —0,72	unter 21°	80°—110°	10500	17
Rohöl	0,82—0,88	24°—30°	—	10000	19
Petroleum..	0,8 —0,82	über 21°	über 150°	10500	20
Benzol	0,88	über 21°	über 150°	9500	13
Rohspiritus	0,83	über 21°	über 150°	5700	10

Gasförmige Brennstoffe: Koksofengas liefert 5 PS pro Tonne verkokste Kohle in 24 Stunden, Gichtgas 42 PS pro in 24 Stunden erzeugte Tonne Roheisen. Kraftgas benötigt pro PS-Stunde 0,5 kg Koks, 0,46 bis 0,35 kg Anthrazit oder 0,7 kg Braunkohlenbriketts. 1 kg Koks liefert hiebei 4 bis 4,8 m³, Anthrazit 4,5 m³ und Braunkohle 1 bis 2,2 m³ Gas.

Der **Brennstoffverbrauch** stellt sich im Mittel für die effektive PS-Stunde auf 2,00 bis 3,00 m³ bei Gichtgas, 0,45 bis 0,60 m³ bei Leuchtgas, 0,37 bis 0,55 kg bei Anthrazit 0,43 bis 0,65 kg bei Koks, 0,4 bis 0,5 kg bei Petroleum, 0,19 bis 0,24 kg bei Rohöl, 0,2 bis 0,3 kg bei Benzin.

Der Kühlwasserbedarf beträgt bei Durchflußkühlung 20 bis 30 l/PS-Stunde. Rückkühlung bei Fahrzeugmotoren üblich.

Drehzahlen und Gewichte von Gasmotoren

Leistung PS.	2	4	8	10	20	30	40	60	80	100	130	155	180	210	250
Drehzahl U/min.....	460	370	320	290	250	220	215	190	190	190	180	170	160	150	150
Gewicht kg .	465	610	985	1275	2620	3350	5090	7540	10925	13275	18625	22675	30625	34825	40925

N. Hebezeuge

Flaschenzüge dienen zum Heben kleinerer und mittlerer Lasten. Ist n die Gesamtzahl aller Rollen, wovon nach Abb. 3 $\frac{n}{2}$ fest, $\frac{n}{2}$ lose sind, so ist $P = \frac{1}{\eta}\,\frac{Q}{n}$, wobei P die Kraft (15 bis 20 kg bei 1 Arbeiter), Q die Last, η der Wirkungsgrad des Flaschenzuges ist, der sich mit

$$\eta = \frac{1}{n\,\varepsilon^n}\;\frac{\varepsilon^n - 1}{\varepsilon - 1}$$

berechnet, wobei je nach Steilsteifigkeit und Zapfenreibung der Rollen $\varepsilon = 1{,}04$ bis $1{,}05$. Größere Leistungsfähigkeit durch Einbau von Räderwerken, z. B. Schneckengetrieben (Abb. 4). Solche Flaschenzüge werden nach folgender Zahlentafel geliefert, wobei Q die Tragkraft

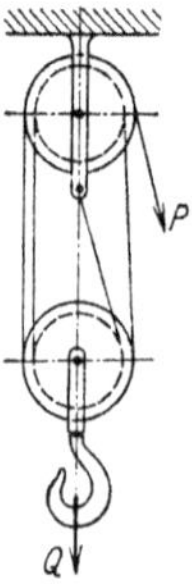

Abb. 3

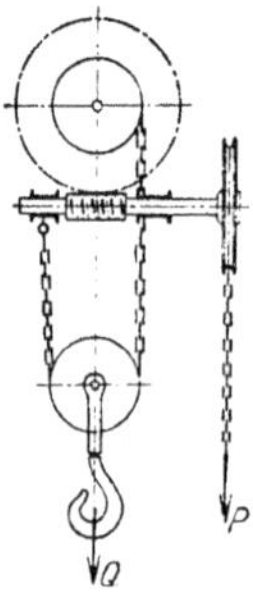

Abb. 4

in kg, G das Eigengewicht mit Ketten für 3 m Hub, g das Gewicht der Last- und Handkette für 1 m größere Hubhöhe, H die Bauhöhe in zusammengezogenem Zustande in mm und d die Ketteneisendicke in mm bedeutet.

Flaschenzüge

Q	300	500	600	1000	1500	2000	3000	4000	5000
G	22	25	28	37	46	65	78	100	120
g	2,5	3	3,5	4,5	5	7	8	10	12
H	450	500	600	740	800	900	1000	1120	1200
d	7	7	8	8	9	10,5	12	14	16

Schraubenwinden für große Lasten (2 bis 20 t) und kleine Hubhöhen 0,2 bis 0,4 m in Verwendung; ähnlich **Zahnstangenwinden.**

Räderwinden als Bauwinden beliebt. Ist P (Abb. 5) die Kraft an der Kurbel, welche pro Arbeiter mit 10 bis 15 kg bei dauernder, mit 20 kg bei vorübergehender Inanspruchnahme angenommen werden kann, ist R der Kurbelarm, welcher 300 bis 400 mm beträgt, so ist $P.R$ das Kraftmoment. Bedeutet Q die Last, D den Trommeldurchmesser, der aus der Kette oder dem Seil, das um die Trommel geschlungen wird, nach den Angaben unter C und D gegeben ist, so ist $Q \frac{D}{2}$ das Lastmoment. Der Wirkungsgrad η der Winde setzt sich aus den Produkten der einzelnen Teilwirkungsgrade $\eta = \eta_1 \cdot \eta_2 \cdot \eta_3$ zusammen,

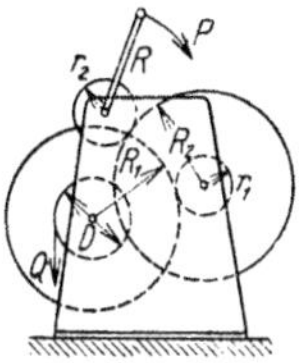

Abb. 5

wobei z. B. η_1 und η_2 die Wirkungsgrade der Verzahnungen, η_3 den Wirkungsgrad der Trommel darstellt. Es ist $\eta_1 = \eta_2 = 0{,}92$ bei unbearbeiteten, 0,95 bei bearbeiteten Zahnrädern, $\eta_3 = 0{,}95$ bei Seil- und Kettentrommeln. Alle diese Größen hängen durch die Beziehung $\varphi = \eta \frac{\text{Kraftmoment}}{\text{Lastmoment}}$ zusammen, wobei $\varphi = \frac{r_1\, r_2}{R_1\, R_2}$ die Übersetzung der Räderwinde ist.

Bei motorischem Antriebe ist $\varphi = \frac{\text{Drehzahl der Trommel}}{\text{Drehzahl des Motors}}$; Kraftbedarf $= \frac{Q\, v}{75\, \eta}$, wobei v die Lasthubgeschwindigkeit.

Ausrüstung der Windwerke mit Bremsen zum Regeln der Senkgeschwindigkeit, mit Sperrwerken zum Stoppen der Last.

O. Pumpen

Kolbenpumpen werden ausgeführt als einfach wirkende, doppelt wirkende und Differentialpumpen. Bedeutet F die wirksame Kolbenfläche in m², Q die zu fördernde Flüssigkeitsmenge in m³/sek, μ den Lieferungsgrad der Pumpe, der mit 0,95 für gute, mit 0,9 für mindere Ausführung angenommen werden kann, ist s der Kolbenhub in m, n die minutliche Drehzahl der Pumpe, so ist $F = \frac{60\, Q}{k\, \mu\, s\, n}$, wobei $k = 1$ bei einfach wirkender und Differentialpumpe, $k = 2$ bei doppelt wirkender Pumpe. Der Kraftbedarf $N = \frac{1000\, Q\, H}{75\, \eta}$ PS, soferne H die effektive Förderhöhe der Pumpe in m, η deren mechanischen Wirkungsgrad darstellt, der bei guter Ausführung 0,93 bis 0,9, bei normaler Ausführung 0,85 bis 0,8 beträgt. Die Wassergeschwindigkeit in Saug- und Druckleitung rund 1 m/sek. Der Saugwindkessel umfaßt das 5- bis 10fache Hubvolumen, bei langen Saugleitungen das 10- bis 15fache. Der Druckwindkessel ist meist größer infolge längerer Druckleitung. Die geläufigen Abmessungen von Pumpen können aus folgender Zahlentafel entnommen werden, die einer doppelt wirkenden Plungerpumpe entsprechen.

Abmessungen von Kolbenpumpen

Plungerdurchmesser, mm	85	100	130	160	190	220
Hub, mm	150	220	300	300	350	350
Drehzahl pro Minute	170	150	130	130	125	125
Leistung pro Minute, Liter	250	440	940	1400	2200	3000
Saugrohrdurchmesser, mm	80	100	175	200	225	300
Druckrohrdurchmesser, mm	70	90	150	175	175	250

Kreiselpumpen besitzen kleineren Raumbedarf, hohe Drehzahlen, gleichmäßige Förderung und sind auch für unreine Flüssigkeiten verwendbar. Ihre Wirkungsgrade sind jedoch kleiner als jene der Kolbenpumpen. Kraftbedarf wie bei Kolbenpumpen.

Drehzahlen, Wirkungsgrade und Fördermengen von Kreiselpumpen

Saug- u. Druckleitung Fördermenge Wirkungsgrad		80 0,5—0,8 55—60	100 0,8—1,1 60—65	125 1,1—1,6 60—66	150 1,6—2,5 62—69	175 2—4 65—72	225 3—5 67—73	mm m³/min v. H.
Förderhöhe in m	10	1500 1370	1330 1150	1250 1050	1090 925	915 750	775 630	Minutliche Drehzahl
	15	1850 1690	1640 1410	1510 1280	1320 1140	1120 925	950 700	
	20	2140 1930	1900 1630	1750 1480	1520 1310	1290 1060	1100 875	
	25	— —	2120 1820	1980 1680	1710 1470	1440 1190	1230 980	
	30	— —	1980 1980	2100 1800	1890 1600	1560 1300	1340 1070	
	35	— —	— —	2100 1980	2000 1750	1700 1420	1460 1160	
	40	— —	— —	2700 2100	2000 1860	1800 1510	1560 1240	
	45	— —	— —	— —	2000 1980	1800 1600	1600 1320	

Elektrotechnik

bearbeitet von

Dozent Ing. Dr. **Leopold Huber**, Technische Hochschule Wien

A. Bezeichnungen und Einheiten

Physikalische Größe	Formelzeichen	Einheit	Physikalische Bedeutung
Stromstärke, Strom	I	Ampere (A)	1 A ist jener Strom, der pro Sekunde aus einer Silbernitratlösung 1,1183 mg Silber ausscheidet
Widerstand	R	Ohm (Ω)	1 Ω ist der Widerstand einer Quecksilbersäule von 1 mm² Querschnitt und 1,063 m Länge
Spannung, Elektromotorische Kraft	E	Volt (V)	1 V ist jene Spannung, die in einem Widerstand von 1 Ω einen Strom von 1 A erzeugt $1\,V = 1\,A \cdot 1\,\Omega$
Leistung	N	Watt (W)	1 kW (Kilowatt) = 1000 W 1 Pferdekraft (PS) = 736 W = 0,736 kW 1 Watt = 1 Voltampere (VA) bei Gleichstrom oder induktionsfreier Wechselstrombelastung (z. B. Glühlampen) x Watt = $(y\,VA)\cos\varphi$ bei induktiver Wechselstrombelastung (z. B. Motoren)
Arbeit	A	Wattsekunde, Joule, Kilowattstunde (kWh), kgm	1 Wattstunde = 3600 Wattsekunden 1 kWh = 1000 Wattstunden = = 367000 kgm = = 1,36 PS-St = = 860 Kilogrammkalorien
Elektrizitätsmenge	Q	Coulomb oder Amperesekunde	1 Amperestunde = 3600 Amperesekunden
Lichtstärke	J	Hefnerkerze (HK)	Die Lichtstärke der Einheits-Amylazetatlampe in horizontaler Richtung ist 1 HK
Beleuchtung	E	Lux (Lx)	$E = \frac{J}{r^2}$, r = Entfernung in m
Lichtstrom	Φ	Lumen (Lm)	$\Phi = J\,\omega = \frac{JS}{r^2}$, ω = räumlicher Winkel, S belichtete Fläche in m² senkrecht zur Richtung der Lichtstrahlen

B. Elektrische Grundgesetze

1. Elektrischer Strom, Spannung, Stromstärke

Der elektrische Strom ist Transport von Elektrizität durch den Leiterkreis. Elektrische Stromstärke I, auch Strom genannt, ist die pro Sekunde durch den Leiterquerschnitt fließende Elektrizitätsmenge (entspricht der sekundlichen Wassermenge $Q^{l}/_{sek}$ eines Wasserkreislaufes). Voraussetzung für das Entstehen eines elektrischen Stromes ist das Vorhandensein eines elektrischen Druckzustandes, einer elektromotorischen Kraft oder elektrischen Spannung E, meist kurz Spannung genannt (in ähnlicher Weise entsteht die Wasserbewegung eines Wasserkreislaufes als Folge einer hydraulischen Druckhöhe H^{m}).

Elektrische Ströme werden durch Einschalten eines Stromzeigers (Amperemeters) in den Stromkreis, elektrische Spannungen durch Anlegen der dünnen Leitungen eines Spannungszeigers (Voltmeters) im Nebenschluß gemessen.

Leiter der Elektrizität (Metalle, besonders günstig Kupfer) sind Substanzen, die der Bewegung der Elektrizität geringen Widerstand entgegensetzen, sie dienen zur Führung des elektrischen Stromes. Nichtleiter oder Isolatoren (Porzellan, Gummi, bleibend trocken erhaltenes Papier der Erdkabel) werden zur Vermeidung von Stromentweichungen (zur Isolierung) der Kupferleitungen verwendet.

2. Zusammenhang von Spannung und Strom mit Arbeit und Leistung

Durchfließt einen unter der Spannung E Volt stehenden Stromverbrauchsapparat (Motor, Lampengruppe) der Strom I Ampere, so wird eine elektrische Leistung N Watt verbraucht.

$$N = E \cdot I$$

3. Ohmsches Gesetz, Widerstand

$$I = \frac{E}{R} \qquad E = I \cdot R \qquad R = \frac{E}{I}$$

$R = \varrho \frac{l}{q}$ Widerstand eines drahtförmigen Leiters in Ohm (Ω)

ϱ Spezifischer Widerstand (pro 1 m und 1 mm²)

l Leiterlänge in m

q Leiterquerschnitt in mm²

ϱ Spezifische Widerstände:

Kupfer 0,0175. Abhängig von der Temperatur: Zunahme des Widerstandes um 4% bei einer Erwärmung des Kupferleiters um 10°

Aluminium	0,029—0,035	Konstantan	0,5
Eisen	0,13 —0,15	Nickelin	0,4

Die meisten Anlagen arbeiten mit konstant gehaltener Spannung, d. h. bis zu jeder Stromkonsumstelle führen zwei bzw. drei Leitungen, zwischen welchen bis auf kleine Spannungsabfälle in diesen Leitungen die Spannung vom Kraftwerk aus konstant gehalten wird. Die Stromstärken an den einzelnen Stellen des Netzes ergeben sich je nach Freigabe des Stromflusses durch Motoren bzw. Lampen zwischen diesen Leitungen. Das Maß dieser Freigabe ist der elektrische Widerstand R. Die Stromlieferung des Kraftwerkes wird also durch Einschaltungen an den verschiedenen Stellen des Netzes bedingt und kann nicht vom Kraftwerk aus geregelt werden.

Motoren, Lampen und auch Transformatoren werden für bestimmte Normalspannungen hergestellt. Zu einwandfreiem Betriebe von Lampen und Motoren ist die Aufrechthaltung der Nennspannung auch bei größeren Netzbelastungen erforderlich.

Das Ohmsche Gesetz gilt für den ganzen elektrischen Kreis und auch für Teile desselben; da die Leitungen auch elektrischen Widerstand besitzen, kommt es zu einem Spannungsabfall $\triangle E$ in diesen.

$$\triangle E^V = I\,R = I\,\varrho\,\frac{l}{q}$$

4. Joulesches Gesetz der Wärmeentwicklung in stromdurchflossenen Leitern

Stromdurchfluß durch einen Leiter bedingt infolge Spannungsabfall auch einen Leistungsverlust, der sich zur Gänze in Wärme umsetzt.

$$N^W = \triangle E^V \cdot I^A = I\,R \cdot I = I^2\,R$$

$$Q = 0{,}24\,\frac{I^2\,R}{1000}\,t$$

Q erzeugte Wärmemenge in kg-Kalorien

$\frac{I^2\,R}{1000}$ elektrische Leistung in kW

t Zeit des Stromdurchflusses in sek.

Kann die sekundlich erzeugte Wärmemenge durch die Oberfläche des Leiters nicht abgeführt werden, so erwärmt sich derselbe unzulässig hoch. Jedem Leiterquerschnitt entspricht ein mit Rücksicht auf Erwärmung noch zulässiger Höchststrom (Tabelle bei Leitungen, S. 684).

Abschmelzsicherungen oder Höchststromschalter trennen bei unzulässig hohen Stromstärken die einzelnen Leitungsstücke ab. Ist zwischen Leitungen Spannung vorhanden und würden die Leitungen unmittelbar oder durch ein Leiterstück mit geringem Widerstand in Verbindung kommen, so würden nach dem Ohmschen Gesetz unzulässig hohe Stromstärken fließen, die zur Erwärmung und zum Abschmelzen der Leiter bzw. zur Zerstörung der Isolation führen können, wobei der an der Unterbrechungsstelle auftretende Lichtbogen als Branderreger wirken kann (Kurzschluß).

5. Kirchhoffs Gesetz der Stromverzweigung

Für jeden Stromverzweigungspunkt ist die Summe der zufließenden Ströme gleich der Summe der abfließenden. Wird aus einer Stromverzweigung ein in sich geschlossener Kreislauf in einem Richtungssinne verfolgt, so ist $\Sigma E = \Sigma (I R)$, wenn die Spannungen und Ströme mit dem ihrer Richtung entsprechenden Vorzeichen eingesetzt werden.

6. Parallel- und Reihenschaltung

Parallel- oder Nebeneinanderschaltung

Dieselbe Spannung E wird an alle Widerstände gelegt.

$$I_1 : I_2 : I_3 \ldots = \frac{1}{R_1} : \frac{1}{R_2} : \frac{1}{R_3} : \ldots$$

$$I = \Sigma I_x = I_1 + I_2 + I_3 + \ldots$$

R' Ersatzwiderstand für die Einzelwiderstände

$$I = \frac{E}{R'} \qquad \frac{1}{R'} = \frac{1}{R_1} + \frac{1}{R_2} + \frac{1}{R_3} + \ldots$$

Bei zwei parallelen Widerständen verhalten sich die Teilströme verkehrt wie ihre Widerstände: $I_1 : I_2 = R_2 : R_1$.

Reihen-, Serien- oder Hintereinanderschaltung

Der gleiche Strom I durchfließt alle Widerstände, die Gesamtspannung ist gleich der Summe der an den einzelnen Widerständen auftretenden Spannungen.

$$E = \Sigma E_X \qquad R' = R_1 + R_2 + R_3 + \ldots$$

7. Elektrischer Strom und magnetische Felder

In der Umgebung von stromdurchflossenen Leitern treten magnetische Kräfte auf. Die Größe und Richtung der Kräfte an den einzelnen Stellen des Raumes wird wie bei den übrigen Kraftfeldern durch Kraftlinien dargestellt. Die magnetischen Kraftlinien eines geraden stromdurchflossenen Leiters sind Kreise in Ebenen quer zur Leiterrichtung. Stärkere magnetische Kraftfelder werden durch Spulenanordnungen erreicht. Werden für die Ausbildung der magnetischen Kraftflüsse (Bezeichnung der Gesamtheit der Kraftlinien Φ) ganz (bei den Transformatoren), oder mit geringen Luftzwischenräumen (Generatoren und Motoren) geschlossene Eisenwege geschaffen, so treten bei gleichem Strome und gleicher Spulenwindungszahl bedeutend größere magnetische Kraftflüsse auf.

Die Dichte der Kraftlinien an jeder Stelle $\mathfrak{H}$, bei homogenem Kraftfelde $\mathfrak{H} = \frac{\Phi}{f \, \mathrm{cm}^2}$, ist die magnetische Feldstärke, die Kraft auf die magnetische Masse 1, d. h. ein Maß der magnetischen Wirkung.

8. Spannungserzeugung durch Induktion

Elektrische Spannungen werden in Stromleitern erzeugt, wenn diese magnetische Kraftlinien schneiden. Erzeugte Spannung in Volt $E^V = \frac{\mathfrak{H} \, v \, l}{10^8}$

$\mathfrak{H}$ magnetische Feldstärke, Dichte der magnetischen Kraftlinien der betreffenden Stelle

v relative Geschwindigkeit des Leiters zum magnetischen Feld in cm/sek,
l Länge des Leiters in cm.

Richtung der Spannung. Rechte Handregel: Rechte Hand mit ausgestreckten Fingern so anordnen, daß die vom Nordpol ausgehenden Kraftlinien gegen Handinnenfläche gerichtet sind und der ausgestreckte Daumen die Richtung der Bewegung angibt; die Richtung der erzeugten Spannung wird durch die Richtung der übrigen Finger gegeben.

Das Induktionsgesetz kann auch in anderer Weise ausgedrückt werden: Ändert sich die Zahl der Kraftlinien, die von Windungen umschlossen sind, in der Zeit dt um $d\Phi$, so wird in den z Windungen eine Spannung von E Volt erzeugt:

$$E^V = -z \frac{d\Phi}{dt} \frac{1}{10^8}.$$

Vermehrung der eingeschlossenen Kraftlinien erzeugt eine so gerichtete Spannung, daß der entstehende Strom das ursprüngliche Feld schwächt, und umgekehrt. Die Änderung der von einer Spule eingeschlossenen Kraftlinienzahl kann in mehrfacher Art herbeigeführt werden: 1. Zeitliche Änderung von Φ bei relativ zum Feld ruhender Spule (Transformatoren). 2. Konstantes Φ. Änderung der eingeschlossenen Kraftlinienzahl durch relative Verschiebung der Spule zum Felde (Generatoren und Motoren).

9. Kraftwirkung zwischen Stromleiter und Magnetfeld

Ein stromdurchflossener Leiter (I^A) erleidet im magnetischen Kraftfelde einen Druck quer zur Richtung der magnetischen Kraftlinien.

$$P^{kg} = I\,l\,\mathfrak{H}\,\frac{1}{9{,}81\cdot 10^6}.$$

Größe der Kraft P kg, l cm Länge des Leiters.

Richtung der Kraft. Linke Handregel: Kraftlinien gegen Handinnenfläche, Stromrichtung — Richtung der ausgestreckten Finger; Richtung der Kraft — Richtung des Daumens.

10. Wechselstrom

Der zeitliche Verlauf von Spannung E_t und Strom I_t ist durch die Sinuslinie gegeben. Die vorübergehenden Höchstwerte sind $E_{\max}$ und $I_{\max}$. Wird Ohmscher Widerstand (Glühlampen) zwischen Leitungen mit einer Wechselspannung geschaltet, so ist der entstehende Strom I_t phasengleich mit E_t (Abb. 1), die Leistung hat hiebei keinen konstanten Wert, sondern schwankt zwischen 0 und einem Höchstwerte nach einer Quadratsinuskurve und ist durchschnittlich

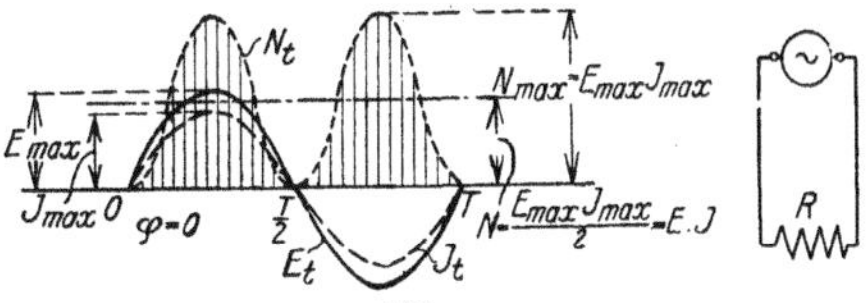

Abb. 1

$$N = \frac{E_{\max}\,I_{\max}}{2} = E\cdot I$$

unter Spannung E und Strom I werden bei Wechselstrom die Effektivwerte verstanden, d. i.

$$E = \frac{E_{\max}}{\sqrt{2}},\quad I = \frac{I_{\max}}{\sqrt{2}}$$

Gleichstrom von I Ampere und Wechselstrom von Effektivwert I Ampere haben gleichen quadratischen Mittelwert und damit gleiches Arbeitsvermögen bei der Umsetzung in Wärme.

Bei Anschaltung von Motoren sind die von den Motoren aufgenommenen Ströme gegen die Spannung phasenverschoben, was durch die Selbstinduktion der Stromverbrauchsapparate mit starken magnetischen Feldern (Motoren) bedingt ist.

Beim Idealfall einer rein induktiven Belastung (z. B. angenähert leerlaufende große Motoren mit starken magnetischen Feldern, wobei der Ohmsche Widerstand vernachlässigt werden kann), Abb. 2, ergibt sich eine

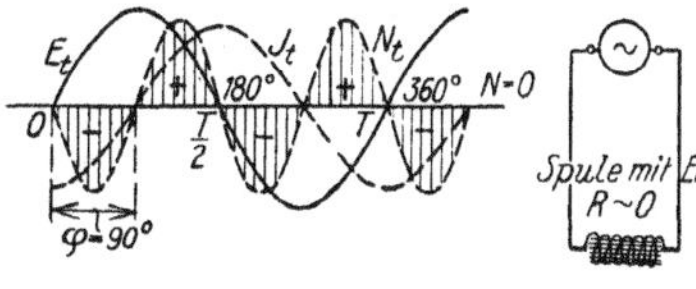

Abb. 2

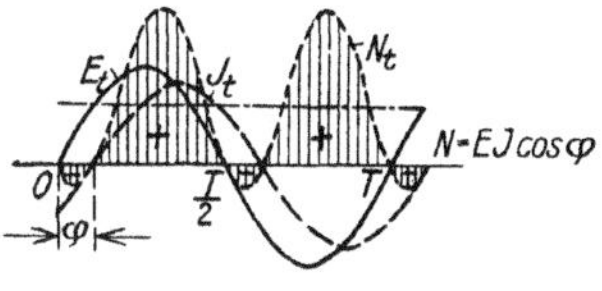

Abb. 3

Phasenverschiebung $\varphi = 90^0$, $\cos\varphi = 0$. Die Leistungskurve N_t zeigt, daß es zu keiner Leistungsübertragung, sondern nur zu einem taktmäßigen Hin- und Herpendeln von Leistung kommt. Die zwischen den Zeitpunkten $\frac{T}{4}$ und $\frac{T}{2}$ sich ausbildende, positiv bezeichnete Fläche entspricht jener Arbeitsmenge, die beim Ansteigen von I_t (0 auf $I_{\max}$) in anwachsendem

Magnetfeld aufgespeichert wird. Von $\frac{T}{2}$ bis $\frac{3T}{4}$ kommt es zu einem Abbau des Magnetfeldes, wodurch die entsprechende Arbeitsmenge an das Wechselstromnetz zurückgeliefert wird.

Bei allen praktisch vorkommenden Belastungsfällen ist

$$0 < \varphi < 90, \quad 1 > \cos\varphi > 0$$

und ergibt sich die Leistung N in Watt (Mittelwert)

$$N^W = E\, I \cos\varphi$$

Der Strom I kann zerlegt gedacht werden in $I_w = I\cos\varphi$,

I_w den mit der Spannung phasengleichen, die Leistung übertragenden Watt- oder Wirkstrom und

$I_{wl} = I\sin\varphi$, I_{wl} den der Spannung um 90^0 nacheilenden wattlosen Strom, auch Blindstrom genannt, der den periodischen Auf- und Rückbau der Magnetfelder besorgt.

Die Phasenverschiebung der Wechselströme ist durch die Erscheinung der Selbstinduktion bedingt.

11. Selbstinduktion

Ändert sich der in einer Wicklungsspule fließende Strom, so ändert sich sein Magnetfeld und damit die Zahl der eingeschlossenen Kraftlinien: In den Windungen der Spule werden Spannungen der Selbstinduktion E_s erzeugt.

Bei Gleichstrom tritt nur beim Ein- und Ausschalten ganz kurzzeitig Selbstinduktion auf.

Bei Wechselstrom ergibt das mit dem Strom ständig sich ändernde Magnetfeld dauernd die Erzeugung von Spannungen der Selbstinduktion E_{st}

$$I_t = I_{max} \sin\omega t, \quad \Phi_t = \Phi_{max} \sin\omega t$$

$$\omega = 2\pi f, \quad f = \frac{1}{T}$$

$$\underline{E_{st}} = -z\frac{d\Phi_t}{dt} = -z\,\Phi_{max}\,\omega \cos w\, t = -E_{s\,max} \cos\omega t$$

I_t, E_{st}, Φ_t Augenblickswerte f Frequenz, Periodenzahl
I_{max}, $E_{s\,max}$, Φ_{max} Höchstwerte T Periodendauer

Die Selbstinduktionsspannungen E_{st} (Effektivwert E_s) bei Wechselstrom sind groß, wenn die Windungszahl z und der Kraftfluß Φ (besonders bei Spulenanordnung mit Eisen) groß wird.

Ist in einem Motor der Strom I_t vorhanden, so wird nach obigen Gleichungen eine um 90^0 dem Strom I_t nacheilende Selbstinduktionsspannung E_{st} erzeugt (Abb. 4); da die vom Generator dem Motor (Spule mit Eisenkreis) aufgedrückte Klemmenspannung E_t die Selbstinduktionsspannung E_{st} bekämpfen und mit dem Restbetrag E'_t den Strom I_t durchdrücken muß, so hat der vom Motor aufgenommene Strom I_t eine Phasenverschiebung φ gegen über der aufgedrückten Spannung E_t: Der aufgenommene Strom I_t eilt der von außen aufgedrückten Klemmenspannung um φ nach.

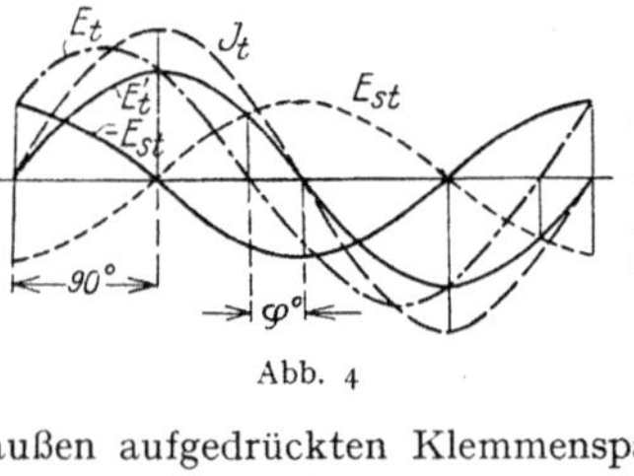

Abb. 4

12. Drehstrom

Drehstrom ist jene Stromart, bei der drei zeitlich um ein Drittel der Periodendauer versetzte Wechselströme Anwendung finden. Die 6 Leitungen für Hin- und Rückleitung der 3 Phasenwicklungen können auf 3 vermindert werden: Verkettung im Dreieck (Abb. 5) oder in Stern (Abb. 6). Die Summe der Ströme in den drei Leitungen ist in jedem Augenblicke Null, so daß der Strom jeder Leitung als Rückstrom der in den beiden anderen fließenden Ströme aufgefaßt werden kann.

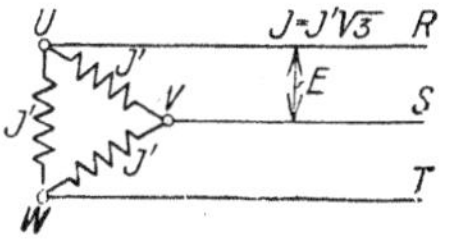

Abb. 5

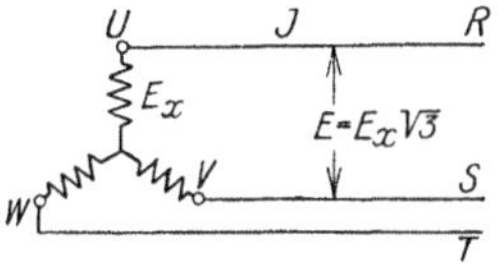

Abb. 6

Die Sternschaltung kann mit Nulleiter (neutralem Leiter) ausgeführt werden (Abb. 7), wodurch es möglich wird, die Lampen an E_x (z. *B.* = 220 Volt), die Motoren an die Außenleiter anzuschließen, zwischen welchen die Spannung herrscht $E = E_x\sqrt{3}$ (z. *B.* $220\sqrt{3} = 380^V$); die höhere Spannung gestattet schwächere und damit billigere Kupferleitungen an den Motoren anzuwenden. Bei $E_x = 220$ Volt muß der Nulleiter dauernd gut geerdet sein, da sonst beim Berühren der Außenleiter gesundheitliche Schäden auftreten können (die Errichtungsvorschriften lassen bei Niederspannungsanlagen 250 Volt gegen Erde als höchste Spannung zu).

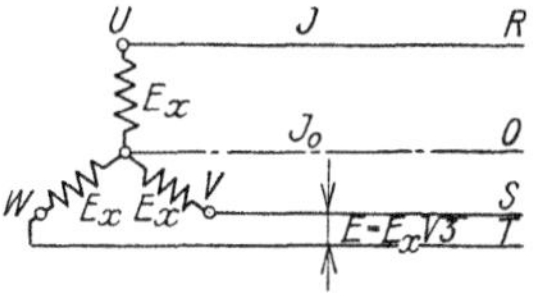

Abb. 7

Die Leistung N in Watt ergibt sich bei Drehstrom unabhängig von der Art der Verkettung mit

$$N = \sqrt{3}\,E\,I\cos\varphi$$

E Spannung zwischen 2 Außenleitern
I Strom in einem Außenleiter
φ Phasenverschiebung zwischen Spannung und Strom.

C. Elektrische Maschinen und Transformatoren, Gleichrichter und Akkumulatoren

1. Allgemeines über elektrische Maschinen

Bei allen elektrischen Maschinen verläuft der magnetische Kreis durch einen feststehenden Teil (Ständer oder Stator) und einen beweglichen Teil (Läufer oder Rotor, bei Gleichstrommaschinen Anker genannt). Die elektrischen Maschinen tragen mindestens zwei Wicklungen: Die eine, Magnet- oder Feldwicklung genannt, erzeugt das Magnetfeld, die zweite Wicklung gilt als Arbeitswicklung. In dieser werden die Spannungen bei den Stromerzeugern (Generatoren) erzeugt bzw. werden bei Motoren durch diese Wicklung jene Arbeitsströme geschickt, die mit dem Magnetfelde das Drehmoment erzeugen. Die Summe der in den einzelnen Ankerleitern eines Generators induzierten Spannungen ergibt sich durch Anwendung des Induktionsgesetzes

$$E_1{}^V = \frac{\mathfrak{H} \cdot v \cdot l}{10^8}$$

auf die einzelnen Ankerleiter mit $E^V = K'\,\Phi\,n$

Φ magnetischer Kraftfluß pro Pol
n minutliche Umdrehungszahl
K' Maschinenkonstante.

Wird der auf jeden Ankerleiter eines Motors vom Kraftfelde Φ ausgeübte seitliche Druck nach

$$P^{kg} = I\, l\, \mathfrak{H} \frac{1}{9{,}81 \cdot 10^6}$$

ermittelt, so wird für den ganzen Anker ein Drehmoment M erhalten

$$M^{mkg} = K'' \Phi I_a$$

I_a ist der von der Anker- bzw. Arbeitswicklung aufgenommene Strom. Dabei sind die Werte K' und K'' für eine vorliegende Maschine feste Werte, die außer den Maschinenabmessungen noch die Größe der elektrischen und magnetischen Beanspruchung der Maschine enthalten.

Spannungen nach dem Induktionsgesetz werden nicht nur im Generator, sondern auch im Motor erzeugt. Diese Gegenspannung des Motors tritt erst im Laufe ein; für die Anlaßperiode des Motors muß es daher zur Einschaltung von Widerständen und damit zur Abdrosselung der von außen dem Motor aufgedrückten Klemmenspannung kommen, bis eine der Drehzahl entsprechende Gegenspannung in der Motorwicklung erzeugt wird ($E = K' \Phi n$).

Wird ein Generator belastet, so bewirken die Belastungsströme mit den Kraftfeldern Φ Bremsmomente nach:

$$M = K'' \Phi I_a.$$

Entsprechend der elektrischen Belastung eines Generators ergibt sich daher auch eine mechanische Belastung der den Generator antreibenden Kraftmaschine.

Wirkungsgrad. Bei allen Energieumsetzungen sind Verluste zu verzeichnen, und zwar ergeben sich bei den elektrischen Maschinen Leistungsverluste in den Wicklungen (Kupferverluste), Leistungsverluste im aktiven Eisen durch Ummagnetisierung und durch Wirbelströme sowie Reibungsverluste durch Lager-, Bürsten- und Luftreibung. Diese Leistungsverluste setzen sich in Wärme um und bewirken, daß der Maschine mehr Leistung zugeführt werden muß, als sie abgibt.

$$\eta \text{ Wirkungsgrad in } \%_0 \quad \eta = \frac{\text{abgegebene Leistung}}{\text{zugeführte Leistung}} \cdot 100\%_0.$$

Der Wirkungsgrad elektrischer Maschinen hat für die Nennleistung seinen Höchstwert, welcher sich zwischen 75 bis 94% bewegt (die kleinen Werte für kleinere Leistungen). Der angenäherte Verlauf der Wirkungsgradkurve bei Teilbelastungen kann aus den Motorkennlinien ersehen werden. Nähere Angaben über Wirkungsgrade siehe Kalender für Elektrotechniker.

2. Gemeinsame Grundform der Generatoren

Aufbau: Außen im feststehenden Teil der Maschine (Gehäuse, Magnetgestell) angeordnete Feldmagnete mit den Magnet- oder Erregerwicklungen; induzierte Wicklung, in Nuten des Ankers angeordnete Windungen.

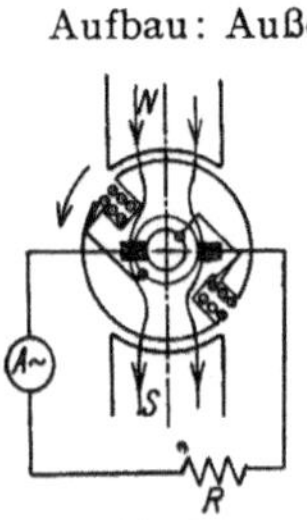

Abb. 8

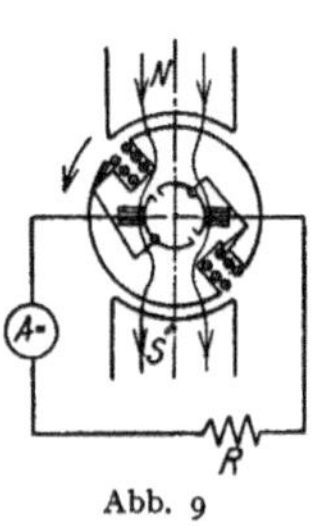

Abb. 9

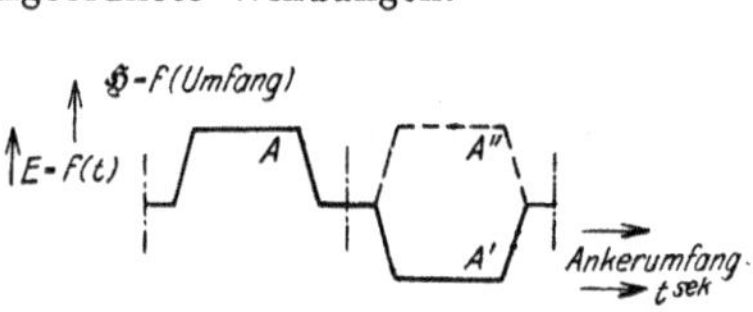

Abb. 10

Werden die Enden der Windungen zu zwei Schleifringen geführt (Abb. 8), so wird an diesen eine Wechselspannung gemessen, deren zeitlicher Verlauf der Verteilung der magnetischen Feldstärke $\mathfrak{H}$ am Ankerumfang entspricht AA', (Abb. 10). Durch Abflachung der Polflächen und durch Aufteilung der Ankerwindungen auf mehrere Nuten geht die Spannungskurve in die für Wechselstromübertragung erforderliche Sinuslinie über. Wechselstromgeneratoren sind meist für hohe Spannungen (3000 bis 10.000 Volt) zu bauen; da die Stromabnahme von den Schleifringen bei Hochspannung Schwierigkeiten macht, wird das Magnetsystem beweglich und innen angeordnet, während die induzierte Spannung von der ruhenden Ständerwicklung abgenommen werden kann. Abb. 16: Wechselstromgenerator.

Werden bei der Maschine (Abb. 8) die Enden der Windung statt zu 2 Schleifringen, zu 2 Halbkreissegmenten geführt, Abb. 9, so erfolgt Gleichrichtung. (A, A'', Abb. 10). Um nicht nur pulsierenden, sondern wirklichen Gleichstrom zu erhalten, wird die Ankerwicklung stärker unterteilt und an vielen Stellen an die Segmente des Kollektors oder Kommutators angeschlossen, der bei jeder Stellung des Ankers selbsttätig Summation der in den einzelnen Leitern erzeugten Teilspannungen und Umkehr der negativen Spannungs-Halbwellen besorgt. (Abb. 11, 12:) Gleichstromgenerator.

3. Gleichstromgenerator

Aufbau: Außen angeordnetes zwei- oder mehrpoliges Magnetsystem. Bewegliches induziertes System: Gleichstromankerwicklung.

Die Gleichstromankerwicklung kann in verschiedenster Weise angeordnet sein. Abb. 12 zeigt ein Beispiel einer solchen Ankerwicklung in die Ebene ausgebreitet. Die Verbindung der einzelnen Wicklungsstäbe erfolgt derart, daß die in den einzelnen Ankerleitern erzeugten Spannungen sich addieren. Die einzelnen Windungen sind mit den Kollektorsegmenten verbunden. Da Richtung und Größe der geweckten Spannung der jeweils an einer bestimmten Stelle (in Bezug auf die Pole und Bürsten) befindlichen verschiedenen Leiter bei Bewegung der ganzen Wicklung dieselben bleiben, so bleibt Polarität der Summenspannung an den Bürsten bestehen (Gleichstrom).

Das magnetische Kraftfeld Φ wird von der Erregerwicklung CD erzeugt (Abb. 13). CD wird an die Ankerklemmen angeschlossen (Selbsterregung des Gleichstromgenerators, Nebenschlußgenerator, Abb. 13 für Rechtslauf geschaltet). Für Erzeugung der ersten Spannung reicht der remanente Magnetismus der Erregermagnete hin. Ein veränderlicher Widerstand, der Nebenschlußregler tq gestattet, den Erregerstrom I_m, damit das Hauptfeld Φ und durch dieses die Spannung des Generators ($E = K' \Phi n$) zu verändern.

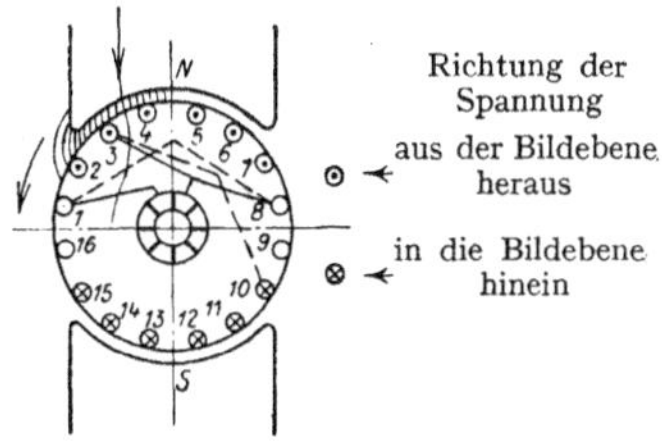

Abb. 11

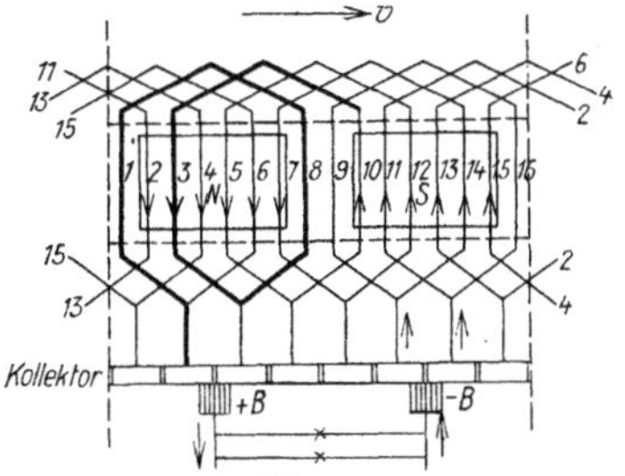

Abb. 12

2 polige Schleifenwicklung, Wicklungsschritte: Rückseite (oben) → 7, Kollektorseite (unten) ← 5

Stromwege im Anker:

−B { 16, 9 kurzgeschlossen, / 11, 2, 13, 4, 15, 6 / 14, 7, 12, 5, 10, 3 / 8, 1 kurzgeschlossen } +B

Wird der Gleichstromgenerator belastet (werden Lampen und Motoren angeschaltet), so wird Strom geliefert, der durch den Anker des Gleichstromgenerators seinen Schluß findet und im Ankereisen ein von der Belastung abhängiges Ankerfeld erzeugt, welches das von der Erregerwicklung erzeugte Hauptfeld schwächt und ein Sinken der Spannung des Gleichstromgenerators zur Folge hätte. Daher müssen bei steigender Belastung am Magnetregler *tq* Teile des Widerstandes ausgeschaltet werden, wodurch der Erregerstrom und damit das Hauptfeld Φ wieder verstärkt wird.

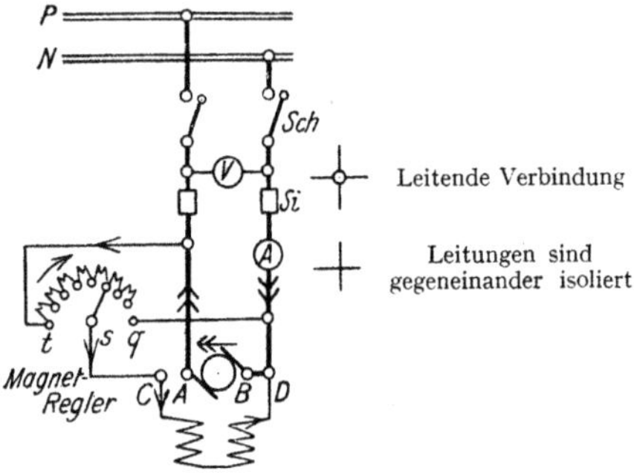

Abb. 13

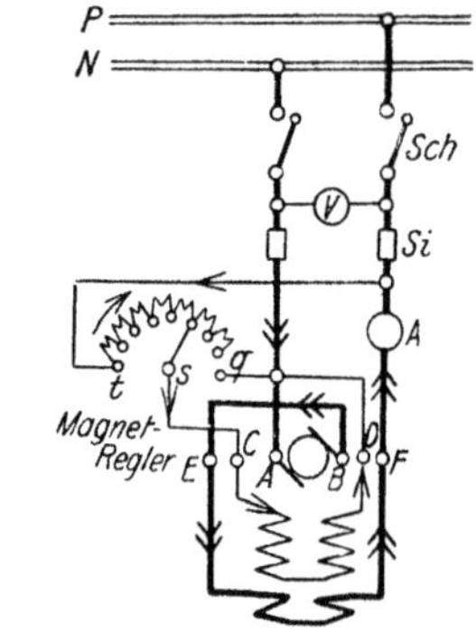

Abb. 14

AB Ankerwicklung,
CD Nebenschlußmagnetwicklung,
EF Hauptstrommagnetwicklung

Ist ein Generator allein vorhanden oder dient der Generator als Erregermaschine für einen Drehstromgenerator, so wird statt des Nebenschlußgenerators besser ein Verbund- oder Compoundgenerator verwendet, bei welchem eine zusätzliche Reihenerregungswicklung für selbsttätige Mehrerregung bei Belastung sorgt (Abb. 14), für Linkslauf geschaltet.

4. Wechsel- und Drehstromgeneratoren

Aufbau: Als Läufer oder Rotor, innenliegendes Magnetpolsystem, alle Magnetwicklungen in Reihe geschaltet. Der zur Erregung erforderliche Gleichstrom wird über Bürsten und 2 Schleifringe zugeführt und meist von einem auf der gleichen Welle sitzenden Gleichstromgenerator (Abb. 15), sonst von einer anderen Gleichstromquelle geliefert. In den Spulen der Stator- oder Ständerwicklung werden Wechselspannungen induziert, Ausbildung der Polschuhe und Aufteilung der Ständerspulen auf mehrere Nuten pro Pol und Phase bewirkt die Sinusform der Spannungswelle. (Abb. 16.)

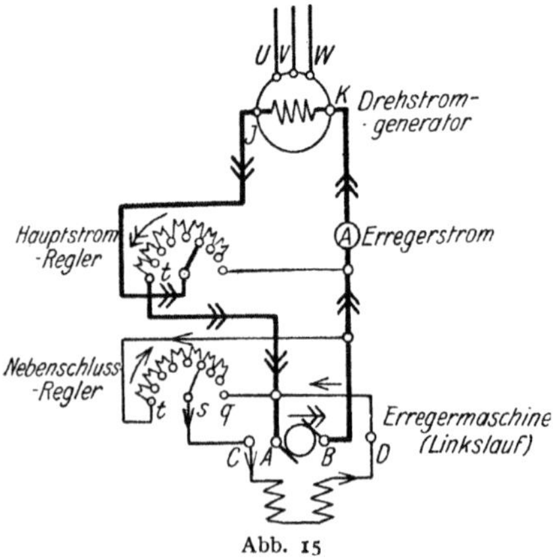

Abb. 15

Werden 3 Spulengruppen angeordnet, so daß pro Polpaar die Spulen um ein Drittel der Polpaarteilung versetzt sind, so werden die vorbeiziehenden Nord- und Südpole in diesen Spulengruppen drei um $\frac{T}{3}$ verschobene Wechselspannungen erzeugen (Drehstrom, Abb. 17, 18, 19).

Die Frequenz oder Periodenzahl f des erzeugten Wechsel- oder Drehstromes ergibt sich aus der Polpaarzahl p und der minutlichen Drehzahl n zu $f = \frac{p\,n}{60}$. Für die Normalperiodenzahl von $f = 50$ ergeben sich daher bestimmte Drehzahlen.

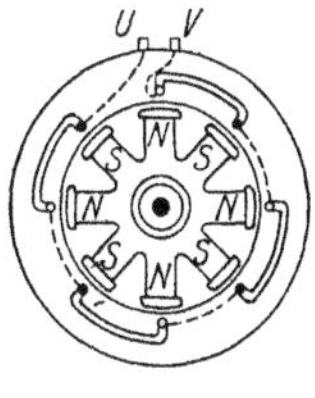

Abb. 16

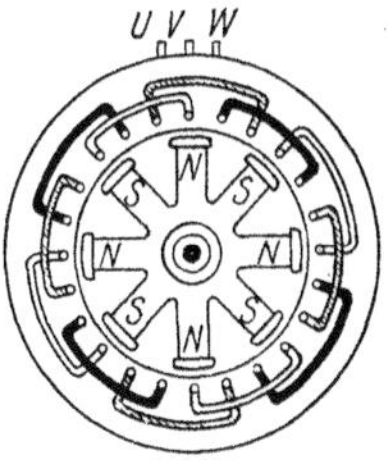

Abb. 17

Polzahl $2p$	2	4	6	8	10	12	16	20	24	32	40	48
Drehzahl n	3000	1500	1000	750	600	500	375	300	250	188	150	125

Die drei Phasenwicklungen des Drehstromgenerators sind in Dreieck oder in Stern verkettet (Abb. 18, 5, 6). Wechsel- und Drehstromgeneratoren werden in der Regel bis Spannungen von 10.000 Volt gebaut. Die Leistung des Wechselstromgenerators beträgt $N^W = E\,I\cos\varphi$.

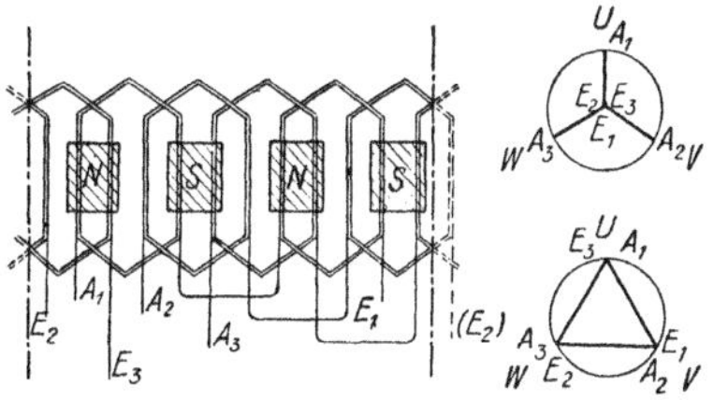

Abb. 18

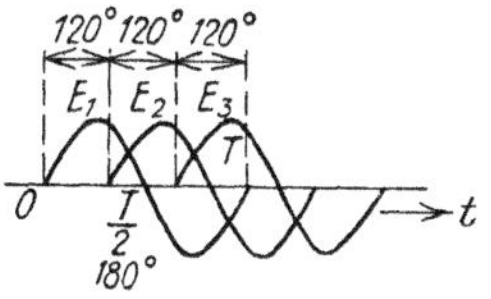

Abb. 19

Für die Größenbemessung ist jedoch das Produkt $E \cdot I$, d. i. die Scheinleistung in Voltampere maßgebend. Diese ermittelt sich aus der Wirk- oder Wattleistung der gleichzeitig zu versorgenden Stromverbraucher unter Berücksichtigung des Leistungsfaktors $\cos\varphi$. (Im voraus geschätzt mit $\cos\varphi = 0{,}8 - 0{,}6$; letzter Wert ergibt sich bei vielen schlecht belasteten Motoren als Belastung).

Die Wirkleistung des Drehstromgenerators $N^W = \sqrt{3}\,E\,I\cos\varphi$,

die Scheinleistung des Drehstromgenerators ..... $\sqrt{3}\,E\,I$

E Spannung zwischen zwei Generatorklemmen,

I Strom in einer der zum Netz führenden Leitungen,

φ Phasenverschiebung zwischen Spannung und Strom.

Wird der Generator belastet, so fließen Ströme durch die Ständerwicklung und erzeugen Magnetfelder, welche die von dem Magnetpolsystem gelieferten Kraftflüsse Φ schwächen und damit einen Abfall der Spannung des Generators bewirken würden. Zur Konstanthaltung der Generatorspannung ist Nachregeln an den beiden Reglerwiderständen (Abb. 15) und damit Verstärken der Erregung erforderlich. Die Spannungsänderung zwischen Leerlauf und Vollast ohne Nachregelung beträgt bei kleineren Drehstromgeneratoren bei $\cos\varphi = 0{,}8$ und $f = 50$ rund 20 bis 30 %.

Automatische Schnellregler bewirken die Konstanthaltung der Spannung auch bei stoßweisen starken Belastungsschwankungen selbsttätig, z. B. der Tirillregler durch, von der Spannung abhängig gemachtes, längeres und kürzeres Kurzschließen eines in den Feldkreis der Gleichstrom-Erregermaschine eingeschalteten Widerstandes.

Parallel auf das gleiche Netz arbeitende Wechsel- oder Drehstromgeneratoren werden in gleichem Takt (Synchronismus) erhalten und gestatten in einfacher Weise die Verteilung der Belastung auf die einzelnen Generatoren. Ein zuzuschaltender Generator muß synchronisiert werden. Synchronisierlampen zeigen Differenzspannungen zwischen gleichen Phasen der verschiedenen Maschinen vor Erreichung des Synchronismus. (Abb. 20, 21. Abb. 20 Wechselstrom, Niederspannung. Abb. 21 Drehstrom, Hochspannung.) Zur Erreichung des Synchronismus ist

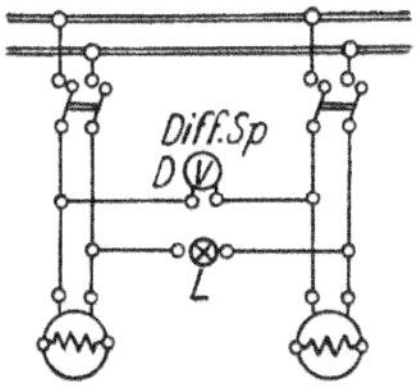

Abb. 20

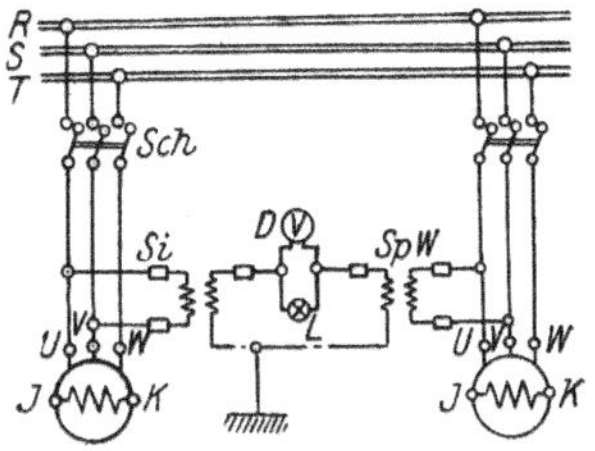

Abb. 21

Herstellung gleicher Drehzahl, gleicher Frequenz, weiters gleicher Spannung und gleicher Phasenlage notwendig, was durch abwechselndes Betätigen des Magnetreglers und der Drehzahleinstellung am Geschwindigkeitsregler der Kraftmaschine erreicht und mit Hilfe von Synchronisierlampen bzw. Synchronisiervoltmeter festgestellt werden kann. Erst wenn die Synchronisierlampen nicht mehr aufleuchten, sondern als Zeichen des synchronen Ganges des zuzuschaltenden Generators dunkel bleiben, darf der Generatorschalter geschlossen werden; der Generator läuft dann leer mit. Durch Verstellen der Drehzahleinstellungsmuffe wird der Kraftmaschine mehr Betriebsstoff geliefert, wodurch der Generator Mehrleistung übernimmt.

Änderung der Erregung von parallel arbeitenden Wechsel- oder Drehstromgeneratoren bewirkt Änderung der Verteilung von Wirk- und Blindlast auf die einzelnen Generatoren.

Soll ein Generator abgeschaltet werden, so ist vorerst durch Zurückdrehen der Drehzahleinstellungsmuffe der Generator bis auf Null zu entlasten, wobei die anderen parallel arbeitenden Generatoren die gesamte Netzbelastung übernehmen.

Dieselmotoren und Kolbendampfmaschinen können infolge ihrer periodischen Umfangskräfte Resonanzerscheinungen hervorrufen und dadurch den Parallelbetrieb von Wechsel- und Drehstromgeneratoren unmöglich machen; daher sind solche Kolbenmaschinen mit einem so schweren Schwungrad auszurüsten, daß guter Parallelbetrieb ohne Pendelungen gewährleistet wird.

5. Gleichstrommotoren

Aufbau: Außenliegendes Magnetpolsystem und Gleichstromankerwicklung wie beim Gleichstromgenerator. An der für den Gleichstromgeneratorfall geltenden Abb. 12 ist zu ersehen, daß die Gleichstromankerwicklung auch bei Gleichstrommotoren Anwendung finden kann.

Wird die positive Bürste mit der positiven Klemme einer Gleichstromquelle verbunden gedacht, so sind alle Ströme in der Ankerwicklung entgegengesetzt der in der Abb. 12 dargestellten Richtung zu zeichnen. Bei Erregung der Magnetpole wie beim Generatorfall ergibt sich eine Bewegung der Ankerleiter von links nach rechts, wobei es zu einer vollen Summierung der Kraftwirkungen der einzelnen Stromleiter kommt. Setzt sich nun der Anker in Bewegung, so ergibt sich die gleiche Relativbewegung von Ankerleitern im magnetischen Kraftfeld wie beim Generatorfall und damit Erzeugung von Spannungen in der Richtung der Pfeile. Die Ankerwicklung der Gleichstrommotoren erzeugt also im Lauf eine von der Drehzahl abhängige, dem Strom entgegengesetzte Gegenspannung.

Der magnetische Kraftfluß der Pole kann erzeugt werden, indem entweder der gesamte Strom I_a in Reihe zu der Ankerwicklung um die Magnetpole in wenigen dicken Windungen geführt wird, Hauptstrom-, Reihenschluß- oder Serienmotor (Abb. 22), oder indem im Nebenschluß zur Ankerwicklung ein je nach dem Reglerwiderstande tsq veränderlicher Magnetisierungs- oder Erregerstrom um die Pole geleitet wird (viele Windungen eines dünnen Drahtes): Nebenschlußmotor (Abb. 24 und 25). Dieser verschiedenen Erregungsart entsprechen verschiedene Eigenschaften der Motoren, da

$$E^V = K' \Phi n \qquad \text{und} \qquad M^{mkg} = K'' \Phi I_a$$

und damit die Abhängigkeit des magnetischen Kraftflusses von der Strombelastung von ausschlaggebender Bedeutung für die Betriebseigenschaften der Motoren.

Reihenschlußmotor, Schaltung (Abb. 22), **Kennlinien** (Abb. 23)

Die Betriebseigenschaften im normalen Lauf ergeben sich aus den Kennlinien, die in Abhängigkeit vom aufgenommenen Ankerstrom

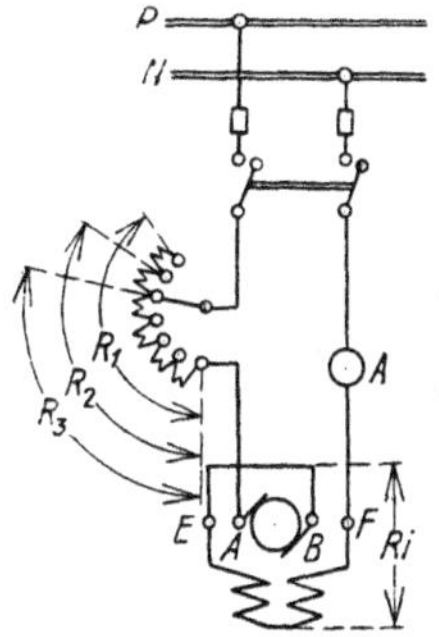

AB Ankerwicklung

EF Magnetwicklung

Abb. 22

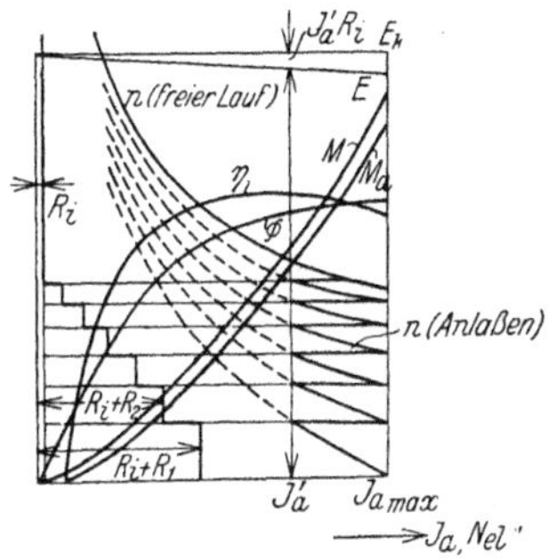

Abb. 23

I_a aufgetragen werden. Da E_k, die vom Generator dem Motor aufgedrückte Klemmenspannung, als gleichbleibend vorausgesetzt wird, so ist I_a ein Maß der aufgenommenen elektrischen Leistung $E_k I_a$. Der Verlauf der Φ-Linie ist die normale Magnetisierungslinie, da I_a in Reihe auch um die Magnetpole fließt. $I_a R_i$ ist der Ohmsche Spannungsabfall im Motor. Bis $E = E_k - I_a R_i$ kann sich jeweils die Ankergegenspannung des Motors E_y erheben $(E = -E_g)$. Da infolge geringen Ohmschen Widerstandes der Ankerwicklung (R_i) auch E nahezu über den ganzen Benützungsbereich konstant bleibt, zeigt die Drehzahl-Kennlinie n das elastische Verhalten des Reihenschlußmotors $\left(n = \dfrac{E}{K' \Phi}\right)$. Bei Belastung geht selbsttätig die Drehzahl stark zurück und schont damit das Kraftwerk, bei völliger

Entlastung würde er durchgehen (I_a — o, Φ — o). Reihenschlußmotor ist nur dort anzuwenden, wo völlige Entlastung durch Art des Antriebes ausgeschlossen (Bahnen, Krane, eventuell Ventilatoren und Zentrifugalpumpen). Nach der Bezeichnung $M = K'' \Phi I_a$ ergibt sich der Verlauf des theoretischen Drehmomentes und, nach Abzug der Verlustmomente der Maschine, mit M_a^{mkg}, das bei den entsprechenden Drehzahl- und Stromwerten vom Motor an der Welle abgegebene Drehmoment in mkg: Äußerst kräftiges Anlaufmoment.

Anlassen: Bei stillstehendem Anker ist die Gegenspannung Null und würde der ohne Vorschaltung von Widerständen an die Netzspannung gelegte Motor unzulässig hohe Ströme aufnehmen. Zur Begrenzung der aufgenommenen Stromwerte wird ein Widerstand R_1 vorgeschaltet, von welchem im Maße, wie sich der Motor beschleunigt und damit Gegenspannung erzeugt, Teile abgeschaltet werden, so daß die jeweils noch vorgeschalteten Widerstände R_1, R_3 den aufgenommenen Strom auf $I_{a\,max}$ begrenzen. (Abb. 22, 23.)

$$R_1 + R_i = \frac{E_k}{I_{a\,max}} \qquad E_k - E' = I'_a\,(R_1 + R_i)$$

$$R_2 + R_i = \frac{E_k - E'}{I_{a\,max}} \qquad E_k - E'' = I'_a\,(R_2 + R_i)$$

Vorschalten von Widerständen (Drahtspiralen aus Widerstandsmaterial in Luft oder Öl eingebaut) bewirkt Anlassen des Motors mit zulässiger Stromaufnahme.

Anlasser nur die kurze Zeit des Anlassens in Verwendung. Soll Anlasser zum dauernden Drehzahlregeln Verwendung finden, so müssen stärkere Widerstandsdrähte eingebaut werden, die öfteres oder dauerndes Eingeschaltetsein vertragen. (Drehzahlregeln mit großen Verlusten verbunden.)

Umsteuern wird durch Abschalten vom Netz und neuerliches Anlassen bei vertauschten Ankeranschlüssen bewirkt.

Der **Gleichstrom-Nebenschlußmotor** (Schaltung, Abb. 24 oder 25, Kennlinien, Abb. 26). Normaler Lauf: Da Magnetwicklung an der

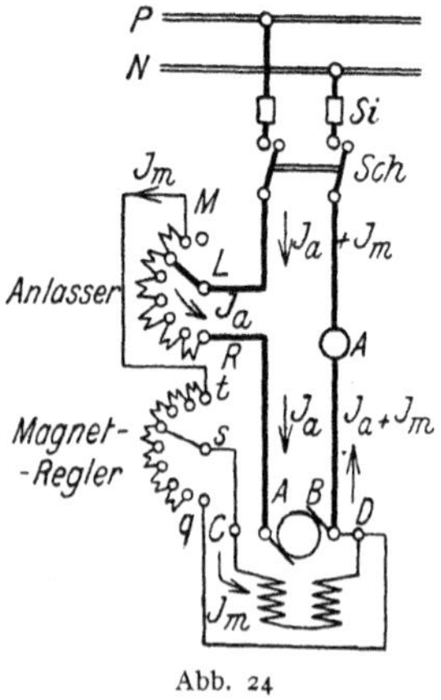

Abb. 24

AB Ankerwicklung

CD Magnetwicklung

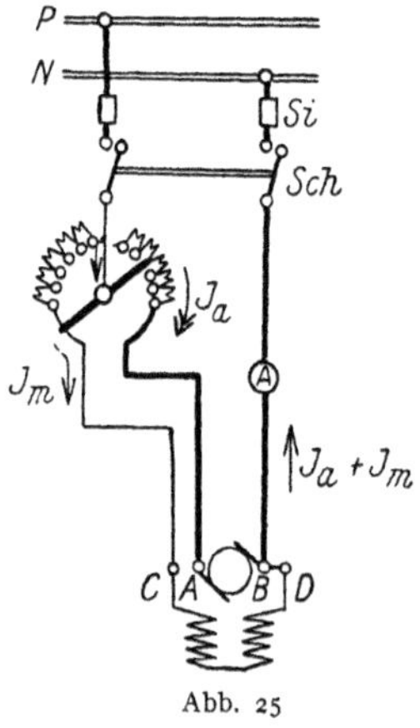

Abb. 25

konstanten Spannung E_k liegt, ist der magnetische Kraftfluß Φ angenähert konstant. Hiemit ergibt sich die fast konstante Drehzahl bei allen Belastungen, n bei der Nennleistung nur um 2 bis 5% kleiner als die Leerlaufsdrehzahl n_0. Da $M = K'' \Phi I_a$, steigt die Linie des theoretischen Drehmoments linear mit I_a an. M_a, das an der Welle nutzbar abgegebene Drehmoment in mkg liegt etwas tiefer, gleichfalls geradlinig ansteigend.

Anlassen: Vorschalten von Widerständen im Ankerkreis. Drehzahlregeln, Einschalten von Widerständen im Magnetstromkreis schwächt den magnetischen Kraftfluß Φ und erhöht die Drehzahl n; da $M = K'' \Phi I_a$ ist, so wird bei einem bestimmten jeweils geforderten Drehmomente M bei geschwächtem Magnetfelde Φ ein vergrößerter Ankerstrom I_a aufgenommen, der eine größere aufgenommene Leistung bedeutet, welche der bei gleichem Drehmomente erhöhten Drehzahl und damit vergrößerten mechanisch abgegebenen Leistung entspricht. Da der Magnetstrom, im Nebenschluß liegend, klein ist, ergibt diese Art des Drehzahlregelns keine nennenswerten Verluste. Drehzahlregelwiderstand meist mit Anlasser kombiniert (Abb. 25).

Umsteuern wird durch Abschalten, Vertauschen der Ankeranschlüsse und neuerliches Anlassen bewirkt. Wird die Drehzahl durch äußeren

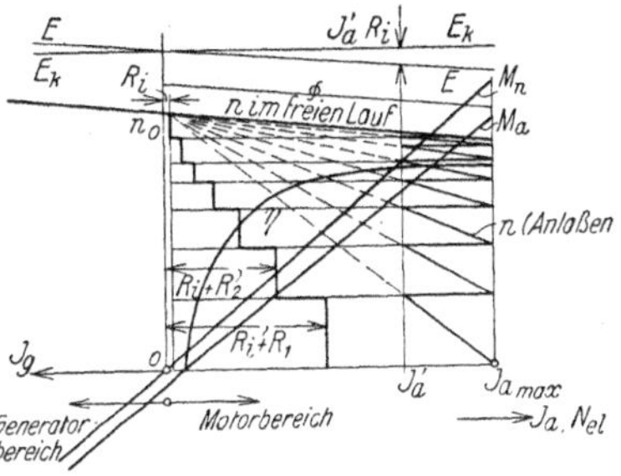

Abb. 26

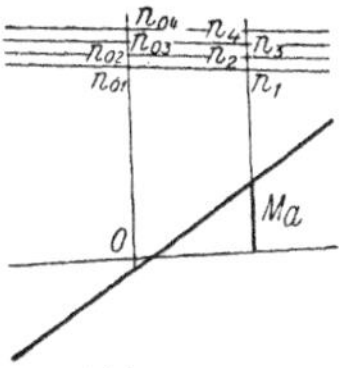

Abb. 27

Antrieb über die Leerlaufdrehzahl erhöht, so wird der Motor selbstätig zum Generator (Nutzbremsung). E_g, die Gegenspannung der Maschine erhebt sich über E_k, woraus negative Stromaufnahme, d. h. Stromabgabe ans Netz sich ergibt. Infolge der Schaltung der Magnetwicklung (Abb. 24) bleibt auch beim Übergang vom Motor- zum Generatorfall die Stromrichtung in der Magnetwicklung aufrecht.

An allen Gleichstrommaschinen müssen Vorkehrungen für gute Stromwendung durch den Kollektor getroffen werden. Der Strom in den einzelnen Ankerleitern muß beim Durchgehen durch die Polzwischenzone umgekehrt werden. (Abb. 12.) Das ergibt Selbstinduktionswirkungen, die sich durch Feuern der Bürsten kennzeichnen. Zur Bekämpfung müssen in den durch die Bürsten kurz geschlossenen Ankerleitern Gegenspannungen durch Hilfsmagnetfelder erzeugt werden. Angewendet werden: Bürstenverschiebung, um mit den kurz geschlossenen Stäben in den aufsteigenden Teil des Hauptfeldes zu kommen, oder Wendepole, die vom Ankerstrom I_a in Reihe erregt werden.

Betriebseigenschaften. Praktisch gleiche Drehzahl bei allen Belastungen, wirtschaftliche Drehzahlregelung. Bei stark veränderlicher Belastung oder bei Drehzahländerung in weiten Grenzen sind Motoren mit Hilfspolen (Wendepolen) anzuwenden. Abb. 27 zeigt, daß jeder Kurbelstellung des Regelwiderstandes eine eigene Drehzahlkennlinie entspricht. Es kann daher eine Gleichstromnebenschlußmaschine bei einem gegebenen Momente mit verschiedenen Drehzahlen laufen. Bei Antrieb über die Leerlaufsdrehzahl wird die Maschine ohne Schaltungsänderung zum Generator.

6. Einphasenreihenschlußmotor

Werden an dem Gleichstrom-Reihenschlußmotor einige Änderungen vorgenommen, so ist er auch für Betrieb mit Wechselstrom geeignet: Anordnung einer Kompensationswicklung zur Abdrosselung des Ankerfeldes und Wahl eines kleineren Luftspalts. Die Schwierigkeiten der Kommutierung, durch Transformatorwirkung in den durch die Bürsten kurzgeschlossenen Windungen verstärkt, gestatten die Anwendung des Motors nur bei Wechselstrom mit geringer Frequenz, daher Wahl eines eigenen Systems mit $16^2/_3$ Perioden für die Elektrisierung der Hauptbahnen.

Umsteuern, Vertauschen der Feldanschlüsse, Drehzahlregeln und Anlassen, Anlegen des Motors an verschiedene Spannungen mit Hilfe eines Stufentransformators. Generelles Schaltbild einer Wechselstromlokomotive Abb. 28.

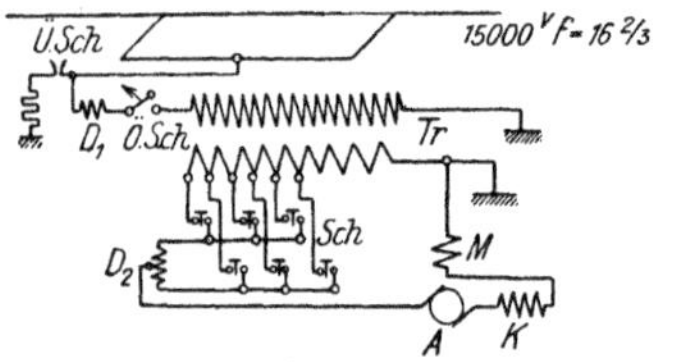

Abb. 28

A Ankerwicklung
K Kompensationswicklung
M Magnetwicklung
D_1 D_2 Drosselspulen
Sch Schützen
Tr Transformator
Ö. Sch Ölschalter
Ü. Sch Überspannungsschutz

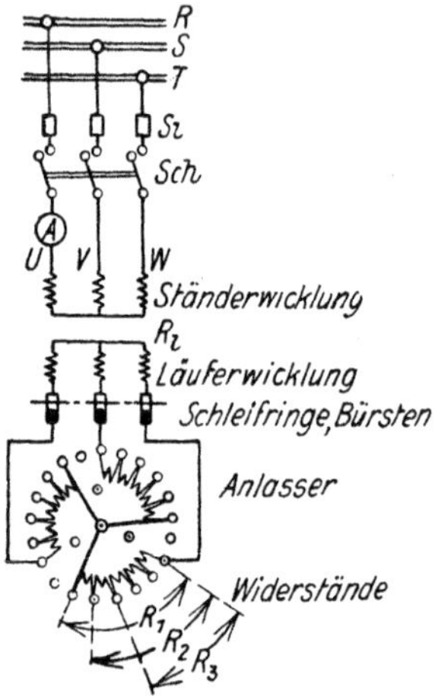

Abb. 29

7. Drehstrommotoren

Der **Drehstrom-Synchronmotor** hat denselben Aufbau wie der Drehstromgenerator, läuft nur mit synchroner Drehzahl und gestattet eine solche Einstellung der Gleichstromerregung, daß der Leistungsfaktor ($\cos \varphi$) des aufgenommenen Stromes gleich 1 wird; meist als Antriebsmotor für Umformeraggregate in Anwendung. Umständliches Anlassen.

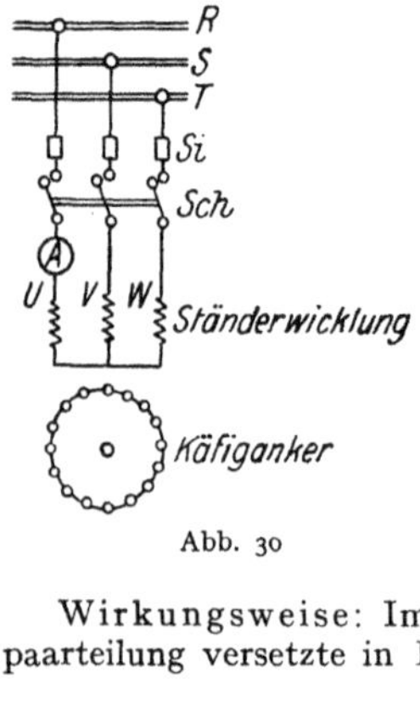

Abb. 30

Unter **Drehstrommotor** kurzweg wird der meist angewendete Drehstromasynchronmotor verstanden. Bei Ausführung mit Schleifringläufer (Schaltung Abb. 29), großes Anlaufmoment bei relativ geringer Stromaufnahme. Praktisch konstante Drehzahl für alle Belastungen. Große Überlastbarkeit, einfache Bauart und geringe Wartung. Gestattet hohe Spannungen direkt anzuwenden. Bei der Ausführung mit Kurzschlußläufer (Schaltung Abb. 30), einfachste Bauart ohne jeden Schleifkontakt; dagegen großer Anlaufstrom bei geringem Anlaufmoment, daher nur für kleine Leistungen anzuwenden.

Wirkungsweise: Im Ständer des Drehstrommotors sind 3 um $^1/_3$ Polpaarteilung versetzte in Dreieck oder Stern geschaltete Spulenwicklungen angeordnet; die 3 örtlich stillstehenden, zeitlich sinusförmig sich verändernden Wechselfelder dieser drei Spulenwicklungen ergeben in ihrer Zusammensetzung ein konstantes sich gleichmäßig drehendes Drehfeld, das mit der synchronen Drehzahl $n_{syn} = \frac{60 f}{p}$ umkreist. Das Motordrehmoment entsteht durch Wechselwirkung dieses Drehfeldes mit den Arbeitsströmen in der Läuferwicklung. Die Läuferwicklung wird meist als Drehstromspulenwicklung wie die Ständerwicklung ausgeführt und bildet mit der Ständerwicklung einen Transformator. Der Läufer hat nun eine so große Schlüpfung gegenüber dem synchronen Drehfeld, daß in seinen Spulen solche Spannungen induziert werden, die wieder Ströme von solcher Größe erzeugen, daß das jeweils verlangte Drehmoment durch Wechselwirkung dieser Läufer-Stromgruppen mit dem Ständerdrehfeld geliefert wird. Der Läufer dreht sich mithin mit etwas kleinerer Drehzahl als die synchrone Drehzahl beträgt (bei Vollast n um 3 bis 5% geringer als n_{syn})

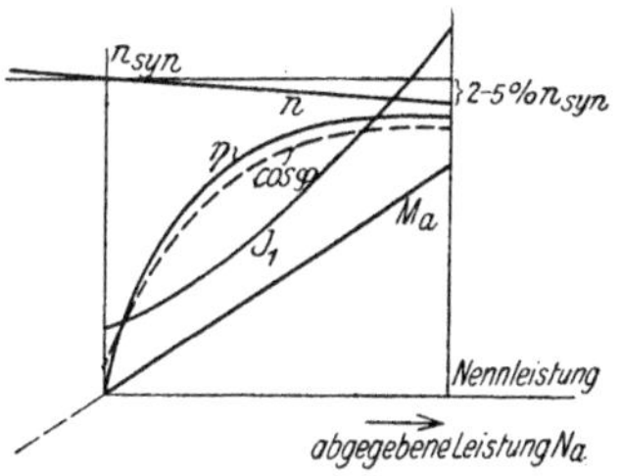

Abb. 31

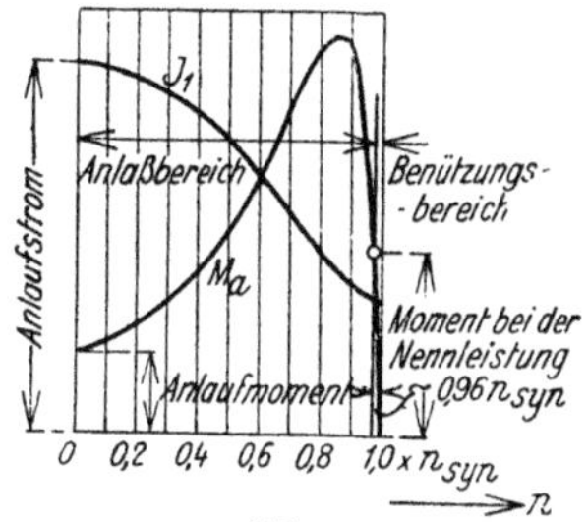

Abb. 32

(Abb. 31). Abb. 32 zeigt den Verlauf des Drehmomentes in Abhängigkeit von der Drehzahl, wenn kein Anlasser verwendet wird.

Würden gleiche aber mit verschiedenen Ohmschen Widerständen ausgerüstete Läuferwicklungen verwendet, so würde sich eine Abhängigkeit des vom Motor gelieferten Drehmoments nach Abb. 33 ergeben, daher wird das Anlassen des Drehstrommotors derart vorgenommen (Abb. 29), daß man die Ständerwicklungen an das Drehstromnetz anschaltet und am dreipoligen Anlasser im Läuferkreis langsam die Widerstände ausschaltet. Im normalen Lauf sind die drei Schleifringe durch den Anlasser kurzgeschlossen. Wird nur selten angelassen, so kann durch die Kurzschluß- und Bürstenabhebevorrichtung an der Läuferwicklung ein Abheben der Bürsten und damit geringere Abnützung erreicht werden. Derart ist es möglich, mit hohem Drehmoment und geringer Stromaufnahme anzufahren.

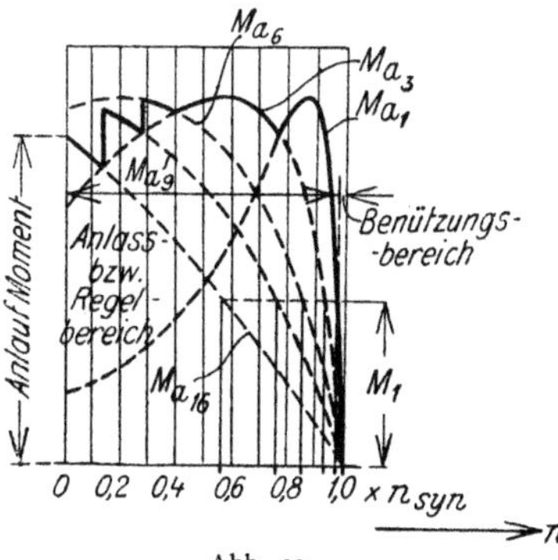

Abb. 33

M_{a1} Drehmoment beim einfachen,
M_{a6} beim sechsfachen Läuferwiderstand

Drehstrommotoren mit Kurzschlußanker werden nur durch Anschalten an das Drehstromnetz angelassen. Bei mittleren Leistungen wird zur Begrenzung des Anschaltestromstoßes ein Sterndreieckschalter benützt, der zuerst die Motorständerwicklung in Stern und dann in Dreieck schaltet.

Das Drehzahlregeln des Drehstrommotors geschieht wie das Anlassen, nur muß der Anlasser als Regelanlasser, also für Dauereinschaltung der Widerstände gebaut sein. Mit dieser Regelart sind beträchtliche Energieverluste verbunden. Der Drehstrommotor mit Kurzschlußläufer kann in der Drehzahl nicht geregelt werden.

Das Umsteuern der Drehstrommotoren wird durch Abschalten, Vertauschen zweier Anschlüsse der Ständerwicklung (wodurch sich die Drehrichtung des Drehfeldes umkehrt) und neuerliches Anlassen bewirkt.

8. Allgemeine Angaben für alle Elektromotoren

Ausführungsart der Motoren: Offene Motoren für alle normalen Betriebe in trockenen, staubfreien Räumen. Leistung einer Motortype in offener Ausführung wäre N_o. Ventiliert gekapselte Motoren. Gehäuse schützt Wicklungen gegen Verschmutzung, mechanische Verletzungen, Tropf- und Spritzwasser. Die Luft darf jedoch nicht feucht sein, Luftzu- und Abführungsöffnungen unten an den Lagerschildern, sonst geschlossen. Dichtschließende Türen für Bedienung des Kollektors bzw. der Schleifringe. Die Leistung des im elektrischen Teile gleich ausgeführten Motors beträgt infolge schlechterer Abkühlungsverhältnisse nur mehr N_v. Der offene Motor ist also auf die gleiche Leistung bezogen, der billigste. Bei stark staubiger Luft ein aufgesetzter Luftfilter, unter Umständen Anschluß eines Rohrstutzens erforderlich, um staubfreie Luft zuführen zu können. Gekapselter Motor mit Mantelkühlung. Leistung N_{gm} bei starkem Staub und feuchter Luft; dem Raum entnommene staubige bzw. feuchte Luft wird von einem Ventilator durch den Kühlmantel des Motors getrieben.

Geschlossene Motoren. Leistung N_g. Anwendung besonders im Freien und in sehr feuchten Räumen; dort wo Frischluftsaugleitung nicht möglich. Vollständig geschlossenes Gehäuse.

$$N_v \cong N_{gm} = 0{,}8 - 1{,}0\, N_o$$
$$N_g = 0{,}35 - 0{,}6\, N_o$$

Die Isolation der Wicklungen normal ausgeführter Motoren schützt gegen normale Luftfeuchtigkeit. Im Baubetriebe verwendete Motoren sollen dagegen mit verstärkter Isolation (Feuchtigkeitsschutz) versehen sein.

Leistung. Der am Leistungsschild angegebene Betrag in *kW* oder *PS* gibt die an der Welle abgegebene nutzbare Leistung an, die der Motor dauernd zu liefern imstande ist. Überlastungen über diese Nennleistung sind nur kürzere Zeit möglich, eine halbe Stunde lang um 25%, drei Minuten lang um 40%, beim Anlassen ganz kurzzeitig um 100%.

Drehzahl: Am Leistungsschild ist die Drehzahl angegeben, die der Motor bei der Nennleistung hat, die Leerlaufdrehzahl ist beim Gleichstromnebenschluß- und beim Drehstrommotor um 2 bis 5% höher.

Bei Wahl der Sicherungen sind die Anlaufströme zu beachten.

Motoranschlußleitungen müssen den Anlaufstrom noch feuersicher leiten und dürfen keinen größeren Spannungsabfall als 3% aufweisen.

Stromaufnahme beim Anlauf bei Drehstrommotoren mit Schleifringen oder beim Gleichstromnebenschlußmotor.

Beim Anlauf mit dem halben Normaldrehmoment ist der Anlaufstrom gleich dem 1fachen, beim Anlauf mit Normaldrehmoment ist der Anlaufstrom gleich dem 1,5fachen, beim Anlauf mit doppeltem Normaldrehmoment ist der Anlaufstrom gleich dem 2,5fachen des Stromes im normalen Betrieb bei Nennleistung.

Bei kleinen Gleichstrommotoren und Drehstrommotoren mit Kurzschlußanker ist Anlaufstrom gleich 5- bis 7 faches I_n, bei Sterndreieckschalter Anlaufstrom gleich 2- bis $2^1/_2$ faches I_n; dabei ist nur geringes Anlaufmoment gleich $^1/_2$ bis $^3/_4$ des Normaldrehmoments zuzulassen.

Sonstige Angaben

Wirkungsgrad des Motors bei Nennleistung 0,8 bis 0,92.

$N_{el}{}^{W}$ Aufgenommene Leistung $N_{el}{}^{W} = E_k{}^{V} \cdot I^{A}$ bei Gleichstrom.

$N_{el}{}^{W} = \sqrt{3}\, E_k\, I \cos\varphi$ bei Drehstrom.

$N_a{}^{PS}$ Abgegebene Leistung.

$M_n{}^{mkg}$ Normaldrehmoment.

$$M_n{}^{mkg} = \frac{N_a{}^{PS} \cdot 75}{\omega} = \frac{N_a{}^{PS} \cdot 75 \cdot 60}{2\,\pi n} = 716\,\frac{N_a{}^{PS}}{n}.$$

Anlasser fast immer als Ölanlasser mit Ölkühlung der Widerstandspiralen. Rücksicht auf Staub und Feuchtigkeit.

Verhältnis: Anlaßstrom zu Normalstrom beim Antrieb verschiedener Arbeitsmaschinen.

0,5 —1,25	Kompressoren Anlauf ohne Gegendruck.
1,5 —2,0	,, ,, mit ,,
0,75—1,5	Zentrifugalpumpen.
0,6 —1,25	Kolbenpumpen Anlauf ohne Gegendruck.
1,5 —2	,, ,, mit ,,
0,6 —1,0	Ventilatoren.
1,25—2,0	Transmission mit vielen Lagern.

9. Transformatoren

Aufbau: Geschlossener, aus Blechen aufgebauter Eisenkörper, bei Wechselstrom mit zwei, bei Drehstrom mit drei Schenkeln; jeder dieser Eisenkerne erhält primäre und sekundäre Stromspulen (Abb. 34). Wirkungsweise: In der primären Spule fließt der zugeführte Wechselstrom und erzeugt ein Wechselfeld, welches in der sekundären Spule Wechselspannungen von der Periodenzahl des Primärstromes hervorruft. Nach der zweiten Form des Induktionsgesetzes $\dot{E} = -z\,\frac{d\Phi}{dt}$ werden bei Änderung des Magnetfeldes primär und sekundär Spannungen erzeugt. Die in der Primärwicklung erzeugte Spannung ist die Gegenspannung zu der vom Kraftwerk aufgedrückten Klemmenspannung, die sekundäre Spannung wirkt für das Sekundärnetz als Klemmenspannung. Primäre und sekundäre Spannung verhalten sich wie die Windungszahlen der primären und sekundären Stromspulen, die Stromstärken verkehrt.

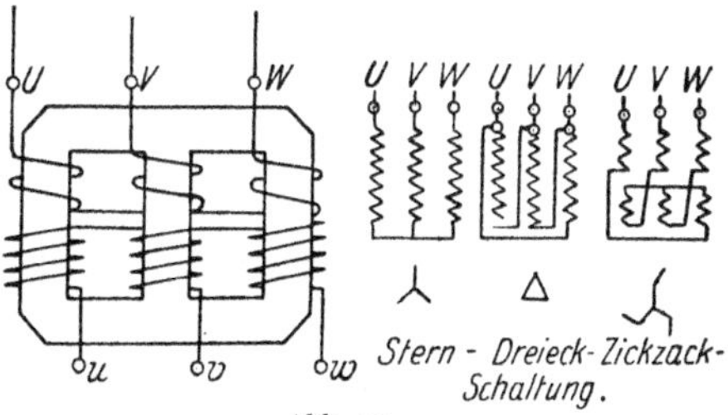

Abb. 34

Benachbarte Transformatoren arbeiten dann gut parallel, d. h. teilen die Belastungen entsprechend den Leistungen ihrer Leistungsschilder auf, wenn ihr Übersetzungsverhältnis im Leerlauf und ihre Kurzschlußspannungen gleich sind. Letztere, 2 bis 5% der Nennspannung, sind durch die Transformatorkonstruktion gegeben. Sollen Transformatoren mit gleichen Übersetzungsverhältnissen, aber von verschiedener Konstruktion parallel geschaltet werden, so muß dem Transformator mit der kleineren Kurzschlußspannung eine Drosselspule bestimmter Größe vorgeschaltet werden.

Soll zu einem Drehstromtransformator ein anderer, primär und sekundär parallel geschaltet werden, so ist vor Inbetriebsetzung zu untersuchen, ob nach primärer Parallelschaltung die Aufeinanderfolge der drei Phasen sekundär, bei beiden gleichsinnig ist. Vorerst sekundär nur eine Leitung unmittelbar, die beiden anderen über Voltmeter anschließen. Zeigen die Voltmeter Null, dann können die Voltmeter überbrückt und die Transformatoren auch sekundär parallel geschaltet werden.

Bei Drehstrom werden die Schenkelwicklungen in Dreieck, Stern oder Zickzack geschaltet.

Um die Stromverbraucher gegen Übertritt von hochgespannten Strömen in die Niederspannungsleitungen bei Beschädigung des Transformators zu schützen, werden an die Niederspannungswicklung des Transformators Spannungssicherungen angebracht, die bei Übertritt der Hochspannung in die Niederspannungswicklung diese an Erde legen (Abb. 36).

Der Wirkungsgrad der Transformatoren ist sehr hoch, 95 bis 98%. Nach den neuerdings aufgestellten Normalien werden Transformatoren der Haupt- und Sonderreihe unterschieden und normalisiert.

Zulässige Überlastungen: Hauptreihe: Nach einem zehnstündigen Betrieb mit halber Nennleistung

30% überlastbar über Nennleistung 1 Stunde lang
oder 10% ,, ,, ,, 3 Stunden ,,

Sonderreihe: Nach einem zehnstündigen Betrieb mit der Nennleistung

110% überlastbar 1 Stunde lang
oder 75% ,, 3 Stunden ,,
,, 60% ,, dauernd

und außerdem 100% während 12 Stunden (500 Stunden im Jahr).

Transformatoren werden auch bei der Strom- und Spannungsmessung als Strom- und Spannungswandler angewendet und wie Strom- und Spannungszeiger geschaltet, um bei Hochspannung nur niedergespannte Meßströme den Betätigungsschalttafeln zuführen zu können (Abb. 37).

10. Umformer

Umformer dienen zur Umwandlung von Drehstrom in Gleichstrom oder umgekehrt.

a) **Motorgeneratoren** mit Asynchronmotor und einem Nebenschlußgenerator. (Erfordert zwei umlaufende Maschinen der ganzen Leistung, wobei das zweite Netz allerdings unabhängig vom ersten geregelt werden kann.)

b) **Einankerumformer** führen die Umformung in einer Maschine durch, die, wie ein Gleichstromgenerator aufgebaut, außer dem Kollektor noch drei Schleifringe besitzt, welche an drei entsprechende Punkte der Gleichstromankerwicklung angeschlossen werden. Festes Verhältnis zwischen Drehstrom- und Gleichstromspannung, daher immer Vorschaltung eines Transformators erforderlich. (Gibt günstigeren Wirkungsgrad der Umformung.)

11. Quecksilberdampfgleichrichter

Der Quecksilberdampflichtbogen an ungleichartigen Elektroden im Vakuum zeigt eine ausgezeichnete Ventilwirkung, die unter Vorschaltung eines Transformators zur Gleichrichtung des Wechselstromes und, besonders günstig, des Drehstromes ausgenützt werden kann. Der Wirkungsgrad ist bei höheren Spannungen sehr hoch (550 Volt Gleichstrom 95%)

und unabhängig von der Belastung. Vorteile: Geringer Raumbedarf, keine beweglichen Teile, kleines Gewicht, unempfindlich gegen Belastungsstöße und kurzzeitig gut überlastbar. Besonders zur Stromumformung für den Gleichstrom zum Betrieb der Straßen- und Stadtschnellbahnen geeignet.

12. Akkumulatoren

In den Akkumulatorbatterien geschieht die Energieaufspeicherung unter Umwandlung der elektrischen Ladeenergie in chemische Energie und Rückbildung dieses Prozesses unter Wiederfreiwerden des größten Teiles der elektrischen Energie. Beim meistverwendeten Bleiakkumulator schwankt die Spannung der Zelle zwischen 1,83 Volt im Zustande der größten Entladung und 2,75 Volt am Ende der Ladeperiode, beide Spannungen unter gleichzeitiger Stromlieferung bzw. Stromzufuhr gemessen. Der Ladeinhalt oder die Kapazität ist jene Elektrizitätsmenge in Amperestunden (Ah), die von einem voll aufgeladenen Akkumulator entnommen werden kann, bis seine Spannung auf die zulässige untere Grenze gesunken ist. Der größte Strom, der betriebsmäßig entnommen werden kann, I_{max}, ist der dreistündige, d. h. $I_{max} = \frac{A\,h}{3}$. Die Kapazität der Zellen hängt von der Plattengröße ab. Mit Rücksicht auf die veränderliche Spannung der Zelle müssen bei einer gegebenen Betriebsspannung Teile der Zellen abgeschaltet werden können. Schaltzellen, Zellenschalter. Die Gesamtzahl der Zellen ergibt sich mit $Z = \frac{E}{1{,}83}$, da alle Zellen hintereinander geschaltet werden. Der Wirkungsgrad in Bezug auf die kWh beträgt rund 75%. Zur Aufladung aller Zellen reicht die Generatorspannung nicht aus, weshalb die Zusatzspannung durch einen elektromotorisch angetriebenen Zusatzgenerator geliefert werden muß. (Abb. 35. Schaltbild eines Gleichstromkraftwerkes mit Akkumulatoren.)

D. Stromverteilungssysteme

Niederspannung-Hochspannung: Die Grenze wurde mit 250 Volt gegen Erde festgesetzt. Stromverbrauchseinrichtungen mit höheren Spannungen dürfen nur von fachkundigem Personal überwacht werden. Hochspannungsstromsysteme werden daher meist nur zur Energieübertragung auf größere Gebiete verwendet und muß an den einzelnen Verbrauchsstellen Niederspannung erzeugt werden. Die Gefährlichkeit hängt jedoch nicht nur von der Höhe der Spannung ab, sondern auch von den jeweiligen Betriebsverhältnissen. In feuchten Räumen können auch geringere Spannungen gefährlich werden, da der Übergangswiderstand der feuchten Haut bedeutend geringer ist als der trockenen.

1. Gleichstrom

Normalspannungen 110, 220, 440 (zweimal 220) Volt. Da Gleichstrom nicht transformiert, also nicht in einfacher Weise in der Spannung verändert werden kann, ist zweimal 220 Volt mit festgeerdetem Nulleiter die höchste Gleichstromspannung der Elektrizitätswerke für allgemeine Stromversorgung und kann daher nur zur Energieübertragung auf eng begrenztem Raume dienen. Ungefähre Grenze 250 kW Belastung bei 2000 Meter Halbmesser des Versorgungsgebietes. Der große Vorteil des Gleichstromsystems ist die Verwendbarkeit der Akkumulatorbatterie als Energiespeicher, wodurch sich ein gleichmäßiger Betrieb des Kraftwerkes ergibt und die Maschinenaggregate kleiner gewählt werden können, während die Batterie die Belastungsspitze übernimmt; die alleinige Stromlieferung in den Stunden schwächeren Konsums durch die Batterie gestattet die Stillegung des Kraftwerkes und erspart eine Schichte Bedienungsmannschaft. Beim Dreileitersystem zweimal 220 Volt werden die Motoren an die 440^V-Spannung der Außenleiter geschaltet, während die Glühlampen auf die zwei Teilspannungen von 220^V gleichmäßig aufgeteilt

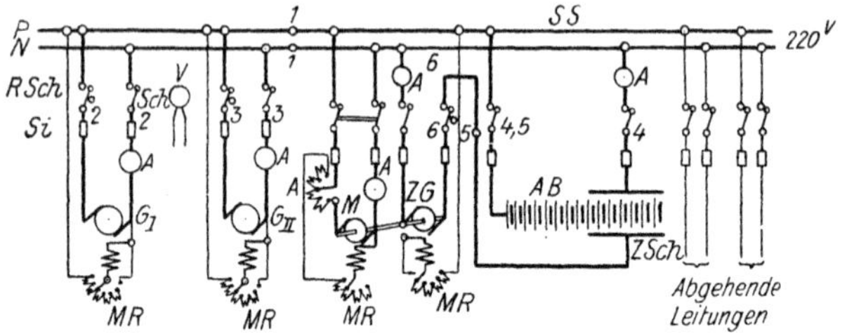

Abb. 35

S S	Sammelschienen	*M R*	Magnetregler
GI GII	Hauptgeneratoren	*Si*	Sicherung
M	Nebenschlußmotor	*Sch*	Hebelschalter
Z G	Zusatzgenerator	*R Sch*	Rückstromschalter
A B	Akkumulatorenbatterie	*Z Sch*	Zellenschalter
A	Anlasser		

werden. Abb. 35 zeigt das Schaltbild eines Gleichstromkraftwerkes bzw. den Gleichstromteil eines Umformerwerkes. Vom Kraftwerk oder Umformerwerk führen zu den Konsumschwerpunkten unverzweigte Speiseleitungen, in welchen ein großer Spannungsabfall, rund $10^0/_0$, zugelassen wird; die Spannung wird dann im Kraftwerk derart geregelt, daß sie an den Speisepunkten bei verschiedener Netzbelastung annähernd konstant bleibt.

2. Einphasenwechselstrom

Wird als Stromsystem der allgemeinen Energieversorgung für Licht- und Kraftzwecke nicht mehr, nur als besonderes System für die Elektrisierung der Vollbahnen in Deutschland, Österreich, Schweden und der Schweiz mit einer Frequenz von $16^2/_3$ und einer Fahrdrahtspannung von 15.000 V angewendet. Der Vorteil der einfachen Oberleitung und der Transformierbarkeit rechtfertigt die Wahl eines eigenen Stromsystems für die Elektrisierung der Hauptbahnen. Die Energieübertragung erfolgt in Hochspannungsleitungen von 50.000 und 100.000 Volt und Transformatorstationen wie beim Drehstromsystem.

3. Drehstrom

Die Transformierbarkeit des Drehstroms und der einfache und billige Drehstromasynchronmotor machen dieses System zu dem meist angewendeten. Als Normalperiodenzahl wurde 50 gewählt. An Spannungen werden bei neuen Anlagen nach dem V. d. E. (Verband deutscher Elektrotechniker) in erster Linie empfohlen: 220, 380. 6000, 15.000, 35.000, 60.000, 100.000; daneben noch bei Erweiterungen bestehender Anlagen und dort, wo der Anschluß an ein bestehendes Netz wahrscheinlich ist, 125, 500, 3000, 5000, 10.000, 25.000, 50.000. Bis rund 10.000 Volt kann die Spannung im Generator erzeugt werden. Muß eine höhere Spannung gewählt werden, so werden in den Generatoren 4000 bis 8000 Volt erzeugt und durch Transformation auf die Übertragungsspannung erhöht. Einen ungefähren Anhaltspunkt für die Wahl der Übertragungsspannung gibt die nach wirtschaftlichen Grundsätzen aufgebaute Näherungsformel

$$E^{kV} = 100\sqrt{N^{kW} \cdot l^{km}}.$$

Im Stromversorgungsgebiet erfolgt bei hohen Übertragungsspannungen mehrfache Transformation: Mit einer Mittelspannung von 10, 15 oder 20 kV wird die Energie über Kreise und Bezirke verteilt. In den einzelnen Stromversorgungsgebieten, Ortschaften, Fabriken wird auf 380/220 Volt herabtransformiert, mit welcher Spannung die Verteilleitungen (Freileitungen oder Erdkabel) den Strom zu den einzelnen Stromverbrauchseinrichtungen führen. Die Verteilleitungen bei Gleich- und Drehstrom werden so bemessen, daß an den ungünstigsten Stellen des Netzes der Spannungsabfall für Glühlampen bei größter Belastung 4%, bei Kraftanlagen 6% beträgt. Abb. 36 und 37 zeigen Schaltbilder von Transformatorstationen.

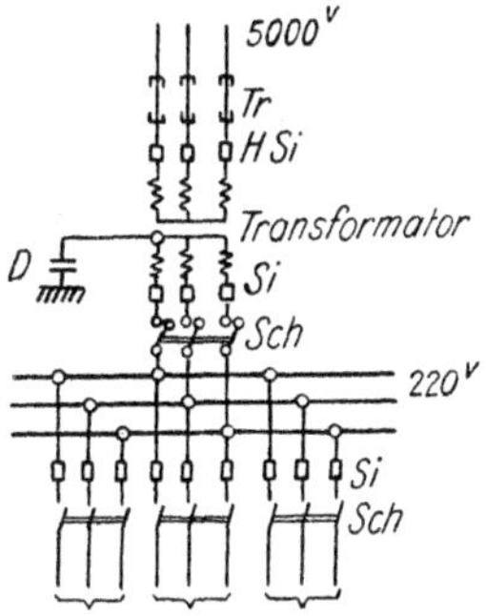

Abb. 36

Tr Trennschalter
H Si Hochspannungssicherung
D Durchschlagsicherung

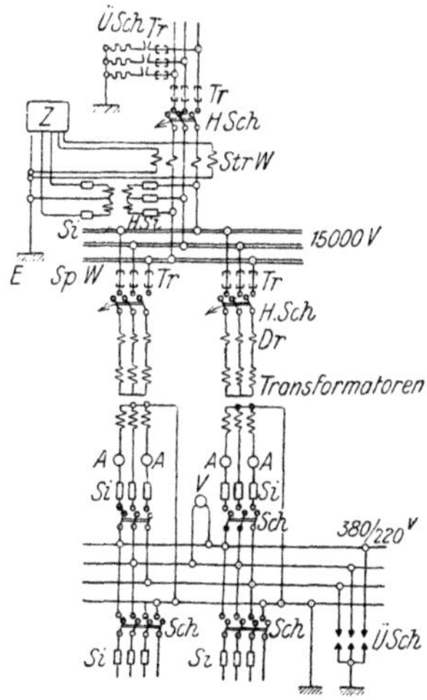

Abb. 37

Dr Schutzdrosselspulen
Ü Sch Überspannungsschutz
H Sch Höchststromölschalter
Str W Stromwandler
Sp W Spannungswandler
Z Zähler
E Erdung
A Stromzeiger
V Spannungszeiger

4. Drehstrom-Gleichstromsystem

Bei diesem System wird Drehstrom zur Fortleitung der Energie auf größere Entfernungen benützt, mit 5000 bis 15.000 Volt jeder einzelne Konsumschwerpunkt gespeist und an diesen Punkten in Umformerstationen mit Hilfe von Motorgeneratoren oder Einankerumformern Gleichstrom erzeugt, wobei ähnlich wie bei Gleichstromkraftwerken das umliegende Gebiet unter gleichzeitiger Verwendung von Akkumulatoren mit Strom versorgt werden kann.

E. Elektrische Leitungen

1. Querschnittsbemessung

Bei der Bemessung der Querschnitte von Leitungen müssen nachstehende Gesichtspunkte Beachtung finden: Mechanische Festigkeit, Erwärmung der Leitungen, Spannungsabfall der Leitung, Bemessung der Leitungen nach wirtschaftlichen Gesichtspunkten. **a)** Aus Gründen der mechanischen Festigkeit wurden nachstehende **geringstzulässige Querschnitte für Kupferleitungen** festgesetzt:

Isolierte Leitungen .... 1 mm²
Isolierte Leitungen in Gebäuden und im Freien, wenn der Abstand der Befestigungspunkte größer als 1 m .... 4 „
Blanke Leitungen in Gebäuden und im Freien .... 4 „
Freileitungen mit Spannweiten bis zu 35 m und Niederspannung . . 6 „
Freileitungen in allen sonstigen Fällen .... 10 „

Die größten Querschnitte, die noch verlegt werden können, sind 16 mm² massives Kupfer und 120 mm² Kupferseil.

b) Erwärmung der Leitungen

Fließt in einer Leitung der Strom I Ampere, so geht in ihr die Leistung $I^2 R = I^2 \varrho \frac{l}{q}$ Watt verloren und wird in Wärme umgesetzt, die je nach Isolationsart und Querschnitt verschieden günstig an die Umgebung abgeführt wird, siehe Tabelle.

Zulässige Höchststromwerte für Kupferleitungen bei Dauerbetrieb

Regelquerschnitte mm²	Gummiisolierte Leitungen¹): Höchste dauernd zulässige Stromstärke	Gummiisolierte Leitungen¹): Nennstromstärke für entsprechende Abschmelzsicherung	In Erde 70 cm tief verlegte Bleikabel²): Einleiterkabel bis 1000 V	In Erde 70 cm tief verlegte Bleikabel²): Verseilte Dreileiterkabel bis 3000 V	In Erde 70 cm tief verlegte Bleikabel²): Verseilte Dreileiterkabel bis 10000 V	In Erde 70 cm tief verlegte Bleikabel²): Verseilte Vierleiterkabel bis 3000 V	Freileitungen³): Kupfer	Freileitungen³): Eisen
1	11	6	24	17	—	16	—	—
1,5	14	10	31	22	—	20	—	—
2,5	20	15	41	29	—	26	—	—
4	25	20	55	37	—	34	46	16
6	31	25	70	47	—	43	60	20
10	43	35	95	65	60	57	86	30
16	75	60	130	85	80	75	118	40
25	100	80	170	110	105	100	162	55
35	125	100	210	135	125	120	206	72
50	160	125	260	165	155	150	266	95
70	200	160	320	200	190	185	340	120
95	240	200	385	240	225	220	420	150
120	280	225	450	280	260	250	500	175
150	325	260	510	315	300	290	—	—
185	380	300	575	360	340	330	—	—

¹) Verbandsnormale Werte.
²) Verbandsnormale Werte; Erdkabel in Luft verlegt oder wenn mehr als 2 Kabel im gleichen Graben, nur ³/₄ der Tabellenwerte zulässig.
³) Ermittelt nach Formel von Kennelly.

Um unzulässig hohe Stromstärken unter allen Umständen zu verhindern, werden die einzelnen Leitungen durch Abschmelzsicherungen oder Höchststromschalter geschützt. Höchststromschalter werden nach der in der Tabelle angegebenen zulässigen Höchststromstärke bemessen, bzw. eingestellt, Abschmelzsicherungen nach dem 0,8fachen der Höchststromstärke gewählt, da jede Sicherung gerade noch das 1,25fache ihrer Nennstromstärke dauernd aushält.

c) Rechnung der Leitungen auf Spannungsabfall

Die der Energieübertragung zwischen Generatoren bzw. Transformatoren und Verbrauchsapparaten (Lampen, Motoren) dienenden Leitungen dürfen nur mit begrenztem Spannungsabfall arbeiten. Zulässige Spannungsabfälle sind: Für Gleichstromspeiseleitungen 2 × 220 Volt, d. i. für Dreileiter, rund 10%, für Verteilleitungen bei allen Stromsystemen rund 4% im ungünstigsten Fall bei Glühlampenbelastung und 6% bei Motoren. Oft ist es erwünscht, für erste Aufstellungen rasch den zu erwartenden Spannungsabfall zu ermitteln. Da in der Mehrzahl der Fälle die später eintretende Belastung und damit die zu erwartende Stromführung auch nicht vollständig genau vorherbestimmt werden kann, wird das nachfolgende im ungünstigsten Fall mit einer Ungenauigkeit von 10% arbeitende Näherungsverfahren, häufig Anwendung finden können. (De Koning ETZ. 1925, Seite 418.)

Spannungsabfall bei **Gleichstrom** mit Lampen und Motoren, bei **Wechselstrom**, d. i. Einphasenstrom, mit Lampenanschluß. (l^m einfache Länge der Leitungsstrecke.)

$$\Delta E^V = 2\, I^A \varrho \frac{l^{\mathrm{m}}}{q^{\mathrm{mm}^2}};\quad I^A = \frac{N^W}{E^V} = \frac{1000\, N^{\mathrm{kW}}}{E^V}$$

$$\frac{\Delta E}{E} = \frac{2\, I \varrho \frac{l}{q}}{E} = \varrho \frac{2\, N^W l^{\mathrm{m}}}{E^2 q} = \frac{1}{57}\, \frac{2.10^6 N^{\mathrm{kW}} l^{\mathrm{km}}}{380^2 \cdot 25} = 0{,}0097\, N^{\mathrm{kW}} l^{\mathrm{km}}$$

$\cong 1\% \cdot N^{\mathrm{kW}} l^{\mathrm{km}}$, d. h. bei Gleichstrom oder Wechselstrom (letzteres ohne Motoren) ist der perzentuelle Spannungsabfall bei einer angenommenen Normalspannung von 380 Volt und einem Normalquerschnitt von 25 mm² für 1 kW Belastung am Ende einer 1 km langen Strecke angenähert gleich 1 Prozent.

Spannungsabfall bei **Drehstrom**, Lampenbelastung (für Motoren ist später noch ein Zuschlag zu machen) $\Delta E \cong \sqrt{3}\, I \varrho \frac{l}{q} \cos\varphi$

I Strom in einer Leitung, E Spannung zwischen zwei Leitungen,

ΔE Spannungsabfall,

φ Phasenverschiebung zwischen Spannung und Strom, um ΔE ist die Spannung zwischen zwei Leitern am Verbrauchspunkt geringer als am Stromzuführungspunkt.

$$\frac{\Delta E}{E} = \frac{\sqrt{3}\, I^A \varrho \frac{l}{q} \cos\varphi}{E^V} = \frac{\sqrt{3}\, \varrho\, 10^3 \cdot l^{\mathrm{km}} \cos\varphi \cdot 10^3 N^{\mathrm{kW}}}{q\, E \cdot \sqrt{3}\, E \cos\varphi} =$$

$$= \varrho\, \frac{10^6\; N^{\mathrm{kW}} \cdot l^{\mathrm{km}}}{q\, E^2} = \frac{1}{57}\, \frac{10^6\; N^{\mathrm{kW}} l^{\mathrm{km}}}{25 \cdot 380^2} = 0{,}00485\, N^{\mathrm{kW}} l^{\mathrm{km}}$$

$$\frac{\Delta E}{E} \cong \frac{1}{2}\,\% \cdot (N^{\mathrm{kW}} \cdot l^{\mathrm{km}}).$$

Bei Drehstrom 380 Volt und 25 mm² Kupfer gibt die Übertragung von 1 kW auf 1 km einen Spannungsabfall von rund ½ Prozent.

Bei anderen Querschnitten ändert sich der perzentuelle Spannungsabfall verhältnismäßig mit den anderen Widerstandswerten. Regelquerschnitte, Verhältnis der Widerstände bezogen auf 25 mm² = 1 angenähert:

6	4
10	2,5
16	1,5
25	[1]
35	$^2/_3$
50	$^1/_2$
70	$^1/_3$
95	$^1/_4$
120	$^1/_5$
150	$^1/_6$

Bei Drehstrom und Motoren kann die induktive Wirkung der Zuleitung durch einen Zuschlag von $^1/_3$ zu nebenstehenden Widerstandswerten angenäherte Berücksichtigung finden. Es ist z. B. der entsprechende Widerstandsverhältniswert bei Drehstrom und Motoren bei 35 mm²

$$^2/_3 + {}^1/_3 = 1$$

Bei anderen Spannungen als 380 Volt, z. B. E ist zuerst der perzentuelle Spannungsabfall für 380 Volt zu bestimmen und dann der richtige perzentuelle Spannungsabfall bei der Spannung E Volt zu ermitteln, wobei die perzentuellen Spannungsabfälle verkehrt proportional dem Quadrat des Verhältnisses Spannung E:380 Volt sind.

Meist handelt es sich um einseitig gespeiste Leitungen, die angenähert auf die Grundform (eine Stromabnahme am Ende der Leitung) zurückgeführt werden können, indem die gesamte Belastung im ungefähren Konsumschwerpunkt vereinigt gedacht wird. Die Leitungen verästeln sich gewöhnlich. In vielen Fällen ergibt sich der geringste Kupferaufwand bei einwandfreiem Arbeiten, wenn bis zum Verästelungspunkt ungefähr der halbe zulässige Spannungsabfall gestattet wird. Der Rest steht dann für die auslaufenden Leitungen zur Verfügung.

In sich geschlossene Leitungen werden angenähert so gerechnet, daß versucht wird, den Stromverlauf zu schätzen, die geschlossene Leitung an jener Stromabgabestelle aufzuschneiden, welche voraussichtlich den Strom von zwei verschiedenen Seiten erhält; die jetzt offenen Leitungen werden nach den obigen Angaben so gerechnet, daß an der Schnittstelle der größte zulässige Spannungsabfall von 4 bzw. 6 Prozent sich ergibt. Bei unrichtiger Wahl der Schnittstelle führt eine zweite Annahme nach der ersten Durchrechnung besser zum Ziele.

Am Generator bzw. am Transformator parallel geschaltete Leitungen sind in Bezug auf Stromverteilung und Spannungsabfall voneinander unabhängig und können rechnerisch ganz getrennt behandelt werden.

2. Ausführung der Leitungen

Siehe Vorschriften für Starkstromfreileitungen des V.d.E. Als Leitungsmaterial dient meist Kupfer. Aluminium darf nur in Seilform, nicht unter 25 mm² verwendet werden; bei der Montage ist äußerste Vorsicht zu beachten, um den Leiter nicht zu verletzen. Die einzelnen Leitungsstücke werden durch Niet- und Kerbverbinder aneinander geschlossen, welche Verbinder 90 Prozent der Festigkeit der Leitungen haben müssen. Träger der Freileitungen sind meist Holzmaste (imprägniert oder Lärchenmaste), bei Hochspannungsleitungen meist Eisengitter- oder Eisenbetonmaste. Für Kreuzungen mit Bahnen und Schwachstromleitungen kommen bei Hochspannungsleitungen nur die letzteren Ausführungen in Betracht. Kreuzungsmaste von Niederspannungsleitungen bei Überquerung von Schwachstromleitungen sind aus imprägnierten Stangen herzustellen. Für Kreuzung von Bahnen kommt bei Niederspannung nur Kabelung in Betracht. Die Spannweiten sind bei Niederspannungsleitungen 30 bis 60 m, bei Hochspannungsleitungen und Holzmasten 60 bis 80 m, wobei 80 m die Grenze für drei Leitungen zu 35 mm², 60 m die Grenze von drei Leitungen zu 70 mm² darstellt; bei Eisenmasten werden Spannweiten von 100 bis 200 m gewählt. Die Freileitungen werden von Porzellanisolatoren getragen, welche bis 35.000 Volt als Stützisolatoren ausgebildet und normalisiert sind; über

35.000 Volt verwendet man meist je nach der Höhe der Spannung mehrgliedrige Hängeisolatorenketten.

Die Leitungen müssen so gespannt sein, daß bei + 40° sowie bei — 5° und Eislast der Durchhang, anderseits bei — 25° sowie — 5° mit Eislast die Beanspruchung der Leiter entsprechende Werte nicht überschreitet. Tiefster Punkt für Niederspannungsleitungen 5 m, über Straßen 6 m; bei Hochspannungsleitungen 6 m, über Straßen 7 m. Höchstzulässige Beanspruchung 12, bzw. 16 kg/mm² bei massiven, bzw. seilförmigen Leitern aus hartgezogenem Kupfer.

Bleikabel. In die Erde dürfen nur Erdkabel verlegt werden. Seilförmige Kupferleiter, Isolation aus vielen Schichten getränkten Papieres, nahtloser Bleimantel zum Schutz gegen eindringende Feuchtigkeit, Juteumspinnung, Bewehrung mit spiralförmigen Eisenbandpanzer. Drehstromkabel müssen mit Rücksicht auf diesen Eisenpanzer alle Leitungen des Systems in einem Kabel vereinigt erhalten. Um das Eindringen von Feuchtigkeit an den Enden der Kabel zu verhindern, werden gußeiserne Verbindungs- und Abzweigmuffen, sowie Freileitungs- und Stationsendverschlüsse vorgesehen und mit Isoliermasse ausgegossen. Die Verlegung erfolgt in 70 cm tiefen Gräben in Sandbettung, wobei das Kabel durch eine Schichte Ziegel geschützt wird, so daß beim neuerlichen Aufgraben des Kabelgrabens zuerst die Ziegel bloßgelegt werden.

Isolierte Leitungen. Es kommen meist Gummiaderleitungen mit G-Isolation zur Anwendung. Diese Leitungen können ohne Isolierung der Stützpunkte in Rohren über oder unter Verputz verlegt werden. Bei offener Leitungsführung ist Befestigung an Rollen, in feuchten Räumen an Kellerisolatoren erforderlich. Um im Freien einigen Schutz gegen Berührung zu bewirken, werden wetterfest isolierte Leitungen ausgeführt und bei Kreuzungen mit Schwachstromleitungen verwendet; diese Schutzhülle darf jedoch nicht als Isolation im elektrischen Sinne gewertet werden.

F. Elektrische Beleuchtung

1. Elektrische Lichtquellen

Normale Glühlampen (Glühfaden im Vakuum) mit einem Stromverbrauch von 1,1 Watt pro Hefnerkerze und 1000 Stunden Brenndauer, gasgefüllte Glühlampen mit 0,6 Watt pro 1 HK und rund 800 Stunden Brenndauer bis Lichtleistungen von 3000 Watt; Bogenlampen kommen nur mehr für sehr große Lichtleistungen in der Ausführung mit Effektkohle in Anwendung. Brenndauer mit den selben Kohlenstiften je nach Größe bis 40 Stunden, 0,4 bis 0,3 Watt pro Hefnerkerze. Die Spannung an einer Bogenlampe hat bei Gleichstrom 40, bei Wechselstrom 30 Volt zu betragen, daher werden meist drei Lampen in Reihe unter Vorschaltung einer Drosselspule an Wechselstrom von 110 Volt gelegt. Gleichstrombogenlampen erfordern vorgeschalteten Beruhigungswiderstand.

Die Bezeichnung der Glühlampen erfolgt neuerdings nach dem Wattverbrauch und ihre Wertung nach dem ausgesandten Lichtstrom in Lumen. Siehe S. 447.

Lichtstrom gasgefüllter Wolframlampen der Osramwerke für 220 Volt:

Watt	Lichtstrom in Lumen	Watt	Lichtstrom in Lumen
40	263	300	5000
60	564	500	9410
75	852	750	14400
100	1255	1000	19500
150	2130	1500	30200
200	3140	2000	42700

2. Lampenarmaturen und deren Verwendung

Von wesentlicher Bedeutung ist die Lampenarmatur, die eine zweckentsprechende Verteilung des Lichtstromes bezweckt. Zur Berechnung der für einen geschlossenen Raum erforderlichen Beleuchtung wird der von der Lichtquelle ausgesandte Lichtstrom (Einheit Lumen) zugrunde gelegt.

Es werden Garnituren für verschiedene Ausstrahlungskurven erzeugt und damit nachstehende Beleuchtungsarten erreicht. (Anordnungen der Firma Koerting und Mathiesen.)

Gruppe A. Vorwiegend direktes Licht; dabei wird der Hauptteil des Lichtstromes in den unteren Halbraum geführt und nur ein kleiner Teil geht seitlich und aufwärts: Verkaufsräume, Werkstätten, Fabrikssäle und Hallen; Höfe, Straßen und Plätze. Für Häfen, Montagehallen und hohe Werkstätten sind die Tiefstrahler besonders geeignet, während für gleichmäßige Straßen- und Gleisbeleuchtung die Breitstrahler heranzuziehen sind.

Gruppe B. Halbindirektes, vorwiegend direktes Licht: Bei starker Streuung nach allen Seiten wird der Hauptteil des Lichtstromes nach unten geführt: Innenräume mit hellen Decken und hellen Wänden, Verkaufsräume, Kirchen, Säle, Restaurants.

Gruppe C. Halbindirektes, vorwiegend indirektes Licht: Der größte Teil des Lichtstromes wird nach oben gestrahlt und von Decke und Wänden reflektiert. Räume mit heller Decke und hellen Wänden: Schulen, Zeichensäle, Bureaus, Arbeitssäle, Wohn- und Gesellschaftsräume, Ausstellungen, Bahnhofwartesäle, Stiegen und Gänge.

Gruppe D. Ganz indirektes Licht: Der ganze Lichtstrom wird in den oberen Halbraum geleitet und von Decken und Wänden zurückgestrahlt. Blendungsfreie und schattenlose, relativ teure Beleuchtungsart.

Überschläglich kann die Beleuchtung unter Zugrundelegung einer bestimmten Bodenhelligkeit ermittelt werden, wobei die auf Decke und Wandflächen entfallende Lichtmenge durch einen Wirkungsgrad Berücksichtigung findet. Über die erforderliche Beleuchtungsstärke und über den Wirkungsgrad η siehe die Angaben im Abschnitt „Hochbau“, S. 449.

Es ergibt sich für 220 Volt bei direkter oder halbindirekter Beleuchtung (Gruppe A bis C)

mit 10 Watt pro m^2 Bodenfläche angenommen

bei	40—60	Wattlampen,	eine	mittlere	Bodenhelligkeit	von 35	Lux
„	75	„	„	„	„	„ 50	„
„	100	„	„	„	„	„ 55	„
„	150	„	„	„	„	„ 60	„
„	200	„	„	„	„	„ 70	„
„	300	„	„	„	„	„ 75	„
„	500	„	„	„	„	„ 80	„
„	1000	„	„	„	„	„ 85	„

Schrifttum über Elektrotechnik
für Zwecke der Bauingenieure und Architekten

Dettmar, Kalender für Elektrotechniker.
Vorschriftenbuch des Verbandes deutscher Elektrotechniker.
Siemens Handbuch, Elektrische Installation für Licht und Kraft.
A E G, Hilfsbuch für elektrische Licht- und Kraftanlagen.
Kosack, Starkstromtechnik.
Lehmann, Elektrotechnik und elektrische Antriebe.
Michalke, Allgemeine Grundlagen der Elektrotechnik.
Pohl, Die Montage elektrischer Licht- und Kraftanlagen.
„ Der Betrieb elektrischer Licht- und Kraftanlagen.

Sachverzeichnis

Die kursiv gedruckten Abkürzungen bezeichnen die Abschnitte:

Bahnb.: Eisenbahnbau. — *Baust.*: Baustatik. — *Brück.*: Brückenbau. — *Eisenbet.*: Eisenbetonbau. — *Elektr.*: Elektrotechnik. — *Erdarb.*: Erd- und Felsarbeiten, Gründungen. — *Fest.*: Elastizitäts- und Festigkeitslehre. — *Hochb.*: Hochbau. — *Masch.*: Maschinenbau. — *Math.*: Mathematik. — *Mech.*: Mechanik fester und flüssiger Körper. — *Stoff.*: Baustoffe. — *Straß.*: Straßen- und Wegebau. — *Vermess.*: Vermessungskunde. — *Wärme*: Wärmemechanik und Mechanik der Gase. — *Wass.*: Wasserbau.

Abbinden des Mörtels *Stoff.* 280
Abdrehwinkel des Vorderwagens *Straß.* 591
Abfallrohre *Hochb.* 447
Abflußdauerlinie *Wass.* 537
Ableitung *Math.* 54
Abminderungszahl (Knikkung) *Fest.* 123
Abnützung der Flußstahlschienen *Bahnb.* 622
Abnutzbarkeit der Bausteine *Stoff.* 277
Abortschlauch *Stoff.* 288
Abschmelzsicherung *Elektr.* 663
Abschreibung *Math.* 39
Absenkung des Grundwassers *Erdarb.* 388
Absenkung des Wasserspiegels *Wass.* 524
Absenkungstiefe *Wass.* 554
Absenkungsweite *Wass.* 525
Absolut schwarzer Körper *Wärme* 102
Absolute Luftfeuchtigkeit *Wärme* 104
— Temperatur *Wärme* 99
— Wahrscheinlichkeit *Math.* 71
Ab- und Aufträge *Erdarb.* 373
Absteckung einer langen Geraden *Vermess.* 235
Abteilungszeichen *Bahnb.* 618
— *Straß.* 600
Abtöten der Keime *Wass.* 565
Abtragsmasse *Erdarb.* 373
Abzugskanäle *Wass.* 579
Abzweigstücke (Rohre) *Masch.* 649
Achse des Kräftepaares *Mech.* 81
Achsen *Masch.* 651
Achsstand der Fuhrwerke *Straß.* 589
Ackererde *Wärme* 102
Adiabate *Wärme* 107
Äpfel (Spez. Gew.) *Stoff.* 322
Ätzproben bei Oberbaumaterial *Bahnb.* 622
Airysche Spannungsfunktion *Fest.* 120
Akkumulatoren *Elektr.* 681
Akkumulatorenspeicherung *Wass.* 540
Aktiver Erddruck *Baust.* 228
Alkohol *Wärme* 100, 101
Allgemeinbeleuchtung *Hochb.* 448
Alpenkalkstein *Stoff.* 273
Aluminium *Wärme* 100, 101, 102, 103
— *Fest.* 116
— (Spez. Gew.) *Stoff.* 322
Aluminiumbronze *Stoff.* 322
Amonal *Erdarb.* 371
Amortisation *Math.* 39
Ampèremeter *Elektr.* 662
Amplitude *Mech.* 93
Analytische Geometrie *Math.* 67
Aneroid *Vermess.* 259
Angreifende Kräfte *Brück.* 451
Ankohlen (Holz) *Stoff.* 285
Anlage der Straßen *Straß.* 590
Anlasser *Elektr.* 674
Anlauframpen *Bahnb.* 613
Anschlußbahnhöfe *Bahnb.* 619
Anschlußmomente (Vierendeelträger) *Baust.* 204
Anschlußquerkräfte (Vierendeelträger) *Baust.* 204
Anthrazit *Wärme* 105
— (Spez. Gew.) *Stoff.* 322
Antimon (Spez. Gew.) *Stoff.* 322
Antimonglanz (Spez. Gew.) *Stoff.* 322
Antrieb der Kraft *Mech.* 91
Anzahl der Schwellen *Bahnb.* 631
A-Polygon *Baust.* 152, 162
Arbeit *Mech.* 89
— virtuelle *Mech.* 85
— *Fest.* 164
— der Wärme *Wärme* 107
— der Formänderung *Fest.* 138
— eines Kräftepaares *Mech.* 91
Arbeitsgleichung *Baust.* 165
Arbeitsleistung *Erdarb.* 367
— (Pferd) *Straß.* 589
Arbeitsplatzbeleuchtung *Hochb.* 448
Arbeitssäle (Nutzlast) *Hochb.* 402
Arbeitsvermögen *Fest.* 114
Arithmetische Reihe *Math.* 38
Artilleriegeschoße *Mech.* 87
Asbest *Wärme* 103
Asbest (Spez. Gew.) *Stoff.* 322
Asbeston-Schwelle *Bahnb.* 631
Asbestpappe (Spez. Gew.) *Stoff.* 322
Asbestschiefer *Stoff.* 280
Asche (Spez. Gew.) *Stoff.* 322
— (Gewicht) *Hochb.* 399
Asphalt *Wärme* 103
— *Stoff.* 298, 322
Asphaltpflaster *Straß.* 599
Asphaltfilzplatten *Stoff.* 299
Asphaltmastix *Stoff.* 299
Asphaltpappe *Stoff.* 300
Asphaltplatten *Stoff.* 299
Asymtoten der Hyperbel *Math.* 70
Atmosphärische Luft *Wärme* 101
Aufbiegen der Rundeisen *Eisenbet.* 325
Auflager *Brück.* 503
Auflagerdruck (Gewölbe) *Baust.* 197, 198
— s. a. *Stützendruck.*
Auflagerkräfte (Dreigelenkbogen) *Baust.* 157
Auflagerplatten *Hochb.* 436
Aufleitungsdauer *Wass.* 583
Auflockerung *Erdarb.* 366
Auflösung von Gleichungen *Math.* 39
Aufschlagswassermenge *Wass.* 538
Aufspeicherung des Wassers *Wass.* 537, 553, 565
Aufstau des Wasserspiegels *Wass.* 524
— (Pfeiler) *Wass.* 524
Ausbeulen der Wände bei Druckstäben *Brück.* 497
Ausdehnung *Wärme* 99
— durch Wärme *Stoff.* 277
Ausdehnungskoeffizient, linearer *Wärme* 100
Ausfachungsstäbe (Knikkung) *Brück.* 497
Ausfluß *Wass.* 521
— des Wassers *Mech.* 97
Ausflußgeschwindigkeit *Mech.* 97
Ausflußmenge *Mech.* 97
Ausflußzahl *Mech.* 97
Ausführung der Gewölbe *Brück.* 514

Ausführung der Leitungen *Elektr.* 686
Ausführungspläne *Eisenbet.* 362
Ausgleichs-Jahresspeicher *Wass.* 538
Ausgleichsrechnung *Math.* 71
Ausgleichung *Vermess.* 234
— von Beobachtungen *Math.* 74
Ausgleichsweiher *Wass.* 553
Ausheben der Baugrube *Erdarb.* 387
Auslegeträger, s. *Gerberträger*
Ausrundungsbogen *Straß.* 593
Ausschalungsfristen *Eisenbet.* 364
Außenboden (Behälter) *Fest.* 146
— *Wass.* 567
Außenbeleuchtung *Hochb.* 448
Aussteifung der Blechwand *Brück.* 493
Axiales Trägheitsmoment *Fest.* 128

Backenschienen *Bahnb.* 636
Bagger *Erdarb.* 388
Bahnhöfe *Bahnb.* 619
Bahnhofgleise *Bahnb.* 607
Bahnsteige *Bahnb.* 620
Balken auf zwei Stützen (Vollwandträger) *Baust.* 150, 212
— — — — (Fachwerkträger) *Baust.* 161
— mit Kragarmen *Baust.* 214
Balkenbrücken (Gewichte) *Brück.* 453, 458
— aus Eisenbeton *Brück.* 507
Bandförderung *Erdarb.* 377
Barometrische Höhenmessung *Vermess.* 259
Basalt *Stoff.* 272, 322
Basis *Vermess.* 236
— des Logarithmensystems *Math.* 37
Batteriekessel *Masch.* 655
Bauart der Wagen *Straß.* 589
Bauausführung *Eisenbet.* 362
Baugrundbefestigung *Erdarb.* 388
Bauholz (Knickung) *Fest.* 122, 125
Baumpflanzungen *Straß.* 600
Baumwolle (Spez. Gew.) *Stoff.* 322
Bausand (Gewicht) *Hochb.* 398
Baustatik
Allgemeines, Einflußlinien 149
Vollwandige statisch bestimmte Träger 150
Statisch bestimmte Fachwerkträger 159
Allgemeine Sätze über Formänderungen 165
Formänderungen vollwandiger Träger 168
— von Fachwerken 169
Berechnung statisch unbestimmter Träger, Allgemeines 174
Statisch unbestimmte vollwandige Träger 180
Anhang, Auflagerkräfte, Querkräfte Momente und Durchbiegungen verschiedener Träger 213
Erddruck im unbegrenzten Erdkörper 226
Wanddruck in Silozellen 230
Baustoffe
Natürliche Steine 271
Künstliche Steine 277
Beton 280
Holz 283
Eisen 286
Mörtel 293
Asphalt 298
Glas 299
Dachpappe und Dachpappenanstriche 300
Metalle 300
Walzeisentabellen 302
Spezifische Gewichte 322
Bauverbotsbereich *Bahnb.* 609
Bauweise Emperger *Eisenbet.* 331
— mit steifer Bewehrung *Eisenbet.* 331
— nach Hennebique *Eisenbet.* 331
Beanspruchung, s. *Zulässige Beanspruchung*
Bedarf an Sprengstoff *Erdarb.* 372
Bedingte Beobachtungen *Math.* 76
Befestigung des Baugrundes *Erdarb.* 388
— der Böschungen *Erdarb.* 376
Behälter *Fest.* 145
— *Wass.* 567
Behälterstrang (Wasserversorgung) *Wass.* 573
Beitragsstrecken (Einflußlinien) *Baust.* 150
Belageisen *Stoff.* 288, 309
— (Tragfähigkeit) *Brück.* 495
Belastungseinheit *Baust.* 165
Belastungsprobe für Oberbaumaterial *Bahnb.* 621
Beleuchtung *Hochb.* 447
Beleuchtungsstärke *Hochb.* 447, 449
Bemessung gegliederter Stäbe *Fest.* 127
Benzin *Wärme* 101, 105
— *Masch.* 658
Benzol *Wärme* 100, 105
— *Masch.* 658
Beobachtungsfehler *Math.* 72
Bepflanzung *Erdarb.* 376
Berechnung der Binder *Hochb.* 435
— der Lager *Brück.* 505
— des Oberbaues *Bahnb.* 625
— der Weichen *Bahnb.* 637
— einer Beleuchtungsanlage *Hochb.* 450
Berieselung *Wass.* 582
Berührungsproblem elastischer Körper *Fest.* 147
Beschaffenheit des Wassers *Wass.* 559
Beschleunigung *Mech.* 87, 88
Bestimmte Integrale *Math.* 62
Bestimmungen *Eisenbet.* 355
— (Schornsteinschlote) *Hochb.* 409
— *Bahnb.* 604
— s. a. *Vorschriften, Verordnungen*
Beton *Wärme* 100, 101, 103
— *Stoff.* 280
— (Vorschriften) *Hochb.* 405
— (Zul. Beanspr.) *Hochb.* 407
Betonbrücken (Zul. Beanspruchung) *Brück.* 483
— *Brück.* 506
Betondecken *Hochb.* 442
Betondruckspannung *Eisenbet.* 335
Betoneisenrost *Erdarb.* 389
Betonfangdamm *Erdarb.* 387
Beton fretté *Eisenbet.* 331
Betonkanäle *Stoff.* 279
Betonkappen *Hochb.* 442
Betonmauerwerk (Gewicht) *Hochb.* 397
Betonpfähle *Erdarb.* 393
Betonplatten *Hochb.* 442
Betonrundeisen *Stoff.* 288
Betonschüttung *Erdarb.* 389
Betonstraßen *Straß.* 599
Betonzugspannung, Berücksichtigung der *Eisenbet.* 347
Betriebsanlagen bei Straßen *Straß.* 600
Betriebskoeffizient *Bahnb.* 602
Betriebskosten (Lastförderung) *Straß.* 590
Betriebslängen *Bahnb.* 602
Bettung *Bahnb.* 632
Bettungsmaterial *Bahnb.* 632
Bewässerung *Wass.* 582
Bewässerungshöhe *Wass.* 583
Bewegliches Lager *Brück.* 503
Bewegung der Erde *Mech.* 87
— des Wassers *Wass.* 527
Bewegungsgröße *Mech.* 91
Bewehrungsziffer *Eisenbet.* 335
Biberschwanzdach *Hochb.* 445
Biberschwanzziegel *Stoff.* 278
Biegebruchversuch *Eisenbet.* 328
Biegelinie *Baust.* 166, 167
Biegelinien für vollwandige Träger *Baust.* 168
— — ebene Fachwerke *Baust.* 171
Biegung gerader Stäbe *Fest.* 128
— schlanker Stäbe *Fest.* 138
— einfach gekrümmter Stäbe *Fest.* 139
Biegungsfestigkeit (Beton) *Stoff.* 283
— der Bausteine *Stoff.* 275
Biegungsgleichung ebener Platten *Fest.* 120
Biegungsmoment *Fest.* 128
Biegungsmomente (Tafeln) *Brück.* 462, 468
Bimsstein (Spez. Gew.) *Stoff.* 322
Bindebleche *Brück.* 498
Binder *Hochb.* 435
Binderentfernung *Hochb.* 435
Binomische Reihe *Math.* 36
Birnen (Gew.) *Stoff.* 322
Blattstoß *Bahnb.* 626
Bleche *Stoff.* 288
Blechträger *Brück.* 492

Blei *Wärme* 100, 101, 102, 103
— *Fest.* 117
— *Stoff.* 301, 322
Bleibende Formänderung *Fest.* 114
— Formänderungen (Beton) *Stoff.* 282
Bleigelenke *Brück.* 516
Bleikabel *Elektr.* 687
Blindstrom *Elektr.* 666
Bockpfettendach *Hochb.* 416
Bodenbeanspruchung *Erdarb.* 385
— *Hochb.* 405
Bodendruck (Silo) *Baust.* 230
Böhmische Platzel *Hochb.* 413
Böschungen *Erdarb.* 376
— der Erddämme *Bahnb.* 616
Böschungswinkel *Baust.* 227
— (Gewichte) *Brück.* 458
Bogenbrücken (Stein) *Brück.* 508
Bogenhöhen *Math.* 28
Bogenlängen *Math.* 28, 70
Bogenlängskraft (Dreigelenkbogen) *Baust.* 158
Bogenlampen *Elektr.* 687
Bogenmaß *Math.* 35
Bogenquerkraft (Dreigelenkbogen) *Baust.* 158
Bogenweiche *Bahnb.* 634
Bohlen *Stoff.* 285
Bohrarbeit *Erdarb.* 368
Bohrfestigkeit *Erdarb.* 371
Bottich *Math.* 52
Boyle-Gay-Lussacsches Gesetz *Wärme* 105
Brauneisenstein (Spez. Gew.) *Stoff.* 322
Braunkohle *Wärme* 105
— (Spez. Gew.) *Stoff.* 322
— (Gewicht) *Hochb.* 399
Braunstein (Spez. Gew.) *Stoff.* 322
Breite der Straßen *Straß.* 591
— der Unterbaukrone *Bahnb.* 615
Breiteisen *Stoff.* 288
Breitenabmessungen der Straßenbrücken *Brück.* 488
Breitfußschienen (Abmessungen) *Bahnb.* 623
Breitspur *Bahnb.* 604
Bremsberge *Erdarb.* 377
Bremsgefälle *Bahnb.* 612
Bremskräfte *Brück.* 474
Brennstoffe *Wärme* 104
Brennstoffverbrauch bei gasförmigen Brennstoffen *Masch.* 658
Brennweite *Math.* 69
Bretter *Stoff.* 286
Briggssche Logarithmen *Math.* 37
Bronze *Wärme* 100, 101
— (Spez. Gew.) *Stoff.* 322
Bruchdehnung *Fest.* 114
— (Beton) *Stoff.* 282
Bruchfestigkeit *Fest.* 114
Bruchsteine *Stoff.* 271
— (Spez. Gew.) *Stoff.* 322
Bruchsteinmauerwerk *Wärme* 103
— (Gewicht) *Hochb.* 397
— (Zul. Beanspr.) *Brück.* 483

Brückenbau
Eigengewicht der Eisenbahnbrücken 451
— — Straßenbrücken 457
Verkehrslasten der Eisenbahnbrücken 459
Momente der Verkehrslast für Eisenbahnbrücken 462
Verkehrslasten d. Straßenbrücken 470
Winddruck 473
Seitendruck d. Fahrzeuge, Fliehkraft, Bremskräfte, Wärmeschwankungen 474
Zulässige Beanspruchung; hölzerne Brücken 476
— — eiserne Brücken 478
— — Stein- u. Betonbrücken 483
— — Eisenbetonbrücken 485
Bauliche Gestaltung der Holzbrücken 489
— — — Eisenbrücken 491
Auflager d. Brückenträger 503
Bauliche Gestaltung der Beton- u. Eisenbetonbrücken 506
Balkenbrücken a. Eisenbeton 507
Gewölbte Brücken 508
Widerlager u. Zwischenpfeiler 517
Brücken im Bogen *Brück.* 493
Brückenlager *Brück.* 503
Brückenpfeiler *Erdarb.* 395
Brückenrahmen *Baust.* 226
Brückenverordnung (Material) *Stoff.* 289
— (Verkehrslasten) *Brück.* 459, 470
— (Zul. Beanspr.) *Brück.* 476, 478, 483
— Eisenbetonbrücken *Brück.* 485
Brunnen *Wass.* 561
Brunnengründung *Erdarb.* 394
Bruttogefälle *Wass.* 542
Buchenholz (Gewicht) *Hochb.* 399
Bücher (Gewicht) *Stoff.* 322
— *Hochb.* 399
Bürstenverschiebung *Elektr.* 675
Buhne *Wass.* 535

Caisson *Erdarb.* 395
Cardanische Formel *Math.* 40
Carnotscher Kreisprozeß *Wärme* 108
Castigliano, Satz von *Baust.* 177
Chézysche Zahl *Wass.* 525, 528
Chilisalpeter (Spez. Gew.) *Stoff.* 322
Chlorat *Erdarb.* 371
Colasverfahren *Straß.* 596
Compoundgenerator *Elektr.* 670
Cosinusreihe *Math.* 56
Cosinussatz *Math.* 45
Cremonaplan *Baust.* 159
Culmannsches Verfahren *Baust.* 160
— Viereck *Baust.* 160
Cyklometrische Funktionen *Math.* 86

Dachbinder *Hochb.* 435
Dachdeckungen *Hochb.* 443
Dachkonstruktionen (Eisen) *Hochb.* 434
Dachneigung *Hochb.* 443, 444
Dachpappe *Stoff.* 300
Dachpappedach *Hochb.* 401, 446
Dachpfannen *Hochb.* 445
Dachräume (Nutzlasten) *Hochb.* 402
Dachrinnen *Hochb.* 447
Dachstühle (Holz) *Hochb.* 416
Dachziegel *Stoff.* 278
D'Alembertsches Prinzip *Mech.* 92
Damm *Erdarb.* 373, 375
— *Wass.* 535
— *Bahnb.* 616
Dammerde (Erddruck) *Baust.* 227
Dammschüttung *Erdarb.* 375
Dampfkessel *Masch.* 655
Dampfkunstrammen *Erdarb.* 392
Dampfleitungen *Wärme* 110
Dampfmaschinen *Masch.* 657
Dampfstrom *Wärme* 110
Dampfturbine *Masch.* 657
Dampfverbrauch v. Kolbendampfmaschinen *Masch.* 657
Dauerhaftigkeit der Bausteine *Stoff.* 276
Decken *Hochb.* 416, 441
— (Eigengewicht) *Hochb.* 400
Decklage *Straß.* 595
Deckverfahren *Straß.* 597
Deiche *Wass.* 535
Delphinpumpwerk *Wass.* 560
Deutsche Brückenvorschriften (Belastungen) *Brück.* 460, 473
— (Zul. Beanspruchung) *Brück.* 480, 487
Deutsche Eisenbetonbestimmungen *Eisenbet.* 360
— Normalbedingungen (Eisen) *Stoff.* 291
Diabas *Stoff.* 272
Dichtnietung *Masch.* 643
Differdinger Träger *Stoff.* 314
Differenzen *Math.* 38
Differentialformeln *Math.* 54
Differentialgleichungen *Math.* 65
Differentialgleichung der elastischen Linie *Fest.* 136
Differentialgleichungen der Verschiebungen *Fest.* 120
Differentialquotient *Math.* 53
Differentiation nach einem Parameter *Math.* 63
Dimensionierungsformeln *Eisenbet.* 341
Dinorm 1000 (Eisen) *Stoff.* 291
Diorit *Stoff.* 272
Direkte Beleuchtung *Hochb.* 449
Distanzmesser v. Reichenbach *Vermess.* 261
Dolomit *Stoff.* 273
Dolomitkalk *Wärme* 102
Doppeleichkasten *Wass.* 520
Doppelherzstück *Bahnb.* 637
Doppelquerschnitt (Flußbau) *Wass.* 535

Doppelte Gleisverbindung *Bahnb.* 640
— Weiche *Bahnb.* 634
Doppelwipptrog *Wass.* 520
Drahtglas *Stoff.* 300
— *Hochb.* 441
Drahtseile *Masch.* 645
Drahtseilbahn *Erdarb.* 377
Drainage *Wass.* 581
Drainrohre *Wass.* 581
Drehbohrsystem *Erdarb.* 368
Drehmoment (Torsion) *Fest.* 140
Drehscheibe *Bahnb.* 640
Drehstrom *Elektr.* 666, 682
Drehstromgenerator *Elektr.* 670
Drehstrommotor *Elektr.* 676
Drehstromtransformator *Elektr.* 680
Drehstrom-Gleichstrom-system (Leitung) *Elektr.* 683
Drehstrom-Synchronmotor *Elektr.* 676
Drehstuhl *Bahnb.* 636
Drehung der Achsen, Trägheitsmomente *Fest.* 129
Drehung d. Achsensystems *Math.* 67
Drehzahl d. Motoren *Elektr.* 678
— von Kreiselpumpen *Masch.* 660
Dreieck *Math.* 46
— *Mech.* 85, 86
Dreieckberechnung *Math.* 45
Dreieckhängwerk *Baust.* 207
Dreiecksprengwerk *Baust.* 208
— *Brück.* 491
Dreifachexpansionsmaschine *Masch.* 657
Dreigelenkbogen (vollwandig) *Baust.* 157
— (Fachwerk) *Baust.* 163
— aus Mauerwerk *Brück.* 512
— in Eisenbeton *Brück.* 512
Dreileitersystem *Elektr.* 682
Druck *Fest.* 120
— und Biegung *Eisenbet.* 351
— — — *Hochb.* 420
— — — *Brück.* 499
Druckabfall b. Rohrleitungen *Wärme* 110
Druckbewehrung *Eisenbet.* 340
Druckfestigkeit (Beton) *Stoff.* 282
— des Betons *Eisenbet.* 328
— von Bausteinen *Stoff.* 274
Druckgurte offener Brücken *Brück.* 499, 502
Druckhöhenverlust *Wass.* 524
— (Rohrleitung) *Wass.* 529
Druckleitung (Wasserversorgung) *Wass.* 568
Druckluftbohrmaschinen *Erdarb.* 369
Druckmittelpunkt *Mech.* 96
Druckschiene bei Weichen *Bahnb.* 637
Druckstäbe *Hochb.* 414, 420
— *Brück.* 496
Druckstollen *Wass.* 545
Druckübertragung auf tiefere Schichten *Erdarb.* 388
Druckzone (Wasserversorgung) *Wass.* 569
Dübeldecke (Eigengewicht) *Hochb.* 400
Dübelträger *Brück.* 476
Dünnwandige Abflußröhren *Stoff.* 287
Dunstdruck *Wärme* 104
Durchbiegung *Eisenbet.* 352
— verschiedener Träger *Baust.* 212
— *s. a. Formänderung*
Durchgangsbahnhöfe *Bahnb.* 619
Durchgangsprofil (Kranbahnen) *Hochb.* 437, 438
Durchlaufender Balken *Baust.* 180
— — (Kranbahnen, Tafel) *Baust.* 187
— — gleichmäßig verteilte Vollbelastung (Tafel) *Baust.* 184
— — feldweise Vollbelastung (Tafel) *Baust.* 185
— — mit Einzellasten (Tafel) *Baust.* 186, 188
— — mit Gelenken *Baust.* 155
Durchstich *Wass.* 535
Dynamik *Mech.* 89
— starrer Körper *Mech.* 87
Dynamit *Erdarb.* 371
Dynamon *Erdarb.* 371
Dynamoflügel *Wass.* 520

Ebene Platten *Fest.* 120, 142
Ebener Formänderungszustand *Fest.* 120
— Spannungszustand *Fest.* 112
Eiche *Stoff.* 284
Eichenholz (Gew.) *Hochb.* 399
Eichung *Wass.* 520
Eigengewichte v. Zwischendecken *Hochb.* 400
— der Dächer *Hochb.* 401
Eigengewicht eiserner Tragwerke *Hochb.* 401
— hölzener Tragwerke *Hochb.* 401
— eiserner Brücken *Brück.* 451
— hölzern. Brücken *Brück* 451
Eilzüge *Mech.* 87
Einankerumformer *Elektr.* 680
Eindringungswiderstand (Pfähle) *Erdarb.* 391
Einfache Gleisverbindung *Bahnb.* 640
— Weiche *Bahnb.* 634
Einflammrohrkessel *Masch.* 655
Einflußfläche *Baust.* 149
Einflußgröße *Baust.* 149
Einflußlinie *Baust.* 149
Einflußlinien (Gerberträger) *Baust.* 155
— (Dreigelenkbogen) *Baust.* 158
— für Verschiebungen *Baust.* 167
— statisch unbestimmter Größen *Baust.* 178
— f. statisch unbestimmte Fachwerke *Baust.* 179
Einfriedungen *Straß.* 600
— *Bahnb.* 609, 618
Eingespannt. Balken *Baust.* 217
— Bogen *Baust.* 195
Einheit d. Beschleunigung *Mech.* 87
Einheit der Geschwindigkeit *Mech.* 87
— — Kraft *Mech.* 89
— — Masse *Mech.* 89
Einheiten, elektr. *Elektr.* 661
Einphasenreihenschlußmotor *Elektr.* 676
Einphasenwechselstrom (Leitung) *Elektr.* 682
Einschaltung mehrerer Punkte *Vermess.* 246
Einschnitte *Erdarb.* 373
Einschnittböschungen *Bahnb.* 616
Einseitig eingespannter Balken *Baust.* 216
Einstauung (Bewässerung) *Wass.* 582
Einzylinderauspuffmaschine *Masch.* 657
Einzylinderkondensationsmaschine *Masch.* 657
Eiprofil (Betonrohre) *Stoff.* 279
— *Wass.* 579
Eis *Wärme* 100, 101, 102, 103
— (Spez. Gew.) *Stoff.* 322
Eisen *Stoff.* 286
— (Spez. Gew.) *Stoff.* 322
— *Eisenbet.* 330
Eisenauszug *Eisenbet.* 363
Eisenbahnbau
Vorarbeiten wirtschaftlicher Art 602
Technische Vorarbeiten 603
Allgemeine Anhaltspunkte für Eisenbahnentwürfe 603
Unterbau 615
Bahnhöfe 619
Wasserstationen und Werkstätten 620
Oberbau 621
Weichen u. Kreuzungen 634
Bau und Unterhaltung des Oberbaues 641
Eisenbahnbrücken (Eigengewicht) *Brück.* 451
— (Verkehrslasten) *Brück.* 459
— (Zul. Beanspr.) *Brück.* 476, 478
— in Gleiskurven *Brück.* 493
Eisenbahnschwellen *Stoff.* 286
Eisenbahnwagenrad *Mech.* 92
Eisenbau *Hochb.* 420
Eisenbeton (Gew.) *Hochb.* 398
Eisenbetonbau
Einleitung 324
Die Baustoffe des Eisenbetons 325
Bauweisen 331
Grundzüge der Theorie des Eisenbetons 331
Säulen und Stützen, Gewölbe mit zentrischer Belastung 335
Exzentrische Druckbelastung 337
Platten und Rechteckbalken 337
Plattenbalken 344
Berücksichtigung der Betonzugspannung 347
Die Schub- u. Hauptzugspannung 348

Beanspruchung auf Druck und Biegung 351
Pilzdecken 353
Amtliche Bestimmungen 355
Bauausführung 363
Eisenbetonbestimmungen, Österr. *Eisenbet.* 355
— Tschechoslowakische *Eisenbet.* 357
— Deutsche *Eisenbet.* 360
Eisenbetonbrücken (Zul. Beanspr.) *Brück.* 485
— *Brück.* 506
Eisenbetonplatte (Fahrbahn) *Brück.* 496
Eisendraht *Wärme* 100
Eisendruckspannung *Eisenbet.* 335
Eisengehalt des Grundwassers *Wass.* 565
Eisenportlandzement *Eisenbet.* 325
Eiserne Behälter *Wass.* 566
— Brücken Eigengewichte *Brück.* 451
— — (Zul. Beanspruchung) *Brück.* 478
— — (Bauliche Gestaltung) *Brück.* 491
— Dachkonstruktionen *Hochb.* 434
— — Eigengewichte *Hochb.* 401
— Querschwellen *Bahnb.* 630
— Sparren *Hochb.* 434
— Spundwände *Erdarb.* 387
Eiskeller (Nutzlast) *Hochb.* 402
Elastische Formänderungen *Fest.* 114
— Gewichte *Baust.* 169, 171
— Linie *Fest.* 136
— — *Baust.* 168
— — zeichnerische Ermittlung *Fest.* 137
— Schwingung *Mech.* 93
Elastizitätsbedingungen *Baust.* 176
Elastizitätseigenschaften (Bausteine) *Stoff.* 276
— (Beton) *Stoff.* 282
— (Holz) *Stoff.* 284
— (Eisen) *Stoff.* 286
Elastizitätsgesetz *Fest.* 113
Elastizitätsgrenze *Fest.* 114
Elastizitätsmodul *Fest.* 113, 116
— (Beton) *Stoff.* 282
— (Beton) *Eisenbet.* 333
— (Holz) *Stoff.* 284
— (Eisen) *Stoff.* 286
— verschiedener Baustoffe *Stoff.* 116
Elastizitätstheorie, Grundgleichungen *Fest.* 118
Elastizitäts- und Festigkeitslehre
Grundbegriffe 112
Festigkeitszahlen verschiedener Baustoffe 115
Grundgleichungen der Elastizitätstheorie 118
Zug und Druck 120
Knickfestigkeit 121
Biegung gerader Stäbe 128
— einfach gekrümmter Stäbe 139
Verdrehung gerad. Stäbe 140
Ebene biegungssteife Platten 142
Gewölbte Platten, Behälter 145
Das Berührungsproblem elastischer Körper 147
Elektrisch-hydrometrischer Flügel *Wass.* 520
Elektrische Beleuchtung *Elektr.* 687
— Lampen *Hochb.* 448
— Laufkrane *Hochb.* 438
— Lichtquellen *Elektr.* 687
— Maschinen *Elektr.* 667
— Spannung *Elektr.* 662
— Speicherung *Wass.* 540
— Stoßbohrmaschinen *Erdarb.* 369
— Stromstärke *Elektr.* 662
Elektrischer Strom *Elektr.* 662, 664
— — in Telegraphenleitungen *Mech.* 87
Elektromotorische Kraft *Elektr.* 662
Elektrostahl *Stoff.* 286
Elektrotechnik
Bezeichnungen und Einheiten 661
Elektr. Strom, Spannung, Stromstärke 662
Ohmsches Gesetz, Widerstand 662
Joulesches Gesetz 663
Kirchhoffs Gesetz 663
Parallel- und Reihenschaltung 663
Elektrischer Strom und magnetische Felder 664
Spannungserzeugung durch Induktion 664
Kraftwirkung zwischen Stromleiter u. Magnetfeld 665
Wechselstrom 665
Selbstinduktion 666
Drehstrom 666
Allgemeines über elektrische Maschinen 667
Gleichstromgeneratoren 669
Wechsel- u. Drehstromgeneratoren 670
Gleichstrommotoren 672
Drehstrommotoren 676
Allgemeine Angaben für alle Elektromotoren 678
Transformatoren 679
Umformer 680
Akkumulatoren 681
Stromverteilungssystem, Gleichstrom 681
— Einphasenwechselstrom 682
— Drehstrom 682
— Drehstrom-Gleichstromsystem 683
Elektrische Leitungen 683
Ausführung d. Leitungen 686
Elektrische Beleuchtung 687
Ellipse *Math.* 48, 69
Ellipsoid *Math.* 52
Emissionsvermögen *Wärme* 102
Endbahnhöfe *Bahnb.* 619
Energie *Mech.* 90
Engesser-Kármán-Formel *Fest.* 125
Entflammungstemperatur *Wärme* 101
Entgegengesetzte Wahrscheinlichkeit *Math.* 71
Entropie *Wärme* 108
Entwässerung *Wass.* 580
— der Straßen *Straß.* 593
Erbreiterung des lichten Raumes *Bahnb.* 605
Erbsen (Spez. Gew.) *Stoff.* 322
Erd- u. Felsarbeiten, Gründungen
Erd- und Felsarbeiten, Vorarbeiten 365
Bohr- und Sprengarbeit 368
Herstellung von Ab- und Aufträgen 373
Förderung des Bodens und Förderkosten 376
Massenberechnung 381
Gründungen, Bodenbeanspruchung 385
Umschließung und Trockenlegung d. Baugrube 387
Künstliche Verdichtung und Verbesserung des Baugrundes, Druckübertragung auf tiefere Schichten 388
Pfahlgründung 389
Brunnengründung 394
Röhrengründung, Preßluftgründung 395
Gefrierverfahren 396
Erdbeschleunigung *Mech.* 88
Erddruck (Richtung) *Baust.* 228
— (Verteilung) *Baust.* 228
— bei Auflast *Baust.* 229
— bei ebener Wand *Baust.* 228
— im unbegrenzten Erdkörper *Baust.* 226
— in Silozellen *Baust.* 230
Erde (Spez. Gew.) *Stoff.* 322
Erdkasten *Straß.* 594
Erdtemperatur *Wärme* 99
Erhaltung der Bausteine *Stoff.* 277
Erle *Stoff.* 284
Erz (Erddruck) *Baust.* 227
Eternit *Stoff.* 280
Eternitschieferdach (Eigengewicht) *Hochb.* 401
— *Hochb.* 444
Euböolith (Gewicht) *Hochb.* 399
Euler-Hyperbel *Fest.* 121
Eulersche Knickformel *Fest.* 121
Expontentialfunktion *Math.* 43
Expontentialreihe *Math.* 56
Exzentrische Druckbelastg. *Eisenbet.* 337
Exzentrisch gedrückte Säulen *Eisenbet.* 337
— — Stäbe *Brück.* 499
Exzentrizität *Math.* 69
— im Standpunkt *Vermess.* 242
— am Zielpunkt *Vermess.* 243

Fachwerksstäbe (Knickung) *Brück.* 497
Fachwerksträger (statisch bestimmte) *Baust.* 159
— *Brück.* 496

Fachwerkswände (Holz) *Hochb.* 416
Fäulnis (Holz) *Stoff.* 285
Fahlerze (Spez. Gew.) *Stoff.* 322
Fahrbahn *Brück.* 495
Fahrbahndecke (Gewichte) *Brück.* 451
— (Eigengewicht) *Brück.* 457
Fahrbahnrost (Eigengew.) *Brück.* 457
Fahrbahnträger (Eigengewicht) *Brück.* 451
Fahrgeschwindigkeit *Bahnb.* 615
Fahrtmessung *Wass.* 522
Falleitung *Wass.* 548
Fallhöhe *Mech.* 88
Fallrohre *Wass.* 547
Falzziegel *Stoff.* 278
Falzziegeldach (Eigengew.) *Hochb.* 401
— *Hochb.* 445
Fangdamm *Erdarb.* 387
Faß *Math.* 52
Fehler, zufälliger, wahrscheinlicher *Math.* 72
Fehlerintegral, Gaußsches *Math.* 72
Fehlerkurve *Math.* 72
Feinbleche *Stoff.* 288
Feinsandfilter *Wass.* 563
Feldmomente (Durchlaufender Balken) *Baust.* 184
Feldspat (Spez. Gew.) *Stoff.* 322
Feldwege *Straß.* 588
Felgenbreite *Straß.* 589
Festes Lager *Brück.* 503
Festigkeit d. Gesteine, *Stoff.* 274
— des Betons *Stoff.* 282
Festigkeitslehre s. *Elastizitätslehre*
Festigkeitszahlen von Eisen und Stahl *Fest.* 115
— — Bauholz *Fest.* 116
— verschiedener Baustoffe *Fest.* 116
— (Holz) *Stoff.* 284
— s. a. *Elastizitätseigenschaften*
Fette *Wärme* 101
— (Spez. Gew.) *Stoff.* 322
Feuerbereich *Bahnb.* 609
Feuermauern *Hochb.* 408
Feuerrohrkessel *Masch.* 655
Fichte *Stoff.* 283
Fichtenholz (Gewicht) *Hochb.* 399
Filterbetrieb *Wass.* 564
Filterdruckhöhe *Wass.* 564
Filtrieren *Wass.* 563
Flachdecken *Eisenbet.* 353
Flacheisen *Stoff.* 288
— (Gewichte) *Stoff.* 321
Flacheisenvergitterung *Brück.* 499
Flachmeißel *Erdarb.* 365
Flachrasenziegel *Erdarb.* 376
Flächen, beliebig geformte *Math.* 48
Flächeninhalt ebener Figuren *Math.* 46
Flächeninhaltsberechnung *Vermess.* 251
Flächenprofil *Erdarb.* 383
Flammrohr-Doppelkessel *Masch.* 655
Flammrohr-Heizrohr-Doppelkessel *Masch.* 655
Flanschenformstücke (Rohre) *Masch.* 650
Flanschenrohre *Masch.* 648
Flaschenzüge *Masch.* 658
Flechtzäune *Erdarb.* 376
Fliehkraft *Mech.* 93
Fliehkräfte *Brück.* 474
Fließgrenze *Fest.* 113
Flözkalkstein *Stoff.* 273
Flüssige Brennstoffe *Masch.* 658
Flußbau *Wass.* 534
Flußdamm *Wass.* 535
Flußschotter *Stoff.* 271
Flußeisen *Wärme* 100, 101, 103
— *Fest.* 115
— (Knickung) *Fest.* 122, 123
— *Stoff.* 286
— (Spez. Gewicht) *Stoff.* 322
— (Gewicht) *Hochb.* 399
Flußkraftwerke *Wass.* 537
Flußregulierung *Wass.* 535
Flußstahl *Fest.* 115
— (Knickung) *Fest.* 122
— *Stoff.* 286
— (Spez. Gewicht) *Stoff.* 322
Flußwasser *Wass.* 562
Förderkosten *Erdarb.* 376, 378, 379
Fördermengen v. Kreiselpumpen *Masch.* 660
Förderung d. Bodens *Erdarb.* 376
Formänderung *Fest.* 113, 119
— gebogener Stäbe *Fest.* 136
— ebener Tragwerke *Baust.* 164
— vollwandiger Träger *Baust.* 168
— von Fachwerken *Baust.* 169
Formänderungsarbeit *Fest.* 120
— *Baust.* 177
— im gebogenen Stab *Fest.* 138
Formsand (Spez. Gew.) *Stoff.* 322
Formstücke (Rohre) *Masch.* 649
Fouriersche Reihen *Math.* 64
Francis-Turbinen *Masch.* 655
Freie Achse (Knickung) *Fest.* 126
Freiaufliegender Balken *Baust.* 212
Freier Fall *Mech.* 88
Freistehende Mauern *Hochb.* 408
Freistrahlturbinen *Wass.* 541
— *Masch.* 655
Frequenz *Mech.* 93
— *Elektr.* 666
Frostbeständigkeit *Stoff.* 276
Frostsicherheit *Stoff.* 276
Frosttiefe *Erdarb.* 386
Fühlschiene bei Weichen *Bahnb.* 637
Fuhrwerksgleise *Straß.* 600
Fundamentbelastung *Erdarb.* 386
Fundamentverbreiterung *Erdarb.* 386
Funktionen zweier Winkel *Math.* 42
— mit zwei unabhängigen Veränderlichen *Math.* 58
Fußwege städtischer Straßen *Straß.* 600
Futterkammern (Nutzlast) *Hochb.* 402
Futtermauern *Hochb.* 410, 411
Gänge (Nutzlast) *Hochb.* 402
Galmei (Spez. Gew.) *Stoff.* 322
Ganzhölzer *Stoff.* 285
Gasförmige Brennstoffe *Masch.* 656
— (Zusammensetzung) *Masch.* 658
Gasgefüllte Glühlampen *Elektr.* 687
Gasgewinde *Masch.* 645
Gaskoks *Wärme* 105
Gasmotoren *Masch.* 658
Gasolin *Wärme* 101
Gasrohre *Masch.* 645, 681
Gasstrom *Wärme* 110
Gaußsches Expontentialgesetz *Math.* 72
Gebäudemauern *Hochb.* 408
Gebräches Gestein *Erdarb.* 366, 370
Gedachte Belastung *Baust.* 165
Gedrückte Stäbe (Berechnung) *Brück.* 482
Gefährlicher Querschnitt *Baust.* 154
Gefälle (Wasserkraftwerk) *Wass.* 542
— des Oberkanals *Wass.* 546
Gefällserhöhungsstauwerk *Wass.* 552
Gefrierpunkt *Wärme* 100
Gefrierverfahren *Erdarb.* 396
Gegenseitigkeit der Verschiebungen *Baust.* 166
Gegenspannung des Motors *Elektr.* 668
Gegliederte Stäbe (Knickung) *Fest.* 125, 126
— — *Brück.* 498
Gelenkketten *Masch.* 647
Gelenkloser Eisenbetonbogen *Brück.* 512
Gelenkpfetten *Baust.* 156
Gelenkträger s. *Gerberträger*
Gemauerte Behälter *Wass.* 565
— Kanäle *Wass.* 580
Generatoren *Elektr.* 667, 668
Genietete Träger *Hochb.* 424
Geometrische Reihe *Math.* 38
Gerade Linie *Mech.* 85
Geradengleichung *Math.* 68
Gerader Zylinder *Mech.* 87
Gerades Prisma *Mech.* 87
Gerberpfetten *Baust.* 156
Gerberträger, vollwandig *Baust.* 155
— (Fachwerkträger) *Baust.* 162
Gerste (Spez. Gew.) *Stoff.* 322
— (Gewicht) *Hochb.* 399
Gesättigter Dampf *Wärme* 106
Gesamtenergie-Niveau *Wass.* 529
Geschäftsräume (Nutzlast) *Hochb.* 402
Geschwindigkeit *Mech.* 87
Geschwindigkeitsmessung *Wass.* 519
Gesetz von der lebendigen Kraft *Mech.* 89
— — Pascal *Mech.* 96

Gesetz von Boyle-Mariotte *Wärme* 105
Gesimsziegel *Stoff.* 278
Geteilte Druckstäbe *Brück.* 498
Gewichte (Flacheisen) *Stoff.* 321
— spezifische *Stoff.* 322
— eingleisiger Brücken *Brück.* 453, 455
Gewichtsangaben f. Eisenbahnbrücken *Brück.* 451
— für Straßenbrücken *Brück.* 457
Gewinnungsfestigkeit *Erdarb.* 367
Gewölbe *Baust.* 195
— *Eisenbet.* 335
— zwischen Eisenträgern *Hochb.* 413
Gewölbeform *Brück.* 509
Gewölbestärke *Brück.* 510, 513
Gewölbeziegel *Stoff.* 278
Gewölbte Brücken *Brück.* 508
— Platten *Fest.* 142, 145
Gips *Wärme* 100, 101, 103
— *Stoff.* 273
— (Spez. Gew.) *Stoff.* 322
Gipsdielen (Gewicht) *Hochb.* 397
Gipsestrich (Gewicht) *Hochb.* 399
Gipskunststeine *Stoff.* 280
Gipsmörtel *Stoff.* 298
Gipsschlackenplatten *Stoff.* 280
Gitterstäbe(Knickung) *Fest.* 127
Glanzkohle (Spez. Gew.) *Stoff.* 322
Glas *Wärme* 100, 101, 102, 103
— *Fest.* 117
— *Stoff.* 299
— (Spez. Gew.) *Stoff.* 322
— (Gewicht) *Hochb.* 399
— *Hochb.* 441
Glasbausteine *Stoff.* 300
Glasdach (Eigengewicht) *Hochb.* 401
Gleichförmige Bewegung *Mech.* 88
Gleichförmig beschleunigte Bewegung *Mech.* 88
Gleichgewicht *Mech.* 77
Gleichgewichtsbedingungen zwischen den Spannungskomponenten *Fest.* 118
Gleichschenkelige Winkeleisen *Stoff.* 302
Gleichstrom-Nebenschlußmotor *Elektr.* 674
Gleichstromankerwicklung *Elektr.* 672
Gleichstromgenerator *Elektr.* 669
Gleichstrommotoren *Elektr.* 672
Gleichungen *Math.* 39, 40
Gleichungslösung durch Näherung *Math.* 41
Gleisabstand *Bahnb.* 607
Gleisverstärkung *Bahnb.* 642
Gleisverbindung *Bahnb.* 640
Gleiszahl *Bahnb.* 604
Gleitende Reibung *Mech.* 94
Gleitfläche *Baust.* 226, 228
Gleitlager *Brück.* 504
Gleitmaß *Fest.* 113
Gleitstuhl *Bahnb.* 636
Gleitwiderstand *Eisenbet.* 324
Glimmerschiefer *Stoff.* 272
Glockenmetall (Spez.Gew.) *Stoff.* 322
Glühlampen *Elektr.* 687
Glyzerin *Wärme* 100
Gneis *Stoff.* 272
— (Spez. Gew.) *Stoff.* 322
Goniometrische Reihen *Math.* 56
Goudron *Stoff.* 299
Graben *Straß.* 593
— *Bahnb.* 616, 617
Grabenberechnung (Bewässerung) *Wass.* 585
Grabengefälle *Bahnb.* 616
Grabmaschinen *Erdarb.* 274
Gradmaß *Math.* 35
Granit *Wärme* 101
— *Fest.* 117
— *Stoff.* 272, 274
— (Spez. Gew.) *Stoff.* 322
— (Gewicht) *Hochb.* 397
Granitporphyr *Stoff.* 272
Graphit (Spez. Gew.) *Stoff.* 322
Gras (Spez. Gew.) *Stoff.* 322
Graues Roheisen *Stoff.* 286
Gravitationsleitung *Wass.* 559, 560
Grenzsteine *Straß.* 600
Grieß (Spez. Gew.) *Stoff.* 322
Grobbleche *Stoff.* 288
Grobkohle(Spez.Gew.) *Stoff.* 322
Grubenschotter *Stoff.* 271
Gründungen *Erdarb.* 385
— *s. Erd- und Felsarbeiten*
Gründung auf Brunnen *Erdarb.* 394
Grünstein *Stoff.* 272, 274
Grundablaß *Mech.* 97
Grundbau *Straß.* 595
Grundbett *Wass.* 535
Grundwasser *Wass.* 560
Gruppenwasserversorgung *Wass.* 569
Grus *Stoff.* 271
Guldin, Sätze von *Math.* 53
Günstigste Gewölbeform *Brück.* 509
Gütezahl *Fest.* 114
Gurtbleche *Hochb.* 424, 433
Gurtlängskräfte (Vierendeelträger) *Baust.* 204
Gurtquerschnitte *Brück.* 499
Gurtstabkräfte (Fachwerk) *Baust.* 161
Gußasphalt *Stoff.* 299
— (Gewicht) *Hochb.* 398
Gußbeton *Eisenbet.* 328
Gußeisen *Wärme* 100, 102, 103
— *Fest.* 115
— (Knickung) *Fest.* 122, 124
— (Spez. Gew.) *Stoff.* 322
Gußrohre *Masch.* 648
Guttapercha (Spez. Gew.) *Stoff.* 322

Haarhygrometer *Wärme* 104
Haarrisse im Beton *Eisenbet.* 325
Hackboden *Erdarb.* 366
Hackelstein *Stoff.* 271
Hähne *Masch.* 649
Hängeboden *Fest.* 146
— *Wass.* 567
Häng- und Sprengwerk *Baust.* 207
Härtegrad *Wass.* 559
Härteziffer *Fest.* 148
Hafer (Gewicht) *Stoff.* 322
— (Gewicht) *Hochb.* 399
Haftfestigkeit *Eisenbet.* 324
Haftspannung *Eisenbet.* 350
Hakenförmige Umbiegungen *Eisenbet.* 325
Halbhölzer *Stoff.* 285
Halbiertes Roheisen *Stoff.* 286
Halbindirekte Beleuchtung *Hochb.* 449
Halbkreisgewölbe *Brück.* 513
Halbrahmen *Baust.* 222, 223
Halbwattlampen *Hochb.* 448
— *Elektr.* 688
Halbwinkelsätze *Math.* 45
Halbzeug *Stoff.* 288
Handbagger *Erdarb.* 388
Handbohrung *Erdarb.* 368
Handelssorten des Holzes *Stoff.* 285
— — Eisens *Stoff.* 287
Handkippkarren *Erdarb.* 377, 378
Handlaufkrane *Hochb.* 437
Handrammen *Erdarb.* 392
Hanfseile *Masch.* 645
Hangbau (Bewässerung) *Wass.* 582
Hansensche Aufgabe *Vermess.* 246
Harmonische Schwingung *Mech.* 93
Harz (Spez. Gew.) *Stoff.* 322
Hauptbahnen *Bahnb.* 603
Hauptbaustoffe *Stoff.* 271
Hauptebene *Fest.* 112
Hauptsatz d. Thermodynamik *Wärme* 107
Hauptspannung *Fest.* 112
Hauptstraßen *Straß.* 588
Hauptstrommotor *Elektr.* 673
Hauptträger *Brück.* 452, 458
Hauptträgheitsachsen *Fest.* 129
Hauptträgheitsmomente *Fest.* 129
Hauptzugspannungen *Eisenbet.* 348
Hebezeuge *Masch.* 658
Hefnerkerze *Hochb.* 447
— *Elektr.* 667
Heftnieten *Brück.* 492
Heimbachscher Verbindungspfahl *Erdarb.* 391
Heißdampf *Wärme* 106
Heizwert *Wärme* 104
Herstellen der Baugrube *Erdarb.* 387
Herstellung der Dämme *Bahnb.* 616
Hertzsche Formeln *Fest.* 147
— (Zul. Beanspr.) *Brück.* 505
Herzstück *Bahnb.* 637
Herzstückgerade *Bahnb.* 637
Heu (Gewicht) *Stoff.* 322
Heuwagen *Straß.* 589
Hilfsbaustoffe *Stoff.* 271, 293
Hinterradweg(Wagen) *Straß.* 591
Hochbau
Durschnittliche Gewichte der Baustoffe 396

Eigengewichte von Zwischendecken 400
— der Dächer 401
Nutzlasten 402
Vorschriften 402
Gebäudemauern 408
Gemauerte Schornsteinschlote 409
Stütz- u. Futtermauern 410
Hochbaugewölbe 412
Holzbau 413
Säulen und Druckstäbe aus Eisen 420
Gewalzte I-Träger 423
Genietete Träger 424
Eiserne Dachkonstruktionen 434
Kranbahnen 437
Oberlichtkonstruktionen 440
Holzdecken 441
Betondecken 442
Steineisendecken 443
Dachdeckungen 443
Dachrinnen und Abfallrohre 447
Künstliche Beleuchtung 447
Hochbaugewölbe *Hochb.* 412
Hochbehälter *Wass.* 565, 567
Hochdruckwerk *Wass.* 541
Hochofenschlacke (Gew.) *Hochb.* 398
Hochofenzement *Eisenbet.* 325
Hochspannung *Elektr.* 681
Hochspeicher *Wass.* 554
Hochspeicherung *Wass.* 539
Hochstraßen *Straß.* 588
Hochwertiger Zement *Eisenbet.* 325
Höchststromschalter *Elektr.* 663
Höchststromwerte f. Kupferleitungen *Elektr.* 684
Höhenaufnahme *Vermess.* 253
Höhenmessung, trigonometrische *Vermess.* 258
— barometrische *Vermess.* 259
Hölzerne Brücken (Zul. Beanspr.) *Brück.* 476
— Tragwerke (Eigengew.) *Hochb.* 401
— Schienen *Bahnb.* 624
Hohlschwellen *Bahnb.* 630
Hohlziegel *Stoff.* 278
Hohlziegelmauerwerk *Wärme* 103
— (Gewicht) *Hochb.* 397, 398
Hohlzylinder *Math.* 50
Holz *Wärme* 100, 101, 103
— *Fest.* 116
— *Stoff.* 283
— (Spez. Gew.) *Stoff.* 322
— geschichtet (Gewicht) *Hochb.* 399
Holzbalken (Berechnung) *Hochb.* 414
— (Tragfähigkeit) *Hochb.* 417
Holzbau *Hochb.* 413
Holzbrücken (Eigengewicht) *Brück.* 451
— (Bauliche Gestaltung) *Brück.* 489
Holzdecken *Hochb.* 441
Holzkohle (Spez. Gew.) *Stoff.* 322
Holzpflasterfahrbahn *Straß.* 598
Holzsäulen, quadratische *Hochb.* 415
— runde *Hochb.* 416
Holzschwellen *Bahnb.* 629
Holzstöckelpflaster *Straß.* 598
Holzzement *Stoff.* 300
Holzzementdach (Eigengewicht) *Hochb.* 401, 447
Hookesches Gesetz *Fest.* 113
Horizontalschub (Zweigelenkbogen) *Baust.* 193
— (Gewölbe) *Baust.* 196, 198
Horizontalwinkel, Messung der *Vermess.* 237
Hülsenfrüchte (Spez. Gew.) *Stoff.* 322
Hydraulischer Kalk *Stoff.* 294
— Kalkmörtel *Stoff.* 294
Hydrodynamik *Mech.* 97
Hydromechanik *Mech.* 96
Hydrometrischer Flügel *Wass.* 519
Hydrometrische Röhre *Wass.* 520
Hydrostatischer Druck *Mech.* 96
Hyperbel *Math.* 69
Hyperbelfunktionen *Math.* 30, 44
Hyperbelfunktionenreihen *Math.* 56

Ideelle Formänderungsarb. *Baust.* 177
Imprägnierung (Holz) *Stoff.* 285
Indirekte Beleuchtung *Hochb.* 449
Induktion *Elektr.* 664
Inkreishalbmesser *Math.* 46
Innenboden (Behälter) *Fest.* 146
— *Wass.* 567
Inselbahnhöfe *Bahnb.* 619
Integrale, bestimmte *Math.* 62
Integralformeln *Math.* 58
Integrationsfolge *Math.* 63
Invarband *Vermess.* 237
Intzebehälter *Fest.* 147
— *Wass.* 567
Isolatoren *Elektr.* 662
Isolierte Leitungen *Elektr.* 687
Isotherme *Wärme* 107, 109
I-Träger, österr. *Stoff.* 310
— deutsche *Stoff.* 312
— (Tragfähigkeit) *Hochb.* 423

Jahresspeicher *Wass.* 537, 554
Joulesches Gesetz *Elektr.* 663
Jurakalkstein *Stoff.* 273
Justierung der Nivellierinstrumente *Vermess.* 255

Kämpferdruck (Dreigelenkbogen) *Baust.* 157
Kämpfermoment (Gewölbe) *Baust.* 197, 198
Kalotte *Math.* 51
Kalk (Spez. Gew.) *Stoff.* 322
Kalkgipsmörtel *Stoff.* 298
Kalkmergel *Stoff.* 273
Kalkmörtel *Wärme* 102
— *Fest.* 117
— (Spez. Gew.) *Stoff.* 322
Kalksandstein (Spez. Gew.) *Stoff.* 322
Kalksandziegel *Stoff.* 278
Kalkspat (Spez. Gew.) *Stoff.* 322
Kalkstein *Wärme* 100, 101, 103
— *Fest.* 117
— *Stoff.* 273, 274, 322
Kalktuff *Stoff.* 273
Kalorie *Wärme* 101, 107
Kalziumkarbid (Spez. Gew.) *Stoff.* 322
Kammerschleuse *Wass.* 577
Kanalberechnung (Bewässerung) *Wass.* 585
Kanalgefälle (Kanalisation) *Wass.* 579
Kanalisation *Wass.* 579
Kanalquerschnitt (Schiffahrtskanal) *Wass.* 576
Kanalrohre *Stoff.* 278, 279
Kanaltrogprofil *Wass.* 545
Kantholz *Stoff.* 285
Kapazität d. Akkumulatoren *Elektr.* 681
Kappengewölbe *Math.* 52
— (Eigengewicht) *Hochb.* 400, 413
Kartoffeln (Gewicht) *Stoff.* 322
— (Gewicht) *Hochb.* 399
Kastenfangdamm *Erdarb.* 387
Kastengründung *Erdarb.* 395
Kautschuk *Fest.* 117
Kegel *Math.* 50
Kegelkreuzscheibe *Vermess.* 250
Kegelmantel *Mech.* 86
Kehlbalkendach *Hochb.* 416
Keil *Math.* 50
— *Mech.* 87
Keilbahnhöfe *Bahnb.* 619
Keilplatten *Bahnb.* 628
Kennlinien *Elektr.* 673
Kern *Fest.* 131
Kernfläche *Fest.* 132
Kernpunkt *Fest.* 132
Kernpunktmoment (Zweigelenkbogen) *Baust.* 193
Kesselsysteme *Masch.* 655
Ketten *Masch.* 674
Kettenlinie *Math.* 70
Kies *Wärme* 102
— (Erddruck) *Baust.* 227
— (Spez. Gew.) *Stoff.* 322
— *Eisenbet.* 326
Kiefer *Stoff.* 283
Kiefernholz (Gew.) *Hochb.* 399
Kieselerde (Spez. Gew.) *Stoff.* 322
Kilowatt *Mech.* 90
— *Wärme* 107
Kinetische Energie *Mech.* 89, 91
Kippachsenfehler *Vermess.* 238
Kipplager *Brück.* 504
Kirchhoffsches Ges. *Wärme* 102
— — *Elektr.* 663
Kittlose Sprossen *Hochb.* 441
Klärbecken *Wass.* 563
Kleie (Spez. Gew.) *Stoff.* 322
Kleinaufnahme *Vermess.* 248
Kleinbahnen *Bahnb.* 603
Kleinesche Decke *Hochb.* 400, 443
Kleinkessel *Masch.* 655
Kleinschlagpflaster *Straß.* 598
Kletterweiche *Bahnb.* 635
Kletterzahnstange *Bahnb.* 624
Klinker *Stoff.* 277

Klinkerplatten (Gewicht) *Hochb.* 399
Klinkerziegelmauerwerk (Gewicht) *Hochb.* 397, 398
Klötzelträger *Brück.* 490
Klostergewölbe *Hochb.* 413
Knickfestigkeit *Fest.* 121
Knicklänge *Fest.* 123
— *Brück.* 482, 497
Knickkoeffizient *Fest.* 123
Knickung *Eisenbet.* 336
— *Brück.* 482
— gegliederter Stäbe *Fest.* 125
— — — *Brück.* 497, 498
Knicksicherheit bei nicht achsrecht gedrückten Stäben *Brück.* 499
— der Gurte offen. Brücken *Brück.* 499
Knickspannungen *Fest.* 123
Knickzahl *Fest.* 125
Knotendruckgleichung *Wass.* 571, 574
Knotenpunkt *Vermess.* 234
Knoten-Wassersummengleichung *Wass.* 571, 574
Knüppelwege *Straß.* 594
Kochsalz (Spez. Gew.) *Stoff.* 322
Kochsalzlösung *Wärme* 100
Koenensche Voutenplattendecke *Hochb.* 443
Koffer *Straß.* 594
Kohle (Erddruck) *Baust.* 227
— (Zusammensetzung) *Masch.* 656
Kokolithplatten *Stoff.* 280
Koks (Erddruck) *Baust.* 227
— (Spez. Gew.) *Stoff.* 322
— (Gewicht) *Hochb.* 399
— (Zusammensetzung) *Masch.* 656
Koksasche (Gewicht) *Hochb.* 398
Kolbenpumpen *Masch.* 659
Kollimationsfehler *Vermess.* 238
Komplementwinkel *Math.* 42
Komplexe Zahlen *Math.* 38
Kondensationsmaschine *Masch.* 657
Konglomerate *Stoff.* 275
Konjugiert komplexe Zahlen *Math.* 38
Konjugierter Durchmesser *Math.* 69
Konjugierte Achsen *Fest.* 129
Konservative Kräfte *Mech.* 90
Konstruktion der Parabel *Math.* 70
Kontinuierlicher Träger *Baust.* 180
Kontrollbalken *Eisenbet.* 328
Konzertsäle (Nutzlast) *Hochb.* 402
Koordinatentransformation *Math.* 67
Kopfbahnhöfe *Bahnb.* 619
Kopfbau *Erdarb.* 374
Kopfdrainage *Wass.* 581
Kopfrasen *Erdarb.* 376
Kopfschüttung *Erdarb.* 375
Kork *Wärme* 103
— (Spez. Gew.) *Stoff.* 322
Korkolith *Stoff.* 280
Korkstein *Stoff.* 279
— (Spez. Gew.) *Stoff.* 322
Korkstein (Gewicht) *Hochb.* 399
Korksteinmauerwerk (Gewicht) *Hochb.* 397
Kosten der Erdarbeiten *Erdarb.* 366
Kostenvoranschläge *Straß.* 601
Kraft *Mech.* 89
Kräfte im Raume *Mech.* 81
Kräftefunktion *Mech.* 90
Kräftepaar *Mech.* 80
Kräfteplan *Mech.* 78
— *Baust.* 159
Kraftlinien, magnetische *Elektr.* 664
Kraftnieten *Brück.* 491
Kragträger *Baust.* 212
Kranbahnen *Baust.* 187
— *Hochb.* 436
Kranbahnschienen *Stoff.* 288, 315
Kranketten *Masch.* 647
Kranseile *Masch.* 646
Kreide (Spez. Gew.) *Stoff.* 322
Kreis *Math.* 47, 68
Kreisabschnitt *Math.* 29, 48
— *Mech.* 86
Kreisausschnitt *Math.* 48
— *Mech.* 86
Kreiselpumpe *Erdarb.* 388
— *Masch.* 660
Kreisförmige Platte *Fest.* 142
Kreisfläche *Math.* 2
— *Mech.* 92
Kreisfunktionen *Math.* 24, 42
Kreiskegel *Math.* 50
Kreisprozeß *Wärme* 107
Kreisring *Math.* 47
— *Baust.* 199
Kreisringstück *Math.* 48
— *Mech.* 86
Kreisumfang *Math.* 2
Kreiszylinder *Math.* 49
— *Fest.* 148
Kreuzgewölbe *Math.* 52
— *Hochb.* 413
Kreuzhölzer *Stoff.* 285
Kreuzstücke (Rohre) *Masch.* 650
Kreuzungen *Bahnb.* 634
Kreuzungsbahnhöfe *Bahnb.* 619
Kreuzungsherzstück *Bahnb.* 637
Kreuzungsweiche *Bahnb.* 634
Kreuzungswinkel d. Herzstückes *Bahnb.* 637
Kreuzvisier *Vermess.* 248
Kristallinische Schiefer *Stoff.* 272
Kronenbreite des Bahnkörpers *Bahnb.* 609
Kronendach *Hochb.* 445
Kronenstärke der Stütz- und Futtermauern (Taf.) *Hochb.* 412
Krümmer (Rohre) *Masch.* 650
Krümmungen *Straß.* 590
Krümmungshalbmesser *Math.* 69, 70
— der elastischen Linie *Fest.* 136
Krümmungsverhältnisse *Bahnb.* 613
Krummlinige Beweg. *Mech.* 88
Kübel *Math.* 52
Künstliche Beleuchtung *Hochb.* 447
Künstliche Steine *Stoff.* 277
Kugel *Fest.* 147
Kugelabschnitt *Math.* 51
— *Mech.* 87
Kugelausschnitt *Math.* 51
Kugelberechnung *Math.* 51
Kugeldreieck *Math.* 52
Kugeldruckprobe b. Oberbaumaterial *Bahnb.* 622
Kugelhängeboden *Fest.* 146
Kugelkalotte *Mech.* 86
Kugelkeil *Math.* 52
Kugelschicht *Math.* 51
Kugelzone *Math.* 51
— *Mech.* 86
Kugelzweieck *Math.* 52
Kunstsandstein (Spez. Gew.) *Stoff.* 322
Kupfer *Wärme* 100, 101, 102, 103
— *Fest.* 117
— *Stoff.* 301
— (Spez. Gew.) *Stoff.* 322
— (Gewicht) *Hochb.* 399
Kupferdraht *Fest.* 116
— (Spez. Gew.) *Stoff.* 322
Kupferkies (Spez. Gew.) *Stoff.* 322
Kupferleitungen *Elektr.* 684
Kupfervitriol (Spez. Gew.) *Stoff.* 322
Kupplungen *Masch.* 652
Kurzschluß *Elektr.* 663

Ladungsformel *Erdarb.* 372
Längengefälle *Bahnb.* 610
Längsbewehrung *Eisenbet.* 335
Längsdehnung *Fest.* 113
Längsdrainage *Wass.* 582
Lärche *Stoff.* 283
Lärchenholz (Gewicht) *Hochb.* 399
Lagenbau *Erdarb.* 373
Lagenschüttung *Erdarb.* 375
Lager *Masch.* 652
Lagerräume (Nutzlast) *Hochb.* 402
Lambertsches Gesetz *Wärme* 103
Lamellen *Hochb.* 424
Landstraßen *Straß.* 588, 590
Landfuhrwerk *Straß.* 589
Langbaum *Straß.* 589
Langholzfuhrwerk *Straß.* 589
Langholzverkehr *Straß.* 592
Laschenkonstruktion *Bahnb.* 627
Lastenzüge (Eisenbahnbrücken) *Brück.* 459
Lastfuhrwerk *Straß.* 589
Lastkraftwagen (Raddruck) *Brück.* 471
— *Straß.* 589
Lastscheiden *Baust.* 150
Laternenpfähle *Straß.* 600
Latten *Stoff.* 286
Lattenentfernung *Hochb.* 444, 445
Laubholz *Stoff.* 283
Laufkrane *Hochb.* 437
Laufräder (Reibung) *Mech.* 95
Laufwerk *Wass.* 537
Launhardt-Weyrauchsche Formel *Brück.* 476
Lava (Spez. Gew.) *Stoff.* 322
Lebendige Kraft *Mech.* 89

Lebensdauer eis. Schwellen *Bahnb.* 631
— hölzerner Schwellen *Bahnb.* 630
Lehm *Wärme* 102
— *Stoff.* 273
— (Gewicht) *Hochb.* 398
Lehmerde(Erddruck) *Baust.* 227
Lehrgerüste *Brück.* 515
Leistendeckung *Hochb.* 446
Leistung der Kraft *Mech.* 90
— des Drehstromgenerators *Elektr.* 671
— der Motoren *Elektr.* 678
Leistungsverlust *Elektr.* 668
Leiter der Elektrizität *Elektr.* 662
Leiterzahnstange *Bahnb.* 624
Leitungen, elektrische *Elektr.* 683
Leitwerk *Wass.* 535
Lichtgeschwindigkeit *Mech.* 87
Lichthofmauer *Hochb.* 408
Lichtraumprofil *Bahnb.* 604
— bei Brücken *Bahnb.* 608
— im Tunnel *Bahnb.* 608
Lichtstärke *Hochb.* 447
Lichtstrahlen (Wellenlänge) *Wärme* 103
Lichtstrom *Hochb.* 447
— *Elektr.* 687
Liegender Rost *Erdarb.* 389
Lignolith *Stoff.* 280
Ligroin *Wärme* 101
— *Masch.* 658
Linearer Spannungszustand *Fest.* 112
Linienlager *Brück.* 504
Linke Handregel *Elektr.* 665
Linoleum *Wärme* 103
— (Spez. Gew.) *Stoff.* 322
— (Gewicht) *Hochb.* 399
Lösekosten *Erdarb.* 367
Logarithmen *Math.* 2, 37
Logarithmische Reihen *Math.* 56
Lokalbahn *Bahnb.* 603
Lokomotivleistung *Bahnb.* 610
Luft *Wärme* 103
Luftdruck *Vermess.* 260
Luftdruckmittel *Wass.* 532
Luftfeuchtigkeit *Wärme* 104
Luftleitungen *Wärme* 111
Luftmenge, zur Verbrennung erforderliche *Masch.* 656
Lumen *Hochb.* 447
Lux *Hochb.* 447
Luxfergläser *Stoff.* 300

Mac Laurinsche Reihe *Math.* 55
Magnesit (Spez.Gew.) *Stoff.* 322
Magnesium (Spez. Gew.) *Stoff.* 322
Magnetfeld *Elektr.* 665
Magneteisenstein(Spez.Gew.) *Stoff.* 322
Magnetisches Feld *Elektr.* 664
Magnetkies (Spez. Gew.) *Stoff.* 322
Magnetregler *Elektr.* 670
Makadamisierte Schotterstraßen *Straß.* 595
Malz (Gewicht) *Hochb.* 399
— (Erddruck) *Baust.* 227
Manganerz *Stoff.* 322
Mangangehalt des Wassers *Wass.* 565
Mansardenoberlicht *Hochb.* 440
Marmor (Spez.Gew.) *Stoff.* 322
— (Gewicht) *Hochb.* 397
Martinflußeisen *Stoff.* 286
Maßabweichungen bei Schienen *Bahnb.* 623
Maschinenbau, zul. Beanspr. *Fest.* 117
Maschinenbau
Niete 643
Schrauben 643
Seile 645
Ketten 647
Rohre 647
Transmissionen 651
Windkraftmaschinen 654
Wasserkraftmaschinen 655
Dampfkessel 655
Dampfmaschinen 657
Dampfturbinen 657
Verbrennungsmotoren 658
Hebezeuge 658
Pumpen 659
Maschinenbohrung *Erdarb.* 368
Massenausgleich *Erdarb.* 384
Massenberechnung *Erdarb.* 381
Massenprofil *Erdarb.* 383
Massenträgheitsmomente *Mech.* 92
Maßgebende Steigung *Bahnb.* 612
Materialachse (Knickung) *Fest.* 126
Materialbedarf, Beton *Stoff.* 281
— Mörtel 294, 295, 296
Materialkonstanten *Fest.* 113
Mathematik
Tafeln der Potenzen usw. 2
— — Bogenlängen usw. 28
— — Hyperbelfunktionen 30
Potenzen, Wurzeln, Logarithmen, kompl.Zahlen 36
Endliche Reihen 38
Zinseszins- und Rentenrechnung 39
Gleichungen 39
Kreisfunktionen 42
Hyperbelfunktionen 44
Dreieckberechnung 45
Flächeninhalte und Umfänge 46
Oberflächen und Rauminhalte 49
Differentialformeln 53
Potenzreihen 55
Unbestimmte Ausdrücke 57
Maxima und Minima 57
Integralformeln 58
Bestimmte Integrale 62
Fouriersche Reihen 64
Differentialgleichungen 65
Analytische Geometrie 67
Wahrscheinlichkeitsrechnung 71
Ausgleichsrechnung 71
Mauerschutt (Gewicht) *Hochb.* 398
Mauerstärken *Hochb.* 408
Mauerwerk m. Mörtelputz *Hochb.* 398
Mauerwerksbau *Hochb.* 408
Mauerwerkskörper (Bieg.) *Fest.* 133
Mauerziegel *Stoff.* 277
Maxima und Minima *Math.* 57
Maxwellscher Satz *Baust.* 166
Mechanik
Zusammensetzung und Zerlegung der Kräfte 77
Momente v. Einzelkräften 82
Stützkräfte fest. Körper 83
Prinzip der virtuellen Verschiebungen 85
Schwerpunktbestimmung 85
Bewegungslehre 87
Physikalische Mechanik 89
Reibungswiderstand 94
Statik tropfbar flüssiger Körper 96
Dynamik tropfbar flüss. Körper 97
Mechanik der Gase s. *Wärmemechanik*
Mehl (Spez. Gew.) *Stoff.* 322
— (Gewicht) *Hochb.* 399
Melan-Saliger-Formel *Fest.* 127
Membran *Fest.* 145
Mennige (Spez. Gew.) *Stoff.* 322
Mergel *Stoff.* 273
— (Spez. Gew.) *Stoff.* 322
Meridianspannung (Behält.) *Fest.* 146
Merkzeichen *Bahnb.* 608, 640
Messing *Wärme* 100, 101, 102, 103
— *Fest.* 116
— (Spez. Gew.) *Stoff.* 322
Messung der Horizontalwinkel *Vermess.* 237
Meteorologische Daten *Wass.* 532
Methode der kleinsten Quadrate *Math.* 74
Metrisches Gewinde *Masch.* 644
Minimum der Formänderungsarbeit, Satz vom *Baust.* 177
Mischmaschinen *Eisenbet.* 327
Mischung *Eisenbet.* 327
Mist (Spez. Gew.) *Stoff.* 322
Mittelbare Lastübertragung *Baust.* 150
Mittelbett *Wass.* 535
Mitteldruckwerk *Wass.* 541
Mittelkraft *Mech.* 77
Mittelpunktsgleichung der Kegelschnitte *Math.* 68, 69
Mittenüberhöhung *Straß.* 593
Mittlerer Fehler *Math.* 73
Mörtel *Stoff.* 293
Moivresche Formel *Math.* 38
Mollweidesche Gleichungen *Math.* 45
Momente von Einzelkräften *Mech.* 82
— (Balken) *Baust.* 153
— (Dreigelenkbogen) *Baust.* 158
Momentverfahren v. Ritter *Mech.* 80
Monier-Bauweise *Eisenbet.* 331
Moniergewölbe (Eigengew.) *Hochb.* 400
Monierplatten *Hochb.* 442
Motorgeneratoren *Elektr.* 680

Motorpflug (Raddruck) *Brück.* 471
Motorwalzen *Straß.* 596
Muffenrohre *Masch.* 648, 649

Nachbarmauern *Hochb.* 408
Nadelholz *Stoff.* 283
Näherungsformeln von Marcus (Platten) *Fest.* 144
Nasse Fäulnis (Holz) *Stoff.* 285
Naßbetonierung *Erdarb.* 390
Natürliche Logarithmen *Math.* 22, 37
— Steine *Stoff.* 271
Nebenanlagen bei Straßen *Straß.* 600
Nebenbahnen *Bahnb.* 603
Nebenschlußgenerator *Elektr.* 669
Nebenschlußmotor *Elektr.* 673
Neigungswechsel *Bahnb.* 613
Neigungszeichen *Bahnb.* 618
Nennlichtstärke *Hochb.* 448
Nettogefälle *Wass.* 543
Neutrale Schicht *Fest.* 129
Nichtleiter *Elektr.* 662
Nickelstahl *Fest.* 115
— *Stoff.* 286
Niederdruckwerk *Wass.* 541
Niederschlagsgebiet *Wass.* 537
Niederschlagshöhe *Wass.* 532
Niederschlagsmenge *Wass.* 533
Niederspannung *Elektr.* 681
Niete *Stoff.* 289
— (Zul. Beanspr.) *Brück.* 478, 480
— *Masch.* 643
Nietentabelle *Brück.* 494
Nietlochabzug *Hochb.* 424
Nietteilung in den Gurtungen *Hochb.* 434
— — — — *Brück.* 493
Nietungen *Brück.* 491
Nivellement, geometrisches *Vermess.* 253
Nivellierinstrument *Vermess.* 254
Nivellierlatte *Vermess.* 254
Nonientheodolit, *Vermess.* 231
Normalbedingungen, Deutsche *Stoff.* 291
Normalbeschleunigung *Mech.* 88
Normale Weiche *Bahnb.* 634
Normalform einer komplex. Zahl *Math.* 38
— der Geradengleichung *Math.* 68
Normalformat *Stoff.* 277
Normalkraft *Fest.* 128
Normalspannung *Fest.* 112
— (Biegung) *Fest.* 130
Normalwert d. Luftdruckes *Vermess.* 260
Notbeleuchtung *Hochb.* 448
Nulleiter *Elektr.* 667
Nullinie *Fest.* 130
— *Eisenbet.* 352
Numerische Exzentrizität *Math.* 69
Nutzarbeitsleistung *Wass.* 543
Nutzbare Länge einer Bahnhofanlage *Bahnb.* 620
Nutzgefälle *Wass.* 542, 543
Nutzlast der Wagen *Straß.* 589
Nutzlast für Decken *Hochb.* 402
Nitroglyzerin *Wärme* 100, 101

Obelisk *Math.* 50
Oberbau *Bahnb.* 621
— (Bau) *Bahnb.* 641
Oberbauberechnung *Bahnb.* 625
Oberbaugeräte *Bahnb.* 641
Oberbauunterhaltung *Bahnb.* 642
Oberflächen von Körpern *Math.* 49
Oberflächenbefestigung der Straßen *Straß.* 594
Oberflächenschwimmer *Wass.* 519
Oberflächenteerung *Straß.* 595
Oberkanal (Wasserkraftwerk) *Wass.* 543
Oberlichtkonstruktion *Hochb.* 440
Oberlichtsprossen *Hochb.* 441
Oberzone (Wasserversorg.) *Wass.* 569
Ölheber *Wass.* 520
Ölung der Straßen *Straß.* 596
Österr. Brückenvorschriften (Belastg.) 459, 462, 470, 473
— — (Zul. Beanspruchung) 477, 478, 484, 485
Österr. Eisenbetonbestimmungen *Eisenbet.* 355
Ohmsches Gesetz *Elektr.* 662
Ortstafeln *Straß.* 600
Ozonwerk *Wass.* 565

Packlage *Straß.* 595
Papier (Spez. Gew.) *Stoff* 322
— (Gewicht) *Hochb.* 399
Papyrolith *Stoff.* 280
Parabel *Math.* 48, 70
— *Mech.* 86
Paraffin *Wärme* 101
Parallelepiped *Math.* 49
Parallelogramm der Kräfte *Mech.* 77
Parallelschaltung *Elektr.* 663
Parallelströmung *Wärme* 110
Parallelverschiebung *Math.* 67
Parallelwerk *Wass.* 535
Paßstraße *Straß.* 588
Patentgewölbe *Hochb.* 400
Pech (Spez. Gew.) *Stoff.* 322
Peilung *Wass.* 521
Pendelstütze *Mech.* 84
Penetrationsverfahren *Straß.* 596
Periodendauer *Elektr.* 666
Periodenzahl *Elektr.* 666
Personenwagen *Straß.* 589
Personenzüge *Mech.* 87
Petersensche Drainierungsmethode *Wass.* 581
Petroleum *Masch.* 658
Petroleumäther *Wärme* 101
Pfannendach (Eigengew.) *Hochb.* 401
Pfahlgründung *Erdarb.* 390
Pfeilereinbauten *Wass.* 524
Pferd (Zugkraft) *Straß.* 589
Pferdestärke *Mech.* 90
— *Wärme* 107
Pfetten (Berechnung) *Baust.* 156
— *Hochb.* 434
Pferdekippkarren *Erdarb.* 377, 378
Pflaster aus Kunststeinen *Straß.* 598
Pflasterbahnen *Straß.* 597
Pflasterziegel *Stoff.* 278
Pfosten *Stoff.* 285
Pfostenfachwerk *Baust.* 180
Pfostenlängskraft (Vierendeelträger) *Baust.* 204
Phasenverschiebung *Elektr.* 665
Photogrammetrie *Vermess.* 266
Pilzdecken *Eisenbet.* 353
Pitchpine *Stoff.* 283
— (Gewicht) *Hochb.* 399
Pitot-Darcysche Röhre *Wass.* 520
Planum *Bahnb.* 615
Platten *Eisenbet.* 337, 339
— gewölbte *Fest.* 145
— kreisförmige *Fest.* 142
— rechteckige *Fest.* 144
Plattenbalken *Eisenbet.* 344
Plattenbalkendecke *Hochb.* 443
Plattenbelastung *Eisenbet.* 342
Poissonsche Konstante *Fest.* 113
Polares Trägheitsmoment *Fest.* 128
Polargleichung d. Geraden *Math.* 68, 69
— — Kegelschnitte *Math.* 68, 69, 70
Polarkoordinaten *Math.* 67
Polarplanimeter *Vermess.* 251
Polizeiholz *Bahnb.* 640
Polygonalpflaster *Straß.* 598
Polygonnetz *Vermess.* 231
Polygonometrische Punktbestimmung *Vermess.* 231
Polygonzug *Vermess.* 233
Porphyr *Stoff.* 272
— (Spez. Gew.) *Stoff.* 322
Porphyrsyenit *Stoff.* 272
Porroscher Distanzmesser *Vermess.* 262
Portlandzement *Stoff.* 280, 295, 296
— *Eisenbet.* 325
Portlandzementmörtel *Stoff.* 295
— (Gewicht) *Hochb.* 398
Potential *Mech.* 90
Potentielle Energie *Mech.* 90
Potenzen *Math.* 2, 36
Potenzreihenentwicklung *Math.* 55
Pottasche (Spez.Gew.) *Stoff.* 323
Präzisionsmaß *Math.* 72
Prellböcke *Bahnb.* 620
Preßkohle (Spez.Gew.) *Stoff.* 323
Preßluftgründung *Erdarb.* 395
Prinzip von d'Alembert *Mech.* 92
— — der Erhaltung der Energie *Wärme* 107
— der virtuellen Verschiebungen *Mech.* 85
— der virtuellen Verschiebungen *Baust.* 164, 167, 175
Prisma *Math.* 49
Prismoid *Math.* 50
Privatstraßen *Straß.* 588
Probebalken *Eisenbet.* 330
Probebelastung *Eisenbet.* 352

Probewürfel *Eisenbet.* 328
Projektionssatz *Math.* 45
Propellerturbinen *Masch.* 655
Proportionalitätsgrenze *Fest.* 114
Pumpen *Masch.* 659
Pumpspeicherung *Wass.* 539
Pumpweiher *Wass.* 539
Pumpwerksleitung *Wass.* 559, 560
Punkt und Gerade *Math.* 67
Punktkipplager *Brück.* 504
Pyramide *Math.* 50
— *Mech.* 87
Pyramidenmantel *Mech.* 86

Quadern *Stoff.* 271
Quadermauerwerk (Gew.) *Hochb.* 397
— (Zul. Beanspr.) *Brück.* 483
Quadrateisen *Stoff.* 288
Quadratische Holzsäulen (Tafel) *Hochb.* 415
Quarz (Spez. Gew.) *Stoff.* 323
Quecksilber *Wärme* 101
Quecksilberdampfgleichrichter *Elektr.* 680
Quellwasser *Wass.* 560
Querdrainage *Wass.* 581
Querförderung *Erdarb.* 380
Querkraft *Fest.* 128
Querkräfte, Einfluß der (Biegung) *Fest.* 136
— (Balken) *Baust.* 150
— (Dreigelenkbogen) *Baust.* 157
— (Durchlaufender Balken) *Baust.* 184
— (Zweigelenkbogen) *Baust.* 193
Querneigung *Straß.* 593
Querschnitt der Landstraßen *Straß.* 593
— — oberen Schornsteinmündung *Masch.* 656
Querschnittsbemessung elektrischer Leitungen *Elektr.* 683
Querschnittsform der Schiene *Bahnb.* 622
Querschwellen *Bahnb.* 629
— aus Eisenbeton *Bahnb.* 631
Querverband *Brück.* 452, 457, 502
Querverbindungen (Knikkung) *Fest.* 127
Querwerk *Wass.* 535
Querzusammenziehung *Fest.* 113
Quetschgrenze *Fest.* 114

Raddruck (Kranbahn) *Hochb.* 437, 438
Raddurchmesser (Fuhrw.) *Straß.* 589
Radialspannungen (Platten) *Fest.* 142
Räderwinden *Masch.* 659
Rahmen (mehrfeldrig) mit eingespannten Stützen *Baust.* 200
— (mehrfeldrig) mit gelenk. aufgesetzten Stützen *Baust.* 202
— beiderseits eingespannt *Baust.* 225
Rahmenstäbe (Knickung) *Fest.* 127
Rahmenträger *Baust.* 202
Rahmentragwerk *Baust.* 199
Rahmenwiderstand *Brück.* 500
Rampen von Übergängen *Bahnb.* 618
Randspannungen *Fest.* 130, 131
Ransome-Eisen *Eisenbet.* 325
Rauhigkeitszahlen *Wass.* 528
Raumbeleuchtung *Hochb.* 448
Raumgewichte *Stoff.* 322
Rauminhalt von Körpern *Math.* 49
Raummischungsverhältnis von Beton *Eisenbet.* 327
Raupenoberlicht *Hochb.* 440
Rechte Handregel *Elektr.* 664
Rechteckbalken *Eisenbet.* 337, 339
Rechteckige Platten *Fest.* 144
Reduktionskoeffizient *Hochb.* 425, 432
Reduzierte Spannung *Fest.* 114
— Stützweite *Baust.* 181
Refraktionskoeffizient *Vermess.* 259
Regelspur *Bahnb.* 604
Regenhöhe *Wass.* 533
Regula falsi *Math.* 41
Reichenbach, Distanzmesser *Vermess.* 261
Reibungsverlust *Elektr.* 668
Reibungswiderstand *Mech.* 94
— (Rohrleitungen) *Wass.* 530
Reibungswinkel *Mech.* 94
Reibungszahl *Mech.* 94, 95
Reihen, endliche *Math.* 38
— unendliche *Math.* 56
Reihenentwicklung *Math.* 55
Reihenpflaster *Straß.* 598
Reihenschaltung *Elektr.* 663
Reihenschlußmotor *Elektr.* 673
Relative Wahrscheinlichkeit *Math.* 76
Rentenrechnung *Math.* 39
Repetitionsverfahren *Vermess.* 239, 241
Restglied *Math.* 55
Resultierende *Mech.* 77
Reziproke Gleichungen *Math.* 40
Reziproker Kräfteplan *Baust.* 159
Richtung des Erddruckes *Baust.* 228
Richtungsbeobachtung *Vermess.* 239
Richtungswinkel *Vermess.* 231
Riemen *Fest.* 117
Riemenscheibe *Masch.* 653
Riementrieb *Masch.* 652
Riemenzug *Masch.* 653
Rieseldauer *Wass.* 583
Riffelglas *Stoff.* 299
— *Hochb.* 441
Rillenschienen *Bahnb.* 624
Ring *Math.* 53
— *Mech.* 92
— geschlossener *Baust.* 198
Ringspannung (Behälter) *Fest.* 145
Ringsystem (Wasserversorg.) *Wass.* 573
Rippenbleche *Stoff.* 288
Rippenplatte *Eisenbet.* 344
Ritterscher Momentenpunkt *Baust.* 160
Ritterscher Schnittverfahr. *Baust.* 160
Röhrengründung *Erdarb.* 395
Röntgenstrahlen (Wellenlänge) *Wärme* 102
Röschenbau *Erdarb.* 373
Roggen (Spez. Gew.) *Stoff.* 323
— (Gewicht) *Hochb.* 399
Roheisen *Stoff.* 286
— (Spez. Gew.) *Stoff.* 323
— (Gewicht) *Hochb.* 399
Rohgefälle *Wass.* 542
Rohglas *Stoff.* 299
Rohöl *Masch.* 658
Rohre, eiserne *Stoff.* 287
— *Masch.* 647
Rohrleitung *Wass.* 529
Rohrleitung (Wasserkraftwerk) *Wass.* 547
Rohrleitungskosten (Wasserkraftwerk) *Wass.* 548
Rohrlichtweite (Wasserkraftwerk) *Wass.* 549
Rohrprobe *Wass.* 548
Rohrverzweigungen *Wass.* 571
Rohspiritus *Masch.* 658
Rollen in Brückenlagern (Reibung) *Mech.* 95
Rollenlager s. *Walzenlager*
Rollwagen *Erdarb.* 377
Romanzement *Stoff.* 295
Romanzementmörtel *Stoff.* 295
— (Gewicht) *Hochb.* 398
Rost, liegender *Erdarb.* 389
Rotbuche *Stoff.* 284
Roteisenstein (Spez. Gew.) *Stoff.* 323
Rotguß *Wärme* 103
Rückenbau (Bewässerung) *Wass.* 582
Rückkühlung *Masch.* 657
Rückwärtseinschneiden *Vermess.* 244
Rüben (Spez. Gew.) *Stoff.* 323
— (Gewicht) *Hochb.* 399
Ruberoid *Stoff.* 300
— *Hochb.* 446
Runde Holzsäulen (Tafel) *Hochb.* 416
Rundeisen *Stoff.* 288
— (Tafel) *Eisenbet.* 332
Rundlaufsystem (Wasserversorgung) *Wass.* 573
Rutschungen *Erdarb.* 376

Sägemehl *Wärme* 103
Sägespäne *Wärme* 103
— (Spez. Gew.) *Stoff.* 323
Säulen *Eisenbet.* 335
— *Hochb.* 420
Salpeter (Spez. Gew.) *Stoff.* 323
Salz (Gewicht) *Hochb.* 399
Sand (Erddruck) *Baust.* 227
— *Stoff.* 271
— (Spez. Gew.) *Stoff.* 323
— *Eisenbet.* 326
Sandschüttung *Erdarb.* 389
Sandstein *Wärme* 100, 102, 103
— *Fest.* 117
— *Stoff.* 273, 275

Sandstein (Spez. Gew.) *Stoff.* 323
Satz von Castigliano *Baust.* 177
Satz- oder Richtungsbeobachtung *Vermess.* 237
Saugdrain *Wass.* 581
Saugpumpe *Erdarb.* 388
Schallgeschwindigkeit *Mech.* 87
Schaltung *Elektr.* 673
Schamottsteine (Spez.Gew.) *Stoff.* 323
Schappe *Erdarb.* 365
Scheiben, Stützung *Mech.* 83
Scheitelgleichung der Hyperbel *Math.* 70
Scheitellaterne *Hochb.* 440
Scherfestigkeit der Bausteine *Stoff.* 276
Scheetasphalt *Straß.* 596
Schichtmauerwerk (Zul. Beanspr.) *Brück.* 483
Schiebebühne *Bahnb.* 641
Schiebekraft (Fluß) *Wass.* 535
Schieber *Masch.* 649
Schiefer *Wärme* 103
— (Spez. Gew.) *Stoff.* 323
Schieferdach *Hochb.* 401, 444
Schienen *Bahnb.* 622
— hölzerne *Bahnb.* 624
Schienenkopf *Bahnb.* 623
Schienenkopfbreite (Kranbahnen) *Hochb.* 437
Schienenlänge *Bahnb.* 625
Schienennägel *Bahnb.* 629
Schiffahrtskanäle *Wass.* 576
Schiffshebevorrichtungen *Wass.* 579
Schiffswiderstand *Wass.* 576
Schirmmessung *Wass.* 522
Schlacke (Spez. Gew.) *Stoff.* 323
Schlackenzement *Stoff.* 280, 296
Schlackenziegel *Stoff.* 279
Schlagprobe bei Oberbaumaterial *Bahnb.* 622
Schlammbüchse *Erdarb.* 365
Schlankheitsgrad *Fest.* 121
Schleppbahnanschlüsse *Bahnb.* 604
Schleusenwasser *Wass.* 577
Schleusenwehr *Wass.* 536
Schleppgleis (Leistung) *Mech.* 91
Schlitzbau *Erdarb.* 373
Schmelztemperatur *Wärme* 100
Schmelzwärme, lat. *Wärme* 101
Schmiedbares Eisen *Stoff.* 286
Schmiedeeisen *Wärme* 100
Schmiedeeiserne Rohre *Masch.* 650
Schneckenbohrer *Erdarb.* 365
Schnee (Spez. Gew.) *Stoff.* 323
Schneegrenze *Wass.* 533
Schneeschutzanlagen *Bahnb.* 618
Schneeschutzvorkehrungen *Bahnb.* 609
Schneefilter *Wass.* 565
Schnellregler, automatisch. *Elektr.* 672
Schnittverfahren v. Ritter *Baust.* 160
Schornsteine *Masch.* 656
Schornsteinschlote *Hochb.* 409
Schotter *Stoff.* 271
Schotter *Eisenbet.* 326
Schotterfahrbahn *Straß.* 594
Schottische Rohre *Stoff.* 287
Schranken *Bahnb.* 617
Schrauben *Masch.* 643
Schraubendistanzmesser *Vermess.* 263
Schraubenmikroskoptheodolit *Vermess.* 237
Schraubenpfähle *Erdarb.* 394
Schraubenwinden *Masch.* 659
Schubelastizitätsmodul *Fest.* 113
Schubfestigkeit *Fest.* 114
— (Beton) *Stoff.* 283
Schubkarren *Erdarb.* 376, 378
Schubspannung *Fest.* 112, 119
— (Biegung) *Fest.* 135
— (Torsion) *Fest.* 140
— *Eisenbet.* 348
Schubverteilungszahl *Fest.* 136
Schüttrinnen *Erdarb.* 377
Schulräume (Nutzlast) *Hochb.* 402
Schutt und Sand (Erddruck) *Baust.* 227
Schuttschalung *Hochb.* 442
Schutzstreifen *Bahnb.* 609
Schwarzpulver *Erdarb.* 371
Schwebender Stoß *Bahnb.* 626
Schwefel *Wärme* 100, 101, 102
Schwefelkies (Spez. Gew.) *Stoff.* 323
Schweißen der Stöße (Oberbau) *Bahnb.* 627
Schweißeisen *Wärme* 100, 101
— *Fest.* 115
— (Spez. Gew.) *Stoff.* 323
— (Gewicht) *Hochb.* 399
Schweißstahl *Stoff.* 286
— (Spez. Gew.) *Stoff.* 323
Schweizerische Brückenvorschriften (Belastungen) *Brück.* 461, 472, 473
— — (Zul.Beanspr.) *Brück.* 481
Schwellenschrauben *Bahnb.* 629
Schwerebeschleunigung *Mech.* 88
Schwerkraftleitung *Wass.* 559, 560
Schwerpunkt *Mech.* 85
Schwerspat (Spez. Gew.) *Stoff.* 323
Schwinden und Quellen des Betons *Stoff.* 281
— — — — Holzes *Stoff.* 285
— des Betons *Eisenbet.* 325
Schwindmaß, linear. *Wärme* 100
— bei Gewölben *Brück.* 511
Schwingungsdauer *Mech.* 93
Schwingungszahl *Mech.* 93
Securadecke *Hochb.* 443
Seehöhe *Wass.* 532
Seewasser *Wärme* 100
Sehnenlänge *Math.* 28
Sehnenviereck *Math.* 47
Seideldecke (Eigengewicht) *Hochb.* 400
Seile *Fest.* 117
— *Masch.* 645
Seileck *Mech.* 78
Seilgewicht *Masch.* 645
Seillinie *Baust.* 168
Seilscheiben *Masch.* 654
Seiltrieb *Masch.* 652
Seitenbau *Erdarb.* 373
Seitendrücke der Fahrzeuge *Brück.* 474
Seitenschüttung *Erdarb.* 375
Seitenschwankungen *Brück.* 474
Selbstinduktion *Elektr.* 666
Selbstkosten *Erdarb.* 367
Senkkasten *Erdarb.* 395
Serienmotor *Elektr.* 673
Serienschaltung *Elektr.* 664
Sicherheitsgrad *Fest.* 114
Sicherheitsstreifen *Bahnb.* 609
Sickerkanal *Wass.* 560
Sickerrohrleitung *Wass.* 560
Siederohre *Masch.* 651
Siedetemperatur *Wärme* 101
Siemens-Martinstahl (Knickung) *Fest.* 122
Signalvorrichtung b.Weichen *Bahnb.* 637
Silozellen (Wanddruck) *Baust.* 230
Sinuslinie *Math.* 48
Sinusreihe *Math.* 56
Sinussatz *Math.* 45
Soda (Spez. Gew.) *Stoff.* 323
Sommerweg *Straß.* 593
Spannplatten *Bahnb.* 628
Spannung *Fest.* 112, 119
— *Elektr.* 662
Spannungs-Dehnungslinie *Fest.* 113
Spannungsabfall *Elektr.* 663
— bei Leitungen *Elektr.* 685
Spannungsellipsoid *Fest.* 112
Spannungserzeugung durch Induktion *Elektr.* 664
Spannungszustand *Fest.* 112
Sparbecken *Wass.* 578
Sparren *Hochb.* 434
Spateisenstein (Spez.Gew.) *Stoff.* 323
Speicherraum *Wass.* 555
Speicherung *Wass.* 537
Speicherwerk *Wass.* 553
Sperren einer Falleitung *Wass.* 557
Spezifische Wärme *Wärme* 101
Spezifische Drehung *Fest.* 113
Spezifisches Gewicht von Bausteinen *Stoff.* 274
— — (Holz) *Stoff.* 284
Spezifische Gewichte *Stoff.* 322
Spezifische Widerstände *Elektr.* 662
Spiralbohrer *Erdarb.* 365
Spitzenfläche *Wass.* 540
Spitzenverschluß (Weichen) *Bahnb.* 637
Spitzenweiher *Wass.* 539
Spließdach *Hochb.* 445
Sporn *Wass.* 535
Spramex *Straß.* 596
Sprengarbeit *Erdarb.* 368
Sprenggestein *Erdarb.* 366, 370
Sprengmittel *Erdarb.* 371
Sprengstoffbedarf *Erdarb.* 372
Spundwände *Erdarb.* 387, 392
Spurerweiterung im Bogen *Bahnb.* 632
Spurlehre *Bahnb.* 633
Spurrinne bei Wegübergängen *Bahnb.* 617

Spurweite der Fuhrwerke *Straß.* 589
Spurweite *Bahnb* 604
Staatsstraßen *Straß.* 588
Stabeisen *Stoff.* 288
Stäbe mit Bindeblechen (Rahmenstäbe) *Fest.* 127
Städtekanalisation *Wass.* 579
Städtische Straßen *Straß.* 588, 594
Staffel *Stoff.* 285
Staffelkanal *Wass.* 551
Stahl *Wärme* 100, 101, 103
— *Stoff.* 286, 323
— (Gewicht) *Hochb.* 399
Stahlestrich (Gewicht) *Hochb.* 399
Stahlguß *Wärme* 100
— (Zul. Beanspruchung) *Brück.* 479, 480
Stammfunktionen *Baust.* 182, 183
Stampfasphalt *Stoff.* 299
— (Gewicht) *Hochb.* 398
Stampfbeton (Gewicht) *Hochb.* 398
Stampfbetonbrücken *Brück.* 484, 509
Stampfbetongewölbe (Eigengewicht) *Hochb.* 400
Stampfbetontragwerke (Vorschriften) *Hochb.* 406
Standkorrektion *Vermess.* 259
Standrohr *Wass.* 557
Statisch bestimmtes Hauptsystem *Baust.* 174
— bestimmte Träger *Baust.* 149
— unbestimmte Träger *Baust.* 174
— unbestimmte Größen (Einflußlinien) *Baust.* 178
Statisches Moment *Mech.* 82
— — des Kräftepaares *Mech.* 81
Stationsgefälle *Wass.* 542
Stationsgleis *Bahnb.* 606
Stauanlagen *Wass.* 523
Stauchgrenze *Fest.* 114
Stauformel *Wass.* 525
Stauscheibe von Fueß *Wass.* 520
Stausee *Wass.* 537, 585
Staurohr *Wass.* 520
Stauweite *Wass.* 525
Stegblechstärke *Hochb.* 434
Stegzementdielen *Stoff.* 279
Steif bewehrte Bogen *Brück.* 512
Steighöhe *Mech.* 88
Steigung *Bahnb.* 612
Steigung der Straße *Straß.* 592
Steigungsverminderung im Bogen *Bahnb.* 612
Steigungszuschläge *Erdarb.* 380
Steinbau *Hochb.* 408
Steinbrücken (Zul. Beanspruchung) *Brück.* 483
— *Brück.* 506
Steineisendecken *Hochb.* 443
Steingelenke *Brück.* 516
Steinholz *Stoff.* 280
Steinkohle *Wärme* 105
— (Spez. Gew.) *Stoff.* 323
— (Gewicht) *Hochb.* 399
Steinkohlenasche (Gewicht) *Hochb.* 398
Steinpflaster *Erdarb.* 376
— (Gewicht) *Hochb.* 399
Steinsalz (Spez. Gew.) *Stoff.* 323
Steinschlag *Eisenbeton.* 326
Steinschlagbahn *Straß.* 594
Steinschlagpflaster *Straß.* 598
Steinschüttung *Erdarb.* 389
Steinzeugrohr *Stoff.* 278
Stellungslinie *Baust.* 228
Stelzenlager *Brück.* 506
Stereoautographie *Vermess.* 270
Sterilisieren des Wassers *Wass.* 565
Sternschaltung *Elektr.* 667
Stichboden *Erdarb.* 366
Stichbogengewölbe *Brück.* 513
Stiegen (Nutzlast) *Hochb.* 402
Stollen (Wasserkraftwerk) *Wass.* 552
Stollenbau *Erdarb.* 374
Stollentrogprofil *Wass.* 545
Stoßanordnung bei Schienen *Bahnb.* 626
Stoßbohrmaschinen *Erdarb.* 368
Stoßbohrsystem *Erdarb.* 368
Stoßdeckungen *Brück.* 492
Stoßkoeffizient *Brück.* 475
Stoßlaschen *Bahnb.* 627
Stoßlücke *Bahnb.* 627
Stoßverbindung der Rundeisen *Eisenbet.* 330
Stoßzahl *Brück.* 480
Strahlungsvermögen *Wärme* 102
Strahlungskoeffizient *Wärme* 102
Strangfalzziegel *Stoff.* 278
Stranggleichung (Wasserversorgung) *Wass.* 575
Straßen- und Wegebau
Einteilung der Straßen 588
Straßenfuhrwerke 588
Zugkraft und Arbeitsleistung 589
Landstraßen 590
Städtische Straßen 594
Oberflächenbefestigung der Straßen 594
Neben- und Betriebsanlagen 600
Anhaltspunkte für Kostenvoranschläge 601
Straßenbefestigung *Straß.* 598
Straßenbreite *Straß.* 591
Straßenbrücken (Eigengewicht) *Brück.* 457
— (Vorschriften) *Brück.* 470, 476, 478
Straßenerhaltung *Straß.* 597
Straßenfuhrwerke *Straß.* 588
Straßenwalzen (Raddruck) *Brück.* 470, 471
Strebenfachwerk *Baust.* 180
Strebepfeiler *Hochb.* 411
Streckenmeßtheodolit *Vermess.* 263
Streckgrenze *Fest.* 114
Streichwerk *Wass.* 535
Stroh (Spez. Gew.) *Stoff.* 323
Stromstärke *Elektr.* 662
Stromstrichgeschwindigkeit *Wass.* 519
Stromverteilungssystem *Elektr.* 681
Stromverzweigung *Elektr.* 663
Stückvermessung *Vermess.* 248
Stützboden *Fest.* 146
— *Wass.* 567
Stützen *Eisenbet.* 335
Stützendrücke (Durchlaufender Balken) *Baust.* 184
Stützenmomente (Durchlaufender Balken) *Baust.* 180
— (Tafeln) *Brück.* 463, 469
Stützkräfte (Balken) *Baust.* 150
Stützmauern *Hochb.* 410, 411
Stützung der Körper *Mech.* 84
— ebener Scheiben *Mech.* 83
Stufenfilter *Wass.* 563
Stufenzahnstange *Bahnb.* 624
Stuhlschienen *Bahnb.* 624, 629
Stuhlplatten *Bahnb.* 628
Stukkaturschalung *Hochb.* 442
Summeneinflußgröße *Baust.* 149
Supplementwinkel *Math.* 42
Syenit *Stoff.* 272
Syenitporphyr *Stoff.* 272

Tachymetrie *Vermess.* 261
Tachymetrische Aufnahme *Vermess.* 264
Tagesausgleichsspeicher *Wass.* 554
Tagesspeicher *Wass.* 538
Tagwasser *Wass.* 562
Talförderung *Erdarb.* 380
Talsperrensee *Wass.* 585
Talstraßen *Straß.* 588
Tangentenreihe *Math.* 56
Tangentensatz *Math.* 45
Tangentenviereck *Math.* 47
Tangentialbeschleunigung *Mech.* 88
Tangentialkipplager *Brück.* 504
Tangentialkraft *Mech.* 93
Tangentialspannungen (Platten) *Fest.* 142
Tanne *Stoff.* 283
Tannenholz (Gewicht) *Hochb.* 399
Tanzsäle (Nutzlast) *Hochb.* 402
Taupunkt *Wärme* 104
Taupunkt-Hygrometer *Wärme* 104
Taylorsche Reihe *Math.* 55
Technische Vorarbeiten *Bahnb.* 603
Technische Vereinbarungen *Bahnb.* 603
T-Eisen *Stoff.* 316
Teer *Wärme* 101
Teerasphaltstraßen *Straß.* 595
Teerpappe *Stoff.* 300
Teilungskorrektion *Vermess.* 259
Tellerbohrer *Erdarb.* 365
Temperatur *Wärme* 99
— beim Glühen des Eisens *Wärme* 99
Temperaturmittel *Wass.* 532
Temperaturskala *Wärme* 99
Temperaturzunahme mit der Tiefe *Wass.* 533
Terrassenbau *Erdarb.* 374
Terrazzo *Stoff.* 280

Terazzo (Gewicht) *Hochb.* 398
Tetmajerformeln *Fest.* 121
Thatchereisen *Eisenbet.* 325
Theodolit, Überprüfung *Vermess.* 238
Thermodynamik *Wärme* 107
Thomasflußeisen *Stoff.* 286
Tiefbohrungen *Erdarb.* 365
Tilgung *Math.* 39
Toluol *Wärme* 100
Ton *Wärme* 103
— *Stoff.* 273
— (Spez. Gew.) *Stoff.* 323
Tonfliesen *Stoff.* 278
— (Gewicht) *Hochb.* 399
Tonmergel *Stoff.* 273
Tonnengewölbe *Hochb.* 413
Tonrohre *Stoff.* 278
Tonrohrleitungen *Wass.* 580
Tonschiefer *Stoff.* 273
— (Spez. Gew.) *Stoff.* 323
Torf (Spez. Gew.) *Stoff.* 323
Torfmull (Gewicht) *Hochb.* 398
Torfstreu (Spez. Gew.) *Stoff.* 323
Torgament *Stoff.* 280
Torsion s. *Verdrehung Fest.* 140
Trachyt *Stoff.* 272
Trägheitsgesetz *Mech.* 89
Trägheitshalbmesser *Fest.* 129
— zweier Winkeleisen *Hochb.* 421, 422, 423
— zweier U-Eisen *Hochb.* 422
Trägheitsmoment *Fest.* 134
Trägheitsmomente von Flächen *Fest.* 128
Trägheitswiderstand *Mech.* 92
Träme (Berechnung) *Hochb.* 414
Tragfähigkeit freiaufliegender I-Träger *Hochb.* 424
— hölzerner Säulen *Hochb.* 415, 416
— von Trämen *Hochb.* 417
Tramdecke (Eigengewicht) *Hochb.* 400
— *Hochb.* 416, 441
Transformator *Elektr.* 679
Transmission *Masch.* 651
Trapez *Math.* 47
— *Mech.* 86
Trapezhängwerk *Baust.* 209
Trapezquerschnitt *Wass.* 534
Trapezsprengwerk *Baust.* 211
— *Brück.* 491
Traß (Spez. Gew.) *Stoff.* 323
Traversentramdecke (Eigengewicht) *Hochb.* 400
— *Hochb.* 442
Treppenmauer *Hochb.* 409
Trigonometrie *Math.* 42
Trigonometrische Punktbestimmung *Vermess.* 235
— Punkteinschaltung *Vermess.* 243
— Höhenmessung *Vermess.* 258
Trockenbetonierung *Erdarb.* 390
Trockene Fäulnis (Holz) *Stoff.* 285
Trockenlegung der Baugrube *Erdarb.* 388
Trockenmauern *Hochb.* 411
Trogschwellen *Bahnb.* 630
Trottoirklinker *Stoff.* 278
Trümmergestein *Stoff.* 273
Tschechoslowakische Eisenbetonvorschriften *Eisenbet.* 357
— Brückenvorschriften (Belastung) *Brück.* 460, 468, 472
— Brückenvorschriften (Zul. Beanspruchung) *Brück.* 479, 483, 486
— Brückenvorschriften (Druckgurte offener Brücken) *Brück.* 502
T-Sprossen *Hochb.* 441
T-Stücke (Rohre) *Masch.* 650
Tuffstein (Spez. Gew.) *Stoff.* 323
Tunnel (Wasserkraftwerk) *Wass.* 552
Tunnelachse (Absteckung) *Vermess.* 235
Turbinenwassermenge *Wass.* 538

Überfall *Mech.* 97
— von Thompson *Wass.* 521
Überfallwehr *Mech.* 98
— *Wass.* 523
Übergänge in Schienenhöhe *Bahnb.* 617
Übergangsbogen *Bahnb.* 606, 614
— *Straß.* 591
Überhitzter Dampf *Wärme* 106
Überhöhung *Bahnb.* 614, 633
Überladegleis *Bahnb.* 607
Überprüfung des Theodolits *Vermess.* 238
Überstauung (Bewässerung) *Wass.* 582
U-Eisen, österr. *Stoff.* 317
— deutsche *Stoff.* 318
Uferschutzwerke *Wass.* 535
Ulme *Stoff.* 284
Umdrehungsellipsoid *Math.* 52
Umdrehungsgeschwindigkeit der Erde *Mech.* 87
Umdrehungsparaboloid *Math.* 52
Umfang ebener Figuren *Math.* 46
Umfangskraft *Masch.* 652
Umformer *Elektr.* 680
Umformerwehr *Wass.* 552
Umgrenzung des lichten Raumes *Bahnb.* 604, 608
— bei Brücken *Bahnb.* 608
— im Tunnel *Bahnb.* 608
Umkehrbare Prozesse *Wärme* 108
Umkreishalbmesser *Math.* 46
Umschließung der Baugrube *Erdarb.* 387
Umschnürter Beton *Eisenbet.* 331, 336
Umsteuern der Motoren *Elektr.* 675
Unbestimmte Ausdrücke *Math.* 57
Unentwickelte Funktionen *Math.* 58
Ungleichförmige Bewegung *Mech.* 87, 88
Ungleichschenkelige Winkeleisen *Stoff.* 306
Unmittelbare Beobachtungen *Math.* 74
Unmittelbare Lastübertragung *Baust.* 150
Unterbau *Bahnb.* 615
Unterbaukrone *Bahnb.* 615
Unterhaltung des Oberbaues *Bahnb.* 641
Unterlagsplatten *Bahnb.* 628
Unterschnittenes Profil (Stützmauern) *Hochb.* 411
Unterzone (Wasserversorgung) *Wass.* 569
Unvollkommenes Wehr *Wass.* 523
Urkalkstein *Stoff.* 273

Ventile *Masch.* 649
Ventilbohrer *Erdarb.* 365
Verästelungsleitung *Wass.* 571
Verästelungssystem *Wass.* 573
Verbindungsstraßen *Straß.* 588
Verblattungen der Schienenenden *Bahnb.* 627
Verblendziegel *Stoff.* 278
Verbreiterung der Fundamentsohle *Erdarb.* 389
Verbrennungsmotoren *Masch.* 658
Verbundgenerator *Elektr.* 670
Verbundmaschine *Masch.* 657
Verbundpfähle *Erdarb.* 391
Verbundwirkung *Eisenbet.* 324
Verdampfungsfähigkeit der Brennstoffe *Masch.* 656
Verdichtung des Baugrundes *Erdarb.* 388
Verdichtungspfähle *Erdarb.* 390
Verdrehung gerader Stäbe *Fest.* 140
Verdrehungsmoment *Fest.* 140
Verdübelte Träger (Zul. Beanspruchung) *Brück.* 476
Verfügbares Gefälle *Wass.* 542
Vergitterte Stäbe (Knickung) *Fest.* 127
Vergitterung *Brück.* 499
Verkehrslasten der Eisenbahnbrücken *Brück.* 459
— der Straßenbrücken *Brück.* 470
Verlängerter Zementmörtel *Stoff.* 294
Vermarkung *Vermess.* 236
Vermessungskunde
Horizontalaufnahmen, Grundlagen 231
Kleinaufnahme oder Stückvermessung 248
Flächeninhaltsberechnungen 251
Geometrisches Nivellement 253
Gleichzeitige Horizontal- und Höhenaufnahme 261
Die Photogrammetrie 266
Vermittelnde Beobachtungen *Math.* 74
Verputz *Wärme* 103
Verschiebungen *Fest.* 120
Verschiebungsplan von Williot *Baust.* 169
Verschränkte Weiche *Bahnb.* 634

Versickerungsgeschwindigkeit *Wass.* 583
Versickerungshöhe *Wass.* 583
Versteinerungsverfahren *Erdarb.* 396
Versteinungsbreite *Straß.* 590
Versuchsbohrungen *Erdarb.* 365
Vertauschung der Integrationsfolge *Math.* 63
Verteilungsleitung *Wass.* 570
Vertikaldrainage *Wass.* 582
Verwitterung *Stoff.* 276
Verzahnte Träger *Brück.* 476, 489
Vieleck *Math.* 47
Viereck *Math.* 47
— *Mech.* 86
Vierendeelträger *Baust.* 202
— (Näherungsverfahren) *Baust.* 205
Viermomentensatz *Baust.* 199
Virtuelle Arbeit *Mech.* 85
— *Baust.* 164
Virtuelle Verschiebungen, Prinzip der — *Mech.* 85
— — — — *Baust.* 164
Virtuelle Formänderungsarbeit *Baust.* 165
Vollkommenes Wehr *Wass.* 523
Vollspur *Bahnb.* 604
Vollwandige Träger, statisch bestimmte *Baust.* 150
— — statisch unbestimmte *Baust.* 180
Voltampère *Mech.* 90
Voltmeter *Elektr.* 662
Vorarbeiten *Erdarb.* 365
— *Bahnb.* 602
Vorlandbreite *Wass.* 535
Vorratsspeicher *Wass.* 538
Vorratsweiher *Wass.* 555
Vorschriften *Eisenbet.* 329, 333, 336, 355, 357, 360
— (Hochbaukonstruktionen) *Hochb.* 402
— (Eisenbeton) *Hochb.* 405
— (Stampfbeton) *Hochb.* 405
Voutenplattendecke *Hochb.* 443

Wächterhäuser *Bahnb.* 619
Wärmeausdehnung *Wärme* 99
Wärmeausdehnungszahlen (Holz) *Stoff.* 285
Wärmebewegung *Wärme* 104
Wärmedehnung (Beton) *Stoff.* 281
— (Eisen) *Stoff.* 286
— (Glas) *Stoff.* 299
— (Metalle) *Stoff.* 301
Wärmeleitfähigkeit *Wärme* 103
Wärmeleitung *Wärme* 103
— (Beton) *Stoff.* 281
Wärmemechanik und Mechanik der Gase
Temperatur 99
Ausdehnung durch die Wärme 99
Wärmemenge, Spez. Wärme 101
Fortpflanzung der Wärme 102
Luftfeuchtigkeit 104
Brennstoffe 104
Gase und Dämpfe 105
Thermodynamik 106
Kreisprozeß v. Carnot 108
Zustandsänderungen in Gas- und Dampfströmen 110
Statischer und dynamischer Druck bei Gas- und Dampfströmen 110
Druckabfall in Rohrleitungen 111
Wärmemenge *Wärme* 101
Wärmeschwankungen *Brück.* 475
— bei Gewölben *Brück.* 511
Wärmestrahlung *Wärme* 102
Wärmeübergang *Wärme* 103
Wärmeübergangskoeffizient *Wärme* 104
Wahrscheinlicher Fehler *Math.* 73
Wahrscheinlichkeit *Math.* 71
Wahrscheinlichkeitsrechnung *Math.* 71
Walzeisentabellen *Stoff.* 302
Walzen der Wege *Straß.* 596
Walzenkessel *Masch.* 655
Walzenlager *Brück.* 506
Walzträgerpfetten *Hochb.* 434
Walzwerkerzeugnisse *Stoff.* 288
Wanddruck in Silozellen *Baust.* 230
Wandern der Schienen *Bahnb.* 632
Wandstärke bei Druckstäben *Brück.* 497
Warnungstafeln *Bahnb.* 617
Wasser *Wärme* 100, 101, 102, 103
Wasserbau
Geschwindigkeitsmessung 519
Wassermengenbestimmung 520
Stauanlagen 523
Aufstau und Absenkung des Wasserspiegels in offenen Gerinnen 524
Bewegung des Wassers in Kanälen und Flüssen 527
Rohrleitungen 529
Meteorologische Daten 532
Wassermengen d. Flüsse 534
Flußbau 534
Zusammengesetzte Wehranlagen 536
Wasserkraftanlagen, Wasserverhältnisse 537
Das Wasserkraftwerk 541
Der Oberkanal 542
Wasserversorgung, Wasserbedarf 557
Beschaffenheit des Wassers 559
Wasserleitungsanordnung 559
Wassergewinnung 560
Wasserreinigung 563
Dienst- o. Hochbehälter 565
Höhenlagen der Dienst- oder Hochbehälter 567
Verteilungsleitungen 570
Schiffahrtskanäle 577
Städtekanalisation 579
Entwässerung 581
Bewässerung 582
Der Stausee 585
Wasserbedarf *Wass.* 557
Wasserdampf *Wärme* 106
Wasserdurchlässigkeit (Beton) *Stoff.* 282
Wassergewinnung *Wass.* 560
Wasserkraftanlagen *Wass.* 537
Wasserkraftmaschinen *Masch.* 655
Wasserkraftwerk *Wass.* 541
Wasserleitungsanordnung *Wass.* 559
Wasserleitungsstrang *Wass.* 531
Wassermengen der Flüsse *Wass.* 534
Wassermengenbestimmung *Wass.* 520, 522
Wasserreinigung *Wass.* 563
Wasserrohrkessel *Masch.* 655
Wasserrohr-Steilrohrkessel *Masch.* 655
Wasserschlag *Wass.* 557
Wasserschloß *Wass.* 557
Wasserschnecke *Erdarb.* 388
Wasserschwelle *Wass.* 526
Wassersprung *Wass.* 526
Wasserstationen *Bahnb.* 620
Wasserteilung *Wass.* 521
Wasserverbrauch bei Schiffahrtskanälen *Wass.* 577
Wasserversorgung *Wass.* 557
Wasserzollgefäß *Wass.* 520
Watt *Mech.* 90
Wattloser Strom *Elektr.* 666
Wattstrom *Elektr.* 666
Wattverbrauch *Hochb.* 448
— der Glühlampen *Elektr.* 687
Wechselstrom *Elektr.* 665
Wechselstromgenerator *Elektr.* 670
Wegweiser *Straß.* 600
Wehranlage *Wass.* 536
Weichen *Bahnb.* 634, 635
Weichenabmessungen *Bahnb.* 637
Weichenberechnung *Bahnb.* 637
Weichenböcke *Bahnb.* 637
Weichenschema *Bahnb.* 639
Weichenschloß *Bahnb.* 637
Weichenstraße *Bahnb.* 640
Weichenzunge *Bahnb.* 635
Weißes Roheisen *Stoff.* 286
Weißkalkmörtel *Stoff.* 294
— (Gewicht) *Hochb.* 398
Weizen (Erddruck) *Baust.* 227
— (Spez. Gew.) *Stoff.* 323
— (Gewicht) *Hochb.* 399
Wellblech *Stoff.* 289, 319
Wellblechdach (Eigengew.) *Hochb.* 401
Wellen *Masch.* 651
Wellenlänge (Strahlen) *Wärme* 102
Werkstätten *Bahnb.* 620, 621
Werksteine *Stoff.* 271
Wetterbeständigkeit (Beton) *Stoff.* 282
Whitworthsches Gewinde *Masch.* 643
Widderstoß *Wass.* 557
Widerlager *Brück.* 517
Widerlagerstärken (Tafeln) *Brück.* 513
Widerstände in Krümmungen *Bahnb.* 611
— — Steigungen *Bahnb.* 611

Widerstand, elektrischer *Elektr.* 662
— bewegter Eisenbahnfahrzeuge *Bahnb.* 610
Widerstandshöhe *Wass.* 529
— (Wasserkraftwerk) *Wass.* 543
Widerstandsmoment *Fest.* 130, 134
Widerstandsmomente rechteckiger Balken *Hochb.* 418
— genieteter Träger *Hochb.* 424
— von Stegblech u. 4-Gurtwinkel *Hochb.* 426
— zweier Kopfbleche *Hochb.* 429
— von Stegblechen *Hochb.* 432
Williotscher Verschiebungsplan *Baust.* 169
Winddruck *Brück.* 473
Windkraftmaschine *Masch.* 654
Windräder *Masch.* 654
Windverband (Eigengew.) *Brück.* 452, 457
Winkeleisen *Stoff.* 288
— gleichschenkelig *Stoff.* 302
— ungleichschenkelig *Stoff.* 306
— (Trägheitshalbmesser) *Hochb.* 421, 422, 423
Winkelmessung *Vermess.* 239
Winkelprisma *Vermess.* 249
Winkelspiegel *Vermess.* 249
Wirbelströmung *Wärme* 110
Wirkstrom *Elektr.* 666
Wirkungsgrad *Wärme* 108
Wirkungsgrad (Wasserkraftwerk) *Wass.* 543
— *Elektr.* 668
— einer Beleuchtungsanlage *Hochb.* 450
— d. Flaschenzuges *Masch.* 658
— d. Räderwinden *Masch.* 659
— v. Kreiselpumpen *Masch.* 660
— d. Akkumulatoren *Elektr.* 681
Wirkungsradius eines Brunnens *Wass.* 562
Wochenspeicher *Wass.* 539
Wohnräume (Nutzlast) *Hochb.* 402
Wolle (Gewicht) *Hochb.* 399
Woltmannscher Flügel *Wass.* 519
Würfel *Math.* 49
Wurfbewegung *Mech.* 88
Wurfweite *Mech.* 88
Wurfhöhe *Mech.* 88
Wurzeln *Math.* 2, 36

Xylolith *Stoff.* 280
— (Gewicht) *Hochb.* 399
Xylopal *Stoff.* 280

Zapfenlager *Brück.* 504
Z-Eisen *Stoff.* 288, 311
Zement *Wärme* 103
— (Erddruck) *Baust.* 227
— *Stoff.* 295, 323
— (Gewicht) *Hochb.* 399
Zementdachplatten *Stoff.* 279
Zementkanäle *Stoff.* 279
Zementkunststeine *Stoff.* 279
Zementmörtel *Fest.* 117
— *Stoff.* 295
— verlängerter *Stoff.* 294
Zementrohre *Stoff.* 279
Zementsteine *Stoff.* 279
Zenitdistanzmessungen *Vermess.* 259
Zentrifugalmoment *Fest.* 128
Zentripetalkraft *Mech.* 93
Zerlegung der Kräfte *Mech.* 80
Zerreißprobe *Bahnb.* 622
Ziegel *Wärme* 101, 103
— *Fest.* 117
— *Stoff.* 277, 323
Ziegelbeton (Gew.) *Hochb.* 398
Ziegeldach *Hochb.* 401, 445
Ziegelmaß *Stoff.* 277
Ziegelmauerwerk *Wärme* 103
— *Hochb.* 397, 398, 404
— (Zul. Beanspr.) *Brück.* 483
Ziellinienfehler *Vermess.* 238
Zink *Wärme* 100, 101, 102, 103
— *Fest.* 117
— *Stoff.* 300
— (Spez. Gew.) *Stoff.* 323
— (Gewicht) *Hochb.* 399
Zinkblechdach *Hochb.* 446
Zinkdach (Eigengewicht) *Hochb.* 401
Zinn *Wärme* 100, 101, 102, 103
Zinseszins- und Rentenrechnung *Math.* 39
Zisterne *Wass.* 563
Zorès-Eisenbelag *Brück.* 495
Zucker (Spez. Gew.) *Stoff.* 323
— (Gewicht) *Hochb.* 399
Zufälliger Fehler *Math.* 72
Zuflußmenge *Wass.* 537
Zug *Fest.* 120
Zugfestigkeit der Bausteine *Stoff.* 275
— (Beton) *Stoff.* 283
— von Oberbaumaterial *Bahnb.* 621
Zugkraft (Zugtiere) *Straß.* 589
— auf geneigter Bahn *Straß.* 590
— der Lokomotive *Bahnb.* 610
Zugstäbe *Brück.* 496
Zulässige Beanspruchung *Fest.* 114
— — (Holz) *Stoff.* 116
— — (Holz) *Hochb.* 404
— — im Maschinenbau *Fest.* 117
Zulässige Beanspruchung verschiedener Stoffe *Fest.* 117
— — bei gegliedert. Stäben *Fest.* 127
— — (Eisenbeton) *Eisenbet.* 356, 359, 362
— — (Eisenbeton) *Brück.* 486
— — (Eisen) *Hochb.* 404
— — (Beton) *Hochb.* 407
— — (Mauerwerk) *Hochb.* 404, 409
— — (Glas) *Stoff.* 300
— — (Glas) *Hochb.* 441
— — (Holzbrücken) *Brück.* 476
— — (Eisenbrücken) *Brück.* 478
— — (Stein- und Betonbrücken) *Brück.* 483
— — (Brückenlager) *Brück.* 505
— Belastung für Hanfseile *Masch.* 645
— Bodenbeanspruchung *Erdarb.* 385
— — *Hochb.* 405
Zungenquerschnitt *Bahnb.* 636
Zurückhaltungsbecken *Wass.* 536
Zusammengesetzte Wahrscheinlichkeit *Math.* 71
— Stäbe (Knickung) *Fest.* 127
— Druckquerschnitte *Hochb.* 420
— Leitung (Wasserversorg.) *Wass.* 571
Zusammensetzung d. Kräfte *Mech.* 77
— von Kräftepaaren *Mech.* 81
Zusatzbelastungen *Brück.* 473
Zuschlagsstoffe *Eisenbet.* 326
Zustandsgleichung f. Gase *Wärme* 105
Zweckmäßige Steigung *Bahnb.* 612
Zweiflammrohrkessel *Masch.* 655
Zweigelenkbogen mit Zugband *Baust.* 194
Zweigelenkhalbrahmen *Baust.* 222
Zweigelenkrahmen, symmetrischer *Baust.* 218
— unsymmetrischer *Baust.* 219
Zwillingsschwelle *Bahnb.* 627
Zwillingsturbine *Masch.* 655
Zwischendecken *Hochb.* 400, 441
Zwischengerade *Bahnb.* 615
Zwischenpfeiler *Brück.* 517
Zylinder *Math.* 49
— *Mech.* 87
Zylinderhuf *Math.* 49

Buch- und Kunstdruckerei „Steyrermühl", Wien VI

Material- und Zeitaufwand bei Bauarbeiten. 109 Tabellen zur Ermittlung der Kosten von Erd-, Maurer-, Zimmerer-, Dachdecker-, Spengler- (Klempner-), Tischler-, Glaser-, Hafner- (Ofensetzer-), Maler- und Anstreicher-Arbeiten. Von **Arnold Ilkow,** Zivilingenieur für das Bauwesen. Zweite, vermehrte und verbesserte Auflage. Zweifach mit Notizblättern durchschossen. 68 S. 1926.
7.50 Schilling, 4 40 Reichsmark

Der praktische Baumeister. Herausgegeben von **Franz Roth,** Oberingenieur. Neu bearbeitet und bedeutend erweitert von **August Günther,** Architekt und Stadtbaumeister. Vierte, vermehrte und wesentlich verbesserte Auflage. Mit 179 Abbildungen im Text und zahlreichen Tabellen. 1921. In Pappband geb. 5.60 Schilling, 3.50 Reichsmark

Tabellen für die rasche und sichere Berechnung von Platten, Balken und Plattenbalken aus Eisenbeton, nebst Beispielen über alle möglichen Aufgaben. Von Oberbaurat **Karl Teischinger.** Mit 7 Abbildungen. 184 S. 1911. — Technische Praxis. Band VIII.
2.40 Schilling, 1.50 Reichsmark

Verwitterung in der Natur und an Bauwerken. Für Bau-, Kultur- und Erhaltungsingenieure, Architekten, Baumeister, Gewerbetreibende, Beton- und andere Betriebe, Verwaltungen und Werkstätten. Von Professor Ing. **Vincenz Pollack.** Mit 120 Abbildungen und einer Tafel. 580 S. 1923. — Technische Praxis. Band XXX.
7.20 Schilling, 4.50 Reichsmark

Das Konservieren der Baumaterialien sowie der alten und neuen Bauwerke und Monumente. Von Architekt **F. W. Fröde.** Mit 108 Abbildungen. 496 S. 1910. — Technische Praxis. Band V.
4.80 Schilling, 3 Reichsmark

Baupolitik als Wissenschaft. Von Dr. **Karl H. Brunner.** 80 S. 1925. 4.80 Schilling, 2.85 Reichsmark

Der Zimmerermeister. Ein bautechnisches Konstruktionswerk, enthaltend die gesamten Zimmerungen. Von Professor **Andreas Baudouin,** Stadtzimmerermeister, Wien. Zweite, ergänzte und verbesserte Auflage. 1926. Zwei Mappen im Format 36 × 50 cm mit zusammen 171 Tafeln. Preis jeder Mappe Reichsmark 57.—. Das Werk wird nur komplett abgegeben. Das Werk umfaßt in klarer Darstellung, mit genauen Maßen und üblichen Holzstärken sämtliche Arbeiten des Zimmermannes; auch die vielseitigen Gerüstungen im Hochbau, bei den Betonbauten und im Tiefbau, wie die bergmännischen Pölzungen usw., sind ausführlich behandelt. An Neuem und Zeitgemäßem sind unter vielen anderen Konstruktionen aufgenommen und bis ins Detail dargestellt: Land- und Siedlungshäuser und — ohne Ausnahme — sämtliche derzeit üblichen Holzkonstruktionen über freitragende Dächer

GPSR Compliance

The European Union's (EU) General Product Safety Regulation (GPSR) is a set of rules that requires consumer products to be safe and our obligations to ensure this.

If you have any concerns about our products, you can contact us on ProductSafety@springernature.com

In case Publisher is established outside the EU, the EU authorized representative is:

Springer Nature Customer Service Center GmbH
Europaplatz 3
69115 Heidelberg, Germany

Batch number: 10844627

Printed by Printforce, the Netherlands

TASCHENBUCH FÜR INGENIEURE UND ARCHITEKTEN

Unter Mitwirkung von

Prof. Dr. **H. Baudisch**-Wien, Ing. Dr. **Fr. Bleich**-Wien, Prof. Dr. **Alfred Haerpfer**-Prag, Dozent Dr. **L. Huber**-Wien, Prof. Dr. **P. Kresnik**-Brünn, Prof. Dr. h. c. **J. Melan**-Prag, Prof. Dr. **F. Steiner**-Wien

Herausgegeben von

Ing. Dr. **Fr. Bleich** und Prof. Dr. h. c. **J. Melan**

Mit 634 Abbildungen im Text
und auf einer Tafel

Springer-Verlag Berlin Heidelberg GmbH

1926

ISBN 978-3-7091-5272-0 ISBN 978-3-7091-5420-5 (eBook)
DOI 10.1007/978-3-7091-5420-5

Ursprünglich erschienen bei Julius Springer, Verlag Vienna 1926
Softcover reprint of the hardcover 1st edition 1926

TASCHENBUCH FÜR INGENIEURE UND ARCHITEKTEN

Unter Mitwirkung von
Prof. Dr. **H. Baudisch**-Wien, Ing. Dr. **Fr. Bleich**-Wien, Prof. Dr. **Alfred Haerpfer**-Prag, Dozent Dr. **L. Huber**-Wien, Prof. Dr. **P. Kresnik**-Brünn, Prof. Dr. h. c. **J. Melan**-Prag, Prof. Dr. **F. Steiner**-Wien

Herausgegeben von

Ing. Dr. **Fr. Bleich** und Prof. Dr. h. c. **J. Melan**

Mit 634 Abbildungen im Text
und auf einer Tafel

Springer-Verlag Berlin Heidelberg GmbH

1926

Additional material to this book can be downloaded from http://extras.springer.com.

ISBN 978-3-7091-5272-0 ISBN 978-3-7091-5420-5 (eBook)
DOI 10.1007/978-3-7091-5420-5

Ursprünglich erschienen bei Julius Springer, Verlag Vienna 1926
Softcover reprint of the hardcover 1st edition 1926